編委會

國家古籍整理出版專項經費資助項目

江南製造局科技譯著集成

工藝製造卷

第壹分冊

主編 馮立昇

中國科學技術大學出版社

圖書在版編目(CIP)數據

江南製造局科技譯著集成.工藝製造卷.第壹分册/馮立昇主編.—合肥:中國科學技術大學出版社,2017.3

ISBN 978-7-312-04168-6

Ⅰ.江…　Ⅱ.馮…　Ⅲ.①自然科學—文集 ②製造工業—文集　Ⅳ.①N53 ②T-53

中國版本圖書館CIP數據核字(2017)第037697號

出版　中國科學技術大學出版社
安徽省合肥市金寨路96號,230026
http://press.ustc.edu.cn
https://zgkxjsdxcbs.tmall.com

印刷　安徽聯衆印刷有限公司

發行　中國科學技術大學出版社

經銷　全國新華書店

開本　787 mm×1092 mm　1/16

印張　38.75

字數　992千

版次　2017年3月第1版

印次　2017年3月第1次印刷

定價　496.00圓

前言

明清時期之西學東漸，大約可分爲明清之際與晚清時期兩個大的階段。無論是哪個階段，翻譯西書均是其中重要的基礎工作，正如徐光啟所言：『欲求超勝，必須會通，會通之前，先須翻譯。』明清之際耶穌會士與中國學者合作翻譯西書，這些西書主要介紹西方的天文數學知識、地理發現，以及水利技術、機械、自鳴鐘、火礮等方面的科技知識。晚清時期，外國傳教士爲了傳播宗教和西方文化，在中國創辦了一些新的出版機構，翻譯出版西書、發行報刊。傳教士與中國學者共同翻譯了多種高水平的科技著作，重開了合作翻譯的風氣，使西方科技第二次傳入中國。清政府也設立了一些譯書出版機構，這些機構與民間出現的譯印西書的機構，使翻譯西書和學習科技成爲當時的一種時尚。明清之際第一次傳入中國的西方科技著作，以介紹西方古典和近代早期的科學知識爲主，而晚清時期翻譯的西方科技著作，更多地介紹了牛頓力學建立以來至19世紀中葉的近代科技知識。晚清時期翻譯西書之範圍與數量也遠超明清之際，涵蓋了當時絕大部分學科門類的知識，使近代科學較爲系統地引進到中國。在當時的翻譯機構中，成就最著者當屬江南製造局翻譯館。江南製造局（全稱江南機器製造總局）於清同治四年（1865年）在上海成立，是晚清洋務運動中成立的近代軍工企業。由於在槍械機器的製造過程中，需要學習西方的先進科學技術，因此同治七年（1868年），在徐壽、華蘅芳等建議下，江南製造局附設翻譯館，延聘西人，翻譯和引進西方的科技類書籍，又自設印書處負責譯書的刊印。至1913年停辦，翻譯館翻譯出版了大量書籍，培養了大批人才，對中國科學技術的近代化起了重要作用。

江南製造局翻譯館翻譯西書，最初採用的主要方式是西方譯員口譯、中國譯員筆述。西方口譯人員中，貢獻最大者爲傅蘭雅（John Fryer,1839–1928）。傅蘭雅，英國人，清咸豐十一年（1861年）來華，同治七年（1868年）成爲江南製造局翻譯館譯員，譯書前後長達28年，單獨翻譯或與人合譯西方書籍百餘部，是在華西人中翻譯西方書籍最多的人，清政府曾授其三品官銜和勳章。偉烈亞力（Alexander Wylie, 1815–1887）、瑪高温（Daniel Jerome MacGowan, 1814–1893）、林樂知（Young John Allen, 1836–1907）和金楷理（Carl Traugott Kreyer, 1839–1914）也是最早一批著名的譯員。偉烈亞力，英國人，倫敦會傳教士，曾主持墨海書館印刷事務，同治七年（1868年）入館，僅短暫從事譯書工作，翻譯出版了《汽機發軔》《談天》等。瑪高温，美國人，美國浸禮會傳教士醫師，同治七年（1868年）入館，但從事翻譯工作時間較短，翻譯出版了《金石識別》《地學淺釋》等。林樂知，美國人，同治八年（1869年）入館，共譯書8部，多爲史志類、外交類著作。金楷理，美國人，同治九年（1870年）入館，共譯書17部，多爲兵學類、船政類著作。此外，尚有衛理（Edward Thomas William, 1854–1944）、秀耀春（F. Huberty James, 1856–1900）和羅亨利（Henry Brougham Loch, 1827–1900）等西人於光緒二十四年（1898年）前後入館。除了西方譯員外，稍後也聘請了部分中國口譯人員，如吳宗濂（1856–1933）、鳳儀、舒高第（1844–1919）等，其中舒高第是最主要的一位。舒高第，字德卿，慈谿人，出身於貧苦農民家庭，曾就讀於教會學校。咸豐九年（1859年）以Vung Pian Suvoong名在美國留學，先後學習醫學、神學，同治九年（1870年）入哥倫比亞大學內外科學院學習，同治十二年（1873年）獲得醫學博士學位。舒高第學成後回到上海，光緒三年（1877年）被聘爲廣方言館英文教習，幾乎同一時間成爲江南製造局翻譯館譯員，任職34年，翻譯了二十餘部著作。中方譯員參與筆述、校對工作者五十餘人，其中最重要者當屬籌劃江南製造局翻譯館的創建并親自參與譯書工作的徐壽（1818–1884）、華蘅芳（1833–1902）和徐建寅（1845–1901）。徐壽，字生元，號雪村，無錫人。清咸豐十一年（1861年）十一月，徐壽和華蘅芳入曾國藩幕府；同治元年（1862年）三月，徐壽、華蘅芳、徐建寅到曾國藩創辦的安慶內軍械所工作，建造中國第一艘自造輪船『黃鵠』號；同治四年（1865年），徐壽參與江南製造局籌建工作；同治五年（1866年），徐壽由金陵軍械所轉入江南製造局任職，被委爲『總理局務』『襄辦局務』，主持技術方面的工作；同治七年（1868年），江南製造局附設之翻譯館成立，徐壽主持館務，并親自參加翻譯工作，共譯介了西方科技書籍17部，包括《汽機發軔》《化學鑒原》《化學考質》《化學求數》等。華蘅芳，字畹香，號若汀，江蘇金匱（今屬無錫）人，清同治四年（1865年）參與江南製造局籌建工作，是最主要的中方翻譯人員之一，前後從事譯書工作十餘年，所譯書籍主要爲數學類著作，如《代數術》《微積溯源》《三角數理》《決疑數學》等，也有其他科技著作，如《金石識別》《地學淺釋》等。徐建寅，字仲虎，徐壽的次子。受父親影響，徐建寅從小對科技有濃厚興趣，18歲時就在安慶協助徐壽研製蒸汽機和火輪船。翻譯館成立後，他與西人合譯二十餘部西方科技著作，如《汽機新制》《汽機必以》《化學分原》《聲學》《電學》《運規約指》等。同治十三年（1874年）後，徐建寅先後在龍華火藥廠、天津製造局、山東機器局工作，并出使歐洲，遊歷各國工廠，考察艦船兵工，訂造戰船。光緒二十七年（1901年），徐建寅在漢陽試製無煙火藥，因實驗室爆炸，不幸罹難。此外，鄭昌棪、趙元益（1840–1902）、李鳳苞（1834–1887）、賈步緯（1840–1903）、鍾天緯（1840–1900）等也是著名的中方譯員。

關於江南製造局翻譯館之譯書，國內尚有多家圖書館藏有匯刻本，如國家圖書館、上海圖書館、北京大學圖書館、清華大學圖書館、西安交通大學圖書館等，但每家館藏或多或少都有缺漏。

雖然先後有傅蘭雅《江南製造總局翻譯西書事略》（1880年）、魏允恭《江南製造局記》（1905年）、陳洙《江南製造局譯書提要》（1909年），以及隨不同書附刻的多種《上海製造局各種圖書總目》《上海製造局譯印圖書目錄》，以及Adrian Bennett, Ferdiand Dagenais等學者關於傅蘭雅研究中所發現、整理的譯書目錄等，但仍有缺漏。根據王揚宗《江南製造局翻譯書目新考》的統計，由江南製造局刊行者193種（含地圖2種，名詞表4種，連續出版物4種），另有他處所刊翻譯館譯書8種，已譯未刊譯書40種，共計241種。此文較詳細甄別、考證各譯書，是目前最系統的梳理，但仍有少許不足之處。比如將《化學工藝》一書兩置於化學類和工藝技術類，致使總數多增1種。又如認爲《礮法求新》與《礮乘新法》兩書相同，又少算1種。再如，此統計中有《克虜伯腰箍礮說、礮架說、螺繩礮架說》1種3卷，而清華大學圖書館藏《江南製造局譯書匯刻》本之《攻守礮法》中，附有《克虜伯腰箍礮說》《克虜伯礮架說船礮》《克虜伯船礮操法》《克虜伯礮架說堡礮》《克虜伯螺繩礮架說》，且藏有單行本5種，金楷理口譯，李鳳苞筆述。又因一些譯著附卷另有來源，可爲一種新書，如《電學》卷首、《光學》所附《視學諸器圖說》、《航海章程》所附《初議記錄》等。

在江南製造局的譯書中，科技著作占據絶大多數。在洋務運動的富國强兵總體目標下，這些譯著介紹了大量西方軍事工業、工程技術方面的知識，對中國近代軍隊的制度化建設、軍事工業的發展以及民用工程技術的發展産生了重要影響；同時又在自然科學和社會科學等方面作了平衡，翻譯傳播了西方的科學成果，促進了中國科學向近代的轉變，一些著作甚至在民國時期仍爲學者所重視；在譯書過程中厘定大批名詞術語，出版多種名詞表，體現出江南製造局翻譯館在科技術語規範化方面所作的貢獻，其中很多術語沿用至今，甚至對整個漢字文化圈的科技術語均有巨大影響；通過對西方社會、政治、法律、外交、教育等領域著作的介紹，給晚清的社會文化領域帶來衝擊，對晚清社會的政治變革也作出了一定的貢獻，促進了中國社會的近代化。此外，通過譯書活動，也培養了大批科技人才、翻譯人才。江南製造局譯書也爲其他國家所重視，如日本在明治時期曾多次派員赴上海專門收購，根據八耳俊文的調查，可知日本各地藏書機構分散藏有大量的江南製造局譯書。近年來，科技史界對於這些譯著有較濃厚的研究興趣，已有十數篇碩士、博士論文進行過專題研究。

有鑒於此，我們擬將江南製造局譯著中科技部分集結影印出版，以廣其傳。本書先是納入『2011–2020年國家古籍整理出版規劃』之『中國古代科學史要籍整理』項目，後於2014年獲得國家古籍整理出版專項經費資助，名爲《江南製造局科技譯著集成》。

對江南製造局原有譯書予以分類，可分爲史志類、政治類、交涉類、兵制類、兵學類、船類、學務類、工程類、農學類、礦學類、工藝類、商學類、格致類、算學類、電學類、化學類、聲學類、光學類、天學類、地學類、醫學類、圖學類、地理類，并將刊印的其他書籍歸入附刻各書。從已刊行之譯書內容來看，與軍事科技、工業製造、自然科學相關者最主要，約占總量的五分之四。本書收錄的著作共計162種（其中少量著作因重新分類而分拆處理），包括150種江南製造局翻譯館翻譯且刊印的與科技有關的譯著，5種江南製造局翻譯但別處刊印的著作，7種江南製造局刊印的非翻譯館翻譯或非譯著類著作。本書對收錄的著作按現代學科重新分類，并根據篇幅大小，或學科獨立成卷，或多個學科合而爲卷，凡10卷，爲天文數學卷、物理學卷、化學卷、地學測繪氣象航海卷、醫藥衛生卷、農學卷、礦學冶金卷、機械工程卷、工藝製造卷、軍事科技卷。

儘管已有陳洙《江南製造局譯書提要》對江南製造局譯著之內容作了簡單介紹，析出目錄，但缺漏不少。上海圖書館《江南製造局翻譯館圖志》也對江南製造局譯著作了一一介紹，涉及出版情況、底本與內容概述等。由於學界對傅蘭雅已有較深入的研究，因此對於傅蘭雅參與翻譯的譯著底本已有較明確的信息，然而對於其他譯著的底本考證，則尚有較大的分歧。本書對收錄的著作，一一寫出提要，簡單介紹著作之出版信息，盡力考證出底本來源，對內容作簡要分析，并附上目錄。此外，我們計劃另撰寫單行的提要集，對其中重要譯著的原作者、譯者、成書情況、外文底本及主要內容和影響作更全面的介紹。

馮立昇　鄧　亮

2015年7月23日

凡例

一、《江南製造局科技譯著集成》收錄150種江南製造局翻譯館翻譯且刊印的與科技有關的譯著，5種江南製造局翻譯但別處刊印的著作，7種江南製造局刊印的非翻譯館翻譯或非譯著類著作。

二、本書所選取的底本，以清華大學圖書館所藏《江南製造局譯書匯刻》爲主，輔以館藏零散本，并以上海圖書館、華東師範大學圖書館等其他館藏本補缺。

三、本書按現代學科分類，凡10卷：天文數學卷、物理學卷、化學卷、地學測繪氣象航海卷、醫藥衛生卷、農學卷、礦學冶金卷、機械工程卷、工藝製造卷、軍事科技卷。視篇幅大小，或學科獨立成卷，或多個學科合而爲卷。

四、各卷中著作，以內容先綜合後分科爲主線，輔以刊刻年代之先後排序。

五、在各著作之前，由分卷主編或相關專家撰寫提要一篇，介紹該書之作者、底本、主要內容等。

六、天文數學卷第壹分册列出全書總目錄，各卷首册列出該分卷目錄，各分册列出該分册目錄。

七、各頁書口，置兩級標題：雙頁碼頁列各著作書名，下置頁碼；單頁碼頁列各著作卷章節名，下置頁碼。

八、『提要』表述部分用字參照古漢語規範使用，西人的國別、中文譯名以及中方譯員的籍貫等與原翻譯一致；書名、書眉、原書內容介紹用字與原書一致，有些字形作了統一處理，對明顯的訛誤作了修改。

分卷目錄

分冊目錄

江南製造局科技譯著集成

工藝製造卷

第壹分册

西藝知新·燒造硫强水法

《西藝知新·燒造硫强水法》提要

《西藝知新·燒造硫强水法》一卷，未署撰者名，英國傅蘭雅（John Fryer, 1839–1928）口譯，無錫徐壽筆述，光緒三年（1877年）刊行。底本爲 Henry Arthur Smith 之《The Chemistry of Sulphuric Acid Manufacture》，1873年版。此書爲《西藝知新》正集第五種。

此書共分八章，主要介紹羅白格（John Roebuck, 1718–1794）之鉛室製硫酸法，以及蓋呂薩克（Joseph Louis Gay-Lussac, 1778–1850）所改進的高塔法。羅白格鉛室法創於1746年，得以更有效地大量生産較高濃度的硫酸。蓋呂薩克改良後，能夠生産出更高濃度的硫酸。

此書内容如下：

燒造硫强水法
硫强水變化之理
第一章　論含鉮之弊
第二章　去鉮之法
第三章　鉛房各氣彼此流動
第四章　鉛房内各氣之排列
第五章　論淡養五氣與硫養二氣變化之熱度
第六章　論鉛房内各處之熱度
第七章　論鉛房最宜之式
第八章　論蓋勒色所作之塔形房並硫養二氣散出之事

西藝知新卷七

英國　傅蘭雅　口譯
無錫　徐　壽　筆述

燒造硫强水法

硫强水古已有之但剏造之人年代難考或言法倫汀所造尚非確據大約天方國之醫士名賴齊斯曾於西歷八百六年試造此物是書不倘考古姑置弗論初造之法用皂礬盛於甑內加以大熱收其散出之氣而得那陀僧强水那陀僧者多造此種之地名今在此處仍用舊法燒造前此數十年此法固已足用厥後化學漸盛用廣而價貴

則有羅白格更剏新法至今遵用所有燒造之工分為三級其一將硫或含硫之礦置於爐內燒之視一二三各圖其二用大鉛房令硫氣透進其三添以空氣並淡養之霧與水氣

硫在空氣內焚燒則化而為氣收得空氣內之養氣而變為硫養氣透入鉛房隨與淡養之霧並水氣相遇即收淡養之養氣一分而變為硫養水其淡養放出之養氣又在空氣內收回而自能復原既有此理幾疑連作此事不必另添淡養氣然不免常添者所以補其靡費也

架造鉛房之鉛皮須用輕氣火燒粘其邊如以錫銲必被强水侵蝕常用之鉛房長一百尺高二十尺濶三十尺更大更小亦無不可

燒造硫强水之理原屬易明然其事則甚難所有之難處大半在司其務者總以少用材料而多得强水為要此事必有一定之法須在各鉛房細心試驗而求其所以然是書大旨即言此理並使覽者能知鉛房所有之病此事業已深究多年初欲求精駭之書而未得故特以歷年所見鉛房與各器之變化思其理而得其法彙集成書以備叅考云

是書之本意專論含硫礦之燒法然燒淨硫之事亦已包

第一圖

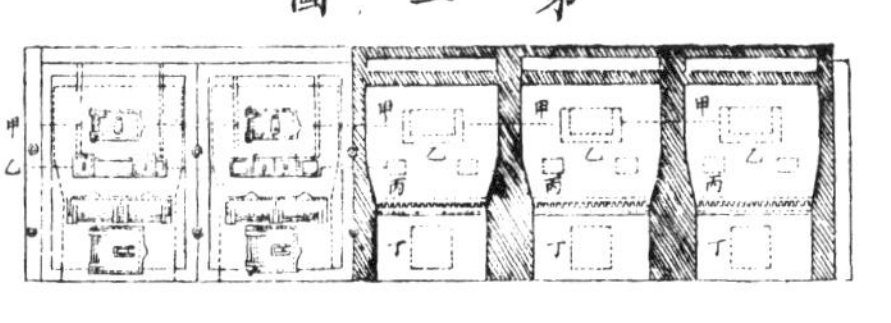

第二圖

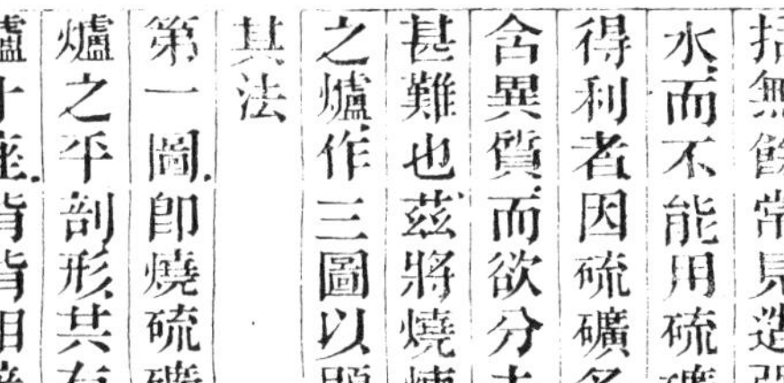

括無餘常見造强水而不能用硫礦得利者因硫礦多含異質而欲分去甚難也茲將燒煉之爐作三圖以顯其法

第一圖即燒硫礦爐之平剖形共有爐十座背背相接

合少占地乙爲爐櫃硫礦即置其上
第二圖即爐之直剖形甲爲添礦之門乙爲掉礦之門丙爲爐櫃丁爲出燼之門

第三圖

第三圖即爐之橫剖形甲爲添礦之門乙爲掉礦之門丙爲爐柵前端之限前圖內可見此限丁爲出燼之門

硫强水變化之理

第一章論含鉮之弊

鐵硫礦燒成之强水以含鉮之弊爲最大而除此弊端亦最難其除之之法必依强水之作何用處章內所考含鉮之弊從原礦以至强水並用此强水再成別料逐級言之又言造强水之廠不但常散硫養與輕綠二氣害人害物又有鉮養氣之害更毒一廠所散之鉮養氣雖不多若有數廠相合則甚多

選擇鐵硫礦有二要其一打碎能成小塊而不成屑其二不含鉮質

今考前人書中所載各種硫礦含鉮之數遂將其礦造成之强水分出鉮質因知前人所言礦內之數與今强水內取得之數不同如礦含鉮〇分二一至〇分三一强水含鉮一分至一分五俱以百分爲率

利稼孫書中所載硫礦每百分含鉮之數最多者〇分三一至〇分三三最少者只有微迹間有無鉮之礦如將多鉮各礦造强水其內必雜鉮質

余在製造化學料之廠內辦理化學之各事遇以上之事甚怪故數年以來將各種礦化分立表與前人之各表有不同之處表內上半爲利稼孫書中摘出者下半即近年所化分而得者所得之鉮數與造硫强水所考之鉮數略

有比例非若前人所考之數俱不相合也

化分礦內所含鉮質最好用燒鎔之法如用硝强水之法尙不盡善茲論用法如後

考鉮之數將礦一分再將鈉養炭養與鉀養炭養共三分鉀養淡養一分相合燒鎔歷十分時取出置於水內沸之濾取不消化之質再燒鎔而沸之濾之以兩次之水相合熬至四分體積之一均作二分用兩法定其含鉮之數第一法令變爲鉮硫第二法令變爲淡輕養鉮養與鎂養鉮養兩法所爲之質烘乾而得其準數或將變成之鉮硫化之再成淡輕養鉮養與鎂養鉮養第二法所得之數比常

得者稍多

凡用此法必將第一次所餘之質再燒鎔因平時第二次所含之鉮爲最多硫强水內分出之各質其化分之法略同

第一表上半

礦名	每百分含鉮之中數
西班牙礦	○·二一至○·三一
卑里知礦	微迹
普魯士礦	微迹
諾爾回礦	無
阿爾蘭礦	○·三三
谷你司礦	○·三二
意大里亞礦	微迹
蘇以旦礦	微迹
古里甫蘭礦	數未定

第一表下半

礦名	每百分含鉮之中數
西班牙太西斯礦	一·六五一
西班牙美生礦	一·七四五
卑里知礦	○·九四三
普魯士礦	一·八七八
諾爾回硬礦	一·六四九
諾爾回軟礦	一·七○八

第一表上半內阿爾蘭礦含鉮最多然其數尚不甚大今所考之阿爾蘭礦其鉮數比此表更多竟有百分之二分至二分三者有友人多造强水者云化分阿爾蘭礦所得之數比今所分者尤大

第一表下半內卑里知礦之鉮爲最少可爲第一等惟此礦打碎之時成屑甚多卽是其病第二淨者爲諾爾回硬礦之淨者爲第二等此礦打碎不成屑其質堅而不鬆入爐加熱易紅此礦之雜質雖多於卑里知礦然能不成屑而又易燒則比卑里知爲更好

諾爾回硬礦燒後考其餘燼仍有鉮質少許試驗四次得中數爲百分之○分四六可見鉮已大半燒出而入强水內

燒礦爐通至鉛房之管其內面有凝結之質光亮而甚厚此管之長二十尺近鉛房之一半內十尺許幾欲塞滿其質大半爲硫黃每百分有四十六分爲鉮養取出其質燒之成藍色之火如燒硫之色將冷瓷盆覆其霧上則結硫黃與鉮養

鉛房內變成之强水含鉮甚多試驗十二次得鉮養爲百分之一分〇五一因知管內所結者爲原礦含鉮之大半造成之强水必須除去此鉮始可爲合製各物之用

鉛房之底與四面有灰色之質其內之顆粒爲鉮養此因管內之鉮養收得養氣而變成者此灰色之質每百分含鉮養一分八一一至一分九其餘各質爲鉛養硫養與砂

用此硫强水加以食鹽成鈉養硫養之時其鉮養變爲鉮綠而與輕綠氣同散至凝水塔形器故鈉養硫養所含之鉮甚少化分其輕綠八次得鉮養之中數爲〇分六九其各數從〇分五八九起至〇分九一一止

鈉養硫養所含之鉮養祇有百分之〇分〇二九視第二表可知其數如爲醫學所用必須最淨之品

第二表

材料名	每百分含鉮養之中數
諸爾回硬礦未燒之前	一·六四九
諸爾回硬礦既燒之後	〇·四六五
硫强水	一·〇五一
自爐中至鉛房之管	四六·三六〇
鉛房底	一·八五七
輕綠	〇·六九一
鈉養硫養	〇·〇二九
未變之渣滓	〇·四四三
鈉養炭養	
收回之硫	〇·七〇〇
提淨之後所含之鉮	

第三表

諸爾回硬礦未燒之前每百噸含鉮一噸六四九

諸爾回硬礦既燒之後每百噸含鉮〇噸四六五

能成硫養一百四十噸八七五含鉮一噸四八一

此種强水能成輕綠一〇四噸九含鉮〇噸七二四

又能成鈉養硫養二〇四噸一二含鉮〇噸〇五九

此表最便於造强水者之查檢

鹽餅爐（卽燒煉鈉養硫養之倒焰爐）通至凝輕綠之塔形器其管內亦有凝結之質管長二十尺距爐十五尺之處取出所結之質略似食鹽與鈉養硫養少許用顯微鏡察之始能辨鉮養之顆粒成八面形化分之第四表每百分得鉮養之中數四三分四但此管已連用數年故積成此物

凝輕綠之塔形器內原盛枯煤化分而考之亦有鉮質每用枯煤十磅先浸以蒸水後用極淨之輕綠試三次每百分得二分八爲鉮養少者爲二分六多者爲三分二想塔

形器內之水應能化盡所入之鉮綠此鉮質不知從何而來視第五表

第五表凝輕綠水塔形器內之枯煤

試驗次第	每百分含鉮養之數
第一次	二·六四一
第二次	三·一八二
第三次	二·八三七
共	八·六六〇
中數	二·八八六

塔形器通至煙通內之空氣取而考之始知塔形器內不能化盡鉮綠尚有鉮質透入煙通之內但其鉮質不知何形試法將煙通內之氣五百立方尺作一次之用將玻璃瓶三箇各瓶之容積約水四十兩第一瓶盛清水第二瓶盛輕綠水第三瓶盛銀養淡養水俱約半瓶令氣緩通過各水用吸法如分空氣之式第一第二兩瓶已能收盡所含之鉮銀養淡養水似屬無用試驗十二次所得之中數每氣一千立方尺含鉮〇厘一五八此煙通每小時透出之氣三萬一千七百二十二立方尺則散出之鉮養爲五厘〇一二每日通過一百二十厘二八二此數既不甚大略可不計然此爲一廠內一煙通之數如曼尺斯達相近各處此類之廠甚多其害亦不小矣

第六表凝水塔形器透至煙通內之氣含鉮之數

試驗次第	每一千立方尺所含鉮養數	每一小時散出之鉮養	每一晝夜散出之鉮養
第一次	〇·〇六八	二·一五七	五一·七六八
第二次			
第三次	〇·〇八二	二·六〇一	六二·四二四
第四次	〇·〇七二	二·二八四	五四·八一六
第五次	〇·一〇二	三·二三五	七七·六四〇
第六次	〇·〇六四	二·〇三〇	四八·七二〇
第七次	〇·一九八	六·二八〇	一五〇·七二〇
第八次	〇·二四八	七·八六七	一八八·八〇八
第九次	〇·一八六	五·九〇〇	一四一·六〇〇
第十次	〇·二三二	七·三五九	一七六·六一六
第十一次	〇·二六二	八·三一一	一九九·四六四
第十二次	〇·三八二	一二·一一七	二九〇·八〇八
總數	〇·八九六	六〇·一四一	一四四三·三八四
中數	〇·一五八	五·〇一二	一二〇·二八二

煙通底距地十尺之氣每次亦用五百立方尺相試共九次得中數每立方尺含鉮〇厘〇八六卽略爲十分厘之一此數雖微亦能害人

第七表煙通底距地十尺氣內含鉮之數

試驗次第	每一千立尺所含鉮養之數
第一次	〇·〇四六
第二次	〇·〇二二
第三次	〇·〇八六
第四次	〇·〇六二
第五次	〇·一一二
第六次	〇·〇五四
第七次	〇·一一二
第八次	〇·一三三
第九次	〇·一四四
總數	〇·七八〇

中數○·○八六
收盡此鉮養令不散出有數法詳後
强水所成之鈉養炭養歷試十二廠所造者共試十五種
俱無鉮養之微迹
爐底渣滓即未變成鈉養硫養之物試驗六次得中數為
百分之○分四四二視第二表
收回之硫有含百分之○分四四二者有含○分九○一
者此數之多因用未提淨之硫黃也其已提淨者試四次
得數為百分之○分七如欲去盡鉮質必在硫强水內取
之因硫强水為化學材料之根源果能取盡則所成之各

料亦淨

第二章　去鉮之法

硫强水內去盡鉮質有二事宜慎其一所用之料不可有
害於强水所成之物其二所用之法不可有害於廠內外
之人茲將應用之各料歷論如後
輕硫氣○此質用之者已有多人但其得益不等且亦遺
害於人費又甚大用法作鉛箱濶三尺深三尺長二十四
尺略滿强水箱外有一鐵管接以鉛管此鉛管通過强水
之內鉛管上作多小孔則鐵管噴進之輕硫氣能從小孔
噴出即收强水所含之鉮而變成鉮硫後將强水引至一
尺方之小盤盛滿枯煤小塊盤底有多小孔强水經過枯
煤而流出其鉮硫盡附於枯煤之上每日將枯煤洗淨而
再用大鉛箱上用木作蓋如屋之式只留小孔接以鐵管
能放所餘之輕硫氣令散至遠處若在鐵管加熱至紅則
輕硫化分又能收其硫黃
輕硫氣同能分出强水內一切鉮質其難在所放之輕硫
氣不能化分使盡
此法必用甚多强水作輕硫氣所費甚大氣又不能勻發
常有過多過少之弊故剏一法用未提淨之强水將鐵硫
磨粉添入惟所得之强水只可用於鐵上鍍鋅等事而不

能為漂白染布印花等用
鈉硫○此質為造鈉養炭養所得之黑灰內取出將硫强
水盛於大鉛箱內箱底置枯煤一層此枯煤預用輕綠收
盡鐵等雜質其强水所含鉮養之數必須預知則依數而
添以鈉硫自有結成之鉮硫沉下至枯煤而上而止强水
則通下枯煤從箱底之塞門流出每一日夜取出其鉮硫
枯煤可用數月而更換散出之輕硫氣用前法收其硫黃
此法所得之强水試過一千磅只有鉮養之微迹可稱善
法
食鹽○將此添入强水內則鉮養可變鉮綠而散出但此

殊不可用蓋食鹽不能全化分而致强水雜鹽反增一病且有椋色之强水食鹽尤不能分盡鈣質必俟强水盛於玻璃甑燒若干時之後再添以食鹽更屬不便因强水沸時而添入忽然變化必有危險所發之氣亦甚難當而又不能變盡如甑內之强水未沸而添鹽則聚於甑底難免磔裂司其事者甚危故已棄而不用惟其費用則甚省兹將所試之數列後爲據

未提淨强水含鈣養分數	已提淨强水含鈣養分數
一·二三一	〇·三四
一·三〇三	〇·四八
〇·九九一	〇·六三

食鹽所提之强水不能爲製造化學材料之用前曾以食鹽之法小試之似覺可用即以爲多燒造者亦或可用後又大試始知有弊

輕綠氣〇將此氣通過强水亦能變鈣綠但其病與食鹽之法同而更兼費大不便於多造

將各法比較以輕硫爲善令其鈣質盡凝結而沉下比化分而散者尤善如令分散則必生熱而所放之輕綠氣散出甚速俱是弊端又用輕硫只要氣能足用而有一定若用輕綠其工難定一定者自然爲好又有一事不可不知英國之例不準放輕綠外出犯者必受大罰而輕硫氣則不問

以上所試各事悉是數年來深思而得別家只言强水含鐵則不可用其實即含鈣質嘗見製造淡輕養硫養者往往變壞數百金錢之料俱是强水含鈣之故而其人尙以爲含鐵試盡各種取鐵之法究屬無用所以造强水與用强水者不可不求含鈣之數各法之內用鈉硫爲最善前所言之鈉硫法尙屬粗法如細考之自更有益

第三章　鉛房各氣彼此流動

歷試此事因欲明鉛房內所有變化之奧妙尋常所言之理雖屬可信然有數事未得其據只能以化學之理談論而已

燒造强水之理有數事必須深考如依化學之理則硫養氣遇淡養淡養等氣與水氣必收其養氣而變化如將小器試此事往往不成器內之熱度過大或過小亦不能成又如水氣過多或過少則散出之硫養氣必多凝水塔形器內所收之淡養霧亦過多所得之强水必少又有數種相類之事俱已詳考先小試之後在大鉛房內試之用盡所知之法而得其最可信之據兹將各氣試過之事一一論之

硫養遇淡養之變化

化學家多有人論此變化甚詳如可里門德立索密斯兒非布爾福司對等俱是名家今所歷試者與前人不同前人俱言乾硫養與淡養在一器之內相遇不能有變化之事故化學書中申明其說如密賴化學書云硫養氣與養氣不能化合必再遇水氣始能化合其化合亦甚慢米令化學書云將乾硫養二分乾養氣一分共入一器之內不能變化如氣內有水則漸變爲硫養要之化學各家之說俱以爲二氣無水必不化合無論其氣在器內或流動或安靜終無變化之理及今考之殊不其然所以歷試

十次求得其據始知二氣無水亦能化合成强水用硫黃取得硫養用鈉養淡養與硫養取得淡養將此二氣先通遇於硫養與鉀養之內收盡所含之水點

第一試將極乾之玻璃瓶引進二氣而封密初時不見變化俟十日之後開瓶放出所餘之氣而瓶內有白色小顆粒結成顯微鏡可視其形能於水內消化性與硫强水相同但此有數事能令不成如熱度等是也若氣內用白金絲添水一滴則能加速

或以爲所成之顆粒不過是鉛房內常得之顆粒而非眞硫强水此乃粗率之言也如細察之竟是無水硫養顆粒之形雖遇空氣數日不變確與鉛房內之顆粒不同投於水中消化而不發淡養各霧亦可爲據此理已試多年與別家不同此理譬如做饅頭之酵雖用少許能令大塊發酵又如鹽類水已至極濃而再不能消化臨能成顆粒之時添以極小之顆粒則全流質立結爲定質故其變化之事惟在起首之工所有之養氣能與硫養化合起首之後如加水氣但能助速合耳

第二試用器與料同前惟將器置於冰內則變化同而歷時甚久

第三試用器與料同前瓶外忽加以大熱則變化稍速由

前事觀之硫養能收養氣若干固無藉乎水氣故雖添水極少能令變化之事速起以後所試欲用多水成此事而得其據

第四試將二種氣盛於玻璃瓶內再添水氣二倍體積俟一日夜

第五試將二氣如前不放空氣進內而添以水亦俟一日夜則第四試得强水每百分有六十六分第五試得九十三分又有未變化之硫强水在第四次較多

第六試將二氣共一體積水氣一體積相和得强水每百分有七十四分故以爲變成强水之理與發酵之理同意

又可見水氣之體積應小於二氣和之積再試三次與第四第五第六各次並同惟將瓶置於水內加熱至沸

第七試與第四試同法每百分得八十六分七

第八試與第五試同法每百分得九十四分五

第九試與第六試同法每百分得八十分二

觀此三試知變化之事與熱度大有相關從此又得一總理熱度愈大需用之水氣愈多

淡養氣與硫養氣相合不用水氣與用水氣所有之各事再必求其器內何處變化最多

尋常教化學之館內示人造强水之法將大玻璃瓶盛以

硫養與淡養再添水氣則先見紅色之霧後乃結成顆粒再後變爲無色但細察瓶內尚有極細紅霧一縷在顆粒之處故思已成强水之處能比別處多成强水否所以再試第十次

第十試將硫强水令沸久久俟一切水氣盡出稱準而盛於玻璃瓶內再添硫養與淡養而不添水氣則瓶之上半立變爲無色其瓶底近於强水之面變化極速上半無有變化之事俟周日之後開其瓶毫無硫養氣而先盛之强水已增重屢次試之所得並同

小試此事已成遂於大鉛房內作此事即不能成因大鉛房而不用水氣不能生熱故雖未得此理尚屬無用祇得一有益之事即添水氣之數必與增熱度爲比例惟此理既可小試而不能多造仍無裨於實用自必再求多造之理

第四章　鉛房內各氣之排列

前章言玻璃瓶內作强水近於顆粒之處有紅霧一小縷又第十試所見變化之事多在近於强水之面因知鉛房內所盛之强水近其面處必是變化最多而以上各處不過能容各氣所以鉛房不可過高宜低而長者爲好依此理房長一百四十尺高三十尺寬二十五尺在長之一面

以三處噴進空氣前面有鐵管長十二尺徑三寸半進以硫養與淡養二氣即在鉛房之各處試其各氣自前至後每長十尺高十五尺之處試一次又每長十尺高三尺試一次考其所含硫養硫養淡養各氣前人所作化學諸書無有試此事者

硫養氣之數○最多在通氣管之近口處每相距十尺其數遞少相距十尺有百分之七十二相距二十尺亦略同至三十尺爲百分之四十六至四十尺爲百分之三十一至三十三再遠漸漸減少至一百二十尺則爲百分之十三此爲最小之數以上俱離底十五尺如離底三尺者相

第一圖甲

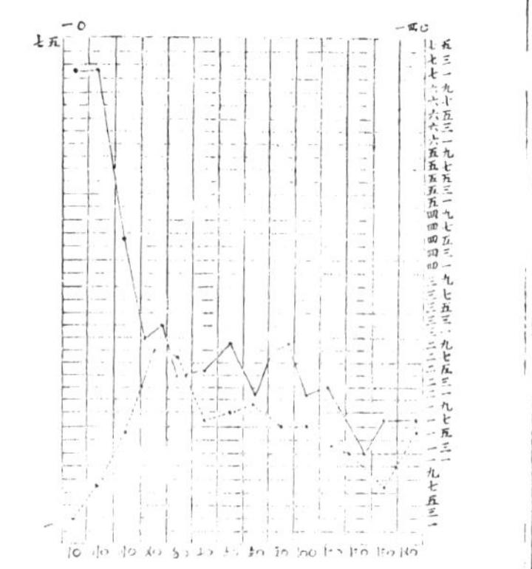

距十尺為百分之三至四十尺為百分之二十九此為最大之數至一百三十尺為百分之八近於出氣處為百分之十六如第一圖甲

橫線上為鉛房長之尺數縱線上以鉛房分為百分之數虛線為三尺高硫養之數實線為十五尺高硫養之數如

第一圖乙

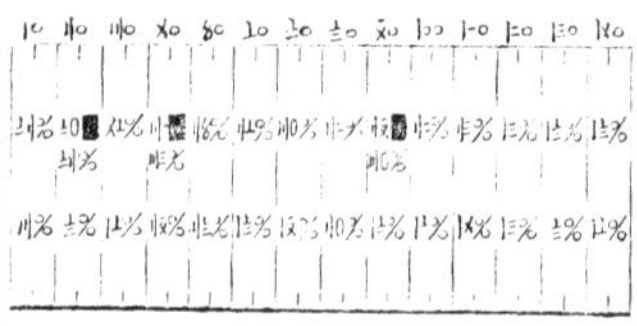

是圖各行內之數目字為各處硫養氣之分數茲列比例表於後

第一表

比例數	離鉛房端尺數
一	一二○
一·四	一三○、一四○
一·七	八○、一○○
一·八	一一○
一·九	五○
二	六○
二·三	七○、九○
二·五	四○
三·五	三○
五五	二○、一○

第二表

比例數	離鉛房端尺數
一	一○
二·六	二○、一三○
四·三	一二○
四·六	一一○
五·三	三○、一四○
五·六	九○、一○○
六	六○
六·三	七○
六·六	八○
九·三	五○
九·六	四○

視第一圖甲可見硫養氣之數三次降下三次升上最為明顯而其降下即噴水氣之處降下三次在二十尺七十尺一百十尺而噴水氣在二十尺六十五尺與一百十尺各處

二十尺至四十尺之內降下最多因二十尺處有噴氣而在鉛房之端近於進氣管處亦噴氣即是水氣能收甚多熱硫養氣之據

三尺高之處無有大降因水氣從高處噴進也試此各事之時鉛房內之熱度不大而所噴水氣之體積為硫養與淡養二氣體積和之四分之一所以鉛房之上半不過容

此各氣也其硫養氣從上漸下而至變化之處亦用法試之

鉛房之內作漏斗形之器有管通至外而受以小鉛瓶即能知房內成强水之數常法離底八尺安此器今則安在十六尺高之處俟九日燒煉不息祗得十六分寸之一後安於四尺高之處則得强水多而每日略同十六尺高之處常有硫養氣放散四尺高之處略爲無有此可爲所考之據

硫養之數○試此霧與前法略同高十五尺而相距十尺硫養數爲○至一百四十尺爲百分之七十中間之各數不甚改變在五十尺之處爲百分之二十三此爲高十五尺處所試如在高三尺之處其變數比第一圖更

第二圖甲

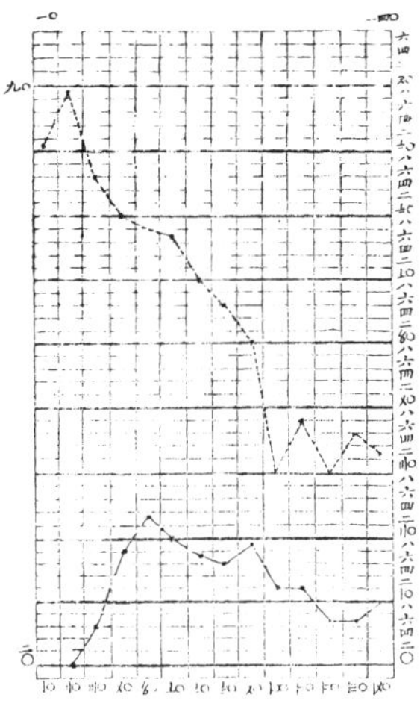

大相距十尺爲百分之八十一再十尺得八十九此爲極大之數後則忽然降下至一百尺之處爲百分之三十再後不多變

第二圖乙

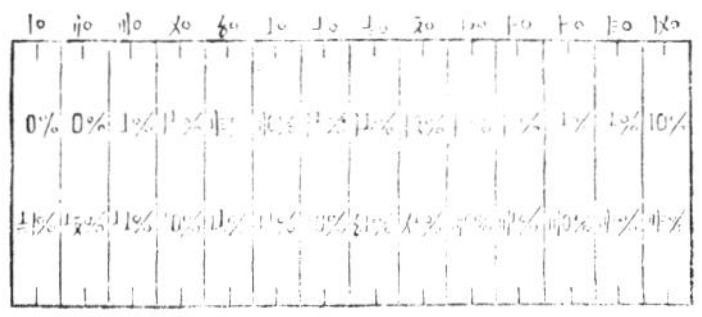

第二圖甲橫線上爲鉛房長之尺數縱線上爲百分數實線爲高十五尺之數虛線爲高三尺之數如第二圖乙

是圖各行內之數爲含硫養之百分數與第二圖甲相配

如將第一圖甲之實線與第二圖甲之虛線相比又第一圖甲之虛線與第二圖甲之實線相比則知其分別甚小惟第一圖硫養氣最多在鉛房之近頂最少在鉛房之近底第二圖硫養最多在近底最少在近頂

第二圖甲乙之比例表

第一表

比例數	離鉛房端尺數
一 一•二 一•七 二 二•七 三 三•二 三•三 三•七 [illegible]○	三○ 一三○ 一三○ 一四○ 一○○ 一一○ 八○ 四○ 七○ 九○ 六○ 五○ 一○ 二○

第二表

比例數	離鉛房端尺數
一 一•一 一•二 一•六 一•八 二 二•二 二•三 二•五 二•七 二•九	一○○ 一二○ 一四○ 一一○ 一三○ 九○ 八○ 七○ 六○ 五○ 四○ 三○ 一○ 二○

淡養之數〇此氣改變不甚多最小數百分之三最大數百分之二十六最大數在一百尺至一百十尺之間至一

第三圖甲

百四十尺處忽降至百分之三如第三圖甲

第三圖甲實線爲高十五尺淡養氣之各數點線爲高三尺淡養氣之各數如第三圖乙

是圖各行內之數爲含淡養之百分數與第三圖甲相配

第三圖乙

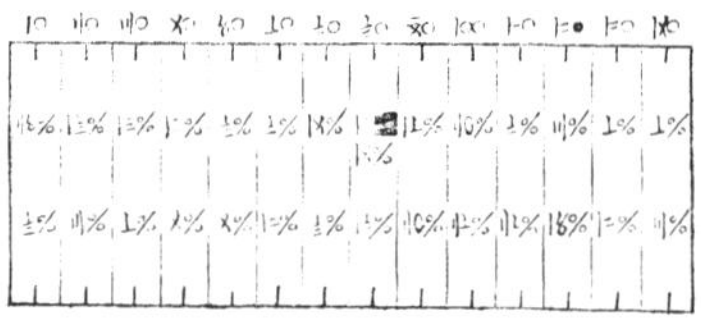

第三圖甲乙各比例數之表

第一表

比例數	離鉛房端尺數
一	一二〇
二	一三〇、一四〇
二•三	六〇、一一〇
二•七	五〇
四•三	三〇、四〇
四•七	七〇、八〇
五•三	九〇
六	二〇
六•七	〇
八•三	一〇

第二表

比例數	離鉛房端尺數
一	二〇、一四〇
一•三	四〇、五〇
二	三〇
二•七	一〇、七〇
四	六〇、一三〇
五	一二〇
五•七	八〇
六•五	九〇
八•七	一〇〇、一一〇

以上所考各數之據大有裨於燒造强水之事鉛房所有變化各氣之處並存氣之處以數考之鉛房宜作低而長者則房底强水之面積加大自能變化速更能進氣暢通又凡燒造之時應備一表以顯各熱度相配之水氣數則可免多氣散出而變成之强水自多故必考房內之熱度若干强水之得數若干因熱度爲造强水所最相關者如不慎此費料必多而强水必少並有未變化之硫黃相雜詳論見後

第五章　論淡養氣與硫養氣變化之熱度

前已論小試之各事茲但論二種氣最合宜之熱度其試法與前略同將玻璃瓶盛以二氣而添水少許以寒暑表插於瓶口而至瓶底之水內瓶置於冷水之鍋而加熱令沸鍋內之水亦以寒暑表驗其熱度

第一試瓶內之熱三十六度七分外水之熱四十度三分瓶內稍冷於外水無甚變化

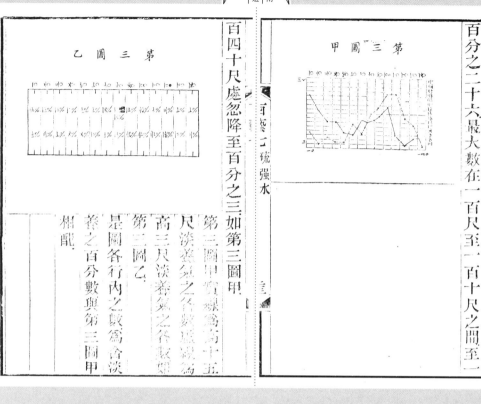

第二試鍋下加熱漸大所記各數於左

時刻之數	瓶外熱度	瓶內熱度	變化之事
○分	四十度三分	三十六度七分	無變化瓶內滿紅霧
二分	六十二度四分	三十九度	同上
四分	一百二十七度六分	一百二十二度八分	紅霧漸漸不見
六分	一百五十四度三分	二百度二分	變化極速

將瓶從熱水鍋內取出置於冷水之內漸冷至八十一度五分瓶內之變化仍極速而熱度自能增大

第三試瓶置於冷水之後各數如左

時刻之數	瓶外熱度	瓶內熱度
○分	四十五度六分	八十一度五分
二分	四十五度六分	九十二度三分
六分	四十五度九分	七十六度六分

六分之後熱度不變可見瓶內略至二百度之熱大變化之事始起從第二試觀之變化時自能生熱

瓶留於冷水一日夜後將瓶內之質化分之得數如左

硫養氣	六分二一
淡養氣	無
硫養	九十三分九一
	共一百分一二

試時之熱度瓶內總不至水沸界而幾及乎水沸界化分時之熱度瓶內四十六度九分外水四十七度三分

第六章　論鉛房內各處之熱度

前章言硫養與淡養二氣在二百度之熱變化始大茲考鉛房內變化最多處之熱度並若干之熱度為最宜此事不能於一日之內試定必須每日在鉛房之數處驗其熱度而記之歷一年之久將所得之各數列表始更明顯

試熱度之法用自記寒暑表以鉛條繫之從上放下兩小時記數一次每日亦記變成强水之數並强水之色所得之各數與前章試熱度同理

試此事將鉛房分為四處每相距十尺在各處試一次

第一處離房底二十四尺
第二處　十五尺
第三處　八尺
第四處　三尺

第一圖高二十四尺試其熱度其相距十尺至二十尺之間熱度忽然降下八十七度而為一百二十九度後至一百十尺不多改變一百十尺以後則又降下至出氣之處為一百十三度

高二十四尺之處即前言存氣之處氣在此處變化無多除起首十尺之外未有一處至一百三十度者前章第二

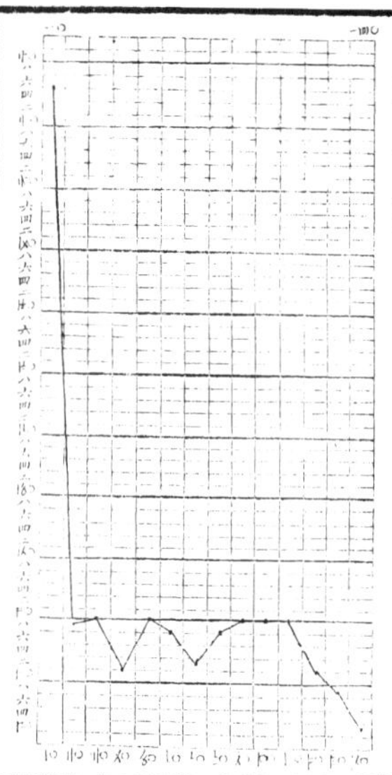

第一圖

試紅霧初散在一百二十二度八分所以鉛房上半無有變化之事只能存氣或能令氣相和此圖內噴氣之處其熱度降下即相距四十尺七十尺一百尺各處也首十尺之內熱度加大之故因近於進氣管之處

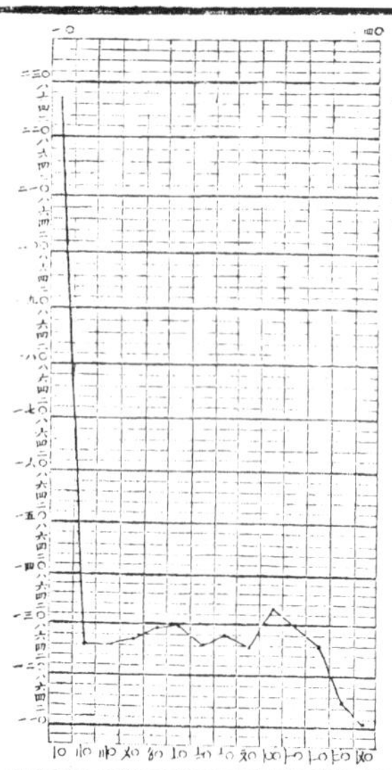

第二圖

第二圖與第一圖略同惟其十尺與二十尺相距之間忽降之熱度大於第一圖即從二百二十七度降至一百二十六度有一百〇一度之數此因進氣管口近於測熱度之處自二十尺至一百二十尺相距熱度不多改變一百二十尺之後則漸漸降下而其熱

度中數為一百二十六度至一百二十八度可見高鉛房之上半殊屬無用

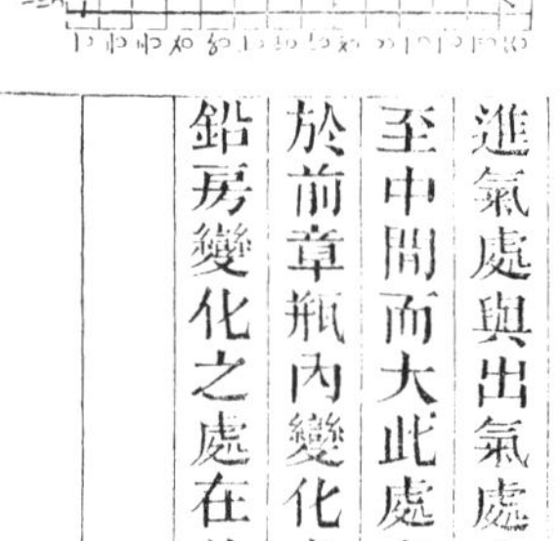

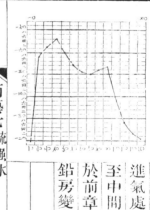

第三圖

第三圖即高八尺處之熱度其中數比前者更大約在一百五十度與一百六十度之間進氣處與出氣處之熱度較小至中間而大此處之熱度略同於前章瓶內變化之熱度所以鉛房變化之處在此

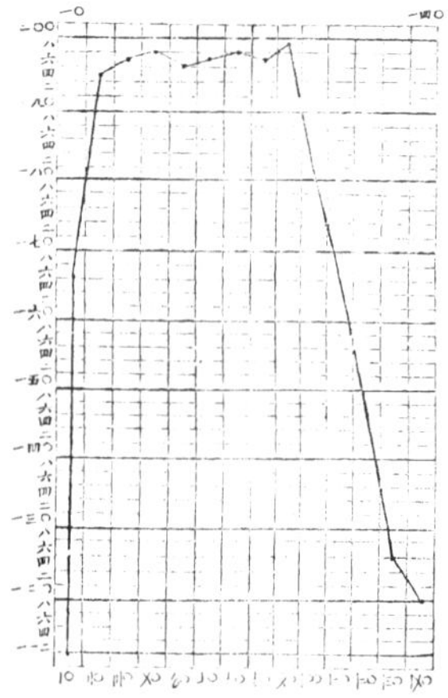

第四圖

第四圖即高三尺處之熱度前已言高三尺為變化最多之處又言硫養與淡養之初變化在二百度之熱故將此兩圖相比可見小試與大造之相關第三圖與第四圖甚是明顯從一百十二度起忽然增大至相距二十尺之處有一百九十五度之熱而各處之熱度大半在一百九十五度至一百九十九度相距九

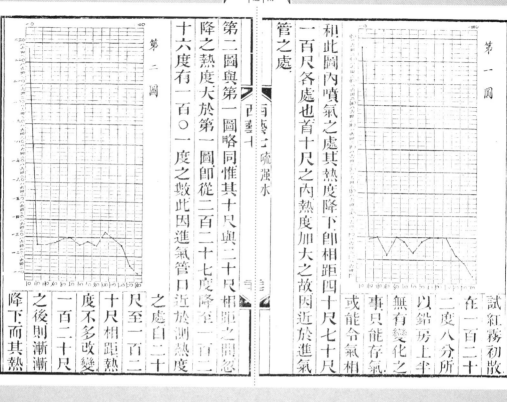

十尺以外者每十尺降二十度至一百四十尺祇有一百二十度。

此熱度爲最宜於造强水考其强水之數略爲理所當然者或加或減其熱度則强水必少。

化合之後已無淡養氣散出收回淡養氣之塔形器內驗其流質之色已屬淡養氣所變驗色之法深紅色爲淡養四淡養五之據淡色者爲淡養之據。

從以上考驗各事之內又知切要之事有三。

一鉛房之式以長而不高者爲善如長一百五十尺濶二十五尺至三十尺高十尺至十二尺爲最合宜之數各氣相遇之面自大。

二房內之熱須二百度應與噴氣之數相配。

三房底必預盛硫强水多少不計約鋪滿爲度。

第七章　論鉛房最宜之式

鉛房造强水之法爲英國伯明漢人名羅伯格所剏至今遵用其理法與前略同。

舊法將硫硝兩物相和焚之置於鉛箱之內封密其箱約方十尺俟若干時開門取出燒硫硝之爐添此料而再納於箱內焚之今觀此法甚粗亦甚奇其病亦易知每開門一次則未化合之氣必散而變化亦停今在鉛房之外作燒料之爐各氣自可透進而不斷蓋司捺又剏噴水氣之法鉛房又漸大其制化學既盛英國之人藉此興財。

鉛房內各種變化之事未有人詳考前已言用鉛房最便之法茲論造鉛房最宜之式視第四章硫養氣即知硫養在鉛房之一端透進並與淡養氣並水氣化合惟鉛房之上半變化甚少近底爲最多所以應作低而長之式使凝水之面積加大此爲近世所未知因混面積與容積也平常人但求容積而不知强水藉底之面積故致强水之得數不足。

鉛房減其高而添其長則通氣之力相等而費亦稍省今列考定之尺寸如後長一百六十尺或可至二百尺無妨濶三十尺或依加長之比例而加濶高十尺雖加長若干不可加高如照此式作鉛房必比現在之高鉛房更好乃燒硫少而强水多。

華而特之法用玻璃管與玻璃片層疊置於鉛房之內令各氣遇其面而凝成强水先引二氣入副鉛房爲調和之處如一日夜燒硫礦一百四十擔副鉛房可長六十四尺高十六尺濶二十尺二氣在副房調和另噴水氣使起變化即引至正房長二百尺高三尺濶三尺隔成四間各間之强水不同此房內平置玻璃片每片相距一寸擺列之

法先用玻璃或瓷二條略高一寸略與玻璃片等長略近於鉛房兩邊條與片相間叠上至房頂而止其玻璃片之長以便爲度其長二十五尺此後可空四尺如前再安一副再噴水氣於正房之前端足令第四間內之强水重率一·六七五至一·七五此强水亦含淡養與淡養二淡養三淡養四等將此水引回第一間內令過硫養與水氣則放其淡養各氣如玻璃片不便可用玻璃管平置但其玻璃之質不可多含鹼類恐爲强水侵蝕如通氣之力太小則玻璃片之相距可更大玻璃之面積亦愈大愈好所噴之水氣必愼其數如太少而天冷則玻璃片之間有顆粒結成而塞住太多則硫黄多費而淡養各氣亦多費用此法能省容積又省硫黄與硝又省鉛房常欲銹壞而修理之費

谷驪池之法鉛房之高大於其長所進之各氣俱上升

以上兩法俱欲求凝面積而不求容積因硫養凝時一事近於强水面者多而在空處者少故此兩法俱有理

獨來造强水之鉛房只求其大容積華而特之法則相反但其法太繁玻璃片或管必阻通氣之力且兩房所成之事亦與一房相同惟其面積則加大然置玻璃片之處必與燒硫之數有比例如減少硫數則置玻璃之鉛房必作更短而副鉛房亦可減小以今考之其法乃空費玻璃之料耳如不用玻璃而鉛房之高作八尺至十尺隔爲二三間令通氣之力自足費亦不甚大也谷驪池之法原有此意但有一大病因變化最多之處在近底其體旣高則不遇强水之面變化必少若以此平置之豈不更妙總之依化學之理並試過之事確知長而低之鉛房必能用料少而得益多

第八章　論蓋勒色所作之塔形房並硫養氣散出之事

前概論鉛房內之各種變化茲論鉛房以外之事最關切者所有散出之硫養氣

蓋勒色之塔形房其理固佳惟用之不甚便因此房需用强水之重率不可少於一·七五而司此之工人不肯留心其事往往不問重率隨手取得噴入房內又如通氣之力稍不經意則通過塔形房之淡養各氣不能被硫養所收又如燒硫之數亦應與通氣之力有比例

此塔形房更有數種難處如硝强水須多用而太費硝强水之數又難配準所以燒造者難免二弊其一放硫養其二放淡養故尋常所添硝强水從少而任放硫養氣因價小於淡養或言不必用此塔形房數年前哈甫曼在英國造白礬之肆業已設法試用然亦無甚益處

西厤一千八百七十年哈甫曼在布國京師著書論其理

法云用淡養之意能收空氣內之養氣送與硫養氣依此理則硝强水不可飛散設有若干硝强水應能使無數硫養氣變成硫養祗須常添空氣而已但此理雖屬甚巧而亦不能得其利又言硫養氣經過含硫養之淡養則淡養變爲數質與硫養相合爲顆粒而不多成淡養各氣以上所言硫養之重率爲一·六七五至一·七一四者如硝强水所含硫養水爲一·五三二而令硫養經過則變成甚多淡氣此氣之弊與變成淡養氣之弊略同其故因硫養不濃遂與淡養各氣結成顆粒哈甫曼試得此理令水氣噴入鉛房內之數合於能成一·七一四之强水則所用之硝强水比尋常用者可更少如鉛房內之强水偶小於此數則必添以一·八四七之强水補使濃如依此法則燒硫一百磅只用硝强水一磅

英國造白礬之肆名司本司改變此法用鉛房三座相連第一房通以硫養與淡養以尋常之法得强水重率一·五其第二第三兩房不噴水氣得强水之重率爲一·七五卽將此兩房之强水流回第一房則一·七五之强水遇一·五之强水遂放所含之淡養因是可省所需之硝司本司云初時每六日用鈉養淡養四噸二擔後用此法漸減至三噸而所成之强水比初時稍多每六日成强水九十噸至一百噸重率一·八四五又云後日想能減至二噸則六日內可省二噸二擔已過於一半

此法原爲蓋勒色之變法雖不用塔形房而其第二第三兩房之强水流回之意其理仍同

此法之大病强水必致銹壞鉛房司本司亦言不信哈甫曼之理

淡養各氣之放散世人雖知是病然亦不求其根源而設法改之因未考所以放散之故以爲無奈此氣何而無法收回殊不知化學之理不可有放散之事設有之卽是作法之不善蓋勒色所剏之塔形房無有新法之益只能補舊法之病

燒造强水之廠大概有硫養氣散出卽有數法收之如令通過鋇礦而成鋇養硫養此法雖好必阻通氣之力而硫養究尚有散出

曼尺斯達有造鹼之廠其硫强水鉛房放散之硫養氣每一立方尺所含之數列後

一千八百七十二年六月初十日	百分之三分一三
六月二十一日	百分之三分九〇
六月二十二日	百分之三分六六
六月二十九日	百分之五分六五

從此知空氣內之硫養氣甚多有數處燒造之肆云其廠內所散每百分有十二分至十五分者

此爲大有害於人與物者極宜示禁同於十一年前禁止輕綠之例如設此例則燒造強水之肆亦能得利蓋既禁之後必能深思不散之法遂因此而省料

曼尺斯達之格致家名羅司荷云出氣管內之氣每立方尺含硫○厘二五但此數甚少疑其尚未考準尋常燒造之肆多於此數二倍有餘後日各肆果能詳考此中奧妙而使近於鉛房之隣不受硫黃之病誠爲甚善如每立方尺氣內不多於半厘則無有大弊

是書本意將歷試成效之事列論殊有裨於燒造之家惟此事盡屬化學之理尋常司廠務者固無講求此學是以不能深知肯綮今有此書示諸斯乎

江南製造局科技譯著集成

工藝製造卷

第壹分冊

西藝知新·製肥皂法

《西藝知新·製肥皂法》提要

《西藝知新·製肥皂法》兩卷，美國林樂知（Young John Allen, 1836—1907）口譯，海鹽鄭昌棪筆述，光緒十年（1884年）刊行。底本爲Adolph Ott之《The Art of Manufacturing Soap and Candles》，1867年版。此書爲《西藝知新》續集第二種。

此書兩卷，附圖九幅，附表六種。卷一主要介紹肥皂製造所需之各種機器設備、原料；卷二論述肥皂的製造方法。

此書內容如下：

製肥皂法一

第一章 論器具

第二章 論生料

第三章 論驗鹻水法

第四章 論造鹻水法

第五章 論製肥皂之油

製肥皂法二

第一章 論沸肥皂法

第二章 論新法

第三章 論家常肥皂

第四章 論盥沐各式肥皂

第五章 論化分肥皂

西藝知新卷十二　製肥皂法一

美國　林樂知　口譯
海鹽　鄭昌棪　筆述

第一章　論器具

論甑鍋　有借用熱汽法或用火煑法鍋甑之造法不一或其甑以木爲者或用熟鐵或用生鐵或用磚內襯以瓷石加釉大小不等自二百軋倫至四千軋倫襯瓷本之臝紬爲之然鍋大者有數美可省柴火省工夫省鹻水如用油一百磅則鍋用三十五軋倫盛油一噸重一千二百四十磅則鍋用七百軋倫接口甑上大下小而鍋底有塞門扭其關捩則放無鹻之水以便再加鹻水　磚造之甑雖造價較昂而能留熱不散其鍋亦可以磚造祇爲借用熱汽之需不能用火煑借用熱汽法借他處鍋爐熱汽用鐵管通至肥皂鍋內　若用火煑則鍋不

第一圖

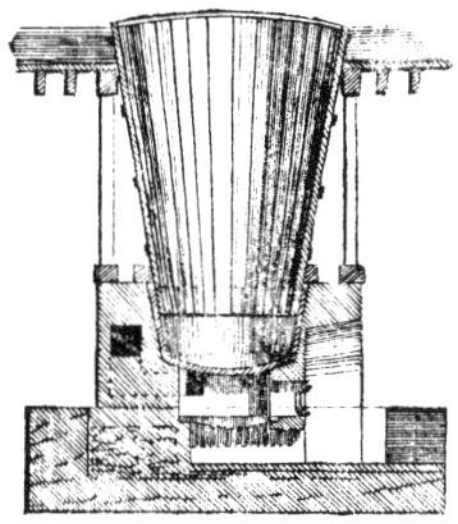

能不用鐵惟金類之鍋得熱易漲得冷易縮一漲一縮甑與鍋接口之縫必致鬆裂須愼防之磚鍋之厚薄視甑之大小爲率甑內所襯瓷石須加釉令滑其內外交縫處須用潑助和

蘭之沙上潑助和蘭出於意大利能受火力見水益堅　彌縫之其外加以鐵箍則倍形堅固

以上圖式顯明煑肥皂之鍋甑全體鍋上之甑以木爲之上旁地板而鍋竈埋於地中肥皂在甑鍋內不過半截至煑沸漲騰直高至甑頂倘借用熱汽則汽管必重加熱度卽於鐵汽管外用火重加熱度西名蘇不蓍得通至鍋內肥皂料倍加沸騰兼可助攪調之用

論生鐵鍋　生鐵鑄成之鍋祇爲小肥皂作所需若大肥皂坊則其鍋用生鐵而其甑必用磚造或用木爲之凡生鐵鍋以薄者爲美蓋鍋所以能薄者鐵之肌理必細而緊且容易截削然鍋用熟鐵較生鐵更佳並可經久其鍋邊以鐵皮爲之如中國用以做煙通之鐵皮　亦比生鐵更堅有洞亦易脩補若生鐵鍋一壞卽無用矣上等鐵皮其性輭韌鍋底要八分寸之三至半寸爲最厚其上邊要十六分寸之三或四照鍋之大小爲之鍋愈大則鐵加厚其與甑接口處勿令有漏縫下底四邊釘須敲平俾用槳攪調不致有礙總之燒煑時小心照顧勿使鐵倏漲倏縮用畢須洗淨乃可經久至五六年不鏽爛

論火煑法　造法令火燄在鍋底旋行然後上出煙通雖至極沸火燄祇在鍋底不令上炎免致肥皂料有焦也免

第二圖

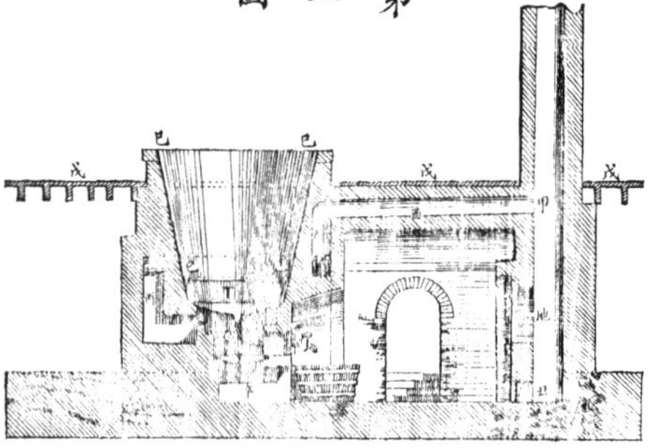

火上炎之法其故有四　一火燄要在鍋底正中　二磚用火磚能令回熱向內　三燒用白硬煤（此煤出於美國）熱度多而焰不多　四火達煙通處如爐底槅襯一般大小使風由鐵槅而上其煤可以燒淨

右圖係用火煑之鍋爐式　其甑用磚造內抹以西們脫（按西們脫即潑助和蘭沙土之類見水能硬不為水所化）甑之四已字處即火燄所不到處其上口闊者肥皂沸漲時不泛溢於外也乙字即燒煤之處未字即鐵槅襯辛字即灰落之處火燄自乙字曲繞西字轉至煙通甲字即煙通下有地字處即通煤之所丑字即出煤灰處鍋底有小管管有關捩塞門扭之可放出無鹻之淡水戊字處即地板鍋甑在地板下而甑口出地板不過三尺高地板或用木板或用石板或用鐵板皆可每甑可出二百四十擔肥皂（每擔一百十二磅）

論借用熱汽煑法　平常熱汽（二百二十度）與重加熱度之汽皆可用然重加熱汽較平常火煑之熱汽有數美以重加熱度之汽入鍋令肥皂沸滾而不變為水所以另製熱汽鐵管盤旋鍋內否則鍋下做成夾底令熱汽走入夾底內苟變為水有管可放出也熱度愈大則鹻水愈辣若熱汽變水則鹻味沖淡即失肥皂之力矣今化學家講求化學工夫總用重加熱度之汽為多因省工夫省煤且沸滾迅轉令鹻與油易於化合用此法不獨大肥皂坊大得利益即小肥皂作亦得益不少　鍋爐八尺長三尺對徑有三十磅壓力每一禮拜可成一百擔肥皂又應明曉有幾許熱度之汽重加熱度用煤較火煑更省兼可無庸細心防範又用重加熱度之汽可增用多甑分汽管以通之不若火煑之法一爐只煑一鍋也又有一妙處甑可以木為之熱度之應增應減有關捩以啟閉之又鹻與油雖極滾沸而不致有焦房屋雖小亦便於用

論貨孛得（紐約人名）煑肥皂汽機鍋爐法

圖內甲字是平常鍋爐丙字即塞門可啟閉乙字即熱汽管丁字處即重加熱度之火爐戊為加熱之汽管已字聚汽處即外入空氣與下升熱汽會聚之所庚字吸空氣之管辛字為塞門有關捩扭之以為添空氣之用子字即空氣與熱汽並行之管通至甑內者也丑字指汽管通至鍋

底横管甲字即指横管左内有洞十餘箇以噴熱汽左外

第三圖

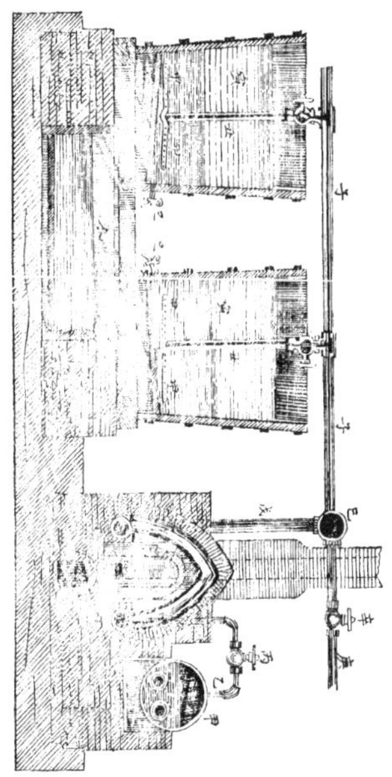

即無洞右外有洞十餘箇以噴出熱汽右内即無洞或左外有洞左内即無洞右内有洞右外即無洞如是肥皂沸滚隨熱汽噴力而順轉不至彼此逆拒而鹻與油自調勻也巳字闗捩放淡鹻水處未字即盛淡鹻水之櫃覩此便知鹻與油先置甑内然後令鍋爐熱汽由鐵管通至丁字爐加熱由管上升通入各甑如欲攪調鹻油令勻不必用人力只須略開辛字塞門令空氣一入甑内即滚轉自爲調勻也如欲加熱汽則令開丙字塞門欲甑内肥皂不滚則閉辛字塞門蓋開辛字塞門欲其滚轉調勻不令生鍋巴也此汽機係貨孛得創造倘有人要知詳細即函至美國紐約孛勞得會街第三百九號一問可也

毛非德甑鍋用熱汽管剖面圖式

第四圖

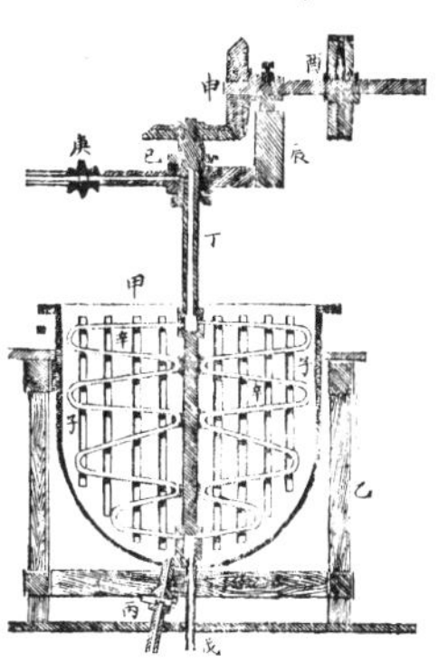

其所以爲此式者欲令多得熱汽沸滚兼代攪調令勻之法下有細管如丙字處有闗捩以放淡鹻水丁字指直汽管至甑内中段實心令熱汽轉入横曲管盤旋至甑底而出不使一直下行也直汽管如軸上下均有軸襯己字處即軸襯上口有蔴絲裹緊不令漏氣鍋底軸襯亦然熱汽由庚字管貫入丁字管分入横曲管辛字即指横曲管照甑之大小作三四面横曲管均可上下皆與直汽管相通横曲管附貼之直條或用木爲之不過欲令横曲管堅固而已有此横曲管附直汽管轉旋肥皂倍加攪調申字即齒輪酉字即皮帶皮帶一轉則齒輪亦轉直汽管即隨之旋轉熱汽由横曲管轉到甑底無不周徧勻調鍋底下有放淡鹻水管汽有變水亦由此管出也此甑鍋式較他式更爲美善

第二章 論生料

論鉀養　此爲鹻類之一物平常市販者爲植物所出之鹻生鉀養置於極熱之火爐內燒熟即名曰潑而賴斯市售之潑而賴斯實心成塊尙有藍點並略有紅點此內有鐵鏽與鉀硫未淨也須化分令淨白便成薩爾打打鉀養出於樹木之灰以水瀝出其味極辣者是也將辣水曬乾即成鉀養復置於極熱火爐內燒之欲燒淨雜質便成潑而賴斯近時有在石類內得鉀養石名否勒司怕每百分內有十七分鉀養又美國有兩邦出綠色沙亦有此料每百分內不過五分製肥皂所用取其鉀養炭養美國有化學師名梅核將極佳之鉀養化分之視其中有無他質化得鉀養炭養第一號百分內有四十三分零六第二號百分內有二十四分零五第三號百分內有十五分第四號有五十六分第五號有五十三分零一第六號有三十八分零四七又化得考斯的（極辣鹻名）第一號百分內有四十九分零六第二號有四十四分零四第三號有三十八分零六第四號有五分零六第五號有四分零四查得第一第二第四號爲上等鹻第三第五爲次等鹻第六爲下等鹻又第二號內有十五分零八不能消化之質第六號內有鉀養硫養百分內竟有五十三分不能化也

論鈉養　鈉養成肥皂較鉀養格外緊要若無鈉養即無以成硬肥皂此料出於南亞美利加洲之佛辣蘇伊拉（即委納瑞辣）又出於北亞美利加洲之墨西哥本地名曰烏勞係屬天生之料近年取用日衆出產日少因復於海草燒而得之大半鹽類質內取出西班牙土耳其兩國所出經由英國運至美國名曰巴里拉化分之百分內有鈉養炭養十五分至三十分又微含鈉硫又有鈉養硫養英國用西班牙天生鈉養者多較人工做成者更好因其成肥皂性韌不易碎也此項天生鈉養又出於花草燒灰得之內含有鈉綠從前法國造橄欖油肥皂用之最多第一次煮加鹽時用之近有一種鹽鈉養可以代替先將鹽鈉養製成鈉養硫養復將鈉養硫養再製成鈉養炭養將鈉養之麤質以水瀝汁曬乾再燒去不合用之質餘下之灰名曰白灰或名鈉養灰毛非德云美國所售鈉養灰百分內有八十分鈉養炭養或辣鈉養亦有此數鈉養較鉀養更純其性情亦準有鉀養內雜以鈉養者以鉀養價昂而鈉養價賤也大顆粒鈉養即白鈉養灰所成化分之每百分內有十七分二之鈉養炭養有結成顆粒之汽水六十二分八

論辣鈉養（即考斯的）　近來市販有成顆粒或爲流質凡製肥皂者用此最便而省事以辣鈉養尤能勻合油料也今市售者有紅白兩種其性同其價亦相若肥皂作家不喜紅

色慮其不合於用甚屬無謂化學師化分時紅色沈下而質仍潔白歐洲各國製辣鈉養用苦末哇末得燒成苦末哇末得出格令蘭亦石類其詳見於他書

第三章 論驗鹻水法

鉀養鈉養辣鈉養等欲辨其質之純雜必需器具開列如左

一小天平砝碼重半英釐至一百二十英釐按四百八十英釐爲英兩一兩英釐曰格零英兩曰昂斯較英兩略輕曰特蘭姆

一玻璃乳鉢　一試驗管一副名脫斯的吾

一玻璃火酒燈　一量甑二英兩　一小鐵曬盆

一磁曬盆　一玻璃濾斗一英兩　一鐵三足架

一濾紙　一藍試紙用力低摹司水浸成

又化學藥料

火酒醇百分酒有九十五分醇四英兩　淡養五即硝強水二英兩

鋇綠二英兩　銀養淡養五二英兩

試驗先定內有多少水次定內有考斯的鹻炭養鹻多少分劑復定內更有何質如此化分明白將一百格零鹻置於鐵泡內將自來火燈或火酒燈燒去汽水試汽水有無將金類片或冷玻璃於鐵泡細管上試之如玻璃面無水氣便知鹻內之水均已化汽飛盡再將此無水之鹻一百格零重蒸之如蒸酒醇一般看百分內剩有若干分淨鹻

次驗鹻水中有考斯的抑有炭養並驗考斯的有若干或炭養有若干假如鉀養或鈉養內有考斯的三分之一炭養居三分之二必其三分之二全變成考斯的纔得製成肥皂

辨驗辣鹻法　用極醕之火酒能化分辣鹻而不害其中之他質今如購得鈉養五十英釐用玻璃乳鉢磨成細粉置於二兩量甑內加火酒半兩九十五分頻頻搖令融化之閱數小時將浮面流質傾入瓷泡內置酒燈上漸漸加熱候其水汽飛盡取下候涼將瓷泡內鈉養秤之便知考斯的有若干如得考斯的二十英釐便知每百英釐可得辣鈉養四十英釐又瓷泡底沈下之質慮其更有辣鈉養在內可再加火酒略爲加熱候水汽飛盡傾出流質秤之免有遺棄又既定鈉養或鉀養有若干鹻質再分出內有辣鹻即考斯的若干炭養鹻若干將鹻質五十英釐置於二兩量甑內盛水以融化之傾入玻璃泡內另用成顆粒之草酸一百英釐在乳鉢內研成細粉略略緩加於鹻質內隨加隨搖或用璃杵攪勻之置酒燈上加熱用藍試紙乘加熱時頻頻試之試得紙上略發紅色即離火便知其中草酸略勝鹻味將餘下之草酸秤之剩有若干假如一百英釐之草酸餘剩有四十三英釐便知五十英釐辣鹻內加

五十七英釐草酸即變紅色如是七英釐零八七草酸能敵過五英釐辣鈉養或七英釐辣鉀養以其酸已略勝於鹻也又辨所化之鈉養內有若干辣鹻有若干炭養鹻如五十七英釐草酸能敵過三十六英釐零二鈉養鹻此鈉養鹻即前試驗五十英釐鈉養中有二十英釐辣鈉養其餘有十六英釐零二鈉養炭養二鹻是也何以知之以有五英釐辣鈉養並有六英釐零六二鈉養炭養二鹻有十六英釐零二辣鈉養即並有二十一英釐零五鈉養炭養二鹻也又以百分計之如四十七分辣鈉養即有五十三分鈉養炭養二鹻也餘倣此　又前化分鈉養時業已明曉百分內含有十分水又百分內化得辣鈉養四十分鈉養炭養二鹻四十三分合共九十三分其餘未化之七分屬他質肥皂作家以無甚緊要而置之然化學家慮有他害必再為化分之始知此七分有屬含綠之質或屬含硫之質置於玻璃器內浸水令澄先加純硝強水少許令發酸再加一點銀養淡養五若是鉀綠或有鹽類質則加銀養淡養五後必有白色沈下在太陽內曬之初發紫色後變為黑色便是真鉀綠矣倘屬硫養先滴一點硝強水再加一點鋇綠必有細而重之白色沈下便知是硫養矣惟是餘下之質內有鈉養硫不能成白色肥皂欲試鈉養內有硫與否祇加一滴酸於其中發出一種輕硫氣如蛋腐之臭便知內含硫質倘發出之氣不十分惡臭用外國紙蘸鉛養醋酸置於鈉養內試之紙如變有薄光棕黑色即是鉛硫便顯出有硫質在其內也

第四章　論造鹻水法

論水　製肥皂瀝灰之水最好用山澗泉水或用大江水否則鹻水不淨因水內有動物植物腐爛之質致雜惡臭不可以造鹻水凡天下之水大都雜有金類滷水（中國井水常有）之所謂金類滷水者或含炭養二之質或含鈣養炭養二之質或含石膏之質或含鈣綠或有鎂質雖此滷水瀝出之鹻水無礙於配製然必多費鹻料是以每一軋倫水內含以上滷水多過十二英釐則此水即不可用此化學化分之不容已也

論造鹻水　鹻水即泡鉀養鈉養之水市售有辣鈉養或有炭養鹻加石灰而成辣者然肥皂作往往自為製造其法如左　一將鈉養或鉀養敲碎（敲碎器如第五圖）用泡過石灰之稠質調勻之候二十四小

第五圖

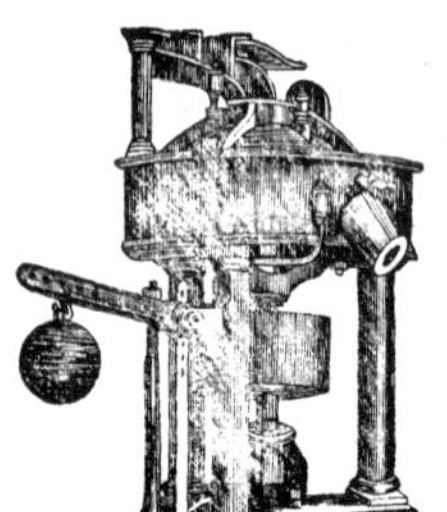

時再加淨水瀝之法國製造鹻水如此有極大之瀝桶或用磚造或用鐵皮造可裝盛二百軋倫至五百軋倫桶有夾底兩底相距二寸至四寸不等上層底有細孔徧滿所以淋瀝鹻水其細孔上面鋪一層稻草以免灰質塞滿細

第六圖

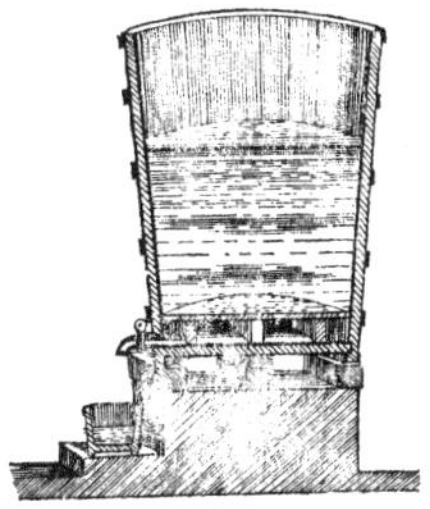

孔將鈉養或鉀養與石灰稠質調勻後置於桶中其兩層底之中間通一小管出桶外俾鹻水流出以小桶接受之如第六圖如是鹻水不十分辣雖其法便

捷而所用石灰稠汁較之以下第二法似更多費其二造法鈉養或鉀養加石灰稠汁在鍋內加熱度調勻則鉀養內之炭養或鈉養內之炭養即離原質而合石灰質結成不易化之鈣養炭養沈下釜底也法國化學師化分定鉀養或鈉養配勻石灰稠汁百分內之鹻不可多過十五分倘鹻質多過十五分則鹻內炭養不能爲石灰化合矣假如一百磅潑而賴斯欲變成辣鉀養須用一百五十軋倫之甑鍋盛八十五軋倫之水或借用加熱之汽或用火煑將敲碎之潑而賴斯稍稍放入隨放隨調又將四十八磅泡過石灰所成之稠汁即於沸滚時隨加隨調但熱度

不可減少並不可將生石灰碎塊攙入致炭養不能勻化也欲驗鹻水之辣度如何將璃盃盛滿鹻水候冷即於濾紙瀝過令淨加一滴硝強水於內即起沫者則不辣不發沫則辣矣不辣則再煑再如上法試之如無沫發起即其中之炭養已盡而辣矣即時離火以蓋蓋之候十二小時至十五小時其石灰質即自沈下然後用虹吸抽入木桶桶內四面用軟鉛皮鑲襯桶底有夾層上層細洞徧滿夾層中有管通外以出水其圖如右

甑桶大小視資本之大小爲之甑桶均有蓋鍋內餘下之鹻水虹吸所不能引過者可再加水令沸仍用虹吸引過桶內惟鹻水之力愈淡耳石灰須用極佳者名曰法脫藍要用若干即泡若干不然在露天受濕其辣性必致散失即鹻水亦然按四夸爾脫爲一軋倫合二湃亞脫爲一夸爾脫合四極爾爲一湃亞脫每百磅結顆粒之鈉養應用生石灰二十四磅每百磅潑而賴斯應用生石灰四十八磅每百磅不結塊之鈉養應用生石灰六十磅此石灰數照前所定之數略增五分之一然以潑而賴斯或鈉養製成辣鹻水所用石灰數照炭養鹻數僅足相化而已假如潑而賴斯有七十分炭養用石灰三十三磅零六即使生石灰已將炭養化盡尚餘有石灰亦無礙於鹻水也

論鹻力鹻以辣爲力

驗鹻水之力有量流質表以玻璃爲之名曰浮表此浮表乃暴麥所製肥皂作均用此當時製此浮表所以試驗極辣淨鹻乃現在各肥皂作之鹻總未能純淨或含鈉綠或含鉀綠及硫養之類此質在水內自比淨水較重假如量驗辣水看浮表百分有十八分此十八分非淨是辣鹻必兼有他質在內且此質在淡鹻水比在濃鹻水更多今用此浮表不過分別彼此濃淡不能確驗鹻力之有若干分數也以下所開之表指明百分鹻水內有若干鉀養若干鈉養較重於淨水若干即以暴麥浮表量而記之

養鈉每百分有	養鉀每百分有	與水較重量	鹻浮表量度
三十二▲四〇	三十三▲四六	一▲三七七	四十
二十八▲一六	二十九▲四	一▲二九九	三十五
二十二▲五八	二十四▲七七	一▲二四五	三十
十七▲七二	二十▲三〇	一▲一九六	二十五
十三▲七七	十六▲四〇	一▲一五一	二十
十二	十四▲三八	一▲一三四	十八
十▲三六	十二▲三九	一▲一一七	十六
八▲六五	十▲九九	一▲一〇一	十四
七▲六九	九▲二〇	一▲〇八五	十二
六▲四九	七▲七四	一▲〇七〇	十
五▲四六	六▲二五	一▲〇五五	八
四▲〇二	四▲七七	一▲〇四二	六
二▲九二	三▲三二	一▲〇二七	四
一▲二八	一▲六三	一▲〇一三	二
〇	〇	無零	無度

有時欲以濃鹻水改爲淡鹻水必須加水夫人而知矣然加水須有一定分數法國陸蔓梅所著加水分度之表首行表明若干鹻水有若干鹻力度數次行表明加若干水數三行表明水與鹻水總數四行表明鹻力因加水後浮表量得若干度製肥皂家可按表加水也

第一表

每十軋倫鈉養鹻表量有三十六度加水自十軋倫至九十軋倫便得浮表辣度

十軋倫三十六度	加水十軋倫	總計二十軋倫	表量二十三度
又	二十	三十	十七
又	三十	四十	十四
又	四十	五十	十二
又	五十	六十	十
又	六十	七十	九
又	七十	八十	八
又	八十	九十	七▲二五
又	九十	一百	六▲七五

每十軋倫有三十六度鹻力秤之正重一百十二磅半

第二表

每十磅鈉養鹻三十六度加水自十磅至九十磅便得浮表辣度

十磅三十六度	加水十磅	總計二十磅	表量二十一度
又	二十	三十	十四
又	三十	四十	十二度半
又	四十	五十	十
又	五十	六十	九
又	六十	七十	八
又	七十	八十	六度半
又	八十	九十	五度半
又	九十	一百	不及五度

每八軋倫▲八鹻水有三十度鹻力秤之正重一百磅

第三表

每十軋倫鈉養鹻三十度加水自十軋倫至九十軋倫便得浮表辣度

十軋倫三十度	加水十軋倫	總計二十軋倫	表量十九度
又	二十	三十	不及十四度
又	三十	四十	十一
又	四十	五十	九
又	五十	六十	八
又	六十	七十	七
又	七十	八十	六
又	八十	九十	五
又	九十	一百	四度半

鈉養鹻十軋倫三十度正重一百零四磅七十五軋倫鹻水加二十五軋倫水正成一百軋倫量得有二十五度鹻力凡十軋倫鹻水欲得浮表三十度鹻力應用辣鈉養二十三磅零二五

第四表

每十磅鈉養鹻三十度加水自十磅至九十磅便得浮表辣度

十磅三十度	加水十磅	總計二十磅	表量十七度
又	二十	三十	十二
又	三十	四十	九度半
又	四十	五十	七度半
又	五十	六十	六度半
又	六十	七十	五度半
又	七十	八十	五度或五▲二五
又	八十	九十	四度半
又	九十	一百	四度

每九軋倫▲六鹻水有三十度鹻力秤之正重一百磅

第五章　論製肥皂之油

論油質　天生自然油有數質即酸類與鹻類合并而成假如平常所用之鹻曰舍否奧蘇打即礦強水之酸與鈉養鹻合而成者即鈉養硫養三是也即油亦然油之酸類與油之鹻類合成為動物或植物之油與金類油大有分別金類油二一鹻合一酸而動物植物之油有數酸合一鹻並有數酸合數鹻平常所遇油之鹻類曰奧格賽特與克里司來立相合而成者（按奧格賽特即養氣為配之質）奧格賽特克里司來立化分離異與水合成格里色令（即油之甜性）造肥皂加鹽時格里色令沈在鹻水之下化於鹽水內　平常所遇油之酸類有三一為瑪加里酸一為司替阿里酸一為哇里以酸瑪加里酸與奧格賽特克里司來立合成之油為瑪加里尼司替阿里酸與奧格賽特克里司來立合成之油為司替阿里尼哇里以酸與奧格賽特克里司來立合成之油為哇里以尼凡油內皆有此三質或多或少則不定瑪加里尼每在各乳油及不乾硬之植物油內司替阿里尼每在牛羊油居多哇里以尼即油之流質動植物之油所不結者是也硬性油與流質油除司替阿里尼哇里以尼外略含有巴辣麻尼（與瑪加里尼相倣）巴辣麻油（椰子樹果內最多）巴辣麻油與他油異另有現成之酸此酸越老越多是以陳年巴辣麻油較之新巴辣麻油更便於成肥皂也昔法國三化學師一查得新巴辣麻油有現成酸重三分之一一查得現成酸重二分之一一查出現成酸有五分之四凡油皆有阿勒布門（如蛋白質）又有色澤又有肉屑渣滓又有他酸香味

論羊油鵞油　法人釋阜儒哦化得其氣味有一種曰吼西尼若分出此吼西尼則油便無氣味矣茲略舉油之本性言之　植物油之稀膩不同有至五度四度仍是流質而不冰結有如橄欖油其質如水至三十二度即凝結椰子樹果之巴辣麻油其質如乳油（特名字）至五十度六十度亦凝結　凡油大都較水略輕譬如一千分水而油不過九百分或至九百十九分惟性情大略相同假如六十五度至八十五度均為流質置於冷水或熱水內油仍不化若置於以脫內即容易消化其味且甜　凡油器開蓋通氣則變有凝結有膩厚有堅硬而均有亮光植物油分兩種一為易乾之油一為永久不乾之油其易乾之種為胡麻子油為大麻油為罌粟花油其不乾之種為橄欖油巴辣麻油甜杏仁油　植物油又有別其初榨之油流質而清其繼榨之油黏膩者多肥皂喜用黏膩之油以其中多司替阿里尼能令肥皂凝結

論椰子油　椰子樹生於南亞美利加洲之巴西國暨印度之錫蘭島孟買麥拉叭（即南印度失人海處）椰子油出於椰子樹果之流質每百分有六十分油色白味甜質膩厚如猪油新鮮者氣味俱佳熱度六十至七十即化爲流質然容易酸變査得椰子油內油酸有六種其最多者黏硬之性用製肥皂其性頗堅韌也又其妙處隨便用幾分即能勻合鈉養䃋而無此餘彼缺之弊不比他油須各有限數也肥皂作坊用者日衆造成一種飛而特肥皂惟椰子油勻合䃋質工夫略緩須加牛油或巴辣麻油則融合較速且用牛油製成肥皂色白而亮性鬆而軟尤合於洗滌衣服也

論巴辣麻油　此油質濃因列於乳油類巴辣麻樹有數種生於南亞美利加洲有生於阿非利加洲西邊有生於東印度有生於大西洋克內利島麥頭埒島巴辣麻樹油色如橘皮黃其新鮮者有香氣如凡獲勒花香（春日開花其色藍）商販有數種其一曰伯里瑪留古斯其二曰西叓陶留古斯爲最佳新鮮之油熱至八十度即化爲流質其陳久者熱度須加增約八十度至九十度之間顧商販有售假者猪油與牛油參勻加巴辣麻油爲色並加香料如巴辣麻之本香然亦容易辨認果屬眞者略加醋以脫即化爲流質其假者雖多加醋以脫而仍不化也巴辣麻油之橘黃色可令變成白色以之製肥皂分外潔白可觀試以鉻養之法爲之其臭味亦香而不失本性鉻養製法見後

論巴辣麻油變白色法　油每千磅用紅鉻養與鉀養五磅再用輕綠酸（擇其濃而辣者）十磅磺强水二磅半先將紅鉻養與鉀養敲細置於熱水內化之巴辣麻油置於木桶內借用一百二十度熱汽將桶之塞門扭閉不令熱汽漏洩以紅鉻養鉀養加入隨調隨加輕綠酸亦隨調隨加每加鉻養鉀養一磅即加輕綠酸二磅逐漸勻加然後以磺强水調入油即變色先發黑色後變深綠色不多時變淡綠色面上浮沫起便成矣取出一杓候澄清如看其色不甚清楚再加鉀養鉻養（西名排鉻露蜜怕合斯）再加鹽强水（即輕綠）與磺强水候半時許即澄清而色白用虹吸取浮面淨油入他桶內加熱汽調之顏色即眞潔白矣製肥皂用巴辣麻油平常作家兼用牛油每百分巴辣麻油居二十分至三十分之間又製松香肥皂亦用巴辣麻油免松香臭味而發明亮

論橄欖油　此油出於法蘭西西班牙葡萄牙意大利希臘阿非利加洲北方又出於地中海各島橄欖油由來已久製法一直不改油有三等一爲新果輕榨之油二爲熱水重榨之油三爲水煑果渣之油其一等上品爲食用所

需次三等油，用以製肥皂，亦可將他油參用，橄欖油性與鹻水配合最速，香味亦佳，法國馬賽肥皂作用之極多，他處有名肥皂名渾朝者，亦參用橄欖油，其法亦一分橄欖油合九分牛油合製之，美國肥皂作用者少，以其價昂貴，僅取以製洗面上等肥皂而已。

論瞿粟花油　取瞿粟花子榨出之油，色黃白，無氣味，如杏仁油，滑而不黏，雖冷至無度，仍不冰結，此油屬於易乾油類，特取以製軟肥皂，法國馬賽肥皂取此油合牛油製之。

論植物油　又有三種，一名伽藍油，其性黏膩，與牛油相髣髴，出於阿非利加洲，一種樹，名孛西雅婆的畱西亞油，色粉紅，其氣味均淡，與鹻水亦易勻合，化學師化分之，每百分內，有八十二分司替阿里尼，有十八分哇里以尼，熱度八十五已凝結，一名司的林奇阿油，出於中國舟山等島，疑即是桕子油 無氣味，熱至九十九度，即化爲流質，一名麥勿拉果樹名 油，係新訪得，用熱水煮麥勿拉果之核，即得油，此果樹出於阿非利加之東莫三鼻格及麥達加斯格島，又印度洋理五吟島，其色略黃，味似可可油，化比牛油更難，熱度須格外加增，用製棕色肥皂。

論動物油　動物油勻合之性，雖與植物油同，而其顏色臭味厚薄則各異，動物油內含司替阿里尼、瑪加里尼，獨多，因此其性較硬，化度加增，且其質之稀膩，亦各不同，如鯨魚有一種名西對西者，油本流質，其食肉之動物，如虎豹豺狼獅熊羆狗等類 油質軟膩，羶臭，食草之動物，如牛羊馬猿之類 二三年嫩壯者，色白無香味，老年動物油少色黃，其一身之油，各有不同，如腰背油較肚腹油逾硬，牝較牡略輭，不獨此也，天氣歲時亦各攸關，溫和帶之動物油，較寒帶之動物油更緊而堅，夏宰之油，較冬宰之油更輭，又牛羊食乾硬生冷之物，其油逾硬，食油餅酒糟者之油，稀如流質，不合用也。凡油之色與臭味，大有關於肥皂，講論者雖津津有味，而此書不及詳載，祇就各油質略陳之。

論牛油　動物油中用最多者，莫如牛油，其色略黃，但其黃爲油內有色之質，可用熱水煮數次以去之，去其黃色質更堅硬，易碎，然不及羊油之白，今法國用熱汽以沸去其黃色，凡牛油得一百十一度熱，能化爲流質，一百二度即復凝結，商販頗多，莫佳於北亞美利加洲之牛油，有七十分司替阿里尼，俄羅斯之牛油，亦好，南亞美利加洲牛油略遜。

論羊油　平常羊油質緊而堅，較牛油白而少羶臭，惟油老則羶臭更重，羊油較牛油更多司替阿里尼，所以製牛油燭暨製司晳阿里尼燭（即今洋市所售白燭）多用之。此羊油與納養合併製出肥皂，其色白淨易碎，每百分內加十五分至二十分猪油或椰子油，能滑潤而略韌，亦易碎。肥皂作用以製洗面肥皂之底質為最多。

論猪油　肥肉之油，市售頗多，美國西邊猪油用熱汽壓力榨出浮油，其質頗膩。猪食莧麥（即珍珠米）者，油更黏膩，又食糟者油稀薄。新鮮之油味淡可口，其流質如乳油，得熱八十一度即化，中有六十三分流質以尼（即嗟里）有三十八分略硬之質，涼度三十或四十，榨出之油（從板油內榨出）為流質，所餘硬渣名曰沙拉司晳阿里尼，祇可用以製燭，不可用製肥皂。猪油在肥皂內為最佳之料質，所成肥皂白而甜，其質甚潔。如欲其於洗滌時多發油沫，製配時略加牛油與椰子油可也。

論馬油　馬油商販亦多，其色在白與棕之間，每一馬之肥肉借熱汽壓力榨出之油，極少五十磅，多至一百磅。用馬油製肥皂，須沸兩三次，然後色白質堅，其臭味不佳。加入巴[菝]蔴油，或以之製松香油肥皂，則無臭味矣。

論骨油　動物骨內之油，十分內約可得五分，其色棕，略白，質似平常流質，最妙用新鮮動物骨。若過久，則骨內油散難以取出，如無重機器榨者，將斧劈開，滾水煮之，其油上浮，用虹吸引至他器，或用沙漉漉出清油，則渣滓可以盡去。倘嫌臭味不淨，照沙奧士法，將硝加入少許，再加硫強水以化硝，用火融化之，則油面發沫，色變淡黃，臭即散去，便有合於肥皂之用矣。

論魚油　魚之類不一，鯨魚亦有數種，有海猪，有陶芬魚，有曉滑爾魚（頭尖有長刀），魚不同，油亦不同。捕魚者割鯨魚肉，置於漏櫃上，油自淋漉，名魚白油。又魚肉煮出之油，名脫令油，亦美惡不同。欲令油質潔淨，加動物炭調之，候一二日後用木炭屑漏篩，令油漏過則清白矣。魚油化質大都稀薄，有腥臭，有酸，有苦，有鹹。魚油本可點燈，製軟肥皂用之，並有以之假冒他油。西國相木鹿皮亦用魚油製之。

論司貝墨油貝墨希的油　西對西鯨魚、陶芬曉滑爾等魚頭內空處有流質油，油內分出一種白膩之油，無異牛油。其流質名司貝墨油，其堅凝者名貝墨希的油。司貝墨油市售有淨白者，其本色棕紫，臭味亦難聞，然此油容易與鹻化合，所成肥皂見水亦易化。貝墨希的油可製堅白之燭。

論哇里以酸（一名紅油）　○此哇里以酸雖非動物油，實即動物油內化出之油，製阿特曼丁燭時偶然得之，商販有兩種：一種為蒸出之油，祇用以製軟肥皂，其氣味不佳；一種為榨出之油極合肥皂之用或以牛油及他油參而用之天時寒冷哇里以酸爲稠質因其內有司替阿里尼（製燭所餘）百分內有十分至十五分並有磺强水在內用時須記得須加鹻水少許令將磺强水喫盡便好用矣

論以拉以的酸　海波難得立酸與哇里以酸相結白如珍珠又如水晶質如牛油名以拉以的酸英國製售獨多以合用於肥皂也（按難得立即淡養海波難得立者言養氣少不足淡養也）

西藝知新卷十三製肥皂法二

美國　林樂知　口譯
海鹽　鄭昌棪　筆述

第一章（論沸肥皂法）

論油鹻勻合法　有初次用淡鹻水（或浮表量鹻力四五度）繼用稍濃之鹻水（七八度）後用濃鹻水（廿餘度）漸次加濃或濃淡相間初加之鹻水浮表十度至十五度繼加七度至十度再加十五度至十八度更加十八度至二十五度有時用哇里以酸鹻水須加濃用二十五度至三十度常例將油先置於甑鍋內隨後加入鹻水油與鹻結凝時不可將不合用之鹽類質參入如鈉養等有鹽須化分去之因肥皂內含有鹽質洗滌時發沫不甚好也若欲用鹽分出肥皂內之淡鹻水即有鹽類鹻水亦不妨事哇里以酸製肥皂初亦用鹽類鹻水如鈉養炭養然味不甚辣用平常壓力每方寸十五磅不能勻合油質成膠每百磅油須加十四磅辣鈉養（名考斯的奥蘇打）惟宜略加重許以美國鈉養已爲水沖淡不純辣也然法國肥皂作用美國鈉養甚多因鈉養鹻與油化合各有分限油既化合鹻後所餘鹻水放出仍可再用凡加鹻水法初加四分之一逐漸加之鹻與油化合先結如乳汁之流質漸加熱度中有成粒之油越熱越清副

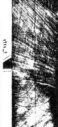

取一滴置舌上倘有辣味則鹻有未盡與油勻合再加熱度令沸重復試之覺有甜味再加鹻水頻頻攪調候鹻水加畢則鍋內變爲一色之流質蓋鹻與油混合爲一不多鹻亦不多油也倘凝結略慢再加極淡之鹻水浮表一度二度之鹻水或將零碎肥皂擲入鍋內則凝結較速又或凝結成膠時鍋底有焦必微有黑氣發出亟減火力再加淡鹻水數軋倫令已結之肥皂上浮淡鹻水在鍋底便不復焦而肥皂已成可取出也總之試驗成膠與否只看攪調之槳上有絲飛裊便知已結膠矣

論分清肥皂法　用鈉養鹻水內有鹽質或用鹽水或竟用食鹽調入鍋內論理肥皂在鹽水內不化或在極辣之鹻水內亦不化若用淡鹻水則肥皂即化爲流質其最易化於鹽水內者惟椰子油肥皂耳椰子油肥皂見海水即化行海者用之故名海肥皂椰子油肥皂內分出各里司里尼即堅硬而刀不可入所以製時不可用鹽製此肥皂須用極辣鹻水二鍋養成不可添水也加鹽水法於沸滾時慢慢加鹽用杵攪勻不可過分多加凡鍋內有一百磅油勻合鹻水欲令肥皂分離淡鹻水用鹽十二磅至十六磅分作六次加之加至一半候肥皂沸滾十分時工夫然後續加視其沸滾肥皂如腐漿內有水分清知肥皂已熟將小杓取出少許候溫熱則不黏置手內捻之有凝結成片便知肥皂已成或視肥皂內有熱氣行走浮面裂縫或無沫發出肥皂已成　又用火煑者沸滾時有水泡浮沫發出待其泡沫沈下發上圓粒即熄火加鹽候數小時開鍋底塞門放淡鹻水可也

論鹻油不偏餘法　鹻與油不偏餘所成肥皂堅厚合度不顯出鹻亦不顯出油自成一肥皂之質所以初凝結時不可過沸所加鹻水擇其中等不可過辣須先分作數次逐漸加入每加一次沸八小時水中之鹻略結即開塞門放水再加鹻水令沸候鹻結再放水如上法隨沸隨加如慮水多而淡即用鹽水或加鹽類鹻水令肥皂與水離以分清之水即放出初取一杓試驗水與肥皂不甚分清知鹻與油尚未勻合應加淡水令沸則凝結較速候肥皂浮面裂縫如冰梅塊形且白而乾亮置掌中搓之如麵粉即可取以入摸印矣

論花紋肥皂　花紋一如中國大理石製肥皂時略加有色之質其所以成花紋者鈉養有一種含鐵硫又有鈉養硫當油與鹻凝結時此二質亦化於油酸勻散在肥皂中有一種黑鐵硫亦化於內化散即不沈下是以結成花紋肥皂初切塊時白地藍花久之藍色變棕因鐵見養氣變

赤赤與藍合便成棕色倘鈉養中並無鐵硫等質則用鐵養硫養計四兩消化於水加入百磅油之肥皂內乃合度矣鐵養硫養獨用不能成花紋惟與鈉養硫化合花紋斯成花紋肥皂含水獨少并無假冒以水多則硫洗即不成花紋也然製此花紋必熟悉火候於加鐵養硫養時視肥皂凝結可取出者亟取出之如更加藍色欲與紅色相間則用鐵養少許敲作細粉於鐵養硫養後加之用槳調勻則紅藍相間而可觀矣

第二章 論新法

論摩雷法國化學師名法 摩雷講究油質以為平常動物植物

之油如油在牛身油在果內本是泡粒流質其一定不易之性情有四 一牛油置於露天則發羶氣惟結成泡粒黏膩或乾結如白粉雖久可以不變其令牛油結成泡粒之法以一百十二度熱之油傾入一百十三度熱水內水中本有五分至十分肥皂調令化之即得泡粒 二平常無泡粒之油如羊油或他質油難得與鹽類鹻辣鹻化合若其油已成細泡粒則化合於鹻極易極速亦視熱度之多少為準每泡粒為鹻水圍繞油即發出格里色令一名各里司里尼不多時每泡粒變成一粒肥皂泡粒內亦含鹻水兩三小時即成矣 三所成肥皂泡粒另有性情加熱一百

四十度泡粒內鹻水迸出惟存平常水汽而已不多時結如玻璃色用槳攪勻後其浮在上面已成肥皂而下一層尚有未化之格里色令鹻水沈下可開塞門放之 四業已成肥皂後欲分司替阿里酸但加淡磺強水少許便成鈉養硫養即油酸分出矣油酸如司替阿里酸哇里以酸等桶內須通熱汽以養肥皂候油酸與鈉養硫養分清後油酸得涼度便結成塊此油酸仍不改變色樣並無臭味得熱度一百三十六度至一百三十八度即化矣油酸內所得哇里以酸清而無色較不化散之油質更佳合用於上等肥皂或獨用或與他油參用均可若去格里色令而獨用哇里以酸

只須用淡鹻水亦能結成肥皂并且容易洗化倘與平常油參用須照第一段製法六小時即結二十四小時肥皂已成且與橄欖油老肥皂一般好也仿此製法不獨省工夫即油亦不散失非若尋常各法放淡鹻水時油隨之出致多散失也法國都城現有摩雷肥皂作每日製油酸成三千磅其司替阿里酸皆分出亦得哇里以酸以製肥皂也

克捺潑人名照摩雷法試驗不錯查得泡粒油無他好處惟與鹻水較易化合蓋成塊之牛油置於鹻水內鹻水只能在油塊外層化合而塊內未與鹻遇之油仍是生油不能

成肥皂也若以甑鍋內之功用確實講論不過鹻與油勻合爲一成非油非鹻之稠質衆人以爲於熱沸時多加攪擾肥皂容易凝結而實則不然蓋熱汽沸滾時每泡粒油之外圈有鈉養司哲阿里酸包裹而泡粒中間鹻水未入不能全變譬猶一塊燒紅之鐵用水滴之水作散點拋滾不能潤入若熱度較少滴水於鐵即時勻化泡粒油在熱汽中亦是同理肥皂凝結大塊其中油質未即全變再加中等辣度鹻水乃可全變火候既足候久斯能熟透而熱度仍不減二百二十度

論畢羅斯法國化學師名製法　用鈉養硫與摩雷不同而不及

摩雷凝結肥皂之妙然亦略有關係因舉其一二言之凡成顆粒之鈉養硫與油勻合以常度熱汽沸之不多時即結成肥皂據云顆粒鈉養硫與橄欖油及水等分配合之或五六日或十日結成稠質即爲肥皂內有格里色令又有鈉養硫黃輕養及餘剩未化之一鈉養硫加熱汽則內含之輕硫散去便成肥皂若是鈉養硫應用若干分所成肥皂與淨鈉養應用若干分所成肥皂無異且較辣鈉養價值便宜有人謂其放散輕硫氣有害於製造工人以予觀之畢羅斯必有法以令輕硫聚束一處以返成硫黃斷不肯令輕硫散失也但所製肥皂雖同而臭味不佳且不能去淨臭味祇可用以洗滌羊毛物件

論榨法　有熱榨法有涼榨法其熱榨法英國有兩種一哮出勝忽里登公司之法一待維士之法借用熱汽復燒鐵汽管以重加熱度用汽之壓力榨之近有美國人名勞直斯用熱度在二百十二度一百度之間據云英國榨法須一小時成膠若照此榨法頗省工夫不過二十五分或十五分工夫已結成稠質油發白色雖次下等油亦可用壓力櫃以造鍋爐之鐵爲之十六分寸之五分厚可裝一噸有奇壓力每方寸有四百磅重有抽氣筩用火力汽機運動以榨壓之肥皂作皆可用所成肥皂格外堅白光亮

並不必用辣鈉養鹻即用炭養鹻亦可成

論倫敦哮吾斯用攪調法　桶用六尺對徑長十二尺裝油二噸半桶中有直柱柱有橫排木條數十柱之兩端出桶外以汽機運轉冷水可以攪沸每桶盛鹻水二十軋倫牛油一百磅與水較重有一二五攪擾三小時水即沸稍定數刻取出置甑鍋內照常法煑之以成肥皂

第三章　論家常肥皂

論鈉養肥皂　前所說堅硬肥皂均用鈉養製造市售有用熱度煑成者有用涼度造成者其用涼度造法見後

格令特肥皂成泡粒者即從甑之浮面取出而鍋底放去淡鹻

水者。畢里特肥皂。不放去淡鹻水。肥皂內仍含水汽造用椰子油居多。以其容易洗化於鹽水。凡肥皂油中多硬質。如司替阿里尼等。便成硬肥皂。明乎此。欲製肥皂以定軟硬。可於用油時酌之。然亦係乎鹻水之濃淡。若平淡之鹻水造成肥皂。較水更輕。惟用暴麥浮表量二十五度至三十度辣力之鹻水。造成肥皂。較水更重。有加鈉養硫養三少許於肥皂內。洗滌時不易消化於水。可以省用肥皂。有一分鈉養硫養。無異陶平肥皂。俗名電氣肥皂洗滌時。去穢極快。又松香肥皂。百分油。或用三十分松香。或用二十五分松香。常例。百磅油。用乾鈉養十二磅半。亦視油質如何。酌量加之。照此造法。用若干油。配若干辣度鹻。應加若干水。各有定數。假如四百磅油。用十二度鹻水。試問用水若干。查暴麥浮表之十二度鹻水。與水較重一〇八五。每一軋倫水重有八▲三三。今即以一▲〇八乘八三三。即為八▲九矣。則是每一軋倫鹻水重八磅。九十軋倫鹻水。便重七百二十磅。表內十二度。每百磅鹻水內。如有鈉養七▲六九。則此十軋倫鹻水內。必有鈉養六八四。此六八四。若在四百磅油內。便為七分之一。即以七而十倍之。為七十軋倫辣鈉養水。則無他質在內。則得之矣。

其一製牛油肥皂法　此項肥皂。價料便宜。需用尤眾。但其方法極多。此編不及備載。祇就法國有名佳製而價廉者。略舉一二　假如牛油用一千磅。先置甑鍋內。用文火化之。加七十軋倫鹻水。至八十軋倫。暴麥浮表量得十度至十二度辣力。頻頻攪調。如有油浮在上面。則油與鹻尚未化合。須將十五度至十八度鹻水。漸加至三十五軋倫。或四十軋倫。油與鹻水便漸漸凝結一色。不厚不薄。用文火煑沸。每一小時。加二十度鹻水。或六軋倫至七軋倫。自初煑至凝結時。有十小時至十二小時工夫。然後用分清法。加鹽水攪之。候肥皂與水漸漸分清。至數小時。其沈下之淡水。扭塞門放去之。再加濃鹻水二十五度。約加至九十軋倫。肥皂上浮鍋底。即不生鍋巴。仍加熱再煑。令沸十小時。或十二小時。加五軋倫鹻水。有沸至四五小時。油已喫足鹻水。即熄火。候一小時。則餘下之鹻水下沈鍋底。即放出之。放出之濃鹻水。浮表量得有二十五度至三十度辣力。再加五十軋倫四度辣力之鹻水。復令緩緩煑沸。頻加攪擾。約一小時有半。或至二小時。即熄火。以蓋蓋閉之。肥皂與鹻水分清。肥皂上浮。鹻水下沈。約五六小時。肥皂尚是流質。不甚凝結。取出置槅內。仍加攪調。當取出時。須留神。勿拖帶鹻水出來。倘嫌牛油有羶臭。則加花香油。能蒸油類。每百磅肥皂。加花香油一兩。或二兩。候七八日。肥皂可切成條塊。　每百

磅牛油製成肥皂應有一百六十五磅至一百七十磅

其二牛油松香油肥皂　松香製肥皂欲令其容易洗化於水以速去污穢松香用有一定分兩如十五分松香配八十五分牛油剛剛合度過此分限則肥皂顏色不佳質地不堅失其準度之妙矣松香越輕越佳如欲製平常便宜肥皂松香用數不可多逾三十三分過此即不合用松香勻合鹻水與油無異每百磅松香應用十二軋倫三十度鹻水有人將松香與牛油一併加入未足佳妙最好以已成之牛油肥皂定質與松香肥皂併和搿松香肥皂須另製也併和後頻頻敲勻攪調加巴辣麻油少許外觀亦

佳　松香肥皂製法先將八十軋倫鹻水置甑鍋內煑沸將松香磨作細粉緩緩加入每五分或六分工夫加十五磅至二十磅略停五六分工夫再行加入直加至一千三百二十磅加松香時用兩人一人加松香一人在旁攪調熱度不可太甚剛剛二百十二度令沸頻頻攪調否則松香結塊不散也約二小時松香與鹻水結成稠質然後以牛油肥皂定質加入攪勻之

其三　椰子油不比他油他油與淡鹻水可勻合成乳汁稠質若椰子加入淡鹻水內油仍浮起而不肯融合也須加辣鹻水浮表二十五度至三十度則椰子油與之化合而成肥皂稠質常例用二十七度鹻水有人將油與鹻水等分對配以製肥皂者法極容易油與鹻水併置鍋內煑沸一二小時攪擾不息候其略略凝結稍減熱度仍頻頻攪調不多時變爲稠質結成肥皂亟行取出置於桶內以其結硬甚速也　又常有牛油與椰子油等分配製或用淨白巴辣麻油與椰子油等分配製成肥皂極佳　又椰子油九十分或至九十五分巴辣麻油五分或十分製成肥皂亦極佳　造椰子油肥皂略加他油但不可過多則所成肥皂與用淨椰子油無異肥皂作家製此肥皂不用鹽水分清

論巴辣麻油肥皂　肥皂作獨用巴辣麻油製肥皂甚少以其價昂貴也大半加松香所成肥皂黃色若用去色之巴辣麻油與去色之松香製成肥皂則淨白也有人於巴辣麻油內加五分至十分椰子油若多加椰子油所成肥皂則爲含水之肥皂以其水不分清也有以巴辣麻油與牛油等分另加松香與椰子油其方如左

一方　巴辣麻油三百磅　牛油二百磅　松香二十磅

又方　牛油五百磅　巴辣麻油三百磅　松香二百磅

又方　巴辣麻油四百五十磅　椰子油九十磅

又方　猪肥油五百五十磅　巴辣麻油一百五十磅　椰子油五十磅　淨松香五十磅

製巴辣麻油肥皂即照製牛油肥皂之法製之如欲加松香須將松香與鹻水煑沸調勻成稠質復加巴辣麻油肥皂稠質調和製成爲佳淨白巴辣麻油所成肥皂色即全白與淨白牛油肥皂無異惟巴辣麻油肥皂見光發白

論哇里以酸肥皂　哇里以酸不獨用以其不易凝結須與豬油牛油合用乃可如用哇里以酸六百磅動物油四百磅與二十五度至二十八度濃鹻水造成肥皂斯佳哇里以酸製法較之以拉以的酸製法更易

論以拉以的酸肥皂　以拉以的酸即淡養名曰難得立酸與哇里以酸化合而成似牛油較更堅實以之造肥皂比上等牛油更佳以拉以的可造硬肥皂並可造含水之肥皂

論息力格（即矽養）肥皂　市肆罕見須多用能消化之玻璃且必熟手而後能造所用之油不可留有纖微之酸因息力格一見酸即沈下而鈉養多發出花形也用浮表量三十五度之矽養百分內不可逾二十分此料在紐約化學師處有出售者

論軟肥皂　軟肥皂均用鉀養製造不比鈉養肥皂堅硬質地純淨以鉀養肥皂不能去淨滓穢洗用倍覺滑膩不發澈也有以鉀養肥皂見水易化價廉而謂較便於鈉養肥皂夫謂爲易化固然然較鈉養肥皂大不相及試以肥皂需用分數論之辣鈉養與油化合只用四十分若鉀養與油化合須用五十六分鉀養價值至少較鈉養加倍由是觀之用鉀養較用鈉養多二倍半若謂與魚油配造價必更廉然則鈉養肥皂獨不可用魚油乎只製軟肥皂用芝蔴油罌粟花油菜油鯨魚油海狗油等各種果油居多當其煑造之初用浮表九度至十一度之鹻水令沸候凝結爲稠質再加二十五度之鹻水煑沸頻頻攪調漸結稠質浮於上面看有裂縫即成取出置槅上以分條塊凡肥皂之等次以鬆緊爲等次

綠色軟肥皂向用胡麻子油爲之近來各作均用鯨魚油色黃再加石灰藍靛硫（藍靛滴礦强水化之加石灰汁令化足即是）化合之便成綠色

黑色軟肥皂加鐵養硫養再用陸茄末泡水加入即成黑色或用五倍子泡水加入亦可（軟肥皂用料質有單見下第五章）

第四章　論盥沐各式肥皂

盥沐所用各式新鮮肥皂比尋常家用肥皂分外純淨以豬油椰子油橄欖油製造添色添香英國上等肥皂大半用熱度煑熟前經敘明毋庸再述茲僅將各式肥皂應用生料表明之美國上等肥皂用涼度製造製法見後

論上等肥皂加色香法　油置銅鍋內（或鐵鍋）用涼度融化之，以細夏布篩濾入他器（有人更用他法令油分外純淨，法照油數加水三分之一煑沸十分工夫，再用夏布篩濾入他器。又有人用百磅油加鹽六兩、明礬粉三兩，令其澄清。又有李顏忙者製香肥皂，先用法分淨肥皂，令其收進香氣，如前法澄清後，每百磅油之肥皂加徧蘇尼四兩、美國花香水一軋倫，緩緩沸滾去其浮沫，如是油質純淨，雖擱數年而不變臭味）。油之熱度不可過一百四度，即於他器內緩緩加鹻水（浮表三十六度），此常例也。如八十磅油鹻水減半用四十磅，若用三十六度以上之辣鹻水，用數再減少之。鹻水清而無色，如在屋內溫和，不必再添熱度。其攪調之物，用黃楊木造成槳式，柄圓而長，下濶而邊薄，可用以鏟鍋攪調，至成稠質時，用槳四圍劃之，視劃痕不即平復，知其質已凝，亟加顏色，或加香料，取出置於桶內，桶用蔴布作襯，每桶盛肥皂，以蓋蓋之，候十二小時，肥皂自發熱有一百七十五度，稠質自為凝結，如此製法，與用熱度製造相等（有人加鉀養水十分中之一於鈉養水中，令肥皂洗化時分外易化，蓋略減其堅性也。此種肥皂用一百磅油可成一百五十磅肥皂）。

扣登名人肥皂表（用辣鹻水配合椰子油、巴辣麻油、猪油、牛油，照涼度製法造之）

肥皂名	頭號椰子油	法京巴黎另勒肥皂
牛油磅數	○	二十
椰子油磅數	一百	三十
巴辣麻油磅數	○	○
猪油磅數	○	八
鈉養鹻水磅數	五十六	三十一
鈉養浮表量度	三十六	三十六
鹽水磅數	○	○
鹽水浮表量度	○	○
鉀養鹻水	○	五
鉀養浮表量度	○	三十六
合成肥皂磅數	一百五十三	八十七

又	渾朝肥皂	頭號首微肥皂	或用	二號首微	頭號瓦興肥皂	或用	又二號	或用	常用之椰子肥皂	或用	或用
○	六十六	六十六	三十三	三十三	六十	三十	四十	○	○	十	○
二十五	三十四	三十四	三十四	三十四	四十	四十	六十	六十	一百	九十	九十
○	○	○	三十三	三十三	○	三十	○	四十	○	○	十
七十五	○	○	○	○	○	○	○	○	○	○	○
五十五至五十三	七十七	一百二十	一百二十	一百二十	一百五十五	一百五十五	一百五十五	一百五十五	二百五十五	二百五十五	二百五十五
三十六	三十	二十七	二十七	二十七	二十七	二十七	二十七	二十七	二十一	二十一	二十一
○	○	○	○	十二	三十五	三十五	五十	五十	七十五	七十五	七十五
○	○	○	○	十二	十二	十二	十五	十五	十二	十二	十二
○	十三	○	○	○	○	○	○	○	○	○	○
○	三十	○	○	○	○	○	○	○	○	○	○
一百五十	一百八十五	一百十四	一百十四	二百二十六	二百四十四	二百四十四	二百七十八	二百七十八	四百	四百	四百

論透光肥皂　用乾硬肥皂消化於火酒內，然他質肥皂非俱能化也，橄欖油肥皂原可用火酒消化，而其質難以堅凝，即令堅實，仍不透光，最好用羊油肥皂，或用松香牛油肥皂，可製透光黃色肥皂。肥皂先須切成薄片，或用刀切，或第八圖機器鏢之，鏢成鋪於硬紙上，曬令乾足，即於光石臼內用杵搗成細粉，以紗篩篩之，加入極濃沸滾火酒內，肥皂變為流質，然後添色添香。火酒之數照大家每五十磅肥皂用三軋倫半火酒，其火酒在浮表量得與水較輕〇·八四九，即用蒸酒器具（名司的勒）或借用熱汽或隔水蒸之，因火酒近火氣易飛散，且金類鍋必有顏色賁出致

第七圖

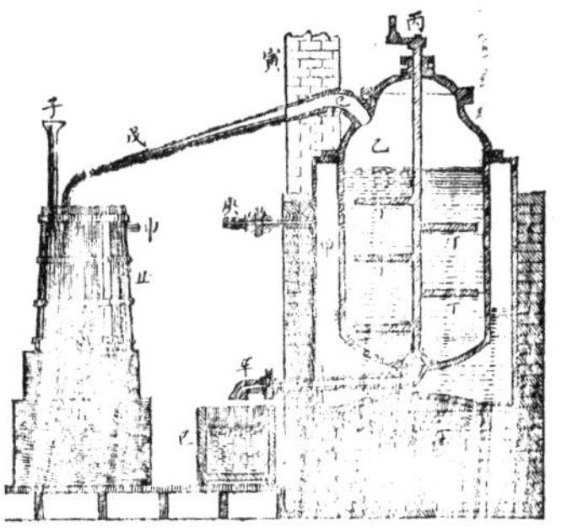

肥皂不淨也。

如圖是蒸酒器具，特爲大肥皂作製用。甲字是盛熱水之鍋，裝於爐竈。倘相近處有大汽機鍋爐，則不必用此爐竈，而盛熱水之器可用木爲之，借用熱汽從庚字鐵管通入甑內。乙字即甑，甑用紅銅造，中有直柱，四旁丁字即直柱之橫枝，丙字爲柱之柄，旋轉之即爲攪調肥皂之用。乙字甑上有蓋，須潔淨。直柱下有管通至鍋外，所以放肥皂流質。己字爲桶，以接肥皂流質。辛字即管之關捩，扭之所以開放肥皂也。甑之肩有一長管，即戊己是也。長管通至丑字木桶，管至箱內曲曲盤旋。子字進冷水之管，中字出熱水之管。冷水較重於熱水，冷水在下，熱水在上。箱下伸出汽管，火酒之汽到此箱內，則變如露水，滴入酉字甑內，復成火酒。蓋肥皂與火酒置於乙字甑內，甑外有甲字熱水鍋，外用火烹，隔層中水沸，甑內得水之熱，火酒亦沸，肥皂之稠質亦化，而旋轉直柱橫枝以攪調之，其化較速。火酒變爲熱汽，行過戊己長管至丑字冷水箱內，曲曲旋繞，經過冷水，即變成火酒，滴入酉字瓶內。如是三軋倫半火酒成汽，復變火酒，有五湃（呧）脫，便知甑內之肥皂不稀不膩而合度矣，即熄火，候餘外各質沈下，然後扭辛字關捩，放出肥皂，但接受之器須爲預備，以便受滿再換。此放出之肥皂流質，傾入模子，模子照肥皂尺寸而加大三分之一，因肥皂冷即收縮，故模子須稍大也。入模之肥皂須候數日始得堅凝，或慮有飛塵致礙顏色，則用細蔴布蘸火酒拭之，即明淨矣。

論顏色　平常新鮮肥皂顏色用金類色，惟上等透光肥皂之色，則用植物色，以此價貴。其紅色用上等硃砂，或用銘紅。其藍色如凡獲勒花色，用富辛（動物油內化出之質），化於格里色令，名曰凡獲勒肥皂。其紅棕色、棕色用卡拉末辣及各種奧姆孛（奧姆孛出於鐵養，或兼有他質）所成。其綠色用鉻羅末青，又用青金石粉。其黃色用巴辣蔴油與牛油所成。其黑色不過用炭黑。若上等肥皂與透光肥皂顏色如左：紅色用血竭（或稱龍血），或用流質之卡耳米尼、玫瑰花紅色，用卡耳太米尼，或用阿耳扣勒。黃色與橘黃色用阿那土，或用紅藍花。藍色與凡獲勒藍色用力低幕司，或用阿勒克納根，或用普魯士藍，或略用藍靛細粉亦可。綠色即以藍與黃參和用之。

論香料　向加香料，取肥皂置槅上，候涼，卽加香料，然香料得熱卽飛散，最好候冷結後，將香與色，調於火酒內，或調於格里色令內加之。如法國肥皂作有一法，候肥皂冷

第八圖

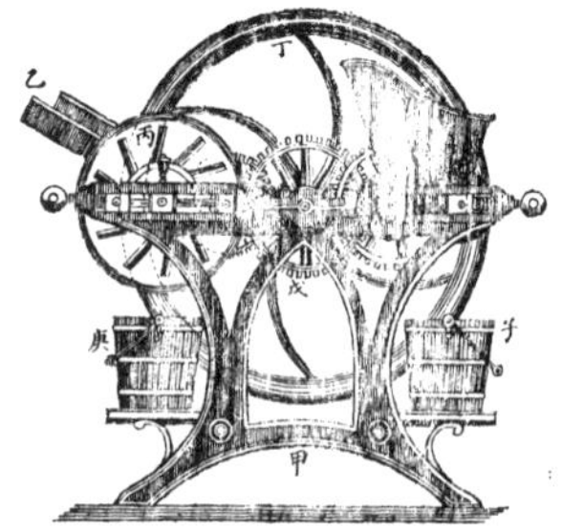

結後加香料，較在涼度加者更覺香氣不走也。其法雖易，頗費工夫，將上等好料明淨肥皂，置於轉鏍機器，鏍成極薄片屑，照肥皂數加色香，復置軋轉機器軋勻之。

其轉動機器，大肥皂作用汽機轉之，此二件機器合併一處，如第八圖。

右圖爲機器之前面，甲字爲鐵座，兩件機器合爲一件機器，後有福來輪，卽大輪，取其重而能轉卽丁字，中有鐵軸，前裝戊字齒輪，齒輪隨福來輪圜轉，則左右兩輪亦隨之轉，右邊輪丙字，卽鏍刀輪，轉極快，鏍刀與輪同轉，乙字卽肥皂自上淌下，與鏍刀相切，鏍成薄片屑，下落桶中，左邊有兩軋倫所用以軋勻色香者也，軋倫隨中間齒輪同轉，將片屑肥皂加色添香，置於辛字鐵斗內，漏過軋輪落於桶中，由是更用切塊機器，如第九圖。

右圖機器名曰秘祿都司，丙字爲桌面，丁字爲桌腳，極爲牢固，上置甲字長方鐵櫃，櫃內有推桿，桿之外端卽戊字，

第九圖

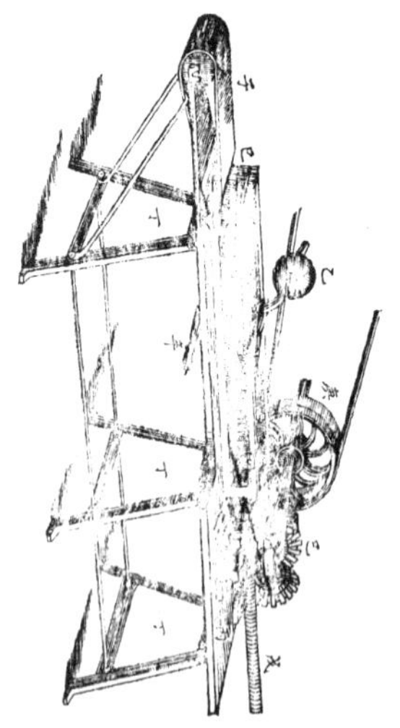

有螺紋，與己字齒輪相切，可進可退，庚爲皮帶，將色香俱全之肥皂裝滿櫃內，蓋閉之，有鐵搭搭緊，乙字爲壓蓋之鐵毬，扭開辛字關棙，令推桿推進，則肥皂於櫃右洞中推出，洞方則肥皂式方，洞圓則肥皂式圓，肥皂出洞，於子字皮帶處有刀切塊，送至印模壓成花樣。

渾朝肥皂方　渾朝有二種，一白，一棕色，其白色如英國頭號渾朝肥皂，用橄欖油一分，牛油八分至九分，配合辣鈉養鹻水，結成肥皂，隨加香料，其餘平常肥皂作於凝結稠質時，加香料，以卡拉危油爲君，而佐以布而格模油，或加拉文特油，或了理茄能油，約植物香油名其上等用開細亞油，

即粗桂皮油　或挨們油，其果形如中國杏仁而實非杏仁　或用麝香少許，並用昂孛格力斯，按印度洋一帶有鯨魚腹中所出之膠，名曰昂孛格力斯，似白蠟色，或黃白，或灰白，有花紋，浮於水面，或謂即鯨魚所吐者，每塊重有六十磅，或重有一百二十五磅，火煑二百十二熱度，即成汽飛散，其香挨鼻　各種攪勻，其香頗美，每百磅擔肥皂加此種香料一磅半，最上等肥皂至少加二磅，法國渾朝肥皂猪油內略加巴辣麻油，其棕色肥皂本是白色，因年久變成棕色，或加卡拉末辣為色，或用恩孛，恩孛即鐵錳合他質而成者　或用棕色了格，了格即各種作顏料之土

蜜色肥皂方　平常蜜色肥皂，不過將上等透明黃肥皂，即松香肥皂　加少許巴辣麻油，或用已成之巴辣麻油肥皂，調勻製成，再添香料，用羅斯奇栁你恩油，一名琴舊格來斯油，譯者曰姜草油　或用布而格模油少許，或用孛合皮那油相佐，更有上等蜜色肥皂，用橄欖油肥皂、巴辣麻油肥皂各一分，白肥皂三分，於其流質凝結時，加巴辣麻油少許，或加阿那土少許，每半磅肥皂加香料油一兩至一兩半，每百磅擔肥皂加香料油一磅至一磅半。

麝香肥皂方　牛油肥皂用麝香，或麝香油，加布而格模油少許，或用昔納們油，或用丁香油，照肥皂等次而加之，其顏色用卡拉末辣，此種肥皂洗盥所用，香著肌膚，久而不散。　昂孛格力斯肥皂製法，與此同。昔納們即細桂皮油

格里色令肥皂方　不拘何等肥皂，每百磅於成稠質時，加格里色令二十五分之一至二十分之一，其色略似玫瑰紅，或橘皮黃，其香味或用布而格模油，或用琴舊格來斯油，稍加桂皮油相佐，或開細亞油與挨們油配合用之。前德國來不息城內大肥皂坊斯得羅咈人名寄來格里色令肥皂方法，用牛油四十磅，猪油四十磅，椰子油二十磅，鈉養鹼水四十磅，浮表量四十度辣力　鉀養鹼水四十磅，浮表量四十度辣力　此鹼水用涼度製造化勻，凝成稠質，加淨格里色令六磅，葡萄可香露半英兩，布而格模油三分英兩之一，挨們油五英兩，弼的阜油三英兩。

挨們肥皂方　上等用淨白肥皂，或加橄欖油肥皂，每百磅加九分之一至七分之一，其香味用挨們油，每四磅半至五磅，加一英兩，每百磅擔內加一磅半為佳，或再於每擔內加開細亞油四英兩至五兩，其次三等挨們肥皂，用淡養五偏蘇里以代眞挨們油。

凡獲勒肥皂方　不論何等白色肥皂，多加奧里斯，花名，其香與凡獲勒花同，其色赤藍　根汁為香味，或用力低暮司為色，或用靑金石粉，或用藍靛，又一法，用白肥皂三磅，橄欖油肥皂一磅，巴辣麻油肥皂三磅，勻化之，加奧里斯根汁為香味，其香與凡獲勒花無異

波盎肥皂方　製法用上等淨白肥皂十七磅半橄欖油肥皂二磅半布而格模油一英兩開細亞油丁香油山式福來斯樹名油太末油各加一特拉姆半尼洛里油一特拉姆其色則加棕色了格磨極細粉加二英兩製法與挨們肥皂同此種肥皂最香人所喜用或去尼洛里而加英國拉文頭花草名香亦佳又一法用白肥皂二十磅布而格模油二英兩又三分兩之二丁香油半特拉姆尼洛里油半特拉姆山式福來斯油三分特拉姆之一太末三分特拉姆之一其色加棕色了格二英兩半

玫瑰肥皂方　巴辣麻油肥皂用轉鏍機器鏍成片屑三磅白肥皂亦鏍為片屑二磅甜水四分湃西脫之一化於明淨銅箱置於熱水鍋內加硃砂粉四分英兩之一為色候涼加上等桂花香油二特拉姆布而格模油一特拉姆半昔納們油丁香油各加四分特拉姆之三羅斯奇柳你恩油半特拉姆調勻傾入無底箱箱置在光石面上便得涼而凝結也其顏色用血竭化於酒內加之或用阿耳押勒或用銀硃為色又一法用白色肥皂二十磅玫瑰花內取出之香露化於酒醕西名過司畢力特羅斯一英兩又三分兩之一丁香油半特拉姆昔納們油三分特拉姆之一布而格模油一特拉姆尼洛里油三分特拉姆之一其顏色加銀硃二兩

昔納們肥皂方　製法與波盎肥皂同有用牛油肥皂及各種油肥皂配合其色用黃色了格每七磅肥皂用四分磅之一其香加昔納們油即上等細桂皮油一兩或用布而格模油與山式福來斯油相佐又一法用上等白肥皂六磅巴辣麻油肥皂三磅半椰子油肥皂一磅加昔納們油一英兩半布而格模油山式福來斯油各加四分英兩之一英國拉文頭香水一特拉姆其色用黃色了格四分磅之一平常肥皂每以開細亞油即粗桂皮油代昔納們油此次三等也

拉文頭肥皂方　渾朝肥皂加英國拉文頭油每七磅肥皂用量杯量一兩至二兩半加之略加布而格模油麝香昂孛格力斯香露其色常例用力低暮司以酒醕化之然後加入或用金類顏料亦可

橘香肥皂方　其製法與玫瑰肥皂同惟加淨尼洛里油略加昂孛格力斯香露葡萄牙香露法國肥皂作加尼洛里油與羅斯奇柳你恩油等分

郎特黎卸香肥皂方　有用昔納們肥皂質或用玫瑰肥皂質或用渾朝肥皂質每七磅肥皂用一英兩至一兩半各種香露以為郎特黎卸之香氣或淨白或加各色聽其

便可也。

意林花香肥皂　白色肥皂，加玫瑰香油一特拉姆，用凡獲勒花香露量杯量半兩，茉莉花(西名載思明)香露量杯量三分兩之一，柏主利香露量杯量四分兩之一，文納拉(出墨西哥)香露量杯量四分兩之一。其顏色加淡綠少許，玫瑰花色略加許，作粉紅色。

潑令末羅斯肥皂方(羅斯花也，潑令末疑是秋葵)　潑令末肥皂質與蜜色肥皂同，其香料配合各種香油，即與考斯力(發)香露同，其色加淡黃並略有淡綠。

剃鬍肥皂方　用上等淨白肥皂四英兩，上等蜜色肥皂二兩，橄欖油一兩，水一調羹，或兩調羹，鈉養炭養一特拉姆，化勻成稠質，加潑露夫斯必立，即含水醕，其香料隨便加之，另加司巴瑪息的(一名司伯麥息的)油一特拉姆，如此造法，用時發沫多，而潤鬍鬚能久也。

珍珠色肥皂方　用新鮮白軟肥皂，即猪油合鉀養所成者，將稠質用瑪孛爾乳鉢(瑪孛爾即白色光石化分之為鈣養炭養)乳勻，凝結白色顆粒，如明瓦屑，略加挨們油布而格模油，開細並油即於乳時隨意加之。

剃鬍肥皂方　用白色硬肥皂鏢成片屑四分磅之一，正酒醕一湃(呱脫)，水四分湃(呱脫)之一，其香露隨所喜而加之，置於玻璃瓶，蓋緊，以溫水溫之，頻頻搖動，令其消化，候澄清，傾入玻璃另器，蓋閉候用。如嫌肥皂太濃，不十分透明，則於未傾出時加正酒醕少許，蓋香料油多加有凝透光，故不如少加為妙。　又一法，用軟肥皂四分磅之一，鉀養水(西名力格奧夫柏台斯)量杯量二特拉姆，酒醕一湃(呱脫)，其香露亦便隨加之，製法同上。凡一湃(呱脫)肥皂水，加麝香油，昂孛格力斯香露十五滴至二十滴，又各種香露加量杯量一特拉姆，或各種香露十二滴至十五滴，隨所喜而擇而加之可也。

第五章　論化分肥皂

試驗肥皂之純雜有數種，軟為鉀養肥皂，硬為鈉養肥皂，並有含水肥皂(名曰非爾特肥皂)，有乾肥皂(名曰格令肥皂)，其合料有兩種，一為松香肥皂，一為油質肥皂，其油質如牛油、巴(辣)麻油、椰子油、橄欖油居多，此外更有各種油，配合鹻水以成肥皂，其上等肥皂油鹻水三者均有定數，肥皂為自成一種物，不多油，不多鹻，亦不多鹽與水，蓋鹽與水一多，即為作偽之賤物矣。上等好肥皂容易消化於火酒，所餘渣滓沈下，每百分內難得有一分不化也，且在滚水內亦化，如蛋白質，凡製硬肥皂或花紋肥皂，百分內不可多逾二十五分水，松香肥皂不可多逾四十分水，軟肥皂不可多逾五十二分水惟椰子油肥皂之水可許多逾五十二分亦無礙也黃肥皂十分至二十五分之油可以松香代之以上分數可永以爲定凖若多逾其數或以他質攙雜代替則肥皂卽降等矣肥皂或雜有他質入以爲肥皂用鹻須加多爲不易消化於泉水泉水有含有鈣養之鹽類質或有鎂養名曰鎂尼卽之鹽類質遇肥皂內之油酸卽合成一質不能消化於水無裨於浣滌之用也然用泉水浣滌物件不必一定用多鹻之肥皂祇於尋常所用肥皂略加鈉養炭養較用多鹻肥皂更妙所有各種肥皂配合各質列單如左

肥皂名（每百分內化分還原質）	油酸	松香油	乾鈉養	乾鉀養	鹽類	鈣養及不化渣滓	水	化學師姓名
美國扣特肥皂	六十七▲五	○	七▲七	○	○	○	二十四▲五	毛非德
花黎得黃肥皂	○	七十四	七▲○八	○	○	○	十八▲九二	鉛德
拷而掰黃肥皂	○	六十四	七▲二九	○	○	○	二十八▲七一	鉛德
又	○	五十六	九	○	鹽與鈣養等 三▲八		三十一	毛非德
囊伯劉肥皂	○	三十六▲二	五▲二	○	鹽與鈣養等 五▲二五		五十一▲九	毛非德
陪的肥皂	○	三十七	五▲五	○	鹽與鈣養等 ○▲五		五十二	毛非德
字得霏爾肥皂	○	三十二▲五 內松香十▲五 油二十二	九▲三	○	一▲七	二	五十五	毛非德
日耳曼扣特肥皂（陳年鉀養所製）	八十一▲二五	○	八▲五五	一▲七七	○	○	八▲四	希侖
又 白色牛油肥皂	七十六▲三	○	鈉養同鉀養 八▲八		○	○	十四▲七	阿本督
又	五十	○	鈉養同鉀養 九▲四		○	○	二十九▲八	阿本督
又	四十五	○	鈉養同鉀養 九▲八		○	○	三十八	阿本督
法國馬賽肥皂	六十七▲六	○	七▲八十二	○	一▲○八	○	二十三▲四	暴烈
又	六十八▲○	○	七▲二五	○	一▲三三	○	二十三▲四	暴烈
又	六十六▲九	○	七▲八	○	四	○	二十一▲二	暴烈
白肥皂	五十▲二	○	四▲六	○	○	○	四十五▲二	德那特
花紋肥皂	六十四	○	六	○	○	○	三十	德那特
英國倫敦鹽沐肥皂	七十五	○	九	○	○	○	十六	郁耳
罌粟花油肥皂	七十六	○	七	○	○	○	十七	郁耳
格來斯哥棕色松香肥皂	○	七十	六▲五	○	○	○	二十三▲五	郁耳
格來斯哥白肥皂	六十	○	六▲四	○	○	○	三十三▲六	郁耳
曼出司德巴辣麻油肥皂	五十六▲六	○	七▲八	○	○	○	三十六	奧義勒
倫敦扣特肥皂	五十二	○	六	○	○	○	四十二	郁耳
倫敦茂林肥皂（卽所謂海肥皂是也）	二十二	○	四▲五	○	○	○	七十三▲五	郁耳
法國福林肥皂	六十二	○	○	十一▲五	○	○	二十六▲五	皁維約
常用之肥皂	四十二▲八	○	○	九▲一	○	○	四十八	式佛羅
綠色肥皂	四十四	○	○	九▲九	○	○	四十六▲五	德那特
比利時綠色肥皂	三十六	○	○	七	○	○	五十七	郁耳
斯葛得蘭爾留澱肥皂（卽菜油所製）	五十一▲六六	○	○	十	○	○	三十八▲三三	郁耳
士耳其甲力波力軟肥皂	四十八	○	○	十	○	○	四十二	郁耳
倫敦軟肥皂	四十五	○	○	八▲五	○	○	四十六▲五	郁耳
曼出斯德軟肥皂	四十二	○	○	八▲二五	○	○	四十七	奧義勒
又	三十七▲五	○	○	八▲八一	○	○	四十四	奧義勒
又	三十六▲五五	○	○	九▲五七	○	○	四十七▲五五	奧義勒

論化分肥皂內水數　將肥皂取外皮若干取中心若干鑢成細粉假如秤得八十英釐肥皂置於或玻璃或瓷燽鍋內層燽鍋內層置肥皂燽鍋夾層內置水水內加朴硝令化足然後用火酒燈加熱令沸兩三小時夾層鍋內硝水沸滾防其沸乾頻加硝水沸數小時將燽鍋內層取出秤肥皂有若干數記之再將肥皂入燽鍋內層置於燽鍋內再沸數小時取出再秤之如其數仍與前秤之數相等便知肥皂內水汽飛盡如八十英釐肥皂只剩六十七英釐除去六十七英釐計算飛散之水數便知每百分肥皂有十六二五水數也餘倣此

論化分肥皂內油數　化分其油數必須用酸以化分之假如八十英釐肥皂置於瓷鍋內加二十倍至三十倍淡磺强水（每十二分水內只有一分磺强水）用火酒燈令沸油即浮在上面欲其油不遺失一點須用白蠟八十英釐令蠟與油化合凝結成塊取出置於濟紙加清水令其漏下用藍試紙試之不變紅色便知油內無酸然後烘乾在瓷燽鍋內用火酒燈令化去水汽化至無響聲爲度知其水汽已盡取下候涼秤之除八十英釐蠟數即知油有若干數也惟松香肥皂則不以此論凡牛油巴辣蔴油椰子油等內必含有輕養三分二五是以化分所得之油數每百分中尚須除三分二五輕養計算方能淨得油酸之數矣照法化分除八十英釐白蠟之數餘下有六十英釐再照每百分中含水三二五以六折算扣去其數是八十英釐肥皂所餘下眞淨油酸有五十八〇五則每百分肥皂內油酸當有七十二八淨油酸之數矣倣此

論化分肥皂內松香數　有先將肥皂加淡磺强水如前法將肥皂化出之油置於冷火酒中化之則油化於火酒不復見有油而松香仍不化取出松香曬乾秤之便知其數但松香肥皂化分不可用白蠟將化出之油搬去置濟紙上用火酒洗去油濟紙上所剩松香曬乾即得其數但此法亦不能淨得松香實數法國蓋伊德（化學師）云松香肥皂用淡磺强水與松香醋置於器內頻頻搖動則松香分出沈於松香醋之下如百分肥皂內有五分松香用此法化之極分明也又有一化學師名釋得蘭出一新法試驗肥皂其法頗美將三百英釐鑢成細粉置於玻璃燽鍋內加輕綠酸（一名梅格綠酸）令滿以玻璃蓋蓋之用火燈令沸全行融化加三四英兩熱水離火候冷結成大顆粒即油酸與松香酸凝結者取出置於清水內以洗滌其輕綠酸及他酸候冷取置鬆紙令收乾其水汽仍用火燈漸漸加熱至沸一二分工夫候水汽飛盡凝結一塊（即油與松香所結者）秤之以

記其數將一百英釐置於六兩或八兩量杯內用濃硝強水加滿漸漸加熱至二百十二度令沸此化力甚大發出硝強水之氣（即淡養）離火候化力已平再用緩火沸數分工夫頻頻攪調仍略略加硝強水候至無氣發出離火候冷取出油酸結成塊者再於淡硝強水中洗淨用法令乾（硝強水不可沾於皮肉一沾即爛慎之慎之）再用微火燉之候無酸氣散出則餘下之物淨是油酸而無松香矣秤其分兩若干與原數比較知所化去之數即是松香之數也但須記明前有若干油數每百分油化合肥皂時總失去四分半只有九十五分半油酸化分時須將此失去油數一併計算乃得油酸準數（凡試驗蜜蠟防攙雜松香亦可用此法化分之）

論化分肥皂內鹻數　肥皂鏍為片屑取八十英釐置於玻璃瓶（瓶式長頸大口）加火酒醋三英兩裝於熔鍋甑距鍋底數分中有熱水外用火酒燈加熱至二百十二度令沸其中有未經化成肥皂之油與松香同肥皂一併消融苟有攙雜不消化之他質亦不能在內消化乘熱用濾紙濾其流質其有未漏過之質在濾紙上須用熱火酒濾之將漏下之流質傾在瓷器內曬乾肥皂內挾有阿摩尼阿指簿鈉（即淡輕養炭養）則沸滾時有阿摩尼阿之香氣發出可以聞而知之瓷器曬乾之稠質火酒業已散去再用清水傾入令有未化成肥皂之油與松香攪勻即其油浮在上面蓋漏過濾紙之流質不過油與松香或非松香肥皂即止有油欲知其鹻數即照第一卷第三章化分之則得之矣　又欲別之為鉀養鹻或為鈉養鹻應須化分而知蓋軟肥皂內有凝結之質亦許有鈉養硬肥皂內亦許有鉀養若無化學各式器具或非化分熟手則必學習數年纔得其法此書不及備載惟有一說可以指陳之凡鉀養顆粒（或名鉀養鹽以其成細顆粒如食鹽也化學所謂鹽者類是）融化於火酒為流質（西名索滷勝）有二一為鉀養顆粒酸一為鉀養紐卓爾鹽（用試紙試之不變紅亦不變藍以不見有酸亦不見有鹻來自成一局外之物故名紐卓爾鹽）不拘何者用鉛綠加人即有結成黃色顆粒重墜沈下如其流質（即索滷勝）淡薄則沈下之工夫略緩最好將鉀養顆粒融化於火酒之流質與鉛綠置於瓷熔鍋內烘乾其中苟有鉀養即時顯出可驗也若鈉養融化於火酒之流質置於瓷熔鍋內加熱度復以火酒加入以火點著看其火焰多黃色便知是鈉養矣　上等肥皂不論用何油製造每百分用鹻不多逾十分倘有多逾十分則所多之鹻祇能化而不能合成肥皂故用鹻有定數

論化分肥皂內攙雜他質數　作偽肥皂攙雜他質有礙於用凡可攙雜於肥皂之質有三類其一為水其二為土

類質爲鹽類質而其質有易消化有不易消化其易化於水者一爲鈉綠一爲鈉養一爲古魯龍鹽一爲硼砂一爲易化之玻璃一爲阿摩尼阿揩薄鈉一爲鉛養醋酸一爲明礬其難化於水者一爲鎂養一爲石灰一爲淨鈣養炭養（西名茶而刻）一爲骨灰（卽動物炭）一爲白泥（此泥只用以造煙筒）此五者不化於水然能化於輕綠卽鹽强水更有輕綠所不能化者一爲銀養硫養一爲砂泥倘市售之沙泥肥皂則不以作僞論也其三屬於植物動物之質有易化於水者一爲甘蔗糖一爲小粉質一爲特司脫令（卽對格司得里尼）一爲膠質其不化於水者一爲肥皂多餘之松香一爲肥皂多餘之油

至化分其水數肥皂內本有理應內含之水數須除此計算其化法見前化分鹻中有無阿摩尼阿揩薄鈉前亦說明油與松香未化分成肥皂加水則油必浮上前亦已說明其二類三類各質用火酒醕化分如前化分鹻法如有不化之質仍不能化將其沈下之質曬乾秤之記數用滚水泡之所有植物動物類金類各質均能消化惟以上所云輕綠所不能化則仍無化之之物也將滚水泡之流質用濾紙濾過以流質爲上號以未漏過之質爲下號上號流質內用銀養淡養五加入卽有白色濃重之硐質沈下便知有鈉綠也若用淡輕四硫加之則沈下黑色濃重之質便知內有鉛也有糖漿嘗之味甜者是若用碘以試之見其內發藍色便知內有小粉漿或特司脫令或爲膠質（將其流質曬乾以火燒之有膠臭者便知有膠）其下號未漏之質無庸詳述以無關於肥皂之用也將下號質加鹽强水泡之如係銀養硫養或沙泥則終不改變若鹽强水沖之卽發浮沫便知爲茶而刻卽淨鈣養炭養也

江南製造局

科技譯著集成

工藝製造卷

第壹分冊

西藝知新·製油燭法

《西藝知新·製油燭法》提要

《西藝知新·製油燭法》一卷，美國林樂知（Young John Allen, 1836–1907）口譯，海鹽鄭昌棪筆述，光緒十年（1884年）刊行。底本爲Adolph Ott之《The Art of Manufacturing Soap and Candles》，1867年版。此書爲《西藝知新》續集第三種。

此書共分兩章，附圖九幅，附表十二種，論述製造蠟燭之原料與方法。

此書內容如下：

第一章　論生料

第二章　論造燭法

西藝知新卷十四 製油燭法

美國 林樂知 口譯
海鹽 鄭昌棪 筆述

第一章 論生料

動物油本不能淨總有連皮帶骨及肉筋夾雜其中須用加熱法以分清之製油家用火煑之其自然之油固化為流質即皮骨肉筋亦煑爛而出油油出盡則縮小成渣市售有現成之油本無庸詳述製法顧有油燭坊喜自為製油是以略敘製法如左

向來取油舊法小油燭坊用之將肥肉切塊置於鍋內加

熱煑之以取其流質之油所餘肉渣可飼雞豚此法固屬省便但其取油不能盡得新鮮之肉苟非當時宰殺隔數時則臭味已變用火煑之往往臭不可聞但取油時皮骨肉筋之渣不免帶有流質而所失之油亦不少製燭者先須關白售肉之家將肉切成小塊風之免有蒸臭之慮

切肉法有用刀切有用機器切成細粒置於鐵鍋鍋有蓋蓋中間有出汽管令沸滾時汽可升散蓋有細鐵鍊牽之可啟閉天氣燥熱肉內含水易乾故煑時須加水漸漸加熱令沸一小時至一小時半初加水時發有白乳色俟水汽飛散油仍清澈其肉爛筋縮時須頻頻攪擾否則鍋底

易焦焦則油有黑色分提不清煑畢取其流質及肉渣傾於柳本漏篩濾入銅箱或銅箱上即用銅製漏器濾之即有他質任其漏下乘其未凝結之先分置於木桶其渣滓重煑再用濾器濾之惟煑時熱度不可過多防生鍋巴視所煑之肉渣起有黑色取以榨之榨出之油色棕紫可以充肥皂之用此舊法固眾人所素曉也

取油新法 油燭坊在城市製油有臭氣為眾鄰所不容因有人想出新法一不用鍋煑一令臭氣上升飛遠法國有名大賽者在一千八百三十四年出一新法將煑肉油所出之輕氣炭氣令入鐵管轉至火爐內令輕炭二氣在

火內燒去鍋蓋上有鐵皮門約居鍋三分之一可啟閉並可攪調又用化料滅去臭氣其法極好將五十分淡硫強水先置於鍋內加一千分油油分作四次加之每次二百五十分隨後再加一百五十分水水內並有五分硫強水此硫強水用暴麥浮表量得六十度者一併煑沸如是油內肉筋有為硫強水所化有為硫強水所滅煑一小時一刻至二小時半然其煑成工夫無須滿二小時也此大賽法也又有名烏立孫者出一新法其詳見於毛非德論肥皂油燭法今特論其大略將肥肉置於不漏氣之甑內借用熱汽噴之每方寸壓力有五十磅約十小時至十五小

時工夫或油化時可多加熱汽壓力然毛非德云多加熱汽雖化油輕快而油色轉爲次等此法不用化料烏立孫器具甑用鍋爐鐵造之縫邊密釘鐵釘甑高較對徑加兩倍半可裝一千二百軋倫至一千五百軋倫甑底有兩層所借用之熱汽即用鐵管通入夾底上有洞所以納肉入甑甑內之肉裝距甑口尚低二尺半蓋上有管壓力大小之漲權譬如欲用六十磅壓力即用六十磅漲權如汽力過限則漲門自開而放汽也旁有塞門扭其關捩可放油以爲試驗也汽如變水水或過多則甑頂漲門一開油必噴出亟須開甑底塞門以放其水甑底有塞門大啟之可放渣滓及他質毛非德云用此法器具

美國西邦最多其油價比尋常略昂然用此壓力製油油中之水內必有未全化之肉質久之易變臭味須以清水洗滌之可使油淨而無臭也

論富倏製油法　其法爲眾佳製之一如第一圖即器具

第一圖

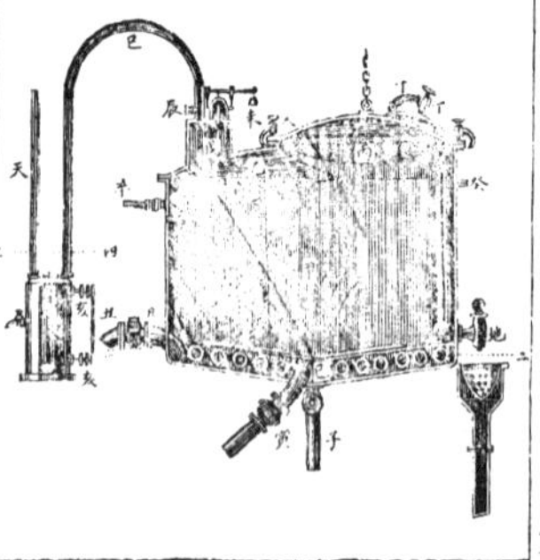

立面式　右圖甲字即指此器以銅爲之乙字即其套蓋有釘密排釘之丙字即套蓋之洞所以納油也洞亦有鐵帽上繫以細鐵鍊可以起落開閉洞蓋旁有螺絲勾搭令其閉緊也丁字即套蓋頂之小洞可以望見底裏有丁字機括扭開則有小洞扭閉

第二圖

第三圖

即無洞矣戊字即其口上有蓋巳字即汽管辰字即小口塞門汽管之汽通至戊字器內變爲流質如不變流質則汽由地字管放出也　如第二圖即第一圖器內諸熱汽管圍繞盤旋之式有直條壓住丑字爲進熱汽之管口汽

管由外圈盤旋至內圈中心汽即從第一圖器底寅字管而出辛字即指小管汽從此管轉至器之中間令熱汽沸滾以調勻其油第一圖癸字管有塞門其管直豎扯之可放平油從此管通至人字塞門塞門有細篩眼如第二圖壬字處油從此篩眼漏過而不漏他質油出人字塞門其下又有一漉器油於此再加濾漉即清澈矣第三圖即第一圖戊字器之中心橫剖面形巳字即熱汽管由蒸油器轉入者地字即出汽管蒸油甲字器內置油一千磅水八十磅淡硫強水二磅又十分磅之四即兩二五磅浮表六十六度用水十六磅以沖淡之然後加入開熱汽管令二百五

十五度熱之汽貫入器內每方寸壓力四十五磅其熱汽在管壓力每方寸只須二十二磅半可也如是漲權不必加重熱汽沸油有氣從巳字管出轉至戊字器行地字管通至爐火燒去其氣即輕炭二氣不至有臭氣外散也

歐夫拉得新法　其器大略與烏拉孫同而用法則異每二百五十磅至三百五十磅鼊油加二十五軋倫辣鹻水每一軋倫派得十分之一至七分之一顆粒辣鈉養而融化者其所以加鹻水者欲消化油內之肉筋即大賽法其沸油之熱度不用火煑而借用熱汽鹻水比水重沸定後自然沈下可開鍋底塞門以放之重加清水再用熱度沸滚沸定停二十四小時候油與水分清取油另儲有人試用此法煑新鮮油則白淨無氣味固佳若煑次下等油多發浮沫又有臭味不盡佳妙若然則用硫强水之法最為合度又有人用此法多發油沫臭氣不少沸定後難與鹻水分清幾幾乎欲成肥皂也

史登新法　此法新出未詳其得用與否如果得用自較勝於他法其法用泡過石灰汁與新炭調勻置於夾層廠布之鍋蓋上令鍋內煑油之臭氣從炭灰透過即化去其臭氣云

丕恩論生肉取油數　火煑生肉每百分可得八十分至八十二分油借用熱汽煑生肉每百分可得八十三分至八十五分油

高的后論生肉取油數　火煑生肉每百分可得八十一分三油借用熱汽煑生肉即大賽法每百分可得八十五分至八十六分油若用火煮不過得八十一分二至八十四分二油據毛非德云用烏立孫法較尋常煑肉油數不過每百分內多六分耳阜斯得云用歐夫拉得法得油八十八分所得之油淡而色白後復於鹻水內得油八分共有九十六分

取淨油法　僅將煑化之油漉瀝則油尚不能明淨須分清油內之質法將油置於水每百磅油加五磅水或用火煑或借用熱汽煑令油與水調勻候水澄下則油上浮或用虹吸或開上管閥捩以取油如油尚帶有黃色則加藍色取一小瓢油用藍靛粉磨勻不過數滴即可去其黃色若用水分清一次而油尚未淨可照上法再用水煑一次則必淨矣當油浮水沈之時油與水交界處油有如魚身油滑之色其水亦不清有人取淨油不用清水煑而用鹽水或礬水或硝水或阿摩尼綠或用他鹽類質水據羅谷云此等水加於油內無他化力惟令油內他質迅速沈下然加此等水時須攪調令勻令水內之油均能遇此各質也

所化之油須分別肉質如牛身則腰油最多新宰之肉所出油較宿肉更多其所餘肉筋用火煑後加壓力榨出其油尚餘肉渣四分此一定不易之準度其榨餘之渣仍不免有油在內約居十分之一

甲必哯尼造硬油法　每千分化清之油加鉛養醋酸七分（譯其義曰錫糖）化於水內調油時加入油內候數分工夫熱度已減將十五分敲碎之香粉內加松香醋一分調入勿加熱勿任涼候不能化之香料沈下而上面凝結即成硬油蓋硬油因鉛養醋酸與油化合無異司替阿里其香粉不過添香味而已據云用此法製油則燭無淚也

開司格蘭製黃蠟令白法　舊法將黃蠟在陽光內曬白新法用熱汽化之熱汽與蠟由鐵管走入大鍋鍋有夾底夾底內亦有熱汽鍋內有熱水蠟化於鍋內所含之他質即沈於水底取出再令蠟與熱汽經過鐵管入鍋澄清如是者三次無不淨白矣

舊法曬法　先將地平密釘樁木用粗厚蔴布製一大曬袱下面襯一篩四角牽牢離平地樁木約二尺高將鏍成極薄片之蠟鋪於曬袱上晝曬夜露即有雨亦可瀊過惟不喜風吹每日將蠟片翻身曬倘露少無雨未免乾燥則略曬水以潤之或蠟片之中尚未全白再鏍再曬此全賴

天氣以令色白有時曬一次其黃色即去總之經過一個月則無不全白惟工夫長久耳與新法相間用之亦可其在鍋內化清之油有模子以成方圓之塊但模子須用水以潮潤之以便容易傾出傾出後即置於清水內洗過取出鋪於紗篩以瀊去其水曬乾裝箱好出售也據云照此法提淨令白每百磅必失有八磅

第二章　論造燭法

論製燭芯　燭芯用棉紗線造有二種一為圓辮一為扁辮而扁辮用者最多平常燭芯以鬆線捲成其製造用機器不少茲不備載其切燭法亦有機器惟賽格斯用機器

第四圖

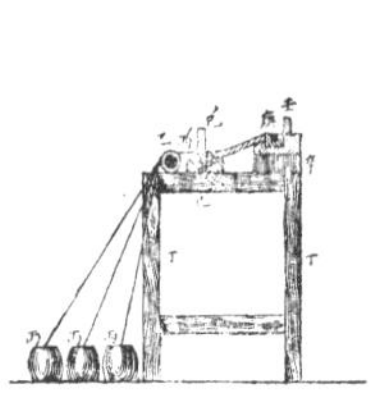

第五圖

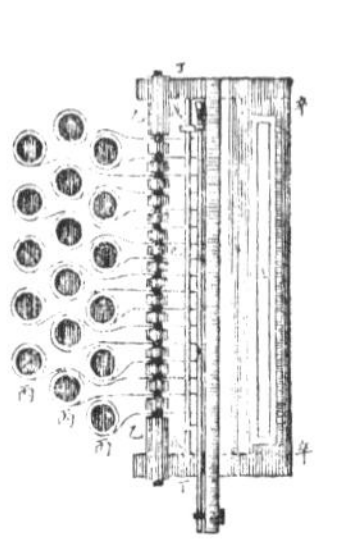

第六圖

法英國各牛油燭芯坊均用之如第四圖機器之立面第五圖機器之橫面丙字即絡棉紗之軸乙字即轉輪軸丁字即克蘭潑所以軋線者也如第六圖夾木有戊字套圈己字即刀如剪庚字為油匣壬字即後面之壓板辛字即桌面活板

如車床可以進退其用法先將絡軸之綿紗線紬去經過輪軸之凹處引至克蘭（潑）移進套圈軋緊將已字剪刀之上爿撳起讓紗線經過入油匣拉至後面壓板壓住即將已字刀之上爿放下剪斷復將克蘭（潑）套圈移開放鬆仍將棉紗線拉入油匣內後面壓板壓住如上法剪斷其尺寸照燭之大小爲之如是循環移動而燭芯層出不窮矣燭芯粗細亦視燭之大小爲定棉紗線有粗細有寬緊不能一律惟造燭之棉紗線須用其鬆紡之線凡扁芯用十六號紗線平常用者八號十二號居多暴雷刊發燭芯表所用棉紗線均屬十六號凡油燭八枝爲一磅者芯用四十二線併爲一條七枝爲一磅者芯用四十五線爲一條六枝爲一磅者芯用五十線爲一條五枝爲一磅者芯用五十五線爲一條四枝爲一磅者芯用六十線爲一條芯之棉紗線辮用十線爲一股或十二線爲一股或十六線爲一股須寬鬆使中空而通氣司替阿里尼燭芯以三股辮成若芯小則所用之棉紗線亦細假如燭四枝爲一磅者則用一百八線爲辮芯五枝爲一磅者則用九十六線爲辮芯六枝爲一磅者則用八十七線爲辮芯八枝爲一磅者則用六十三線爲辮芯法國油燭芯稍纚然製司巴瑪息的燭（一作司貝墨希的）巴辣非尼燭（巴辣非尼煤中所出之黑油用法提淨）其芯相髣髴如是燭與芯相配芯可燒盡無灰也

造燭芯有濇料用阿摩尼鹽鉍鹽（西名鉍斯麥）硼鹽或硼養（三）化而用之浸芯於其中則芯得此濇料燭滅則芯之火亦滅然書中所論各質似屬過烈最妙用便宜之濇料將磠砂化於水中（暴麥浮表二度至五度）以浸辮芯若濇料過淡則滅燭後火仍燒芯深入油內致以後有欲點不能之弊用此濇料浸潤辮芯取置馬口鐵匣內四圍有熱氣可以烘乾有人浸芯不用磠砂水而用阿摩尼燐養（五）更有用硼養（三）二兩又十分兩之四加於十磅水內用極醕火酒三分兩之一硫強水數滴亦佳或以爲濇料不合用不知弊病不在濇料而在棉紗因棉紗未曾喫足濇料故也欲令濇料勻潤棉紗須加酒醕於其中令其容易喫足取以烘乾其水則質寬鬆而中空通氣矣

舊法將芯排掛於橫木蘸油成燭（名曰迭蘸斯）西國小油燭坊有此造法將分清之油融化於木桶桶之上口長三尺濶十寸至十二寸桶深二尺桶底長三尺濶三寸至四寸將排挂之燭芯蘸於流質油內令燈芯黏滿牛油提起擱於架上候油凝結再蘸如上細下粗將燭蘸入熱油內以消融其外層令合度爲率（中國造法亦如此）

澆燭新法　用機器可省工夫令擇眾機器中之最省力

第七圖

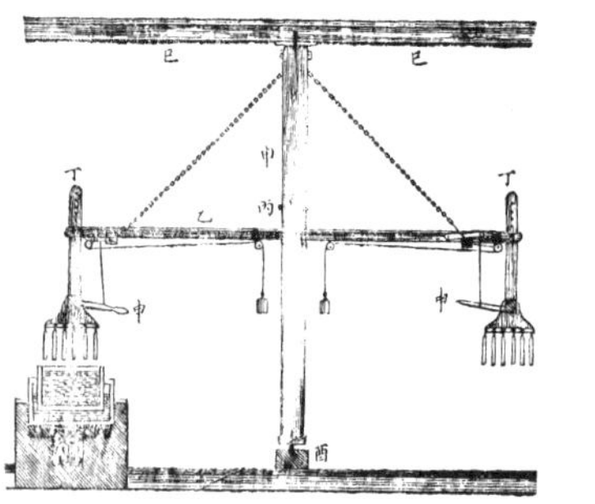

有便益者著之其法即愛登倍蘇格蘭都城燭坊所用如第七圖中間立軸即甲字轉旋為用下軸襯即酉字上軸襯即巳字立軸中間有六洞插橫桿六條如乙字桿之兩端均有丁字架所以懸挂燈芯丁字短柱有小孔數箇以便移上移下有釘管住丁字架懸挂燈芯有六排每排十十枝計六條橫桿各兩端架下燈芯有一千二百九十六枝橫桿兩端一樣輕重故平如衡其轉旋時防有活動因用鐵索牽住丁字架轉到油鍋上將申字柄捺下燈芯即入油內鍋即熔鍋內層盛油夾層內置熱水下即爐爇火觀圖即知其造法整齊便捷且其蘸過熱油之燭轉旋於空氣間即易凝結天氣寒涼時一人管理機器每二小時可出平常燭一千二百九十六枝十二小時可出六輪每輪一千二百九十六枝有七千七百七十六枝

用模澆燭新法　除尋常模子用馬口鐵軟鉛鎔勻製用外復有玻璃模子其長短粗細各有不同其模管上略大下略小插於木架上模管尖底有細孔以通燈芯其燈芯業已浸過油內上有模蓋蓋頂亦有細孔兩端軋緊然後用虹吸將熱油灌入油須滿模冷結後不致裂縫且容易抽拔拔起燭後燈芯仍連引上來油之熱度剛剛融化不可多加熱度據捺不云化油時看浮面略有皺紋即可取以澆燭凡熱天油熱至一百十一度或一百十九度即生皺紋濕和時油熱一百八度天寒油熱一百四度即有皺紋油有用礬水融化者入模後隔宿即可拔去此手藝工夫小燭坊用之大燭坊必用機器也

大燭坊用機器如第八圖澆燭模子剖面式第九圖管住燈芯之箱子即克蘭潑此賡道勒造法也模有匣匣有三層板板有洞以裝模管模匣裝於小輪車每車可裝數十匣廠內鋪有小鐵路先將模管烘熱與油之化度同熱送至油房將油傾入模管小車經過空曠處以便冷結復送至拔燭機器房燭拔出則燈芯連引而上縛住模頂復送至烘房烘熱模管再送至澆油處又送至拔燭房如是周流不息而燭出無數矣如第八圖模子

第八圖

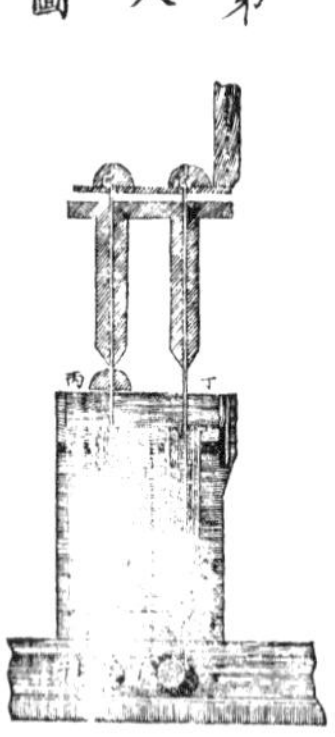

裝於甲乙兩板孔內匣之四圍木板留一面活動可以扯上扯下模底有一墊板墊板中凹凹內襯硫橡皮中有細孔比燈芯更細模底尖頭正壓住硫象皮使油不漏其下

第九圖

有棉紗線燈芯絡軸如子字燈芯抽盡再換丙丁二字處即第九圖之鐵箝箝住燈芯有釘管住鐵箝箝有齒如己字其庚字爲管釘子字爲活動鈎搭兩處管緊則齒箝管住燈芯拔燭時不致滑脫既拔後燈芯即連引而上仍以鐵箝箝住已成之燭可剪去也寅字即機器所以拔燭者

合料法（西名康北才脫）如左　雞絡非你燭（又名西洛番）用大𤓮鍋將司替阿里尼一百分白蜜蠟十分至十一分同化勻候二十分至三十分工夫不可攪動（若一攪動即不能透光）熄火候冷浮面似有皺結將烘熱之模子澆之

透光假蠟燭（西名拔斯搭婆桔即假蠟之謂）法國特必得法每百磅料內九十磅司巴馬息的五磅羊油五磅淨蠟各歸各器融化至併合之時加明礬二英兩鉀養果酸二英兩（均磨作細粉）常攪調不停加熱至一百七十六度熄火候涼至一百四十度（法蘭吼寒暑表量之）俟渣滓沉下而流質流入他器所製之燭費

小而與上等同據毛非德云此種燭用扁芯最好須用硼砂四兩鉀養綠養五一兩鉀養淡養五一兩硇砂一兩化於三夸爾（脫）水內令燈芯浸潤曬乾候用

臺泛你燭　用植物蠟（桕子油之類）二磅半至十七磅半壓過之羊油一磅半至十磅半司替阿里尼二十二磅至四十磅合併融化澆之（拔雞絡非你燭臺泛你燭法國包衣絡所創）

怕拉婆桔燭（即供燭客堂所用）與茂特（人名）官牙燭（官牙有國帖者許其獨享其利）相髣髴然此非眞婆桔也（婆桔蠟也）因其與蠟料相似故名據毛非德云造此燭法將內澆馬口鐵之銅鍋置淨司巴瑪息的七十磅逐漸加白蠟三十磅用文火融化頻頻攪調至多白蠟加至五十磅燭格外透明惟白蠟與司巴瑪息的合料總不如淨蠟點火之經久其加色隨便紅則用卡耳米（尼虫名出墨西哥及西印度島）或巴西木均與明礬參用黃則用籐黃（西名鉛婆黃）藍則用藍靛綠則用藍黃相間而成如欲添香可用香露加之更有分外透明之婆桔燭每百磅清而乾之司巴瑪息的加白蠟六磅半融化澆燭無異茂特燭又有康北才燭（即合料）用椰子油之司替阿里尼牛油之司替阿里尼合用亦省費光亮經久又有孛忙（地名）司巴瑪燭巴（辣）麻油及椰子油榨出之司替阿里尼相合而成（巴辣麻油酸用籐黃爲色即名孛忙燭）

論各浮表 即較輕重表　寒暑表

浮表即量流質之厚薄輕重與水比較其理云何凡水讓物物有若干分兩水亦讓若干分兩試以讓物之水數與在水之物質比較分兩必相等此自然之理製用之浮表量酒則爲酒表量糖則爲糖表量乳則爲乳表量鹼則爲鹼表以玻璃管底有圓玻璃泡中置鉛子一粒或置水銀以令浮表豎立不倒玻璃管上刊有分寸量度其最要者不可沈到底不可浮在面表之準度視水爲準水重一千分如有他質水即重一千分有零其零數即物質重數也有以表之中腰刊定準度如流質比水重或比水輕表上浮則自中間起一數逆數而上表下沈則亦自中間起一數順數而下蓋有重質則表升有輕質則表沈也惟是製以管過長易碎不便是以今製分作兩表一爲量輕質之表一爲量重質之表欲試驗流質有幾許物質於百分內得有若干分則如辣鉀養鹼水浮表量得與水較重有一•○四七應知水內加若干鉀養鹼方合一•○四七之數有如後之第三表有與水較重一•○四七八即爲一千零零四十七餘倣此對行表明每百分內有五分•○○二又如鈉養炭養鹼水浮表量得與水較重一•○七○八有如第六表有與水較重一•○七○八查知結顆粒之鈉養炭養鹼有十八分即

並知無水鈉養鹼有六•○七○也凡流質之濃稀若干其較重於水亦若干此不易之理今通行之浮表業已照表刊明較重之定數每百分內有十八分鈉養炭養者浮表總量到一•○七○八不致參差故表上刊明十八二字於其處也平常所用之表刊有分寸暴麥浮表亦然惟較重於水較輕於水分作兩表其製表法取清而無質之蒸水將新製之玻璃表量之表必沈至底即於表上之水沿處劃一○以爲準度如以之量有質之水即從○處起數又將水八十五分鈉綠十五分合化爲一百分以表量之則表升十五分即於表升之水沿以下至近圓球處分作五十分刊之即已足用此較重於水之表也　其較輕於水之表又有製法將十分鈉綠調勻於九十分水內用玻璃表量之表沈至底假如水內有二十分鈉綠則表升若干度即於表升水沿處劃至近圓球原沈處分作二十分復於水沿以上再照分寸分作數十分亦已足用此等爲比較之表須加於有質之水量之以定分寸今將驗過各質水而刊定分寸列表於後以便於用免臨時量算之煩如後第一表爲暴麥與水較輕之表第二表爲與水較重之表即如鈉養炭養水浮表量三十一度有第二表三十一度之次行著明較重一•二五六二復查第四表一•二五六

二之次行著明百分內有鈉養炭養鹼二十一分便知三十一度有二十一分鹼質也又百度表指明確實物質如量酒量糖水量乳等確指百分內有若干物質各質不等則表亦不等因復列表以便查檢然各質遇熱度加減其質之輕重變異不等必先定寒暑表熱度以示爲準率而製造浮表即依此一定之熱度以造之遇有所量之流質與造表之準度不符者即將流質之熱度改令與浮表準度相符然後量之庶無舛錯暴麥造表以五十四度爲表一定之準率如此流質鹼水內或有他質亦可量明表列於後

第一表

暴麥所製與水較輕表以法輪海寒暑表五十四度爲量流質之準率水爲一數假如表沈至六十度即較輕於水有七千四百四十九之數餘倣此

表度	較輕數	表度	較輕數
三六	〇.八四八八	一〇	一.〇〇〇〇
三七	〇.八四三九	一一	〇.九九三二
三八	〇.八三九一	一二	〇.九八六五
三九	〇.八三四三	一三	〇.九七九九
四〇	〇.八二九五	一四	〇.九七三三
四一	〇.八二四九	一五	〇.九六六九
四二	〇.八二〇二	一六	〇.九六〇五
四三	〇.八一五六	一七	〇.九五四二
四四	〇.八一一一	一八	〇.九四八〇
四五	〇.八〇六六	一九	〇.九四二〇
四六	〇.八〇二二	二〇	〇.九三五九
四七	〇.七九七八	二一	〇.九三〇〇
四八	〇.七九三五	二二	〇.九二四一
四九	〇.七八九二	二三	〇.九一八三
五〇	〇.七八四九	二四	〇.九一二五
五一	〇.七八〇七	二五	〇.九〇六八
五二	〇.七七六六	二六	〇.九〇一二
五三	〇.七七二五	二七	〇.八九五七
五四	〇.七六八四	二八	〇.八九〇二
五五	〇.七六四三	二九	〇.八八四八
五六	〇.七六〇四	三〇	〇.八七九〇
五七	〇.七五六五	三一	〇.八七四二
五八	〇.七五二六	三二	〇.八六九〇
五九	〇.七四八七	三三	〇.八六三九
六〇	〇.七四四九	三四	〇.八五八八
		三五	〇.八五三八

第二表

暴麥所製與水較重表以法輪海寒暑表五十四度爲量流質之準率水爲一數假如表升至六十九度即較重於水有九千七百二十一之數表升至七十度即其數已倍於水而爲二點〇〇〇三矣

表度數	較重數	表度自水沿上起數	較重數
三六	一.三〇〇三	〇	一.〇〇〇〇
三七	一.三二一七	一	[illegible]
三八	一.三三三三	二	[illegible]
三九	一.三四五一	三	[illegible]
四〇	一.三五七四	四	[illegible]
四一	一.三六九八	五	[illegible]
四二	一.三八一五	六	[illegible]
四三	一.三九四四	七	[illegible]
四四	一.四〇九六	八	[illegible]
四五	一.四二〇九	九	[illegible]
四六	一.四三三六	一〇	[illegible]
四七	一.四四七五	一一	[illegible]
四八	一.四六一八	一二	[illegible]
四九	一.四七五二	一三	[illegible]
五〇	一.四九〇一	一四	[illegible]
五一	[illegible]	一五	[illegible]
五二	[illegible]	一六	[illegible]
五三	[illegible]	一七	[illegible]
五四	[illegible]	一八	[illegible]
五五	[illegible]	一九	[illegible]
五六	[illegible]	二〇	[illegible]
五七	[illegible]	二一	[illegible]
五八	[illegible]	二二	[illegible]
五九	[illegible]	二三	[illegible]
六〇	[illegible]	二四	[illegible]
六一	[illegible]	二五	[illegible]
六二	[illegible]	二六	[illegible]
六三	[illegible]	二七	[illegible]
六四	[illegible]	二八	[illegible]
六五	[illegible]	二九	[illegible]
六六	[illegible]	三〇	[illegible]
六七	[illegible]	三一	[illegible]
六八	[illegible]	三二	[illegible]
六九	[illegible]	三三	[illegible]
七〇	二.〇〇〇三	三四	[illegible]
		三五	[illegible]

第三表

表明較重於水究有若干無水鉀養鹼藍成顆粒者中必含水而此則爲無水之鹼

每百分內有若干鉀養鹼數	與水較重數
二八.二九〇	一.三三〇〇
二七.一五八	一.三一三一
二六.〇二七	一.二九六六
二四.八九五	一.二八〇五
二三.七六四	一.二六四八
二二.六三二	一.二四九三
二一.五〇〇	一.二三四二
二〇.九三五	一.二二六八
一九.八〇三	一.二一二二
一八.六七一	一.一九七九
一七.五四〇	一.一八三九
一六.四〇八	一.一七〇二
一五.二七七	一.一五六八
一四.一四五	一.一四三七
一三.〇一三	一.一三〇八
一一.八八二	一.一一八二
一〇.七五〇	一.一〇五九
九.六一九	一.〇九三八
八.四八七	一.〇八一九
七.三五五	一.〇七〇三
六.二二四	一.〇五八九
五.〇九二	一.〇四七八
三.九六一	一.〇三六九
二.八二九	一.〇二六〇
一.六九七	一.〇一五三
〇.五六五八	一.〇〇五〇

第四表

柏臘所製所用以量鈉養炭養鹼水較重之數其玻璃表管刊明分數可按表查其次行載明有與水較重之鹼數也水爲一數假如表升至五十二度便知有五十七千〇四十八之數餘倣此

表上每百分有若干分數	較重於水數	表上每百分有若干分數	較重於水數
二七	一.二六七八七	一	一.〇〇九一四
二八	一.二七八九三	二	一.〇一八二九
二九	一.二八九九九	三	一.〇二七四三
三〇	一.三〇一〇五	四	一.〇三六五八
三一	一.三一二六[illegible]	五	一.〇四五七二
三二	一.三二四一七	六	一.〇五五一三
三三	一.三三五七三	七	一.〇六四五四
三四	一.三四七二九	八	一.〇七三九六
三五	一.三五八八五	九	一.〇八三三七
三六	一.三七〇八二	一〇	一.〇九二七八
三七	一.三八二七九	一一	一.一〇二五八
三八	一.三九四七六	一二	一.一一二三八
三九	一.四〇六七三	一三	一.一二二一九
四〇	一.四一八七〇	一四	一.一三一九九
四一	一.四三一〇四	一五	一.一四一七九
四二	一.四四三三八	一六	一.一五二〇〇
四三	一.四五五七三	一七	一.一六二二二
四四	一.四六八〇七	一八	一.一七二四三
四五	一.四八〇四一	一九	一.一八二六五
四六	一.四九三一四	二〇	一.一九二八六
四七	一.五〇五八八	二一	一.二〇三四四
四八	一.五一八六一	二二	一.二一四〇二
四九	一.五三一三五	二三	一.二二四五九
五〇	一.五四四〇八	二四	一.二三五一七
五一	一.五五七二八	二五	一.二四五七五
五二	一.五七〇四八	二六	一.二五六八一

第五表

表明較重於水究有若干辣鈉養鹼

每百分內有若干辣鈉養數	較重於水表度	每百分內有若干辣鈉養數	較重於水表度
一五.一一〇	一.二三九三	三〇.二二〇	一.四二八五
一四.五〇六	一.二二八〇	二九.六一六	一.四一九三
一三.九〇一	一.二一七八	二九.〇一一	一.四一〇一
一三.二九七	一.二〇五八	二八.四〇七	一.四〇一一
一二.六九二	一.一九四八	二七.八〇二	一.三九二三
一二.〇八八	一.一八四一	二七.二〇〇	一.三八三六
一一.四八四	一.一七三四	二六.五九四	一.三七五一
一〇.八七九	一.一六三〇	二五.九八六	一.三六六八
一〇.二七五	一.一五二八	二五.三八五	一.三五八六
九.六七〇	一.一四二八	二四.七八〇	一.三五〇五
九.〇六六	一.一三三〇	二四.一七六	一.三四二六
八.四六二	一.一二三三	二三.五七二	一.三三四九
七.八五七	一.一一三七	二二.九六七	一.三二七三
七.二五三	一.一〇四二	二二.三六三	一.三一九八
六.六四八	一.〇九四八	二一.八八四	一.三一四三
六.〇四四	一.〇八五五	二一.三九四	一.三一二五
五.四四〇	一.〇七六四	二一.一五四	一.三〇五三
四.八三五	一.〇六七五	二〇.五五〇	一.二九八二
四.二三一	一.〇五八七	一九.九四五	一.二九一二
三.六二六	一.〇五〇〇	一九.三四一	一.二八四三
三.〇二二	一.〇四一四	一八.七三〇	一.二七七五
二.四一八	一.〇三三〇	一八.一三二	一.二七〇八
一.八一三	一.〇二四六	一七.五二八	一.二六四二
一.二〇九	一.〇一六三	一六.九二三	一.二五七八
〇.六〇四	一.〇〇八一	一六.三一九	一.二五一五
〇.三〇二	一.〇〇四〇	一五.八一四	一.二四五三

第六表

駭膚所製表明鈉養炭養鹼水內有若干分顆粒含水之鹼有若干分無水淨鹼

每百分內有無水淨鈉養數	每百分內顆粒鈉養數	較重於水表度
九·六三五	二六	一·一〇三五
一〇·〇〇五	二七	一·一〇七六
一〇·三七六	二八	一·一一一七
一〇·七四六	二九	一·一一五八
一一·一一八	三〇	一·一二〇〇
一一·四八八	三一	一·一二四二
一一·八五九	三二	一·一二八四
一二·二三〇	三三	一·一三二六
一二·六〇〇	三四	一·一三六八
一二·九七一	三五	一·一四一〇
一三·三四一	三六	一·一四五二
一三·七一二	三七	一·一四九四
一四·〇八二	三八	一·一五三六
一四·四五三	三九	一·一五七八
一四·八二四	四〇	一·一六二〇
一五·一九五	四一	一·一六六二
一五·五六六	四二	一·一七〇四
一五·九三六	四三	一·一七四六
一六·三〇七	四四	一·一七八八
一六·六七七	四五	一·一八三〇
一七·〇四八	四六	一·一八七三
一七·四一八	四七	一·一九一六
一七·七八九	四八	一·一九五九
一八·一五九	四九	一·二〇〇二
一八·五三〇	五〇	一·二〇四五

每百分內有無水淨鈉養數	每百分內顆粒鈉養數	較重於水表度
〇·三七〇	一	一·〇〇三八
〇·七四一	二	一·〇〇七六
一·一一二	三	一·〇一一四
一·四八二	四	一·〇一五三
一·八五三	五	一·〇一九二
二·二二三	六	一·〇二三一
二·五九四	七	一·〇二七〇
二·九六五	八	一·〇三〇九
三·三三五	九	一·〇三四八
三·七〇六	一〇	一·〇三八八
四·〇七六	一一	一·〇四二八
四·四四七	一二	一·〇四六八
四·八一七	一三	一·〇五〇八
五·一八八	一四	一·〇五四八
五·五五八	一五	一·〇五八八
五·九二九	一六	一·〇六二八
六·二九二	一七	一·〇六六八
六·六七〇	一八	一·〇七〇八
七·〇四一	一九	一·〇七四八
七·四一二	二〇	一·〇七八九
七·七八二	二一	一·〇八三〇
八·一五三	二二	一·〇八七一
八·五二三	二三	一·〇九一二
八·八九四	二四	一·〇九五三
九·二六四	二五	一·〇九九四

論寒暑表

自人身未能詳辨寒暑度數不能不置一器以辨之顧必得有熱漲冷縮之物而定質之物雖漲不顯氣質之物漲又太甚不適於用則必於流質中求之流質莫如水銀與火酒醋二物人所合用緣水銀熱度雖極高而不沸溢火酒醋冷度雖極低而不冰結於以造玻璃管下綴以玻球玻盛水銀令滿溢至玻管細孔十分之二即於水銀沿處起度數將玻管劃作兩極其下極爲冷度即爲冰化水之度其上極爲沸度即爲水成汽之度如是通行四海無不皆同惟或天氣壓力有厚薄不同則有異耳自冰化水之度起至水成汽之度相距中間勻分度數則寒暑表成矣顧表雖一而分度數之法則有三一曰生晢格雷得之法二曰駱木爾之法三曰法輪海脫之法生晢格雷寒暑表係瑞丹國醫生名舍爾西愛斯所造歐洲各國均用之惟英國則不用是耳駱木爾法國醫生一千八百三十一年所造表之冰化處起度至成汽處止兩人皆同惟中間相距分劃度數各異舍爾西愛斯劃作一百度駱木爾劃作八十度是駱木表之一度較生晢格雷表四分多一分又生晢格雷表之一度較駱木表五分少一分如將駱木度數變爲生晢格雷度數須加四分之一又將生晢格雷度數變爲駱木度數須減五分之一法輪海脫布國人一千七百十四年在丹雪地方製造荷蘭英吉利美利堅用之最多本編所載寒暑表度數均用法輪海之度法輪海表起度之處與眾不同當其製表時用磠砂與冰雪和勻以表量之視其冷度降至某處以爲○圈從此起度上行至冰化之度即三十二度復從冰化之度量至沸度分劃作一百八十度合成二百十二度水滾成汽由是將法輪海表量冰化眞正三十二度生晢格雷表一度即法輪海表一度八分是生晢格雷五度正對法輪海九度法輪海一度即生晢格雷五分有奇假如法輪海八十五度改爲生晢格雷若干度應先將冰化以下之三十二

度除去而作為五十三度以九對五之法算之即生替格雷表二十九度九分四又如生替格雷表度變為法輪海表度亦應先加冰化以下之三十二度以五對九之法算之可也今特逐度算明列表如左

第七表

○為超數之處上字由此超加熱而上行下字由此超加冷而下行所謂負度是也此以法輪海表比較舍爾西愛斯表駱木表

駱木表度	舍爾西愛斯表度	法輪海表度
上八〇	上一〇〇	上二一二
七九 五六	九九 四四	二一一
七九 一一	九八 八九	二一〇
七八 六七	九八 三三	二〇九
七八 二二	九七 七八	二〇八
七七 七八	九七 二二	二〇七
七七 三三	九六 六七	二〇六
七六 八九	九六 一一	二〇五
七六 四四	九五 五五	二〇四
七六	九五	二〇三
七五 五六	九四 四四	二〇二
七五 一一	九三 八九	二〇一
七四 六七	九三 三三	二〇〇
七四 二二	九二 七八	一九九
七三 七八	九二 二二	一九八
七三 三三	九一 六七	一九七
七二 八九	九一 一一	一九六
七二 四四	九〇 五五	一九五
七二	九〇	一九四
七一 五六	八九 四四	一九三
七一 一一	八八 八九	一九二
七〇 六七	八八 三三	一九一
七〇 二二	八七 七八	一九〇
六九 七八	八七 二二	一八九
六九 三三	八六 六七	一八八
六八 八九	八六 一一	一八七
六八 四四	八五 五五	一八六
六八	八五	一八五
六七 五六	八四 四四	一八四
六七 一一	八三 八九	一八三
六六 六七	八三 三三	一八二
六六 二二	八二 七八	一八一
六五 七八	八二 二二	一八〇
六五 三三	八一 六七	一七九
六四 八九	八一 一一	一七八
六四 四四	八〇 五五	一七七
六四	八〇	一七六
六三 五六	七九 四四	一七五
六三 一一	七八 八九	一七四
六二 六七	七八 三三	一七三
六二 二二	七七 七八	一七二

駱木表度	舍爾西愛斯表度	法輪海表度
上六一 七八	上七七 二二	上一七一
六一 三三	七六 六七	一七〇
六〇 八九	七六 一一	一六九
六〇 四四	七五 五五	一六八
六〇	七五	一六七
五九 五六	七四 四四	一六六
五九 一一	七三 八九	一六五
五八 六七	七三 三三	一六四
五八 二二	七二 七八	一六三
五七 七八	七二 二二	一六二
五七 三三	七一 六七	一六一
五六 八九	七一 一一	一六〇
五六 四四	七〇 五五	一五九
五六	七〇	一五八
五五 五六	六九 四四	一五七
五五 一一	六八 八九	一五六
五四 六七	六八 三三	一五五
五四 二二	六七 七八	一五四
五三 七八	六七 二二	一五三
五三 三三	六六 六七	一五二
五二 八九	六六 一一	一五一
五二 四四	六五 五五	一五〇
五二	六五	一四九
五一 五六	六四 四四	一四八
五一 一一	六三 八九	一四七
五〇 六七	六三 三三	一四六
五〇 二二	六二 七八	一四五
四九 七八	六二 二二	一四四
四九 三三	六一 六七	一四三
四八 八九	六一 一一	一四二
四八 四四	六〇 五五	一四一
四八	六〇	一四〇
四七 五六	五九 四四	一三九
四七 一一	五八 八九	一三八
四六 六七	五八 三三	一三七
四六 二二	五七 七八	一三六
四五 七八	五七 二二	一三五
四五 三三	五六 六七	一三四
四四 八九	五六 一一	一三三
四四 四四	五五 五五	一三二
四四	五五	一三一

第七表

將法輪海表比較舍爾西愛斯表駱木爾表○即冰化為水之度由此而上一度熱則以一加上字旁著明之由此而下一度冷一度則旁加下字以辨別之

駱木表度	舍爾西愛斯表度	法輪海表度
上四三 五六	上五四 四四	上一三〇
四三 一一	五三 八九	一二九
四二 六七	五三 三三	一二八
四二 二二	五二 七八	一二七
四一 七八	五二 二二	一二六
四一 三三	五一 六七	一二五
四〇 八九	五一 一一	一二四
四〇 四四	五〇 五五	一二三
四〇	五〇	一二二
三九 五六	四九 四四	一二一
三九 一一	四八 八九	一二〇
三八 六七	四八 三三	一一九
三八 二二	四七 七八	一一八
三七 七八	四七 二二	一一七
三七 三三	四六 六七	一一六
三六 八九	四六 一一	一一五
三六 四四	四五 五五	一一四
三六	四五	一一三
三五 五六	四四 四四	一一二
三五 一一	四三 八九	一一一
三四 六七	四三 三三	一一〇
三四 二二	四二 七八	一〇九
三三 七八	四二 二二	一〇八
三三 三三	四一 六七	一〇七
三二 八九	四一 一一	一〇六
三二 四四	四〇 五五	一〇五
三二	四〇	一〇四
三一 五六	三九 四四	一〇三
三一 一一	三八 八九	一〇二
三〇 六七	三八 三三	一〇一
三〇 二二	三七 七八	一〇〇
二九 七八	三七 二二	九九
二九 三三	三六 六七	九八
二八 八九	三六 一一	九七
二八 四四	三五 五五	九六
二八	三五	九五
二七 五六	三四 四四	九四
二七 一一	三三 八九	九三
二六 六七	三三 三三	九二
二六 二二	三二 七八	九一
二五 七八	三二 二二	九〇
二五 三三	三一 六七	八九
二四 八九	三一 一一	八八
二四 四四	三〇 五五	八七
二四	三〇	八六

駱木表度	舍爾西愛斯表度	法輪海表度
上二三 五六	上二九 四四	上八五
二三 一一	二八 八九	八四
二二 六七	二八 三三	八三
二二 二二	二七 七八	八二
二一 七八	二七 二二	八一
二一 三三	二六 六七	八〇
二〇 八九	二六 一一	七九
二〇 四四	二五 五五	七八
二〇	二五	七七
一九 五六	二四 四四	七六
一九 一一	二三 八九	七五
一八 六七	二三 三三	七四
一八 二二	二二 七八	七三
一七 七八	二二 二二	七二
一七 三三	二一 六七	七一
一六 八九	二一 一一	七〇
一六 四四	二〇 五五	六九
一六	二〇	六八
一五 五六	一九 四四	六七
一五 一一	一八 八九	六六
一四 六七	一八 三三	六五
一四 二二	一七 七八	六四
一三 七八	一七 二二	六三
一三 三三	一六 六七	六二
一二 八九	一六 一一	六一
一二 四四	一五 五五	六〇
一二	一五	五九
一一 五六	一四 四四	五八
一一 一一	一三 八九	五七
一〇 六七	一三 三三	五六
一〇 二二	一二 七八	五五
九 七八	一二 二二	五四
九 三三	一一 六七	五三
八 八九	一一 一一	五二
八 四四	一〇 五五	五一
八	一〇	五〇
七 五六	九 四四	四九
七 一一	八 八九	四八
六 六七	八 三三	四七
六 二二	七 七八	四六
五 七八	七 二二	四五
五 三三	六 六七	四四
四 八九	六 一一	四三
四 四四	五 五五	四二
四	五	四一

第七表

說同上

駱木表度	舍爾西愛斯表度	法輪海表度
上三 五六	上四 四四	上四〇
三 一一	三 八九	三九
二 六七	三 三三	三八
二 二二	二 七八	三七
一 七八	二 二二	三六
一 三三	一 六七	三五
〇 八九	一 一一	三四
〇 四四	〇 五五	三三
〇	〇	三二
下〇 四四	下〇 五五	三一
〇 八九	一 一一	三〇
一 三三	一 六七	二九
一 七八	二 二二	二八
二 二二	二 七八	二七
二 六七	三 三三	二六
三 一一	三 八九	二五
三 五六	四 四四	二四
四	五	二三
四 四四	五 五五	二二
四 八九	六 一一	二一
五 三三	六 六七	二〇
五 七八	七 二二	一九
六 二二	七 七八	一八
六 六七	八 三三	一七
七 一一	八 八九	一六
七 五六	九 四四	一五
八	一〇	一四
八 四四	一〇 五五	一三
八 八九	一一 一一	一二
九 三三	一一 六七	一一
九 七八	一二 二二	一〇
一〇 二二	一二 七八	九
一〇 六七	一三 三三	八
一一 一一	一三 八九	七
一一 五六	一四 四四	六
一二	一五	五
一二 四四	一五 五五	四
一二 八九	一六 一一	三
一三 三三	一六 六七	二
一三 七八	一七 二二	一
一四 二二	一七 七八	〇

駱木表度	舍爾西愛斯表度	法輪海表度
上四 六七	下一八 三三	下一
一五 一一	一八 八九	二
一五 五六	一九 四四	三
一六	二〇	四
一六 四四	二〇 五五	五
一六 八九	二一 一一	六
一七 三三	二一 六七	七
一七 七八	二二 二二	八
一八 二二	二二 七八	九
一八 六七	二三 三三	一〇
一九 一一	二三 八九	一一
一九 五六	二四 四四	一二
二〇	二五	一三
二〇 四四	二五 五五	一四
二〇 八九	二六 一一	一五
二一 三三	二六 六七	一六
二一 七八	二七 二二	一七
二二 二二	二七 七八	一八
二二 六七	二八 三三	一九
二三 一一	二八 八九	二〇
二三 五六	二九 四四	二一
二四	三〇	二二
二四 四四	三〇 五五	二三
二四 八九	三一 一一	二四
二五 三三	三一 六七	二五
二五 七八	三二 二二	二六
二六 二二	三二 七八	二七
二六 六七	三三 三三	二八
二七 一一	三三 八九	二九
二七 五六	三四 四四	三〇
二八	三五	三一
二八 四四	三五 五五	三二
二八 八九	三六 一一	三三
二九 三三	三六 六七	三四
二九 七八	三七 二二	三五
三〇 二二	三七 七八	三六
三〇 六七	三八 三三	三七
三一 一一	三八 八九	三八
三一 五六	三九 四四	三九
三二	四〇	四〇

第八表

將舍爾西愛斯表度比較駱木表度法輪海表度○下上字解見前

法輪海表度	駱木表度	舍爾西愛斯表度	法輪海表度	駱木表度	舍爾西愛斯表度
[illegible]	[illegible]	[illegible]	[illegible]	[illegible]	[illegible]

第八表二

說同上

法輪海表度	駱木表度	舍爾西愛斯表度	法輪海表度	駱木表度	舍爾西愛斯表度
[illegible]	[illegible]	[illegible]	[illegible]	[illegible]	[illegible]

第九表

將駱木表度比較舍爾西愛斯表度法輪海表度○下上字解見前

法輪海表度	舍爾西愛斯表度	駱木表度	法輪海表度	舍爾西愛斯表度	駱木表度
[illegible]	[illegible]	[illegible]	[illegible]	[illegible]	[illegible]

第九表二

說同上

法輪海表度	舍爾西愛斯表度	駱木表度	法輪海表度	舍爾西愛斯表度	駱木表度
[illegible]	[illegible]	[illegible]	[illegible]	[illegible]	[illegible]

第十表權衡

名曰阿福多包衣秤即西國十六兩秤

噸	擔	夸爾脫	磅	昂姆斯	特拉姆
				一	一六
			一	一六	二五六
		一	二八	四四八	七一六八
	一	四	一一二	一七九二	二八六七二
一	二〇	八〇	二二四〇	三五八四〇	五七三四四〇

美國所定磅之準數將蒸水二十七·七〇一五立方寸秤之即爲阿福多包衣之一磅又在空氣極濃內量法輪海寒暑表三十九度·八三是爲空氣最厚之際風雨表正三十度時秤之美國一軋倫即此二百三十一立方寸

第十一表 名曰特洛愛伊秤即西國十二兩秤

磅	昂姆斯 即英兩	本尼 一名滲你	格零 名哥零即粒黍重數
		一	二四
	一	二〇	四八〇
一	一二	二四〇	五七六〇

七千特洛愛格零爲阿福多包衣磅一百七十五特洛愛磅爲一百四十四阿福多包衣磅一百七十五特洛愛昂斯爲一百九十二阿福多包衣昂斯四百三十七箇半特洛愛格零爲阿福多包衣一昂姆斯

以上特洛愛秤與鐵房秤相符但藥房一昂斯分作一百特拉姆一特拉姆分作三司克羅潑一司克羅潑分作二十格零

第十二表

法國秤比較特洛愛秤阿福多包衣秤

枚力格蘭姆爲特洛愛秤○·○一五四格零

生的格蘭姆爲○·一五四四格零

造息格蘭姆爲一·五四四四格零

格蘭姆十五·四四四○特洛愛格零爲阿福多包衣○·○三五昂姆斯

特格格蘭姆一百五十四·四四○二特洛愛格零

阿福○

赫愛格蘭姆一千五百四十四·○二三特洛愛格零

桔綠格蘭姆一萬五千四百四十四·○二三四特洛愛格零即阿福多包衣二·二○五磅

彌爾和格蘭姆即十五萬四千四百四十·二三四四特洛愛格零

法國製秤之初即將一米特蒸水即容兩與一·○五六七秤之其秤蒸水時將玻璃罩內空氣抽出然後秤之凡蒸水一·○五六七分爲一千分一分即爲一格蘭姆是一來特蒸水正合阿福多包衣秤三十五·二七四昂姆斯 阿福多包衣一磅爲○·四五三五六八五桔綠格蘭姆

江南製造局科技譯著集成

工藝製造卷

第壹分册

西藝知新·製造玻璃

《西藝知新·製造玻璃》提要

《西藝知新·製造玻璃》兩卷，英國傅蘭雅（John Fryer, 1839–1928）口譯，無錫徐壽筆述，無錫徐華封校字，光緒十年（1884年）刊行。此書爲《西藝知新》續集第五種。

此書論述世界各國製造玻璃之歷史，各種玻璃之製造原料配比、化學原理、物理性質、用途、所需器具、工藝流程、鑄造磨製，玻璃成分分析，附以各類釉料之原料配比、性能用途、上釉方法、燒製控制，各色玻璃類物質之原料配方、温度控制等。

此書內容如下：

製造玻璃一
鎔造玻璃
假寶石與各色日用玻璃器之方
製造之器具與工夫
鎔玻璃之爐房
罐內鎔玻璃用西門仔法
用池與舊爐之法
用池與回熱煤氣法
罐
碾料
鎔料
提淨
鎔料之病
造器之手器

西藝知新卷十九

英國 傅蘭雅 口譯
無錫 徐壽 筆述

鎔造玻璃

製造玻璃實爲工藝內之要事、而其變化亦奇妙、能將數種不透光之質、變成明澈之質、成形之後、歷久而不改變、此乃出於古人意料之外者、格致之學未興行時、久已考得此法、後世格致盛行、半藉此物相助、如無玻璃、恐難成事、現在用慣此物之人、難想到無玻璃之不便、如從前富貴之家、房室需光亮而難免冷風吹進、現在窮人之房室、藉有玻璃遮護、能免風冷之弊、而仍通光、又如家用之器以玻璃爲之、則稍有不淨、無不顯明、酒或水稍有不清、亦能窺見、作鏡照形、毫髮畢現、不但爲陳設、尚能爲修容之用、年老之人可藉目鏡看書作字、短視者亦能遠望、遠鏡能窺諸曜之奧妙、顯微鏡能察虛空爲有物、化學家多藉玻璃器具分合各質、其餘格致製造各家無不藉此玻璃應用、所以鎔製玻璃之法乃工藝內最要之事、

第一章 玻璃源流

上古之時已有數國能知造玻璃之略法、作瓶、作杯、或加顏料作假寶石、或作大柱造房屋、或作鏡片等事、俱有古蹟傳下、又有埃及國石壁上之古圖、亦記此事、圖內有工匠用管吹瓶等器、與現在略同、圖下刻字、可知爲三千五百年前之事、又有人在埃及國地內、挖得玻璃珠、此在第皮士地方、徑略四分寸之三、與現在所造玻璃之重率同、珠面上刻字、係埃及王之名、略三千四百年前有此王、又有在埃及得玻璃所造之假寶石與器皿、與發藍之器、與人像與棺等物、但不知造玻璃之法、在何國何年所剏始、又不知其法爲偶得者、或考得者、曾有人云、埃及之第皮士等所有火神廟內之教士、通曉格致之學、常考究化學之法、今已失傳、此處所有玻璃之古蹟甚多、其顏色與花紋與形式極佳、後分散在各國、其法從埃及傳佈至希臘與羅馬、因此漸漸廣傳、

羅馬國之史家名普里尼云、偶得造玻璃之法、乃非尼斯國之人、用船載鹼出售、泊船上岸、燒煮食物、無有安鍋之磚石、即用鹼數大塊砌在海邊之砂上成灶、熱火而成大熱、鹼即與砂鎔合、變成玻璃、試之而非鹼非砂、始知已變新質、以後非尼斯人從此興造玻璃之料、而各國馳名、但此說尚非確理、因燒食物之熱、不足成此事、試看鎔玻璃爐內之大熱度、即知此說之非、因想造玻璃之法、必是偶得者、或燒瓦器與瓷器、或鍊金類等工內、偶得矽養與別

質化合之料當時聰穎之人見此料以爲必有用處故設法爲之再考究而得料漸精漸能鎔造極明之玻璃可售得貴價如普里尼書中云有羅馬國王名尼爸購得極明之玻璃杯二个其價値六千金此後富貴家以玻璃杯代金杯銀盞之用若千年後羅馬國內有人立玻璃廠而玻璃之價漸賤所以富貴人仍用金銀器國王遂立規例凡造玻璃必徵其稅至西歷前略二百二十年羅馬王替皮里由斯徵得之玻璃稅係國家之大欵另有羅馬人考得新法所造之玻璃韌而不碎國王聞之卽召其人來前將所造之玻璃器親手擲地但成凹而不碎與銅器相同其人又用椎敲得復原自以爲國王必有重賞不料王謂此法流佈必致玻璃之稅全無不但無益於國家反有大弊隨命殺之以滅其法此說信者無多因玻璃原爲脆質如能變韌卽非玻璃惟有數種金類受極大之熱能變玻璃之形然必失去其韌性近有化學家考得數種料與玻璃相似而非玻璃可用椎打之伸長如銀條加極大之熱鎔之可打成器皿所以前說似乎有理法國亦有人造成引長之玻璃國王命終身監禁

英國古時亦有玻璃器古教之教師能造玻璃珠與壓邪器常在古墓中得之但有人論云當時英國俱是野人何能造此種最佳之玻璃珠與器必因非尼斯等國之人到英地取錫或買獸皮等而携帶玻璃珠與土人貿易者如現在客商到野人處貿易相同又有一種玻璃戒指亦嘗在古墓內得之此物爲綠色間有藍色或紅白之花紋阿非里加壓勝第地方亦有最佳之珠自地內挖得者疑其亦爲非尼斯人到此貿易而携來

中國自古造瓷器器面之釉卽是玻璃類又能用玻璃料造成數種假寶石又以各色玻璃料作發藍之器雖有數處能造玻璃但未製日用之器惟將歐羅巴運來之器之破碎者鎔化而造粗器北京有造玻璃廠大半玩戲之物

以大里國之非尼斯邦係西國大造玻璃之第一處此城內有一島三百年前歐羅巴最好之玻璃卽此處所造又設法將玻璃作各色之花樣藏在明玻璃內以後法國妬忌以大里專造上等玻璃與鏡故設律法必須有爵之人辦理玻璃之事以爲尊重之意後又設法廠內工作之人亦必有爵者之兒孫或親戚並有法國人往非尼斯學習各種巧法一千六百六十五年准其爰拉末勒地方立廠此處之地形與非尼斯募拉奴島相似卽有常吹之風自熱地向冷地而行因玻璃廠緩冷之爐有此種風者可不設事若有風自冷地向熱地而吹則無法能當之不久而

法國之玻璃與非尼斯不分上下但非尼斯所造之鏡片究爲最佳其做法或將黑色之油漆等質敷在背後或將黑色之料合在玻璃內因此時尚未能擺錫也以上所言之玻璃俱爲吹法所成後有法國人名替乇脫荊法鑄成厚玻璃片國家准其專用此法三十年說者謂此法乃偶得者有鎔玻璃之大罐置於鋪地之大石上罐忽破裂其料流成厚板冷後光平若用吹法斷不能得如此之厚而大者因吹法所得最大之片不過長四十五寸至五十寸一千六百九十五年替乇脫所立之公司與前所立者合本連做數年至一千七百零一年因大虧本而停歇後再立公司謹慎辦理又能得利其法傳至德國蒲喜米阿等處至今造成之玻璃乃西國有名者

英國倫敦於一千五百五十七年立廠造玻璃片或云英國早已能造玻璃片惟不及別國之好因有舊合同可據係一千四百三十九年所立乃華里克侯夫人爲侯作墓與牌坊之用言明不可用本國所造之料必用海外運來者從此可知英國有能造玻璃之廠惟其料不佳一千六百七十年有玻璃匠一班從非尼斯到倫敦立廠造各種玻璃片並器具與擺錫玻璃鏡本國保護其生意令能與別國相比造成之玻璃出口時不但不徵稅反貼盤費又如造玻璃之料已取稅則在出口時發還故其玻璃器賣與別國其價可抑二成半至五成因此招徠廣多能與別國之玻璃廠爭生意至今英國所造之玻璃器與玻璃片甲於天下惟蒲喜米阿花紋玻璃器始能相比現在英國出口玻璃之賞賜並境內造玻璃免稅各例久已廢去蘇格蘭王在一千六百十八年准封爵者名亥在本境內專造玻璃三十一年歷九年後即賣其憑與倫敦之成衣匠名陸平生此人又賣與英國水師副提督名曼西勒其價金錢二百五十圓初立之廠所造之玻璃甚粗後又另立大廠生意盛行

美國在一千七百九十年有巴斯敦人在大樹林內立廠造玻璃片後十年又在巴斯敦城立廠亦不成事至一千八百〇三年用日耳曼人管理廠務本國設例每造玻璃片若干賞銀若干並與別國運來之玻璃爭生意以後不久生意大旺而遍國俱以巴斯敦玻璃片爲最佳美國初造各種玻璃器之時居民常來觀看俱以爲奇異訝工匠爲神鬼

近日各西國立廠逐年增多西人所到各處並各屬地俱立造玻璃廠故每年所燒之煤所用之矽養與鉛養等料其數多至不能計

第二章造玻璃之料並化學之理

玻璃之質加熱而鎔能變爲明光或透光之質永不改變其性雖折破之處亦有玻璃之光色其質俱爲鹽類之雜質即配質合於本質而成其配質爲矽養其本質爲鹼屬合於鹼土屬之本質如鈣養等或合於一種重金類合養之質如鉛養等

矽養每一分劑有矽十五分養十六分共重三十一分即其全分劑數萬物內所有之矽養甚多如石類與砂等居其大半又有數種幾爲淨矽養如火石瑪瑙水晶石英皆是上等之料水晶與石英已屬淨質矽養不能在水並大半流質內消化則其酸性即爲配之性不易顯明若加熱至紅則矽養有强配性即能驅出炭養與輕綠等配質而與本質合成定性之雜質謂之矽養鹽類質如將矽養久浸於鹼屬水內亦成矽養鹽類質又如無水鉀養一分矽養十分在風爐內加熱即能合成矽養鹽類質又如多用鉀養即得呆白之玻璃其色如乳又如將無水鈉養一分和以矽養十二分在風爐加熱亦能合成矽養鹽類質即玻璃

前言之矽養鹽類俱能在水內消化又能被酸質化分故不能當爲玻璃之用又如鹼土屬之矽養鹽類如鈣養矽養等亦有易鎔之性又能消化又能化分與鹼屬質之矽養同惟此各性較小如造鈣養矽養需用風爐最大之熱所得之質無玻璃之性不同於鹼屬矽養鹽類而有石類之性稍能明光與瓷質同又如鋁養矽養需用極大之熱方能造成又金類合養之質易分其與矽養化合成鹽類如矽養與鉛養化合其比例與質點之比例同如鐵養能合於矽養成數種質其色或黑或深橄欖灰色此各種重金類合矽養所成之質如遇別種料與其本質之受力頗大者則易被其化分

以上各種矽鹽類質獨用之不合於造玻璃之用因玻璃必明光必無色須遇甚大之熱而鎔又不能在水消化然無一種矽養鹽類質有此各性必須數種矽養鹽類相合始有此各性且此性之多少不定如合法配料則鹼土屬金與金類之矽養鹽類能失其明性與欲成顆粒之性又鹼屬金之矽養鹽類失其能消化之性兩種矽養鹽類相合而鎔之所需之熱度爲鹼土屬金矽養鹽類所需之大熱與金類矽養鹽類所需之小熱相和之中數此中數之熱度便於造玻璃之用但鹼屬矽養鹽類質未必毫不消化因最好之玻璃亦稍消化試將上等玻璃片磨成極細之粉置於薑黃試紙上而以水濕之必顯鹼性之變化化

學家古里非施將火石玻璃粉和以水而沸之數十日屢次研之洗之每百分消去鉀養七分所以玻璃片常遇雨水與濕氣必致鹼屬質消去而有矽養或鈣養矽養一薄層露出或顯出彩色古人所造之玻璃至數百年或數千年後從地中挖得者其光色如珍珠因鹼屬久遇濕氣而消去祇留面上之矽養近人設法造成易消化之玻璃可當油漆之用敷在房室之木料上即不易着火用鉀養炭養七十分鈉養炭養五十四分火石粉或細砂一百五十二分相和鎔成此質能沁入木紋之微孔而面上存玻璃料一層

人所造之矽養鹽類質與生成者之大別即不成顆粒形然有一種矽養鹽類質大有成顆粒之性惟與別種矽養鹽類相合則所成之料亦不成顆粒如平常之泥為鋁養矽養又如非勒特司巴耳為鋁養矽養合鉀養矽養又如雲母石為鋁養矽養合鈣養矽養

平常之玻璃以鉀養或鈉養或二質相合各種玻璃不同之性大半因鹼土屬矽養鹽類或金類矽養鹽類之本質或改其比例或改其成色茲以玻璃為化學料所成之質可分為四大類如後

一　鉀養矽養合鉛養矽養如火石玻璃與水晶玻璃與司脫拉斯玻璃此三種內火石玻璃之含鉛多於水晶玻璃司脫拉斯玻璃之含鉛多於火石玻璃司脫拉斯可作假寶石之玻璃料係矽養與鉀養合於多鉛養而添各種顏色料

二　鈉養矽養合鈣養矽養或鈣養矽養合鉀養矽養鈉養矽養如平常牕片與英國轉成之玻璃片與鑄成之玻璃片

三　鉀養矽養合鈣養矽養如別國所造轉成之玻璃片與難鎔化之蒲喜米阿玻璃

四　鈉養矽養合鈣養矽養與鋁養矽養與鐵養如平常綠色粗瓶玻璃

鉛養矽養能令不易鎔化之矽養鹽類質鎔化而透光然有鉛養過限即帶黃色若加鈣養矽養則令其質變硬鋁養矽養亦有此性鐵養矽養令玻璃片有深色鉀養與鈉養令玻璃易鎔而鉀養更有此性

各種玻璃配料之數不以分劑數之比例因常用之玻璃配料數尚在考驗分劑數之前自古以來偶得妙法或試得妙法俱不藉化學之理雖以化學能推廣造玻璃之事但其益處不過為格致家而造玻璃家幾無益因仍照舊方配料而反致秘而不傳

造玻璃需用之矽養大半爲海灘之細砂從前多用煅過之火石而磨成細粉故名爲火石玻璃其砂爲石英之細粒在海水內輥磨而銳角變成鈍角此質常含鐵養能令玻璃帶綠色初以爲將砂浸在鹽强水內以消去其鐵然造火石玻璃之廠常不用含鐵之砂英國有數處海口或小海灣其砂最佳而不含鐵又常有船從新金山等處回國時以極細之砂爲壓載而運回須驗其淨雜而定其價此砂須先用水洗之如英國南疆之會特島岸邊所產之砂必以水洗之八次方能去盡白石粉等異質洗淨之後將砂加熱至紅燒去其各種植物質待冷而用極細之紗篩之分出其大粒與燒料等異質

英國造玻璃所用之鉀養炭養又名木灰鹼係俄國並北阿美里加英國屬地所產內含鉀養硫養與鉀養輕綠等異質必將鉀養在水消化待其異質沉下將其面上之淨鉀養炭養水用虹吸取出而熬乾但現在另有法將硝强水廠內餘存之鉀養硫養依法變爲淨鉀養炭養又造鹼之廠亦有提淨之木灰鹼賣與造玻璃廠

所用之鉛或爲密陀僧即鉛養或鉛丹即鉛養但造玻璃廠常用鉛丹因其質粗又因在罐內鎔時即分出養氣而變爲鉛養所放之養氣能令數種異質與養化合如炭等

質是也此質不去盡即令玻璃帶棕色間有加硝少許令其硝放養氣又能令其玻璃料內之氣泡散出

造火石玻璃之料常加黑色錳養此錳養能去其料內之炭質或鐵養質即能滅其色因鐵養矽養原爲綠色之質加遇錳與多養氣化合之質收出其養氣即變爲鐵養矽養此質幾能無色錳養放其養氣之時即變爲錳養而與矽養化合成無色之鹽類質其炭質遇錳養亦收其養氣而變爲炭養與炭養二種氣質所以錳養在造玻璃之工有大益俗名爲洗玻璃肥皂但用此質不可過限恐致玻璃有淡紅色或茄花色此因矽養合於錳養之故如偶有此事可將木條插入鎔化之料而屢速挑起則錳養變爲錳養而其色不見此略與鍊銅用木桿掉攪之工相同

以上爲造玻璃料錳養之正用然有造玻璃廠用下等之料得玻璃爲綠色此因祗能通光之黃與藍而阻止其光之紅色若加錳養得紅色即能通光之紅而阻光之藍與黃故配準錳養之數足令其紅抵對其黃與藍則三色相合而所通之光爲白色間有造厚玻璃片故令其錳質稍餘而微帶茄花色則牕內所坐之人面上收此色而更好看然倫敦之西邊有數處所用之牕片稍帶紅色則非此故蓋其玻璃原爲白色因錳質之紅色料漸與綠色料相

離而紅料之性强於綠料所以紅色易顯又有別事能分玻璃更易化分如馬房之玻璃應過久而顯出彩色此因馬房內常有淡輕氣三能爛其矽養又如玻璃內含鉛養則遇含輕硫之空氣而易變爲黑色此種玻璃加熱則其鉛養變爲鉛而玻璃發黑至於輕弗爛玻璃之性詳在化學書中此不贅言

玻璃可令改變而失去玻璃之性化學家路慕而考得一法將玻璃器置於罐內以石膏或細砂蓋沒而在燒瓷器之窰內加大熱即失去玻璃之光色與透明其折破之處變暗而有土質之形質紋如絲而在中間存玻璃之質尚未改變絲紋俱向此處排列又有化學家杜買化分此種玻璃考知失去鉀養甚多又有人化分而知此種玻璃含數種變成之質內有一種成顆粒之形造玻璃之工內如屢次加熱則其玻璃亦失其本性即其質有數處變爲不透明且稠韌而難施工又脆性與能受大熱之性亦爲減少此種玻璃韌於瓷有一種玻璃名爲路慕而瓷器即此種玻璃製成

有名之造玻璃家名皮辣脫將貿易所用之各種玻璃分爲二大類一爲簡者一爲繁者其簡玻璃有三種第一爲轉成玻璃用砂五分磨細之白石粉二分鈉養炭養一分鈉養硫養三一分俱依體積第二爲鑄成厚玻璃用上等砂洗淨而燒過者四百磅鈉養炭養二百五十磅磨細之白石粉三十磅第三爲平常之酒瓶玻璃用砂一百分肥皂廠之廢鹼料八十分煤氣廠之廢石灰八十分平常之泥五分石鹽三分俱依體積所有繁玻璃在前各料之外另加金類質其比例不等如乳色玻璃含鉮或錫或銻此各質並鉛俱能成繁玻璃之各類能加玻璃之重率又能助其鎔化其金類合養之質亦能令玻璃得各種色最明之火石玻璃可用鉀養炭養二一擔鉛三養四或鉛養二擔洗淨燒過之砂三擔硝十四磅至二十八磅錳養四兩至十二兩此種料可爲以後各種顏色玻璃之原料

不透明而軟性之乳色玻璃用前料六擔加鉮二十四磅錫六磅

不透明而硬性之乳色玻璃用前料六擔加以錫合鉛二百磅

藍色明玻璃用前料六擔加鈷養二磅

天青色明玻璃用前料六擔加銅養略六磅

大紅色明玻璃用前料六擔加金養四兩

葡萄色明玻璃用前料六擔加錳養二十磅即藍紅相并之紫色

橘皮色明玻璃用前料六擔加鐵礦十二磅錳養四磅

綠色明玻璃用前料六擔加銅衣即銅落十二磅鐵礦十二磅

金色明玻璃用前料六擔加鈾養三磅

以上各玻璃料可添以廢玻璃若干多少之數依其色之深淺

各種玻璃之重率從二·四至四·○止火石爲玻璃之最密者因鉛數頗多其重率自三·二至四·○止鑄成之厚玻璃片其重率二·四至二·六曾有人細驗各種玻璃之重率得數如後

蒲喜米阿玻璃	二·三九六	聖古坡地方鑄玻璃	二·四八八
平常總片玻璃	二·六四二	平常火石玻璃	二·九至三·二五五
白色火石玻璃	三·○○	墨得地方水晶玻璃	三·一八九
轉成玻璃	二·四八七	含白釩地方鑄玻璃	二·五○六
酒瓶玻璃	二·七三二	儀器明鏡玻璃	三·三至三·三八
微綠色明玻璃	二·六五四		

試驗火石玻璃之疏密率即能知其原質並其各料之比例但別種玻璃不能從其重率而考得此各事化學家名陸西勒考得各種玻璃之疏密率但所設之式不能爲公用因各種玻璃必另設其相配之式而試驗之工必極細故不如用平常化分之法則考得之原質與數方能準杜

買斯云造成之玻璃有四事能壞其質一爲空氣或收養氣之質二爲水三爲酸質四爲鹼質至於空氣或養氣遇玻璃無論冷熱不改其質若含水霧即能漸壞因壞之者在水而不在氣若令玻璃放養氣之質即玻璃含鉛養並錳養等質玻璃亦易壞含鉛之玻璃和以木炭而加熱或在輕氣內加熱則易令其化分而玻璃變爲黑色故造發藍器等之玻璃料用吹火筒鎔化若稍不慎速即發黑幸有一法能免之即將肥皂少許擦於燈心則其火變色而玻璃不變黑此不知其何故或是肥皂阻塞燈心之微管而令其油不多上升至於熱水遇玻璃亦能消化玻璃內之鹼質如化分物質常因此事而得數有差玻璃又有吸水之性故空氣含水氣多者玻璃上生小水點久之而成水一薄層攏錫鏡常有此事日久而玻璃不明光學之器亦常有此病如其鏡爲上等之玻璃料則面上生此小病而止若多含鹼質者則其面上所生之病漸漸增多無法能治惟須磨去一層而再磨光間有光學鏡之面上幾不能見其病然加以熱則其面上有極薄之細斑脫下其形整齊而平玻璃面則變毛而生皺紋遂失其明光如化學房之玻璃管或泡或甑或量杯等器常遇濕氣所以常生此病磨光之玻璃比不磨者更有此病其故略因造器變

冷之時而上生硬皮磨去此皮則其內之軟質露出易致消爛水質既能壞玻璃何況鹼質鹼若極濃更有此性若加熱至紅則鹼質一邊與玻璃化合鹼合炭養之質玻璃但收其鹼質而放其炭養如有鹼合養氣之質合於玻璃而加熱其比例為大者則令其玻璃易在鹼質內消化故化分玻璃之工將玻璃先合以鈉養炭養或鉀養炭養或鉛養而加大熱則其玻璃易被強水消化至於酸質遇玻璃即能與其本質化合而放其矽養酒瓶雖能耐酒之酸若遇各種強水易被消爛硫強水久存在此種瓶內即成鈣養或鐵養或鉛養之鹽類先在瓶內面成小凸點漸漸

變大即在凸點之底蝕穿玻璃而強水漏出間有此種凸點大如豆者而其矽養沉在水內如膠形酒瓶之玻璃含鉛養過多者最易被強水所消杜買斯云已驗過此種酒瓶所存之酒內含鉀養二果酸能速消化其玻璃待數日後而試其酒即知其化分玻璃而成鉛養之鹽類能令其酒變色變味瓶之內面有消爛之形而酒腳有雲點形結成間有數種金類質之顆粒玻璃以鉛為本質而含鉛為過限者愈不耐強水上等明玻璃俗名水晶玻璃始能耐強水又聰片玻璃含鹼過多者易以化分然合法為之亦能耐強水如欲試玻璃能耐強水與否可加熱而看其光

色如光色減少者易被強水消化

玻璃之脆性大略在鎔化之後或速冷或緩冷如將玻璃燒軟而令其速冷質乃甚脆若緩冷者即變韌性或輕擊之或改變冷熱俱不拆裂此略與鋼淬水退火同理化學家云此種變化因成顆粒不停勻又因鎔化時其質點當欲照一定之法排列而此排列必漸漸自成若令其質速冷則其質點不及順其本性而排列遂依當時之排列而結成即是不能成顆粒玻璃之冷愈速則其質點勉強排列而愈亂玻璃器速冷之處其亂多於緩冷之處故外面比內面更亂而其質之牽力加大內面則牽力減小所以

玻璃器遇振動或忽改熱度則助其牽力而致碎裂此種玻璃之脆性甚大試將玻璃料鎔化而滴入冷水則忽然結成而為懸膽形或彎圓錐形上端有小尾如第一圖此玻璃滴之外質甚硬折斷其尾全體忽裂成細塊稍有爆裂之聲杜買斯云玻璃滴速淬在冷水外面先結成而縮小內面尚紅熱而漲大久之而冷結則此體積小於熱時之體積故其中之質點牽力甚多外皮裂時內質點忽然縮小餘質點順之而向內移動遂致全體盡裂周圍之空氣被其推動忽然漲縮而發聲又有法與前同理如

第一圖

造火石玻璃而欲試其罐內之料鎔足否可將鐵管插入料內而在其端粘料少許取出稍吹令其玻璃料成厚玻璃管如第二圖冷時可看其玻璃之色而不作別用在空氣內搖其管而令速冷則外冷速而內冷緩試在外面擊之雖重不碎若在內面輕擊全體速裂成粉爆裂之聲同前如將玻璃料一小片落入其管之內面亦能碎裂因此故而玻璃器之厚者必易碎裂間有從熱處移至冷處而忽裂者各種玻璃管愈厚亦易自裂如有厚薄不同之處更易自裂所以玻璃必用退火之法令其漸冷則過脆之病大半可免

第二圖

杜氏云火山相近處有數種質係火山噴出者如火汁如浮石等其原質略同於造酒瓶之粗玻璃料故早有化學家設法用此料造粗玻璃酒瓶初爲法國化學家舍普太辣所剏先化分此質而知浮石與鐵落白石粉與鈉養以比例鎔之即能成粗酒瓶又一種名巴所得和以白石粉與鈉養少許鎔之亦可用初造此種瓶用舊火山所結成之火汁以煤鎔之一逕作瓶再有人將火汁合砂與鈉養鎔之所成之瓶比別法者更佳四年之後其料漸壞實因初時所用之火汁漸少而別處之火汁不佳

兹將鎔造各種玻璃所用之料並備料之法逐一詳之從最粗者起至最細者止分爲七大類

第一類酒瓶玻璃又名綠色玻璃

此種質最粗而價最廉因其料不提純而雜質甚多即前所言者大半爲矽養或鈣養或鈉養或鉀養或鐵養錳養等其色全在鐵與錳與炭各質因此種玻璃以此色爲要因不多通光可免酒之變壞設其色爲無用亦無礙其用處故不用法滅其色鎔此料之罐不用蓋以平常之煤燒之亦不用法遮護所以此種玻璃與別種之大別因不加滅色之料

英國之例禁用細料造平常之玻璃瓶所有應用之料不過爲河底之砂並肥皂廠之廢鹼料每砂一分配以燒海草成鹼之餘質即不能消化之質合於鈣養與粗鹽類質少許共配三分此餘料在特設之倒焰爐內加熱至紅屢次掉之以二十四小時至三十小時爲限謂之鹼灰磨成細粉依比例而和以砂再入別个倒焰爐煅之十小時至十二小時乘熱之時置於鎔料之罐內而入爐

現在造玻璃瓶不問其色與通光等事祇問其價廉故用鈉養與鉀養合炭養而價貴者則用木灰或海草灰造成之粗鹼其餘別料亦用不淨而價廉之物如別事無用則爲此用

造粗玻璃酒瓶所需之料，係黃色而含鐵之砂，並肥皂廠與造鹼廠之廢鹼料，又漂過之木灰，或平常之煤灰，或木灰，又燒海草所成之鹼與泥。

需用之砂如有色，則比白色者爲好，因所含之鐵養，即其配料不必洗，不必烘，不必揀，惟雜最粗之質，如鐵養礦與火石等，則宜去之。其法先烘乾而過篩，所用之泥，以黃色而含鈣養者爲佳，即似乎火泥，而含鋁養與矽養與鈣養炭養與鐵養與錳養，其粘性甚小，故烘乾後易以磨粉，便與別料和勻。所用之灰，係廚竈與烘爐所出者，如英國之外歐洲各國，專用木炭之灰，並新木之灰，烘之篩之，即能

合用。其海草灰亦作細粉，間有過密篩者。

兹將杜氏等所設造粗玻璃酒瓶料之各方列後

法國酒瓶料

砂一百磅，海草灰三十磅至四十磅，漂過之灰一百六十至一百七十磅，新木灰三十磅至四十磅，含鐵之泥八十磅至一百磅，碎玻璃一百磅。

英國酒瓶料

砂一百磅，漂過之灰一百磅，海草灰四十磅至九十磅，木灰三十磅至四十磅，泥八十磅至一百磅，碎玻璃一百磅。

此方內碎玻璃數不定，若用新罐，則第一次第二次宜多用，如其砂多含泥質者，不必另加泥，而可加白石粉，又可用含鈉養之粗質代海草灰，但必另加新木灰，令其玻璃之鉀養料不能過少。

茄抑勒所設湘賓酒瓶料

砂一百磅，非勒特司巴耳二百磅，鈣養二十磅，食鹽十五磅，鎔鐵礦之滓一百二十五磅。

平常之綠色酒瓶料

砂一百磅，石灰七十二磅，漂過之木灰二百八十至二百七十八磅

深綠色酒瓶料

砂一百磅，乾鈉養硫養二十磅，肥皂廠之廢料十八磅，漂過之灰一百磅，爐底所得之餘玻璃料三十九磅，綠色碎玻璃或平常碎玻璃一百七十九磅，巴所得石四十五磅。

第二類白色玻璃瓶又名化學器之料

此種玻璃爲藥料瓶與化學器與管泡等物，並別國轉成玻璃片之料，惟玻璃瓶最好看之料，係火石玻璃或水晶玻璃，然祇宜於陳設之玻璃器，或裝酒等杯，故詳火石玻璃之下。白色料與綠色料之大別，因其質淨，又用滅色之料，所取用之質，以含鐵與鋁養最少爲要，又其玻璃用提淨之法。兹將那普所設白色玻璃瓶料六種列後。

藥材小瓶

白砂一百磅，鉀養三十至三十五磅，稍不淨者亦不妨，鈣養十七磅，木灰一百十磅至一百二十磅，錳養四分磅之一至半磅，再加碎玻璃不等。

蒲喜米阿所造水晶玻璃便於磨光。

白砂一百磅，提淨鉀養六十磅，白石粉八磅，碎玻璃四十磅，錳養四分磅之一。

半白玻璃料

砂一百磅，生鈉養雜鈣養者一百磅，碎玻璃一百磅，錳養一磅至半磅。

又方砂一百磅，鉀養三十磅，鈣養十八磅，另加滅色之料若干。

明澈白玻璃料

砂一百磅，煅過之鉀養六十五磅，漂過之鈣養六磅，白色碎玻璃一百磅，錳養半磅。

化學器之白玻璃料

白砂一百磅，鉀養四十一磅四，鈣養十七磅五。

蒲喜米阿之玻璃料，其粗者略同於白色玻璃瓶之料，其質無色，最難鎔化，所以不但能耐大熱，尚能耐倏忽改變之熱，此種玻璃造化學器之瓶與管等最為合宜，歐洲各國多用為杯盞等器，並作大房屋之窗，又馬車之窗，又畫屏之護玻璃，凡欲厚而無色者，此玻璃最好，又可作光學器與轉成之玻璃同，又可和入火石玻璃而令無色，但此為蒲喜米阿極細之玻璃料，杜買斯書中能造此種玻璃料有四方如後。

	石英粉或細砂以輕綠洗淨	提淨之鉀養炭養	極淨之鈣養炭養
第一方	一百	六十	二十
第二方	一百十	六十四	二十四
第三方	一百二十	六十六	二十五
第四方	一百	七十五	五十

蒲喜米阿玻璃用鉀養矽養與鈣養矽養，另有別種料如鋁養並鎂養等少許，可見蒲喜米阿玻璃專用鉀養為鹼料而不用鈉養。

歐洲所造之玻璃，仍稱轉成玻璃，實已不用轉工，惟其料同於轉成者耳，此料所造各器大半為鑄成而後磨光，此質亦為鉀養矽養合鈣養矽養，英國之轉成玻璃用鈉養。杜買斯化分德國所造此種玻璃，每百分得各質如後。

矽養每玻璃百分有六十二分八，即含養三十二分六，

鋁養與鐵養與錳養每玻璃百分有二分六，含養一分二，

鈣養每玻璃百分有十二分五，含養三分五。

鉀養每玻璃百分有二十二分一，合養三分七，矽養之合養比其各本質略爲四倍，鈣養與鉀養所含之養略等，故此玻璃用模鑄成各器，雖有繁形而不妨，因可磨至光平，惟此種玻璃鎔時必得極稀之流質，又其料與罐與提淨之法俱極精細，如欲得無色之玻璃，必用鉀養而不可用鈉養，恐失其玻璃之本性而變爲乳白色，或內質有不明之處，故必用鉀養爲本質，而亦不可用鉛養，祗可加鈣養少許，如造玻璃而只用鉀養之本質，從未有失去玻璃性之病，然其玻璃遇沸水易以消化，又遇濕氣亦漸消化，故以此玻璃作眼鏡，或別種鏡，則不久而不明，須再磨之，若加鈣養若干，即免此病，然含鈣養則造器之時亦易失其玻璃之性，故造大鏡而其體厚，難免成乳白色，因其質有成顆粒之病，造轉成玻璃與火石玻璃俱有大難處，而此難處之根源相反，光學內造無色之像鏡，以此二種玻璃爲不可少，然其難處即在此顯出。

第三類 牕玻璃片

英國常用之牕玻璃片係轉成者，其法先吹大泡，再令轉動極速，則變爲圓板，吹氣之鐵管即爲圓板之軸，近於軸處之料厚於外周，近來另設法，將空泡變爲空柱形，而橫割去二端成管，縱剖開而壓平成片，英國出售之薄玻璃

片，俱爲吹成者，一種爲大泡轉成，一種爲空柱壓平，惟厚片則鑄成，此各種料略同，惟吹成之片用鈣養少，而鑄成之片用鹼質多。

英國玻璃片無論爲圓板或空柱所成者，其料大半爲矽養與鈣養與鈉養，故其質與別國之玻璃並蒲喜米阿玻璃之大別，因以鈉養代鉀養，而價更廉，然有數處將鉀養與鈉養和用，間有含鐵養或錳養或鋁養之玻璃片，但此各質不過偶然用之，如含鐵養，須加錳養滅其色，又須加鉮質少許，令其別種料化分。

玻璃名家常斯云，造玻璃片不能預定各質之比例，因各廠各有方，無有二廠相同，至於一廠內有數爐，而各爐鎔料之火力亦不同，故其料亦須稍異，茲錄英國數廠所用之方。

	第一方	第二方	第三方
砂	五百六十	四百四十八	六百四十
白石粉	一百五十四	一百四十六	二百
鈉養炭養	一百十九	一百六十八	二百
鈉養硫養	六十三	十七	五十
鉮	二	二	○○
碎玻璃	四百四十八	四百四十八	六百四十

英國造玻璃用鈉養炭養$_{二}$此以食鹽變成者一千八百三十七年以前用海草灰為鹼質一千八百二十五年以前法國禁止國內出售之鈉養硫養$_{三}$此後開禁故用此質以代鈉養炭養$_{二}$先稍加鈉養硫養$_{三}$在鈉養炭養$_{二}$內後則二料各半久之而專用鈉養硫養$_{三}$遂致玻璃之成色不好惟其價甚廉因料易辦然鑄玻璃等仍專用鈉養炭養$_{二}$常斯又云英國漸學法國之法先用鈉養硫養$_{三}$少而後漸加多久之而下等玻璃專用鈉養硫養$_{三}$惟鑄玻璃片仍專用鈉養炭養$_{二}$前三方必是用鈉養炭養$_{二}$多而鈉養硫養$_{三}$少之時所定者又有化學家云無論用鈉養炭養$_{二}$或鈉養硫養$_{三}$俱為食鹽與硫養$_{三}$所成前曾試用矽養$_{二}$與食鹽一遲令變為玻璃尚未得法英國牛卡斯地方所造之黑色玻璃瓶用平常石鹽並河底之砂並肥皂廠所餘之鈣養炭養$_{二}$並造鹼廠之廢鹼料造成之瓶亦可用但上等玻璃不用此繞道法令矽養$_{二}$與鹼質化合。

杜買斯立方係法國所造之上等玻璃片用砂一百分白石粉三十五分至四十分乾鈉養炭養$_{二}$二十八分至三十五分碎玻璃六十分至一百八十分錳養$_{二}$○分二五鉮○分二此二質間有多用者。

又有法國人名巴斯吞愛耳曾立三方杜氏以為鹼質太多鈣養太少

	第一方	第二方	第三方
上等白砂	一百分	一百分	一百分
上等鉀養	六十五分	○○	○○
上等鈉養	○○	九十分	八十分
風化石灰	六分	○○	○○
白色碎玻璃	五十分	一百分	一百十分
鉮養$_{三}$	一分	○○	○○
錳養$_{二}$	○分三	○分四	○分二
鉛$_{三}$養$_{四}$	○○	五分	○○
鈣養炭養$_{二}$	○○	五分	八分
鈷養	○○	○○	○分一

以上三方俱不用鈉養硫養$_{三}$因知必為一千八百二十五年以前未開禁時所立。

杜氏云凡用鈉養硫養$_{三}$者必令此質為矽養$_{二}$所消化最速最易又云必加以木炭若干足令其硫養$_{三}$變為炭養$_{二}$與硫養$_{二}$卽二硫養$_{三}$丄炭‖二硫養$_{二}$丄炭養$_{二}$故乾鈉養硫養$_{三}$一分劑必配木炭一分劑卽每鈉養硫養$_{三}$七十二分需用木炭六分然恐玻璃帶黃色則用木炭五分為足數鎔造好牕片可照後二方。

	第一方	第二方

砂	一百	一百
乾鈉養硫養三	四十四	五十八至七十五
木炭粉	四	四分五至五分五
風化石灰	六	十三至十五
碎玻璃	二十至一百	二十五至一百

第四類鑄成玻璃片

此種玻璃西名玻璃板此名不甚妥因片卽是板祇可以厚薄分別之故應名爲鑄成玻璃片卽易與轉成壓平者有別各種厚玻璃片原爲吹成者一千七百七十三年英國設公司始有鑄成之片但一百年前法國已有此法所有吹成之厚片薄片大同小異惟吹成者不及鑄成者之大曾有鑄成之片長十四尺闊十尺厚半寸者此種玻璃片大半爲擺錫鏡並店鋪之牕從前擺錫鏡俱係意大里與非尼斯所造原爲吹成之片一千六百六十五年其擺錫之法並造片之法傳佈至法國而所造最大之鏡不過長三尺兼有氣泡並絲紋與凸點等病故難顯八面之眞形既有鑄片之法再加磨光之工鏡面始得眞形

鑄成厚片之料與吹成者略同惟其要本質爲鈣養與鈉養厚片所用之鈉養比吹者更多若論其色則以鉀養代鈉養爲佳能免綠色或藍色又能多用鈣養因平常厚片鈣養宜少用此欲免其變[illegible]而不透光之病然造此種玻璃之廠甯用鈉養因比鉀養能鎔稀質又因所含之異質易爲熱所化散故用鈉養而雖有藍或綠之病然提淨與鑄成之工甚易此二事原爲製造此質之尤要者茲將杜氏化分一種鑄成玻璃每百分所得之質列後

矽養三	七十五分九	養氣	三十九分四
鋁養三	二分八	養氣	一分三
鈣養	三分八	養氣	一分〇
鈉養	十七分五	養氣	四分四

各數之內矽養之養氣數爲本質所合之養氣數六倍此玻璃與牕片玻璃用料之比例不同因牕片之料每鈉養一分劑至少有鈣養半分劑鑄片之料每鈉養一分劑祇有鈣養四分分劑之一又牕片之料其鋁養與鈣養核算則此各種土性本質之養氣常比鈉養之養氣更多如鑄成之片其鈣養與鋁養之養氣無有鈉養內養氣之半以上各事俱令鑄片易鎔於牕片而其質更軟

前爲化分之工試知玻璃料之原質與其理茲有配料之三方列後

法國沈果班玻璃廠之方

生里地方之淨砂一百磅淨鈉養鹽類三十五磅鈣養粉

五磅碎玻璃一百磅另加減色之料

羅斯脫內所立之方

白砂一百磅鈉養鹽類六十磅鈣養炭養十三磅碎玻璃十磅錳養二一磅鈷養藍色料〇磅五

英國上等鑄玻璃之方

鹽地方所產之砂漂淨烘乾七百二十分鹼屬鹽類每百分含鈉養四十分者四百五十分加熱而篩過之鈣養八十分硝二十五分碎厚玻璃片四百二十五分此第三方各料之數夠為一大罐鎔化一次能成玻璃一千二百磅

鑄玻璃片大半為擺錫鏡之用故其料必須極淨而其工亦須極精上等之鏡應顯人身之眞形而斷無不眞之處或為不平不勻者即不能得眞形其光必先透過玻璃而至擺錫之面後方回出而人見之如有前言之病則所顯之形非原透過之形前人嘗云黑色玻璃最合宜於作鏡後有孟吞里細論其事然格致家阿路駁之因黑色玻璃之回光必在其外面回出其玻璃非但必有黑色又必為不明光而與金類之鏡同所以難得此種暗質之黑玻璃果能得之亦大不及擺錫之清澈

現在造擺錫鏡有二事為要一為明光一為無色選料必極淨鎔工必極足砂必為極白極細如無合用之砂可將軟砂石作極細之粉代之或將火石與石英煅之而磨細粉亦為合用但其鹼料必慎用否則易帶綠色此因體厚而綠色易顯如能提淨其鹼或以鉀養代其五分之一能免此病幾分若專用鉀養代鈉養恐致含鹼過多而收空氣之水玻璃幾有消化之性法國鑄玻璃片常有收空氣之水而變濕之病所以二面久相切即有粘連之病英國格致家之里云倫敦玻璃廠造最大之玻璃片甚是明光但常有水氣在其外面凝結之病揩去仍顯廠主親到化學家發辣待處問此病發氏用顯微鏡細察即知玻璃面水氣凝結之點實為極細之長顆粒辨其顆粒之形始知為硝從此知此種玻璃用鉀養太多之故設將此玻璃久浸在水內或屢用水洗之即能免久後結成此種顆粒然大而厚之片甚屬不易且分出其硝則其玻璃必有微孔而難回光亦為大病且揩擦之布上必有雜物落下而塞在微孔遂致愈揩而愈不明鉀養常欲引水而變流質鈉養則易乾而放出其水故鈉養能造耐用之玻璃易鎔而易提淨此易提淨之故因鈉養玻璃之滓係鈉養硫養三與鈉綠比鉀養之滓甚易化散所以鎔時散去其滓而得淨玻璃

第五類火石玻璃

此質俗名水晶玻璃因其形與水晶相似現在所用水杯酒杯花瓶酒瓶臺燈挂燈等器明光而發亮之玻璃俱爲此質所製其質最明而分光之性最大光學器亦以此料爲之歐洲別國所造火石玻璃專爲光學之鏡而設含鉛之玻璃亦名爲水晶玻璃造鏡者以爲一類但英國以火石玻璃與水晶玻璃爲公用之名惟作鏡之料特名爲光學器之玻璃

所謂火石玻璃之故因從前將火石煅之而磨粉近來英國用砂代之此砂之含鐵不但少於火石而洗淨煅熟之後價亦較廉此當名之爲砂玻璃然此玻璃與別玻璃之

辨又在含鉛亦當名爲鉛玻璃此玻璃又與轉成玻璃並鑄成玻璃有別因專用鉀養而不用鈉養

杜氏云古書內凡言無色玻璃無論爲何料所成如專用鉀養或用鉀養合鈣養或用鉀養合鈉養俱謂之水晶玻璃現在所謂火石玻璃或水晶玻璃惟用鉀養矽養合鉛養矽養

各國之人俱言造此玻璃之法原爲英國所創因英國鎔玻璃用煙煤罐內之料遇煤煙而變黑故其罐形必能避煙即將罐形作短頸之甑而令其口向外平常玻璃料在此罐內不能鎔須加鹼質過限方鎔惟鹼質既多雖能易鎔而又有自消化之病故宜設法免之後因考得鉛養所造之玻璃其色與光甚佳亦無別病遂佈傳別國雖不用煙煤之處亦依此法爲之然用木料或木炭爲燒料而慎其火焰原可在平常之罐內鎔之惟其配料之法必依英國之原方而稍改變之

考古者云火石玻璃乃非金類古人亦已考得其料而用之但其方失傳一千七百八十七年化學家彭大來將古鏡化分之此鏡重三十磅兩面磨平極能明澈其色嫩綠其質略一半爲鉛養而其形性與水晶同久藏在法國聖特尼庫內謂之匆其勒鏡此人乃西歷以前之詩家後人

誤稱爲巫而以此鏡爲此人所用但其鏡未必如此之古而遠可作證惟可證多年前有人能造此種玻璃之大塊而且能磨光英國近來復考得其法古人雖能以鉛養配入玻璃料而其玻璃尚帶微綠色疑古人不知配合無色之法蓋無色玻璃乃近年所考得

曾有人將火石玻璃與水晶玻璃詳細化分如後表

水晶玻璃所化分者共有五種

	第一種	第二種	第三種	第四種	第五種
矽養	五九·二	五一·○	五一·四	五六·○	五一·九三
鉀養	九·○	六·六	九·四	八·九	一三·六七

鈣養	○	○	○	二·六	○
鋁養	○	一·○	一·○	○	○
鉛養	二八·二	三四·四	三七·四	三二·五	三三·二八
錳養	一·○	○	○	○	○
鐵養	○·○四	○	○·○八	微迹	○
配質之養氣與各本質全養氣之比	八與○	八與一	六與一	六與一	六與一

火石玻璃與假寶石玻璃與乳色玻璃有四種

	第一種	第二種	第三種	第四種
矽養	四四·三	四二·五	三八·五	三二·六
鉀養	一一·七五	一一·七	七九	八·三
鈣養	○○	○·○五	○○	○○
鋁養	○○	一·八	一·○	○○
鉛養	四三·○五	四三·五	五三·○	五○·三
錫養	○○	○○	○○	九·八
配質之養氣與各本質全養氣之比	九與二	四與一	七與二	七與三

前表可知玻璃之原質略有矽養三分劑爲一種玻璃料其餘則雙矽養鹽類所有之要質即矽養鉀養鉛養其各比例俱依燒料或用木炭或用煙煤如用煙煤則鉛養之

數須加多

有數種金類合養氣之質能與矽養化合成矽養鹽類易與鹼屬矽養鹽類相合但此各質俱有雜色近日造玻璃家以爲鉛養與鉍養之外再無他質能成無色或幾乎無色之矽養鹽類故鉛養鉍養能與鉀養矽養依其比例而化合即成無色之玻璃一千八百五十一年倫敦博物館藏一種玻璃以鋅養合成極明而無色其重率比用鉛者更大本館評驗之人許此玻璃爲最好必能漸漸廣用即送以賞牌惟鉍養比鉛養甚貴故造平常水晶玻璃仍用鉛養

製造水晶玻璃或火石玻璃而能合法幾可無色比鑄成玻璃或轉成玻璃更能明澈重率更大其折光之性與鎔化之性比上等之蒲喜米阿玻璃更大其質亦更硬而更無色火石玻璃之重率不小於三·二依法磨得極光則其光色與金剛石相同此光色與重率俱藉鉛養矽養惟此質原帶黃色若與鹼屬矽養之比例過多則玻璃稍有黃色又此質比鹼屬矽養鹽類更軟故用之過多則其玻璃之性亦軟而稍有消磨所以日用之玻璃器不能以此料爲之更兼此料多用則其質重而價貴不知此理者以爲日用之玻璃器欲擇其重者爲佳但其實無益於事不過

能知其含鉛養矽養$_{三}$而有火石玻璃之性略比平常或下等者爲佳

造火石玻璃除鉛養之外不用別金類合養之質則以同理除鉀養之外不用別種鹼質若用別種鹼質色便不佳如鈉養矽養$_{三}$常帶藍色或綠色故日用玻璃器之厚者其色易顯至於水晶玻璃器平常爲磨光之厚玻璃或掛燈之玻璃條亦必作厚體所以厚玻璃器俱用水晶玻璃如其體太薄則退火之時必致變形故用鉛或鋅並鉀爲其本質巴斯吞奈耳書中有造平常火石玻璃之方如洗淨煅熟之砂以煙煤或樹木爲燒料者用一百磅鉛$_{三}$養$_{四}$七十磅或四十五磅提淨之鉀養三十磅或三十五磅

以上各質之外另用碎玻璃其多少依其事而相配又加鉮或硝爲滅色之料可見燒煙煤者則其砂與鉛$_{三}$養$_{四}$並鉀養之比例略爲三二一若用無蓋之罐而燒木料則其鉛$_{三}$養$_{四}$可少用又有畢臘所立之方能成極明光之火石玻璃鉀養炭養$_{二}$一百十二磅鉛$_{三}$養$_{四}$或鉛養二百二十四磅洗煅之砂三百三十六磅硝十四磅至二十八磅錳養$_{二}$四兩至十二兩碎玻璃依事配數

此爲平常造火石玻璃之方杜氏云少用鹼質者其質細而耐用如每砂三百分配鉛$_{三}$養$_{四}$二百分提淨之鉀養炭養$_{二}$九十五分爐內風力能大而在冬令則其玻璃最佳若在夏令必改變其方如法國常用淨砂三百分鉛$_{三}$養$_{四}$二百十五分提淨鉀養炭養$_{二}$一百十分鉀養淡養$_{五}$十分硼砂十二分

前已言如用無蓋之罐而燒木料則鉛$_{三}$養$_{四}$可減少顧鉛$_{三}$養$_{四}$助鎔之性甚大無蓋之罐可少用者因爐內之熱一逕能遇其料然用以上三種要質而其比例爲三與二與一則爲最妥如其爐與罐能減用鉛$_{三}$養$_{四}$若干必因欲省費之故如減其鉛$_{三}$養$_{四}$之數過多必致玻璃之光減少如再欲減省鉛$_{三}$養$_{四}$之數可用後方亦能得水晶玻璃之佳者

砂三百分鉛$_{三}$養$_{四}$一百八十分淨鉀養炭養$_{二}$一百二十分碎玻璃三百分鉮養$_{三}$○分四五錳養$_{二}$○分六○

造火石玻璃之料不但配準其數尚須選擇極淨其砂宜最白而不含錳鐵等質有人將砂浸於水而手援之有人以汽機掉動之然後煅之篩之杜氏云應將砂在淡鹽强水內洗之以去其鐵養錳養等質而鉀養炭養亦必提淨卽在水內消化而取其明水熬乾之如鉀養淡養$_{五}$價廉者可代鈉養炭養$_{二}$之用鉛養亦須提淨因常售之密陀僧俱雜異質如銅養鐵養錳養等若不提淨玻璃必有色故造水晶玻璃之廠特造一種鉛養須用極純之鉛依法免其

收異質而令變成鉛養即紅色之鉛丹但造成之玻璃內不能含鉛養而祇含鉛養因其質放出養氣而初鎔化時宜有此質前人以爲料內以放養氣爲要事者因令玻璃滚動而不致以各質之重率而分層然杜氏云其料未鎔之時養氣已放盡此養氣之正用大略爲散去其鹽類內之生物質又能令其生物質內之鉀變爲鉀養此生物與烏勒米尼相類此質遇鉛養則放出其鉛而玻璃帶微綠色然遇鉛養所放之養氣即被其所燒而滅之平常出售之鉀養鹽類含烏勒米尼頗多故以放養氣爲最要若以鉀養淡養代鉀養炭養而用淨鉛養則其鉀養淡養所放之養氣亦足爲此事之用有數廠故加鉀養淡養若干因所放之養氣能助玻璃內之空氣泡浮上如能用鉀養淡養而不嫌其價貴則爲極佳之淨玻璃料又可另加錳養之顆粒若干以滅其雜色

造光學器之玻璃有二種一爲火石玻璃類一爲轉成玻璃類此二種玻璃折光之性與散光之性相反故可相合而造遠鏡之像鏡火石玻璃散光之性大轉成玻璃散光之性小相合適足相消即一種玻璃爲正一種玻璃爲負其色彼此相滅而透過之光無色一千七百五十三年杜闌得即造光學器者詳考二種玻璃之鏡應有凹凸之比例數當時雖得鏡形之數而於得光尚未能配準其料而令玻璃免各病因選料極淨者色不改變者明光透澈者折光合法者固屬無難而極難在質之停勻光學各器之玻璃若不停勻幾歸無用考驗難停勻之故因其各質之重率不同鎔化之熱度亦異有數種質之鎔度大別質受此大熱而化分又鎔後冷結之熱度亦不同不免有遲早結成之病因此而鏡內遂致變色或成浪紋或成層紋或折光之性各處不同諸弊叢生且鏡面愈大隙弊愈難製造大鏡而以轉成玻璃之料爲之比火石玻璃料之難處更大因轉成玻璃之料需甚大之熱度若加多鹼質而冀易鎔則易收空氣內之水而成流質微點俗名發汗若減少鹼質而冀質硬則變冷時難免成顆粒之病久有人考究火石玻璃合於鏡之用者不能得法間有在鎔料之罐內得其幾分合於光學器之用而其餘無用然亦偶得之事若欲特造則不能成瑞士國人季難特原業造鐘表多年考究鎔化配合各種金類專心欲造合式之火石玻璃可作大鏡之用必於格致之學有大益久之而造成之玻璃能作九寸徑之像鏡其質停勻而最佳當時化學家之盛名者尚不能作大於三寸半之徑所以季氏考得之法爲格致家所信服遂有光學之大名者二人開廠於摩尼

知地方，專請季氏到廠合辦分利，連造多年，而其法終不肯傳，以後季氏之子得其法，而在本處造光學玻璃，次子得其法而至別廠，合本法，不甚全，藉有夥友，試造多年而得其奧。一千八百二十八年，造成十二寸徑至十四寸徑之鏡，又造小者甚多，從此而妙法漸漸傳佈，能造火石玻璃鏡之徑二十九寸，體重二擔，又造轉成玻璃料之鏡二十寸者，此種鏡極淨極明，質又停勻，而無歧光之病。學得季氏法者，名本傳，得光學玻璃鏡二方。

火石玻璃鏡

矽四十三分五，鉛三養四四十三分五，鉀養炭養二二十分，鉀養淡養五三分

轉成玻璃鏡

矽六十分，鈉養炭養二二十五分，鈣養炭養二十四分，鉀一分。

光學器之火石玻璃，原以多含鉛之別，杜氏云，此質之重不宜少於三六。其工夫之善，全在鎔時掉之不息。季氏法之好處，不在用料之新奇，而在料數之比例合宜，又將全罐之料待冷，再在退火後劈開，而揀出其不勻之處。英國之天文會聞得瑞士國季氏之法，專派四人詳考光學所用之火石玻璃。此四人者，一爲天文家候失勒，二爲化學家發拉待，三爲光學家杜闌得，四爲格致家路什。用盡心力而得公理，大半必藉人工，而於化學與材料無甚相關，又必常搖動其鎔料，而免其成層。發拉待爲四人之首，詳考各種料，而得一種鉛爲鉛養硼養三並鉛養矽養所合成，俗名發拉待之重玻璃，以後用吸鐵電氣試歧光之各事，俱用此玻璃，其方如後。

鉛養一百〇四分，鉛養矽養三二十四分，乾硼養三二十五分。

此玻璃加熱至紅，即能鎔化，掉工甚易，但其質軟而不耐用，故不宜於光學等事。比辣得玻璃廠所造光學玻璃，用圓錐形之杓，徑五寸，深七寸，漸探入鎔料內，未入料時，先將料面上之浮滓取盡，杓內滿料，而取出，待冷幾分，隨將吹玻璃之鐵管，其端有銲連之圓板，以錐形玻璃塊之底粘上，而置於罐口加熱，待其質軟至合用，即取出而吹成長泡，割去兩端，而剖開壓平成板，長十四寸，闊十寸，厚半寸。退火之後而出售，光學家割爲大小各塊，而磨成鏡。一千八百五十一年，博物館存新造鋅玻璃時，已送賞牌。此種玻璃之本質係鋅養，另添硼砂或硼養三，令其玻璃有硼養三之光色，又易鎔化，極明而無色，無浪紋，無層紋，故爲光學器最佳之料，惟不能當爲火石玻璃之用，而祗可爲轉成玻璃之用。凡鋅雜質之散光性最小，故用鋅養造玻璃，最合宜於光學之用，其折光之率爲三•二八五，而其散光

之比列與重率三五五之火石玻璃相比乃〇•六五〇二與一之比館內考驗之人評此玻璃云若此玻璃能造無色而停勻之鏡質內能有弗與矽養與鉛養者則此種玻璃作凸鏡而用鉀養玻璃作凹鏡應可作無色之像鏡爲最佳其散光之事比轉成之玻璃更少又因鉛養能消化其罐體之料而成浪紋與層紋用此玻璃即免其弊博物館所存此種玻璃器有三角鏡二件其質極明而無浪紋與層紋又有圓板以備作鏡之用者二塊徑四寸半與七寸詳考之而毫無病其質易磨其用耐久必爲有益於光學器

第六類假寶石並各色玻璃料

西國多造各色玻璃所以生意漸大蓋前人喜用各色玻璃後又漸改風俗而用無色近又以有色之玻璃作器者多因此考究此法更巧於前人且造各色玻璃器尤爲前人所未有者所作假寶石之光色能與眞者難別說者以爲假物美觀於眞物

各種玻璃能加色料而任意成何色必先知其玻璃作何事之用方能定其何種料爲玻璃之本質平常各種玻璃料專以鉛爲本質如白玻璃面上欲加有色玻璃則此色玻璃亦以鉛爲本質故作假寶石必須另用一種料名爲

斯脫拉斯茲先詳之

斯脫拉斯玻璃必得最大之光色其質必最明而淨其料類乎火石玻璃惟含鉛養甚多兼含硼養少許造玻璃家名革蘭得有三方如後

	第一方	第二方	第三方
水晶粉	一百分	〇〇	一百分
砂	〇〇	一百分	〇〇
淨鉛養	一百五十六分	〇〇	一百五十四分
鉛養炭養	〇〇	一百七十一分	〇〇
淨鉀養	五十四分	三十二分	五十六分
硼養	七分	九分	六分
鉀養	〇分三	〇分三	〇分一六

觀此各數即知此種玻璃含鉛養多於水晶玻璃與火石玻璃亦多於光學玻璃前言季氏之光學玻璃含鉛養甚多但仍少於斯脫拉斯玻璃含鉛養之數其與乳色玻璃之別因不含錫養如合法造成斯脫拉斯玻璃則其折光之性並其餘各性與金剛石相似惟其堅性大遜若不加色料則可假充金剛石爲陳設之用如加以金類本質之矽養鹽類能成各色假寶石故其質必晶瑩而光必明澈選料必極慎所用之水晶或石英或砂必爲極淨者因石

英與砂常含鐵少許而令其玻璃帶黃色故磨細之後應用輕綠洗之鉀養不可雜別種鹽類質韋蘭特云用最好之鉀養杜氏云用鉀養淡養比鉀養更好因鉀養淡養常爲淨質若用常售之硼砂如荷蘭所出者玻璃變棕色宜用成顆粒之硼砂更佳鉛養亦須淨質

斯脫拉斯玻璃所加之色料甚多茲先論其各料之性後論其造法

黃色○此色或用木炭或用銻或用銀或用鈾養將炭研成極細之粉令其玻璃變爲暗黃色所加炭質愈多愈變棕色而無光故不常用此質爲色料如將銻硫烘之而成銻硫每百分再加銻硫三分至五分而鎔之卽成最美觀之黃色將此黃料和以鉛養與鐵料少許則成橘皮黃色若用銀者其法大不同因將泥粉和以銀綠置於玻璃器之面上在燒亮內加熱則玻璃未軟之時而其料已沁入若干深待其器冷後而刮去其料則玻璃面成最淨而最亮之光色但其玻璃必含硫養否則黃色不顯從此可知其色乃化學之理變化而成鈾養能成最佳之淡黃色而稍帶綠色疑爲平常鈾養含鐵之微迹所成但此料之價甚貴幾乎不用

紅色○此色用鐵養或銅養或金合於別種料鐵養卽鐵養製法將鐵養淡養加熱或用血點石或黃土將鐵養加入其內卽成棕紅色而不甚佳惟其價甚廉銅養爲前人用作紅色膽片之料而後人誤以爲此種美觀之紅是金所成惟銅養之色最濃雖用極微之數而玻璃卽成深紅幾致不能透光故用此料難得深淺之別如稍不愼卽難透光今已另設法將無色玻璃爲底子而外加此料一薄層製取銅養之質將蔗糖一分銅養醋酸一分水四分發滾二小時待冷沈下傾出其水將其定質洗之乾之卽能合用

用金得最佳之紅色可成大紅淡紅玫瑰紫玫瑰紅其料爲金綠水內消化錫養而得棕紅之質此質謂之卡西由斯紫色料前人俱以爲此料之外不能用金之別料成此色後有化學家傅斯云造玻璃料未鎔之時和以錫養並金綠水則其質如濕灰色之砂鎔後卽成艷紅色又有人考得不用錫養而但添金綠水亦能成玫瑰色與紫紅

藍色○玻璃料內加鈷養卽變藍色不含鉛者其色深含鉛則淡每玻璃料千分加鈷養一分藍色卽顯此鈷養須預合於別料成玻璃而此鈷養玻璃有深淺各色俱依各種用處定之將此料磨成細粉而添入玻璃料內西名司莫得其製法在化學書詳之

綠色○此色或用鐵養或銅養或鉻養惟鐵養所成之綠不甚佳不甚明銅養則加綠寶石製法將銅遇多空氣或用銅綠在火內加熱化分用放養氣之質合變爲銅養若用鐵養必不可變鐵養若用銅養必不可變銅養至加鉻養能成美觀之青草色但其價貴不能造平常之器

假寶石與各色日用玻璃器之方

假金剛石○用無色之斯脫拉斯玻璃如前各方而不加色料

黃寶石○用淨白色斯脫拉斯玻璃一千分橘皮色之銻玻璃粉四十分卡西由斯紫色料即金所成者一分又方

用斯脫拉斯玻璃一千分鐵養十分此種色料之濃淡幾分藉受熱之度數幾分藉遇熱之時數此料能變爲無色或淡黃色或茄花色或紅紫色其理尚未深悉銻玻璃料必爲最明而其色必橘皮黃色

紅寶石○造黃色寶石之料常變爲不透光之質惟在近邊能透明如成極薄之片能有紅色將此種不透明之黃料一分斯脫拉斯玻璃八分在罐內鎔之在燒瓷之窰加熱三十小時即成最佳之黃色玻璃與斯脫拉斯玻璃相似再以吹火筒鎔之則成最佳紅色玻璃與上等明紅寶石相似又方用無色斯脫拉斯玻璃一千分錳養二十五分此料之紅色不及前料之佳

綠寶石○用銅養添入無色之斯脫拉斯玻璃再添鈷養則其綠色帶藍色如生成之綠寶石又方能得其相近者即無色之斯脫拉斯玻璃一千分淨銅養八分鉻養○分二如鉻養多用或銅養多用而加鐵養其色更深即與生成之深綠色相同

藍寶石○用極淨白之斯脫拉斯玻璃一千分極淨之鈷養十五分此料盛於罐內封密而加熱三十小時即成

藍紅寶石○此石之色必極明似乎建絨之光色爲佳其方用無色斯脫拉斯玻璃一千分錳養八分鈷養五分卡

西由斯之金料○分二

海水色寶石○此種寶石價甚廉眞者尚不用況此假物常見者爲極淡之明綠色最貴重者幾無色而如金剛石其有色之一種用無色之斯脫拉斯玻璃一千分銻玻璃七分鈷養○分四

血紅色寶石○此料略貴小塊者用處更多用無色斯脫拉斯玻璃一千分銻玻璃料五百分卡西由斯金料四分錳養四分

造各種假寶石有數事爲要工須久習料必極淨磨細而屢次過篩每一種料須另用篩又必鎔透使停勻無氣泡

無層紋罅必爲上等漸漸加熱而至最大之熱又須連熱不息而歷二十四小時至三十小時又須令其緩冷而與退火之工相同

第七類水能消化之玻璃料

能消化之玻璃用鉀養合矽養或鈉養合矽養或此二質相合此質能在沸水內消化若遇冷水幾乎不變此種玻璃易收空氣內之水因此而常有改變一千七百八十年前法國有人造玻璃杯欲仿蒲喜米阿之法爲之有二方加後

	第一方	第二方
矽養	一百分	一百分
鉀養	一百分	一百分
鈣養	○○	一百分

第二方所成之玻璃空氣內不改變久存不壞第一方之玻璃不透光不堅實多吸空氣之水氣所以酒杯之底漸漸自成鉀養炭養飽足之水未出售時已歸無用從此知欲耐水與濕空氣所消化者必加鈣養或鉛養

能消化之玻璃俗名水玻璃有數法能造即用細砂十五分鈉養炭養八分或鉀養炭養十分木炭一分鎔化之後即能在沸水內消化又有人名闌生用打碎之火石在無炭養之鹼質水內加熱至三百度消化即成

此種水玻璃有數種用處可在房屋露天之石面敷一層又可和於各種灰質而水不沁入又有室內之牆上作設色畫而外面敷此質一薄層即能永不退色曾在柏林試過此法其畫在露天一年常遇風日雨露毫不改變另有人將泥七十五分水玻璃消化二十五分相和而敷在牆面或器面加熱而再作畫茲將造此玻璃料之四方列後

第一方　矽養一分鈉養炭養或鉀養炭養二分相和鎔化

第二方　乾鈉養炭養五十四分乾鉀養炭養七十分矽養一百九十二分相和鎔化此玻璃能在沸水內消化成透光而半有凹凸力之質

第三方　乾鉀養炭養十分石英細粉或無鐵無鉛養之砂十五分炭一分各質相和鎔化每一分能在沸水五分至六分內消化濾得之水熬乾或化散自乾即成明玻璃料在空氣內不改變

第四方　鈉養炭養八分石英十五分木炭一分

消化玻璃水另有數事可用如印花布用鈉養矽養又造肥皂亦以當松香之用又醫生用鉀養矽養治酒瘋病並骨節內有結成質之病以十釐至十五釐爲一服每服用水六兩至八兩消化每日用二服

德國之普來亁地方有大廠專造此種水玻璃常用以敷於木料之外能辟火燬又不枯爛英國亦用之另添數種色料而敷於木上更能美觀又可和以高嶺泥或白石粉或石膏另添硼砂少許即成假雲母石最爲合用又可造成各種形式如石而免琢刻之煩又如呢布等物加此料則遇火之時能隔空氣之養氣而不燒祇能變爲炭質而無焰水玻璃鎔而後冷亦不結成顆粒其故因定質先變稀再漸成稠質後始爲定質故不結顆粒

各種水玻璃鎔化之難易在鹼質之比例多而矽養少鹼質愈減少愈難鎔化鹼質之養氣與矽養之養氣有一與十八之比須進風之爐極大之熱方能鎔化

以上各種玻璃分爲七大類但古時不過分爲三大類一爲尋常無色玻璃即鉀養矽養或鈉養矽養合於鈣養矽養所成二爲尋常有色玻璃又名酒瓶玻璃即鈣養矽養並鐵養並鋁養並鉀養或鈉養俱與矽養相合三爲水晶玻璃即鉀養矽養與鉛養矽養合成

製造之器具與工夫

古人造玻璃之器具與工夫未有一定之法流傳因無成書可考初著造玻璃書者名阿古里古拉從此書至今日其法無大改變茲將器具與手工逐一詳之

鎔玻璃之爐房

鎔玻璃而造各種器所用之房屋常作截圓錐形其頂空露高六十尺至八十尺其徑四十尺至五十尺築爐於中心能容罐五个至十个爐柵略與地面相平灰膛在地面下挖成一路從爐之周圍通至屋外能得各方向吹來之風房內火爐與各器之排列依造何種玻璃而定之

第三圖

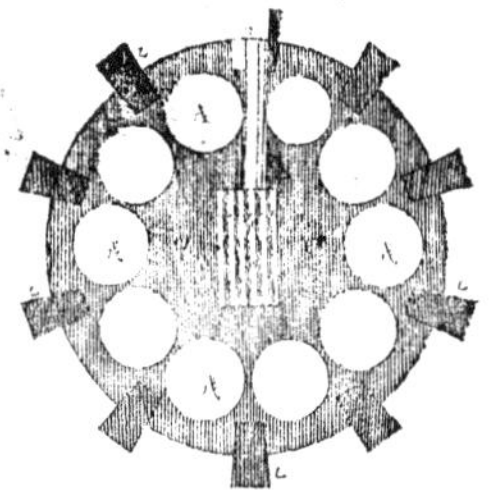

第三圖係造火石玻璃之爐此爐可容十罐如圖內之戊戊其風路乙乙與罐數同每二罐之間有一風路又無罐之前面在火路之中間有一孔謂之工孔生料從此孔進罐而鎔化之料亦在此取出又有方孔如丁在爐柵丙丙之上煤在此孔添於爐柵其地面作高堆如甲罐即安在此堆上故其火似乎在罐底之下而在爐之中心其爐之邊比罐口更高爐蓋作弓形能得其熱之益處而免易燒壞之病

第四圖係爐蓋之外面第五圖爲內面此二圖能見其火路與弓形蓋與地內之灰膛前圖之甲甲爲爐底乙乙爲風門丙丙爲進罐之門其罐安進之後用泥補滿而祇留

第四圖

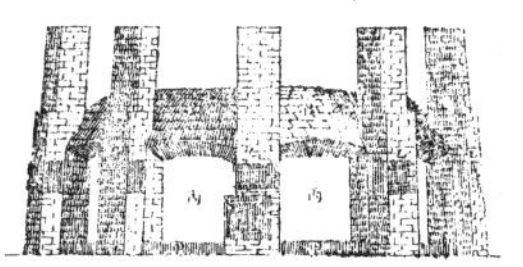

第五圖

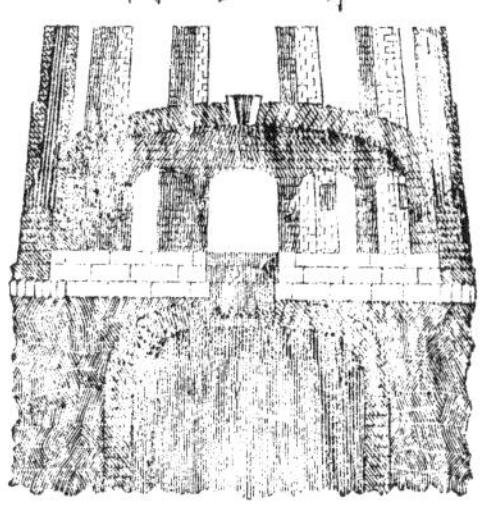

工孔丁爲進料之門戊爲爐蓋後圖之甲爲爐下之灰膛乙爲火膛其下即爐柵丙丙爲火孔因其火不能在爐之中間透上則過此各孔而通至周圍之各煙通

畢辣得鎔造火石玻璃之廠其爐容罐十个每罐之徑三十六寸爐之內徑十二尺七寸火路在其內爐蓋之內面中間高四尺半每弓高三尺一寸闊三尺三寸半其火有火夫專管爐柵之底有孔可任意開關此能令其火力停勻此容十罐之爐每六日夜燒煤十八頓至二十四頓

鎔玻璃之爐有多種難處無法可以全免必須常常修理故爲造玻璃家之大累爐中所需之熱略爲二萬度如用無蓋之罐則鹼質之化散甚多其鉀養幾有四分之一化散亦爲造玻璃之大難處罐體內矽養合鉛養之質遇鹼質而即與化合漸致罐體銷毀不久而爐亦銷毀平常玻璃廠內其爐祗能用三年惟火石玻璃之爐熱度較少而罐爲截頸甑形爐可久用

爐之邊但用火泥磚爲之其磚用特設之模壓成造此磚之料用上等火泥和以磨碎之舊罐加另添粗砂或砂石粉則其磚更佳其蓋平常專用砂石爲之質紋粗而鬆造此蓋不用灰而藉其石自能長牢即湊處化鎔而粘合

所有轉成玻璃之爐與鑄成玻璃之爐俱與火石玻璃之爐相似亦築於圓錐形房之中心容罐不過四个至六个每罐能鎔玻璃略半頓

第六圖爲造火石玻璃爐之新式能容罐七个其爐蓋爲雙層靠堅實之磚柱乙乙其外蓋丙與內蓋丁之間乃各火路之火焰共聚之處己己爲火路壬爲煙通辛爲工孔

第六圖

換罐時在此處折牆子爲風路卯爲爐柵上之火膛添煤但在其一邊一爲吹玻璃之鐵管加熱之處寅爲開通火路之門甲爲罐座其面上之圖爲七罐之位間有將外蓋作圓錐形可更近於煙通之意但前各圖在各火路之上作煙通乃舊時常用之法現已漸廢凡爲此種多煙通之爐則其爐自然作一个蓋

一千八百六十一年西門仔另設一種鎔爐，可不用罐，而將爐底全作大池，以玻璃新料添入池內鎔之，而從此池取出玻璃造器。此爐靠邊上加熱，即用回熱之法燒煤成氣，與鎔鐵同。此爐在鍊鐵書詳之。

一千八百七十二年西門仔又設法將鎔玻璃之池用浮橋二个，或隔板分爲三膛，與前言罐分三層同理。此爐名爲連鎔之爐，如第七圖爲此爐之縱剖面形，第八圖爲橫剖面形。甲爲鎔玻璃之膛，乙爲提淨之膛，丙爲取料之膛。甲膛添新料過爐背面之門如丁，甲與乙隔開有浮橋如戊。其鎔料在此橋下行過，料在乙膛內面上受大熱，故能

第七圖

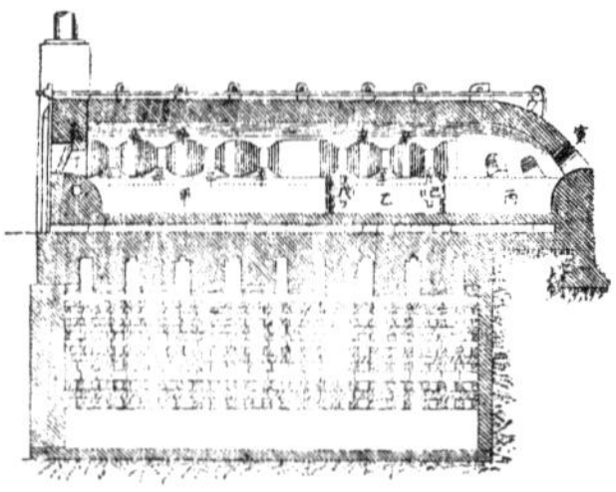

第八圖

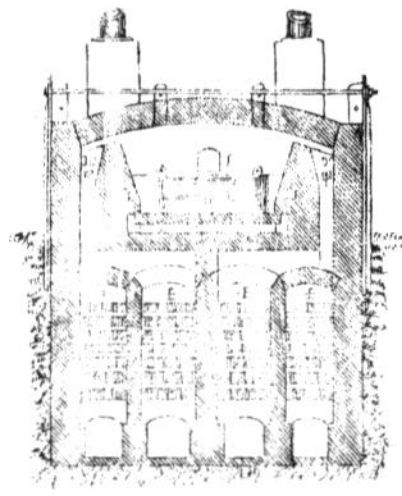

全提淨，又在浮橋下如已流入取料之處如丙。池邊有通氣之路，令其邊不致過熱，而玻璃不能在裂縫流出。又其

浮橋戊已如有壞，則隨時可換。所用之爐如燒煤成氣之回熱法，其進煤氣與空氣之孔辛辛，從回熱膛壬壬通至池之二邊，令其火行過爐內各料之面上。爐內各處之熱度，以其玻璃當時所需之熱而配準。其法令煤氣孔與空氣孔能放大收小，或在應用大熱之處添其孔數。又有隔牆圖內不能見，可在浮橋以上爲之，亦能令各膛內之熱合宜。取料膛丙之熱度，用煙通之風門司之，如減小其風門而通風少，則行過浮橋已而入丙膛內並工孔寅之火焰必少，反之亦然。用此連鎔玻璃之大益處分爲五類如後。

西藝知新十九　玻璃一

一能成玻璃料甚多，因可連用大熱不息。舊法之爐令料減熱，並提淨之工，並漸取料至盡，再增爐之熱足鎔其新料，此各事大略費時多一半。

二能省工人，因鎔玻璃之各工，其工人原不必多一半。

三池與爐所需之熱爲停勻，故更耐用。

四玻璃廠內之各工能停勻，又所成之料比舊法更勻。

五造玻璃片而有丙膛之式，能令吹玻璃之人與取料之人不相礙，可免另備吹爐。

用池代罐，雖常用西門仔回熱煤氣爐，然用別種加熱之法亦可。近有哥拉司哥人名司弟分孫，亦設池爐，用平常

之煤從其一邊加熱在其餘三面作工孔大能省煤而多得做工之地面現在用池大半在造瓶之廠並軋片之廠玆將西門仔之爐與池已爲各國所用之數列後

罐內鎔玻璃用西門仔法

英國鑄玻璃廠五處造片與瓶之廠五處造火石玻璃廠二處

法國鑄玻璃廠七處造片與瓶之廠四處造火石玻璃廠十一處

卑利知鑄玻璃廠四處造片與瓶之廠一處造火石玻璃廠一處

別國鑄玻璃廠六處造片與瓶之廠十處造火石玻璃廠十五處

用池與舊爐之法

英國共有玻璃廠六處

用池與回熱煤氣法

英國玻璃廠四處

法國玻璃廠十處

卑利知玻璃廠一處

別國玻璃廠三處

從前玻璃房內在鎔爐之旁作煅生料之爐退火爐燒罐爐又需用之各種爐俱靠鎔爐所引來之火得熱但近來已廢去而另作各事之爐與鎔爐不相關又造酒瓶玻璃其料不淨仍有數廠煅此料之爐在鎔料大爐之旁通連鑄玻璃大片特設之爐並其餘各種玻璃特設之爐並與爐相配之各件俱在各種玻璃做工之說內詳之

造玻璃房內大爐之外另有別種爐以爲零事之用如煅料之爐即平常倒焰爐長十尺闊七尺高二尺又如轉成玻璃廠內必有吹爐與成底爐與套玻璃爐此爐中亦有孔謂之鼻孔各爐之用處詳轉成玻璃工夫之說內又有一種爐乃各種玻璃所不可少者謂之退火爐即烘爐其頂作弓形而矮二端開通造成之玻璃器在此爐內漸冷長略六十尺闊五尺高一尺至二尺近於進器處之門各有小爐令爐前端之熱度稍小於鎔度此後再不增熱故漸離此端而熱漸減小至後端出器之門熱度幾與外空氣同平常用弓爐二个至四个並列如第九圖各爐內之地面有鐵路上有小盤盛各器盤下有輪能從熱處漸行至冷處此用鏈牽行或每進一盤即將前盤推進而各盤挨次俱進所燒之料用枯煤因其熱勻而無煙

第九圖

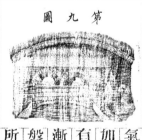

如用煙煤則所發之炱有害於玻璃器退火之歷時至少六小時多至六十小時俱依其器之大小厚薄爲限其器進烘爐之時愈熱愈好故大器在空罐內用樺木柴加熱

第十圖

此罐口之孔謂之榮耀孔將器置此罐口如第十圖重加熱而隨入退火爐此爐幾分藉風之方向其風應行過退火爐之燒料而向冷端之煙通則熱氣可常向下遇玻璃器如其風從冷端吹向熱端則遇熱玻璃器而致坼裂者甚多從前退火爐之形與窰略同其一端有磚牆隔開裝滿玻璃器後周圍爇火略歷七日夜而止此法多致誤事現在不用如欲車磨之玻璃器必在退火爐內更久又可用大鐵殼護在其外以防忽遇冷氣或埋在熱砂內緩冷退火爐之門以生鐵爲之有機可以開多開少俱依各事之便間有極大極厚之玻璃器仍須用磚作窰

第十一圖

第十二圖

第十三圖

第十四圖

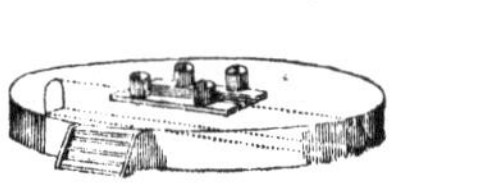

第十五圖

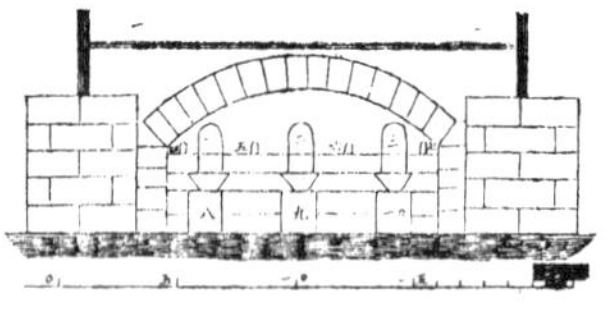

第十六圖

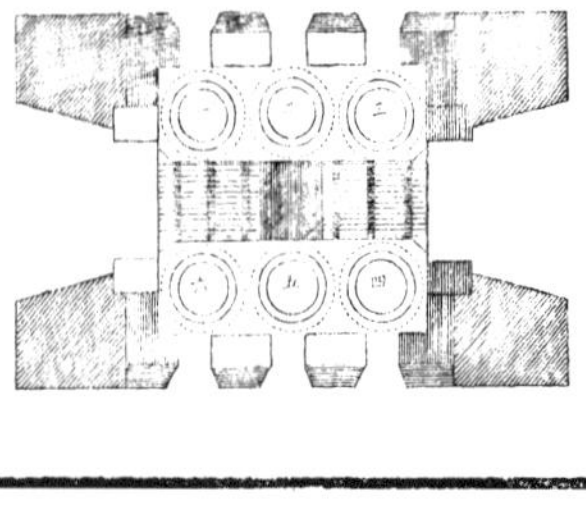

第十一圖係造火石玻璃房之剖面形房內之爐能容罐六个而其房之近邊有退火爐等如第十二圖爲爐中置罐六个之式第十三圖爲轉成玻璃房之剖面形其爐在中心能容罐四个或六个房邊亦有轉玻璃之爐並退火爐等第十四圖爲此房之地基中有罐四个便於看其列法爐爲長方形爐柵左右可安罐二个或三个其爐之形如第十五並第十六兩圖圖之一二三係做工之孔能通風能進料出料四五六七爲管孔管在其孔內先加熱而後進爐八九十爲足孔能修理罐之座子十一爲爐體中之鐵牽條令爐不漲開十六圖爲其平視形能見其六罐並爐柵

罐

鎔玻璃之罐。造工必極慎。酒瓶玻璃。或轉成玻璃。或鑄成玻璃。罐作截圓錐形。如第十七圖甲。大端爲口。小端爲底。深略四尺半。口徑四尺至四尺半。底徑三尺四寸至三尺六寸。有杓如乙。能取出玻璃料。又有椗桿如丁。此種罐豎

第十七圖

第十八圖

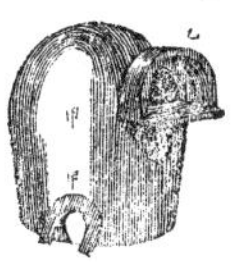

於爐內。不用蓋。鎔火石玻璃所用之罐。如第十八圖。其頂爲圓形。其口如乙。爲燒殼形。此口露在爐外。另有火泥所作之板如甲。其形如馬掌鐵。鎔玻璃時。掩在其口上。令其口收小。

罐形無論何種。俱以火泥爲之。火泥必極淨。不可雜鈣養。並鐵硫。又含鐵愈少愈好。有一種泥。產在斯妥耳橋。其質幾全爲矽養與鋁養。此泥比英國所產之別種泥更佳。須和以舊罐之粉。預備之料和勻之後。必久存在大木箱中。每若干時。翻過一次。用工人赤足踹之。

造玻璃家巴路耳云。鎔玻璃之罐。無論何種形式。用生鋁養底子之泥十三分。煅過矽養底子之泥十二分。舊罐粉三分。此質能令罐質鬆而不易爲熱所漲裂。將料搏過三

次。成停勻之膏形。置於木板或鉛板。以手工成罐。用椎打密。有小木器刮平。成後安在稍煖之房。略熱至八十度。俟其全體漸乾。有數處造玻璃廠。藏至二年三年。漸乾。臨用之時。在倒焰爐內加熱至明紅。其火自少漸多。共歷數日。每一次不過添煤一盤。而添煤有一定之時。並一定之數。乘紅熱或白熱之時。速移至鎔爐內。此用機器移之。爐前須先折開一邊。取出舊罐。此工畢後。置新罐於應當之處。爐邊之泥工完後。先裝碎玻璃若干。待其鎔化。則罐之內面有質如釉。厚數分。方添入玻璃之料。

爐內換新罐之工甚難。常在禮拜六爲之。因此日間暇。廠內之工匠可全聚相助。除生病之外。不許告假。如無病而不到者。有重罰。此事不但辛苦。尚有危險。格致家特往觀而記在工藝書中。爐中之一罐忽破裂而漏。此罐已用至七个月。須先取出舊罐。可換新罐。夫鎔玻璃而平常工作。熱已難當。然只有數个小孔。以爲取料或加熱器具等用。何況拆去爐之一邊。而各工人遇大孔之火。此事共用工二十四名。每班二三人。做工片刻。速即換班。取出舊罐之難處極大。因罐內漏出之玻璃料。在罐座上粘結甚牢。拆去爐牆。冷氣竄進愈多。其料粘結愈牢。工人用長大之尖鐵桿刺入罐底。有鐵塊爲倚點。用人身之全重加力於桿

端而撬起再有六人或八人各用尖鐵桿長五尺左手遮面速近爐前鑿其座上結住之玻璃即得玻璃之大塊與火磚泥塊等離開其執大桿之人戳刺而速退遞換二三人因人只能當熱數秒時頃刻之間罐已撬鬆而桿可舉起即將矮鐵車推入罐底牽出而推至遠處舊罐取出之後爐口洞然散出之熱更烈顧其罐座必先整理以備重安新罐乃在工人中擇其最耐熱者如募奮勇之法手執柄長十四尺之鏟亦靠鐵塊為倚點旁人各將煅過之火泥一塊送至爐口而安在鏟上速即退後執鏟者將泥鋪在罐座而拍平鋪泥多塊而座已平隨有多人用矮鐵車推送紅熱之罐至爐前入爐而置於座上取出鐵車各事極速而無亂遂將火泥遮板二塊自地面高略三尺火泥與磚安在其上罐口亦以泥板遮住工人可速砌其牆此換罐之工共歷三四小時乃最苦最險之事各工匠之短髮蓬鬆者幾成佛頭之螺頂矣一年幸無幾次設欲多次更屬難事因其爐久受冷而其餘各罐之玻璃必結而壞上等之罐能用三月間有至一年者但雖耐用背後必漸薄而有破裂之處間有罐在前面或頂或底裂縫不甚大可用火泥補之若在前面裂開可俟裂處遇冷氣而漏出之玻璃結住以塞其縫或將黑色玻璃一塊先加熱令軟

補其裂縫但此為暫時急救而非善法間有罐數小時而即壞者此因原用之工料不善或放冷氣入爐等故又有一罐裂而累及别罐亦裂者所以製造新罐必須極慎新罐先用煤一小塊擲其上聽其聲響若銅鐘可望耐久聲不清亮難保不裂然亦偶有反是者

每罐之價值略金錢十員所以造玻璃者以罐為首務近有西門仔設新法將罐分為上中下三層上層添以新料待鎔之後落至中層即提淨而放氣泡再落至下層可取出造器其理因上層之料愈鎔至停勻則其重率愈大故必自落下至第二層內此層遇爐內一逕來之熱故能提淨而放盡其氣質提淨之時重率又漸大即落入下層此層有取料之孔凡欲取料則開取後即關

第十九圖

鎔化各色玻璃料之罐較小以罐三个配爐邊一膛先並列二个高罐在下再置小罐一个在其上如第十九圖此三罐所占之處與一大罐同

磨碎各種舊罐用大碾輪將其粉和入碾勻之泥而篩之篩孔每方寸有四百用熱水相和之後存久而漸自縮爐內所用之燒料亦與玻璃之優劣大相關英國常用煙煤後因發烟甚多故各廠換用燒透之枯煤間有大廠特設

大窰燒枯煤法國用生煤與枯煤間有用木料近來木料漸廢因其熱度太少德國亦常用木料而間有用未變成之煤平常木料在空氣內自乾仍含水甚多故將木料先在露天待其自乾後在窰內烘至棕色水始乾透若用未變成之煤必擇泥土少而幾能燒盡者亦須烘乾用之

碾料

造玻璃之料應用碾輪或鐵或石所作碾後用細篩篩之從前常以手工拌勻而篩之難得停勻之料所以玻璃廠家川斯設一合料之器如第二十圖甲為受料之膛乙為進料之口丙為放料之門丁為轉輪此輪有多輻尙為初

用之器後改其制而輪周密佈鐵釘如第二十一圖以汽機動之比舊法更能合料停勻又有玻璃家科派用輥桶與火藥廠者相同

第二十圖

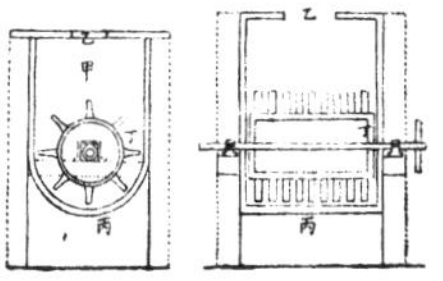

第二十一圖

鎔料

各料搬過洗淨碾細篩和即成極淡之紅色用鐵鍫送入白熱之罐內不可一次裝滿因其料未鎔時之體積略倍大於鎔後之體積故宜先裝三分之一待其熱度漸大而鎔至低下再添三分之一後亦如之鎔時須慎添燒料合其爐柵不可有空處否則必致冷氣上升而罐破裂又須細察料之鎔化每若干時用鐵條粘取少許看其質有未鎔之砂粒否或已停勻否但其玻璃料久發炭養氣故取看之料亦必有氣泡此氣泡甚善因能常滾動而令其輕重各質不分層至末而其氣不放重質能沈至罐底罐底

之熱度略少於面上四分之一則未鎔之鈣養與土性之異質俱沈而不能上升有數處將鐵鍫常掉之間有將鉀養一塊推入罐底則放多氣而令其鈣養等異質上升或自鎔或成浮滓但其料鎔盡而罐內之質未必極淨未必極勻各定質雖全鎔而尙有許多小氣泡令其質有蜂窩不能作玻璃器之用面上所生之滓係鎔化之鹽類尙未化散而又與矽養化合其大半為鉀綠或鈉綠並硫養鹽類因其變玻璃之事不能全成所以尙未化分此質以鍫取出而賣與造硝或白礬或鎔銅等廠以作助鎔之料但造玻璃之料愈淨則其滓愈少或全能化散而無滓

掉攪罐內之料乃不易之事因難得合式之器若用鐵桿則壞玻璃之色若用銅桿則在玻璃料內易鎔若以鐵條鍍鉑價值太貴若用鐵桿外加瓷質亦不甚便然尚爲各法之最好者

提淨

鎔成之玻璃尚未明澈必提淨之令異質之重者沉下而輕者化散此令玻璃料受大熱而極稀略四十至四十八小時則罐內之料全成玻璃而極晶瑩即減熱而令其料略稠故宜封其爐柵而少添燒料藉牆之厚並燒料之緩燒而罐體所收之熱足令其玻璃料不結合於造器之用

各廠之常例一次所鎔之料足供四日夜造器之用工人分兩班日夜不息並六小時換班禮拜一動工禮拜五之早晨罐內略空必再裝料或換新罐禮拜五至禮拜共三日造器之工停止只用爐夫與罐工做事罐內所有各料之變化不難明曉如矽養合於鈉養炭養與鈣養炭養則遇大熱之時各質化合而放炭養$_{二}$氣又以同理將矽養$_{二}$和以鉀養炭養$_{二}$與鉛$_{三}$養$_{四}$則鉛$_{三}$養$_{四}$變爲鉛養而矽養$_{二}$即與鉛養並鉀養化合所以先放養氣而後放炭養$_{二}$氣因有此放氣難免玻璃中有氣泡若欲驅出此泡須加熱極大而令其極稀然加大熱則鉀養與鈉養必化散故配料時所用此質之數須稍多於應存之數否則玻璃內之鉀養或鈉養太少所用此種質不淨亦須大熱度因含綠氣鹽類質並能鎔化而與玻璃不化合之硫養$_{三}$鹽類質必致玻璃內有不透明之白色點加大熱時因此二質輕而自浮至上面成滓可以取出近來用鈉養鹽類甚多而其價甚廉白色玻璃不常有浮滓然造酒瓶玻璃之料常多浮滓因用生鈉養鹽類之故

鎔料之病

此雖極慎難免玻璃內有氣泡若玻璃料難鎔化者氣泡更多又有病在吹玻璃時顯出者罐內之稠質玻璃取出

造器時必有小滴與細絲變冷而落下罐內之熱度不足令其再鎔故吹成之器或片必有凸點或絲紋相雜最不美觀又有浪紋或層紋俱因其料不勻之故玻璃折光之性各處不同所以隔玻璃而看物其形不眞如擺錫鏡或牕片或光學鏡最忌此病浪紋與層紋因吹時太冷所致最爲大病至於玻璃之色變壞因玻璃料內所發鹼質之霧爐邊或爐蓋如用鈉綠或鈉養硫養$_{三}$此霧更多然爲鈉養或鉀養則其罐上之磚面變成玻璃料鎔化成滴而落入罐內遂與別料相和則其鹼質與磚體內之矽養與鐵養與鋁養相合而成綠色最難鎔之玻璃沈至罐底而在

玻璃料存一尾如絲造器時而遇此質在料內又添一病間有罐邊之質與玻璃相合亦成綠色之料有玻璃家季耳捺設法欲免此病其爐邊之弓形與排列法如第二十二圖其工孔乙格外放大如有滴從其牆面之底落下只能遇其罐口收小處之外再作更小之弓丁而將大工孔之口收小又有法爲那坡所設作工孔於牆直立之處而其上之弓在罐上所成之角度可令其玻璃滴常靠牆邊落下不至罐內

第二十二圖

造器之手器

英國造玻璃器之舊書尚是一千六百九十九年倫敦所印此書內各器之圖說與現在所用者略同故先論之

造玻璃器之要器爲鐵管即名吹管在管下端粘取鎔料而在上端吹之即成泡形將此泡變爲各器或片管之剖面形如第二十三圖乃平常之式以熟鐵爲之長四尺至五尺外徑一寸內徑略四分寸之一兩端有凸圈甲端爲嘴乙端爲粘料之處近於

第二十三圖

第二十四圖

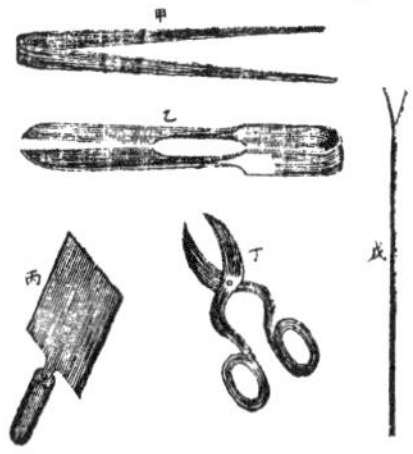

上端有木盤遮手又有鐵桿西名本的吹完器時以此桿收之第二十四圖甲爲鉗乙爲鈍口剪可夾玻璃器之外面而令成小頸又令其轉動而引長丙爲木板可拍平玻璃丁爲剪刀可剪成玻璃器之柄或剪齊其口戊爲釵可取吹成之器送至退火爐內

吹玻璃之要器爲厚鐵板面上光平以木或石作架鐵管端取出之玻璃料輥在鐵板上而配準其形舊法用光平之雲石吹匠所坐者爲木板之櫈闊約十寸二端有靠手二靠手之面上有鐵皮一手輥動鐵管一手執鉗配準器形另有比例規與尺可量各器之尺寸以上諸器必久習練方能用如剪刀尤須久習以右手執之而以左手轉其器杯盞等器之口必一剪而成說者云蒲喜米阿並德國之玻璃匠不善用剪刀所以不敢剪平器口必待冷而畫之常致不勻大不及剪平而後入火成光口者

磨平鑄玻璃板所用之機器並磨輪各器並造各種玻璃特設之模並各種手器與機器俱在各種玻璃之工內詳之茲將造各種玻璃所有之工逐一言之

一綠色玻璃瓶即平常酒瓶

鎔工○鎔此種玻璃之爐容罐六个因不多成浮滓故不費時提淨而能速鎔約七小時至八小時而足即減其火

而令其料變爲稠質

手工○造綠色玻璃酒瓶其理雖簡而工則甚繁用二人從爐取料而遞與吹工卽吹其管口而轉動其管漸成瓶之大體隨入模中兼吹兼轉將管提出倒置而轉瓶底漸成凹形卽將鐵桿粘於瓶底而在頸上割斷成口用玻璃條作圈套在瓶口入爐鎔粘隨遞與第二人送進退火爐進爐之後卽輕擊其瓶而脫下以上爲杜氏之說甚是疎略故再摘錄那普書中之說其工孔開通而在玻璃面取去浮滓之後工人將鐵管粘取其料足成一瓶之用鐵管須先加熱熟手之取料多少恰準此先粘料少許出爐轉之令其料略冷而吹成小空卽入罐內加料一層如此三

第二十五圖

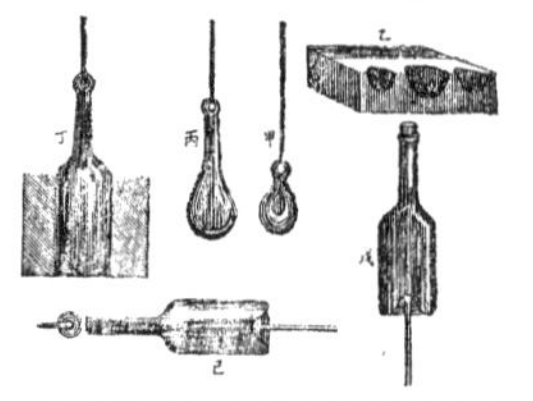

次料已足用如第二十五圖甲再將其管通入工孔遇火分軟置於鐵板面之凹如乙此凹先須濕之其玻璃毬漸漸變爲梨形令料常轉動而輥在鐵板之平面又常輕吹令其收縮則其下邊之料漸厚而近於鐵管處漸薄但其料因此而變冷再須進爐令其前端受熱多而變軟再吹之令其加長而有瓶形此法有三其一吹力加大其二左右擺動其三周圍轉動卽成長卵形如丙卽將此形入模如丁此爲圓柱形之木塊或鐵塊料之薄厚合宜隨用大力吹之則其瓶形貼模之內面忽然一提而取出其頸因此而引長但其瓶尚無口而底不平故再入爐令其下端受熱而上端不見熱卽有副手另將鐵桿插入罐內粘得玻璃少許二人相對一人轉管一人轉桿而令桿端之玻璃與瓶底之中漸相遇而壓牢則瓶底漸凹而底面成正圓便於直立二人再轉若干時用冷水一滴或遇冷鐵一塊其頸能與管周裂而分開此分開之法爲厰內所常用間有遇冷不肯斷者須再加熱此時但在底上之桿可執手如圖之戊再入爐軟其口而配準其式將桿在腿上輥轉如在車床相同用二十四圖乙之剪或鐵鑿向瓶口壓之則可任意收小放大另將鐵桿取得鎔料一大滴粘在口上隨引長而捲成凸圈則爲工畢在桿上送至烘爐而置於盤內卽將桿忽然一拉瓶卽脫下此法所成之瓶其底可見相粘之處

大而圓之瓶不用模造成如裝硫强水數十磅者人氣不能吹至如此之大故將水約一兩含在口內從管噴入泡內用拇指捺密管口又有毬形之瓶其底作平而亦不用模預備玻璃料並吹法俱與前同惟其揮動之工宜少多則瓶體加長工人在吹時對斜置之板每管轉半周卽將

瓶底向此板一壓若欲在兩旁成平行之面亦卽向板壓之有數種瓶須作字記瓶之容積數者惟各國之量法不同造瓶之時預定其數非易曾有人設立模法能令瓶之形式與容積歸於一例此種模大省工夫又省瓶體數次加熱其模五塊合成一爲本體卽成瓶腹二爲成底之塊常不動者此底塊上有耩耨可挺上而壓成底凹再有活動之兩塊卽成頸者此模之各塊有二个踏板移動之工人吹成長圓或梨形之體置於模中而踏第一板則成頸之二塊夾攏隨在管口大吹令其玻璃料之各處緊貼於模或欲瓶面有字可刻在模內再踏第二板瓶底卽成凹

又法與前稍異不用鐵桿而專在鐵管成之用鐵板一方塊吹時常用此鐵板壓之其成凹之法將此方板之一角向底捺進瓶體因轉動而能成圓錐形之凹瓶從管端脫下之後卽將管粘在瓶底而以別管粘料繞在瓶口成箍工畢之後卽同前送進烘爐瓶在爐內列成行而叠多層此爐前端之熱常有暗紅漸進而漸冷

以上各工習慣者能甚速四五人每一小時能成瓶一百其各瓶之形式與尺寸俱合於用處而定之但其大概總照前法

近日造酒瓶用凹底爐鎔料此法作粗器最宜間有新造之廠仍用舊法在鑵內鎔料一廠所成之瓶數幾分藉其

第二十六圖

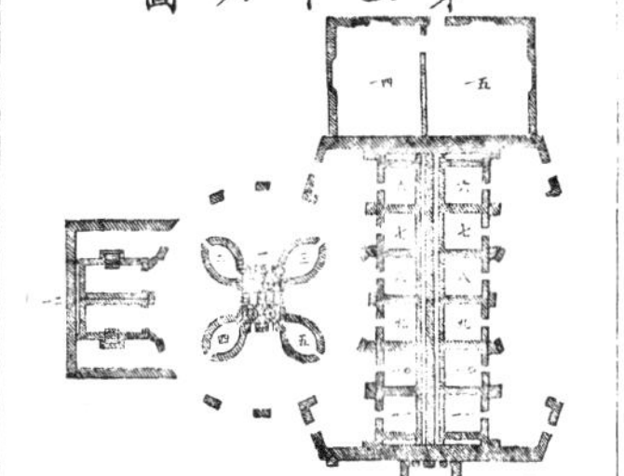

爐與各器之位置如第二十六圖係造酒瓶廠之平視形其廠房雙列爐內容鑵四个爐爲長形與造轉成玻璃之爐相似其頂爲環橋形爐在圓錐形房之中心下有洞進空氣工孔對鑵而徑約一尺爐之四角亦有孔徑約一尺通至煅料之爐則鎔玻璃所餘之火能煅其料圖內之一爲總爐二三四五爲煅料之爐六七八九十十一爲退火之爐十二十三爲燒鑵之爐十四爲造鑵泥料之房十六爲備料之房內有煅料之爐卽大爐停火之時所用此房內有儲砂之處如一並儲灰之處如二在此房內掉合各料足爲左右二房之用圖內祇能見左邊之大鎔爐而右邊者亦同因此可輪班用之一面修理一面仍可做工每一退火爐能容瓶一千五百至二千熱度初時暗紅裝滿瓶後蓋密而待其火漸熄至冷而工成

立一造酒瓶之廠擇地爲要所需之粗料須產在廠之左近英國有廠在對納河與回耳河之旁共四十七家所需

用之砂甚多而粗鹼質亦爲相近處之廠所出故每年造成之瓶有五千萬之數即是一千八百六十二年之數又一千八百五十四年哥拉斯哥地方有十二廠共造成一千五百萬因知此種生意極大

湘賓酒瓶荷蘭水瓶

此種瓶必能任大抵力因其內之酒發酵生氣或荷蘭水已加大壓力故瓶體須極堅固以免碎裂近日所造之瓶用壓水器試驗令其任力多於用時者一倍壓水器有表指明任力之數杜氏云有人試驗湘賓酒瓶如不能任空氣壓力之二十倍斷不可用又云瓶內不宜裝滿又應先

在沸水內久煮即退火之意已試此酒瓶能任空氣壓力四十倍或更多即每平方寸任力六百磅所以酒瓶與水瓶之形式與別種瓶不同因此能任大力

二白色玻璃又名化學器之瓶

此種瓶係不含鉛養者因欲耐大熱如試筒與燒瓶並管或捍特設法爲之其餘各器照火石玻璃器同法爲之故不贅言

拉成玻璃管○此將厚泡乘熱拉長則其中有孔雖拉至極細之絲仍是中通法將鐵管取得玻璃料吹成厚毬各處厚薄相等如第二十七圖副手將鐵桿亦取鎔料一大

第二十七圖

第二十八圖

第二十九圖

滴在爐內受大熱厚毬亦加熱桿與管同時離火而在對面相遇如第二十八圖甲爲管乙爲桿粘連之後二人速退而拉之則其毬收縮如第二十九圖而成管之起首此處速冷而不改其形如此而兩端之泡漸長而縮小惟其管與桿必輥轉不息否則下面先冷而管有厚薄然雖輥轉亦不免其中段有本重而僟以致中段稍薄於二端如第三十圖乘管未冷定時安在梯形之架上即

第三十圖

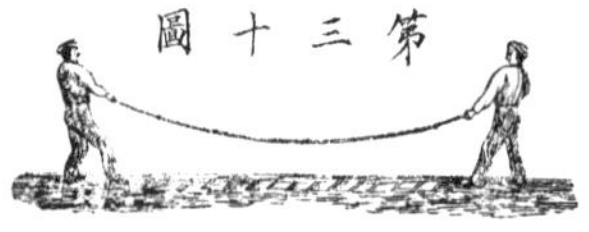

能自直遂用冷剪每四尺至五尺一夾自斷各種管因其料少而冷得停勻故不必入退火爐拉長之時另用一二小童立在二人之中間手執大扇看其管已得厚薄合宜之處則扇風略冷令此處不再薄其管之徑數依玻璃所拉之長數如長數預定者則管之厚依料之多少故吹毬時必審其體之厚薄因圓毬之厚薄與徑之比同於所成管體之厚薄與徑之比欲作大徑之薄管則其泡亦必薄小徑而厚者反是但拉管之時亦必在管吹之否則管內少氣而縮小此工雖極

愼亦不免管之各段有厚薄而徑亦不等故看玻璃管一條易知何端向外何端向內如管徑欲大則二人之退宜慢欲小則宜速菲尼斯有數廠拉成細管分作建珠之形以便穿線綴在女衣之用工人之退行必極速

粗細各玻璃條亦以同法爲之其器不用管而用二个鐵桿各取鎔料相粘而二人退行卽成實心之條此條可作紐扣將玻璃條之端在爐中加熱至軟用鉗爲模每鉗一夾成紐一个

用玻璃管造成化學器○造化學器具可將平常玻璃管用油燈如第三十一圖以風箱吹之燈心用棉紗風箱有

第三十一圖

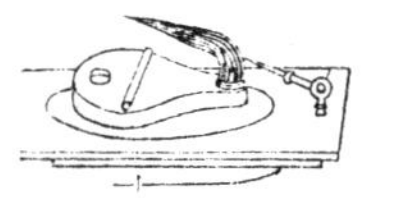

踏板以足踏動噴風之口有活節可任意遷就依法料理其燈心而噴風口用合式之孔則火可配準大小如玻璃管含鉛者須多進空氣而令其火放養氣若用收養氣之火則玻璃內之鉛養必移至玻璃面而放出養氣遂致玻璃變黑色無鉛之玻璃無庸論此惟不可忽然加熱恐卽自斷須先置於火前稍相離始漸移近火而至極熱之處

設有玻璃管而欲彎之宜在彎處左右相離寸許加熱輥轉不息令其受熱停勻管已軟至能彎緩緩揉之但其彎處不可太短恐成折角而管形不圓故必在彎處之相近加熱而成弧形如用酒燈而不吹氣則比油燈之吹氣者更佳因所需之熱度不必過大也管欲封密其一端可將

第三十二圖

長管在燈上加熱而輥轉停勻管卽漸漸變形如第三十二圖令火尖噴在甲處而拉之管卽兩段分開可得試筒兩个遂將其底加熱而稍吹成毬形又將其口加熱至略鎔邊卽光圓若欲作侈口或欲作摺邊或欲作凹下之觜可用鐵絲捺於燒

第三十三圖

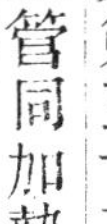

軟之處如第三十三圖若欲兩端封密者另將同徑之管同加熱至將鎔而二口相合鎔

粘照前法爲之如三十二圖之式

第三十四圖

大管與小管相接如第三十四圖丙丁爲小管甲乙爲大管先將大管之端加熱引長恰與小管等徑卽將大管之窄處乙封密之此以乙處置於火尖內而輥轉其管俟其質軟而在甲端吹氣令乙端成最薄之泡重吹之而泡自破再截齊之小管丙端亦以同法爲之遂將乙丙二端在火內相對先將甲口用軟木塞密仍常輥轉看其二端略鎔卽相合而粘之常轉之而令其熱各處停勻每若干時吹氣於小管令粘處不成凸圈再稍拉長使與別處等徑

設有小管如第三十六圖丙丁欲連於大管甲乙之旁先

第三十五圖

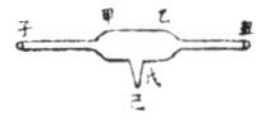

第三十六圖

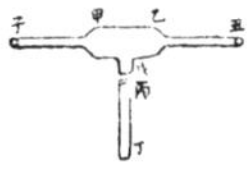

須配準吹火口與燈心而令火頭甚尖射於甲乙管之戊點如第三十五圖待此處已軟另將已加熱之玻璃桿尖粘於管之戊點而速拉其桿則甲乙管上成戊巳之尖此尖用吹火封密子端以蠟封密將戊巳尖再入火內鎔之而在丑端吹氣成最薄之泡磋去此泡幾許而得侈口之形將丑端以蠟封密而在戊口加熱至略鎔並將丙丁小管之丙處加熱而遇戊口漸在接處周圍加熱屢在丁口吹氣令其粘接處不成凸圈再拉長令其停勻

管之一端欲成泡可先在火內照前法封密再久加熱而令此處之玻璃料足敷泡體之用此玻璃料因甚軟可輕吹之而引長再加熱至極勻而常轉之又輕吹之即能成大泡若欲作更大之泡而其管甚小須先用大管成泡而與小管粘接此將大管照前法引長之如第三十七圖再將其一端甲在火內封密而將呷處加熱全軟遂在乙端吹氣而輥轉不息俟呷處變成合式之泡即將其泡與小管粘接惟此泡尚有引長時之尖可將尖處置於火內俟軟而輕吹氣則其

第三十七圖

餘料漸勻散而不見凡有易化散之流質必以此法所成之泡儲之

第三十八圖

第三十九圖

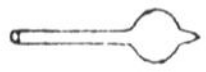

第四十圖

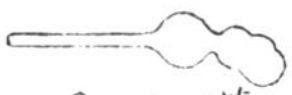

第四十一圖

第四十二圖

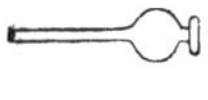

管端欲作漏斗即發氣瓶內添強水所用者先照前法作泡與管端粘接如第三十八圖再將甲乙端去之如第三十九圖再將甲端即接泡之端加熱至軟而在管口大吹氣即成亂形極薄之泡如第四十圖此泡磋去其大半如第四十一圖將口入火鎔之而用鐵條配準其式如第四十二圖凡玻璃管欲在任何處斷之可用火石或極利之三角磋刻一痕而在二端一拉若管徑大者拉時兼用折力若厚而大者如瓶或甑之頸太長而欲去其數寸先用磋在周圍刻痕再將鐵條之尖燒紅順痕而烙之即能自裂或用紅熱之炭尖但須吹去其灰使玻璃面易遇紅熱

又法可斷管與瓶頸用木板在其邊作深凹即成叉形在其叉上作鋸路便於通過小繩即將欲斷之管置於凹內而以繩繞一周兩端在叉之外將繩左右如牽鑽而繩漸生熱不久可熱至甚大速以淬水或瓶過大而難淬可用冷水傾在其上如管端塞密則遇冷但在外面更易自裂

此木板牢於桌上下有螺絲旋緊或有玻璃已破裂或從器邊起裂縫可用熱鐵或熱炭引之然用尋常之木炭不甚佳可將脫辣軋干得膠六十釐水量杯四兩另將偏穌以克三十釐用醋少許消化再加硬木炭之細粉相和成膏作條長三寸至四寸徑四分寸之一乾後點火即能自燒而常有尖將此紅熱之尖置於裂縫之端而引前可預畫墨線爲所引之路炭尖須轉動而常吹之此法能將薄玻璃管成螺絲裂紋可試玻璃之凹凸力又可在平玻璃面刻出各形其邊或不平者可用寶砂輪磨平凡造化學之各器必慎所用之管毫無水在內故不可在管端吹氣

因有水氣遇加熱之處必致破裂加熱之時常須轉動二手必同速否則管體成螺絲形工畢之後不可離火太速恐亦自裂玻璃受炱而面上全黑則能護其玻璃不速冷二種玻璃不可粘接因雖極慎難免自裂須作識而分藏凡造玻璃管之各器如爲極薄則加熱宜大而令其縮小因徑小而體變厚如欲令此處比別處加厚則加熱而在二端擠之又吹氣在管而令其復原此必用大熱而其管須常轉如封密玻璃管而成凸點無法可去必將玻璃條之尖加熱與此凸點粘接再加熱令軟將條拉去後鎔平之又有微管如藏牛痘苗等用者在其端加熱即自封密

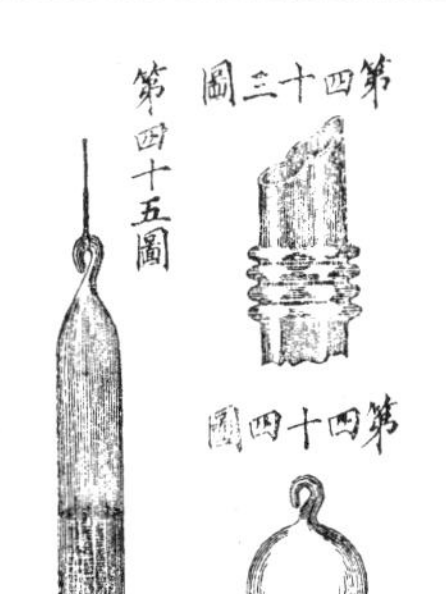

凡欲吹泡而其管已成綹紋如第四十三圖難成圓正泡上欲作鈎如第四十四圖第四十五圖則其玻璃必甚厚泡與管中間之頸不可一逕引長必令其縮而漸厚以成實心之條再將頸割去而加熱用鉗彎成鈎

三　牕玻璃片

英國舊法造牕片先吹成大泡連轉極速即生離心力而泡形漸扁合成圓板後改法先吹成圓泡搖盪而成長泡

將其二端割平而縱剖之即成方片謂之英國片現在常用者俱此法所成玆將二法並詳之

英國舊法圜片○造此種片須在添新料之先置一火泥圈於罐底此圈之重率輕於鎔料故能浮至面上以令其面上之鎔料漸成稠質而略冷不能與其內面甚熱之料相和因須常掠去罐面之異質如用此圈大省人工蓋取料之面積收小則所欲掠去異質之面亦小又其氣泡能與泥圈粘連

工人將鐵管插入罐內常轉之令管口粘連之玻璃料成毬形取出而轉少頃令其略冷再入罐內如此數次能得

毬形略重九磅足爲大片之用老手作此不必稱而能知其輕重不差一兩其玻璃毬能令管受熱須傾水在管上冷之遂在鐵面桌上輥之成梨形之塊如第四十六圖甲

第四十六圖

第四十七圖

有學徒稍吹其管如第四十七圖再在小風爐口受熱變軟再在鐵面輥之所有不平之處可光平而令多料聚在下端頸亦更長如四十六圖之乙其外端變爲圓錐形而此端謂之牛眼再吹之而靠於平置之鐵桿如圖之丙此桿橫置於架上或在長坑之口泡之下端靠此橫桿轉動而幾成毬形工人亦隨其泡在桿上往來令其泡常存毬形但此法有弊因所成之圓片有泿紋故有數廠不用此鐵桿而用架托住其管有學徒用鐵條向毬底牛眼處相壓如第四十八圖再入火令遇火焰而轉甚速則變爲最矮之瓶形如四十六圖之丁學徒執桿之時用圓鐵板遮

第四十八圖

第四十九圖

蔽恐其熱料炙手做此工所用之爐俗名成底爐如第四十九圖有墻能遮工人不受大熱副匠將鐵桿插入料內取得少許與矮瓶丁之平處相接正匠將鐵桿濕以冷水切於管端令玻璃破裂有料一塊存在管上形如四十六圖之戊其管並相連之玻璃待若干時則其玻璃自裂而與管分開將管再入爐加熱預備照前法爲之其玻璃必再入爐而轉之如第五十圖藉離心力而

第五十圖

第五十一圖

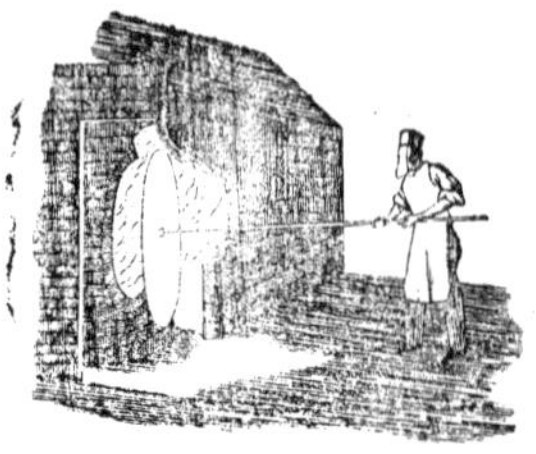

圓徑漸大其孔亦漸放大料亦漸薄至末而兩層忽然粘合發聲如開傘之聲做此事必爲最熱之爐俗名閃爐轉之甚速如第五十一圖工人必用棉布遮面其圓徑放大至六十寸間有更大而其厚各處相同惟與桿相連之處

則稍厚亦有外邊比近心稍厚者離火而平置於桌上以

第五十二圖

剪等法與桿分開用鐵叉移至退火爐如第五十二圖圓片在爐內立置爐內有鐵架扶直之否則數片相倚而彎在退火爐內歷時自二十四小時至四十八小時俱依其爐之大小與圓片之數每片中心不可相遇恐熱不得流通如用前後有門之退火爐則其玻璃片緩緩行過一次而退火已足每罐盛玻璃料略半頓足成大圓片一百个平常玻璃廠內每七日有三日作此工爐內容罐四个所有之浮滓與罐底之餘質傾入冷水內卽變成粗粉而其鹽類質幾分消化在水此質可在下次添入新料

所成之圓片在爐退火後卽可取出其面上生白色之皮此生皮之故略因燒料內有硫所結但造玻璃者以爲此與退火大有相關故謂其皮愈厚退火愈足久之而皮不厚者無人過問所以廠家無奈而在燒料內另添以硫合其皮厚而得善價法國博物館考驗此種玻璃不知此事卽批云此爲下等之物其皮必是鹼質過多而面上生霜也玻璃圓片移入棧房置於桌上之墊此墊之心有凹可受片心之凸處用金剛石分爲大小兩塊其大塊有牛眼在上尋常造成最大之片徑五十四寸重約十三磅間有成七十寸者但其工甚難故不常造劃玻璃之人將片轉之看其何處分開爲宜照出之成色爲何號共分七號第一號爲最佳如有大病則爲第七號廠內各事雖能依法爲之亦難免多成下等之料茲將常有之病逐一言之

玻璃料未鎔透者必多氣泡而轉時其泡變爲圓形或取料之時誤包空氣在內則其泡在成片之時有凹薄之處鐵管與料相連亦可成泡或管體之鐵成衣而和入料內或管內有灰或鐵面桌有塵土或在成底爐時速轉而有飛塵或牛眼不合法或玻璃片有遇物劃線或有浪紋其片或歪或彎或過硬或有雲紋或過小而太厚或過大而太薄此各病之外不能盡述故廠家得上等者甚少而有病者甚多上等既少其價必三倍

以上各病乃劃玻璃者一看而全知雖其面有白皮亦能看出又能指明各病爲何套工內所得每片記其誤在何處因每片之造時必經十人之手易以定其差而合其改好凡能得無病之玻璃者工錢之外另送錢若干所以工人格外留心圓片各處有一定之名從心起到邊止其心名牛眼其外爲底又外爲凸處又外名肩又外名頂此外

卽邊。

各病之外另有數事雖不爲病亦是常有者如圓片分爲方片必多餘料又有牛眼而不能得大方片最好之方片不能各處厚薄停勻又牛眼之外難免許多同心凸圈然此種玻璃有一好處因其面最光平或云因輥在鐵面之故又云因在爐中轉速之故此光面之好處乃別法所不能得故至今仍有用此法者惟別國久已不用或云英國早有吹玻璃成管之法而廢之。

大泡玻璃片

此法先在德國用之故謂之日耳曼玻璃片後在英國造之卽稱爲英片俗名寬玻璃片又謂之鋪玻璃片又有人稱爲下等玻璃片此因初時用粗料爲之現在則用細料造成能得上等玻璃片所用之生料煅之二十小時至三十小時掉勻之而乘其紅熱時送入鎔料之罐加熱十六小時至二十小時卽可取用。

此玻璃之料與舊法所作圓片之料相同能勝舊法之故因成大塊而其質無浪紋中心無牛眼此手工可分爲二大事一爲吹工一爲剖工爐與爐外各器之位置與舊法不同茲先論其爐。

爐之造法與爐內之形式同於舊法惟其爐外吹泡之處不同平常之爐作長方形內容罐十个此在爐柵左右各列五个每罐能容料二十擔至二十二擔工孔之外有鐵

第五十三圖

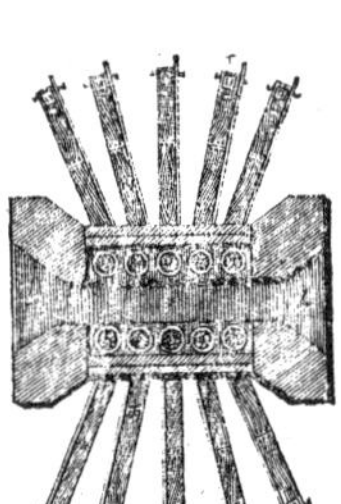

板略如輪輻之形如第五十三圖此各鐵板離地略七尺鐵板共有十塊以便工匠十人來往搖大其泡不致礙於地面如圖之丙爲鐵板丁爲鐵板端所置之木桶與木架此架上有配做大泡之各器近來有數家另設一爐係加熱使軟之用此爐之外安鐵板與前式同工人先在鎔料之爐用管取料卽往第二爐前吹之而搖成管此種爐可用平常之磚爲

第五十四圖

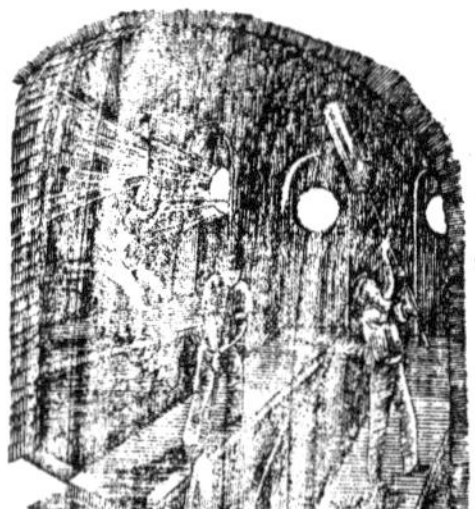

之因其熱度不必甚大爐外鐵板之式如第五十四圖工孔近於地面者則各鐵板下必掘一坑工匠執管取料足成一泡之用平常需用二十磅分爲數次粘取每取一次待冷至暗紅而再取一次粘取之時常轉動而轉時靠在鐵叉如第五十五圖常牽向近身令其料移至管端遂將其管置於地面之凹形木塊而吹之如第

第五十五圖

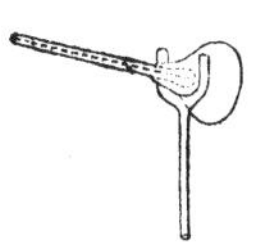

第五十六圖

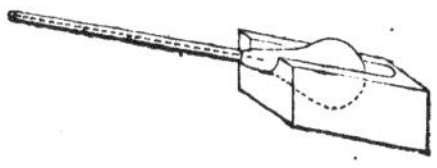

五十六圖轉動不息則其料漸變爲茄形刷手在旁用大塊海絨醮水而淋在木塊上令其木塊不焦又令其玻璃面格外光平因此水遇玻璃速熱至沸界而化散所以無害於玻璃料然惟極熱之時則可若其玻璃稍冷則一遇水而裂破矣工匠看其形已合宜即將管向上略七十五度吹之至成空心之塊如第五十七圖每吹少許亦靠於凹面木塊以同法淋水而常轉動能得徑十一寸至十六寸此時之料已

第五十七圖

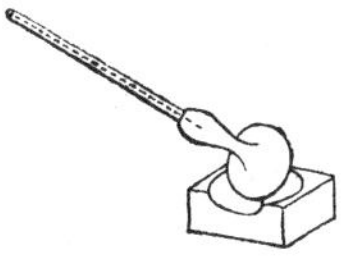

第五十八圖

冷必再入爐加熱看其料軟至合用即取出而八立在鐵板上揮灑之如第五十八圖揮時亦須吹之不但上下揮灑又必左右平灑即成柱形之長泡如第五十九圖徑略十一寸長略五十寸下有底而上連在鐵管但其底尚尖圓必令其張開而成管形此將大指捺密鐵管口令其長泡之底遇火料即變軟而內空氣受熱漲大則長泡自伸長而其端破裂成小孔如第六十圖隨將管轉甚速則其孔自能張開至與管同徑得圖內之虛線即從爐中取出立置

第五十九圖

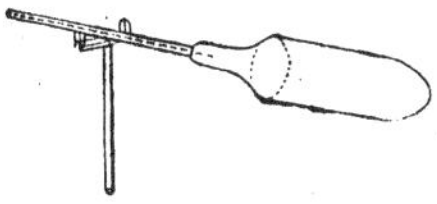

第六十圖

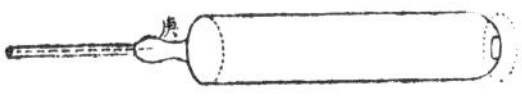

第六十一圖

數秒時候冷至不改形即移置於木櫈上用冷鐵條切於管頸如圖之庚即能橫裂輕擊其鐵管而裂縫成全周可取去鐵管其形如第六十一圖此長泡之上端有小口徑約三寸須割去此端因管在木架已冷可將鐵條粘取鎔料少許用鉗拉長成小條徑約八分寸之一繞於管上如圖之辛辛待數分時即將浸於冷水之鉗切於玻璃條移過玻璃條

忽縮而發響其端相離餘下之管長四十五寸徑十一寸

此管之可劃片者不過爲原料三分之二

此後將其管剖開壓平剖法舊用紅熱之鐵與水現在歐洲數國仍用此法惟英國各大廠用金剛石先須割去其

第六十二圖

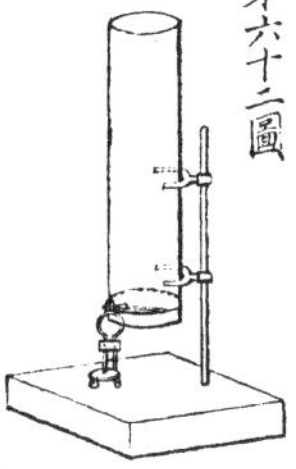

近口之薄處略二寸用架托之如第六十二圖架上二个叉口抱住其管下有鉗用簧夾之又有金剛石有簧在管之內面其鉗下有小輪以便推之循管周而於管之內面刻成圈則其下端可折去此後置於木床如第六十三圖有金剛石連於木桿

第六十三圖

如圖之癸叉有直尺子子限之將金剛石輕力拉過在對面刻痕之處輕壓之管乃自裂做此工者必擇管上合宜之處刻痕即在有病之處因玻璃片邊有小病幾可不論若在中心買者不取另有一處不可用金剛石刻痕即管熱時所靠木架之處此處因有燒木料成炭之黑質在其面若在此處劃之管必自裂此因前紅熱之管靠架之處不與別處同冷遂致此處之質點所受之牽力比別處更大故吹工見管內有大病即將其有病之處不與架相遇因此處比別處易令管

第六十四圖

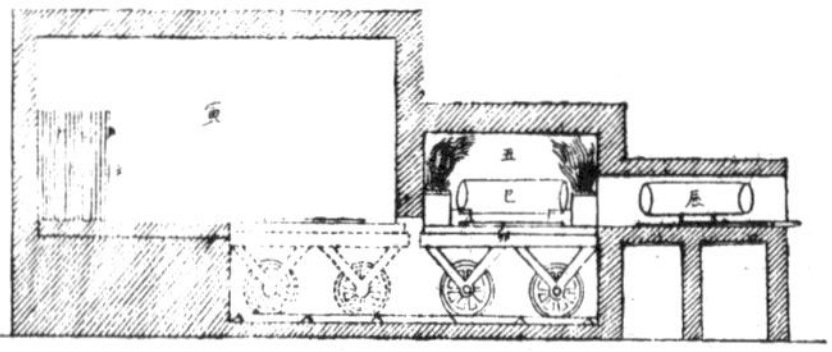

拆裂

玻璃管移至烘平之爐如第六十四圖此爐爲兩爐合成如丑爲烘平之膛寅爲退火之膛烘平爐內之熱度較大其平爐丑之底有一處必更大於極大之玻璃片而有車卯托之欲烘之片在此架上移至退火爐此法比舊法將平片在地面上推至退火爐內更佳因其質軟而易受傷車面卯或泥或石爲之面上須極平玻璃

管在面上烘軟即靠此面而攤直此將欲平之管送至爐口而推入其內先在辰後在巳熱度已足即在卯平面而將

第六十五圖

第六十六圖

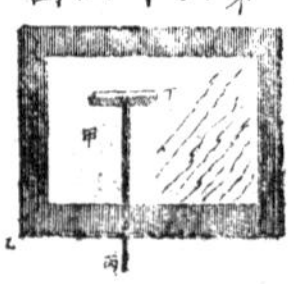

裂縫處向上俟料漸軟而工人用丁字形鐵桿扶之平正如第六十五圖乙乙爲其平面甲爲烘軟之片丙爲鐵直尺可壓之令平再有木板一塊連在鐵桿成丁字形沾以水而以木之平面擦於玻璃片如第六十六圖所有浪紋不平之處全平間有甚硬之質牢不肯平可加力强之又間有吹工不善而管形有大病雖大力亦不能平但無論上等下等俱以同法爲之已平之後將其車推入退火爐內用叉形之器移片至別一塊石面上在此石上漸冷而硬即可立置在退火爐左邊如未每三四十片之間隔以鐵條其車即推回做第二次之工則寅丑二爐內恒有玻璃片不斷至退火爐寅裝滿玻璃片即關密待冷略需二十四小時至二十六小時俱依玻璃片之厚薄退火已畢即開爐門取出其片移至棧房而分爲數等其大半即刻裝箱運至各國其餘上等者存之磨光

以上爲德國之法至今常用一千八百四十二年英國伯明卷之昌斯廠另設一法比前更佳因見玻璃片從烘平

爐移至退火爐其石面常有變壞之形故即漸從大熱至小熱令其不能忽然減熱待其質已硬方立置之工八一面烘平一面退火但舊法必令烘平爐與退火爐迭更冷熱費工而又費燒料所以昌斯廠將烘平爐與退火爐作圓形在二圓相交之處開通此爐之形如第六十七

第六十七圖

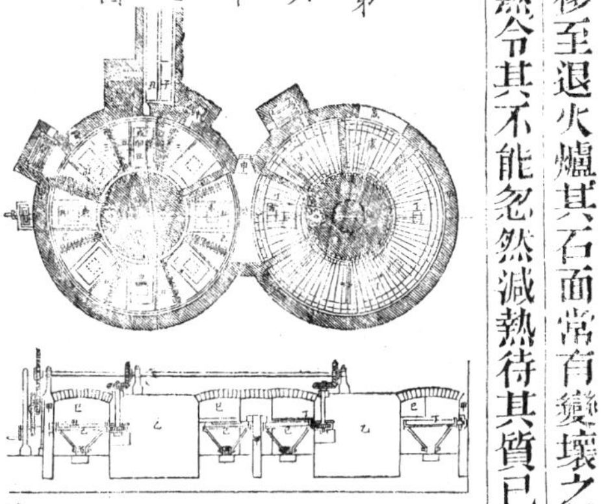

圖甲為其外牆乙為內面之磚中間為弓形圓蓋每爐中有生鐵架已靠小輪轉動此在爐外有搖桿與齒輪令轉烘平爐內有平面之石八塊如丑丑等俱在此生鐵架上而隨之轉動退火爐內有金類絲多條如丁丁等從爐心向外排列如輪輻以扶住其玻璃片爐內有爐柵庚加熱又因其平面之石與架轉一周之時必冷所以另在辛作小爐柵則各石塊轉至戊時而熱度適宜如燒枯煤必在丙處作煙通木料則不必用煙通又在己己各處作隔牆令其熱不能速散又能令其外牆之冷氣不進爐隔牆之底有空處能讓石面與玻璃片或金類絲與玻璃片行過

而不凝其壬處為令金類絲再受熱之用其空處子即玻璃片從石面移至金類絲之處有煤氣燈照亮茲將料理此爐各事之次第列後

玻璃大管在癸處入爐後移至丑再行過外牆內之孔置於石面寅此石面靠在架上挂之再移至下架之石面如卯石面有立邊令其玻璃大管不輕動如第六

第六十八圖

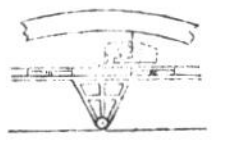

十八圖即前圖三三之分圖其架已為搖桿與齒輪轉至玻璃管到辰即對帳工孔而工人用丁字桿照常法壓平之再轉其架則玻璃片與石面至庚處又漸行至未而止即移至退火爐之金類絲上如酉移法在申孔用丁字形桿推過遂在退火爐內漸行至亥烘工已畢即從戌孔取出每塊玻璃片壓平時存在石面上而架移轉則第二石面又來如此不息而所行過之各膛逐一漸冷末一膛與退火爐之膛相通玻璃片在退火爐因鐵絲分隔而冷得較速

英國人名哈脫里在廠內設法令其壓平之事歷一分時而成即令其石面轉動而玻璃大管周圍遇熱絕無偏冷偏熱之病但此亦有一病因其平石面與玻璃管之間難免無空氣則攤平之時而片下有空氣一薄層以致片面成凹凸若欲磨光此片則為極難哈脫里另設法在石面

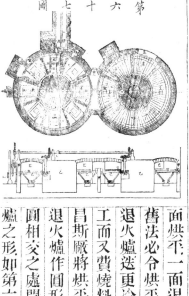

上作小孔其徑一分相距一寸又將爐之火路通入底板下周圍之各槽又令行過爐上之弓形此可免爐內之土塵便用廉價之燒料

玻璃片從退火爐取出之後卽搬至樓房查驗因此造管之法好於舊法病應更少然烘平與退火之工尚難免誤事之處卽所謂興利而弊卽隨之產采云玻璃片所生之各病有甚奇而可惡者查驗之桌上所來之玻璃片曾見能有之病無一不備如鎔料之人取浮滓之人取料之人吹泡之人俱留一記號又有氣泡紋卽轉圓板所得之圓紋在玻璃管內引長爲長橢圓形又面上有凸點係爐弓上鎔料落入罐內或其面有凸絲因取料時所成或有乳白色之點因受熱過大而玻璃料變質又有發泡之凸處係取料人之錯或有厚薄不同並劃出凹紋係吹工之錯爐中壓平之人在此處用大力雖免其不平之病幾分而添出此病雖得平而又添此病亦屬無用再見玻璃片一塊無氣泡無凸點可爲無病之玻璃管但入烘平之爐內則壓平之器用得不平而成痕迹遇火更熱成乳白色點爐中有土塵與爐落在面上陷入質中不能取出或前管有鎔料粘於石上而爲此管所收或石面偶有不平而劃成凹紋或退火爐之熱過大以致片彎等病所以理應大半有病但平常廠內好者有大半

玻璃片分爲五等第一至第四俱可爲牕片但第四等只可爲貧家所用第五等專爲植物家之用上等之價大於下等者三倍與轉成之片同然各等玻璃之料與人工二槪相同故玻璃廠多得上等者能多得利其各等玻璃又以其厚薄分爲六種所以共有三十種

英國初用此法之玻璃片長三十六寸闊二十寸現在常造者長四十七寸闊三十二寸間有長至七十寸者但能作此大片之工匠甚少假如每一平方尺重二十一兩則其所取之料須三十八磅近來比利時已造成長十尺闊四尺之片常售者每方尺之重十五兩爲最薄四十二兩者爲最厚大而厚者甚難成價必大貴玻璃片能成如此大者可爲奇物從前轉成之片斷不能如此一千八百五十一年英國所造之博物館以此種玻璃片爲之約定每玻璃管必成片長四十九寸闊三十寸此片分爲三塊每塊長四十九寸闊十寸定造三十萬片共有一百餘萬方尺重四百餘噸數十日夜成之平常所做之工亦不停造成之後在六日內用工人八十名鑲玻璃於鐵牕共一萬八千三百九十二扇卽每人每日鑲一百八十塊此爲造玻璃廠家當時第一大事以後英法澳美各國造更大

之博物館亦以玻璃爲之。

此法造片雖得數種益處然亦有數種大弊因其面不及轉成之光亮又常不平而有彎曲之浪形此事之故難於詳言曾有沙氏論此云玻璃片曾受熱變軟自成平服或工匠壓平之則内凹面平時必漲其外皮又外凸面平時必縮其外皮如其玻璃管内外各處能漲縮停勻則成片時無浪紋然其料有數處比别處更軟則受熱變軟時漲縮不勻又有產斯云吹玻璃時而成此浪紋因玻璃之質點有二个動法其一與管之軸平行其二與管之軸成正角因有此病則其玻璃片不能爲極細而準之用如照像

之片或鑲畫之片必用薄而平直者。

磨光吹片○初試磨光之法將極厚之片安在平面磨之因其片不平常有數處磨至最薄或竟磨穿者故英國產斯另設法將軟皮大於片者鋪作平面加水令濕將片安在其上輕壓則皮面畧得眞空玻璃片受空氣之壓力而得平其皮原與木板相連其木板或石板有柄可移動將玻璃二片各安在皮面上二片對合相遇用粗細寶砂等料與水常添在其中而以機器移動每動之方向常改變二面已平反轉再磨其二面所磨去者不過極薄一層但磨成之後而與皮相離必有凹凸而仍爲不平只能光滑

而合於平常之用擺錫大鏡尚不能用。

近來造玻璃家得更簡之法用木桌之面半高半低其較六寸高之一半用端石板厚一寸半比玻璃片更大面上磨得極準用濕洋布鋪在石板上將片安在布面而輕加壓力則空氣壓出而玻璃得平粘連亦緊遂將玻璃二片先用粗寶砂磨得畧平若再加細寶砂則其二片粘澀甚緊故必分開而用小玻璃板與細寶砂磨之二面磨準節細察其無病方用發光之法。

前法全在寶砂之淨並一套工内之粗細必勻故必預備分準粗細各等因平常寶砂粉有粗細相雜者又有雜異

第六十九圖

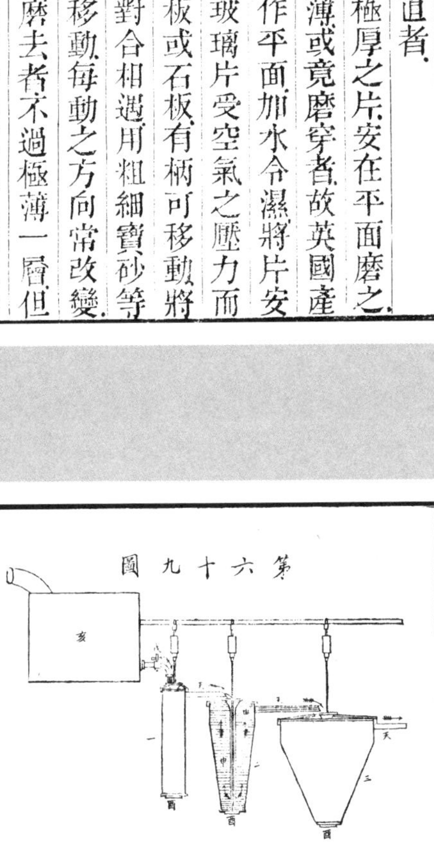

質者必須分其粗細成等次並分出其異質每一號另備一筒受之其筒之大小與砂之粗細有比例如命第一號爲最粗則此筒體最小第二號筒之容積大一倍第三號比二號再大一倍其餘各號類推常用之器如第六十九圖各筒之位置第一號高於第二號畧三寸其餘亦逐號

低三寸，此筒以紅銅爲之，筒中有漏斗管，亦以紅銅爲之。如申漏斗管通至筒底，相離三四寸，筒底有孔，或用軟木塞，或作門，如酉。有桿與與簧稱弔起此器之用，亥爲水箱，常通水過戌塞門，而流入第一筒之漏斗，即由此筒之底而升至口，又過天槽至第二筒之漏斗，又由第二筒之底上升，過其槽至第三筒之漏斗，其餘類推，末筒之槽通至放餘水之處，俟水流通各筒，而末筒之水已流出，隨將砂掉散於第一筒之漏斗，相離漏斗口半寸爲止，第一號因筒最小，而行過之水最速，則此筒內之砂爲最粗，砂已添足，而暫停歇，即看流入第二筒之水全明，遂開第一筒之底孔酉，令砂與水落在底下之受器，即關其門，令水流過。又照前將砂與水傾入乙筒內，其餘各筒，待其砂已足用，開其底門，而依法爲之，每筒所得之砂，各號極勻，因其筒逐一加大，則每加一筒，而水上升之速減小，所以沈下之砂少於前一筒。

磨光玻璃片之架，有二个桿，而桿端有磨光之墊，其墊在桌上進退縱行，而桌面左右橫行，磨墊每一分時略六十往來動，其墊之桿靠輥輪，離桌面高六寸至八寸，桌面之動法與刨床同，即慢進速退，其墊亦不可二次連行在一處，桌面上有相連之端石板，有木邊爲限，用石膏鋪在端

石面，而其片安在石膏面上，一面磨光，翻轉而磨對面，其墊略五寸方，以鐵器面加以壓重略八十四磅，磨光玻璃所用紅色之漿，係鐵銹製法，將皂礬在倒爐燒之，冷時而有暗紅色爲度，和水研至極細，其粒雖極細，尚能磨去寶砂所成之毛，以顯微鏡察之，易見其磨光之迹。

以上磨光吹片之略法，其工夫略與磨光鑄片相同，故其圖說詳在磨光鑄片內，光片之價甚貴，必須選得無病之片方可磨。

西藝知新卷十九終

無錫徐華封校字

西藝知新卷二十 製造玻璃二 附瓷油

[redacted]

英國 傅蘭雅 口譯
無錫 徐壽 筆述

四 鑄成厚玻璃片

鑄成之厚玻璃片英國與法國所造者最佳但尚有分別曾有人試驗二國之片平置之而看其回光所成之形法國者淸楚而照出物像之邊界限分明英國者界線常混似乎二个或多个線其故略因法國之配料合於化學分劑數之理故其玻璃爲鈉養三矽養一分劑合於鈣養三矽養一分劑另有鋁養少許如不依分劑數者玻璃即次

此爲成一種玻璃英國之法所用之料成二種玻璃而其疎密不等又有一理法國造此種玻璃用極淨之料價値最貴法國送至英國博物館比較之玻璃乃上等玻璃片中擇其好者英國所造者爲平常所用宜作大牕戶或作價廉之擺錫鏡每年所造甚多而價廉法國所造甚少而價貴只可專爲擺錫鏡之用若爲牕片之用恐其鹼質收空氣而變化漸失其光明久之而無用法國之厚片馳名四遠數十年來更考好法而生意大旺茲先論法國造此種玻璃之法而後論英國之法英國數年以內亦精考造此玻璃之上等者故與法國不分上下至如磨玻璃之器

比法國更靈

法國之法○造爐之磚並鎔料之罐所用之泥不可雜鈣養與鐵將泥和以舊罐之粉用馬棕之篩篩之再在水內漂之幾分造磚幾分造罐其餘存其泥漿當灰之用

爐爲四角每角有退火爐此爐與總爐相通而其熱足爲烘罐與退火之用將罐預安在此爐內備用設有罐破裂可速調換其四角之爐有三个專爲此用其餘一个爲煆料之用每爐亦有門可各自生火而與總爐不相關總爐可連用一年或十四个月四角之爐因受熱不大可用三十年

罐有二種其一常存已鎔之料即與別種造玻璃之罐略同其二爲長方形能受已鎔之料而傾入鑄片之模內三个圓罐所容之料足爲六个小長方罐之用或三个大長方罐之用大長方罐專做大鏡之用即長一百寸以上之鏡是也近來造爐可容六个大圓罐八个小方罐並四个大長方罐此罐有三種分爲小中大其小者爲正立方形

第七十圖

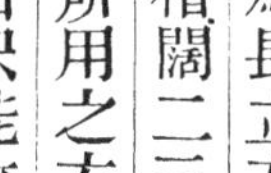

中與大者爲長立方形如第七十圖在其半高之處有槽闊二三寸深一寸以便方鉗夾住小號者所用之方鉗可四面夾住中號與大號者其鉗只能夾住二長邊

鎔料之罐與造吹片之罐同形卽截圓錐形高略三十寸徑略三十寸至三十二寸口徑與底徑之較不過數寸口厚略一寸漸加厚至底

法國勝過班地方造玻璃之房長一百七十四尺闊一百二十尺英國拉文海得之房長三百三十九尺闊一百五十五尺法國者爐二邊之牆以鑿平之石爲之內有孔與平常烘物之爐同此爐爲玻璃片退火之用其爐底高於地面二尺半此與鑄玻璃之模板面等高爐底有長至三十尺闊二十尺者能容玻璃片六塊至十塊爐前之門謂之喉後面之門謂小喉爐內加熱之法有爐柵與方火膛在爐旁

鎔料之爐係方形以火泥磚爲之有堅固之基址四面各八尺至十尺當中作弓形高略十尺四角俱有小爐其頂亦作弓形與總爐相通有方火路能收大熱然不及總爐內之大爐邊牆內之弓形二面有等大者便於進出罐與燒料爐中有火泥之罐座作方亭之形始可堅牢二座在爐中只離中心數寸因其爐底不過六寸至十寸其端有孔可放出破罐所流出之玻璃料所有不流出者可在上孔取出而置於旁邊之方罐內其爐二个平行邊又作別孔小於退火爐其下層之孔名方罐孔此孔與座面等高卽與地面等高各孔之檻用生鐵爲之方罐因此易以進出各孔之上作弓形以鑿平之石爲之如方罐闊十六寸孔須闊十八寸上孔較小以爲取玻璃料之用共有三个此孔高於座面三十一寸至三十二寸罐高不過三十寸故易從此孔取出玻璃料而傾於方罐各圓罐正對隔開其孔之二柱故其罐之中間有空處能容罐一个或二个惟各孔全開通之爐火難旺須用火泥之板蓋之其板面有二孔配準大鐵叉此叉連於車上而車有二柄便於進退如欲或開或蓋其孔可叉牢其火泥板而不用手

爐兩邊進出罐之孔不能用此簡法蓋之須用磚砌成一

孔方四寸便於添進木塊又在後面之各孔亦可添燒料於置罐之膛內其爐底常有火比中爐底高四寸設有玻璃料落在面上不能過底孔而流出亦可不阻其爐火然偶有玻璃料塞住爐柵而欲爬去之可拆開爐邊之牆所特備之火泥磚而進爬

勝過班地方從前專燒木料近年則燒煤曾有一處用二爐一燒煤一燒木料前人云燒煤者其罐必用蓋又云罐有蓋者必多用鹼質因熱小難鎔之故但燒煤之爐其罐亦可無蓋燒煤之爐與燒木之爐略同惟其爐底有鐵柵空氣易進灰能落下燒之木料須先烘乾此排在木架而

架置於爐頂相離約二尺待數日後乾透用之
舊法將玻璃料在圓罐內鎔化而提淨舀出而傾於方罐在此罐內待三小時則初時所進之空氣能散盡而其料略變爲稠質但現在鎔料與提淨之工用圓罐與方罐平分其料在圓罐內十六小時舀入方罐內亦十六小時共歷三十二小時可鑄成片將畢工之二三小時不添燒料將爐之各孔關閉而玻璃料之稀稠合法
玻璃料未舀入方罐之時須先取出舊存之料並燒時落入之灰使罐內甚淨遂從爐中取出尚是紅熱此將罐置於鐵板而近於盛水之木桶用鐵鏟長六尺速取出其舊

存之料而淬入水內隨將方罐進爐待數分時而將大罐之料舀入其內所用之杓以熟鐵爲之而有長柄此工雖速三次之後而杓已大熱入水卽發大聲此後必試其料之稀稠可將桿刺入方罐內而取出觀其桿之下端成圓毬如其毬不合式而有氣泡等病待若干時而再試如已合式卽將方罐從爐中取出用特設之器移至模處
傾鑄之工○料理前事之間另備退火爐卽熱火加熱令其爐底之熱度同於鑄成片之熱度因鑄成而入爐之時尚是紅熱如退火爐之熱太小其片必碎遂將鑄片之模移至退火爐口模面與爐底等高

模式如第七十一圖以黃銅爲之最大者重五萬磅價值金錢四千圓近來有以生鐵爲之者

第七十一圖

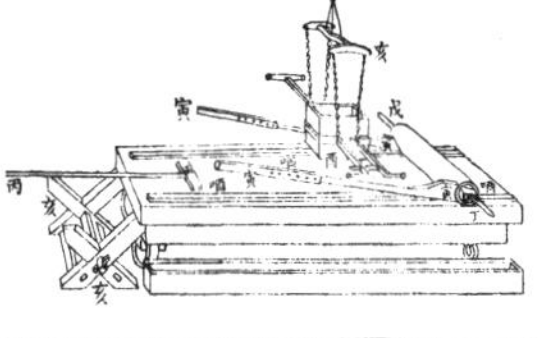

常用之模板長十尺闊五尺厚六寸至七寸以木爲架用生鐵輪三个以便移動模板之上有黃銅之輥軸其長五尺徑一尺體厚而空心一个輥軸能造玻璃片二塊因生大熱而必調換如用第三次則令其片張開不勻而破裂輥軸不用之時有木架托之模板之兩邊有平行之條哂哂二條之高卽等於鑄片之厚盛料之方罐用起重架弔起此架以

鐵爲之而有滑車
所用之鉗如圖之酉係四根鐵條所成中段彎成方匡能夾住其方罐其鉗有鏈四條弔之此鏈之上有架亥而架上再有鏈四條挂於起重架之鈎各事備齊之後令廠工入相聚幫助二人將小車推至爐前此車有大鐵叉插入爐口火泥板上之二孔取下而置於爐口旁之牆根隨將小車退後又二人將托鉗之小車推入孔內以鉗夾在方罐之槽內而捎牢其鉗又一人將長柄之鑿插入方罐之底因有料粘連在座上已鑿去後卽將其鉗靠於小車而取出方罐置於鐵板面之車上此車與車鉗略同形速推

至起重架之旁而用鉗酉夾在方罐之槽將架亥套於起重架之鉤用彎弓形之銅器掠去料面之浮滓又有銅槽刮下刀上之滓銅槽內之質淬入水桶內即將方罐弔起掃淨其底與邊又有工人將鉗左右執持而漸移至模板上另有傾鑄之人傾其料於模板傾時之輥軸在退火爐口之端傾料之人先向輥軸之戌端傾起漸至丁端而止此時另有二人各用鐵器隨移於晒條之上令其料不散溢至條外此器謂之手如圖之寅寅寅寅未傾之時另有一人將揩板丙丙拉過模面揩去偶然落下之土塵此器以麻布包裹料已傾盡二人將輥軸在料面輕輕輥過隨移至別木架上則其片已成

輥軸未行過玻璃料之時旁有二人手執小鉤細察料內有硬粒速即取出依其硬粒之數而賞之如近於中間者賞錢多而近邊則少此硬粒大半爲爐頂鎔化而落下之質因其質重易沉至罐底

空方罐乘其紅熱之時速弔在架上而移置於車上放鬆其鉗而推入爐中隨以火泥板蓋密爐口待若干時而取出去其餘料與灰再入爐而受舀出之料

玻璃片紅熱之時尚軟故在退火爐門之對邊用手器彎作二寸闊之摺邊即用丁字器挺在摺邊而推入爐內另有人用木桿壓住摺邊之上令其不歪此須在爐口稍緩片刻俟玻璃料結硬而推入

從爐中取出方罐以至玻璃片推入退火爐必在五分時內各片在爐必平置一次鑄成之各玻璃片送入一座退火爐內即封密爐門並各孔此用鐵皮與軟火泥則其爐內絕無冷氣竄進而熱度各處停勻自能漸冷冷後而開爐門將玻璃片逐一取出已到爐外一邊之工人放下一邊之工人舉起預備草墊二个而將玻璃片立置於墊上再用皮條兜在片之下邊共用三條此皮條長約四尺當中之皮加厚每條之二端有木柄六人各執其柄立近於玻璃片而舉起齊步緩行至棧房用金剛石劃去其摺邊而細察其各病若不能整用則分爲數塊惟其分線須過各病之處所有劃下之餘料存之以爲後次和入鎔料之用此種玻璃片送至磨光之廠

退火爲極要之工夫如其熱度太大質將鎔而改形或致粘在爐底取出之時必碎若爲太冷質不勻而極易自裂或在當時或越數日此因空氣之熱度有改變而不能耐其漲縮之故又或用金剛石劃時而裂或在劃處不裂而累及別處者凡厚玻璃在上面劃深痕必在下面用小椎輕擊即能自開如有凸邊用鉗夾去退火不合法者難耐

此等工夫、

退火爐之底鋪以火磚極平、又將砂散在其面、則玻璃片易移過而無阻滯、從前退火爐必待半月方開門、近來之爐但過三日夜而冷、故一爐能退火之玻璃片比舊法多三倍至四倍、大省各費、惟爐底只能置玻璃片一層、故其底面必大、否則難容多塊、若其玻璃片為小塊、則可在底上待若干時、結硬後而立置、每二十塊至三十塊為一堆、用鐵架扶之、即關密其爐、

鑄成之片面上不平、或毛或浪紋、不甚透明、名為粗片、又兩面有硬皮、係半透明之質、此已在吹長泡之工內詳之、

如作瓦片或房內作地板、亦能合用、因祇通光至下層、而不欲極明、

英國鑄玻璃片〇一千八百六十三年英國人大古里斯著書云、十年以內英國造成厚玻璃片之數比前增多四倍、價值減小一半、現在每六日夜造成厚玻璃片八萬五千平方尺、又有進口之別國厚玻璃片一萬二千平方尺、從前別國運來之片質甚明澈、故其價比英國更貴、因別國之砂甚淨而甚明、又甚多而價廉、近數年內英國廠家詳考此種玻璃之料、並省儉各費之法、惟難得此種砂、而必向法國買回、然現在所造厚玻璃片與法國不分上下、

但造成者尚不敷本國之用、

數年以內英國孫特蘭地方哈脫里公司造厚片之鐵模板刻橫線、或粗或細、或方槽或角槽或圓槽、或作小凸方、或斜方、或各種花紋、無論陰陽俱備、片之下面印成此形、如房屋作瓦或作隔牆、不必透明之處俱用之、此種片不甚厚、故在退火爐內可疊起多層、又有數種顏色玻璃、以同法為之、不用方罐而將鎔料一逕舀至模板、故其罐格外放大、略能容二頓半、惟此法所成者玻璃內常有氣泡、所幸仍能耐用、且可不必透明、雖有泡亦無妨、

英國拉分海得地方造厚玻璃片之大廠、其房並各爐比

法國最大之廠即勝過班者更大、所用之罐與各器亦更大、房內之爐列於中間、所占地面三分之一、退火爐在房之兩邊、每爐闊十六尺、長四十尺、又有大廠在倫敦得密斯河邊、其鎔料之罐高五十寸、口徑四十八寸、能鎔料二十八擔至三十擔、方罐能容三擔至六擔、舀料之銅杓徑十寸至十二寸、鐵柄長七尺、方罐存在別爐、有二人扛其杓、將料移傾方罐內、鑄片之模板以鐵為之、長二十尺、闊十一尺、厚七寸、面上刨平磨光、其餘各器與爐與法國者大同小異、故不贅言、而一逕論其磨工、

磨光之工〇此工分為三級、其一、用平常之砂與水磨去

其硬皮與凸點其二用粗細寶砂七等和水磨平其三用濕鐵養發光

尋常所用之磨機器乃初造厚玻璃片時所設疑係造汽機之瓦特所擬俗名飛架機器如第七十二圖爲立剖面形第七十三圖爲平視形有石面之檯二座如甲甲各安玻璃片一塊相距略十二尺用石膏粘在石上如圖內之黑線每石檯之上有活動之木架乙長約八尺闊約四尺半下面有鐵板闊四寸厚四分寸之一上面有堅固之熟鐵釘而靠此釘移動於玻璃面其二活架之齒輪在二檯之中間有方形生鐵飛架丙又有二个平桿丁在其對面

第七十二圖

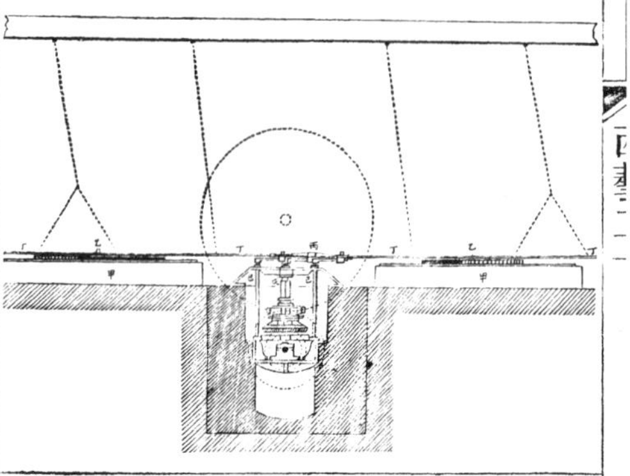

第七十三圖

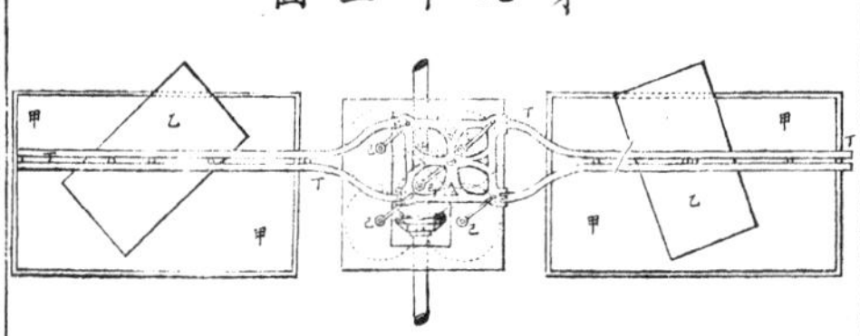

有釘連牢而伸在二檯甲之上用大鏈在屋樑上弔起如前圖之虛線即能向任何方向移動二个磨板靠於凸釘已而在其桿中間之槽內行動遂令其磨板如式移動而其飛架靠立軸戊而轉動此立軸戊有二个圓錐形齒輪接轉又有磨阻力停器令其齒輪或接或脫立軸戊之頂有熟鐵曲拐能代活動之凸釘此釘通入飛架丙心之樞孔其中立軸戊之外另有四个軸如已其與中軸之相距並彼此之相距皆等每軸之頂上有熟鐵曲拐與活動之凸釘與中軸同又在飛架上有四樞孔接此四釘故令中軸戊行動時則其飛架丙爲其曲拐軸之凸釘所轉動而

四邊靠其四个軸之曲拐已令其平行而動又其二个磨板乙靠其中凸釘連於飛架桿之釘則其轉動必與飛架同但另能靠其本心而轉其轉之多少大約隨其面上滯力之大小機器動時加砂與水以至玻璃面略平而止遂洗去其砂而以粗寶砂同法磨之每若干時洗去而換細一等迭用各號而玻璃面極平即將玻璃片翻轉而如前磨之其飛架每分時略四十轉視圖可知其磨板乙不能同時磨大片故必將其磨板移在飛架二桿之中間始得玻璃面各處停勻

從前磨平之法將片二塊彼此相磨而加寶砂將平之時

必極愼切不可有劃紋故用粗寶砂之後卽以手工磨透此因寶砂內或雜粗粒人手卽能知覺機器則無此靈性

第七十四圖

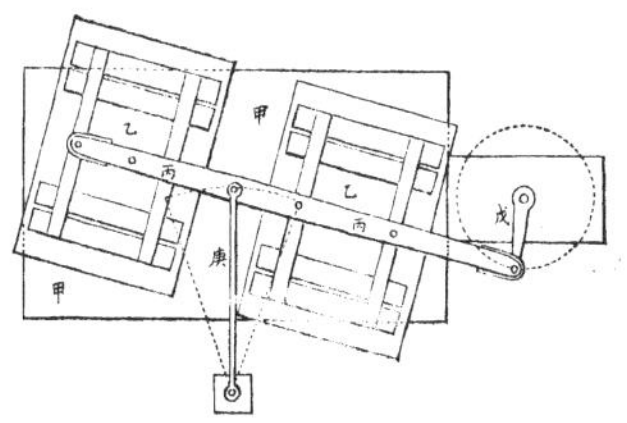

而遝致磨壞全面一千八百五十七年英人克路斯里搬一機器能作磨厚片之末一級工夫如第七十四圖極簡便而價亦廉有長木桿丙一端連於曲拐戊在立軸上而伸出石檯甲之上石檯面安厚片又有二个磨板乙以木爲之運於丙桿每磨板之下又連玻璃片一塊其磨板乙乙全靠

桿之動而不能如前法繞其本心而轉其桿丙之中心在二个木磨板之間有搖桿庚連於檯一邊之定座上此桿與丙桿原爲正角方向故其曲拐戊轉動時而桿與磨板之動如連環形卽與人手動其磨板相似此機器之益處因同時能磨玻璃之二面且在二个磨板中間之空處便於添寶砂並察其片磨至何工而不必停機此器至末一號之寶砂亦須用手工

發光所用之機器與前器相同用堅固之生鐵架辛如第七十五圖係立剖面形第七十六圖係平視形長十八尺闊十尺有許多小輥輪輥輪上有木桌面壬下面有二个

第七十五圖

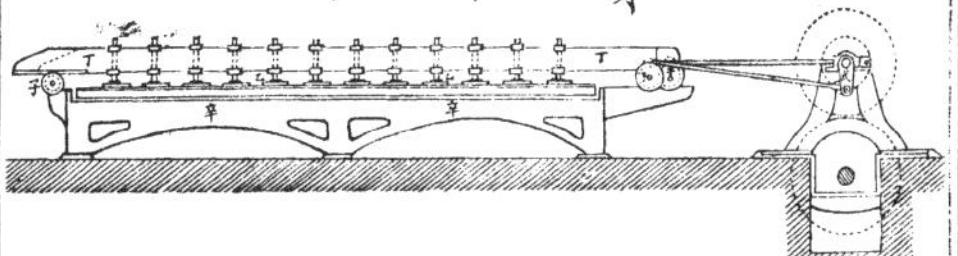

第七十六圖

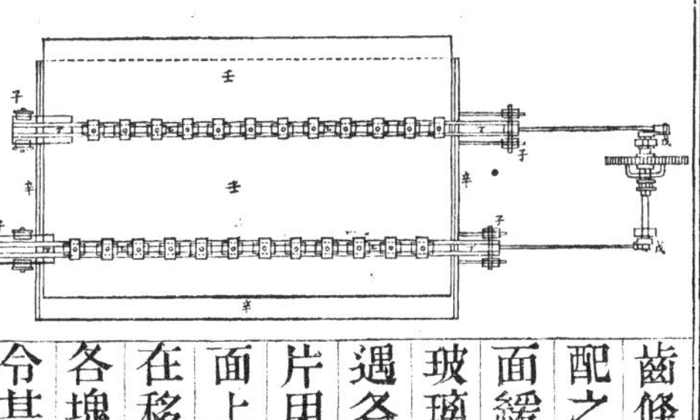

齒條此齒條有相配之齒輪令其桌面緩緩迭更行動玻璃面之各處必遇各擦墊乙玻璃片用石膏粘在桌面上而桌之端行在移動塊之間此各塊連於總架辛令其擦墊不推開

此墊乙爲木塊而蓋以氈有中軸與配準之壓錘能消息其磨擦之力此各墊連於二个活動之桿丁在其桌面壬二端之滑車子子有短軸戊動之其端之曲拐彼此成正角則其墊之行動與桌面之動爲橫方向將鐵養敷在玻璃面卽漸漸磨成晶瑩此面磨好再磨彼面

一千八百五十七年英國拉分海得玻璃廠試造一機器兼作磨平發光之用能省取下玻璃片而再粘連之工其器如第七十七並第七十八圖子爲轉動之桌徑二十尺運於堅固之生鐵軸丑每分時三十五轉爲中數有中立軸寅由總軸卯運動之用錐形齒輪並滯力錐形輪寅令

第七十七圖

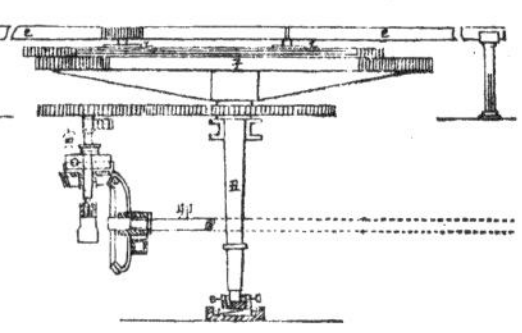

第七十八圖

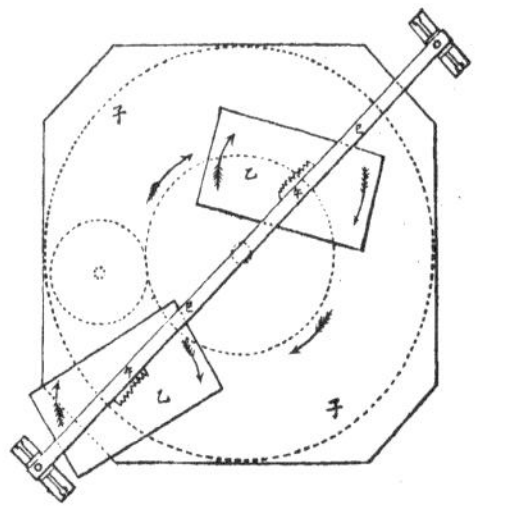

其相接相離此為廠主大古里斯所挪其意欲得長軸丑能動其桌面而其長等於桌面之半徑又能令其總軸卯轉動全副機器桌上有堅固之木桿已離開桌面略十寸此桿之二對面有釘連於生鐵板午午其板邊刻凹如鋸齒此凹之用為接其磨板乙之凸釘此磨板與前機

器者略同將其釘任移至何凹內而令其磨板與桌之中心任意遠近此磨板祗一个動法即繞其本心而轉令其動之法因其離桌心最遠邊之滯力比最近邊之滯力更大所以能大之故因桌面與心遠處速率加大此機器之磨工比舊法更好因磨板之動甚速又因其桌夾與磨板乙有雙動初試驗此器之時原欲令其磨板在桌面一并行動但試後而知不必令其磨板行動惟能自動為最佳且其桌面無庸齒輪等件而阻礙工作所以玻璃片安上與取下毫無阻礙之處又有一益所有行動各件俱可蓋護以免砂與水落下之弊

此器磨平發光一同有益故為極佳之法惟發光之末一套工夫必以手工為之所磨之厚玻璃片大半為長方而所用之桌面為圓形如後圖之虛線圈故鋪滿桌上之面積令各處等高有靡費可以不用圓形而用八面形如圖式此八面為正方割去四角而成不等邊者又磨大片之工更便此器用久消磨無多因行動之機件少而磨切面大又能行動停勻每六日內磨成之片計一千二百至一千五百平方尺與舊法相比能多三分之一

磨玻璃片之手工常用女工女人之衣服必極淨恐有砂落至片上女手比男手更靈所需之力比男人更準寶砂

中有粗粒更能知覺如為小片可用女童將玻璃片置於石面而石面先鋪濕布能令吸住不動用寶砂與水散在其面將小塊玻璃片以手動之近有人又作機器動法與人手略同

平常磨玻璃片二面之各工須磨去其質每百分有三十分至四十分間有磨去一半者

又有磨器如第七十九圖與前機器不同圖內之虛線為其架二一為樑二二為立柱三三為通軸有錐形齒輪一對令其立軸已任意左右轉其曲拐午亦隨之曲拐之釘令其磨板轉動又有半徑桿六七八令其磨板繞六點成

第七十九圖

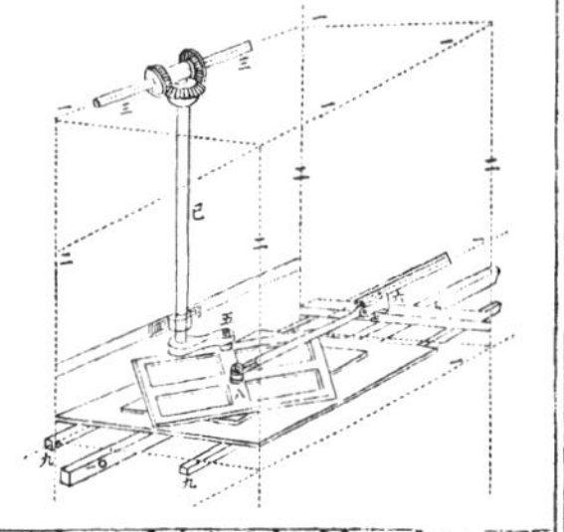

平圓弧之動此二个動法令其磨板遇下桌面之玻璃片而各處磨到桌面靠於鐵條九九有桿十令緩緩來往行動此桿甚長而可通過機器數座曲拐戊所行之圈略爲其磨板之長三分之二此磨板之下面用端石有玻璃片連其上桌面亦有玻璃片相連磨板有重錘四个至八个配準其壓力又有發光之器如第八十第八十一第八十二各圖二一爲其總軸通過全房每機器一行有一个雙曲拐並二个

第八十圖

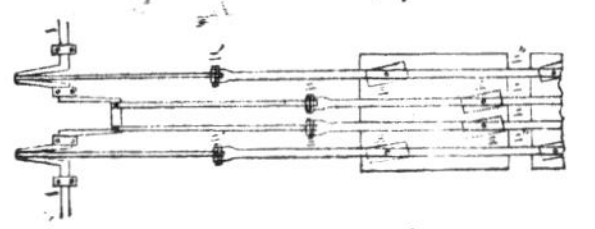

第八十一圖

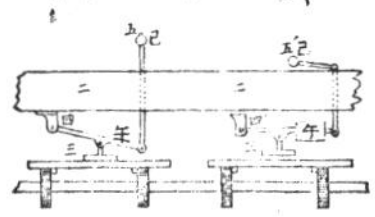

第八十二圖

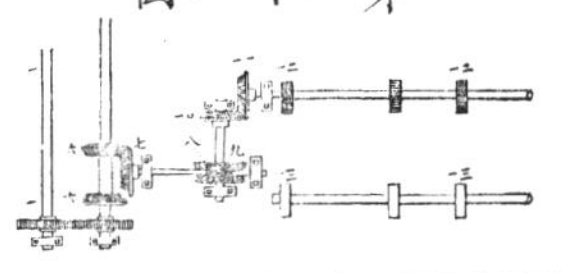

單曲拐俱有搖桿令其二个當中之長桿三三向右行又令其二个外桿二二向左行桿上俱有磨板如三三板面長十二寸闊五寸用皮蓋面有活節己己連於重錘之桿令其磨板密切於玻璃面視八十一圖易明所有相連已與午之二活節在其長桿二之孔內如欲令其磨板離玻璃面即將塊

午舉起而放平之則已桿自行倒下其各磨板必自成平置之方向因其托玻璃片之桌面有緩橫動此緩動法如八十二圖其總軸一一令二个移動之錐形齒輪六六轉動此二輪令七輪轉動因此而切線螺絲八轉動遂令螺絲輪九轉動此輪有二个錐形齒輪十十一能動長軸此軸上有小齒輪十二十二每一桌面下有一个或二个齒

第八十三圖

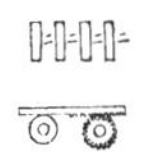

輪而靠圓板輪十三十三如第八十三圖易明其齒輪動桌面之法又有桌面上近於曲拐與齒輪之端有一推捍令其桌面先向此方向後向彼方向而行

玻璃片在查驗時未見其病磨平而病亦未見遂磨光後而顯出者祇可依病之方向而分作小片再發光一次以備用

英國別色麻設法鑄片磨平發光各事不用方罐而將鎔料一逕從原罐傾入二个軋軸之間二軋軸之相距即片之厚軋軸空心有冷水流過玻璃片之各處厚薄相等所用之爐係低倒焰爐罐體甚大而安在活動之座用火泥與灰粘連其座與罐靠四个輪轉動而從爐中牽出傾其料於二軋軸之間玻璃料行過之後再過二軋軸其相距比前者稍小轉率稍大過此之後片即平正面上不光亮

此片靠在曲面落至平面之桌待稍冷而堅硬即移至退火爐此爐藉鎔爐之餘熱能大省燒料而熱度亦易管理退火爐內亦無土塵與燒料所放之氣等病磨光之法將片置於平面端石板有硬象皮帶繞於二个滑輪行動皮外用氈一層而鐵養敷在氈面此帶行過片面而同時移左右其帶與所磨之片等長而其下之內面有許多小滑輪向下壓之令其切於片面各處停勻帶之行動常進而不退所以不必用石膏粘片於石面惟桌面之一端有凸條限之

厚片擺錫○此法所用之料爲錫與汞先將錫箔一張面羃稍大於玻璃片鋪在石板之面將汞灑在其上極停勻再添以汞厚略六分寸之一至四分寸之一爲度用木桿刮去汞面之灰色皮即將玻璃片在石板之端平置而漸推進令其長邊之下面常在汞面之下則土塵與空氣不能竄入汞與玻璃之間隨將重物置於玻璃上而壓出其餘汞即將石板斜起十度至十二度使不化合之汞大半流出待若干時而將玻璃片立置汞乃全流下再待二十小時至三十小時則玻璃面之汞與錫合成乾質一層此其大略也

此法有數種大病其一汞霧令工人生病其二作此工之時甚久其三錫汞鋪滿後加重時而玻璃片或有斷折立起時常有汞滴流下而成條紋造成鏡時雖無病日久而其料成顆粒所以化學家考究此事而得新法以免各病英人名杜來敦將銀代錫與汞其料用淡輕養合於銀養淡養而濾之加以醋內消化之桂皮油其比例用銀養淡養一兩八七醋三兩桂皮油二十滴至三十滴此料遇醋內消化之丁香油即醋三分配丁香油一分即有極光亮之銀結成將乾淨之玻璃片用油灰周圍作凸邊以銀水傾入深一二分再添以丁香油則依丁香油之多少而銀結成有遲速即能粘牢於玻璃面此以丁香油極少而銀結成極慢爲佳如銀水四兩半添以丁香油料六滴至十二滴爲足用所結之銀極薄一平方尺重十二釐至十八釐其理因易散油化分其銀養而不放氣質惟所放之淡養與淡輕養化合故不發氣而結成極勻但此尚未多用因難得銀面各處清明而無花點又因銀色略黑所以窺鏡亦黑此黑色即因銀之色然有人云其故因銀面回光太準而其光直回若擺錫玻璃其質略成顆粒形而回光從各顆粒面散布而來

以上爲杜氏初擬之法現在用淡輕養一分銀養淡養二分水三分醋三分相和而濾之再用葡萄糖在淡醋消化

者四分之一又法將中立性之銀養淡養五六百釐在水一千二百釐消化此為原銀水另添三種質如後其一蒸水二十五分二淡輕養四三炭養二十分重率○九八○之淡輕三水十分將此合料七十五釐添入原銀水其二將重率○九八○之淡輕三水三十釐添入原銀水內其三重率○八五○之醕二千八百釐添入原銀水內各料相和而待其澄清或濼出清水或濾之再將此銀水十五分添以桂皮油之酒一分此桂皮油酒之製法用重率○八五之醕一分桂皮油一分相和待數小時而濾之臨傾於玻璃片時每七十八分添以丁香油之酒一分此製法將重率○八五之醕三分丁香油一分相和玻璃面揩擦極淨即傾銀水在上而加熱一百度歷二三小時不改此熱即傾去其水亦可再用將玻璃面所結之銀洗之乾之再加漆一層另有數種別質亦能令銀結成如小粉與薩里西尼與阿拉巴樹膠與糖酸與阿勒弟海特與松香油等質

化學家發拉待考究此事著有論說當時預備大玻璃片二塊立置於架上相距一寸將此架安在堂之中間聚觀者坐在左右二邊其二玻璃片之邊用玻璃條鑲密不漏成最薄之箱滿盛銀水則左右之人彼此能相窺講至添入丁香油酒之理即在玻璃片之中添入若干再講不久左右之人彼此不見而但見己身在所成之鏡內

玻璃毬等空心器俱可得銀皮一層此將棉花藥在鉀養輕養水內加熱消化添以銀養淡養五水數滴又添淡輕養四俟其結成之銀養全消化為度將此料添入毬等器內用隔水加熱待若干時則其料變為黑棕色而發滾銀即全在玻璃面結成回光極亮又法將錫鉛等分在鐵杓內鎔和添以打碎之鉍一分掉和待其稍冷再加乾汞一分常搖之而去淨面上之滓將玻璃毬等令其內面極淨而乾加小熱而傾入前料少許即遇熱而其膏變稀轉動其器令汞膏與全面相切此料雖不及擺錫之堅牢然為圓形之體亦不妨設有小病對面能掩飾之

極薄之玻璃片擺錫不宜用前法因其面不平而在平石面壓之必碎故必用木板或平底之箱將錫箔裁成相配之尺寸鋪在板面傾汞如前法再將淨紙一張鋪在汞面而薄片安在紙上以一手按住玻璃面二手速抽去其紙所有氣泡等隨紙而出錫即緊貼於玻璃面而光亮平常之薄玻璃其面稍彎揀得一箱而其彎略同者在其凹面擺錫層層疊起因每片之凹相等易壓出其汞但薄片擺錫總不及厚片之勻

玻璃片之錫有脫落之處則揩淨其脫處而以密蠟圍成

圖將前方之銀養淡養水傾在圖中而依法加以丁香油則結成之銀能補其空交界處亦無痕迹

五　火石玻璃

比種玻璃所用之爐大半爲圓形內容八罐至十二罐平常之爐容十罐每罐之徑三十六寸恰能省燒料爐若過大則其爐內之空處過多爐若過小則罐之後面伸出火內而其罐體或燒去又爐體或燒去爐柵所進之冷空氣遇罐底或後面而令罐破裂如爐內容十二罐者其空氣此容十罐之空處更多燒料略多一倍而其十二罐所鎔之玻璃料不過多五分之一英國有廠名福根用爐二座共入一个烟通與火路一爐修理可用第二爐或買客少即專用一座多則二座並用

鎔火石玻璃與別種玻璃之大别因其罐之上面不空敞而在旁作口正對爐之工孔罐內之鎔料不遇火焰法國之爐燒木料火焰雖遇玻璃面而不壞其色英國用生煤或枯煤火焰必收鉛養之養氣而令鉛分出沈於罐底其煙結成之炱能令玻璃變黑色

造火石玻璃之料照前說預備研細篩和用小車運至爐之工孔用鐵鏟送入罐內其料之色爲淡紅此紅色係鉛養所成英國所用之罐大於法國每罐能容料十八擔每一次略裝四擔待其鎔透而添一次十二小時至十五小時各罐添滿鎔化之後再待三十小時至四十小時則其氣質與氣泡散盡而其質停勻此鎔化提淨之時將各孔封密而爐內之火力增大其歷時愈少愈佳故熱度愈大愈佳爐雖合式而料雖全淨若火力不大或不勻亦不能成好玻璃因熱不足即不能驅出其氣泡又不能令其錳質之色退盡或用大熱而歷時過久則壞其錳質而令玻璃料蝕壞其罐體玻璃變爲層紋與膠形並綠色故玻璃在變化之限內而反成稠質如膠形無法能提淨之雖加大熱亦無用祇可淬入水內而再加以新料鎔之罐內之料已鎔透而提淨則爐內須減熱令料合於粘取造器之熱度如已提淨而不減熱則其玻璃與罐體內之鐵漸化合而成綠色又與罐體內之鋁養化合而變爲輕質浮至罐面間有帶得罐體內皮之質同浮而成層紋既有此病即不合於平常之用而斷不能作光學之器從前配料之法不甚佳故開罐而未取料之時必刮去浮滓現在則配料合法故不必刮浮滓

火石玻璃器之手工○前論各種玻璃所成之器如酒瓶或圓片或圓桶成片或厚板俱係專造一種器物所以一說而全包在內至於火石玻璃與水晶玻璃所成之物幾

無窮而各物有各種造法所以不能有公說而祇可擇數件爲式樣從此推廣其餘各法

火石玻璃造器約用三法其一用管吹泡而以手工成形式其二用管吹泡而入模內成形式其三將料作塊入模內壓成形式三法之外另有磨平發光雕刻等工

第八十四圖

第八十五圖

第八十六圖

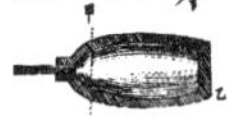

第八十七圖

造平常水杯之法係手工造器之最便者工人將鐵管入罐內取料足成一杯之用如第八十四圖在鐵板面轉之吹之揮灑令長則變成之形如第八十五圖即將鐵管提直令玻璃因其本重而落至鐵板面則其下端成平底再稍吹之而成形如第八十六圖將冷鉗如第八十七圖之乙夾在甲處則其玻璃在此處稍裂將鉗輕擊即能分開遂以鐵桿取得玻璃料少許粘在其平底以便轉再用鉗令其口張開另用剪刀剪平其口如八十七圖之丙入爐速轉令張開如第八十八圖之丁遂擊脫其鐵桿而送至退火爐

第八十八圖

體輕而價廉之杯惟在爐口轉之令口張開而不用剪平其口之工亦不用車磨之工

有足之杯常用三塊成之起手之工與前無足者同如八十六圖之式再取料作實心之毬連於其底如第八十九圖工人坐在靠手之椅如第九十圖令其速轉隨用鉗夾成其式如第九十一圖再取料成空心毬而用鉗張開之如第九十二圖速轉令平得足座即照前法取下其鐵管並相粘之玻璃料而連於桿上即將其口張之剪之在爐內速轉令放開工畢而成形如第九十三圖

第八十九圖

第九十圖

第九十一圖

第九十二圖

第九十三圖

水瓶照前法造成初形如第九十四圖將桿連於其底而加熱其口用鉗配準其形如第九十五圖另有工人用桿取料少許落於瓶頸上第二人轉動其料自成圈而粘在瓶頸再以鉗作尖而忽然牽斷再加熱即能加第二第三或第四各圈如第九十六圖

第九十四圖

第九十五圖

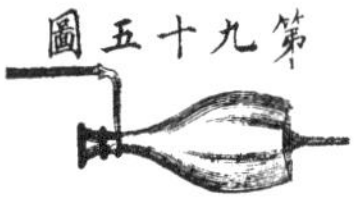

第九十六圖

尋常綠色瓶之吹法與用模法前已詳之此火石玻璃瓶

亦可以同法爲之惟上等者須加工磨光或車花樣凡模内所成之器光色總不佳稜角與平面總不顯明因其料爲稠質不能漲滿各角之内又不能與模之平面全相切故其角常鈍而其面有浪紋不能與車磨之器相比近有人用模成火石玻璃器配料格外加精而模亦極準所以先用模造成各器後來磨工可減少

第九十七圖

造火石玻璃器之模以黃銅或鐵爲之簡便者上端比下端稍大以便取出但其形有凸處則其模必爲數塊湊合如第九十七圖係有鉸鏈之模便於造藥料之瓶或平常之酒瓶其模作兩半下有鉸鏈玻璃料先用管粘取而在鐵板面輥成管形再用鉗夾成頸形將其瓶置於模内此模置地上而將鐵管吹之料即能順模形開其模而取出已成之瓶又如第九十八圖爲同類之模惟其瓶頸以手工配成此種模所成之瓶在模之合處有凸紋若爲方瓶則其合縫在角處而不妨用此種模之法置於地上如第

第九十八圖

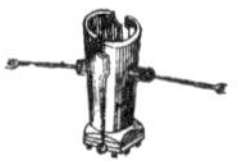

第九十九圖

九十九圖將吹成之瓶置於模内而拉其模之繩令模二半相合即用大力吹之遂放鬆其繩因有簧而二半自張開即取出其瓶以加冷水之法從鐵管分開將桿連在其底而將口入爐令軟以鉗夾成其口速移至退火爐其模不可冷所以每一模用二匠一人取料而在鐵板輥轉一人入模吹之近有英人名比辣德作一模能免合縫之凸紋其形如第一百圖丙爲其模體係一塊料所成而其頸卯卯爲二半合成瓶體雖無縫而其頸仍不免有紋二條其二半有簧串令其張開玻璃泡入模之時工人壓住西踏板則庚彎鐵條令其頸模之二半相合遂用大力吹之即放其足因有重錘模能自張其餘各工照前爲之

第一百圖

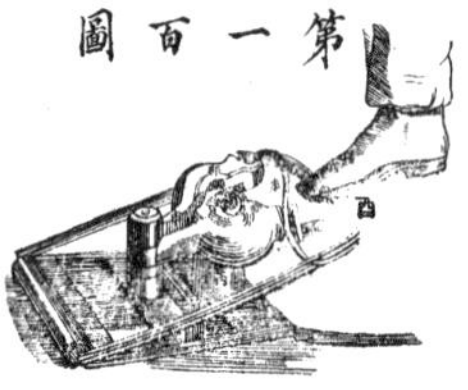

近時英國比辣得所造之瓶外面有凸花瓣形或瓜瓤形而内面仍平滿其模之高爲瓶體之高三分之一粘取其料如常法惟先取若干待其略冷再在其外粘取一層乘極熱時而入模如第一百〇一圖甲所以外面成凹凸而内面仍平略成一半則其凸處乙如第一百〇二圖必令

第一百一圖

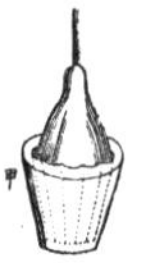

第一百二圖

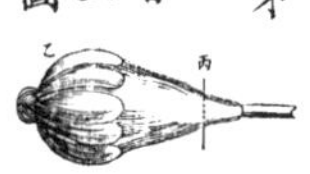

其張開。此將相粘之桿速轉。而藉離心力張開。或先吹之。
或後吹之。俱可。此後第二次加熱之時。必在丙虛線處分
斷。又粘一足而再加熱。即成形。如第一百〇三圖丁。用剪
剪平。如第一百〇四圖戊。再入爐速轉。令其張開。又以桿
張開其口。即得形如第一百〇五圖。後在數處磨平。亦可
爲美觀之器。

第一百三圖

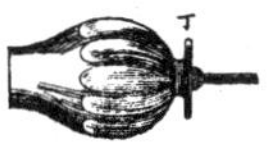

第一百四圖

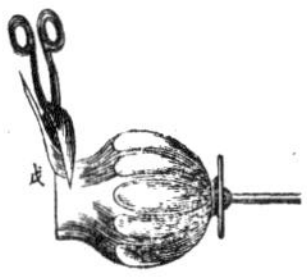

第一百五圖

前言之模。必近乎紅熱。或用小爐加熱。或取紅熱之料置
於模內。令其受熱。若用冷模。則其器面不能發亮。然模過
熱。玻璃料必粘在模內。各種器造成之後。速送進烘爐。而
安在鐵盤上。此盤甚長。有四小輪。便於推進。在加熱之端
進一車。則後端必有一車推出。略二十小時而行過其爐。
近有人造火石玻璃器。內層無色而外層之凸花紋有色。
此將管先入無色料內。取出若干而吹成泡。待稍冷而插
入有色之料內。如前各法加工。則所成之器。內無色而外
有色。再碾成凹紋而去盡有色之空地。此所謂套玻璃。又
法用各色料在模中成各種式。如招牌等花形之片。置於

模內。在應相粘之處。將玻璃泡乘最熱時入模吹之。又法。
在其體之中間。做白色之料。其光色如銀。其形如霜。此用
瓷泥極細之粉。加以石膏少許。配成花樣。待乾而置於紅
熱之玻璃器面。外面加以最稀之料少許。散在其體面。而
連牢於器面。則所成之形最美觀。另有同類之法甚多。無
庸贅言。
壓成之法。即全用模〇此法爲美國所剏。將熱玻璃料置
於下模。而用上模壓之。此用桿或螺絲架等。模內所加之
料。正足成一器之用。又其模之熱度必略少於紅熱。方能
得光亮之面。如所取之料過多。則模難密合而易壞。所成

之形不準。料若不足。則器形不全。模之熱度太大。料必與
模相粘。熱度太小。器面不亮。
此法現在極盛行。所成之器與磨光者大同小異。而費用
最小。英國多造此器出售於各國。但火石玻璃之外。不能
用別種料。因須在不甚大之熱能鎔。又不可速變稠質。其
料不但能漲滿模之花紋。尙必能重加熱。而令外面一薄
層再鎔。其模用鐵或銅爲之。模之熱度合宜。而重加熱合
法。則其細花紋或平面與稜角。俱能與磨者相比。但此有
一難處。因其料必用鉀養與鉛養。此二質之價甚貴。近來
歐洲各國用鈣養與鋇養。其法漸漸佈傳。想後日必能與

鉀養並鉛養所造者相比

掛燈臺燈上之三角條或小方或斜方等件俱用鉗模如

第一百六圖

第一百〇六圖將料割成條或塊所成之物形體略同置於模內一夾即成所有之小孔模中有釘成之各事合法磨工可甚省一千八百五十一年英國博物館曾用紅綠等色之料作臺燈與掛燈各器不甚雅觀因透明火石玻璃所發之光色為最佳若其質內有色大減明澈幸日間尚可悅目然既為燈其用原在乎夜而不在乎日

磨光火石玻璃器〇火石玻璃磨光之工西名割工因車磨器邊有似刀割之形此種玻璃較軟故易磨成各形其工用鐵輪或砂石輪或銅輪等在車床上速轉平常用汽機動之如第一百〇七圖甲為滑輪與皮帶乙為磨輪丙為漏斗丁為輪之水槽可受落下之質將玻璃器切於輪邊速轉磨之即換石輪與水磨去砂之粗毛遂用

第一百七圖

柳木輪磨之其輪面敷以浮石粉與爛石粉後用柳木輪與鐵養發光近來用一種料係錫與鉛所成此料之製法將錫在倒焰爐內鎔化掠去面上之浮滓而煅之即成白色之料研作細粉又法將錫一分和以鉛一分速加以熱至紅則其錫自能噴出而與鉛相離此二種不但能磨光玻璃與漆又可和入玻璃料內成乳白色如圓燈罩等器亦用砂磨成內外毛面外面易磨內面難磨法將毬形等罩置於大桶而內外俱加以砂令其速轉則不久而二面俱毛平常火石玻璃如欲鑽之或割之可加以松香油常濕用平常之鑽或磋或車刀則其鋼器之口久不鈍而速成功瓶口與塞欲磨準用鐵器在車床為之先用砂與水後用寶砂與水其鐵器之大小與所欲磨之處同式故磨成之後內外恰合

火石玻璃器外面車成起毛花紋可用小銅輪徑四分寸之三至一寸用細寶砂和以油依其原樣將器移動即成如欲磨光則用鉛輪與極細之寶砂花紋欲極細必用極細之輪或用銅作筆形之器其端或作尖形或作半輪用寶砂與水擦之若為粗紋可用石輪或鐵輪磨成粗毛之面再用木輪磨出其毛面之光紋近日又有噴砂之法用象皮等質遮護光地以大力噴砂即成毛花紋

從前在玻璃面成各種花紋無論火石料或別種料俱可

法將玻璃洗淨而稍加熱用蠟與松香油相和而敷在其上此方用油一分蠟四分待冷而略不透光尚能映出底下之花樣即用刀在玻璃面描劃成紋而薰以輕弗氣此將鉛盆盛鈣弗礦粉與濃硫强水掉和而微加熱將玻璃覆於盆面待數分時而發輕弗霧不久即成花紋加熱鎔去油蠟用軟麻布揩淨如將玻璃浸入鈣弗和淡硫强水之內則消去更速惟其花樣欲成深淺各紋而其形欲準須用熟胡麻油或哥巴辣漆加以極細之炱再加松香油少許此料逐層敷上每層極薄須待乾而再上一層以至不甚透光而止安在桌面成四十五度角房內之光必在

桌下透上即用刀或針刻通其漆料則極細之花紋俱能清楚各事預備之後必試應遇輕弗水之歷時此將同質玻璃一小片以同漆料敷之分為五六處遞加其層數每處作記號用毛筆醮輕弗水在其各記號之處濕之玻璃每一處沾水之後待一分時而再做第二處即以多水洗之用刀與松香油刮去其漆料即第一處有六分時第二處有五分時其餘類推視每處蝕進之深淺即知其花紋之深淺應遇輕弗水若干時

貝特福特設法在玻璃面成花紋將鉛養二五分配料一分和勻此配料用硼砂鎔成玻璃形者十七分鉛二養四十三分

相和鎔化其鉛養二為瓷色之料故畫在玻璃面上界限分明如其玻璃有色者則用鉛養醋酸代鉛養二亦易見其白色畫成之後將玻璃烘乾待冷而浸入淡硝强水內看其花紋之處被硝强水所沁入即移置於水內而其料從其面上消去如玻璃面或瓷面欲鍍金可用金綠三水添以鐵養硫養三令其金結成此金每十二分加以鉍養三一分再加硼砂與膠少許成漿用毛筆畫在玻璃面將器入燒殼加熱取出之時其金尚為暗色用瑪瑙研之即亮再用醋或鉛養炭養擦之

輕弗氣蝕玻璃之法用之已久但不甚佳如寒暑表上之

度數或量杯等器作記號尚為合式又有法在玻璃面消去玻璃成陰紋以為印板之用尚未得法

光學玻璃

前言光學器須將二種玻璃相合一為轉成玻璃即鹼底子者一為火石玻璃即鉛底子者備料與廠房前已詳述

第一百八圖

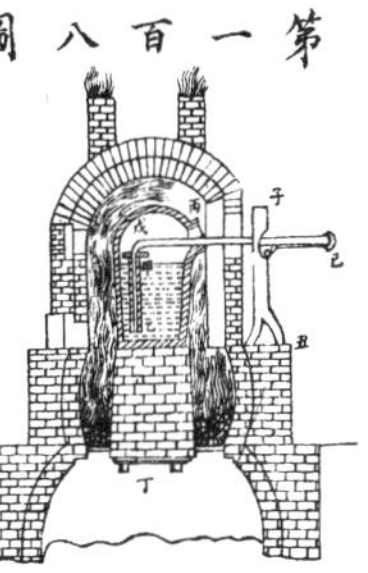

茲故但言其器具與手工此種玻璃所用之罐與爐有數種常用者如第一百〇八圖爐內只容一罐將料漸漸添進每次添少許不必待前次鎔盡而再添

一罐之料略歷八小時至十小時而添畢遂進風而加以大熱令全鎔化即用火泥管甲乙先加熱至紅其重率小於玻璃故能浮在料內又有彎鐵桿如戊己其端加熱至紅而通入管內此鐵桿可任意移動以便掉攪其料各處停勻所有氣泡亦因此散出此掉工速作多次即取出此掉器而待冷八日罐既冷透取出打碎將其玻璃大塊數處磨成光面試驗之將其大塊打碎揀出無病者而在燒殼內加熱至軟用鉗輥成毬形置於模內壓之成鏡形在退火爐內漸冷其二種料俱以此法爲之將二種料各作一鏡依法磨之將其合鏡看物能無色但此所謂無色乃在鏡之中心而其邊尚有色

光學器之大難處必得停勻之質故造玻璃家已設數法令其停勻一用大鑿取料而在鑿內待冷二從罐內傾入模內待冷三在罐中待冷而打碎或鋸成平片此第三法亦難得其質停勻因火石玻璃之料輕重不同常自分而成層如能設法令其不依輕重而分層方爲佳品

罐內之料不勻之大關係因其爐不合法罐底之受熱比上端更小曾有人試過鑄玻璃片之罐其罐口之熱度等於回知胡特大熱度表一百三十度而罐底不過一百十度即依法倫海表差二千六百十度故鎔化時料之重質沈下而不能上升

前理既明可知欲免此病必用掉法或令罐底之熱加大並用法令其速冷罐體愈深玻璃之分層愈易故罐體以寬而淺者爲佳

如用掉法則鐵桿必壞其色銅桿必鎔化鐵桿外包鉑爲佳惟價甚貴不如用火泥管或瓷管浮在料內用鐵桿通入其內掉攪俟其料稍變爲稠質而止待冷而取出其罐至爐外

有法令罐底受熱大於罐口所用之爐如第一百〇九圖此爐爲圓形其徑足容其罐而火能循罐邊上升罐內容

第一百九圖

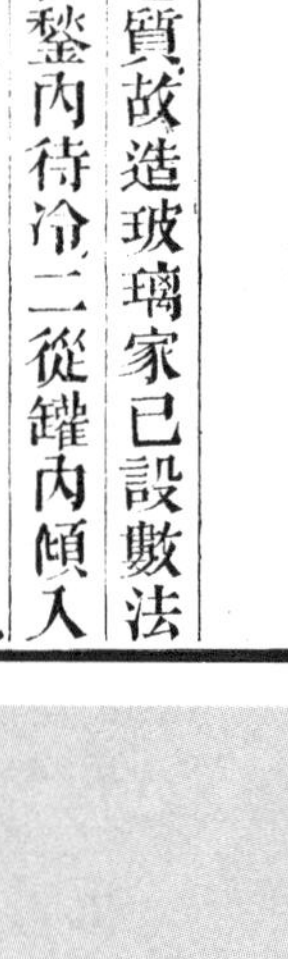

料三四擔呷爲罐靠於甲乙弓形座此弓形以火磚爲之中心有孔能讓火焰靠罐之邊而上升此弓形之下相離一尺半至二尺有爐柵丙丁又叱喎爲二个工孔即添料與看料者此二孔用火磚作蓋而以火泥封密爐之背面對火門處有一門以便進出罐之用以磚與火泥砌密已爲灰膛此膛可開大小以料理其進風將罐先加熱而添以提淨之木灰鹼一分淨白之砂二分待全鎔化再加餘砂與鉛養此二質必散在其料之面則其料漸漸沈下而能放出空氣上升待其質全鎔即增其熱度

至甚大令其質常能泛動而停勻即取其料試吹成小瓶遂去其火而開其二工孔又開火膛與灰膛各門速進冷氣令其質速冷而結始得停勻初進冷氣之時可用火泥管或瓷桿掉之待冷而用椎打之自能碎成蚌殼形之圓塊即打其邊而置於瓷鍋或瓦鍋內入爐加熱令軟俟其自成鍋底之形必慎安此鍋之燒殼熱必甚勻否則鍋內易成亂形之紋最合式之爐彷彿烘饅頭之爐加熱至暗紅即滅其火乘熱時將盛料之鍋速安進即變軟而自平下待冷透而取出即退火之意以備光學各鏡之用近來英國造成極大之遠鏡徑三十餘寸絕無色暈等病英國現在所造之光學玻璃分爲六等茲將各等之重率並光色分原鏡內三个輕氣線之折光數並鈉線之折光數列表

	重率	丙輕氣線折光數	丁輕氣線折光數	己輕氣線折光數	庚鈉線折光數
鉀養硬玻璃	二·四八五	一·五一四六	一·五一七二	一·五二三三	一·五二八〇
鉀養軟玻璃	二·五九	一·五一一九	一·五一四六	一·五二一〇	一·五二六三
鉛養輕玻璃	三·二一	一·五七〇〇	一·五七四〇	一·五八三九	一·五九二三
鉛養密玻璃	三·六六	一·六一七五	一·六二三四	一·六三四八	一·六四五三
火石密玻璃	三·八五	一·六四五〇	一·六五〇四	一·六六三四	一·六七一六
火石極密玻璃	四·四五	一·七〇三六	一·七一〇三	一·七二七三	○○○○○

近來英人那比爾設新法能在火石玻璃面上成花紋即將平常之墨所印之圖即書中之圖用漿粘在玻璃面而待其乾透即將玻璃沾以淡輕弗水則其輕弗水只能蝕通白紙而有油墨之處不能到速即取出而洗淨否則輕弗水不但直蝕而兼橫蝕花紋即混

磨準鏡面○凡二个硬體彼此相磨則依天然之性而一个變凸一个變凹磨玻璃成鏡俱藉此性合法所成之鏡能驗知其面與正毬面之差不到十萬分釐之一然在磨成平面雖極慎而其面總不及磨凸面之準

磨鏡須用金類之器其形與鏡之凹凸面相配將寶砂與水挨次敷在器面磨之每器一副凹凸相配此二器彼此先自磨準所有不合之處彼此相消造此器之法先造一凹一凸之比表其弧線必配其凹凸之半徑如其半徑大者可用轉成玻璃片爲之此將玻璃片用膏粘於桌面在木條之端鑲以金剛石又在桌面以鑽作孔而立在上則此鑽桿當爲圓心此心與金剛石之相距即弧之半徑遂以金剛石劃其玻璃而分開之即將凹凸二弧線用寶砂與水磨光每若干時彼此調轉相比令其得準現在常用黃銅皮爲之

造凸鏡之器以生鐵爲凹形之殼其剖面形如第一百十

第一百十圖　第一百十一圖　第一百十二圖

圖鑄此之木樣即藉比表較準又有等式之殼其半徑長於比表八分寸之三係磨光凸面之根基又有生鐵器如第一百十一圖其徑小於比表半寸可托住平常之鏡片同時能磨數片又有黃銅之器如第一百十二圖其凹凸與比表正相配而彼此相合極準其器之凹板能改準鏡之弧線在一百十圖之凹形殼內配成其粗樣之後則用此器其凸板之用處乃配準其磨平磨光之二器此黃銅器之背上所有螺絲之用處可連於車床之軸端依比表而車準又有用處可連在立柱之頂上此柱高略三尺下端連牢於地板頂上有鐵塊與立置之螺絲又有木柄以螺絲連於凹器之背如圖式此凸器上加以乾寶砂或用水以手執木柄轉搖之每搖數次工人依其方位轉過數寸漸漸圍其立柱一周即能得正毬形之弧線

作鏡之玻璃片用鐵鉗夾成圓形此鏡料須大於磨成後之式遂在每塊玻璃之上加灰膏少許待其結硬而再加少許至其灰膏成半毬形足爲手能揸住製灰膏之法用栢油十四分篩過之木灰四分相和木灰之用欲減小其栢油之粘力如其灰膏太硬太脆可添以牛羊油令軟將其玻璃置於殼內如一百十圖用河砂與水或寶砂與水磨之俟其面幾與殼內之弧線相合其殼安在盆上可受流出之砂此玻璃磨平之法作大圓搖法凡粗磨工畢將玻璃稍加熱取下而再粘上以磨其對面驗其邊各處厚薄相等即知其二面得平行之半徑

凡鏡無論其質之優劣粗工俱照前爲之如上等者在黃銅器內逐片發光若平常者數个同時發光間有平常之眼鏡一次發光數十个惟其位置必齊整如一个爲心可列七个或十三个或二十一个若以四个爲心則列十四个或三十个間有中等鏡片同時磨平發光七个茲將七个之法詳之其餘可以類推鏡上之灰膏用熱烙鐵熨平隨將七鏡置於黃銅凹器內而以有膏之面向上一个鏡在中心六个在周圍等相距將生鐵凸器加熱而置於凹器內遇鏡有膏之面即變軟而粘在鐵面上將濕海絨揩之緩冷鏡片中間之空處亦補滿以灰膏與鏡等高其形如一百十一圖用螺絲旋牢於柱上以黃銅之凹器磨之如一百十二圖所用之寶砂有粗細六號逐號遞細末號者係水內停一小時所沉下之質磨成之後幾似發光之面每換寶砂一號必洗淨前號之質磨準之後再須發光

將凹鐵器內鋪勻鎔化之灰膏厚四分寸之一用黃銅凸器壓入厚呢一層此呢面之絨必先刮去或燙去將錫粉篩在呢面此呢先以水濕之再用黃銅凸器壓進錫粉至呢內屢次添粉而屢壓之俟其面平滑而止小鏡則用鬆呢此比細呢易收錫粉錫粉之方乃光學家陸斯所設將錫在合强水內消化濾取其水冲淡而添以淡輕養甚淡之水即結成錫養用多水洗淨而濾之以新麻布包之以壓器壓至極乾而在空氣內燥之用刀刮成細粉置於鍋內加熱至幾白未加熱時其粉之微粒幾無鋒利加熱而放出其水則其微粒有多層疊成之形其發光之性比別

種粉更佳又可用漂法分出其粗粒再加以鐵養少許令有色則其磨器面所存之粉易見將此凹器套在立柱上所配之鏡片依或寬或窄之橢圓線而轉磨工人常依方向圍其柱而走轉錫粉不可過濕而致放鬆又不可過乾而爲鏡邊推去所添之水必令錫粉之面稍有發光之形如全磨光必灑水少許工人之用力不可過大

鏡已發光再磨其邊必令其鏡之光心在體之正中此將其鏡粘在車床之運體輪而緩轉灰膏未冷結時在鏡面看燭火或不動之體之形如其影稍有移動須移其鏡至毫不動則鏡之軸與車床之軸兩心相合待其灰膏冷定

用黃銅條與寶砂與水磨其邊成圓形

以上爲凸鏡之法凹鏡之磨平發光並同惟反用其凹凸之鐵器與銅器

另有法不用立柱而用轉動之軸能比前法更快但其鏡不及前法之準

多造眼鏡則用汽機轉磨亦以前法粘於凹或凸之器上有軸令其漸漸轉動其上器有小曲拐令其有二心之動又有法令其成小圓圈之路故其磨器在鏡面成擺線之路即與手工者大同小異其曲拐能放長收短令上器之二心動常改變其心其壓力或用簧或在上器加重錘

遠鏡之像鏡最佳者用手工擦光須逐一爲之擦光之料用錫粉敷在厚紬上此紬剪成條其闊略爲鏡徑八分之七順其紬之絲紋而粘在黃銅器之中徑手執此器而在鏡進退其鏡亦常旋轉

遠鏡內無色之目鏡最要在量其弧面之半徑即聚光點將鏡先試準而後依推算之半徑數配於筩中則能改其色差與凸差陸斯另造一器能量各磨器光點之角度顯微鏡之小片徑四分寸之一至二十分寸之一者亦必逐一磨平擦光因其體極小不能數个同磨所用之比表以綢爲之作極小之圓板又有細桿在車床上車準如其鏡

徑爲百分寸之五或十或二十其圓板比表之徑爲百分之十或二十或四十其邊作方形焠水之後依其徑之方向而用以車準或凹或凸之小磨器此爲光工末套之用量準圓板之徑或用分圖形之比器或用量金類絲之佛逆比尺此尺能辨千分寸之一小凹形器車準之後即用寶砂而在車床上轉動極速如爲極小之鏡則用極小之車床用弓牽轉小鏡用舍來克粘於小木條之端以手推向磨器而常改其角度木條之端常行平圓圈而木條亦常自轉磨平所用之寶砂亦分爲六號發光之法用密蠟和以極細之鐵養令其質硬以稍壓之而能得鏡之形磨時不改形爲度發光所用黃銅凹器須車至準其半徑比磨器稍大而其面作毛能收住其蠟而不動將黃銅凹器加熱而以蠟料敷其內待冷而用凸器配其樣或在車床上用極細之刀刮之後用圓板車之如作磨器之法其發光鏡之時用極細之鐵養以溼令其常濕已磨成後即加小熱而從木條取下又用醕消去舍來克等料

第一百十三圖

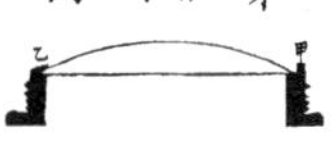

巴西等國所產之水晶作眼鏡等用先解成片而鉗作圓形其餘各工盡與前同

凡鏡片作遠鏡等光學器則其銅管之邊作凸邊如第一百十三圖甲鏡片已安好即用砑器在車床上砑平其凸邊如乙

燈塔之鏡原用大凸鏡而藉大火放光至遠處數年前作此種鏡往往遇大難處因其玻璃料所收之光甚多又難得停勻之大料且其料常有線形淚形滴形等病雖能鑄成無病大片亦難磨準或其料不厚亦不能散其光厚則又阻其光所以白分瓶法作大鏡而割去其無用之玻璃料如第一百十四圖甲寅己乙戊丁甲爲大鏡之形割去其白處以此作鏡則所得之面如甲寅與乙己與丙卯與巳辰並丁戊左邊之面最難磨光而玻璃之病難得割去者多餘留者少所以

第一百十四圖

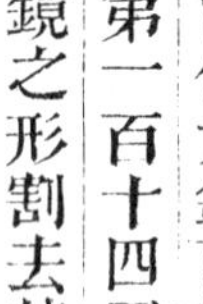

設法用圈形塊湊成全鏡如第一百十五圖其圈可分數段爲之如中鏡甲乙丙丁配前圖之丁戊又有中圈庚戌丑申配前圖之丙丁戊己此圈分作四段其外圈卯巳寅酉配前圖之甲丙己乙爲八段合成此種鏡能作極大令每圈之光距相合則能幾乎全改正其凸差

第一百十五圖

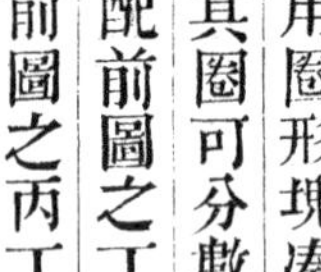

後有法國人造鏡其圈之鑲處爲多邊形因平面相連比圓面相連甚省工又試驗二面俱凸之鏡不及一面凸之鏡因亦省工又火石玻璃多層紋故改用鉀養玻璃雖其

色綫尙是小病此種鏡俱名圈形鏡初造之大鏡其光距爲三十六寸二三平心之鏡徑十一寸用多圈鑲合每圈寬二寸又四分之三至一寸又四分之一近心者闊近邊者狹但無論何圈之闊狹不甚關要惟以厚數爲要因如

第一百十六圖

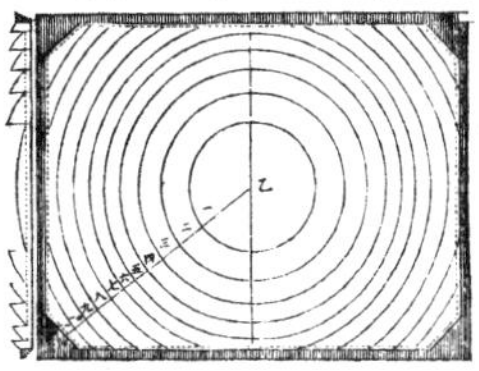

有一圈忽加厚則其伸出之邊收多光初造此種時用銅條作搘樺連之後有法國工人不必用相連之法只用金類匡在外收束之如第一百十六圖此鏡重一百餘磅其各節之共面積一千三百平方寸雖各圈相切之面不過寬四分寸之一亦能連牢此鏡中心之火等於平常空心燈十六盞然在頗遠處看之能抵空心燈三千盞即用此鏡能增光力一百八十倍近日更能講究故增光力更大一座燈塔須備大鏡八具始能周圍照見間有用轉動之法又在燈塔試回光鏡與直光鏡而知回光者大不及直光其理詳別書

甫氏另設法用平面鏡在燈之上收其光而回照令其光照在塔邊周圍之水面又用別法收其餘光

照像所用之鏡數年內光學家考至極詳細從前所用之鏡祇能在其心之相近處得眞形離心愈遠其形不眞又

因其光變化之心與透光之心不合所以照像之料之變色各處不勻故拟新法以免各病即令所照之像各處比例合法而光變化藥料之力停勻

凡照像之鏡必須無色無暈即令光之各色停勻而折合其黃色之心與茄花色之心相合因所能見之形俱爲黃

第一百十七圖　第一百十八圖

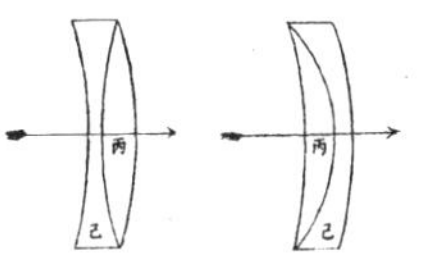

色之光所成而其變化藥料之光係綠色與茄花色中間各色之光如平常之鏡減光色有二法其一用鉛玻璃作雙凸鏡爲前半用鉀養玻璃之雙凹者爲後半如第一百十七圖其二用鉀養玻璃之一凹一凸者爲前半用鉛玻璃之一凹一凸者爲後半如第一百十八圖則其二種玻璃彼此相滅其色暈此二鏡之弧綫半徑與光距與視差俱相等但此尙有形像不眞之病所以另設法免之

第一百十九圖

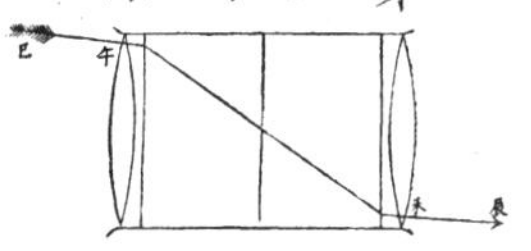

第一百十九圖爲兩層合鏡一平一凸而兩層以平面相對二鏡之中間有隔片而片之中心有小孔如有光線巳午行入此鏡而過隔片之孔則其出鏡之線辰未必與巳午平行所以過此鏡之光線亦必平行而其形不改但此鏡專爲照山水所用

尙不及以後照人像之鏡又有一法能免各病之大半如

第一百二十圖
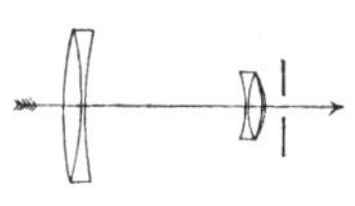

第一百二十圖前合鏡爲一凸一凹相合後合鏡祇在其邊相合而其內爲不等之雙凹向外者作深凹其前合鏡爲凸面令光線相聚後鏡爲凹面令光線散開後鏡之後有隔簾前後二鏡之相距略等於前鏡徑之半後鏡之徑略爲前鏡徑三分之二此鏡亦有病因直線不過鏡心者則其外端必彎而像之近邊大於中心

照山水常用前三圖之鏡而各鏡俱有利弊一百十九圖者在隔片能用小孔得清楚最爲合式若不能用小孔則一百二十圖者較好一百十七圖一百十八圖者較劣以上之山水鏡有三十度至四十五度之角但照人像之鏡

第一百二十一圖
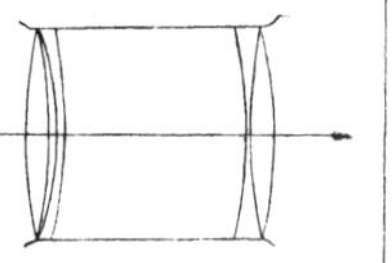

常不外二十度之角而必速照山水鏡則慢照無妨如第一百二十一圖爲配司定勒照像之鏡其前合鏡一凹一凸而二鏡相切後合鏡內有空處向內者爲鉛玻璃一凹一凸向外者爲鉀養玻璃之不等雙凸其平面向外二个合鏡之光距略相等而前者之光距稍長二个合鏡俱爲凸鏡而合光距從背鏡爲準係前鏡徑之三倍至四倍如進光過大則二鏡之中間可用隔簾

安隔簾之處須試而得之如與前鏡太近則影邊上之直線向內彎如與後鏡太近則影邊上之直線向外彎正在應當之處即不彎

近來設法用三个合鏡即在照人像鏡之中間加一小凹

第一百二十二圖
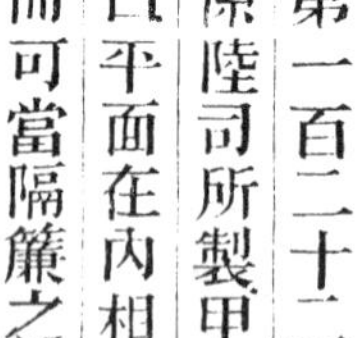

鏡如第一百二十二圖即此類之鏡之一種係陸司所製甲丙爲內外二鏡一平一凸平面在內相對乙爲中間小鏡因小而可當隔簾之用此小鏡能改正其內外之光線而不多改中心之光線故令所照之像略平匀再加隔簾丁令其像更平匀如第一百二十三圖爲二个半空毬甲乙合成用黃銅圈相連中間加以水如丙

第一百二十三圖
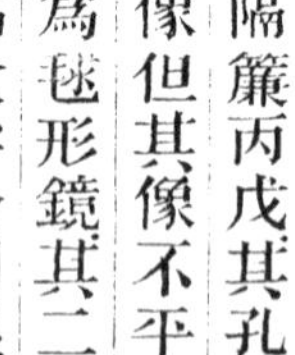

第一百二十四圖
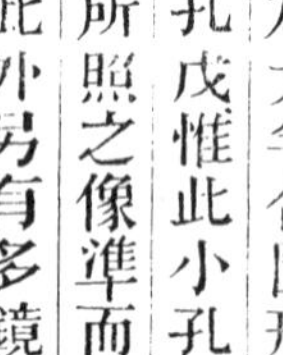

丙又有隔簾丙戊其孔作橢圓能照一百度角之像但其像不平匀又如第一百二十四圖爲毬形鏡其二个合鏡之位置令其外面爲大半合圈形中間有隔簾丙丁中有小孔戊惟此小孔須甚小否則難免毬形差所照之像準而平匀所照之角度能甚大此外另有多鏡俱有利弊兹不論

寒暑表

寒暑表爲格致家常用之器雖常謹愼未免損壞故須自

能修理或自能製造爲佳其工分爲七級如後

一選管○所用之管係玻璃廠內所造者常照造細管之法拉長十五尺至二十尺擇用其中間五六尺而餘者不用所以好者價貴再截作一尺半至二尺長而速即封密其二端此事若遲難免其內有空氣各變化之病如管內爲橢圓孔或扁孔則有數種益處然作最準之表以圓孔爲佳因易較準其試驗之法將管之一端沒入水銀吸進水銀略長一寸而細量之隨令行過管內每行少許又細量之如常不變其度即是孔徑相等若忽長忽短者則記此處而截去之但存其無病之處如長不過三寸亦可作短表作記之法用上蠟之線繫於止截斷之時須存其不準之處若干爲吹泡之用以此法試各管始知準者甚少惟平常之表雖稍不準亦不妨即如法㑹表一百度爲限者則可用準表定其各分度又格致家常用之表以準表定其分度而記其在何界限內爲準則亦可用吸水銀之時難免管內竄進溼氣幾乎無法去之只可將管加熱而泡不加熱後將泡加熱則泡內之氣漲而管內之氣驅出但此亦不能盡淨如有別種質入管祇可棄而不用如欲免管內吸水銀時之口氣可用厚象皮毬其口徑小於管而套在管端捏之放鬆其泡水銀自上

二吹泡○將管封密其一端再加熱令其料變厚照前法吹泡管內必須毫無溼氣竄進然用口吹雖爲極慎往往誤事宜用象皮泡連於其端而捏之始爲穩當又有妙法可封密其二端而將全管加熱又將一端入火則管內之空氣漲大再開通其上端待冷而封密之以同法加熱則其泡更大如此數次能得泡徑略二分爲度再吹火在其泡而令破裂用鐵桿張開其口隨鎔齊其邊又將薄管徑一分至一分半者鎔連之而其接處吹令脹大則在彼端

第一百二十五圖

能吹成泡不致有水氣進內其管之合形如第一百二十五圖即最便於裝水銀泡之大小可比較別表之式而定之如其泡應大至四五分者須照前法銲連四五寸長之管而其接處可稍吹之再將餘玻璃鎔去如其表爲最厚之管則其水銀泡之外徑與管體同以便插入軟木塞而不洩氣

三水銀加熱○此熱至沸以散出其空氣再用淡硝强水洗之淨水洗之以生紙收乾之如未照前法鎔連接管則用小漏斗或引長之管如第一百二十六圖

第一百二十六圖

將上端以紙包之而連於漏斗將其管與泡用酒燈加熱則其內空氣漲大而放出若干待冷之時水

銀吸入管內再加熱其泡俟水銀至沸度則空氣幾能放盡其泡不可離火太速恐水銀忽然歘進而撞破泡體又在泡與管之交界處常有小氣點待冷之後水銀吸滿即將表直立而泡外加熱水銀又漲而小氣點在管內上升俟小氣點下之水銀到管口即去其燈而察其小氣點回入管內否如回入者則加更大之熱而在管口用長鐵針掉之如用一百二十五圖之法則可沸其水銀而氣點易見乃為最佳如尚有微點而小至不能見亦屬無妨若大至能見則封密後必更漲大而為大病全表待冷之時將漏斗內之水銀傾出又從管內傾出一二滴便於試驗十

度之熱所需之長從此可定管上刻分度之法平常之寒暑表應到零下二十度至四十度如欲作水沸度或更多則難得零度以下多於十度所能得最大之熱度略為六百四十八度以上各事已定則在管上作識指出當時之空氣熱度而或添水銀或減水銀至水銀正到識處而止測驗大冷之表不用水銀而用醕管徑為半枚釐醕內須加虫紅料製此紅料將虫研成細粉添醕研成膏再添醕與硫强水少許掉和待其定質沈下即濾之而以醕淋之去其所雜之鉛粉因百分內常存二十五分如此數次至所洗得者色甚淡而止每虫一錢足成紅酒一磅如作紅水亦可同法為之惟虫紅酒常有紅料結成之病不如蘇木之佳管內裝酒與裝水銀同法或引長其管成小頸而置於六十分至七十分之醕內如第一百二十七圖

第一百二十七圖

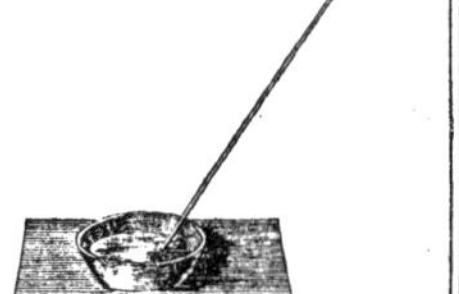

四封管○照前法定準水銀數之後即用吹火鎔去其接管將管端引長成細尖再加熱至其微孔恰滿水銀去其火而速鎔封水銀漸縮而上端眞空又將管端加熱鎔至停勻如鑲在平面分度尺上則彎其端如第一百二十八圖封後而水銀內有氣點可將表

第一百二十八圖

以三尺長之繩繫之而揮灑管若不過小則因水銀吸力而相連上端有氣少許亦屬無妨

表內若存空氣則無論其在上端能漲與否俱為大病表內為眞空能令其沸度稍大因提鬆泡內之水銀所以封密之後須待二三个月方可定其分度表內若雜空氣則受熱之時空氣變實而壓住水銀以致沸度稍小用酒之表亦不可雜空氣受熱之時亦能減小沸度因其霧之壓力能阻其沸惟其泡極薄者方能到沸度酒表之孔徑較大所以用繩揮灑之法易令酒合連

五定準二識○用雪或冰和水少許將表全安於內俟水

第一百二十九圖

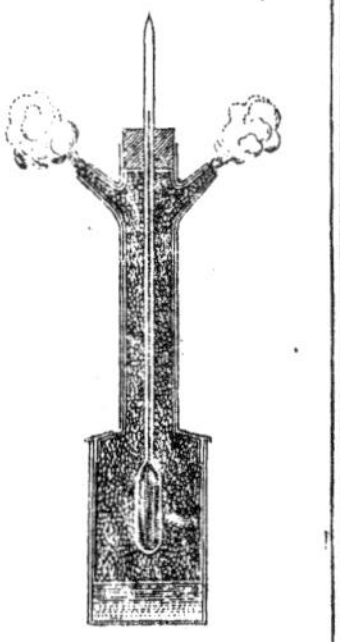

銀所到之處用蠟線縛定待水銀不升降即將線移準可用金剛石劃成細紋乘空氣略爲冰度時作此事更佳定沸度之法用銅器如第一百二十九圖其上端有二孔可放氣將表通過軟木而略鬆可移上下塞在器口泡須近於水面用煤氣燈或酒燈加熱前所用蠟線預移到管之頂上以便再移到水銀等高處待若干時而水銀不改變亦劃細紋如無此現成之銅器可用長頸之燒瓶代之水內必用鐵絲之螺絲形令水不滾散又在軟木

第一百三十圖

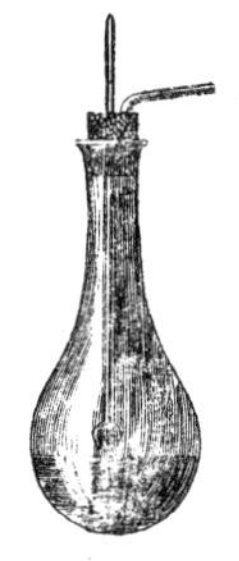

塞邊另通一管以放氣如第一百三十圖照此法所得之沸度乃當時之空氣壓力相配之數如略爲海面等高之處而空氣之壓力非過大過小則所作之二識能合於平常事之用若欲作極精細之事則以七百六十枚釐爲中數若空氣壓力小於七百六十之數則從一百度減去〇·三七八故以此七百六十之數而作冰度之識亦應依冰度時之數而改正之

六劃成度分〇平常之用可劃在紙上一邊作百度表二邊作法倫表或用機器爲之或用手工爲之將此紙捲成

表之管上令成凹形再通小管略大如筆桿再將表通此管內外加一套圈再令其管面上之沸度與冰度對準紙上之度在紙之上下加火漆少許加以小熱至火漆鎔粘其外管不可過大否則如所進之水少則所占之容積

第一百三十一圖

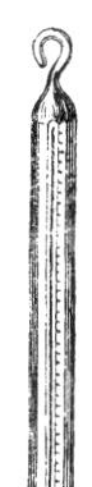

太大間有將表與外管合連如第一百三十一圖造此表之工極難雖有數事爲最便但不能甚準若不用紙而用木或象牙等必在頂上作一孔以受表端之鈎如一百二十八圖之式如爲象牙可用墨作分度如用銅則加熱而鬆黑火漆一層待冷而磨平再加舍來克或鍍銀洒表之度分與水銀表之度分在冰度以下略相合若冰度以上必照準表改正之否則每十度用水銀表改正之

七表之度分有刻在表管者如用金剛石劃之其管易斷故用輕弗爲之將度分先畫在紙上而照常法過於管面再用輕弗

六顏色玻璃假寶石玻璃

造此玻璃之手工與器具前已略言之常用之罐係極細之瓷泥所造其爐略與燒瓷器之爐同形間有用瓷泥作爐者恐用鐵等料必有鐵之小點落入料內成雜色其色料或和在鎔料內或先用白玻璃而後將有色之料在外

加一層各種器以各式各法爲之不能有公法包括所以此章只將數種器之造法略言之其餘可以類推

白玻璃外加色料○前論銅養之色料云此質之色最濃雖用少許能令玻璃不透明故可用白玻璃而外面加此色料一薄層先將鐵管粘取白玻璃而在鐵板上輥轉再粘取有色之玻璃而速吹成泡以常法成器

第一百三十二圖

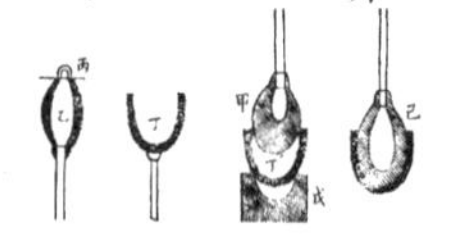

又可磨去有色之薄層而成花紋如鉛玻璃須另用法俗名套殼如第一百三十二圖先用管取玻璃料成毬形如圖之甲同時有副手用有色之料吹成小泡如乙打去其頭如丙放開酡式如丁似乎酒杯之形或似鷄蛋圓頭之一半置於銅架如戊此架置於地上其用處乃欲令其平穩如丁隨將白玻璃泡甲同入丁內而輕吹之則二玻璃面相切再入爐加熱而粘連甚牢如己其餘各工與平常造器同此法能套二三層不同色之料每套一層必入爐加熱然後磨成各花紋磨至何層能見何色

非尼斯國之條紋法○此法用各色玻璃料之條俗名籐條以常法拉成而分作等長置於圓柱形模之槽內如第一百三十三圖甲再以常法用白色鉛玻璃吹成泡如第一百三十四圖置於模內而連模加熱條卽與泡相粘從

第一百三十三圖

第一百三十四圖

第一百三十五圖

模中取出其形如第一百三十五圖再加熱引長而扭之則其條成螺紋而各條不同色甚爲美觀如先在鐵板上輥轉則各色之條相粘而其螺紋更好看或先沾得鉛玻璃而後扭之則各色之條在中間顯出其色或以同法作左右轉之各色螺紋又或將各色玻璃條立置如木桶之板加熱粘連亦可引之扭之成各色之花式又有法作花樣之毬將餘存各色玻璃之大小塊亂置於明玻璃毬內再將毬連於鐵管上而吸氣毬卽縮小而包住各塊毬形之書鎮亦以此法爲之但其中間之花樣爲眞形而其玻璃爲凸鏡之意故能放大其花樣

第一百三十六圖

又法用明玻璃作雙層之半毬形其內外二層之間加以各色玻璃條之小塊如第一百三十六圖加熱而與鐵管相連吸氣令縮再加熱粘合可任作何器但此種器常有明玻璃料與色玻璃料退火不等並其原料疏密不等故易自裂所以配料時與退火時必須極愼

又法將細玻璃條或玻璃線各色作等長者立置之成捆或方或扁各色之排列照所定之花樣加熱相粘連擠其

第一百三十七圖

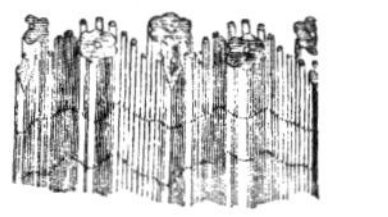

四面不夾空氣在內待冷而成花樣玻璃柱或板如第一百三十七圖若橫剖之則各節之花相同此各色玻璃條係易鎔之料另開厰造之先成玻璃餅用刀切成方板而引長成薄條用燈火加熱引長細條再折斷而合於所成之花樣遂在銅板面上鋪灰而將條依樣插在灰中加熱粘連之後二端磨平即顯花樣以此法造玻璃畫板厚數分而磨平所顯之花紋如嵌螺田之形如其板之面積極大須費數年之工西國博物館常存此種畫板

非尼斯所造起霜玻璃將罐中取出之料乘其極熱之時淬入水內而速取出加熱吹之但所加之熱不可大至粘連其裂紋此裂紋不過爲水所變冷之深而存在其面此器成功之形如第一百三十八圖此法前原秘而不傳數年前英人試得之此器之裂紋與中國之哥窯相似惟哥窯爲冷風所成

第一百三十八圖

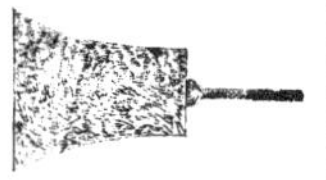

又法爲非尼斯人所用者似乎白線所作繡花之式此用乳白色玻璃條或別色玻璃照前法在器面相交排列或將各色玻璃條照前一百三十三圖之法裝在模之槽內後來扭之而引長成器如第一百三十九圖其玻璃條成螺紋凸線再以同法做玻璃器而反其內外則其螺紋與前做時亦相反即一塊在上一塊在下套連如第一百四十圖加熱粘合則左右之條相交其中必有空氣若干而此氣能成整形之泡再照常法做成則其線與泡最齊整而雅觀如第一百四十一圖

第一百三十九圖　第一百四十圖　第一百四十一圖

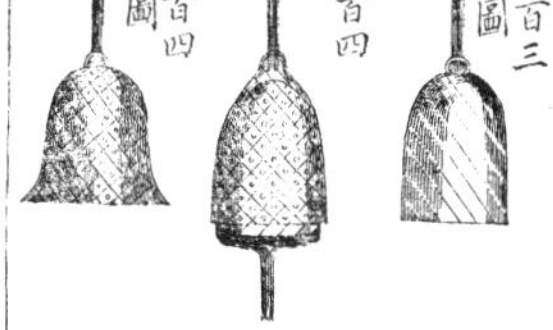

又有一種玻璃爲棕色而其薄者爲黃色質內有極細之黃色光點亦係非尼斯人所造初秘而不傳前人以爲用雲母石或金類之衣合在料內後有人用顯微鏡詳察始知其光點爲六面形顆粒即是銅顆粒法國人試造此種玻璃用舂碎之玻璃三百分銅衣四十分鐵衣八十分各料相和鎔之十二小時而漸冷所得之料與非尼斯者略同惟光色稍暗其內所見之銅顆粒與前言者相同

抽絲玻璃○鎔化之玻璃有易引長之性用搖車與繅絲者略同將玻璃條吹鎔而粘其端於車上速搖之連加熱而連轉能成細絲其絲之色即與料之色同然若不用深色之料則因其絲極細而難見其色前言作玻璃管無論引長幾何其孔仍存有人將寒暑表極微孔者照法引長成線其搖車之輪徑三尺以汽機轉動每一分時五百轉則一小時得線數千碼其絲之細無法可量有如極細之

蛛絲然仍存其孔試驗之法分作一寸半長而一端置於水銀內一端通入抽氣筩之罩內抽氣之時水銀吸入罩內成極微之粒以顯微鏡看其絲能見其內之水銀如用金剛石劃玻璃片成方條以前法引長成絲亦爲方形以鏡察之仍見其方而光色比圓絲更好此因其四角能折光如磨成角之鏡相同又有將各色玻璃條粘合成管形而引長所成之絲亦存其各色惟淡色者不甚顯明而黃色變白黑色變棕紫與綠稍改變而藍色幾不改以上各法所成之絲其質韌如蚕絲可搓成線以作婦女首飾之用撚之與髮相同數十年前西國用假髮繞成大捲即用黑色玻璃料代之最佳能比眞者更好用熱鐵熨之更耐久又用以織布其色甚佳另有一種絲雖打結亦不斷如牕戸之簾並椅上之坐褥等俱合宜近來考究此事所有女人衣服之裝餙並手工編結之物最爲適用因其色不不褪而遇濕不壞

近來英國設法將玻璃料和以寶砂作磨輪之用此將碎玻璃磨成粉而和以火石粉與寶砂壓成輪形安在厚紙上而入爐加熱足令其鎔成硬質擊之有聲此種輪最能耐用如與寶砂輪比較能磨薄寶砂輪此種玻璃輪比現在常用之寶砂輪價值便宜

變質玻璃○一千八百七十五年法人巴斯替得一法能造玻璃重擊不碎此玻璃之任力多於平常之玻璃三十倍至一百倍其理因玻璃之脆性係質點粘連不密之故所以初設法將鎔化之料在成器之模內加壓力後因此法無益而另用退火之法即將平常之玻璃器加熱至將鎔速淬入油內取出之時已變其質打之難碎但此法祗可用於平面之片與實心之器若空心之器則加熱至將鎔難免改形故又設法在廠內成器而不送至退火爐一逕淬入熱油內有鐵網受之待其等熱度而取出試驗此玻璃金剛石勉能劃而不能深然在車床上磨之間有自裂成小塊者造此種器有二大難其一平常之器各處厚薄不等故難得各處同熱度而淬油時不勻其二空心器如瓶等不能速放出其內之空氣而令內外二面同遇油此外尚有一事即其玻璃極易自裂如其器整者比平常玻璃更硬若挖去少許則全質自裂爲小塊有人稱此爲韌玻璃而不知更脆於別種其質點雖勉能任牽力而實與滴水之玻璃泡同理如以顯微鏡細看此玻璃則變硬之外皮與原料交界處能見有線形爲無數細泡與細層故試磨之則磨去其硬皮而全體自裂初設此法之時命敦大家盡買此種器後則不久而無人肯買又此法造片

遇金剛石而全裂。又化學各器遇大熱而失去其性，復為原性。曾將此種玻璃杯盛水而加熱至沸，即自破裂，下半有水之處裂成細塊，上半裂成大片，碎口之鋒與平常之玻璃同，此即易復性之據。另有西門仔設法，在模內加壓力後又速加冷，所成之器比淬油之法甚佳，又牢而耐用。

玻璃面成花〇此已多年有之。古時埃及人能在玻璃面作各色花紋，行洗禮之後禮拜堂，其牕片作各種人像，表明聖書內之事跡，較諸牆上作畫更美觀。以後歐洲各禮拜堂俱作各種畫之玻璃牕，間有大名聲者，現在德國最考究此法，而法國、意大里國、澳國、英國亦俱仿造。

用平常厚片，在面上加以有色之易鎔玻璃料。此色必為金類質，而遇火不變者。配此料之法，用現成玻璃料與金類合養之色料，研成極細之粉，或和水，或和松香油，或熟胡麻油，擣勻成墨形，用筆畫在玻璃面，即將玻璃片加熱，恰令其色料鎔化，而不致原玻璃片鎔化，以原片與色料相粘為度。所用之色以能鎔之熱度為要事，所以鉛玻璃不合作此用，因其鎔度較小，必須平常之鉀養或鈉養者，方合用，最好為蒲喜米阿之硬玻璃。

凡色料遇鉛養與鉍養而不改變者，則其玻璃料可用石英粉一百分，鉛養一百二十五分，鉍養五十分。若鉛養與鉍養有礙於其色料，而能改其色者，則宜用石英粉一百分，鎔過之硼砂七十五分，鉀養淡養五十二分五，鈣養炭養之不雜鐵者十二分五。

將以上各料和以各色之料，即前論備料內所言者，依比例而和勻，置於罐內鎔成玻璃料，再磨成極細之粉，和以油等質，在玻璃片下襯以花樣，即依樣描摹色料。各種器具亦可用此法。

玻璃面加色料之難處，因描摹時之色非燒成後之色，如紙或絹面作畫，其色常不改變，若在玻璃面作畫，其工雖與紙絹相同，更須知其燒後所存之色，因所用之料，或為黑色，或為泥土色，甚不好看，與燒成者迥不同。如所作之花樣多有重復之處，可刻木板，用熟胡麻油合於色料，而印在玻璃面，或用金類片之鏤空花紋，以色料刷在上，畫成之片置於燒殼或平底爐內燒之，以足鎔其色料為度。此玻璃片必須透明而無色者，否則色料不顯明，又必難鎔者，否則色料尚未鎔而原片先鎔，以致色料散漫。如平常之鉀養玻璃片含鹼質不過多者，方為合用。

乳色玻璃在模內成片，作燈之用，或欲略暗之房作牕片之用。其模內之陰陽高低俱與畫線之深淺有比例，即片之薄紋為畫中之亮處，厚者為暗。因此而所成之畫光暗

分明然日間之燈面祇見其凹凸紋

七 熱水內能消化之玻璃

此料爲鉀養與矽養或鈉養與矽養或此二物相合而成間有加鈣養或鉛養者但此玻璃料尚未多用所以未有特設之器與爐而聊用平常之爐與器造之用法或將物件浸在其水或將水刷在木或石等面與油漆同

消化玻璃求其原質之數

玻璃原含矽養鉀養鈉養鈣養錳養鉛養鐵養鋁養等質故欲分別此質宜將玻璃五格研成極細之粉以指撚之滑膩和以淨鈉養炭養十五格在鉑鍋內稱準即蓋其鍋

而用雙進風之酒燈加熱俟其料鎔化燈上可用鐵皮筒吸風即能增其風力而令火焰全圍住其鍋其料必鎔化二十分時而待冷如鉑鍋薄者可用指在外揑鬆而脫出其料仍如鍋形即置於瓷杯內而添水若干又添極淡之硝強水則其鹼質發滾而消化急用漏斗蓋之此因有許多小泡而鹼質隨之飛散若不用蓋必有耗靡發滾已停再添以硝強水有餘加小熱蒸乾再在乾質上傾以含硝強水之熱水待少頃而消化以水冲淡而其金類合養之質消化所存之不消化者係矽養即濾出而洗淨煅之稱之將濾得之水通以輕硫氣則所有之鉛變爲鉛硫而結

成其餘各質不結成加熱沸之運通輕硫不息則其餘鉛全合硫而結成將鉛硫濾出而洗之用鉑鍋燒之以硝強水灑在面上添以硫強水少許令其變爲鉛養硫養再加熱至紅則鉛養之重數能從鉛養硫養得之再將淡輕硫傾入其水內令其鋁養與鐵硫與錳硫結成將此結成質在輕綠內消化則其水祇含鈣養與鎂養與鹼屬鹽類即沸之而散出其多餘之淡輕硫再以輕綠消化其所存之質再添淡輕養又添淡輕養草酸令其鈣養變爲鈣養草酸而結成因其水內含淡輕養鹽類則鎂養仍消化在內須將其水熬濃添以鈉養炭養有餘而蒸乾之則其淡輕

養鹽類化分而散出其淡輕養有淡輕養炭養之形再以水消化則其鎂養變爲不消化之炭養鹽類

以上化分玻璃能將各種原質逐一考得惟鹼屬不在內

第一百四十二圖

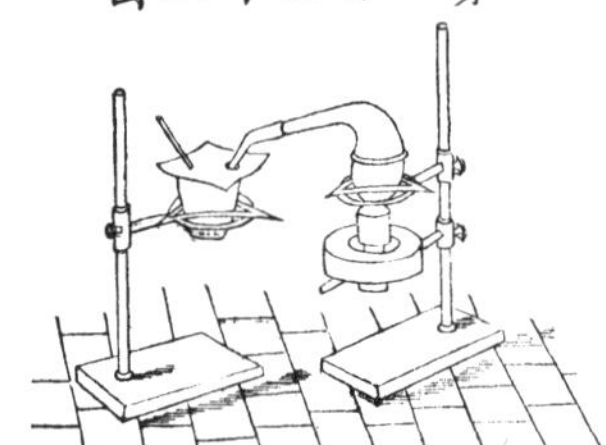

此種質必用特設之法爲之即將玻璃在輕弗內消化但輕弗難久存須臨用時製成者佳如第一百四十二圖之鉑甑爲兩節相合內盛極細之鈣弗礦而添以硫養另將玻璃研成極細之粉五分置鉑鍋內添水若干而以鉑片蓋密此

鉑片有二孔如圖式大孔接甑頸小孔插一鉑絲其端打扁成壑形便掉鍋內之料將甑加小熱則放出之輕弗氣消融於鍋內之水而玻璃遂被消化放出許多矽弗氣用鉑絲掉攪至玻璃粉全消化再加小熱而散出其酸質與水添以硫强水令其輕弗全散出並令其合養質全變爲硫養鹽類待其硫養之大半爲熱所散去而添水消化則其矽養與鉛養硫養不消化濾取其水而添以淡輕養炭養有餘卽有鋁養結成又有鈣養與鐵養與鎂養結成並有錳養少許結成再添淡輕硫少許則其錳質全結成此後濾得之水祇含鹼屬鹽類與淡輕養鹽類並鎂養少許熬乾之而將餘質加大熱至紅則其鹼屬本質之數可從硫養鹽類內得之鎂養暫且不問俟化分之工將畢時而求之鉀養宜用鉑綠分得之鈉養可從所得之較數而推算之其鉀綠鉑綠結成後所餘之水內可考其鈉養之數遂添以淡輕硫令鉑結成再將其水添以鈉養炭養而濾之此水可分出其鎂養炭養或可添以淡輕養燐養令其鎂結成但有捷法可從鹼屬分開其鎂養而得其本質之綠氣鹽類卽將含鎂養與各鹼質之水用瓷鍋熬濃而後在鉑鍋熬乾從瓷鍋換至鉑鍋之時須用水洗而以極少爲妙和以紅色淨汞養少許而將鍋用酒燈加極大之白

熱以汞全化散爲度切不可誤吸放出之霧其鎂養全爲不能消化之鎂養輕養之形可濾出之如此卽與鹼質分開再將其鹼屬和稱之而用鉑綠求其鉀養數從其較數得其鈉養數若用鈉養燐養合於淡輕養則能令其鎂養結成比用淡輕養燐養更好

又有簡法亦分爲二級其一求其鹼屬質其二求其土屬質並金類與矽養可將玻璃若干加熱至暗紅而速淬入冷水內卽裂成小粒隨研成細粉又用瑪瑙或鋼鉢研成極細之粉研時不可加水恐消化去其鹼屬質稱準其粉一百釐和以鈣弗礦極細之粉二百釐將此合料盛於鉑或鉛之器添以濃硫强水五百釐以銀鍪掉和須愼其料散失加熱二百十二度熬至將畢時須熱至三百度待其發氣已盡可添以水四五兩而掉和濾之再以水淋之將淋洗之水與原水相和而此水內含鉀養硫養或鈉養硫養或兼此二質並鈣養硫養又或含鎂養與鋁養須添以淡輕養炭養而將其土屬鹽類以濾法分開之取其明水熬乾而將餘質加熱至紅一二分時爲限則所存之質爲玻璃一百釐所含之鉀養或鈉養或二質俱與硫養化合稱準此質而用鋇綠求其硫養數再推算其鉀養與鈉養之比例或將其合鹽類以水少許消化添以果酸有餘蓋

窰而置於冷處待數小時則鉀養變爲鉀養二果酸而與鈉養分開從此可推算鈉養之數其第二級之工將玻璃一百釐和以淨鉀養二百釐在銀鍋內鎔之必加熱至紅而全鎔卽離火待其減熱若干時將鍋連料置於水半升內沸之則其料與鍋相離添以淡養有餘而熬乾則其矽養不消化添以水而濾出其矽養乾之稱之再添輕硫鉛亦分出再添淡輕養鉛養亦分出再添淡輕養炭養鈣養亦分出爲鈣養炭養

以上二工可並爲之以省時又有法用鋇養炭養化分玻璃但因必加大熱而致散去鹼屬得數不準且其工夫亦

不及前法之簡便

瓷面釉質 此係玻璃之類故附於此

粗細各瓷器在窰內燒成之後外面粗毛又兼滲漏備儲定質尚屬無妨若盛流質之器須在內面或內外二面加釉一層此釉爲玻璃類之料在爐中鎔化或燒成粉待冷而研爲極細之粉以水掉和而將瓷器搵在其內收得水內之粉一層再入窰燒之則其粉鎔成玻璃料卽是釉質凡作各色與各花樣必在搵水之先爲之搵水後而花紋遮沒不見入爐燒之卽顯明但各種粗細瓷器間有數種不作此工者又各種釉質間有數種不透明者茲故先論

釉質之性情與製法

現在有數處不甚講究工藝令瓷器不漏水之法最奇如秘魯等國乘瓷器甚熱之時用牛羊油擦之則其油稍變爲炭而塞住微孔器面帶黑色又如希臘與羅馬之古花瓶體制雖極佳而面上亦有含炭之黑色略似油漆又如西班牙與以大里亞儲酒之罈外面塗以蠟此實古法至今尚有人用之

釉質分爲三種其一以鉛爲底子鎔化所需之熱度比燒瓷之熱度甚小粗瓷卽用此種明釉其二以錫爲底子不能透明極細之瓷用之其三以土類爲底子其鎔度等於

窰中燒器之熱度硬瓷並數種粗瓷用之

各種釉質之意欲令瓷器不滲漏又令其面光明又保護面上各色花紋釉質與瓷質之愛力不可過大恐致燒時收入瓷質內而面上不光惟其粘力必須稍大所有遇熱遇冷之漲縮二質必須相同否則忽熱忽冷而坼裂或卽脫下釉質之裂乃極大之病因其裂縫有微管吸力所遇之流質卽能吸入如有油者不能用水洗淨又通至釉之背而令其脫落凡含鉛養之釉質則有二大病其一上釉之人受其鉛毒其二用器之時如盛醋酸並植物內所含別種酸質卽消化釉內之鉛亦能受其毒

製釉所用之料有多種可分為四大類其一鎔度必須大者宜用非勒特斯巴耳之類或火山所得之燼其二用非金類之料如食鹽或鉀養或硼養或鋇養硫養其三用土質與金類質相合者或鎔成玻璃料者如矽養與鉛養或矽養合鉛或合錫其四用金類合養之質或合硫之質如鉛養或鉛養或錳養或銅養等以上第三第四類必先煅之否則與瓷質之矽養化合但此二種玻璃平常為軟質如遇酸質或油質易以消化

又分為三種其一透明者其二不透明者其三有色者俱依瓷器之質而配之如其瓷為淨白色而停勻則用透明釉質令其更美觀若瓷質之色不佳則用不透明之釉質或將其生胚在未進窰之時搵在白色泥之漿內加其生胚為紅色者則內面加白色泥漿外面加任何佳色之泥漿入窰燒之再加明釉即能美觀前言透明之釉乃真玻璃料可用錫養令其不透明或用鈣養燐養所用色料有錳養或銅養或鐵養或此各種質並鈷與鎘合養之質加入透明或半明或暗之料內

造瓷器之廠內每日加釉之器甚多故必用簡便之法省工將其釉質研至極細而和以水再添以醋用醋之意能令其粉久不沉即將燒過之器逐一搵在水內瓷質速收其水而釉質留在外面如合法搵入而取出則器在水內之時適足而釉質遍體停勻設有欠缺可用筆補滿但有數處不可加釉如器之足或蓋之邊或有塞之處工人之手切不可沾油恐手執之處釉質不上間有在數處故沾以油令其釉質不上可將蠟與定質油鎔和用毛筆畫在瓷面又如有數處其釉質應比別處少者則搵在釉質水之後可刷去其質少許

有數種粗瓷器但燒一次因欲省費則未燒之時不能吸釉質之水又有一種瓷西名軟瓷燒過後不吸水故不能搵在釉質水內則將其質和水成濃漿用小口之器灑在器面其器轉動不息釉質即勻英國有一種粗瓷係黃棕色在侖敦燒造加釉之法刷器若小者將濃釉水少許盛於內盪勻而傾出其餘水又有一種瓷用高嶺泥和以煅過之火石細粉俗名石瓷加釉之法甚奇因本處之俗尚欲其瓶或筒等器之上半有略深之棕色其餘為原料之淡色用紅土合以泥之漿加於器面待乾而進爐器中用泥塊擦砂隔之令其不相粘加熱十二小時至二十小時依其器之厚薄而其器必熱至暗紅再增其熱至火焰與器同色為度連數小時如此從窰蓋上之孔撒以食鹽則器面上成極薄之釉可不滲漏而能耐强水現在化學家

俱用此種料之器代綠色玻璃如甑與三口瓶之用又儲酸質之器如醋內浸菜等事並欲格外堅固之器俱用此料爲之又有一種粗器係黃色泥或紅色泥或藍色泥所造燒後而另法加釉此將海草灰與胡里知地方之砂相和而煅至變成玻璃料再將鉛與錫相和而煅至成灰白色之粉俗名錫鉛灰將其玻璃料研極細與此灰相和如欲加藍色須另添灑弗耳即鈷礦合砂燒成之顏料如欲成白色則加鈾養此各料須極乾而相和置於窰內極熱之處鎔成不透明之玻璃料此料用碾輪研細即和以水而在磨石之間成漿將燒過之器揾此漿內

近來造瓷器之廠內用硼砂或硫養代鉛養其硼砂爲白色令其釉質硬至刀不能劃工人亦不受鉛毒英國各廠每年用硼砂甚多又硬瓷所用之釉係天生之礦西名貝格馬台得不必與別質相和能爲上等之釉質若只有非勒特司巴耳須加石英若干但此種料不及天生之礦又必加瓷料若干硬瓷器只有本瓷料而外面加軟釉質德國將石英和於鈣養而另加瓷泥若干此釉質光亮而略帶灰色稍不透明軟瓷之釉與前釉大不同係玻璃類之料先在倒焰爐鎔之研細而和以鉛養或土類質其性俱藉硼砂或鉛養等質加以不甚大之熱而能成無色之玻

璃但獨用此質亦太軟而易裂故必加火石或非勒特司巴耳或鈣養炭養等質凡軟瓷器必燒二次即第一次在窰內加大熱後加釉質而用稍小之熱硬瓷器祗燒一次熱度必極大

第一圖

第二圖

瓷器加釉之後裝於火泥筒內而入爐與裝窰相同但其器彼此不可相切恐致釉料鎔時彼此粘連故在火泥筒內用數種托器與架如第一圖謂之鷄距或裝敵或三角架等此各件之上須有尖平面各器裝在火泥筒內如第二圖各筒在爐中加熱俱與窰中相

同惟熱度較小恰合釉質鎔化粘合爲度又將表面形之瓷片或瓷圈加以釉質而另置於爐中以便隨時取出看其釉質鎔否

瓷器欲作各色花紋常在未加釉時畫於燒過之器面如欲作平常之藍花則用鈷養合火石粉與銀養硫養鎔和成玻璃研作細粉再和以火石粉與玻璃粉研和則其釉色不能散漫此粉必和以油質成膏所用之油爲熟胡麻油並松香變成之黑油並琥珀油臨用之時將膏若干置於熱鐵板上鎔至合用其花紋刻在銅皮成陰文以作印板此板亦加熱用皮醮色料搨在板面即用薄刀刮去其

餘料用布或棉紗等揩淨其板面將白生紙醮得肥皂水乘濕時鋪在板面遂過軋軸之內揭取其紙割去紙邊又依花樣剪開即將此紙鋪在瓷器之面以有色料者向器面用佛藍絨作椎形之器壓平先輕後重隨將其器在水內輕刷去其紙即置於爐中散盡其水氣至全乾間有數處用牛皮膠之薄片鋪在銅板印油料則一次所收之油料足印二三次之用以此沾油之膠片鋪在瓷面而用乾色料散在油上粘連其膠片用濕海絨揩去所存之油質待其略乾而入爐燒之則其油化散而色料收入瓷質內即與所加之釉質相合

以上爲瓷器加釉之大略但各種粗細配釉之料與加釉之法俱有分別而大小不等故必逐一言之方能合用各種粗細瓷器其性情藉用何種泥泥中加以何料提淨泥用何法爐中何熱度其分別之法在其色與質紋與斷紋並其質之硬軟與其質之鬆密或透光之難易或化分所得之原質或擊之所發之聲西人將各種瓷器照以上之各性分爲五大類加釉與色之工亦照此五大類而爲之茲先依法分類

第一類其質停勻堅密而爲極細之顆粒形刀不能入能透明擊之最響色淨白而勻此類又分四種其一軟瓷其質易鎔其二英國瓷以骨灰爲配料其釉含鉛與硼砂其三法國瓷質似玻璃而不含泥其釉爲鉛所製其質硬其四眞瓷質極難鎔配料用極難鎔之玻璃即鋁養矽養合鉀養矽養釉質略爲同性之質而常含鈣養

第二類其質密刀不能入擊之發響其質爲極細之粒而勻顯出初鎔之性難透明或但在薄處透明其色白或有色西名濕瓷此又分二種其一爲平常石瓷其質紅灰色或藍色平常不加釉或內面加釉或內外俱加釉其釉爲食鹽所變成其二爲鐵石瓷其質如含配料略爲白色其釉爲鉛養或加色料而外面不加釉

第三類其質含土質而中有多孔易以漏水其質略硬不透明擊之不甚響西名土瓷又分爲二種其一爲細土瓷色白質硬擊之能響其釉爲明玻璃質軟而含鉛養其二爲荷蘭土瓷又名得甫得器即荷蘭國多造此器之地名其質爲細粒而勻其色淡黃至深黃不等其釉質軟而白色或別種色不透明

第四類其質含土質而甚鬆不透明而軟停勻而有色又分二種其一粗瓷或加釉或不加釉其釉含鉛或不含鉛易鎔而透明其二彩色瓷質含土質鬆而漏水不透明軟而不勻其釉以金類爲之不透明

第五類其質不勻或多少不定不白而帶數種色軟而鬆質點相離擊之不響不透明又分為二種其一為磚瓦屋獸各件間有加釉者加以大熱能鎔其二為火泥罐或磚等件其質不鎔或極難鎔不加釉

第一類瓷器之釉

瓷器常用之釉其料有十餘種可隨各處之便而配合之先鎔成玻璃再研為細粉

第一種軟瓷〇此瓷含鉛之釉用哥尼舒石一百分又名中國石煅過之火石六十分鈣養炭養二十五分高嶺泥十分鈉養十分硼砂六十分鉛養炭養三十分各料和勻而鎔化研粉每百分加鉛養炭養二十分火石粉十分相和又方哥尼舒石三十四分白石粉十七分火石粉十五分硼砂三十四分共鎔而研粉每百分加哥尼舒石粉十分鉛養炭養二十一分間有不用鉛養炭養而用硼砂代之又用哥尼舒石二十五分鈉養六分硼砂三分硝一分此質共鎔成玻璃研粉每二十六分配哥尼舒石二十六分鉛養炭養三十一分火石粉七分鈣養炭養七分錫養三分如另加鈷養少許則其色更白又方用非勒特斯巴耳三十八分白砂二十四分鈣養炭養十一分硼砂二十七分同鎔研粉每二十分加哥尼舒石二十分鉛養炭養

二十分又方哥尼舒石五十二分火石粉三十八分高嶺泥三十分鈣養炭養四十五分硼砂九十分同鎔研粉每三百二十分加哥尼舒石五十分火石粉五十分鉛養炭養六十分又方哥尼舒石六十分非勒特斯巴耳六十分火石粉七十五分鈣養炭養四十分硼砂一百分同鎔研粉每二百五十分加哥尼舒石六十五分鉛養炭養六十五分以上各方內之哥尼舒石係花綱石類之一種

第二種英國軟瓷〇平常軟瓷與此略同故不贅論其窰或爐加熱之歷時略以十七小時為限平常尺寸者略用煤六頓此種瓷所用含鉛與硼砂之釉可以加色或加金銀等綫英國法與別國之大別因英國先燒之瓷器歷時久而熱度大加釉後則歷時少而熱度小別國反是此所謂軟瓷非其泥質之軟乃能在窰中受大熱而不鎔其釉亦同性英國之軟瓷專在英國所用而不能在英國做眞瓷其故因燒瓷器之外筒不能得便宜之料而耐火者故不能加極大之熱雖不加大熱而每燒一窰百筒倘壞十筒

第三種法國軟瓷〇此種瓷含泥極少所以不應稱為瓷料但不能鎔透故不透明其釉為明玻璃類用鉛養三十八分煅過之細白砂二十七分煅過之火石十一分鉀養

炭養$_2$十五分鈉養炭養$_2$九分此釉最光亮而質軟易以分別此種軟瓷與眞瓷造時與燒時難免誤事因其質易鎔而改形第一次燒六十五小時至一百小時加釉後再燒三十小時燒釉之時必用鐵絲挂在爐內以免坼裂細察此種器必有小孔在其底即是挂處

第四種硬瓷又名中國瓷○此爲極細而極好者其料硬而透明所用之釉質係非勒特斯巴耳間有和以石膏少許即其釉質與其瓷質內所配高嶺泥之質略爲同性故釉在瓷面能粘合最緊如此得一大益即能耐忽冷忽熱而釉與瓷同縮同漲不致坼裂又因不含錫與鉛等質故極硬而刀不能入

法國昔弗而地方所用之釉質係天生之石名貝格馬台得即非勒特斯巴耳合於石英如化分其數小塊所得各質之數各有不同然大造之工內一次所用甚多即能相和停勻化學家五人化分此釉質得其各數如後

	白替逸	陸侖得	馬拉古替	馬里那克	晒維大脫
矽養$_3$	七十三分	七十四分	七十三分四	七十四分六	七十四分三
鋁$_2$養$_3$	一十六分二	一十八分六	一十五分七	二十六分	一十八分三
鉀養	八分四	六分六	七分四	八分一	六分五
鈣養	○○	○分四	一分九	一分二	○分四
鎂養	○○	○分三	○分三	○○	○分二
含水之耗	○分六	○○	一分三	○○	○分三
化分之耗	一分八	○分一	○○	○分一	○○

以上化分所得各數之中數內得式爲二(鋁$_2$養$_3$三矽養$_3$)上鉀養三矽養$_3$又有德國柏林與銀分白軋與密生所用之釉質係高嶺泥合石膏與碎瓷研成之粉其質大概爲鋁$_2$養$_3$合鈣養而另含鉀養少許但瓷器之美觀全藉釉質之易鎔化因不易鎔即在器面成斑疤而不能光平然鎔化過易則其瓷質火候未足而釉質被瓷吸入遂致面上粗毛釉質之料須研成極細之粉而和以水此水存於大桶內如其器雖已乾透手尚難執必燒一次方宜搵水器面所受釉質之厚薄藉數事即瓷質之鬆密厚薄乾濕並釉漿之濃淡並器入水時之長短平常不過二十秒至四十秒此事愈能速則其釉質愈能勻先入水之處必爲先出水之處手執之痕必用刷補滿所有遇

第三圖

外殼之處須去其釉以免鎔時粘連如第三圖爲瓷器入水之式工人甲右手執器入水翻過而左手遞與工人乙隨入第二桶拄起令釉質流下又有工人丙去其底下之釉質從桶內取出之後即置於桶旁之斜板庚令其餘水流盡又有篩分開釉質水面之氣泡或異質又有杓掉和釉質令其常勻乙爲盛醋之瓶每少頃必添醋若干於釉水內丙爲杯盛釉水與筆凡有不勻之處即補之若不加醋則釉水之定質速沈下如六十八度熱之釉水歷四小時二十分而沈下一百四十度熱之水三小時而沈下水內若有醋七分之三則能六小時而沈又每水二十二分有樹膠八分可八小時而沈

細瓷面之原質因成玻璃之料故最便加以各色之料加色之工與加玻璃相似惟其色必藉回光顯出而不藉通過之光故其色料俱爲有色之玻璃質此玻璃質爲鎔化料與色料合成若不能耐火之料則不能用凡透明之料與不透明之料俱可用於細瓷面如透明者而欲其不透明可加以錫如欲令其色鮮豔則加鋅養因鋅養不改其料之原色玻璃與釉質內所合用之色料分爲二種其一受大熱不變之色即能與釉質一并燒之而不改其二燒殼內可用之色如受大熱則化散而改變此種色必在釉

第四圖

燒好之後而再加若用燒殼熖之如第四圖此種色料之鎔度必甚小於釉質之鎔度否則散漫在釉面凡用此種色料能在釉外面凸出而摸之可覺極易消磨如另設爐而內用燒殼俱爲空費惟色料與釉質一同燒之即無另費常用能耐大熱之色料如鈷得藍色錳得綠色鐵養或錳養或鐵養二鉻養得棕色鍇養得黃色鈾養得黑色此各料之色甚濃只可用少許又不令其釉鎔化又不吸入瓷質內或一逕加在瓷面或加在釉質之外必和以鹼質合矽養爲助鎔之料如燒殼內所用之料和以數種助鎔之料或矽或石英或硝或硼砂或砷養或非勒特斯巴耳或鉀養納養或鉛養或鉛養等瓷面加金亦必用燒殼其料爲棕色之金料與鉍養並濃松香油和勻以毛筆畫成則其鉍養合於瓷面之釉質成配料而金即粘連用瑪瑙砑之則得光色德國密生地方用金在松香油內全消化但不及前法之牢黑色之鉑絨亦以同法爲之

易鎔之色料與金料在燒殼內熖之必依一定之熱度故必設法用表此事可看紫色之金粉漸變色分爲六級此

係燒殼內當知之要事
瓷面加紫色之金料在燒殼內加熱所有改變之色如後
暗棕紅色即等於有色之面加金
法倫表一千一百四十八度
磚紅色幾變爲玫瑰色其邊之薄處淡紅即配第二次加色者
法倫表一千四百七十四度
玫瑰色幾變紫色配易鎔之色料
法倫表一千六百五十二度
玫瑰色變茄花色配釉面加金
法倫表一千六百八十八度

玫瑰色變深茄花色配杯盆之口加金
法倫表一千七百四十二度
茄花色變稍淡配難鎔之料
法倫表一千七百四十二度
玫瑰色不見而茄花色變最淡配暗色金料
法倫表一千八百三十二度
凡加色之瓷器常在第一次燒殼內不能成功所以再加色料一二次而再在燒殼內煏之昔弗耳地方用銀條試其漲長之數而知其熱度但此銀條熱至二千二百八十二度尚不足記其殼內之熱度此廠有巧法改正色料之

病用筆沾得輕弗水而畫在各有病之處隨又洗之即歸白色而稍蝕進再加色料即合式

第二類瓷器之釉

第一種○此瓷之泥含易鎔之料甚少大半爲不能鎔之質其色各不同有白有灰白有綠有茄花有玫瑰有藍有黑加熱至二百十二度祗放出所含之水一分又一分即其百分之十八分至六分一二與其質化合須熱至紅方能散出泥質到此熱度則燒壞而失韌性所含之鉛養在酸質內消化比生泥時更甚其泥燒過即變白色若含鐵養則變紅色其餘各色因所含之生物質而燒去不見

英國所造極細之石瓷有數種俱能與磨光之寶石同色其色藉所加之色料而其質可爲最佳之陳設或人物之像又在器之外面作凸起之花紋又用模並車工等法作最佳之花瓶又作數層色料而碾去一二層又作花紋之磚面上用數種色料與釉質
凡極細之石瓷不加釉間或在燒時將裝器泥筒之內面刷料一層則加熱之時而此料化散即被瓷面所收茲將其常用之料七方列後

乾料

第一方鉛養炭養六分花綱石三分食鹽三分

第二方火石粉十分骨灰五分硝三分食鹽五分
第三方鉛養炭養四分花綱石一分鹽二分火石粉一分
第四方釉質四分鹽一分鉀養半分
第五方煅成之骨灰三分鹽一分
第六方骨灰五分鹽三分
第七方火石粉十分骨灰五分鹽五分硝三分

溼料

鈣養漿以二十四兩為限用六升釉質即二十四兩者四升鹽二磅硝一磅

前料在熱水內消化而灑於燒筒之內面則其鹼質與鉛

養遇熱而為瓷面所吸能成釉質一薄層此器之燒法與土瓷之器相同間有同在一窰燒之而此石瓷置於最熱之處細石瓷與平常者之分別大略在含矽養之數其細者每百分含矽養七十五分平常者六十二分至六十六分泥含矽養多加釉能佳

平常石瓷之器其質甚密有玻璃類之性故不必加釉亦不滲漏有簡法令其面光滑如天生之釉質或細瓷之餘料研成細粉而篩在溼器之面成一薄層燒時能鎔成釉又有人將鎔鍊鐵礦之渣滓研細用之此質含錳養鐵養等甚多故能易鎔又可盛平常之食物與酸質而不能消化此釉凡粗石瓷常盛各食物之用或多畜牛之人以盛牛乳而成乳皮英國造此器甚多而價甚廉故其泥不加淘漂之工而但用機器磨細燒時之縮頗多若二面加釉難免坼裂所以但加一面而在外面用食鹽成釉之法此略為一千六百八十年所考得或云英國造瓷器之處偶有農家用瓷鍋消化食鹽欲得極濃之鹹水以為醃肉之用暫時出門則鹽水發滾而噴散鍋外遇大熱而鍋面變成釉質適有相近處之小瓷廠聞知其事即將粗瓷試之在窰頂上作孔視瓷器將燒成時用鹽撒入遂遇紅熱而鎔成氣質瀰漫窰中甚濃遇瓷面之矽養而化合成釉質

惟須有水氣在窰中方成此事蓋火焰之內常有水氣變成此釉之理因鈉綠放其綠而鈉與水氣之養氣化合成鈉養隨與矽養化合其輕氣與綠氣化合成輕綠而散出其式為鈉綠⊥輕養‖鈉養⊥輕綠故其釉質為含鈉之玻璃料而成極薄之層如泥百分含矽養少於五十分即無此變化而不能成釉又如窰中撒鹽之時另加樺木等樹皮能發濃煙而變其釉為棕色化學家多用此種器令變棕色之法搵在含鐵養之水內間有此種料之瓶大至能容一百至三百斗者

第二種鐵石瓷○此種瓷欲加各色者不必加釉若造白

色者則加鉛養之釉各工照前第一類內之各法

第三類瓷器之釉

此類之瓷有多種其折斷之處有土質之形全不透明面上有易鎔之軟釉質內含鉛與硼砂但雖各種有此性而其變化甚多各處所造者不同常能與眞瓷或石瓷分別即不加助鎔之配料而其鎔度不足令其原器鎔化又有細土瓷與粗土瓷之分別因備料費工其質淨而白色

第一種細土瓷○此料爲泥合石英粗土瓷爲泥與含鈣養之土故其細者硬而密又難鎔粗者軟而脆細者常加明釉質粗者用暗釉質此粗細二種俱不合於燒煮之用因見熱而易破或其釉坼裂器面所加之色料有多種令其體或白或藍或綠或灰等又有將生器浸在各色水內令其內外面有色此種瓷器之釉質以哥尼舒石爲最要平常瓷器廠概不自製釉質而有專造之廠近有人在穌格蘭得一種磨石極易磨細火石粉其質幾全爲矽養故比從前者硬而耐用又因不含異質故磨成之火石粉淨而無異質之害石磨用久而薄可煆之而磨細當爲火石粉之用

此種器加釉後燒之其窰與燒第一次者相似而更小試驗其熱度照前法用泥片加釉看其變色

細土瓷器之釉係多種料所成大略爲非勒特斯巴耳與哥泥舒石與火石與硼砂與鈉養與硼養與鉛玻璃與鉛養與鉛養與鉛養硼養與高嶺泥與鈣養炭養與鈷養藍色料等各料之數依瓷質之性或器之用處或作何色或爲白或作花紋或加色料惟釉常爲白色又常含鉛養與鉛養與鈉養所用之鉛養與含鉛之別質令其釉質有軟性又鈷養雖用極少平常略爲一千分之一令釉質有微藍色又能消去瓷質之黃色凡上等釉質之最要者無色而透明能耐磨擦遇熱而漲與瓷質略同其各種料大半鎔和而研細篩之提淨之則能去其所含之鐵而成釉質加和以硼養或硼砂或鈉養而鎔之則爲透明之綠色加和以生硼砂則其色不淨而爲污棕色含鉛之料不常添入鎔化之料而在磨細時添入或添入其色料內所用之料以水配合成稀漿加於器面與前眞瓷者同茲將數種釉質配料之方列後

生釉質

平常乳皮色釉質○哥尼舒石一百五十分火石三十五分硼砂四分鉛養炭養三百分

陸更韓釉質○第一方鉛養四十二分哥尼舒石六分火石四分半高嶺泥四分半錳質六分各質磨成細粉○第

二方鉛養炭養$_2$六十分哥尼舒石六分火石八分紅色含鈣養之土質六分錳十分各質成細粉○第三方鉛$_3$養$_4$一百分籐色含鈣養之土二分哥尼舒石十五分火石粉二十分錳十五分各質成細粉

黃色或番紅花色釉質○畫花之黃色料十磅鉛養炭養$_2$二十磅磨成極細之粉再加前方乳皮色釉質水四十升每升含釉質二磅二兩

嫩綠色釉質○綠色之鉻養$_3$二磅火石粉釉質四磅和磨爲色料再將印色之釉質水九十六升每升含乾質二十八兩各質和勻

淡綠色釉質○第一方鉛養炭養$_2$三磅煆過之銅料三磅火石玻璃粉一磅火石二磅相和磨細再將以上之料八升印花之釉質水二十四升乳皮色釉質水十八升土瓷之水三升各質相和○第二方煆過之銅質十磅煆過之鈷養一磅和磨爲色料再加鉛養炭養$_2$二十三磅火石粉十五磅藍色之泥三磅磨成細粉以上二種粉相和而另加印花色之釉水七十二升乳皮色釉水七十二升○第三方煆過之銅質水六升磨成細粉每升含此質二十九兩乳皮色釉水四十升每升含料三十九兩印花之釉質水二十升每升含此質二十九兩

黑色釉質○第一方鉛養炭養$_2$五十分哥尼舒石二十分火石十分高嶺泥七分錳養十分磨和其瓷質照彩色之黑料預備○第二方鉛$_3$養$_4$二十五分哥尼舒石十分火石粉五分紅色含鈣養之土質細粉五分錳養$_2$二分各質磨勻如前方○第三方乳皮色釉質水四十升每升含此質二磅四兩鈷養藍料六磅和勻其瓷面先上深紅色或彩色之質

藍色釉質○前第三方如加在白色瓷面則成最佳之藍色釉如欲淡者少用色料

先鎔之釉質

乳皮色釉質

	一方	二方	三方	四方
哥尼舒石	一百八十分	二百分	○○	五十分
火石粉	六十分	五十分	五十分	八十分
火石玻璃粉	五十分	七十五分	五十分	○○
鉛養炭養$_2$	六百分	三百五十分	二百分	三百六十分
易鎔之料	○○	○○	一百分	○○
高嶺泥	○○	○○	○○	四十五分
漂淨白石粉	○○	○○	○○	四十五分

所言先鎔者將哥尼舒石之料二十分鈉養料一分又四

分之一在爐中煅之

畫花紋之釉質

	一方	二方	三方	四方	五方	六方	七方	八方	九方
哥尼舒石	一百分	一百八十分	八十分	九十分	四十分	五十分	一百二十分	一百分	一百二十分
非勒特斯巴耳	○	○	○	○	四十分	○	○	○	○
火石粉	六十分	一百分	七十分	五分	○	三十五分	七十分	二十分	八十分
黑納地方之白砂	○	○	○	○	三十分	○	○	○	○
漂過白石粉	二十五分	○	○	○	○	四十分	三十分	三十分	八十分
白石粉	○	○	二十五分	○	十五分	○	○	○	○
粗硼砂	○	一百二十分	○	○	○	○	○	○	○
硼砂	七十分	○	七十五分	六十五分	六十分	一百分	七十五分	六十分	一百二十分
高嶺泥	十分	十分	○	二十五分	○	三十分	十分	○	三十分
鉛養炭養二	六十分	○	○	○	○	○	○	○	○
鉛三養四	○	○	○	○	○	○	三十分	○	○
鈉養	○	○	○	二十五分	○	○	十分	十五分	二十分

以上各質在窰內鎔化磨粉再加各粉如後

	一方	二方	三方	四方	五方	六方	七方	八方	九方
東方之粉	五百分	三百分	三百分	一百八十分	三百分	二百四十分	五百分	三百分	三百分
哥尼舒石	六十分	○	一百分	一百五十分	一百六十分	三十五分	七十五分	一百分	一百八十分
鉛養炭養二	六十分	一百分	一百分	二百分	一百六十分	四十五分	六十分	○	一百二十分

	一方	二方	三方	四方	五方	六方	七方	八方	九方
漂淨白石粉	○	八十分	○	八十分	○	○	○	○	○
火石粉	○	○	○	八十分	○	三十五分	○	○	七十分

另有兩方

	一方	二方
哥尼舒石	一百分	一百分
火石粉	七十五分	○
漂淨白石粉	五十分	三十五分
鈣養硫養二	一百五十分	一百分
鈉養	二十五分	○
高嶺泥	二十五分	十五分
鉛養炭養二	二十五分	三十分

以上各料鎔化而磨成細粉另加各料粉如後

	一方	二方
東方之粉	三百分	二百五十分
哥尼舒石	一百五十分	三十五分
鉛養炭養二	一百分	六十分
火石粉	五十分	三十分

又方製此種釉質○非勒特斯巴耳三十分火石粉二十分漂淨白石粉二十分硫養三三十五分鈉養三十五分高嶺泥十五分以上各質在窰鎔化再加各料用本方之料六十分鉛養

炭養一百二十分漂淨白石粉四十分火石粉六十分非勒特斯巴耳一百五十分

第五圖

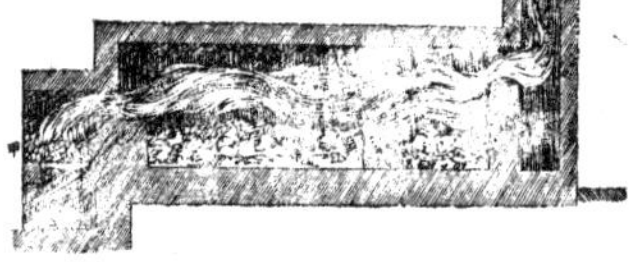

以上各種釉質和勻之時每六百磅加鈷養藍色料略三兩配準其色其多少必依瓷質之色凡藍色或古銅色或銀灰色等瓷俱可揾在以上之釉質水內間有將數種釉質相合者燒鎔以上釉質所用之爐如第五圖圖內甲爲火膛其火焰行過壩乙至爐體呷則倒射於鎔質上如已已火

卽行過壩丙而入煙通其料鎔後卽開戊孔放出而淬入冷水進料亦在此孔

瓷器照前法揾入釉水卽裝於火泥桶其桶之內面亦加釉否則瓷面之釉遇熱化散而爲桶所收瓷面卽毛其餘各裝法亦與前相同

以上各釉燒之歷時略十六小時平常之窰燒煤五頓至七頓驗其熱度用小毬加釉質每若干時取看一毬此毬以紅泥爲之每一窰之器格外得法者則存之以爲後次比較之用

印花之工○此種瓷器比眞瓷稍粗故不必格外講究其花樣然亦常用筆畫或紙印並上金類之色料印花之工分爲二級其一用合式之色料印在薄紙之上其二從紙過於器面所用之色料與胡麻油並松香油並煤黑油並琥珀油等質相和用料之數必依數事而定之卽配與油之質與瓷之質與窰中之熱度等玆將平常所用之色料能配準各色之方列後

黃色○鉛與錫灰四分銻一分各質相和在窰內煅之待冷而再入窰煅一次

橘皮色○銻三磅鉛養三磅鉛與錫灰半磅煅過之黃土三兩照前法煅之

細棕色○鐵養鉻養一分鉛養鉻養四分分之三煅過之棕色土（西名細哥那）二分鋅養三分各質相和煅一次

平常棕色○錳養四磅綠色鉻養一磅又四分磅之一哥尼舒石四磅煅透之

嫩綠色○火石玻璃四磅白石粉二磅半綠色鉻養一磅半加熱與燒瓷之窰內同熱度待冷舂碎以沸水洗淨得明水爲止而再煅之

又嫩綠色○綠色鉻養三磅前黃色料三磅高嶺泥煅至燒瓷之熱度者二磅細砂二磅各質相和煅之

深綠色○綠色鉻養十分鈷養二分配料卽硼砂與火石

粉等分者十五分，各質在燒瓷爐內煆之。（又可爲釉內面之色料）

淡玫瑰紅色○錫養二磅四分磅之一，漂淨白石粉一磅，

綠色鉻養半兩，哥尼舒石六兩。

葡萄色○前方紅料十五磅，煆過之鈷養一磅，細砂一磅半，各質之比例依所需之深淺。

黑色○鉻養六磅，煆過之錳養礦九磅，煆過之鈷養七磅，金色密陀僧十磅，在燒釉之爐內煆之。

又黑色○煆過之鐵養、鉻養十二分，煆過之鈷養料一分，各質相和煆之。

暈開藍色○黑色鈷養煆過者十二磅，火石玻璃四磅，鋅

養二磅，在燒釉之爐內煆之，此爲濃色之方。如欲稍淡者，則每火石玻璃一分，必加火石粉一分。

平常印花藍色○藍色鈷養料煆過者一磅，哥尼舒石一磅半，磨細相和。又可用二料等分者，或欲作淡色，可用鈷養藍料一分，哥尼舒石五分。但各廠之藍色料，其比例不同。

近來設法令藍色暈開，欲其色有韻致之意，原爲偶誤事而得之。將一窯之器照廉價出售，不久而此種色者反貴，遂考其誤在何故，而後照此爲之。其法在火泥桶內存若干色料，加大熱時，散爲氣質而渲染器面。茲將常用之料

四種列後。

一　生石灰五分，鹽二分，硝四分分之三，硼砂四分分之三，各料相和，撒於火泥桶之底角內。

二　漂淨白石粉四分，鹽二分又四分分之一，用法照前。

三　硝四分，鹽一分，骨灰一分又四分分之三，白礬一分又四分分之一，用法照前。

四　生石灰二十五分，淡輕綠二分半，鉛養五分，用法照前。

此四方之外另有各廠特設之方，最佳之色爲淡紅色，係酸性之鉻養、錫養合於鈣養、錫養，現在多用此料畫花，原來秘密不傳，後有化學家化分而得之法，國孟的曾地方

用此料大合法化分所得之各質爲錫養七十八分三一，鈣養十四分九一，矽養三分九六，鉛養○分九五，水○分六一，鉻養○分五二，鉀養○分二六，鉀養並耗靡○分四八，共得一百分。從此得數，設一方如後。

錫養一百分，白石粉三十四分，鉻養一分至一分又四分之一，鉀養鉻養三分至四分，矽養五分，鉛養一分。以上各種色料所用之油料，將存久之胡麻油十六升，菜油二升相和，再加鉛養二兩，硫粉一兩，將此合料盛於鐵鍋，挂在木炭火上，加熱至沸，所有浮出之滓，燃火燒去，又用鐵圓板與佛蘭絨作蓋，與鍋口極密，待浮滓燒盡而速即蓋密，

再漸添鉛養二兩待有浮滓而再燒再蓋俟油質熟至有粘性以指試之能起絲即加栢更弟地方之栢油二磅再加煤黑油醋二升並馬斯的克樹膠一兩以上三質先在鍋內加熱鎔和後將前油料離火令不發滾而將此質添入掉攪略十五分時用馬棕篩濾之而待冷有數廠用別種方配油其性與前言者相同

各花樣之色料平常或畫或印在土瓷器之面然後加釉而燒之故其色料內不必配助鎔之料

花紋印在瓷面之法先刻在銅板成陰文刀痕必略粗而相離以免糊塗之病欲令色加濃之處刀痕宜深印法略與前硬瓷同板須稍加熱而搨以色料用刀刮去餘料以布揩淨其面照常法印紙

紙必細軟勻薄而牢以軟肥皂飽足之水濕之凡多造此瓷器之廠另有廠特造此紙造最好之紙者稟報專造一張紙能印大小同式之畫以便大小各器之用在銅板印時以省地方爲要剪開而貼在器面用佛蘭絨之捲先輕壓後重壓即將器浸在水內頃刻取出揩去其紙若欲印得之花文的準則紙面與瓷面必平正然器有正平之處甚少所以鋪紙在器面難免縐紋又一副器之每一種必另刻銅板常有刻板之費須金錢八十員至一百五十員者

近日英人麥更西設法能大省刻板之費即將一副器之畫取尺寸之中等者作主用脫紙料畫在紙上或刻在銅板或畫在石板用薄樹膠板當紙印出將此膠板安在特設之架上以各器所需之大小長短而扯至合式之數即過在石板或鋅板如用鋅板則可用强水等蝕成花紋所費刻板之工不過刻一塊

瓷面印花之後不可隨即上釉因色料之油不能沾釉水須先加熱令其油化散所用之爐爲方形有蓋爲弓形其大如平常之屋裝滿印花之器而封密地面之下有門可開而移進小風爐屋之四角有管上通出屋頂下通至地面即能引爐中之火向四角屋頂之中心亦有小管伸出屋外而下不至地四角之各管有門在屋外有桿連之中管蓋密四角之管開通四角之管蓋密中管開通初時將中管之門先蓋密而以鉛條加重令不開則爐火先在近地散開而漸上升至屋頂能令鉛條鎔化中管之門自開四角之門蓋密火乃漸熄油去盡後始加釉水

印花有在釉外面者則所用之馬斯的克膠須多於前方若用燒殼之法必在釉面加一層底子方可加色料此底子用松香消化之酒另加馬斯的克膠少許消化在其內

間有另加松香與鉛養醋酸者
手工作畫惟在最好之細土瓷器爲之而畫工須自幼習練所有花卉樹木山水人物各有專門而不兼作預備各種色料作此細工必慎爐內之熱度因其料變色藉熱度之大小
英國與法國手工作畫之各色料此料在上等硬瓷以至土瓷俱可公用

配料

一公用配料○鉛$_{三}$養$_{四}$三分硼砂二分火石粉一分鎔成玻璃而再磨粉
二軟鉛配料○鉛$_{三}$養$_{四}$三分火石粉一分製法同前
三白色配料○玻璃粉十二分硼砂十四分火石粉九分鉛$_{三}$養$_{四}$六分製法同前
四黃色配料○鉛$_{三}$養$_{四}$四分火石玻璃一分又四分之一火石粉一分製法同前
五瓷色配料○玻璃粉十六分硼砂十分鉛$_{三}$養$_{四}$九分火石粉四分製法同前
六軟硼砂配料○硼砂四分火石玻璃三分哥尼舒石半分製法同前

色料

一乳白色料○火石玻璃十六分鉮養$_{五}$一分半硝一分鉛$_{三}$養$_{四}$四分又四分之一各質相和盛於火泥罐在燒釉爐內鎔之
二又乳白色料○錫養$_{二}$一分非勒特司巴耳一分又四分之一在燒瓷窰內煆之又煆過之料每一分又四分之一加以公用配料第一方者二分後在燒釉爐內鎔之
三黃色料○前言釉內面之色料一分公用配料第一方者二分半
四橘皮色料○前釉內面橘皮色料一分公用配料第一方者二分半
五紅色料○青礬先煆去其成顆粒之水令成淡紅色洗之而去盡硫强水此須慎煆至其色爲棕紅而不可過淡過深將此料一分半和以公用配料二分半
六棕色料○青礬在燒釉爐內加熱照前法洗之每一分和以公用配料三分
七深棕色料○赭色土西名暗巴一分細阿那土四分分之一紅色鐵$_{二}$養$_{三}$一分鋅養一分又四分分之一以上四質在燒釉爐內煆之而洗淨每一分加公用配料二分
八又深棕色料○赭色土一分煆過細阿那土一分又四分分之一鐵$_{二}$養$_{三}$一分鋅養一分又四分分之一在燒釉爐內煆之每一分加公用配料三分磨細粉

九法國黃棕色料〇錫養二磅又四分磅之一鋅養二磅鐵養一磅又四分磅之三各質在窰內煆之每一磅加公用配料二磅半

十又黃棕色料〇錫養三分鋅養二分鐵養二分半在燒釉爐內煆之每一分加以公用配料三分

十一銅綠底子料〇火石玻璃粉十二分鉛養二十七分硼砂九分火石粉六分銅養二分在窰內鎔之

十二黑色料〇煆過之赭色土一分煆過之藍色鈷料一分火石玻璃一分又四分分之一鉛養一分又四分分之一硼砂四分分之三火石粉四分分之三以上各質相和在窰內煆之每四分加公用配料三分

十三又黑色料〇黑色鈷養二分半土耳其赭色土一分又四分分之三軟硼砂配料二分又四分分之一

十四又黑色料〇黑色銅養一分鈷養一分錳養一分白色配料十分各質相和而在燒釉爐內煆之每四分加白色配料一分半

十五乳色料〇火石玻璃二十分鉛養五分硝一分半鉀養一分半在燒釉爐內煆之間有另加錫養者

十六深綠色料〇釉內面之色料即藍綠色者十分白色釉質即前方之料一分又四分分之三

十七嫩綠色料〇前釉內面之嫩綠色料十分黃色釉質十五分白色釉質一分半共鎔之

十八紅棕色料〇鐵養四分公用配料十二分小熱煆之

十九深藍色料〇火石玻璃四分鉛養一分半木炭生鹼十六分分之一納綠十六分分之一鈷養炭養半分白色釉料半分在燒釉爐內煆之

二十又藍色料〇鈷養炭養二分鋅養二分硼砂配料四分在燒釉爐內煆之以上每二分加硼砂配料一分而鎔之

二十一佳色黃紅料〇鉛養三分鉛養鉻養一分黃色配料二分相和鎔之

二十二鉻養綠色料〇綠色鉻養三分鈷養炭養一分非勒特司巴耳二分大熱煆之而洗淨每一分加軟硼砂配料四分若再加黃色釉質若干則能得各種綠色

法國釉類色料

配料

一陸開勒料〇鉛養七十五分砂二十五分加熱鎔之

二灰色料〇鉛養六十六分砂二十二分煆過硼砂十二分

三藍紅色料〇鉛養十二分砂三十三分煆過硼砂五十五分製法如前

四紫色料○鉛養三十六分砂十四分硼養五十分製法如前。

五茄花色○鉛養六十八分砂五分硼養二十七分製法如前。

六綠色料○鉛養七十三分砂九分硼養十八分製法如前。

色料

一深灰色料○鈷養炭養六分鋅養十三分黃色鐵養十三分加第二方配料六十八分小熱鎔之。

二黃灰色料○鈷養炭養六分鐵養三分鋅養三分第二方配料八十八分鎔之成所需之色而止。

三黑灰色料○鈷養炭養十分鈷養五分第二方配料八十五分鎔之。

四棕紅色料○鈷養炭養六分鐵養八分第二方配料七十六分鎔之。

五鈦黑色料○鈦養二十五分第二方配料七十五分

六深靛藍色料○鈦養十四分鋅養炭養二十六分第二方配料六十分鎔之。

七天青色料○鈦養七分鋅養炭養十四分第二方配料七十九分同前。

八藍綠色料○鉻養五十分鉻養炭養二十五分鋅養炭養二十五分煆之。前料每二十五分加三方或六方配料七十五分磨細。

明黃色料○鉀養銻養十二分鋅養炭養六分鐵養二分第二方配料八十分小熱鎔之。

正黃色料○鉛合錫煆成粉八分煆過之鈉養炭養三分鉀養銻養三分第一方配料八十六分相和鎔之。

鉻底子橘皮色料○鉛養鉻養二十五分鉛養七十五分相和鎔之。

鈾底子橘皮色料○鈾養二十五分第一方配料七十五分相和鎔之。

紅色料○鐵養卽皂礬煆至所需之色二十五分第二方配料七十五分和鎔。

墨魚之黑棕色料○鐵養十二分鋅養十二分鈷養炭養三分第二方配料七十分和鎔。

黃棕色料○鐵養十二分鋅養十二分墨魚棕色之料三分第二方配料七十二分和鎔。

以上各方之外可另配深淡或將二方相和。

金所成之玫瑰色與紫色等料俱用金在合强水內消化。再將錫用合强水消化。二水相和則金結成沉下。將此料

和以銀絲少許加第三方配料成藍紅色或加第四方成
紫色所加之數必依熱度之比例方成美觀之色
金底子紫色料之製法必極慎輕綠之重率一・一三淡養五
之重率一・四一每輕綠三分配淡養五一分合强水每十分
配純金一分消化錫用輕綠二十分淡養五十分淨水二十
分配純錫十分此錫必漸漸添入每添少許須待消盡而
再添以飽足為度如合法者其水為明淨之淡黃色
另有各方不能備錄而祇錄其用金料之法將淨水四升
盛於瓷器而以金水添入其內則其水為極淡之麥稭色
將錫水漸漸添入用玻璃條掉之不息俟其結成質為光

紫色而金沈下即用虹吸取出其水再以淨水洗之數次
以不含酸質為度即濾之而乘濕時用之
玫瑰花色料〇用前所得之紫粉合金一錢和以銀十五
釐配料十六分其配料用火石玻璃四分硼砂二分鉛三養四
二分火石粉一分
配紫色之方用前金水十錢錫水二十錢所成之粉加銀
十釐再加第四方配料六兩

粗土瓷釉

此種瓷亦燒二次第一次燒十五小時至十六小時再上
釉而燒十四小時至十五小時其釉質用石英砂與鈉養
與食鹽與煆過之錫與鉛所成之粉加錫與鉛相和則易
與養氣化合所成之錫養當為鉛養之配料製法將鉛四
分錫一分在特設之爐內加熱而通風即成黃色之粉煆
之而所含未化合之金類能與養氣化合此料與各質化
合照後四方
第一方鉛錫粉一百分砂一百分食鹽十五分鉛三養四五分
凡不明光之釉質所用之砂每一百五十分應加鈉養一
百分而先鎔之
第二方鉛錫粉三十二分鈉養九分食鹽五分哥尼舒石二
十五分相和鎔之再加鉛養炭養二五十分

第三方煆過之砂一百分鈉養五十分鉛錫粉二十五分
和鎔再加鉛養炭養二一百分
第四方細土瓷釉質二十升錫養四十兩鉛養炭養二六十
兩
以上各方內其粉合錫愈多則其釉質愈硬將其料磨勻
和水照前法加在瓷面
又有一種粗瓷西名馬查里克其質軟而含鈣養之泥燒
之而外加不透明之釉係砂鉛錫所成在釉外再加色料
而燒之或花瓶或花盆架或水箱或房屋之花磚等其法
先燒一次而加釉有畫花者有作凸花樣者在燒殼內用

大熱燒之令其色料與花紋與釉質鎔粘極牢色亦最佳而能顯明玆將其釉料與色料常用之方列後

一鉛七十七分錫二十三分相和煆之此料四十四分砂四十四分鉛養二分食鹽八分鈉養八分

二鉛八十二分錫十八分相和煆之此料四十七分砂四十七分鹽三分鈉養三分

三鉛七十七分錫二十三分相和煆之此料四十五分砂四十五分鉛養二分鹽五分鈉養三分

四鉛八十二分錫十八分煆之此質四十五分砂四十五分鹽七分鈉養三分

以上各料必鎔和間有成黑色之質但磨粉而加於瓷面即成白色之釉質

所用之色料有五種亦係常用之方如後

黃色○用以上任何方不透明之白色釉質九十一分銻養九分

藍色○前釉質九十五分鈷養煆成之質五分

綠色○前釉質九十五分銅養五分

黃綠色○前釉質九十四分銅養四分那布力黃料二分

茄花色○前釉質九十六分錳養四分

那布力黃料○銻粉三磅鉛養二磅鋅養一磅相和煆之

磨細在罐內蓋密鎔之研極細粉以水漂淨

其餘各色爲以上改變而得之或加別料近日製此種器之釉質用非勒特司巴耳與錫養與硼砂爲之此釉質並其色料一并加在燒過之瓷面則能省工而仍得美觀

貧家所用廉價之土瓷可用隨地之泥等料爲之式樣與燒工俱粗開此種廠者亦不知考究其窰不甚合法往往誤事所用之釉質常以鉛爲底子最易鎔化其釉常透明而顯出瓷質之粗釉質加色或否不定所畫之花極粗間有數處能考究者用棕色泥加以花樣外加黃色薄釉質釉質用鉛養或鉛硫礦燒時成鉛養與鉛之鹽類質與瓷質內之矽養或鉛養化合此將含鉛之料磨細而和以泥或砂如欲用色料則加銅養得綠色加錳養得棕色或黑色加煞弗耳得藍色加紅色銻礦得黃色加鐵養得紅色加釉之法亦粗即將造成而未乾之器撒釉質粉於其上因搵在釉水內多費料而價貴釉質之鉛養與矽養之比例不定平常窰中燒時必令其鉛養與矽養化合飽足曾將加釉燒好之器十二件各在濃醋內浸之若干時火候多者醋內毫無鉛迹合法燒硬者亦然平常燒者間有鉛之微迹燒工不及者鉛迹甚多所以鉛底子釉質之器內盛酸質初次消化未化合之鉛養亦甚少以後用之則無

可見鉛底子之釉質可與人之食物無害常有多人欲禁用鉛可爲不急之務

有數處用釉不含鉛即奥國京都用硼砂一百磅非勒特司巴耳五十磅泥五十磅又有伯乞里亞邦用鎔鐵等礦之滓爲釉質其質比玻璃更硬以鋼擊之發火星用法和水磨細粉將器外面沾得泥漿一薄層成棕紅色再將釉水傾上所需之熱度甚大

燒此瓷之窰係長而平之倒焰爐形能受大熱之器安在近於火爐處易鎔之釉質者在近煙通處其器一遇火焰間有用平常燒磚瓦之窰燒之有數種器不必用釉而故欲其漏水者則加炭質在體內燒去而更鬆

此種下等土瓷另有光色料數種加在釉外令好看茲將常用者數種略言之間有令其釉質得色但所加之色料極薄而其金類幾分與養氣化合故色亦佳其光色藉其層之薄如肥皂水泡同理即閃光之意

金光色者將金在合强水消化再添淡輕養令其質結成此質爲金爆藥切不可烘乾乘濕時和以松香油之酒加在釉外入燒殼內燒之後用麻布擦之則其光色顯明

又法將金西平二錢在合强水二十五錢消化添以錫水六十滴將其水漸添入硫黃膏此膏用硫花一分橄欖油四分在鍋內沸之至成濃膏得棕黃色再添以松香油酒一升連掉之至全停勻加於瓷釉之外鉑光色之料將鉑綠在淡輕養水內消化再加流質黑栢油蒸出之質此質之製法用黑栢油與硫等分在胡麻油內沸之濾之此合料鋪在釉外而在燒殼內燒之爐內之熱不可過大如鉑水太濃則添栢油質沖淡如太淡則熬濃之燒後如變黑色可用棉花擦之銀光色之料其色如銀然亦爲鉑所製將鉑在鹽强水硝强水等分消化至飽足並將此濃水傾入沸水內而再傾入淡輕綠水內以水洗透而乾之用平頭駱駝毛筆拭在釉外而燒之不可過紅熱後用軟麂皮擦光之

翠色之料含多鉛之玻璃加鈊養與銀綠加於釉面而入燒殼至紅將獸皮等投入燒殼內則所發之霧令釉面之質分出金類即成最佳之翠色或紅綠藍黃等

鐵光色之料將鐵或鋼在鹽强水消化而添以栢油蒸得之質

此種瓷面所用鉛底子之釉質用鉛養六十分非勒特司巴耳三十六分火石粉十五分或用別種乳皮色之釉亦可

釉質加於金類之面

釉質與玻璃難於分別大略比玻璃易鎔而色較暗用金類合養之質配各色而加在各種金類之面如發藍器與表面等或加於鐵器並銅器之面令不生銹與瓷器同古人常作此工今見古人之器不知其何法所成或係古人得妙法而秘不肯傳或有傳方而其料現在難覓或已改名而不知其原爲何物且現在試驗常用之料不淨所以不能二次相同化學家路以司云偶得最佳之釉質而以同法爲之雖多費料多費時亦不能再得之因知各方必用一定之淨質而其比例亦必一定又間有含銅之釉質初成之時爲淡綠色後加小熱而忽變光紅含金之釉質亦有此事

釉質有數事爲要即不甚大之熱能鎔必與金類能粘合甚牢其質或明或暗或有色合於各花樣之用成後必光明平滑又必堅密而能耐硬質之消磨又必能當空氣之各變化又必與瓷質同漲縮

前已詳言瓷器加釉質並釉外加色料之各法茲再專論金類器加釉之法

平常加釉之金類即金銀銅等其釉之鎔度必小於金類之鎔度然用之爲別類之底子必能耐大熱而不鎔

金類加釉比玻璃與瓷更難因有金類能與養化合者則其釉與金類必有變化蓋金類受大熱之時外面與養化合所成之質爲釉質所消化而令其色改變或釉質能令金類收養氣即其釉質之鉛養放養氣鉛即分出而變壞其色故可見金比銀銅易以加釉惟金雜銅者有數種難處若銀與銅則常有改變如無別種改變則與釉相切處之極薄一層必有改變釉若爲透明者其病更顯若不透明而但平滑病可不見間有將銅或銀先加不透明之釉質一層而後加明釉一層凡有加釉之金類器或全面加釉或依花紋加釉如全面者則其外界必作摺邊花紋者必刻成凹

凡金類所用之釉質必有底子係明光無色之玻璃料另將各色料添入茲將平常釉質底子五種即前言之配料列後

	一方	二方	三方	四方	五方
矽養	三分	三分	三分	十分	三分
鉛養	三分	四分	五分	十五分	六分
硝	二分半	二分	一分	四分	○○
硼砂	○○	一分	一分	一分	一分

如欲得不透明之釉另加錫養或鈣養燐養或銻養如用錫養則先與鉛養相和製法將鉛合錫鎔和而加熱至將

紅卽有合養氣之質浮在上面可隨時取出所取得之質必再加熱令其收養氣更全以水漂洗而掉之如有未收養之質可以此法分出而得其淨質錫與鉛之比例必依其事而配之如釉十分配錫養一分卽得不透明之白色其鉛之比例必依釉質之性茲列常用之五方如後

	鉛$_{3}$養$_{4}$	錫養$_{2}$
一方	三分半	一分
二方	五分	一分
三方	六分	一分
四方	六分	一分
五方	七分	一分

如不透明之釉質則將以上錫合鉛所成之料代鉛如前言之配料

	砂養$_{2}$	硝	硼砂
第一號合料 四分	三分	二分五	〇〇
第二號合料 五分	三分	二分	一分
第三號合料 六分	三分	一分	一分
第四號合料 十六分	十分	四分	一分
第五號合料 七分	三分	〇〇	一分

以上各釉宜於金器之用若銅與銀所用者鎔度宜小故每八分必加煆過之硼砂一分若更欲易鎔者可再加硼砂若干

以上各釉質無論明或暗俱可加以色料如後

藍色用明或暗之釉質十分鈷養一分至二分

綠色用明或暗之釉質六分鉻養$_{3}$一分至二分

又綠色用明或暗之釉質三十分銅養一分至二分

茄花色用明或暗之釉質三十分錳養一分至二分

黃色用明或暗之釉質六分銀綠一分至二分

紫色用明或暗之釉質十二分卡西由司卽金紫料一分至二分

黑色明釉質十五分銅養鈷養錳養各一分至三分

凡金類面所加此種釉質卽細工須將其質在瑪瑙鉢和水研細而存在水內蓋密其金類器必在鉀養水內久沸而以淨水洗之如金雜銅者應在極濃之水沸之此水內含硝四十分白礬二十五分食鹽三十五分此濃水能消化其面上之銅而與釉相切之處全爲金加釉之金器與銀銅等器大半爲陳設之物價値略貴故其工料必細巧各種器加釉之法各有不同之處茲將尋常之器詳細言之其餘各器可以類推凡金類加釉之物莫如表面故將此物細言之

有釉之表面分爲二種一爲硬釉一爲軟釉硬者爲非尼斯國所製軟者爲英國之玻璃釉質最合式之金類係細金並細銅此細銅爲常用者謂之加釉之銅其質必極薄否則加熱之時釉必坼裂將銅皮剪成方塊而加熱至紅待冷而作圓形加釉者備用之手器共十三件其一爲作

第六圖

孔之器其剖面形如第六圖用黃銅之圓板厚二十分寸之一其邊作斜形似乎圓錐切成之片中心作孔與所造表面之孔略相同此種圓板謂之模子須備四十个爲一副其徑從四分寸之一起至二寸又四分寸之一止其二如第七圖係圓捶以鋼絲爲之徑

第七圖

第八圖

第九圖

第十圖

十六分寸之三長一寸半上端有柄可捶通其銅在模心之處其三如第八圖係研器連於堅固之柄與造鐘所用之器同可研銅面之邊並研平心孔其四爲凹形模如第九圖令銅片得所需之凹以黃楊等硬木爲之其中心有孔比最大之表面孔稍大其五爲大剪可剪銅成合式之形其六爲小錐如第十圖以鋼絲爲之徑略十六分寸之三長五寸其一端打扁磋至略圓打扁之處彎成弧形此弧略小於凹模之弧背面用油石磨光其七爲極細之磋可磋金類絲又磋平銅片之邊其八爲小鋼針可劃記號以定表面三足之處其九爲大銲燈如第十一圖內容二升其嘴爲圓柱形徑略一寸又四分寸之一其十爲小鉗其十一爲吹火筒可銲銅片後之

第十一圖

足吹氣之口比平常者稍小其十二爲尺可量表面之徑其十三爲蟹螯剪可將金類絲剪成做足之料

用前各器作凸形銅片而銲粘其足之後浸在淡硝强水洗淨再用淨水與軟刷與細白砂洗淨即可加釉

加釉所需之器有十二種其一爲瑪瑙鉢可研料成極細之粉其二爲小錐可打小足其三爲平面刀寬八分寸之七其四稍厚之刀一面稍凹可搨硬釉質在凸面其五亦爲平刀如第十二圖其端稍寬可搨裏面之釉質其六鵝翎管削成尖形可刮去心孔內之釉質其七爲細麻布二塊可收釉質內之水其八爲有蓋之小杯可存外面釉質之用其九爲存裏釉質之杯其十爲圓柱形之木塊可安備好之銅片常用者徑一寸半長六寸上端加軟蠟一層其十一爲盤置加釉之表面長十六寸闊九寸深一寸半其十二爲小鋼砧可打碎釉質

第十二圖

軟釉質可買用現成者其料爲餅形用椎在砧上打碎所有黑色或棕色之條或點揀出不用因能壞其全料之色打碎如小豆大在鉢內研至極細之粉水漂一次洗出其細粉而再研至全細洗出之水待若干時則細粉洗下傾出清水必愼黑點或土塵

硬釉質亦打碎而在鐵臼內舂細再在鉢內研之研時不加水漂後必存在水內切不可乾如偶乾必再在鉢內研一次此硬釉質必揀其色最佳者而置於鉑片在燒釉之燒殼內加熱至紅忽淬入淨水即裂成極細之塊用瑪瑙鉢研細而存在瓶內塞密又用淡養三之濃水盇沒之

前料備好即用白色麻布一塊兩摺之而鋪在桌面將銅表面反置於左手掌用刀取出硬釉質而搨在凹面置於布夾層中令布收其水則以刀之凸面鋪平已平而再夾在布中收水即將銅管刺通心孔另將白麻布兩摺令其邊伸出桌面二三寸又加壓重在邊不移動將圓柱面之蠟令軟以粘其表面而足壓入蠟內遂將軟釉質鋪在凸面而以布角收其水令其餘水正可鋪平其釉質因能收縮故所鋪須略多又中心須多於邊因鎔時有向外之性如加硬釉質則照前法先加軟釉一層燒之至得平滑再將硬釉質以多水洗去淡養三水而上在軟釉之外每表面必置於泥圈便於入爐燒之靠圈之處在無釉之邊其圈置於火泥板上此板下有毯形切成之塊徑略五寸則泥板在上可轉側如第十三圖甲爲表面乙爲圈丙爲泥板丁爲泥凸塊先在爐底加熱至水全散而泥板另在火中熱至白則取出

第十三圖

而將圈與表面安在面上入燒殼令其轉側至燒透爲止照此法逐个燒成取出後必割去其黑色點或綠色點又磋光其心孔等處再以細砂磨其面成毛洗之乾之如有小孔即補釉質之粉再以同法先在爐底加熱而入燒殼加熱至白取出而呼口氣在上數次再入爐中則其光色與白色能極佳冷後而尚有小點必以同法割去而再燒一次所有字與分度用黑色軟釉質爲之待乾而再燒一次令粘牢在上

各種花紋欲加各色之釉須先刻成凹紋而其紋底作毛令釉質能吃牢如有數種色則每加一色必燒一次磨細各釉之色料爲最要其極細者用拉分達油和研如釉色料二錢研成極細粉至手撚不覺須用一日之工所以此器面作各色之花紋而用極細之工價必大貴此法又能造假人眼毯見者不能辨眞假又能作假齒

鐵器加釉

此法剏在西國略已百年原法所用之釉有四種如後

其一用煅過之火石粉六分哥尼舒石二分鉛養九分硼砂六分泥質二分硝一分煅成之錫粉六分提淨之鉀養一分

其二煅過之火石粉八分鉛三養四八分硼砂六分錫粉五分

硝一分

其三、哥尼舒石十二分、硼砂八分、鉛養炭養十分、硝二分、煆過之白雲石一分、泥一分、提淨之鉀養二分、錫粉五分、

其四、煆過之火石粉四分、哥尼舒石一分、硝二分、硼砂八分、煆過之白雲石一分、泥半分、錫粉二分、

以上四種、研成細粉而鎔之、待冷再研細而漂之、和以水或膠水、刷在器面、即入燒殼燒之、此各料內所用之鉛質、人常疑其有毒、

一千八百三十九年、英人苦拉克設法、將鍋之內面加釉、其器先浸淡硫强水、而再以淨水沸之、始加以釉、其釉第一層、用煆過之火石粉一百分、硼砂煆過而磨粉者五十分、和勻鎔之、待冷、將四十分和以高嶺泥五分、擣成濃漿、敷在器面、厚六十分寸之一、將器置於煖房烘乾、再上第二層、此層之料、用無鉛之白玻璃一百二十五磅、硼砂二十五磅、鈉養顆粒二十磅、各質和勻鎔化、淬在水內、又烘乾而磨粉、此合料每四十五磅、加鈉養一磅、其全料在熱水內和勻、待乾而舂碎、此粉用細篩散在第一層之外面、必乘第一層未乾時爲之、其器先加熱一百十二度烘乾、再在窰內或燒殼內加熱、至釉質鎔化、即取出而乘釉未結時、將乾粉再撒一層、而再燒之、外面極能平滑、

燒此器之爐、外面方八尺、牆厚十四寸、爐內之燒殼底方四尺、旁高六寸、頂作弓形、弓頂離底十八寸、所用之火磚厚二寸半、第一弓之上、再作一弓、其底比第一个加闊七寸、其頂更高四寸、燒殼之下、作一牆、闊九寸、分其火膛爲二間、每間之闊十六寸、長三尺三寸、其火過二弓之中間、而通至前面三寸闊之火路、從弓頂上過三个孔而出、每孔方四寸、此各孔通入火路、其火路闊十寸、高九寸、而通至煙通、

釉質之料、簡法用火石粉、與高嶺泥、與硼砂爲底子、和勻而置於倒焰爐內、此爐長六尺六寸、闊三尺四寸、高十二寸、有火膛闊十八寸、將料鋪在爐底、厚略六寸、煆之四小時至五小時、俟發鬆而滾如酵、再添一層、亦厚六寸、再煆之、如此連做一日、如加熱過大、則變硬而燒殼內不能鎔、其釉質亦能在同式之爐爲之、其方用硼砂一分、哥尼舒石現成之黃色粉一分、和勻煆之略十時、鎔之成玻璃料、即研成細粉、

近來西國廚房之器、加釉者甚多、最能潔淨、化學家用鐵器加釉、能免瓷器碎裂之病、又在通水管內面加釉、可免鐵銹並鉛毒之病、

法國有廠將鐵器浸在淡强水而乾之、加以一層樹膠之

水卽將釉質粉散在其面入爐加熱二百十二至三百度待乾而移至別火膛加熱至光紅其爐有孔可看燒成之限再移至退火爐緩冷所用之料係火石粉一百三十分鈉養炭養二二十分半硼養三十二分各料相和在罐內鎔之傾出待冷磨成細粉而篩之其篩面每寸六十絲鎔此料之罐初用時應加樹膠水一層再散前次餘存之釉一層加熱至釉質鎔爲度釉質切不可用鐵器舂碎而必用硬鋼器因欲得淨白色則鐵質能壞其色如欲加各色則先加前釉質一層再加含色之釉質一層

英國設一公司專造加釉之鐵器所用之方與前者略相同各種鐵器之面不但能加各色之釉尙能作各花樣在釉外所用之器係鏤空印板用鐵皮先加黑色釉一層再印白色釉之字則遇雨不壞總不能舊此公司所用之方擇其要者有三其一灰色釉用砂十磅鉛三養四三十三磅硼養三二十磅碎玻璃一百十四磅鈉養二炭養三十六磅硝一磅二兩錳養二八兩半共一百九十四磅十兩半足爲一次鎔化之用其錳愈多色能愈黑

又方火石粉三十六磅硼養三二十四磅鈉養二炭養三二十四磅硝十八磅

白色釉之方碎玻璃十一磅硼養三七磅鈉養二炭養三四兩鈣養燐養五三磅八兩銻養三二兩

近時化學家弟陸格云凡釉質內用硼砂以少爲要因日久而生霜其質漸變鬆而色亦壞又加釉之鐵器不可盛濃強水等並與鐵有正負相反性之鹽類其鐵皮必用壓成之法最忌裂縫又此種器不可忽加大熱大冷但如燒水或食物等用時愼之能久不壞若忽大熱則鐵比釉速漲而易裂又強水與濃酸質能通入釉之微孔遇鐵生銹而釉脫下如欲試加釉鐵器之好壞可裝滿以銅養硫養三之濃水凡有微孔之處必結銅之微點可用顯微鏡見之久之而目亦能見釉質雖最好者亦不免微孔可以生點之大小與生時之快慢比較之

近來有人設法在釉面照像永不能滅其釉用難鎔之玻璃片爲底子而加以釉此釉極易製卽鉀養三十分硝三十分極細白砂九十分鉛養二百五十分散在玻璃片面鎔之後以筆寫字作畫或設色或用鉛筆如能耐火之料隨入燒殼片刻足令外面鎔化永不能揩去又此種釉之面上可照像或原照或印紙俱可免用哥路甸其方用常平之畢處門或鐵養檸檬酸或鐵二綠三合果酸或鉀養二鉻養三等之鹽類有一簡方用淨水一百分樹膠四分蜜一分鉀養二鉻養三細粉三分濾之而鋪在釉面待凝結再用

照像之工五套其一依法入箱照之其二面上刷粉其方用鈷養十分鐵養九十分鋁養三一百分砂三十分成極細之粉則其形顯明其三浸在淡鹽强水即輕𣾀五分水一百分則鉀養二鉻養三化分其四以淨水洗之而後乾之其五將乾淨生鐵板一塊面上散以白石粉將照片安在其上入燒殼至鎔化爲度略一分時已足即漸退火而冷此種像房屋內外俱可挂如沾塵埃水洗即淨

發藍各料 此亦玻璃之類故亦附此

發藍之器大概用銅銀金等質爲體而外加玻璃類之料用吹火筩或小火爐令其鎔化而粘合凡發藍料常用透明而易鎔之質謂之本質又名鎔配料此質內可任意添配各色之料茲先列製合本質之方次列各色料之方

第一方○鉛丹十六分煅過之硼砂三分火石玻璃細粉十二分火石細粉四分盛於瓷罐加熱十二小時傾入水內而用瓷乳鉢研成細粉

第二方○錫三分鉛十分相和盛於鐵鍋加熱至暗紅刮取面上所生之皮而備用此皮內不可含未化分之金類將皮研爲細粉用水漂洗此粉四分淨砂或淨火石粉四分相和再加食鹽一分或別種鹼類質一分盛於瓷鍋略鎔之

第三方○鉛錫等分而照前方爲之將此質一分火石細粉一分相和再加淨鉀養炭養二二分照前方爲之

第四方○火石玻璃粉三兩鉛丹一兩照前方爲之

第五方○鉛丹十八分生硼砂十一分火石玻璃粉十六分照前方爲之

第六方○火石細粉十分硝一分鉀養一分照前方爲之

以上各方所成之料俱藉熱度之大小並歷時之久暫如添以砂或玻璃等質則其料更易鎔化若添錫養二則其色白而不透光用硼砂者不甚好因能令藍料面上生霜而退其色

黑色料

第一方○煅過之鐵養三十二分鈷養一分相和每一分配以前方之本質一分照法鎔之

第二方○淨泥三分鐵養三一分此爲最佳之黑色

第三方○錳養二三分煞弗耳即鈷礦一分相和添以本質而鎔之

藍色料

第一方○前方之本質加鈷養其數配準所需之色之深淺

第二方○砂與鉛丹與硝各十分火石玻璃細粉或火石

細粉二十分鈷養一分或多或少配準其色之深淺爲度

棕色料

第一方○錳養五分鉛丹十六分火石細粉八分

第二方○錳養九分鉛丹三十四分火石細粉十六分

第三方○鉛丹一分煅過之鐵養一分銻礦二分鉛養二分砂二分相和而添入前各本質內其多少依所需之色如欲改其色則加鈷養少許或煞弗耳少許

綠色料

第一方○前本質二磅黑色銅養一兩照前法爲之

第二方○照一方爲之惟添以鐵養半錢

第三方○銅細屑二兩鉛養二兩硝一兩砂四兩相和而添以本質若干

第四方○本質和以鉻養足配所需之色此色極佳能耐大熱但不慎用則變成死樹葉之色

第五方○本質五兩黑色銅養二十釐至四十釐鉻養二釐此色與綠寶石同

第六方○前藍料並後黃料依所需之比例相和

橄欖色料

第一方○藍料二分黑料一分黃料一分相和

橘皮色料

第一方○鉛丹十二分紅色之鐵養硫養一分銻養一分火石細粉三分相和而煅之研爲細粉以本質五十分相和鎔之

第二方○鉛丹十二分銻養四分火石粉三分紅色鐵養硫養一分相和而煅之每用二分添以本質五分

瓷色或葡萄色料

第一方○本質和以金養或卡西由司瓷料即金養錫養錫養錫養或用錳養

第二方○硫與硝與皂礬與銻養與錫養各一磅鉛丹六十磅相和鎔之待冷研粉添以紅色之銅養十九兩煞弗耳粉一兩鐵養一兩半硼砂三兩另將金銀汞三質照便當之比例配成一磅各料相和鎔之用銅條掉之置於倒焰爐內加熱二十四小時即成羅馬國之拜德禮拜堂內用發藍作各色之窗其瓷色用此方

紅色料

第一方○本質和以紅色銅養其色若變綠或變棕因銅多收養氣可加以含炭之質如牛羊油或木炭等能復紅色

第二方○本質和以金養或金之鹽類質或卡西由司紅料此法能得各種紅色最佳間有製成此料爲無色後用

吹火箭之時而其色顯明

第三方○鐵養硫養三煆成黑色一分另將第五號之本質六分和以鐵養三三分將此和料三分與前料之一分相和即成深紅色

第四方○紅色鐵養硫養三二分第一方之本質六分白鉛三分此爲淡紅色

玫瑰色料

第一方○瓷色料三分或用其鎔和者或未鎔和者本質九十分銀箔或銀養一分倘其色深銀養宜少

無色透明料

第一方○用前本質之任一種俱可

茄花色料

第一方○瓷色料二分第二方之紅色料三分本質六分相和

第二方○鹽性或鹼性之本質若干添以錳養三若干以色恰好爲度其色藉金類合養之質故必慎其料不可遇油質或含炭之質

白色料

第一方○錫二分鉛一分照前本質第二方之法鎔之而取其皮研成細粉用此粉一分明玻璃料或本質二分錳數釐研細相和鎔之而傾入冷水內再研粉而鎔之如此三四次切不可遇鹽或塵土或鐵養此料爲呆白色

第二方○打打以密的一分無鉛極淨玻璃三分相和而照前法爲之此白色最佳

第三方○鉛三十分錫三十三分如前第二方取皮研細用五十分火石細粉五十分鉀養果酸一百分相和此料亦爲呆白色

製白色之料必取各質之極淨者若含異質必損其色所以合法爲之則所成之料能勝於乳色寶石

黃色料

凡黃色料比別種色之料難於製合所需之鎔配料少而必有金類之性茲將名家所最信用者五方列後

第一方○本質和以鉛養並鐵養少許

第二方○將鉛與錫灰與鉛養與砂各一兩硝四兩相和鎔化研粉添以本質若干

第三方○白色銻養與白礬與淡輕四綠各一分鉛養炭養一分至三分各質研細粉而相和加熱足化分其淡輕四綠其用法如前而色最明

第四方○鉛丹八兩另將銻養三與錫各一兩和鎔而煆之添以第五方之本質十五兩共和勻而鎔之

第五方○銀養和以前方金類性之本質，即合用。其銀之鹽類質，亦有人用之，惟難料理。又法將銀養一薄層鋪在器面而加熱頗大，後去其面上所生之銀皮，則其皮下有最佳之黃色。

西藝知新卷二十終

無錫徐華封校字

江南製造局科技譯著集成

工藝製造卷

第壹分册

化學工藝

《化學工藝》提要

《化學工藝》初集四卷，附圖三百零九幅，二集四卷，附圖兩百六十七幅，三集兩卷，附圖一百三十五幅，英國能智（Georg Lunge, 1839–1923）著，英國傅蘭雅（John Fryer, 1839–1928）、六合汪振聲譯，無錫徐華封校，江甯黃承慶翻譯圖字，光緒二十四年（1898年）刊行。底本爲《A Theoretical and Practical Treatise on the Manufacture of Sulphuric Acid and Alkali, with the Collateral Branches》，1879~1880年，第1~3卷。

此書初集論述硫酸之製造，涉及硫氧化學物之物理、化學性質，硫酸之定性、定量分析，製造歷史，所需原料，製備二氧化硫氣體之各法，硫酸之製備設施、器具、製法、提純、餘料、用法等。二集論述鹽酸之製造，涉及製造歷史，製造方法，硫酸鈉之製造器具、方法、費用與提純，鹽酸製造過程中器具、方法，以及有害氣體處理，鹽酸提純等；還論述碳酸鈉之製造，涉及製造歷史、所需原料、製造方法、勒布朗製法、提純等。三集論述鹻類製造，漂白粉之化學性質，各種氯氣製備方法、製造歷史、製造方法、廠房設備、成分用途等，以及次氯酸鉀、次氯酸鈉之物理性質、化學性質、製造方法、用途等。

此書內容如下：

【造鹽強水法】

二集卷一

【造鹻類法】

三集目錄

【造鹻類法】

【造漂白粉與鉀養綠養五】

化學工藝

光緒戊戌秋七月
江南製造局擺印

化學工藝原序

序一

是書分爲三要義一論造硫強水與鹼類漂白粉所需之料或爲生料或爲造成之料俱從近時新出書內擇出令看書之人有此一書儘堪備用不必另查他書二論化學之理與法凡此種工藝內所有切要之理法無不備載便於學徒及製造之人從此可考究三凡書中論列各法及器具皆所習用及見之別廠者能詳閱是書可不必游覽各處於此事已能洞明

以上三義頗難簡括欲推闡精詳不得不查別國所有之法如考證法德兩國書內固已繁稱博引又將平日所親試各法一

一備論不覺卷帙浩繁憶余昔在英國北邊管理最大之鹼類廠歷十一年之久又常游覽比利時澳大利與法德諸國後在瑞士國蘇里格致學堂作化學工藝總教習故能將所見所聞論列成書闡發無遺雖游歷各國大廠間有秘密不傳之法爲他人所不得知者余與各廠主人及化學師互相討論均樂相助成書所以各秘法亦得言其大略

余初在英國作此工藝卽以英國各法與器具爲根本然有數種新法與器爲英文書內所未載卽別國之書亦罕見蓋從所有化學書與製造工藝書遇有造鹼類相關之處採擇纂入如但憑一己之見聞猶不足稱賅備每遇一法中有改變之處則

其餘各事亦不免照其意而改變之令全法前後相應又近來大廠家欲從已廢之舊法內考究新法但將所備各料合聚依法排列成章成節令看書之人一目了然即學徒亦易解明所用之法先詳其常用者次言其相類者後分別其利弊以免混淆間有所取之法或過數年廢而不用每年各處更增新法均未可定但此書詳慎考核不敢妄作以誤人凡最考究之廠家能細閱此書必多裨益

此書所備各圖俱從大廠內擇其至精者摹印而出其次概從棄置又多為所用過故其圖極為可憑特放大依比例畫之便於監造廠家可按圖而造不必另請工程家繪圖

此書凡引證他書必標明何章何節何頁以便看書人欲推詳其事可檢查原本其餘為本廠所用過之法或見別廠用之亦俱詳晰載明余深盼此書之行能有益於衆人庶不負作書之原意也

序二

此書所論鹻類廠各種工夫俱用勒布蘭克之法此法從成鈉養硫養$_{三}$起至用各種廢料之法止此後再論用淡輕養$_{四}$法成鈉養炭養$_{二}$又論用雪形石成鈉養炭養$_{二}$又成漂白粉並鉀養綠養$_{五}$俱詳細言之後將鹻類廠大小各器具房屋等價值一一備載另有附卷內論國家包做之新法並報明國家之案及別有著名之人所出新法此附卷所增之理法在造硫強水與生鈉養最有相關欲通曉各法不得不詳閱之

序三

此書分為三集初集與二集印出後各處多有評論此書或指摘其弊蓋此種工藝在各國不可勝計一己之見聞有限雖賴多友相助而成究不能盡行賅括無遺漏謬誤之處但經各家評論其中有堪佩服之言無不載入以資印證此書較他書特詳他書只論造硫強水與鹻類法於化學之功幾乎不講此書備論各種生熟之料與試驗各法並所有化學之理必探其原並加各料於水內能消化之數並水之疎密各數表又所用各法之理無不詳載或有嫌其太繁不耐看此書不知此書全憑化學為根本理與法不能偏廢但知其理而不習其法固難成事習其法而不明其理亦難免有誤昔有人喜用粗而簡便之法轉以化學家考究化分之事為迂及欲改變舊法徒費鉅資而不能成轉不若考究其理者尚有把握余曩見法德兩國習此種工藝極少所用器具與所造成之料俱不能與英國比因從英國移至德國以廣其業現在德國所成化學之料較前加多間有成色比英國更佳者所用之法與其器具尚為英國平常之廠所未逮而法國亦從此考究日精兩國何以能講求至此蓋能考各國所有之新法與新器由學堂內推求格致化學

之各理俱能洞見其本原所以有數事前爲英國工藝家所得利者現更過於英國如此種工藝初興於英國資本甚多而各價與運費亦俱賤不應遜於別國因英國化學工藝家不能以格致之理考究各法反居別國之後論化學向以英國爲最可見興廢在乎得法耳

此書與英國近出之書有別不但載英國之法與器而所見別書有關要處俱無遺漏此外另有德法奥比利時等國之法不但能詳言並將其圖之尺寸依此例畫之凡英國鹼類廠家所贊美別國之法此書無不論及

此書多考究源流並以前之舊法或有法而未經詳試者初看

之人必以爲贊詞不知凡歷來合例之法俱應列入書內雖其法不通行而當日立法之意必非無因後之考究新法者往往從舊法內得其意而變通之因其利而去其弊愈考愈精斯成新而有益之法又嘗有人想一新法多費工本試之卒歸無用後方知前人已經試過可見前人廢去之法不爲無益

英國每出新法必得國家之憑准其專做忽有人覬其利出而攘奪因此爭訟是書特備載前人之法以便檢查不必往英國家查看歷年保做新法之簿又書中所載廢去之法並推原其所以不成之故使人易明

作此書時有續增之新法統列入附卷內凡考究何欵之理法必查附卷恐有相關之處如造硫強水法附卷所論甚多如第三集內用綠氣之新法爲韋勒登所設嗣韋勒登復於此章代爲改正又增益之

西歷一千八百八十年十月瑞士國蘇里城格致書院化學總教習能智序

總引

化學各種工藝以造鹻類爲首凡一切化學工藝俱恃此鹻類所成之料以爲用此書爲造鹻類工藝包括硫強水與鈉養硫養三鹽強水生鹻漂白粉等料又有別種材料應歸入鹻類統宗內此書不能全行包括有數廠專造硫強水或專造鈉養硫養三出售不做別料但凡大廠家以造硫強水爲化學工藝之根本幾分出售幾分自用所以鹻類廠必自造硫強水其鹻類所成之料爲用甚廣如鍊金類肥田料肥皂動物植物與地產之各種油玻璃與紙生物植物之顏色料卽煤油所出之阿尼里尼顏色料又數種食物以及各種化學工藝內所用俱憑此鹻類所出之料如不能自造卽不能推廣化學工藝所以鹻類爲最要

以上造鹻類外另有別種之工與所成之料如紅銅與鐵養及提淨硫磺與鎂養硫養三卽元明粉與鉀養綠養五與鈉養二炭養二與鋇綠等物俱歸鹻類統宗內凡鹻類廠不免相因而成能遺漏者少

無論何種鹻類必先造硫強水其法先燒硫磺或鐵硫二礦另加鈉養炭養五所得之餘質內有紅銅或鐵養間能得銀少許造成強水後不但爲成鹻類用猶有別種料不在鹻類統宗內亦須用硫強水內有一種肥田料含鈣養與燐養五現英國造之甚多有一廠所用之強水可自造此料之外另有數種料爲造硫強水廠之第二層工夫將硫強水化分鹽成鈉養硫養三而由鹽強水分出此兩種料亦在別種化學工藝內用之可以出售平常在本廠內將鈉養硫養三變爲生鹻其鹽強水製成漂白粉或在造鉀養綠養五工內用之但造此各種料必從此外再添材料其料不在此統宗內故此書不能詳載惟其統宗內有四種料爲不可少卽硫強水鈉養硫養三鹽強水漂白粉平常在一廠內變成其三種料俱可當爲生料仍作別用不必定造生鹻與漂白粉蓋本廠自造之故因硫強水與鹽強水爲最險之流質如移動侵散難免蝕壞各物所以裝瓶運之以免此弊又其體質甚重路愈遠而運費愈大近來另設一法代常用之玻璃瓶更爲靈便

此種強水裝費運費俱大若多用之必須自造但小做不能得利必得大做故至今造鈉養硫養三廠內俱係自造

有數廠造成鈉養硫養三而止將此料出售或造玻璃或造鹻類如燒料貴難於得利則所成之鈉養硫養三運至別國因煆過成定質最易運動不必用木桶卽散裝車內或船上故運費極廉但所成之鹽強水必設法消去然裝運之難與硫強水同不能多售又不能移至遠處此鹽強水初發爲霧散在空氣內大有害於田禾因用水收之成鹽強水引入最近之河或通入

海然流入河內亦不免飲之有害不得已將鹽強水變為易移之質如漂白粉之用最廣極易運動若鹻類廠止造成鈉養硫養三不造生鹻與熟鹻卽用鹽強水作漂白粉否則造鉀養綠養五或鈉養二炭養二或設法消去鹽強水

所成之鈉養硫養三大半用勒布郎克所設之法造生鹻故鹻類廠欲先自造生鹻必有鈉養硫養三而造鈉養硫養三須用硫強水故必在本廠造之為便其所成生鹻在各工藝內用甚多不得全在鹻廠內為之惟有造肥皂之工常有歸於鹻廠者此書不能賅括必有專書論之

查各國鹻類廠不能歸於一律所用之法不能在一部書內賅之雖各廠有不同之處大概不外一總理有數廠專售鹽強水而得利者或用鹽強水造別種料而得利者但此各廠亦必先造硫強水後做鈉養硫養三方能成鹽強水平常之廠內所售出鈉養硫養三甚少因其價甚賤必有運河或海道可通水腳能省方為合算故開廠家必將鈉養硫養三成鹻雖售出之鹻價賤不敷製造之費而有鹽強水所得之價或鹽強水所變成別物之價故能償其資本或稍得利

茲將蘇格蘭哥拉斯哥鹻類廠與造漂白粉各工藝所有之表開列如左此表為極大一廠名羅勒克斯廠之各工其各數與所成之各料俱為此廠內所用與別廠數目不同其料分三等如生料中工料末工料卽以三等字樣標明之

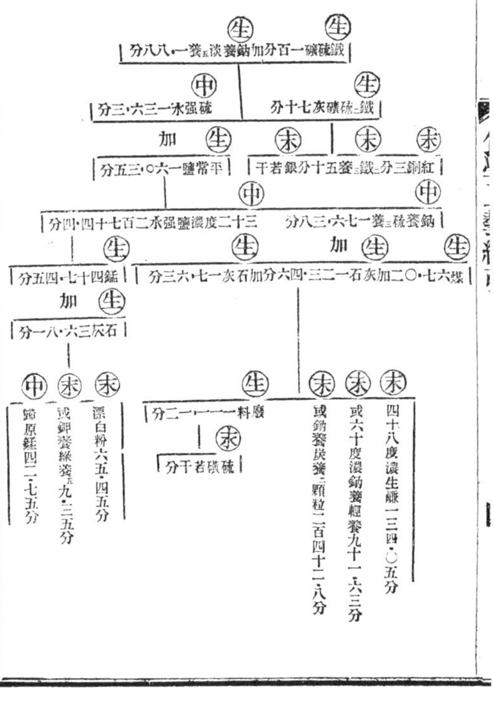

化學工藝初集目錄

造硫強水法

化學工藝初集卷一

英國能智著　英國　傅蘭雅
六合　汪振聲
無錫　徐華封　校

第一章論硫磺合養氣所成之質

硫磺合養氣所成之雜質有多種如　硫養二輕二　硫養二　硫養三　硫二養三輕二　硫養四輕二　硫二養三　硫二養三輕二　硫二養六輕二　硫三養六輕二　硫四養六輕二　硫五養六輕二　以上十一種內有三種與做硫強水及鹼類有相關故將此三種略言之如硫養二與硫養三與硫二養七輕二

硫養二　硫養二每百分含硫磺五十分養氣五十分爲無色之氣合於水內卽顯出酸性又能漂白數種生物顏色料其霧比空氣更重如以空氣爲一則硫養二氣爲二·二一一二六加大冷或加大壓力則能成流質此流質放氣速行化乾則能變成定質成此氣之法燒硫磺或燒數種含硫磺之金類或將含硫之料合於各種濃強水或將硫強水合硫磺或煤等生物質加大熱或燒數種含硫強水之鹽類

所成之硫養二有數法能令分爲硫磺與硫養三如見日光或通電氣或加熱或同時加大壓力又如硫養二遇空氣內之養氣或遇易放養氣之體則能成硫強水或硫強水之鹽類

硫養二最易在水內消化但此水常收硫養二如水一體積能收硫養二八十體積但體積之多寡俱與熱度有相關如酒精所能收硫養二氣比水更多化學家已作表能分辨硫養二水依其濃淡含硫養二若干分水若干分如重率一·〇〇五則每百分含硫養二氣〇·九五分如重率一·〇四六則每百分含硫養二九·五四分其中間各數亦類推反而言之如知每百分含硫養二若干分則能知其重率卽如每百分水含硫養二·五分重率一·〇〇二八每百分含一分重率一·〇〇五六每百分含硫養二十分重率一·〇五二〇如飽足之水依百分表熱十度每一體積含硫養二五一·三八五體積而重率爲一·〇五四七二

造硫養二氣平常之法將硫強水合於木炭加熱所用之硫強水每百分含硫養三七十四分爲最宜如或更濃更淡卽不合用凡做硫強水必先做硫養二氣做硫強水外另有數種別用如能收養氣能漂白能滅臭能滅疫氣此各事與造鹼類無關故不復論但硫養二氣大有害於動物植物如樹木花草有多種最易爲此傷壞

硫養三　此質每百分含硫磺四十分養氣六十分有化學家云此質有兩種一爲流質一爲定質其流質熱至百分表十六度則鎔化熱至三十五度則沸熱至十三度重率爲一·九五四六熱至二十度則重率一·九七其浮質無色平常所得者帶櫻色

因微含異質如平常之熱度卽百分表二十五度以下變爲定質其鎔化度化學家尚未定準從五十度起至一百度止爲平常之鎔化度大約在起首五十度鎔化後漸變成流質又平常之熱度漸漸化散其定質之形成白色整顆狀如䌷毛或如不灰木之絲紋如成十二個月則其形不變但有人駁之云定質與流質無異所有之分別因流質含水之微跡

如在濕空氣內則硫養三立發濃白之霧又如泡在水內則發嘶嘶之聲與熱鐵浸在水內同如遇見數種植物質則立變爲炭如無水者遇見藍色試紙則紙不變色又合於硫礦則成數種材料其顏色依所含之硫礦數目從棕色起或藍色綠色止

其藍色內含硫二養三若干分如硫二養三遇水則立卽化合成硫強水

如硫養三行過烘熱之管則化分成硫養二與養氣但此兩種質與更小之熱度相遇再能化合成硫強水如遇白金或數種金類或養氣之質則更易歸原硫強水此種變化在化學工藝內有大用下有論及之

凡格致家造硫養三之法將能發霧之硫強水稍加熱又可將鈉二硫二養七加熱燒之亦能成其最淨者但近來工藝不大用因做法繁而價貴最難運動與存放近有便法價更賤故數種工藝內用之得益又另設便法存之用鐵桶內面鍍錫可任移動而無礙但各種手工內用之有危險因手沾其流質則燒爛皮膚最難治其造法在下第七章詳言之

硫二養七輕二 此質每百分含硫強水八十九•八九分約含水一〇•一分卽體積質點相等此質爲光明之顆粒形加熱至三十五度則化分成硫養三與硫強水卽硫養三輕養

平常出賣之奴陀偺硫強水含硫二養七輕二若干間有全爲此質所成則謂之定質硫強水如將平常之奴陀偺硫強水加冷至〇度以下則能得硫二養七輕二又有法將硫養三合於硫養三輕養少許亦得

硫二養七輕二能造數種鹽類內鹻性金類所成者爲最要卽如

將鈉養硫養三輕養加熱至紅卽百分表四百度以內則成硫二養七鈉二又如加更大之熱則化分成硫養三鈉二養並硫養三有化學家乘此性成硫養三

如奴陀偺硫強水亦在第十七章詳言之爲淡棕色之質形似油重率爲一•八九六含硫二養七輕二若干分與硫養三輕養若干分其比例不等所以凝結之熱度無一定此物遇空氣則發霧加熱三十度至四十度則沸而發硫養三之霧間有所發之霧爲本質四分之一如合於水則奴陀偺變爲平常之硫強水發大熱平常含生物質因此故爲棕色又合別種異質俱爲造時所雜入者

以上爲硫磺合養氣所成四種要質其性須預先考究詳細方明造硫強水之法

硫養$_3$輕養卽硫強水　如萬物中難得天生之硫強水因硫強水與別種本質之愛力最重所以有天生質立刻欲尋別物化合故地內遇有硫養$_3$化合之料甚多間有成大塊者如石膏爲鈣養硫養$_3$等質是也

凡火山之處有水源流成河內有天生之硫強水卽如南阿墨利加洲有火山名布辣司其頂有硫磺一層厚約十八寸其火山常發氣與霧有河一條在其相近處土名醋河因河水有酸味有人詳細化分此河之水每百分含硫磺水〇·一一一分又含鹽強水〇·〇九一分看其河內之水數與流動之速推算每日此河流至海內之硫強水三十八噸鹽強水亦約有此數此河之源離海面高一萬一千六百尺又有一處在新加拉拿大火山處所發之水源每百分含硫強水·五一八一分鹽強水〇·〇八五分又在南阿墨利加花旗格拉巴意大利亞等處亦有天生硫強水又一處名三多林其海水內含硫強水甚多每有停泊之木船外包銅皮爲硫強水消化又在美國維依西阿拿旁有一處每水一升含硫強水五·二九〇釐美國南北交戰用天生硫強水在電報發電氣箱內覺尙合用如動物內亦有天生硫強水有數種殼類之精核其水內每百分含硫強水二·四七分鹽強水〇·四分

造成硫強水　平常之硫強水爲硫養$_3$或輕養化合者比水更重如百分表〇度時其重率爲一·八五四如十二度熱重率一·八四二在二十四度熱重率一·八三四如加大冷則凝結成顆粒平常之熱度不發霧加熱三十度或四十度則發霧而分出其水加熱至二百九十度則沸由起首之沸度連熱沸至三百三十八度過此度再不能收熱每百分內含硫磺一分劑卽三十二·六五三分養氣六十五·三〇六分輕氣兩分劑卽二·〇四一分共一百分

或依無水之硫養$_3$推算則有無水硫養$_3$八十一·六三分水十八·三七分共一百分

從此可知將淡硫強水熬濃或將發霧之硫強水同乾空氣分出若干水或將平常硫強水加冷在零度以下俱可得以上之數但此質因難得而無用所以眞硫養$_3$輕養爲稀罕之物工藝內不必用之

將平常硫強水熬濃所得之濃硫強水含水數多寡不定有云每百分含硫養$_3$輕養九十七·八六分至九十八·九九分其蒸出之硫強水加冷至零度下則能凝結

硫強水之霧並非淨硫強水爲硫養$_3$與輕養其兩霧之質點分開不相關

如英國平常出賣之硫強水爲白金甑內所蒸濃者含異質數種另含水若干分每百分含水六分至七分凡量硫強水之濃淡俱憑浮表常用之浮表爲布美所設平常成浮表之法將浮表放在常出賣之最濃硫強水內浮至何點當爲六十六度而不知常出賣之硫強水含水若干分故平常浮表顯出之數略大半度可見浮表不可以此爲定應用算學法推算

有一種硫強水含水兩分劑亦能加冷成顆粒每百分含硫養三輕養八十四·四八分水十五·五二分如加熱二百〇五度至二百十度則放水一分劑餘下爲平常硫強水所成之顆粒爲透明之六邊柱形其端有六邊之錐形重率爲一·七八至一·七九

此種硫強水存在大玻璃瓶內冬日成顆粒令其玻璃瓶破裂所以此硫強水在冬日不可存在冷處如更濃或更淡之硫強水遇冷則不妨礙

或云又有一種硫強水能與水三分劑化合但無一定憑據因照此分劑配之依特設之表能大縮其體積每百分體積能縮至九二·一四分因此化學家疑必有化合之事

凡硫強水平常依其重率定含水若干分而求重率用浮表浮表之外另有極細之數目表能定各重率之硫強水含水若干分與硫強水若干分凡硫強水合水沖淡則所合之水稍縮如平常所用之表爲德國人科勒巴所造別家之表不及此表之詳細可憑

但以上之說俱以爲其硫強水不含異質平常之硫強水常含異質數種則造硫強水時在鉛盆內得鉛養硫養三另含硫養二或鈣養或鐵或鈉或鋁各鹽類間有含鋅少許者可見浮表所顯之數如有異質必稍有差總之平常硫強水廠俱憑浮表

凡流質因冷時縮而質密熱時漲而更稀故另備表配硫強水每熱若干度所應有之重率用浮表時必同時用寒暑表量硫強水之熱度方能推算而改正其重率如欲推算極濃硫強水所含水數欲得其細數則浮表不全可憑應用鹼類之法試之

凡將硫強水合水沖淡則生熱又因其體積縮小則令熱度更

大如將濃硫強水合雪則成大冷因雪融時則其熱變爲隱熱其隱熱大於水與硫強水化合所成之熱但此變冷時有一定界限如每硫強水一分配雪不及一分零四分之一則不能變冷且不但不冷而反生熱

已有人推算硫強水合水所應生之熱數添水一質點則生熱六十六·四四熱率愈加水則熱愈多即如加水四十質點則熱率一百七十八·九九

因硫強水合水生熱則反沖淡硫強水必謹慎其水不可傾入硫強水但硫強水傾入時必常調和如忽然將水傾入硫強水內則能熱至沸度其強水四面散開所用玻璃器易生熱而破

裂

硫強水與水之愛力最大故能收空氣內之溼氣如化學工夫內各種氣質分出溼氣之法令其經過硫強水又如工藝內有數事亦靠其性如用的根之法做綠氣其綠氣行過水收其輕綠後行過裝枯煤桶其枯煤有硫強水淋過則綠氣內之溼氣亦收之又以同法用綠氣分出馬口鐵面上之錫因有硫強水令其變乾則不能與鐵化合但能與錫化合而成錫綠四

濃硫強水遇流質與定質則能收其水而水之原質即輕氣養氣欲分開其原質故在化學工內用硫強水不少

有數種生物質如木與蔗糖等遇濃硫強水變為炭質亦因此

故濃硫強水亦大有害動物之體如人誤食硫強水醫家常法服鎂養滅其酸但喉與胃之內皮已變壞成炭質則服鎂養已不及只能收未化合之強水

濃硫強水收水之愛攝力易顯出即如將濃硫強水傾盌內將滿必即刻收空氣之溼氣漸漲其體積至盌滿流出外邊故凡存硫強水器易因此致強水流散而壞各物不可不慎

如將淡硫強水加熱令沸起首所散出者只為水氣而熬濃至重率一·七八時則起首放出為硫強水如淡硫強水加熱令沸甚慢不免有硫強水小滴從其氣而化散如輕加熱則幾無硫強水散出

已有化學家成表顯出各種濃淡硫強水之沸度如最濃之硫強水重率一·八三八〇沸度為百分表二九七度如水略居其半重率一·四〇〇沸度一百二十四度又如重率一·〇五七五沸度為一百〇一·五度

成硫強水之法　有云溼硫磺粉不冷不熱時能成硫強水但此事難信如將硫磺合水加熱至二百度或通電氣則或能有此事又如硫磺遇綠氣或硝強水或合強水則易令收養氣變為硫養三又硫二養三之鹽類遇綠氣亦能成硫養三凡造鹼工內此各變化甚有用

平常做硫強水用硫養二因硫養二氣在水內消化憑空氣之養

氣變為硫養三此為成硫強水最便之法因空氣與養氣最易得如綠氣與溴與碘與硝強水等料雖能令硫養二收養氣但其料貴而法不便

化分硫強水　前云硫強水加熱則能放出其水若干分至餘水僅一分劑如令硫強水之霧行過磁鍋或白金鍋鍋內放滿碎磁塊加熱至光紅則化分成硫養二與養氣與水故有人欲考其性成養氣因所成之硫養二或硫養二之鹽類消場不足所以不能得利

如將木炭合硫強水加熱一百度或一百五十度則能化分成炭養二與硫養二又如合於燐弗等質則成硫燐或硫弗質而分

出硫養二又通電則分出輕氣養氣硫磺等質
冷硫强水在沸度以內之各熱度時爲各種强水最强者又別種强水之鹽類遇硫強水則必化分而與硫強水化合反而言之鈉養硫養三能爲輕綠所化分又最難化分之酸質如硼養三或矽養二或燐養五加大熱時亦能令硫強水從其鹽類分出
如各種本質則硫強水化合成兩種鹽類一爲酸性鹽類一爲中立性鹽類間有成爲本之鹽類能遇硫強水
硫強水在工藝內之用處因其能與各種本質化合所成之鹽類酸性與中立性俱能在水內消化不過鋇鍶鉛銀之中立性鹽類並汞養硫養三俱不能在水與沖淡強水內消化即能消

化亦甚少又鈣養綠養三雖在水內消化又硫養三之鹽類大半不能在酒精內消化又其爲本之硫養三鹽類亦不能在水內消化而能在強水內消化其硫養三鹽類亦喜成雙鹽類即如白礬等雙鹽類是也
如鹻性金類之中立性鹽類並鈣鎂銀錳與鐵各種性鹽類不能令藍試紙變紅但其餘能消化硫養三之鹽類能令藍試紙變紅
如將硫養三之中立性鹽類加熱至紅則俱能變化惟有鹻類與鉛之中立性硫養三之鹽類不改變但此兩種加熱至鐵能鎔化之熱度亦能化分惟鹻性之硫養三鹽類化散而不化分

又如鋅或錳合於硫強水所成之鹽類有極難化分所以常謂之爲耐火之料因此鋅養硫養三變爲鋅養爲極難之事
如將硫養二能化分之鹽類加熱煆之則成金類合養氣之質與硫養二與養氣又如合於煤或鐵加熱則更易分開
硫強水遇各種金類則其變化各不同如能分化水之金類不加熱合於硫強水只能放輕氣如加熱則鋅與鐵能放硫養二氣如照數種特設之法爲之則可令鋅放出輕硫氣
所有重金類遇淡硫強水不加熱則不變化如合濃硫強水加熱則放出硫養二即如鉮鉍銻錫鉛銅汞銀等金類是也而放硫養二時同時成硫養三但金鉑鈦鉒等類無論加熱若干度在

硫強水內不變化
凡造硫強水廠內之淨硫強水遇鉑不變化平常之硫強水遇鉛與鐵所有之變化均爲此工藝內所最要者
生鐵遇濃硫強水無論冷熱幾不變化故多年用生鐵器煎沸硫強水化銀又用生鐵器將硫強水硝強水勻和成淡養五編蘇以尼又用壓緊空氣之法以起硫強水又如冷時或輕加熱則略淡之硫強水亦不多令生鐵變化又能用生鐵器做硫強水廠內數種工之用
近來有化學家以出賣之強水存在大玻璃瓶內易碎有危險則將硫強水裝在鐵器內但硫強水不可淡過若干界限又不

可含能消化鐵之異質其器具必裝滿不可有空氣在內照此法不但能用生鐵器亦能用熟鐵器見第三章之末

硫強水遇鉛之變化有多化學家考之因此事與造硫強水大有相關如平常金類遇硫強水其金類愈淨變化愈少但鉛類不然已有人詳試其鉛愈淨愈易爲硫強水所化分又在鉛內配數種金類成雜質得知鉛內含銻或銅少許更能耐硫強水之力又如加鉍則更易爲硫強水所消化英國之北有特軋鉛皮做大硫強水廠之用所用之鉛特用含異質者其異質以銻爲要用此鉛造硫強水房比淨鉛更宜

第二章論化分硫強水

化分硫強水求其質最便之法用鋇綠加在其內則結成白色之質爲鋇養硫養三無論單用硫強水試之或用硫強水之鹽類試之俱可即鹽類水沖之最淡亦能用此法分辨硫強水平常加以鋇綠在水內立即結成沈下爲重粉如其水最淡必待若干時則顯出白色如雲至於鋇養硫養三不能在水內或鹽類水或不化合之沖淡強水消化但在濃強水稍能消化而加熱則更易消化又在極濃之硫強水亦稍能消化反而言之極濃強水內不含硫強水而多含鹽強水或硝強水內加以鋇綠則能令鋇綠或令鋇養淡養五結成但鋇養淡養五有顆粒形所以易與鋇養硫養三分別又如沖淡其水則鋇養淡養五消化不見而鋇養硫養三存之不變如求不化合之硫強水在酸性之硫養三鹽類內則可有兩法一將其質在酒精內消化而加以鋇綠因不化合之硫養三能在酒精內消化但鋇養三之各種鹽類不能在酒精內消化又有法將所要試之水合於蔗糖少許放在小磁鍋內在熱水盆加熱看其蔗糖放黑色與否但此種變化亦有數種軟性本質之硫養三鹽類亦能成此變化又硫強水不能以此法確與鹽強水或硝強水分別但如燐養五或醋酸果酸等酸內如含硫養三少許亦能以此變化之法分別之

如不能消化之硫養三鹽類分別其硫養三之法將其鹽類合於

鹼類合炭養二氣之質或合於濃鹼類或炭養二之質沸之而濾出所成之鹼類或硫養三之質又有法可在木炭塊上以吹火筒之法令成鈉養硫養三此外另有分別硫養三與其鹽類之法甚多欲考究之須在化學分原等書內詳查

如欲求硫強水之數目便於工藝內各事之用有兩法一用量法一用浮表無論用以上何法其強水含異質必混其數目但平常工藝內可不必問如用浮表必慎察硫強水之熱度或可用平常法推算其熱度或加減若干或將所試材料加熱或加冷令其熱度爲合宜則此推算更易而穩

用量法求硫強水數目用鉀養或鈉養或淡輕四養準水又用

藍試紙得知其歸中立性而所用鹼類水之濃淡必依所考之數粗細有人喜用淡輕四養因淡輕四易於自散而變淡不能當準水之用故不用鈉養卽用鉀養爲妥有人不喜用鈉養因易破裂玻璃試瓶但雖有裂痕其瓶亦可用又必設法令所進試管之空氣去其炭養二氣如第一圖爲常用試硫強水之器

此器不但能用鈉養或鉀養水亦能用鋇養水而得法

如分別鹼性與酸性俱用藍試水其法將力低姆司一分合水六分泡之後傾出其淨水而濾之間有添酒精少許其水鹼性過大應分一半用玻璃條在硝強水內調之待其色從藍變紫後爲明紅色再加餘水一半則所成紫色之水應最靈如將此水少許添入多水內有酸質微跡應成紅色如水內有鹼類少許應變藍色此藍色水存在瓶內不可封得最密瓶蓋必最鬆如第二圖之瓶最合宜能任放水若干滴其瓶可不動水亦不走散

如夜間點燈用立低姆司試水不便因其紅色幾明如水而藍色變爲深茄花色光紅變爲紫色紫色變藍色其變化難以分清有法可免此弊卽在燈之火油內添食鹽令火色變黃則紅色變明如水其藍色如深黑看顏色變化比日間尤能清楚

以上所云力低姆司料之外另有數種料亦能代用一名柯辣令尼一名特拉表里尼此兩種料有勝於力低姆司或不及之處

預備鹼類試水亦必最慎配之不可過濃過淡必有一定之鹼類性否則不能以此試水試硫強水而得其準數其鹼類試水亦必預先用酸性試水試準之所用之酸類水有用合法之硫強水或用草酸又有用鹽強水或硝強水各有妙處但如用硝強水則器內之橡皮管易爲硝強水所蝕壞無論用何種合法之酸質必最宜不過濃不過淡所以亦用極淨之鹼類試之又必將所用之器詳細看其所盛之分兩爲合法因常有量管大小不等又有所刻之分度不勻因此有兩化學家試驗硫強水所得之數不等初不能辨明孰是孰非故各種器所盛之各種水不但量之尤必秤之則秤數與量數相勻方可定準無論用何法配其試酸水其酸性有一定之數其合法酸水合法鹼水無論用淡輕四養或鈉養或鉀養試水俱必先有憑據知其合法方能試硫強水如硫養三鹽類內所含硫強水之數目必在化分鐵硫礦等書內詳言之

如要先試硫強水所含異質必先在白金鍋內化乾若干分所餘之定質或爲鈉養硫養三或鉀養或鈣養或鋁養或鐵養或鉛養與硫養三所成之鹽類如銅鋅等金類不常見硫強水內此各料必以平常化分之法求其憑據如鐵則看餘質之顏色或用平常之試料在硫強水分別之如含鉛則濃硫強水沖淡

時可結成白色之質爲鉛養硫養三如再添輕綠一二滴則成白色如雲再加熱或多添輕綠則白色散去亦爲含鉛之據又必用吹火筒法試化乾所得餘質卽如含硒或鈦或鉀等質俱必用化學內特設之法分別之如硫強水所含能化散之料如輕綠或輕弗或硫養二或淡氣或養氣所成之質俱能以化學書特設之法分別之又必試硫強水所含之氣質如硫養二氣或輕硫氣等亦必用平常化學法分別之

硫強水所含之異質欲求其數頗難必將所試硫強水分爲若干分一分要化分其能化散之質一分要求其所含之定質其餘可依常法爲之其所含之淡養氣因其質少不必詳察但淡養二淡養三淡養五各氣爲硫強水所常含之質應詳細求其數如推算淡養三與淡養五兩種質可一併求其數令變爲鈉養淡養五因成硫強水本用鈉養淡養五之質常用之法有數種

第一法如此路司所設之法能求硫強水內所含之硝強水所用之料爲鐵養硫養三因此質遇硝强水能收其養氣如第三圖爲常用之器其瓶能容立方百分枚之二百（按法國一枚合中國工部尺三尺一寸有零）用橡皮塞或軟木塞塞之塞中有玻璃管長約一寸零四分之一上有橡皮管爲塞其管口接玻璃條令不洩氣其橡皮管內割開約長半寸之處則所含之氣質或霧能從此裂處出其氣不能從外進瓶內置極細之鐵絲一格（按法權一格合中國漕平二分七釐有零）將淡而淨硫強水傾其上臨塞時可在瓶內加鈉養二炭養二一二格則放炭養二氣此炭養二氣能驅出瓶內所含之空氣塞緊之後輕加熱令其瓶內之鐵絲消化而消化盡則水變明去其酒燈待瓶冷則瓶內所含之質爲鐵養硫養三水去其塞而加淨水沖淡再用鉀養錳二養七試水至初顯淡紅色爲止則從所用之鉀養錳二養七試水可推算淡養五之數但因每試一次用鐵絲消化費事故化學家常備現成鐵養硫養三水其濃淡日日配準可見此法比鐵絲消化之工夫更便而速如詳細爲之最準而能顯硫強水所含之淡養三與淡養五但不能分此兩種質各含若干分只能知其總所含之數

第二法爲舒勒司所設在鹼類水內成輕氣令淡氣之雜質變爲淡輕四養後分出淡輕四養收在準強水內則從所成淡輕四養數能知淡氣雜質之數此法在化學求數書內詳言之因其繁瑣此書不載

第三法亦舒勒司所設將鋁在鉀養水內消化則所放之輕氣能量度之從輕氣數卽知鋁數如有淡養五之鹽類則所放輕氣更少從輕氣所缺之數能知淡養五數若干此法比前法更準亦載化分求數書內

又有法能推算淡養三數所用之料有數種一爲尿酸一爲漂白粉一爲鉀養二鉻養三一爲鉀養錳二養七此各料各有利弊

如漂白粉之法能令淡養三收養氣變爲淡養五其法將漂白粉明水合於含淡養三之硫强水在瓶內搖動再用礲藍試水看變色與否此法之益處能三分時試成如鉀養二鉻養三法將二鉻養三準試水內添淡養三令其紅色變爲靑綠色再漸添含淡養三硫强水其色先變棕後變棕黃再變棕綠再變黃綠再變藍綠而從所加入含淡養三硫强水能知其淡養三數如用鉀養錳二養七能令淡養三變爲淡養五而求得準數其法將鉀養錳二養七水若干添入硫强水若干則其紅色漸減再添水稍帶紅色則知其淡養三俱變爲淡養五而從所用鉀養錳二養七能知硫强水含淡養三之數但以上各法令淡養三變爲淡養五無論用漂白粉或鉀養二鉻養三或鉀養錳二養七俱因含硫强水不含別種異質如含別種異質所得之數必有不準之處如大造硫强水廠令硫强水淋過枯煤塔則含淡養三頗多而用鉀養錳二養七法有大益因易顯出含淡養五數過若干界限與否有此可憑則管理人必設法免之

另有一法易分別硫强水內所含之淡養三或淡養五而費時刻甚少此法爲化學家柯勒瑪所設其硫强水置於分度管內管裝水銀立在水銀槽內其硫强水合水銀搖之則淡養三或淡養五等質全變爲淡養將其管落入槽內之凹令管內外水銀等高則見分度管可知所成淡養若干此法雖最準但用水銀

槽因管短搖之不便又每用一次洗淨管亦不易所以另設一法不用水銀槽可免槽內用水銀十餘磅之多因管內所含水銀不及兩磅又可不用手搖動水銀每用一次易淨其器此器名爲量淡氣器如第四圖

此圖內有玻璃管呷能容五十個百分枚刻分度每分度爲一立方百分枚之五分其管之下半收小尾接橡皮管上端有漏斗漏斗與管之中間有塞門此塞門當中亦有孔能接一管其分度管呷之分度從塞門處起管用夾器連於立竿上易於收放又有圓柱形管吃其下面成斜形用法畧與前管同兩管之下端用厚橡皮管連之其吃管亦有夾器能在夾器內起落用法令吃管之下端稍高於呷管之塞門開通呷管塞門可在吃管內傾入水銀令水銀在呷管內上升至通入漏斗底管內不能有空氣泡此後在塞門孔放出漏斗內所含水銀再將吃管落下用細滴管令所要試之硫强水落至漏斗內必先畧知所要放淡養氣之數因過多則能令水銀從管內噴出所以用硫强水數之多寡必照此配之如謹愼開塞門其硫强水能落入管內而空氣不進又必用極淨之濃硫强水不可多過八個百分枚至十個百分枚最好四個百分枚至五個百分枚無論多寡其含濃硫强水必有餘此後將夾管從簧夾取出而搖動之其淡養氣即刻放出而水變爲紫色如淡養五必待一二分時

始放養氣此後一二分時猛力搖動間有費多時則硫强水變淨所發之泡故去平常不多時而清必待若干時令器具至空氣之熱度再將乙管或移上或移下令其管內之水銀排列法得水銀高於甲管之水銀等於呷管水銀配硫強水之高卽如每硫強水七個千分枚配水銀一個千分枚又法可令兩管之水銀等高而將管內硫強水相配水銀高數從風雨表之壓力減去則淡養氣之體積可依管上分度制之至一個立方百分枚二十分之一爲限再以本生之表變爲零熱度與水銀壓力七百六十個千分枚從此能推算每百分含淡養氣若干但依此法其淡養五與淡養三不能分得其數只能合得其數

其分度已看明則將乙管移上又將甲塞門開通先令淡養氣後令硫強水再令其濁水銀通入漏斗內看淨水銀起首至漏斗內則關塞門從塞門內旁孔放出硝強水或硫強水則預備試驗

第三章論造硫強水源流

查硫強水源流爲上古人所知書中所載硫強水與阿喇伯國化學家名吉保書中論礬類有一種精能分出而消化別物又有波斯國化學家故於西歷九百四十年其書中所載暗指其查出硫強水又有化學家名阿白陀司馬格奴司故於西歷一千八百二十年書中亦論羅馬礬精此質必爲硫強水後有化學家數人論皂礬分出硫強水又論硫磺合硝燒之亦得硫強水但其書中以此兩法所得之質爲不同類

如一千五百七十年有化學家名多尼有司書中言明硫強水之做法與其性質又一千五百九十五年有化學家利巴費吾司書中指明各種做法所得之料同一千六百十三年化學家賽拉書中指出在大器內令其內面變濕而器內燒硫磺能成硫強水此後藥鋪內照此法爲之一千六百六十六年有化學家兩人設法在硫磺內添硝少許則得硫強水更易而多後在近倫敦之地方名利智門有醫生名阿得設一小廠專做硫強水此在一千六百七十年用極大之玻璃器能容水六百六十

磅成兩行擺在熱沙盆內其頸平擺列器之下含水少許頸內擺一小瓦盆盆上擺一烘熱鐵盆盆上擺硫磺八分合硝一分用木塞塞頸口待硫磺合硝燒盡則開塞放空氣入內屢成此事至其大瓶內之硫強水已濃可傾出在玻璃甑內再熬之此法比前法更靈便價有漲落從前燒皂礬或在濕瓶內燒硫磺所得硫強水之價每兩須銀二錢六此後每磅只銀二

一千七百四十六年初設鉛房爲英國白明罕地方醫生羅伯克所造各面六尺後在蘇格蘭造一鉛房要做硫強水爲漂白蔴布之用其法將硫磺八分硝一分和勻置一小鐵車內以鐵路通入鉛房則着火關閉鉛房而燒盡取出其車再添燒料依

此法得硫強水比前法更多後鉛房愈做愈大至一千七百七十二年倫敦設一廠用鉛皮做圓桶七十一個每桶徑六尺高六尺一千七百九十七年在哥拉斯哥城已設硫強水廠八座此時造硫強水原價每噸三十二金錢售價五十四金錢每噸得利二十二金錢至一千七百九十九年在曼支司德城相近處原價金錢二十一元半本利不算在此城做六座鉛房各房長十二尺高十尺其頂如屋脊每進燒料開門一次鉛房底有水深八寸至九寸每房內燒硫磺七磅硝一磅放在鐵板上每進料一次在前面開門放空氣入內每六工燒硫磺一千三百八十六磅硝一百九十八磅成硫強水一千八百磅燒六禮拜

所得硫強水僅得重率一·三七五後熬濃得重率一·三七五此後鉛房愈做愈大燒硫磺愈少至一千八百零五年有一廠共有三百六十鉛房每鉛房十九立方尺

如法國盧昂地方一千七百六十六年做第一硫強水鉛房一千七百七十四年設噴氣在鉛房法一千七百九十三年設法連進空氣能省用硝因硫養$_2$氣所收養氣每十分有九分從空氣內之養氣而得用硝不過助硫養$_2$氣收空氣此理爲造硫強水之根本但相連做硫強水之法其各種難處數年後必能免之至一千八百十三四年在法國初立進汽之法

如德國亦早用鉛房一千八百二十年有格致家利加得造鉛房因不能有熟諳之鉛匠必親用銲錫與烙鐵銲連此鉛房每燒硫磺一百磅只能得強水一百五十磅可見德國比英法兩國考究硫強水之法略遲

一千八百二十七年設立收鉛房所放出之淡養$_3$等氣一千八百四十四年在英國格拉斯設此器具此後在英國及各國愈做鉛房愈巧至今可稱得法不能再過之另有人設不用鉛房之法但所廢之料價值甚貴不能勝於舊法

造硫強水法之總理

大造硫強水現只有兩法一將硫磺或含硫之礦先燒成硫養$_2$再將硫養$_2$令與養氣化合第二法將含硫強水之鹽類化分

其硫強水所用之鹽類或天生或人造俱可如第二法雖能得極濃之硫強水但因極難用除特設之工藝外不用此各國所用之硫強水幾乎全用第一法所造故此書先言第一法其器與法俱經用過後論化學家所擬改舊法用新法並論新立之法

凡燒硫磺或含硫礦初時必成硫養$_2$如硫磺在空氣內依百分表加熱至三百度相近之熱度則硫磺能燒初燒時能自生熱足令其硫全燒但必得空氣足用否則不能燒盡又有數種含硫礦亦有同性如造硫強水常用者爲鐵硫$_2$礦但用鐵硫$_2$礦必令其全體能煅盡無論燒硫磺或含硫之礦必有變成之

硫養三若干並硫養三若干又如遇水或水氣亦必成硫養三輕養又如硫養二水久與空氣相遇漸變為硫養三無論用何法其硫養二變為硫養三或變為硫養三輕養全憑所收空氣之養氣平常空氣之熱度或稍大之熱度其變化甚慢不合於製造各事之用但有兩法能令硫養二與養氣之愛攝力增大無論用水或不用水俱可其一法可用鬆體之質能令養氣與硫養二氣變濃用水或汽或不用亦可兩質在鬆體內相遇則其愛攝力加大因此能令全化合或幾分化合如含水則成硫養三輕養如不含水則成硫養三其鬆體之質如浮石與煆過之泥與鉻二養三與鐵二養三與銅養二與棉花等料凡用此種質必加大

熱度方成因用之成硫強水有多弊故工藝內尚未多用如白金其面上能令氣質變濃如輕氣與養氣在白金面上能在平常熱度化合其白金料分之愈細則其面積愈大故令氣化合之性更重已試過浮石面鍍白金及不灰木鍍白金此兩法載在論發霧之硫強水款內此處仍確切言之將白金雖分極細亦不能在工藝內用之做硫強水只有一法用白金與已成之硫強水為根本從此造出硫養三輕養

第二法用空氣之養氣合於硫養二氣為工藝內多用之法此法所憑之理因淡氣合養氣所成之各質遇水與硫養二氣則能成淡養與硫養三其淡養氣再能從空氣內收養氣變為硫

養三其法在後論造硫強水之理詳言之

前論淡養氣與硫養二氣必有水方能變化但所用之水不但足成硫養三輕養猶必多有餘故所成之硫養三必最淡後設法熬濃如作工藝之要緊工仍須提清

查以上各論可見成硫強水之總理與法分為五大欵

一造硫養二氣分為兩分材料一用硫磺二用含硫之礦

二鉛房內令硫養二氣變為硫養三其鉛房必進淡氣合養氣之質並水氣用法收鉛房所出之淡氣或養氣

三提清之法

四熬濃之法

五用從旁所得之料

以上五欵之前必詳論成硫強水所用各種之生料

第四章論造硫強水所用各種生料

第一論硫磺如歐羅巴幾不用硫磺做強水因其價比鐵硫二礦更貴但西細利海島產硫磺之處販運出口年多一年即如一千八百六十二年出口十四萬三千二百三十三噸一千八百七十一年出口十七萬一千八百三十六噸一千八百七十五年該島三處所產硫磺出口二十一萬七千九百六十一噸內運英國五萬零一百九十五噸法國四萬零四百四十六噸美國二萬六千一百三十九噸又一千八百七十七年共出口

二十三萬一千七百四十三噸運英國五萬一千八百十八噸運法國三萬八千四百四十噸運美國四萬二千五百八十九噸運意大利等國九萬八千九百六十五噸

西細利海島所產硫磺雖多因各國用之造火藥年多一年又如法國意大利國日斯班牙國種葡萄釀酒必用許多硫磺以免蟲蝕故硫磺之銷路廣而價貴難用之造硫強水不得已用鐵硫二礦代之然不如用硫磺之佳將來如得別法可去葡萄樹之蟲或另查出產硫之地則其價必減如美國等處產銅硫二礦其貴者為銅賤者為硫如不先去其硫則其銅分不出故硫不值價比天生之淨硫更賤

如硫磺為化學內原質中之一種其分劑數現當為三十二以前當為十六其質最脆其韌數從一·五至二·五其重率為二·○四五四平常得硫磺塊其邊半能光明其色光黃如加熱則色變深冷至下五十度則幾無色其臭與味小不能通電氣如磨擦則自能生電故最難磨成細粉因易沾連於鎚鉢上

將硫加熱至百分表一百十一·五度則成淡黃色之稀流質再加更大之熱其色變深而質變稠如加熱二百五十度至二百六十度則幾變黑色又變得最稠將所盛之器具倒之不能流出如再加熱漸變稀其棕色不變如四百四十度則沸成棕紅色之霧而發沸以前則化散

硫磺形各不同天生者大半為斜方形顆粒大半為尖八面形其性前已論之如要得此種形須將硫在炭硫二內消化令漸生顆粒此為第一種形如將硫鎔化令漸冷見有幾分成顆粒將其流質傾出則所得顆粒為薄斜方形片其色棕黃能通光重率一·九八二漸變為第二形約數日內不加熱可變成如刮之或震動則忽變為第一形其色為淡黃而顆粒不能通光如硫磺加熱至有沾性後傾入最冷水內則成第三形即軟凝性為棕紅之色重率一·九五七待久則變為第一種硫形如將松香類之質或礇合在其內雖有極微之數其凝性更久過多時方歸第一種形

如加熱至二百六十度則硫能燃而燒成紫藍色之火成硫養二氣發大熱如硫不能在水內消化而在酒精內稍能消化在能化散之油內亦能消化少許最易在炭硫二或在硫綠內消化但其第三變化極難在各料內消化

硫磺天生者甚多無論為淨硫或合於別種體或合於硫強水現在有數處火山相近有輕硫氣自化分又有硫養二自化分則成硫磺其硫磺結成層但不及以前歷年所成者如西細利海島有白石粉層內結成硫甚多又意大利國虜瑪那等處亦有天生硫磺甚多如西細利海島硫磺工作甚大現在地內所存之硫磺有一千萬噸照現在所用足數七八十年別有人推

算足敷一百五十年之用惟硫磺含土質頗多而分出硫磺之新法用鍋爐與大壓力之器此器在本書論廢鹼分出硫磺款內詳言之

如波蘭國並奧國亦有數處產硫磺合在含灰之泥土內每年約得二萬噸從前用甑法近來用大壓力器法並炭硫二之法又有別處產硫不多如日斯班牙波斯埃及土乃斯中國日本阿美利加基多莫克西哥等處近來在地中海邊有硫磺公司查得一處每月能得三百噸有云愛士蘭比西細利更多又沙罷海島有石膏層內亦得硫甚多有云石膏每百分得硫六十分又美國有賽拉尼法達亦有產硫處甚多雖如此說但硫磺仍從西細利島所出

提淨硫磺與造硫強水之工不相關故此書不必論及一千八百七十一年比利時國提淨硫五千二百八十噸

天生硫外另有合於泥土者除用法分出外另有蒸鐵硫二得硫之法但此種工作難得利如德國有一處多造發霧之硫強水須將鐵硫二礦蒸之得硫便於造皂礬有一廠在一千八百六十三年與一千八百七十二年內成硫磺二千四百四十噸其蒸法用瓦罐長三尺三寸高五寸寬五寸半背面開通前面收小至徑四分寸之三外面用鹽料做釉每爐內安罐三層每層七罐每罐有鐵皮箭內裝水一半連於罐之斜邊將鐵硫二礦放在罐開通之端用鐵皮斜擺其前面其孔用沙或燒過之鐵硫二灰蓋密如第五圖

此法只能得硫磺三分之一有云瑞典國所用之爐形如石灰窰其上有木烟囱可作凝硫磺之房依此法得硫一半先將爐燒至紅後裝鐵硫二礦一分化散一分能燒其化散之一分能在木烟囱內凝結此工可連做不息再將新鐵硫二礦之料從頂上孔內添入其灰在下取出

凡開硫養二礦之處以成塊為貴其屑積成大堆無用近有化學家設法能燒此屑分出硫磺其理因將鹼類廠所餘之廢鈣硫料加熱至紅令硫養二行過初時其硫養二全為鈣硫所收後

硫磺蒸過則鈣硫變為鈣養硫養三將鈣養硫養三加熱至紅令煤氣行過或合煤燒之則成鈣硫此鈣硫仍舊可用故所設之法在開鐵硫礦處燒之用鈣硫法分出硫磺將其餘質在鍊鐵礦爐化為生鐵但此法雖巧尚未有人用因新設一法在燒鐵硫二礦爐內安擱板若干層可燒屑與燒成塊者同所以用新法之爐則鐵硫二屑可徑用

又有法將鐵硫二等礦放在鐵甑或火泥甑內加熱同時令重熱汽行過其硫能蒸得最速

法國另設一法在爐之上層擱板上做火泥甑令鐵硫二礦先放出硫若干分此硫通至凝房成硫粉待若干時其餘下鐵硫二

礦落至二層擱板再燒若干時落至第三層餘各層可類推其餘硫磺能燒盡其氣通至成硫強水鉛房內則成強水此法雖巧而省便但有多弊不能通行因所蒸之硫酸性太重用爐與鉛房不甚得法硫磺分三種第一種爲大而光亮之塊色如琥珀不常作强水用第二種雖不甚光亮但其色仍黃第三種其色暗而黃色不淨如第二三兩種運至英國除成塊外另有許多碎屑燒時所餘之灰每硫百分得灰半分爲最少界限最多只得二分爲常數

如欲分別硫磺而定其成色只有一法爲妥卽將其硫若干分細秤其分兩置小瓷鍋內燒之再將所餘之灰細秤此爲最簡之法

第二論鐵硫二現用硫磺造強水甚少因俱用鐵硫二礦一千八百六十七年造強水用硫磺十六萬噸內只一二萬噸爲眞硫其餘爲鐵硫二礦共燒此礦三十七萬五千噸再約過二十年則用硫磺與用鐵硫二礦之比例更少只有數小廠家專用硫磺造強水因欲得最淨之硫強水其餘造各鹼類與鈣養燐養五並造硫強水房俱用鐵硫二礦

如德國現幾全用鐵硫二礦美國仍用西細利所運之硫磺及本國內數處所產之硫但美國鐵硫二礦雖甚多其產處離造硫強水處甚遠故不便用又美國數處產銅硫二礦甚多分出其硫得銅能獲利如日斯班牙與瑞國奴耳維等國俱用此法現雖不通行以後必大興

用鐵硫二造強水爲西歷一千八百十八年初用此法有多不便因燒鐵硫二之竅火從上燃後有人偶得一法從竅上生火令火燒至下面至一千八百三十三年考究益精後德國與奧國亦用此法蓋設立此法之初意但欲將銅硫二等礦分出其銅其硫則成廢料尚未思及用硫之法後因法國馬塞里地方有公司與西細利島國訂立合同其所產之硫歸其公司專辦造立此合同後將硫價從每噸金錢五元加至十四元故各處造鹼類廠甚難得利因考究用鐵硫二法不用硫磺該公司不得已減其硫價嗣後用鐵硫二礦之法大興且其値賤近二十年內造强水幾不用硫磺而硫磺之銷路大半種葡萄樹家購之以作殺蟲之用

此後日斯班牙等國運來銅硫二礦年多一年必先燒去其硫方能鍊銅因此英國多不用鐵硫二礦幾全用銅硫二礦法德等國雖前多用鐵硫二礦現漸改用銅硫二礦

可見先以鐵硫二礦起後以銅硫二礦代之再後用鍊銅所得之粗銅料含硫甚多者亦燒出硫又如德國有鉛硫等料每百分含硫二十二分亦可用之燒硫造強水

茲先論鐵硫二礦此礦難得淨者常有含土石與別種金類合

硫之質在內鐵硫二亦有兩種一爲眞鐵硫二一爲變形之鐵硫二西名馬格賽得卽白色鐵硫二礦如眞鐵硫二礦其顆粒爲立方圓形如第六圖之第一式此形改變成八面如本圖第二式呷各面間有十二面形如第三式叱各面間有將此兩形合在一粒謂之二十面形另有改變成更多之面如第五六兩式又有成雙顆粒間有顆粒最顯但平常作強水等用者其顆粒不甚顯明如淨鐵硫二爲灰色帶黃極易與銅硫二分別平常出售之鐵硫二礦顆粒小者間有深灰色磨成粉爲棕黑色如以本立方之面平行剖開則剖開之面不大顯又其直剖面爲蛤殼面形或亂形其硬數有六分至六分半重率爲四·八三至五·二如

淨鐵硫二每百分含鐵四十六·六七分含硫五十三·三三分火山結成之土石內所遇之鐵硫二不含水如近水之土石內所產之鐵硫二礦含水與泥故火山結成石層內有黃色八面形之鐵硫二在空氣內不變如水成土石內有灰色六面形鐵硫二礦此礦易變爲鐵養硫養三

馬格賽得卽白色鐵硫二礦其顆粒爲斜方形又常有雙顆粒或有三四顆粒合成如第七圖又有成絲紋與圓球形剖開不甚顯其硬數六至六·五重率四·六五至四·八八爲灰色或黃色或綠帶黃此鐵硫二礦比平常更輕磨成粉爲帶綠之深灰色如馬格賽得常在煤層或含煤之端石層內得之比鐵硫二礦更易腐爛而成鐵養硫養三礦

常出售之鐵硫二礦內每遇吸鐵性之鐵硫礦其式爲鐵七硫八每百分含鐵六十·五分硫三十九·五分其色如黃銅與紅銅相間硬數爲三·五至四·五重率四·四至四·七

鐵硫二礦常與銅硫二礦相合但其式不同因鐵硫二色之黃如黃銅間有如黃金者鐵硫二愈含此質多其色愈黃成顆粒原爲四角形但常見者其顆粒小必用顯微鏡看之其硬數爲三·五至四重率四·一至四·三又常得之鐵銅硫二礦每百分應含鐵三十·五三分紅銅三十四·五八分硫三十四·八八分但做強水所用之礦每百分含黃銅不外·四分

鐵硫二礦間有含紅銅不及百分之一故其銅不能分出

有數處產鐵硫二甚多如德國有一處得灰色鐵硫二礦在山谷內其面上約有四百二十五萬噸不知其下尙有若干如一千八百七十二年此處產礦十四萬四千七百四十五噸此礦外面不甚佳而在礦窰內燒之尙易因含鋅若干分則難燒盡每百分含硫四十五·四二分鐵四十八·五二分其餘爲鋅與別質如德國亦有此種礦甚多他如亨耴利國司替里亞與瑞士國法國等處俱有產鐵硫二與銅硫二各礦

法國在一千八百七十四年用礦十七萬八千四百噸其價金錢二十四萬元內爲比利時與奴耳維日斯班牙所運進者一

萬八千噸如意大利亞亦有數處產此種礦但以上各礦每百分含硫四十分至五十分爲常數

英國所產之礦有數處但含硫少不及別國含硫之多約每百分含硫二十分至三十分愛爾蘭有數處產此種礦含硫更多但所開之礦年少一年如一千八百六十年出口運至英國四萬噸係在一處所開逾三年減至四千噸再逾數年即停止又有一處於一千八百七十四年開出一萬八千二百七十二噸

英國間有產煤之處在煤內揀出鐵硫二礦含硫頗多每百分有五十三五五分一千八百七十四年開一萬餘噸瑞典國所產者每百分含硫四十三分至四十八分又如奴耳維國有數處礦含硫三十五分至四十分每年產六千噸至八千噸

如日斯班牙與葡萄牙國所產爲天下最大者內含銅若干其燒礦之窰甚低大省人工一千八百五十五年初開時見礦內有遺留痕跡知古時羅馬人早在此處開之當時只開取紅銅尚未知有硫此礦長約九十英里寬約十五英里土質爲泥板石與顆粒形之端石所得礦粒大如豆在凹內厚二十托至三十六托長一百七十托至二百六十托此處爲含銅淨鐵硫二礦有數處離地面一二托尚未化分可在露天開之間有深十托至五十托方能得者化分每百分含銅二分半至四分但含銅多於十分不過爲大塊內之小粒其色黑古時羅馬人與非尼西亞人所取者爲黑色礦其在日斯班牙與葡萄牙一帶地方所產之硫與紅銅足供地球各國取用不盡近開鐵路運此礦至海口仍有大路不通之處用騾馱之已立數公司辦理此礦現所存者僅五公司俱爲英國有力家所設最大公司運此礦至英甚多故一千八百七十五六兩年減價三分之一其礦爲上等查日斯班牙與葡萄牙兩處之礦含硫至少者每百分有四十六分至五十餘分每百分含紅銅三分至四分半爲常數但英國辦此礦之法只售硫而不售銅故燒出其硫將含銅之灰還與礦主間有連銅出售者用化分之法定其含銅若干日斯班牙有數種礦在窰內燒時爆成細粉故此種礦價遜每百分內含鉀若干分間有每百分內含鉀不及一分者

日斯班牙國有此種含硫甚多之礦又含銅則別種礦幾無銷路即如愛爾蘭礦含硫三十五分依比例論之則此硫價比每百分含硫四十五分之礦更小因敲碎置窰內燒之其工價俱以礦每噸價爲限故以其硫數論之則工費更大又餘下之灰所含硫亦相同如灰內每百分餘硫五分則本礦每百分含硫三十五分尚存硫七分之一又如礦每百分含硫四十五分則灰內餘下之硫爲四十五分之五即九分之一故推算比例並非三十五與四十五之比即七與九之比但爲三十與四十之比即三與四之比不但工價如此其器具與修理及粗細人工

亦必照此比例推算又因含硫少之礦亦不含銅故分出硫後卽將灰移棄空地作爲廢料

凡含硫少之礦除非要鍊出金類必先煅礦分出其硫是以金類爲重而硫次之否則此種礦可棄之不用

化分含硫之礦　凡化分含硫之礦如鐵硫二銅硫二等類必先推算其硫數平常不過推算硫與水氣之數如欲煉取紅銅則銅數亦必推算但所含銅數與造硫強水無相關因燒出硫之後其灰仍歸賣礦人取去自煉故造強水與鹻類等廠不問銅數如其礦爲著名處所產則礦之質性早已知之其灰悉歸廠主收回可不問所含之別種料只問含硫之數如德國買一礦不問硫數而英國則以考窮硫數爲不可少之事辦理之法照章分出其料若干種先取樣敲碎磨粉送至化學家化分發一憑據至四百分之一爲限卽如每礦一噸每百分內含硫若干分其價爲銅錢六枚而礦每百分含硫四十八分〇四分之一則將此分數以六乘之得二百八十九〇二分之一爲每噸含硫之價又辦此礦之規例以二十一擔爲一噸不比平常以二十擔爲一噸買者多得礦百分之五

化分含硫之礦平常用濕法卽用發霧硝強水或合強水然最妙用合強水其法以鹽強水一分硝強水三分至四分硝強水重率爲一·三六至一·四其礦用瑪瑙乳鉢或瓷乳鉢先研成極細之粉用極細紗羅篩之每礦粉一分配合強水五十分如不變化須用熱水盆加熱至初化分則離開熱水盆待至不能變化再置於熱水盆上照此法約十分時其變化已成如加熱若干時不全消化再加合強水少許加熱仍不消化必因其粉尚未磨之極細將所得之質在熱水盆加熱另加鹽強水熬乾令硝強水化散再加濃硫強水稍加熱如不發黃霧不發淡養五氣之臭則沖水使淡濾之但輕綠不可多用必足消化各種鹽類再將明水加熱至沸沸時添熱鋇綠水此鋇綠水必須濃所含鋇綠之數須預先知之則所結成之質爲鋇養硫養三沈下趁其熱時濾之所用濾器爲化學家不卡得所設將玻璃管加熱以橡皮管繞成圈連於漏斗之下如第八圖圈之下長八寸至十寸濾紙亦必與漏斗內面相切最密令空氣難進則水濾下自速此爲最便之法比較平常吸氣法更便

初時傾出其明水後將餘下顆粒添沸水在其上其沸水內先加輕綠數滴加熱沸數分時至兩點鐘傾出明水再以不含鹽強水之沸水傾其上將所餘之質亦在濾紙上洗之洗後則其質能淨而有中立性令乾取出其定質而燒濾紙在白金鍋內再將其質置鍋內一併燒之但燒時所加之熱不可過大每得鋇養硫養三一百分含硫十三·七三四分所燒之鋇養硫養三不可合併成餅形其令濕時不可有鹻類性再合於淡鹽強水加

熱而濾之其水內不含鋇養之鹽類此爲最簡便之法爲最著名化學家所深佩另有數法爲化學求數書內所詳載凡欲考究者須查此書自明

另有比魯士所設之法將鐵硫二礦磨成細粉合於鉀養綠養五幷鹽及鈉養炭養二燒之其鈉養炭養二數必細秤而記其分兩其合併之料在鐵勺內燒之將所燒之質在水內消化以濾紙洗淨則所不變爲鈉養硫養三之鈉養可以鹻類法推算此法國書內所載以爲善法近有多人駁之又有粗法在玻璃管內將鐵硫二礦之細粉八格傾入震動令緊再將極細之石英粉八格放在等尺寸之管內亦震動之看兩管內裝料之高詳細

量之將其較數以五十約之此五十分可當爲含硫之數有云以此法可求得硫數至差不外百分之二爲限但此法過粗而細工內不可憑

前論各礦已能推算其含硫之數此外不必再求別種如礦尙未考究欲推算做強水之價必將所含之各種質以平常化分法定之即如礦內含鈣養炭養二燒時此質必收所配硫強水之分劑又如含鈣養硫養三則此質所含硫強水內之硫亦必從其硫數而揀出又如礦內含鉛或含鋅此兩金類與硫養三化合則在燒礦窰內所得熱度不足化分又如含鉀或含砇養二甚多亦有礙於賣灰所應得之價間有礦內含金銀少許

但此兩質甚少與平常礦價不相關

三論別種含硫礦與煤氣廠所餘含硫廢料

前論鐵硫二礦幾全爲造強水用如鐵硫二礦內含銅則其硫亦爲礦內之要質如含銅極少之礦非礦價最賤則煉出銅不合算但含銅之鐵硫二礦在窰內燒之所得硫數與不含銅之礦大同小異故造強水家可用之而得利

但別種含硫礦如鉛鋅合硫之礦並含此兩種金類而另含鐵硫二與銅硫二又如多含銅之銅硫二礦並煉礦所得之別質此各種料必先煆之燒出硫成硫養二氣故燒此種礦得所餘之質能多增價值而所含硫數則可不計但上等鐵硫二礦無論

有銅少許在內只能依所含之硫而定其貴賤其餘各礦等餘料不但含硫少而分出硫亦不甚易因必另用燒料不能以含硫當爲燒料但煉此各種礦料之廠常放硫養二氣於相近居民最有害故常興訟國家不得已設律法禁止亂放硫養二氣因此廠家設法收其硫養二氣用之造強水又有數處煆礦無法能去其硫養二氣則將礦合別種礦煆之如德國富來否格地方在鐵硫二礦內添鉛硫礦與鋅硫礦一併在窰內煆之一千八百七十年此一年內從所得之硫養二氣成強水八千噸其他處亦用此法然不及德國之多

凡煉礦所放硫養二氣有格致家云有英國韋爾司南邊所放

出之硫磺共有四萬六千噸俱爲硫養二氣合鉮與弗與鉛鋅等雜質雖有凝房收其料亦不能免此弊有一處名蘇文西作此種煉銅等礦之工廻圍樹木花草不能生長又如德國富來否格廠在一千八百六十四年内罰金錢二千七百五十餘元因廠内所放之氣有害於農田故無論何處燒煤多不免有硫氣若不用高烟囱放出則其害非淺

凡煉礦廠所放硫養二硫養三與鉮養五及鋅硫等氣俱有害於相近之樹木因其霧能收葉上之露水以致漸萎此爲目所能見並可用化分之法爲證或有甚其說以爲此氣有毒故傷損樹木抑或沾染於葉上則牲畜食之亦受病皆虛誕而不足信已有人試知各種樹木遇硫養二氣則其葉難於化水故受日光或空氣乾時不能有水氣漸至生熱即萎如松樹等類受害最甚每逢秋彫落之樹其害猶淺又如離廠數百碼而廠内烟囱高八十尺則於各種植物無礙又有云空氣内含硫養二少許能滅空氣内之毒氣因此人免受病此語亦有理

茲將各礦並煉金類所得之餘質與造硫強水有相關故略言之但僅論收硫養二氣造強水另有法令所放硫養二氣變爲硫磺此書不及論之

如鋅硫二礦在德國有數處煅此礦得硫養二氣造強水又如英德法等國將含銅之鐵硫二礦合於鋅硫二鉛硫二等礦煆之將所放之鐵硫二氣引入鉛房内有一處每年煅礦一萬五千噸而收其硫養二造強水後照平常之法煉之間有礦每百分含硫二十分至四十分

如鉛硫二礦含硫甚少故燒此礦每百分只含硫十三·四分煅時變鉛養硫養三加熱至白則放硫一小分爲硫養二氣常有用煉鉛法令硫養二氣爲無用之料又鐵硫二礦每百分合鉛養過十八分至二十分亦不合算

煉銅工内所得粗銅料有數處煆之得硫有一處所得粗銅料每百分含銅三十四分鐵二十八分硫二十八分所放出硫養二氣内含硫只五分八故平常之廠煅此料分出硫養二氣不能得利

如粗鉛料亦有煆之用其硫造強水如德國有一處用大窰能容此料十二噸半其料放出硫一半而硫養二氣内含硫四分至六分他處不多用此種料所含之硫造強水

又數處將煤氣廠内所得之廢料分出其硫做強水其煤氣行過鐵二養三料所含之硫爲鐵二養三所收煤中所含之硫爲煤中所燒出此鐵二養三料可用多次至再不能用則賣與造強水廠其料放在爐内燒之爐中用隔板與燒鐵硫二礦之屑同英國有一處一年内用此料一千一百八十噸分出其硫造強水法國亦有數處煤氣廠所出之料燒出其硫造強水

如燒鈉養硫養三造玻璃所放之硫養二氣亦有人用之造強水

四論鈉養淡養五此為造硫強水不可少之質其硬率一·五至二重率二·○九至二·三九其淨質成大顆粒為無色明光若玻璃其小粒色白而略食之味涼而苦加熱若干度則鎔化至紅則化分成鈉養淡養三與養氣如合煤加熱則燃能引空氣之濕氣易在水內消化消化時則減少熱度每水一百分照平常熱度能化鈉養淡養五八十七·七二分如用鈉綠少許則更難消化如鈉養淡養五成顆粒為斜方形其角度為一百零六度半與七十三度半鎔化在百分表三百十六度至三百十九度

鈉養淡養五隨處有天生者惟一處最多如比魯國南邊卽與智利國交界處在一高平原離海面高三千三百尺共有英畝二十六萬於一千八百三十年初開時有大廠十一所每日得提淨之硝三百噸產硝之石層厚十寸至五尺不顯露地面此石每百分含鈉養淡養五四十八分至七十五分鈉綠二十分至四十分又另含許多別鹽類與土質生物質如鵲糞等料先用軋石之機軋碎後消化鍋內此鍋有兩孔上孔添料下孔出料先裝滿敲碎之石再加前一次所餘之水則噴熱氣在內加熱一點一刻鐘至兩點半鐘其水含硝飽足放出流至大池內澄清待數點鐘後流至第二池內再半點鐘則有鹽質沈下再引至前池內其鍋內所餘之料每百分仍含鈉養淡養五十五分至三十五分或傾出或再加水沸之其前池內結成顆粒後則將水放出仍添在鍋內其顆粒鋪在大而寬之面厚十二寸至十八寸常調之至乾為止此料運至歐羅巴各國如一千八百七十一年每噸成本金八銀十八售價每噸能得金錢十二元間有得十六元者而所運年多一年如一千八百三十年初開時運九百三十五噸至一千八百七十二年所運者多於二十萬噸至一千八百七十三年比魯國自行管理此貿易定每年出口不許多於二十二萬五千噸

考鈉養淡養五之變化有云大風時本處海灣所飄進之海草極多在海邊漸漸腐爛內所含之淡氣合於鹽內之鈉漸成此石料故海邊常有積聚歷年積成至數百尺又此石內常遇碘亦係海草內所生此處多風周年無雨故其硝尚未為雨水所洗去

英國進口之硝俱不淨均含數種鹽類平常作此貿易之人考究每百分含異質不外五分所含之水亦在此數內間有每百分有三分至四分半為異質如異質內多含綠氣鹽質則不合用造硫強水家不取因燒時則放鹽強水大有碍如平常造強水廠所買進硝每百分含鈉養淡養五等質九十六分綠氣鹽類半分硫養三鹽類四分之三水二分○四分之三

試鈉養淡養五定價之法俱依所含異質定之其法將鈉養淡

養五十格在磁鍋內加熱至乾再秤之消化如有餘質則推算其數將流質試其含綠氣與硫養三又另試其含淡養五數又另照前所論之法試其含淡養五

裝含淡養五之袋亦必有沾連之質若干泡在沸水內消化再烘乾將其水熬濃成粒

五論硝強水

硝強水亦可為造硫強水一種材料其濃者可代朴硝用但英國不用此做硫強水只有別國用之故此書不詳論

硝強水每百分約含淡養五八十五·七一分水十四·二九分重率在二十度熱時一·五四在十五度熱時一·五五此為百分表之度數其淨者無色常出售之硝強水帶黃色或紅色因有化分之硝強水在內加熱至八十六度則沸沸時先放濃硝強水若干至沸度為一百二十六度則寒暑表不改變其強水之濃淡亦不變又如將淡硝強水蒸之所蒸出為水至得以上之濃數為止

硝強水能令各料收養氣而紅色發霧之硝強水比淨強水使物收養氣尤多此與造硫強水大有相關故在下造硫強水欵內詳言之

查硝強水源流在西歷七百餘年阿辣皮國有化學家能造之又一千二百二十五年有化學家名魯盧士書中亦言明做法

用泥或硝蒸之但現在之法將鈉養淡養五合硫強水蒸之每鈉養淡養五八十五分須用硫強水四十九分應成硝強水六十三分鈉養硫養三七十一分或用鈉養淡養五硝一百分配平常濃硫強水六十分如照此比例為之必有所成之硝強水化分成紅色之硝強水欲免靡費則用硫強水畧淡而其數更加多如每百分添淡硫強水二十分至三十分又如另加鈉養二硫養三若干甑內所餘之質更易融化從甑內取出如硝強水在做硫強水廠內自造則平常用硫強水比較以上之數更多所餘之質可添入鈉養硫養三之鍋內一併化分故無靡費

造硝強水器具與造鹽強水之器大同小異在此書第二卷所載玻璃甑與生鐵甑款內論之如大做不用玻璃甑現所用之生鐵甑為圓柱形徑約二尺長約五尺在一爐可燒兩甑其圓柱端亦不蓋密一端預備管放出其霧一端可進硝而放出餘質進料之處有彎形漏斗添硫強水甑之兩端易令料變冷因此有靡費故不用鐵用一整塊石板則更省便裝料之端只有一孔其餘質不蒸至乾下有玻璃塞門與管放出用此器所加之硫強水比別法更多故能成流質易於流出如欲得極濃之硝強水必用極濃之硫強水與乾鈉養淡養五

以上所論之生鐵甑做大小兩半圓合併其大半圓內面鋪磚一層如第九圖所用之磚必能耐強水有云此法不靈因其上

半往往收硝強水消化之力愈熱則易受其害故鋪磚爲無用又有數處用大半圓形槽以生鐵爲之有大而直立之摺邊便於用磚作弓形或用石塊蓋之又歐羅巴數國所用之甑與以上所論不同即用生鐵鍋高四尺寬四尺頂上有蓋能進硝與硫強水旁有管能放氣與平常化學家所用之甑相同此器置爐內令周圍有火與外面相切雖頂上亦能遇火此法大省燒料而甑能耐久所餘之質間有在地下用管流出但常法用勻從頂上取出此各器能容硝五擔每裝料一次須燒十四點鐘至十六點鐘

所用之凝器爲三口瓦瓶與造鹽強水者同以七個至九個爲一副或有更多者依所造強水之濃淡先將清水若干傾入瓶內間有在瓶外通水加冷但此法不常用各瓦瓶下有塞門能放出所凝成之硝強水第一與第二瓶所放之硝強水含硫強水少許爲甑內所出各瓶離甑愈遠則硝強水愈淡瓶見熱易破裂故常置在瓦盆內瓦盆有嘴如有破裂漏出之硝强水則易從盆內倒出

以上各器之節欲封令不洩氣所用之料有數種平常用泥合馬糞如各瓶內通管在進口處所用封料有一方最宜將硫磺細粉八分兩之一合熟胡麻油五磅調和再加軟橡皮屑一磅加熱令沸至全消化成勻淨之料待冷則合鉮養硫養三極細之粉在鐵乳盃內磨之極勻成硬性之膏此膏不能爲硝強水蝕壞又有凹凸力之性

近設數法便於凝成硝强水其甑內所出之霧令不通入第一瓦瓶內因最好瓦瓶常有破裂之弊其瓶不能耐忽冷忽熱如作此工要速則更易有此弊所以近來另設法令其霧先變冷間有用螺絲形瓦管如第十圖此器最爲合用即忽然改變冷熱亦無碍

又有法用直玻璃管兩端作彎放在冷水內每用硝一噸須配冷水四噸半其玻璃管與甑內之玻璃管接連畧鬆一端通入第一三口瓶用此簡便器則三十六點鐘內所能化分之硝五擔至六擔或用分甑法化分其硝可徑得無色之硝強水其法用兩路塞門不須多用三口瓶常法以九個爲一副此以三個爲一副因硝强水大半在管內凝成而在第一三口瓶聚之所以第一瓶强水比別瓶更濃第一瓶能得硝強水約三擔重率一·五三第二瓶能得硝強水一擔重率一·四九第三瓶能得硝強水　重率一·三二用此器則三口瓶不能破裂其玻璃管可耐半年不壞每管價約銀錢五元依舊法所須配之三口瓶亦比別法更少又每鈉養淡養五一百分能得硝強水一百二十五·三分依此新法能得硝強水一百二十一·一分但此法必用起水筩起冷水若干爲舊法所無

又有用長玻璃管在甑與三口瓶之中可憑空氣收其熱免用起水筩起冷水之弊所用之玻璃管作圓錐形其管之端用套節必斜若干度以便所凝之強水能流入三口瓶內又其硝強水不可在節處流出其管形如第十一圖如配管長十尺至十三尺則能使空氣變冷但管愈長愈佳

提淨硝強水之法稍加熱去其異質令強水減色此事可在熱水盆加熱而成其法頗繁如將硝強水稍加熱而噴氣入內可更速如欲造硫強水所用之硝強水不必提淨

硝強水之外另有用安尼里尼廠內所得之廢料即硝強水合硫強水又淡養五各里司里尼廠內亦得此種雜硝強水爲廢料其價比用硝強水更賤但用淡養五各里司里尼之廢料必謹慎因有此質一滴在內則轟裂之性最大而易生危險

第五章論硫磺造出硫養二氣之法

前在論硫強水源流內論及鉛房內燒硫磺若干即須停止甚爲不便後用連燒不息之法此工遂大興因在鉛房外另設一爐燒硫磺用管或烟囪通硫磺所發之硫養二氣至鉛房內如舊法在鉛房內燒硫磺只能得鉛房內所有之養氣故每加硫磺一次必開門而開門時則有硫養二氣散出爲靡費但新法連進硫養二氣則能免此弊故備數爐一爐加新料時別爐可以進氣

英國前用之燒硫爐如第十二十三十四圖其爐用磚造上成彎弓形底爲熟鐵盆甲在十四圖顯明此盆之兩邊與橫頭一端有斜摺邊高約三寸前面僅高一寸便於出灰盆之長爲爐長三分之二留三分之一爲空處以便硫養二氣能與所進之空氣相合但平常爐內所燒之硫磺不能全變爲硫養二因有若干分不變化而蒸出不但有硫磺之靡費猶使鉛房下之水混濁面上生皮一層令水與氣不能相切而有礙於造強水

其爐有鐵門吃在窗內能起落如閘門有鍊與相平之重錘掛之便易開關又有管呐在爐後放出硫養二氣又在底盆之下有小烟囪透入空氣令生鐵盆不遇熱因盆過生熱必有硫磺蒸出凡大鉛房必有此種爐數座每爐之底盆長八尺寬四尺在二十四點鐘內能燒硫五擔分爲六分每四點鐘添一分如四爐並用則每爐每點鐘進料一次其燒硫之爐內亦備生鐵鍋鍋底有三足鍋內裝硝或硫強水用大鉗夾放在爐中之硫磺內則放淡養五氣與硫一併入鉛房內

起首爐內加木花燃之令盆生熱不可至紅只熱至硫能自燃爲度或用熱鐵條刺入硫磺內則易燃後全藉硫自燒之熱不必在盆下另設爐所進空氣之法如吊門乙旁有鈎能勾其鍊圈任配門之高低或用劈進門下以配所開之大小初時鉛房內自含空氣只須稍啟其門後乃漸漸開大多進空氣

以上尙係粗法現在大廠內不常用但此種爐依法用之亦能不誤其管爐之人必先查鉛房內變化如何則知須進硝若干先將硝與硫强水配合開門放入其鍋內之硝與硫强水收硫之熱則漸化而放淡養五氣與硫養二氣一併進入此時已滿再開門取出所餘之灰必先取裝硝之盆再將其餘流質傾出但人不肯細心查看鉛房故配硝與硫强水不免有糜費其餘各爐俱照此法管理另有法燒硝之器具更精或用硝强水在鉛房內燒之

凡燒硫爐內見發藍色火燄則知爐爲不誤如見棕色火燄則有硫蒸出不變爲硫養二必在爐底盆下進空氣令其盆更冷如第十五圖爲更精之爐甲爲爐基乙爲燒硫之膛丙爲進硫養二氣之管其爐基上鋪生鐵板爲全爐之底向前斜之其燒硫膛兩旁用磚牆前後與頂上用生鐵板前面有磚料之門吼吼又有小孔呷呷俱備閘門便於制所進空氣爐底有鐵條隔開成三膛與閘門及進空氣孔相配三膛輪流進料如本圖能見其鍋在爐內鍋中裝硝或硫强水但各處所造之爐不同間有分兩膛或四膛又進空氣法亦不同底板亦鋪鐵條便進裝硫强水或硝之小箱其箱似鍋形但所用之鍋與箱裝料必甚少否則加熱時必溢出硫內如有淡養硫養三則大不便如用硝强水之法則以上之鍋自不用

間有燒硫之爐其邊用鐵板兩層中留孔進空氣依此法能任配爐之冷熱爐內太冷則閉進氣門熱則開其門令空氣行過兩層鐵板變冷但此種鐵爐極易燒壞故近來各廠常有棄之另換新法如第十六十七十八十九四圖爲燒硫之爐可免以上各弊第十九圖爲剖面式在爐之兩處取之第十八圖爲總剖面式第十六圖半爲前面外形半爲橫剖面式又第十七圖爲背面立圖

此圖內呷爲生鐵底板燒硫磺下有柱托之吼吼爲進空氣路此路通至呬門故其鐵板能在下加冷其爐基內所有通氣路叮叮亦與吼吼各路相通而在外丁處爲止但因高低不等熱度亦不等故空氣必在丁點而進在丙處出又可閉呬門若干分配定所進空氣數如戌門以平常法掛之但爐內所燒硫養二氣不能直通鉛房內先在己孔上升至有弓形之膛內在己孔以上有柵裝硝之鍋置於柵上又有一孔辛內有鐵管便於多進空氣通入上膛內如有蒸過之硫磺則可燒之其硫養二氣先回至爐之前面再過庚孔回至上膛之第二板至末行過生鐵管此管爲兩爐公用兩爐之上兩膛其式相等

此種爐易於管理因有硫磺蒸出則行過上層爐或燒或凝結不能通入鉛房內又可用簡便法令化硝鍋不能溢出有害於硫之弊所用燒硝之鍋略如二十三二十四圖內所用者但其

鍋更小合於更小之爐因其進風門開得最小爐之上層進空氣俱用門乙或開大或開小而管理之已用此種爐併試每半點鐘輪班裝一爐用硫半擔

所有燒硫之爐其弊在熱度大則硫蒸出燒不盡有人設法澆水在硫上令熱度不能大又有在爐頂上鋪濕物烘乾間有在爐上備水盆則熱氣爲水收之爐上不生大熱又有在爐上作蓋爲生鐵鍋爐如第二十圖可化水成汽作各用則呷盆內燒硫發出硫養二氣先令鍋爐底生熱後在其旁火路丙丙繞爐後行過管入鉛房有云用此法大能省燒料又其鍋爐能耐久不壞有一廠連用鍋爐在七年內只調換一次前所論燒硫之爐旁與頂上鐵板易燒壞並非與此說有相反之理因用鍋爐之法則鐵外有水不生大熱不用鍋爐之法則鐵外只有空氣無論何處試用此法不久卽廢棄不用其故因燒硫之熱小則水化汽遲而汽不足用因鉛房所進之氣必按時按數而進此爲造硫強水不可少之理

近來又有一法照前更有益每燒硫之爐配四個生鐵半圓柱形之甑如蒸煤氣所用之甑其甑在前端有門便於進硫與通風又背面亦有管便於放氣硫在其平底面燒之其硫養二氣在背面管內繞行至鉛房前面聚氣膛而行此繞道之路與在聚氣膛時因風力小而行慢則硫養二氣得以變冷所含未燒盡之硫能沈下

以上燒硫之爐俱用輪班或迭更進料之法非爐多不能一併用之則所放硫養二氣免致有不勻之弊

其爐在硫磺將燒盡時所發硫養二氣甚少不能制所進之風令所進之氣與所燒之硫相配後開門再進硫磺則有多空氣進入此空氣經過爐通至各鉛房內不帶硫養二同進此進空氣之事與造硫強水有大碍因所用之爐有多逾三四五個輪班裝硫磺則進空氣之弊更少如每四點鐘加硫共有四爐每一點鐘有一爐進硫磺此爐放硫養二氣最少之時別爐放之最多已有人設法做燒硫之爐可連添硫不息此法大省人工又所放之氣亦比用單爐之法更勻

又有人設法要燒硫得勻淨不藉風門所進之氣並能令灰易於取出免硫養二氣放散又能免添硫時多進空氣此爐爲英人飛特利所造如第二十一圖呷爲爐在背面開通有斜擺鐵柵乙令硫之大塊不能落下只落鎔化之硫其硫放在柵後前有遮板可令不受大熱又有門戊能放進所需之硫令其數恰合用其硫在鋼板上燒之此板向門稍斜灰從門取出又可從此門進空氣在其底盆庚之下有進空氣路故在燒硫之處外面常有空氣令變冷此氣受熱時令盆在近門處收熱故硫流下時易於着火但此爐亦有弊因所進鎔化之硫不勻硫受大

熱則變韌而不流通凡有此事不得已必開門辛取出其硫而添新硫

如第二十二圖另爲一種爐能燒含硫之土質等廢料其爐用生鐵爲殼外砌以磚其料在漏斗寅放進此漏斗蓋以砂封密如辰所成之硫養二氣過吧管而出此爐所進之風巳加熱由申管進繞爐而行在味路從吘各孔通入爐其爐底開通而靠足直立故已燒之料在爐底成堆天天每若干時去之則爐底亦有空氣進入

此爐不甚靈故後有人造更精之爐能令硫化散而不變爲硫養二氣可以連燒不止其爐分爲三件一件能幾分燒其硫而令未燒之硫全化散二件將第一件所化散之硫燒盡第三件能化分其硝雖第一二兩件用時加熱至紅其硫能燒盡不能有蒸出各工幾爲連做每一晝夜只去其餘料一次如二十三圖爲平圖二十四圖爲立圖之剖面甲爲平常爐擺鐵盆之處此膛兩邊高而向門斜但離門二尺之處稍加高故爐內之餘料可爬至此處令其燒盡後從門乙取出每二十四點鐘開門取料一次則將全爐底之餘料爬至此處再燒二十四點鐘此爐之底不照平常爐以鐵爲之但用磚砌其磚面磨平相切最緊幾無裂縫如甲膛長九尺寬六尺高一尺其門乙爲鐵板在一框內能移動但不作直立而稍斜故能閉而不洩氣又極易移動門有多孔門外有活鐵板一層亦有多孔如移動時與門孔相配則進風漸移可收小其孔任配進風之大小其硫每二十四點鐘開門放進或用漏斗丙漸漸添入其漏斗有生鐵管徑七寸通入燒硫膛底相離六寸之處此管外有套管令不能燒之過速其漏斗與相連之管常裝滿硫磺漏斗管下之硫漸漸鎔化時則其上之硫落下補之此法雖簡便但不及每二十四點鐘開門進硫之穩妥如乙門所進之氣必全藉燒硫所需之熱度其硫大半不燒盡而蒸出因能制所進空氣則一晝夜能配所出之硫養二氣得勻其爐邊砌磚厚一塊半故其熱不能散所成之氣與霧出此膛過丁門此門爲火泥所做門孔方九寸通至燃膛戊戊此膛長八尺寬六尺中有隔板隔開成四膛各膛前後各有九寸方之孔又能進空氣過己門此門長八寸寬三寸所進之空氣足能燒盡其硫而有便法能知燒盡因開庚塞門進空氣則所進之氣不能再燒成火燄其燃膛戊之頂上爲火泥瓦所做在燃膛以上另有一膛爲燒硝之用其燒硝之鍋卯排列成三行用磚分開其磚之中間留孔燒硝爐內上亦用火泥瓦爲頂共高十八寸見本圖則易明熱氣繞燒硝鍋而通至其頂其鍋每六點鐘調換每兩點鐘須換鍋一行其熱硫氣與熱硝氣先行在生鐵圓膛辛下幾分得冷後行過鐵管壬高二十四尺通入涼膛此膛長十八尺寬五尺高一尺半

膛之頂與底滿以水此後通入鉛房近有人設法在燃膛內進汽有云令硫强水變成更速照上法所做之爐與尺寸每六工能燒硫二十六噸配平常燒硫之爐十五個又如幾分隔斷所進空氣則能減少其硫每六工能減去五噸至六噸用以上之爐論其容積所能燒之硫比平常之爐更多因燒得勻而進空氣不過限其各種工最爲可靠查此種爐益多而弊少因各處造硫强水廠俱用之但設此法後忽廢去燒硫法而以鐵硫二礦代之故不用此種爐另設燒鐵硫二礦之爐

如燒硫之爐特設法令硫養二氣變冷不但無益而有害故十八圖內所有通硫養二氣入鉛房之鐵管其一端外加磚護之令熱不散如不用水箱或水鍋等法則硫養二氣通入鉛房管時不過百分表之一百度至一百二十度足令硝强水之霧不凝結因此霧先凝結則俱爲靡費如用水箱或水鍋等法則硫養二氣之熱度減少略百分表之四十度爲限故通入鉛房之淡養五氣必已凝爲流質如用連進硫礦之爐則熱度更大不得已另用法令其氣變冷

化學工藝初集卷二

第六章論燒鐵硫二礦成硫養二氣

常出售之鐵硫二礦其土石等質已淨不必另加工分出異質如每一種揀出之鐵硫二礦其異質未淨者此種礦出賣甚少俱爲開煤相近處用之故此書不特論

凡鐵硫二礦之大塊不便用於爐內必敲碎平常用手錘敲之但各處之礦軟硬不等如奴耳維之礦最硬其大塊須用二十磅重錘敲碎此最費力德國礦最易敲碎日斯班牙葡萄牙法蘭西等礦更軟每百分成屑五十分或更多其最軟之礦爲車錫地方所產乃顆粒所併成用錘一敲卽碎又有日斯班牙數處礦亦成大顆粒最難煆之

英國敲碎鐵硫二礦後用大篩篩之其篩之孔徑三寸德國有數處在平常窰其篩孔徑一寸零四分寸之一深窰徑二寸半敲碎時成礦屑以少爲要其敲碎之礦亦篩之分出其屑先用半寸徑孔篩之間有孔徑四分寸之三者不過篩爲塊過篩之細粒謂之屑再細謂之粉此三種必以不同之法燒之其礦塊不可過大亦不可過小過大則不能燒透將所餘之灰敲碎內必有未燒之料又大塊燒時生熱過多能令成鎔化料爲鐵硫質此事在下詳言之如其塊過小則阻空氣進入其礦亦燒不盡平常將礦分三類一爲塊一爲屑一爲粉間有分塊與粉兩

爐燒之可免多一爐之費
敲碎鐵硫二礦用手工費時甚長所以設機器軋碎其機器原爲軋碎鋪路石之用最好者如二十五六兩圖爲布列克所設此機器俱按一日能做之工所軋之石足用故大小不同如圖內甲乙兩件猶人上下牙骨甲爲直立不動乙能活動與甲成七十二度之角其法在定軸丁上搖動少許則大軸辛有角形桿之戊戊又有曲拐庚辛俱令乙牙骨移動壓住其石軋碎後有簧己包在橡皮殼內令其回行又有劈卯在戊竿後能配準角桿又有輥輪丙能令軋碎之石俱出此輥輪亦爲大軸上皮帶輪所運動用子丑兩滑車能自轉輥輪寅其曲拐軸辛又爲

皮帶所動其皮輪兩個一定一動此機器有四車輪故能爲馬所牽動行動時其機發大聲人不耐聽其牙骨易拆去換新雖常壞亦易修理再有機器家將橡皮內包之簧以易配準竿帶之較原來之樣更省事每十點鐘作一工能軋四十噸至一百三十噸最小者金錢一百四十元最大者金錢三百七十五元如俄克地方有十二馬力汽機能運動軋石機器兩座一在上一在下高者將大石軋成中等塊下者軋成合式之尺寸如最硬之鐵硫二礦欲軋成塊大一寸四分之一一工能軋二十五噸大二寸半能軋四十噸
法國亦設新法機器如二十七圖爲空底杵之形狀杵內有乳鎚壓碎其石見本圖易明此器能比前兩圖機器更佳與否必待將來方知

燒鐵硫二爐

燒鐵硫二爐必分別燒成有塊與小粒或粉者此兩種礦不能在一爐同燒必分開另在一爐燒之如將塊與屑合放在爐內則爐不能通風必有數處燒之不勻不能得法所有粗細礦屑不但軋時成屑不少猶有從開鐵硫二礦處帶來者
先論燒鐵硫二礦塊之法其法令鐵硫二燒時發熱足爲燒盡之用不加煤等燒料如第二十八圖爲初時所用之爐有上下兩爐柵甲爲進料之門呷爲爐柵與平常燒煤之爐柵同乙爲小

柵能燒第一爐柵所落之礦屑㕯爲門開之能去爐內燒成之灰但此種爐不便於燒鐵硫二礦之用故仍用窰燒之其窰底不配爐柵
如二十九與三十兩圖爲此種窰其尺寸爲本窰五十分之一高十尺寬三十三寸二十九圖爲前面立圖幷平圖丙丁綫之剖面式三十一圖爲平圖戊己綫之剖面式顯出爐底兩邊之斜面造此式令灰易從左右落下而在㕯㕯兩孔內取出其礦從頂上口內放入用鐵門關之如三十爲平圖空氣幾分從㕯㕯兩孔而進幾分從更高之四孔叮而進此四孔用活磚能放進取出此各孔內亦可進鐵桿打碎鐵硫二礦塊因鐵硫二礦易

鎔化成大塊含銅者更易鎔化此窰內所添之銅硫二礦必依其礦性而配多寡如難燒之礦進料多而聚積更高必謹慎令其硫氣不化散又必令礦之以上各層進空氣足燒盡化散之硫其氣先通過戧路通入硫強水膛間有先行過磚膛令所帶之礦粉沉下聚之如硝強水欲從定質鈉養淡養五而生出則在通路戧內置一盆盆內置所需之鈉養淡養五而戧內之熱度足爲此用此種窰不能多但必有三個並列每三窰有通用之路戧戧又有風門吧能關住所進之風其兩個路戧戧亦相連成一路寬三尺三寸有人云此窰內燒鐵硫二礦其灰內每百分只能餘硫三分但此說甚可疑因最好燒鐵硫二礦之爐內配爐柵如能得此數則爲最佳

如二十九三十三十一三圖做方形之窰有不便處因礦在窰易停而不落令空氣不能通故平常之窰其牆作斜形如三十二三四五等圖則礦易落下且易燒盡不鎔化成餅如本圖內用四個或八個窰相合而建造甲甲爲燒礦膛高六尺六寸半底二尺一寸方頂四尺二寸乙爲引氣路在丙處相合各膛前面有四孔各邊另一孔又向內有兩孔如吧吧爲進礦之孔呷呷吃吃爲放燒過礦而進空氣之孔丙戊丁旺爲撥礦或進礦之孔其柱丁下之彎洞爲置鈉養淡養五盆之處此盆從嗹孔能進出而在啈啈兩孔作此工各窰每八點鐘取盡其礦而添新者

如德國富來卜克地方所做之窰不用直牆但用長方剖面形之膛內高八尺二寸半口長八尺二寸半寬三尺七寸底寬六尺六寸半深一尺八寸如下等難礦之礦用此式最便以上所云各窰能做錬金類各工用如煅含銅含鉛或含銅之鐵硫二等礦因此工內只要分出硫若干分又凡含金類少之礦不能在有爐柵內得所需之熱可在此種窰內煅之但其礦塊最小如核桃大如更小之塊必用有柵之爐近來所特造燒鐵硫二礦爐多備爐柵與灰膛因能制所進之空氣而令礦能燒盡所發之氣含硫更多所燒之硝更少又能按時取出燒過之礦可免生礦與燒過之礦併出

用爐柵法爐不必如前之高故便用又進硝與硫強水盆之法亦比前更便如熱度過大則此料能沸而流入爐內令礦凝成大硬塊不能落下間有拆去牆方能出

如三十六三十七兩圖爲富來卜克地方所用燒鐵硫二礦之窰略聚在從前窰與現在爐之當中而能燒初錬出之金類每爐能鎔十八擔至二十擔每百分含硫二十分至二十一分二十四點鐘能燒成甲爲內膛呷爲裝礦之孔孔寬十二寸半有鐵板蓋之板上傾粗金類料之塊厚一尺至二尺如叱爲三大孔能進料而撥料此各孔長十五寸高十二寸吶亦爲進料撥

料之孔長八寸高四寸可爲兩邊取出料之孔兩面各三個長二尺高一尺吶爲馬鞍形爐柵巳爲通風爐㖒爲引去硫養二氣之路卽馬鞍形之爐柵能通空氣至爐之中因當爐在當中兩邊更難進風

如此利時國所造之爐亦有多弊而法國所造者仍不免有大弊見三十八三十九兩圖其爐或做雙者或數個合併各爐有兩個底甲甲裝大塊之鐵硫二礦中間有鍋乙以生鐵爲之或以不得强水之砂石爲之硝合硫强水置此鍋內其氣從㖒頂兩個路而出又有牆吶令遮住鍋乙不受大熱兩爐底每三四點鐘進礦二噸至二噸八擔有云所取出灰內每百分仍含硫

十分至十五分此爐之弊因礦層過淺而爐之造法有多不合處

以上俱前設之法現在爐式更精如四十一二兩圖爲德國富來卜克近設之式如四十一爲平圖與本爐爲一與五十之比例此圖內叮叮與叮戓兩綫其剖面在第四十圖內顯之又如四十一圖呷叱綫其剖面式在四十二圖顯之此爐能燒易鎔之鐵硫二礦乙爲裝礦膛口卽流料孔此孔有密蓋其爐柵庚與汽機鍋爐相切有斜面令料易落下從咩孔取出其小塊由爐柵落至灰膛甲每若干時自旺門取出此門亦有孔使進空氣在爐柵以上約十寸亦在前牆內有平列之孔呼能收墊樞

並圓鐵條此鐵條能搖動令其礦放鬆易燒又取灰時其鐵條能令上面礦不落下如嗔爲小門便於見礦在爐內燒之又能在此門通一鐵桿撥動卯N爲更大之門亦能作以上之用又從此門置裝硝或硫强水之盆進入其盆置內路內因乙膛甚大則硝合硫强水之盆擺進取出甚不便易傾倒誤事從丙路行過之硫養二氣通至鉛房成硫强水又有小路戊能令地下濕氣不能升至爐內

可見歐羅巴與別國或用高爐或用矮爐英國約一千八百六十年酌中設新法之爐其爐柵寬十尺至五尺深四尺半至六尺內牆直立或稍斜下做灰膛添料之門高一尺八寸至二尺

六寸以二尺至二尺四寸爲最妥又俄國之廠礦層不過厚一尺六寸半德國別處間有一尺四寸因恐礦凝結成餅英國燒此種礦則無慮此其法作雙爐公用一背牆如此能省磚料又能省熱兩爐所放之氣可歸通路而出英國出氣路在爐之頂上其爐之孔四寸至五寸方風門遠離開爐之內膛其氣路放大如此可制風力其爐砌以磚用火泥瓦爲面此種爐門最宜謹慎因進風最爲緊要看下數圖便明

如英國燒鐵硫二礦之爐亦在歐羅巴各國漸改舊式用之其法用正方或長方之鐵柵能轉動如四十三圖爲此種鐵柵之式兩端凹處有圓心爲犇枕之頸故轉動爐柵能配其中孔之

大小如二寸方之柵以熟鐵爲之如長方形之柵大半以生鐵爲之寬三寸厚二寸轉動時其孔更大故爐中能用大塊礦爐柵藉生鐵托架如四十四圖若淺窰內則從四尺半至五尺配兩副深窰內從五尺三寸至六尺配三副照此法其鐵柵必成兩個圓頸此處比別處更軟則圓頸畧等於方邊如長方柵則等於小邊無論正方或長方之柵均伸出少許另有鑰匙如四十五圖能套在其上用人力持柄轉動其各柵之相距如四十六圖柵方二寸相距亦二寸若轉動九十度之角如四十七圖則相距只一寸零四分之一有一廠所用之鐵柵其徑只一寸零四分之一直立時其孔有一寸半斜擺則孔僅一寸又如第四十八圖將柵一半轉動一半不動其相距必在以上兩界限之中因各柵能獨轉之則所成擺列之變化甚多平常擺列法如四十七圖柵中之孔爲最小礦塊不能落下其礦已燒盡則管理人將鑰套在柵前左右搖數次柵中所有之礦灰等質爲其柵所軋碎其孔因暫時放大礦灰能向下落但須用大力柵以上之礦亦因之放鬆管理人或揀一柵轉動則柵之全面有落下之礦燼畧盡每二十四點鐘開灰膛門而去其燼又有柵如四十九圖亦以生鐵爲之或圓或方或橢圓外面有螺絲其螺距與螺絲凸出之尺寸俱配礦塊之尺寸又味與味二之兩托領令鐵條之頸不能從枕脫出哦爲後頸吧爲前頸外有方頭便於套鑰匙轉動照本圖一二兩號乃其孔之最小者二三兩號則其孔最大無論如何擺列其孔之全面積不變因此與平常爐柵不同設此法之人云有多益能令燒礦各處均勻如灰膛內能備小鐵車推入膛內應出灰時只將車從膛內推出傾其鐵箱內之灰卽退回膛內比常法用人取灰多省工力且不必常開門免多進冷氣如六十與六十一兩圖之爐俱用此法

以上所論各爐比用鐵板等法相連愈堅或用鐵柱與牽條或在前面各板做摺邊相連必備孔接橫桿至於爐應配尺寸大半用小者寬約四尺半至五尺有云如用更長之爐柵則有不便之處但予多年用六尺寬之爐能燒礦比別爐更好大爐以七擔作一次裝之小爐分兩次裝之大爐柵面最多能裝八擔至九擔若更多則有不便之處予多年用此種爐則知爐柵面寬四尺六寸長五尺八寸礦厚鋪二尺三寸每二十四點鐘裝一次重七擔用日斯班牙礦每一百分含硫四十八分得最大之益照此法每爐柵一平方尺面積每二十四點鐘能燒礦三十磅如含硫更少者每平方尺燒三十五磅間有燒四十磅者多逾四十磅甚少又法德等國有云能燒五六十磅而含硫最少之礦能燒至九十二磅但英國之爐不常見此數

燒鐵硫二礦之爐每合十二爐或二十四爐成一副爲一班人

所管理各爐亦必輪班添料取灰爐內所發之氣其數可勻常有爐設在硫強水房內無論何處必能蔽雨不使其旁露出因遇有大風時則爐內所進之風必加大而燒之過速或火燄向外噴出應造薄牆或屏風遮蔽如英國之爐式各爐不相關彼此不通但通入公用引氣路故各爐應特配風門如歐羅巴等國各爐只用最薄之牆隔開故一大爐隔開成小爐不能將各爐分開用之或多進風或少進風又不能僅停一爐修理

爐中所置硝或硫強水之盆亦造硫強水工內之要事十餘年前其盆置兩爐中公用之引硫氣路特設門放進此盆置小柱上盆下亦有鉛盆能收沸出之料盆向外門斜置則料易向外流出爐因此不潔甚不雅觀又有沸出之料流入爐內故現在上等廠不用此法一副爐之盆有另備之膛在引硫氣路內路中有放大之處足容應置之盆此膛在爐之外另用柱托之更妥因此盆外另備鉛盆承接沸出之料如置盆之處在爐上則盆偶然破裂其料流入爐內而有大害如用五十三圖排列法則可免此種危險

英國現所常用燒鐵硫二礦之爐如五十至五十二圖為最簡便法可在露天用沙模做成但五十三四兩圖爐之前面鐵板不必刨平或車平自覺整齊又可免用油灰鑲其裂縫間有門受熱時裂開不得已始用油灰如五十圖為兩爐前立圖並一爐之剖面式第一爐拆去其前門如五十一圖為橫剖面式顯出爐之兩行其兩行有公用背牆如五十二圖為剖面平圖一半恰在爐柵上一半在門之中間呷為添料孔叱為門此門在哂哂槽內而能移動開關其小門叮只暫用亦以同法排列䏏為灰膛活蓋蓋之中有進氣孔吧吧為托爐柵之架其前架巳亦托住前牆下板而有圓孔但吧吧作半圓孔所有彎弓與進料門平行又有進風孔咦咦與氣路哞哞相連其引氣路亦有鐵板外殼用火泥瓦片蓋之

如第五十三四兩圖之爐比上爐價貴而更精呷為進料門叱為小門便於看爐內所燒之礦有絞鏈能關開如五十四圖葬爐前板所凸出之處斜向爐底所有相切之金類面亦刨平令不洩氣如哂哂爐柵門與叮灰膛門亦以同法為之又有不常用之門䏏吧亦照五十圖之法為之如本圖內之爐為一行之末爐故其小膛咦與半圓槽哞漏斗呼俱與爐相連此各圖與爐之比例為一與五十之比

燒鐵硫二礦爐用礦大塊之法

新爐必先用火烘乾透則可裝煅過之礦離添料門以下略三寸為度如不得煅過之礦可用平常鋪路碎石其塊宜小只能在爐柵轉動時落下其風門關閉而開通進料之門再添平常燒料或木柴或粗煤鋪在礦面燃火待十二點鐘至二十四

點鐘其爐與石及礦料上層已烘熱則燒料所餘之粗質取出爐中添生礦若干照常數因爐邊所有之熱與下礦所有之熱並所存燒料之熱能令燒礦着火着火後關閉添料門開通引氣路門令硫養二氣通入鉛房內

照上法自起首燒礦之後連做工不停至爐已壞或因別故要修理方停止如英國數處之廠因工匠遇禮拜日停工則於禮拜六夜間關風門而禮拜夜間開通其風門與各門關閉則爐熱不散一添新料即時着火如平常要停工四五點鐘其爐不散熱不必再加木柴或煤等燒料

燒鐵硫二礦之意有二其一要燒去礦內之硫其二礦內所含之硫放出硫養二氣外另須進空氣若干恰合鉛房內做硫強水之用但所需進空氣數不但足令硫養二變爲硫養三猶必有餘若干但平常之礦不但含硫猶常含鋅或鉛與硫化合者又如銅含硫之質亦能在烘熱度內能分出硫磺如銅硫不必分盡其灰內每百分含硫四分至六分不但無碍而反有益但含鋅或鉛之礦受熱時變爲鋅養硫養三或鉛養硫養三此兩種質非白熱不能化分故此種質並鈣養硫養三或鈣養炭養二必存灰內不化分

除多含鉛或鋅之鐵硫二礦外但論平常之鐵硫二礦則礦塊在爐內燒之灰中所存之硫不過百分之三至百分之四周年論之則以百分之三爲中數如德國最精之廠以每礦灰百分有硫三·六六分爲中數平常論之有數廠其灰內所存之硫每百分有六分至八分或更多者又有相近數廠灰內只得百分之四至百分之五此事之差或因爐不得法或管爐之人不明此理其爐柵面鋪鐵硫二礦一層過淺尚未燒盡時令爐柵轉動灰落下過早則灰內所含之硫自更多又爐雖合法而管爐之人或粗笨懶惰亦易誤事即如爐夫不用堅實之鐵條推礦入進料門礦在爐內鋪之不勻或從背面與左右不斜向進料門二寸或爐柵搖動不勻一處落礦速而一處較慢或礦塊過大或所進空氣有多寡不勻之弊此俱能令礦灰內存硫過多

如鐵硫二礦燒成之灰欲知其合法與否不難分辨如合法則礦發漲必有破裂之處其質輕而鬆紅色如鐵銹又如含銅硫二礦則變爲深暗之紅色所有燒成之礦灰應有輕而鬆之塊將其大塊以手試之依其分兩可知燒透與否又如敲碎其塊看其硬性中有生鐵硫二礦或灰內見有渣滓多俱爲燒不得法之據

以上試法亦不足爲大廠可憑之據每兩三日將灰內之燼依化學法化分之定其含硫若干分又以上之法係試成塊之礦如礦屑礦粉則必用化學法

用化學法分別燒過礦所存之硫與前第四章論化分原礦之

法同但化分礦灰不及化分原礦之爲要最簡便之法用第八圖之長漏斗可在一點鐘內試成其法將礦灰研成極細之粉二格至三格用加熱之合強水泡五分時熬至將乾再加輕綠少許與多熱水沖淡後濾之則水內所含之硫強水可用量體積之法或用重率之法而定其數從此數推算其硫數

以上所論燒鐵硫二之礦俱以爲餘灰不值價又如礦每百分含銅四分而用濕法取其銅則其灰含硫之數亦與前說相同如燒礦之後其灰所含之金類値價而礦所放之硫養二氣不作要緊之料或變爲硫養三其故只因放硫養二氣有害於人則其事與前迥異即如鋅硫二礦或銅硫二礦或粗銅等此種礦燒去其硫得餘下之硫爲極少之數並非造硫強水廠所能料理間有不可燒盡其硫應留若干分便於鍊出金類果如此則造強水之人先照常法燒取其硫造強水後將生礦與灰調和配鍊銅等金類之料所需硫數

前論燒礦不但要取硫最多但所進之空氣亦必合法不可過多或過少如進空氣不足或因開下門之孔過少或因風門開不足或因灰塞其管或因其爐進風力不足即如爐過熱其硫尚未變硫養三氣而在引氣路凝結或在引氣路內灰膛或枯煤塔或造強水鉛房內聚積塞住其爐而不通間有礦鎔成餅不能通風所凝結之餅塊含生礦在內如此則硫有靡費又因

不通風則凝結成餅之上下礦亦燒不盡如欲免此弊在加新礦時將已燒之礦用鐵條挑撥看有成餅與否成餅常在礦之上面相近處可用鉤從添料門取出如初成餅之小塊管理人不經意則漸落下成極大之塊更難取出必用大而重之鐵條長十二尺厚二寸照五十五圖法彎之從裝料孔放入令其彎處端甲在其丙下後用數人在一端用力起之而起之最難如不能從平常進料門取出必從中門取之但開中門在裝料門與爐柵中間大爲不便如能免開此門最佳

如爐內所鋪之礦過深亦能令所進之空氣不足用礦之深俱憑爐柵與進料門之立相距則各種必有相配之爐不能有公用之爐如從前燒愛爾蘭國所產之鐵硫二礦後改用日斯班牙之鐵硫二礦其爐亦改變形式因愛爾蘭礦含硫少則爐必高方得所需之熱日斯班牙礦含銅易鎔化則爐過高生熱必大礦不能燒盡因此含硫少之礦尚可用矮爐而含硫多之礦斷不能用高爐又如風力不足則硫氣從爐之裂縫噴出如開添料門或底門則更有硫養二氣噴出若風力過大則進鉛房之氣過多而硫養二氣合空氣過多亦爲大弊如添料門上有小窗門開此小門則硫氣與火燄不發出又能見爐內火燄向引氣路而稍彎則知進風爲合法但進風宜開閉下門內之孔因爐柵上下之門開通所進空氣過多故開門時愈少愈妙裝

料與搖動爐柵出灰等事必以速爲要又開上門時則下門之孔應閉又如所進之風不足用則開門時必有多氣噴出爐房內有硫養二氣過多不獨有害於匠人亦有害於周圍居民

管理進空氣法有數種俱憑進風門或門內之孔最好之法在灰膛門備若干孔各孔有塞開閉若干塞則能配準所進風數德國有一廠特設量風器則爐所進空氣能依數而進但此器甚繁常遇硫磺等霧與灰塵卽易壞莫妙備許多孔有簡便開門之法使管爐人學習進風何時宜加何時宜減易配得準

爐中添新料時不必多進空氣待半點鐘至一點鐘鐵硫二礦已燃則可多添空氣其爐內火燄必直上如開小窗門則火燄應稍向窗門而偏但硫磺已燒大半而火燄少則空氣轉行隔斷全靠爐中所有之熱又應在添礦以前兩點鐘開進料門用大鈎挑起礦深三四寸如見礦有鎔化成餅之小塊必去之又如發藍色火燄則知燒礦不足必多進空氣而燒時之界限已滿無論十二點鐘或二十四點鐘其空氣在爐底隔斷則開通爐柵小門又將爐柵轉動兩三次每閒一爐柵轉動之其餘則否做此工之爐夫必在進料門上之窗門看其塊落下勻否此後速進新礦先在爐旁預備礦料每一副爐各爐輪班裝料每一點鐘有一爐進礦則所發硫養二氣得勻而爐夫之工亦平勻

進礦時爐內初顯黑色後漸有藍色火燄逐漸變大至礦之全面發藍燄待數點鐘後其火燄漸少礦料變爲紅熱再至若干時變冷燒畢則礦面不顯火燄不發紅熱如挑動始發火燄

爐夫最喜用便法試其爐之添礦熱度卽如有一法在進料門外用硫磺條一劃成痕如其痕能卽時發火則知爐尚未過熱如不着火則知可裝料間有轉動爐柵令已燒之礦落下其爐熱度過大必待若干時間有待數點鐘後令爐散去若干熱方能進料如待爐散熱時將餘下之礦灰在其面用鈎挑之則能多放硫養二氣

平常爐夫用新式爐或新類之礦必連用多次方能得法又各廠之法不同如彼廠最上之工匠換至此廠亦不能卽熟悉又如換一種鐵硫二礦更不能一試得法凡一爐所用之礦不可常換如用新爐或新爐夫而礦常換則難知其爐之性因各廠進空氣及挑礦之法各不同

凡燒鐵硫二礦每若干時如能化分其氣則更易明管爐之法

化分氣之法下有一款言之

如爐合法則燒礦時外邊之板略離進料門以下六寸之處應最熱手不能灸更下則熱更減而在爐柵以上相近處幾乎着手不熱此爲爐之最得法者如爐下過熱其故或因進風不足或因進鐵硫二礦過多或因礦粉過多而爐柵孔因此塞住或因爐內之礦鎔成餅落下或因有礦在爐內爆裂

無論因何故爐之熱度不合法必令其變冷又須進空氣其所添之新礦料不可鋪在爐之中間必在爐邊加入如爐之熱度不合法間有過一二日方能歸原或一二日進料甚少則取出上層熱礦待冷再放入因進風多而爐中礦少自能變冷

如爐過熱時無論進空氣不足或進礦過多或有礦粉塞住或挑礦不合法其生出之弊則歸一律如礦鎔化成餅不得已必去其爐柵將礦全行取出再另進礦

間有爐過冷所添之礦着火不猛其故因風力不足或進礦不足此弊易知如新礦不着火必從旁爐取出最熱之礦置爐內如此則不難令爐得所需之熱如爐柵上有鎔化成餅之大塊

或有別項之弊必先知之而後爐能得熱又一法將煤燃之極熱置鐵礦面令其爐得所需之熱但此法有大誤因煤所放之炭養二氣大有礙於造硫強水之工不但能沖淡硫養二氣猶能在鉛房底成一層淡硫強水與上硫養三氣中間隔開令水與硫養三氣不相遇大有礙於成硫強水

如燒鐵硫二礦之爐進風過多亦能變爲甚冷因爐原進之風令其增熱過若干限則漸冷冷則燒硝多而得硫強水更少必令進風不可過限又必察爐中火燄可知所進空氣合法與否

所用之鐵硫二礦宜乾不宜濕恐在管內成硫養三水易於毀爛

照以上所論燒鐵硫二礦之事似乎繁而易誤但爐能如法備之爐夫妥慎照管則能用之經久不壞否則修理最難

以上燒鐵硫二礦之爐所進礦數其界限爲最小如進之過多則發熱過大易於鎔化成餅進之過少則爐變冷如鐵硫二礦不足或需用之礦少莫妙暫停一副爐其餘之爐照常進礦如爐進礦少暫時或無礙日久非宜不如將其爐封密各孔令熱不散若再用則省便

以上所言俱論燒鐵硫二礦之塊其大小愈勻則燒礦亦勻如所燒之礦最大能過三寸孔之篩最小不能過半寸之孔則燒時不甚難間有過四分寸之一者所得之粉亦必另法燒之有數廠不買礦粉而有礦內原帶之粉并有軋碎所成者如軋碎

之機器每百分得粉二十分爲常數若最鬆之礦則更多有數廠用軋礦機器成粉甚多而礦愈鬆其粉愈多故各廠依舊用手工碎之但有便法能燒鐵硫二礦粉如每礦一噸軋碎後能過四分寸之一之孔可用常爐燒之將其粉置爐旁每爐進七擔爲一次先進塊六擔半再進粉半擔如過限則難免有弊其法先裝塊後用鏟散於左右兩旁與其後面令中間能開通無論如何進礦必令左右與後面比中間更高因空氣從下遇阻力在爐邊少而在爐之中間多故空氣由邊易上愈向中間得空氣愈少故在此處礦亦應少如中間作凹形則爐之各處得熱能勻

以上之法如每礦一噸所得之粉不過一擔半則合用如多逾此數必設法燒之又一法前在英國常用現在歐羅巴別國用之將礦粉合泥水成膏壓成球形先在爐之上面或汽機鍋爐上烘乾每粉百分配泥十分爲平常最小之數二十五分爲最大之數所成之球可合礦並進爐內但每進礦六擔此球不可多逾一擔因燒若干時則散成粉如其數多則爐塞不能通氣但爐夫不喜用此種球如爐熱度不足則球不能添入此法之大弊因球在爐中不久而散成粉不如照前說將粉徑放入爐則省成球之工又用球則礦內所存之硫約六分至八分或更多如將所燒之灰賣與銅廠分取其銅則用泥成球不合用

因常出賣之礦含粉過於爐內應燒之限或在開礦處篩出粉成大堆售不得價必出資僱人送至空處棄之所以造硫強水家必須得法能燒礦粉有特設燒殼之法其殼以火泥爲之殼底燒煤加熱略與燒煤成氣同法如五十六七兩圖爲後所設燒礦粉爐只有一爐栅呷在爐之一端其火行過火路𠮙𠮙如此熱幾乎放盡其爐間有長至一百尺因欲省其熱此種爐有進料門十二每門長十二寸高四寸爐長五十尺其礦粉先在爐栅最遠之門哦鋪深二寸至三寸在兩門中間之爐底每進料一次必將前料移前至末門戊之後則從吧孔取出所進之風大半靠此孔吧有風門能管理其旁進料門亦能進風所

成硫養二氣行過暖爐通至造硫強水鉛房可知此理將礦先在爐之最冷處進而在最熱處出愈移前則放硫愈少有云每粉百分所餘之硫不過二分已試此種爐長一百尺灰內所存之硫有七分如每兩點鐘進料一次每次進十擔礦在爐中二十四點鐘每爐能燒礦六噸此法之弊因將礦移前則費工費時又進空氣過多燒硝亦多鉛房內成強水少又必多燒煤約每礦一噸燒煤半噸糜費甚大灰內亦含硫甚多如鍊金類廠用此爐以所得之灰爲最所放之硫次之用此法亦能得利但照以上所論可知用燒殼法無甚大益

另有法將礦極細之粉和水成餅不加泥亦能黏連因細礦遇

水與空氣則與養氣化合變爲硬塊能在常爐內燒之但此法須礦粉極細故特設礦磨之又必和水磨成極細之膏鋪於爐上厚半寸而成十八寸之方塊待二十四點鐘變硬可敲碎成塊與平常鐵硫二礦同所成之塊其質最硬在爐內不能成碎粉其灰亦與最好礦塊之灰同如用泥成球之法其灰則不値價此法之大弊因磨成硬塊之費大

用平常之爐煆鐵硫二礦爐之法用火泥擱板或金類擱板在礦上擺列如五十八圖即連成一層用此法其爐與平常之爐同惟較高其前面有門便於進礦粉每擱板面寬一尺半長五尺在前後與一邊靠磚有揩邊令礦不落下又有熱鐵條迴過

爐頂能令鐵板熱時不能向下彎其左右兩板各有門門有絞鏈如板燒壞可啟門換之只費數分時每半年須換鐵板進礦粉用特備之鏟每三點鐘撥動一次各板受礦一擔每二十四點鐘裝料一次則各爐每日能燒礦粉兩擔爐中間能裝礦塊兩擔至七擔其塊内亦能加粉至兩擔爲限

設此爐之人自云甚爲得法但旁人詳察有不合宜處因礦粉在二十四點鐘内尚未燒盡撥動時有許多空氣通入鉛房又鐵板易變凸凹而燒壞如用火泥板更妙但板離爐内之礦太近則令有發冷之弊每燒礦一噸之工價約英銀四元

此擱板早有人用之如五十九六十兩圖爲以前常用多層擱

板之法其圖之比例以一寸當百寸如五十九圖爲前面立剖圖六十圖爲旁面立剖圖此種爐以四個爲一副各爐合連成長方形如用別法則散熱多而糜費大如下膛甲爲裝礦塊之處乙爲爐柵能活動有軟墊曰其樞任作何式俱可在前牆内如丙爲灰膛哂爲門門内有孔能進氣丁爲進礦塊之門以上各法俱與平常之爐同另在爐之上板有燒礦粉架乙又有火泥板厚三寸如圖内卯分若干層如本圖分七層其礦粉鋪火泥板上成二寸厚之層靠下爐燒礦之熱燒而燃之其氣行過爐内之火路如五十九圖能看其路在牆内又如六十圖有箭指出熱氣所行方向所成之硫養二氣行過吧路通至做硫強

水膛旺爲小孔能見所燒之礦以火泥塞之如噴各孔各有金類門能進出礦粉令其通入門與爐旁鐵板所有之路丁燒礦時此路丁裝滿已煅之礦故硫養二氣必行過泥板其裝礦粉法先在小門哻取出丁路所裝之礦灰後閉其門將下層火泥板之灰爬出通入丁路則能裝滿火泥板等高之處再將新礦粉進在下層火泥板閉其庚門將第二層火泥板收入丁路内各火泥板照前法進出其料有云此種爐每燒礦塊三十五分能燒礦粉六十五分但用慣此爐之人云每礦塊一分只能配礦粉一分在爐頂上做鉛盆而鉛房内所得之淡硫強水可在此盆熬之不必另費燒料但管理此爐之人常不經意故鉛盆

鎔化最爲誤事必將鉛盆置爐旁而硫養二氣行過其盆下加熱間有令硫養二氣行過汽機鍋爐令硫養二氣之熱能成水汽

此爐有七層隔板離地高二十尺所以進礦粉最難而造爐先在地面掘一大膛爐半在地面下半在地面上最爲難造故近設更便之法令擱板相離四寸只用板四層高六尺六寸能從地面裝料但此法雖便燒鐵硫二礦更少

另有一法如六十一六十二六十三各圖此爐燒礦塊之爐底有四個矮夾牆如乙乙其牆與礦塊一層高不過一尺四寸如牆加高則礦層亦可加高更爲合宜此爐燒礦粉之法用高烟囱如六十一圖内有火泥板八塊如叮叮俱斜擺其斜度略與

平面成三十八度角在烟囱或塔口添礦能自行落下不必入管理下層有一小輥輪吧轉動時能漸去其礦則上有礦落下補之其火泥板中間之膛爲硫養二氣上升之路至大管頂從此管通入鉛房此爐二十四點鐘內在火爐斜板上燒礦粉二十擔其礦大半爲粉或小片最大者不過長三分寸之一又所燒礦塊每二十四點鐘能燒四十八擔此法在德國與奥國用之甚多惟礦之細粉不能自行落下必助以人力其輪已間有用小水輪轉動

以上各法外另有數種爐如六十四五六七四圖其礦從頂上漏斗裝入行過大斜面其下有餘熱令其收熱如礦在此斜面

卽四十三度角仍易落下則斜面下必成一高堆高過五尺因各種細粉落入地面成三十三度角之斜面因此其粉堆當中不能燒故每十八寸相距做夾板離開斜面約一寸則礦之斜面成許多薄層其各板旁有孔而擺列法令燒礦爐所放之硫養二氣來往行過礦粉如六十七圖之箭號至末過呷通入火路從此火路通入磚膛以此法則硫養二氣漸加濃而礦漸燒盡其斜面下之火路易從旁開門收拾乾淨斜面底有輥輪吧此輥輪爲空心令氣易通入變冷用小水輪動之其動速有塞門管理每兩分至五分時將礦若干傾入燒殼內每兩點鐘斜面底所聚礦粉取出鋪平於燒殼內而漸移向前至唇孔內則

落入爐底遇火燒之其倒燄爐用煤氣爐子生火得熱能匀而省燒料此種爐燒鋅硫二礦最宜每四爐通至造硫強水鉛房若干間其鉛房有十三萬五千立方尺每二十四點鐘成強水六噸其強水含平常之水一半

以上燒鐵硫二礦粉之爐俱用外面加熱法令其燒殼得熱如不用外加熱則必燒礦塊得熱但專燒礦粉之爐不能同燒礦塊專燒礦塊之爐又不便燒礦粉因礦粉與礦塊同燒不免有許多不便之處所以另設一爐如六十八六十九七十七十一四圖各圖以一寸當五十寸之比例如六十八圖爲七十七十一兩平圖亥亥線之立剖面式與前面立剖圖六十九圖爲七

十七十一兩圖天天線之立剖圖七十圖爲六十八六十九兩圖地地線之平剖面式與頂上之外剖面式七十一圖爲六十八六十九兩圖人人線上之平剖面式此圖內面鋪火泥磚高十七尺長四尺三寸內寬二尺七寸半先用活動爐柵甲又將丑孔塞緊又在丙各孔生火令爐內生熱至白色其空氣從下門吃而進初燒時自與做硫強水鉛房不通但通至旁邊之烟囱待爐內已熱至白色則起首所進之礦爲乾粉而粒之粗細匀淨先裝生鐵箱甲箱口有木漏斗箱內有齒輪能管進爐之礦其兩齒輪爲柱形外徑三寸齒之中間徑二寸中間之孔八分寸之三有叮齒輪從滑車戥令其輪以相反方向轉動初每

五分時一轉至七點鐘後則爐裝滿其蓋𠱙可與爐任配遠近如此可護輪不受礦之壓力其礦在㖒孔內落下因常有礦蓋之不能有礦散開其礦過㖒孔至火泥三角柱旺在此柱左右平分落至四個三角形火泥條再分之落入其下之七個三角火泥條此下有火泥條共十五層其擺列法令上層孔對下層條則礦漸落下過其下所進空氣愈下則遇空氣含養氣愈多故易燒盡其硫養二氣與餘養氣與淡氣從爐道過嗊火路入總氣路丙行過放塵膛丁從此膛通入做強水鉛房㗊爲修理火爐之門㖒𠱙兩門爲修理總路與放塵膛之門放塵膛面有鐵板礦在此板烘乾以備進爐在前牆有孔午有鐵套管未蓋

之前有圓孔以瓦塞塞之其孔能見爐內之礦便於進鐵鉤撥礦開通爐柵如六十八圖套管甲能收出火爐所進之塵七十二圖爲套管與火泥條排列法此種爐每日能燒礦五噸有云每日燒鐵硫二礦只能二噸至三噸每爐須四人管理每四人同時管理數爐每日所燒礦數多靠爐工常開通爐柵燒時在爐中熱至白色更高處熱至暗紅最低處熱不甚紅進空氣太多其熱移至上面少則熱降至下面如太冷則必進空氣更少進礦更多如太熱必將生礦合燒過之礦令其漸冷

查此爐雖鍊金類礦最宜但做硫强水恐不合宜不但氣路所進之塵甚多且火泥條易於折斷須用上等之料方易拆換而

其價必貴凡氣路所進之塵約爲礦百分之五如燒礦太多則爲百分之七欲免此弊須改變形狀如七十三七十四兩圖㗊㗊爲彎弓兩旁之孔與吃吃兩旁之氣路相連其氣路通至收塵膛在㖒先遇磚做之簾可從此則氣向下彎而阻其塵落下其吃吃氣路通至前面有鐵板蓋之所以氣路內落塵多時可去其鐵板用鈀幾分推入爐之烟囪幾分推入聚塵膛此事僅費數分時如每二十四點鐘燒礦二噸每六工可做一次又有法能令其塵更少如七十五圖此圖可見礦粉從左右落下在放氣孔之旁故礦粉不能吸入此孔內成飛塵此法自應有益但以上各種爐難得燒盡其硫而鉛硫二礦不能在此種爐內

燒出其硫做強水用但鋅硫二礦磨成細粉能去其硫之大半只能餘百分之五分必另在別爐燒之但所燒出之硫成強水可合算如粗銅等料每百分含硫二十五分至二十九分能放出硫十二分至二十四分所成之硫養二造硫強水亦合算如原意欲成硫養二氣做強水則此種爐稍合宜如出硫便於煉礦成金類而以收硫養二氣次之則未必爲最佳之爐有數處用之多年而改變別法

法國有人設法將礦塊與粉另在一爐燒之因塊與粉分燒則所需之熱俱在燒本料而得此法爲燒礦粉最簡便之爐多年不用後一千八百七十三年奥國京都維也納博物院內特備

一爐爲衆人觀看於是歐羅巴別國大興此法惟英國尙未考究如七十六七兩圖爲此種爐縱橫剖面式平常將若干爐成行爲一副初用爐之時備燒煤爐柵呷與火門吃燒成白色熱則用磚塞密但上面添料之門必從起首時開通後開咩旺呼三門進礦粉落在哂叮哦吧㖽五副板之面卽時發火其空氣進丑門易於閉住其硫養二氣行過各板面成蛇行之路如本圖有箭指出後過嗔孔通至塵膛唧再過唇門通入鉛房或先行過第二放塵膛其膛唧上有鐵板吧吧上有鉛盆若干味味鉛房內強水能在鉛盆熬濃各盆用吸管能通如本圖其置礦擱板長八尺寬五尺爲八塊所合成分兩行每行四塊兩端靠

爐牆中靠火泥條呻呻此條形式見七十八圖易明如本圖能見其相距各不等上板因放氣更多其相距比下板更大上板相距約四寸半礦在擱板上常移動從上板推至第二板從第二板推至第三板其法開旁門推之至末則礦落入灰膛戌再開入門每四點鐘推礦至下層而加新礦每四點鐘推礦一次灰膛戌所聚礦粉每日從亥門取出其礦從上板落至下板令硫易燒而自能增熱照以上爐四個每日能燒礦三噸每擱板一平方尺燒礦六磅至七磅此種爐燒礦每百分所餘之硫一分至分半比前各爐更佳但以上所論含硫多之鐵硫二礦如含硫甚少恐不如前爐之佳但此爐有大弊因常開門推礦落下多費人工又進空氣甚多此空氣至鉛房內則所燒之硝必更多所得之硫強水更少故有人另設法可以機器代人工免多開門進空氣之弊

如七十九八十八十一二三各圖爲沙弗那所設之擱板爐有七層擱板各有特設之門一邊三門一邊四門有灰膛門方十八寸能取出燒成之灰其門各有槽配之可開閉毫不洩氣免用灰等料封密其門之前板有角鐵塊以螺釘連之便於左右移動見八十四圖此法比整鑄成者好因零件刨平之工比整件刨平之工更省又比英國之法在五十三四兩圖者更爲簡便而價廉其堅固亦相等此種爐不另設進空氣之門因各平

面雖刨之最平準尚有小裂縫足爲進所需空氣之用但烟囱有風門能制所進空氣之多寡

此種爐之擱板爲火泥所成長五尺寬十八寸中不用托條但下面成弓形故中厚三寸半兩邊厚六寸其全副擱板上有氣路並聚塵膛此膛通至向後更大之膛其上去塵膛有裝礦料之漏斗漏斗有小圓錐形塞塞上有桿伸出漏斗外其桿有相連平桿平桿上有重錘可以此法能壓下桿之外端漏斗之礦卽全落下其圓錐塞再落下而進新礦新礦粉塞其孔令硫養二氣不散此爐能燒礦粉與礦屑最大之粒如豆每百分所燒餘之硫只一分能燒礦屑免磨成細粉之費

如八十五六七八九各圖爲新式爐之剖面式其礦添入漏斗如甲$_{一}$至甲$_{五}$落入辛$_{一}$至辛$_{五}$之板上在其下取燒過之礦則礦粉與屑漸落下卽與六十四圖之法同意如礦粉過細亦難自行落下空氣在乙進去而向箭之方向通過先行過五六層礦令其變冷後漸收熱至丙處其空氣合於硫養$_{二}$氣少許出爐再於丁處進爐而熱度已加大又在礦面落下至遇將燒盡之礦令其硫全出其熱硫養$_{二}$氣在丙處出爐行過兩個烟囱烟囱有管連之後行至己而向鉛房又其空氣令礦能燒從丙至丁行過遇熱磚而自收熱查此法太繁因空氣另加熱之法後令其氣進爐從上落下難免礦燒不燃而令熱不足用或礦燒

不匀其硫養$_{二}$氣應用最簡便法放出又必令硫養$_{二}$氣上升而行又其擱板中間空處易塞難於開門令通故此法與簡便擱板法相比無甚大便益處惟礦粉能自落下然亦需工人用手推助

所有燒礦粉爐最好爲新設之法如第九十九十一九十二三圖爲英國人所設此爐爲鐵箭徑六尺高十二尺用七個圈啤以螺釘連之各圈摺邊令其內面能托住平板吃$_{二}$至吃$_{六}$此板作弓形分爐內成七膛上膛在頂上露出其各弓並其爐之生鐵底俱在中心鑽孔能接生鐵軸丙此軸徑六寸有齒輪叮與滑車吠與汽機已運轉之此軸在頂與底有封密處唊與

唊$_{二}$而哰與哰$_{一}$之盃連於上弓與爐底通入其封處其頂與底定而不動封密後其蓋與軸併轉之又軸進出爐之處有水節令氣不能散其軸上有生鐵輪輻吒$_{一}$吒$_{二}$至吒$_{七}$輪輻下面有齒齒之方向迭更相反所以吒$_{一}$輻令其礦粉從心至四周而動而吒$_{二}$輻令礦粉從四周而行至中心爐內各弓亦有相配之孔如吃$_{一}$吃$_{三}$吃$_{五}$近於外邊有吃$_{二}$吃$_{四}$吃$_{六}$近於中心其近於中心者有大孔在中間寬一尺三寸內有鐵管爲裏則由軸內令其煤氣與礦粉易繞軸而行過其餘孔有鐵管套之最緊故通塵極少而通氣更少其礦屑可用一寸孔之篩篩之內有塊大如核桃有起礦架子爲吧汽機所運動起礦倒在吃$_{一}$之弓

面上其輻吒$_{一}$令轉動漸移至爐外則礦因燒熱之氣全乾其礦從軸之邊落下而爲甲壓水箭所推此壓水筒或用乙桿或丙桿動之能任配遲速落下之礦爲吒$_{二}$輻所移至吃$_{二}$弓面之中間落下其餘各層類推落至底則行過管嗔此管之門有兩個塞咿與哌以此法能免去灰時進空氣因爐常有烘熱則礦落至吃$_{二}$膛時能燃漸落下在爐中燒去其硫所用空氣有噴氣箭吧能照數進之又所生之硫養$_{二}$氣從未管通至做強水鉛房

此爐每二十四點鐘能燒礦三噸半如配八個膛在內能燒五噸英國太那河用此器每六工運動汽機所燒之煤四噸如二

馬力汽機一寸半徑汽管足爲最大爐之用每六工約工價銀錢六十五元共人應能管三個爐可見此爐之靈巧與爐夫之本領無關因爐夫須做工數年方爲熟手

初用此爐時令汽機運動爐內漸裝礦粉礦已落爐底則汽機停止而旁火爐之火通入爐內待爐底與叱弓面之礦已燃後令汽機再運動去其旁爐閉其門則爐能自行燒礦如落下之礦燒之過速或過慢必配進氣箭或壓水箭或中軸轉之至毫無遲速之弊此種爐能燒出硫令礦灰內所存者不外百分之一如勉強燒之過速則礦灰內必存硫百分之三至百分之四

以上所論汽機有一弊極易顯卽其內各機器必消磨最速須

換新者欲免其弊在最厚處以生鐵爲之又如軸上之輻已壞則可開進人孔甚深而換新輻以免爐變冷之弊但此弊之外有多益處如常挑礦粉可省人工與開門又裝料出料無空氣通入爐內又因用噴氣箭則可配準所進空氣各工做法比別爐更便無論燒礦塊與屑俱合法所用之硝最少而所成之硫強水最多但此爐雖有各種益處而氣路所聚之飛塵爲最多無法制之亦有礙於鉛房內做強水之工又進氣筒所進之風力過大則飛塵送入甚遠如聚塵膛能配之合法汽機改變其式可以免此各弊

再有特設一爐爲燒礦之小粒卽大如豆者此法略與前數爐

相類與六十一圖之爐有大同小異之處九十三四五三圖顯此新爐之式如九十三圖爲立剖面式而爲九十五圖丙丁線之式九十五圖爲九十四圖呷叱線之式九十四圖爲九十五圖戊己線之式並其前面立圖此種爐每副以三個爲最少以九個爲最多又有公用之硫養二氣膛此爐內有與別爐不同之處因生鐵爐柵呷不在前後排列而在左右橫列又靠托桿叱有伸出之頭在柄下有桿直挺通過其托頭而向前通至爐之外面卽通過套管法其托頭柄不在同處排列在左右迭更排之故在前面有伸出之兩條桿又每托頭之柄預備一銷連在挺桿上所以挺桿移前則各托條一併移動各爐柵因與托

條相連亦必轉動可用鑰匙令一副桿或兩副桿同時轉動因爐柵等件配之極準同時移動則爐柵中之孔配得最小爲十二分寸之一可常得此相距此爐所鋪礦層哦爲最薄僅厚六寸其灰膛已常關閉而開啐門時只暫放出灰之用噢爲進氣門其爐所裝之料用旺漏斗此漏斗有雙圓錐形塞其料在呼呼兩門速鋪平其放灰之法將桿柄進退數次則餘熱灰一層在爐柵面又因爐柵已烘熱所進新料卽燃火爐中每膛之柵面爲三十二平方尺每點鐘能燒礦十四擔至二十四擔如用鐵板壬壬能從丑丑門進極細礦粉若干燒之但燒礦之細粉難得法此爐亦必備聚塵膛其硫養二氣從此膛亦能行過果

勒發之桔煤塔此爐如合法用之則礦灰內所含之硫每百分不過三分半已有多處用此爐最得名但所需進氣之力必最大又不能與燒礦塊爐合用如所進之風不足則其礦能鎔化成餅而生出多弊

另有一爐用燒煤氣廠之廢料分出硫磺此爐之式如九十六圖其爐之擺列法與七十六七八各圖之擱板爐大同小異不必另詳又九十三四五各圖之爐亦有人用之作此工又有一種爐如九十七八兩圖此圖用火泥作半圓柱形甑與蒸煤氣所用者相類看圖易明不必詳論又有數廠將此廢料在別種爐燒之其爐柵小而相距亦小

第七章論爐內生之硫養二氣

爐內所生之硫養二氣已有化學家司否存白格詳細推算無論燒硫磺或鐵硫二礦俱生此氣並論及平常爐所進風數

一論爐內所生硫養二氣與所通之風並燒硫所需空氣

爐內燒硫或鐵硫二礦所進空氣數與所成硫養二氣等數行過鉛房與出鉛房氣各質所含之原質爲最要

爐中之風力有數故一因爐通入鉛房所經過之路甚熱如以理推算此氣質密數應爲空氣密數之倍疑爐內所有之氣質亦必重於空氣如詳細推算其重率則知不然因空氣在百分表二十度熱此爐內空氣或硫養二氣所含之質更重雖空氣熱度至百分表三十五度其氣質亦必合爐內所含之氣質更重此論係不問空氣內所含之水氣如考究空氣內所含水氣在爐內受熱而漲則空氣與爐內之氣分別更大

因燒硫磺之爐出氣管內之氣比空氣更輕所以出管之頂上通入鉛房內之速必與輕於外空氣壓力之較有比例所以此氣通入鉛房時必受此壓力故爐之立管愈高其風力愈大而氣行過愈速所以進硫養二氣之管通入鉛房邊以高爲要以此法能令其爐吸進空氣不但足用而有餘則可收小進空氣之孔如此能管理進空氣之數

二因鉛房內成硫養二氣硫養二氣變成硫養三流質流質之體

積小則有眞空其眞空亦生出吸力而吸外面之空氣進以補之可見此法能增進風之力

三因鉛房出氣之立管或烟囱所出之氣比外空氣更熱不能比外空氣更冷另含別氣則易明輕於空氣不必推算而知

因以上三故所成之風力則爐內進空氣之孔必照法配其尺寸所進之空氣不但足令硫養二氣變爲硫養三猶必有餘查硫磺若干磅所需空氣若干體積方能燒盡則視廠之高於海水平面若干因地愈高則若干重之空氣體積愈大此在配進空氣之數而斟酌之

如欲配所進空氣最少之數不難因進空氣少則其害略輕如

欲配所進空氣最少之數不難因進空氣少則其害畧輕如進空氣過多則令硫養$_2$氣變冷有礙做強水之工又佔鉛房內容積令此容積歸於無用又令硫養$_2$氣過淡又令化學變化之力過輕故配所進空氣數必最準如空氣有變化則所進空氣數亦必或增或減而增減之法或開關進空氣孔或放氣孔但漸進空氣與漸出硫養$_2$氣之孔其法不同因出氣孔與鉛房之第一孔有相關即減爐之出氣孔則鉛房內之壓力更大如減爐之進風孔則鉛房壓力漸少如收小出氣管之孔則鉛房壓力過大而氣從裂縫噴出外面反而言之進爐之風孔收得過小則鉛房之壓力小於外空氣之壓力所以必吸外空氣

從各裂縫通入鉛房內

風力有兩法可加增一開放氣孔加寬二開爐之進氣孔放大如放氣孔開得過大則鉛房內有吸空氣反而言之如爐之進氣孔過大則鉛房因壓力過大其氣從各裂縫噴出而裝料時常見之如進氣孔與出氣孔面積之比例依法配準則可免此兩弊平常令出氣孔面積爲進氣孔面積三分之二爲妥當約數但空氣常改變其壓力數與燥濕等事必常細看進出氣孔而配準無一定之法每若干時推算爐中或鉛房所放之氣求其含養氣數即知

二論燒鐵硫$_2$礦所需空氣數與風力並考究爐所放氣之原質

如上欵論爐中燒硫磺而燒鐵硫$_2$礦所需之風力其理亦同但所需空氣數不同如淨鐵硫$_2$每百分含鐵四十六·六六分硫五十三·三三分每燒鐵硫$_2$一千分須有養氣二百分與鐵化合成鐵養又需養氣五百三十三分零三分之一令硫變爲硫養$_2$氣又需養氣二百六十六分零三分之二令硫養$_2$氣變爲硫養$_3$又礦內每硫一百分需養氣三百七十五分與鐵化合者又需養氣一千分令硫變爲硫養$_2$又需養氣五百分令硫養$_2$變爲硫養$_3$依平常熱度礦內硫一百分需配養氣一千八百七十五分從此數能推算需配空氣凡鐵硫$_2$礦內之硫

所需空氣比較燒淨硫所需者爲一·三五六倍

每燒硫磺一幾路（即法國碼數）在鐵硫$_2$礦內所需進之空氣爲八千四百〇七·二利得（量體積數）又爐所出之氣質每百分應含硫養$_2$八·五九分養氣九·八七分淡氣八十一·五四分但有多廠內每百分氣所含之硫養$_2$不足八·五七分體積間有爲百分體積之六分果如此則鉛房內所成之硫強水依此比例爲更少如詳細推算出爐之氣所含硫養$_2$氣數則知爐能燒礦得法否因此氣內所含之養氣必與所含之硫養$_2$氣有反比例平常言之上等礦所含氣內每百分有硫養$_2$氣十一分至十六分近來各化學廠詳察爐中所放之氣而知上等礦能得以上

各數如下等礦每百分內只能得硫養二氣七分至七分半而一爐所放氣內含硫常有或多或少之時有一爐內一日試數次最少得硫養二氣百分之六最多得百分之八·七如以百分之六爲最小之數可以七分至八分爲平常體積數如氣每百分體積內含硫養二氣少於七分應減所進之風如多則進氣更多此只論上等鐵硫二礦如礦內另含異質甚多則其氣含硫養二自更少

三推算爐所放之氣含硫養二氣數

此法最簡便能在數分時成功其器具爲佛來白地方礦師名來克所設如第九十九圖其器具分三件連在木架上便於移動甲爲大口瓶能收氣乙爲圓柱形錫器下斜引長而尖有塞門口啣此器能作吸器用丙爲刻分度玻璃筒能量乙所放之水其甲瓶錫蓋能連之最緊有兩孔一孔接黃銅管此管有塞門哂能令器內通至外空氣或能通至管之他端或能封其器之內面其黃銅管底有相連之玻璃管叮幾能通至甲器之底其端收得最小而稍彎第二孔哎有圓錐形頸能容軟木塞有短彎玻璃管通過塞內此軟木塞亦必配準又必易於進出如吧錫器有管在其旁用橡皮管與吧管接連蓋內有孔以軟木塞之可用螺絲套轉緊與哎同

凡氣質欲推算含硫養二氣數則器內必通玻璃管用橡皮管與吧相連其甲器不可洩氣因有洩氣則其數必差不能在本器內查得其差數

甲器必過哎管進水略滿三分之二至三分之四乙過咦口加水幾滿又在甲器水內添準碘試水再加小粉漿少許水立變深藍色後關閉哂塞令空氣不能通入甲內再開啣孔令其水流出至甲乙兩器內之空氣能漲而乙器內之水能自不落則知器不吸氣如吸氣則水必連落下照此法試驗其器關閉啣塞門開通哂門令吃叮相通再開啣塞門令水漸漸流出又令所試之硫養二氣過叮管進而成小氣泡在藍色水上升則硫養二氣遇藍色水所含之碘變爲碘輕待若干時藍色全滅而水無色其水滅藍色初時甚慢後漸速至末忽然無色此事必詳察之因水無色必關啣塞門此時進氣管含所欲試之氣然後開哎塞門將若干準碘水倒入甲器再歸藍色後關閉哎門將啣塞門謹慎開通放水若干至其叮管內之流質壓至管底尖處而甲器內所含之氣能得所需之壓力此後要開啣門放出若干水則甲器內必吸若干氣進入令其水再能滅色則甲器再關閉而必量丙之分度管所流出之水以此水數能知所試氣含硫養二之數用此法則硫養二氣一併爲水所收毫無靡費如要重試亦可以同法爲之再添碘水若干但試數次後則其水不靈必換新水與小粉漿其推算硫養二氣法如不問空

氣壓力與其熱度則其式爲寅加一•一〇四乘卯以一一〇•四乘卯約之所得之數爲每百分內含硫養₂氣之分數其寅爲所放水體積數必等於所試氣數其寅爲碘水之立方百分枚數如欲另推算空氣壓力數與熱度其算式爲更繁又如所試之氣內含硫養₂數少則寅數與卯數比例大其式變爲寅以一一〇•四乘卯約之

以上器具用黃銅等料爲之略繁而不便另有更簡便法全用玻璃瓶玻璃管玻璃塞不但價賤而能耐用

如第一百圖甲爲大口瓶能裝水一利得用橡皮塞塞之塞內有三孔一孔接玻璃管呷此管有相連之橡皮管吃能進氣進

氣之法在爐之放氣管鑽孔用橡皮塞與玻璃管如圖塞緊第二孔在當中爲更大有小塞可塞之第三孔接㖄之彎管此管與乙瓶相配之管吧相連此瓶能裝兩個或三個利得並可作吸氣之用其玻璃管庚通至瓶底外端接連橡皮管啐此管有夾器吒裝水後能作吸管用又如丙爲刻分度之量筒能裝水二百五十個立方百分枚

用此器之法與前說來克之法同不過開丁塞門後易進碘水而即刻開閉又先加水與小粉漿少許其塞丙通入鐵管後則右手開吒夾管器同時將甲瓶搖動此時有氣泡在瓶內上升看小粉或碘水之藍色已滅則閉夾管器令氣泡不能過其甲

瓶內料不必傾出只須滿時傾之又每添碘水一次立時再能進氣化分

如所用之碘試水每一千立方百分枚有含碘十二•七格則照前算式用試水十立方百分枚則配〇•〇三二格硫養₂氣即硫養₂氣十一•一四立方百分枚將此數以一百乘之再以丙分度管所收水之立方百分枚數加十一個約之則能知所試氣內每百分含硫養₂氣之分數但依風雨表與寒暑表各差此法不可恃如用碘試水每一千立方百分枚含碘十二•七格則丙分度管內所收水之立方百分枚數相配之硫養₂氣數可以立表省推算之工如下

收水八十二立方百分枚則氣每百分含硫養₂數十二•〇分

八十六	十一•一五
九十	十一•〇
九十五	十•五
一百	十
一百〇六	九•五
一百十三	九•〇
一百二十	八•五
一百二十八	八•〇
一百三十八	七•五

一百四十八	七·〇
一百六十	六·五
一百七十五	五·五
一百九十二	六·〇
二百十二	五·〇

如所欲考之氣已收硝盆所放之硝氣若干亦不妨礙因硝所放之淡養二等氣與碘水行過無甚改變如所試之氣含硫養二氣甚少另含淡養三等氣與硫強水鉛房所放之氣雖來克試法亦無甚大用

四推算燒硫爐與鉛房內所含養氣數

試驗爐內所放之氣內含養氣為不常有之事但出鉛房氣試其含養氣為常有做強水廠內所用之法必最簡而能速成所用試驗之器與材料亦多而簡便

所用之試料最古者為燐但此料變化太繁又有法用鐵養輕養但此法亦多費工夫而用鐵養輕養必甚多又有法令含養氣之氣行過淡養氣令淡養氣變為淡養二氣而推算其數造淡養二之法用紅銅屑合硝強水則放此氣因淡養二遇養氣不但能成淡養三猶能成淡養四故用一與三之比例不能顯出所收養氣數

又有一器能同時顯出硫養二氣與養氣數此器不能在此書內詳言之有現成出賣所用之料為銅綠合淡輕四養收養氣最佳之料為貝路格里酸在鹼類水內消化可用平常之量養氣器試之有人不喜用此酸因此酸亦能收硫養二氣並淡合養氣之各質又設法用鉀養二鉻養三或用水分出此各異質而後試其養氣數化分各種氣質有特論之書為德國化學家溫克那所著如欲考究此事可閱此專書

如在一時內取爐所放之氣不如二十四點鐘內取氣多次而合併得其中數其法用大吸氣器其外塞門開之最小因吸氣最慢其吸氣器內所收之氣能顯出含養氣之中數而略能準

五論用硫磺與用鐵硫二礦兩種造強水之利弊

前論燒淨硫所成硫養二氣比燒鐵硫二礦所得之氣有一·三二一四與一之比即燒鐵硫二礦所放出之氣體積一·三二一四所含之硫與燒淨硫一分體積同可見鉛房容積必更大燒鐵硫二礦其鉛房容積比專燒硫之容積須大三分之一平常造強水家所燒之硝數必照此比例加增但未必然因鉛房外另加裝枯煤塔則硝氣幾乎全收而空氣體積多亦無礙又近來造強水廠如照法為之則燒鐵硫二時所用之硝比前燒淨硫所用之硝更少如鐵硫二礦合鉮則易有硝之靡費

如不問所用硝數則燒淨硫之益處有多款開列如左

成強水能更多器具價值能廉爐易管理而改正其弊硫強水

能更淨不含鐵與鉀兩種質凡出賣之強水以含鐵與鉀爲大弊除非廠内自用則可如淨硫價能與鐵硫$_2$礦之價相同則造強水家無不用淨硫即淨硫價稍貴於鐵硫$_2$廠内之硫價亦須用之凡造硫強水各國所得鐵硫$_2$内之硫其價比淨硫略爲四分之一或一半所以不能用淨硫除非造最精之強水方可用之又如淨硫之價極貴則用鐵硫$_2$先造粗强水後再提淨其價亦比用淨硫合算

照以上所論歐羅巴各國用淨硫只數小廠專做漂白布等工所需淨強水如美國數十年内提淨火油俱用硫強水故紐約與別處大城鎭内新立硫強水廠甚多幾全用西細利地方所

運來之硫磺如一千八百七十一年美國非勒特非亞城進口之硫四萬九千五百噸查美國所產之鐵硫$_2$礦成色不佳必從歐羅巴運來如加水脚則鐵硫$_2$礦水脚與淨硫磺水脚相等所以專辦淨硫又美國工價貴燒鐵硫$_2$礦之工大燒淨硫之工小所以美國用淨硫更爲合宜

又有云燒淨硫則造強水鉛房能耐久比用鐵硫$_2$礦三倍或有云十年至十五年猶不止用鐵硫$_2$礦之鉛房最多八年至十年則壞而第一層鉛房壞之最速因所進之氣熱又鉛皮料如不淨亦能速壞有數處用淨鉛皮連用二十年不壞因鐵硫$_2$礦所含鉀數之多寡亦與此有相關總之用淨硫比較用鐵硫$_2$

礦更能耐久

六論燒鐵硫$_2$礦之爐與鉛房當中引氣管

燒鐵硫$_2$礦之爐其引氣管與專燒硫磺之管做法不同不同處不但因熱度更大且因所帶之飛塵亦多前論燒硫爐所放之氣其熱度一百度至一百三十度又引氣管不可過冷而燒鐵硫$_2$礦大不相同因燒鐵硫$_2$礦熱度一千五百六十三度即白熱之度數但爐内或不能燒至此熱度則硫養$_2$氣從爐内上升時未到引氣管已散熱不少但不能直通鉛房不獨有礙造強水之工猶能令鉛房之鉛皮速壞硫養$_2$氣通鉛房之熱度以百分表六十度爲最宜但平常之熱度更大

照以上所論可知硫養$_2$氣必用法令其變冷所用之法甚多如平常之法用大生鐵管其式如一百一圖上半易於拆開下半不須移動有進人孔便於修理或去其飛塵如爐以十二至十八爲一副則二尺徑之管可合用間有做三尺徑者用火泥磚作裏如一百二圖此式不常見不但費用過大且其變冷之工更不得法如極大廠内間有用熟鐵或生鐵方管或長方管如用磚作通氣路最不合宜只能做直立烟囱與去飛塵膛其磚先浸在黑油内加熱後用黑油與砂調勻漆之如用瓦管必速破裂用枯煤塔則鐵管通入塔其氣則進枯煤内或將入鉛房之處以鉛管代鐵管

有數廠做引氣管最長間有至三百尺者但價貴而不便又有令其管通入水箱或鉛管外加鐵殼水在中間行過但此各法不必詳論因用枯煤塔能免此各弊如令硫養三氣行過之路備熬濃硫強水之盆不但能收其熱亦能令其熱有益處從前在引氣路上及爐頂上擺熬濃強水盆現俱棄枯煤塔下有數欵特論之

凡引氣路與引氣管往往有多塵落下如燒礦粉或小粒比燒礦塊更多其礦粉須多調和不得已照前法做去塵膛如燒大塊其通氣路與管亦必每若干時去其灰塵否則久之必塞而不通有數廠每月出塵一次又有每數月一次如多時不去則變硬如石非停爐不能取出

此塵之質在各爐有不同之處有數處得乾而輕之粉間有成爛泥形狀而有大酸性間有含鋅養三與硫強水顆粒間有得鐵硫二礦之粉比較爐內所得之灰更燒得好又大半含鉮甚多可不用顯微鏡能分別其顆粒間有遇硫礦凝結成膏又有將此灰塵內分出鉈又如鐵硫二礦內含硒則在其塵內亦能得之

第八章論鉛房

前論造硫強水源流內論及造強水器具從最小之器漸大至設立鉛房法設鉛房後又漸漸從小鉛房起造至極大鉛房前論造硫強水法用燒硫所得之硫養二氣令收養氣一分劑其法令遇淡氣或養氣之質並水一質點其化學式最簡便即硫養二加輕養成硫養三輕養所用之水亦為霧形其餘或為氣質或為霧又其變化須待若干時因淡養二氣每一質點必每次放養氣與收養氣因其氣質只能漸漸調和而成各變化可見鉛房內必有大容積令許多氣質多時相遇所以照前論每燒硫一幾路必用空氣六千一百九十九利得或燒鐵硫二礦一幾路須用空氣八千一百四十五利得如加大熱度用水汽則其氣數更大可見所用之氣質必最多所需容積必更大又因其氣質與所成流質有強水之性則造容氣膛不能用平常造

屋之料又因房屋大不能用玻璃與磁只能用鉛皮雖此料分兩重其質軟而不堅易於鎔化價亦甚貴然益處多而弊處少茲將其益處論列如左

一遇強水與強氣不變化　一能引長輾成鉛皮大塊　一其質最軟而不脆能任意配各種形式　一其質易鎔化凡遇接縫處將鉛皮一條補其縫用吹火筒吹之則能鎔化而連合不洩氣　可見用鉛皮造房無論何尺寸何樣式俱可必在外面用法托之令其不能因本重變形而擠緊迫經用多年後如鉛房消磨洩漏將其拆開鎔化再能輾成皮復用又所成鉛養硫養三之粉或膏亦能分出鉛故糜費不甚大

已有人設法不用鉛作房用硬火泥或端石或沙石或用巴司得等料用鎔化硫磺或沙子當灰又有人試用硫磺橡皮但此質易壞又因受熱而變軟因所進氣有若干度之熱熱時其料易於銷壞又有一法將硫磺十九分合玻璃粉四十二分造成半寸厚板又有用玻璃片但此各法俱不及用鉛皮為佳

裝鉛房法必離地若干高現在常見之鉛房不靠地面約離地數尺便於人從其下行過能知鉛房漏否如鉛房底入不能到遇強水漏入地內不但有靡費且強水浸蝕房柱能全行爛壞而坍卸又如造鉛房用高柱其下可做棧房冬日亦不至過冷如更高可作燒鐵硫礦用如燒鉛硫礦之爐則鉛房下應高

十七尺至二十尺間有數大廠因地價貴即在鉛房下作數種爐如用此法至少高三十尺

凡作鉛房必先試地面堅固與否如不堅則不能作根基一處漸落下則鉛房面不平高處聚強水少低處聚強水多因鉛房邊不固則易有大不便處必生危險如地面有多石或礫石為最佳韌泥次之含石灰之土或灰石俱不合用因強水偶然流出則消化其石灰又如韌泥亦間有此弊所以鉛房下應先加阿司非辣脫一層

鉛房之柱靠韌泥與石為根基與平常之屋基同又如地面鬆而泥土深不能挖見石面則照平常造屋法先打木樁然後立柱

造鉛房之柱或用磚木或用石與生鐵間有不用柱而作兩直牆上架橫樑相連又在牆內作門窗如第一百三圖但此種長牆費料甚多雖作窗門而鉛房下面仍黑暗如欲在鉛房底設爐須格外高若高二十六尺以內則可用鐵柱托之

最省便用磚木為柱用石者少平常用生鐵更堅而耐久如以木為柱至小十寸徑或十二寸徑平常用杉木或松木最多用蘇格蘭杉木美國黃松木造船所用者更能耐久不但鉛房根柱用此料即鉛房架亦宜用之其柱之徑與相距及牽條俱視其高與所任之重相配如高十尺至十三尺即常用之柱其柱

心相距最小十尺至十三尺柱底靠石礎石礎出地面免柱底為濕氣或強水所壞礎之頂有凹深半寸至一寸將柱脚安置凹處傾以黑油則不能爛但木柱不能耐久不甚可靠現在大廠家不常用之或但作為副柱惟木值最賤處易於更換則可用之

平常用磚作柱高不踰十三尺至十五尺方十八寸如能二尺方更好用平常磚為之所用之灰配泥土沙等料多而灰少又有法將鹼類料一噸爐中所出之灰兩噸熟石灰六擔至八擔置磨內和水磨之約一點鐘則變成膏與平常油膏同又或用成漂白粉所篩出之廢料因此料無他用而配入此灰內與上

等熟石灰同此灰可不加沙能存數日不壞能速結變硬比平常之石灰膏更耐强水可見此三種廢料本當棄之此法成灰比購來之油灰更好又能作別用其色黑灰面上成鹻類之霜將霜洗數次後即不再顯大約此灰之硬因含鈣養硫養三

磚作之柱間有因强水流出爛壞其磚而上靠木樑之處更易壞泡在熱黑油則能耐强水但不能吃灰而連牢砌成柱後外加黑煤油亦有益有多廠先用磚柱後易以生鐵

歐羅巴別國因冬日比英國冷夏日比英國熱則鉛房必在房內蓋之其柱可鑲在房之牆內但其柱常欲落下少許與牆相離因有此弊

有數處鉛房長二十尺以外者其長之兩邊作磚柱中間作木柱又有用石作柱此不常見因粗石不鑿平則不雅觀鑿平則工價貴雖石柱能耐久而堅固或其石爲軟性則易爛用之無甚大益

英國各大廠幾全用生鐵雖其價貴而有多益能造高三十尺至三十六尺又不多佔地位每若干時上油色幾可長久不壞且比別柱更能任重並能鑄成托柱便於安擱板或掛各件裝後可鑽孔用螺釘連之但鐵柱亦必靠磚石爲基與地等高或稍加高而上石作石磉便接鐵柱之脚與木柱之法同或在石內鑽孔與鐵柱底孔相配用鐵銷連之或傾鎔化之鉛或用別法連之使堅

現所做之生鐵柱其剖面式作工字形向上稍收小如第一百四圖可見此柱旁邊鑄成兩凸出尖頭便於接木牽條又有作十字形如第一百五圖照此形爲之比圓柱形更堅即用鐵料若干噸鑄成此式亦比等重之圓柱形更堅如本圖兩柱配十五尺高若更高則其尺寸必更大如二十尺至二十四尺高其底必徑十二寸此種柱心之相距可造二十尺因能托樑堅固而任重

其柱之橫排列令其柱與所托之樑恰在鉛房旁架之底不但欲托兩邊猶能托住鉛房之頂如窄鉛房此法已足用若鉛房寬十五尺則必在中間用柱一行又如有兩鉛房彼此相切則用柱一行能托兩房之樑即彼鉛房之東面樑與此鉛房之西面樑是也但平常相距不外五尺如用此法其木樑自必更堅能省料而不佔地

英國造鉛房在柱上做直托樑又如用牆代柱則牆面欲鋪二寸厚木板當托樑用如用柱則直托樑必堅固能任鉛房之全重即木料與鉛料之重其堅固必與柱之相距配之如鉛房高二十尺柱心相距二十尺則直托樑之高不可小於十二寸至十四寸又應用鉛條托之如一百六圖如柱之相距更近十尺至十三尺則九寸至十二寸厚木料做直托樑合用但其樑之

各節必最堅如一百六圖其節應在柱之中間卽安擺鉛條之處其直樑上面應做平直樑以上擺橫樑橫樑之長必足托鉛房旁之架又須鉛房外留有走廊故每第三或第四橫樑必左右伸出約五尺

如歐羅巴別國其橫樑俱作方形但英國常用厚木板豎排列因此法用木料則更堅又其木樑之大小必配柱之相距如鉛房不及二十尺寬則不必於中間作直樑其橫樑可厚三寸深九寸平常做鉛房更寬必配柱之一行與橫樑一根在當中用此法則橫樑可分兩塊其橫樑相距平常約十二寸之心距間有作三寸厚十一寸深其橫樑之長配鉛房之寬鉛房架外加

走廊

橫樑上擺一寸厚木板四面必平整因地板受鉛房之熱易變不平須用最精木工之法以免此弊又刨平令光滑無痕

有一法在歐羅巴多用之先在柱上橫列最堅木樑再將多直樑安其上木板安在直樑上從鉛房左邊至右邊排列

其地板已鋪平後則立起鉛房木架其架做上下兩檻中間做立柱並直條與斜條其上下檻柱與牽條或做正方形或長方形如二十尺高鉛房做六寸正方形或七寸深三寸寬之長方其上下檻平擺內鑿孔便於接立牽條凸出之笋如此凹凸相合又在四角上下檻木用笋接連如不用橫牽條則立牽條相

離三尺三寸如用橫牽條連之則相離四尺其橫牽條深三寸寬二寸不過幾分鑲入立牽條內以免鋸去立牽條之料致不堅固各橫牽條之立相距約四尺至五尺牽條與鉛房邊必稍相離令空氣能通入其間又免鉛皮爲强水所蝕壞或木內生蟲亦不至壞其鉛皮間有將橫牽條鋸成合意之式如一百七與一百八兩圖欲令木與鉛相切之面最小無論用橫牽條與否必用斜牽條與其架相連能堅但斜牽條依木工平常之法擺列不至錯誤

英國鉛房常在露天搭架兩邊高低約有一尺俾雨水並融化之雪易於下流在低之一邊做水落令雨水從旁放出不能停

積房底爲患

以上各工造成之後必立起鉛房所用鉛皮愈寬愈妙每鉛皮一張配鉛房高以免多縫英國鉛皮每一平方尺約重六磅間重七磅如有數鉛房則第一房所用鉛皮應加厚

照以上鉛皮之厚能耐十年之用其底比四邊及頂上更能耐久因時有水在其面不能多生熱又因底面有鉛養硫養三質積聚蓋之能護其鉛皮但偶然不慎有硝強水落入鉛房內則易蝕壞無論鉛皮厚薄俱如此

鉛皮初用銲錫銲連最便但銲錫易爲强水所蝕壞銲連之處比別處更脆鉛房用此相連常須修理

又有一法比用銲錫更好直縫最便用其法用雙摺邊搭連如一百九圖用鎚敲平則不洩氣英國多年用之近數年始廢現常用之法用輕養燈鎔化其鉛皮之邊則接縫處較別處更堅但鎔連不勻有粗糙之處則易有材料聚此而生弊

此法爲法國人所設其兩器如一百十一百十一兩圖一百十圖爲存輕氣箱與平常存氣箱同以鉛爲之外用木殼其下器甲有鉛柵底子丑此柵上置鋅粒或鋅塊上板裝淡硫強水其塞門吧有相連管能放氣從丙孔通至噴氣管但氣必先通過洗氣之器間有吧塞門上做一長橡皮管能通氣至遠處庚管能放強水從乙通至甲而吧塞門放氣若干則有淡強水流進如此則氣相連發出又如丁戊己三孔但進強水與鋅又能放出鋅養硫養三之水

如一百十一圖爲風箱乃圓柱形與冶匠所常移動之風箱同有桿呷嗕哂其柄爲小孩用足能踏輕氣從丙過丁門通至乙內出吧孔此孔亦與長橡皮管相連兩管用吹火筒連之如一百十二圖則空氣合輕氣能發火噴至鉛皮邊鎔化而連其吹火筒兩邊各有塞門故能任配空氣與輕氣之數如此火燄可任意發火但不可使放出養氣之燄

間有橡皮管連噴氣嘴於叉管上可任移至噴火處平常吹火筒嘴口徑約爲二十五分寸之一另有吹火筒嘴外有小黃銅套吹風時火燄亦能平穩其兩種氣質令出管口時相合故不能復回可免兩氣爆裂之險用此器所噴之輕養氣其火燄長而尖遇鉛皮卽鎔化鉛皮兩邊在燈火相遇則鎔化銲連至冷卽堅結

間有作此工者大受輕氣之害因輕氣內含砒霜之氣此砒或在鋅內或硫強水內凡有此事所用輕氣應通過銅養硫養三水因此則砒結成分出

但用此法銲連鉛皮之兩邊其工頗不易因噴火時有一定界限如時不足則兩邊銲連不到而洩氣如時過長則鉛鎔化過多而成孔孔外必補鉛皮轉覺費工故最簡便而穩之法如一百十三圖將鉛皮兩塊相搭約二寸另用鉛皮一條厚約四分寸之一寬約八分寸之五一手持鉛條一手持吹火筒先令吹火筒之火噴在本圖呷點其鉛皮之面先刮淨則鉛之前面全鎔其後面不鎔一手持鉛條令其端鎔化滴滴落下成縫如叱則稍彎令噴火筒之火相離其鉛卽凝結再將手移動則火噴在鉛條鎔成一滴落在鉛面如此滴滴相連成若干滴其形如一百十四圖但論此甚易而練習手法甚難如手不靈巧雖操之許久亦不能成

以上所論爲平攤之縫如立縫更難最巧之匠須費工三倍時仍不如銲平縫之好因鎔化之鉛平攤不流動直立則鉛必流

下只有一法將鉛加熱至鎔度後去其火待縫已凝結又必從下起漸向上則所成之鉛滴為其縫所托住但直縫不多用鉛條令其縫能更堅

熟手鉛匠一點鐘內能做十尺高之立縫或做二十五尺長之平縫但此專論尺數計算若論工不能如此之多

英國造鉛房法先將四邊裝列鉛皮愈寬愈佳大率軋鉛皮廠以七尺九寸寬為限間有更寬鉛皮之長能高於鉛房略四寸又必配鉛房兩邊之高因鉛房之一邊比對邊高一尺又如頂上欲添長六寸作向下摺邊用則其下做四寸因鉛受熱能漲大

前論鋪好地板欲置暫用木桌上面平滑下面粗毛背面用板連之桌寬能鋪鉛皮兩三張即寬十五尺六寸或二十三尺三寸又與本鉛房等高但此說以為鉛房寬能有高之尺寸其鉛皮平鋪桌面每塊相搭用吹火筒鎔化連之又同時將鉛皮掛條亦連其上然後將鉛皮之上邊彎在桌之板面上待各件備齊用滑車與繩牽之則鉛皮與桌板一併舉起平靠鉛房架之一邊再將鉛皮上邊彎在頂架釘之各掛條亦彎釘之所用之釘不宜用鐵絲做及截成者必用錘成之熟鐵釘上有寬頭各釘長六寸半先浸鎔化鉛內數次令鍍鉛一層因此不能為強水所消化其鉛皮齊釘架上則桌板落下再備鉛皮若干兩三

塊合連如此至四邊俱成所有四角用單塊鉛皮彎之成圓角比尖角更堅用此法平銲能省工而直立之縫較少從前之法每一張必捲起從頂上落下每張必與左右鉛皮銲連又各掛條亦須直立鎔連之俱為不便如照上法先將兩三張平連後豎起成鉛房之邊則銲立縫之工少又銲縫不宜在鉛房立柱之後因有洩氣處難於修理又因此應造鉛房架如一百七圖則立柱與鉛皮不相遇

鉛房邊所有掛條之擺列法必依架配之如架只用立柱以笋節連於上下兩檻不用橫木則鉛皮掛條可與直立柱橫釘之每架用五枚鍍鉛鐵釘其掛條長應在立柱邊上彎之所以五

枚釘有兩枚在前面見一百十五圖之上鉛條此種鉛條迭更排列一在柱左邊一在柱右邊每四尺一個但此各鉛條因釘連則鉛房遇熱而漲遇冷而縮則不能讓鉛房邊因此有凸凹而鉛條拆去故另用一法在下邊數鉛條左右各有銲連之鉛條如一百十五圖之下條則兩條合連成雙摺邊相搭其剖面形如一百十六圖不用釘而鉛條能在木柱上起落順鉛皮之漲縮又因左右有鉛條比一面釘之更堅此法所用之鉛與工比單鉛條更多其鉛條約寬八寸又鉛房木架有平擺之橫桿只用數個直立鉛條間有不用直立鉛條全行平擺以釘連於木樑上如一百十七圖每橫條一根配兩個鉛條長約六寸此

法令鉛房更不易改變其形又令架更能任重並能令鉛與木料相距約半寸爲限見本圖則易明

又有一法將鉛皮平攤所成之摺邊釘連於橫木樑如一百十八圖不用鉛皮條裝列之法將鉛房之一邊先在桌面鎔連後繞在大木輪上從頂落下依此法則立縫不多受力因鉛皮各塊在受力處有摺邊收其力此法最爲合用不但省鉛皮條之工料且能令鉛房更堅固

又一法在德國用之如一百十九圖亦不用鉛皮條其鉛皮成摺邊此摺邊直立釘於柱上但柱與鉛皮中間另加一小木條使空氣能通鉛皮面如一百十九圖爲平剖面式

如一百十八圖法爲英國現所常用者先鎔連其縫上邊近鉛房頂約長一碼便於在鉛房頂蓋之其餘之工可在陰雨時做故鉛房四邊做成即做鉛房頂裝頂之法用活架以木輥輪爲之用高凳若干在頂上連之凳之高寬與鉛房相配其長配鉛皮兩張或三張尤佳此木架必在鉛房內配連其頂上鋪平板而做鉛房頂之鉛皮在平板上鋪平其鉛皮比鉛房畧寬兩邊約伸出三寸不及四邊之鉛皮搭邊六寸如此所得之縫便於用鎔連之法如一百二十圖聊此處用吹火筒鎔連最堅後將鉛皮各張鎔連又將鉛房頂上鉛條鎔連則鉛條能連鉛皮在上面橫樑上其橫樑尺寸必與鉛房有比例如長二十尺寬二十六尺鉛房則其頂上橫樑厚三寸至四寸半高十尺至十二尺其木樑之心相距十四寸至十八寸其長能伸出上檻之外如在外伸出頗遠則更堅鉛皮條作七寸方迭更在橫樑左右排列兩邊相距約三尺有數廠鉛皮條少而更長其鉛條向上彎用釘釘連每一鉛條用鐵釘五個鐵釘先浸鉛內鍍鉛一層此各工成後則頂上橫樑與鉛條能任鉛房之頂重其橫樑靠兩邊之架架與橫樑中間有鉛房之摺邊

其鉛房頂之橫木樑豎立易於傾倒故頂上釘橫板此板亦便工人往來如鉛房上面做瓦背則橫樑上安直樑以彎鐵條連之其縱樑與屋背樑相連屋背必須堅固但最穩之法令屋背

與鉛房不相連如屋脊有彎處則鉛房不與之俱彎

如鉛房甚寬橫樑不能配其寬必將木樑兩條以木工最巧之法相連下用托桿必另配若干直樑橫直各樑用生鐵角板連之或用笋節連之其鉛條連在直樑上此法只爲露天鉛房合用但其法不甚便因旁邊之架任重過大此種最寬之鉛房尙未多得益處

歐羅巴數國亦有別法造鉛房之頂不用橫直木樑但以半寸厚鐵條代之其鐵條包以鉛皮與鉛房頂上鉛皮鎔連又有更小之鐵條掛於屋頂此法之鉛房必在屋內用之不能在露天處用

照上各法先造鉛房四邊與頂後造鉛房底間有數處先做鉛房底下鋪板與稻草後做四邊與頂英國俱不用此法以底爲末後之工有數廠攤好底用吹火筒鎔連底與四邊只留數孔爲放出硫強水之用平常大廠鉛房底與其四邊不相連其底爲大鉛池池邊直立若干高在四邊之外則四邊通入池內之水因此不能洩氣即鉛房遇冷熱而漲縮亦無礙並能從四邊取出强水故雖多費鉛料然大廠俱樂用此法平常做鉛房底池四邊以十四寸高爲最少能容許多強水其做法將鉛皮端作一摺邊有將鉛皮一條直連之則鉛匠更爲便用但摺邊亦甚軟易改變其形因受強水壓力之故所以鉛房底必用一寸

厚木板則摺邊靠木板而在板頂上彎過如一百二十一圖亦可用鉛連之

有數廠將廠房底分爲兩三隔或四隔即用鉛皮隔作分池此法之便因修理時不必將鉛房之水全行放出則欲修理一隔即將分池水放出但此隔開之法不多用因鉛房底水不能流通而均勻又因不必用法護鉛房之底因底之銷鑠不及四邊與頂之多除非管理人大不經意鉛房內變成硝強水此硝強水極易壞鉛房之底

英國冬日不甚冷則在露天造鉛房設法令雨水流去但雨鉛房中間空處亦宜用輕篷蓋之並用木圍住鉛房恐爲大風所吹令鉛皮與架相離所用木篷應做百頁窗順風方向開閉多風之處先做木篷恐鉛房尚未造成遇大風則易吹散鉛皮與架造成後即無慮

如英國鉛房頂夏有日光曬之冬有雪落其上周年常有遇雨時若天氣溫和雖在露天亦無礙如風少處鉛房之旁不須作屏風遮蔽惟最精之大廠尙有用之法國之南邊鉛房頂用篷遮蔽雨日但四邊常露出因其太陽之熱度大則此事有誤如法國北邊及比利時與日耳曼國鉛房用輕薄材料造屋護之

如鉛房每若干年必重修或換新者其第一間銷磨比別處更多故每平方尺鉛皮重七磅其餘各處重六磅又如鉛房架最

堅鉛條鎔連亦固照法釘連不易拆去則鉛房能耐久凡有鉛條脫去必立時修理如今日不修過數日後其工或加數倍又如久不修理則鉛皮鬆而下墜變亂形成縐紋不滿年限而已壞又架常遇強水處亦必最愼如有損壞立時修之即如各管相連處並放出硫強水處必更宜愼重周圍屏風內有鬆開之處亦必即時修理否則或遇大風則鉛房一邊鉛條牽斷或木架在一邊擠攏其鉛房周圍通路必寬便於工匠四面修理約以五尺寬爲常數

平常鉛房能耐八年至十年末年必多修理無篷之鉛房其頂先壞下邊通入池之處繼之惟底不多遇空氣或別氣質故不

常壞如有變成硝強水落在其上則爛之最速如末一鉛房成硝強水之弊比別處更多

凡鉛房常欲修補有許多裂縫則成強水必少須拆去換新鉛房造法必在前後兩鉛房或左右兩鉛房用管通連而本鉛房隔開不用再收出鉛房底之強水後派工人進鉛房穿橡皮靴因橡皮不畏強水工人用鏟將鉛房底之灰料聚在鉛房中間成堆堆內亦流出強水不少後去其灰質其法或在鉛房架底空處用瓴泥作池後在鉛房底鑿一孔灰由孔內落入泥池如鉛房底無孔則其法更難必和木屑取出以水洗之置倒燄爐內烘乾間有加石灰少許以免發酸性之霧但雖加石灰亦不

能免因含鉀硒等質之鹽類所得之乾料大半爲鉛養硫養三或用枯煤在小沖天爐內化成鉛或賣與造鉛廠

鍋底灰質取出後則鉛皮從架上拆去留其完美者捲作平常造鉛房用其餘置鐵鍋鎔化將淨質取去鎔化之鉛傾入平常模內成鉛錠此鉛錠可作平常化學工內用如推算所得之鉛錠並淨滓與鉛養硫養三則造鉛房之鉛皮原料約得十分之九其一分消去約化在所成之硫強水內

如木架照法爲之則一鉛房拆去後可作第二鉛房用但第二鉛房再修理仍作第三鉛房用恐鉛房未壞而架已朽

鉛房尺寸各處不等法國用箍形鉛房此不具論平常以一萬立方尺爲最小十四萬立方尺爲最大現在之小鉛房不用爲正鉛房平常正鉛房二萬五千立方尺至七萬立方尺故大者多而小者少因小鉛房之容積每一立方尺其價比大者更貴

鉛房之式現在造強水家略同從前作正立方形因所得體積用料比他式更多現有數廠得鉛房六十尺方但如此大鉛房作木架不便又容積愈大其氣質愈難調和所成強水更少故現在各廠作立方形者不多見

造強水家以爲鉛房內成強水之事爲凝結而成如將面積放大則凝水更速然此意甚誤如實係凝結其質體之霧必遇發冷之面方凝成水如鉛房內強水原不能先有霧形因其熱度

太小故強水變成時必爲流質而落至鉛房底與微雨同鉛房內偏處俱然無論四邊與當中無異已有人詳察而知

造強水家先未明此理多放大其面從前在鉛房內造玻璃隔簾等法其隔簾往往擠緊落下而管理鉛房人不覺

有一法爲華爾德所設欲令發霧之料先調和後進至鉛房每二十四點鐘能燒鐵硫二礦七噸則用和霧料房長六十四尺高十六尺寬二十尺其霧料行過此房則有第二鉛房長二百尺高三尺寬三尺此膛內置玻璃片甚多俱平擺列疊成數層每玻璃片中間有小玻璃條隔開使氣行過玻璃片中間其意以爲面積大則硫養二氣易變爲強水但其法每不靈

又法爲國塞等人所設將鉛房內多裝枯煤或在各鉛房之末房外做枯煤塔用高大之箭內裝枯煤令氣質在內上升鉛房裝枯煤欲得面積大但此外用枯煤不惟無益而有弊因枯煤內含異質消化而合於硫強水且用枯煤亦不能省鉛房之間數有數處地方已試過此法後廢不用又有法在末鉛房與烟囱中間作大鉛箭裝滿枯煤內噴水或水氣欲收鉛房所放氣內之硫強水免其靡費

又有人在法國設一法用熱底大缸鋪在四百三十平方尺地面價值金錢二百四十枚每日造硫強水一噸列缸爲十二堆每堆五缸裝滿枯煤燒硫氣通過中間之一堆枯煤有硝強水

從頂落入枯煤內其硫養二氣遇硝強水漸變爲硫強水行過其餘各堆但此法亦靠面積大令硫強水成霧凝結

凡鉛房內所進之氣必調和方能成硫強水故鉛房之式依此配之平常高十六尺至二十一尺寬十九尺至二十六尺長一百尺至三百三十尺氣在此端進從彼端出如此行過鉛房氣必調勻至出鉛房則硫養氣已無餘平常大廠內用數鉛房亦令硫養二氣行過各房得勻

又造強水家名司密得特論造硫強水之化學工夫凡鉛房內各種變化不同如離地面高三尺至八尺爲造強水處而高逾八尺則所聚之氣不能變化又查二百度熱之處造強水爲最

宜此理殊難憑信因其試法未精所設鉛房僅高十尺至十二尺過低則氣難變化彼以爲強水由凝結而成此論甚謬故用法與配鉛房之式俱不合

至應配鉛房之數有數處只用一大鉛房中不隔開亦能成強水但大廠家常配若干鉛房成一副如欲修理則隔去一鉛房用管通入別鉛房內所用之管或圓形或角形但圓形不必用架必以最堅鉛皮每平方尺重九磅至十二磅每若干相距配鐵箍鐵箍內加木板令鉛管不致改變如鉛皮每平方尺重十五磅則不加木板見一百二十二圖爲木板之式其鐵箍亦可掛鉛管用鉛管尺寸必配進氣之數如每日燒鐵硫二七噸則

管須徑二尺每日燒九噸則須二尺半如燒更多則三尺徑管可用但平常之爐鉛房一副進氣多逾十噸者不常用又因氣行逾遠體積愈小則連鉛房之管可以稍小但不可收之過小因過小則弊多不若管大之無弊

各鉛房併成一副其擺列法不拘一格有造硫強水大廠數百處幾各不相同但樣式不可過高過寬容積足用無論用何法無礙總以用鉛料少易於管理爲合宜但全副之公容積自有界限有數廠用鉛房九間至十一間每間有三萬五千立方尺間有用三個鉛房每鉛房容積四萬二千五百尺有數處以三個鉛房爲一副各鉛房寬二十尺長一百二十五尺一邊高十

七尺一邊高十八尺各能收十八爐之氣每日每爐燒礦七擔間有用三個大鉛房內兩鉛房各與相配之爐通每兩鉛房與三個鉛房同共得二十萬立方尺間有用四個鉛房爲一副各鉛房寬二十尺高二十尺長一百三十尺或有用五個鉛房其擺列法爲一二三四∨五間有用六個鉛房其擺列法一二三四∨五六

大概做鉛房一副不可過多又不可容積過大否則相連之各件亦必大約以容積二十萬立方尺爲最大界限若過小亦不合法如十三萬立方尺一副鉛房如有紊亂則人工與相配之器亦與更大者相同故費用大而得強水少又如大副鉛房所有硝氣或水氣如有紊亂則氣尚未至出氣口時早經察出如此可以改正

如瑞士國蘇立格地方魚的根廠鉛房與別處不同每一副只一大鉛房長三百三十尺鉛房內有兩隔牆其式如一百二十三圖有一寸徑之鐵管與通煤氣之鐵管同直立外加鉛皮如圖內呷橫鉛房擺列通過鉛房頂吃龔橫樑呐掛之每二尺立相距有鉛鈎叮叮與管相連他邊亦有鈎在更低叮叮處排列鈎上安玻璃片長二尺寬二尺半留一寸寬之孔便於氣通過而調和得勻但此隔牆不甚耐久有數處用玻璃隔牆不宜故拆去不用亦有此種隔牆忽坍卸壓通鉛房底

如做隔牆最便用鉛皮但鉛皮受熱則兩面有氣易於銷盡

凡鉛房一副各房或等平或每一鉛房後面比前面高二三寸則後鉛房強水易流至成強水處第一鉛房內則強水濃而不含硝如欲放出強水無論出售或備用或變濃俱從第一鉛房取之所放出之強水用隔壁鉛房之淡強水流入補之或止有一鉛房則強水在進氣處比別處更濃

如英國鉛房一副大半尺寸相等歐羅巴別國從前大小不等現俱尺寸相等但法國另有一法如一百二十四圖在中間做大鉛房如丙放在最低之處合於數小鉛房擺在更高之處又在大鉛房之前面或後面擺列第一小鉛房如甲將含硝氣之硫強水用熱水令其放散第二小鉛房乙能進新硝強水第三四鉛房戊己能成變化之末工

又造強水家不喜用前之小鉛房因氣之調和變化最宜在容積大處成之如法國有數廠將鉛房容積約三分之二歸第一鉛房用第二鉛房得九分之二第三鉛房得九分之一大概小鉛房價不能賤因所需之鉛料并容積比等容積之大鉛房更大即如大鉛房長一百尺寬二十尺高二十尺則立方體積爲八萬八千平方尺又小鉛房長十六尺寬十尺高十尺其體積一千一百立方尺而有八百四十平方尺之面故容積爲大鉛房二十分之一面積約爲十分之一故將面積與體積相比則大兩倍半

反而言之可以大省鉛皮而做甚大之鉛房因鉛房過高過寬氣不照法和勻又如過長則一處噴汽不足大約最合式之比例每用鉛皮一平方尺應得鉛房內之容積五立方尺

至鉛房一副用何法相連而相連之管在何處進氣何處出氣各法俱應詳細言之

如鉛房應在兩小端進氣令氣行過鉛房之全面有在近鉛房底進氣近鉛房頂出氣然多有在頂上進氣近底處出氣如一百三十五圖爲士否存白格所設之法將長鉛房用隔牆分兩間此隔牆如呷吃從頂上通至離底十八寸在鉛房各處試其熱度得知在哂處近於第一間之頂上其熱度爲百分表六十度在吃處離底十八寸近於隔牆處熱度五十二度半在第二間等高處丁熱度五十度近頂上近於隔牆如戌五十一度半對邊處如吧四十八度在平線上如咦啐離底五尺三寸又離隔牆多於五尺之處得熱四十六度半可知氣行過鉛房之路從哂至吃後通入第二間而近於隔牆上升鋪在頂上再落下故近於隔牆處必有兩路氣彼此經過在叮點離隔牆只十八寸其熱度不過五十度則氣應在近鉛房頂進近鉛房底出如在近底處進既多不便而在近頂處出又縻費甚大已試知管在底下進頂上出得硫强水一百五十分重後改從頂上進底下出則得一百八十五分重可見此理不差但有數大廠又不在頂底兩處進出但在入頂高處從此鉛房通至彼鉛房

至鉛房一副所應配容積與所欲成之強水比例有數事不可不知如燒鐵硫礦所需容積比燒硫更多前論及約有一與一·三一四之比其容積內應包括通氣管如用枯煤塔其容積亦應包括在內又如燒硝多則容積可更小反之容積大則燒硝可減省如鉛房一小副燒硫不用枯煤塔則每一日燒硫一磅配容積三十立方尺又每硫百分配硝六分間有配三十九立方尺有數廠配二十四立方尺至十六立方尺如配十六立方尺則燒硝更多

如士否存白格論小鉛房燒鐵硫礦每含硫一磅須配鉛房容積四十六立方尺大鉛房配三十六·八立方尺又有數處配二十九·六立方尺已查過英國各大廠家得數如下

第一廠二十八　第二廠二十五　第三廠二十　第四廠十八　第五廠十六查以上第一第二兩廠之數過多本廠化學師亦云過多如第三廠數目爲各處大廠所配之數但四五兩廠數目已經試過能得硫強水二百七十至二百八十八分所用之硝每硫一百分不過配三分半至四分但此廠所用爲日斯班牙國之上等鐵硫礦或爲奴爾維國上等礦又用枯煤塔兩種照以上所論上等礦用枯煤塔每二十四點鐘燒硫一磅配體積二十立方尺已足用如配十八尺至十六尺亦可但

不可再少

如能用養氣代空氣在鉛房內則鉛房容積可更減少因做養氣不便此書不復論

凡鉛房一副必另備數種物件間有不可少者亦有可用可不用者此先論不可少之數種

放強水器具　放強水不可用塞門如用硬鉛作塞門每鉛四五分配錫一分可用但此種塞門易爲鉛養硫養三所塞又漏洩難於修理平常之法在鉛房邊作圓形或方形之鉛盒其上面露出高與鉛房底之摺邊等下有管通鉛房內如第一百二十六圖做一裂縫令其內外相通此盒可備塞門亦有不做塞門而在盒底做一門座如呷爲硬鉛所成有同料所做圓錐形塞𠮙此塞亦有鐵柄柄外包鉛如叮爲放強水管或鎔連於座上或用漏斗連之用漏斗法更易見所流出強水但易於塞住又因孔小而強水多易於外流如一百二十七圖爲更便之法用鉛吸管管下有兩個盃呷呷一邊放入強水內則其水能吸出一邊通入放強水漏斗管𠮙

又有法如一百二十八圖爲最便其吸管𠮙與哂盒相連最固或連在鉛房底摺邊內吸管外端有圓箭可用鍊或滑車𠮙吊之鍊有鈎嘪能勾在鍊圈內任配其高低圓箭可不過爲𠮙吸管引長之意如牽鍊舉起在啐處高於哂處其強水不能流出但啐處在強水平面之下則吸管立即吸強水而叮管愈下降則強水流出愈速以此法可任意放強水之遲速而使之最淨

如一百二十九圖爲廠內任何處放熱強水其吸管呷呷頂上有彎管與鉛盒𠮙從此管有橡皮彎管通至哂箭內將哂箭傾強水若干將哂箭舉起如本圖虛線則𠮙器與呷吸管裝滿強水則哂器落下而吸管則吸強水又有強水從𠮙至哂流回如此成幾分眞空強水連流不息

如一百三十圖亦爲簡法能放強水於運動之大玻璃瓶用平常玻璃吸管或鉛管倒攏之裝滿水或硫強水則用橡皮塞呷呷其塞爲圓錐形塞內有金類絲管理人將金類絲向吸管邊上緊壓則吸管一端落入所放強水之器內再將兩個金類絲推下令兩塞從吸管口落下因此則吸管能立刻放強水照此法以一人能管理不必他人相助

強水試盃　此種盃置鉛房內欲試強水之數與濃淡及含淡氣數其做法各不同如一百三十一圖甲爲鉛盃與鉛房底離開約三尺鎔連所收強水爲呷管通至鉛管乙此管內有浮表乙管邊有旁管𠮙伸出其頂上其端有漏斗能接強水其強水從管底進從口上出爲丙盃所收從丙盃有小管通回鉛房內管理鉛房人無論何時看浮表即知強水之濃淡

取強水試驗法　鉛房內有凹處便於聚強水試之但平常之

法在鉛房邊另作小門此門以濕泥封密開此門取強水雖稍洩氣不至取出不勻之強水如一百三十二圖甲爲此種門之剖面式間有作更大之孔能容人進入此門之蓋可通入槽內亦用濕泥封之如本圖如大鉛房內常備數個試強水盆或取強水門取強水法開此門用鉛鍬或玻璃鍬漸漸放入強水內後再取出其鍬必漸漸放下令濃淡各強水聚在其內因常有面上強水比底下強水濃淡不同

如德國各廠內鉛房旁每三尺至五尺有一寒暑表其水銀泡在鉛房內分度尺在鉛房外以此法查熱度比英國更妥因英國常有手摸鉛房而測熱度之粗法

間有在鉛房旁做泥塞能指出鉛房內之壓力但最好用玻璃壓力表如一百三十三圖有小進人孔外有蓋裝在鉛房頂上用厚玻璃罩蓋之罩外槽內傾以水令不洩氣用此法則玻璃罩亦能進光故鉛房旁玻璃窗得上面亮光則鉛房各處俱能照察

凡鉛房內所存強水必用法量其深淺有用紅銅條面刻尺寸分度常在同處放入或用玻璃浮表如一百三十四圖呷爲浮表之分度竿在小鉛架吃內起落依強水之重率浮表能升降

如鉛房內用玻璃窗則能見鉛房內霧之顏色其玻璃窗八寸至九寸方在鉛房內等於人目高處配之又對上面有孔以玻璃罩蓋之能分別霧之顏色如鉛房頂蓋有瓦背則用別法通光如鉛房對邊做玻璃房對邊處必在圍住鉛房篷內做窗其玻璃片鑲在鉛房邊之法做一小槽用白鉛粉鑲入有云以此法看鉛房內之霧則其色太深因鉛房寬而看通之霧過多故應在連各鉛房之鉛管內做玻璃窗但此言甚謬要知鉛房內所看之霧色比管內更明但第一鉛房其霧最密而色深難於分別然此處無甚關要只在末數鉛房分別因紅霧比別處更多

鉛房進硝強水法

所用器具分兩類一令硝強水先變爲氣後合於爐內所放之熱氣此熱氣令爐內燒成鈉養淡養五與硫強水因熱放出淡養五氣第二法用硝強水之流質通入鉛房此兩法或進氣或進水難定以何爲最佳從前俱是進氣英國尚用此法歐羅巴別國用硝強水更簡便愈省人工與燒料有云先做硝強水則有糜費不如徑使成氣爲更省但所成硝強水之氣通入鉛房時常有凝結而朽壞其磚鐵等料仍不如用硝強水置在需用之處毫無糜費又有云燒成淡養五氣則遇硫養三氣成強水太早未進鉛房時已變成如用枯煤塔在鉛房前可免此弊反而言之有人恐燒硝之爐能發過大之熱令淡養五放許多養氣或變爲淡養氣或淡氣但司爐之人用硫強水甚多難成淡養或淡氣

鉛房內進流質淡養五其各種益處如下
一免空氣與強水氣併入鉛房又可免燒硝爐內之氣散入外空氣內凡用淡養五氣之廠俱難免此兩弊　二無論多用淡養五而能便速但用燒硝之法俱靠爐之熱度如鉛房做強水不靈多添淡養五亦不足用　三因用硝強水能量準其數而進鉛房得勻但燒硝之爐所進硝強水氣大不勻淨因此各弊則歐羅巴別國用硝強水多有云鉛房進硝強水比燒硝能省硝亦未必準並有人前用硝強水法後游英國見燒硝之爐則知爲減省之法回國照英法省用硝三分之一等語但不能以此說爲憑蓋從前造強水家或有亂用硝強水之故反而言之有多人先用爐燒硝後改用硝強水更能得利如用硝強水則進硝強水之法與器具必令硝強水先全化爲氣不可令其流質先落至鉛房底因至鉛房底則爛壞鉛皮可見其法必令硫養二氣與水氣多於硝強水或與其霧相切

如最大之廠恐亂用硝強水爛壞鉛房底之鉛皮故覺用硝有益蓋無論用硝或硫強水加熱所發之淡養五氣有法能令其勻免亂放之弊卽用數個化硝之盆輪流裝料每燒鐵硫二礦爐進礦時每一點鐘一次可見多進硫養二氣則硝氣亦進得多又有更妙之法將硝上所添硫強水漸漸添入英國最精之硫強水廠俱用硝所燒之硝少所得硫強水與歐羅巴別國用硝強水廠費用更少又歐羅巴別國有專用硝或有專用硝強水者而兩廠費用亦大同小異

余詳查此事知將硝分數器內輪流裝之則費用不能比用硝強水更多因用硝強水易於管理可免氣之糜費如用硝之器能合法亦可免其糜費但硝強水搬運之費大且有危險不如用硝故余斷不用硝強水之法如本廠內另造硝強水能一徑添入鉛房內則略便查有數廠自造硝強水而鉛房仍舊燒硝又有人另設法將硝消化成水進至鉛房內但此各法已試不靈

鉛房用硝法　前數章內已論及燒硝成硝氣所用之器如將小盆放在燒硝爐內或於其相近處難免硝料發沸流入硫養二房內近來造強水家特設燒硝之爐在進氣爐內或在燒鐵硫二礦之上面或其後面又有進出料之門並有生鐵盆能收沸出之料燒硝盆其式各不同如一百三十五圖甲爲矮而方之脚令盆易於進退所裝之硝八磅至十二磅

用此種有多不便處如裝新料去廢料時則硝爐之門必大開進空氣甚多且其盆內鎔化之料必用長叉形之器取出倒之非有大力兼靈巧之人不易司理其盆裝硝後放在爐門內將強水從壺內傾入盆內再將盆推入爐中然後閉其爐門可見自開爐門至閉爐門其間爲時甚長如風力大必進許多空氣

風力小必放出許多氣能散至遠處而易聞其臭有人特設風門管理之又其盆易於銹壞如用鉛房內之淡硫強水則朽壞最速用濃硫強水則朽壞尙慢

另有一法將硝在擺定之器具內加硫強水化分之每若干時放出所變成鈉養硫養三之流質其法如一百三十六三十七兩圖用半圓形之生鐵槽呷又有管叱此管之內面有圓錐形孔其管從爐內伸出此圓錐形孔有相配之鐵桿爲塞爐外有生鐵盆能接爐內所放出之鈉養硫養三此質一出則速冷而凝成定質爐內有盆哂能接沸出之料其硝在漏斗放入此漏斗亦有活門開則漏斗內硝全落下閉之再添硝則硝能封其門不洩氣有一雙環形管在圖內不顯出爲添硫強水用添硫強水必先備一小箱強水從箱內入管管有最尖之口故放硫強水最慢硝只能漸漸化分間有用長柄鐵爬通過爐之一端能挑起盆內之料但通鐵爬柄之孔必用泥封密如本圖爲此器尺寸三十六分之一能容硝五十六磅約兩點鐘內能化分此種器至少備兩個多則愈妙可輪班裝料因此可連放氣不斷又有更妙之法將容硝之槽下加鐵條便於槽能進出與爐底相離則爐內之氣亦能燒至槽底如用此法爐底所擺之盆卽收餘料之盆必置於低處

用硝强水進鉛房法

所用硝強水極濃必配爐所放出硝氣之濃如卜美表三十八度濃之強水每百分含淡輕養三五十分每百分配鈉養淡養五之淨質六十七·四六分每百分含異質五分之硝七十一·○一分但所用之器必添淡養五最勻此器爲馬里阿特所設如一百三十八圖此圖爲圓器其尺寸十分之一如甲爲瓦瓶內裝硝強水用橡皮塞呷內用漏斗管叱所進空氣必在此漏斗進入而哂爲塞門開此塞門放出若干硝強水必同時進若干空氣又因哼哼平面以上所有之硝強水靠空氣壓力所以在此平面上之硝強水能管理所放出之硝強水硝強水之面落至此處以下則其管再不能制所放出硝強水之數又有玻璃管表叮旁有鉛條上刻分度而如哦一見此表則知瓦瓶內硝強水之數其硝强水在叱漏斗管添入添時必開橡皮塞或用別法進空氣否則硝強水不能進如圖內吧管能通硝強水入鉛房內

有數廠裝硝強水用兩箱如一百三十九圖或每十二點鐘輪裝硝強水一次或每二十四點鐘輪裝一次則硝強水從兩箱內出其一箱半空時則一箱滿故壓力略得勻但此法雖好仍不及馬里阿特之法

鉛房所進硝強水必鋪在最大之面積則遇硫養三氣更多所用之器俗名瀑布水法如一百三十九圖以瓦爲之本圖爲器

之尺寸五十分之一如甲爲總剖面式乙爲下層剖面式與上層之外形丙爲全器之外形此法所用瓦器以大小四個爲一副下層叱寬二十七寸半下有鉛盆呷盆內備硫礦粉則乙盆能平穩上兩器各比下層小八寸故上層內添硝強水則漸漸落下各層離開上摺邊略一寸有一隔板令其分兩層故硝强水必流過摺邊方能落下

其下各層俱有圓孔如嗔其硫養二與硝強水氣從此孔能通至瓦器內因此所遇面積更大

添硝强水法用瓦罐已從丁各瓶出通過鉛房旁其瓶從旺漏斗收硝强水各瓶有吸管在中間相連所以五個瓶强水常爲等高各瓶通至鉛房內之瀑布水器有塞能制所進硝強水之多寡此各塞門所配之高令吸管不能乾

又有一法如一百四十圖其強水放在搖動槽內有管呷與塞門叱放箱內硝強水落入槽之右半呐如圖內呐槽爲上面此槽裝滿強水則移過落下至遇叮桿止則硝強水傾出因此第二槽之左半㖡舉起而收强水至滿則落下如本圖遇嗔桿止其硝強水全傾出如此左右兩桿疊爲起落而傾出強水通至各副瓦罐內槽每傾一次所出之硝強水足以裝滿可免用一百三十九圖之丁丁各瓶與塞門但小管易塞而人不能見又搖動之槽亦易停止不動

有數廠另設簡便法令硝強水在一處入鉛房內如一百四十一圖此圖與本器尺寸有一與二十五之比例用多圓桶如呷疊架成塔形各桶有淺瓦盆下盆寬二尺六寸深二寸半層層收小最高者寬六寸深一寸四分之三各桶內有孔便於通氣與硝強水但此器有數弊因通硝強水之玻璃管及瓦管塞住欲另換則從鉛房外難令管與上層盆相遇又最易打壞全副之管且其上各盆甚小鉛房內所進灰塵易於塞住

現在各廠用瓦盆大小相等寬約三尺深二寸半其排列法如一百四十二圖用火泥磚列成堆第一盆擺在最高堆上第二盆稍低第三盆更低其餘各盆可類推故第一盆硝強水滿後有嘴引至第二盆內以次接引本圖尺寸爲一與二十之比

以上各器有硝強水行過時遇鉛房內硫養二氣則變爲淡養四或淡養三等氣此氣與別氣相合如照法爲之則硝強水所放之氣在鉛房內全變化所落入鉛房底之硫強水內不含硝強水

從前之法用兩個小鉛房約長二十二尺寬十尺高十二尺或用圓桶徑十尺至十三尺高十二尺在燒硫爐與大鉛房之中第二鉛房或鉛桶內擺硝强水之器其硝強水從此處落入第一個房或桶內遇硫養三氣此第一房與桶亦進水汽足免鉛房內成顆粒所聚之硝強水流入大鉛房內但現在大廠家不用小鉛房而各工在大鉛房爲之

又有新法爲布得所設如一百四十三四五各圖所用之盆徑二尺三寸深三寸但嘴最低故盆內硝強水只能深一寸半其盆用瓦罐托之瓦罐亦有大小之别硝強水從玻璃管通入鉛房從最高之盆落至最低之盆如此漸漸落下流至後鉛盆叮此盆有管通至鉛房外之管哎可取所出之硝強水試之而知化分若干其管向上彎有進氣管吧從哎桶將硝強水通回鉛房內如此輪流過鉛房至全變爲氣進硫養三氣之管在咩其硝強水盆之擺列法令裝硝強水之末盆先遇硫養三氣此種硝強水盆一副足爲大鉛房之用此鉛房每二十四點鐘能成強水五噸至七噸半如一百四十五圖爲盆放大之式

如一百四十六圖爲德國所設之法其硝強水盆分十餘層故硝強水落下時多遇硫養三氣

如一百四十七圖爲瑪利樂得瓶之新式此瓶因砂粒易塞塞門開時硝強水不能放出如將塞門開大則免此弊如開小令硝强水漸漸放出則易於塞住故立新法之瓶與一百三十八圖相同惟瓶口橡皮塞通一小管如呷此管通入瓶內至所需之深管上有橡皮管叱通至玻璃塞門或金類塞門哂此門之孔只徑八分寸之一

如一百四十八圖爲法國所設之法用玻璃槽長約三尺寬約四分寸之三其面積比瓦盆更多而其體更輕看本圖則知高低不勻故硝強水從甲流至乙從乙流至下各層用瓦座擺之如本圖小鉛房約二十個足用大鉛房多至八十個

有用此法之廠令下一層槽通至鉛房外則所出之水能常試驗如其水尚含硝強水在內則知尚未化散其面積不足

有數廠進硝強水法不用小管連進硝强水不息另有法如一百四十九圖用吸管每若干時進硝強水甚多如本圖甲管通硝強水至瓦筩叱此筩底通一管約至高三分之四兩端開通此管上有更寬之管叮其頂封密下開通故硝强水能在內管與外管中間空處補滿其硝強水漸高至內管口上則成一吸管放出叮管內之硝強水則叮管漸漸加滿至內管口止

添硝強水最簡便之法用枯煤塔令含淡養三之硫強水與硝強水一併落入枯煤內初時人多不用此法後試知其有益故現在大廠內有用之

以上進硝之兩法外另有一法將硝在水內消化通入鉛房內但此法用之不久則廢因不但化鈉養硫養三與強水相合而混其質不能作別用又因進硝水之處朽壞最速近又有法將硝水噴入鉛房內成極細之滴如微雨或用噴氣法將硝水合硫強水一併噴入但此法亦不能省

無論用何法進硝水不免在鉛房內成鈉養硫養三顆粒因此枯煤塔及水箱等處俱易塞欲免此弊必有兩枯煤塔一塔專

備落硝水在內

法國另設一法將糖渣合硝強水加熱令其放硝氣則硝氣通入鉛房內其餘質變成草酸但所成之草酸不甚多不及用木屑法爲便另有多法此書不能詳載

鉛房內噴汽

從前在燒鐵硫二礦爐上預備一鍋以便燒水成汽令汽噴入鉛房但此法已早廢現在俱用平常之鍋爐燒汽所用鍋爐最小約爲空氣兩倍壓力間有一倍或倍半但法國南邊有用三倍或三倍半空氣壓力如汽在鉛房內鋪滿則大壓力無益處因小壓力能得所需之風力又小壓力比大壓力更能勻如汽常改變壓力則有大弊又大壓力比小壓力凝水更速此事是否有益亦難定準蓋汽之力只須能通水之微點至鉛房之對邊故小壓力已足用英國造硫強水廠大半在鉛房兩端各有噴汽嘴足令全鉛房得所需之水氣

有數處大廠因欲令汽之壓力在鉛房內得勻則用自記之壓力表其法用紙一張繞一木輪此輪每二十四點鐘轉一周則所顯之壓力有筆畫紙上成曲綫此曲綫愈近於直綫則壓力愈勻

鉛房內通汽之法用生鐵管每一鉛房或一管或兩管其總管與分管俱以氈料包之令熱不能散如此可免汽因冷在管內凝爲水其管必稍向鍋爐而斜則所凝之水能添回鍋爐內如本廠地形與擺列法不能得此斜度應在管最低處預備自行放水法令各總水管尺寸必配鉛房數目與尺寸如一鍋爐不足用則配兩鍋爐並列其總管必相通如此壓力能勻如各鉛房進汽之分管其徑不逾一寸雖鉛房大至七萬立方尺只有一處噴汽嘴不必用更大之管其管以生鐵爲之如一百五十圖呷間有用紅銅者在近於鉛房處做塞門如叱塞門上有鉛管呐其內徑與甲管同能通氣入鉛房內但此鉛管不鎔連於鉛房邊如戊但用更大之管叮與鉛房邊鎔連而呐鉛房通過此管用灰等料封密如鉛管嘴爲鉛養硫養三所塞則丙管能拔出收拾再放進又如本圖內吧爲水銀壓力表之彎玻璃管庚爲分度面其管有塞通入鉛管辛之分枝用此法則塞門後之壓力隨時可見故司鉛房之人易配準水之數與氣之壓力如塞門用長柄比用輪更便而穩因輪不顯出門所開之大小而長柄易顯其門所開之角度又門之旁可備一分度圈則塞門所開之大小能配最準

如歐羅巴有數國之鉛房每一鉛房配數個噴汽嘴而噴汽方向與所通硫養二氣方向相對但此法有礙於硫養二氣之力必另配更大力之噴汽嘴在相反之方向英國平時噴汽方向順硫養二氣之方向如鉛房之長不逾一百三十尺則一噴汽嘴

足用更長鉛房則力量不足必再添一噴汽嘴
有數處造強水廠其鉛房進汽之處不同間有在鉛房頂上又
有法能在數處進汽又能在一處管理其壓力如一百五十一
圖𠯈為紅銅總管通過鉛房頂有吃吃一橫木樑能輔其管其
彎管可外包稻草繩能從𠯈至㖞通過兩管有水在內封密故
只能用最小之壓力否則其水噴散其總管𠯈有塞門所進之
汽可以塞門制之其汽先在鉛房前面入管內通入各分管至
鉛房前面進硫養二氣之處因此處欲得水氣比別處更多如
總管𠯈亦向鍋爐而斜則所凝之水能流回鍋爐內但此法與
用總管及總管用分管之法無甚大益因必用小壓力如用大

壓力則㖞𠯈兩縫所存之水必噴散
凡鉛房一副必先推算用汽之數若干須憑三種數目一所燒
之硫數二用枯煤塔與否三鉛房內所造強水要濃若干因此
不能有定法又第二與第三之事彼此有大相關因鉛房內所
做之強水愈濃則枯煤塔化水愈少反之亦然如鉛房內之強
水要濃至吐耳度表一百二十四度後在枯煤塔加濃至一百
四十八度則所用汽數開列如左
每燒硫一磅需用水·一〇五六二四磅此為濃硫強水
如沖淡得一百二十四度濃另配水·三一二五磅共需水·
八七五〇磅但因用枯煤塔在前後兩處則能省用汽令強水

得一百四十八度之濃共省汽〇·四三七五磅將此數與前數
相較得餘數為水汽·四三七五磅必配燒硫一磅但此外另
有汽管所凝為水之汽此數亦不能預先推算因凝水之數視
其管之長與厚及所包之料可見鍋爐所應放之汽如不用枯
煤塔則每燒硫一磅用汽兩磅半如用枯煤塔則需汽兩倍
另有人名司蒲連格以為噴汽則令硫養二氣與淡養五氣受熱
而漲故所需鉛房容積與用硝數目甚大如能將冷水分成極
細之點如細雨則可免此弊能省燒水成汽之費其水用汽分
為極細之點其法如一百五十二圖𠯈為進汽管吃為進水管
其汽每平方寸有三十磅壓力令水變為極細之點但二十磅

壓力之汽足令八十磅壓力之水變為極細之點如霧其噴水
嘴在鉛房邊擺列每相距約四十尺從高處備水箱通水而下
立此法之人云所省之煤約三分之二又有一廠名巴鏗苦立
克設此法不但能省煤猶能省鐵硫二礦每百分省六分半又
硝每百分能省十四分零四分之三此廠不用前後枯煤塔因
不用各新法所以能減省之故必其鉛房原來進硫養二氣與
水氣過多故用噴水法應歸原數但噴水與噴汽兩嘴之尺寸
應配準又兩嘴必有特式令所噴之水分極細之點如成大滴
落下則令鉛房底強水沖淡
查此法有數種大弊噴氣幾於進風不相關又鉛房內各氣質

不能多調和又易令鉛房內熱度過小因熱度小於百分表五十四度則難成其極小之熱度爲百分表四十度不及此數則成強水不便又鉛房內用噴水法得水不及用噴汽法之勻又只能在第一鉛房即一副鉛房最熱之一間用此法得宜又噴汽之法必用噴水噴汽兩副器具事繁而費鉅計算不抵所省之煤因此各廠不常用

鉛房內進風法

前論及配燒硫或鐵硫二礦之爐必得若干風力方能燒成硫養二氣與變成硫強水又論及熱硫養三氣自能成風因比空氣更輕自能上升入鉛房內前亦論及在鉛房內氣質相和而成

流質則大體積縮爲小體積有成眞空之意因此有吸力不但能吸燒硫爐之氣如鉛房有裂縫亦在有縫處吸之

以上進風兩法外另有一法爲出氣孔如最簡便在一副內末一鉛房備之一千八百五十四年比利時國派人查驗因此法比煙囱更好有數處大廠俱用之或云用煙囱則風力過大氣行過各鉛房過速大有糜費但此論殊不允當如風力過大儘可在出氣孔內做一門可任意放大收小如風力不足不易加其風力可將氣管之端順氣之方向噴之則氣因此前行任意配其快慢但噴氣不免有費用而開煙囱出氣孔稍放大則無費用可見用煙囱便益又因凡用鍋爐之處不能不用煙囱故煙囱可助風力之用其煙囱必高於各鉛房

無論成風力之法用煙囱或管必備門能開關如一百五十三四兩圖所用之門爲最便通氣管呷呷′放大做一方形器外有套殼叱叱′成水節風門內周圍有套殼叮叮′通入水如叱此門起落法有鐵鍊如哦用轆轤如吧又有重錘如咦

又有一法在歐羅巴別國常見如一百五十五圖呷呷′爲通氣管中有放大之處叮叮′之中有隔板哂哂′內鑽多孔孔之全面積大於甲甲管故將各孔開通則出氣無阻礙之處如用泥或鉛塞塞其若干孔則可任意加減風力所以在前面做一小方膛膛內鑲玻璃一塊以便起落對面亦鑲玻璃一塊故能看通

如鉛房內汽行過之速有數法能試如一百五十六圖用兩管通入煙囱內或出氣管內其兩管一爲直頭一爲彎頭可見煙囱風力令直管內受若干吸力而彎管受其壓力以兩管之力相比可知風力大小如圖呷呷′爲玻璃箭徑四寸下有小管叱相連有浮表哂哂′能在箭內起落浮表面有極細平綫又有移動之分度面並拂逆能看兩水面高低至千分寸之一爲度其兩管哦吧通入煙囱或出氣管用軟木或橡皮塞咦而有橡皮管哶哶′通入呷呷′兩管內則開塞門令兩箭之水受壓力而記其數後調換其管如一百五十七圖令哦管與呷相連巳管與呷′相連亦看其數以兩數之中數作爲正數兩管用以脫代水

更靈便另備一表能將此汽所顯壓力配風之速若干另有法如一百五十八圖不用兩個四寸徑之玻璃筩但用一彎管徑八分寸之一長十寸管之外有分度面能分百分寸之一管爲斜擺每長十寸高一寸又備雙路塞門便於開關而調換兩管之壓力又有酒準配其平管內有以脫每百分寸之一配前器千分寸之一故更易看其分度另有許多別器能量鉛房內風力但此書不能詳載

化學工藝初集卷三

第九章論鉛房內各變化

凡備鉛房一副必傾以略淡硫强水至鉛房邊與鉛房底不鎔連如前論用摺邊外包之法則相切處必有流質封其縫否則氣全散出所封之流質但令四邊浸沒便可因其水在鉛房內生熱漸漲又因鉛房內成強水其底之流質漸多則四邊與底相遇處之縫有多水封密初時鉛房底所傾之強水愈多愈妙如無強水則可用淨水然不及用強水雖從遠處運來亦爲合算依土耳圖浮表約九十度濃爲佳即不能如此濃亦不可過差鉛房底不可傾淨水或最淡硫強水因鉛房底流質能收硝強水之霧致消化其鉛皮雖所進之硝強水霧全爲硫養$_2$氣所化分則遇水之淡養$_2$或淡養$_3$等霧亦必有變成之淡養$_5$硫強水得淡養$_5$鉛皮因此而壞

除消化鉛皮外另有故不可起首用淨水因鉛房底濃強水不多則各種變化亦不合法倘鉛房底與四邊鎔連則可不用流質比較用淨水起首爲更妥否則應用強水深約十四寸爲要如鉛房底用強水護其縫則於燒硫磺或鐵硫$_2$礦之爐已加熱預備進料發硫養$_2$氣時其門可開而鉛房進汽同時必進淡養$_5$氣但初時不可進汽恐令鍋底強水過淡所進之淡養$_5$或氣或水必照前說比較後用者多三四倍因鉛房必先預備

多淡養五氣令滿後只須補其所變化者又淡養五水比淡養五氣更易速進因氣中爐內燒之如用硝強水亦不可初進過多恐在各爆布水落下之時不及化氣而落至鉛房底朽壞鉛皮初時每燒硫一百分須配鈉養淡養五十二分至十五分或相配之淡養五數必連照此數進料至鉛房中氣變黃色後漸減少至得常用之數

又有法先進汽與硝氣約五點鐘至六點鐘後進硫養二氣照此法鉛房立變爲硫強水有一廠在十二點鐘內能得重率一·六五之硫強水不費時刻或能省硝但此法用之於鉛房內不免有硝強水變成落至鉛房底之弊

看試硫強水之表顯出鉛房內已有強水變成約次日即須進汽初進汽時須慎察鉛房內各事合法用硝或硝強水足用則第三日或第四日其鉛房內能成硫強水連做不息

查鉛房內合法之變化初用硫或鐵硫二礦若干變成硫強水最多而用硝或硝強水極少又令鉛房內所變之硫強水得最濃至不能銷壞鉛房內鉛料爲度如欲得以上之各益必令司鉛房人各事謹慎前已論及玆尚有數端在此處詳言之

一鐵硫二礦或硫必燒盡但燒硫易盡而燒鐵硫二礦較難已在前論燒鐵硫二礦款內言之

二所進鉛房內之硫養二氣必合法此在第七章內詳言之大概所進氣之原質幾全恃進風前論有指出風力之法此事與化學無關但鉛房內須常時察看風力或在鉛房頂有進人孔可入內察之或在試強水塞門處用量風力表如前所有量風力表之圖見一百五十三至一百五十八各圖總而言之可用數款變法如下

凡用三個鉛房之廠則第一鉛房壓力應向外凡開塞門其氣質必從鉛房內噴出外面又中間之鉛房內空氣壓力應與外空氣壓力相同如開塞門或內外相平而氣無出進或內氣稍向外出亦可又如第三鉛房之後風門之前其吸外空氣之力應顯明有論造硫強水書云鉛房內氣行過之速每分時應有八寸至十寸

鉛房內平常所得風力必足令燒鐵硫二礦之爐能燒之合法令所進鉛房之氣爲合宜如過此數則爲過度英國平常之法試其風力美國則化分其氣而知如風力合法每燒硫進氣一百分含硫養二氣十一分又如燒鐵硫二礦每進氣一百分含硫養二六·五分又末鉛房出氣每百分含養氣五分至六分

燒硫之風力過大則硫能分出燒鐵硫二礦風力過大則燒之速而有成餅之弊但風力過大則進空氣沖淡鐵硫二氣鉛房內因空氣淡則容積大而得硫強水少又鉛房各孔吸氣而放出硫養二氣與硝強水氣出鉛房尚未變化

進風力不足則燒礦之爐太熱成餅礦燒不盡硫養二氣太薄爐內相連之管及鉛房所有之裂縫易洩硫養二氣如開進出料之門則洩之更甚又鉛房內硫養二氣收養氣不足則鉛房放出硝氣因養氣不足用之故

以上二故卽風力過大與風力過小俱能令所成硫強水不足用又令所燒之硝或所用硝強水過多又能令硫養二氣洩出可知管理風力之事爲最要

如含硫少之礦或不易放出硫磺之礦用進風氣過多之爐如舊式比利時爐則鉛房內所進空氣過多所成硫強水必少

管理所進汽數亦爲鉛房要事應爲總辦廠員自行經理如鍋爐汽機壓力要常勻則須親自監視各鉛房應每日親視兩三次間有每間一點鐘經過各鉛房巡視如欲知進汽能否合法必查硫強水之濃淡但硫強水在面上與底兩處濃淡不等因面上濃而下面淡故所進之汽應令第一鉛房底之硫強水不外吐耳圖浮表一百二十四度之濃如一百二十八度則太多一百二十度以下亦不宜但從前歐羅巴數國廠內常用此度數現德國亦仿此卽如第一鉛房得一百零六度之濃或以一百十三度爲最多如第一鉛房造強水比別鉛房更多所需用之汽亦比別鉛房更多又如用枯煤塔法應另有噴汽管通入塔內如第一鉛房底之強水不大於一百二十四度則能做強水最多所成之強水不含淡氣或養氣所成之各種質各國所用一百零六度至一百十三度則太淡徒糜費多汽而熬濃之工更大毫無相配之益處

如第一鉛房底面上之强水平常不可大於一百三十六度間有至一百四十四度無礙於所成強水數又不壞鉛皮之料

如第二鉛房底之硫強水或第二鉛房中間之強水應略與第一鉛房等濃此指用枯煤塔而論又如用三個鉛房則第二鉛房約濃一百十六度如用四個鉛房則第二鉛房可得一百十二度第三鉛房得一百十三度如不用法收回其淡氣或養氣則當中鉛房只能得七十七度至九十度平常鉛房一副長所

進之汽應與此數相配凡面上強水之濃應比下面強水大十度至十五度

如末鉛房強水之濃俱靠有枯煤塔與否如用塔則此鉛房強水不可小於一百零六度如少數度亦無大礙但得此度數爲更妙如其濃小於七十八度或七十度則鉛房內之硫強水必含淡養五若干故鉛料易壞又有數廠因慮及此則將末鉛房內強水用起水筩送至第一鉛房內如不用後枯煤塔其末鉛房含硝氣甚少則硫強水之濃可小於五十二度間有數廠不過三十二度故有數廠家雖不用枯煤塔亦令末鉛房強水過濃卽七十七度至一百零六度如法國南邊平常做七十二度

至七十七度

前論鉛房進汽之數每鐵硫二礦含硫重一分須配汽重約二分半如鉛房進汽過多則強水太淡又第一與第二鉛房亦有更大之弊因淡氣合養氣之各質從鉛房內空氣收出而凝結落入鉛房底不但不能助成強水而能朽壞鉛皮如鉛房底之強水濃至九十度則不能收硝強水必再放之令變爲淡養三或淡養二等氣如所進之汽接連更多則令硝強水不化分有此弊則難治如斷汽已不足還須增硝數而鉛房底強水漸漸加濃又所成強水少所燒硝多鉛皮不免有消化可見進汽過多有最大之弊故必謹慎勿令強水因進汽過多變淡如通鉛

房內之汽其色太淡則知進汽太少又如斷汽或幾分斷汽則一二點鐘後鉛房內汽變爲紅色則知漸漸歸原

如所進之汽過多亦有大弊即成淡養或淡氣但所應成之質以淡養二爲合養氣最少之質而以淡養三爲更好因淡氣養氣俱不能再收養氣變爲淡養二淡養三等質但必與別氣放出鉛房外如此有大糜費又如所進之氣不足用則其變化亦不得法因所成強水與淡養二淡養三等質變成顆粒俗名鉛房內顆粒因鉛房底之水甚少故能結成如水多而濃則其質消化不能凝結必謹慎勿令鉛房內氣質變成此料又如所進之汽不足用則硫強水變爲過濃遇鉛房鉛皮令其消化如鉛房內強水不外一百四十四度其弊不甚大但過此度則易朽壞鉛皮又如用後枯煤塔則末鉛房進汽甚少又如末鉛房爲極小則不進汽末鉛房太乾雖其氣之色爲甚紅所成之強水少因硫養二與養氣放出未變化如鉛房內氣之色爲明紅則更易有此事因平常之紅色應略暗而有霧形總之進汽不足其弊小進汽過度則弊大

所用硝料與進汽之數不同如用收回硝氣法則末鉛房不可有硝氣過多因末鉛房所出之料爲糜費故末鉛房之前一鉛房應深黃或紅色末鉛房應淡黃色

末鉛房硫強水得濃五十二度或不及此數幾分能收硝氣成

硝強水如此則硝之糜費少因末鉛房必多進汽方能得此益處如末鉛房不得硝氣多則不能多成硫強水因硝氣少則硫養二氣不能收養氣變爲硫養三故必有硝氣之大糜費方能在末鉛房做硫強水又末鉛房只能容鉛房收回硝氣若干分故鉛房三分之一或四分之一容積爲徒費所能燒硫不過三分之一至四分之一又末鉛房專用收回硝氣不但不靈而費用更大

照以上所論可知鉛房應特設法收回硝氣不但能省鉛房容積三分之一至四分之一并省硝三分之一但因硝氣常有餘則硫養二必全收養氣變爲硫養三又可免鉛房內放出有害於

人之氣質故必特設器收回硝氣此事特在下第十章詳言之
本章內只論枯煤塔等法所應管理鉛房之要法如鉛房以三間爲一副則第一房進硝氣或硝強水此鉛房常含硝氣有餘但第一鉛房必顯出黃色與紅色之霧霧中有濃白如雲因此硫強水之色或黃或紅不易分別第二間內其氣更勻含硫養二少又含養氣或淡氣之質甚多顯出紅色但紅色內亦必多帶黃色
如第三間鉛房硝氣最多而硫養二氣最少鉛房不止三間必在末一間顯出如只一鉛房則在第三隔間內顯之又氣出鉛房行過枯煤塔以前其硫養二氣應全分出故硝氣必最多此硝氣變爲深紅色間有深紅至不能通光
鉛房內氣質顏色可從頂上進人孔或鉛房邊用泥塞處窺見最便在鉛房邊鑲玻璃片又如末鉛房之色過淡須即查其緣由或汽或硝氣多少不勻必詳察各處情形即如鉛房底強水濃淡與含硝氣多寡又如末鉛房其色過淡可知放硫養二氣甚多硫養二氣行過後枯煤塔必令所遇淡氣合養氣之質放其養氣又令淡養氣放出外面必立刻用法免此弊
除看顏色外亦有別法能知各氣質行過全副鉛房漸漸減硫養二氣而增硝氣一聞其臭一化其氣但聞臭最難準不及看顏色姑置勿論如用化分之法則最穩但平常硫強水廠不多用化分法大半在兩處化分氣一化分所進鉛房之硫養二氣一在氣從後枯煤塔出時化分如另化分各鉛房內氣則費工因看顏色之法略可恃則不必用化分之法
試鉛房內硫強水外亦須試其含各種硝氣數目平常鉛房內所含淡養五與淡養三淡養四氣甚少故用常法試之求其數大不準因所含餘質有礙於所得之各數但有一法用鐵養硫養三水看所變成之色其法最簡而速能試得可靠之數
如將鐵養硫養三水傾入試管內之硫強水即鉛房內取出之強水令兩水相遇而不相合如含淡養五淡養四淡養三各強水則相遇處成黃色圈而淡氣合多養氣之質愈多則圈之色愈深如更多則鐵養硫養三水全變爲深棕或黑色而強水發沸漸漸生熱所放出之淡養因熱而化散其黑氣漸退而水變明常習用此法則能知鉛房內硫強水含硝氣之略數如有四個鉛房可備平常試管架能用試管八枝各管約長五寸每日一二次試其強水其法將各鉛房面上與底兩處之強水放在試管內先用浮表試其濃淡記於架上後將濃鐵養硫養三水輕加其上視管內高約半寸看其管之色與浮表所試得之濃淡數又看鉛房玻璃窗內所顯之色則易知鉛房內變成之大概再試燒鐵硫礦爐所進礦之氣又試末鉛房所放出之養氣則能知各鉛房內所有各種變化

玆將各鉛房內試得硫強水面與底之各數應顯出其大略大概面上之強水含硝氣比底水更多面上水顯出鉛房內氣所有之變化鉛房底之水更淡應顯出硝氣少又如第一鉛房底水不應顯硝氣如顯出則可知其數過多而所用之硝或硝強水可減少但必先查面上之水有無含硝氣如不含硝氣可知鉛房內之汽太少因此淡養三淡養四各氣俱爲鉛房內硫強水所收又如面與底之水太濃則必多進汽如第一鉛房上下兩處之水俱顯出有硝氣之據則硝必減若干分如末鉛房含硝過少必待末鉛房硝數足用方可減第一鉛房所進硝數又如第一鉛房之水有硫養二之臭則其臭愈大可知愈宜添硝

中間之各鉛房應顯出含硝之據少許則第一房強水應顯硝之微跡而面上之強水應顯硝較多末鉛房底之強水應顯硝最多而面上亦更增推其故如末鉛房之色過淡而底之強水含硝多或因鉛房內含汽有多寡不勻如因汽少而強水太濃則消化硝氣過多如汽過少則所成硝強水必在鉛房底爲硫強水消化欲免此兩弊則末鉛房強水不可淡於九十度又不可濃於一百十度間有因風力過小而成此弊如末鉛房顯出紅色而面上之水顯出硝氣底水不顯硝氣可知必再添硝後則鉛房速變淡氣又如鉛房之色淡面上之水含硝氣少或漸缺係因汽過多但此不常用因末鉛房平常得汽不甚多再其

故有節風力過少或過多或硝不足欲試其風力過小在所放氣內試含養氣數如過大則試其爐內所進之硫養二氣數如鉛房有多裂縫漏氣則所進空氣過多而在末鉛房所放氣內含多養氣爲其憑據如不用化分氣之法則易誤風力之多寡如風力不足則淡養氣遇養氣不足令變爲淡養三淡養四淡養五等氣而其淡養氣無色又不能在濃硫強水內消化故全失去所以鉛房內之色淡因養氣不足而烟囱所放出之氣發紅因所放之淡養氣遇空氣之養氣與之化合又如所進空氣甚多則含硝之氣沖散而鉛房減去其色硫養二氣亦放散因不及與養氣化合

鉛房內造硫強水過少其故與前論不同如硝不足用或鉛房內有裂縫進空氣沖出硫養二氣此事常與爐之風力有相關因所凝之氣過少則鉛房之吸風力亦過小因此爐內所進之風不足則礦燒不盡或合成餅將風力減小凡遇此弊必多用硝令多成硫強水如再不效則爐內所添鐵硫二礦必減少如末鉛房色變淡而風力不足又如試強水得硝氣少則知用硝不足所以必再添硝令其歸原凡試含硝氣之硫強水如氣不足用硝之數須加但鉛房內常有種種各病節如風力過小則後枯煤塔只能有淡養氣或硫養二氣放出不但加風力猶須加硝以補其缺如硝氣因風過多而沖淡則後枯煤塔不能收

不但宜收小風力必再添硝令其仍各歸原
照前論可知硝房內有不合法之處大半要加硝而後能知又必同時管理所進之汽與風力如鉛房內進硝遇有偶然多用時必先備其法否則無法能收硝易於誤事如不能再添硝不得已必暫時少用鐵硫二礦令各歸原
有數處以鉛房熱度爲最要故各鉛房多備寒暑表令熱不甚改變彼意成強水必在一定熱度界限內但法國與英國不多用寒暑表德國廠內常用之如鉛房外有篷遮蔽燒鐵硫二礦之爐亦不大改變其數則鉛房之熱度週年不變其成熱之故不外燒鐵硫二之爐所進之氣與汽與鉛房內之變化但因鉛

房鉛皮薄易於散熱又因末鉛房所放之氣多又所放出之硫強水亦收去其熱故鉛房內難生極大之熱又如鉛房外有篷則鉛皮散熱不多只冬日與夏日有大別其分別由漸而來可預防之
查鉛房各處熱度亦不同平常在近鉛房頂熱度比別處更大因熱氣上升冷氣下降之故又鉛房向前熱度大向後熱度小前鉛房比後鉛房熱度更大如前鉛房不用法令氣變冷或不用前枯煤塔則熱度平常能得百分表五十度至六十五度手不能久按但此種鉛房不能耐久第二鉛房熱度更小從百分表四十度至六十度第三鉛房如爲末鉛房則熱度與外空氣

大同小異但內熱度從百分表四十度至三十度或更少
鉛房最合宜熱度難預定大約百分表四十五度至五十度爲各鉛房合用熱度不可過六十度又如最小之熱度在三十五至四十五亦爲合宜之熱度但平常廠家不多問熱度周年所費之料與所成強水大同小異英國廠多在露天常有空氣變冷變熱之大分別然用之合法所得強水亦與歐羅巴別國相同
鉛房底所存強水之深淺亦與成強水有大相關如九寸爲最合宜之數過九寸則無甚大益又如強水愈多則鉛房內容氣容積愈小

用以上各法試之必最慎查各病實在緣故如查得其故不符則所治病之法或令其弊更大故管理鉛房之事不易必多年經慣之人方不誤事
查鉛房能知合法與否有兩事爲最要每七日查所成強水數並所費硝數下有一章詳言之又有人另設法查所放出之氣此法雖有益但畧繁並藉化學之法故用此法者必須通曉化學

第十章論收回含硝各質

造硫強水之末鉛房所放出之氣內有淡氣合養氣少許必用法收回則能免其糜費大約能省用硝三分之二並省鉛房容

積自四分之一至三分之一又能令所成强水更多且免霧散入空氣內有害人與物已有人設立多法只有一法爲各大廠所通用乃化學家該路撒克一千八百二十七年所設其法用濃硫強水收末鉛房所放出含淡氣之霧英國多用此法法國尚未通行

查鉛房內所放出淡氣合養氣之各種霧質大半易爲濃硫強水所收即硫強水重率一·七能收最多如硫強水重率一·六則所收甚少硫强水重率一·五則所收更少可見必設法令末鉛房所出之氣行過強水令強水收其含淡氣合養氣之質再設法令硫强水放出此氣質

該路撒克所設之法用高塔或高筩內裝枯煤濃硫強水淋過枯煤路中所遇鉛房放出氣質而收其淡氣或養氣之霧初設此法用者甚少因淋硫強水放出所收氣質之法必將硫強水沖淡故先備濃硫強水後用噴水筩起至枯煤塔頂上再收之而沖淡沖淡後再熬濃其費甚大大約所費與所省用之硝約相配故毫無益處但用法之人不知其益處不但能省硝猶能變成他質十年前各國內有戰事用火藥甚多則硝價甚貴故省用硝爲最要又如不用枯煤塔則鉛房內不能有多餘含淡氣之各質故有用枯煤塔而拆去重造蓋用過之人方知有益此枯煤塔造法在末鉛房做一高筩或大柱形體其牆之料必能耐硫強水內裝枯煤等料裝料之面積必最大硫强水在頂上放出則成極細之點淋下又從底上升之氣質亦行過許多小孔令分爲極細之點可見氣質與硫強水因鋪散得大面積則易於收出氣內含硝之質此法之理略與煤氣廠所用令氣行過水收出異質相類又如化分鹽所放之鹽強水霧亦用此法收之見用鹽成鹼書內又平常所用沙漏提淨日用之水亦是此理

此器做成柱形或塔形因體高而徑小則用硫強水少而能從上落下收出所聚之氣又令氣與硫強水相遇但氣之原性欲上升如無水阻之則上升必速而散開如塔矮而徑大則只有數處硫強水下落又只有數處氣上升兩霧未必相遇而強水落下收氣少又頂上所放出之氣含淡氣合養氣之質甚多

照以上所論之理可知收氣之塔以窄爲要但不可過窄恐所裝枯煤有礙於上升之風力又因枯煤之體積愈大愈好故做高氣在下面進塔時含淡合養氣之質甚多所遇硫強水幾乎飽足如遇氣含淡氣或養氣少不能再收遇濃氣仍能收其若干分又在近塔頂則氣質幾收盡如遇新硫強水則強水之力大能收盡其餘氣可見塔底強水要飽足淡氣或養氣之質又如頂上所收之氣不含此種氣質則塔必做得最高方能得此兩種益處

又有法用兩枯煤塔彼此相近令氣從第一塔頂上下至第二塔之底出第二塔之頂上則硝氣應收盡但此法有兩弊一因氣出第一塔口令其落下而上第二塔並非自然之方向又因連兩塔之管內氣有大磨阻力二因此法雖氣質能全收出但所得之硫強水不飽足因兩塔必另加硫強水則強水到底所收之氣不過爲高塔之半如所用之強水收硝氣多寡無關緊要則用兩矮塔較用一高塔爲便又有數廠做半高之塔其平剖面式加倍中有隔牆分成兩半則氣在一半上升一半下降此法之費與做高一倍剖面式小一半之法其費用略同又氣所降之一半幾歸無用因水與氣行同路則磨阻力幾無而至

塔底時幾無變化如雙塔之當中隔牆從上通至底而此一半所出之氣有特設之管落至彼一半之底則上升時能遇所降之強水而可變成此法與用兩塔無異如收硝氣不多間用此法收鹽強水無論鹽強水或硫強水之做法其理相同論鹽強水書內不再詳及

至塔所配之徑應足通氣而有餘因內裝枯煤煤塊中所留之空處少又枯煤排列法必令其氣分散而常改變所行方向又令氣遇枯煤之面爲最多則枯煤面之硫強水易收其硝氣而硫強水相遇其磨阻力愈大愈妙氣上升時愈慢則遇水時愈長故塔寬則能令其氣上升得慢其理如此如不能得過寬之

塔則配塔之尺寸一面不能有礙風力令硝氣與硫強水相遇時多一面必令硫強水易於鋪散而氣行過時必與硫強水相遇但無法能預推算應得之寬故只能試驗得之從前所造該路撒克之枯煤塔以七尺爲最寬如硫強水一大副以五尺寬爲更合宜如五尺太窄最好做一雙塔

枯煤塔尺寸必配鉛房大約鉛房容積每一百立方尺則塔之容積一立方尺又如鉛房體積共有十四萬至二十萬立方尺則塔應寬六尺高五十尺又如鉛房容積七萬至十萬則塔寬四尺至五尺高四十尺便可如塔另加高十尺則更佳因能省用硫強水又強水落下之路能更長

如每鉛房一百立方尺容積能配枯煤塔兩立方尺則硝數更能省又如鉛房格外大者則枯煤塔做兩個門爲便近來英國加路地方所有強水房每一禮拜用鐵硫二礦一百噸配鉛房容積九千立方尺配枯煤塔容積九十立方尺即鉛房每一百立方尺容積配二立方尺以此法鉛房所有之硝數已減少從前每鐵硫二礦一百分配硝一·四五分現配硝一·〇五分

造枯煤塔所用之料平常用鉛間有用石板最省之法用瓦罐徑九寸如一百五十九圖管底用石槽或木槽外包鉛皮則氣質聚於管內上升各管內在頂上有添硫强水法或用小口管或用吸管其各瓦罐俱裝滿枯煤必配管之數足得所需之平

剖面積

如一百六十圖有瓦器爲士立高地方人名飛根造其形如一百六十圖有數廠用之得利但強水所遇之面較枯煤塔更少平常之枯煤塔以鉛爲之內裝枯煤如歐羅巴等國鉛料過厚每平方尺十四磅至二十磅英國廠內只每平方尺七磅至六磅略與做鉛房鉛相同枯煤塔用十八磅至二十八磅重鉛皮無益因氣質與硫強水不多熱愈冷愈佳又枯煤愈輕左右之壓力愈小故枯煤合法裝在塔內則不慮壓壞鉛塔其鉛皮外用木架枯煤塔之式有方圓兩種平常用者爲圓式因所用鉛料較省內以磚爲膛其磚須乾與枯煤同時送入常有用一寸

厚磚因欲免容積太大用磚膛之意欲免枯煤落下破損鉛皮此事猶小如有破壞處易用小塊鉛皮補之又如要免枯煤壓力則磚應厚九寸但不常用九寸厚者因容積太大之故

塔基必最堅固所用之料須強水不能蝕壞如能做高令末鉛房所放之氣直上枯煤塔免先落下而後上之弊則更佳如鉛房已離地面頗高則難用此法因根基費工料甚多果如此則枯煤塔之高恰令強水能從塔底自流入強水池從此池流至起強水箱內

枯煤塔大率用枯煤間有不用枯煤則敲碎瓦或玻璃亦有特造之瓦並玻璃塊或用最薄之管直立分若干層如瓦塊或玻

璃塊其工用甚少用管之法雖佳但其價貴故各廠幾全用枯煤因其形狀亂而面粗毛價賤而能耐久能分強水成極細之滴故強水遇氣最多又枯煤最輕亦爲大益有人以爲用枯煤取其質鬆內有無數微孔但此理大誤蓋枯煤愈鬆愈不合用不得已用最密之枯煤其微孔必立刻滿硫強水如此強水行過枯煤外面不能與內面之強水相遇故用枯煤非因質鬆因其形狀亂而面積大能勝於玻璃瓦塊

凡枯煤塔所用枯煤必擇合用者如煤氣廠所成之枯煤毫無用只能用最硬枯煤爲窰內所燒成者其質硬而密畧帶白色或深灰色或其色如銀如暗黑色則不合用凡暗黑色塊必去

之先揀出大塊長約一尺平擺枯煤塔底之棚上成行各層能縱橫排列更佳每塊須用手擺故工匠必從塔頂下至塔底其枯煤塊亦必從上落下最大之塊裝在塔內三分之一中等塊裝三分之一亦必漸漸落下上一層可用小塊從籃內傾出但籃內所傾出之塊必經篩過篩孔徑三寸可見塔裝枯煤須最慎否則氣難通或氣通之過易或數處過鬆數處過密故通氣與落下之硫強水不得勻淨

軟而鬆之枯煤不合用有二一下各層不能任上層之重必壓碎則氣不能通二因枯煤遇收硝氣之硫強水令其消化成厚漿氣更難通必將枯煤取出另換若硬枯煤則無慮此

兹將平常所用枯煤塔與相配器具略言之如一百六十一圖爲德國富來得克地方所用之塔一百六十圖爲立剖面圖一百六十二圖爲平剖面圖此圖尺寸爲本體百分之一巳爲枯煤塔以鉛皮爲之寬五尺七寸高二十六尺三寸用木架扶之做法與鉛房之架同但其蓋不鎔連於四邊能拆開其蓋爲木架所做內加鉛皮爲裏周圍有摺邊故將蓋裝上其摺邊通入塔邊之槽內其槽內裝沙摺邊通入沙則不洩氣塔底用硬火泥磚成柵柵之中間孔略高一尺八寸改變之法令所蓋之火泥瓦相離二寸半氣從此孔上並易落下枯煤俱靠柵上但塔邊做三個進人孔其孔以木架爲之面上加鉛皮用油灰封密各節鉛房所出之氣行過癸管再行過箱丑從箱直通至管入枯煤塔底如修理塔或換枯煤則門吃可開通而哂可關閉如閉吃之門開哂之門其氣先通過叮小管通入塔底所有之空處從此處再過柵之各孔分開上升在枯煤塔內同時有一百五十二度硫強水落下則強水收氣內之硝氣帶至塔底所遇之氣行過寅卯兩管再行過辰箱如將此箱之門哦關閉則枯煤塔與寅管不通故鉛房所放之氣不通過枯煤塔直通至寅管外散如吧管能放枯煤塔所落之強水見一百六十二圖則顯明其強水在未箱聚之

從此處行至加熱之器內受熱時其硝氣分出以備再進鉛房或作別用而硫強水能再用如巳管放出餘氣外散又如丑辰亦爲兩箱面上鑲玻璃片或在癸卯兩管內亦可鑲玻璃片如進塔之氣應紅色所出之氣應無色否則有誤

用枯煤塔則進硫強水之法亦爲最要因強水落下經過枯煤必須勻如不勻則用強水太多氣行過塔不能放其硝氣故必特設法令硫強水散開而勻如富來白格地方所用枯煤塔有兩鉛池如一百六十一圖申酉分硫強水器連於嗊蓋上其硫強水平常用起水筩起至大箱辰起法用空氣膛內壓空氣則空氣壓水行過辛管通至空氣膛底其箱辰所有哷管之端有一多眼噴水頭旺以鉛五分銻一分所成此噴水頭亦能濾出強水內所有之定質在頂上開通便於修理又從辰箱有硫強水通過下管如小箱酉此箱所收之水用自行法進之其法用竿子掛鉛浮表有硫強水則浮表浮其面水愈少浮表愈落下竿之他端有圓錐形門能開以進硫強水其管丑之用能放所餘之強水遇浮表有亂行時則箱內之強水滿可溢出

其硫強水從小箱酉行過枯煤塔子在子處初行過分強水器從前之法用搖筩如欹器但用強水少則筩顛倒時相離遠而傾時強水太多又筩常有應傾時而不傾故廠家多廢而不用又有法如一百六十一圖用滴水管四副在塔頂等相距擺列上有漏斗下有彎形管俗名鵝頸管因硫強水流至管之彎處

則能阻外空氣進入其強水行過辰管分兩支其兩支各行過涵管之兩行有小塞門在各涵管上故各小管所得之强水正足用如此共有十六個塞門能制強水之流動此法有多弊因最難配準各塞門令其所出強水勻又塞門與管之彎處易塞因以上之故另設一法為分強水用初時在德國用此法但用一塞門其門能開大放出強水多免前法用十六個小塞門易於塞住如一百六十三圖其比例為本器尺寸二十五分之一塔頂有十六孔如圖內哂硫強水從此各孔內落至枯煤上各孔有摺邊高約一寸零四分之一用鉛蓋蓋之蓋之下邊在數處隔成凹以便進強水而無阻礙塔頂所聚強水深一寸零四

分之一其強水流過各孔而落至枯煤塔內又因各孔有強水蓋住則氣不能流出其鋪散強水法用小輪成動此輪為所落之硫強水從酉箱經過卯管與塞門吧此輪之下半與兩輪輻以鉛為之有玻璃管連在輪輻上強水落下則輪轉動輪軸正在枯煤塔蓋之中心又有牽條如叮連在塔頂上能管理輪輻之管所放出硫強水其枯煤塔頂之蓋分為十六等分各有進強水之孔所得強水俱勻如英國所造此種器全以鉛為之如本圖用玻璃成管更便

奧國京都維也納利新地方有造硫強水廠名舍皮拉設一法用以上之輪輪每轉一周則敲一小鈴令響

可見枯煤塔添硫強水以勻為要如不勻則易誤事已設多法欲免不勻之弊如一百六十四圖為馬里樂特所設之器其法略與油燈加油之法相同如人器其口向下放在盆物物盆之硫強水在人器內不能流出但強水從物器內行過管吃通至枯煤塔則物盆內之強水漸低而人器口開有空氣泡進入有硫強水從人器流出至得前平面為止所有塞門叮有塞門桿哂通過軟墊球而塞住人器之門則能從天管加硫強水

英國前有數廠用相類之法如一百六十五圖以鉛做大桶用鐵箍外包鉛在桶內從上至下作牽條之用令不能過緊如不用牽條因甲器內之壓力小於外空氣之壓力則鉛皮易於逼

攏添硫強水用漏斗叱空氣通過叮管叱漏斗用哂門關閉叮管則用塞塞緊戌為塞門以鉛合錫為之能關密不洩氣從塞門有管吒通至小筩乙略半此筩底有管吧此管之孔小於戌塞門之管而開通戌塞門則強水欲流出而空氣必進入但因吧管口小則其水在乙筩內必漸高吧高至吒管口則甲器之強水不能流出因空氣不能進入但吧管小口已放出強水若干則空氣少許能通入筩內再能有硫強水流出故乙筩內之硫強水平面畧不改變直至甲器全放空為止可見甲筩所流出強水俱藉己管口小於吒管口必為勻淨其強水至丙筩內有吸管噴能按時放至枯煤塔內

以上之法現各廠俱廢不用因放硫強水全藉空氣在戊塞門之外無他路能進凡有別路進空氣則一箱之硫強水滿而外流即不能制強水之流動但在吃與叮兩處最難封密不洩氣故常有外流之弊又因甲氣内有幾分眞空則箱之面易吸外空氣進入稍有漏洩之處無論在銲連之縫或別處不免有氣進入如一百六十六圖爲天平式進硫強水法甲爲裝強水之大箱在枯煤塔之頂上以木爲之内用鉛皮作裏旁有等高之鉛箱乙徑十二寸有管唧在其間能通管之端在甲箱内有圓錐形口口内有鉛合銻之球吃爲門球下有竿爲直輔上有鐵竿以鉛包之伸出甲箱之外用小鍊吊在天平桿戓之一端吧

爲天平之定點他端亦有鍊起乙箱内之鉛箱嘆將強水倒入嘆箱内令落入乙箱内之硫強水而所傾之強水恰足令天平落下而開口吃球門所出之强水足用則管箱上升而球落下塞住門可見戓天平時常搖動能令所出之硫强水數能勻不管甲箱内之強水多寡其天平兩端作一弧形能令鍊恒直而桿與箱只能從直上落

以上器具照平常之用法有多弊故已用此法之廠則改變之即如天平桿之刀口與桿相連而通過其心不久即生銹而桿不能活動即如動而磨阻力甚大如本圖在桿下置一刀口如極細之天平所用者相同外鍍鎳則不生銹又丙門不應作圓錐形應照本圖作球形因圓錐形之門稍歪則不能關閉其門間有連牢不能開如做球形門即稍歪無礙因球形門能閉其孔不致自塞而連牢故用此器之廠往往改用別法如本圖最簡便而不易誤

如硫强水起至枯煤塔頂之法各廠不同最穩之法用壓緊空氣在硫強水面則強水自能上升無論如何高之強水俱能送上其管愈高則愈堅壓空氣之機器必依鉛房大小配之如鉛房全副容積十四萬至二十萬立方寸氣管十二寸推路十八寸每分時轉四十周至六十周足能起所有之強水無論濃强水或鉛房之強水或含硝氣之強水俱可其壓空氣管徑一寸

四分之一至一寸半必用最堅之鉛料引至强水箱以上十尺至十三尺從此處彎下

壓硫強水器具其式各不同初設此法作一荷蘭水瓶之式如一百六十七圖後改爲平桶式如一百六十八圖兩端之蓋用螺釘連之現常用者如一百六十九圖用平桶一端作半球形一端收小成頸此端有進入門此器之式如蛋形俗名強水蛋又如一百六十八圖之器用鉛爲膛一百六十七圖與一百六十九圖内不用鉛裏包護生鐵殼因經過之強水消化生鐵殼甚少已試此種器連用五年間用含硝氣之硫強水或濃硫強水或畧淡之強水俱無弊如加鉛裏則稍有漏處强水即在鉛

與鐵之間進入而銹壞致鉛鐵相離不能包護其器
如平擺之器比立擺之器有數益一平擺在地板上周圍能走
得通不必特開一坑爲座二如壓力過大則最軟之處爲進人
孔如有破裂而強水噴出則人與機器受害之處比直擺法更
小又如進人孔背機器更爲穩當
如一百六十九圖甲爲強水桶其皮厚二寸吃爲頸呷爲進人
孔以螺釘螺蓋連之用厚橡皮墊圈令不洩氣哂爲甲桶之下
凹能容出強水之管噢照此法則甲桶出水能淨叮爲進強水
管哂爲空氣管吧爲出強水管又各管連於桶上有鉛摺邊用
鐵墊圈蓋其上轉緊螺絲則能堅連不洩氣

又如一百七十圖之法甲乙爲裝強水箱丙爲鉛桶其鉛料必
最堅徑約十寸其頂上略與強水箱等高但比箱更深故能通
過呷吃兩管令兩箱相通呷吃兩管端有圓錐形門蓋之門桿
用鐵外包鉛如欲放出箱內強水則開其塞門丙桶內之塞門
亦須開通此塞門座以鉛或錦爲之用管叮通至平擺強水桶
內此各器用木架托之又用鐵條如噢噢以螺蓋連之間有用
此法令水上升至一百尺不誤或壓力大時哂門轉不緊則強
水噴出有害於人因此故桶上須特備壓蓋與軟墊球如呀而
吠桿通過其中免噴出強水之弊其軟墊圈亦可作門桿之直
輔如不用直輔則用別法代之用此法則一個生鐵桶能爲濃

硫強水與含硝之硫強水與鉛房內之硫強水所公用
如一百七十一圖爲自添硫強水法甲爲厚鉛皮造成之筩兩
端圓如蛋形以生鐵代鉛則更佳乙爲門盒丙爲出強水管另
有一管丁在筩外與丙管相連丙管通至戊在此處通入器之
內面在最低之處與丁相連庚爲壓進空氣之管如丁內無強
水則空氣能通過如此能令筩內之流質不受壓力強水從門
盒內進入筩滿強水則空氣不能通過己管故強水不在戊管
內上升因戊管比己管更低戊作吸管用能令丁筩滿強水而
空氣不能過又壓力漸增大則其水能在出強水管上升可通
至任何處丁管內之水漸落至彎處底則空氣通過沖去丁內

所有之強水則筩內添強水時空氣能放出因壓空氣筩連行
不停
此法有數弊因硫強水從筩內取出至將罄時則有空氣在內
欲噴散必特設一器免噴散之弊所用之器如一百七十二圖
甲爲硫强水箱內置鉛筩筩底作狗牙形另配孔如唧唧令甲
與乙兩器能通又乙頂上亦隔出空處如吃吃又在吃內用鉛
板哂內鑽多孔以數鉛條吐吐連之又用鬆蓋叮叮離開乙
筩頂上少許令空氣能通過中間如叮摺邊深八寸中有短管
哎出強水之塞門啐與此管鎔連又因此塞門受大壓力時難
令其不漏洩故有管庚圍住此管亦與丁相連能引去所漏出

之硫強水此器最簡便如兩個硫強水箱彼此相近則不用塞門通連可用簡便之法如一百七十三圖此箱甲以生鐵爲之以鉛爲裏內有鉛皮隔開乙處乙膛內用鉛皮呷與蓋吃成之乙膛邊底在呐呐處亦作狗牙形令與甲通連又出強水管與蓋吃相連則空氣行過篩哦從巳管出毫無害又在甲底有三個圓錐形塞門如嘆啐旺此塞門如開通則強水能通至各箱故常有開一門關兩門其餘兩箱不通強水

如小廠家只用一硫強水箭能爲濃強水淡強水與含淡氣之硫強水公用箭內添強水時則壓進空氣之箭停止如鉛房一副容積不外二十萬立方尺則易得空氣成此事如容積更大必配兩強水箭一爲濃強水與含淡氣之強水用一爲鉛房內所得之強水用如此壓空氣之箭可連用不停

有數廠不用後枯煤塔用三口瓶代之如一百七十四五兩圖其比例如一與五十用三十至四十個瓦瓶如子高約三尺以硬瓦爲之又用瓦罐連之其管通入瓶口用油灰封密造強水末鉛房所放之氣先行過呷箱收其水後行過各三口瓶此瓶內容積約三分之一進硫強水即濃一百五十二度其鉛房所出之氣行過三口瓶時其硝氣爲其所收其餘氣在叮處管通入煙通其三口瓶當中之口有漏斗啐通入其下便於進硫強水每二十四點鐘放出強水一次放水之法用塞門嗔其瓦瓶分數副第一副之瓶所出強水添入第二副瓶內第二副添入第三副瓶內第一副用新強水三副三口瓶成級排列則強水能從高處流至低處最高之層用強水箱添水

另有一法如一百七十六圖用大盆呷以大鐘蓋之各鐘用大管連之如呐其各盆與鐘亦分高低成數級則硫強水易於自行流下流下時遇氣質上升此法比用枯煤塔更省但因收氣不甚多如大做強水處不便於用

以上所論將枯煤塔收硝氣之理法俱包括在內故不再詳論然尙有數要開列如左

進塔之氣必顯紅色出塔之氣應無色故出塔處必備塗白色

油之板便於看出氣之色又出塔頂之氣或出煙通之氣遇外空氣亦不應發紅色之霧又做硫強水鉛房所有進塔之氣以乾而冷爲要令其水不沖淡與不生熱故末一鉛房收氣甚少令硫強水略有一百零六度之濃間有法如一百七十四七十五兩圖呷呷用鉛箱內有直立隔板則氣在箱內來往圖內以箭指明此箱內夏日添冷水收氣之熱間有用濃硫強水收氣令乾而枯煤塔所用硫強水不可減於一百四十四度之濃如更濃尤佳至一百五十二度爲最好有云應用一百七十度濃之強水因所收硝氣比一百四十四圖之強水多三倍但此斷不能用因一百五十二度之強水熬濃至一百七十度其費太

大甚不合算
所用收硝氣之硫強水愈冷愈佳如硫強水熱則收硝氣最難且不免硝氣之糜費故所用之硫強水在盆內熬濃後必先置最大池內令其變冷後可在枯煤塔上用之又如夏日僅靠空氣收熱最慢故各大廠必特設法用冷水收其熱有數廠用雙層管內外兩層管之中間通冷水但此法亦有弊如其外面之水或內硫強水受壓力過大則鉛皮管能漲必另設一法如一百七十七圖每通水管長三十尺作一立管成彎形如有大壓力則水從彎管而出自無妨礙又水內有氣泡亦能照此法放之

令濃硫強水變冷預備枯煤塔內用其法甚多有一法可公用因易破壞故其法不妥如英國有數廠所設之法或比別法更宜如一百七十八圖爲立剖面一百七十九圖爲橫剖面一百八十圖爲平剖面如一百八十圖之甲乙線上做一百七十八圖又在平頂線上做一百七十九圖其比例爲一與二十五但所用之箱與各管必長於本圖因本圖特意縮短便於印入書內如每六工做硫強水一百噸其箱須長二十尺寬四尺高二尺內以鉛皮爲膛中有鉛皮隔板分爲三膛外兩膛小如呷叱內一膛大如哂呷叱裝硫強水哂裝淡水呷叱用二十個鉛管通連如叮叮各管徑一寸零四分之一爲鎔連故亦能當鉛條之用此箱用法令熱硫強水行過哦管在叱膛內聚之後行過叮叮兩管通至吧管又有冷水從咦通至內箱哂熱水從啐而出其硫強水行過各管最慢故易放熱爲冷水所收所有立管旺旺徑三寸零四分之一連於叮叮管各一個伸出哂膛水之平面外則能放出熱硫強水內所含之氣質又遇塞處能吹通各管此器平常每二十日放空收拾乾淨看其有弊與否所用冷水亦須每日數次用藍試紙試其含硫強水否如含硫強水則知有漏處用此器百分表三十度熱之硫強水在哦膛內能在吧膛內變冷至三十七度斯可合用如熱至五十度則其收硝氣之力更小英國又有一大廠所用之箱長一百尺寬四尺

其強水先行過雙層管從一百三十二度變冷至一百度後在箱內變冷至十五度此廠用鉛房三副各副有十四萬立方尺之容積變冷器具足用

鉛房後之枯煤塔所落下硫強水應比頂上所進之硫強水淡二度爲限如更淡則知枯煤塔內所進之汽較多所得含硝氣之硫強水其色應與原強水之色大同小異又應放硝氣之臭最少但用水沖淡則應發沸放出許多濃紅色之霧如用熱水沖淡應更甚有數廠全憑此法試含硝氣之硫強水但各大廠必用化學法照第二章所論而詳細試之最簡之法用錳二養七料與水銀料依此兩法每日能查硝數之或加或減如加則鉛

房各種試驗之別法亦顯出知其硝必少用如硝數漸漸減少則知鉛房所進硝料不足用無論如何其硫強水每百分含淡二養三不可過一分如每百分含二分半則過濃其硝氣易於放散此事須於所出氣之顏色驗之如硝氣不足用可在頂上多添濃硫強水落下又如鉛房內出硝氣過多則鉛房內用硝亦必更少

鉛房後之枯煤塔以管理進風爲最要如風力不足則常有洩氣且有前論之各弊如風力太大則爐所燒去之硫氣必過淡而硫養二氣不及在鉛房內變爲強水且通入枯煤塔令塔內之質化分而有失去硝氣之雜質

另有數法收鉛房所出氣內之硝氣可作別用但此法尚未有人久用之不過爲試法即如有一處用大三口瓶三十個第一層十瓶裝滿水中十瓶裝滿鋇養淡養五水末十瓶裝鋇養炭養二合於水內其末瓶所得之質添入第二層瓶內第二層之十瓶內結爲鋇養硫養三間有人用別種料俱不能與克勒塞所設之枯煤塔相比

放出硫強水所收之硝氣

凡鉛房後用枯煤塔或用大三口瓶等器收鉛房所出之硝氣必另設器具一副能令收硝氣之硫強水分出其硝氣再用之而得淨硫強水如鉛房後之枯煤塔爲克勒塞所設但尚未有相反之法將所得含硝氣之硫強水分出其硝氣因此枯煤塔之法初難興旺有許多不便之處其器具價貴須常修理後有果勒發另設鉛房前面之枯煤塔此塔內能令硫強水淋下放出硝氣其硝氣仍能做硫強水各用但另有多法分出硫強水之硝氣即如用沸水或汽沖淡之或兩法合用或用硫養二氣等法茲將已試數法擇要先言之

如一百八十一圖爲小鉛房左邊之剖面式其含硝氣之硫強水先至巳箱內此箱有塞門戌與彎漏斗管叮鉛房內有平擺之板如呷啣硫強水在啣內漸流下其板以鉛爲之鎔連於鉛房之邊空其一邊作一直立摺邊深約四寸能容四寸深之硫強水其氣從燒硫爐行過丙管此管在鉛房底稍高又有小管吃在相近處能進汽則汽行過各平板上硫強水之面令硫強水散出硝氣行過戊管通入大鉛房叮所存之硫強水行過哂小管流至大鉛房底

英國有數廠喜用沖淡之法故特設噴氣或瀑布水之法俱用果勒發所設之前枯煤塔但舊法尚有用者應略言之即如一百八十二圖呷爲鉛箱高一尺寬十八寸立在鉛房內與進硫養二氣之孔最相近又有鉛管三根如吃哂叮俱通入啣箱與其鎔連如吃管通汽哂管通水叮管則通含硝氣之硫強水哂叮兩管頭上有漏斗如吃管所進之汽特備鍋爐成之呷箱先

裝水後噴汽加熱至沸再進汽與水及含硝氣之硫強水其各料比例足令所流出之硫強水放盡其硝氣所放之硝氣在鉛房內鋪散與硫養二等氣相合又令鉛皮不能爲各種氣質所壞

又有法如一百八十三圖用空心柱全憑汽分出硝氣此圖之比例爲其本體之尺寸二十五分之一圖內缺處特顯明其內形柱高十一尺六寸徑三尺下基用磚砌堅固柱以堅鐵皮三塊合成其縫如甲乙俱鎔連其座亦鎔連又有四大鐵箍束在外面增其堅固內用硬火磚爲膛如乙火磚之形原來即配好圓形面上磨平幾無裂縫火泥磚所用之灰亦爲磨成極細之

火泥柱頂上用火泥板爲蓋此蓋亦壟在火泥磚上中有鉛管丁能進含硝氣之硫強水再有瓦管如丙與蓋內相連最堅能放硝氣通入鉛房所進之汽過已管管口必高於所聚之硫強水柱內裝火石塊其塊近底大於磚向上漸收小如核桃大有數廠用敲碎之瓦器或磁器代火石塊則含硝氣之硫強水漸落下所放之硝氣過戊管通至鉛房硫強水過庚管通至辛箱內其哂管作彎形令管常爲強水所封

如德國富來卜克地方廠內用此種空心柱每二十四點鐘內足成一百七十度濃之硫強水一百二十五擔英國紐加所地方以前多用此種空心柱高九尺寬三尺以生鐵爲之用鉛作膛膛內砌二寸厚火泥磚內裝火石後改用果勒發之塔又德國罕卜克地方不用鉛膛又不能用甎只可用火泥作長管如一百八十四圖內徑一尺三寸半高十三尺一寸爲兩個蒸煤氣桶呷呷所合而成其裂縫處用白油灰封之頂如哂底如吃亦以火泥造成圓板哂內有孔能接瓦管可放硝氣並汽通入鉛房內其含硝氣之硫強水從戌進汽從吧進放出硝氣之硫強水從噢放出其甑用半寸厚之生鐵桶圍住如啐啐用螺絲與螺蓋在摺邊處相連火泥桶與生鐵桶相離一寸半用白油灰阿目弗辣脫姆料裝滿此料鎔化熱度最大其空心柱裝滿火石塊經用五年無誤本廠每二十四點鐘成硫強水六噸俱

有一百七十度之濃又有法用更小之柱裝滿碎爛玻璃料最簡便用三口瓶能裝淡水五百五十磅以瓦爲之如一百八十五六七三圖亦裝滿火石塊如呷管能放出其強水吃管能進流含硝之氣通過哂哂兩管而放出其管與哂相連之法用灰或用水節封之其管哂通至鉛管向下斜通入鉛房其三口瓶立置一瓦盆戌此盆以火泥磚爲基如吧漏斗管能進含硝之硫强水如噢能進淡水如一瓶不足用可添兩個或三個其費不大有云用三口瓶爲各法最省但瓦瓶必用最好之料否則不耐久

以上各法自有果勒發塔以後即大半廢去現各大廠俱用此

塔令硝強水放出硝氣約一千八百五十九年在英國設此法先用火泥磚作塔內裝最薄火泥片排列如魚綱形此塔能經一年不壞後果勒發法愈做愈巧先英國初用此塔漸漸推廣至別國用果勒發之塔能省用硝比空心柱進汽法或瀑布法更能減少其塔與鉛房後所用枯煤塔有大同小異之處但其用處與鉛房後之塔相反因克勒塞所設枯煤塔要分出鉛房所放出氣質內之硝氣而收在強水內果勒發所設之塔要令硫強水放出硝氣通入鉛房內所得之硫強水便於再通至後塔上仍照前法用之此爲果勒發用處之最要者此外另有別用處一能令爐所放硫養$_2$氣變冷二能令鉛房內所成強水變濃至一百五十二度其費極小只須用小機器噴強水至果勒發塔之頂又有更要之用因鉛房內所需用之硝強水或鈉養淡養$_5$水能從此塔內催含硝氣之硫強水流下通入鉛房尚未落至底時其硝氣全放散在鉛房內

如一千八百七十三年余設立果勒發塔配十六萬立方尺容積之鉛房用每日燒鐵硫$_2$礦九噸每礦一百分含硫四十八分此塔雖大得法但不免有尺寸之差或做法之差後來造塔宜免此弊如一百八十八圖爲塔之前立剖圖一百八十九圖爲甲乙綫上之立剖圖一百九十圖爲丙丁綫上之平剖圖一百九十一圖爲架上之平剖圖能顯出連鉛皮之法如一百九十二圖爲自頂下視之平圖能顯出分强水器並進入孔一百九十三四兩圖亦爲剖面式顯出上下做柵之處用上等磚爲基四面成弓形用鐵爐鐵條與鉛條呷呷連之又有鉛皮下垂如叱每平方尺重七磅如塔底漏水不能通入磚內必左右落下此鉛皮亦可向上彎能收強水有嘴與管可放去造此塔之架用最堅松木塔上強水箱亦靠此架托之又用四大柱哂哂托住用六寸方筍節連之見一百九十八九兩圖哦哦顯出其橫樑與柱相連吧吧爲頂上最堅之橫樑又用牽條咦咦連之咦上立一木房能遮蔽強水箱其箱只一個當中隔開分兩膛俱以鉛皮爲裏一收含硝氣之硫強水一裝鉛房內所成之強水此水從旺箱內進如果勒發塔與克勒塞塔並擺一處可公用一木房蓋之

所裝強水箱須有放強水門呼與餘強水管呾即放管通至分強水器而餘水管通至塔蓋卯其塔蓋如一百八十九圖從橫樑巳巳掛之此橫樑靠直樑吧吧其塔以鉛皮爲之每一平方尺重十四磅底用之鉛皮每平方尺重三十五磅又有鉛皮連條每平方尺重九磅見一百八十九與一百九十一圖可見鉛皮與木料稍相離因此故能耐久其塔高三十尺平剖面式爲九尺方底有盆爲鉛皮兩條鎔連而成四邊摺高十二寸因每平方尺三十五磅之鉛皮不能以平常之法鎔連則另設一法

先消去其邊成斜面如一百九十五圖兩口相遇成凹如圖內呷再將鉛料加大熱比平常鎔度更大傾入其槽內則熱鉛料能鎔化其鉛皮之面另用烘熱之鐵助其鎔化則鎔連最固英國近來所造架與塔更為堅固間有用每平方尺二十五至三十磅重鉛皮其下盆為五十至六十磅鉛皮裏用最硬火磚如能用磁圈或玻璃圈更好其磚裏與鉛皮相離約半寸見一百九十圖進氣管末上有橋形彎弓四個如一百八十九一百九十兩圖呷呷間有用火泥塊成栅如一百九十三四兩圖其火泥塊立置長三十三寸高十八寸厚六寸如用彎弓橋形則頂上作平頭如一百八十九圖其裏下厚上薄從底起約四尺高其裏厚十八寸再高八尺厚十四寸再高八尺厚九寸其裏與彎弓不可用灰砌因無論何種灰久之必壞故平常將砌裏之磚彼此相磨最平滑無縫

此塔內不但裝枯煤另用火石與別種料其火石先浸在鹽強水內消去各種異質其上高三分之一處可用最硬枯煤因此處不受極大之熱強水不全濕非最好之枯煤不可用無論裝枯煤或火石等料必以手工擺之又在上面擺數小塊如哂令強水未遇枯煤時能分開英國作此種塔十八尺至二十尺為常式間有最高者但不甚相宜大率以二十六尺至三十尺為最高之數所配之高必靠氣之熱度與燒礦之類及有無收飛

塵之膛並燒礦爐與塔之相距等為準

所有之硫養二氣行過生鐵管末寬二尺六寸出塔行過鉛管戌寬二尺三寸鉛管底有小隔板戌乙令所誤噴出之強水流回塔內此管稍向上斜通入鉛房其進氣之生鐵管末應向塔下斜少許平常以生鐵為之故常得百分表三百度之熱其生鐵與塔鉛皮相遇處易壞須常修理不修則洩氣甚多如本圖設法免此弊令末管與鉛皮不相切另有一鐵器如咳能接其管此器為圈形有兩摺邊與圈成正角方向其料厚一寸摺邊相距四寸共高八寸圈內徑二尺九寸半其外空處寬一寸用硬灰封密以此法則常有空氣通過其節令鉛皮不多生熱又因有灰封之則不洩氣如物為下盆嘴能引硫強水落入鉛管此處常有熱硫強水行過消磨易壞而又不能停之修理須於造時在嘴上另加一層鉛皮則外層已銷磨另換新者不致延誤時刻間有用管徑一寸四分之一連在盆之旁比上口略低但鉛匠連此管必最謹慎否則易壞必停工修理又有備兩管一管壞可用第二管

克勒發塔分硫強水法幾乎全用水輪平常之式如一百六十三圖間有用別法者但各處多有用鉛為之又有一法如一百九十六七兩圖用生鐵板卿在中心並在近邊處鑽二十四孔此鐵盆上立一鉛筩吃寬二尺六寸高十二寸底分二十四膛

隔開之鉛皮高一寸半每膛有一孔與生鐵板孔相配又有鉛管唇唇徑四分寸之三與筒之鉛料鎔連通入克勒發塔蓋內所備之管用灰封密其管之排列法如一百八十八與一百九十二兩圖卽顯明見一百九十六圖一鉛箱內有更小𠻘寬七寸鎔連其頂上有鬆蓋當中收小以上各件俱不活動其轉動各件有鐵軸𠯫通過生鐵板呷其尖以鋼爲之龏厚玻璃片吧頂上有鐵尖用螺絲連於鐵架庚轉動螺絲能令其軸𠯫或快或慢戊之上板有薄鉛管圍住在此處有薄鉛皮盆㖸鎔連從此處有四管𠯊𠯊向下彎成曲綫如兩圖顯明故吘管所裝強水從㖸㖸流出令其軸𠯫在對面方向而轉動相連之件亦隨

之轉動其兩種強水卽含硝氣之強水與鉛房之強水俱流入鉛盆辛而管之𠯫𠯫口上用小帽蓋之令氣不能散出如英國鉛房後之枯煤塔其法亦相同如一百六十六圖之法亦有人用之在克勒發塔管理所放之強水

如一百九十八九兩圖爲德國阿西格地方所用克勒發塔分強水法其輪如二百二百零一兩圖有放大之形甲爲裝含硝氣之硫強水乙爲裝鉛房強水丙爲分強水器呷爲輪𠮙爲軸所龏之硬火泥磚料盆𠰌爲鉛管叮爲通塔管㖸爲含硝氣之強水管吘爲通鉛房之強水管吧爲封密管口套𠻘爲磁料塞門唇爲克勒發塔之孔

照以上所論尺寸可知鉛房每日燒鐵硫二礦九噸每百分含硫四十八分共需容積三千四百三十立方尺每硫一噸配五百五十立方尺此爲克勒發塔最合之容積尺寸最大廠家俱照此尺寸爲之

查克勒發塔法有兩弊一因克勒發塔所裝枯煤初時令硝強水染成棕色如克勒塞之枯煤塔亦有此弊雖顏色與工藝內無甚相關然賣價比無色之強水較賤但硫強水流過枯煤不多時其棕色漸變淡久之不顯第二弊因塔內有鐵料或爐內及別處有鐵料不免此鐵料有消化在強水內又爐內所燒鐵硫二礦成粉或飛塵飛入鉛房內與強水相合而變色此弊爲

常有故欲得無鐵之強水則克勒發所用強水可徑從鉛房內取出如強水含鐵仍過鉛則鐵礦之爐可相離

總而言之克勒發塔有數益爲一定一能分強水內之硝氣一能令硫強水熬濃一可省加冷之各法一能令硫強水濃至一百五十二度或更多以後熬濃更不費工但其弊因廢硝料稍多

第十一章論鉛房內成硫強水之理

前各章內已論硫養二氣在鉛房內遇水與硫強水與淡氣之雜質等各變化此後但將鉛房變化之理詳言之

爐內無論燒硫或鐵硫二礦所放出之質爲硫養二此硫養二在

鉛房內收養氣並非空氣中之養氣又非硝所放出之養氣因所用之硝能放養氣不過爲所需數目三十分之一至二十五分之一其硝所含之氣爲助硫養三收養氣又非因所進之水因水之用令熱度不大硫強水能凝結

有化學家韋拔詳試此事得知鉛房內所進之硫養二氣遇淡養二或淡養三而收其養氣令淡養二或淡養三變爲淡養卌淡養仍變爲淡養二或淡養三如此回環成之但此兩種變化難於全明如無此變化則硫強水難得一併成功或在鉛房一處有放養氣之時別處有收養氣時亦未可知又此兩種變化必常相平其相平之法亦難詳言又常見若干硝氣必燒若干硝質此硝質消歸何處必隨變化所餘硫養二氣等質出鉛房近來有設多法欲免硝之靡費故現在其靡費較前更少

大概以上各變化爲收養氣與放養氣不能同在一時必迭更有之所費時刻與鉛房容積有相關大約硫養二氣行過各鉛房所費時刻約二·六八二點鐘故必在此時內變成強水如每燒硫一百分能成硫養二氣二百分必收養氣五十分方能成強水所配之硝要燒四分此硝所放養氣不過·三七七分與前五十分相減多餘四十九·六二三分故其硝所放之養氣必變化六十五·九次方能成硫強水所需用之養氣又有別法推算其硝所放之氣必變化一百三十·六次方能令鉛房內之硫養三全變爲硫養三

各鉛房所需用之硝亦不等如用克勒發塔或枯煤塔亦能收回硝氣若干故不能預定應用硝若干但用硝愈少顯出成硫強水之法愈靈

第十二章論提淨硫強水法

平常出賣硫強水在鉛房爲之內含異質甚多幾分因其生料如鐵硫二礦等異質幾分因硝與水與鉛皮等異質故強水欲分出異質必在熬濃以前因平常廠內鉛房所成之硫強水不提淨

鉛房內所得異質有多種俱依造法與用料有相關平常爲鉮養五鉮養三銻養三硒鉛鉛鐵銅鈣養鋁鹻類質另有硫養二與淡養五淡養三及生物質此各質在硫強水內僅有微跡無大礙又所含之鉛如沖淡硫強水則結成所含之鐵在白金甑內熬濃結成鐵養硫養三顆粒最要者須分出所含之鉮如鐵硫二礦含鉮不多不去之則有礙於強水之用又如含硝氣之質亦須分出因用白金鍋熬濃則含淡氣之質有礙

硫強水提出鉮之法

燒硫成強水不常含鉮如工藝內要用不含鉮之强水必須專燒硫礦之廠內所成因鐵硫二礦幾乎全含鉮則所做之強水亦不免含鉮但多寡不等俱依做強水之法與礦之成色平常

鐵硫二礦含鉀之數從微跡起至每百分內之一分或更多又如燒鐵硫二礦之爐通入鉛房內之管長而中有收飛塵膛或用果勒發塔法則硫強水含鉀比別法更少但平常用硫強水之工藝雖含鉀微跡無妨如造玻璃或鹼類所用之鈉養硫養三等質所用之硫强水含鉀則鉀歸入鹽強水內如用鹽強水或硫強水造小粉糖或糖漿或做糖廠提淨動物炭質等用則含鉀之硫强水不可用如做饅首用鈉養炭養二合鹽強水能令饅首發鬆鹽强水含鉀則毒斃人又如藥品內亦不能用含鉀之鹽強水或硫強水

製造工藝內有數種亦不可用含鉀之硫强水如成各種顏色料或造馬口鐵等工或作食物及藥材均不可用含鉀之硫強水至於製造鹼類及肥田等料則含鉀無妨故不須提淨如欲成不含鉀之硫強水則爐內只須燒硫其含鉀之數愈少愈佳爐內所放出之硫養二氣須備收飛塵之膛或用長引氣管有一處所成之硫強水每四百分含鉀養三從飛塵膛內散出但硫強水含鉀養三過多必設法分出其分出之法有三種開列如左

一蒸法　此法能將硫強水所含鉀養五留在甑內只將鉀養三散出但含鉀養三則須連硫强水蒸出因平常出賣之硫養三含鉀養三若干先加淡養五令鉀養三變爲鉀養五再加淡輕四養硫養三少許減去淡養三而後蒸之以此法能免沖淡硫強水之弊但蒸法尚未大做而鉛房內所得之硫強水用蒸法不合宜

二令含鉀之料變爲鉀綠三此質受熱依百分表至一百二十五度發沸方能蒸出如硫強水尚未發沸以前而鉀綠三已蒸出則大妙所用之法平常加鹽若干加熱但其法尚未大行故恐難恃

三令含鉀之質變爲鉀硫　此法爲大造廠家所用因含鉀之外另有數種別質如含鉛錦硒等是也又有別種質用此法減去如硫養二淡養三淡養五等質無論用何法必先令強水不可過濃則強水之硫必分出故用鉛房內強水或用一百六度濃之水更佳最簡之法通輕硫氣令輕硫氣在強水內變成比外氣引入更便故先論其數種用法

甲用鋇綠添入强水內令異質結成

乙加鐵硫但用鐵硫則硫強水必含鐵質有種製造含鐵無礙此強水尚可用

丙加鈉綠此法令強水內變成鈉養硫養三此質在平常用硫強水時無妨其造法將鈉養硫養三合煤燒之則成鈉硫連添入強水內至再無質結成爲止後濾其強水其濾法另詳

丁用鈉養硫養二與鋇養二硫養二將其質成粉或化水添入稍加熱之強水內攪之則鉀硫結成片形漸沈至底取出面上之

淨強水再加以新硫強水復添前料再攪而取之如此則箱底結成之質甚多乃取出洗之可作鉀硫之用此法爲最簡便而可得淨強水

戊通輕硫氣法　此法爲大造廠內所常用其法用鉛皮所成之盆長八尺二寸寬三尺七寸深一尺七寸半用畧淡之强水即九十四度濃加熱至百分表七十五度其鉛盆底有小臺臺邊鑽多孔能進輕硫二氣而不放硫強水其盆能裝強水二噸通輕硫氣約六點鐘則全淨其硫強水畧如牛乳色則知鉀質結成每三萬分含鉀質一分其強水澄清用吸管通至熬濃盆內其成輕硫氣法必備鉛管四個徑十四寸深十八寸上有蓋有螺絲轉緊內添鐵硫與強水其鐵硫造法用零碎鐵二百八十分硫磺一百十五分加熱鎔化用鉛房所出硫強水每提淨強水二噸須裝鐵硫或强水兩次共費鐵硫一百零一磅與硫強水一擔

德國富來卜克廠所用器具其輕硫之糜費比前法更少硫強水不先沖淡而後加輕硫因強水不加熱之故如二百零二圖爲立剖面二百零三圖爲橫剖面其比例爲本尺寸五十分之一名爲凝結塔以鉛爲之高七尺八寸徑二尺六寸用鉛管甲通輕硫氣其硫強水從鉛房通至鉛皮箱乙此各箱有鉛管吘通至塔中在管底有一矮箱內鑽八孔丙其八孔噴出硫強水俱靠乙管水內壓力以此法分硫強水成細滴令鉀養三結成更速又噴強水之孔可用鐵桿旺牽上塞之其桿外加鉛有圓錐形塞其孔所提淨之强水過管乙通至下箱哂又有橡皮管戌在中間能用夾器斷其水之流動其硫强水從丙箱通至熬濃之盆如要再通輕硫氣則通至壓水器頂再起上如乙箱其起之法開通橡皮門吧待叮器滿後關其門用壓水筩壓水過戊管並其門嘆通至丁器而在哼處進之其強水後經過呀管通至上箱其壓強水器爲堅鐵筩俱有鉛裏其門與別器用鉛或錫

用此器則強水內噴輕硫氣數至噴時不變色爲止平常噴輕硫氣三次足用所結成之鉀綠在大鉛皮箱落下而淨硫強水用鉛吸管通至熬濃盆所結成黃色鉀硫先以水洗之後送至做鉀各質廠此廠成輕硫之法用鎔化生鐵硫二礦敲成塊如桃核大鉛房所成強水令其放輕硫氣

成鐵硫礦令鉀硫結成並洗鉀硫各工亦有特設之器開列如左

一成輕硫氣　所用之料大半爲鐵硫質內含銀等料後用工分之其鐵硫二料置沖天爐內此爐有進風口七個所進之料每百分含鐵硫二礦十六·一分煆過鐵硫二礦塊〇·三分蒸鉀硫所得之灰·六分鍊鉛所得之滓八十三分每日燒此料二十

噸至二十一噸零四分之一燒枯煤三噸四分之三至四噸此料每百分所得之鐵硫有十三分半將此料敲碎成塊如磚大放在成輕硫氣內每四次裝四噸至五噸再添淡硫强水每日用强水約五擔其成輕硫氣之器如二百零四圖至二百零十圖用木箱甲以三寸半厚板爲之以鉛爲裏用鉛管呷連之甲箱四面均寬五尺六寸零四分之三深五尺二寸去其蓋或開進人孔叱裝料再加橡皮墊圈用螺釘三十枚轉緊其强水過丙管進入乙箱亦有蓋不用橡皮墊圈如二百零九二百零十兩圖爲洗淨器甲箱外加鐵皮箍緊鐵外亦加鉛皮用進汽管戌令料不成顆粒吧管能放出水甲箱底擺火磚成柵有鉛篩噢在柵上其鐵硫料置鉛篩上旁有進人孔辛開時以使人進內取出其餘質其餘質內含銀若干分每提淨鉛房所出强水五噸須用鐵硫料一噸半

二結成鉮硫之工　鉛房所出硫强水濃一百零六度不加熱不沖淡置箱內每日能提淨硫强水十五噸如二百十一至二百十六圖用方塔寬五尺四寸深五尺六寸四分之三高十六尺三寸用木架爲之鉛皮每平方尺重十磅其輕硫從下進入所進之空氣與水氣在頂上放出塔內裝倒攏人字形鉛皮槽二十五層每層高五寸半底寬五寸半亦用鉛皮爲之每平方尺重十磅其槽之下邊亦隔成鋸齒形見二百十六圖因此强水不能囫圇落下必分成細滴而散開成大面積每層擺九槽其擺列法令下層槽齒與上層槽齒相錯其槽長三尺三寸各層相距一寸半此塔之蓋上有九管如丑各有漏斗與塞門又有搖動筩與硫强水所盪之縫令不洩氣見二百十六二百十七兩圖自明其鉛槽不可鎔連塔內因常有鉮硫塊在其中間塞住間有能進汽令鎔化而去之以免拆開塔

三分出鉮硫〻洗之之工　富來卜廠所用之器如二百十八至二百二十圖甲爲眞空甑乙爲濾器與洗器其眞空甑可用小號之廢鍋爐徑一尺十寸長五尺七寸用鍋爐進氣行過呷管其空氣與所凝之水行過叱管通汽數分時則閉塞門後閉叱門再閉呷門令鍋爐稍變冷而汽凝水再開丙塞門令眞空甑與乙箱內底空處相連所要濾淨之强水其水面之高不可改變但屢次閉丙門後開甲乙兩門趕去其空氣令鍋爐甲變冷所得眞空每平方寸十磅至十二磅半如英國用抽氣筒比此法更便無論用眞空甑或用抽氣筒則一器足爲數濾器之用因丙塞門能配各濾器之工用

如乙濾器用二寸厚木板爲之在底戊更須堅固見二百二十圖內用鉛皮爲裏其濾器平面長四尺四寸寬五尺七寸高一尺十寸底加火磚兩層其火磚成槽形通至呸管此管鎔連在濾器上通至丙筩內此筩之蓋有管能連於壓力表辰與眞空

甑甲在兩處相連則噴管能將強水送至收強水箱可但其管噴唧必令空氣壓力能壓水上升否則其強水要通至丙內又在乙濾器底火磚之上加敲碎石英塊一層如唧其下底之塊大如核桃中間更大面上則細粒再有鉛皮一塊鑽最細之孔鉛皮上有極細之鉮硫粉一層則濾器內所用之料共高十一寸半每十日至二十日必將噴唧兩層石英並鑽孔之鉛板取出將石英塊與鉮硫粉必在水內洗之

提出硫強水內之淡氣雜質

前論提出鉮之時如用輕硫氣法則含淡氣之雜質一併分出但做硫強水廠多不用法分出鉮如強水用白金鍋熬濃必用

法分出含淡氣之各質如淡養二淡養三淡養四淡養五等質否則白金料極易銷化而壞自考究此理後凡造硫強水家俱用法分出此各種質

一用硫養二氣法此法在下二百五十五六七三圖顯明但因硫養二氣與硫強水相遇尚未合法故多不用如用果勒發塔則兩質相遇最便因果勒發塔所成強水含鐵甚多則用白金甑熬濃不便

二用硫磺粉法此法亦不甚靈因硫磺為粉而不加熱則其變化最小但加熱時其硫磺漸漸鎔化浮於熱強水面上變為硫養二飛散

三用生物質有人用草酸或糖或木炭又有將酒精傾入鉛盆內但此各法在大造硫強水廠家不用

四淡輕四養硫養三有數廠用之為最合宜而硝氣所成之各質極易散去如不用果勒發塔分出其硝氣各質則必用此料平常每硫強水一百磅用淡輕四養硫養三十分磅之一至半磅已足提淨

造淨硫強水法

有人設法將鉛盆內所熬濃之硫強水即一百五十二度濃之強水加硝若干則能滅去所含之輕綠又能令硫養二與鉮養三各質合養氣變為硫養三或鉮養五後每百分加淡輕四養硫養三

三分之一再添鉛養少許置鉛盆內待冷至百分表下十八度則所有淨強水成顆粒其異質俱在水內其顆粒用淨強水洗之則成方柱形間有厚一寸長一寸零四分之一用淨鉛盆鎔化或用白金甑再熬濃此法因免蒸硫強水之難但尚未得法故不多用

只有一法能成極淨之硫強水即分蒸之法另用別法分出所能分散之異質或令變為定質前論提鉮與硝氣各質最好用淡輕四養硫養三又令鉮養三變為鉮養五因硫強水易於沸出莫妙用輕硫預先沖淡強水但用此法難免含鉮質故最穩之法用燒硫所成之強水更易提淨

如硫強水所含之鐵或鉛銅等料蒸後存於甑內因要免硫強水含生物質則先蒸出硫强水二十分之一再換收器而速蒸之所餘之硫強水只八分之一至十分之一此兩界限之間所蒸之硫強水可淨

蒸硫強水不惟不便猶有危險因常有硫強水內成大氣泡令甑大震動間有令甑舉起而落下時敲碎必設法免此弊

有一法令甑所收之熱僅遇甑之邊而有管口在甑下托之令火不遇甑底但此法亦不甚靈因甑口與管相遇之處易於破裂又有法用鐵圈令甑底不受熱周圍加以鐵屑無論用何法其甑應置小鍋內鍋裝滿砂子有用灰代砂子因灰傳熱少又常有人將甑遷放爐內用不灰木或泥護之至彎處爲止令霧不凝結過早無論用何種甑必用最好玻璃料其料不可有痕跡或有厚薄不勻之處又不可過大甑頸不可遇冷風又不可通入收器之當中恐蒸出之熱硫強水落在收器內令其破裂甑與收器中間之接縫亦不可用灰封密又不可用法在收器加冷因硫強水沸度甚大如在甑頸與收器中間擺不灰木一條爲最妥能令收器在相切之處不受大熱

硫強水在甑內發氣泡之弊平常治法將數種料放在其內令所發之霧勻淨平常所用爲白金絲或白金塊如白金絲則做成螺絲形有人用石英塊或瓷器塊或最硬枯煤塊又有人用管通空氣入甑中強水內

如甑能裝一擔必先加熱五點鐘至六點鐘則強水初沸又蒸十二點鐘則二十分之一已能蒸出此時必換收器從初加熱時以後約三十點鐘內則僅餘硫强水八分之一至十分之一而後停工如換收器早則得強水更濃換遲則不能過濃

有最簡之法可免蒸強水之危險其法用小甑能裝一升至兩升甑上有玻璃塞門小甑上有合宜便用之瓶有玻璃塞門將所欲蒸之強水放在大瓶內所進大瓶之強水已經加熱令其異質化散先將小甑加硫強水約滿一半再添白金數塊加熱又用極細口之玻璃管連在玻璃塞門上令瓶內之硫強水漸漸流入通至小甑內則小甑一面有蒸出硫强水一面有添進硫強水連做若干時則甑內所含之定質過多另換小甑此法最便在英國有數廠用之大得其益

化學工藝初集卷四

第十三章熬濃硫強水法

鉛房所出之硫強水爲吐耳地勒表一百零六度至一百二十四度之濃合於平常工藝之用如在本廠內徑用此強水做別種料不必再熬濃如造濃白礬廠或用食鹽造鈉養硫養三廠用一百二十四度濃之強水已可如更濃則愈佳現在造鹼類廠不用熬濃之法如造鹼廠內令鉛房所出硫強水做得最濃不必另設加濃之器再此種不用後枯煤塔自設果勒發塔以後則造硫強水家用此塔令強水一徑熬濃一百四十四度至一百五十二度毫無糜費如不用果勒發塔必另用鉛盆熬濃

但用果勒發塔雖多尙有廠家不用此法所以此書亦必論其各熬濃法之器猶有數種所用之強水必濃至一百七十度但果勒發塔所成強水不能有如此之濃

將淡硫強水加熱令沸則所發之霧幾乎全爲水而硫強水甚少故所存強水漸濃而無糜費但過一百四十四度之濃則熱時有硫強水分出如鉛房所出硫強水沸度約爲百分表一百四十七度又如一百四十四度濃之強水沸度爲二百度又如濃一百五十二度之強水沸度爲二百十五度過此濃數則沸度忽然增大至三百三十八度而停得此熱度所餘下之質亦含水少許約每百分含一•二分至一•五分但平常不加熱到此度而硫強水顯一百七十度濃再不加熱故實在濃數不過爲一•八三〇至一•八三五即配濃度一•六六至一•六七

將硫強水熬濃所用之法視其器具爲何料所製前論硫強水有一百四十四度至一百五十二度雖加熱亦不能令鉛多消化又如硫強水以一百四十四度濃爲限俱用鉛盆因鉛盆不但能配任何尺寸而用壞之後仍能鎔化再成新料如熬濃過一百四十四度則起首令鉛消化總不可過一百五十二度濃因過此濃數則硫強水之沸度與鉛鎔化之熱度相似又因強水過此熱度能消化鉛最多如再熬濃必用白金或用特設之別種器具

如熬濃硫強水從一百四十四度至一百五十二度濃在不用果勒發塔之處俱用鉛盆但此各盆做法不同或漸加熱或一直加熱或在上面或在下面或用汽或用燒硫爐之餘熱此爐異於各種爐兹將平常所用者一一論之

用鉛盆從上加熱法如欲省燒料而成強水甚多不問強水能明淨與否則可用此法所成之強水每含黑炱等質故英國名爲棕色強水但化分鹽等工藝內用之則含此種異質亦無礙又從上加熱則化乾最速因熱氣直與強水相遇所成之霧立時分出隨熱氣而去此亦能助化乾之工夫又如從頂上化水比從盆底加熱更難令鉛盆損壞又常有工匠不愼將鉛盆底

燒壞此在上加熱之法俱無此弊
各廠所特備之器不同但必設法令其鉛不能直遇熱氣或令鉛加冷不能鎔化第一法令鉛盆常滿強水隨化若干水隨添若干水又因其濃強水落下則在鉛盆做門每若干時放出濃強水再從上添淡強水補之英國有數廠在鉛盆口做一鉛管管內常通冷水但此法不甚佳因不久管即漏水又起水須有費用故特設法如下各圖
如二百二十三圖爲立剖面二百二十二圖爲橫剖面二百二十一圖爲平剖面此盆在上加熱甲爲火膛長四尺寬二尺與化盆不相關所有相連之處只有弓呷並火壩吧其面上有火

泥板長二尺如噢其火泥板蓋在吧面上有六寸之面又因甲與乙當中之空處噢寬一尺伸出六寸通入吧如本圖爐柵叱係用平常簡便之法如能設更合宜之法尤佳有數廠用熱灰爐無論用何法其空氣路㕲能令鉛盆上不受爐熱之害
其化盆乙用鉛皮一塊做成其鉛皮每平方尺重十五磅至三十磅四角不剪開摺包成角如二百二十一圖惟此種厚鉛皮冷時不易彎折故先畫線在摺角處下用木刨花燃之令鉛受熱但熱度不可過大其化盆靠磚柱上用堅結橫木樑如吧吧木樑上用三寸厚木板排列最密木板面上鋪沙一層其盆置沙上所有柱與本樑伸出盆外兩邊十寸能托住小磚柱如哶

哶此柱不過九寸方與鉛皮不相切又在頂上有生鐵樑如旺旺連之此各樑有角形剖面式托住呷之弓可見其弓與化盆不相連但小磚柱哶哶不能當弓旁之壓力另有牽條如呼呼助之其鉛盆上口亦彎成正角推入哶哶磚柱與鐵樑旺旺中間以此法盆邊能堅固又在近於火膛之處其化盆易生熱鎔化故用鐵條與鉛皮咂咂護之另有更簡便之法不過工料更貴不用㖃㖃磚柱但以生鐵柱代之其相連之柱上有伸出擱板擱板上能置鐵板鉛盆底靠鐵板上各柱在頂上有鐵樑連之能托住盆上之弓又有鉛條連之看二百二十四圖更易明
護鉛盆令不遇火之法用最硬火泥磚或磁磚圍在盆內擺列

不用灰如圖內嗔嗔而在兩個長邊其牆通至盆上之弓但在通火之邊不過遇盆之上邊而托住火泥磚丙又在通煙囱之一端亦有火泥板如呀通至風門喉其牆嗔嗔離鉛盆邊約一寸底有多孔故硫強水能各處徧通可見用此法則火不能與鉛皮相遇又鉛盆外遇空氣能散其熱故不能鎔化又不能變軟但近爐之邊仍最危險其弓面內有進人孔吧吧並有進強水管又在其端呻所有濃強水用吸管能放去又如在盆之邊做管在盆外通至盆口相近處倘所進強水過多能在管內流回不致在鉛盆邊流出又其盆在近於爐之端進冷強水在對邊放出其濃水則更妥但所放出之濃強水甚熱故不能徑用

必通入淺鉛盆或鉛池用木或鐵架托之一盆添熱強水時別盆之水已冷而可用如所放出之強水過淡則加其火力或所添之淡強水減少或併用兩法

一盆之寬靠鉛皮原料之寬如平常鉛皮兩邊有餘料寬十七寸則餘有四尺十一寸其長比平常爲更大二十尺以內者甚少間有長至三十三尺者盆愈長愈省燒料但上面加熱之法比盆底加熱之法所費燒料較少又如上面加熱所有修理之費比下面加熱更小如寬四尺十一寸長三十三尺之盆每六工能熬濃強水八十噸得濃一百四十四度

二鉛盆在下加熱下面加熱之鉛盆比上面加熱更小其故因

消磨與受火力平常爲更大又其盆擺列成副其最淡之強水在一端進漸漸行過各盆至末盆其濃已足出賣或可用白金鍋熬得最濃間有數處用一長鉛盆如英國等處則近火之邊有弓護之鍋底大半用火泥板或鐵板護之如二百二十五六七各圖間有在火泥板或鐵板鋪沙一薄層令盆受熱得勻盆內用鐵條外以鉛皮包之其上有弓能引出其霧通入外空氣或鉛房內但通入鉛房之廠家甚少

如歐羅巴別國平常用小鉛盆約五尺至七尺方深十二寸至十六寸以四盆至六盆爲一副所用鉛盆每平方尺重十五磅至十八磅其做法將鉛皮邊摺之成角不用剪去之法平常各

盆成級擺列每一盆比前盆加高二寸半見二百二十八圖又法令各鉛盆底均平但深淺不等受淡強水最深者約十六寸第二盆更淺至末一盆深十二寸其各盆通強水法用吸管管底通入盆內如二百二十八圖但此種吸管與盆常有空氣進入而強水不通應另備小管令其水過多時引至穩當處不致在盆邊外散又有法全棄此種管令一盆底之強水通至旁邊盆之頂上但此種管易朽壞須得高手之鉛匠爲之否則須常修理而誤事第一盆有塞門配所進強水之多寡如所進之強水數目合法則末盆所出之強水已濃至應當之數目

有數廠將火爐在末盆下擺之此法似有理因末盆所需之熱

比首盆更大但間有數廠用相反之法將火爐擺在第一盆之下各盆內應用寒暑表可免熱度過大之弊

如二百二十九至二百三十二圖爲布得所熬濃強水之鉛盆其火在外面免第一盆受過大之熱又有法爲布得所設如二百三十三至三十六圖此法爐不做在外面有弓護之用此法共得鉛盆面積一百十八尺又爐柵面積六尺半每二十四點鐘能熬濃強水五噸所需之煤每強水一百分燒煤十二分至十四分如二百三十三三十五兩圖用雙火爐之法照以上之法做熬濃強水盆全副費用共金錢一百五十元每年修理需金錢十八元又熬濃強水之費用連煤與工錢修理每噸已試

得之數需銀錢二元銅錢三枚半至銀二銅八
三用爐之餘熱以鉛板熬濃强水如硫強水廠內用白金鍋之
火必有餘熱亦能熬濃強水之用以下有一欵推論之
平常所用餘熱爲燒硫磺或鐵硫二礦爐內所發之熱如不用
果勒發塔收其爐之餘熱則可用其熱熬濃強水即能收其硫
養二氣之熱令其變冷後入鉛房
所用之鉛盆與在下加熱之法如前各圖相同但平常安在燒
鐵硫二礦之爐頂不可一直安在所燒之鐵硫二礦爐上又不可
但用鐵板隔開必用磚造成弓形隔開又有在燒鐵硫二礦爐
上做引氣路此路亦爲分出飛塵之膛其頂可擺熬濃強水之

盆見前七十六七兩圖如恐鉛盆漏而強水落入爐內則將引
氣路引長在引長處擺各鉛盆或做兩個氣路一路至鉛盆如
要修理則用第二氣路通硫養二但此法所得之熱有大靡費
大不如爐頂上擺列各盆如爐頂上恐有漏洩之弊則鉛盆所
靠鐵板周圍做摺邊又用管等法引出所漏強水通至無礙之
處反而言之如爐內所燒之礦含硫甚少則鉛盆所受之熱不
能在爐中分出有數廠用燒鐵硫二礦爐頂上之餘熱足以熬
濃所有之強水從一百十二度起至一百四十四度止間有燒
鐵硫二礦之熱不足必另添煤少許方能成功
如二百三十七圖至二百四十三圖爲布得所設之熬濃強水

盆與爐此器配四萬立方尺容積之鉛房一副每爐每日燒鐵
硫二礦十六擔每礦一百分含硫四十二分各爐之柵有三十
四•四平方尺其爐柵爲橢圓形剖面大徑三寸小徑一寸半各
能取出其弓高爐柵四尺四寸弓彎高七寸看平圖則易明各
圖能隔開單用其鉛盆長六尺三寸寬四尺二寸深一尺二寸
以鉛皮爲之每平方尺重八磅半燒鐵硫二礦時每燒礦一噸
半能熬濃強水二噸五擔得一百四十四度濃比本鉛房每日
所能成之强水多五擔因每日必將強水十五擔至十八擔熬
濃爲後枯煤塔之用則能多熬濃強水亦無礙從前每年換鉛
盆三個待鉛盆已薄將漏時而換新者所換新盆不過熬最濃

強水之用其熬淡强水之盆幾不受損故熬濃強水之盆用厚
鉛皮最穩約每平方尺重三十磅之鉛皮可連用兩年用以上
之法熬濃強水其工資少因管爐之人可料理鉛盆又換新盆
不免有若干費用但舊盆之料亦能值價布得推算用此法最
合宜之爐每熬成濃強水一噸費用不過銅錢四個半最不便
之處每噸不過銅六至銅九
四用大抵力汽在鉛管內熬濃強水盆之法德國有一廠用木
箱約十三尺方其箱內以鉛皮爲裏底用鉛管兩副繞成螺絲
形每管長一百五十尺徑一寸四分之一鉛料厚四分寸之一
過汽有四十五磅壓力其鉛盆中深二尺四邊深一尺兩個鉛

管之端通至鍋爐而管所凝之水流回鍋爐內其強水濃至一百四十度則另行過一鉛箱此箱內亦有鉛管圈用此器每二十四點鐘能將一百零六度濃強水熬成濃強水五噸所燒煤只需九擔因鍋爐收回所凝之水不多洩汽故添水有限但盆上須做一木蓋如汽管炸裂可免其強水飛散有害於人與物因其熱度小無飛散之硫強水而其法亦最淨所費之燒料與人工最省但有化學家云每熬濃強水一噸消化鉛料四四磅通汽管入強水之處消化最多故在此處外加鉛套則免此弊如二百四十四五兩圖亦爲同類之器其箱長十四尺九寸寬十尺六寸中深一尺四寸旁邊深一尺汽壓力三十七磅每二

十四點鐘能成一百四十四度濃之強水五噸而燒煤半噸有數廠燒煤只八擔又有數廠燒煤十五擔至十八擔

用此法則通汽鉛管在進盆之處與出盆之處必備汽門此門能從遠處關閉如遇鉛管炸裂可免斷汽時強水噴出工人身上其鉛管擺列法必令凝結之水無聚而不流散之處其鉛皮每平方尺重六磅至十磅又用此法熬濃強水每濃強水一噸需銀一錢八至銀一錢十其人工與修理鉛皮並修理鍋爐與鉛管圈俱在內每強水五噸燒煤九擔有數廠不令汽所凝之水流回鍋爐內恐有漏洩之處強水至鍋爐內有大害或鍋爐有炸裂之弊但布得云此事不妨礙如鍋爐有裂炸因放汽甚

多可免強水入鍋爐內又回水管必通至汽膛爲止不可通至鍋爐水平面以下此法所成之強水比別法更淨除果勒發塔與燒硫養二爐之頂上擺列鉛盆法以此爲最便近來德國有數廠用此法因必特設鍋爐恐有危險尚未在各西國通行

以上各法外另有別法能熬濃強水至一百四十四度濃爲止但各法尚未有大做之廠茲將各要法一一言之

用白金盆之法　設此法之人云每硫強水一百分配煤七分能將一百零六度濃之強水熬成一百四十四度濃如將汽通入鉛房則可減去煤四分半至五分但此法雖善不及通汽盆之法且不如燒硫養二礦爐之頂上用鉛盆或果勒發塔之法

便益

如二百四十六七兩圖爲亨普頂所設之法如甲爲燒硫養二礦之爐其爐之擺列成圈形免熱外散又可令每爐風力相等如乙各處用鐵板蓋能作收塵之膛其硫養二在頂直路上升後在平路丙行過通入第一鉛房己又丙火爐之蓋以摺紋鉛皮爲之外面可通水加冷其爐之熱用繞道法收之其法之大畧如下

如丁爲磚造矮烟通頂上有鐵板面加鉛皮板上有鉛盆戊此盆底有鉛管一百根長三十三寸徑四寸掛在烟通內其下端封密頂上開通與鉛盆底鎔連各鉛房內有更小鉛管其下端

放出冷強水在離開大管底約四寸之處因水流動速則管內無聚積之異質其全副管之熱切面約一千三百方尺所有之小管鎔連鉛皮一塊其鉛皮有摺邊靠火泥磚盆戊之底亦有火泥磚見二百四十八圖更易顯明此法因鎔連之縫甚多易有漏洩之弊但布得云所有漏處亦難查出其去硝氣法令第一鉛房己所出之硫養二氣行過庚通至戊盆內後其氣過辛管回至鉛房令汽來往之法但硫養二氣從鉛房引出比從燒礦爐內出更爲妥當但硫養二氣與硫強水相遇恐難收盡硝氣

此法在鉛房己內另擺瓦瓶五千二百個內添硝強水共得面積八萬四千平方尺熬濃硫強水之法亦有塔如戊此塔內亦裝瓦器甚多裝在小箱共有五百零四個硫強水在箱上流下箱內所裝瓦器每塊六寸方有六孔各孔二寸半徑硫強水落下則所成之面積大因受熱則易熬濃但此法弊甚多而器具最繁故不必詳論之因弊多而利少

又有一法亦爲本人所設見二百四十九圖其硫強水先用眞空鉛鍋爐甲熬濃此鍋爐內裝磁或玻璃塊徑約一寸半有鐵鍋爐成眞空其汽在戊門進趕出空氣令行過未又在申噴水得眞空畧二十七尺半至二十八尺戌爲水銀風雨表能顯出其壓力得眞空用申球內之水又用申四內之水此水從申二吸出後用申三水池內之水或用相近處之深井水而眞空畧全成則開亥塞起出空氣全去後在裝強水盆底下生火則強水所發之霧行過己後行過戊管此管亦通過冷水後硫強水在螺絲管庚凝結在辛池內聚之看兩端風雨表內顯出百分表二百度至二百零五度而其小浮表已不跳動則知強水已變濃再開人塞門令空氣進入器具內放出濃強水離開盆底約四寸有吸管寅落入二十尺深之水井如此收空氣壓力而封住再噴水入爐內令鉛皮在收硫強水時不受大熱其熱強水先在卯器變冷再於辰器內變冷再行過辰三砂漏此砂漏爲鉛管內鑽多孔裝砂子或石英或不灰木或碎玻璃令所含鉛養硫養三分出或用大池令硫強水不遇空氣三四日自能澄清如此可連做此器另有數件不入本圖內設此法之人云用此法熬濃之費用每百分可省四十四分故其人將白金鍋熬濃之法與眞空內熬濃之法相比熬濃硫強水二千噸以白金鍋法計法國銀錢一萬七千四百元又在眞空內熬濃之則九千四百七十五元但所開之賬恐推算白金鍋各費過大而自設眞空法過小故數目不可憑其法甚繁尙未大興

熬濃硫強水之末工

前云用鉛盆熬濃硫強水在一百四十度濃以外或一百五十二度爲最大界限則必消化其鉛料如在果勒發塔內雖熬之

過濃亦無碍因強水遇火石或枯煤或敲碎瓦器而至塔底其熱度爲百分表一百三十度塔底亦不大受其害如爐中燒鐵硫二礦含硫甚多令其熱氣行過果勒發塔而鉛房內之強水濃一百二十度至一百二十四度常在塔內濃至一百五十二度間有濃至一百五十六度至一百六十度但如此濃度爲不常有而塔之鉛料有危險查果勒發塔同爐中所燒之熱硫養二氣斯爲熬濃強水最便宜而最穩之法因硫強水所放之氣通入鉛房內而無縻費但鉛盆或果勒發塔所能熬濃數欲更加大則其工難而其費鉅有人試其法用鉛盆上面加熱或用眞空或用鐵甑等法俱不能令強水從一百四十度至一百

化學工藝初集卷四 十三

五十度一徑熬濃至一百七十度故仍必用舊法以玻璃或白金作甑但玻璃甑不能甚大而極易碎壞白金甑其價最貴亦不能耐久故用之多不便

現各國所造硫強水常以鉛盆所熬濃者爲合宜如做鈉養硫養三便於以後造鹻所用強水之濃大於一百四十四度者少平常只一百四十度故果勒發塔所成強水如過濃則加以鉛房所成之強水令其變淡又如做鈣養燐二養五等料所用之硫強水更須要淡另作別種料亦不必用濃硫強水

但有一事爲造硫強水家不可不知如搬運硫強水與裝瓶其費均大如買熬濃者運至需用處而沖淡則大能省費間有數

種工藝非濃硫強水不可即如提淨菜油或棉子等油或火油或提淨金銀或做數種爆藥或消化靛藍等用此各種料不能不用最濃之硫強水重率畧一·八三至一·八四每百分含水不過一分半至半分或四分之一俱用白金鍋熬濃

前論熬極濃硫强水須用玻璃或白金器而難定何種料爲合宜現在各廠內有用玻璃有用白金但從前白金之工藝未興只能用玻璃甑其尺寸小而材料不佳在爐內排成一行則近火處受熱比遠處更大因此常有不勻之弊各甑或放鐵鍋內墊以沙或用泥與馬糞令其不能一直受火但甑爲下等料所成不按法排列則易破爛而有流散強水之縻費又忽發惡霧

化學工藝初集卷四 十四

有害於人如甑房內忽進冷風有一甑破裂則工匠必遠走以避其惡霧以致強水流散其餘各甑俱一一破裂待火力已散之後工匠方能回另換新甑做工如此則徒費燒料並費工程時

因以上用玻璃之不便俱想以別料代之只有白金爲合用但其價貴而最難製有用白金絨併連成錠或成板其法尙未得知但此法一興立時俱造白金甑如一千八百零九年英國初造之甑重四百二十三兩後漸加大能容強水四噸至六噸每鍋重六十六磅至一擔價金錢一千六百元至二千元雖價貴如此然造硫強水廠喜用之因最穩便能多熬濃強水可歷年

用之不壞
用白金絨打成皮做甑常有大弊因內有風窩並破裂處無奈用黃金銲連故用久卽顯其弊近另設一法用輕養吹火燈在大塊石灰內鎔化成大錠重二擔內無風窩而質勻淨又能用白金鎔連各縫不用黃金與鉛房用鉛鎔連相同一千八百六十年在倫敦初用此法以後各種甑較賤而更能耐久蓋白金礦雖全產俄國但不過數廠能煉之故白金之價仍爲最貴
白金甑用久亦能爲硫強水消化故用白金甑不但成本重而徒耗每年之利息且久之必成廢料難收回原價之半此後不用白金而仍用玻璃甑至一千八百六十二年英國每熬濃硫強水十噸內有七噸爲玻璃甑所熬濃者如此利時國所用玻璃甑與白金甑畧相等法國幾全用白金甑用玻璃甑甚少因玻璃甑之法難與旺所以造白金甑之廠更加工造堅結而價廉之甑故仍有數廠樂用之近有人設法將白金和鉛造成
如論現在之情形則玻璃與白金俱有常用之處大約不甚濃之硫強水每百分含淨強水九十一分至九十二分者用玻璃甑如更濃每百分含九十三分至九十四分者則用白金甑間有用兩種甑配強水之濃淡但現在英國幾全用玻璃甑歐羅巴別國幾全用白金甑惟法國有數處玻璃最賤而其料極佳造一甑能裝水一百八十磅者共價只一·六佛蘭法國巴黎等處其價約六個佛蘭又因此甑能裝濃強水一擔半平常能裝五次共成強水八擔可見最賤之處蒸濃強水一噸須六個佛蘭在法國京都等處須十五個佛蘭

玻璃甑熬濃硫強水之法

從前所用玻璃甑之式與安置爐內之法幾全廢去此書不必再論但論其新法蓋舊法只能裝硫強水一擔半其玻璃料含鹼類甚少故能耐強水不消化所蒸出之淡強水有玻璃瓶收之甑口通入瓶內初試強水之濃用乾淨白木條揷入其內木條變黑則知已濃爐火漸減將強水傾入大瓶收之
如二百五十圖爲現用玻璃甑之式甲爲小火門乙爲爐柵丙爲鐵鍋作沙盆之用丁爲玻璃甑其甑口爲呷分兩塊合成卽本甑體與彎管體戊如戊之形似平常玻璃甑截去其底通入丁甑之口而塞密其他端吃通入大鉛管已此鉛管收各甑內所蒸出之淡強水每一鉛房用甑二十至五十鉛房之熱度平常百分表二十五度至三十度又有門與窗俱雙層但開一門或一窗其第二層門窗關閉則工人進出免冷風吹入以致玻璃甑破裂
所有之鉛管已通硫強水至聚積之強水池用此管常有吸力少許故呷與吃兩節不必用灰封密因其霧不能外散只能進空氣故彎管戊亦可隨時拆配不必用灰

平常廠家用鐵鍋丙間有廠家不喜用之蓋用鐵鍋之益因如有玻璃甑破裂則強水不落至爐內又英國每甑另配一爐其甑約高二尺九寸徑一尺六寸容積能裝淨水三百磅每蒸一次能成濃強水三擔十四磅至三擔五十六磅

已詳試用此法之廠每蒸一次費時十二點鐘夜間十二點鐘待冷則用白金吸管或薄鉛吸管取出其硫強水其法先將彎管戊取起後將吸管之微孔以冷強水傾滿再忽開其微孔則強水自行流出或徑流至收強水大池待冷或徑通至存強水之大瓶內各甑旁亦有鉛管進新強水所進強水必與甑之熱度略相等或甑內留強水少許使熱度無甚區別間有將暖強

水存大鉛箱內箱略高於甑口有鉛管先通至甑底以下後彎向上有架擱之使強水不能流出將鉛管彎下則流待甑滿仍向上彎照此法可免用塞門

如二百五十一二三各圖亦爲一種甑與前式及擺列法不同甲甲爲熬濃強水之盆乙乙爲運強水之管叮叮爲上升之管後向下彎之裝滿兩甑此三盆足爲兩個甑房之用每甑房有二十四甑每日成硫強水五噸此強水濃一·八四日中熬濃夜間待冷用吸管通至旺旺兩盆待全冷則引至大玻璃瓶存之吸盡強水後其甑立加滿新強水即一百四十四度濃凡甑有破爛其強水行在斜面底板如戍槽戍槽過鉛管嘆通入大池

哖如此無靡費甑用薄玻璃爲之其料須各處勻淨高三尺三寸徑一尺十寸俱葢平底熱砂盆吃又有圓形之火泥板吧其玻璃頭即彎管丙鬆放口內不須封密

一千八百七十一年哥利得利設法將甑若干成級排列而以吸管通連故最高之甑收淡強水熬濃若干分則流入第二層以次下流入第三層餘各層均類推此各法如二百五十四圖下層乙所裝之強水已濃至重率一·八四則用吸管吧吧通連各甑後在塞門嘆進一百四十四度濃之強水令此水行過各甑則原熱百分表一百五十度漸漸加增而出乙甑通入哖箱在此箱內變冷後流至壬大玻璃瓶可見用玻璃甑能接連

做工而省燒料有人設法用鐵皮或用瓦器罩蓋甑上分作兩塊便易拆開以免忽受冷風之弊但用罩則不便於察看甑內如照前法做雙層門可免冷風破甑之弊

如用玻璃瓶熬濃強水其費比白金鍋更大且多不便爲工人所苦有云用燒料比白金甑爲八倍但此數亦過大有一廠每日熬強水二噸半俱用玻璃甑每熬濃一噸之費用計燒煤四擔合英國銀錢四元工價銀錢三元玻璃瓶破裂之費合銀錢一元工價銀錢八元又如所有之玻璃瓶每用一個半月不問其有弊與否須一概全換新瓶統計需費每噸銀錢七元半將此數與下用白金甑之數較之則更小又有人云英國有一大

廠每年僅破玻璃甑七個為常數所用之甑用藍色玻璃以鈉養為鎔料但製造此甑須格外謹慎令其質勻而漸冷每甑重六十磅依分兩計價每磅銀錢一元銅錢四元

用白金鍋熬濃硫强水

如二百五十五六七三圖為士否生白格所設用白金鍋之法並用燒硫養二礦爐之餘熱在鉛盆下先熬濃其水

查此圖首四盆有特設之爐加熱其爐門在乙爐柵在丙火行過第一盆底後則到牆頂而回行在其餘三盆後面再回到前面行過立擺之烟囪已通入大烟囪從末盆之硫強水流入白金甑口丙此甑大徑二尺九寸半高至蓋底在壬處有一尺七寸半能容強水四十加倫（平常水一加倫重十磅）其下半為整塊白金打成上半用黃金銲連銲連之法用輕養燈近來全靠鎔連白金之法其餘各縫以常法為之其甑靠爐吁加熱初時甑擺在弓上令兩邊受火之熱後因燒料費大不用磚弓以鐵柵代之但因鐵柵燒去最速故鍋底不用法遮護令其一直遇火其甑底向外做一圓牆吜托之又因白金料不堅另有牆在當中托之如噴其火燄行過火路唧圍繞甑邊後通過第五個鉛盆底再過唇路通至烟囪其火路唧所伸出之磚面有鐵板護之此板通至白金甑上約四寸板與甑所有露出之面俱以泥蓋之令不散霧質如此所熬強水更多而省燒料本圖之爐宜燒木煤如用平常之煤其爐須小

其甑添強水之法用吸管吧一端通入鉛盆一端通入小鉛器吠此器有嘴管理強水行過遲速之法用鐵鍊行轆轤味則能令戊起落其強水流過白金鍋唇通入甑內甑有頸與不洩氣之蓋能接漏斗管其漏斗管底亦靠甑之強水蓋住令不洩氣又在管與漏斗孔之中有小盒令其霧不散故分隔一通至底一通至頂此兩路併成不洩氣之接縫

有白金浮表浮在另配管內指出強水之平面高低其甑頸丙與甑頸銲連在摺邊上摺邊靠甑頸上當中有不灰木一層用鐵螺絲夾夾住令不洩氣其頭之邊連於鉛球叮用摺邊與螺絲並紅鉛粉膏其鉛球叮有相連之螺絲鉛管能蒸所出之淡強水令其變濃此淡強水在鉛池戊內聚積有鉛箱已令強水變冷並有托螺絲管之鐵架外鍍以錫其冷水在哦進熱水由咳出

極濃之強水行過白金吸管物而出此吸管幾通至甑底又一端通過變冷器庚此器之冷水由底進而由上出又在變冷器內之一吸管分成兩支以鉛條連之下有黃金所製塞門能制強水進出之遲速或令停止此塞門在甑約二十寸又有兩小漏斗天各有白金塞在吸管頂上便於令吸管裝滿強水之法先閉下塞門再開通兩漏斗後將強水傾入至吸管裝滿空氣

過第二漏斗出來則吸管塞密其吸管分爲四節用套節相連配之極準令不洩氣則更便移動又有螺絲夾令各縫更能不洩氣如地地爲托吸管之木架

熬濃強水之工日夜不停一人能管兩爐其鉛盆面積不可小於本圖尺寸方易熬濃其全強水從濃一百十二度起至一百五十二度止其靡費幾不覺而第一盆所進之淡強水恰能補所蒸出之水又能補第五盆所放進白金甑之濃強水第五盆所放之強水熱時一百三十二度濃冷時爲一百五十二度濃添入甑內令其平面在甑最寬之處而隨蒸出時必添新強水

熬濃之法分爲兩種一連做不息一爲斷續分做如連做則吸管塞門開通之大小令所進之強水恰補甑所出之強水可看浮表以配準管理之法必看吸管所出強水之濃並鉛螺絲管內所凝強水之濃此兩濃數彼此有一定之相關所蒸出之水不可小於九十度濃則濃強水必有重率一·八三〇如用連做之法難得更濃之強水因常有添淡強水在甑內又如看白金甑所蒸出之淡強水其濃度小於九十度則吸管所流出強水必速變爲太淡故或加火力或燒盡淡強水至所應得之濃數照以上之器具每一日用連做法能成濃硫強水三十四擔如造極濃者重率大於八三〇則必用迭更法爲之其塞門必關閉待所蒸出之強水有一百度之濃則止所進之強水爐柵面撤去其火將甑內強水速放出以瓶收之但所收之水不宜令強水平面低於啣線每放強水一次約能得兩擔後從第五個鉛盆收若干强水添入甑內當時必將第四五鉛盆隔開恐進甑之強水過淡每九十六分時能放出強水一次即一日能放十五次每次放二擔共三十擔所得之水有重率一·八四〇但因去火再生不免有大靡費

如欲成強水極濃含水不外一分劑必連蒸之至蒸出之強水有此濃數但費工夫與燒料故不常做如所成極濃強水其價能貴方有合算但現在所做極濃之強水用連做法甑不致多有銷磨而所用燒料亦比別法更省因熱度不改變之故

其甑內強水先放入瓦瓶癸各瓶置一鉛盆上收流出之強水每瓦瓶裝二十二磅待數點鐘時強水變冷傾入存強水大瓶內所蒸出強水比平常鉛房所成者更淨有特用之處如本廠無需則倒回鉛房內所有化散與傾出時之靡費不應有百分之一二以上所論之器每日燒上等煤十一擔

前云白金鍋各處大小不等式亦不同即如德國俄克地方有一甑上徑二尺十一寸下徑二尺八寸高一尺五寸連相配之器具共重八十八磅能裝淨水六百六十磅價金錢二千元每日能成濃強水三噸二擔又富來白克有一甑底徑三尺四寸半中徑三尺七寸頸徑一尺一寸最大之處高一尺五寸半全

體高二尺六寸連相配器具重一擔二十七磅能裝淨水八百八十磅每日能蒸强水約三噸價金錢二千八百元又有一器共重一擔八十五磅每日用迭更之法成一·八四〇重率強水四噸或用連做之法每日成一·八三重率強水六噸價金錢三千二百元白金甑每日銷磨之費須銀錢十九元後白金之價漸落一千八百五十七年每磅值金錢二十一元銀錢十七元一千八百七十二年每磅值金錢十三元銀錢十三元近來更賤

因白金甑銷磨之費與原價俱大故設立新法之玻璃甑後有用白金和鉛做甑又有在甑底用厚白金皮餘處俱用薄者如

一千八百六十七年英國造成之甑如二百五十八圖每日蒸強水五噸價金錢一千六百四十元又更大者每一點鐘能蒸八噸如二百五十九圖價金錢二千五百元如二百五十八圖爲扁形甑二百五十九圖爲高甑此甑新法令頭管成正角形如圖內虛線卽舊式甑如二百六十圖爲英國間有用強水變冷之器

二百六十一圖爲近來所做輕白金甑在底加熱圖內亦有變冷器此種甑在一千八百六十二年置博物院內每日做硫強水二噸其原價金錢六百七十五元其頭與管及變冷器價俱在內連用十四年修理之費只金錢三十元此甑能連做如合

用兩甑則一日能蒸四噸半至五噸如合用三甑每日能成七噸半至八噸其變冷器必依同比例放大如雙器之價金錢一千七百五十元甲爲白金甑丑爲其管頭蓋生鐵圈丙底下蓋爐之丙加熱爐柵丙下有灰盆內裝水甑底有漏斗丁漏斗有管戊通至外面其熬濃之強水在此漏斗聚之爲戊管所通出有云此法大得益戊管通至別白金鍋此管通入變冷白金器約二寸如已立在加冷鉛器庚此器常有塞門進水不斷通冷水至庚器之底管外包以蔴或別種不傳熱之料令管不收熱過速從已器之下強水已變冷而流過放水管亦外繞鬆蔴繩可免强水爲上層熱水加熱而管內之水通入瓦器辛此器亦

在裝冷水箱內令其變冷如壬爲鉛或瓦吸管能將強·從辛器吸入大瓦瓶子從此瓶有塞門放入存强水器內

如二百六十二三四三圖爲英國所造新式之甑其強水爲最薄之一層如此白金之料可少用又甑底不做平面成瓦棱形則火積面更大其甑乙亦不做圓形做長方或橢圓形每日能成強水四噸至五噸長三尺寬一尺六寸強水在後面進由前面出不用吸管但用放水管代之此甑重約八擔價金錢一千元其放水管變冷器與金類圈俱在內又有一種甑做白金盆底亦爲瓦棱如用鉛盆代白金盆亦無碍

近來法國另設一法如二百六十五六兩圖甲爲甑乙爲頭呷

爲添水漏斗管強水至甑頸吧亦分爲小滴其小滴在甑邊流下未至甑底即熬濃在哌處則放出強水如吖哦爲強水最低時之平線如水不到此處則白金鍋必收吧吧火路熱而內無強水護之所以易生大熱破裂故另做小管嘆哰通入吸管內吸管下端高低配甑內吖哦線所以甑內強水在吖哦線以上在嘆管蓋住而吸管能吸去甑底熬濃強水如強水平面落至吖哦綫下則吸管能在庚處吸空氣而管中強水放空又如旺呼兩漏斗管作裝滿強水之用如甑內強水欲併放空則蓋咂要拆去而將塞哰塞入則強水能全放出至甑底嗔爲止但放出甑內之哦管令強水不能高過吃哂綫故從以上之法可見

管爐人暫時不愼則爐亦不致壞如甑頭乙所放之霧通入變冷器未之鉛球此球常裝強水約一半因放球內強水之管甲在其半高之處因此強水不能落下而在相切之面朽壞鉛料在申管放蒸出之淡強水但其濃強水必行過四個或六個瓶其甑在冷水內以玻璃吸管相連從末吸管用白金吸管通至存強水之玻璃瓶以此法強水不但能變冷而且淨法國有數處仍舊用此種深白金甑近來仿英國用淺白金甑不但能省燒料猶能省白金之重如二百六十七八兩圖所有之甑在呷處添強水後其水在甑內行過三個同心圈所行方向如二百十八圖後行過吃管而不用吸管又有放強水之管可免所

進強水過多此種器每日可成最濃強水一噸半如甑徑二尺七寸半重半擔每日能蒸濃強水四噸半至五噸每強水重一百分燒煤不過十六分間有十三分者其爐之擺列法如二百六十九二百七十兩圖最爲簡便甑底靠生鐵摺邊上法國亦有一廠設變冷器如二百五十七圖大同小異

如二百七十二圖爲化學家里皮格所設之法甲甲爲放出強水管戊戊爲添強水管以帽蓋之白金甑轉半周換一進強水管如此甑遇火面能改變第二管可容浮表亦用白金螺絲管令強水變冷此器底徑二尺五寸半重五十四磅變冷螺絲管重五磅半每日能成濃強水三噸半至四噸如法國所造之甑

硫強水在甑內深不過二寸至三寸如照法爲之所蒸出強水濃度不過七度至九度所成強水重率一·八四二現所熬濃之強水以用白金分兩論之多五倍

另有一法爲從前常用者如二百七十三四五各圖其法用白金盆兩個如甲乙其形圓底寬二尺四寸半高五寸擺列法一高一低從高盆有管能放強水落至低盆各盆加熱法其爐不相關白金鍋有一鐵圈吊之鐵圈靠牆磚此盆上有一鉛做鐘形上下節俱有水封之其鉛鐘如丁戊各高四尺三寸寬三尺六寸外有套殼分三層套殼內常通水其殼之三層鐘有鐵箍令更堅牢在呻管進汽由兩個鉛鐘頭上吸入如吘爲鐘頭之

口味爲通霧之管𠯿爲放餘強水之管甲盆高乙盆五寸強水先進甲盆其强水有一百四十四度濃已熬濃若干分則經過白金管通至乙盆熬濃後再過酉管通入收強水變冷器此法能連做但熬濃之工大半在甲盆爲之如單用甲盆亦可此器每日能熬最濃強水六噸燒料五擔

以上器內之鉛鐘須通多水方能變冷水少之處此法卽不便又本圖之鐘高四尺外水殼分三層非平常之式近來所造更矮或兩層或一層如二百七十六圖爲此種器在屋內擺列之法叱叱爲鉛鐘高一尺四寸呷唧爲蓋頂有節以水封之戉爲放強水管哂爲鉛鐘邊之節亦以水封之吧爲鐘之鐵座𠯿爲

鐘之鉛邊托器啐爲鉛盆所出熱强水收在一瓶內其熱强水有一百四十四度濃卯爲熱而濃之強水變冷器嗩爲聚強水之箱㖪爲收變冷器前管丑所用過之冷水又子管等收蒸出之淡強水送至漏斗吧以上器具所用白金盆徑二尺六寸每日能成濃強水七噸此種器亦能成最濃強水但白金之縻費更多

又有一法做變冷器如二百七十七圖用鉛器甲立在鉛桶乙其桶底叱稍寬便於立得穩中有隔板哂分桶爲上下兩層但中空處能與乙之外殼相通所有空處裝滿強水在底哂有一鉛盆丁鉛盆中有一磁盆可能收白金管吁所進之熱強水其

熱強水與冷強水相合處不能銷壞鉛料如甲器有五個螺絲管呻呻各管相通常進冷水而此水在吧放出其變冷器在一圓桶辛此桶常通冷水過咳管而進故乙桶之內空處叱常有流動之水因所進哂管之強水熱則浮上遇呻呻螺絲管後葦器之邊落下再變更冷後在𠯿管上升而流至存強水玻璃瓶因器之徑約三尺三寸其強水行動最慢而易於變冷照以上尺寸之變冷器能令強水一百大瓶變冷此器最靈巧而略繁造此器之鉛匠必手藝精工又必多通冷水否則極易壞

自設立白金盆法除法國外德國奧國均喜用之最後英國亦用之約一千八百七十八年用者共有四十廠因大能省便以

舊法之白金甑一個能改造新法之兩甑如一日能蒸五噸者新甑只需金錢一千二百元舊甑則需金錢三千二百元每日蒸二噸半者新甑價金錢六百元舊甑則需一千八百元且新法所需用燒料更少後造白金甑家改變舊式而做淺形亦能省原價并燒料又用白金盆與鉛鐘常須修理必有上等最精之鉛匠方能用之此法雖不易修理但遇有危險則縻費小惟須常通冷水而白金甑則無須通冷水又白金甑所蒸出強水比鉛鐘法更冷亦爲其益處

如二百七十八圖爲新設鉛鐘法其白金盆做格外高封處有水蓋之其鉛鐘邊亦漏出而有餘水管看本圖則易分別水落

下之路

如二百七十九圖亦爲新法甲爲淺箱其底與邊用鐵皮頂上用鉛板此淺箱用不灰木成灰鑲在座上其頂上有鉛盃乙而有熱強水從丙箱過吸管已落下乙管內強水之深不過四分寸之一加熱之法用重熱氣以此法可免盃與火相切而燒壞又可用最薄鉛皮所有之餘氣行過庚令强水在內內初受熱其餘氣能令添鍋爐水先加熱其末能行過酉通入鉛房各通氣管應備放凝水之路如子爲熬濃強水之器與白金甑壬相連法用直立管巳此管並熬濃強水器擺列稍高設此法之人以爲必用之法其熬濃器子放強水通入鉛房辛但此法爲不

合例因强水淡者必浮在上面而令淡養三等質變爲淡養五令鉛料能速朽壞故有人另設法用汽熱令所蒸出強水熬濃白金甑後面之火與重熱氣管相切用寒暑表管理其熱度所用之白金甑爲長方形蓋爲橢圓形而後斜之其斜之故因白金甑添強水在放霧管巳之上而霧之大半在此放出其白金甑底直遇火內有橫樑與其底銲連其底分隔成若干膛各膛下有孔令各膛水能流通其甑之放霧管作彎形令水能自行封密甑底所進强水愈少則熬濃愈速甑底有管與塞門放出熬濃強水此法所用燒料比舊法白金甑不及一半其甑長四尺二寸寬二尺一寸價金錢一千二百五十元變冷器在內二十

四點鐘能成濃強水七噸六擔燒煤不過十擔

此白金甑難於收拾得淨其隔板最爲不便又如甑內有結成鐵養硫養三則必將淡強水通過其甑而加不甚大之熱但無法能管理其甑內所有之各變化如用白金甑之餘熱令汽重加熱雖爲新法但用此各種之法最繁人必厭苦又有法將未凝水之霧引至鉛房如鉛房向外無壓力而內有吸力此法最便

如用白金甑無法能免其甑漸爲硫強水消化已試得消化白金之數每熬濃強水一噸雖用淨硫強水其白金之靡費約爲二格若硫強水含硝氣則消化白金四格至五格如用淡輕四

硫養三提淨硫強水可免此弊新白金甑每熬濃強水一噸略消化白金一格因新成白金甑其質密能耐硫强水又有法每白金一分加鉱二十五分至三十分此料比白金消化少如用淨白金盃兩個月每消化白金十九·六六分用鉱合白金之盃以同法試之則消去八·八八分又有數處試此料做甑而得益但鉱合鉑之料有一大弊因質脆而易破裂不及淨白金之韌易打薄亦易銲而能耐久

又有人試白金甑兩年用所熬濃之強水每百分含硫養三輕養九十三分至九十四分內含硝氣少許次年用淡輕四養硫養三去硝氣各質而白金靡費減去不及一半後數年內硫強

水稍含硫養$_3$氣則所消去之白金更少如造最濃強水每百分含硫養$_3$輕養九十七至九十八分每一噸所消去白金有六·〇七格至六·〇五格又有做更濃強水每噸所消白金八格至九格又將硫強水用化分求數法則强水一噸消去白金八·三八格

以上僅論白金甑所消化之數另有白金各件亦有消磨有一廠試驗白金甑頭與吸管及零件原重四十四·三六五斤用五年後重三十九·九七斤共消去白金四·三九五斤大畧造重率一·八之強水每一噸白金各器之消磨與消化各費價值金錢一元銅錢三枚近有人用本代煤更佳但白金面不應與燒料

相切

熬濃硫强水之別法

已在前數款內論及熬濃硫強水數種法如生鐵甑或鉛盆或鉛做眞空盆或用重熱氣或用鉛盆通熱氣等法另有人設一法用生鐵鍋內加釉製此釉之方用燒過之白礬一分紅鉛粉四分淨矽養$_2$二分和勻融化後趁熱傾入冷水內待冷令乾磨成粉將此料十五分與錫養$_2$三分合松香油用排筆敷在鍋內待一層乾再敷第二層如此連敷三四層後入爐加熱待油料鎔化此鍋則能熬濃硫強水但不能耐久因其料易爲強水消化又鍋與釉常有變冷變熱而漲縮不勻

又有一法用鉛桶內裝礫石令熱氣行過如二百八十二百八十一兩圖可見其器分兩分一分將器加熱一分令熱氣遇強水如本圖鐵管十六個頂底開通外過吃爐所發之熱此熱行過呐路其火燄向箭方向往下如烟囱在叮處又有冷氣從下升至管在⿰口戊處進在吧處出至吧時其空氣已大熱再行⿰口庚與嗘而通入熬濃强水處此處有兩心筩辛辛爲半寸厚鉛板所做當中有空處旺旺下與鉛板鎔連其筩面蓋之中間有管接住如嗘其鉛筩內裝礫石留四分之一爲空處其鐵管熱至紅則所欲熬濃之強水通入鉛筩蓋上之孔先裝滿兩個筩當中空處後行過呼呼兩管此管用盎輕蓋之強水落入內筩時則

散在礫石內所進熱氣令強水速熬濃而化氣行過丑管通入烟囱此氣爲汽合強水之霧而強水愈落下則愈變濃如合法用此器則強水至寅管放出已最濃此法雖外有合例之處但有多弊因空氣必加極大熱幾爲紅熱所以上鉛管極易鎔化又空氣含硫強水之霧亦隨強水方向而行故強水愈濃愈易收其水又通熱氣所放之霧散在烟囱內而化散如改變其做法可免此數弊但向來此法未興

裝硫強水運動之法

平常出賣硫強水裝在大玻璃瓶每瓶能容淨水一百五十磅其瓶裝筐內以稻草塞緊用草繩拴繞瓶頸瓶口用瓦塞先浸

在鎔化硫磺內趁未凝結時塞密其口再於塞外加濕泥封之泥外用粗蔴縛緊如運動不甚遠不用硫磺其筐不能耐久遇煤濕寒冷天氣及潮濕地面或有強水傾出沾在筐與稻草上則爛而存強水屋內亦有強水落入地面筐置此處不久則底毀壞一經移動筐底即脫去因此裝強水運出之時不可用舊筐有將筐浸煤黑油約高三分之二則能耐久英國有用堅結鐵絲或薄鐵皮成筐外加煤黑油一厚層可免生銹德國有數處用木桶外加鐵箍瓶邊塞以草上有圓蓋蓋中有圓孔恰能容瓶頸露出此種木桶雖比筐價貴而笨重但能耐用在火車及船上可擺列兩層用筐只能擺一層

美國用方箱包以鐵箍瓶裝箱內用乾海草塞緊每強水一擔裝箱費約銀錢三分之一如法國等處用瓦瓶在本廠內不用筐發出則以筐盛之

以上各法無論如何謹慎常有玻璃瓶破裂其強水流散凡物遇之立毀壞故輪車與輪船均不肯裝載如強其載運設有危險須廠主認賠故火車與輪船包送則水脚最貴又佔地比別貨更多即如平常火車能載貨十噸裝強水只載二噸半因車價水脚與其體積並重有比例如含水多之強水不及熬濃可省水脚與裝箱之費亦少如濃強水每噸價金錢兩元雖將空瓶送回本廠再裝強水而路遠往返之費比新瓶之價更大又常有在路損壞之弊

凡運極濃之強水或平常之強水必依路之遠近與車價船價之大小核計以何者爲合算常有買一百四十四度濃之強水不及買一百七十度濃更爲便宜近另設一法在運河內用船以鉛皮爲膛裝滿強水而運至遠處又有用大鉛桶裝配車上能在鐵路中運行如用硫強水多處能售一車或一船到時再分裝瓶內此法大便如用強水不多則不能如此辦運又有法用鐵桶裝強水但強水不可小於一百三十度濃不可遇外空氣又不可含壞鐵之異質或有用紅銅或熟鐵皮爲桶亦必謹慎如德國用此法以一百四十四度濃爲最淡之強水

第十四章論硫強水廠擺列各器具法

硫強水廠擺列各器具雖不能有一定之法然有數事不可不知如第一件欲定成何種強水或爲鉛房內之强水或熬濃之強水如熬濃之强水不用果勒發塔又燒鐵硫二爐上不加熬强水鉛盆必另在一處熬濃至一百四十四度爲末後熬濃之工如在玻璃甑爲之必特設一房屋背必堅固不漏洩又必備雙門等照前法無論用何種白金器熬濃所佔之地位小無拘何處可擺列無碍如鉛房離地面高則熬濃之器與玻璃甑之房可在鉛房底擺列如此必另備裝鐵硫二礦及玻璃瓶棧房但此無定法

熬濃強水之末工姑暫置不論只論器具擺列法如最低之處擺燒鐵硫二礦或燒硫之爐必有出灰堆積之地平常安爐靠地面如有軋碎礦機器亦擺在地面若大廠所用之鐵硫二礦用鐵路運之其鐵路靠木架礦運至木架端則車傾倒而礦落下用軋礦器軋碎置爐之前面如礦運來均勻可由鐵路車傾出其礦經過軋碎器而存積地面如此則省扛運之費如用人工軋碎或一次礦來甚多或隔數日及數十日始運一次者則不能用此法

運來之鐵硫二礦可置露天不壞如不含銅之礦則更無妨敲碎後不可置露天遇雨又如敲碎後篩分其屑與塊必分開存

之移礦入爐必經過秤台以權其輕重其敲碎與篩之工大半在鉛房底如鉛房離地面高其爐亦在鉛房底否則安置相近之房如有通冷水管必在鉛房旁邊或頂上擺列又如爐在鉛房底則柱之中間必砌薄牆以遮風

燒硝之爐平常在一副爐之端與爐接連

如汽鍋爐間有在鉛房底下最穩另建一房免鉛房底木料爲鍋爐所放之氣傷損又免鍋爐鐵板爲鉛房所漏之強水蝕壞假如鍋爐有碎裂比較在鉛房底爲害更輕如燒礦爐俱在地平面鉛房離地面若干高又進氣管必在鍋爐上面通氣故氣管必上若干高從此能得所需之風力

如用果勒發塔必在燒礦爐與鉛房中間擺列間有特用數個礦爐之熱爲燒硝用其硝氣直引至第一鉛房但平常之法每一副爐有相連之硝爐硝爐之外有果勒發塔又如用硝強水則不用燒硝之爐其果勒發塔底亦必高於燒礦爐上之通氣路故氣不必降下即能通至塔內塔內所出之氣行過平擺管或向上斜之管爲最好可見鉛房必配若干高方能合用如果勒發塔之頂除強水箱不計外離地面高三十六尺鉛房高二十尺鉛房所靠之柱亦必高二十尺爲最小則塔之放氣管仍能在鉛房底進如不先爲籌度待鉛房已成後欲添造果勒發塔則必引氣向下所以鉛房橫樑必依此擺列而不能堅固間

有鉛房擺列甚高則果勒法塔之頂比鉛房底更低而鉛房所出強水一直流至塔內如英德兩國均用此法

所有鉛房之地面或相平或每高一寸至三寸不必過分高下從末一鉛房有管通至後枯煤塔平常塔基較低其管必向下而斜如能免此則更便又應在末鉛房與後枯煤塔做引氣路其路宜長以便氣經過變冷

無論用何法其前後兩塔並所需強水箱與壓水桶等器應在塔底照法擺列則管理之人更便如大廠內鉛房分數副則將數果勒發塔或數後枯煤塔相連成一副

造硫強水廠擺列各器與房屋無一定之法如二百八十二三

兩圖可爲平常硫强水廠合用之法

此圖內不列熬濃强水至一百七十度之器如用白金甑則佔地最小易於在旁列置又此圖燒鐵硫二礦之爐不列在鉛房底因鉛房底備存鐵硫二礦或煤及玻璃瓶等物如欲在鉛房底安置鐵硫二礦爐等器則另造一房又此圖專爲顯明地面但就要緊各件繪出如鉛房但顯其剖面式其餘各物從上面視之成平圖如二百八十四圖剖面即在平圖巳午未申酉戌各線

此廠第一件燒鐵硫二礦之爐如甲甲乙乙共有十二爐成兩行每兩爐背面爲公用但此各爐在本圖與鉛房相近如能稍

離有十尺或十三尺寬之路以便裝料則尤佳又如爐在鉛房底自然易得裝料之容積所有之十二爐如甲甲等所發之硫養二氣直通果勒發塔內又四爐乙乙放氣通燒硝爐吶內此爐有兩個半圓形之器能收鉀養淡養五與硫强水如用流質硝强水則不必備燒硝爐所以燒鐵硫二礦爐直通至果勒法塔內一併流下其生鐵管呷從甲甲各爐通氣至果勒發塔又吃鉛管將氣從此塔送至鉛房內又從燒硝爐所放之氣先在直立鉛管吶上升變冷後經過彎管吶通入鉛房內所有吃吶兩管所進之氣不能彼此相助因在同方向進又噴汽管口壬在其中間而進但此法亦不免有弊因從丙內所出管吶必通

至鉛管吶此管如加熱過大則在鐵與鉛相連接縫處最易傷損反而言之如管加冷則硫强水與硝强水凝結成水在鐵管內流下而朽壞因此故各廠不照本圖法但令各爐之氣經過燒硝爐內通至果勒發塔初恐硝氣在塔內易變化而壞已試多年方知不能有變壞之事

從第一鉛房戊其硫養二氣行過叮管通入第二鉛房己從此通過吠管如末一鉛房庚從此通過已管與引長管庚通入後枯煤塔辛此塔亦可立在果勒發塔邊兩塔上面之臺可作公用又近兩塔有强水箱與噴强水等器因咦管伸長則氣尚未到後枯煤塔時已變冷又如咦爲玻璃門能看氣之顏色

以上三鉛房照圖長一百尺寬二十尺又如二十尺高則容積爲十二萬立方尺如十二爐每日能燒礦五噸半每礦百分含硫四十八分每爐所裝硫磺一磅得鉛房容積二十立方尺此數足用如每十分再添燒鐵硫二礦一分無礙其果勒發塔方八尺十寸高三十尺其後枯煤塔徑六尺高四十五尺氣從兩鍋爐壬子放出壬鍋爐放小熱氣子鍋爐放大熱氣如本廠另有別鍋爐則氣從此各鍋爐放出如小抵力汽從壬鍋爐行過咩咩管又在二百八十二圖旺呀啞噴氣入三個鉛房內噴氣方向與風力方向同因此故凝結得慢能通入鉛房對面如子鍋爐所放大抵力汽不過運動壓水桶丑汽過噴管而行又過

斷氣門㡌與小抵力總管啐啐在此處用之又因欲徑用子爐之氣以代壬爐氣即如壬爐要修時另有一管與門吧可開此門而通氣

因壓水桶起強水之法從後枯煤塔辛令含硝氣之硫強水流至鉛皮膛箱卯一其強水行過鉛管哂或行過一鉛槽更佳因鉛槽不易塞其濃強水從果勒發塔行過槽呻通入酉管變冷器辰或行過小箱箱內有一螺絲鉛管又從他端通入隔開之箱戌故能任通入卯一卯二箱內如卯一箱能存後枯煤塔所需用強水因此強水必格外濃而冷起強水至所需之高用壓力門味與聚強水膛寅又過放強水管吻而通叺箱在辛塔頂上

其出售或自用之濃強水流入卯二箱此強水不須如第一箱強水之濃又可不必加冷又到卯二箱內可以鉛房所出強水沖淡之此強水過管咳而進但平常之法令鉛房所出強水行至卯三箱從此箱由味一門與聚強水膛寅一與其管吻上至果勒發塔頂在此處存在吔一吔二兩箱內之一箱而第二箱從卯四而得其淡養三水此水亦爲此器所起其管吻從壓水桶而來時第二膛即進強水以上之圖用兩個聚強水膛與四個存強水箱各箱方十尺高七尺又有照本圖尺寸所做變冷器足爲兩副鉛房之用第一副可與第二副一併擺列令其兩塔在辛

與丁一個直線內能從同臺而管理之其放汽鍋爐如畧大亦能公用大廠則各鉛房宜相近不可隔開最好之法將丑寅卯辰各器擺在鉛房之下因此各器不甚高易於布置如用此法則壬子兩鍋爐亦必在鉛房底下或在外稍離亦可如本圖擺列只用一工人管理鍋爐與壓空氣桶丑並各種起強水器與箱如鍋爐在壓水桶丑之一邊添煤更易又燒鐵硫二礦之甲乙等爐令成一行亦可在塔邊與鉛房相對之處擺列則氣必在果勒發塔之角處進而由亢處出謂之直路如爐更離開鉛房約七尺則添料尤易

第十五章論造硫強水費用與所得之利

凡推算造硫強水各費有七事必詳細察之一生料之價即硫磺或鐵硫二礦二硝與硝強水之價三燒煤等料四工價五除去消磨與修理之費六本錢之利息與各項零費七所成之硫強水值價

以上七事內第七件爲最要其餘六事除用硝外不多靠製造家之謹慎與器具合用等事故此書先論用硝與成強水兩事但推論此兩事甚難因各人之意見不同而推算之法所靠之原數亦不同即如有人推算進爐之硫磺數有人推算所燒之硫數而灰內含硫不計看第二法似更合理但不及第一法者因進爐之鐵硫二礦數能秤其分兩最準又礦所含之硫數亦

能化分考究最詳不致大誤因灰內所存之硫難得其準數也
如欲精求不但宜知鉛房內得法與否尤必知燒硫磺或鐵
硫二礦得法與否蓋燒之得法則灰內硫少燒不合法則灰內
硫多
以下所論只考究進爐之鐵硫二礦內所含硫數至於所用硝
數有數廠以淨鈉養淡養五之百分數計之間有以常出售硝
之百分數計之卽每百分含淨硝九十五分至九十七分者然
此亦易誤不及前論之爲準
又如推算所成硫強水數亦難歸一律有人報稱成硫強水數
以鉛房所出者濃一百零六度又卽一次熬濃之强水濃數一

百四十四度又常出賣之強水濃數一百七十度間有以硫
養三輕養爲度可見硫强水不分定濃淡則所成硫强水數不
能相比故此書所論爲極濃強水卽淡輕四硫養三如別廠之數
能變爲此種濃硫強水數便可相比
有數廠所造強水全在本廠用之將鹽變爲鹻故將所化之鹽
數推算所用之硫強水數約鹽一百分須配濃強水八十一·三
三分但此法推算稍有錯因所用之硫強水數莫用何種爐所
以數目常有錯誤英國大廠現在不推算硫强水數只看所燒
之數或鐵硫二所含硫數
常有推算此工不計化分硝所用之硫強水數但此項亦必推

算在內
如查各廠與各書所論配各種料數與成各種料數各不同茲
將其所配各料分數狀論之
一用硝之數如燒硫強水不收回硝氣每用硫一百分需硝六
分至九分爲常數如收回硝氣則需三分至五分又如燒鐵
硫二礦不收回硝氣則配硝八分至十餘分如收回硝氣則每
礦內含硫一百分配硝五分至八分冬日比夏日用硝更少
二論所成之硫養三輕養
以化學理論之每硫一百分應成硫強水三百零六·二五分
如燒硫磺造強水每燒硫一百分得強水二百九十分至三百

分如燒鐵硫二礦每一百分得強水約一百六十分又有數廠
每礦內含硫一百分得硫養三輕養二百四十分至二百六十
分間有得二百七八十分大概所應得之數必在二百三十八·
五分至二百七十六分
造硫強水之各糜費
前論硝之糜費有三事一硝氣放出外空氣二鉛房內所存含
硝氣之質三硝氣變爲淡二養或變爲硝氣
至硫強水之糜費在最精廠內每燒硫一百分所應成硫強水
缺十二分其故有三種
一因硫不燒盡如燒淨硫則此糜費小不合算如鐵硫二礦則

更大礦含硫愈少則糜費愈大又與爐之形狀與管理爐之工俱有相關每礦一百分所有硫之糜費一分至十分卽爲全硫二十分至三十分又硫一分化散或在通氣管內凝結或收入硫強水內

二因爐或管與鉛房有漏洩而有硫養二氣散出或進爐不合法硫養二氣應從爐之通氣管出者反從爐門等處而出又管之接連處有裂縫或鉛房年久有漏洩均爲大弊余曾見舊鉛房有漏孔甚多晝間從鉛房能見天上星光造硫強水家常有想不到此不肯修理第一年依理應得硫強水一百分只得八十一·五分次年只得七十五·四分三年只得六十八·四分因此

靡費甚大不可不慎

三有硫養二若干分不變爲硫養三其故甚多或因外散或因法有亂處或因硝不足用或因鉛房容積太小或因風力不足此各事在前詳論之如不用法收回硝氣則靡費更大故鉛房應常試硫養二氣之靡費若干如有大靡費必察其故而設法免之

凡鉛房所需燒煤成汽之數如不用果勒發塔每濃強水一百分燒煤十六·三分爲法國廠之數如英國廠用果勒發塔此鉛房之汽並起硫強水之壓水筩汽每強水一百分只燒煤十七·五分

造硫強水之各費如用硫礦則重一千幾路法國權合法國佛蘭銀錢一百七十元硝七十五幾路合三十元煤一百幾路合價二元半工錢四元零費六元半共法國銀錢二百十三元成一百十五度濃之強水四千幾路卽每強水一百幾路材料之價五·三三元如用鐵硫二礦則礦一千幾路之價三十五佛蘭硝四十二幾路十五·九六佛蘭每一百五十幾路一·八〇佛蘭工錢三佛蘭零費修理等三佛蘭共五十八·七六佛蘭共得硫強水一千三百六十五幾路每一百幾路價值四·三〇佛蘭

如英國本廠每硫強水一噸燒比利時國鐵硫二礦小塊或屑每噸材料與工價金錢一元銀十六銅八另有數廠價各不同

有金二銀四有金一銀十五銅十有金一銀三銅七以上强水俱爲濃度一百四十至一百四十四度其另熬濃之費不在內

第十六章論造硫強水所成之餘料

如燒含銅之礦其餘料爲紅銅並鐵養間有含銀如不含銅之礦間有分出鐵與鋅以上各料外另能得鉛與硒等質

如不含銅之鐵硫二礦所燒成之灰能鋪在路面得堅結光滑但來往車多之處易於磨碎成飛塵一經落雨卽成爛泥甚多又雨水能洗出鐵與鋅沖在相近溝內

其灰亦有別用能收煤氣內之輕硫二氣並在陰溝或坑內滅臭等用

灰內所有之鐵亦能分出做上等之鐵料但其費甚大須屢次燒之分出其硫因分出硫不易難得有定法故用處少又有數處鐵硫二礦含鋅在爐內變鋅養硫養三但在爐內亦含鐵養硫養三甚多難於分出其鋅料

各種鐵硫二礦在爐內燒成灰灰性各不同或因爐內用法不同或因礦本性不同因此尚未特設法用之

有數種鐵硫二礦在通氣路或鉛房底有結成數種不常見之金類如矽與鉛蓋矽無大用只測量光用矽之顆粒因光愈大則通電之性亦歸同比例但鉛有數廠特造之因能合紅鉛粉與石英成最重之玻璃玻璃愈重則折光之性愈大但分出鉛

之法最繁在化學書與鍊金類書內詳言之有數處鐵硫二礦每百分含鉛十分之一至一分其取法大略用輕綠令鉛養硫養三變爲鉛綠從鉛綠內分出鉛又有法用鉀碘令其質變爲鉛碘因鉛價貴如鐵硫二含此質能分出得利

鐵硫二礦灰分出銅之法　此工應作爲成强水之餘料或爲造強水取銅之料俱靠礦內含銅多寡平常有灰內含銅不在本廠分出另在銅廠內分之因英國及各國間有在本廠分出銅者此書亦應論其大畧

平常礦內所含之銅少約一百分有四分爲最多如用常法煉出其銅則不合算如能燒其礦分出硫而以硫做強水則煉此

礦亦勉強能得利但不能照平常法煉之因含銅最少之故如能合綠色之鐵硫二礦渣滓與前煉之礦所得渣滓各料鎔化後將所得粗銅送至鍊銅廠再鍊之亦只能得銅若干分僅能合算得利後來含銅少之礦漸多不能用此法鍊銅

一千八百六十五年以來含銅甚少之礦常用濕法分出銅歷來置露天之礦旁做一池收淋礦餘水用鐵料置水內則能分出紅銅但另有法令銅與他質化合便於結成定質在水內其法甚多此書不能詳載只能將常用之法與料數種言其大畧其法靠銅綠氣而後煆之再消化用鐵令銅料結成查英國所常用鐵硫二礦每百分含硫四十七分至四十九分又每分含

銅三·五分至三·八分又每礦一噸以稱寶石秤稱之計三萬二千六百六十六兩內含銀·七五兩至一·二〇兩但燒出硫後所得之灰每百分含硫二分至十分平常以五分至八分爲合法又每百分含銅六分至九分如所含之硫過少則添生礦少許配其硫數足用

其法將灰用軋輪或輾輪磨成粉合粗鹽若干每灰一百分配鹽十分至二十分爲手工爐之數如用機器爐之法礦灰一百分配鹽七分半其兩種質經過圓眼篩每平方寸有八孔其不過篩之料再用輪磨之成細粉後裝於鐵車用鐵路通至煆料爐內又有用含鉀養等鹽類礦代鹽磨細合入

煆料所用之爐其式各不同約分五種

一平常倒燄爐其式與燒鹽成鹻黑灰爐同但此初用之法已多年廢而不用

二倒燄爐進煤氣此法在英國加蘭斯德用之如二百八十四至二百八十七各圖所有八個煆料爐用三個發煤氣爐配之其氣從總氣路行過戊路從此行過五個直路庚此各路有風門再行過已各路在爐底之下後行過所燒之料而通過寅門所燒之空氣在爐之兩端孔內而進其孔分兩層每孔有活門蓋之見二百八十六二百八十七兩圖一層孔通至爐底下各火路一層通至火壩以上之空處依此法必有若干煤氣行至

火壩處着火又如辛辛爲挑火之門子爲弓內添料之孔有鐵板蓋之鐵板上鋪細礦粉令不洩氣又如壬爲鐵連板每爐能裝礦四十五擔

如二百八十八至二百九十一各圖亦爲同類之爐每二十四點鐘添料兩次每一次二噸半如吧爲進煤氣總路咦咦爲爐底下進煤氣之路五條啐爲進空氣孔吐爲放出煤氣與煆料氣通入凝器啞爲挑火孔嗔爲裝料漏孔

三如二百九十二至二百九十四各圖爲用燒殼法其火燄不能徑與燒料相切但其熱通過爐底之磚與爐上之弓所煆之料置燒殼庚內其進出料之門如寅底用火泥板蓋住火路亥

丑蓋上有弓鋪礦成一薄層所需空氣只能從挑火門寅而進爐之別處火氣所含養氣亦能顯其力其雙爐栅辛所發火燄先行過燒殼弓上壬後向下兩邊成路三條如亥亥與亥亥此三路所通之氣合在一路內如丑與丑後行過相反之方向從嗔路下至唧路在底線以下從此通入大烟囱哌爲制風之門吧爲放出煆料之氣此氣在味落至地面下之平路吽從此通至凝器又在爐頂上有金類盆唧其各料在此盆內先受熱又有數管能通至燒殼其管口亦用金類板蓋之起其板則料落至燒殼內

四如二百九十五至九十八各圖爲合法此法令其火燄不可

徑過燒料面上但用弓叱通過爐長一半過此處則火燄徑過爐底在哂處降下分路八條在爐底下如叮叮又在地面下有通路哦能通至凝器所有挑火路吧吧不但挑火用仍能放出煆成之料如嗔盆爲其料先受熱處有管啐啐放礦落入爐內所有弓叱用處令火壩相近處之礦免受過大之熱恐其銅料燒壞此爐最熱之處在後面弓下所得熱度不過暗紅

五轉動爐底之法如二百九十九至三百零二圖其爐底爲圓盆叱叱以火磚爲裏如丁又有兩邊牆嗔嗔與其弓唧亦爲煆料之處一面有爐栅內其火行過爐底至巳從巳在地面下所成之路通至烟囱其盆叱叱靠熱

鐵樑託之其樑連在當中樞上樞底有座上面有套領並黃銅襯又有生鐵牽條咦咦令盆轉動之法用鍊呷繞一滑車壬從滑車行過轆轤旺旺通至盆底下之平擺滑車

有一小壓箭爲本軸所運動常起油噴入其樞內餘油回到油池其爐底有一生鐵耒庚在盆之半徑上往復而動耒之法有熟鐵桿辛連於橫桿子此橫桿行動等於爐底盆半徑運動其橫桿之法用螺絲輪吶與發動軸丑相連又有兩齒輪叮戊其大者有拐軸與搖桿吧令桿往復桿之上端爲叉形又有銷行動在槽內令其橫桿與耒行動其圓盆轉動之速與耒行動之速有法配之令盆轉一周則耒所行之路等於其本寬所以其

耒從爐盆辛行至一周時則爐盆無一處不到

此爐裝料法用漏斗戊此漏斗鑲在弓之一槽內而有平行板一副如寅能放其料其平行板斜擺在爐底圈之半徑綫上卽在耒所往復之路對邊此各平行板上下相連最堅用鐵鍊吊之故能在爐之蓋上起落如本圖平行板擺列法預備放料而有板一塊唇連在其門內此板與各平行板寅之外板相切其平行板照本圖排列時各板令其所推之礦料向盆周移動遇間壁之鐵板轉第二周爲間壁之板推而向外久之則向門板唇相遇從此門放出落至槽吧從此槽落至爐外地面以上所云平行板之用專爲放料而設用爐煆料時其平行板吊起出

爐蓋之外有板門蓋密又有銷卯能令各板不離本方位

以上爐所用轉動之盆不可與爐邊相切因相切則難轉動所以其牆與盆邊相離約一寸空氣在此孔上升能令其料收養氣其爐所有之磚工通至地面爐底下所有之機器有鐵門能開而修理不令煤屑與礦粉塞住其各件必堅固不易壞只有生鐵耒如庚必間半月更換新耒但其費亦比用手器法猶省如平行板不多損壞因在爐內時少有一處照本圖爐有十二副用兩汽機運動各汽機有實馬力十八匹

以上所言各種爐大致相同而進出料之法亦有相似之處因礦料必煆透卽其銅料必變爲銅養硫養三因合鹽卽鈉綠其

銅與綠氣化合成銅綠而鈉與硫養三化合成鈉養硫養三又所含之鐵應變爲鐵二養三令其不消化此法內因硫養三與養氣遇鈉綠則令綠氣發出此綠氣能與銅化合並與別金類化合又同時變成輕綠輕綠令銅養與銀養鋅養各質與綠氣化合又令鐵綠變化成他質但因銅綠各質遇大熱則易化散故爐內之熱不可過暗紅如其料內含銅硫二質則不收綠氣故含銅硫二礦之灰內不便用濕法分銅所以原礦每百分含銅多於八分則不便在成硫強水廠內煆其灰分出銅必用平常煉銅法

如不用鹽之法令其銅收綠氣則難免多誤如用煤氣爐則每

料一百分配鹽十七分爐內一次能添礦四十五擔平鋪在爐底漸加熱至近火壩處爲暗紅後將其料翻轉而斷所進煤氣讓空氣進入至火壩處之熱不顯紅待三點鐘後其礦不顯紅色用鈀挑之每挑一次其料自燒生熱約進料後五點一刻鐘則生暗紅熱又發白色霧與藍色火燄從此時起管理之爐夫必謹慎熱度在爐之各處均勻而藍色之火在各處相同至六點半鐘火燄不顯而料變綠灰色從此可知變化已成可取出若干料試之如煆成可取出其料內所含之銅每百分約七十五分能在水內消化二十分能在鹽強水內消化五分能在硝強水內消化如精熟之爐夫能在六點鐘內用煤氣爐煆成可

見爐內之工爲最要轉動爐盆之人工可省又能省所用之鹽因其料每百分只加鹽七分半而手工爐須加十五分間有將鹽分兩次加之

前論煆灰內之硫與銅有一定比例即如礦每百分含銅四分其硫不可多六分如硫與銅其數相等則更爲合宜如硫過少必添生礦配其數總之所含之硫愈多則所用之鹽亦必多而煆之時必愈長

試驗煆成之料法極簡便將其料少許漂在淡輕綠水內以所得之水合於合強水多加淡輕$_{四}$養待其澄清看水之藍色愈深則含不消化之銅愈多其色愈淺則含不消化之銅愈少

煆料所成氣凝結法　以上所言各種爐大半將所放出之氣合於火路所放之氣但合空氣甚多難將此氣凝成濃強水蓋煆料所得之氣不但含養氣與輕氣另有硫養$_{二}$硫養$_{三}$與輕綠與綠氣與金類合綠氣質少許其氣所含之銅綠$_{二}$質畧爲全銅質四百分之一而爲凝氣之水內所收此水後用以漂含銅之灰故無糜費

煆灰爐所用凝氣之器如塔形與做鹽強水塔畧同以磚爲之其磚用黑煤油與砂做灰塔內裝枯煤或碎火磚等物其體積比做輕綠塔更大其塔約高四十尺至五十尺如八尺方者足爲十二爐之用其水從上分細滴落下其氣從下上升與水遇

則水收出氣內之強水所得之強水最淡爲淡硫強水合淡鹽強水此淡水作漂煆料之用平常廠內亦不作爲消化銅養與銅$_{二}$綠$_{三}$之用

漂煆料之法　其料置車上由鐵路引至漂池邊傾入池做池必用木板如用金類料則爲強水消化用石質則價貴而易收大熱但大木池因常遇熱淡強水與料每易漏故漂料池做在窪內地面加以阿司弗辣得一厚層其面稍斜以便池有漏出之水引入小井內所用之池作方形深四尺至五尺方十一尺用三寸厚木板四足用螺絲連之又用紅鉛膏鑲入裂縫內令其不漏洩接筍處亦用蔴與黑油嵌其縫內最堅後另加熱黑

煤油有數處以鉛爲裏但此法價貴池須常修其水用管通至池內每池有進汽管令水受熱每池能容煅過之礦約十噸乘礦從爐內出時尚熱先用前一次所得略淡之強水加入待若干時在池底開一塞門放出其水再加沸水待若干時放去平常加水三次其礦質所含之銅大半分出所含之鐵約得百分之九十五分此後再用凝氣所成之水約六次漂之如此水過淡則另配鹽強水加入其內如一池用水九次漂其料共費四十八點鐘故每日有煅礦五噸可配一池又應另配數池漂成所餘定質存池內取出成堆售與成生鐵廠能合別料煉成生鐵因此料可以變價則濕法比乾法更能得利因其質含鐵甚

多每百分含鐵養九十分至九十五分卽含淨鐵六十三分至六十六分又因含燐與含硫極少能合別種鐵礦成上等鐵料四

漂在水內分出銅料法

間有先分出銀後分出銅分銀之法在下推論之現在各處用鐵分出水內紅銅法用零碎鐵塊無論生熟鐵以薄爲要如鐵箍等廢料爲最佳有特設木池與前論之木池相似先加零碎鐵塊裝滿再加含銅漂銅之水然後噴汽在其內令熱必連加熱至磨光鐵一塊放在水內不顯銅鍍在其面爲度所用之鐵料必與水內所含之銅等重則鐵令銅結成每一月鐵料從池內取出洗之又有法將鐵塊與含銅之水放在木桶內桶有軸令其轉動但最便之料爲鐵絨其鐵絨做法將鐵養稍加熱令鐵不與炭化合又不能鎔化只能放其養氣變爲最鬆之質成鐵絨凡用鐵絨有一法用倒燄爐令火燄行過鐵二養三料後行過其爐底在爐底亦加熱其爐之式如三百零三至三百零五各圖照此圖爐長二十八尺九寸底二十二尺至二十三尺寬八尺又有矮牆吧吧高九寸分爲三膛各膛一面有兩添料孔吃吃其三膛各分爲進出料不相關其門有法令不洩氣爐柵長四尺寬三尺其托桿頂在火壩之下三尺或四尺八寸不等故燒料層最深養氣不能進入爐內其爐底爲火泥甎所做厚四寸幾分靠下路各隔牆幾分靠鐵條其火燄行過此各路則從火壩上之直路落下通至烟囱此

直路內有一火泥門每開進料門或挑火門以前必關此門其九寸厚之爐頂上有平面生鐵盆爲短柱所托盆之用爲烘乾礦料與煤質相合爐內添料之法有六寸徑管吧通過其弓其全爐靠磚柱咦進料邊之地面比出料邊之地面更高則放料之箱能在爐底而磚柱在當中通過其放料法亦用六寸徑管如啐

其放料箱如三百零六三百零七兩圖以熟鐵皮作方形向上斜其蓋呷相連但其中有六寸徑孔吃又有摺邊此孔能接放料管其箱底能活動有鉸鏈能令其底開關又有螺絲能收緊其蓋上孔亦用鐵板蓋之箱靠四小輪行動每箱有容積十二

化學工藝

330

立方尺
爐先加熱至紅後裝料爐內每一膛添漂過之煆料俗名紫色礦二十擔煤六擔其礦先用篩篩之篩內每長一寸有八孔裝料之法先從爐頂上之生鐵盆取出已受熱之料後關挑火與進料門令空氣轉行過爐柵上之煤在近於火壩之第一膛內約燒九點鐘至十二點鐘第二膛內約燒十八點鐘第三膛內約燒二十四點鐘燒時其料必翻轉兩三次雖風門關閉不免有空氣若干進爐內如不將料翻轉則凝結成餅照以上時刻加熱則得暗紅色如熱至光紅色歷時更長其鐵礦更便於分出銅但燒時過長不能合算約以六十點鐘爲限又因爐柵最

深每十二點鐘必加煤兩三次每礦一噸約用煤十五擔
其料已燒若干時欲試驗其成否應從爐內取料少許置鐵板上以磚蓋之待冷再將料之當中未遇養氣處分出一格重用銅與硫養三試水試之其試水從管內傾出時必屢次挑之將磨光之鐵放入見有結成銅之痕跡則知爐內各膛已燒成必關其風門將兩箱推至出料管用鐵鈀抓料入箱內蓋密推出再待四十八點鐘變冷則用起重架起之開通底門令料落下用六尺徑輾輪輾成細粉篩之其篩每長一寸有孔五十篩後以便鎔結成銅另有別法預備其料但用鐵絨爲最宜
英國各廠鎔化結成之銅爲倒燄爐鎔化後撇去渣滓其料成泡面銅照常法再鎔化提淨所成紅銅淨而韌能出售得上等之價所含異質亦與平常化鐵礦大同小異
凡建廠分銅必審度地面之形便於定質與流質易於移動其進礦在高處各種料在向下斜之面移動則大能省工

第十七章論發霧硫強水 又名奴陀僧強水

此硫強水爲西國初造成之強水在德國奴陀僧地方造之其質最濃但造此強水所需工料與器具價値甚貴除非不能用別強水者方用之現俱不用此種從前消化靛藍並造數種顏色料並令地油變爲蠟質俱恃此種強水其法將鐵養硫養三即皂礬蒸出硫強水近有人試驗別種材料能蒸出此強水如

奴陀僧等處多產數種礦其礦大半可用之成白礬有數種含鐵過多不能造白礬只能成皂礬其礦似端石或泥板石之類內含鐵硫有數處產之甚多其礦用軋石機器軋碎堆之成級中有橫直通氣路堆面常澆水礦遇濕氣則漸生熱收養氣先變爲鐵硫後變爲鐵養硫養三爲所澆之水洗去堆下所淋之水爲棕色放入淺木池內令其漸漸自乾復收養氣再用爐加熱熬濃至七十七度取其明水放在生鐵鍋內熬濃成漿傾入地面則凝成生皂礬其色淡綠或帶黃其質韌而成顆粒含水甚多將此質煆之則燒去其水得黃白色之質易在水內消化水帶紅色皂礬之外另含數種異質每礦六噸至二三十噸能

成皂礬一噸有數處一年產皂礬三千餘噸此煆過皂礬軋碎裝在火泥甑內每爐能容火泥甑四層每層有三十四甑左右兩邊相等頂上另有更大之甑三十四個能從左邊通至右邊各小甑有收器能收所蒸出硫強水收器與甑相接處用泥封之其爐以磚砌成從前甑價需英國銅錢三枚現在本處造之僅銅錢一枚至一枚半有一廠照以上甑數之爐若干座每年共用七十四萬四千甑與四千收器加熱之法先稍加熱約四點鐘甑之下層不過得紅熱後再加更大之熱至甑發出濃霧時則將收器套其上以收強水每甑內必先加雨水若干否則所蒸出强水必凝爲定質平常每甑加雨水半磅間有以平常

強水代雨水其收器內所得之強水已變濃蒸數次後能得最濃試法將淨木片置强水內如即時發黑變爲炭質則知已最濃傾入大瓦瓶內待數日澄清取其淨質即成奴陀僧強水甑內餘料或爲淡紅或深紅磨成細粉成顏色料如合鹽煆之則成黃色料每百分加鹽二分則得淡黃色加四分則成棕色加鹽六分加熱六點鐘時令其速冷則得紫色紫色料價亦貴所用之甑宜最小因甑過大則料受熱不勻必有數處之熱過大即有數處之熱過小

如第三百零八圖爲兩層甑之爐三百零九圖爲三層甑之爐但三百零九圖誤刻收器口套於甑口外其實收器口通入甑口內如此則封節之泥不致落入收器內其甑長十寸底徑二寸零四分之三中徑四寸半口徑三寸零四分之一料厚半寸其收器形略同不過體更長其頸更小封節之料用泥合木屑每蒸一次約三十六點鐘而收器變冷則知蒸畢爐漸漸退火待十二點鐘已冷將收器封處之乾泥敲脫蒸數次後則收器內强水已極濃可取之其甑內所餘之料亦取出將空甑輕敲之如有損壞其響聲不脆則須棄之另換所用燒料用乾柴與木煤

另有人設法用鈉養兩個硫養三燒取硫强水其法將鈉養硫養三一百分加鉀養硫養三一分石膏一分合濃硫強水加熱先

蒸出水後蒸出七十七度濃強水再蒸出一百零六度之強水再濃至一百七十度至末蒸出發霧強水聽得甑內所蒸出水發嘶嘶之聲則知如法有人云照此造發霧強水價比奴陀僧法省費一半又有人將鎂養硫養三蒸出發霧強水並有用別種料但其各法尚未大興

另有人設法用硫養二濕氣含空氣行過紅熱之管管內有白金絨或白金絲則硫養二幾全變爲發霧強水又有法將浮石合白金放在管內其法甚多原意要成硫強水免鉛房之大費但不能比用鉛房法省工料如能成發霧強水或比奴陀僧法更靈便如管內用不灰木浸在極濃鉑綠二水內後浸在硇砂

水內再烘乾燒之則不灰木內收其白金質此質放在管內令硫養三或空氣行過則能成發霧之硫強水已小試多次往往得法如果特設一廠用大爐與裝不灰木之塔等器具則成發霧強水應大得利可用鐵管或磁管泥管

另有人設法將平常出賣濃強水加熱蒸之令霧行過含白金等質之管成無水之硫養三為定質此定質價畧貴每噸金錢六十餘元另有別法成發霧強水與定質強水但此書不能全載只能將做硫強水別法另成一章

第十八章造硫強水另設各法

前章所論造硫強水各法外另有多法亦能造之但俱有難處故不必詳言分為六大類

一用淡養二氣令硫養二變為硫養三不用鉛房

甲以橡皮或端石或玻璃等料代鉛

乙用三口瓶裝硝強水令硫養二氣與空氣行過則有硫養三合淡養二等質發出此各質後用法與硫養三分開

丙用高塔內裝礫石礫石上有硫養二氣與空氣上升上有含硝氣之硫強水落下

丁用硝強水一分合清水四分至六分加熱至沸令硫養二氣行過

戊用多瓦管令硫養二氣行過比鉛房之價賤而體積小

己用成鈉養所成之廢料變成輕硫氣令此氣合於空氣通過硝強水則硫大半收養氣而成硫養三

庚用瓦罐裝滿礫石一邊有淡養五流入一邊有硫養二流入其料與器擺列法令硝強水之縻費小

二不用硝之法

甲將造鹼所餘之廢料變成輕硫氣燒之令燒成之氣質上升枯煤塔而枯煤塔有水落下則落下之水收硫養二氣成硫養二水此水在另一枯煤塔上落下其塔中有熱氣上升幾分變成硫養三其餘硫養二通入鉛房照常法為之

乙將硫養二合水加熱至三百度再遇瓦罐或鐵罐內之砂或

白金粉而有噴水之細滴則能成硫強水

丙用硫養二合養氣行過熱管管內不用白金但用銅養或鐵養鉻養加熱至暗紅則能成無水之硫養三但此法難得利

丁硫養二氣遇水汽並綠氣則硫養二收養氣變為硫養三

三用硫養三鹽類分出硫養三

所有中立性鹼類合於硫養三所成之鹽類或鹼類土或鉛等質合於硫養三所成之鹽類如加熱至紅俱不能改變必加更大之熱方能分出其硫養三與做奴陀僧水同法除鐵養硫養三外其餘各料價太貴或工料太貴不能代皂礬之用只有鈣養硫養三與鉛養硫養三能勉強用之

石膏即鈣養硫養三造出硫強水法　查地殼內所有石膏甚多幾歸無用內含硫強水甚多但分出此強水費用大不能如銅之鐵硫二礦用之得利

其法將石膏加熱至紅令汽行過則放出硫養三少許或將石膏合鹽鎔化而噴汽在內亦能分出硫強水

又法將石膏一千七百分鐵二養三一千分鎂五百分在進風爐內鎔之將此料當爲鐵硫二礦再燒之分出其硫養二照常法用鉛房查此法在無鐵硫二礦處勉強可用之

如將石膏合鎂加熱至紅而通輕綠氣則有硫分出其硫能造強水

又法將石膏合鉛綠令其化分而成鉛養硫養三將此質合淡鹽強水則變爲鉛綠與硫強水

又法將鉛養燐養五合鹽強水燒之則燐養五分出再合石膏燒之則成無水之硫養三

將鉛養硫養三在水內漂之通輕硫氣則成輕硫與硫強水將鉛硫加熱煆之則仍變爲鉛養硫養三

四輕硫變成強水法

所設之法甚多大半在造鹻類工內用之不能專用造強水但此各法俱不靈因燒輕硫氣所放之硫養二氣過淡

五將鐵硫二合鹽煆之

又法將鈉綠或鉀綠合鐵硫二或銅硫二煆之所發之氣令遇硝強水在高塔內則令硫養二變爲硫養三而放綠氣但硫養三亦必與鹻類化合必另將其鹻類合硫養三之鹽類分出其強水

六用電氣之法

又法將硫養二合空氣加冷通電氣在其內令電氣發火星則令硫養二與養氣化合成強水此法雖巧但其費甚大不能與平常造強水法相爭

第十九章論硫強水之用處與數目

用硫強水之處甚多可分四欵論之

一爲淡強水即一百四十度濃以下二爲一百四十四度至一

百七十度之強水三一百七十度極濃之強水四發霧之强水

一淡硫強水用處最多做鈉養硫養三與輕綠兩種質從此兩種質做出鹻與漂白粉及肥皂玻璃等物料甚多又做多種肥田之料如一千八百七十六年英國用硫磺十六萬噸做鹻類十萬噸做肥田料六萬噸其硫磺原爲鐵硫二礦燒成硫養二氣而硫養二氣變作硫強水每造強水十分以九分做鹻類與肥田料再用硫磺或硫強水造硫養二水與淡養五　燐養五　輕弗二　硼養三　炭養二　鉻養三　草酸　果酸　檸檬酸　醋酸　司替阿里克酸又做燐　碘　溴　鉀養硫養三　淡輕四養硫養三　鋇養硫養三　鈣養硫養三又能在化分工內令鋇養

或鈣養質結成又能成鎂養硫養三即明礬　鋁二養三硫養三即白礬　鐵二養三即皂礬　鋅養硫養三與銅養硫養三即靑礬汞養硫養三即變爲輕散重散之藥又在分金類之工內成銅鈷鎳鉑銀等金類又如做馬口鐵先將鐵皮浸在淡硫強水內後鍍錫或鋅又做淨紅銅或銀等質之面又做鉀養兩個鉻養三又在發電器作電報或鍍金等用又做平常之以脫並各種反性之以脫又做加蘭西尼染料及數種生物染料又浸紙在硫強水內令質硬如皮又提淨火油或棉子等油又成小粉與糖漿並令五穀變爲糖又令發酸之流質內滅去鹼類性又做發電泡之荷蘭水等類又提淨牛羊油又從用過肥皂水內分出肥皂又呢內有植物質能滅去又染布或做熟皮各工可當爲藥料又化學工內爲第一要緊之材料藥品內當爲補藥又能治鉛毒及許多病症

二濃硫強水即平常出賣一百七十度濃者如用蒸法成司替阿里尼等油內酸質並提淨茶子等油及各種火油又用之造棉花藥與數種爆藥及硝以脫藥又能做養氣並在化學房內收濕氣各用

三極濃硫強水即眞有一百七十度濃者能提淨金銀並於銅內分銀及消化靛藍做淡養五各里司里尼爆藥並數種用硝強水所造之雜質如以脫等類

四發霧之硫強水能消化靛藍並在煤黑油內分出數種顏色料並提淨地蠟又做皮鞋上黑色之墨水

一千八百七十五年各國所造硫強水照一百七十度濃推算共有八十八萬二千五百噸內約八分之五爲英國所做六分之一爲法國所做八分之一爲德國所做二十分之一爲奧國所做三十分之一爲比利時國所做如阿墨利加所造者亦不少不在以上之數內現計每年各國所造者有一百餘萬噸而年多一年如英國每一禮拜約成一萬六千噸此爲一千八百七十七年之數法國於是年亦成十五萬噸德國共有大廠十九處用工人八百三十六名硫強水值價金錢二十七萬一千八百六十元所用之硫從煉金類所得之料分出以上爲德國出賣之硫強水除本廠造鹼料與肥田料不在其內至英國所造強水之數則包括此兩項

化學工藝初集附圖 一

第一圖

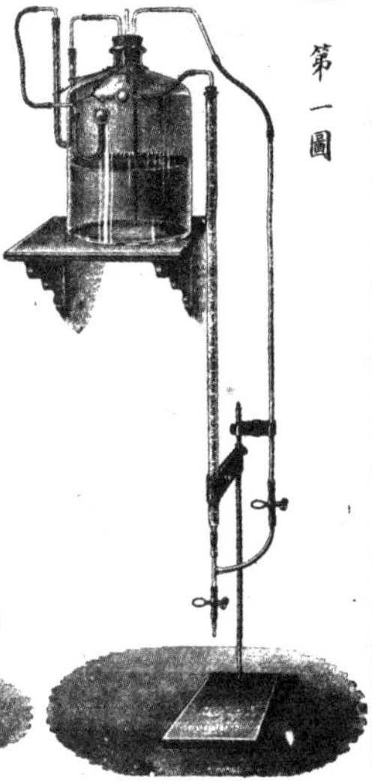

第二圖

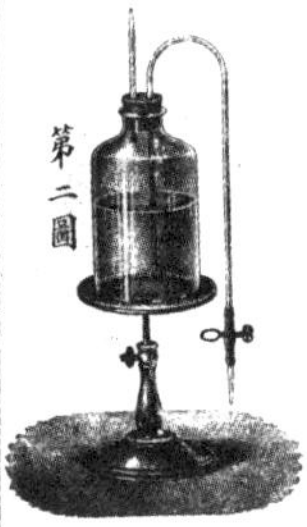

第三圖

第四圖

第五圖

第六圖

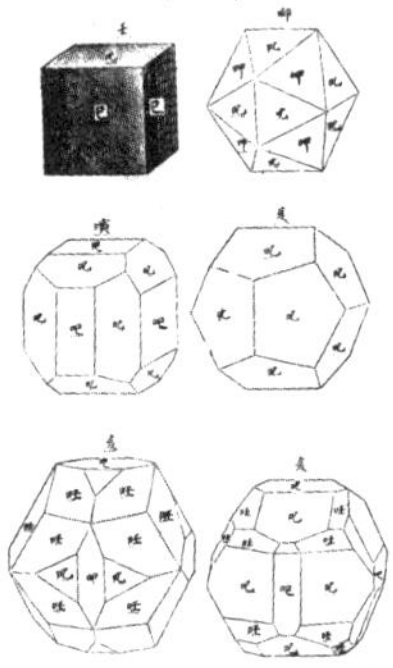

化學工藝初集附圖 二

第十二圖

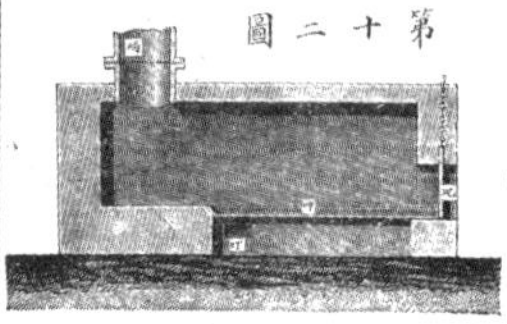

第七圖

第十一圖

第十三圖

第九圖

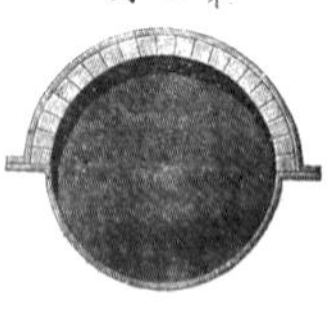

第八圖

第十圖

第十四圖

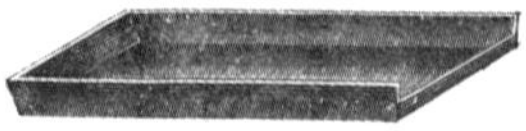

第十五圖

第十六圖

第十七圖

化學工藝初集附圖　三

第十八圖

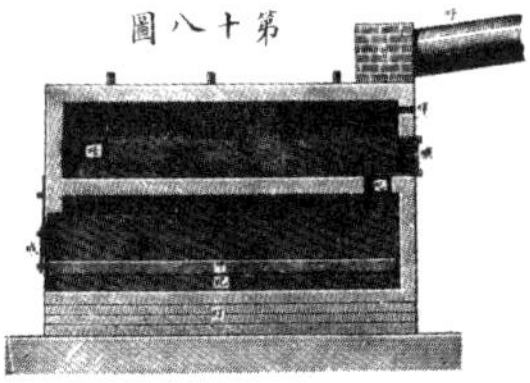

第十九圖

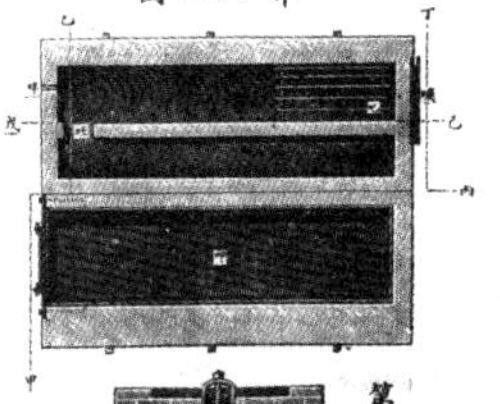

第二十圖

第二十一圖

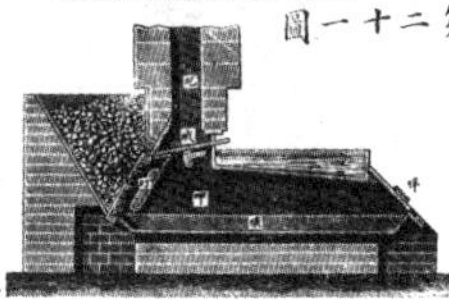

第二十二圖

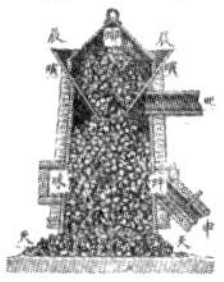

第二十三圖

第二十四圖

化學工藝初集附圖　四

第二十五圖

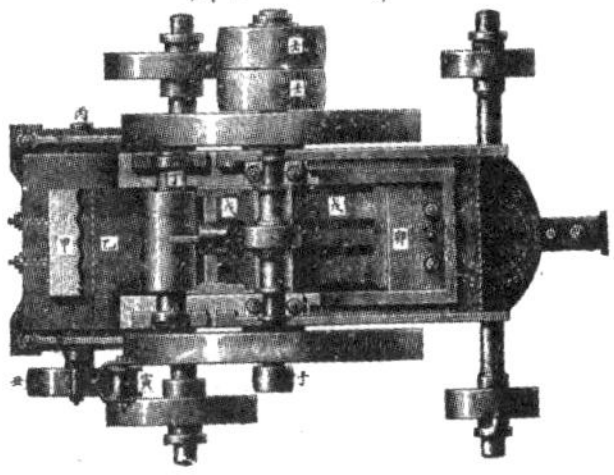

第二十六圖

第二十七圖

第二十八圖

第二十九圖

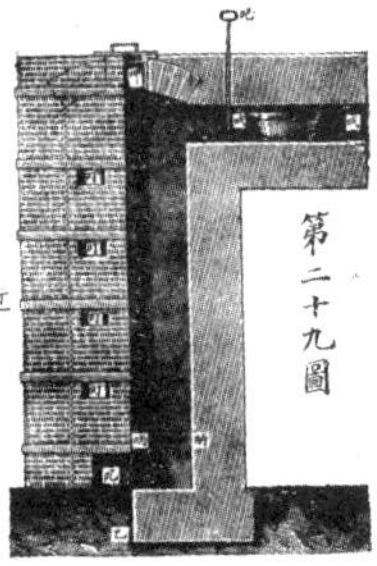

第三十圖

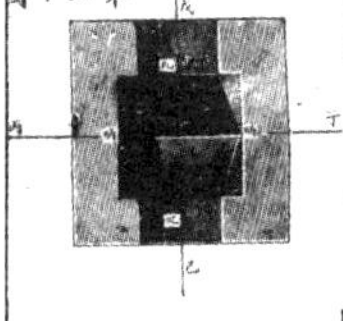

第三十一圖

第三十二圖

化學工藝初集附圖 五

第三十三圖

第三十四圖

第三十五圖

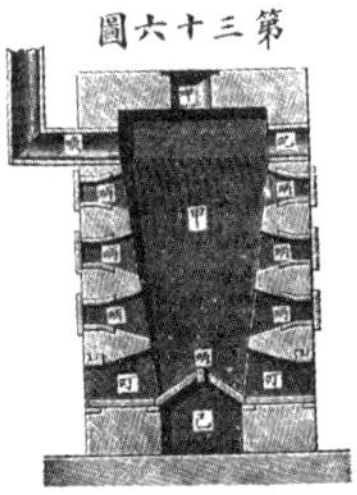
第三十六圖

第三十七圖

第三十八圖

第三十九圖

第四十圖

第四十一圖

化學工藝初集附圖 六

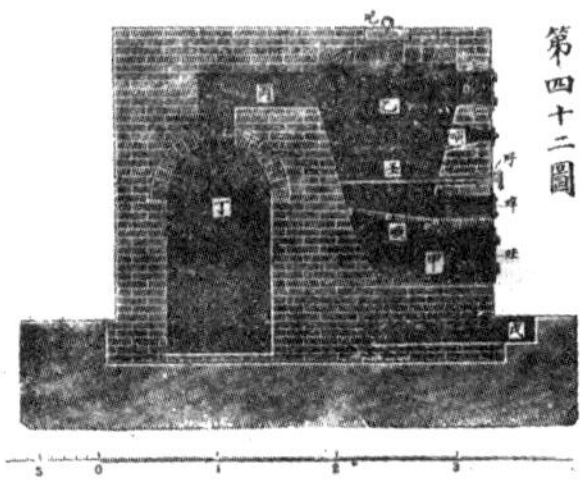
第四十二圖

第四十三圖

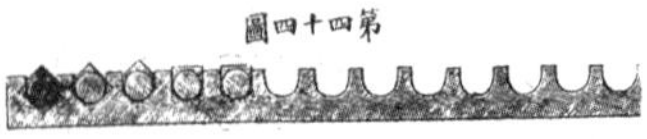
第四十四圖

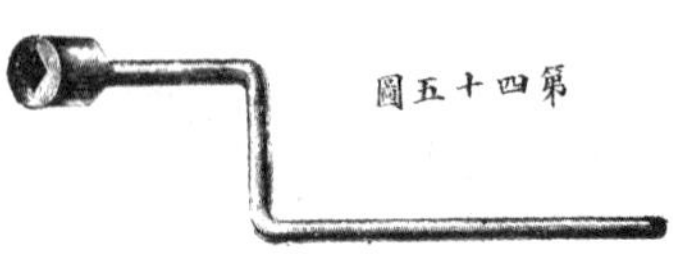
第四十五圖

第四十六圖

第四十七圖

第四十八圖

第四十九圖

第五十圖

第五十一圖

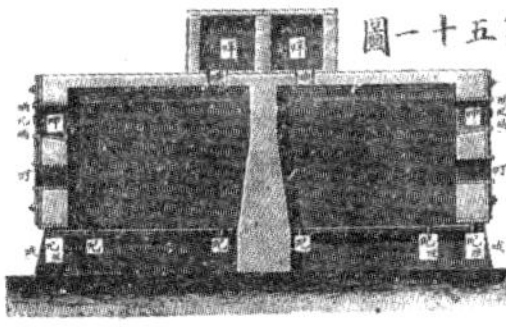

第五十二圖

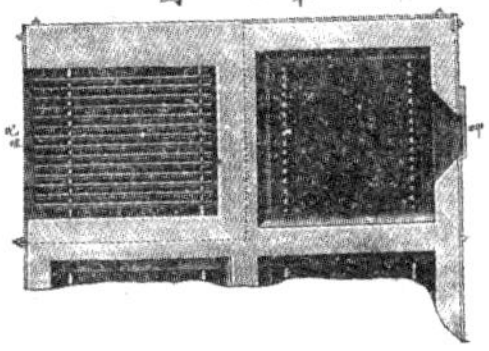

第五十三圖

第五十四圖

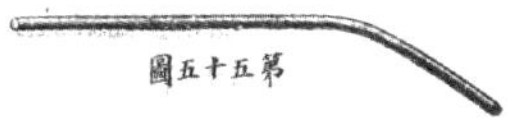

第五十五圖

第五十六圖

第五十七圖

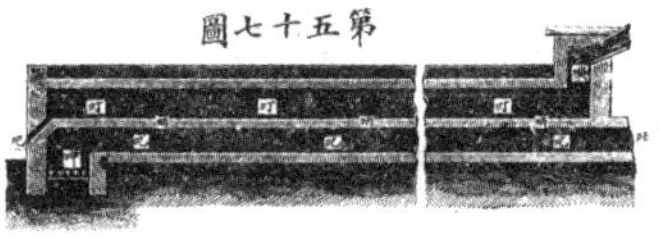

第五十八圖

第五十九圖

第六十圖

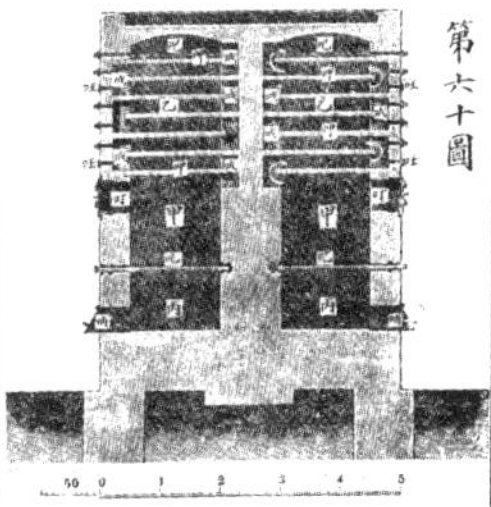

第六十一圖

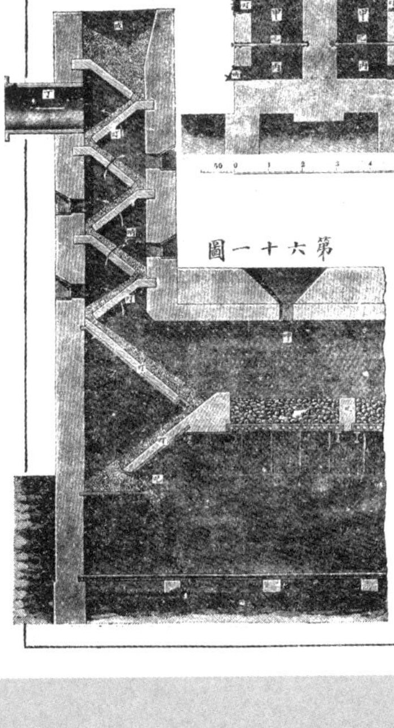

化學工藝初集附圖 九

第六十二圖

第六十三圖

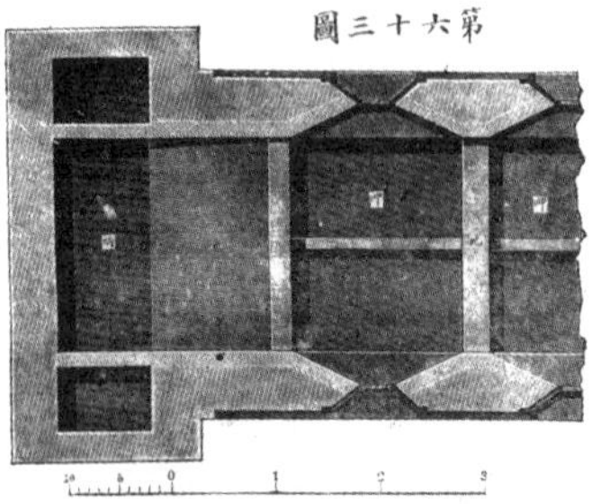

第六十四圖

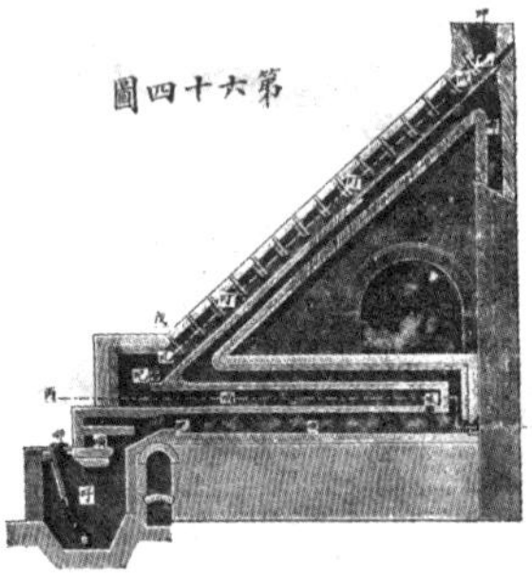

化學工藝初集附圖 十

第六十五圖

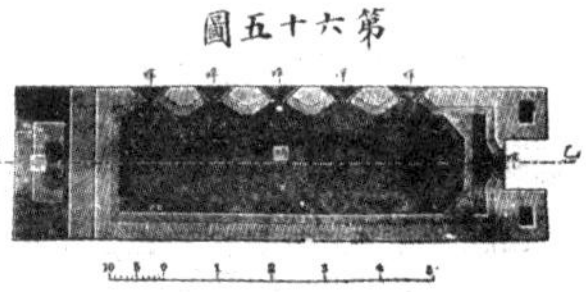

第六十六圖

第六十七圖

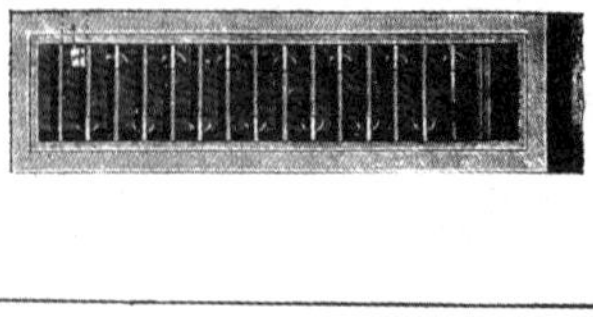

第六十八圖

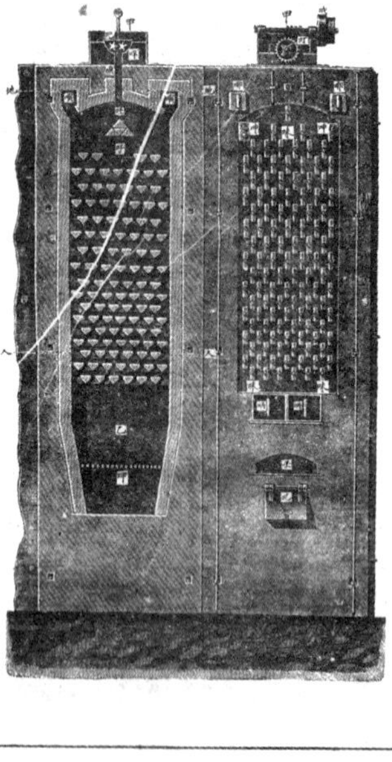

第六十九圖

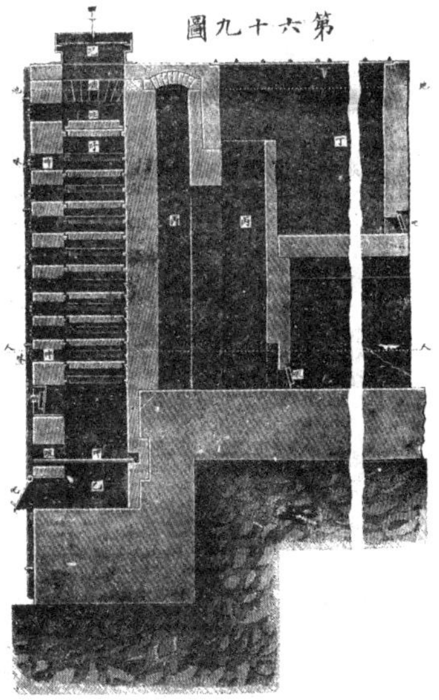

第七十圖

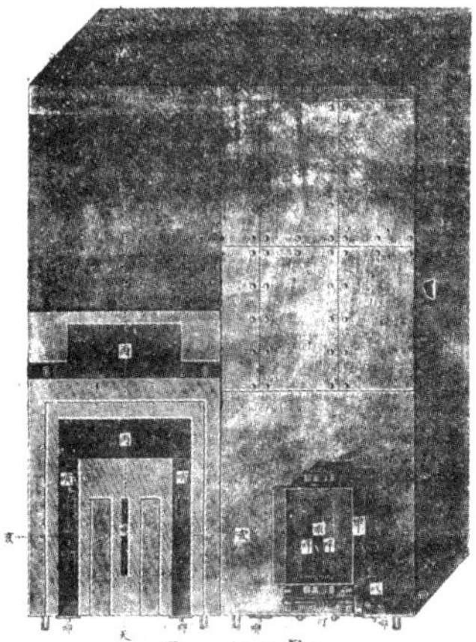

第七十一圖

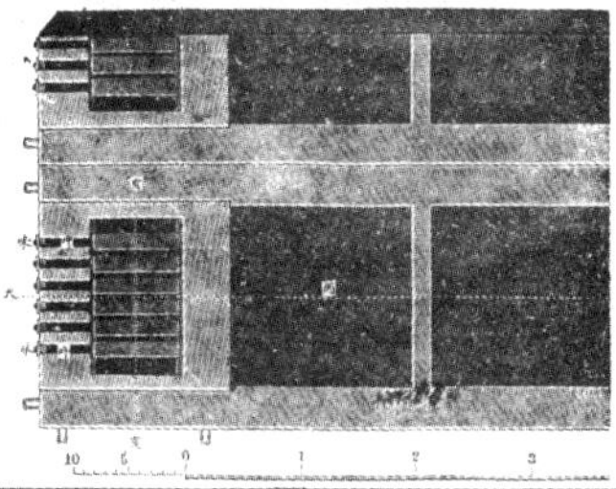

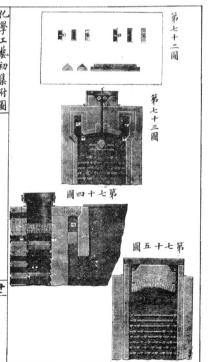

第七十二圖

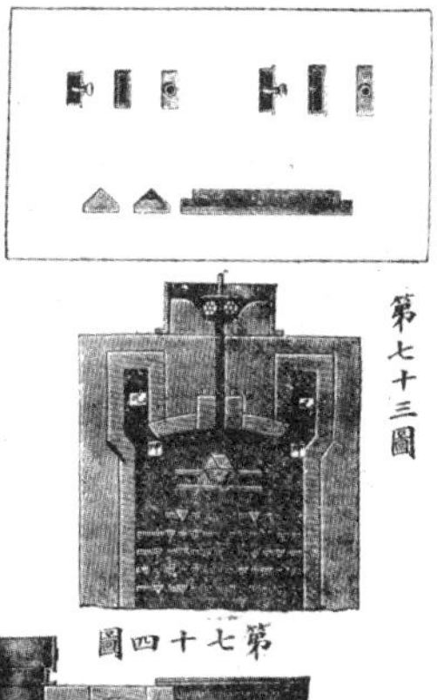

第七十三圖

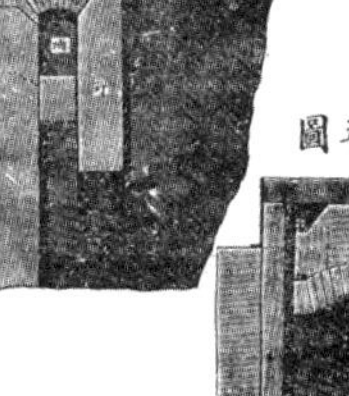

第七十四圖

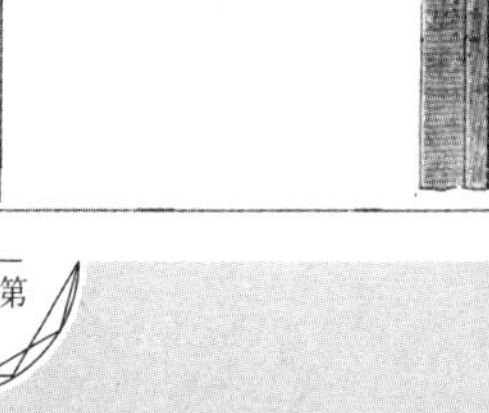

第七十五圖

第七十六圖

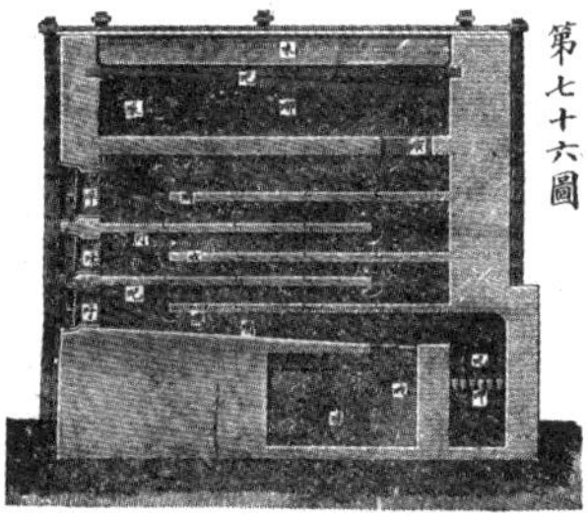

第七十七圖

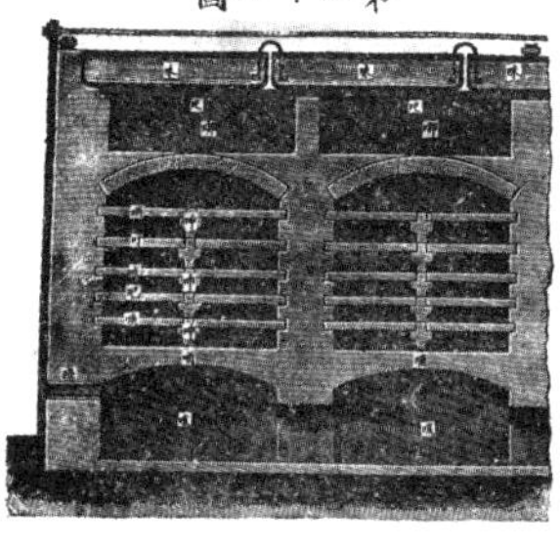

第七十八圖

第八十二圖

第七十九八十八十一圖列後幅大張

第八十三圖

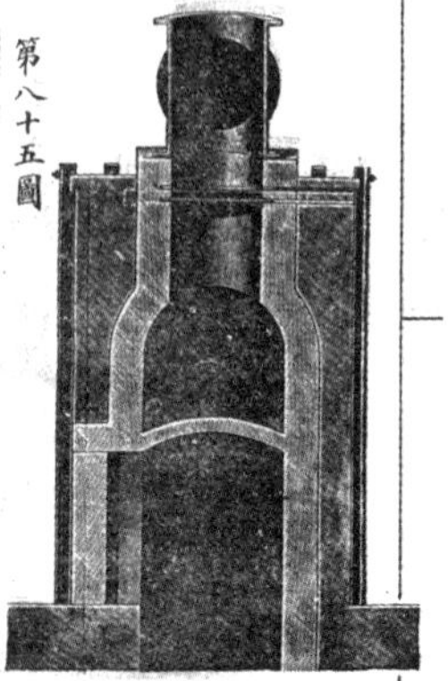

第八十五圖

第八十六圖

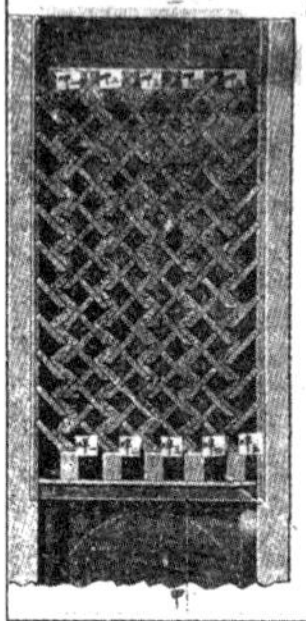

第八十四圖

第八十八圖

第八十七圖

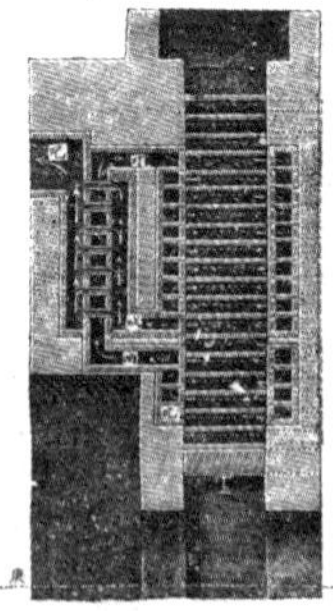

第八十九圖

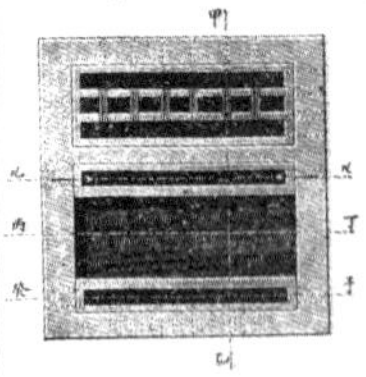

第九十三圖

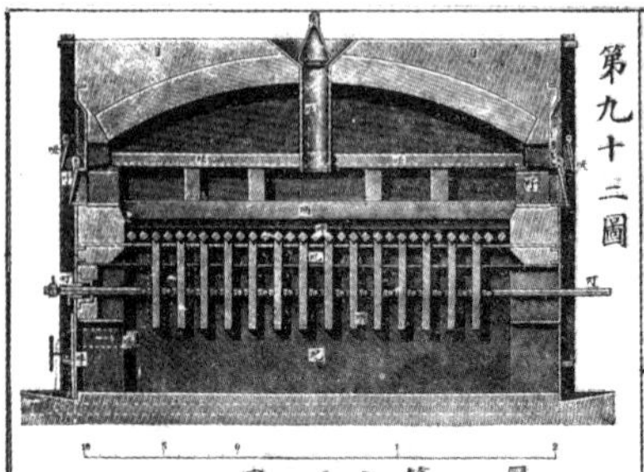

第九十一圖

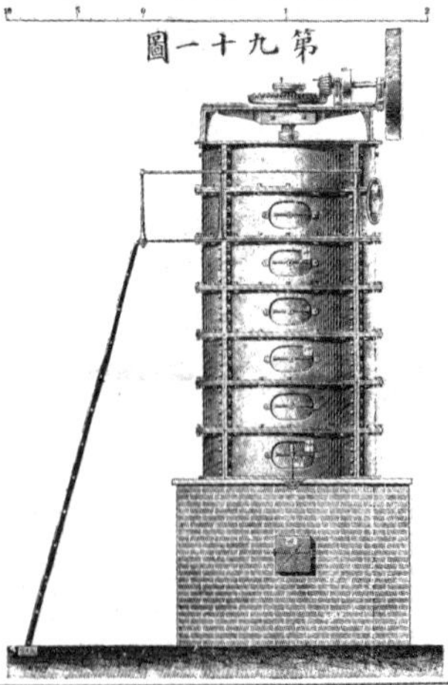

第九十九十二圖列後幅大張

化學工藝初集附圖 十五

第九十四圖

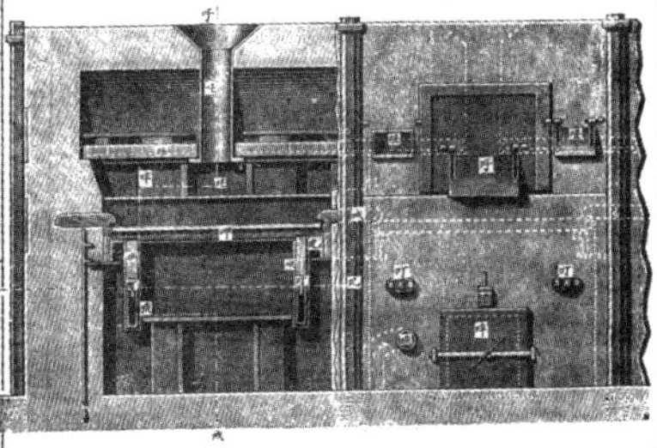

第九十五圖

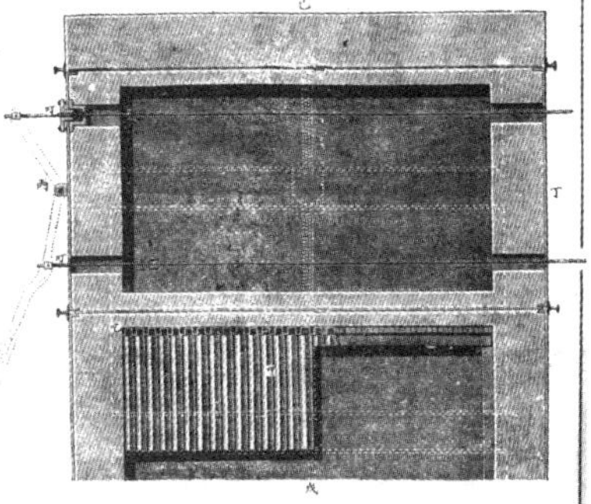

第九十六圖

第九十九圖

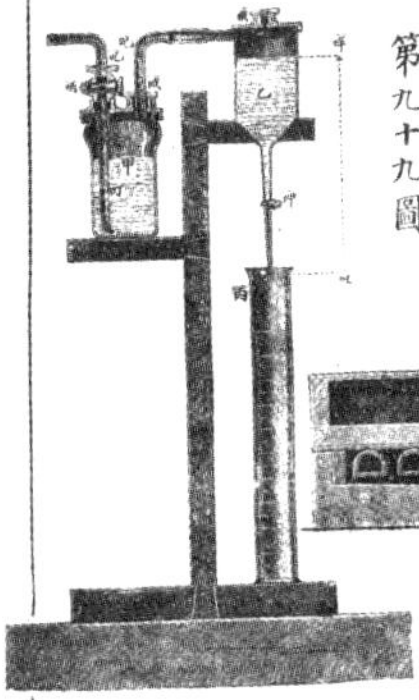

第九十七圖

第九十八圖

化學工藝初集附圖 十六

第一百圖

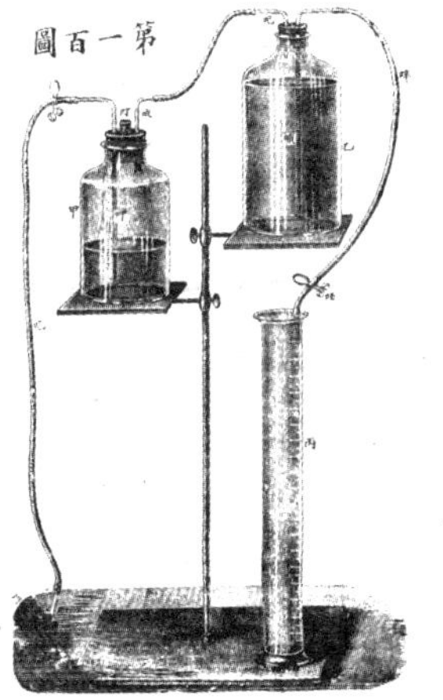

第一百零一圖

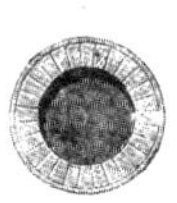

第一百零二圖

第一百零四圖

第一百零五圖

第一百零三圖

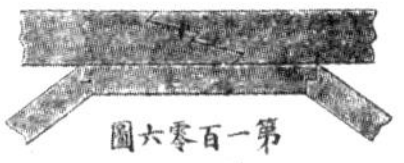

第一百零六圖

第一百零七圖

第一百零八圖

化學工藝初集附圖 十七

第一百零九圖

第一百十圖

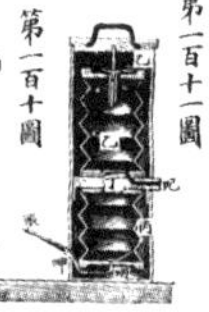
第一百十一圖

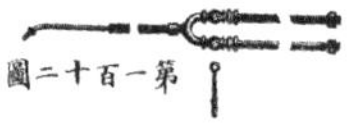
第一百十二圖

第一百十三圖

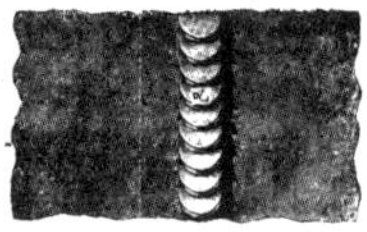
第一百十四圖

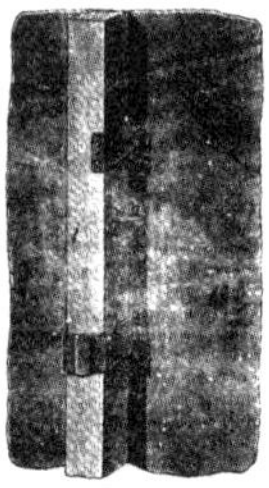
第一百十五圖

第一百十六圖

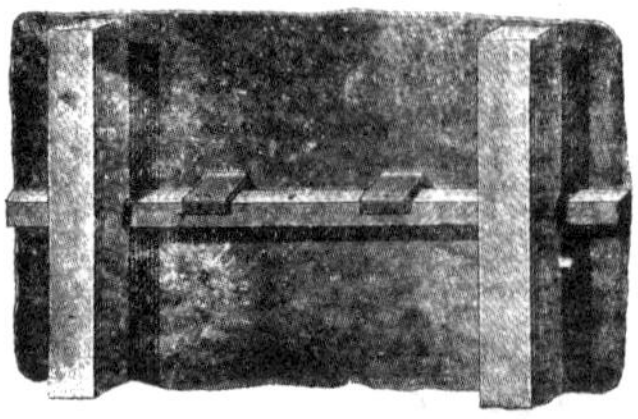
第一百十七圖

第一百十八圖

第一百十九圖

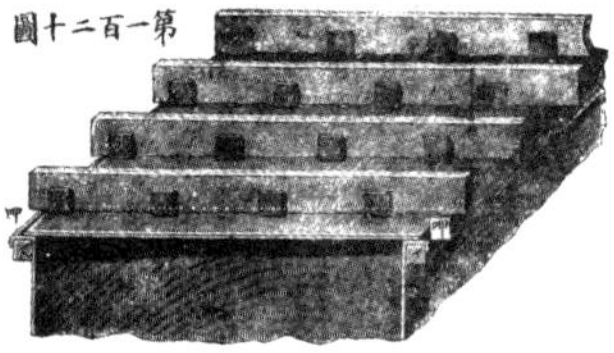
第一百二十圖

化學工藝初集附圖 十八

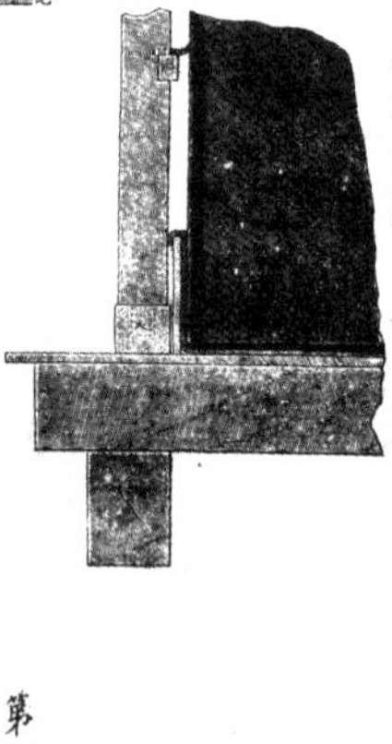
第一百二十一圖

第一百二十二圖

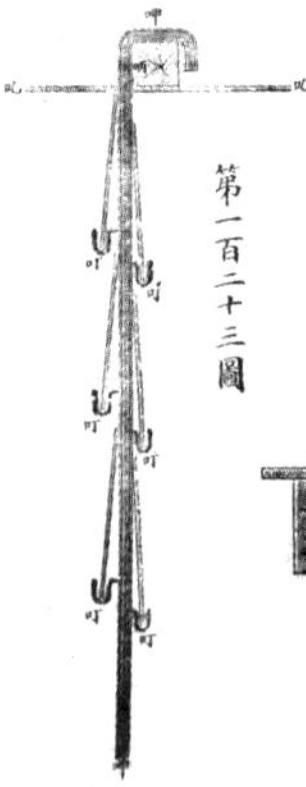
第一百二十三圖

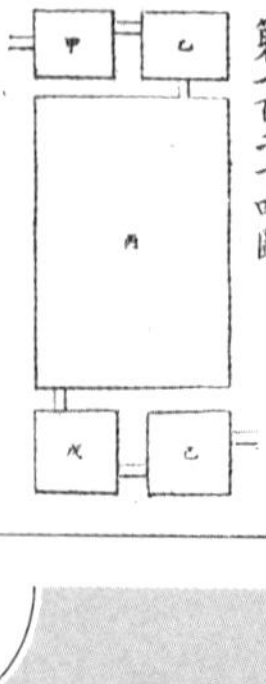
第一百二十四圖

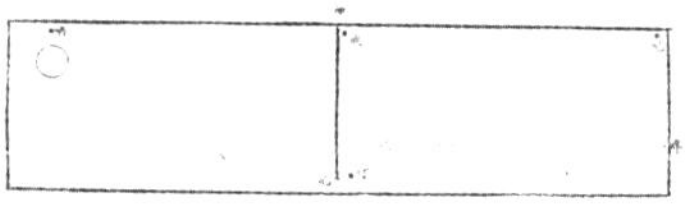
第一百二十五圖

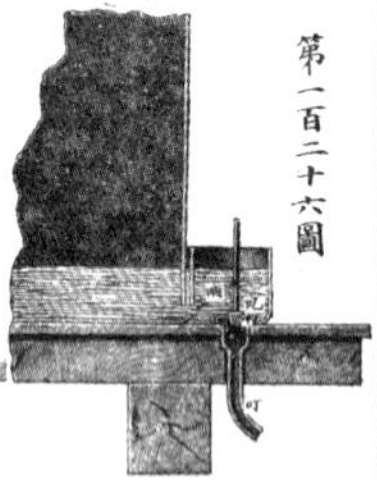
第一百二十六圖

第一百二十七圖

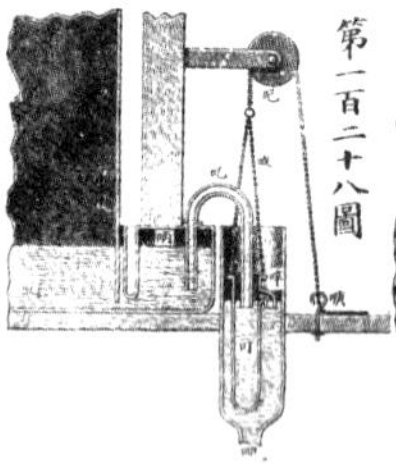
第一百二十八圖

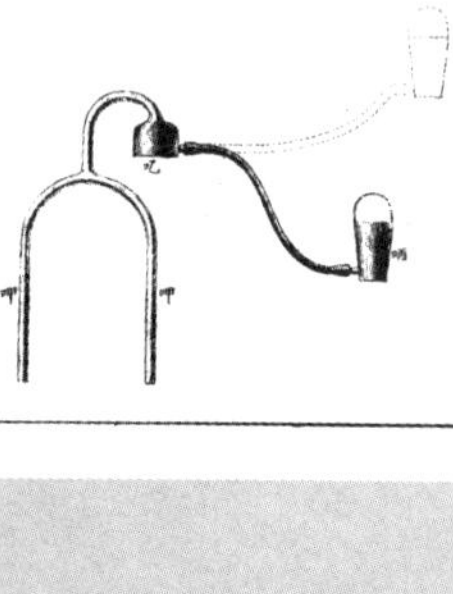
第一百二十九圖

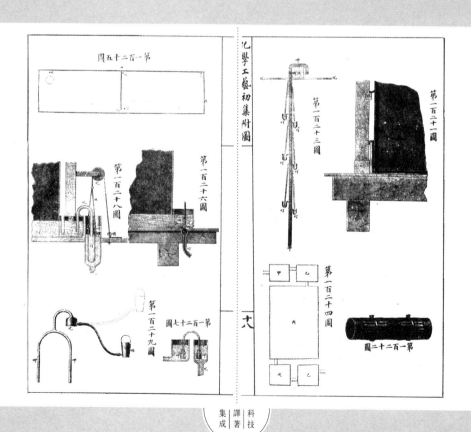

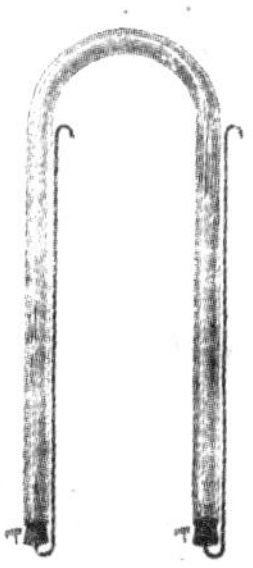
第一百三十圖

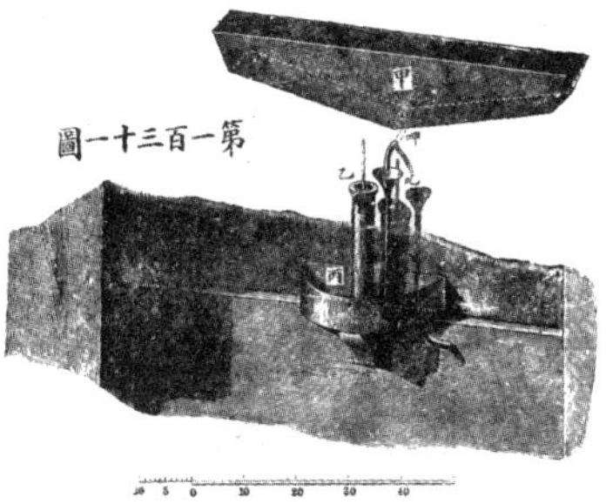
第一百三十一圖

第一百三十二圖乙

第一百三十二圖甲

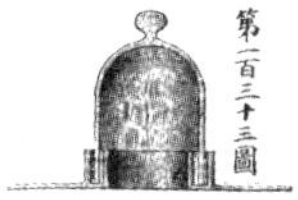
第一百三十三圖

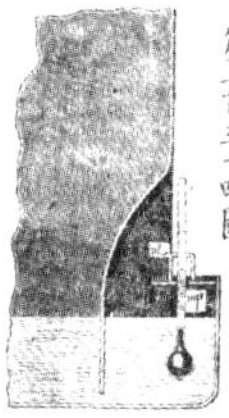
第一百三十四圖

第一百三十六圖

第一百三十五圖

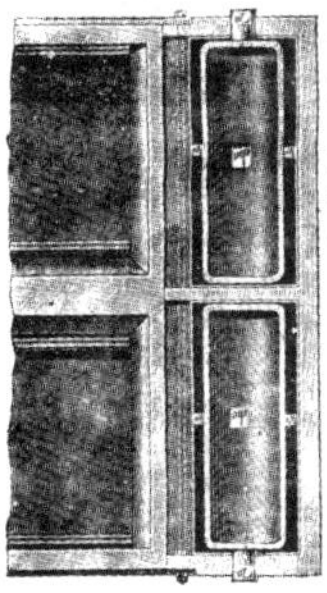
第一百三十七圖

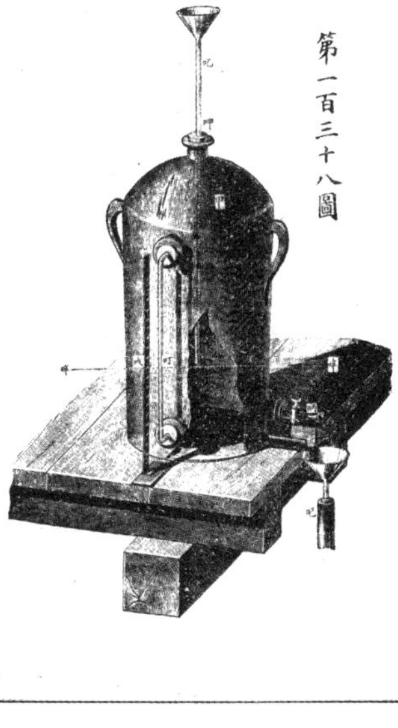
第一百三十八圖

第一百三十九圖

第一百四十一圖

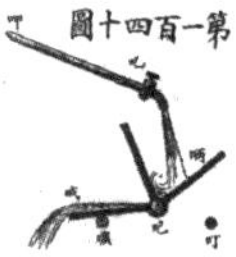

第一百四十圖

第一百四十二圖

化學工藝初集附圖 二十一

第一百四十三圖

第一百四十四圖

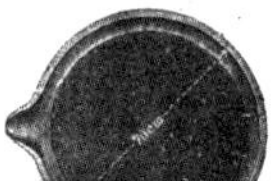

第一百四十五圖

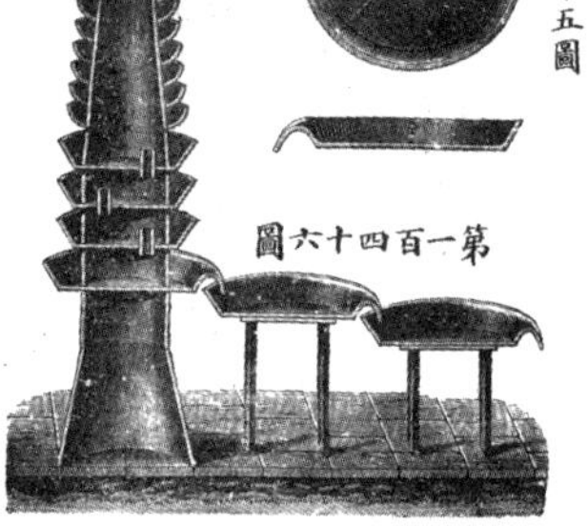

第一百四十六圖

第一百四十七圖

第一百四十八圖

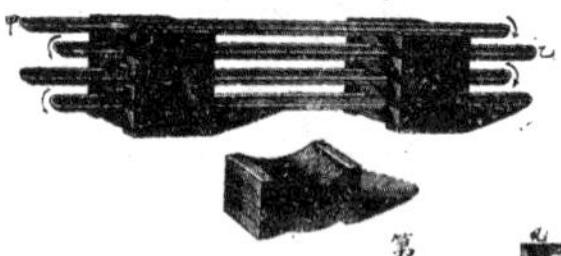

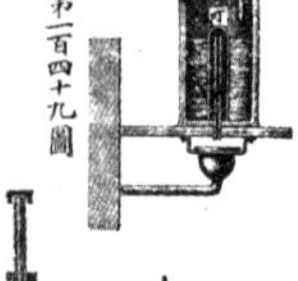

第一百四十九圖

第一百五十圖

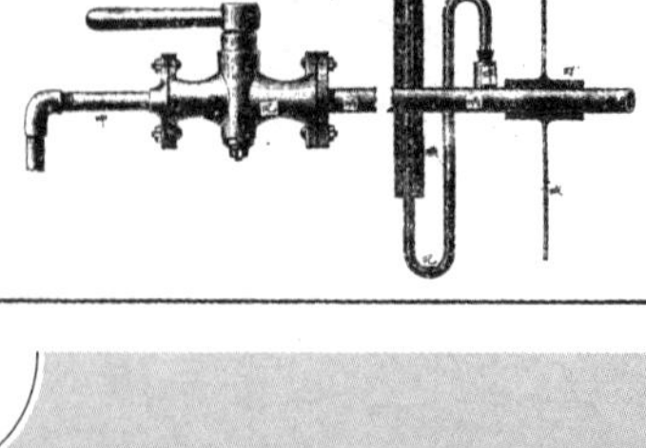

化學工藝初集附圖 二十二

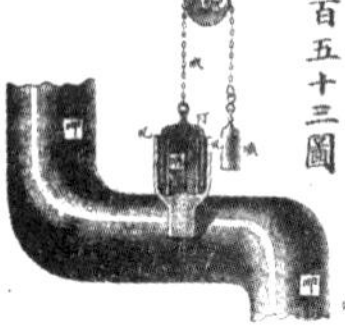

第一百五十三圖

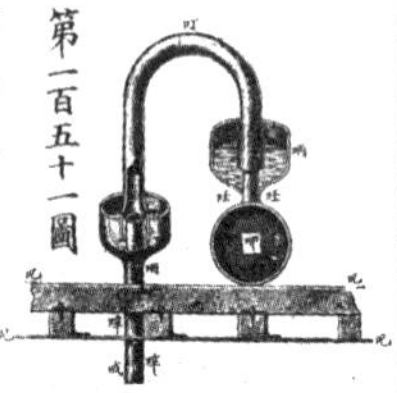

第一百五十一圖

第一百五十四圖

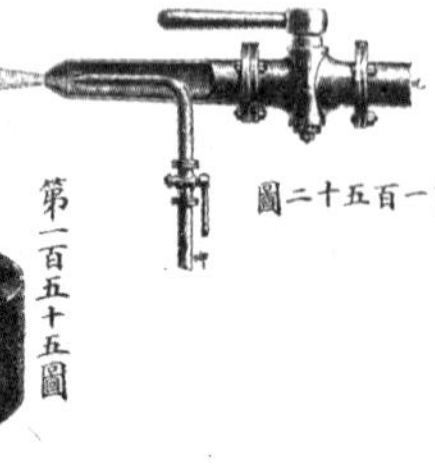

第一百五十二圖

第一百五十五圖

第一百五十六圖

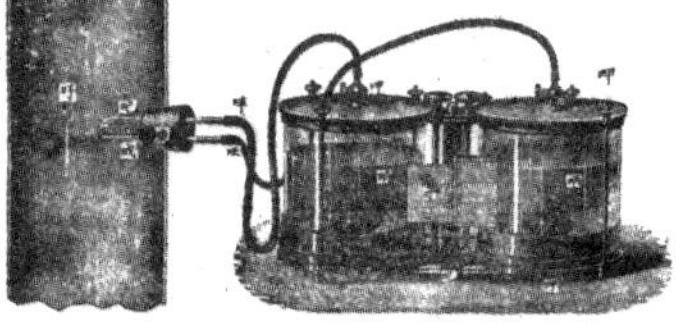

第一百五十七圖

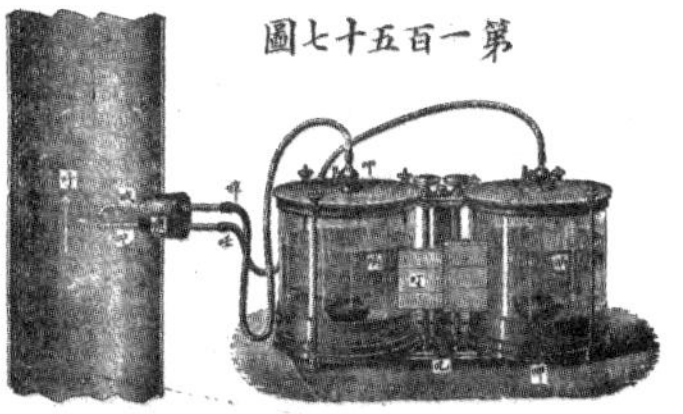

第一百五十八圖

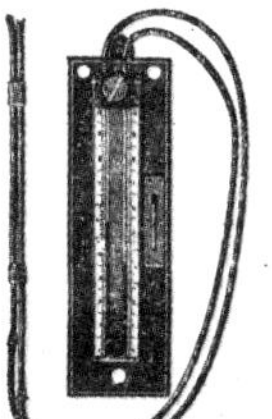

第一百六十圖

第一百五十九圖

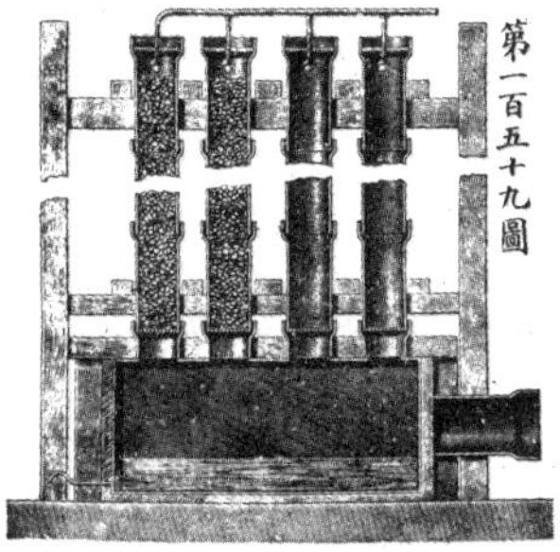

第一百六十一圖

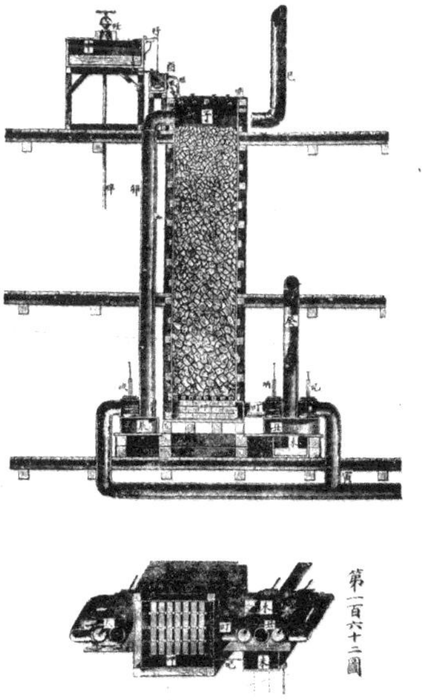

第一百六十二圖

第一百六十三圖

第一百六十四圖

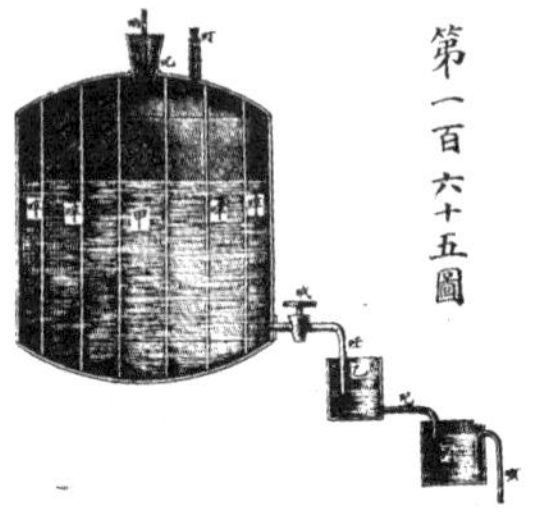
第一百六十五圖

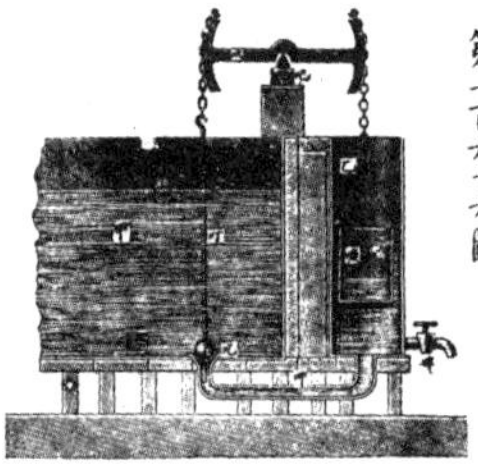
第一百六十六圖

第一百六十七圖

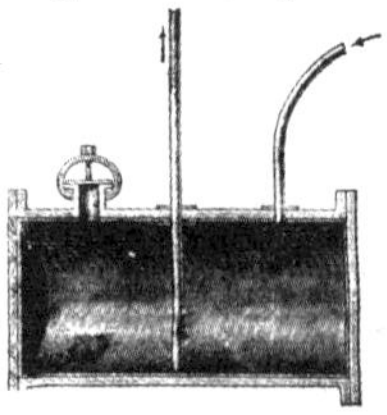
第一百六十八圖

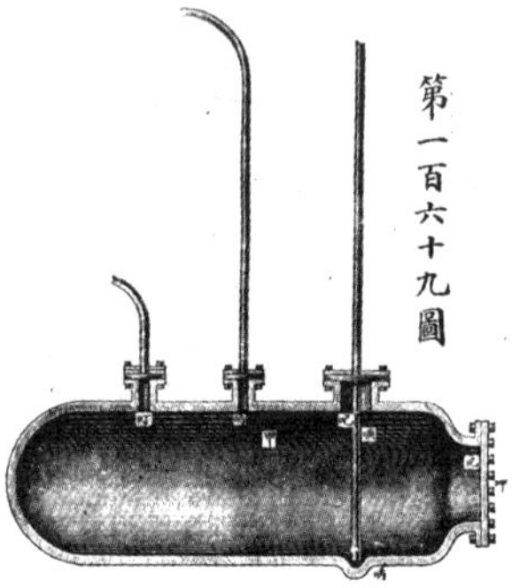
第一百六十九圖

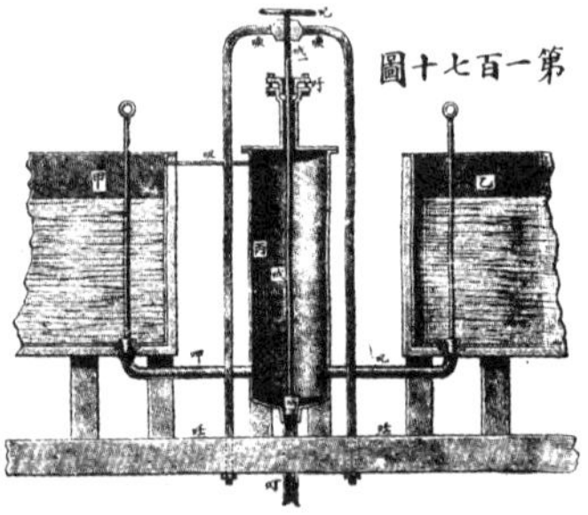
第一百七十圖

第一百七十一圖

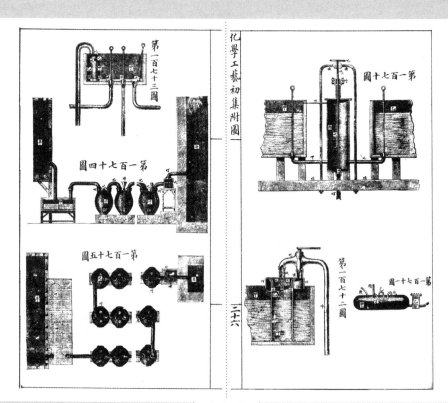

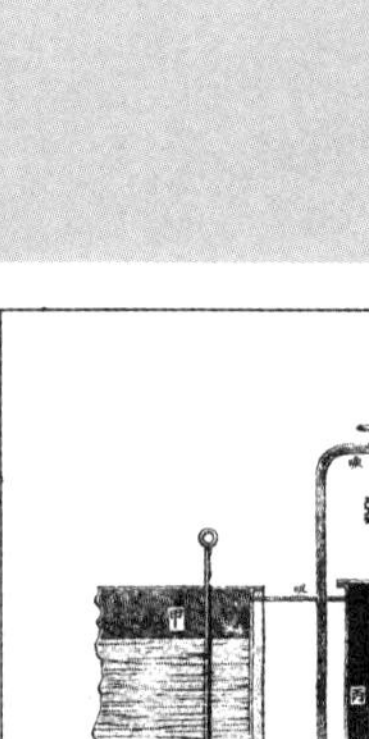
第一百七十二圖

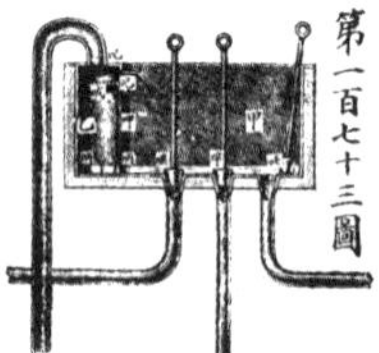
第一百七十三圖

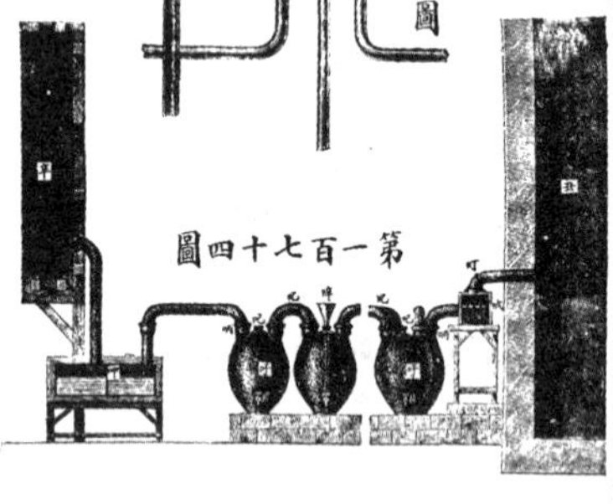
第一百七十四圖

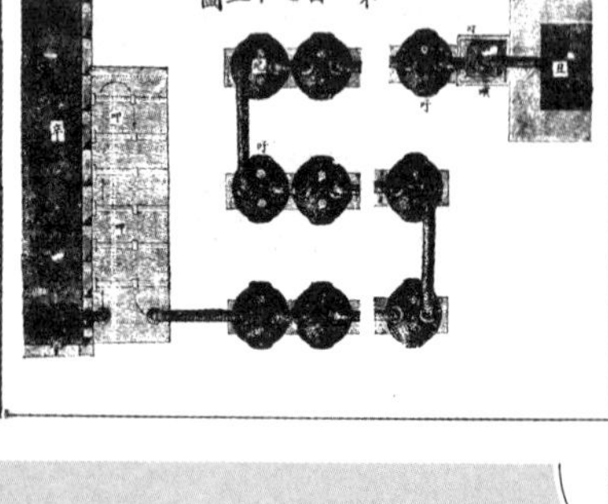
第一百七十五圖

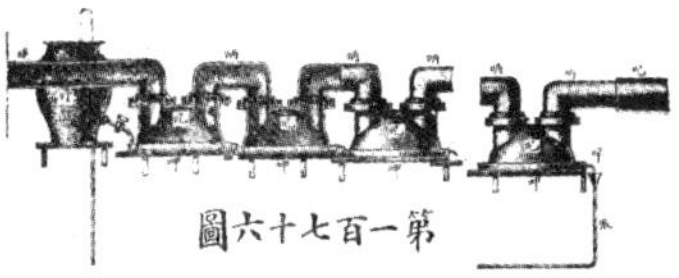

第一百七十六圖

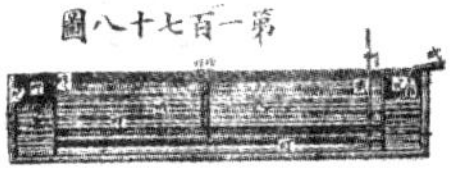

第一百七十八圖

第一百七十七圖

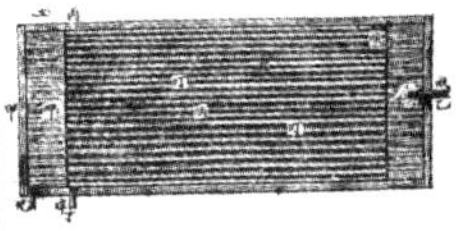

第一百八十圖

第一百七十九圖

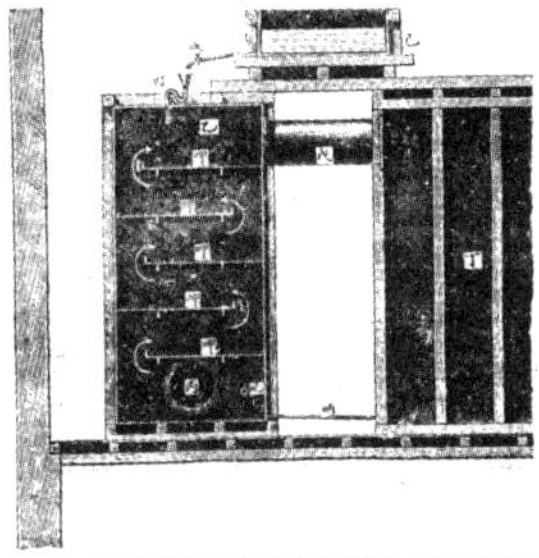

第一百八十一圖

第一百八十二圖

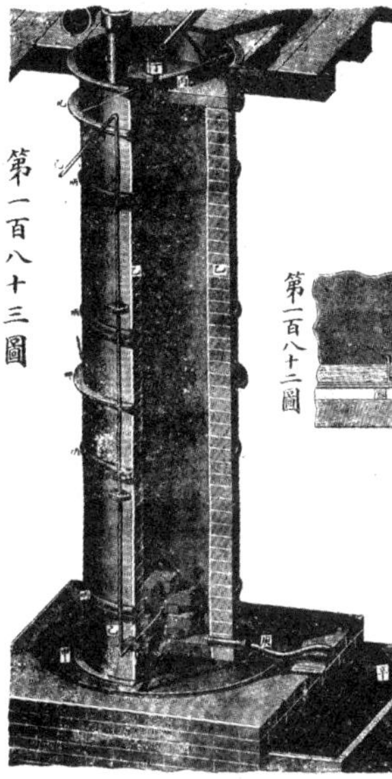

第一百八十三圖

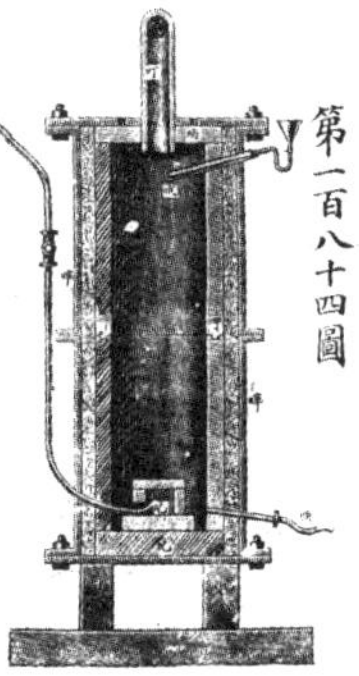

第一百八十四圖

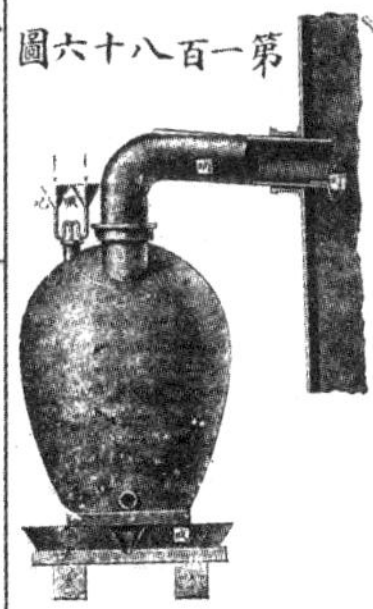

第一百八十六圖

第一百八十五圖

第一百八十七圖

第一百八十八圖

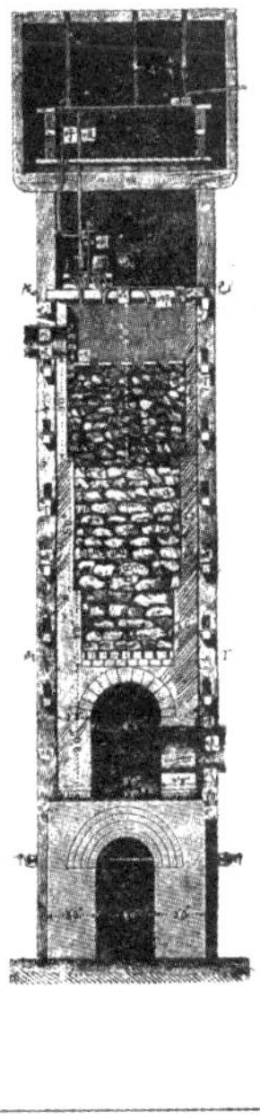

第一百八十九圖

化學工藝初集附圖 二十九

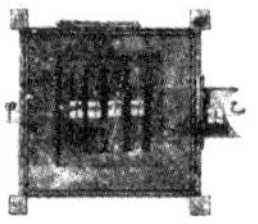
第一百九十圖

第一百九十一圖

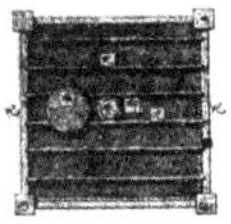
第一百九十二圖

第一百九十三圖

第一百九十四圖

第一百九十五圖

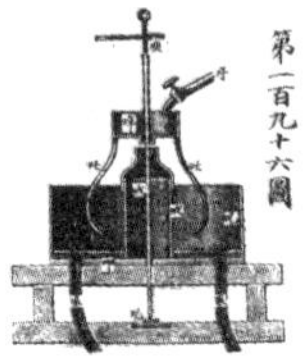
第一百九十六圖

第一百九十七圖

第一百九十八圖
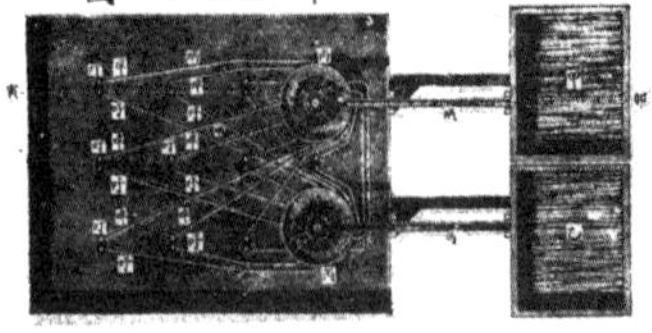

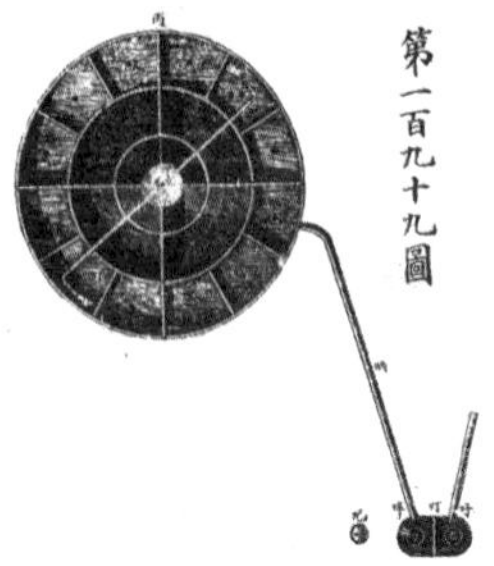
第一百九十九圖

第二百圖
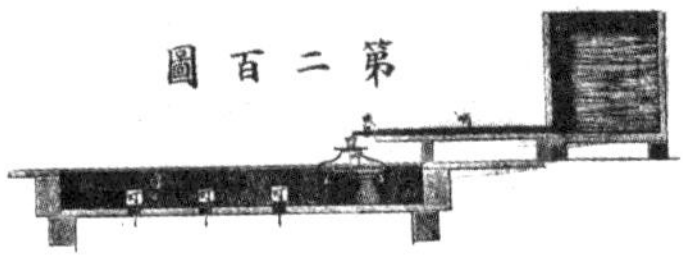

化學工藝初集附圖 三十

第二百零一圖
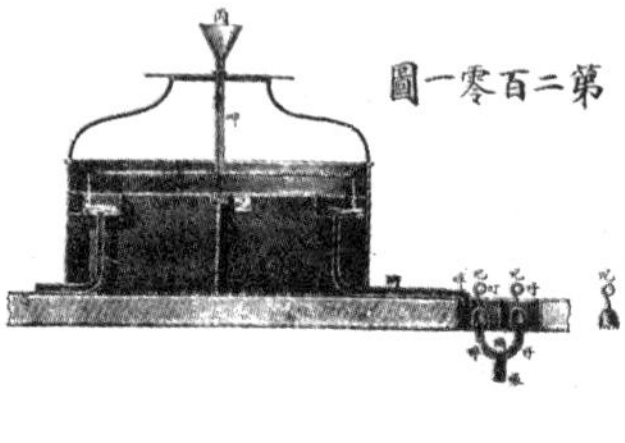

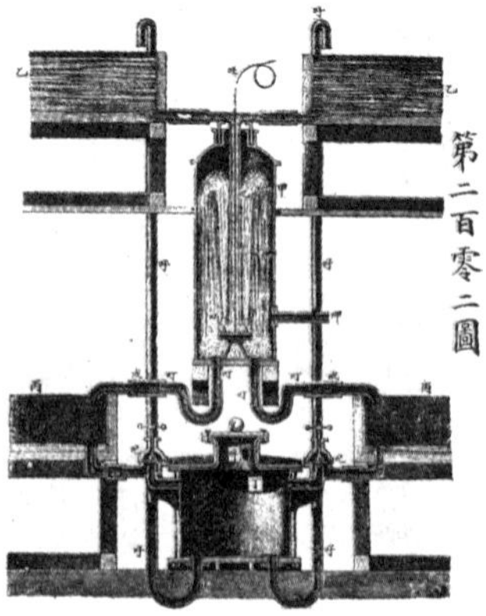
第二百零二圖

第二百零三圖
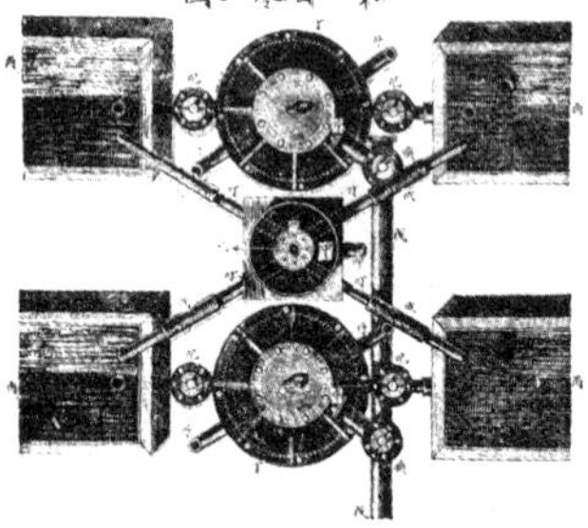

第二百零四圖
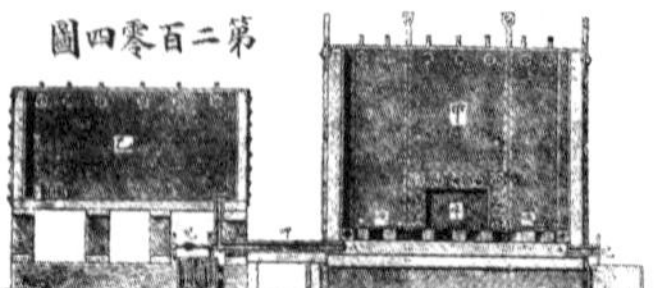

第二百零五圖
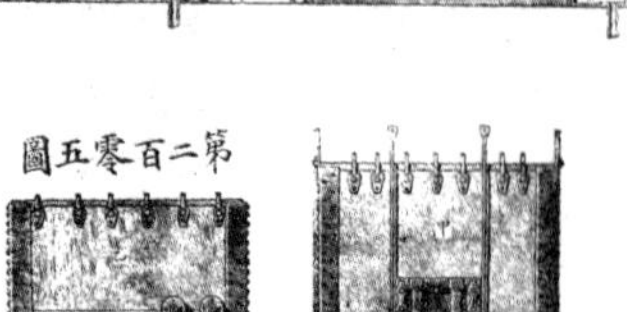

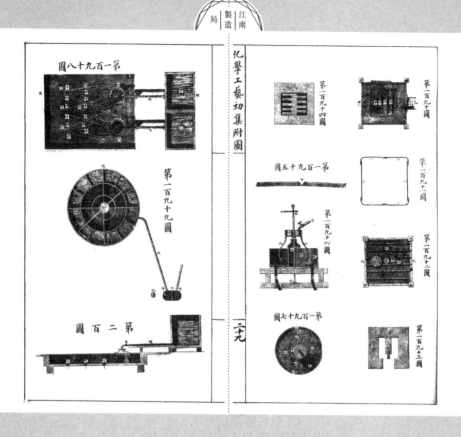

化學工藝初集附圖

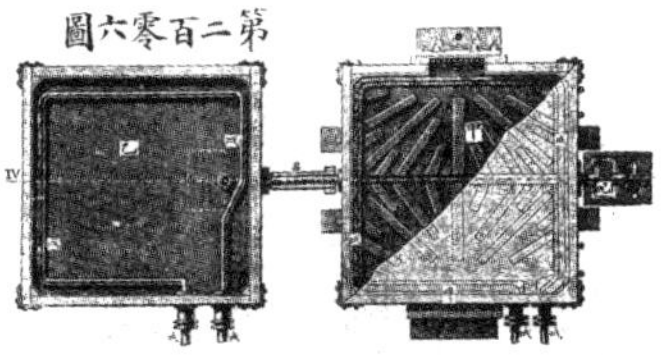
第二百零六圖

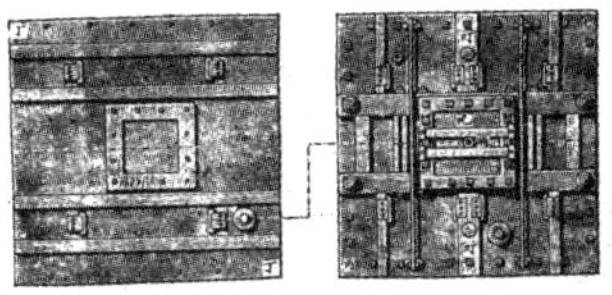
第二百零七圖

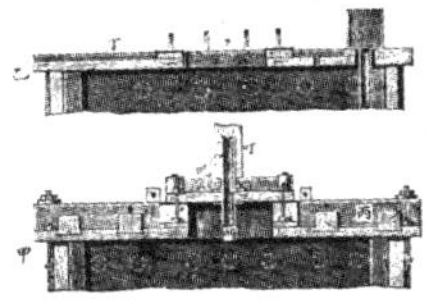
第二百零八圖

第二百零九圖

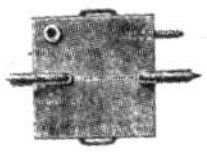
第二百十圖

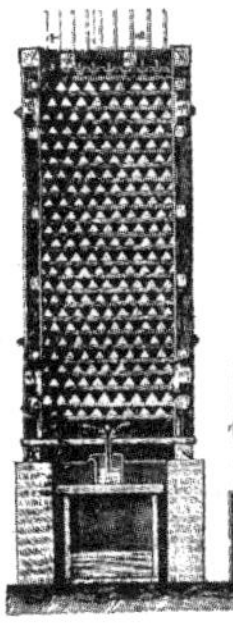
第二百十一圖

第二百十二圖

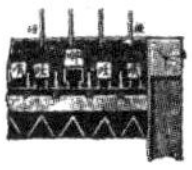
第二百十四圖

第二百十五圖

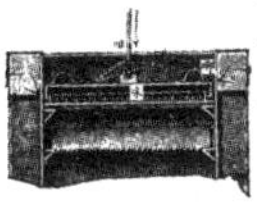
第二百十六圖

第二百十七圖

第二百十三圖

三十一

化學工藝初集附圖

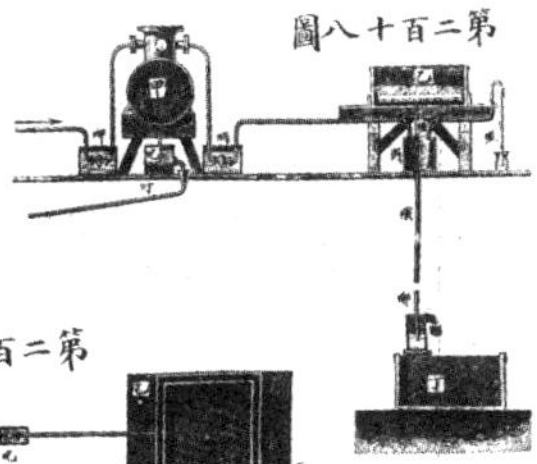
第二百十八圖

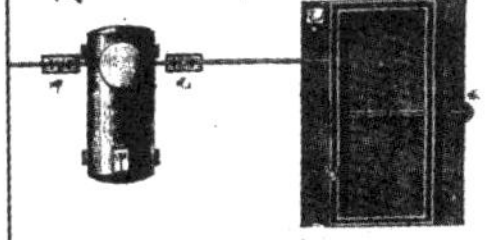
第二百十九圖

第二百二十圖

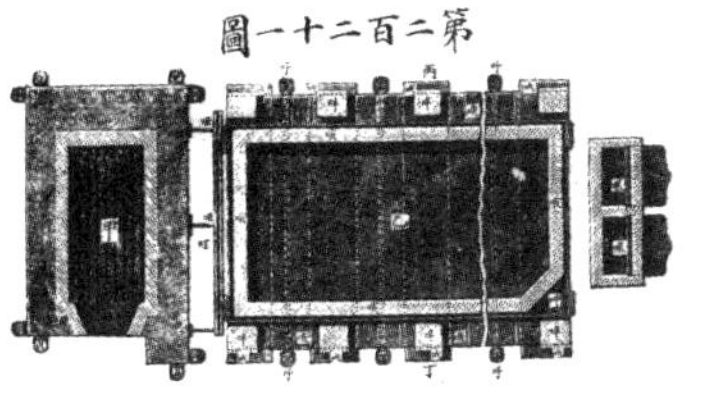
第二百二十一圖

第二百二十二圖

第二百二十三圖

第二百二十四圖

三十二

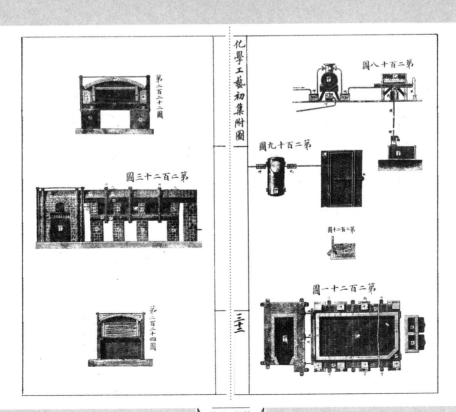

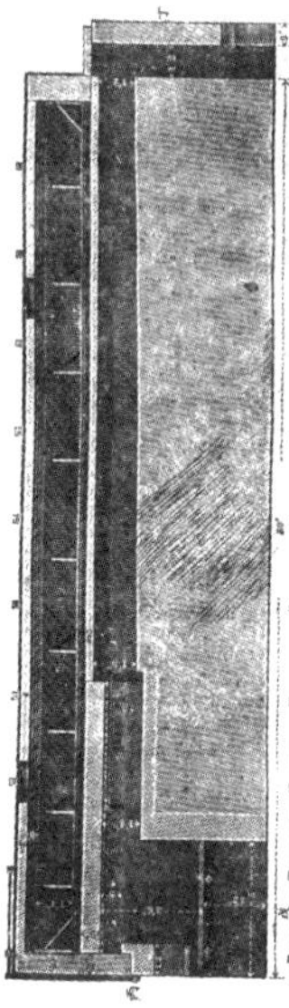

第二百二十五圖

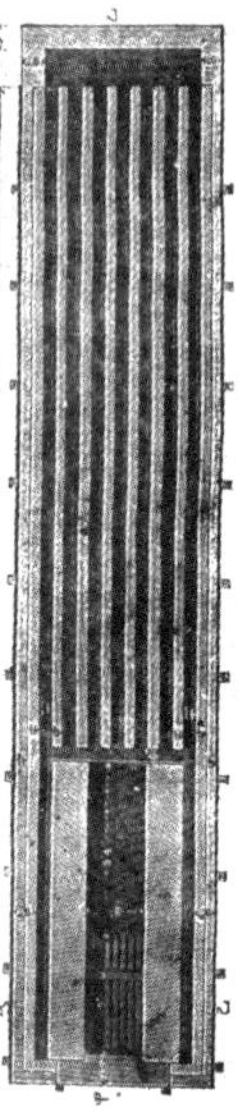

第二百二十六圖

第二百二十七圖

第二百二十八圖

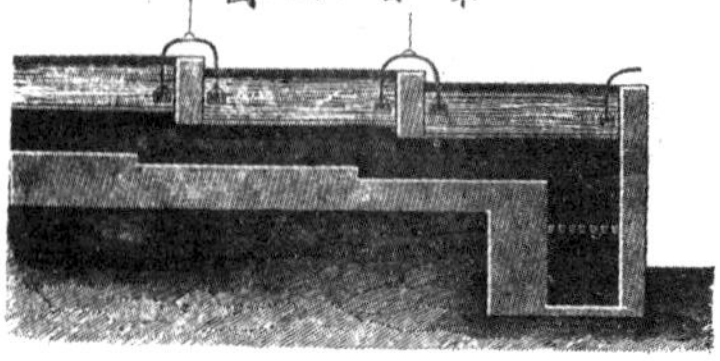

第二百二十九圖

第二百三十圖

第二百三十一圖

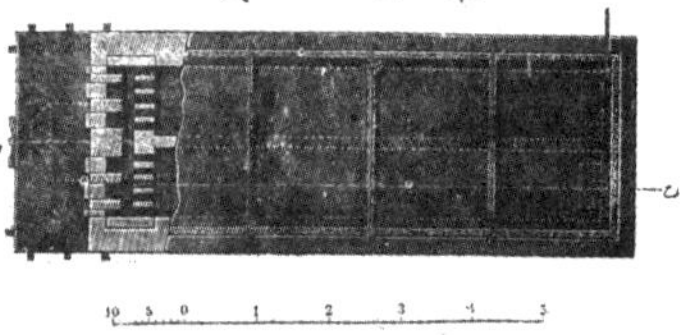

第二百三十二圖

第二百三十三圖

第二百三十四圖

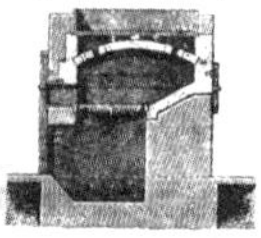

第二百三十五圖

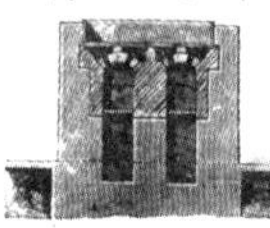

第二百三十六圖

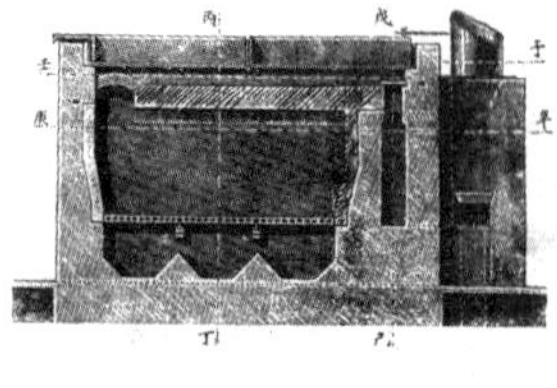

第二百三十七圖

化學工藝初集附圖

第二百三十八圖

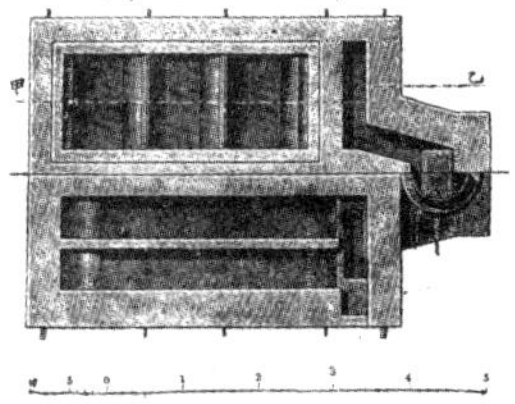

第二百三十九圖

第二百四十圖

三十五

第二百四十一圖

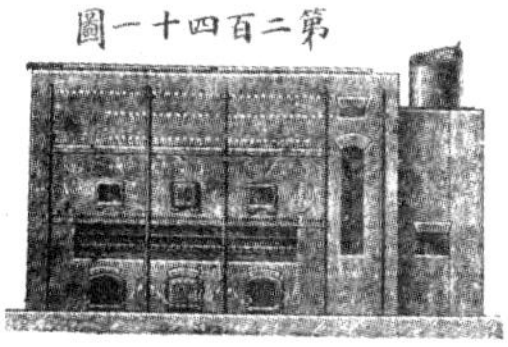

第二百四十二圖

第二百四十三圖

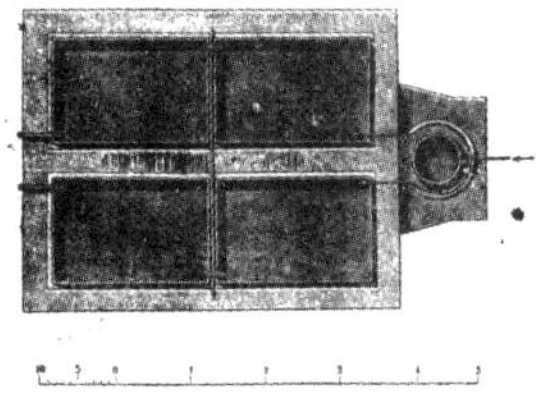

化學工藝初集附圖

第二百四十四圖

第二百四十五圖

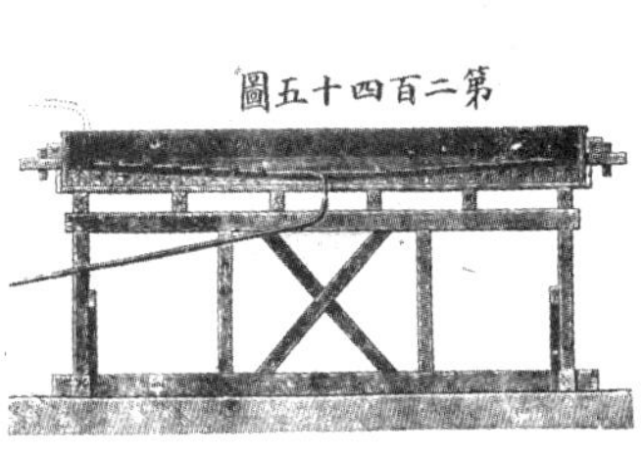

三十六

第二百四十六圖

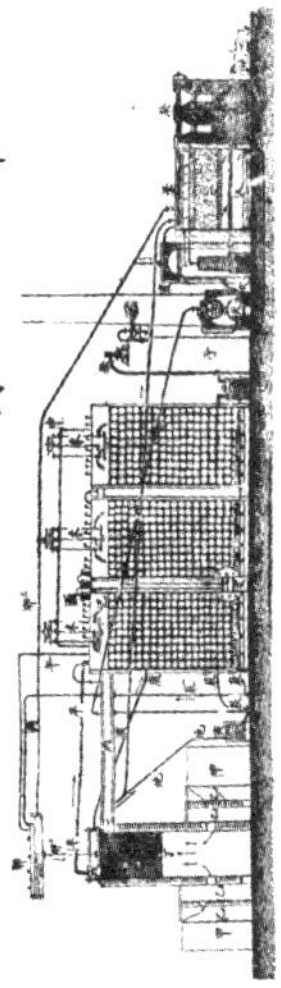

第二百四十七圖

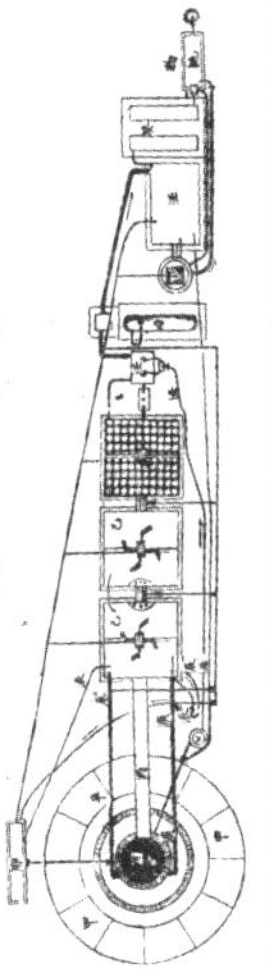

第二百四十八圖

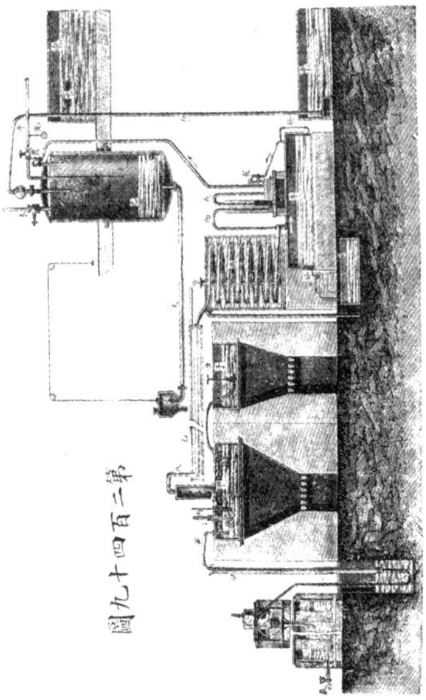

第二百四十九圖

第二百五十圖

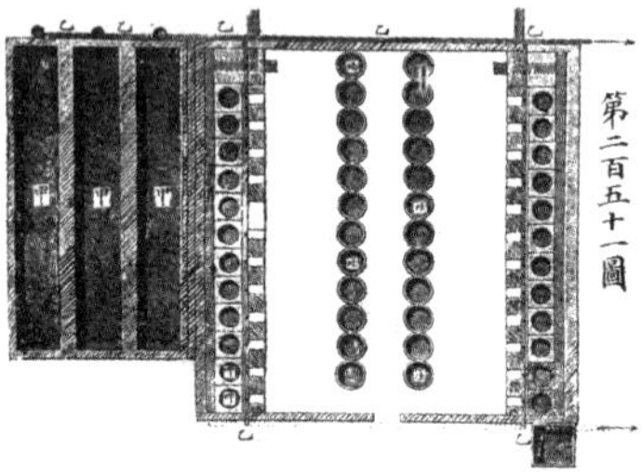

第二百五十一圖

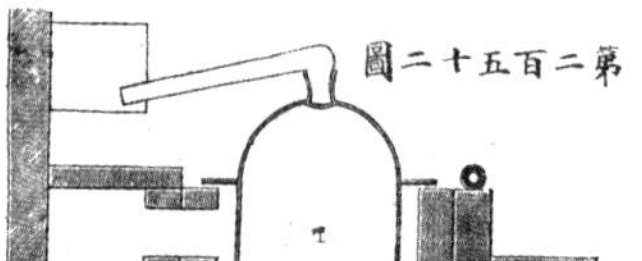

第二百五十二圖

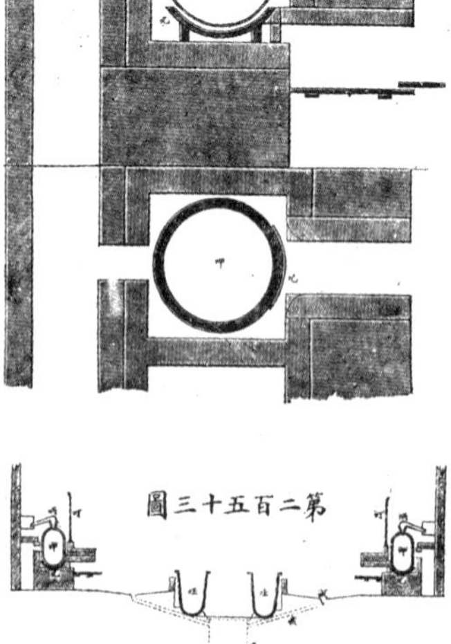

第二百五十三圖

第二百五十八圖

第二百五十四圖

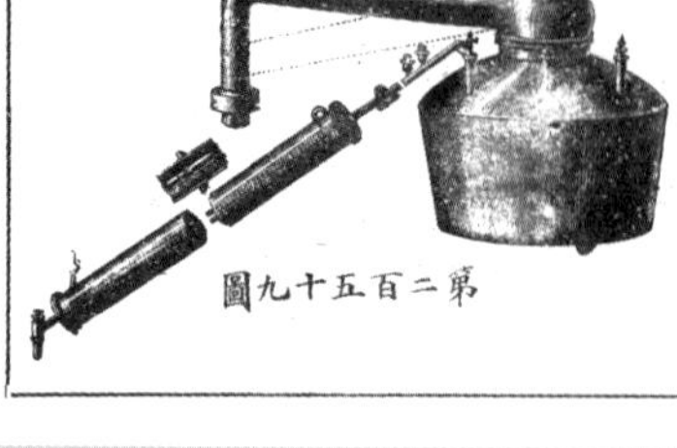

第二百五十九圖

第二百五十七六五圖列後幅大張

第二百六十圖

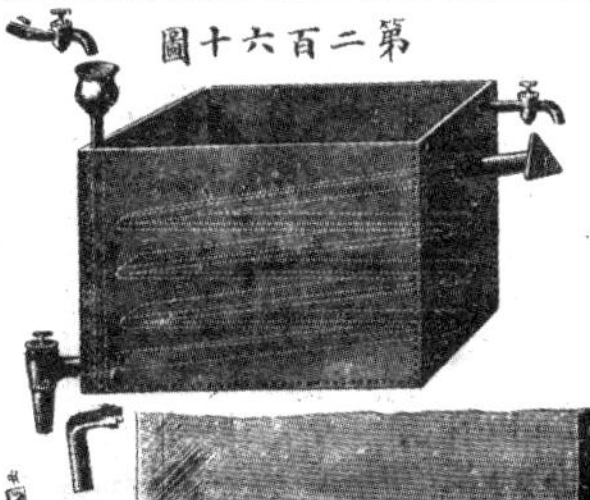

第二百六十一圖

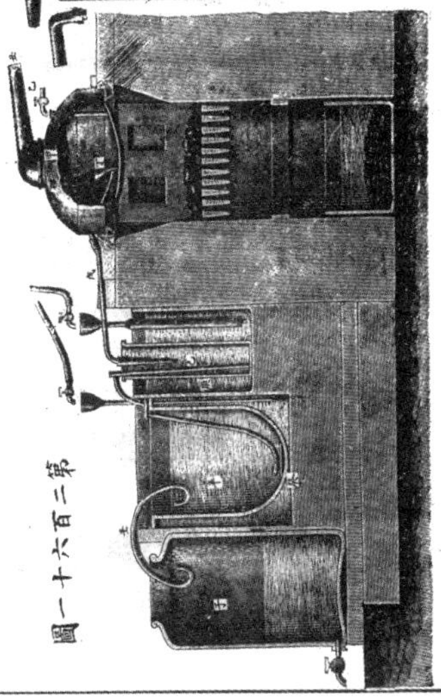

第二百六十二圖

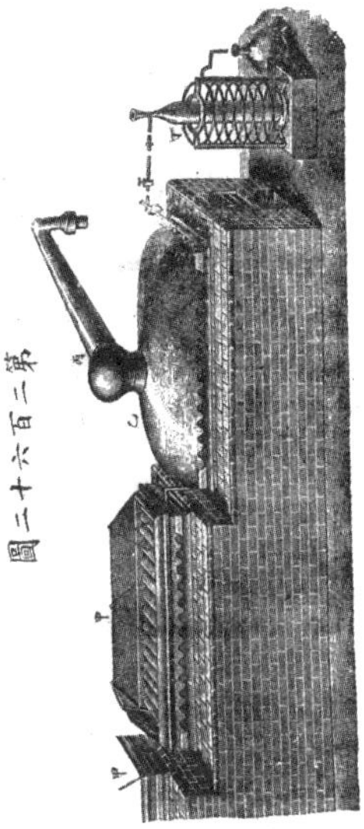

第二百六十三圖

第二百六十四圖

第二百六十五圖

第二百六十六圖

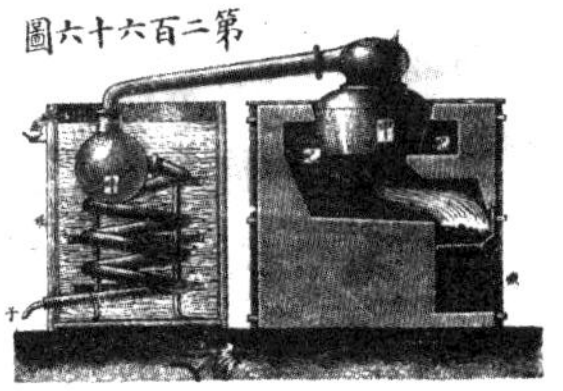

第二百六十七圖

第二百六十八圖

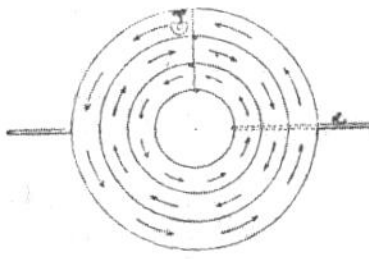

第二百六十九圖

第二百七十圖

第二百七十一圖

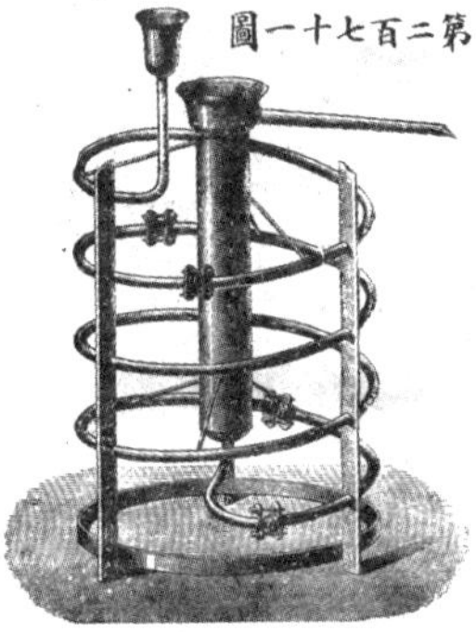

第二百七十二圖

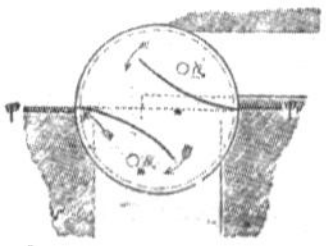

第二百七十三圖

第二百七十四圖

第二百七十五圖

第二百七十六圖

第二百七十七圖

化學工藝初集附圖

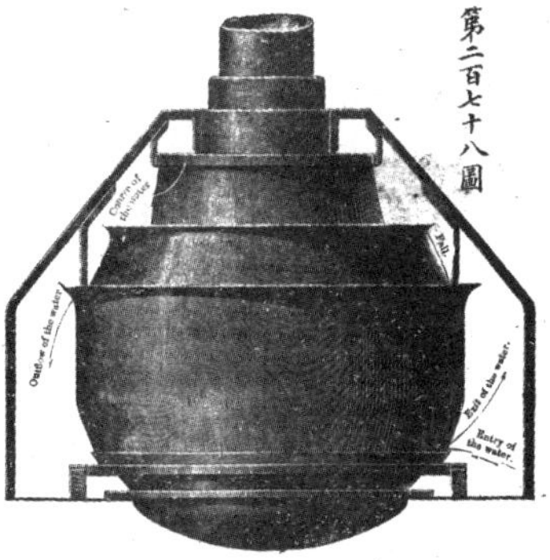

第二百七十八圖

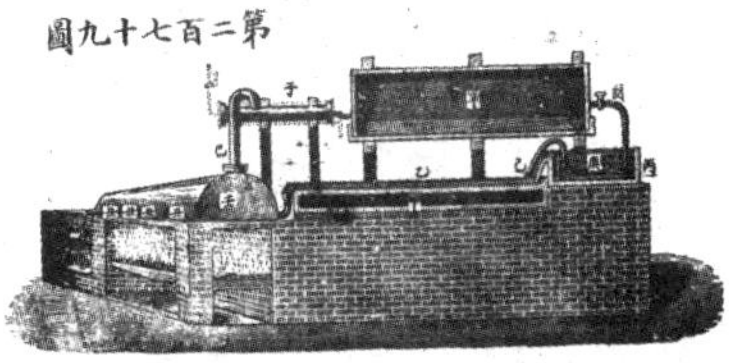

第二百七十九圖

四十三

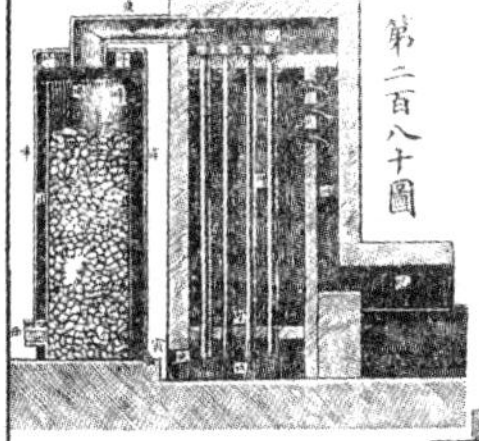

第二百八十圖

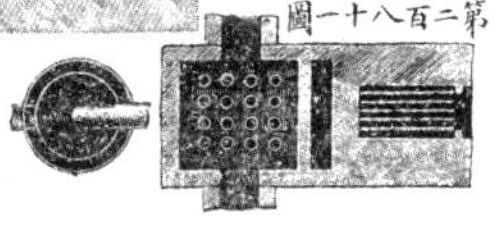

第二百八十一圖

第二百八十四圖

第二百八十五圖

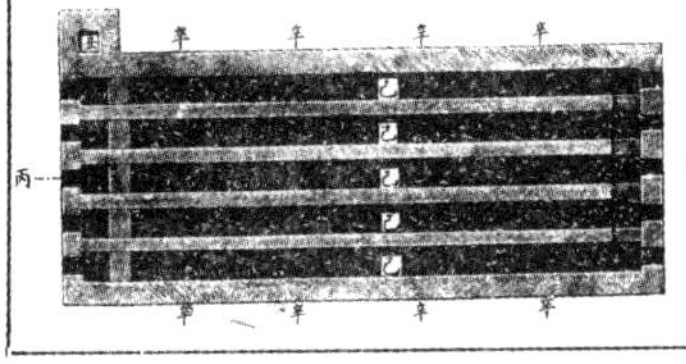

第二百八十三圖列後幅大張

化學工藝初集附圖

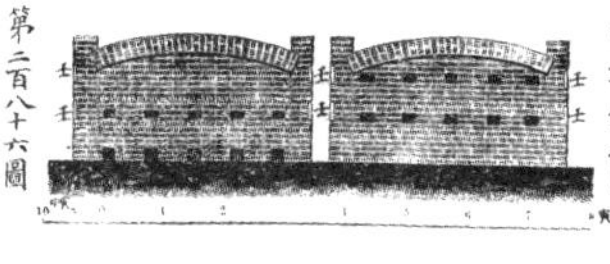

第二百八十六圖　第二百八十七圖

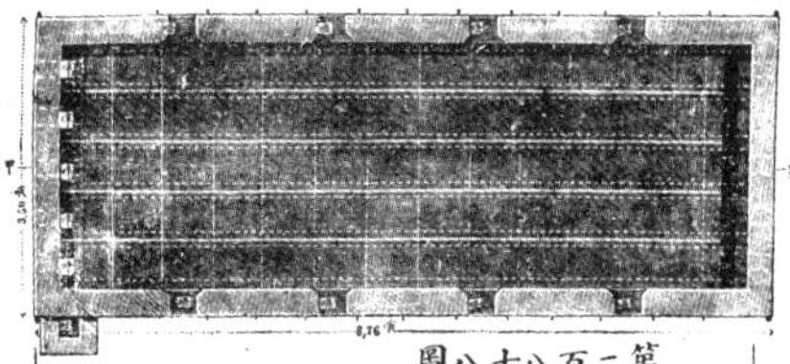

第二百八十八圖

第二百八十九圖

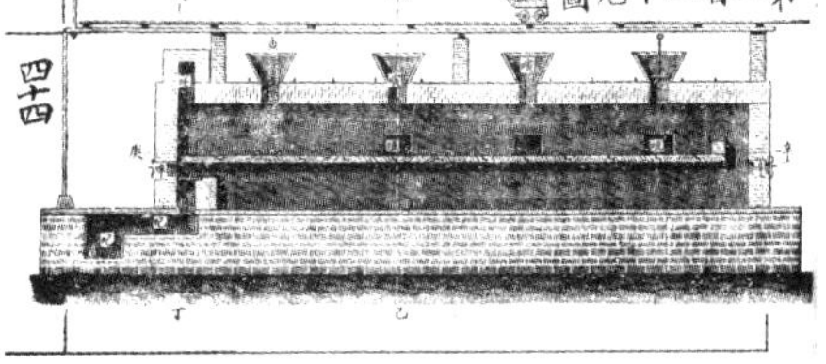

四十四

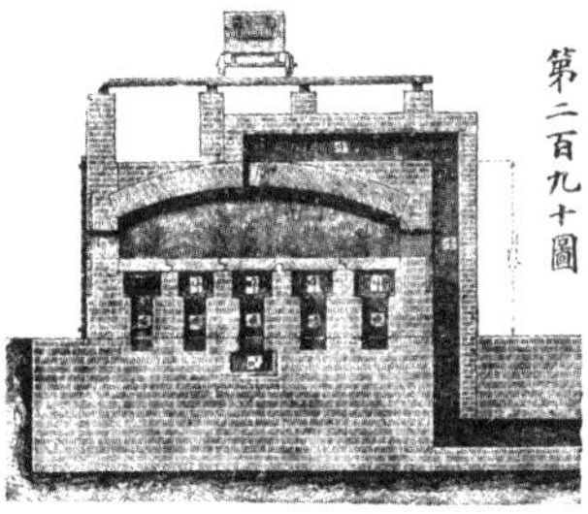

第二百九十圖

第二百九十一圖

第二百九十二圖

第二百九十三圖

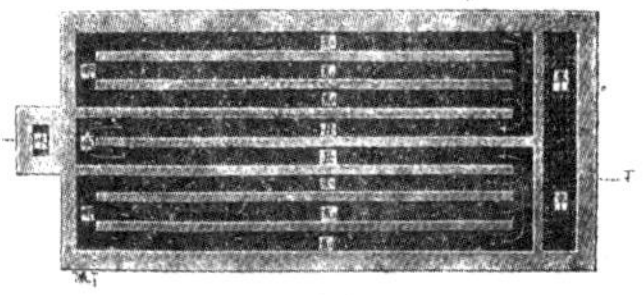

第二百九十四圖

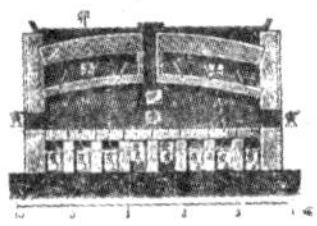

第二百九十五圖

第二百九十六圖

第二百九十七圖

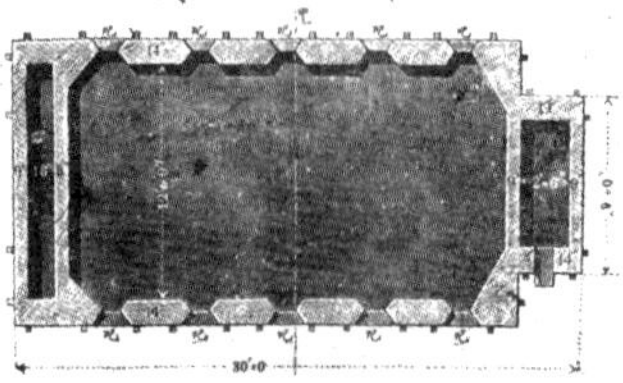

第二百九十八圖

第二百九十九圖

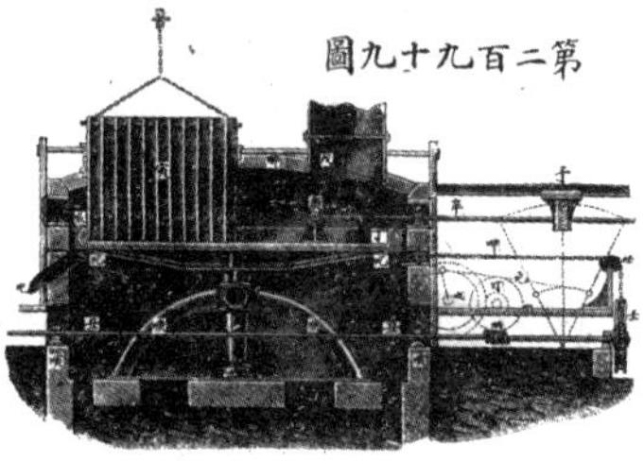

第三百圖

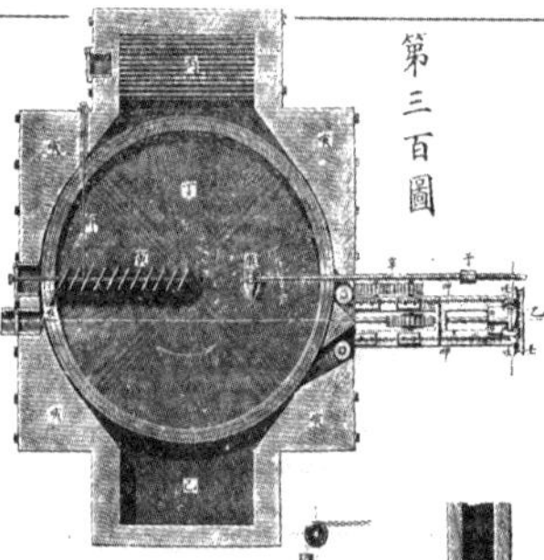

第三百零一圖

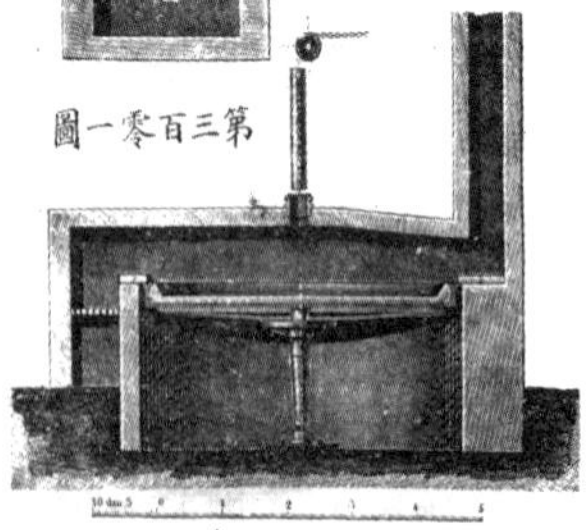

第三百零二圖

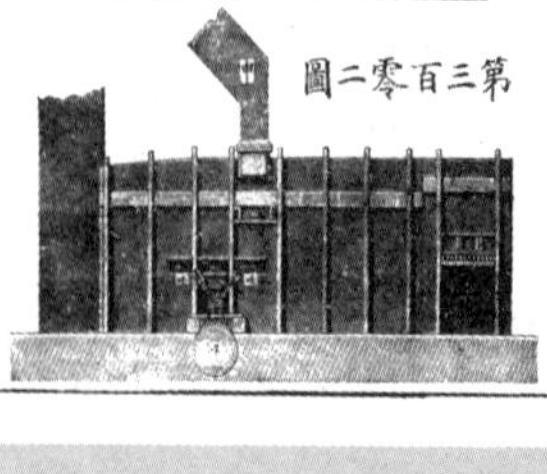

第三百零三圖

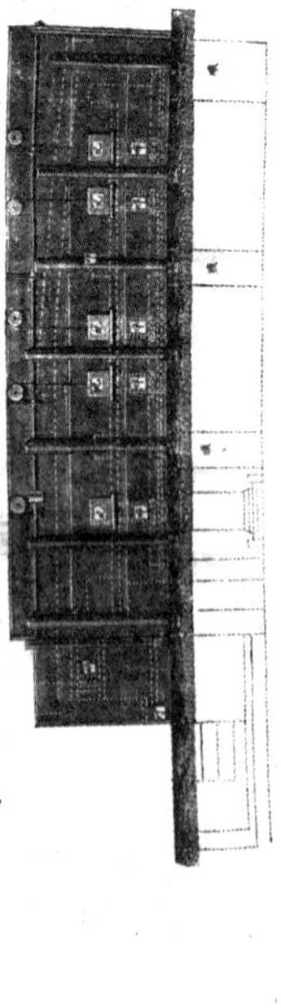

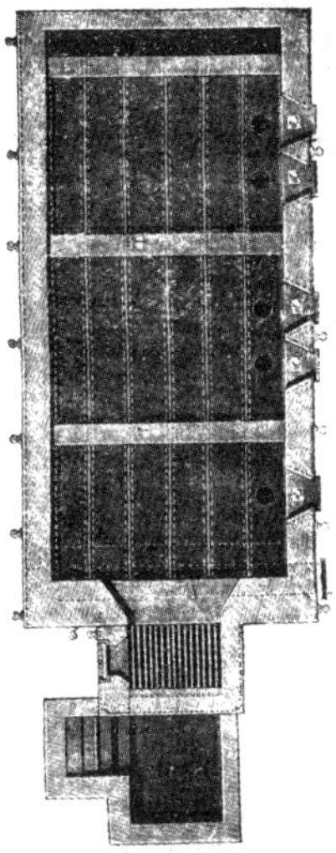

第三百零四圖

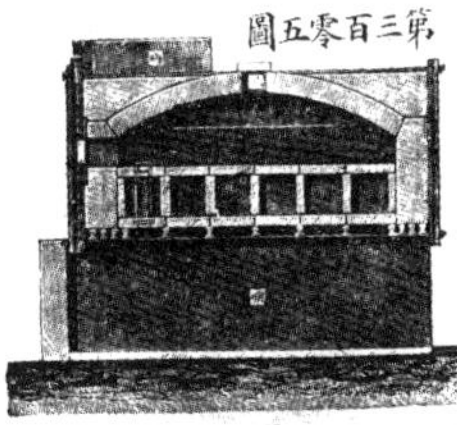

第三百零五圖

第三百零六圖

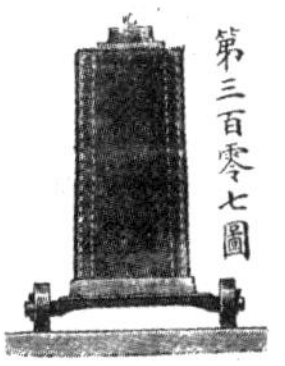

第三百零七圖

第三百零八圖

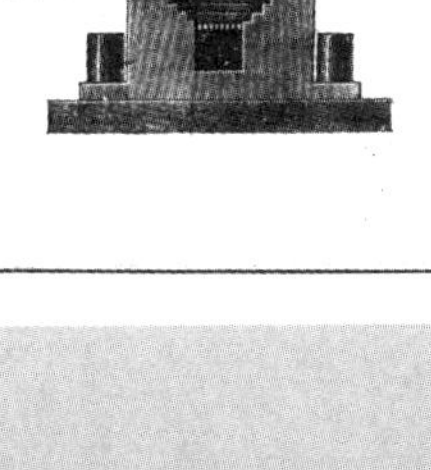

第三百零九圖

江甯黃承慶繪譯圖字

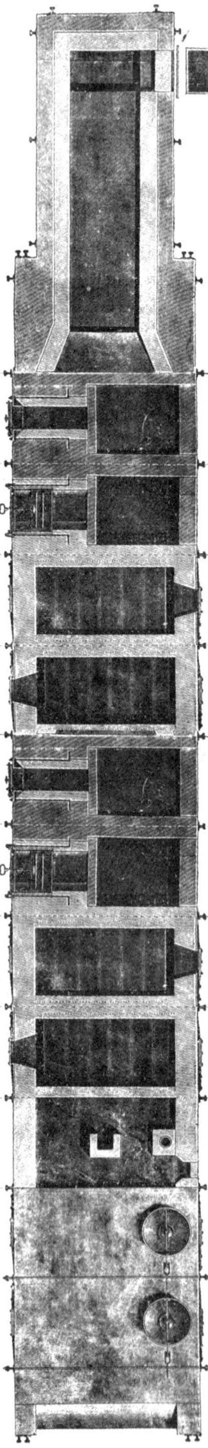

第八十圖

第七十九圖

化學工藝初集附圖　五十

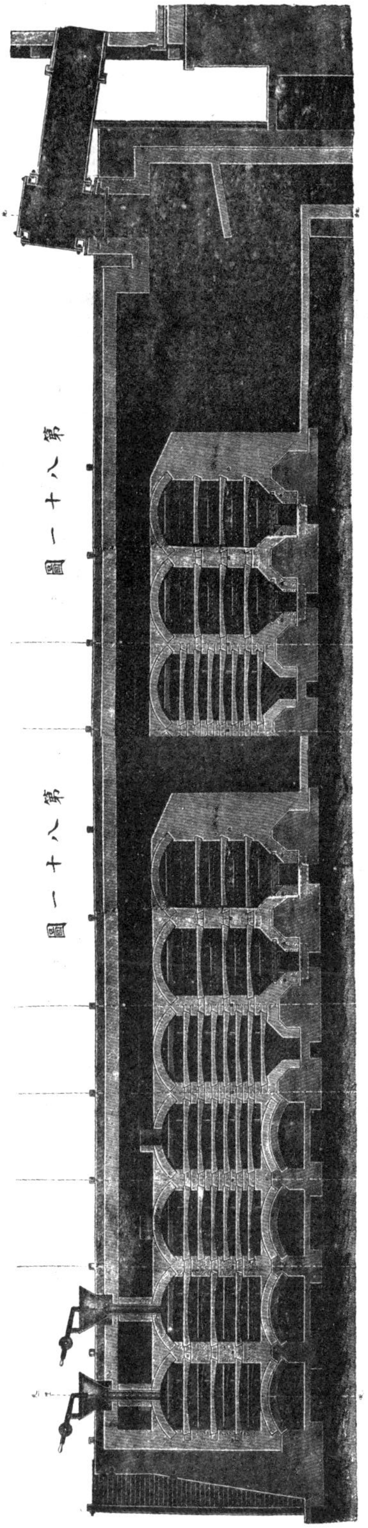

第八十一圖

第八十一圖

第九十二圖

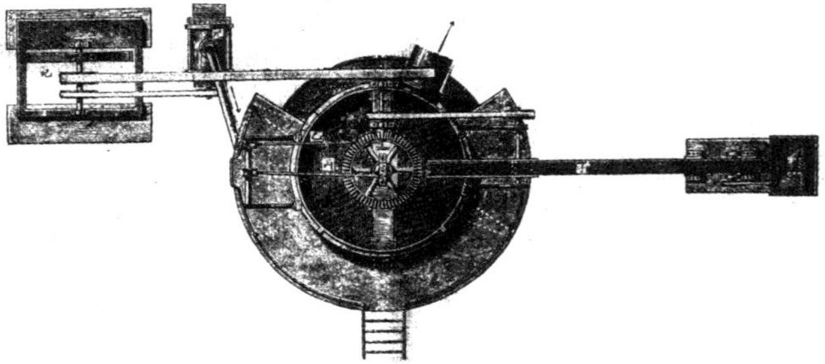

第九十圖

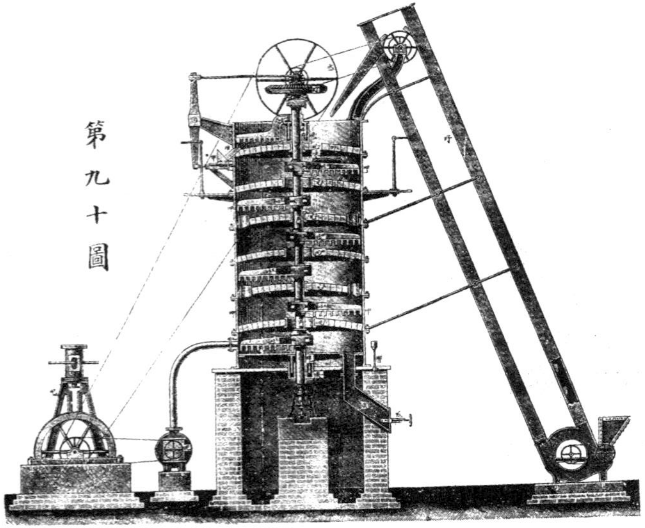

化學工藝初集附圖　五十三

第二百五十五圖

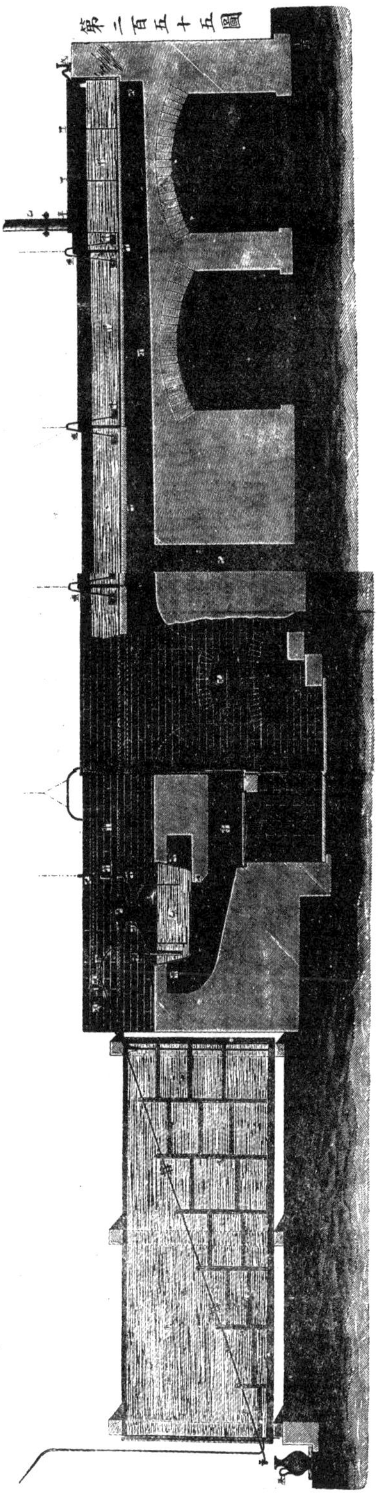

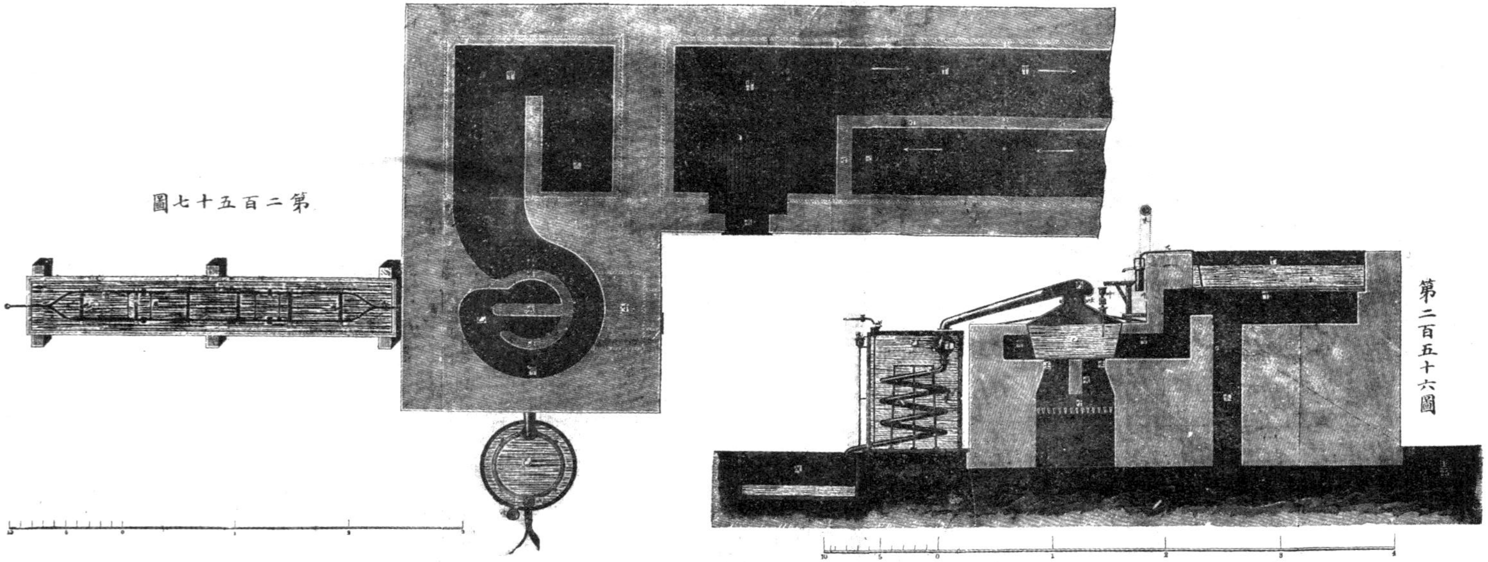

第二百五十六圖

第二百五十七圖

粒外即此質如第三圖其顆粒光明間有成針形者顆粒有多面在空氣內不變化

二將食鹽一分劑合硫強水二分劑加熱或將中立性之鈉養硫養三合硫強水則所成之質爲鈉養兩個鈉養三在沸水內消化加熱在百分表五十度以上則成無水之顆粒如不加熱令自成顆粒則其粒含水其無水之粒能明光如第四圖爲長方柱形其端所成之面爲斜形乾時最光亮遇空氣則其光立變暗重率一·八加熱至一百四十九度則鎔化加更大之熱則放硫強水其含水之質間有成最大明光之粒如第五六兩圖大半有柱形能在濕空氣內吸水

三四分飽足之顆粒如將鈉養硫養三在硫養三輕養七分劑內消化待冷則成此種顆粒加熱至一百度則鎔化成無色光亮之長柱形

四燒成之鈉養硫養三此質之做法將鈉綠合於無水之硫養三而加熱將所成之鹽類在爐內燒之又如將平常出賣之發霧硫強水合硝強水沸之或合於合強水或綠氣或以脫或酒精沸之俱能成此質因常出賣發霧之硫強水含此質多寡不等如平常造鹻廠爐內所出之鹽餅亦常含此質但加熱至明紅則分開成中立性之鈉養硫養三與無水之硫養三平常從爐內取出鹽餅時所發濃白色之霧俱因放硫強水之故

常出賣之鈉養硫養三俗名鹽餅爲粗細顆粒形質內含鈉綠若干分其粒愈細其料愈佳從爐內取出熱時光亮爲檸檬之黃色間有含硫強水甚多則有棕色如含鐵多則爲棕紅色待冷時則爲黃白色或綠白色如不淨之灰色而有亂形顆粒則知成此質所用之鹽不全化分如詳細化分常出賣之鈉養硫養三所含之各質每百分有鈉養硫養三九十三·一五分至九十九·二四分鈣養硫養三自〇·八四分至一·一四八分鎂養硫養三自〇分至七十七分鋁二養三硫養三自〇分至四十一分鐵養硫養三自〇分至九十七分鉛養硫養三從〇分至〇·〇五分鈉綠從〇·八分至二·六三二分硫養三從〇分起至一·八二〇分

水從〇分起至一·四五分不能消化之質如沙等類從〇分至〇·五一分

化分鈉養硫養三之法　如淨鈉養硫養三其色白消化水內則水明有中立性即不鹻不酸即如用銀養淡養五水試之不顯出含綠氣之據又如合輕硫或淡輕四硫或鈉養炭養二或淡輕四養炭養二或鉀二衰三鐵等質俱無有結成者如尋常出賣之鈉養二其試法分出其異質而秤之其餘質當爲淨鈉養硫養三但化分之法有粗細即如本廠所造或所用之鈉養硫養三平常做鹻之用只考其料之做法合否其簡便之法將淨鈉養硫養三十格合以溫水十格消化之用試管取出一格加以力低

暮司試水再加鈉養試水令其歸中立性從此能知所含不化合之強水數再將一格以第一次所用鈉養試水照第一法滅其酸性歸中立性後添鉀養兩個鉻養三數滴其鈉綠用銀試水法求其數但如出賣鈉養硫養三而求其異質之分數所用之法必更準其法將所試之鈉養硫養三十格合於淡輕四養炭養二少許置磁鍋內煆過再秤之則能知所含之酸質數又可用不煆過之鈉養硫養三照前法求其不化合之酸質數再將所煆過之鈉養硫養三以水消化而濾之將其異質細秤用輕綠試之又推算水內含鐵所不消化之質當爲砂子如所濾之水亦能照前法推算其綠氣數又可用淡輕四養草酸推算其鈣養數其有數廠只推算不化合之硫強水與未化分之鈉綠而以一百分之•七五分當爲矽養二與鐵二養三又以餘質爲淨鈉養硫養三但此粗法不分所含之鈣養平常在鍋內熬成之鹽得鈣養硫養三八分之一如用石鹽所得之數爲更多以上所言不化合之酸質平常當爲硫養三質另有別種酸質其多寡不定

天生之鈉養硫養三　鈉養硫養三有天生者數種即如無水之鈉養硫養三謂之弟那代特又有成顆粒含水十分剩者謂之迷拉巴來得又與鈣養硫養三化合者謂之古魯巴來得此質常在泉水或海水內得之間有從此種水分出鈉養硫養三出售如弟那代特即鈉養硫養三成斜方柱形顆粒其兩端有箭形面上粗毛味稍有鹽性在空氣內收水氣而色變暗在南亞墨利加數處產之

有數種地產之鹽類亦含鈉養硫養三甚多如日斯班牙國有數處在泥層與石膏層中間遇鈉養硫養三之層厚自二尺起至十餘尺止日斯班牙所產之鈉養硫養三之含水者近火山處有之又產在地面成霜形者如俄國等處又有產在灰石面上者如美國等處

所有鈉養硫養三合鈣養硫養三名古魯巴來得產處甚多如日斯班牙法國德國南亞墨利加等處是也南亞墨利加與墨西哥等處湖水內含鈉養硫養三自成顆粒在湖面或湖底其粒含水甚少

第二章論成鈉養硫養三各法

藥品內用鈉養硫養三顆粒甚少多係用作治牲畜病其餘不結成顆粒大半用煆過之鈉養硫養三即鹽餅間有在製造工內用之如造玻璃等是也其大半異質變作礆類

所造鈉養硫養三各法一係徑造成者一係造別物而繞道成者如徑造則用鹽合硫強水消化或用鹽合硫養二氣而進空氣所有徑造之法爲此書之大端故先論成別料時得鈉養硫

養三爲旁料

成別料工內所得之鈉養硫養三　凡泉水內含鈉養硫養三少許用此水分出鈉養硫養三未有專做者因作他工而熬濃分出別種料後再將餘水分出鈉養硫養三即如用海水或地內所發之鹹水分出鹽後則餘水內並熬盆所結之皮內俱能得鈉養硫養三但有數種化學工藝常得不淨之鈉養硫養三茲將數種工藝畧言之

一用鹽與硫強水在玻璃甑或生鐵筒內分出鹽強水作製造工藝用其所用之硫強水比化學家所配之數更少因硫強水價貴於鹽且蒸出鹽強水不致有不淨硫養三在內如前歐羅

巴各國以及倫敦相近處有數廠多做鹽強水所得餘質謂之甑餅係在造鹻類工內所得煆過之鈉養硫養三每百分含鈉綠七分至十分凡造玻璃與鹻類廠俱用之其法再添硫強水少許於爐內燒成鈉養硫養三此事在下第三章詳論之

二造硝強水工內所得餘質含硫養三過限者與上第一料相反因所用之生料一爲鈉養淡養五一爲硫養三硫養三之價賤而鈉養淡養五之價貴如用硫强水不足則硝强水蒸不出又如硝强水在硫強水廠內造之自易多用硫強水所得餘質俗名硝餅每百分含硫強水之不化合者三十分如硫強水非本廠自造必由外購買則所用硫強水少減故甑內所出餘質每百分含不化合硫養三僅七分至十分其硫強水之不化合者因鈉養硫養三含硫強水過限之故凡造硝強水廠內成此質甚多蓋硝強水之用不但做硫強水廠多用之如造煤黑油中各顏色料並藥品與工藝內數種材料以及造棉藥各里司里尼爆藥亦俱用此

有云法國有數廠將此含硫強水過限之鈉養硫養三分出發霧硫强水但此料大半送至鹻類廠內合鹽煆之則成中立性之鈉養硫養三間有將鈉養硫養三添入鍋內之數揀出若干以配鎂養硫養三含硫強水過限之數

三有數種化學工藝亦得鈣養硫養三少許即如將淡輕四養硫

養三合鹽蒸之又如將汞養硫養三合鹽成汞二綠又如銀礦合水銀分出銀之工內又如將平常之銅礦合鹽煆之又如用食鹽合白礬成鋁二綠三又如將地油提淨合以硫強水與鹻類水又如成生物質合硫養三之鹽類而含硫養三過限者則加鈉養減其酸又在成數種顏色料所得鹻類質又有零星各工俱能得鈉養硫養三質但因此質價最賤故別種工藝內雖得含鈉養硫養三之質如另加工或用燒料則費用大而不能合算如其顆粒能自結成不加人工與燒料則能分之得利故平常工藝內所有含鈉養硫養三之水作爲廢料而棄之

造鹽廠所得餘水或餘質變成鈉養硫養三　此種料有兩種

一爲鹽廠所得之餘水此水內常含鈉與鎂與綠氣或與硫養三化合者如其水原含鈣綠則已變爲石膏沾在鍋旁又依所加之熱度令各酸質與本質合成各種排列法卽如地中海有數廠以海水成鹽不加熱令水自化乾先取淨鹽後所得者爲鎂養硫養三合鹽將此質濾乾再以淨水消化至飽足後用成冰機器加冷則鈉養硫養三成顆粒分出水內有鎂綠其鎂養硫養三每一質點有鹽三質點則所分出之鈉養硫養三比別法更多但以此法所得鈉養硫養三尚未淨如欲淨在溫水內消化成顆粒惟其價不能比造鹼類廠所成者賤

二鹽廠鍋皮所凝結之料此質含鈉養硫養三或鈣養硫養三以水漂之因石膏不能在鈉養硫養三水內消化則凝結可將其水熬濃得鈉養硫養三用四大池第一池裝滿鍋皮料與溫水待二十四點鐘在第一池底開塞門放出其水引至第二池待二十四點鐘又在第二池開塞開將水通至第三池從第三池通至第四池第四池放水時則第一池已有水四次經過所能消化之質已消化其餘爲石膏售作肥田料第四池放出之水至四十四度濃之水或熬乾或熬至將乾待成顆粒將其水先用蔴布濾之或待冬日存大木池內俟天冷結成顆粒其木池必以鉛爲裏長約二十寸寬約六尺水在池內變冷成顆粒但水不可深逾三寸否則所成顆粒過大不如小顆粒之銷售得價看池內初成顆粒卽用木耙從此端抓至彼端必輕抓之其粒結成長細如針形出售之價比別種顆粒更貴英國所造常有此形狀如將耙移動過多或用別器挑水如造元明粉等料之法則所得顆粒必含土質若干不能明淨又如不用耙待水定而凝結則顆粒大半在兩邊與底結成大而硬之粒非用鑿不開必先敲碎方能出售如其水已變冷顆粒結成則用虹吸管放出其水將鈉養硫養三取置木桶內桶底有塞門能放出顆粒面所沾連之水復用澆花多孔之壺噴淨冷水於顆粒面上待二十四點鐘後置於柳條織成之筐內夏日置露天無灰塵處待乾冬日可用小熱爐烘之其粒不可久遇空氣必裝在桶內以免面上生霜

有數種海草燒成之灰內亦得鈉養硫養三先將鉀養硫養三與鉀綠鈉綠與鈉養炭養二分出再將鈉養硫養三與碘次第分之

有一種質爲德國用之能得鈉養硫養三此料名梯塞乃特爲鈉養硫養三合水與鹽每百分約含鹽五十五分至六十分鈉養硫養三二十五分至三十分有鉀綠少許又有鈣養硫養三與泥與硫養三等其法先分出鈉養硫養三後分出別質但其變成鈉養硫養三不能在夏日爲之只能於冬日天冷時結成顆粒此法略繁所成之料亦難得淨德國有一廠每年冬令能成生

鈉養硫養三約一萬二千五百噸其池面約一萬二千平方枚湅冰時每二十四點鐘能成粒約一百五十噸因費用大其料不能比做鹻類法所得鈉養硫養三更佳故其工造不大興旺

用平常之鹽造成鈉養硫養三

已有化學家歷試十二法能從鹽內做成鈉養硫養三此各法均爲切要其餘概置不論

一將鹽合硫强水加熱法　此爲各國常用之法此書所論以此法爲最故下各章詳言之

二將鹽合硫養二令遇空氣　此法爲哈布利那與樂賓生所設亦詳載下數章內

三將鹽合金類含硫之質如鐵硫二銅硫二等礦　此法在西書內早經論及將鐵硫二或含鐵硫二礦之棕色煤合鹽燒之所得之灰漂在水內能消化其鈉養硫養三質一千七百九十二年有法人考得此法勸人用之做鈉養硫養三又有人設法將鐵銅等含硫之礦合鹽燒之每鹽六十分配礦內之硫四十分其倒燄爐分三層先裝料在最高一層後推至下層再推下至第三層燒成將所燒之質與水化之則分出鈉養硫養三與鹽及紅銅之鹽類先以鐵置水內令銅鍍於鐵面後熬濃其水分出鈉養硫養三間有另加煤屑在所煆之料內但加煤不但無益而有弊因令鈉養硫養三變爲鈉綠爐中加熱不可過大否則其鹽不能漸變爲鈉養硫養三蓋熱度過大化分最慢其質易鎔化則變化難成初設此法之意欲將無用礦屑能化分紅銅或錫少許所得鈉養硫養三含鹽過多不能在鹻廠內用之必先和硫強水在平常鍋內加熱則硫強水與其餘鹽化合成勻淨之鈉養硫養三質

以上之法在英國用之多年有數種礦質能分出其金類能得鈉養硫養三

如第七八兩圖爲英國瓦勒生特地方所用之倒燄爐有爐柵呷爐面分兩層如叱呐叱爲平者呐向後上斜呐之後有窰叮此窰底之柵哎哎爲活動而在旺旺孔內能裝拆其窰頂有蓋

吧便於裝料噢爲窰之烟通哞爲爐之烟通俱通至直立之高烟通各有風門其旺旺兩孔能制所進空氣呼呼各門能管理爐中之料而進空氣用此爐法先開吧蓋將料裝入叮窰內後叱爐底之料取出將呐爐之料移至叱爐面後將哎哎兩爐柵取出令窰內之料落至呐爐面再將哎爐柵照前裝好窰內再進料平常倒燄爐之火燄與氣行過窰底爐柵中間如熱度過大則開哞風門令其熱若干分過此門而至烟通內

以上之法因化分之工不全必加以硫強水又須將所煆得之料消化在水內將水熬乾能得鈉養硫養三故此法已多年廢而不用有從此法另設兩法俱爲有益其一法將銅礦合鹽煆

之分出其銅一法先將銅硫二或鐵硫二煆之將所得之灰合鹽燒之可免漂水之工

以上各法外另有多法其利弊不同此書不能一一詳載

四用元明粉或鹽法　一千七百八十一年有化學家名希里云如鎂養硫養三水合鹽水加熱至百分表下三度則有鈉養硫養三結成顆粒而水內有鎂綠有數處用此法得鈉養硫養三即如日斯班牙相近處有人將元明粉顆粒二分鹽一分加熱至紅則放出鹽強水其餘質爲鈉養硫養三或鎂養再合九十度熱之水則鈉養硫養三消化有餘下未化分之元明粉亦消化如加以石灰水則變爲鈣養硫養三與鎂養結成沈下設此法之人造成鈉養硫養三十二噸後無人倣造又一千八百五十五年有人用元明粉與鉛養硫養三或鹽成鈉養硫養三又有用鈣養硫養三此兩法後有數處特論之

五用鹽與石膏成鈉養硫養三法　此法之大略將鹽合石膏與鎂養炭養二照一定比例配其分數則進汽令發沸有結成之鈣養炭養二沈下將其水熬濃能分出鈉養硫養三其鎂綠仍存水內如將鹽或石膏加熱鎔化在未化分時添炭屑或枯煤屑煆之將其灰漂在水內則得生鈉養硫養三後照常法提淨

六用鹽合淡輕四養硫養三法　此法之原意欲成淡輕四綠即硇砂所得鈉養硫養三不過爲旁料現法德兩國有用此法者

將淡輕四養硫養三一分劑合鹽二分劑在溫水內消化後熬之結成顆粒爲鈉養硫養三再熬極濃至取其一滴待冷能凝結則置盆內俟冷有硇砂結成

七用鹽與白礬法　此法前已論過所欲得之質爲硫二養三或鋁二綠三因現用白礬不從含礬之石內取之全靠硫強水合泥土而成故只能得鈉養硫養三爲旁料而以染布等廠所用鋁二綠三爲正料

八用鹽與皂礬法　如將鹽合皂礬煆之將灰化於水內置盆中冬日遇冷氣則結成鈉養硫養三又有將乾皂礬合鹽燒之燒時令多空氣行過則所得餘質含鈉養硫養三與鐵二養三其法將皂礬八百二十八分輕加熱烘乾幾分令收養氣再合海水所成之鹽三百五十二分與鐵二養三七十八分在燒殼爐內加熱至暗紅令過乾空氣則空氣先行過鈣養收濕氣全乾但熱度不可過大其料必屢次挑之燒殼內所得之料爲鐵二養三與鈉養硫養三有法能徑變爲鈉養與鐵硫可免漂在水內之工雖有此益然其法亦不能得利

九用鹽合銅養硫養三即膽礬法　此法雖能成鈉養硫養三但其費過大故置而不論

十用鹽與鋅養硫養三法　此法大略與用鐵養硫養三法相同但鈉養硫養三爲旁料而得利在所得之別料

十一用鹽與錳養硫養三法　此法與前數法相類但因其太煩不能得利故不必詳論

十二用鹽與鉛養硫養三法　此法將鉛硫礦煅之成鉛養硫養三將此質一分與鹽一分和勻置甑內或窰內加熱至明紅久之成鈉養硫養三與鉛綠其鉛綠要化出用手器收之其餘質含鉛養硫養三與鈉養硫養三如消化再熬乾則鈉養硫養三分出所收之鉛綠合石膏或元明粉加熱仍變爲鉛養硫養三此法雖巧工藝內尚未多用因鉛綠不能全凝結不能免鉛料別種磨費

第三章論用鹽合硫強水成鈉養硫養三與鹽強水

此法爲果勒巴所設現各國用之比別法更多初用玻璃甑合鹽成鹽強水所餘之鈉養硫養三作爲廢料或旁料約一千八百年時造鹼類之法忽興此在第二卷詳論之因所造之鈉養硫養三亦比前更多久之則鹽強水當爲旁料間有作爲廢料者有數處放去鹽強水不用現用鹽合硫強水法原爲化學家里步蘭克所設所用之鈉養硫養三用此法

初用此法時其器小而笨後用鐵桶則鹽強水能凝如鹽強水放而不用則用露天鉛盆盆底用燒鹼類爐之餘熱又與煅礦爐相連後在英國大做鹼類比歐羅巴別國更多即如英國北邊有一廠向有一鹽水泉約一千八百年在此處立一廠用硫

強水化分鹽類一千八百十二年至十五年做鉛房爲造硫強水之用所造硫強水爲化分鹽之用初造鉛爐以火磚爲膛其爐小每一次只能用鹽兩擔硫強水從頂上之孔用大玻璃瓶傾入又有小管放出所成之鹽強水待三點鐘後將鉛盆底邊之塞取出則爐底之料流入鉛盆內待凝結變爲硬質敲碎成塊再煅之成鈉養硫養三後因鉛爐易壞則用磚造至一千八百四十年用生鐵鍋一千八百二十三年英國因鹽稅最重不能多用鹽成鹼後將此稅蠲除則造鹼之工大興數年間英國各處立廠至現在廠愈多而愈大英國每年所用之鹽有一百餘萬噸

除古法用鐵桶與新法用機器爐外所有造鈉養硫養三各法分爲兩層即鹽與硫強水一併調和第一層工夫鹽與硫強水各一分劑相合有化分之工成鈉養硫養三輕養與輕綠第二層工夫即鈉養硫養三輕養再與鹽一分劑化合成鈉養硫養三或輕綠此兩層變化分爲先後在小熱度時顯出第一層工夫而最熱時則成第二層變化此其大概也至於成功時有流質即硫強水與定質即鹽變成定質即鈉養硫養三與氣質即輕綠所用之硫強水不必最濃祇用一百四十四度濃每一百分內含淨硫強水七十八分至八十分其餘二十二分至二十分爲水如平常之鹽亦含水若干分此水在化分時或在後煅生料時必放出或合輕

綠令其變爲鹽强水其輕綠亦有調和之空氣與水氣此兩質之變化在他處言之

凡造鈉養硫養三必同時變成輕綠所成之輕綠水其濃者或出售或本廠自用

如木意欲造鹽强水以鈉養硫養三爲旁料則做法與前不同有云每硫强水一分劑應配鹽兩分劑此論殊不近理應少用硫强水如硫强水過多雖輕綠能全散不免有硫强水一併放出能用鹽多而硫强水少雖有不化分之鹽混入鈉養硫養三內亦無妨礙即如鈉養硫養三不做玻璃或鹻類用俱因煤價貴又輕綠亦欲作別用而運鹽强水之費最大本廠內不得已用上等鹽强水可見用鹽多强水少爲最省之法

造鈉養硫養三所需生料有二種一平常之鹽即鈉綠二硫强水即硫養三間有用第二種料幾分含硫强水之鹽類或幾分含別種强水之鹽類所以此各種質祇合於鈉養硫養三用而用此質則鹽數或硫强水數亦必照比例以配多寡茲將鹽與硫强水兩質詳言之

一所用之鹽無論爲何種形狀最合宜係鍋內熬成之顆粒如鍋內之鹽水未至沸度時抓取水底凝結之粗粒最妙若加熱至沸得極細之顆粒合於做奶油用謂之奶油鹽不能做鈉養硫養三又如石鹽更不合用如不得已用之不可磨成細粉須軋碎成粗粉因細粉則硫强水難於徧通若熬鹽鍋內所得粗粒其粒之面積大中間之孔能使入硫强水軋碎之石鹽雖易侵强水但其粒面光滑如玻璃而硫强水究難令其消化最不合宜爲磨成細粉之鹽或鹽水沸時所成之細粒因硫强水最難徧通必常挑和庶幾能免其弊但其鹽每落入鍋底結成餅令鍋內破裂又與挑料之器粘連不脫故此種鹽最不便用

所用之鹽愈淨愈佳即含石膏鎂綠鐵二養三與泥等質必不可多平常用鍋煎水成鹽比石鹽更佳故英國做鹻類比他國更便因能得淨而白之鹽類極易其價比石鹽更賤石鹽每百分含石膏約八分此最難用因石膏雜入鈉養硫養三內則所成爲下等之鹻又含鎂綠與鈣綠亦多費硫强水但各種鹽常含此質又如鐵二養三與鋁二養三在鈉養硫養三內無論做玻璃與鹻或作別用均有大弊故做鈉養硫養三不能用石鹽又鹽含水過多則熬濃較難凡含水之鹽類存積棧內久則吐滷難乾故化分之所需配硫强水必屢次推算

石鹽每百分含鈉三十九·三四分含綠六〇·六六分重率二·一至二·二五七加熱至暗紅能鎔化又在水內能結立方形之粒每水一百分在〇度能消化鈉綠三十五·五二分又在百分表一百〇九度·七則能化鈉綠四〇·三五分又在酒精內消化甚少

如鹽各處時價不同一千七百九十八年在蘇格蘭納稅每噸金錢十六元則鹽全價每噸金錢十九元半又一千八百零五年蘇格蘭納稅每噸金錢十二元英國每噸三十元至一千八百二十九年減免此稅蘇格蘭祇征銀錢二十二元一千八百六十九年之價每噸銀錢十四元銅錢六枚又英國西邊近產鹽處其價每噸銀錢六元至八元歐羅巴等處鹽價每噸自銀錢三元起至二十八元止大半視用鹽處距產鹽處之遠近

造鈉養硫養三之硫強水常用鉛房內所成者或用鉛盆熬濃或用果勒發塔法使濃所含異質於做鈉養硫養三工內無礙如要做玻璃用則含鐵質之強水不宜又硫強水所含之生質

不從鈉養硫養三內與輕綠一併放出間有因此而生弊又有淡氣並鉛質俱含平常強水內如其數少尚無大礙

所用硫強水其濃淡必須合法最好自一百四十度至一百四十四度濃如更濃亦有不合宜處因所放輕綠氣力過猛其質早凝結成大塊不及和勻化分所以硫強水過濃可添鉛房之淡強水配準濃淡如所得之強水過淡不用果勒發塔在鉛盆熬濃其費過大不如燒鐵硫二爐上易於熬濃得所需之濃度從前尚未設此法一徑用鉛房內所出之強水如其濃數不在一百二十八度以內者或以一百二十四度爲最小界限則無甚妨礙因其變化更慢所放之鹽強水更淡如鉛房內所得之

強水濃數小於一百二十四度應設法熬濃如燒礦爐頂無鉛盆或無果勒發塔則另設熬濃之法因淡硫強水不但變化更慢且凝結更難所得鹽強水過淡又能令其易於消磨而壞如初開之廠難得濃硫強水不得已用一百零六度濃之強水雖間數日或數十日用之但其鍋必易朽壞

做鈉養硫養三與硫強水所需用之器

平常有以做鈉養硫養三爲主做鹽強水次之間有數廠以做鹽強水爲主鈉養硫養三次之茲將兩法所用之器一併論之

一用玻璃甑之各法　凡玻璃價賤鹽強水價貴之處則用玻璃甑所造之鹽強水不含鐵質如第九第十兩圖爲用玻璃甑

爐之擺列法甲爲爐柵乙爲火路熱從乙各孔而出繞各玻璃甑內甑之頸或如丙通入玻璃收器內如丁先通入有塞之玻璃球從玻璃球之下門其強水能流入三口瓶戊戊平常三瓶爲一副其霧在甑內全凝結第一瓶不收水所得之鹽強水不淨第二三瓶裝水所收之鹽強水更淨其甑頸向上擺列後裝鹽平擺之收強水如丙用漏斗與彎管其收器與玻璃甑接連之前每裝鹽一分劑配水六分劑其器擺列後則爐內生火如本圖各爐配四甑兩爐爲一副有公用之火路與隔牆以免外來之冷氣每爐須備磚若干待甑依法擺列後則將磚砌成矮牆圍繞不用灰粘工畢則拆去其磚如十一圖爲德國所用

之爐其甑或置砂盆內加熱或置爐火中先用泥一層包之每鹽一分劑應配硫強水三分劑免甑乾餘質難鎔化令甑易破裂如強水多則傾出甑能用數次但所成之鹽強水內難免含硫強水如用硫強水過少則所成之鈉養硫養三結成硬質不能取出不得已將甑敲碎取之所有之碎料亦能鎔化再製新甑

二用生鐵甑卽生鐵桶之法　用此器俱以鹽強水爲要此用玻璃甑更能大做其擺列法如第十二至十八各圖甲甲爲兩生鐵桶置爐內爐以數具排列成行乙爲火膛丙爲隔牆丁爲彎弓形戕戕爲放氣門通至吧㖒兩火路此火路通至各爐公

用之烟囪其桶底或用生鐵板蓋密或用磚砌牆護之磚牆中間之裂縫以相離最近爲佳灰用煆過硬泥一分但此法恐不妥應用瓦料或石板一大塊此用磚更佳甑端有瓦管口甲管上有瓦接管如子通至收器壬各節或用泥或用石膏封密收器分若干層列成行用子管接連第二行有丑丑管連之第二行之端又有接管丒能接收器第三行第四行爲丒丒管所接連第五與第六行如寅卯辰巳通至烟囪辛但此接連法不甚佳因用鐵甑不必用通風之法用通風法必有鹽強水許久不凝結而放散在本處相近居民大受其害故收器必令鹽強水凝結至末一收器放出應不含輕綠氣如不能用此法則不可

用烟囪應用枯煤塔見下數欵之法每進料一次鐵桶口用生鐵蓋蓋之此蓋有柄已加泥少許封之令其節不洩氣又有一孔如未寬二寸半能接漏斗管呷強水在此漏斗加入其漏斗管有塞呷能塞緊

用此器之法第一行收器空其中餘各行裝水一半則第一行受甑內放出之鹽強水中雜有硫強水與鈉養硫養三其鐵甑徑二尺二寸長五尺六寸裝鹽一百六十幾路封密再將一百四十四度濃強水一百二十八幾路由漏斗添入此硫強水數比鹽分劑更小後將漏斗取出用木塞塞之其鹽傾入時先少加熱然後火力漸增大則能助其變化如鐵桶加大熱易令鹽

變爲中立性之鈉養硫養三平常所進硫強水數其分劑比鹽分劑相等或更小因鹽價賤強水價貴之故其強水愈淡愈能蝕壞鐵料不應在一百五十二度濃以內尚未加熱時已令輕綠發出甚少至末後可以加熱

所放出之輕綠用三口瓶收之令其凝結如本圖各瓶有塞門酉不必各配塞門現以橡皮管連之或令第一瓶滿時其鹽強水流出通入第二瓶中間

其輕綠氣所行之路如子丑丒丒寅卯辰卽從鐵管通至烟囪其水在相反方向通過卽如一二三四各號故所進之淡水遇氣幾不含輕綠依此法所成之淡輕綠水愈移前愈變濃所得

鹽強水約二百至二百零八幾路內每百分含乾輕綠約四十分

通氣管變冷爐夫知變化已成則減其火力去桶前之蓋去蓋之法用鈎通入未孔最妙用鍊與滑車與鈎相連開桶後將所成之鈉養硫養三一塊重一百八十磅至一百八十四磅取出此料尚未淨因含硫養三過多如初意係造鹽強水則含鹽過多可以做玻璃料或在鹼類廠再加工令成淨鈉養硫養三法國早不用鐵桶法英國倫敦尚用之造鹽强水但現在用鐵桶甚少大半用鐵鍋化之所成之鈉養硫養三爲定質以便運至遠處又鹽強水有餘不能在本處銷售可做漂白粉成定質亦易運售各處

三爐內成鈉養硫養三法　此法可多造鈉養硫養三別法只能小做以鈉養硫養三爲主鹽強水次之其鹽強水間有當爲廢料者所用之爐與前論玻璃甑鐵甑大不相同除機器爐外常爲兩種器所成一爲生鐵或鉛之器不加熱令其料初變化謂之化分料鍋二以磚爲之可加大熱令全化分此器謂之煅料或烘料器或如從前之法將兩層工夫在一爐之四面做成所有綠氣與火燄一併至烟囱放出但此法甚粗且有害於人是書不具論所用之化盆從外加熱間有從上面再加熱者所用之爐或平常倒燄爐或煅礦爐爐火或幾分直入其一分從爐底加熱卽煤氣爐或全用熱爲之卽如燒殼爐造爐之法有數端爲最要

一令鹽強水凝結　造爐與化鍋之法俱要其輕綠氣全化水或幾分化水凡各廠欲造最濃鹽強水出售或造略濃鹽強水爲本廠自用或成最淡之鹽強水令由河內流去俱必用凝水之法其放去之鹽強水愈淡愈妙凡造自用之鹽強水則煅料爐或置露天或用篷蓋護如做鹽強水出賣必用蓋護之爐因鹽強水遇空氣與煤氣愈少則愈濃

二造鈉養硫養三省工料法　凡小廠可用之法爲大廠所不合用大廠可用之法亦爲小廠所不合用卽如露天爐與蓋篷爐能做多工又化盆從上加熱更能做多工但只能成淡鹽强水如用爐之餘熱令化盆收熱此法在英國小廠用之大廠不用此法因爐與化盆彼此相倚往往因守候而有間時不如爐與化盆各有生火之法但爐與鍋之尺寸必配裝料之多寡如用生鐵鍋比之鉛鍋能加大熱而耐用造成之料較多如更欲加增則用機器爐

三省用燒料　凡燒料貴而工價廉則大做之法與前欵所言相反因造爐之法須省燒料化盆必用爐之餘熱間有另用黑灰爐之餘熱因此每一工所成之料比別法更少

四造淨鈉養硫養三法　如所造之鈉養硫養三欲作造玻璃用

則含鐵愈少愈佳故用鉛盆爲宜如比利時國所造者每一萬分含鐵只七分如欲造最淨之鈉養硫養三作做鹻等用則不用鉛盆以生鐵鍋代之其生鐵鍋爲一千八百三十九年所設如前做鉛鍋爲長方式一面作斜形便於取出所成之料鐵鍋亦間有用此式者現在多有做圓形如空心球之一分其法後有專論之

所有露出之爐原爲法國人里步蘭克所設如第十九二十兩圖甲爲爐柵用白煤或枯煤加熱其火行過火壩口丁通至爐乙爐底用最鞏之火磚直立排列間有用砂石等料做爐底者但易毀壞又有生鐵風門哦有鑄成摺邊落入裝砂槽內依此

法能令爐乙與化鍋戊之火路或開或關其鍋底爲最硬砂石或最厚鉛皮所成之盆葢一堅固鐵盆或全用生鐵其式方而不深用彎弓形葢之弓形內有兩瓦管哦能放出輕綠氣此氣引至三口瓶哰哰而凝結下有一章詳論之

鉛盆用甲所出之火氣在下加熱此氣已經過乙受酸性之霧在叮叮兩孔而下其孔在氣路哦左右排列盆下有來往之火路如叮一叮二叮三後行過各火路通至凝水瓶旺旺從此瓶通至烟囱在爐乙之頂上或別處有鉛盆已能將化分鹽所用之硫強水加熱

進爐之鹽每一次約二百五十幾路先烘乾後從子門裝進或在爐頂之漏斗添入漏斗孔能閉塞其子門亦有閉緊之法如二十一二十二兩圖爲常用者二十一爲平圖二十二爲立圖叮爲螺絲呐爲弓形之鐵桿轉動此螺絲則吃板能轉緊其弓呐有鈎哦哦能與爐邊相連又有彎管漏斗能通進所需之硫強水每鹽二百五十幾路配一百四十四度濃之硫強水二百六十九幾路至三百幾路但照此數配兩種料殊有不合法因所用強水太多如哦與吃兩爐之料謹慎調和即硫強水少亦足用葢強水多則加熱時必長所成輕綠必含異質甚多如比利時國每鹽三百幾路配硫強水三百二十五幾路又有鹽四百幾路配硫強水四百四十至四百六十幾路俱嫌用強水太

多又有一廠每鹽二百五十幾路配硫強水二百五十五幾路此數爲合宜各廠大半仿此倘用強水更多司事者不明此理所成之料必不合用

進料後用鐵鈀抓平令強水與鹽和勻再將子門關閉封密則立時變化又因受熱其變化更速所放出之輕綠略淨通至各三口瓶辛而凝成鹽強水間有盆中之料發沸而上升至門級如英國俱用生鐵盆進料後將牛羊油或價賤之油約半兩添入爐內閉其門則油鎔化浮於面上令料不能沸起輕綠氣放出約三分之二至四分之三則其料變成濃膏此後暫減去火開通戊門其料通過戊門至乙爐內其爐內前進之料已用鏟

取出但難免進出料之門有氣漏洩應備外套遮蓋其料至乙爐後則下呅風門照前法在戊爐內進鹽與硫強水在甲栅加煤乙爐內之料必平鋪爐底遇熱時其膏卽變乾而脆之定質將所成大塊敲碎疊次翻轉令得勻燒又令鈉養兩個硫養三與未化分之鹽相合再加熱至紅令鹽強水全散不免有硫強水少許隨輕綠氣散去其料在全紅熱時每百分只有不化合之硫強水一二分則工成去其爐底之門板呐用鈀將料抓至爐底弓形膛內此膛亦有門在爐之前面料在膛內漸變冷待再加料時從膛內取出

以上之爐每燒料一次所費時刻不定如在化盆內歷時過長

恐盆料受大熱而鎔化如時候合宜所得之鈉養硫養三幾不合鐵與未化分之鹽類可做白色玻璃片或厚玻璃板用如用鹽一百幾路至二百五十幾路卽英國二擔至五擔所費時刻一點鐘半至三點鐘間有在化盆內須六點鐘至八點鐘在紅爐內三點鐘至四點鐘此各廠所常用之時候

此種爐每六點鐘化鹽二百五十幾路用硫強水二百二十五幾路照本圖之式所配各件尺寸開列如左

爐栅六條各長四尺三寸半寬一尺九寸半爐栅前面加煤門長三尺六寸在爐栅處寬一尺十一寸在外牆處寬二尺四寸火壩長與爐栅等寬八寸高七寸半爐底長八尺三寸最寬處

離座一尺九寸半火路可可寬與高一尺三寸半燒鈉養硫養三爐與化盆隔界之牆厚十寸半從生鐵板下伸出四寸能托生鐵板燒爐彎弓爲球形化盆爐頂爲桶形鉛盆所葬之鐵板厚一寸四分之一化盆長六尺六寸半寬四尺三寸高十二寸半鉛皮厚一寸四分之一所有放酸性霧之兩瓦管內寬九寸四分之一所燒之煤每日共十五個蒲始法量畯

以上之器在各處用之俱有改變有將化盆置烘料爐上從化盆內徑落至烘料爐內又有將化盆與燒熱硫强水池俱另配爐栅加熱烘料爐所燒枯煤更少爐加長能省熱照此法其氣不應至化盆下宜一直通入凝器內

又有化盆所放之氣合烘料爐所放火氣能將烘料爐所發之酸性霧一併引去只須備一凝水器但不能做最濃之鹽強水又因烘料爐比化盆所需時刻更長每兩個化盆配一烘料爐如二十三四五六各圖爲比利時國所設之法其圖之比例以一當五十如二十三圖爲辰巳線之立剖面二十四圖爲二十五圖未申線之立剖面二十六圖爲酉戌線之立剖面甲爲烘料爐乙乙爲兩化盆甲爲爐栅唇唇兩門彼此相對能裝料在化盆內又能推料過呀呀門通入烘料爐爐中間有隔門啞啞哦哦爲瓦管能放去輕綠氣爐栅所發火燄行過爐底甲後行過兩個旁火路在各盆下再繞中牆戊後行過兩火路通入烟

囪如圖內有箭指出方向其風門吧能制所進空氣多寡又有一孔唧近於烘料爐門開此孔則燒成之料能落入丙膛內漸變冷如本圖之孔在爐底中間不及在爐口相近處之佳各化盆容鹽三百幾路並一百四十四度濃硫強水三百三十幾路在烘爐內三點鐘至四點鐘在化盆內六點鐘至八點鐘所以一個烘料爐配兩個化盆有叮叮兩火路與噴噴風門則烘料爐能令火燄行過任一化盆面或同時行過兩化盆其法在一化盆裝料時令爐火通至第二化盆裝料後稍開火門令新裝料之化盆所收之熱漸大

又比利時國常用燒殼燒成化盆所出之料如二十七至二十九圖爲新法燒殼爐之立剖面與兩平剖面式甲爲爐柵乙爲燒殼火行過燒殼弓呷與頂上弓吃之中間其弓做雙弓形有空氣膛哂令散去之熱少所有叮叮兩空氣路向外開能令爐不受大熱其火燄在哦哦火路落下再通過吧吧過燒殼底咦其燒殼近火處格外堅固免過大熱鎔化背面亦堅固如啐啐兩孔能修淨火路平常用門閉之火從燒殼底行過旺至烟通內或先行在丙丙鉛盆下有呼呼兩風門以制進風之大小如二十八圖能見其盆從下托住法盆厚四分寸之三靠生鐵板上最穩用生鐵板兩層中間離開兩寸便於通空氣令鉛不致鎔化盆有小孔便於修理如修理第一盆則可用第二盆所有

進空氣路能進空氣令其變冷又盆在近爐之邊向上斜者令其料易於推過其孔噴而入爐乙其風門唧平常關閉因燒殼之氣濃者可與盆內氣調和如做淨鹽強水不含硫養三者則盆內之氣必與爐內氣分開用唧風門所造成之鈉養硫養三從進出料之門哌哌取出置車箱內移送棧房

以上所云之爐二十四點鐘內能成鈉養硫養三五噸其車長三十九尺爐寬十一尺二寸燒盆爐寬十六尺五寸爐柵寬二尺七寸半長五尺十一寸火壩在爐柵上五尺十一寸火膛兩邊牆厚二尺空氣路寬四寸燒殼上火路深十二寸上弓寬一尺七寸半中有通空氣路寬五寸又燒殼孔厚四寸旁有肋條數根如本圖其燒殼底厚三寸前厚八寸燒殼內長十九尺六寸寬七尺十寸半從底至添料門高九尺二寸弓底高八寸半中高一尺十寸又燒殼與化盆中間推料之路高一尺九寸寬一尺四寸燒殼底火路在當中二尺三寸半化盆下之火路高一尺七寸半燒殼下通至化盆底之路四面寬一尺七寸半火盆厚四分寸之三底長七尺十寸半頂長九尺二寸寬五尺十一寸深一尺五寸

用燒殼法所得之鈉養硫養三雖更淨然造玻璃所需之鈉養硫養三未必用燒殼如照本圖之爐風力不大不小亦可合用但比利時國之法必用燒殼因欲令鹽強水凝結更淨下有特

論做燒殼法

以上所云鉛盆不及鐵盆用處之多無論在何處用鹽餅做鹼類以鐵盆爲不可少初作方形後做圓形或長圓形其先作內外兩層現做單層間有鐵盆之式與前云鉛盆同用烘料之餘熱平常所用者爲生鐵淺盆徑九尺至十一尺深一尺九寸至二尺六寸中間厚五寸至七寸近邊厚二寸至三寸重五噸至六噸半其口平如三十圖或用平摺邊如三十一圖或平摺邊外加立摺邊如三十二三兩圖各式俱有適用處如三十三三十四圖免其料沸出鍋外其蓋作弓形與鍋不相關如鍋有破裂則取出換新蓋仍舊不動平常鍋底與地面略平火膛在地

面下盆之進料門離地高二尺至二尺半便於工人能立起房屋列於各盆之前面有空處便於用絞車取出舊盆而進新盆換盆時各工匠俱停工即可合衆匠之力相助換之

平常所用生鐵盆有鑄就兩耳可貫其鍊以連絞車將新盆安配車上其舊盆用車運出中通鐵路便於車行動又須多備鐵盆一個以便有破裂可換其換盆之法先開燒爐前面之磚取出舊盆更換新盆後再用磚砌好平常須十二點鐘至十三點鐘換成如各大廠內其盆成直行排列爐外備鐵路與起重架不但更換較易所有進出之料亦便於鐵路上運動

以上之鐵盆每三個月轉九十度一年轉一周則消磨各處均勻其盆能耐用十八個月

盆上之弓如靠盆面則有不便處如三十七至四十各圖有用此法其蓋爲圓形鐵板靠盆之邊如盆破裂不但易取出舊盆而換新盆即其蓋亦可拆下裝配比前法多費工十二點鐘至十六點鐘其蓋中間放出輕綠氣之瓦管亦必通過屋背木樑換盆時不須拆去倘管在爐旁不得已必須拆去瓦管

照上法雖盆蓋必在每換盆時重做就時費工但除此無他法能免強水之霧通入烟囱內平常之盆如三十三三十一兩圖在弓內排列略鬆或其口與弓正相切或有矮牆與盆相連用此種法盆內之料沸出盆外則強水壞其牆令盆之上下空處相

通又因盆常有熱度改變而漲縮弓易相離成裂縫令鍋下火路之氣上升或盆所放之氣吸入鍋內而通至烟囱管理人初不覺迨放輕綠氣通入烟囱之法令鍋盆有向上之摺邊而蓋靠平摺邊上則可全免此弊因盆內有孔而強水沸出所放之氣必至爐外管爐人必須立知不能使進火路內

做盆之料亦最要所用生鐵必能耐大熱度又必能耐小熱度所進之鹽與硫強水如不用冷者加熱不外百分表一百度其熱亦必至暗紅又常有盆之內面生皮因受熱比別處更大之故雖其料堅厚亦難當此大小熱度之改變又鍋爐下收火路之熱常爲熱強水與鎔化之鈉養兩個硫養三欲蝕壞其質故

其盆雖用最好之料不能耐久如用九個月能成鈉養硫養三二千五百噸已可間有能耐更久而化料四千噸者亦有用數日則壞如欲耐用必用特設數種生鐵鑄成另須配各種生鐵房如用木炭鎔成之生鐵比枯煤所鎔者更能耐熱度之改變但其質太軟易爲強水所蝕壞其盆用泥模爲之泥模必用生鐵外殼以泥爲膛而顛倒擺列有多孔便於放氣傾鐵之孔須九寸徑餘料高二尺則能成最密之鍋鍋內如有氣泡或風窩即無用英國只有數廠能造此種鍋歐羅巴別國所用之鍋因不堅必用別法加熱只能用燒鈉養硫養三爐之餘熱化鈉養硫養三一千五百噸即壞又盆中所取出之料尚未變稠畧有

稀漿之形即通至燒料爐則其盆能更耐久

裝列各盆與用盆法其工人必更靈巧如盆內生厚皮其皮忽然綻開或化料將成時令盆熱至紅忽然加冷鹽與強水難免盆破裂其料漏至火爐內而發聲管理人一聞此聲即刻停工而換新盆間有破裂少勉強能用數日但其鈉養硫養三與輕綠氣之糜費甚大又其盆無法修理如用帽釘補之或用灰封之俱無用

凡換新盆時其牆與蓋不必拆開又爐火欲與盆下面相切則爐柵必與盆相離稍遠或用鐵夾板鑽多孔在爐與盆底當中相隔令熱氣上升

有數處礬類廠所收之硫強水已甚熱或從果勒發塔強水與鉛房強水相合之池內而來如不用此法用冷硫強水應特設生鐵小盆以鉛爲裏便於將硫強水加熱此盆內有浮表或鉛條面刻尺寸則能量其盆內之強水有吸管如三十四圖能從此盆放出熱硫強水其強水得熱八十度至一百度則入化盆內其盆不致破裂

化盆進強水法亦必最慎如能在盆蓋中間添進更妙間有在進強水之管口鑽細孔如澆花之漏斗能令強水分成細滴先將鹽鋪盆內則硫強水落其上不遇鐵盆如進強水之管低只能通在盆口必用鉛裹生鐵管通入盆內令強水落於鹽上不

可直遇盆邊此管最能耐久如用瓦管恐工匠所用手器或挑料等器易於碰碎

三十五六兩圖有化盆一個配燒料爐兩個爲英國所常用者其盆甲與兩燒料爐乙丙各有特設之爐吃哂化盆之火燄由啷啷與呋哋火路通入烟囱爐有雙爐柵啐啐旺旺底向上斜其火燄行過進風孔哦咳至盆上空處又在乙與丙先收燒料所放之氣後於甲內收化盆所放之濃氣再行過火泥管庚通入凝水器其味與呻爲烘料爐之火門哂與吧爲進出料之門因燒料爐之熱能通至化盆上則化盆化各料甚速故一個化盆能配兩燒料爐此法雖能成許多鹽餅但因所放之酸性霧

俱與爐所放之煤氣和勻只能得最淡之鹽強水此鹽強水大半做鈉養兩個炭養二用或竟放去故此種化盆兩邊有燒料爐在上面加熱現在造鹻類廠以鹽強水爲有用之料則照上法似不合宜莫妙將化盆所放之氣與兩燒料爐所放之氣分開外出用此法之廠往往得利

三十七圖至四十七圖各爐之式最顯明其尺寸悉照法國枚數註明其上如三十七圖爲平圖甲乙綫上之立剖面式三十八圖爲前丙丁綫之平剖面式三十九圖爲外立圖四十圖爲平圖戊己線上之立剖面其盆有直立摺邊頂上爲圓形每換新盆必拆去再裝雖裝拆須費時數點鐘但可免鹽強水之霧

從盆通至烟囱之弊

烘料爐之火從爐柵呷行過爐叱通至火路丙從此路通至收燒料爐霧之凝器其丁化盆所發之氣另行過戊路通至凝器內燒料爐有進出料之兩孔吧吧孔外有鐵條便於用手器能擊動又用火泥磚爲門有鐵架撐住門有鍊及重鎚如本圖咦啐爲生鐵雙副門在化盆與燒料爐中間有槽可移動並有牽條能令相離若干遠如用單門則酸性霧最易將其邊消磨因此化盆之氣從頂上能通至煅料爐乙故用雙門其中間猶須以鹽塞緊使氣不能通其化盆立摺邊在叺與吁有進出料門又戕爲進硫強水漏斗須裝在弓頂中間令硫強水直落至化

盆當中鹽上否則必照前法用生鐵管此管須常換不便看本圖各爐可知化盆底之爐柵與火膛等之排列不令盆底徑遇火又能受熱最速所有進風孔等之尺寸俱歷試而配準如爐柵嗔有弓形㖿覆之旁有孔前小後大令化盆不能與火相切其火燄繞盆先遇圓牆哌哌後行過所配之大小孔通至外面空圈在此處將盆之上半加熱至末通至火路吧

以上之圖盆在燒料爐端進出俱在一邊盆之進料門與推料門成正角方向其料從化盆推入爐用一長柄鏟鏟在凹形與鍋底相配如推料孔正在進料孔之對面則用長柄鈀其形亦與鍋底之凹相配用鏟雖易但擺列法必合本處情形酌定又化盆爐可列置其旁不可在進料門之一邊如在門邊管理爐之膛上必做弓護之

所有烘料爐或用枯煤或用烟煤烟煤易燒不若用枯煤雖價貴尚能合算且枯煤不發烟若烟煤則常有烟將爐與管及凝器塞住必噴水洗去凝器內之黑㷖因水多不能得濃強水如所成之淡鹽強水雖多含黑㷖亦無礙能造鈉養兩個炭養二用如用枯煤則凝器內之磚可密排用水少易得二十三至二十八度濃之鹽強水合做綠氣用又有法能做更濃

以上之爐火燄能徑燒其料煅成鈉養硫養三另有將料置燒殼內因爐底與爐上之弓蓋密煅料時所發酸性霧不能與火

燄調和比較前法之爐更易凝成流質因其質更濃熱度更小所凝之氣不及化盆所發之氣因挑料時不免有許多空氣收進但其料比化盆氣更熱更淨因將做成時有硫強水散出雜入其內

有數廠將燒殼內所放之氣另凝之與化盆氣無關如造鹽強水出售則此法更要若所成鹽強水在本廠用則各氣質合在一凝器內可不分如四十一至四十七圖其化盆與燒料爐各有爐柵因按時必成若干料不得已必用此法

如火壩後燒殼之彎弓為初受熱處必有一磚之厚另半磚作襯但長過三分之一處有一磚厚至末第三分只半磚厚其彎

弓上全用火泥厚一寸火泥用淡鈉養水和勻見熱合連不能通氣用最好火磚密砌不露縫工須堅固弓高以九寸為度過高則受回熱起首處離爐底十二寸中間高於爐底二十一寸其上弓在最寬處離開燒殼弓十二寸在前面最窄處不過九寸兩弓俱有鐵板托住鐵板蓋在爐外有直立條與牽條令其堅固在前面其鐵板高三尺背高二尺鐵板厚一寸各長邊立鐵條十根平常用四寸鐵路條為之其橫鐵條為四分寸之三至八分寸之七之圓鐵條其兩爐柵之火行過燒殼弓只一薄牆隔開在他端相連後向下有數個通路引之其化盆與燒殼中間亦有通路中有風門

以上爐之各件極易消磨必最慎之

推料之路俱用鐵板為裏其風門亦有伸出之摺邊用砂封密最易消磨如用雙風門如三十七圖更宜在推料路之下各火路相合成公用橫公路火燄再向前分為七小火路此處亦過橫火路後通入烟囱做七個直火路之意因能用平常九寸火磚作爐底平擺之厚二寸半但最好之法用半厚之火磚兩層各層成搭節所有矮牆在火路當中應厚九寸令不能速燒壞其火路寬五寸故九寸之火磚兩面能夾緊又在前面其火磚亦能伸出當中空處亦砌平其火路底向一橫路而斜見四十三圖便於收拾得淨其輕綠氣或用生鐵管以火磚為膛引去

之或用上升之路通過兩個弓但生鐵管易壞可令燒殼弓破裂

間有數廠做爐底不用七寸火磚用二寸方火泥板爐底火路不過四條如四十八九五十各圖其火燄從前至後行過其弓在爐底下有直路兩條來往後再向前行在兩個當中火路內如五十一二三四圖見圖易明如能有最好火泥板可用四十八至五十各圖之法比較四十一至四十七各圖更佳因下火路更易收拾得淨又爐底內裂縫更少所用火泥板亦必最上等之工料其端有凹凸筍如五十五圖令所做燒殼亦更長如內二十五尺至三十尺長但不能過寬因翻料之難處過大如

燒殼更大則燒料之熱更省叉所鋪之料更薄易於翻轉調和

如五十六至五十九圖爲德國所設之法其化盆與燒料盆只有一個火路加熱五十六圖爲立剖面五十七圖爲燒殼立剖面與前成正角方向五十八圖爲平剖面在進出料門等高處爲之如五十九圖爲一端之立剖面甲爲化盆上有火磚弓乙爲燒料爐其火先令燒料受熱後通至火盆其火膛戊內有梯形爐柵呷內可燒棕色煤又叱爲灰膛內裝滿水其火燄先行過燒殼過吧在燒爐弓哦與上弓唡之當中然後其火向下通至咦與咦兩進氣孔如圖內虛線行過爐底下先行過兩外火路哰哰後回至內兩火路哰哰向化盆如飪飪爲風門在呼處管理其火可向盆底如吧過吘火路通入烟囱或閉風門則行過哂通至吘如丙爲瓦管能將盆所發輕綠氣帶至凝器膛又能引出燒料爐所發輕綠氣過火路丁如叭爲進鹽門硫強水行過盆上弓當中之鉛管落入盆內如啷路有風門可管門上有重鎚嗊又如哦咳爲燒料爐進出料之三門又如吘爲收拾乾淨哂路之門又如呋咄爲爐外鐵牽條

如英國所做燒殼平常特備化盆爐但比利時與德法兩國用燒料爐之餘熱加化盆上因所省之燒料必加多人工多添數爐故要做出料多之處則其法不能省如比利時國有燒殼爐每二十四點鐘化鹽三十擔至三十六擔如合法爲之二十四點鐘內可化鹽五噸至八噸又露火之爐一日內可容十二噸平常得十噸已可如法德兩國所用燒殼法每二十四點鐘化鹽二噸半至三噸又如比利時國僅化一擔半至三擔如此之慢則鹽強水能凝結比用更快之法尤佳

如燒化盆內所成鹽餅用燒殼爐或露火爐何爲最佳尚未能定如不做濃鹽強水廠則用露火之爐爲常法如要做濃鹽強水則用燒殼爐即不通火之爐茲列兩種爐利弊如下

不通火之爐西名瞎爐其益有五

一鹽強水凝結更佳

二所成鹽強水更濃

三凝鹽強水器更賤

四可燒烟煤

五能省硫強水

露火之爐其益有四

一所成鈉養硫養三更多

二不必常修理

三鹽強水等霧不得已必通至凝水器內

四做濃鈉養硫養三更易

以上所云燒殼爐與露火爐之利弊相反佩服各法之人常欲力免其各弊間有能免數種弊者

茲將以上各欵略論之

一凝鹽強水更能得法　因露火之爐所出之氣熱而含煤氣甚多不能用三口瓶凝之近用枯煤塔或用裝磚塔等法現在知令輕綠凝爲輕綠水最好之法令其氣變冷如凝膛之容積大而有法加冷則露火之爐亦能全凝蓋燒殼所放之氣易於凝結露火之爐難凝結

二鹽強水更濃　如加冷之法爲合宜所需水數足用所成濃鹽強水可用化瓫爐與燒料爐一併凝結如將露火爐所放之氣令在枯煤等法凝之所成強水只能作炭養二等用從前因過淡放去近來所設加冷法能得濃鹽強水但露火爐所成鹽強水難得燒殼爐多如做漂白粉則成漂白粉亦不少

三凝水器能更賤　如露火之爐所需配凝水膛各器必大而繁其價貴如燒殼爐則凝水膛與器稍賤

四可用烟煤燒爐　如露火之爐平常必用枯煤因用烟煤不免有黑炱與灰但鹽餅含黑炱與灰後燒時易於燒去此爲小弊但凝膛與各器必常塞須收拾淨而工料甚多又燒殼爐所需之熱必大雖露火爐能省煤然燒殼爐之火燄行過之路多一倍如此受熱更易又燒殼用烟煤比枯煤賤

五化鹽所用硫強水能更省　如燒殼所有放散硫強水少而所遇化合者多此亦省法下有特論之一章

如用露火爐所得之益有四種推論如左

一所成鈉養硫養三更多　查露火爐煅料所費之時與化瓫工夫所需之時畧等故不躭延工作但用燒殼則燒工慢而管理化瓫之人必待若干時亦爲靡費又等時必減火力因此故化瓫常有改變熱度極易破裂露火之爐因無躭誤其火瓫更耐久如六十圖用兩燒殼爐配一化瓫則能免此弊但容積與原價及修理之費更多

二燒殼之爐又有一難處因常欲修理爲最大之弊如燒殼不能用甎堅砌因愈堅則傳熱愈難如燒殼底與弓所有之消磨比較露火爐實在底與弓更少又如修理內弓必先拆開上弓無論上弓欲修與否不能不拆開又兩層弓之中間其相距必不能容一人走通修理否則火燄行過上弓而令下弓受熱甚少又燒殼常有裂縫強水卽從燒殼通至外火路如此通入烟囱內不凝結因此其爐之弓必常停修理近來用上等弓料與最巧之法令燒殼耐久不洩氣如六十一圖爲新法成弓之甎每甎之節有筍形裂縫中間用極細火泥灰一薄層如此燒殼弓之厚可在四寸半以內而傳熱之法更易但造弓各法大半靠泥水匠與辦理人能謹慎與否

三可免強水霧通入烟囱內　前論燒殼之弊不過數年內漸漸查出從前不詳細查烟囱所放散之氣只查凝水櫃所放之

氣但强水之氣或從化盆或燒爐內散出如化盆之氣無論用何種爐其事相同其弊必在造與安置化盆時免之但燒料爐各不同如露火爐則一併所有之氣質無論爲强水之氣質或火之氣質俱通至凝水器內又開門取出料時間有强水之霧出至做工之房內雖其數甚少因工匠大受其害必最愼之又如在進出料之門上做套則放氣之數最少又如其套不通入烟囱而通至小凝器則其弊更少此小凝器以瓦管爲之寬二尺高二十尺又如平常燒殼吸力在外火路比較在燒殼內更小如弓內有極小裂縫則能吸許多强水之霧通入各火路而通至烟囱內不至通過各凝器如爐底有裂縫不甚緊要因其

縫必爲融化之鹽餅塞住不能洩氣間有整磚落下因此氣質有大靡費又因其弓不得已做薄則更裂開故燒殼爐不甚穩每日應試驗其法將氣吸過蒸水後用銀養淡養五試之最好試法先試總火路如有洩氣時再將各爐火路一一試之則能查得有病之爐如不用此法則易得許多氣放散管爐人不知而廠外居人受其大害有管廠人云烟囱口所出之烟色則能知其烟內含氣質若干但此法最不足憑除非大漏洩外則難分辨近來設立多法免火路之吸力過大

四能造更濃之鈉養硫養三 因露火之爐熱度大則易化分其鹽而煆鹽餅如燒殼爐欲全成此事則面積必大而煆時必

長如每化盆配兩燒殼爐則能免此弊

照以上各論可見考究最緊難定用燒殼或露火之爐以何法爲宜如欲多得最濃之鹽强水或欲出賣或欲發綠氣應用燒殼必愼爲之每化盆配燒殼爐兩個此法能省凝氣膛如凝氣膛不必省地位與本錢而爐之方位少又不必收盡輕綠氣或要收若干輕綠氣不必得濃者如做鈉養炭養二等則可用露火之爐不必十分精美造爐之工料必最愼通水甚多又不必慮散去强水之霧總之如不令放强水之霧則用露火爐最妥但所成之鹽强水必更淡

近來有人設法得燒殼與露火爐之兩益處其法另用一爐將

煤燒成煤氣通至煆料爐與化盆底做爐之法畧與西門士鍊鋼爐相同又可配若干風門與火路令煤氣與火任一何法通至何處其法雖巧然有多弊故用此法之廠甚少

再有一法亦另用一爐燒煤氣如六十二至六十六各圖其法用平常燒殼通煤氣加熱又有鐵管通空氣合煤氣所用鐵管亦用爐餘熱令鐵管甚熱則管所進空氣亦熱但各種燒殼之弊因外火路吸力大而燒殼內之吸力小故所進煤氣之壓力與放氣快慢常改變如謹慎各事可免其弊已有一廠用此法而弓內如有裂縫則煤氣通入燒殼內而燒殼內氣不能外出

凡燒鈉養硫養三各種爐有數事爲公用而最要卽所有鐵面

並外磚面須用熱黑煤油塗一層又趁爐熱時再塗油一層則其鐵與磚不能遇鹽强水霧可免蝕壞除火膛裏用處不必多修理但燒殼不能不常修因有三故一材料必最薄能傳熱二外面遇火內面遇强水霧底因挑料受傷三最小裂縫不可不慎停爐之時修理可見引强水霧之路不應在弓頂應在弓旁見四十二與四十四兩圖之化盆磚即其爐襯而爐棚上之弓常變壞而必換新但其火路之上半不多壞又如化盆上之弓與化盆不相關依法爲之則能耐數化盆之用

燒鹽餅之機器爐即轉動爐

此種爐先在一千八百七十五年有重司與華司兩人所設此

兩爐之工不分兩層但全靠一大而淺之生鐵盆從頂上加熱不似平常之盆從底加熱易有破裂之弊平常之法幾全靠管爐之人精習而機器爐不關工人之優劣但因機器代手工挑料其工全在一器其爲之故燒鹽餅之熱度更小而能化盡如第六十七六十八六十九三圖爲原來此爐之式其爐爲圓盆如兩徑十四尺底平面有六寸寬之摺邊下用磚砌實用枯煤生火從頂上加熱盆之中間有座礅按一立軸即此軸每二分半時轉一周通過盆上之弓用齒輪運動此軸上有四個平輻如晬平輻上有四個斜條旺有剖器吁以銷連之共四剖器雖關軸相距不等但與盆面相遇剖器外別無受銷磨之件故剖

器消磨不能用易於更換其軸有五寸徑之汽機能運動又甲爲火膛乙爲大孔即通火至丙盆之路火過可路通入戊從戊通至凝器又如嘆各孔有門哪能閉之進出料俱靠此兩門以上爐式有數弊另有牛加蘇人名古得瀟另設一法如七十七十一七十二三圖其火膛靠盆蓋之托柱故盆蓋更能低其盆徑十六尺靠一弓上收其重力前法用剖器此法用生鐵末正行時能調和盆內之料反行時則令其料通至盆邊從出料門而出其盆蓋上有鐵漏斗以圓錐形之塞塞密盆內能裝鹽五噸將圓錐形塞拔起則料能直落盆內所以裝料出料之工極省

所用之小盆能容鹽僅三噸半進料用鏟約半點鐘時進料後用兩鉛管通入盆邊以進硫强水約進五分之四其鹽與硫强水依法調勻無沸出噴散外面之弊或於面上加牛羊油令不沸出進强水後約一刻時其盆所放輕綠氣最慢而凝結不及但六十七至六十九圖之法所發之氣更勻凝結亦更易盡雖有多空氣沖淡其氣亦不妨礙其料已調和一刻時則取出少許試之如覺强水不足另添强水若干如强水過度則另添鹽若干配準因强水之濃淡與鹽所需强水之多寡俱不能預先確知其爐內之熱不過百分表四百二十五度而平常爐則須六百五十度每進出料一次約五點半鐘至六點鐘時所得之

鈉養硫養三爲細粉內無硬塊其質最淨已試得一次每百分含不化合之硫強水・六分不化合之鹽・二分又試一次得不化合強水・五八分與鹽・一二分用此機器法一人能管理一爐之各工而需用之鹽與造成之鈉養硫養三俱不費人力轉運若用舊法須用管理盆兩人管理煅料爐兩人至四人做料一人運鹽一人可見用機器爐之大省

照以上之法所凝成之輕綠氣似最難凝成濃質但其實不然因所放之氣勻淨而熱度小其霧先合於爐內之氣後行過五十尺長之路此路用火泥磚砌成高三尺半寬二尺半如用生鐵管則比火磚更佳其氣再行過噴凝水器此器噴散水成極

細之點遇輕綠等氣令其變冷而凝結若干分後其氣行過枯煤塔塔高五十尺方七十尺雖所凝之氣不能知其分數然氣從塔經過則不凝結者甚少平常之爐進出料時其氣從門內噴出此爐則無慮但亦有數弊如生鐵耒不合用必換熟鐵盆之接處常洩氣須修理所成之輕綠不多如枯煤塔裝得最鬆每日只得淡鹽強水十二噸裝得最緊亦只得五噸

用機器爐不得法之故約有二端一因熱度不足二因爐式尚未合法其熱度不足多因爐蓋太高必所需熱度得百分表四百四十度至四百五十五度方能按定時刻變化而成如爐蓋高四尺九寸至五尺則難得應需之熱度故裝料一次多加工

夫兩三倍如此有大靡費又有一弊因常有通凝水器之風力不足亦能令熱度過小又所用之耒不能去盆底所凝結之料不及舊法之刮器但尚未有合宜之法原用熟鐵造此各器後以生鐵代之但生鐵質不久即脆因受力過大則易折斷現在立軸用七寸徑圓熟鐵條其四個輪輻用五寸方之熟鐵料盆深十二寸兩對邊各有門如十六尺徑之盆能成鈉養硫養三六噸並能耐久不壞已試用八個月此盆無弊如用一百四十度濃之硫強水另加熱再入盆內其變化更速

此種爐每成鈉養硫養三一噸需用枯煤二擔半或造鉀養硫養三每噸約需枯煤三擔

造此爐之人推究其理有四端開列如左

一爐內所放輕綠霧並鹽餅所放輕綠霧各弊幾可全免

二凝氣之時得法所得鹽強水之濃約二十四度至三十度烟通所放之氣每一立方尺放氣〇・一〇至〇・一五

三所成鈉養硫養三之質成色佳而其性更勻

四如用枯煤自比別種煤之價貴其機器必藉汽以運動雖俱爲靡費然用此法能省人工而機器亦不易消磨並能省用硫強水即如用手工之爐需硫強水九十分配鹽一百分用機器爐只需硫強水八十五・八〇分以化學之理推算應用八十三・七六分又機器爐可省人工之半但用平常粗工人不須多年

熟練之老手又舊法所用工人稍有不馴者則故意令盆破裂偷閑數日不管廠主吃虧而用機器爐亦可免此弊

有人論此法所成之鈉養硫養三不甚多七日內只能成五十噸又云機器常有損壞即如熟鐵軸折斷生鐵軸改變其形又如欲多造鈉養硫養三則機器與爐更難耐用如每七日做四十噸至五十噸則機器不甚熱故不易壞雖用機器爐有數弊然英德兩國現俱用之因能省人工與硫強水而所成之鈉養硫養三亦最佳

一千八百七十七年六月十四日有布勒克與希勒兩人設一新法可免前法之弊其法仍將化分之工分爲兩層其盆從上

加熱有轉動挑料之器盆內所做之工亦如平常煆料爐之工其鹽與硫強水調和之工另有一器此器有挑料之法從底加熱與平常化分料之爐同所用之鹽宜於乾所用之硫強水宜於最濃其鹽與強水先用器之餘熱而煏之如七十三圖爲此器之旁立剖面七十四圖爲一端之立剖面七十五圖爲平剖面甲爲生鐵槽鑲在磚上如乙上亦以磚蓋之因爐壬之餘熱在丙丙各路經過故鹽與強水俱得熱其蓋上有進人孔呷在此孔添鹽又有管吃能進硫強水有管吶放出鹽強水其叮叮孔有門封閉待料已熬成稠質則從此門取出戊爲平軸有相連之挑器丁其銅襯在其箭外可靠在兩端軟墊臼令戊軸轉

動之法用齒輪己與立軸吧通過箭蓋又有斜齒輪爲平軸庚所轉動而庚有哰哰枕托之又有皮帶輪辛其槽甲長約十一尺寬五尺半深四尺半每一次所進之鹽料約二噸至五噸先進所需之硫強水後進鹽七分至八分再進餘鹽二分至三分依此法起首質稀而輕綠氣易於放出又令其料不能與箭面相連如一工內要成料最多其槽甲不可靠壬爐之餘熱必另用爐生熱

甲槽高於壬爐三尺其兩口幾乎在一垂線內待槽內之料已得所需之濃則開叮門令其料流過叮二槽此槽亦有門叮三其燒成鈉養硫養三之爐有一膛哰此膛爲哰二之火所加熱膛內

有圓槽哇槽中間有立軸吁軸上有輻咽輻上有刮器嗔軸之下端靠槽底之座上端有枕咧而運動之力靠汽機之齒輪與軸如哌吧咋味呻設此新法之人冀能省燒料與硫強水並能得鈉養硫養三更多又能凝氣更易所得輕綠水能更濃但此法尙未久用故不能確言其利弊

一千八百七十六年三月初三日另有人名卡瑪克與和加設立機器爐最爲靈巧但其機器難用其法之大略用一大管一端用機器進鹽與硫強水令其料漸漸行過管內在管之他端而出所成之鈉養硫養三放出輕綠最勻無遲速之弊此器如七十六至七十九圖其生鐵管如圖內乙長約二十尺徑三尺

至四尺兩端藉輥輪如二而爲爐之三所圍住又四爲令管乙
幷刮器或挑器與桿戊轉動之齒輪六爲爐柵其管內所燒之
料順圖內之箭形通至烟囱七又圖內八爲漏斗便於進鹽料
進鹽之法有螺絲如九又如十爲進硫強水之管十一爲放出
所燒成之鈉養硫養三十二爲放餘氣之路其鹽與硫強水進
管時已調和而本圖所有動軸外另有定軸面上有齒其齒能
刮管之邊故管轉動時其料不能凝結面上其軸戊所轉方向
與管轉之方向相反故其料必常向門十一而行動其輕綠氣
行過管十一而通入若干玻璃管其管徑十二寸有噴水成細
點遇氣則收之其玻璃管長約五十尺足令其氣凝結因其氣
幾爲淨輕綠此法每一日能成鹽餅約八噸
照上法已配爐一座但不甚靈因管內之兩通軸只能在外兩
端托之而受熱時向下彎故轉動不勻其料在管之面凝結因
此種爐最宜於用綠氣之法則改用綠氣法但不知其能靈與
否

用生鐵化盆之法　此法與用鉛盆之法迥別因鐵比鉛更能
耐熱而化料更快又所用之手器碰生鐵盆則僅器具受傷而
碰鉛盆則鉛盆易壞如欲每日多成鈉養硫養三則須用生鐵
盆鉛盆不能耐用

所用之盆已化鹽料而變成必移至煅料盆則化盆底不可有

餘質因餘質不能再消化第二次進料時有所餘之質結成皮
必敲去蓋化盆之破裂大半因有此故有因用久而消磨漸壞
者有因造盆之工料不得法而其弊立見者大凡出料並去其
餘皮後即開通大門如用煤氣煅熱者亦必隔斷煤氣令化盆
稍冷斷不可紅熱否則進冷而濕之鹽或進硫強水必有大弊
而輕綠氣放出過猛令盆內之料沸出所有各節之裂縫亦必
洩綠氣而所成之輕綠必有缺如小廠則將鹽先加熱烘乾再
添入爐但大廠因此工過繁所用之鹽徑從棧內取出放入盆
內每百分含水二分至七分不等其鹽大半從出料門送進間
有從頂上用漏斗進料者然不常見因用漏斗則其蓋過重如
管理化盆之人做工不忙仍不若從門內進料之易且因漏斗
忽然進許多鹽料則鍋底忽變冷應先將硫強水加大熱通入
盆內然後進鹽有數廠用此法進鹽料後再將漏斗裝滿鹽合
鹽在漏斗內自乾以備下次之用然亦不甚妥有在進出料門
之外備鐵板將鹽鋪在其上待盆上出料後其鹽略乾用鏟送
入最便

每盆所裝之鹽各廠不同如露頂之盆進鹽不及五擔者少而
過十擔者亦少間有封密之盆能進十六擔但工夫必加倍如
英國廠內露頂之爐八擔至九擔封密之爐十四擔至十五擔
歐羅巴別國平常用封密之爐所進鹽料亦少即如德國有一

處二十四點鐘進料十二次每次八擔又一處二十四點鐘進料八次每次六擔

所用之硫強水應得之濃淡與含異質之數已在本章首論之

又如量硫強水法加熱與進盆法亦在前言之但硫強水進盆應得之熱度在各廠不同但不應小於百分表五十度間有加熱至百度以外者如欲免盆為強水所壞則強水愈熱愈妙但過熱則放輕綠氣過速此弊在前亦言之故熱度必當酌中又因量硫強水時如熱度過大則其水已漲其體積而不足用如過冷則縮其體積過多若每進硫強水一次量其熱度照熱度推算體積亦覺過繁又所用之鹽含水數亦常有不等應每日

試其鹽含水數一次照此水數配硫強水之多寡

照化學之理推算應配硫強水四十九分鈉綠五十八·四六分如用淨鈉綠則每百分應配鈉綠八十三·八一分但所用之硫強水必多於此數故每用平常之鹽一百分內含水五分而在露頂盆內要做最濃之鈉養硫養三須用硫強水八十一·三三分但已試得鹽每百分須用硫強水八十二分

如所成之鈉養硫養三不可含餘下之硫強水則所用之硫強水必更少所成之鈉養硫養三每百分可含不化合之鈉綠二分至三分但做鹼類此種料最不宜如封密之盆所用硫強水必更多間有每百分多配五分至七分其故因熱度大而風力

已行過其面則強水尚未化合以前有若干分飛散如用熱度更小之爐每百分配二分至三分已足用總之不能預先推算能定各種爐每鹽一百分應配硫強水之數因其事最繁無法能預知但必常化分所成之鈉養硫養三料從此能知所應加應減之強水數

大半廠家做化分鈉養淡養五之工將所得餘質合於鹽進化盆此料含鈉養兩個鈉養硫養三若干故所進硫強水數可更少但平常用此餘質合鹽不可過多約每鹽十分配此料一分為最多如每鹽二十分配此料一分則更妙如多用則鈉養硫養三必成硬塊而其成色不佳此料俗名硝餅原成大塊應先

磨碎成粉再合鹽進化盆則其弊更小

平常之法先進硫強水後進鹽則易調和用長柄鈀攪若干時其質能勻而發輕綠氣甚多將其鈀從門取出門外加鹽封密門以生鐵製成能在生鐵架上起落如關門則不多洩氣但常遇強水之霧最易朽壞而漏洩間有用甎石做門與架者若以鉛或端石為門則不能耐久如前二十一二兩圖有螺釘與橫擋關閉門之法但平常將門倚在門口外加鹽封密

平常盆內加新料時用鈀挑撥則所放之輕綠氣至爐外無法能盡免此弊凡進出料時亦放氣俱與工人有大礙故特做一大木套形如倒懸之漏斗或用薄鐵皮以代木料用火泥管通

入烟囱則輕綠氣合烟囱內之氣外出而人不覺如相近之居民恐此綠氣放出有礙則另設一小凝水膛將套內所聚綠氣通入凝水膛內則成淡鹽強水但無甚大用如第八十圖爲此種收綠氣之膛如廠內能配凝水容積最大者則風力亦能大而套可不用

消化鹽之工成每一刻時調和一次但爐必漸漸增熱平常化盆之工比煅料之工更速然須待爐內之料先煅成方能將盆內之料取出如盆內之料已成而煅爐之料尚未取盡則盆之料易變硬與盆邊黏連極難取出故管爐之人必配火力大小令煅爐料全取出時而盆內之料亦預備取出若盆之熱度過小則煅爐之料已取出而盆內之料尚未成亦爲大糜費如所用硫強水有一百二十五度濃則不至有此弊其全套工夫在露出之爐約一點鐘封密之爐兩點至兩點半鐘

如英國牛加蘇地方廠內所用之盆極大者能容鹽十八擔每一點鐘將料之一半從盆內取出推至煅爐盆內再添鹽九擔與相配之硫强水照此法盆無空時每盆能燒鈉養硫養三約四千噸方壞而另換新盆其做工之法將鹽十八擔與相配之硫強水添入盆內看其料已變爲稠質則將其一半推入煅爐內再添鹽九擔與所配之硫强水而調和再添鹽四擔半再調之後加火力再添鹽四擔半調之至變爲稠質後將盆內之料一半推至煅料爐內此法有數大廠用之頗得利

如盆內之料變爲稠質而挑器覺在內撥動不靈則知其料已成如盆擺列不得法則極熱之處必生硬塊最難推散如盆內之料已變硬而煅爐已空則開其門用挑料鈀或鋤如八十一圖丙推之或用別器亦可但挑器之頭必與盆面之形相配如兩個門彼此有正角方向則用大鏟如八十一圖戊將其料送入煅料門後則管爐人平鋪在爐底之面

煅料爐應熱至光紅而進新料取料之後亦有此熱但添新料其爐自然變冷因發白色霧最密爐內不能見物其料必平鋪在爐底每一刻必挑一次其挑器如八十一圖呷與吃但八十一圖之鏟吃用時甚少只能令其料調和得勻而不成塊此各種器必以熟鐵爲之其柄徑八分寸之七至一寸長十二尺至十五尺進出料與挑料之門外掛一鉤便於吊器具之柄可省人力

凡見料內成塊須用長柄鏟打碎如近火壩生熱過大則其料鎔化而挑器不能久放在料內此爲大弊老手斷不至此只因生手不謹慎調和而有此弊如鈉養硫養三含硫養三少則易結成硬塊如露頂之爐工人能常見其料之調和易免成塊故爐面可小如有蓋之爐不能見其料所以爐底之面須大否則易成塊

有數廠爐底分高低兩層或三層則化盆所出之料先鋪在最高之面上後向前移至低之一層以此法其料在爐內比在化盆內之工夫加一倍或兩倍即如化盆內之料每一點鐘換出後先鋪在煅爐後面一點鐘再移至前面燒一點鐘此為最便之法

煅料之時刻惟管爐之人自知看其料挑時不發霧其質熱至紅則工夫已到斷不可熱至鎔化之度又煅成時須用鈀如八十一圖哂從爐內取出爐門外備鐵手車如八十二圖如車載滿料即從前面掀出但車上鐵皮易於朽壞必常換新如大廠家常備鐵路在爐前面用四輪車由鐵路通至爐門門外護以鐵板因常有爐門所出之料向左右散開有此可以收束

有數廠不許將其料徑裝車內恐放輕綠霧經過人烟多處而有害故在爐前或爐之下面掘一坑將其料先落至坑內漸冷而取出但此法在歐羅巴別國用之英國廠家因做工緊急工人無暇若移動材料兩次多費人力又有礙於爐工故不用此法因此常有相近處之農民訟訐云所放輕綠氣有礙於農工令花草樹木與牲畜傷斃如能在運料車內與存料棧內設法蓋之俱可免此弊莫妙用冷鈉養硫養三一薄層蓋其上則可不發此氣

熱鈉養硫養三所發之氣不但有輕綠亦有硫養三如見其料之形狀則能知其燒工得法與否上等鈉養硫養三其粒細為黃白色不可有成塊者間有因含鐵而成紅色之塊但所含鐵之數未必多於黃色或白色者因其鐵原為皂礬之形已變作鐵銹之形凡熱鈉養硫養三常帶黃色亦必因含鐵而冷時可變白如料內有塊或未鎔化之料或煅之不勻則其咎歸管爐之人如內含未化分之鹽幷未化合之硫強水亦為管爐人之咎如取其料若干試得含鹽過多或強水過多則其誤在管化盆之人而配料必改其比例如所成之鈉養硫養三每百分含不化合之鈉綠不及半分不化合之硫養三不逾一分則為上等之料又如每百分含不化合之鈉綠一分硫強水一分半亦尚不為差如含此不化合之料兩種過多可知煅料之工大不合法

每鹽一百分所能成鈉養硫養三之數幾分靠鹽之成色幾分靠人工之靈巧如英國每鹽一百分常含水六分至八分應成鈉養硫養三一百十分至一百十二分如用最乾之鹽應成鈉養硫養三更多聞有數廠能成一百二十分者但其料與人工必最佳

如英國各廠派三人管理一座器具一人管化盆並用車運鹽料與煤及運需用之硫強水又如煅料爐須用兩人則所成之鈉養硫養三亦此兩人用車運出如每一點鐘化分之鹽少於八擔則煅爐只需配一人如用蓋之煅爐每十二點鐘內配三

人每次裝鹽十五擔共五次成鈉養硫養三八十三擔露頂之煆爐每次裝鹽八擔至十擔共十二次成鈉養硫養三一百零六擔至一百三十八擔半共工價俱依所成鈉養硫養三分兩核給又如用機器共人工更省

如英國上等廠每成鈉養硫養三一百磅燒煤十五·一磅爲化盆之用枯煤二十三磅爲露頂爐之用曾試過燒煤十二磅與枯煤十四·三磅已足用但此爐非要緊造成者如別國所用數目每鈉養硫養三一百分燒煤二十八分至二十七分不等

化學工藝二集卷二

第四章論做鈉養硫養三法

哈果利夫所設做鈉養硫養三法

此法不用硫强水但用硫養二與空氣與汽一併與鹽相遇令鹽變成鈉養硫養三此法創之多年初只知有可變化之理後經多人考究不惜工本始能試驗而成故現在所用之法蓋經數十國之人所歷試者一千八百七十一年七月初四日又從此法內增益最要之三法一令所行氣質在存鹽料之桶內向下行過則其變化比從前向上之法更勻二用生鐵桶代從前所用之磚膛三用新法擺列各器又做生鐵通氣爐令新氣遇

將成之鈉養硫養三料其氣質之力量將散時遇新鹽料即如黑灰料漂在水內之法

其氣質在桶內下行之故因氣向下則桶內之熱處所經過氣質比冷處更多因向下行之速其快慢與熱度之較有比例故別種變化得勻不致有過快過慢之分從前所用通氣質之法常有熱度不同因難免此弊故製造家設法勻裝其料令熱度得勻如用此新法令氣向下而行則弊尚難盡免

查從前用甎砌成膛則火力必大難免各處熱度不勻之弊自用生鐵桶代甎膛不但其熱能勻又免甎有漏洩之弊

此新法亦用燒鐵硫二礦爐所發之硫養二氣又將所用之鹽料

先做成塊便於氣質由空隙通過不至如鹽粉之堆實而難通其法用鐵板而以爐之餘熱行過鐵板下令其生熱或令餘熱行過鐵板上亦可將鹽粉合水令濕鋪在鐵板面則自能凝結成塊平常用鹽粉一百分成塊後配石鹽十分至二十五分用此法有一難處因鐵板面所鋪鹽料焙乾後成一整塊粘連鐵板上難於分開須先在鐵板面平鋪細鹽粉一層厚二三寸再鋪濕鹽一層厚四寸至五寸然後用鏟在鹽料面上劃成橫直槽相距八寸至十二寸其槽不但能放氣質且鹽成方塊便於取出其塊必乾透方合用否則不可裝入生鐵桶內因桶內如有濕氣則凝水令鹽消化補密鹽塊而氣質不能通

再將所成之方鹽塊敲碎成小塊每塊徑約一寸半敲碎時不免有屑與粉仍照前法令其成塊可見以上之工與費用不少故有人另設法將鹽在模內成大塊塊內有橫直各孔便於通氣又有將平常鹽粉用器常挑動則能遇所行過之氣質又有將鹽令濕用模夾成塊大小如雞蛋形行過長管管內通爐之餘熱則其塊出管時已乾但外皮硬而內質軟遇硫養三氣其變化最慢平常之法通氣只十四日至二十日但此法須五十日方能成又有用鐵板若干塊接連成廻環之路行過長爐此爐長四十尺至一百三十尺寬五尺爐內行過熱氣在其爐口將濕鹽鋪在板面則鹽自從爐之他端而出或用人工或用機器敲碎

有一敞爐長一百二十五尺內徑五尺其鹽起至漏斗內漏斗下有軋輪軋碎其鹽又有運動小汽機所放之餘汽令其鹽變濕落於廻環之鐵板上每鐵板長五尺寬十二寸其鹽先成一層厚一寸至一寸零四分之一板面之鹽行過橫直刀直者爲輪刀其橫者用往復之直刀以此法其鹽分爲小方塊每塊方三寸半由爐經過而出已變硬而乾落至鐵柵上如有粉屑則落入柵底其各塊預備放在通氣之桶內

如爐之餘熱不足用另配一小火爐以助其熱每七日成鈉養硫養三一百二十噸僅燒煤二噸

如八十三圖至八十五圖爲此爐之畧圖但其力不顯出八十三爲旁立圖八十四爲平圖八十五爲烘鹽爐圖內十四號爲長螺絲在十五號管內行動此管一端通入存鹽之棧房一端通入漏斗乙內漏斗下有軋輪天天軋輪下有管如二號此管內亦有螺絲送鹽至三號又如六號爲餘汽管通入二號管內令其鹽變濕如三號爲廻環鐵板鍊送其鹽行斜路通過爐十七號至熱膛十六號其鍊行過滑車天地則滑車令鍊行動故鍊上升時其相連之板平列轉下時則其板直垂又七十兩號爲漏斗通入爐內下有添料之輪能添乾鹽散其板上此後則收濕鹽一層濕鹽上鋪乾鹽少許又圖內十二號爲打平鹽面

之板十三號爲凸輪之軸其凸輪令其板能起落其板上之料通入爐十七號爐之上端通熱氣此氣行過板面通至十九號之火路從此路通至烟囱

得硫養二氣之法用燒鐵硫二礦爐所放之氣因此氣有硫養二與養氣若干在所含之空氣內約每氣一百分體積含硫養二氣八體積與硫強水所用之硫養二氣比例相同如每百分含硫養二氣六分亦可所用之氣平常爲重熱氣有數廠專靠進風汽機之餘汽但從前有將汽噴入燒鐵硫二礦爐之出氣管內

其鹽料受熱至百分表四百度初起熱度愈大則變化愈速能熱至五百度與五百五十度之間則最妙如過大則變化猛而料易鎔化其氣質行過鹽塊之後則硫養幾散盡只存輕綠氣並所餘養氣與淡氣但所放之氣應含水若干分即如每氣一立方尺可含水二十釐爲限如硫養二氣不足用雖汽不顯出而所含之輕綠遇養氣則分開成綠氣與水此綠氣最淡不能收之作別用

有數廠用哈克列弗之法最得利故此書特詳言之如八十六圖以下之各圖爲平常擺列各器法其鹽照前法成塊裝入生鐵桶內桶內通硫養二等氣至鹽全變爲鈉養硫養三爲止其桶最少以八個爲一副桶數愈多則變化愈合法每燒鈉養硫養三

一噸用煤愈少間有用二十桶爲一副將各桶依次第先後輪流調換如第一桶將變成硫養三而氣行過各桶後末一桶方裝新鹽

如八十六七兩圖用八桶爲一副各徑十五尺高十二尺成兩行擺列如圖甲一甲二等桶每桶能含鈉養硫養三四十噸各桶有門乙便於取出所成之鈉養硫養三其桶之兩行中間空處作彎弓形覆之弓上鋪以煤灰兩行之旁有鐵氣路兩條如丙能通硫養二氣從燒礦爐至各桶內其下有火路上覆以弓形因有灰蓋之故不散熱用灰圍其氣路比較用磚更能聚熱不散且灰爲廢料又其體最輕故比磚更合用各氣路丙有四個吸管能將各桶相連又有通氣吸管戊亦令各桶彼此相連但用此器必先將硫養二氣通入將成之鈉養硫養三桶內然後再行過其餘各桶如甲三爲裝將成之鈉養硫養三桶甲二爲放氣之末桶則必在丙與甲三中間開通吸管又必將甲三與甲二中間吸管關閉故硫養二氣必行過全副鐵桶如甲三甲四甲五甲六甲七甲八甲一甲二等桶而從甲二桶而出在門巳下之孔經過庚管後有抽氣器收之抽器詳下

其桶內之鹽放在能移動之柵面柵下有三足用鉤勾連放鬆鉤則三足分開鐵柵落下而鈉養硫養三可取出裝料之法有用螺絲行在管內其料在桶內成之有試驗之法將甲三桶所

出之氣取其若干試之如與所進之氣相似則知桶內之料已
飽足不必再通氣故令硫養二氣先通甲四桶而將甲三桶之鈉
養硫養三取出再裝鹽塊
甲三桶取出鈉養硫養三裝鹽之後則甲二甲三中間之吸管開通
令氣從甲三桶內而出如癸為短管便進鹽料其短管必在外
配一圈形之孔令所燒之料能通至內面如先將鹽加熱而後
通氣亦可但平常不用此法又如取料時有氣與料併出最害
工人可令其氣在圈形之孔通入烟囱又有法將末桶在料已
成之後通在抽氣器約兩點鐘之久如此其輕綠合於別種無
毒之氣質吸至凝器內

燒鐵硫二礦之窰所放之氣為最濃不可徑通至生鹽桶內如
通至此桶則其變化最慢令鹽鎔化變硬而有粘性之質欲免
此弊必令鹽速熱先在淡硫養二氣處與硫養二氣相遇又桶內
熱度必時時查看如過大則多進空氣有數廠在桶之中間配
九寸徑之管上下開通離開鐵柵數寸在頂上蓋密如恐其料
鎔化則開通以進空氣其鹽料面上所成鈉養硫養三一層愈
近於出氣孔則愈厚
連各桶之管如不合法則必洩氣管理之人易於分別其弊在
何處如平常之門不合用不但因熱度大亦因氣質之變化如
有硫養二洩出不行過各桶則為靡費欲免此弊可將吸管分

兩截如八十八圖為總剖面式八十九圖為平面式九十圖為
立圖斷氣之法在管之兩端中間置隔板一塊用石灰膏與鹽
封密如不封密則硫養二氣洩出散入空氣內使工人嗅之生
病不得不慎如欲開通吸管則去其隔板另換一板中間有孔
板之面積等於管之面積仍用石灰和鹽封密如圖內之吃為
環與墊圈令吸管之上下兩截不改其相距吸管之孔能添鹽
至桶內在吸管下收之
照上法難免各吸管通氣斷氣時有多放氣之弊不但工匠受
其害而相近居民亦多不便有人另設一法令其氣質暫變方
向如九十一圖用甲管通至下一桶之蓋上桶蓋只有此一孔

則乙管從上桶底而出丙管與通硫養二氣之管相連其丁門
用砂在丙叮摺邊當中封密則門易關開如上端裝滿砂則叮
摺邊可不用可見開關此門通氣斷氣之法與前各圖大同小
異但此法俱用砂封密各節不甚妥如門桿庚通過中蓋戊可
用砂封之或將砂裝在甲門內或在戊之凹內斯為簡便之法
照上法用鐵桶高十二尺徑十五尺連加熱十四日其熱度必
須平勻所燒之煤不可比別法多用故其工最難但以理論之
其各種變化所自成之熱不但足用尚應有餘不必另用燒料
因所散之熱較實用之熱更多無法能免此弊不得已必加用
燒料據哈果利夫云鐵桶一副每七日成鈉養硫養三一百噸

如燒鐵硫二礦之爐用法收其熱不令耗散只須燒煤十五噸但詳試其法可知其數不足必得多增燒料

每一副鐵桶外用磚包之如八十六圖一其熱氣行過平路又從窄而直立之六條路上升如二此各路僅方五寸因其面積小故能聚熱不散然已足放出火燄其火膛各有門配準令不洩氣不生火時其火膛與灰膛能關閉令空氣不能進又能閉風門四令烟囱亦不能通風其火燄行過直立之路後通至桶蓋與上層蓋板之中間此處深約十寸再行過添料孔與桶蓋繞向桶之外邊磚殼內入桶底下面過風門而出烟囱可見最熱之氣不能徑用之後可趁其熱使經過鐵桶所有之桶蓋與

吸管用軋碎石鹽一層蓋之深約八寸此鹽亦能免散熱之弊即落至鐵桶內亦無妨礙

可見此種工內所成之熱不但燒其料足用而仍有餘又其散熱之縻費俱因器之面積大故全副器具比例愈大則面積與立方容積愈大每燒鈉養硫養三一噸所需燒料亦必減少如用極大之器則不必另加熱自能得桶內所需熱度已經試過大小各器小者每成鈉養硫養三一噸用燒料二噸大者僅燒煤十四擔再大者只須六擔又如愛爾蘭都伯林廠以八個桶爲一副每成鈉養硫養三一噸燒煤三擔南希爾特廠內則用煤二擔半

如英國阿士辣司藥料公司考得桶數愈多不但燒料愈省而每桶所成之料亦更多有二十桶排列成行者每桶背面相連每堆只有一出料門與一爐柵僅在一邊散熱又因火路之容積收小則散熱之面積亦小

燒鐵硫二礦之爐與造硫強水所用者大同小異亦將其背面相連但爐之鐵面遇所燒之鐵硫二礦以少爲要爐之內面有鐵漏斗底通入門在鐵漏斗之外其外牆厚十八寸內用五寸厚之火磚爲膛外牆用平常之磚因平常之磚比火磚透熱更少不但可省磚價猶能省所散之熱其弓之背面比前面更低在其凹處做通氣路又在爐之前面做牆上面蓋以煤燼深約

二尺或更多以免散熱其門之背面加以不傳熱之料免鐵硫二礦所散之熱透出爲害如九十二圖爲此爐之剖面式其爐前之鐵面伸出灰膛頂外不過二尺至三尺則能隔空氣所進之數看本圖可見遇所燒鐵硫二礦之鐵面比平常更少

如九十三四兩圖顯出鐵面之爐所散熱數一面如九十三圖爲造硫強水之爐一面如九十四圖爲哈古留法所做之爐圖內各數顯出每平方尺每二十四點鐘所散熱之數以英國熱率爲度即用特設寒暑表兩枝如哈古留之法其爐之前面全用鐵爲之每二十四點鐘內有縻費之熱五十二萬零零九十度等於燒煤四十磅所有熱之縻費但因做鈉養硫養三器內

每燒煤一磅能得熱率二千故其糜費每日每爐有二百六十磅又因此糜費約四分之三爲應免者故每爐之前面徒散熱一百九十五磅卽十二爐面每日共糜費熱二千三百四十磅可見十二個桶底徒費燒煤二千三百四十磅

此爐內所用燒料自與所成之工有相關又所欲加熱之材料本熱度愈小所用之煤愈多卽如本爐平常以百分之十四爲中數在其成料之桶內有百分之十而在出料之桶有最小熱度則得百分之二十如汽機鍋爐燒料之得宜者爲百分之五十至八十如掉鐵爐爲百分之三至百分之五

欲大省燒料必趁其料不甚熱時常加熱如此則得大小熱度較數之宜如用餘汽之法則其礦爐之氣合於汽之前其較數爲百分表之一百度亦爲起首最宜之數但其燒料所成之氣質出各桶時熱至百分表四百四十度至四百七十度但鍊燒料所用熱度之多寡斯最省生熱之法又如用重熱氣能得百分表三百四十度熱亦不妨礙此種熱氣可合於燒礦爐所放之熱氣但用重熱氣之法易於顯明除推算其理外尚有實在憑據如前有一廠用此法將生鐵管折斷因此重熱氣不能用每七日所燒之煤比用重熱氣法須多五噸

桶內之輕綠氣與別種氣用抽氣法去之其最合宜之法如路得所設其初用木料之處後改用鐵因木料易爲氣質所壞而鐵料則能耐用如其氣質之熱度小則與吸空氣無異不甚有凝平常在其器外加以不傳熱之料與汽機鍋爐之外面相同如用此器其各件經氣行過之熱必消磨最速各軸須用黃銅枕枕外包有殼常通冷水如九十五至九十八圖顯出用此法所有改變本器之形而用齒輪令其轉動之韝鞴不離本方位見九十七圖又此器不須用軟墊白因所洩之空氣少故無礙又如出氣處壓力不大則免放氣之弊

所用之器亦應最堅能接連行動不息如常須停止修理不但躭延時候猶有輕綠氣凝成水而壞吸氣之器最合宜之器爲果臘司哥地方羅柏村所做此器行動間只有三塊俱最重而堅固又此汽器所放之氣能直與硫養$_2$氣相合又配吸氣器與汽器能令汽數與硫養$_2$氣相配其合於硫養$_2$氣之汽比較行動汽器之汽更多可見吸器之力不由外加以理論之成鈉養硫養$_3$一噸應用燒料兩擔半然必實需四擔方足用以此可推算燒成所需之汽應燒煤若干如最好之鍋爐用生熱法每燒煤一擔能化水十擔但平常化學廠內所用鍋爐每燒煤一擔只能化水七擔故成鈉養硫養$_3$一噸所需之汽應用煤○·五六擔如配○·七五擔則更足用而可包括汽之各糜費

哈古皕之法所用之器每六日燒鐵硫$_2$礦一噸其價需金錢三百圓從前之器只一百圓至一百五十圓但哈古皕法之器

應能耐用而省燒料因其法尚未推廣不能詳其利弊只將大略開列如左

其利處因佔地少能省用硝多得鈉養硫養三最濃者幾不含鐵又免用管理化盆人之各弊所成鈉養硫養三愈多則硫之糜費愈少放出之輕綠勻而易於凝水免化盆與鉛房所放輕綠氣之害且免常修理之弊

其弊處因器之原價貴而换生鐵桶之費亦大又燒煤更多不慎管理則所成鈉養硫養三每有不勻又如每日成鈉養硫養三不足十五噸用此法亦不合算

近來有數廠改其舊法用哈古留之法內有六廠每年欲成鈉養硫養三七萬噸自立此廠之後只能得此數之半

第五章論造鈉養硫養三之各費及提淨法

近來有格致家商地倫論及造鈉養硫養三之各費將英國兩廠與比利時國兩廠各數開列如左以法國幾路計其各重數以法國銀數西名佛蘭計其價值每廠所成之鈉養硫養三以一千幾路爲度 按法國一幾路合英國二·二〇四八磅即中國一·八三七觔又法國銀錢二十五個半佛蘭合英國金錢一圓

甲英國廠

鐵硫二礦每百分含硫磺四十六分計重五三一·五幾路每噸價四十三·一〇佛蘭共二十二·九一佛蘭

鈉養淡養五計重三〇·三三幾路每噸價三百四十四·八二佛蘭共合一〇·四七佛蘭

鹽計重八七五·五幾路每噸價八·九三佛蘭共合七·八二佛蘭

煤計重五七五幾路每噸價五佛蘭共合二·八七佛蘭

工價八·〇佛蘭

修理器具等費四·九三佛蘭

各項雜費六·一六佛蘭

共成鈉養硫養三一千幾路需費六三·一六佛蘭

乙英國廠

鐵硫二礦每百分含硫磺四十六分計重五八二幾路每噸價四十三·一〇佛蘭共合二五·〇八佛蘭

鈉養淡養五計重三十三·五幾路每噸價三百四十四·八二佛蘭合一〇·四七佛蘭

鹽計重八七五·五幾路每噸價八·九五佛蘭共合七·八二佛蘭

枯煤計重二百幾路每噸價一三·九五佛蘭共合二·七一佛蘭

煤計重三百二十五幾路每噸價四·九三佛蘭共合一·六二佛蘭

工價八佛蘭

修理器具等費四·九三佛蘭

各項雜費六·五七佛蘭

共成鈉養硫養三一千幾路需費六七·一八佛蘭

丙比利時國廠

鐵硫$_{二}$礦屑計重八百九十四·五幾路每噸價二七·八〇佛蘭

共合二四·八七佛蘭

成球泥料·八〇佛蘭

鈉養淡養$_{五}$計重三三·五幾路每噸價四一二·五〇佛蘭共合一三·八一佛蘭

硫強水計重四四·五幾路每噸價六十五佛蘭共合二·八九佛蘭

鹽計重八百四十六幾路每噸價三十二·五〇佛蘭共合二十七·五〇佛蘭

煤計重一千三百十八幾路每噸價九·六五佛蘭共合一二·七二佛蘭

工價一三·二五佛蘭

點燈費·三七佛蘭

修理器具等費六·〇二佛蘭

各項雜費五·九二佛蘭

共一一〇·一五佛蘭

減去硝餅值價三·八九佛蘭

共成鈉養硫養$_{三}$一千幾路需費一百〇六·二六佛蘭

丁比利時國廠

鐵硫$_{二}$礦每百分含硫三十六分計重九一二幾路每噸價三十五佛蘭共合三一·九二佛蘭

鈉養淡養$_{五}$計重二十九幾路每噸價三百三四五·五八佛蘭

共合一〇·一二佛蘭

鹽計重九百幾路每噸價三十五佛蘭共合三一·五〇佛蘭

煤計重一千一百五十三幾路每噸價八·七〇佛蘭共合一〇一二佛蘭

工價一二·九〇佛蘭

點燈費·三五佛蘭

共成鈉養硫養$_{三}$一千幾路需費九六·七一佛蘭內除修理與各項雜費

照以上各數可見英廠所燒鐵硫$_{二}$礦與煤及所發工價較之比利時國少而每日每爐所成鈉養硫養$_{三}$轉多數倍即別種料亦比別國用之更省曾經詳試各數用無蓋之煆爐每成鈉養硫養$_{三}$一千幾路所需之費開列如左

鹽九百十三幾路每百分含水五分每噸價計英國銀錢十二

共銀錢十二銅錢九·四

硫強水九百五十九幾路每噸價計銀錢二十八共金錢一銀錢六銅錢十二

煤一百六十幾路每噸價計銀錢五銅錢九·六

枯煤一百五十九幾路每噸計銀錢十四共銀錢二銅錢八·八

工價銀錢四銅錢三

修理費銀錢一銅錢三除換碎盆不在內

碎盆值價之中數約銅錢五

共成鈉養硫養三一千幾路計金錢二銀錢九銅錢一共合法國六十餘佛蘭

以上各帳除鹽強水值價不計外

提淨鈉養硫養三之法

照上法所成之鈉養硫養三尚係生料其價賤如藥品或化學家與細工所用者必提淨成顆粒因粒內含水若干分其分兩

加重如欲用提淨之料先成顆粒後煆之分散其水則運價可省如做玻璃所用之鈉養硫養三是也

藥品內所用之鈉養硫養三顆粒其法將平常之鈉養硫養三三分合溫水一分消化濾之令其變冷如恐含不化合之硫強水則另加鈉養硫養三顆粒少許待冷漸成顆粒如含鐵質則凝結沈下

造玻璃所用之鈉養硫養三其提淨之工必大做如用之造厚玻璃片不可含鐵質故用鉛盆成鈉養硫養三因此法比用生鈉養硫養三更省有數處用哈古留法所成之鈉養硫養三因含鐵質甚少故可提淨用之蓋玻璃內含鐵則其色變綠薄玻璃

片看之不顯厚玻璃片則其綠色最易見生鈉養硫養三每千分含鐵一分至三分間有更多者如提淨之法則每十萬分含鐵不過六分

提淨鈉養硫養三做上等玻璃料其器具用鐵箱長約四尺半寬約四尺高約三尺有通水通汽管先將水加熱後將鈉養硫養三置篩內浸入水中待若干時則水濃至五十七度每箱須消化鈉養硫養三約八擔方得如此濃再將石灰二十八磅合水調和成膏添入其內調和待四點鐘其水澄清以鉛吸管放出明水其箱底所存棕色泥高約五寸此泥料以熱水洗之再澄清取出清水作下次消化鈉養硫養三用再將所得濃水置

鍋內熬之鍋長八尺寬五尺高一尺半沸時所成小粒取出令其水流散每一工即十二點鐘成鈉養硫養三顆粒十擔此料置倒燄爐燒乾每四點鐘進料一次每次得乾鈉養硫養三五擔其全器之價金錢四百零五元每提淨鈉養硫養三一百分其糜費約七分

如德國司吐勒白格地方所有造厚玻璃片之廠用鐵池長四尺半寬四尺高三尺其箱有通水通氣之管先進水加熱後將鈉養硫養三置篩內篩吊在池水內待其水濃五十七度將篩取出水添石灰二十八磅此石灰先和水成濃漿調和後則澄清約四點鐘用鉛吸管放出其水池底有棕色之質如泥深約

五寸每一池之內約消化鈉養硫養三二十八磅此泥質以熱水洗之洗得之水再用消化新鈉養硫養三

余已用此法提淨鈉養硫養三數百噸爲造厚玻璃片之用其法與用平常之鈉養炭養二作提淨之鈉養炭養二同故不復詳但言其大略將所化之水合石灰與漂白粉少許成中立性而不含鐵之水澄清後置鍋內熬濃將所得之鹽在直遇火之爐烘乾後再磨碎

又有法將鈉養硫養三置盆內進汽加熱四十度至五十度已鎔化後卽添鹽與元明粉或將兩種合用則無水之鈉養硫養三或用濾法或用離心之輪分出如鈉養硫養三一百分配鹽

十六分至二十分則鈉養硫養三能全結成又如兩種鹽類相合配四十五分則鈉養硫養三能全分出結成

間有成含水之鈉養硫養三顆粒但造此種甚少全作藥品之用從前多有添入元明粉爲假料以圖利現在做法將鈉養硫養三先消化以溫水後用蔴布濾之通入淺盆其盆深一寸至寸半而面積大用法令其盆不震動則結成大顆粒其粒長而厚能透光在盆底開塞門以放其水將所成之粒鋪在木板上待乾卽刻裝桶可免面上生霜每鈉養硫養三一百分配鈉養硫養三十二分所得之粒大而堅買去此料作醶用名爲蘇格蘭上等之醶

如欲得最小之顆粒必將水澄清放出清水流至更深盆內至熱度小於百分表三十三度則用木板漸漸挑之至全冷爲止依此法不能成大粒只能成小粒如針形其狀與元明粉相似從前作假元明粉出售或雜於眞元明粉內賣之現在眞元明粉之價最賤故不加此料以圖利

所用成顆粒之盆小試則用磁盆大做則用木盆但木盆難免漏洩故內加鉛皮一層間有用生鐵或熟鐵盆但每用一次必用磚或浮石一塊磨光以去其銹然尙難免所成顆粒帶鐵銹之色故用鐵盆須上油色兩層先磨光鐵面待乾後用鐵二養三與靛泥少許和熟胡麻子油另添一種料令其油速乾必若干

時加新油色一層

鈉養硫養三各用

除金類與硫強水外所有用化學法變成料以鈉養硫養三爲最多造成者大半做醶類用作別用者甚少但如玻璃用鈉養硫養三之淨質淨者做厚玻璃片與白色之玻璃瓶粗者做薄玻璃片與綠色瓶又做靑晶石粉之料如古魯巴鹽卽鈉養硫養三之粒作藥品用以鈉養硫養三水浸五穀及各樣種籽令埋在地內不能糜爛又硝廠內所餘之硝水加以鈉養硫養三令所含鈣綠化分而出又做鈉養草酸之工內用鈉養硫養三令鈣養草酸變爲鈉養硫養三又如鈣養各鹽類變成鈉養綠養五

或鈉養硫二養亦用此質又如牲畜有內病多用鈉養硫養三另配別藥治之又化學房等處用鈉養硫養三合別種料得燐成餅或令材料發涷

第六章造鹽強水之總論

源流　古人知含銀之金用鹽強水分出其銀其法用鹽與白礬加熱則放輕綠氣能化銀而不能化金又如天方國能知做合強水但書中尚未論及鹽強水至西歷一千四百餘年始有人著書論之約一千六百年有人云將合強水和泥加熱則發出鹽強水又一千六百四十八年格羅巴書中云鹽強水比各種强水最難造而價實貴其法用鹽與硫強水但秘而不傳格羅巴亦知做輕綠氣至一千七百七十二年英國化學家名布里司德里成此氣用水銀收之詳載書內

如天生之輕綠即火山所放之氣或泉水或河水亦能得其淡者又如動物體內亦有變成之鹽強水在胃汁內含之如狗之胃汁每百分含鹽強水三分爲中數又如將輕氣與綠氣兩種照分劑配其數調和見日光自能化合成輕綠如徑在日光內相合則有爆裂之聲或加大熱或通電光亦能爆裂如用白金絨之法則不爆裂而能合成輕綠

凡綠氣遇含輕氣之雜質除輕弗氣外俱能成輕綠可見能成輕綠之料甚多最簡便法用鹽與硫強水或用硫養三氣合空氣與水氣亦有人試驗用鈣綠與鎂綠等料做成輕綠但各法其費用大俱不能與用硫強水及鹽之法相比

如乾輕綠氣無色每五百分含輕氣二·七四分含綠氣九七·二六分如同時加冷與壓力則能變爲流質但其流質加極大之冷不能凝結輕綠氣與水之愛力極大遇空氣則與空氣所含水氣相合而成濃霧又輕綠氣遇水即刻爲水所收而發大熱又如硼砂或鎂養硫養三或鈉養硫養三等質之顆粒原含水若干分其粒亦能收輕綠氣

輕綠水之淨者無色有帶色者必含異質即如黃色因含鐵二綠三或綠氣或鉮質如加大冷至水銀涷冰之度則結爲稠質如奶油又如濃鹽強水遇空氣則發濃霧如鹽強水加熱則漸漸放出輕綠氣與水而變淡至重率一·一〇一爲止如加熱至百分表一百十度則加增而不變化若濃鹽強水久遇空氣則漸漸放輕綠至得重率一·一二八爲止每百分含輕綠二五·二分每輕綠一分劑有水六分劑加熱至百分表一百零六度則沸而再放氣

輕綠之性最猛和多水亦有酸味令藍試紙變紅遇金類合養氣化合之質則消化遇鉛尤易消化所以造鹽強水之器不可用鉛鍋或鉛管如最濃之鹽強水重率一·二一二每百分含輕綠四一·七分照布美浮表有二·二五度之濃有吐阿圖浮表四

十二度半之濃

試驗輕綠水所含異質有數種簡便法一一言之

硫養二爲鹽强水所常含之異質如通輕硫則成暗白色如含綠氣或鐵二綠三則不能顯白色又如含硫養二而添錫綠則結成黃色質爲錫硫二

如輕綠氣所常含之異質爲硫養三試法用鋇綠如輕綠甚多則所結成之鋇養硫養三亦能消化如欲求輕綠所含硫養三數之大略可將淨輕綠若干加以硫强水若干再加鋇綠看其所成之色深淺後將所欲試之輕綠合於鋇綠將其色與前色相比其濃淡則知含硫養三之大略

輕綠亦常含綠氣如做輕綠所用之硫强水含硝氣則更易有此弊試驗之法用鉀碘水合於小粉水再通綠氣則變藍色但試水內應先加淨輕綠或淨硫養二試其水含碘養三酸與否如含鐵二綠三則添淡輕四硫等法又如將輕綠熬乾則鐵二綠三等異質亦顯

如輕綠含溴或碘則爲鹽內分出而變成輕溴與輕碘其試法用綠氣水少許加以哷囉叻即迷蒙藥搖動之則溴與碘消化如溴則變黃色如碘則變紫色

輕綠亦常含鉮此鉮與綠氣化合成鉮綠三因硫强水常含鉮試鉮之法有數種俱在化學書內詳言之又有變法將紅銅一條磨光通入輕綠內則變黑色如添錫綠二則結成棕色質

試輕綠水之濃淡俱用浮表如吐阿圖浮表其各濃之度數與每水百分含輕綠之分數大同小異所以最便於用又有法用鹻類試驗所含輕綠數即與前論硫强水之試法同如將輕綠加以鹻類至能滅其酸性則用鹻類若干能顯出硫强水之數

第七章論成鈉養硫養三之工內收輕綠氣令不飛散各法

初立廠做鈉養硫養三時不設法收其輕綠氣因廠小所放之輕綠不多故鄰近居民不覺後立大廠而烟囱放出輕綠甚多散布於人烟稠密之處最有害令其移至鄉間不久而鄉人亦有阻之者故開廠家做最高之烟囱約五百尺以爲輕綠氣從此放出能與空氣合而無害於人不知從前之弊只近處受害而高烟囱所放之輕綠氣合於空氣內之水成霧鋪散至遠處故受害之地愈廣後另設一法收其輕綠氣與水化合其法或做收輕綠氣膛而噴水在其內或做塔內裝碎玻璃或礫石中通淨水令輕綠行過此水能收其氣後改做桔煤塔之法現在廠家大半用此法國則用三口瓶令輕綠氣行過爲水所收但英國不多用此法

比利時國特派人査驗此事而知高烟囱之法或令輕綠氣合於烟而散出俱不免有害花草樹木故査驗放輕綠氣廠周圍

之花草樹木將最要之樹木數十種一一試之分別詳記大約受害最輕者爲赤楊樹凡各樹葉遇輕綠氣先生點而後漸萎落下因樹之芽有包殼第一年不大受害第二年芽漸開而生葉久之芽亦受害其樹漸萎花草亦於葉上生點但其受害比樹木更輕有云靑草遇輕綠之霧則牲畜不食或又云五穀不受輕綠之害但此論亦不確常見近鹼類廠所種之小麥開花時遇輕綠霧則結穗甚稀

輕綠霧之有害於花草樹木各處不同幾分葬花樹之種類幾分葬廠之方位幾分葬輕綠凝水故比利時國查驗定其最小之界爲六百五十六碼最大之界二千一百八十七碼在此界

外卽無礙

以上查驗之人云訪問界內所有之鄉村其居民發虛熱病者比別處尤少可知此種輕綠霧與人毫無傷損

另有化學家與格致家詳查此事知鹼類廠相近處之花木不免有受輕綠氣之害無論用何法令輕綠氣合於水亦不免有此弊雖其弊不甚大而周圍農民言之過重但輕綠氣外亦有燒煤所放之烟烟中有硫養$_{2}$氣卽煤中所出雖設法將烟燒盡而硫養$_{2}$氣仍舊放出在空氣內收養氣卽變爲硫養$_{3}$有化學家詳細化分倫敦製造廠之空氣每一百萬立方枚之體積含硫養$_{3}$一千六百七十格又如英國曼支斯德地方工藝最多之處所燒之煤甚多每空氣一百萬立方枚含硫養$_{3}$二千五百十八格間有在硫強水廠相近處有二千六百六十八格

以上所云輕綠等氣質其害大半因強水之霧合於露水或雨水變濃落下故天晴時其霧無甚大害有霧或落雨時其害最重卽如空氣一百萬分內含強水十分則花木不但不能茂盛尤必早萎

將輕綠霧與別種霧相比則輕綠霧比爐內所放之硫養$_{2}$氣其害更重而燒枯煤窰或鍊紅銅鍊鋅廠尤比鹼廠之害大蓋輕綠氣在乾空氣內化散比硫養$_{2}$更慢故不早落至地而遇有大風則吹至遠處令漸變淡而無害如空氣濕而無風則輕

綠霧濃而落至地面其害最大

照以上所論廠主每設多法欲免鄰近居民受害初造高烟囱仍歸無用故另設多法甚至有人欲在海面造大船用鉛皮爲裏卽在海面製造鹼類報明國家許其專做照例用費始得准憑自以爲可獲大利但至今仍作罷論又有人設法令其氣行過最長之路以磚等料周圍蓋密其路每若干尺有噴水管則輕綠氣行過此路大半爲水所收所得輕綠水最淡後至地內做池令氣行過池內之水面但水面必須最大然亦只能得最淡之輕綠水

至今最靈之法僅兩種一爲三口瓶係法國等常用之法一爲

枯煤塔近有數廠用水池與三口瓶枯煤塔三法合在一廠用之無論何法難免有輕綠氣散出有人推算十處大廠每七日放出乾輕綠二百二十五噸英國各廠共放出一千噸有此許多輕綠氣散在空氣內不免大害

照以上所論可知鹻類廠所放輕綠氣大有害於人並令各鐵器常生銹如人之臟腑內吸此氣臟內本已有病則更加重雖設最嚴之律法亦難免鹻廠不放輕綠氣只有設一新法令輕綠氣可値價自不肯靡費散去所設律法定每若干氣內含輕綠若干爲最大界限如過此數卽爲犯法而治其罪故特派化學家查驗各廠烟囪所放輕綠氣如過此數卽重罰之此後各

大廠家肯多設法收其輕綠氣令不放散其法以三事爲要一用水數甚多二水之面積須極大三必用冷水如照上法設各種器具則能靈便可免放輕綠氣之弊

所用收輕綠氣之器以簡便易修爲要如法德兩國所用三口瓶一廠所需之瓶甚多而費用大又三口瓶不另用枯煤塔不能收盡輕綠氣但所得之鹽强水能淨而濃因遇空氣則冷如用石池更便而耐久

凡收輕綠氣之工俱視輕綠水作何用有將輕綠水全熬濃便於出售有只須略濃便於本廠之用又有不問其濃淡只免在空氣內放散以此作爲廢料故收輕綠之器必視輕綠水欲作

何用亦幾分靠化分鹽成鈉養硫養三所用器具

如令所成輕綠水全變濃三十二度至三十六度只能用有蓋之爐又凝水工內不但用枯煤塔猶必用瓦收器或瓦池則水雖濃不礙於器如本廠內能用所成輕綠水三分之一則可用無蓋之爐但必用枯煤塔如各器爲合法則所得强水有二十二度至二十六度之濃亦合於做綠氣用如不用爐內所燒出之鹽强水只用淡鹽强水卽如做鈉養兩個炭養二之用則無蓋之爐亦可用煤但凝器內必裝以磚排列最鬆可免爲黑炱所塞所凝之水濃不過三度至六度其化盆所發出之輕綠亦能將三分之二令其凝結與前法同間有不能用化盆其强水

必流散故用三十五六兩圖之爐如用有蓋之爐則化盆與煆料爐各備管與凝器或令兩處所放之氣合併一管通至枯煤塔但此法不甚佳因化盆所放之氣比煆料爐所放之氣濃而少又更冷易於凝水因此化盆之氣比煆料爐之氣易於管堙應設凝器兩副令兩種氣不相遇其化盆可用火泥管或玻璃管通輕綠氣煆爐之路長而寬幾分用鐵幾分用瓦或火泥管如兩處所來之氣能冷至同度則只用一枯煤塔亦可但兩種氣有淨有不淨恐相合時俱不能淨矣

如無蓋之爐其化盆與煆料爐必各備凝器一副而成濃與淡之强水化盆所出輕綠氣徑通至凝水器煆料爐必通至烟囪

輕綠氣凝水器具

前論輕綠氣行過大水池氣爲水所收但水面必極大方能全收輕綠氣又做池不能用金類與木料如用煤以柏油作灰亦不能耐久只能用堅結之石而其價甚貴所佔之面必大且所成鹽強水最淡只有一法能令強水得濃如九十九圖池分多級每級用大塊沙石鑿成邊厚八寸至十寸將沙石先浸黑煤油內燒之池方六尺至七尺高二尺內傾滿水三分之二如水從高池甲行過管酉通至甲池又從甲池行至甲池其輕綠氣管從最低池酉進入行過谷吸管酉酉酉如此水能收其氣而最低池內所得之濃水流出爲大瓶乙所收

用

如全憑此法欲得最濃之鹽強水所備之池甚多其鹽強水亦不甚濃因此其法漸廢英國雖仍用之但不過爲助枯煤培之

做石池法各處不同如法德兩國用大塊石鑿成池其法不佳因大石塊之工料貴如有破裂之處極難修理茲將英國所用之法從一百圖起至一百零八圖止

第一法將石鑿成板邊作斜面用生鐵夾器夾之以橡皮條收緊如一百圖爲去蓋之石池從上視之一百零一圖爲旁視圖一百零二圖爲池底石板一百零三圖爲四邊石板照石匠鑿成之樣一百零四圖甲爲生鐵夾器之立剖面乙爲平剖面如下石板有槽寬一寸深四分寸之一在四邊石板相接之處此槽內鑲入橡皮條其石難得全平先將周圍鑿平六寸寬之面用器具試得最平石板之邊照圖樣鑿之挖成槽四邊上面有凹能接其蓋蓋用整塊或兩塊併成但其底必用一塊蓋上有孔便於收拾其內面所用之橡皮條兩端連成圈圍住石池收緊其四邊緊切槽內之橡皮條則毫不漏洩再用鐵條與生鐵夾器連緊四邊上加以蓋用柏油與高嶺泥封密如係兩塊即以此料彌其縫亦用鐵條與螺絲連之令不洩氣看各圖其做法易明

第二法將池底之石板一塊鑿槽四條四邊石板之下各有凸

出之筍與之相配而落下其兩邊與兩頭之石板亦各開公母筍合成長方形之池用鐵條與螺絲蓋連之如一百零五圖周圍之縫用柏油與高嶺泥嵌入令不漏洩但此圖內四邊頂上之槽不顯出而蓋即落此槽內一百零六圖甲爲池底從上視之乙爲剖面式顯出槽之形一百零七圖甲爲一端從內看之乙爲立剖面式又一百零六七八各圖顯明承接其蓋之槽此各圖以備石匠可照式而做一百零六圖其四邊與兩邊之槽寬四寸零八分之五深一寸中有角形槽其邊長一寸所用之灰能鑲入此槽內又其兩端各有立槽寬四寸零八分之五深一寸中有角形槽正與底板相配其兩端與兩邊各厚四寸餘

八分寸之五能鑲入灰內
如此種石池裝配時先將底塊安擺最平後將兩端與兩邊配準方位托之令稍高再用柏油和高嶺泥鑲入底塊槽內則兩端與兩邊落下必有灰若干壓出此灰鑲在槽之兩邊塞緊按平待兩日後其灰稍硬則將灰料搏成小球鑲在四邊槽內用熱烙鐵嵌進各槽內之灰亦照此法做平封密後將兩端之鐵條與螺蓋安擺其螺蓋不能緊切石面可用鐵條寬四寸厚八分寸之三或用松木寬四寸厚六分墊之而後能轉緊如安蓋亦可將灰鑲入槽內令蓋壓其上不必用鐵條與螺蓋但此係鹽強水池如蒸綠氣池其蓋必用螺絲轉緊因池內受汽之壓力故也

以上兩法難分何為最佳第一法石面小而能得容積大又不大費鑿工但必用鐵條與螺蓋八個生鐵夾八個蓋上橫條與螺蓋四個配成後能耐久不修理而橡皮條只能用一次如第二法其石料與鑿工較多而裝配之工可省用鐵料亦少柏油與高嶺泥較橡皮價廉但其縫不及第一法之穩有裂處必修理果能鑿工好間有用五年後亦不漏洩且此第一法更省余嘗照此法作輕綠水池為甑之用又如凝器則第二法更妙
又有簡便之法如一百零九圖各笋相接用柏油與高嶺泥嵌入但在四角用生鐵夾並鐵條螺蓋連之

以上不論石板之厚薄有數處所產沙石不必先浸入黑煤油沸之其質最密極易剖開得平面石板雖薄亦無礙即如底板厚六寸兩邊兩端厚四寸蓋厚四寸至三寸間有用更厚者但無甚大益此種石為英國樂克西牙所產外面加黑煤油或漆一層
英國又有一處所產之石不能劈開成板全用鑿平四邊厚六寸至七寸底厚十寸至十二寸受冷受熱不常破裂又遇熱強水亦不致有薄片脫落德國亦有此種石
凡石質鬆必浸黑煤油內沸之但必先鑿平後入油內如先浸油內沸之則其質變硬無法能鑿平浸油之法用方而大之鐵盆上有起重架起落石塊所用之黑煤油必先沸之令易散之質化散但不可沸至過度因油過濃不能侵入石內其石浸在沸油內約七日七日後油僅能浸入半寸如此則能耐強水又能耐冷熱之改變令石質更硬

另有一法池內不傾水令滿但在池內噴水噴水管之嘴有無數極細之孔令水能分細滴其法如一百零十圖所用石池方六寸高二尺其池內所噴之水遇輕綠氣即刻收之故石池十二個足為化盆與爐四副之用用此法則輕綠霧之隱熱顯出因此氣之熱度亦增大所以氣必用許多小管通入令其冷氣之面大又管在池中必成廻環三彎末一池備小枯煤塔較平

常之塔約四分之一其池內強水略得澱三十三度
此法最要者噴水成極細之點用白金管口徑十六分寸之一
又有白金鈕平面在口下相離八分寸之一則所噴之水有空
氣三倍壓力故成極細之點如用淡鹽強水代淨水亦可但噴
水嘴易塞無論用淨水或淡輕綠水必先濾清此法不但在輕
綠廠內用之即鍊銅鉛等廠其所發之烟行過所噴之水能分
出其銅鉛等質又煤氣廠用此法收煤內之異質此法雖最巧
因難得大壓力且其孔極細雖用濾過之水亦難免不塞況濾
水亦不易故往往棄之不用
如英國用三口瓶令輕綠凝水乃不常息而法德奧比等國爲

平常之法間有全恃此法或在末瓶外加小枯煤塔
所用三口瓦瓶內外俱有釉下面有小塞門上有兩大口一小
口旁有耳便於移動間有在旁另作小口以便通管但造此種
瓶泥內不可含石灰又須漂分其粗粒否則燒時或用時必常
有破裂之弊所用之泥必能耐火配其樣式在窰內燒之各工
亦必最慎燒時其熱度必大至泥半鎔化如外面不加釉亦不
漏洩又不可有裂紋如合用之三口瓶能令冷熱不壞只有數
處可造即如美國一千八百七十六年所用三口瓶從德國辦
運別處亦用英法德等國所產者德國之式如一百十二圖英
國之式如一百十一圖最合宜之式如一百十三圖此各三口

瓶高約三尺三寸邊爲彎形在當中寬二尺二寸至二尺八寸
其式爲圓柱形徑約二尺瓶能裝三十六至二十八加倫最著
之廠爲德阿喜得地方此廠泥最好人工與燒料最便工亦極
細巧此種三口瓶能耐強水與冷熱之改變在各國最著名
上兩大口能接彎形連管便於進氣出氣口徑六寸至八寸中
小口有塞進水時即開之此口徑二寸又瓶底塞門孔亦徑二
寸有瓦料塞門通入其內此塞門內徑半寸至四分寸之三外
面磨最準與孔相配不洩氣不必每瓶配塞門只末一瓶有塞
門如磨工不準則難封密不洩氣所用之三口瓶若孔與塞門
不能最準莫如用吸管在上面小孔收去其水吸管可用硬橡

皮能耐久如有損處截去若干寸而換新者硬橡皮用烙鐵鎔
化銲連自不洩氣不必用銲料
所用之三口瓶成行擺列如第十二圖至十八各圖平常每化
盆配三口瓶兩行又每燒殼亦配兩行因連管不能過寬故單
行風力不足連管之料與三口瓶同其徑比三口瓶稍小有托
圈或用圓錐形令其落入口內不過深間有高二尺者使輕綠
氣變冷其連管通入三口瓶後必用灰封之此灰之做法將最
濃煤黑油和高嶺土用木錘搗之得勻而軟之質以模成塊如
磚能久存不壞謂之異料小廠用手工和此料大廠因用此灰
封密凝輕綠氣各處所需甚多故特備碾輪碾之臨用時稍加

熱以烙鐵嵌入裂縫內則不洩氣但不能耐紅熱因受熱即硬如不能嵌入則用最軟之料在外彌其縫然不及嵌入之堅固
又有法做灰其凸凹力比前更大但嵌縫不能耐久其法將黑煤油及松香加熱鎔化和勻用極細高嶺泥與沙黏合
又有法以水封密各節如一百十三圖將連管套上後槽內滿以水亦不能洩氣此法最便其連管極易裝拆
每行第一瓶用叉形瓦管連於化盆或燒殼之出氣管但阿西克地方所成之輕綠氣先行過小塔塔內之硫強水大半爲所噴之水凝結而氣質變爲最冷故第一三口瓶因不受熱不破裂又末管通入烟囱或通枯煤塔

如各三口瓶進水出水連做則全副瓶俱在一平面上擺列首數瓶收所有鹽強水與別種爲水所能收之質成強水最濃冬日有三十四度至三十六度之濃夏日有二十八度至三十度之濃夏日不及冬日之濃者因輕綠氣之熱度愈大則體積愈大故其性愈淡或因天熱時輕綠氣難在水內消化可見三口瓶一副其末數副只能收前數瓶所不凝水之氣故只能成最淡之鹽強水故首數瓶必每日放空其濃水而換淡強水末數瓶必待若干時其水漸濃方可添入首數瓶內可見以上之工亦廢時甚多又放出瓶內之水而換新水大有礙於化盆與爐之風力所以有多輕綠霧放散故現在各大廠另設一法將三口瓶分列數級上瓶添淡強水下瓶放出濃強水所行過綠氣在最低之瓶進在最高之瓶出水從上瓶之底通至下一瓶內其做法在下有一欵特言之如看第一百十三圖三口瓶旁邊有口口內有管通至瓶底從上瓶流至下瓶其水必從瓶底而出因此處之水比別處更濃而各瓶相連之法或用堅橡皮管或玻璃管但最便之法用橡皮塞塞之中有孔能接玻璃管此管從此瓶通至彼瓶
所用之三口瓶分列成多級每級加高一寸全副高不過三尺間有將三口瓶擺列木槽內成行槽內有冷水行過但內熱外冷則三口瓶易於破裂又其各瓶應有鉛屋背蓋之令不能受

太陽之熱
有一廠用三口瓶分成甲乙兩行輕綠氣行過甲之方向與行過乙之方向相反每日調換進氣之方向如今日先進氣之瓶即爲明日之末瓶將甲行各瓶另換新水其法有總管通至各瓶之分管而各瓶能彼此相連一工完時將其總管之端向下彎則各三口瓶之水流出再將其總管向上彎無論何瓶進水其水能通至其餘各瓶
所配三口瓶之化盆約三十五瓶至五十瓶其盆每日可化分鹽一噸至三十噸因化盆所放之氣內含輕綠氣甚多其氣冷而濕但燒殼爐所放之氣則更熱更乾故難凝水因此必配七

十瓶至八十瓶雖用此多瓶其氣亦難凝水又有一法令氣質行過各瓶後則通過含枯煤之氣枯煤內常有石灰水淋過而石灰水遇餘下之綠氣則變爲鈣綠免綠氣散至廠外有害於人及各物此法雖巧然大不及枯煤塔之法故現在用三口瓶者甚少間有用者必兼備枯煤塔令過三口瓶之氣行過其塔

用枯煤塔之法因氣質所遇之面積愈大愈易收得盡如枯煤之內外面積大其水又能在枯煤當中行過間有用火泥磚或用亂石塊或用泥塊者但平常之枯煤塔枯煤下有磚一層因無蓋之爐所放熱氣直遇枯煤則易燒遇磚則無礙

枯煤塔平常做方形其基自九平方尺至六十四平方尺高五

尺至一百尺或單用或數塔合用能通外空氣或通入烟囪又因爐內所放之氣熱度過大必用加長之引氣路使氣行過路中能稍散其熱可免枯煤塔生大熱但散熱過多則所得輕綠水太淡亦有礙於氣之上升

路中所放之氣不能在一枯煤塔凝結成鹽強水必行過第二塔此塔內遇水甚多成最淡之輕綠可以此水起至第一枯煤塔頂用之如化盆所放之氣一枯煤塔足用能令氣質全凝水其枯煤塔不必與烟囪相連

凡凝氣膛或枯煤塔有數種弊因膛內所裝枯煤過鬆或其塊過大則所遇之面積不足而各層枯煤合連成大而密之塊令

輕綠氣不能過只能在鬆處行故雖有最大之凝氣膛或枯煤塔大半歸於無用因裝枯煤有過緊之弊又常有其膛或塔四邊自變歪形所淋下之水不勻一邊乾一邊濕而氣行過乾之一邊因所遇阻力小不能由濕之一邊行英國前有一廠有此弊故在其下斜之一邊做木夾板令水流至塔之對邊如此略免其弊又平常所做之膛與塔過小必多用水但所添之水亦有一定界限因氣凝水必待若干時如枯煤塔過矮則添水亦無用所以凝器愈大愈妙有數廠枯煤塔所淋下之水甚多水至塔底尚未得大酸性而塔頂所放之氣已有大酸性且淋水過多則枯煤之面積愈小其功用漸不足又枯煤上分水常有

不合法處凡輕綠氣所行之路應與水相反水由下落而氣由上升其氣質不可在一面升落如凝器內作隔板令氣在一面上升後在一面下落英國有一廠設此種枯煤塔大不合法故另設一法令氣先在此邊上升後用管通至彼邊之底令再上升依此法則免其弊

凝膛或枯煤塔內其通氣之力不可過大因通氣過速則不能全凝水有將塔頂露出以免此弊但露頂之塔只能凝化盆所放之氣如煆料爐所放之氣必得風力故凝器必與高烟囪相通英國有一廠所做凝氣膛若干副與烟囪相近者其風力最大而凝氣之功比遠者更遜可見凝器應備風門以制風之大

小

如令氣質先變冷後通入枯煤塔等器亦有大益因進枯煤塔之氣愈冷則枯煤所成之功愈少而凝氣之功愈多故各大廠設法令其氣質所行過之路甚遠或用管或用磚與泥砌成氣路其內之面積愈大愈妙因易散熱為外空氣所收如用三口瓶則行過之氣自變為更冷

最便之法令凝水器與化鹽器相離以管通之間有相離三百尺者如地面不寬則令氣行彎曲之路先上升五十尺如此氣易變冷

另有人設法將壓緊空氣放入爐所出之輕綠氣內空氣因壓

緊則生熱待其自冷時然後放其氣合於輕綠氣則輕綠氣亦變冷但壓緊空氣之法最繁且輕綠含空氣沖淡則更難凝結

如欲得最濃鹽強水莫妙在爐與凝器當中做石板池如不用此法全藉枯煤塔等凝器雖易得二十八度至三十度濃之強水但不易得三十四至三十六度濃便於出售之強水又如凝器內用水少則所得鹽强水濃不過第一凝器通至第二凝器所有之輕綠氣更多只能成最淡之鹽強水已試不用石池之法所得鹽強水只有二十八度濃如欲更濃則第二凝器所成之淡鹽強水甚多

如用石板為池平常以四池足用第一池能收輕綠氣內所含之硫強水因煆礦爐內難免含硫強水若干如用數石池相連令淡水或淡輕綠水行過水行之方向必與氣之方向相反又此法比用三口瓶更簡便而耐久其氣管比三口瓶所用之管更大

如一百十四圖為英國用燒殼爐之兩座每七日能造鈉養硫養三七十噸所用凝輕綠氣器之圖呷為通爐氣之管管必高每寬一尺斜半寸通入第一池吃內其輕綠氣從爐內出用十五寸徑之管或分開通入吃箱或先有叉形管連之然後通入平常通氣管應徑二十一寸

如能分用兩個十五寸徑之管則更佳如兩爐有一爐須停工

修理則一管可以塞住而凝器仍能用所有三石池如吃吃一吃二在當中相連之法用一寸徑或二寸徑之瓦管各有放水塞門其管旺能連三池與哼哼一存强水池所以能放吃吃一吃二各池之強水流入存強水箱內或吃池鹽强水可存之作漂白粉用則吃與吃二之鹽強水因更淨可以放出收入玻璃瓶內出賣

存強水之池宜在低處擺列因所放之氣先通入第一枯煤塔塔必高於存強水之池則枯煤塔之鹽強水方能落入池內但本圖尚未照此法擺列因各廠必依其高低以配各器之式如本圖將輕綠氣通入枯煤塔內高四十五尺從此塔令氣由二

十一寸徑之管哂落下通入第二枯煤塔叮此分塔亦高四十五尺方四尺出此塔之頂行過戊管下至通烟囱之路路中用端石或粗厚之玻璃片爲風門無故不可將門開大

如此圖之哂與叮兩塔能在頂上相連令輕綠氣由丙分塔上升從叮分塔下降自更簡便可免用哂與戊兩管但雖省用管不及原法之得益其兩塔之水從木箱吧落下吧箱有架托之箱底與塔頂中間之相距足容人直立水從咄咄兩塞門放出其法下有一欵專論之

凝成之鹽强水從哂塔流至啐啐一箱內常有一箱收強水而第二箱放之通至蒸綠氣器等處其箱擺列之高足令強水流至蒸綠氣之甑除不得已方用起水筩起之最便之法將枯煤塔根基加高則強水能自行流下易入吃吃一吃二各池

如本圖枯煤塔爲造鹽強水所最要者此書應詳載先論通氣管

從前用圓錐形管以此管小口通入彼管之大口如一百十五圖用灰嵌入縫內令不洩氣管長四尺六寸管口一徑十五寸一徑十八寸此種管只能以手工爲之故其價貴有樂用一百十六圖之式因其式易造而價賤可用黑煤油合高嶺泥以彌其縫如用胡麻子油與紅色鉛丹亦可但其價更貴

管之尺寸如用燒殼爐則爐與化盆每七日成鈉養硫養三四十噸可用十五寸徑之管有用十二寸徑者不及用十五寸徑管能放氣更快如兩化盆與燒殼所放之氣可用二十一寸徑管愈長愈佳免接處多而洩氣安置管法必周圍能用手工嵌灰入縫內又如管有斜擺之處其大口在上小口在下

通輕綠霧或用瓦管或用火泥管能耐冷熱之改變又能不洩輕綠氣此最難得如製造不愼管卽易生弊英國有一廠自造管用不出賣如出賣其價較他處倍之俱用火泥外面不加釉臨用時先兩日在黑煤油內沸之全用手工製成他處則以機器爲之不加釉之管更能耐鹽強水不易破裂有數廠喜用上等瓦器外加釉比平常之管薄而長易令氣變冷又能耐久英國亦有數廠用玻璃管因料薄氣易散熱又不易破裂如有篷遮蓋不經雨雪則更耐久其式稍斜此管之小口套入彼管之大口嵌灰封密此種管只在接處洩氣不比瓦管洩氣處多又常漏水與漏筩同如用火泥管沸以黑煤油則免此弊玻璃管與瓦管之價略同玻璃管能在最熱之端噴進水成細滴能凝輕綠氣一大分間有能凝三分之二者不但能通化盆所放之氣亦能通燒殼爐所放之氣如合法擺之則比瓦管更能耐久但近來各廠不多用玻璃管有云造管廠家不愼選擇工料因此不能如前之耐久

有一法將每管若干節剖分爲兩半每三碼長用此管一根則

易拆開揩洗因管內常有聚積之質如不洗盡則管漸塞而不通氣亦難散熱

擺列管之法先直立若干高便於能落至第一池或三口瓶等器亦有不用此器一徑通入枯煤塔所以設此法者欲免凝水之輕綠氣不能流回爐內

前論用燒殼爐則化盆與爐各配管一副如不用燒殼爐必分配管兩副爐後不宜用瓦管因熱度最大須用磚砌引氣路或用生鐵管間有砌磚路於地面之下但此法未善因有漏洩氣則鹽強水浸入土內而管理人不知又土內不能散熱故磚路在地面上更佳但只能在直立處用之如一百十七圖爲特備之火泥磚其形如彎弓式每塊有凸凹以便於相接接處用煤黑油與高嶺泥彌其縫則不洩氣可久不修理

英國各大廠近用生鐵管從煅料爐引氣所行過之氣愈熱則損壞鐵料愈少又能令氣變冷但已引若干遠不可再用鐵管必換玻璃或瓦管平常鐵管長六十尺至一百尺爲度間有所引之氣甚熱可長至三百尺

所用之生鐵管每條長九尺寬二尺至二尺半料厚不逾一寸其相接之法或做套節或兩端外做套圈以黑煤油和高嶺泥封之此法最便因每若干時拆開淨其內面先在套圈處加熱令灰變軟再將套圈移動而管之一節可拆開便於洗滌每若干節拆開一管則洗淨最易

鐵管內所聚之質多寡不等間有每七日必拆開揩洗者間有一年只須拆開一次所聚之質幾分爲鈉養硫養三幾分爲硫強水與鐵質化合另有泥灰與鹻等質

間有煅料爐所放之氣用石板成路引之但所用之石不但能耐強水尤能耐熱度之改變如引氣路能向枯煤塔稍上斜則更佳因枯煤塔所凝之水能下流至爐底因此存強水池亦得益又能令氣變冷如一百十八圖能顯明此法圖內所有之箭號上爲氣路下爲水路德國有數廠用石兩塊各鑿成半圓之凹兩半相合則成通氣圓路

如廠之地面小所有枯煤塔或凝氣器只能離開爐百尺以內不能更遠則管短不能全散其熱故管之擺列必成彎曲之路先向上高五十尺後向下而成多彎曲則通至凝器但各彎之底必備收強水之門無論何處爐以及瓦管鐵管或甎石之通氣路俱可用此法間有令鐵管通過冷水槽但需水甚多大不及靠空氣收熱之省便

至於枯煤塔做法最要者爲根基根基不固則塔之本體既重另加枯煤與水箱必更重又常有鹽強水漏洩於外故周圍之土與塔基漸漸朽壞如其地內不能有石爲基則必打木樁與做最高之烟囱同法築基先挖深坑後加阿司弗拉得即地油一

層或將煤黑油熬濃含砂若干再用碎石塊或鑿平砂石塡實爲基無論何種石不可含灰在內又不可用鹽強水所能消化之石料蓋凡石料其含砂必多如用鑿平之砂石不必實砌根基可用堅固之柱高出地面外使鹽強水能自流入各池從池流至蒸綠氣各器內如綠氣甑用韋勒得法卽略高十二尺而房之地面全平根基離地面之高至枯煤塔底爲止至少須十八尺如二十尺更佳

築根基不可用石灰亦不可用保德蘭灰只用黑煤油或柏油合砂子在地面亦必鋪阿司非辣得一層從當中向四面外斜使強水不能聚集一處又有槽引去所放強水並可放去雨水

根基以上做木架架上鋪甎安置水箱先做木架可用之爲起石塊等用

英國太奈河邊之廠所用木架如一百十四圖以金類夾器與螺釘連其各脚其直立之柱必方九寸對角條可稍小裝立後則用鐵路條安在架之兩端稍向上彎鐵路上有小車此車之鐵路與第一鐵路成正角方向第二鐵路亦有小車車上有絞車其絞車能在架內任何處可通絞車用四人轉其搖桿

下層石塊厚十二寸其體最重必在未立架以前用螺絲起重架安置在根基上而在散出鹽強水之處或做斜形或凹形或鑿成孔其餘直立之石或在上面有深淺兩槽使於用夾器連於絞車鐵鍊而能夾緊如一百十九圖其夾器一邊通入石面之槽一邊有螺絲能轉緊亦可用木劈打進每層有大石四塊可用起重架落至應當之方位用鐵與木之牽條至各層成後而相連

各層石之做法最難在各層中間之拼接處平常之法用一寸厚橡皮圈或橡皮繩俱照第一百各圖之法安擺其拼處用佛蘭絨條先將熟胡麻油一分紅鉛粉二分鉧養硫養三極細之粉三分和之將其絨浸入此料二十四點鐘所有石塊上下兩邊稍向外斜如有漏洩則強水只能向內流見一百二十圖如此可免漏洩之弊石之邊亦必用毛刷洗淨如有粗砂或礫石則爲大弊有礙於接處在各脚用夾器與螺釘每件另有法托之至各螺蓋轉緊爲止成塔時亦可在內面做一輕木架便於工匠做塔內各工

第二法易於裝立因石塊彼此相接故連之極易枯煤塔之得用此強水池與綠氣甑爲更要反而言之此法各接縫最難脗合因黑油和高嶺泥嵌入縫內稍不如法則貽誤非淺故另設最便之法每塊石做倒人形槽如一百零七一百零八兩圖上下兩邊相同其平邊必稍向內而斜見一百二十一圖爲側剖面凡石板兩塊相遇處成圭稜鋪成石一層則將鎔化硫磺傾入各槽上口令流滿各平路因之封密而強水與氣不能洩但

其石必先令乾如恐尚濕可用木刨花漸燃烘之如枯煤塔所進之氣其熱度大於一百十二度則必令硫鎔化然不應有此大熱度照此法所做之枯煤塔不可震動

從前做平接之法作半卐字形當中留空處裝黑油與高嶺泥但此法不及上法之妥

每層所用石板四塊未必等高第一層之兩邊可高於兩端一尺第二層石等高但其接處不平如一百二十二圖又見一百十四圖亦能顯此理如此相接比每層平接之法更堅又可見鎔化硫磺並鑿石等工亦與此擺列法不相關必將鐵夾器妥愼擺列令其接處最堅

從前每層石板做等高每層之邊與其端相調換

因枯煤塔螺釘之壓力宜勻故塔邊用六寸方木料與塔等高間有更堅者能托水箱如一百十四圖不顯出木樑恐圖太繁故安置在四脚用螺釘通過其木柱如一百二十三圖近於底之石板應厚五寸至七寸高處厚只四寸半此所用為上等砂石間有更厚者若石質鬆則宜尤厚

枯煤塔所有之鐵件必塗黑煤油雖每若干時塗一次然常有漏出之鹽強水或雨水朽壞螺釘與牽條又如石塊脚作斜形其危險最大因一螺釘朽壞則周圍之螺釘全歸無用一層石板變鬆則以上各層必落下第二法鑿槽相接其危險較小但

鐵桿朽壞亦為大弊間有各鐵條先加黑煤油後以橡皮管包之或裝立時用磁管套其外面

間有數處之塔不用鐵條與螺釘如一百二十四圖用石板其板之擺列法此層之兩端與上層之兩邊相接其石板邊鑿成凹形雖不用鐵件而石之料甚貴故做此種塔之資本大但成後能用多年不須修理

從前多用磚砌之枯煤塔但遇濃鹽強水不合宜只便造淡鹽強水用其價比石板更賤但不免多漏洩總不及石板塔之堅固如資本足用石板塔能耐久不須常修

凡枯煤塔用火泥磚比平常磚更能耐強水如用平常之磚則

以黑煤油合火泥成灰而接處最薄間有做內外兩層中間加阿司弗辣得料亦有牆中砌實者有數廠所用之磚其模為特備式如平常之磚每塊長九寸而斜一寸其形如一百二十五圖以此磚砌內層其外層用四寸半厚之平磚但此種塔亦無甚大益又四脚用十二寸厚之鐵樑如一百二十六圖其柱托住上面水箱每高五尺用夾鐵與鐵桿螺蓋連之又如用石板做塔亦可以此法連之不用一百十四圖之架其塔底用石一塊塔內外加煤黑油數層

又有一法將平常之磚浸熱煤黑油內趁熱時取出砌成枯煤塔即以煤黑油當灰能相連最固倘取出稍久變冷臨用時將

其相切之面加熱又加細乾砂少許不但護砂之外面並能使兩磚相切得緊不致因油熱而滑過第一枯煤塔比其餘之各塔更高各塔底所備之柵相同以上等火磚爲之或作弓形當中多孔或照一百二十七圖之式又如一百二十三圖下鋪石板三塊側擺在底石面上與氣管平行當中石板前面隔一空膛令氣散開能勻見一百二十三與一百二十七兩圖顯明此法其石板厚約四寸面上有別石當爐柵寬十二寸厚四寸至六寸相離二寸半如最高之塔間有在半高處另做柵或另作兩柵令枯煤等料之壓力能分否則下柵難任其重

如用火磚砌成許多弓形每弓相離四寸半寬亦四寸半另有

橫列之磚在各弓上連之故全柵面最堅能任枯煤等料之重

所用上等枯煤爲窰內燒出如蒸煤氣所得之煤太軟不合用先將大而長之煤塊作第一層橫列柵上第二層直擺大塊用畢則用小塊末後用長五寸寬二寸之塊中配數大塊可見裝枯煤爲最要須習慣之人方不致悞裝三分高之處爲止此後可將碎枯煤塊用三寸徑之篩篩出不過篩者卽傾入塔內至出氣管下面爲止後所裝之料落下數層

初通水時則枯煤放出鐵氣生物質少許後其水能淨裝一次足備數年之用如難通氣須另換枯煤

有數處用特做之火泥塊內有多孔以作枯煤用間有做成化盆之式盆邊與底有多孔在塔內層層架疊但價貴不常用

裝枯煤後塔上須加蓋用一塊或兩塊石板厚三寸內鑽多孔如大塔有六十四孔其餘之塔則有九孔此各孔向下斜使於用水封其各節見一百二十八二十九三十各圖所有各塊相接之處用紅鉛粉膏封之見一百二十九圖則易明其水封之器分兩件一爲圓盃當中有開通之管在此上有鬆蓋其塔頂有石邊高八寸至十二寸頂上有搖動之木桶如一百二十九圖木桶每若干時裝滿水搖一次如欹器然則水能在各蓋進入不洩氣因此枯煤能收木桶之水桶向左搖則左邊之孔收水向右搖則右邊之孔收水此法最便能按時進水免氣放出

另有簡便之法不及上法之穩其塔上有水箱以木板爲之用螺釘相連見一百十四圖其箱之兩端用槽相接與一百二十三圖之石板同間有用平常木箱以鉛皮爲裏但不能用鐵箱水箱底有兩通水箱各徑一寸有塞門地地在搖桶辛之上如一百十四與一百二十八兩圖其管在箱內伸出約六寸口有多孔之蓋免泥質落下其水箱用二寸徑管添水間有用起水機起之

凡所用之木鐵磚石等料外必加煤黑油兩層或用柏油亦可每年必塗油兩次

所成之濃鹽强水在塔底有寸半徑之瓦塞門放之通至一百

十四圖之存強水池辛辛此池能受二十四點鐘所成之鹽強水其餘枯煤塔所放出淡鹽水或聽其流去或另作別用或流至變冷池內以備再用或起至成濃強水塔上再用之其塔與存強水池相連法如一百三十一圖甲爲塔基乙爲塔底味爲爐柵丙爲氣與鹽強水聚積之處過壬管通至丁箱內叱爲玻璃或瓦器能通水自丁至戊其含強水之霧有相反方向從戊過呷通至丁又從呷通至丙

如一百三十二三十三兩圖爲英國大廠之枯煤塔在太奈河邊克司嚇得地方一百三十二圖爲立剖面式照此比例成塔則欠平穩而豎立不固但必併做數個間有併作六塔成兩行

排列每行三塔各塔彼此相倚每塔配一化盆見一百三十三圖則知其排列法如一百三十二圖呷爲化盆每一點鐘能化鹽十擔半即每二十四點鐘能化鹽十二噸十六擔叱爲火泥管一行叮叮爲枯煤塔內方五寸塔座高五尺半石板所成之塔高一百尺水箱房高十五尺放餘氣管吁伸出水箱房頂三尺枯煤塔分三層中有火泥甎砌成弓形如哦哦因塔高若不用此法則枯煤過重將下層壓碎如矮塔則不必做隔界壬爲放出餘氣門通至吁管啞爲水箱唧爲搖動水桶嘫嘫爲塔頂欄杆與架便於裝吁管

如一百三十三圖甲乙丙爲三個枯煤塔丁爲塔座戊爲塔基己爲木椿呷呷爲進氣管叱叱爲木架牽條哂哂爲樓梯庚庚爲水箱房哦哦爲放氣管

如小廠之凝器用大瓦罐與石板池爲最宜其瓦罐或用造三口瓶之料或用火泥做成其火泥管浸在沸黑煤油內接處用黑煤油和高嶺泥封之下層管或堇石池或堇石塊石塊中有槽能將瓦罐底插入後將各罐層層疊架各縫用黑煤油和高嶺泥封密每三四節應堇木架上之横樑因下層罐上加罐多層不如此不能任其重但此種罐所成之塔雖徑三尺亦不足爲大化盆放氣之用必備數塔分其氣在各塔內故化盆或燒殼爐所放之氣用瓦罐成塔最宜但不用燒殼爐則熱度大瓦

罐必破裂封料易鎔化常有弊

如中等廠與小廠另用一法如一百三十四圖至一百三十七圖其化盆氣與煅爐氣分開欲鹽強水不含硫強水如糖廠所用者則煅料爐之氣必另凝之如少含硫強水無妨則不必令其氣分開

化盆所放之氣因熱度小則通過火泥管至小塔甲見一百三十五圖煅爐熱氣先行過火泥甎所砌之路後行過火泥管通入小塔乙甲乙兩小塔其用相同能令氣先變冷後通入收氣處第二副能洗氣令不受水壓力下有石櫃櫃底能進氣柵上用瓦鍋或瓦盆俱爲特設之樣每日淋水四次在其上因硫強

水與水之愛攝力大幾全爲水所收又所放出之輕綠氣最淨此法所用之凝器每化盆或煆爐配五十三個爲一副其擺列法如本圖第一副如圖內呷有長管連之如一百三十四圖呷味味俱令氣易變冷但第二行如一百三十五圖乙不用長連管其氣行過各凝器後通入瓦罐所成之塔此塔約三分之二裝瓦盆其上三分之一裝枯煤塔頂有水箱如一百三十七圖未水從箱落下有水輪自行轉動而散水在塔內枯煤上各塔頂有管將餘氣引下而後化盆與煆爐之氣相合在一大收器內如一百三十五圖己從此收器有管通至烟囱內

如一百三十六圖呷味有玻璃窗便於見放出之氣又能制風

力其法在此窗內各圓孔配若干塞所塞之孔愈多則風力愈小

此塔內所放鹽強水已濃十二度行過各凝器後則濃三十五度半又甲乙兩小塔內所凝之鹽強水有瓦塞門放去

見一百三十八圖至一百四十一圖俱爲此器之分圖一百三十八圖爲塔之立剖面即一百三十五圖戊己線處之剖面一百三十九圖爲進氣管處之剖面一百四十與一百四十一兩圖爲塔蓋之各件其分水輪所放出之水通過呷如蓋之外層再通過哂如蓋之內層又丙爲玻璃管丁爲量強水濃之浮表戊爲進氣管已爲放强水管庚爲放氣管一百四十二圖至一百四十七圖爲小塔各零件分圖吻爲噴水管從本處自來水所出辛爲放鹽強水塞門戊爲進氣管

據司米得云五十尺高五尺方之塔足爲二十四點鐘內化盆五噸所放氣之用此專論燒殼爐若化盆與煆爐各配等高之塔更佳如兩化盆輪用不停氣行過兩三石板箱雖二十四點鐘內兩化盆化鹽二十噸用一枯煤塔高五十尺以內方六尺亦足用如用更小之塔亦可但不免有輕綠氣放散如塔高六十尺至六十五尺則更佳因所成輕綠水更多更濃間有數廠做一百尺高之塔然嫌過高如氣先行過石板水箱則不必用之有一廠從前做一百尺高之塔另做兩塔各高五十尺輕綠

氣從第一塔頂出有管通至第二塔之底氣至第二塔頂上放散以上係論石板所做之塔如瓦罐塔其剖面積只須上數三分之二然高必相等

如不用燒殼爐則枯煤塔應與化盆所配之枯煤塔等高但尺寸更寬方能得濃強水如不欲得濃強水則可更矮或矮二十尺至三十尺面積須更大間有以磚砌成最好用石板令氣先減熱可免板破裂如用多水凝爐之氣每日燒鹽一擔配枯煤塔容積四立方尺足用如一百四十八九兩圖乃在地面最難築基處所用之法其爐不用燒殼此兩枯煤塔在英國韋得密司地方所做

瓦罐枯煤塔於不用燒殼爐則不合用如用燒殼爐則瓦罐爲最賤其法亦穩妥但英國各大廠仍舊用石板做枯煤塔雖其費大而法極簡便至於用機器之法須時常修理不便有一法用輪扇壓氣通過水內之板板面鑽無數極細孔此法亦未大行

如一百五十圖爲苦拉怕末之法用磁枯煤塔所得之淡水在原塔內落下不但無縻費且能省用水又可免放淡鹽强水入河或濱內而有害於人甲爲收化盆氣之塔所用之水爲磁塔所出丙塔收煆爐所放之氣乙塔亦收煆爐之氣如淡鹽强水足用則乙塔進料乙塔內用之呷爲通化盆氣管乙管通煆爐氣丙管放出甲塔餘氣丁管通乙塔之氣如丙塔吷管放丙塔之餘氣吧管引淡鹽強水通入水箱庚庚令氣變冷丁爲壓氣筩能壓各氣與水至所應當之處晬爲進水管旺爲壓空氣管呼爲出水管吅爲水箱哪爲淡鹽强水之箱嗔爲水箱或淡鹽强水箱啹收甲塔之淡鹽强水此器不另設烟囱因塔上之管能放出餘氣此法能得濃鹽强水而全凝爲氣但器具價貴而易於損壞因用壓力不如令水自行流下之便其法之益因枯煤塔不必甚高故體小而用費省

凡開廠時必先布置各器之方位令其水能自流不必用起水筩如氣質能自上升而枯煤塔起水之工亦不甚大其餘各水應用自流之法故在其根基上或做高座或做高臺其本雖略巨可免用起水筩起鹽强水之繁費所以立廠時不可省此費用乃有初立廠規模尚小後欲放大不得已必用起强水之法應揀出最便之起强水筩如倫敦僕魯公司用玻璃筩其門以橡皮爲之只能爲淡鹽强水之用如用熱强水則各接縫處所用之鉛料必消化

如一百五十一圖爲布勒登華得公司所用之起强水筩全以瓦爲之外加釉雖不畏强水蝕壞但易破裂洩水故試驗後不久即棄之不用

近來有新法之起水筩如一百五十二圖甲甲爲平常之起水筩乙乙爲兩個生鐵盤丙爲橡皮隔板能分開兩盆令水與空氣不能通丁丁爲橡皮球形門下門爲吸强水管上門爲出强水管戊爲水箱有己管通至起水筩甲邊行動時則橡皮丙往復令强水通過丁丁兩門每退一次則夾板內之水從庚管上升送至戊箱頂上每前行一次則水從桶底行過己令夾板受滿故水常換新而不用門如此可免空氣通過子壓蓋聚而不散其添强水箱或在起水箱上下擺列俱可如在上則吸管必須備聚氣膛必各器內有應用橡皮爲裏者或以磁代之亦可已有數廠用此法最爲簡便

再有一法爲施六他所立在阿西克地方已用之多年能將最

濃強水從沖水池起至各甑內約起高二十尺其強水流入大瓦瓶內有三個直列玻璃管徑一寸爲數玻璃管相連而成有小機器令其管上升約六寸再落下則強水上管不能落因有橡皮門阻之其管頂彎而通入瓦瓶強水流入瓶內能任意運至何處可見此法不用起水筩與耩耩等件最爲簡便如一百五十三至五十五圖顯明做法因圖大而清不必詳說

在阿西克地方又有法用橡皮圈連各管之端成節其節不但不洩水且能稍軟而不至折斷管用磁或玻璃或瓦俱可

第八章論凝水之法並提淨鹽強水與用法運法

凡用凝水器以兩事爲最要一令氣內所含之輕綠凝結二得濃鹽強水最多間有不以多得爲貴者又如變冷之容積太少其氣或不合法則以上兩種工不能並做而成蓋輕綠氣全凝水所用之淡水必甚多因此不能得濃鹽強水如用合法之凝水器即前章所論化盆放出之氣每百分凝水九十九分又能全變爲濃鹽強水每論用燒殼或不用燒殼之爐所放輕綠氣亦能全凝水但不用燒殼必在枯煤塔外另加凝水器如所得之鹽強水淡則用處甚少即如做鈉養兩個炭養二或從廢料內分取硫磺等質然亦不能過淡必添濃水少許又如燒過之鐵硫二礦內分出銅或提淨枯煤或數種鐵礦與數種泥分出有害之質亦用淡鹽強水但運費與濃強水相同裝瓶等費甚不合算如能將礦等料運至強水廠提淨則更便有數處因鋅礦或鉛硫礦內含銀少許而鎔化不合算則用略淡之強水噴汽加熱令鋅與鐵銷化待冷成粒將餘質鎔化能得鉛又有從鋅綠水內分出鋅但此各法亦繁而難得利

因此龢類廠不做淡鹽強水故立最精之法加冷與凝水從凝水器流出之鹽強水在冬日應濃三十四度至三十六度夏日三十度至三十二度便於出售如在本廠用者則濃二十三度至二十八度亦可但強水愈濃愈佳照常法一日數次取所成鹽強水少許用浮表試之最便之法令所成之鹽強水行過玻璃筒筒內常置浮表無論何時一見即知強水濃淡如化分鹽所用之硫強水小於一百四十度至一百四十四度則難得極濃之鹽強水因所放之氣含水過多

凡用浮表必慎察空氣之熱度因熱度愈大則浮表所顯鹽強水之濃度愈小即如熱度爲百分表十九度半浮表顯出二十度之濃則加熱至一百度不過顯出十二度之濃可見凡試鹽強水之濃必先令冷至平常熱度方可

凝水器所放之氣亦應試有無凝水之輕綠氣即如前章所論有最大之輕綠氣過此數則有害於人物如空氣稍濕時所放之氣變成白色看其濃淡即可知所含輕綠數之大略如汽一遇外空氣則立時消化不見但強水之霧濃而色白遇空氣濕

時則隨風飄至遠處經久不散

但憑目力分辨之其法大略必用化學法卽如量所放之氣數或令所放之氣分出若干數令經過能收輕綠氣之水此一法最難因量所經過之器具難得準見造硫強水書內一百五十五六七八四圖

平常之法用吸管吸出管之進氣口與出氣口所有之氣質卽如用橡皮泡壓平則空放則漲滿而吸氣但此法不及一百五十六圖立定之器具因其價賤易於管理所用之玻璃瓶兩個如一百五十六圖一二兩號裝水兩升至三升用軟木塞或橡皮塞塞中鑿空兩孔以接彎管一管通入塞內少許一管通至

瓶底相近處如本圖內呷與𠮙為短管哂與叮為長管哂叮兩管用橡皮管連之亦有橡皮管連呷與𠮙並吸氣之各器吸氣之器或為小三口瓶內裝淨水第一號瓶列在架上其底稍高於二號瓶頸再將𠮙管連於吸氣器在𠮙管用口吸氣則哂叮管變為吸管水能自流而𠮙管必吸若干氣至𠮙瓶內之水流出後則將兩瓶調換令二號瓶高而一號瓶低將橡皮管套在呷管管理人之口在𠮙處吸氣則水仍自流間有一管內所存之水足令自行流出不必另以口吸之瓶所流出之水每一次有一定之數卽可知所通過氣之數

所行過三口瓶之氣內或用蒸水或用淡鹼類水或用銀水如用銀水則必用搖動之法如用鹼類則用紅礬當為試水而改變其常法但此鹼類之法難於徑用因氣內常含硫養$_2$若干必在通過氣之水內添錳養$_7$之淡水至淡紅色初顯出則硫養$_2$收養氣變為硫養$_3$再加鋇養少許而所得之水再添以鉀養兩個鉻養$_3$試水後照常法用銀養淡養$_5$準試水則能知其輕綠數

如凝水器所放之廢氣含輕綠甚少則令行過三口瓶瓶內所含之水不足收盡其輕綠必另立一法令氣遇水之面積加大卽如一百五十七圖所用之瓶其氣質在呷管進而由𠮙管出其𠮙管格外大𠮙上之管與吸氣三口瓶用橡皮管相連𠮙管

底吹成泡泡內鑽許多小孔其𠮙管中間裝敲碎之小玻璃塊此泡通至水面氣行過時則有水通過𠮙管泡之小孔因此成氣泡則碎玻璃內氣與水相遇之面積大其管𠮙應較長因水吸上頗高如𠮙管不能備多小孔之泡可以塞塞之塞邊割成許多細槽可以代泡之用

試驗氣之法必在通氣管內鑽孔徑約一寸不用時塞緊其試法先在孔內用軟木塞塞住鑽孔能接玻璃管管須通至氣管中間令水不能落出此玻璃管連於三口瓶瓶連於吸氣瓶照以上之法試驗甚便

凝水器通氣之力亦必慎為管理如凝水器不通至外空氣而

通至烟囱則此事爲更要故氣路氣管中間須備風門其門或用玻璃或用端石或用鉛瓦等料必開此門若干大令氣能直通過不至從爐門向外噴出如風力過大必有輕綠氣不凝水而通入烟囱應將門加鎖令工匠不能輕動匠人喜風力大而省事故也如風力過小雖將門全開而風力仍不足用其故因枯煤落下太密必在出氣管內噴汽或用噴水之法吸氣

平常造鹽強水廠不能確知所成强水之多寡只可查得所售出之數如有最好之凝器則輕綠之大半能收回按每鹽一百分應得三十四度濃之強水重一百九十三分即每鹽一噸應得強水三百六十八軋倫但不淨之鹽每百分含淨鹽九十三

分則得強水三百四十三軋倫因其鹽不能全變化所餘之鈉養硫養三內必有鈉綠即鹽若干分平常每百分內不變化之鹽有一分半故所成之強水不過三百三十六軋倫有人詳試六個月內所成之強水數每鹽一百分得輕綠氣五十五·八〇分鈉養硫養三內所存之鹽一·五二分糜費·五八分應得輕綠氣五十七·九〇分但器具難免漏洩總不能得應有之強水數

提淨輕綠之法

第六章內已論及常出售之鹽強水所含異質如將強水蒸出其水則所餘之強水不含能結成之定質

如含硫強水則用鋇綠法分去之做強水時之最要者其水內不應含硫強水又極濃鹽強水內鋇綠難消化作此工必須切記不忘以免誤事

如含硫養二或綠氣須用法通炭養二氣則能去此兩種質有云此論不確

有人設法令所成之鹽強水不含鉮等質但其法最繁不盡可憑有一法用一百七十度濃之鹽強水傾入生輕綠則立刻放輕綠氣甚多此氣通入裝水瓶洗之後再通入淨水則成淨輕綠因濃鹽強水有收水之愛攝力甚大故放出輕綠氣大約濃強水百分用此法能得淨強水四十分共重率一·一八一

又有法能分出鹽強水所含之鉮即在濃輕綠水內添錫綠則

結成棕色爲含鉮與錫之質如鹽強水不濃其重率一·一一五則不能全結成又如重率一·一〇〇則無結成之質

又有用重率一·一三之鹽強水加熱至百分表三十度將磨光紅銅條放入其內則鹽強水所含鉮質全行凝結在銅面後將其水蒸之應得無鉮之輕綠又如輕綠內含綠氣或鐵二綠三亦能用此法去之

鹽強水之各用處

鹽強水之用處甚多大半爲成綠氣其綠氣能做漂白粉與漂白水或做鉀養綠養五等料或用綠氣徑成漂白名工如德國一千八百七十八年有數鹼類廠停止故鹽強水價貴因此做

漂白粉等料各工亦停歇

淡輕綠水之用處已在本章首論之另有數種用處必用平常出售之鹽強水即如做鋅錫銻與淡輕四養及鎳鈣等質或綠氣之料又能用之做骨膠與提淨動物炭及做漂白布等料或專用綠氣或用綠氣合漂白粉又如染布印花及做數種酸質如炭養二氣質等工並做數種顏色料俱用之又鐵鋅等料浸在鹽強水內能去其面上之銹又合別種料能發冷成冰又從鉛硫礦內造成鉛養六質又能做合強水又造玻璃與磁器等工內提盡其砂與泥分出所含之鐵質又提淨鉀養兩個果酸又能在用過肥皂水內分出油質並鍊金類工內分出紅銅或鋅等又能在鍋爐內去其所結成之皮並造蘿蔔糖廠內亦用之其餘爲用甚多不能繁載

運鹽強水之法平常裝置大玻璃瓶內外加栁條筐筐內並裝白石粉如玻璃破裂則強水爲石粉所收不致侵蝕地面之板間有存儲瓦瓶亦必裝在栁條筐內用最小之瓦瓶每瓶約盛強水半擔以四瓶爲一副裝入箱內易於運動近有用橡皮瓶者因玻璃瓶易破但橡皮之價太貴如平常大玻璃瓶能裝強水一擔半至兩擔所裝強水只值價銀兩枚而橡皮瓶價需銀六十枚可見此種瓶運至遠處甚不合算近有人設法用黑色靱橡皮料做箱裝強水較爲省便

卷終

化學工藝二集卷三

第一章論鹼之源流

自古鹽類以食鹽爲最要而鹼亦稱爲鹽類但不及鹽之爲用廣古書中命其名爲內得魯如猶太埃及希臘羅馬古書中俱論及又如阿喇伯國從前亦有鹼類名曰甲利當時尚未詳分其各種現在分別鈉與鉀二大類另有數種質亦稱爲鹼類但其用處少不必備論

如鈉養合炭養二所成之質其性在化學書內詳言之鈉先與養氣化合後與炭養二氣化合其分劑數常有不同因含水之多寡不定如無水之鈉養炭養二每百分含鈉養五十八·五三分炭養二四一·四七分其色白而不明重率二·四〇七加熱至紅則鎔化有化學家云熱至八百十四度則鎔化鎔化時則放炭養二氣若干分如在木炭面加熱至白則化分爲鈉與養氣如要得淨鈉養炭養二必先將含水之鈉養炭養二加熱則鎔化放出其水又法將平常鈉養炭養二燒之則放出所含之水餘質爲淨鈉養炭養二凡鈉養炭養二在水內結成顆粒粒內所含之水數憑兩法試之一化乾時所加熱度二水已熱至沸度後待冷任遇空氣與否

鈉養炭養二含水之分劑數有八種一含水一分劑二含水兩分劑三含水三分劑四含水五分劑五含水六分劑六含水七

分劑七含水十分劑八含水十五分劑成此各種質之法不同間有天生者間有人造者如水之分劑多者顆粒難成必用特設之法凡含水七分劑之顆粒如一百五十八圖含水十分劑如一百五十九圖

鈉養炭養二鎔化之性　無水之鈉養炭養二在水內消化稍發熱含水十分劑之顆粒在水內消化則收熱如將鈉養顆粒四十分合水一百分則減熱度而發冷每水一百分所能消化之鈉養炭養二數俱視其熱度即如自分表之零度每百分水能消化約七分如百分表三十二度半約能消化六十分過此度則所能消化之數漸少至一百度所能消化者約四十五分如鈉養炭養二飽足之水其沸度約爲百分表一百零五度

如鈉養炭養二在水內消化者其重率依水數之多寡即如每百分內含無水之鈉養炭養二一三七〇分則重率爲一·〇〇三八如含一八·五三〇分則重率一·二〇四五又如百分表零度試鈉養炭養二水每百分含五分或十分或十五分其體積俱相同可以一〇〇〇〇顯之如加熱至一百度則體積不等其含五分之體積一〇四六四含十分者一〇四八八含十五分者一〇四九九又如加熱至沸度則含五分之體積一〇四六八十分者一〇四九四十五分者一〇五一〇

以上各種質之外另有數種以兩種爲最要

一爲二鈉養三炭養二此質每百分含鈉養三十七·八五分炭養二四〇·二二分水二一·九三分間有天生者平常所用多係造成如將鈉養兩個炭養二加熱令沸速熬濃則放出炭養二若干分因此變成兩個鈉養三個炭養二其粒爲明光柱形天生者能透光中分數層其紋從中心至四周凹如蚌殼形有鹼味面上不生霜如造成之粒亦在空氣內不變化其消化之性在鈉養炭養二與鈉養兩個炭養二之中間

一爲鈉養兩個炭養二此質每百分含鈉三六·九四分炭養二五二·三六分水一〇·七〇分其造法將鈉養炭養二令合於炭養二氣其淨者難得常含鈉養炭養二少許在內此鹽結成爲片如一百六十圖如不含鈉養炭養二則遇黃色試紙不變棕色又不令藍試紙變紅其重率二·一六三至二·二二〇八加大熱則放出其水並炭養二之一半即百分放三六·八六分其粒遇乾空氣不變化在濕空氣內漸變爲暗色而有鹼類性又如將鈉養炭養二令遇空氣一年則變爲鈉二養三炭養二如含水少許令濕則放出炭養二熱度愈大放出愈速如此變爲鈉養炭養二如每一分合水十四分消化則其性不改變如鈉養兩個炭養二以水消化則百分表之零度每水一百分能化鈉養兩個炭養二六·九〇分從此熱度起愈加熱則消化愈多至百分表六十度每水一百分能化鈉養炭養二一六·四〇分

鈉養兩個炭養二在飽足之鈉綠水內幾不消化又在鈉養硫養三飽足水內亦然將鈉綠與鈉養硫養三合併成飽足之水亦不能消化此性近來最要因用淡輕四養成鈉養之法幾全憑此理

鈉養合炭養二氣合質所有天生之處

地內之水間有含此種質甚多有用之作藥水者此種水裝瓶運至遠處出售比人所造出者更靈如德國有數處所產之水久著名有將此水熬乾成兩個鈉養三個炭養二得六千六百八十五噸又產鈉養硫養三一萬零二百八十五噸他如埃及亨軋星阿非利加等處有內湖並黑海與裏海中間之空地及南阿墨利加等處有湖均產之又有產鈉質之地生霜聚於地面蓋此質因土石變化而成或因含鹼類之花草腐爛而生凡久雨地面積水經夏日曬乾則地面生霜爲鹼類質

天生鹼最古者爲埃及國在尼羅河西邊相離約五英里谷內有淺湖九其大者深二十尺湖內之水有四十八度至五十度之濃因日光常化去其水但流入小河則水濃不過一度至二度半濃水稍帶紅色內含鈉綠間含鈉養炭養二或鎂養硫養三夏日湖水乾涸湖邊成皮一層爲鹽或鈉與泥間有大湖內水深之處結成鈉綠一層厚十六尺下有鈉養炭二一層厚十七尺但湖邊所結成之皮只厚十五寸至十八寸用木鏟或鐵鏟

推開鋪在湖邊曬乾裝入筐內運至尼羅河邊載往遠處出售或做肥皂或添在常用水內令其濇性變滑便於做食物及洗濯之用此質所含鈉養炭養二尚有鈉養硫養三與鈉綠並沙及水如埃及國亞勒散得黎之口每年運出二千五百噸

如波斯國與西藏新疆蒙古並中國亦有產鹼類之湖又有地面生鹼霜大半爲兩個鈉養炭養二等質如阿非利加沙漠之地有一處水與花草樹木內亦有鹼水湖中有小島全爲鹼質所成又墨西哥有數處產鹼類水印度有湖名魯納湖夏日水乾得上等白色鹼類能做肥皂及浣洗之用每百分含鈉養炭養二六十七分鈉綠二分水三十一分

阿喇伯國在紅海東邊有一處地面產滑性質其臭如肥皂間有作洗衣之用大半磨成細粉合入鼻烟內令烟有辣味

北阿墨利加羅幾山東西荒地亦有湖與地面產鹼類有一處名曰產鹼平原由加拿大通入太平洋之鐵路在拉拿密地方經過此處所有之大小河含鹼類水幾乎飽足又如舊金山相近處古時爲火山口現成凹形積水成湖所含之鹼類亦甚多

美國西邊有名外窩明亦產鹼類不少又美國尼發達邦有一湖含鹼甚多每夏日在湖邊鑿淺池化水成鹼約三百噸送至聖方西斯口出售每噸得價洋五十圓

如亨軋里國天生之鹼自古有之羅馬國亦有用者將生鹼漂

在水內澄清將水置鐵鍋內用稻草燒之熬濃至凝結傾入模
成塊出售

花草樹木灰成鹻

花草樹木大半含鹻類燒成灰漂之將水澄清熬濃可做鹻用
此鹻質大半爲鉀養炭養二間有含鈉養炭養二者有數種花草
在含鈉養炭養二水內生長大半爲海草及海邊相近處之花
草但海水內之草含鈉養炭養二少而海邊所生者含之最多
其類甚繁此書不必詳載從前英國全用此種花草灰做鹻類
最多者如有一種其灰每百分含鈉養炭養二四十五·九分
其餘含十分至四十分不等如俄國荒地有數種花草其灰每

百分僅含鈉養炭養二七·二分

以上所論花草成鹻法待其長足時拔起在露天曬乾後置坑
內每坑方三尺至五尺坑底鋪平面石先將最乾之料在坑底
燃火後漸加料連數日不息每次所添者不多易於燒盡則坑
內之灰漸生大熱變成稠質用鐵條挑之待冷時敲碎成大塊
再軋成小塊出售法國有用爐先烘乾花草後在爐內燒之約
二十四點鐘內燒花草六十噸得生鹻類約三噸燒煤八擔至
十擔

以上用坑所燒成之質其成色不定視所用之花草與燒料有
一處所產之鹻成色各不同者

西班牙所產之鈉養炭養二爲最佳係用花草燒成爲深灰色
或藍灰色之塊每百分含鈉養炭養二二十五分至三十分其
質軟而難軋碎味有大鹻性而辣其花草約在年底種之下年
秋季收取又有云五月種八月收但此種植物所成之鹻其成
色常有不同所含之鈉養炭養二每百分有十四分至三十分
並含泥土與鹽及煤屑等質如法國南邊所產者含鈉養炭
養二更少每百分僅四分至十五分英國與蘇格蘭愛耳蘭海
邊從前種此草甚多現因用鹽成鹻故前法漸廢不用

此種花草灰所成之鹻查英國進口之數可知其工藝漸廢如
一千八百三十四年從日斯班牙運至英國鹻料一萬二千噸

一千八百五十年僅一千七百四十四噸一千八百六十四年
一千二百六十噸今則罕見矣

第二章論鹽變成鹻並從前造鹻之各法

現各國已不用植物灰做鹻全用鹽與硫強水之新法約一千
七百三十六年有化學家指明鹽與鹻本質相同之理應有法
將鹽變爲鹻但尚未考究其本質自昔法國考鉀與鈉兩種鹻
類質以鉀爲要至回教人攻入日斯班牙時將做鈉養炭養二
法爲日斯班牙人所知但所成之鈉養炭養二不敷各國造肥
皂玻璃等用當時所成鉀養炭養二價更賤而用更多數十年
以前各西國幾全用木灰得鉀養炭養二做鹻用因紡織等工

均以鹼爲要需雖伐木燒灰成鹼尙不足用如俄國與加拿大等處所用之鹼皆從木灰内取之而運道不通難於轉運故樹木稀少之處鹼價甚貴

一千七百七十五年法國博物會出示請人考究用鹽變鹼如有最妙之法報明則得奬金錢二千四百圓自示之後已經百餘年雖考究新法之人甚多但一人報得新法忽又有一人云比其法更巧因此難定奬賞只有勒布蘭克之法有實在根據至今各大廠用此法不過稍有改變

自立此法之後英國鹼價漸落如一千八百零九年淨鹼之價每噸金錢七十一圓一千八百十四年減至六十圓一千八百二十四年則只十八圓現英國每七日造鹼八千餘噸約十年以内鹼粒每噸之價計金錢四圓半一千八百七十八年其價更賤後逐漸增漲至現在價目

査法國勒布蘭克之法雖前有人知之但未立廠做成故勒布蘭克應得法國博物會之奬賞其人生於一千七百五十三年本係醫士先著書數種論各料成粒之理嗣聞法國博物會有此示則殫精竭慮以要其成但苦無資不能建立大廠因與數人議立公司有奥凌斯公出資本金錢二十萬圓派名下人謝君料理立廠後議定資本每百圓每年得利十圓如有餘利則平分二十分奥凌斯得九分勒布蘭克與其夥底賽共得九分餘二分歸於謝君合同内另有一欵云勒布蘭克每年辛金應得金錢四千圓底賽應得二千圓即照前議二十分内提利九分給之如不及此數必從公利補出設盈餘更多仍照數分給

勒布蘭克初用之法將鹽合硫強水約等分和勻在鍋内加熱收其所發之輕綠氣做鹽強水或合強水之料將所得鈉養硫養三加大熱去其多餘之硫養三再磨成細粉每粉四分配白石粉二分木炭一分合磨之和勻置鍋内每鍋約裝滿三分之二蓋之不封漸加熱則鎔化成漿從鍋内傾出和水加熱令沸漂之得其淨水熬濃成定質

勒布蘭克於一千八百零七年故後其夥底賽屢欲將其法冒爲己功後經審問以定其罪原立合約後有改變數款其大概與原意同惟一欵内云如明年所得之利每百分多於五百分其分利之法有不同可見辦理此事以爲得利極大當時鹼價最貴鹽與硫強水之價略賤故應得大利但因辦法未妥兼之國内有大亂設律法言明做鹼之新法必報國家査考得利應歸國家故勒布蘭克與夥不得已將其法報明於是一朝頓失其利後國亂略平勒布蘭克再管此廠但苦無資本抑鬱成病窮極無聊至入養濟院不久即自盡五十年後拿波倫第三査考此事尋其子孫以優卹之

勒布蘭克死後其法仍有人用之法國有數處造玻璃片應用

鹻全用勒布蘭克之法英國亦效之約一千六百八十四年英國立一廠在哥拉斯哥地方先小做將鈉養硫養三半擔合熟石灰與煤屑成球在爐內煆之至一千八百二十年此廠每一次用一擔後愈做愈大當一千八百十八年此廠僅成一百噸一千八百二十九年增至一千四百噸一千八百七十六年則有一萬四千噸其價漸賤

英國從前鹽稅甚重每鹽一噸納稅金錢三十圓自免稅後做鹻之生意大興但初造此種鹻其成色與從前之鹻不同故做肥皂廠不願用嗣更淨而更濃則其貨益佳初開廠時欲廣招徠先將此鹻送人不取價值迨經用過一二次知其妙處則爭

來購買方鹻從爐內取出不及變冷已經售去此廠開辦六年獨擅其利後乃各處仿造不久而通國已立多廠又如德與奧國亦仿造之愈做則其法愈靈糜費亦愈少從前廢料現已全無初時綠氣散出作為廢料現為造鹻工內所最要者因化學工藝多用鹽強水如做漂白粉與鉀養鉻養五等料是也近有將所發之硫收回但此時尚未全得法因不免有糜費又如鹻應得一百分照化學理推之除去糜費不能得九十分

總之勒市蘭克之法至今尚無大改變雖有新法只免硫之糜費與用淡輕四養等法但用淡輕四養之法須在鹽井等處亞阿墨利加價賤之處方能得利其餘別法在本卷內亦畧言之

造鹻各法不分先後次第但依其理與用料分類列之

茲將造鹻各料分五大類開列如左

一用平常之鹽或徑變鹻或先變鈉養硫養三然後造鹻

二用鈉養硫養三做鹻

三用格來阿來得又名雪形石此為地產之礦類

四鈉養淡養五

五含鈉養之非勒司巴耳

第一類用平常鹽為原料變鹻之法

一用鉀養化鹽法將鹽水合於鉀養則鹽化分將其水化濃待冷先成之粒為鉀綠後成之粒為鈉養炭養二即鹻從前用此

法將俄國所產鉀養合鹽在爐內烘乾和石灰煤屑在倒燄爐鎔化將所得之質漂入水內消化後熬濃冷時結成鉀綠之粒後將餘水熬乾則所得為粗鹻再燒而消化則得鈉養炭養二顆粒即平常之鹻但此法早廢因鉀養之價甚貴不能合算

二用石灰化鹽法　化學家西里見食鹽合石灰後變濕在露天數十日則面生霜此霜即鹻類質又如鹽類水添以鈣養兩個炭養二水則結成鈉養炭養二即鹻但此法亦無甚大用法國曾立廠試之不得利

三用鉛養化鹽法　化學家西里見平常鹽合鉛養即蜜陀僧則鹽化分如將蜜陀僧成粉置漏斗內令鹽水淋過數次則其

亦含鹻此鹻遇空氣則變爲鈉養炭養二當勒布蘭克之法尚未大興時有人常用此法成鹻其大做用蜜陀僧五十分磨成細粉合食鹽十二分半以水五十五分消化待數點鐘水面生白皮攪之再添鹽水待三四日成後將其料在水內消化則黃色質沈下能作黃顏色料出售其水熬濃即得鹻但所廢之料多而得鹻少因鹻價貴亦能合算此法後有人改變而得大益即如加石灰助其變化用蜜陀僧一百分鹽七十分熟石灰五十分合水少許磨成細粉能將鹽類四十七分至五十分變爲鈉養二能結成粒因蜜陀僧之糜費大此法漸廢而用更簡便易於得利之法

近有人再試用蜜陀僧之法將平常鹽合於蜜陀僧粉等分再配五倍重噴汽加熱依百分表七十度至八十度待數點鐘後鹽化分將其質加大壓力則鈉養大半壓出再將所成之鉛綠合水漂之再壓將所餘之鉛綠一分合於淡輕四養炭養二和水漂之則成硇砂水與鉛養炭養二如出售之鉛養炭養二或加熱變爲鉛養所放之炭養二合硇砂所放之淡輕三仍變成淡輕四養炭養二但此法變化略繁故漸廢不用

四用鉛養燐養五或鋅養燐養五法　此兩種料俱不與鹽配合而加熱分出所成鉛綠或鋅綠將其餘質以水化之加以石灰則成鈉養輕養水與鈣養燐養五

五用鈉養燐養五法　此法將鐵二養燐養五合鹽燒之而進空氣與汽所含輕綠亦照常法凝水其餘質含鐵二養三與鈉養燐養五以水化之加石灰則成鈉養與鈣養燐養五此法雖能成鹻但無甚大用

六用鈉養淡養五法　此法用鈉養淡養五合鈉養燐養五在甑內鎔化則蒸出鈉養淡養五可凝而收之所成鹽類以水消化再進炭養二則成鈉養炭養二與燐養五又有法分出鈉養炭養二作鹻用此法最繁亦無甚大用

七用鎂養與炭養二法　此法用鹽或冷水或鎂養或鎂養炭養二在桶內封之加壓力而進炭養二氣則成鎂養炭養二此質自行化成鈉綠與鎂綠二又有結成之鈉養炭養二將其水熬乾再燒之去其輕綠將鎂養收回仍能用設此法之人以爲所成輕綠得價足補其各費而所成之鹻爲淨得之利其法雖妙然不免有弊

八用草酸法　如將鹽合草酸加熱燒之則變爲鈉養炭養二與輕綠但草酸價貴此法易壞草酸即設法收回只能得一小分亦不合算

九用鎂養草酸法　此法將鎂養草酸合鹽或輕綠不加熱而調和若干時多費工夫與燒料不免有草酸之糜費其法雖巧亦不必用

十用輕弗法　此法用輕弗合鹽成鈉弗將鈉弗用鈣養炭養二或用汽化分但此法尚未大做

十一用輕弗矽弗二法　此法將鹽合輕弗矽弗二水待其質結成合石灰水變爲鈉養與鈣弗矽弗二又法將泥合沙或鈣弗礦和勻鎔化將所放出之氣凝之用以化分鹽水所結成之質又用法分出鉀養炭養二如鈣弗礦最多之處此法或稍能得利然費料多而得鹻少難於暢行

十二用鋁二養三法　此法用鹽或鈉養硫養三合鋁二養三成鹻其做鋁二養三之法將鋁二養三硫養三加大熱置煉熱火泥桶內桶內再進鹽霧但此法亦未大興因鋁二養三質最難料理

十三甲鋁二綠三法　此法將鹽水合於鋁二綠三水和勻熬乾磨成細粉用輪扇噴入紅熱甑內甑內有重熱汽則成鈉養鋁二養三與輕綠再用炭養二氣令鈉養鋁二養三變爲鈉養

十四用矽養二與汽法　如將矽養二合鹽加大熱鎔化雖不化合而鹽能先鎔蓋在矽養二上矽養二尚未變化時鹽已化散其法將鹽二百八十分合沙二百分調和鬆放在平生鐵桶內桶外加熱至紅桶有進汽孔與管又有放氣孔與磁管能放鈉綠與輕綠所發出之氣凝結所化氣之鹽所得之鈉養矽養二最難消化必軋碎洗之則洗去未化分之鹽所餘之質每三分加鈉養一分則變爲流質玻璃此質流入冷水內消化再通炭養二氣則化分成鈉養炭養二與膠形矽養二此質可作玻璃料用但其法之縻費大尚未通行有人改變其法如英國郭沙智特設器具如一百六十一圖甲爲桶或塔以火磚砌成下面收小再放大內裝石英塊或火石塊在下端乙有空處通至引氣路丙如丁門亦能進石英塊但此門常閉所鎔化之鈉養鉀養二能從戊門流出又如己爲發氣膛內燒煤所進空氣不足燒盡故成煤氣質如庚爲爐柵辛爲斜火板壬爲進料漏斗子丑爲通氣路癸爲進汽管寅爲進壓緊空氣管此空氣爲輪扇卯所煽動爐底丑有烟過午門而進可見用路巳與輪扇巳能在甲塔內得極大之熱已經大熱時則從午午門進烟其烟化散因卯

管所進熱汽令石英等料化分成鈉養矽養二並輕綠氣此氣並餘氣過丙路而出所成之鈉養矽養二或做玻璃用或用鈣養令變爲鈉養或用炭養二令變鈉養炭養二用此器若干時成鹻因熱度大器易損壞化分之時不足則所成之輕綠難於凝水亦非合用得利之法

十五用鉻養三與汽法　此法爲法國所設將鈉綠合鉻二養三等質烘熱時通重熱氣則變成鈉養兩個鉻養三與輕綠變成後待冷將其質合煤屑加熱至暗紅則成鈉養炭養二與鉻養三此法亦有多弊

十六用炭養二法　如鹽水內所能收炭養二之數比淨水更多

有餘少許爲炭養二所化分放出輕綠氣但化分之數甚少不能得利

十七用硴養三法　硴養能在汽內令鹽化分成鈉養硴養三與輕綠其鈣養硴養三可用石灰令變鈉養與鈣養硴養三因硴養價貴而靡費大故各廠尚未用此法

十八用淡輕四養炭養二之法　此法較爲合用在下第十六章特言之

十九用鈣硫法　此法將石膏合煤屑加熱至紅後連添鹽與煤屑加熱至不放氣爲限待冷將其質在水內漂之再將水熬濃將所得之質合煤與白石粉在爐內煅之此法亦無甚大益

二十用汽法　此法將鹽先加熱鎔化或令變成霧後令遇重熱氣則化分得鈉養與輕綠但其法亦不能大做

二十一用電氣法　此法鑿大池用做砂漏之料燒成板隔作三膛中膛置紅銅板外兩膛置大鐵塊鐵塊與銅板用紅銅條相連將中膛裝滿水外兩膛裝鹽水再通電氣熱度在百分表二十一度以外七日內則其鹽化分並有多種鹽俱能化分惟發電之費大如燒煤成電氣雖然最省但煤之費與所得鹻價仍多數倍故此法不能盛行

二用鈉養硫養三法成鹻

甲不變爲鈉硫各法

一用石灰法　此法用鈉養硫養三合石灰變爲鈉養與石膏又法將鈉養硫養三合石灰水加熱令沸則石膏漸沈下其鈉養存在水內如沸時鍋內加壓力則變化更速但此法所得之鹻不多

二用鋇養法　此法將鈉養硫養三合鋇養令其質化分則成鋇養硫養三與鋇養雖用冷水其變化已盡可見以此法成鹻最簡便但鋇養價貴故其法雖巧甚不合算

三用鍶養法　此法將淡輕四養硫養三合鈉綠消化成濃水加熱令沸則成鈉養硫養三待冷則淡輕四綠結成粒將其餘水化乾則得鈉養硫養三再將此質消化合鍶養成最淨之鈉養而

有鍶養硫養三結成並有法能將鍶養與淡輕四綠收回所廢之料只鹽與石灰其餘各料幾無多糜費但此法雖巧各廠尚未能用

四用鈣養炭養二法（即白石粉或灰石）　有法國人設一法將鈉養硫養三水合灰石細粉入器蓋密而通炭養二時挑動則成鈣養兩個炭養二此質合鈉養硫養三化分待八點鐘後則鈉養硫養三全變鈉養炭養二澄清後傾出流質熬濃

五用鍶養炭養二法　此法與下第六法大同小異不另詳

六用鋇養炭養二法　此法原用鈉養硫養三一分加水三十分至四十分消化添鋇養炭養二二分再通炭養二氣常調和如小

做則一點鐘內全化分所得之水多含鈉養兩個炭養二此法之難處須備現成之鋇養炭養二做鋇養炭養二之法將天生鋇養硫養三合煤屑松香在鍋內燒之燒得之質漂在水內再通炭養二但此法不甚靈後英國有人大試用石灰窰或燒枯煤爐所放之炭養二氣通過鐵桶內有器令料常調和桶內有鈉養硫養三水與結成鈉養炭養二其氣行過第一桶變化成後則通入第二桶第一桶傾出其料另換新料又氣通過第一桶後其餘氣通過第二桶過第二桶必有餘氣故特備器具含鋇硫俾炭養二行過則全收之而有放出輕硫等氣所成之鋇養炭養二可添入第一桶又成鋇硫之法將第一桶所成鋇養硫養三

合煤燒之漂在水內熬濃其水但照上法所放出輕硫氣為靡費其臭最惡如不用法收之不但靡費而且有害於人此法雖巧但器具之價與開銷比勒布克法更貴惟所產鹻多而淨如必得淨鹻不惜價貴此法可用然不及用淡輕四養之法下有一章特言之

七用鈣養醋酸法　此法亦無甚大用故尚未通行

八用鉛養醋酸法　此法為一百餘年前所設因難處多至今亦不常用

九用鋇養醋酸法　此法與上兩法大同小異雖能成鹻然難處多不合算

十用鉀養炭養二法　此法將鈉養硫養三合鉀養炭養二在水內消化則結成粒先得鉀養硫養三後結鈉養炭養二粒此法亦百餘年前所設當時鉀養炭養二之價賤鈉養炭養二貴故其法或得利或不得利現在已不合算

十一用淡輕四養炭養二法　此法將平常之淡輕四養炭養二八十六分合鈉養硫養三百分水二百分和勻消化在桶內用器挑動十八點鐘至二十四點鐘又通炭養二氣則結成鈉養炭養二其水含淡輕四養硫養三即可用之化分鹽成鈉養硫養三又從所成淡輕四綠能變成淡輕養淡輕四養炭養二將所得之鈉養兩個炭養二在蓋密鐵器內燒之則成鈉養炭養二蓋密之故

因內含淡輕四養炭養二易於飛散此法與下第十六章所言大同小異因不及此法故不復論

十二用波格歲得即含鋁二養三等之礦與鐵養法　鈉養硫養三合硫二養雖加熱至白色亦不化分進汽則化分如將硫二養三三分劑配鈉養硫養三一分劑加熱在燒殼內只得鈉養硫養三百分之四十能變為鈉養硫二養三如將其料合木屑加熱則其變化最易若波格歲得之礦照上法則不能變化所成之質為鈉合鐵與硫查波格歲得之礦內含鋁二養三與鐵二養三其鐵愈少其色愈白鐵愈多愈顯棕色此礦原出法國有一處約一百英里內有此礦數處有深數十碼者德國亦有數處產之愛爾

蘭有一處所產含鐵最少
近設一法用此礦化分鈉養硫養三所得之鈉養硫二養三合石灰水加熱則硫二養三全結成其餘卽鹻水熬乾成粒能作別用
十三用矽養二法　從前所做鈉養矽養二能消化在水內故謂之水玻璃做法將砂子與鈉養硫養三及煤鎔化則發硫養二氣但此法爐易壞故現用鈉養炭養二合砂成此種水玻璃如玻璃內噴炭養二氣則能成鈉養炭養二水但比勒布蘭克之法更費將此水玻璃合石灰沸之亦能得鹻水一千八百七十四年法國有人將此舊法報明國家准其專做其法將鈉養硫養三七十一分砂八十分煤屑八分至九分在鍋內封密加熱鎔化

將所得之質消化於水水內或噴炭養二令變爲炭養二或加石灰令變爲鈉養但此法亦尚未大興
十四用鉛硫礦或鋅硫礦法　如將鈉養硫養三合鉛硫或鋅硫礦再添砂加大熱則成鈉養硫養此質易分出鉛而得鈉養但尚未詳試
十五用輕弗法　此法最繁據設此法人云除鹽與煤之外所用別料應收回故無靡費其法分三層一將鈉弗水噴重熱汽則化分變鈉養與輕弗再將輕弗水合鈉養硫養三水則成鈉養輕養硫養三與鈉弗共鈉弗仍作第一層功夫用二將所得之鈉養輕養硫養三合鹽加熱足化分變爲鈉養硫養三與輕綠

而輕綠仍作第二層工夫用其理雖不謬然無甚大用
十六用鋁二養三燐養五法　此法將鋁二養三燐養五合砂與燐養硫養三及煤屑成極細之粉置爐內加熱待化分後取出傾入冷水內漂之其砂莫妙用磨光玻璃板之廢砂但化分之時必有硫養二氣散出應有法收之否則有害於人已經大試此法將硫二養三燐養五一擔半鈉養硫養三兩擔零四分之三廢砂四分擔之三煤屑四分擔之三置爐內燒之約一點鐘取出浸水內將其流質合石灰水則結成鈉養水與鈣養燐養五其鈣養燐養五亦可出售每噸值價金錢六元漂時所餘之質亦可有用

十七用鈣養硫養三法　此法將鈣養硫養二水合鈉養硫養三則結成鈣養硫養三而得鈉養水
將鈉養硫養三先鎔爲鈉硫後變鈉養法
一將鈉養硫養三合煤加熱法　數十年前用此法得鈉養炭養二將其質漂淨熬濃成粒再煆之則鈉養炭養二更多此法雖經多人試驗但尚未得大益在第六章末詳論之
二用醋酸法　將鈉養硫養三加煤烘熱成鈉硫後此料變爲鈉養醋酸再烘乾加熱變爲鈉養炭養二但此法尚未大用
三用鈣養炭養二法　此法爲勒布蘭克所設
四用鋇養炭養二法　此法在多產鋇養炭養二之地可用之代

鈣養炭養二每鈉養硫養三一百分配鋇養炭養二一百分鹽七十分相和加熱將所得之質漂水內熬濃其水得鈉養炭養二其餘質亦能變成有用之料但鋇養炭養二之價甚貴所用比鈣養炭養二多一倍因此故多不便

五用鐵二養三法　此法將鈉養硫養三先合煤屑加熱成鈉硫再添碎鐵塊則成鐵絲與鈉養將此質露置空氣內待自變成粉再將粉漂水內得鈉養水每鐵二養三五分配乾鈉養硫養三九分已有數廠用之其鹼粒合用所得之鐵硫質壓成方塊如磚但乾時易自着火而燒在燒殼內燃之則放硫養二氣可引至做硫強水鉛房內用之其餘鐵二養三仍用做第一層工夫但

此法最壞爐內火磚卽用生鐵代磚亦難免受損且費大而得鹼少故此法亦不能大興有人改變其法亦易生他弊故可棄之不用

六噴炭養二氣法　此法在鈉硫水內通炭養二氣至鈉硫變爲鈉養兩個炭養二後則放輕硫氣又法將鈉硫塊置桶架上通汽與炭養二氣亦能變成鈉養炭養二所發之輕硫氣能燒成硫養二氣做硫強水用此爲初用之法近改變更能得利但必先將鈉養硫養三變爲鈉硫其法將鈉養硫養三五十分枯煤粉三十三分和勻連調不止在爐內加熱令不至鎔化則有放出之炭養二氣可引至相近器內做有用之料此其法之大略惟燒

鈉硫之爐易壞另有一法將所得之鈉硫通至鐵箱內其箱以硬煤塊爲裏封密其爐待冷以水漂之再將濃水通以炭養二氣其器以六個爲一副而炭養二氣必行過第一器下之水則通第二器如此連通至第六器而出卽爲淨輕硫氣水漸變濃結成鈉養兩個炭養二之粒如其水加熱則結成之質爲兩個炭養三個炭養二之粒

鈉硫水通炭養二氣之器如一百六十二圖呷呷爲進氣管管通至水面相近處管底隔成齒形叱爲出氣管哂爲通軸此軸所靠之枕與壓蓋在水面之上有活車可動之軸上有頁哦哦在水內轉動而調和其料吧爲通水管咦爲出水管其器或以

鐵爲之外加硬柏油或以靱木爲之但靱木不便用加熱之法如加熱則外面必加鉛皮或石板其軸之外面亦加硬柏油或鐵皮其軸上之頁用靭木爲最妙

用此器令炭養二氣行過鈉硫最便而所放輕硫氣必特用一法有令輕硫氣遇鐵銹或別金類合養氣質之水所用之器亦與一百六十二圖大同小異以六個爲一副鐵銹水從第一器通至第六器則飽足變爲鐵硫與硫而所放之輕硫二氣令行過塔收其養氣則硫能分出可做硫強水之用此法雖巧但不免多弊故仍棄之不用雖常有人變其原法尚未能精究難與勒布蘭克之法相比

七用鈉養兩個炭養二法　此法將鈉硫合鈉養兩個炭養二加熱令變爲鈉養炭養二與輕硫氣其法將鈉硫四十八分合乾鈉養兩個養炭二八十五分在水內消化令沸所放輕硫氣收入聚氣膛引至爐內燒之便於成硫養二能做硫強水之用此法先做鈉養炭養二再將此質變爲鈉養兩個炭養二似不合理因鈉養炭養二可用不淨之炭養二氣卽含空氣亦可所成之輕硫氣須淨而不含別種氣然用輕硫氣得利尚未有合宜之法有人將輕硫二氣合硫養二氣與汽則分出硫但尚未多用

八用硫二養三法　此法不用炭養二而以硫二養三代之令鈉硫放出爲輕硫氣將所得之鈉養硫二養三合炭養二氣令變爲鈉養

炭養二與硫二養三又有人改變此法將鈉養硫養三合硫二養三磨成細粉置鐵燒殼內加熱至紅則通空氣放出硫養二氣在聚氣膛內收之通至做鹽強水之鉛房燒殼內之餘質爲鈉養硫二養三以水漂之而通炭養二氣至硫二養三結成水內只含鈉養炭養二此法雖能成但其費大而燒殼易壞硫養二氣變爲硫強水亦難與平常之法相比

九用淡輕四養炭養二法　此法須用成煤氣所得含淡輕四養之水令鈉硫變爲鈉養炭養二將鈉硫合淡輕四養水在甑內加熱至百分表一百五十度乾時所變之淡輕四硫蒸出甑內之餘質漂在水內則消化所成之鈉養炭養二後將水熬乾得鈉養炭養二所蒸出之淡輕四養輕硫通過含鐵銹之質則放出輕硫令此質過炭養二氣則變淡輕四養炭養二以水消化則水仍能用故靡費小

十用鎂養法　此法將鈉硫濃水合鎂養炭養二加熱至百分表三百度或將鹽一分用鎂養硫養三礦二分四名該西來得加熱化分將水熬乾所得之質每百分合煤二十五分至三十分在爐上加熱分出質內所含鈉養炭養二但其法繁無甚大益不必詳論

十一用銅養或鋅養或鉛養法　俄國博物會諭令化學家設造鹻之妙法有人曾得優獎其法大概用鹽合鈉養硫養三化

分成鈉養硫養三與淡輕四綠將所成之鈉養硫養三合煤燒之則變爲鈉硫其鈉硫水合銅養或鋅養或鉛養令沸至有銅綠結成水內止有鈉養其鈉養通炭養二氣變爲鈉養炭養二所成銅硫燒之變爲銅養硫養三或銅養近有人改此法用鈉養硫養三七分合銅養八分煤三分至三分半加熱鎔化將所得之質以水消化則鈉養炭養二可分出其餘銅綠煆之成銅養或變爲銅養硫養三等質

十二用鐵二養三或錳養以濕法分出鹻　此法將鐵二養三或錳養若干置鈉養水內將水化乾加熱至全變爲橄欖黃色再和以水則水消化鈉養其餘質能收鈉硫中之硫已飽足則成鈉

養水與鐵硫或錳硫結成但所用鐵二養三或錳養之分兩必與鈉硫相等又法將鈉硫水合鐵二養三用壓水箭噴炭養二氣在內

十三用鐵養炭養二礦　此法無甚大用因鐵養炭養二性甚慢不能放出鈉硫內之硫總之無論試用何法令鈉硫變為鈉養用金類或養氣之質尚未得法其故有四一鈉硫常含鈉養炭養二故所成之鈉養不甚濃二化分鈉硫一分劑必用金類或養氣質多於一分劑間有用數分劑者三所成金類合硫之質變為金類合養氣之質化分不易而費用大不能得利四不免有金類之靡費故用銅養與鉛養合養氣之質自必虧本卽用

極賤之金類費亦甚大

十四用鈉弗矽弗二　將鈉弗矽弗二等分劑在封密器內進汽加熱則輕硫分出可取而用之其餘質合石灰變為鈉養或鈉養炭養二與鈣弗將所分之鈣弗合於矽養二再加輕綠加熱後加鈉綠則仍能得鈉弗矽弗二與輕綠以便再用此法變化速而靡費少但未大興

用雪形石成鹼法

此法已成可大做故下第十七章特詳論之

第三章用鈉養淡養五做鹼法

凡做硝強水及做硫強水廠內所用之鈉養淡養五俱變為鈉養硫養三多當為做鹼之用另有將鈉養淡養五徑做鹼其要有九種開列如左

一用煤法　將鈉養淡養五合煤燒之燒得之質漂在水內但鈉養淡養五之價貴不甚合算

二用錳養二法　將鈉養淡養五合錳養二燒之全不通空氣則淡養五全化分所餘惟鈉養錳養等質不能變成

三用鉀養炭養二法　將鈉養炭養五與鉀養炭養二等分劑相合化分成鉀養淡養五為造火藥之朴硝比之鈉養為最要之質

四用鎂養硫養三或鈣養硫養三法　將鈉養炭養五合鎂養硫

養三或鈣養硫養三加大熱則變成鈉養硫養三而放出淡養三氣收此氣令遇空氣與水則變成硝強水但硝強水之靡費大故亦不合算

五用矽養二或鋁二養三法　將鈉養淡養五合矽養二或硫二養三加熱則化分成鈉養矽養二或鈉養硫二養三再通炭養二氣則能收回矽養二與硫二養三而得鈉養但用此法必收回所放之淡養五氣否則不合算有一廠試過只能收回淡養五百分之九十分此靡費亦過大故不合算

六用鈣養炭養二法　將鈉養淡養五與鈣養炭養二在甑內進汽加熱收所放之硝強水將其餘質漂冷水內化出鹼德國曾

試之因蝕壞各器棄之不用

七用煉鐵浮渣法　將生鐵變爲熟鐵或鋼用鈉養淡養五法則渣滓內含鹼可分出用之因煉鐵之法已廢故此法不用

八用鐵與各金類法　將鈉養淡養五一分合鐵與各金類絲兩三分在鍋內加熱至紅所得之質以水消化則得鈉養水所沈之質爲鐵二養三又有用銅箔或用鉛但其料貴亦無甚大用

九用淡輕四養炭養二法　將鈉養淡養五合淡輕四養炭養二水內通炭養二氣則變成鈉養兩個炭養二與淡輕四養淡養五

用鈉養非勒司巴耳礦做鈉養

有多人試用此法將非勒司巴耳礦合石灰與鈣養燐養五則

成鹼類質大概將非勒司巴耳石磨成細粉合鈣弗礦或雪形石或白石粉等質置石灰窰內加熱則易漂在水內消化其鹼類熬乾其水而得鹼其餘各質能在水內結成灰有人疑此法不能得非勒司巴耳所含之鉀養質又恐其餘質不能當水內凝結之灰用費用大難於得利故尚未大興

第四章論用勒布蘭克法做鹼所需之生料

勒布蘭克之法做鹼所需三種生料爲鈉養硫養三俗名鹽餅鈣養炭養二俗名石灰與煤此三種料之成色最要因成鹼之多寡純雜全憑其料

所用之鈉養硫養三初出煅爐卽可用此料之性與原質及分辨之法已在前第二集第一章內詳言之茲不贅敘

鈉養硫養三其質鬆雖有塊用鏟壓之卽成細粉間有含生鹽成硬塊者看其色與質紋自易分別軋碎後有灰色粗粒與白色細粒或稍帶黃色各不相同如內有鹽則鎔化比淨質更易或其質密而不鬆在黑灰爐內變化難成總之鈉養硫養三愈淨愈合用蓋不淨者所需之人工燒料各費與淨者相同所成之鹼少而成色壞平常鹼廠內所用之鈉養硫養三每百分含眞鈉養硫養三九十六分至九十七分但鈉養硫養三之原質與其形狀必得合宜否則不能作黑灰油之用如內有硬塊或已鎔之塊雖每百分含鈉養硫養三九十七分而不能成最好之

黑灰必先磨成極細之粉但費用甚大不能合算

如淨鈉養硫養三煅工過多則所常含之鐵養硫養三少許變爲紅色之鐵二養三此質俗名狐狸色不能成上等鹼因煅工過多其質變硬故在黑灰爐內變化不靈凡上等鈉養硫養三應含不化合之硫強水少許約百分內含一分半至二分所含之鹽只半分至一分如黑灰爐內之熱能燒去硫強水或有幾分存在灰內故常用之鈉養硫養三每百分含不化合之硫強水二分亦能成最佳之黑灰如鈉養硫養三不化合之硫強水甚多則爲大弊因與石灰相合成鈣養硫養三俗名石膏又如盆內在上面加熱則放硫強水令鹼水變成鈉養硫養三或鈉綠

造硝強水廠內所成之鈉養硫養三或造輕綠氣桶內所成之鈉養硫養三俱不能成上等黑灰因此兩法所成之鈉養硫養三其質與鹽所造者不相同有數廠用硝強水廠所出之鈉養硫養三因多費工磨成細粉其弊更小

煆爐新出之鈉養硫養三所成之黑灰不及久存者之合用新出者成塊而質紋亂久存者雖其形不正而顆粒勻淨大約堆存若干時則其堆內之熱令其質能變化而所含之鈉綠與不化合之鹽強水漸改其性令鈉養硫養三之成色更好或受空氣內之水而變化俱爲相宜

有數種書云鈉養硫養三留鹽若干分令所成之鹼類性更淡

但此論不合理因所成之黑灰以濃爲要如需淡者則後必合於別質沖淡

造鹼所需之鈣養炭養三或石灰白石粉等質愈淨愈佳如含泥沙及鐵等質則必存在不消化質內如含鎂養多亦爲大弊故含鈉養炭養三之灰石不合用如生物質有煤油之性令石灰帶藍色或黑色此各質在黑灰爐內燒時能當煤用

間有用白石粉塊每塊大如拳先用手工敲碎或用碾輪碾成細粉更妙蓋用塊所成之黑灰內含鹼不及用細粉所得者多如轉動爐內必用白石粉塊即磨粉亦不須極細最大之塊如核桃大半成粉亦合用如白石粉最濕必將四分之一或三分之一烘乾則合其餘粉碾碎如不用此法則碾時必成硬膏大不便用烘乾之法用爐之餘熱或用最賤燒料如爐灰內之煤燼烘乾其粉無論何種爐俱可

如一百六十三圖爲軋白石粉最便之軋輪一百六十四圖爲所用之碾輪如用濕白石粉則配料時必稍配水若干有數處所產之白石粉每百分含水二十分產白石粉最多之處空船每裝以壓載至裝貨處卸之故白石粉價廉即如運煤回空之船常用此法近來運煤多用輪船船底有水膛開其門則進水爲壓載故白石粉必須專運而其價貴造鹼廠不得已用灰石代之

如不能得白石粉可用灰石代之但必先軋碎如豆大或用輥輪或用碾輪軋輪有數廠與開石行家立約每月運送灰石小塊若干噸運費俱在其內平常用鐵路運之比倫敦等處所產白粉石更合用

有將灰石置窰內燒成石灰澆水成細粉現用此法甚少

不但用灰石與白粉石猶有數廠用石灰膏

所用之煤其成色亦最要造鹼廠尚未定何種煤爲合宜有用烟煤有用硬煤總以含灰少者爲佳烟煤燒最速所含煤油等質早分出其火力易盡白煤則能耐燒然不及枯煤之火力蓋燒成枯煤之煤宜先用白金鍋試其合用與否以得枯煤之成

數多爲佳

燒煤所成之灰不可過多多則鹼少而淡有云所用之煤不可含鐵硫礦近有化學家詳考煤含鐵硫或別種含硫之質每煤一百分含硫一分半亦可作爲配料之用

最好之配料含灰少則成枯煤多每百分得枯煤六十五分至七十三分不能看煤之外形又不能從化分所得各原質之數而知其合用與否如煤性合作配料用雖其價比平常之煤貴亦無礙因成鹼多而糜費少不但要化分其煤能得何種質若干猶須將所購之煤連用數日方能定其合用與否如第一次用煤成黑灰團粗知煤之成色必連五日至十日方知其能成鹼多寡

勒布蘭克之法初時全用木炭現因價貴不用且所成之黑灰不及用煤所成者多而佳如用枯煤與木煤或用比得（即類煤）或木屑或木柴俱可成鹼但俱不及煤之佳因煤所含炭質外另含煤油等質易成黑灰

有人試用數種料知所配成料內每百分應含炭質四十四分方能成最佳之黑灰故試用五種料配所含之炭質即枯煤五十七·二分成黑灰一百六十三分其濃數爲三十六度配木炭七十分則成黑灰一百六十五分其濃數四十度用木屑三百零一分成黑灰一百五十九分濃數三十八度煤黑油五十六分成黑灰一百五十八分濃數四十度又用比得一百六十六分成黑灰一百六十四分濃數三十九度但以上試驗所配各種燒料之數未必配木炭四十四分又用平常之爐不能燒此各種料

有用木煤又名棕色煤爲配料如含土質過多即不合用如煤油質多爲佳凡棕色煤如能燒成煤氣合作煤氣燈之用如含灰少亦可爲成黑灰之料間有將煤氣廠所出之枯煤軋碎每若干分配新煤若干分亦能作爲合用之配料

煤內所含之淡氣每百分內約有○·五分至一·七五分大半有弊因煤內含淡氣多則爐內取出黑灰之團發淡輕四養之臭

其淡氣受熱遇石灰則在爐內變爲淡輕四養合各氣質內之硫養三從烟囱內飛出成淡輕四養之白霧又淡氣一分遇鹼類與炭質變爲鈉衰鈉衰雖無甚大弊但將黑灰在水內漂之則遇料內所含之鐵硫與其化合成鈉二衰三令其灰並所成之鹼帶黃色或紅色如用勒布蘭克法將鈉養硫養三合多含炭氣之煤則所變成之鈉二衰三鐵能分出而出售但鈉二衰三鐵如有變成者則比鉀二衰三鐵更難分故所配之煤含淡氣愈少愈佳如煆工得法火性不過小則黑灰團內所含之鈉衰更少因熱度愈大愈能燒盡但煤所含之淡氣變成鈉衰之弊如於爐工將成時添新鈉養硫養三少許則化分其含衰之質令所出之

鹼水流質不含鐵此法在下數章有特論之處
所配之煤用煤屑比煤塊之價廉但開煤處甚遠其運費相同間有煤屑運費比煤塊更大者則宜用煤塊所含之灰自比煤屑較少然煤塊必先軋碎方合用有云煤屑質粗則黑灰團鬆而有益但此論甚謬所配煤料愈細愈佳因煤愈細所用之分兩愈少如用煤塊大如胡桃或苹菓則有糜費其黑灰團之質輕不在此
如不用煤塊亦不須將煤磨成粉但篩出若干大之塊將煤與石灰並鈉養硫養三用車運至爐口然後添入爐用鏟調和最妙先傾石灰或白石粉後添煤再加鈉養硫養三調和置爐內則糜費少如不用此法將鈉養硫養三先落入爐底後加石灰與煤蓋其上則免爲風力吹散如大廠有鐵路能運動料車又在爐頂做漏斗先將鈉養硫養三落至漏斗內後將灰石白石粉煤屑放入用鐵爬在爐內調和
但照上法尚嫌過粗其料愈軋碎而和匀則愈能得利有在漏斗下備兩軋輪輪有槽如一百六十三圖漏斗所進之料落下時必經過軋輪一面軋碎一面調和軋碎之料置車上運到爐口由漏斗添入爐內或用水車法起其料至漏斗內如用轉動黑灰爐則白石粉不必先軋碎亦不必先令乾因落至熱爐內則所含之水漲成氣令灰石或粉石忽裂開而成細粉

配各種料之比例各有不同因白石粉與乾灰石所含之水數不等而煤內亦含水不定故所配各料必依其料之性不能有一定之數美國所配煤數比英國更少德國約在英美之間勒布蘭克所配之數用煆過鈉養硫養三一百分白石粉一百分木炭五十分又各廠之法不同有每鈉養硫養三一百分所配灰石或白石粉從九十分起至一百三十分止所配之煤從三十分起至九十五分止但所配各料之數必與所成之鹼有相關又手工爐與轉動爐所配各料之數亦不同有數廠配鈉養硫養三一百分灰石八十〒九十分煤三十九·二九分但依其理論之每鈉養硫養三一百分應配鈣養炭養二九十八·七分炭二〇·三分所配之鈣養炭養二質與炭質若干分補其糜費如無糜費則鈉養硫養三一百分可配鈣養炭養二七〇·四分與炭一六·九分近來做鹼之法用灰石與煤比平常之數倘能減少故此兩質愈能省如法國減用煤之法爲別國所佩服法國常有配煤少於三十分者亦能得上等之鹼但恐用煤少於三十分則有鈉養硫養三不化分如此成鹼不足數近有用灰石比前更少

第五章論燒黑灰爐

燒黑灰料常用倒燄爐其式最簡便間有用轉動爐此種爐之做法較繁凡事必謹慎以免糜費且防爐易燒壞時常修整換

新
勒布蘭克原用之爐爲方形爐內置料之面小爐柵之面大長六尺六寸寬二尺有人將爐底放大而爐柵收小後因欲省燒料與人工又比從前加大四倍進出料之門有四每一門所進出之料足抵從前一爐之料法國德國多年所用之爐如一百六十五六七三圖一百六十五爲總立剖圖一百六十六爲平剖圖一百六十七爲横剖圖此各圖甲爲火門甲′爲灰膛甲″爲爐柵乙爲火壩內爲爐內面爐底之凹深約五寸丁丁爲旁進出料之門丁′丁′爲斜對面之門丁門用手器所不能到之處則丁″各門可用戊戊爲爐頂進料孔孔內用生鐵爲膛己庚爲

進風孔能通火氣入庚庚路內在此路備鍋或盆以便熬濃各水辛爲爐頂所需用之料在爐頂上鋪之加熱數點鐘後由戊戊兩門落至爐底

此種爐每次所裝之料有鈉養硫養三九百三十五擔白石粉九百八十六擔煤屑四百八十擔提淨後其餘水內所得之鹽類質一百四十五擔二十四點鐘燒煤二千八百擔爐工用正副各六人分爲三班每班作工八點鐘如此日夜不停裝料與鋪爐面共需三十分時第一次排料三十分時第二次三十五分時第三次二十分時第四次挑料取出亦需二十分時共需一百二十五分工人停息時一百零五分燒一次料共有二百四十分時即四點鐘故二十四點鐘內能進出料六次每次有一千五百二十五擔成黑灰九千一百五十擔

以上所云之大爐從前歐羅巴數國常用之因有多弊故德國幾廢不用法國亦間有廢之者俱改作英國小爐內盛黑灰圖大爐只有燒料現用小爐令回熱不散用以熬濃鹹水或令化料之冷水加熱故靡費小又大爐之底面積小加熱難勻故有燒之過限處有燒不及限處且爐內挑料即多費力亦難得勻如十二人做工二十四點鐘只能成料十五噸五擔若英國小爐兩人做工十二點鐘能成九噸三人分班做工二十四點鐘能成十噸二擔

如英國所用之黑灰爐歐羅巴別國亦用之其式大同小異常備爐底兩層間有用三層者離火壩遠處比近處稍高爐底最小只容料八擔其料先置後爐底再移至前爐底大者能容料十四擔

英國爐有兩種一爲闌加斯德之爐一爲新堡之爐如一百六十八爲闌加斯德爐之外形比新堡爐更寬八寸至十二寸更長十二寸至十八寸其爐內亦不相同新堡爐有一大爐柵從此邊通至彼邊煤從前面添進闌加斯德之爐用小爐柵兩副直列從一端進煤其兩種爐之做法亦不同新堡爐外面有生鐵板護之闌加斯德之爐僅用熟鐵條寬三寸至六寸厚八分

寸之三相離約六寸用牽條直立或橫列以相連進出料之門間有用架攔護間或用金類板從爐頂通至爐底靠相近直立之桿其牽條連於直立桿上不用螺絲但用眼與劈其火壩有不用鐵板與通氣路間有在火門上備一生鐵板板內鑽多孔便於進空氣在所燒之煤上欲燒煤所發之烟如此能省用煤然此法不但不能燒烟反令所燒之煤更多故管爐人常將孔用灰塞之

如新堡爐自一百六十九圖至一百七十四圖各圖之比例與尺寸最準便於看圖人能自造之其尺寸以法國枚數為度所有熬濃之盆亦在內因與爐不能離開

如一百六十九圖為剖面平圖乃一百七十圖甲乙線上之圖此圖通過空心火壩而顯出爐底與爐頂所有熬濃之盆如一百七十圖為平圖之立剖面在丙丁線上為之一百七十二圖為鍋爐火膛之剖面式靠戊己線而對火壩一百七十三圖為庚線上之圖亦對火壩一百七十四圖為熬濃盆之剖面式一百七十一圖為前立圖顯出火膛與濾器

以上之爐能容鈉養硫養三擔並相配之白石粉與煤凡備料一團先置後爐底待四十五分至五十分時取出置前爐底約同時而成一日內可成團二十四個至二十七個修淨爐與換班之工夫俱在其內

如上各圖呷為爐柵與火膛其爐柵用熟鐵條下有堅結托桿三根向上托之又有桿如吃鑲入磚內以便安擺挑火桿等用哂為火門外之炕便於火夫在此管理故灰膛可以略低凡用此種炕燒煤比別爐更少灰膛之尺寸較大進空氣更勻而挑火更便挑火時未燒之煤不能在爐柵中間落下其火膛必用上等火磚以防挑火時用手器碰撞無妨如爐底有牆所用火磚亦必更堅遇有鎔化鹼類亦可無損火膛裏能耐三月爐底能耐五月爐上之弓能耐一年為最好其火膛背面砌成級故火燄過壩戊之後能左右伸開與爐底等寬其火壩戊必更堅平常寬二尺半至三尺三寸新堡爐常做空心者如己為生鐵

板厚一寸半至二寸通過火壩一半在爐底平面以上一半在其下又有進空氣爐嘆令生鐵板不受大熱而鎔化通空氣路在火膛之邊此進空氣路兩端開通如兩爐相合令其兩背面相切則比小而直之烟囱可常通風其火壩上用板欲令黑灰在火壩下端並在爐底不能鎔化如闌加斯德之爐乍用生鐵故常有此弊其通空氣路必常開通待若干時有鎔化之黑灰塞住必換新火壩如不謹慎則壩之板易於燒壞若爐夫留心可連用多次不壞

哰吐為兩爐底在漏斗呀進料如不用漏斗則在後爐底之吐門此門比前爐底高三寸從此處將料推至前爐底哰燒成時

則由其門取出又有用三層爐底者但不常見其爐底做法先在爐底平面下鋪平常之磚至離爐底十二寸爲止或周圍砌十八寸厚之牆中鋪碎磚面上平鋪磚根基上砌火磚牆厚九寸從爐底邊通至爐頂上之弓此牆順爐底之形故爲鈍角前面向兩門而斜兩門中有劈形塊吜其爐底根基先用碎火泥塊或用白石粉高三寸築之甚堅面上鋪火磚高九寸每塊直砌其相切最密用木錘擊緊令其縫不鬆開再用火泥爲細漿塗其面上令塞密各縫做後爐底法先鋪平常之磚三寸面鋪磨碎之白石粉上鋪火泥磚其磚橫砌高僅四寸半亦砌之最密用火泥壓緊如本圖可見火磚各縫之列法因此所用手器受阻力最小

其爐底啐從背面斜至前門約兩寸便於將料取出爐底旺或平或稍斜均可後爐底能耐久用前爐底只能用四五月即須換新因有多料落至磚之裂縫中則其面不平爬器不能便用必將爐底全拆開而火磚中間有黑灰鎔化甎連最堅因此拆開甚難又蘭加斯德地方另有一法因爐底用久消磨成凹取出料後將火泥甎趁爐紅熱時抛進用鐵爬鋪平再將鈉養硫養三少許添入關閉爐門則其料鎔化將火甎黏連但此種爐底只能用一兩月

以上之工畢則做爐頂如弓形厚九寸從脚下用特造之甎砌成弓形在當中靠後爐底旺之上留一孔安配漏斗呼其漏斗用熟鐵皮或最薄之生鐵

如新堡相近之爐外用生鐵板厚一寸至寸半前後包之連以鐵柱其鐵柱用熟鐵條厚四寸寬三寸通入底十二寸下墊一尺立方之石令其堅固間有在根基內留槽便於用牽條其相連之法與爐頂牽條同爐頂連柱之法用一寸徑之圓鐵條或八分寸之三方鐵條兩端有螺絲通入立柱頂上之眼有螺蓋能轉緊但螺蓋常有鬆時每若干時仍再轉之令緊有在牽條之端銲連最堅之眼套在立柱上在眼與柱之間打鐵皮令緊雖爐甎已壞而鐵柱猶存能耐久用故甎可比歐羅巴別處更

薄如十五寸至十八寸其散熱更多因甎膛最能耐久可抵散熱之糜費又其磚不生極大之熱爐之前面更薄爐工更易做成其立柱之列法必在爐受最大力處其外鐵板亦直列從爐頂通至爐底裂縫外加布條內有布塊以螺絲連之令其鐵殼與鐵架最堅

在進出料門辛備小生鐵板鋪在消磨最多之處又在兩門之前釘連直桿便於各手器能安置托桿上托桿頂亦有眼

關門之法用火泥板鑲以鐵框以鐵鍊與轆轤吊在生鐵架上又有重錘在鍊之他端配門之重令兩邊相平而門易開關見一百七十一圖顯出此門之式

爐之相近處有通空氣路申並熬濃盆已趁爐之餘熱令水能熬濃如手工管理之爐平常備一熬濃盆間有用兩盆平列者而轉動爐常備兩盆收拾爐與出料時則通氣門可閉其盆用鐵皮厚八分寸之三接縫處連以帽釘但不可有凝於挑料手器故鐵板成條從前至後直列而無橫縫

接連之法或圖笥下有布條或擣縫俱係直列故挑料之手器向門爬動則不碰橫縫間有將所用帽釘鑲入鐵板內者

配盆之式令其料易於取出看本平面圖則易明間有照此盆之長作三門平常之盆比本圖更長如手工爐所配之盆其長稍逾二十尺必用三門可免熱之糜費能做工更多盆頂上有

角鐵向內而彎既能令盆堅固又可托住盆上之弓有另用角鐵桿如一百七十一一百七十四圖未得更堅固則弓可厚九寸如安置盆之四角不便則牆砌至盆頂上角鐵桿安在牆頂故此處之弓亦與別處等寬

如一百七十圖顯出爐之弓向盆而斜間有盆之邊亦斜配爐之弓因盆上之頂必與其流質相近引其火燄故其弓從盆之上邊起但不可過近因火燄在盆之上易於進入又必能容火泥塊辰因火泥塊爲進風孔之底又蓋其爐與盆中間之進氣路申又必伸入盆若干遠其故因欲免盆之前面爲火燒壞而變形如不用通空氣路令其不生過大之熱而不用火泥塊辰

蓋其前面則其盆更易爲火力所壞又在磚砌之四角與盆通中間亦留空處便於通空氣間有在背面熱最小之處亦留通空氣路但盆邊與他處必露出以遇外空氣間有在盆邊加生鐵鞍便於火泥塊靠之其火路酉亦備風門或直或平此火路或直通至總火路或用之引火氣餘熱因火氣不可有凝於通風得此盆處有數法俱能得黑灰爐之餘熱令別器收之不致有糜費

其熬盆靠柱如午午柱之中間有通路如熬盆有漏處可從外修理熬工仍可不停盆底能通氣其盆更冷盆下底板並放鹽類水之器面上應鋪灰一層有接水之凹底向凹而斜如有漏

洩則水聚於凹內熬水盆用帽釘連之不至有漏洩之弊

盆內放料之法在盆之前面有幾處向外彎約六寸旁邊角鐵亦順之而彎如一百六十九圖另有角鐵一條以帽釘釘連在各彎處見一百七十一圖立剖面成在放料處有門戍爲半寸厚鍋爐板所做此門向外斜如不用此門則盆內之料必一併溢出門之相連法在門框兩邊有槽如一百七十一圖戍用螺釘通過其槽螺釘前面有長眼眼內有通過橫桿亦有螺絲孔此孔內通二寸徑之螺絲螺絲前面有輪柄能轉緊故其門戍向架壓之最緊但門高不及盆頂稍留空處便於看入盆內此空處有鐵皮蓋如一百七十四圖咳免冷氣在空處進入安門

時用泥或油灰敷其四邊將螺絲轉緊則灰與泥大半壓出所存在內者足封住其孔免盆漏洩如漏則有接水器接之

如一百七十五六七各圖門之式各不同俱以生鐵爲之一百七十六圖用別法托住盆上之弓

無論用何法其弓必有鐵架以二寸方鐵柱托之在盆之上下用牽條與螺絲收緊便堅固

盆之前面有接漏水器如物以鐵皮爲之厚十六分寸之三如一百七十圖爲其上面一百七十四圖爲橫剖面一百七十一圖爲直剖面其底外另有鑽多孔之活底如天用二尺方之鐵板孔寬八分寸之一至四分寸之一作長形如槽活底靠角鐵

化學工藝二集卷三 四十四

與丁字形鐵條架其接水器之原底斜向下有井如物此井內有起水筩如地起水筩在本圖小而難辨另放大如一百七十八圖以鐵爲之所有之舌門與其座相配極準精在其筩內亦配最準因不能用皮或麻絲油料塞之恐遇極猛之鹼類水易於蝕壞此筩之高恰足將原有之水起回盆內並與其生出之水分開存之

管理黑灰爐有一定之法先將其料置後爐底鋪平用小鐵爬與鏟翻轉兩次令其底面更番遇火在此處能乾透但熱度小則其變化不成因料必有一種先鎔化方能顯出變化之工試前爐底之料已成取出後待若干時令空爐增熱將後爐底之料用鏟移至前爐底間有分兩次者第一次將三分之二移過受熱將鎔化時再將其餘三分之一移過以此法挑料更易爲有數處受熱過大之弊後爐底已空時即裝新料或從上漏斗落下或從旁門落下如用旁門進料不免有多冷氣隨料進入令爐變冷如後爐底有兩層先將中間爐底之料移至前爐底後將最後爐底之料移至中間之爐底

其料移至前爐底時管爐人必謹愼料理爐內之熱度漸增大至白色爲限平常論其熱度在鎔化銀與銅熱度之間已有人用西門子電氣法量大熱度表得知裝料後十分時有百分表七百十三度三十分時有百分表七百七十九度再逾十五分

化學工藝二集卷三 四十五

則有八百七十四度再十五分將要取出時有九百三十二度此爐裝鈉養硫養三擔在一點半鐘內能燒之但英國爐所燒之時只四十五分至五十分蓋英國爐必大於歐洲別國之爐又有人詳試最合之熱度約與銀鎔化之度相等

其料遇爐內極熱之後則面上先變軟先在上面遇火燄之處鎔化而成小塊因變爲鈉硫後全鎔化此時管爐人必用長柄鏟將料常翻動其鎔化之質即令鈉硫與鈣養炭養二相合令鈉養硫養三不成塊又令煤不成枯煤使爐內之料受熱得勻不可有數處熱大數處熱小俱在用鏟之得法

做此工不得已必開門即有冷氣進而熱氣出凡開門挑料一

次只數分時即關閉待十分時再開則此時之中間能得其全熱共挑料三次

挑料所用手器大而重爐口必備輥輪或移動之鐵條挑時鏟柄可靠之以省力工人每喜將定質油塗在鐵桿上則鏟柄遇滑料更易移動其鐵桿比爐寬五尺可免挑料逼近爐口鐵桿用鉤勾之鉤連於鐵鍊上鍊掛在爐頂或屋頂上故工人只將鏟之長柄進退鏟之重大半爲鐵桿所任

英國新堡各廠爐夫所用之器有四種一爲生鐵頭之鏟如一百八十圖桿長十二尺外裝柄桿用圓鐵條前半徑一寸零八分之三後半徑一寸零四分之一二爲熟鐵頭之鏟其尺寸與

前同雖更便用而易壞三爲生鐵鋤如一百七十九圖其柄與前兩器同四爲熟鐵頭之輕爬寬十一寸長四寸柄用圓鐵條徑四分寸之三以上四器外另備挑火器柄長八尺厚四分寸之三又有挑火桿長九尺厚二寸其頭扁便於敲碎爐內結成之塊又有鉤能勾出結成之塊又有添煤之鏟

鈉養硫養三等料在爐內有幾分鎔化時始漸變化但不能變爲稀質而常爲稠質因石灰不能鎔化煤亦只變爲枯煤故不慮鎔化之料自門流出如果有溢出之料但將煤灰一鏟遞進則封住其料在爐底約半點鐘後已變爲稠質故其變化宜速工人先用鏟後用爬將料調和漸移向爐門此時有氣泡從料

內發出如水沸初時不發火燄後稍變稀再變稠氣泡發出更難即有火燄從破裂處噴出火燄噴出愈多其質愈稠則知所成之團應速取出有云待噴火畢再取者此語甚謬

至末後十分時管爐人不能離爐必用爬在爐內連抓不息車先推至爐口鉋已熱必換冷鉋又在鉋柄上與托柄桿上敷牛羊油管爐人一面用鋤調和其料一面從爐口漸漸取出取出後則發漲與饅首發酵同又放氣處有黃色火燄如待火燄發完再從爐內取出則其質已壞如爐熱不足或因用故受熱不足則其質太稀其料落入鐵車內亦用小鋤挑撥有一廠在二十四點鐘內成料二十三圖每一次燒鈉養硫養三五擔其料

落至鐵車內不但久撥之如果其變化不足必另添煤數鏟在車內調之可見料從爐內取出後亦有許多變化

此工大半靠爐夫熟手知其做法如時過二三分或少二三分或爐之熱度不足或風力太小俱足令其料變壞前有爐夫連做十五年至二十年所成之料往往不佳後其徒學習數日所成之料比其師轉勝大約因挑料之力大而人更靈敏之故凡用白石粉比灰石之熱更大故用慣白石粉之爐夫換至用廠用灰石往往燒過限用慣灰石換用白石粉必燒不及限所成之料太軟冷時太硬難在水內消化

成黑灰最要之事須常翻動其料既令受熱得勻且使其質調

和故能全變化已有人試過將鈉養硫養三一百零六分白石粉一百零一分煤五十三分在爐內依法常挑動得黑灰一百六十二分後用料同而調和之工不足僅得黑灰一百六十分第一次所得之黑灰含鈉養炭養二七十二·二分第二次只含六十三·四分

但爐中挑料有數弊因挑時必開門門開則進冷風且爐底易爲挑器損壞而翻動之工須出大力非健壯之人不能任之如工人欲圖增其工價不免有把持之事廠主深受其累因思以機器代人力搬設轉動爐之法可免此各弊

爐夫不以日計工但照爐中取出之黑灰團計其工價如取出

之團有不合法處則扣減工價間有照黑灰所成之鹼數爲定工價之則

法國用大爐燒鈉養硫養三擔一爐必需數人管理英國用小爐所燒之煤較省而所成之黑灰照比例更多大爐二十四點鐘裝料不過六次小爐裝料二十四次工人分日夜兩班如配三班輪做則二十四點鐘內能成二十七團在新堡地方每團用鈉養硫養三三擔而蘭加斯德地方只用兩擔半所成之團數更多

近來燒黑灰之爐設有新法數種但其各法內以轉動爐爲最要爐內所進之風不可或多或少烟囪必高而寬火路之尺寸

亦須大否則風力不足常有小廠以爲烟囪不必甚高大因此風力不足所成之料少而成色亦減設若風力過大不但費煤多而黑灰亦燒壞並有鈉養硫養三飛散凡風門應配之大小須廠主自定不許工人改動間有用轆轤與鐵練令風門與爐門相連使進料門一開則風門落下因此飛散之鈉養硫養三更少所進之冷氣亦不多爐內之熱從進料門而出不致有害於工匠

運動黑灰團之爐如一百八十一圖以鍋爐鐵板爲之厚四分寸之一車邊相連之法用角鐵條車之前邊僅有鐵板數寸向上而彎此種車最便傾出料時但舉其兩柄則料自行傾出如

料黏連車上則用鐵桿在車底打鬆凡三擔重之團須車長三寸寬二尺十寸背高一尺一寸前邊高三寸車底與四邊用鐵條釘連柄用鐵條寬四分寸之三厚二寸輪軸徑一寸半其軸近於後端故兩柄舉起極易此種車不能照平常小車推法必挽其柄而拉之如路上鋪以鐵板則牽之能省力

黑灰團從車內傾出則薄邊向下先靠棧房之牆邊排起其餘在地面鋪列成行團載在車內約三刻工夫至車將用時則傾出其料拉至爐口以便再裝

成黑灰爐所燒之煤各處不同英國用熟鐵爐柵常有煤屑落下每燒鈉養硫養三一噸計連蒸濃水等工須用上等煤十三

擔如英國各廠能仿用歐洲別國之爐柵則燒煤必省間有用煤十一擔零八分之七有用煤半噸或有不及一半者如德國有一廠每鈉養硫養三二百分燒煤四十分但用煤少之廠將煤先燒成煤氣因此可免挑火等工之糜費近有人云合於鈉養硫養三之煤不可過多因煤愈多則愈傷爐並易燒壞黑灰團

轉動黑灰爐

前論黑灰爐挑料之工人常有把持之事故用機器以代人力但料從爐內取出時必有熟諳之工人方能知其火候然只須用一人即能兼管數爐比前大省人工而成料尤多

因此有人設法在爐內用轉動之器能將其料常挑動至反轉

其器則推料出爐口所用挑料之輪與桿皆空心而通水在其內可耐熱免爲燒壞後有作圓柱形之爐初用者小尚未盡善後更大而益精所得黑灰易於消化用此爐之法先進白石粉與煤若干分加熱若干時令白石粉幾分變爲灰後添鈉養硫養三與餘煤連燒至成功黑灰內尚有生石灰一遇水則化開而其料爆裂易消化出鈉養質設此法之人云有四種益處

一爐常轉動則料受熱得勻無一處過熱一處過冷一處過熟一處過生之各弊又可免過熱時化散其料

二調和其料不必開爐門可免進冷氣又爐中不能有不化合之養氣在內

三用此爐能做工多而用人少可免誤工與料不化分之弊

四爐底能吸入飛散之鈉養以免糜費並不用手器爐底亦不致銷磨而損壞

用轉動爐令其料調和得勻則鈉養硫養三化分更多而成鹼更濃如手工爐每用鈉養硫養三一百分能化分得九十九分者不常見若轉動爐能常得此數但轉動爐最難之處必有人細看其料燒成時即刻取出如歷時過多或過少則取出之黑灰團必多不合用惟用慣此爐之人漸能合法但有一大弊因散出氣太早故黑灰團出爐時其質已硬無蜂窩不似饅首發酵之形狀則在水內難消化得盡近亦有新法可免此弊從前

多疑轉動爐未必合用現比較手工爐更好而費用尤省英國各廠多用之但歐洲別國尚未通行因裝造爐之費大該處人工比英國更賤又因此爐每二十四點鐘內須用鈉養硫養三十二噸半則小廠不能如此大做殊不知用此爐雖資本大而所成之鹼性濃售出尤能得價即使轉動之器必藉汽機以運動雖用煤稍多而所省之人工亦尚足相抵

舊式之轉動爐不必詳論茲將近來新式爐兩座按其圖說論列如左

如一百八十二圖起至一百八十五圖止爲英國加利克公司之轉動爐用平常之爐柵如一百八十二圖爲一百八十三圖

哂叮㖂吧線上之平剖面式一百八十三圖爲立剖面式一百八十四圖爲轉動筩之背面圖一百八十五圖爲一百八十三圖呷吃線上之立剖面式呷爲爐柵長七尺寬五尺高從爐柵至爐頂七尺六寸又因尺寸大則有兩火門爐柵從下管理卽一百八十三圖所露出之空處是也其轉動之空處寬二尺九寸火燄過空處而通至爐内先過眼吃此眼爲生鐵圈用鐵鍊與滑車吊之徑四尺六寸内鋪火磚爲裏故内寬二尺九寸轉動之筩亦有孔如叮與其吃眼相對眼之兩邊在磚與筩之中間有一寸寬之空處因筩轉動時恐有不平勻與火膛相遇必觸震且火膛深則有若干未燒盡之煤氣通過哂眼必添若干

空氣方能燒盡又用鐵筩受熱而漲如不略鬆則有多不便之處其鐵筩㖂以鍋爐鐵板爲之厚半寸長十五尺六寸内徑十尺二寸其縫如犬牙相錯兩邊搭連處打雙行帽釘兩端用丁字形鐵條以補角鐵板令其堅固筩外加堅結之生鐵箍如吧吧車得最準所有之套圈咦咦用生鋼整塊鑽成加熱套在筩外則冷時束之更緊用螺釘連之後車平能在哰倒人字形之輥輪上轉動輥輪如一百八十六圖以生鋼爲之亦車得最準在摺邊中間寬七寸中間凹深四分寸之一故剖面式有倒人字形此輥輪令鐵筒轉動最準不能偏左偏右從前用鐵路車輪摺邊之法常有左右偏動之弊無論用單雙摺邊其相切之

面俱有不平如輥輪之面做倒人形則能免此弊

從前用整塊鋼圈趁熱套之後因疊受冷熱漲縮故螺釘變鬆而脫又另設一法將圈分數塊斜連其螺釘亦在生鐵箍吧内通入橢圓形之孔故熱時能漲螺釘頭不致脫落此法雖暫時有益後復有多弊生出故仍用整塊生鐵圈

所有之輥輪如哰其做法與鐵路車輪略同中間鑽孔配四寸半徑之鐵軸用雙架托之有炮銅枕以螺絲連於底板能托住汽機與車並齒輪等件底板用螺釘連於根基上其根基或用極大之石或用灰與礫石合成大塊間有用二寸厚生鐵板爲基鐵板分數塊有鐵箍連之其箍用一寸半徑螺釘連於石上

令爐轉動之法用直立汽機汽筩徑十二寸零四分之一推路十四寸有雙齒輪能任配其遲速如四分時轉一周爲最慢一分時轉五周爲最速平常轉動之速每分時轉一次有大夾器用手輪與螺絲轉動各齒輪令其相切相離以分遲速見一百八十四圖在爐之後端丑有臺其轉動之柄卽在臺之相近處擺列以便一人能管理每爐必配汽機一座不能用大汽機以配數爐因各爐應轉動之遲速不能定歸一律也

所有大齒輪嗔連於筩上不能移動如欲轉動之速則可配小齒輪任意定其快慢

筩之内面用最好火泥磚爲膛中間厚九寸兩頭厚一尺六寸

故其內膛中間大而兩頭小兩頭流至中間而出故也其膛另加火泥塊兩行在中間凸出十三寸兩頭凸出九寸如瓦棱形令篩轉動時其料常過凸出之棱因此和勻而料常從棱頂落下如瀑布水之狀

篩之進出料門徑一尺六寸上加鐵蓋用兩三鐵銷揷緊令其堅牢爐內料欲傾出可去其鐵銷將蓋用鍊吊起

轉動爐口進火燄處對面有出火燄處吜其尺寸與丁相同見一百八十二圖此出火燄孔通至烟膛噴因此種爐火力最大必備烟膛膛內有熬濃水之盆兩個平列如圖內之卯與卯其噴膛長約六尺近爐之端寬約六尺高十一尺進熬盆處寬十

七尺六寸高七尺六寸頂上有弓形蓋又有鐵殼與牽條等件令兩邊與頂相連

其熬盆各長二十八尺寬八尺前面深二尺九寸背面深二尺底向前斜因此熬成之鹼易於取出各盆有進出料之門五個弓頂有生鐵柱吧吧托之其火燄行過兩火路咦咦從此門通至烟囱又有風門以制其風力因此種風力大則烟囱必高每爐兩座配一烟囱高一百尺徑六尺間有在熬盆膛之弓頂上另備一盆令其鹼水先受熱後落至熬盆哌哌

間有將熬盆隔開其隔牆如味分成大小兩膛大膛熬濃新鹼水小膛熬濃其母水以此法前所得之母水每百分含鹼五十

餘分後所得之母水五十分至五十二分

盆之前面爲篩器哌哌與盆等長寬五尺深二尺有鑽多孔之底如篩篩下一頭深六尺一頭深十四尺篩底以下通至起水篩呻爲汽機所引動而起過篩之水換回熬濃盆內此爲母水如熬水盆隔分兩膛其篩亦以同法分之一面收其濃質一面收其淡質

轉動之篩頂上有鐵路爲架所托如一百八十四圖其架連於屋柱上有鐵車如哂在鐵路上來往運動入爐之料凡進料時用漏斗置爐門內將車內之料傾入漏斗其廠屋從地面至柱頂至少高三十尺否則爐與鐵路俱不能容

又有小鐵路在各篩之底鐵路上有小車成行排列行過篩門其車口各相切如一百八十七八兩圖故行過篩口時其料不能落至車外每爐配十二車以鍊牽之各車底寬三尺三寸長二尺三寸頂上寬四尺三寸長三尺三寸深九寸所成之黑灰一團亦同此尺寸

如一百八十九至一百九十一二三圖爲英國威得尼司地方鹼廠所用之轉動煤氣爐此爐篩徑九尺或十六尺用八匹馬力之汽機運動在二十分時行一周或一分時行一周俱可用西門子煤氣器具加熱甲甲爲煤氣爐乙乙爲進煤氣門內丙爲燒煤氣丁丁爲進已加熱之空氣戊爲自漲圈即前爐所謂眼

者是也己己為鐵筩庚庚為進出料門壬壬為磨阻力輥輪辛辛為筩之箍圈癸癸為爐基上鐵樑靠最堅之地板子子丑丑為收爐內出料之鍋寅寅為轉筒機器此機器亦能移動出料車卯卯為進空氣之路空氣行過爐外收爐之餘熱趁熱進燃膛合燃氣燒之辰辰為令空氣受熱之生鐵器

照上法用煤氣得熱不能大省非因用煤氣之誤因本爐擺法不合間有燒煤氣而熱不足用者如能合法則無此弊

照平常之爐最大者二十四點鐘只能燒鈉養硫養三十五噸至十八噸近有鹼廠主抹梯爾做更大之爐二十四點鐘內能燒鈉養硫養三五十噸此爐之鐵筩外殼兩端大而中間小內

膛一如其外形此爐長十八尺六寸中徑十二尺六寸兩端徑八尺六寸火路長十八尺寬八尺火門有三熬濃盆長六十尺每次裝鈉養硫養三四噸約兩點鐘內燒成近來另設轉動爐法兩端備爐柵放火燄入筩之中間又有機器能令其料常挑動

用轉動爐之法　從前所常用之法大概廢去而用新法間有仍用舊法者必先將舊法略言之

先將整塊之白石粉不必敲碎合煤三分之二燒之則數分時受大熱煤與白石粉所含之水氣能漲裂自成細粉再令筩漸轉動至十分之一分燒成灰看添料孔有藍色火燄即為炭養

待發黃色火燄內帶藍色則知全燒成灰平常一點鐘至一點半鐘成功其石灰已足令黑灰團爆裂消化如白石粉燒時過久而成生石灰過多則成鈉養亦甚多又必有鈉綠存在其內不為石灰所化分

已燒至所需之時將筩轉至進料門向上再將鈉養硫養三細粒或粉合餘煤添入後漸漸轉動將風門關閉約十分時恐鈉養硫養三為風吹散添鈉養硫養三之後約二十五分至三十分時起首鎔化在進出料門見有明黃色之火則令其筩轉動更速察看火候之人必戴藍色眼鏡以免傷目在熬盆頂上留孔得窺見筩內料漸漸發光其塊漸變為漿末後發明黃色火燄

即知已成如用灰石則先燒一點一刻鐘後添入鈉養硫養三再燒一點鐘共需兩點一刻鐘如用白石粉則燒一點半鐘添鈉養硫養三後再燒三刻至一點鐘共兩點一刻至兩點半鐘在二十四點鐘內共燒十次又有新法將鈣養炭養三先在另爐加熱但不可熱至放出炭養二氣後將此質合煤與鈉養硫養三一併入爐

燒工已畢則將筩速轉數次令其料和勻即與爐邊相離令筩轉至進出料之孔向上再開其門筩向下轉至黑灰流出下有鍋盛之鍋置車上車相連成一條平常一爐之料能裝九鍋後爐速轉一次則有餘賸之黑灰若干分出足裝滿兩鍋或三鍋

其料落至鍋內亦發尖形火燄與前云手工爐所成之團發燄相同

有一廠所用之爐先裝白石粉二十六擔煤十擔半燒若干時再添鈉養硫養三二十四擔煤四擔半一日能成黑灰十八噸至十九噸又有一廠每爐裝鈉養硫養三二十二擔白石粉二十六擔半煤十二擔每六工能成鈉養硫養三七十噸除去修理停工時則中數為六十六噸即三個手工爐所能成之料無論何種爐每鈉養硫養三一噸燒煤十三擔汽機之費亦在內並免磨碎烘乾白石粉之費用人工計每噸可省銀錢一圓有云轉動爐所成之黑灰做鈉養炭養二不及手工爐之佳因含

鈉養甚多已經有人試過云無此弊

現有數廠用大轉動爐一工內能用鈉養硫養三十五噸每一次燒一噸半約能抵手工爐四個

近來灰石產數不似從前之多因有一廠每用鈉養硫養三一百分配白石粉八十分但將完時不添石灰則有兩弊一燒黑灰過多一燒不足則浸水內不能化開英國有一大廠現配鈉養硫養三一百分白石粉九十分煤六十分但所得之水含硫比前更多如爐柵所燒之煤亦配五十二分汽機所用者亦須十分

如一日能燒鈉養硫養三十八噸之轉動爐連化盆與盛黑灰

鍋及起重架鐵路等件共價約金錢二千圓其房屋不在內每四個月必將內膛換新並細看爐之鐵料須費六工其爐眼之內膛易於燒壞雖用上等火磚每二十日至三十五日必換一次或兩次必備眼圈兩個一在爐口內用一用鍊掛在相近處以備立時可調換

如轉動爐所成之黑灰果能合法則水內所含鈉養較手工爐所成者更少黑灰水分出黑色鹻之後其餘水不便做鈉養之用如欲做鈉養必加石灰收炭養二氣

近來抹櫟爾另設一法將鈉養硫養三並煤與灰石一併入爐內加熱至鎔化變為稠質則令轉動爐停止每鈉養硫養三一

百分添石灰粉六分至十分又將爐柵內所落之煤燼添入十四分至十六分令爐速轉數次待石灰與煤燼並爐內之料調和後照常法傾出可見將完時添入石灰則令其質易於消化添入石灰與煤燼後則爐內不能過熱其煤燼能令黑灰之質更鬆易為水消化配石灰之多寡即能定所成之鈉養多寡如欲成鈉養炭養二之粒此法最要據抹櫟爾云此法之益有六種一用灰石少則一爐內能燒鈉養硫養三更多二在爐中不先將灰石燒成灰故一工內能得鈉養硫養三更多三大能省灰石與煤四化黑灰水縻費更少五因所添之石灰能斟酌配其數故水內成鈉養或鈉綠能比別法更少六每用鈉養硫

養三若干分能成黑灰更多

以上六種惟前四種已試有據其餘兩種尚未能盡信照此法每鈉養硫養三一百分配灰石七十二分至七十四分煤四十分將成時配石灰六分至十分煤爐十二分至十六分爐柵面燒煤五十分汽機燒煤十分每用鈉養硫養三一噸須工價一圓但管理之人必按定時刻進出各料進料後令爐漸轉至鈉養硫養三鎔化然後速轉見其料發出黃色火燄此時必添石灰與煤爐再轉五分時然後傾出

除以上之法另有他人所設立者因尚未多用難以詳考其利弊茲不備論

化學工藝二集卷四

第六章論勒布蘭克法之理

以上言所成黑灰其原質不能定準因數種質見水與火其拼列不免有改變之處或有化合化分之時故化學家將其黑灰化分所查出之原質往往不同論其變化之理亦常有不相符者即如用硫磺為不能消化之質用灰亦然蓋相合之質原不能消化而所成之黑灰仍漂在水內令其消化之質能在水內消化似斷無此理但其料在爐中受大熱各種變化只能看其火色至鎔化料之情形或化分爐中所放之氣俱為繞道之法必待出爐後其質變冷然後化分冷時既不免有變化則漂在水內其變化更甚而爐中所有變化黑灰之各工究無法能知其確切

查前第四章所言配料之法必預先考究各料配若干分兩能成最合宜之料從此可畧知其變化之理如從前用淨鈉養硫養三一百分配鈣養炭養二一百分炭質四十五分照此比例則鈉養硫養三一分劑配鈣養炭養二一。四二分劑與炭五。三二分劑大約每鈉養硫養三兩分劑須配鈣養炭養二三分劑炭十分劑此多年所用之方大同小異但近來配料之比例不同即如鈉養硫養三一分劑配鈣養炭養二一分劑在轉動黑灰爐內最為合宜如杜馬斯一千八百三十年考究其理向無人辨駁其云勒布蘭克之法每鈉養硫養三一分劑應配鈣養炭養二一個半分劑實即兩個炭養硫養三加三個鈣養炭養二加九個炭等於兩個鈉養炭養二加鈣養並兩個鈣硫加十個炭養照此比例配料之法須鈉養硫養三一百分鈣養炭養二一百零五·六分炭三十八分從前配料大概與此比例相合因異質與縻費必推算在內

此後另有多人考究此事而所論變化之法與配料之數各有相同相異之處即如有化學家恩高云變化大半憑所成之氣質後有人駁云將極乾之料置鍋內封密加熱仍得黑灰故其理與汽不相關

再有化學家名郭沙智一千八百三十六年著書云已將黑灰在水內漂之所得餘質詳細化分得鈣硫與鈣養炭養二水內無消化之鈉硫即如鈣硫不能在水內消化遇鈉養炭養二亦不多變多用鈣養炭養二之意欲料之面積放大其變化更易此理為後人所深佩如郭沙智所立變化之式為兩個鈉養硫養三加三個鈣養炭養二加九個炭等於兩個鈉養炭養二加兩個鈣硫加鈣養加十個炭養但其炭質不全變炭養而放散因其式欲簡便故設此例此比例亦與杜馬斯比例相同因鈣養炭養二雖必配三分劑但其鎔化之質只兩分劑其餘一分劑令其質能變成此為便法後用轉動爐所配鈣養炭養二之分劑約為兩分以免其餘一分劑之縻費

再有人名克司那言鈣硫幾不能在水內消化因水一萬二千五百分只能消化一分如將淨鈣硫合鈉養炭養二水則漸變為鈉硫與鈣養炭養二但此變化亦不速又云成黑灰之法先有鈉養硫養三為煤所化分變為鈉硫而鈉硫並鈣養炭養二亦化分成鈉養炭養二與鈣硫此可小做試之但大做必用鈣養炭養二多於一分劑因鈉養硫養三尚未變鈉硫以前其鈣養炭養二有一分已放出炭養二氣故後所變成之鈉硫如不再遇鈣養炭養二令其變化則其鈉硫必在水內消化後來克司那覺此法究不合理仍宗郭沙智之論

後有柯勒白詳細試驗鈣養炭養二與鈣養硫養三與煤照各比例配合在爐內鎔化成黑灰只用鈉養硫養三與鈣養炭養二等分劑為足用又查鈣養炭養二合煤加熱至紅則發炭養氣如將鈉養硫養三合煤亦加熱至紅則發炭養二氣如將鈣養炭養二獨加大熱則自變為鈣養與炭養二所以爐內鈉養硫養三與鈣養炭養二遇煤則收熱放炭養氣並炭養二氣

柯勒白云恐鈣養炭養二所放之炭養二與成黑灰不相關故將生石灰即鈣養代鈣養炭養二在爐內則所得之黑灰與用鈣養炭養二大同小異故令鈉養硫養三收炭養二氣之法大半憑

煤所放之氣又依理論之鈉養硫養三與鈣養炭養二應用等分劑但所用之鈣養炭養二與煤有多餘若干者取其變化能成依克司那之論成黑灰爐內變化之工分數層因料鋪爐底約厚數寸其上面先變化至若干深爲止後工人將料翻轉則底層所成之鈣養如膏再變爲鈣養炭養二但所成鈉硫鎔化時則徧通鈉養炭養二而彼此化分待鈉養硫養三已全化分所放之炭養二漸少則全質熱度加增其餘鈣養炭養二初化分而放出炭養則知其工已成又因其質變稠時放出此氣則體質發鬆在水內消化更便此理已試驗徧傳無人駁之應不謬

抹弟爾設轉動爐之法云用此爐如加熱大於紅熱度不成炭

養二僅成炭養氣熱至暗紅所放炭養二氣多而炭養氣少但此論難憑已詳試用淨鈉養硫養三合淨炭質在磁管內加熱令乾炭氣通過而詳試所放之氣內含炭養二氣與炭氣之數第一次所加之熱足令錫鎔化而鉛不鎔化所得之炭養氣少而炭養二多第二次加熱足令鉛鎔化而銀不鎔化則炭養氣更少而炭養二氣更多第三次加熱令銀鎔化而銅不鎔化所放之氣仍含炭養少而炭養二氣多此熱度略爲黑灰爐之熱度第四次加熱足令紅銅鎔化而磁管外之釉初變軟比黑灰爐之熱度加大而色爲極白則炭養氣極少而炭養二氣極多總之鈉養硫養三用炭質令其化分所變成之質以鈉硫與炭養二爲最多而最要從此可知常用之法爲合理不能更得便益者

第七章論黑灰與黑灰水

爐中取出黑灰球之後待冷時先察其外形後敲碎看其內質間有裝入車內時秤其分兩如分兩不足則必仍留爐內間有用化學法試之但各廠試法不同

秤足灰球之分兩每用鈉養硫養三五分入爐則所取出之質應重八分如平常入爐鈉養硫養三重三擔則取出應重四擔七十七磅至四擔九十八磅已有人詳試平常之爐十六個所進之鈉養硫養三一百分乾鈣養炭養二九七·五分煤五九·一分取出之黑灰約一百五十五磅又試轉動爐所進鈉養硫養三

一百分鈣養炭養二九十七·五分煤五十五分所得黑灰中數約有一百六十餘磅

如所成之黑灰球能合法易由車內傾出紅熱時一遇空氣則色紫如豬肝是在車上露出之處其別處帶紫黑色敲碎後則成灰色如端石又其質有蜂窩如浮石狀內質應勻淨無多黑煤點如有黑紋則爲煤質有白紋則爲鈣養炭養二總之有煤點或石灰點多者其工不佳如帶淡紅色或紫色亦爲不合法

如黑灰球外面全黑不帶灰色或棕色其內質幾壞或因在爐內時少或因挑翻之工不足大概能見煤之小塊在內如所配

之煤過多亦能有此弊蓋配煤數愈多其球愈難得勻而其色合宜如此能多加工則不慮工人多加煤在爐內然有因此而球色反得過黑者則可知其工夫尚不足或因爐之熱度不足則黑灰總不能得合宜之色

球之外面其質最密顯出淡紅色之點則可將其敲碎方能知其弊最壞者其色紅如赭如稍好者則有淡紅色紋此弊因料受熱過大存爐內時過久俱爲工人之誤工人每喜多用石灰以免料燒壞而罰錢但廠主欲令少用不但灰價貴且用之過限則成不能消化之鹻類質愈多所以廠主必詳試本處之料用白石粉或石灰以何數爲最少能得上等之黑灰球以後卽

照此比例爐夫做工時必將其料挑之令不成鈉硫因紅色俱因鈉硫而得其黑灰球必照應得之時刻從爐內取出如早一分則其色黑遲一分則其色紅用石灰或白石粉多雖其變化慢而工夫易做但所得之鈉養炭養二更少

如石灰比白石粉之價更賤但用慣何種料如調換用之必預先練習方能得法如欲免黑灰球燒之過限則所用之煤宜極少

凡紅色球因燒時過久則內有鈉硫與鈉養硫養三凡燒過限之球其質太密浸在水內不能全消化其質

成紅點之質大半爲鈉二硫二或爲鈉硫已試過爐內熱度以銀能鎔化熱度爲最宜爐中之料應照平常加熱在鎔化銀與黃銅熱度之間又有人試過轉動爐之熱度比手工爐之熱度更大故所成之黑灰更硬更緊水內必添石灰方能漂開其故因轉動鈣養炭養二卽石灰變爲鈣養所需之熱度不常得但手工爐每過於所需之熱度其熱度如合法則不足令鈉養硫養三鎔化因此成鈉養硫養三之爐常有硬塊之料當黑灰爐內最難變化故轉動爐所用之鈉養硫養三必磨成細粉方能變化

英國所成之黑灰球變紅色者少歐羅巴別國間有因爐之熱度小則工人多添白石粉以免球變紅色之弊

最壞之黑灰球俗名軟球受熱度不足先變爲最稀之流質後

變硬有蜂窩形其剖面有深黑色或帶紫色雖名軟球其實比上等之球更硬如化分則知含鈉養硫養三與鈉硫過多又因其質最密極難消化因此餘質內含鈉養炭養二甚多如強令消化因沸水則有許多鈉硫在水內消化亦爲大弊成軟球之故其咎不在爐夫因爐之通風不足故不能得所需之熱度

凡轉動爐所出黑灰其形狀與用手工爐所出者大不相同如敲碎則其質堅而不鬆質亦甚輕漂水之法亦不同平常鹻廠內將各工人所成之球各取一小塊得各球所重之中數帶至化學房化分如大廠每日做黑灰球或數百或數千不能每球試驗必將每日每人所做之球檢出數球分少許而化分不但

試其鹼類質若干猶試其鈉硫與鈉養硫養$_{三}$若干其化分之工亦不必過詳只能得其大略又因黑灰非出售之料化分其質無他用只能令工人謹慎不誤如熟諳之工人先看球之外形後敲碎看其內質則能知其性之大畧比化分之工更要因化分只能消化其小塊而目視能見其全質至於化分之法以簡便而速爲要一日內能化分其塊最多常有粗工比細工更可恃故特設試驗之粗法數種列後

將黑灰十格磨成細粉置玻璃瓶內瓶上分度至二百零五分爲限每分作爲黑灰體積五個立方百分枚加以蒸水搖之約一刻時其所含能消化之質盡消化但一日內必試多塊故特

備一種機器以多柄連於器上自行搖動待一刻時後再傾水至二百零五度爲止俟若干時澄清將其明水傾出以其水二十分配木料重一格試驗之先加準酸性水至飽足再加藍色試水分別其鹼性又用鋅養淡養$_{五}$水合以淡輕$_{四}$養分別其含鈉硫其分別之法俟變化成將其水一滴滴在濾紙上與鹼類水一滴相近看其變化之色每百分不可含鈉硫多於半分如多於半分則黑灰定帶紅色眼能分辨之

如黑灰所含之鈉養硫養$_{三}$設法以求其數比試驗鈉硫更要因此質不能在其色分別有一法最簡便而速用平常試管作三個記號一裝十個百分枚一用二十個百分枚一用三十個

百分枚其黑灰水傾入試管內至第一記號爲止再加淨輕綠水至飽足而有餘另加鋇綠少許再傾鹽強水至第二記號爲止如黑灰爲合法所做則不顯混濁即稍發白色如淡牛乳亦不甚妨礙如結成之質甚多則其色必與所備之試水相比其法備試管三個第一管用鈉養硫養$_{三}$一個千分格一管加兩個千分格一管加四個千分格以水二十至三十百分枚消化之另加輕綠與鋇綠若干分其試管必塞密臨用時搖動令其色勻淨如黑灰水內所含之鈉養硫養$_{三}$最多而色比三號試管更深則將所試之水加淡水一兩盃或連加清水至其色與試管內料之色相同後以所加之清水定其黑灰含鈉養硫

養$_{三}$若干有數廠另用一法將黑灰含於鋇綠$_{二}$水至所濾得之水合於鋇綠再不結成此法比前法更準但試驗頗費工夫

化學家俱詳細化分黑灰所得之原質各家不同大約因所試之料有新舊或久置露天不封密已令其質變化或因其灰收爐內面磚料等所化分之質有鈉養炭養$_{二}$九分至四十四分鈉養輕養·七五分至二十五分鈉養矽養$_{二}$·一六分至一·五二分鈉養硫$_{二}$養$_{三}$·三九分至二·三五分鈉養硫養$_{三}$·三九分至三·六四分鈉綠·四分至三·零七分鈉硫·四零分至一·一三分鈣養七·一三分至十二·三分鈣綠$_{二}$三·一七分至三十三·一九分鈣養炭養$_{二}$·八六分至十五·六七分鈣硫$_{二}$等質三·七八分鎂

養·一零至一·五一分鎂養矽養二·八八分至四·七四分矽養二·八九分至四·六分鐵二養三·二一分至六·二三分鋁二養三·七二分至一·一三分鐵硫二·三七分至四·九二分藍色染料·二九分至·九六分砂·四分至四·二八分煤屑一·二三分至八分水·二二分至六·七一分此外另有數種金類等質間有得其微跡者

凡黑灰每百分含鈉養炭養二三十六分至四十分爲中數另含別質或因本料有異質忽於爐內變化而成者如藍色染料與靑金石粉有同性爲化學家初在黑灰內查得之前人不知有此現成之料只知磨分靑石之法

黑灰遇空氣之變化

黑灰置於露天處不久而變化已有化學家詳考其變化之故因收空氣之水與炭養二氣如黑灰不遇此兩種則其變化極少無論在冷天或加熱至百分表一百度俱不變化而亦不加重如加熱在百分表二百度至三百度則令其質變化可見烘熱黑灰不可置露天處待冷或必用法令其速冷即如置鐵箱封密待冷免遇空氣之變化但此法繁難各處俱不用

凡黑灰遇濕空氣則所含之鈣養先收水而增其體積令球破裂而成塊或成粉其塊久遇空氣則愈碎久之全變爲粉故必謹慎令黑灰塊不變成粉黑灰球從爐內取出後如冷至二十四點鐘尙嫌過熱至多待兩日不可過限因泡在水內時如有餘熱若干度則更易泡開而消化

德國有數廠成最好而猛之鹻類問用何法云將爐內所取出之黑灰球待半月至二十餘日方消化之但其球不置露天處而存在密房內不通空氣但用此法之手工自比別法更大

如平常之黑灰久置濕空氣內則收其水氣與炭養二氣常變化不止曾有人試驗將黑灰一塊化分得鈉養炭養二百分有二十九分存二十七年之後再化分之只能得鈉養炭養二之微跡俱因鈉養炭養二已變成他質也

黑灰遇水之各變化

凡黑灰內原來不含鈉養因有化學家化分新成之黑灰往往不得此質知爲後來變成者係泡在水內其鈉養炭養二遇鈣養而鈣養收其炭養二氣又如鎂綠原來在黑灰內只得其微跡但合水後成鈉硫多寡不等已有化學家詳試黑灰泡在水內之各變化用水多寡不等而泡之時刻久暫亦不等所加之熱度亦各有異從所查得之各數得理三種一水內所變成之鈉養與泡水之數目多寡不甚相關但泡之時與熱度有比例二鈉硫與用水之數無大相關但與泡時之久暫並熱度之加增大有相關三所成鈉養與鈉硫之數彼此不相關因減鈉養炭養二必成鈉養與鈉硫大約因鈉養炭養二化分而成非因鈉養化分而成也

有化學家考究黑灰遇水之變化要得鈉養與鈉硫最少必將黑灰消化水內以速爲要用水必最少而熱度亦必最小如能設一器具將黑灰在數點鐘內不加熱而消化則能得濃鈉養炭養二水而含鈉硫必極少但此事最難因水愈冷消化愈慢又水愈少亦消化愈慢所以不能全得其各益處只能稍得若干分

黑灰用水漂之法

初造鹻時其黑灰從爐取出不另加工徑行出售大半爲製肥皂家所買如法國麻遂勒地方多做黑灰送至倫敦出售每百分另含鹽十分至二十分此鹽自與成肥皂無甚大弊但黑灰

裝在木桶內不免變壞雖變成鈉硫若干分亦無甚大弊因鈉硫亦能合油成肥皂但所含鈉養硫養三毫無益而有弊如用黑灰做玻璃只能成綠色黑色者現在黑灰不作爲出售之料只有法國數處之廠出賣爲相近造肥皂廠買之而買至廠內亦先漂水內消化因欲令鈉養炭養二不變化再成鈉養硫養三並免含鈉硫之別種弊病其漂工最簡便從前提淨之濃水價値甚貴近來用簡便機器能令價廉但其法亦不免用大熱度並消化最久必用熟諳之工匠謹愼管理否則上等之黑灰只能變成下等之鹻水

大做提淨之工雖愼防此各弊仍不免有變成鈉養硫養三若干即最好之爐如用手工法則原鈉養硫養三必有若干分不化分大約以百分之一爲限如用轉動爐可以更少但提淨黑灰廠所出之鹻水常有得鈉養硫養三百分之三至百分之四如不得法則有照此數加倍者其變成鈉養硫養三大半因黑灰遇空氣而收空氣內濕氣之故也

又如變成鈉硫之弊無法能全免只能用速漂之法而熱度不可過大平常亦有鈉養變成者如其水過淡則鈉養炭養二之炭氣易爲石灰所收而成鈉養

提淨黑灰之新法必先敲碎成塊以便移動從前用軋輪等器碎之已早經不用如黑灰之質已鬆則水易浸入其內較磨成

粉之法更便但其質過鬆則易化成粉而水難浸入考之書內有云黑灰不可化開成粉必存原塊之形至提淨之工畢爲止但其勢不能因漂時其料在池內落下已散去原體之半或五分之三此係最好之黑灰方能如此落下如從爐內取出時過早或過遲其塊堅硬不能在池內落下因水不能浸入其內也

又如用灰石變成之黑灰漂水之工較白石粉所成者更難而消化之料更少

如黑灰造之合法從爐內取出時爲鎔化之稠質因內有多氣成氣泡放散如做饅首之酵成氣泡令饅首變鬆有細蜂窩形所以黑灰之質硬而氣卽不能散必須發鬆則提淨時易於有

水浸入從爐內取出待兩日後用錘敲成如碗大之塊然不免有更碎者如歐羅巴數國燒黑灰之爐熱度過小故所得黑灰球過軟又如極大之爐受熱過大因此其黑灰塊過硬必先用手工敲碎之

如熱度過小或過大所得黑灰塊過硬久浸在水內之大塊仍未有水浸入即如將燒熱鎔化之鈉養炭養二浸入水內變爲硬塊久不消化如將黑灰大而硬之塊浸入水內亦然

如法國等處大爐所成之黑灰必先軋碎則用兩軋輪輪面有鋼齒如截斷之方錐形其齒相距四分寸之三至一寸兩軋輪之齒相離約半寸其料行過軋輪則所成之塊大如核桃如有

過大過硬之塊通入軋輪中間則軋輪能自行停止以免鋼齒損壞其大塊置漏斗內軋碎後落入搖動之篩則其粉篩出將小塊放入池內後以粉散在面上如此其小塊當砂漏之用令其粉不能爲水沖去

漂黑灰第一要事欲令黑灰散出鈉養炭養二成極濃之水因所得之水愈濃則後熬乾之工愈少所變成鈉養或鈉硫愈少其工宜速而熱度不可過大約百分表六十度以內則濃水過黑灰無碍但淡水或淨水在更小之熱度有變成鈉硫之弊如英國冬令之熱度不可大於百分表三十七度夏令不可大於三十二度所以漂工必照此熱度不可過限

有數廠令黑灰浸在水內時安靜不動有令其行動或轉動者其兩法所用之器不同如黑灰在池內不動則水必行過其黑灰質久之能鬆而通水所得鹹水比移動法更明淨如令黑灰料移動從此池移至彼池不久所成之質最密不能通水故漂水之工更難用水必更多

漂黑灰最古之器用鐵箱三行擺列成層各箱有塞門稍高於箱底其鐵箱裝滿黑灰塊以淨水倒入上層箱後放出通入第二層待若干時將其水放出通入第三層則第三層箱所出之水已濃其黑灰先放在下層箱內後移至第二層再移至第一層從第一層箱內取出時其鈉養炭養二消化已出只能當爲

廢料所用之水俱不加熱不過第三箱所進新黑灰尚未變冷故令其水甚熱此法之理雖無差然器不甚靈因黑灰從第二箱移至第二箱從第二箱移至第一箱工夫甚多又其料落入箱底只有面上能過水所過之水已成含鈉養炭養二之水難再消化又因放出之水混濁難於提淨總不能得濃者又當含鈉養硫養三甚多

另有一器爲弟沙們所設立所憑之理因能消化之料如鹽與糖等質擺在水內其近於水面者比置水底消化更速因置於水底則有濃水蓋之而水愈濃愈難消化非用挑動之法則消化最慢如其料置於近水面處則消化成水之料即落至水底

故其質常遇新水必特設新器將黑灰置盤面盤底鑽多孔盤置箱之上半近於水面此法如第一百九十二圖先將黑灰軋成塊置於篩內或用多孔之盤如甲甲至戊戊以熟鐵爲之盤上有兩耳掛在鐵桿上如本圖呷箱至吃箱其黑灰料常在水面下間有一箱內掛兩個篩或四個篩每一層上擺兩箱共五層至十二層每層比下層稍高其新水先落入最高之箱呷由此落至下一箱乙有管引之如此類推至最低之箱戊爲止從戊落入已巳兩箱澄清其篩裝新黑灰先放入下箱戊後移上至甲箱爲止從甲箱取出先掛之令其水流出後拋至廢料堆上其篩用滑車或絞車又有汽管在各箱旁水愈落下則愈受

熱每篩裝黑灰一擔至擔半每二十四點鐘漂黑灰一噸須配四十個篩所用之篩在池內約二十五分至三十分時則移上故用十五個篩每一篩從最低移至最高之處須費時八點鐘篩從水內取出擺在斜面令其水流去每換新篩裝滿新黑灰置下一鐵箱內必與上鐵箱加二倍體積又因所出之水最濁必有數個水箱便於澄清

此法在法國與德國大興數年後另設一法更便俗名山克（人名）之法其實非山克所設將新法與舊法相比舊法雖能得冷水收盡黑灰內鹼因篩常移動則有成粉之質落入箱底水易混濁而漂工不能速必多備器具而所得之水究不甚佳且篩常

移動多費人工又篩孔必常刺通而收拾令淨亦頗費工如一日要漂黑灰三噸半必需一百六十至一百七十個篩工人八名日班四人夜班四人所以英國小爐所成黑灰球須配篩三百個方足用又此器多佔地位所需用之黑灰必重而密不易散開成粉故燒工必用煤更少用煤少則色淡間有略帶黃色而其質最硬者

新法雖最簡便而合用然多年不能大興因舊法之器已備不肯舍去而用新器其新法爲蒲克所立後另有一人名登六巴詳加考究此法將黑灰擺在水內相近處又用濃水漂新黑灰幾乎漂淨時則過淨水但最要者其料置鐵箱之水內不可移

動直待其鹼消化出始令水盪動無論含鹼最少之黑灰及新黑灰用此法則其塊不多分散成粉故其質鬆可少用鐵箱而漂工亦省如五六座燒爐所出之黑灰每日有二十噸至三十六噸可用兩人分日夜輪班管理至於將料置鐵箱內並去其廢料等工大約每爐須用一人又有一種益處因黑灰存在水內不遇空氣則濕鈣硫不能收養氣變爲鈣養硫養三如此可免得鹼之靡費如弟沙們之法每漂黑灰一噸之費爲法國銀錢五個佛蘭克英國用山克法不過一個佛蘭克之七角二分而英國工價較法國更貴可見猶多得利

其新法因令黑灰不移動則水不能從高落下而換之各水箱

裝新黑灰則不能分高低但前法數層工夫必在一箱內成功即如做葡萄糖或礦內分銅等工用噴水或起水筩等法但做鹼可免此工俱藉箱內之水分濃淡而濃者重淡者輕淡水柱可與濃水更短之柱相平所以各箱如平列其水有濃淡之分則淨水平面比少含鹼之水面更高又極濃之水必最低各水箱雖平擺列然水之平面各有十二寸至十五寸之別故其箱必分高低而各箱道水之高低必配所需之壓力如合法配其高低雖各箱底相平而淨水從上箱自行流至第三箱其餘亦類推不必用運動水之器

如一百九十三圖至一百九十六圖爲一副現在漂黑灰所常

用之式其圖之比例爲五十分之一與三十六分之一只有三個箱在圖內爲最小之數又爲常見之數如六箱爲一副爲不常見者除非用孟德法收回硫磺見第十六章其各箱亦有隔板分爲若干膛每箱長七尺寬七尺深五尺裝黑灰球二十至三十個每球重三擔因黑灰須待三十八點鐘方能放出鹼照本圖之一副箱只能化兩爐所出之黑灰每爐每日出二十四球如最大廠內其鐵箱更大能裝球四十八至五十個長寬各十尺深六尺五箱能化五爐所出之料但箱所能容之黑灰應能稍多於爐所出者因有餘可免其黑灰未漂淨必取出換新料平常鐵箱道地面因其笨重免得用架且易傾入黑灰免起

高之費工間有將鐵箱埋在地內冬日包護得暖但有裂縫而漏洩處不易見又其廢料更難取出此必照各廠情形定之其箱應藉柱上便於每若干時察看有漏處與否造箱之料用鍋爐鐵板厚十六分寸之五至八分寸之三其口用角鐵等法加其堅固最大之箱其邊之中間做鐵牽條其牽條之端有彎形插入箱邊與其端所備之眼近於各箱之頂有丁字形鐵用帽釘相連其丁形鐵上平面處寬三寸而離箱底六寸其丁形鐵能托住假底板丙丙如箱底向前斜者則丁形鐵必爲斗而在背面離箱底不過三寸兩端有角鐵乙乙亦能托住有多孔之鐵板從前製以生鐵因其易裂改用熟鐵更耐久其板配箱之

內面稍收小便於取出放入因箱內之水取出必將其板先取出鐵板厚約八分寸之三內有孔徑四分寸之一中心距三寸至四寸

各箱有放水管兩條平常印出之圖只有一管用兩管之故一放淡水一放濃水如一百九十三圖哦哦爲放淡水管呷爲一管放大之形吧吧爲放濃水管一百九十六圖呼爲放大之形此兩種管有高低之別放淡水者高放濃水者低兩種管用熟鐵寬約四寸上端稍寬管之放大處鑽開成圓錐形另配圓塞塞之其塞先在車床車準後在孔內轉動而磨之與其胎合或塞外車成槽內鑲浸黑油之蔴繩但用第一法更佳其管在塞

之座以上有分支用螺釘連於箱之一邊此管通過有孔之板內其吶之一孔而靠箱底管之下邊鑿成齒形便於進水如管哦哦塞取出則其箱呷一與呷二能通又其水從呷一箱之架底在管之戊內上升流到呷二箱內而甲二箱亦連於呷三箱又呷三箱亦同法連於呷四箱因各箱疊爲第一或第二第三箱間有呷四作第一箱呷一作第二箱呷二作第三箱者故必設法令呷四放水管之分支通入哦管此管順各鐵箱之全長在哦處再通入呷一以此法各箱所裝之水能流入旁箱內如本箱則哦哦旁之分支管必離開箱底約四尺

如吧吧兩管假如呷一爲第一箱呷三爲末箱在呷一箱進新水

至呷三箱水滿時因通過新黑灰料其水已濃可以放之但以前呷三與呷四兩箱已不通因塞落入哦口內故也因吧管之塞已取出則吧管即先放水而其餘各箱所有吧管之塞尙未開故其濃水從吧管旁之分支流出此管在哦分支之邊低二三寸所有放濃水管已連於鐵箱前面其各放水管吧之外口用相連二寸徑通煤氣鐵管管之前端有螺絲螺絲上接一正角形鐵管此管之外端如吧吧轉向上與呷一呷二相連雖開通其塞而水不能流出如吧轉下而得平或稍向下則箱內之水必流出至箱邊分支處等高爲止又如呷一箱連進新水則呷三必連放鹻水而其水過吧管而流出

有數廠不用吧形之角鐵管用大塞門代之但其塞門有多弊因易結成顆粒塞之不如角鐵形之便又如吧管各塞門亦可不用預備因吧之角形管不向下轉則水不能從吧管流出但配辛塞更穩因塞管更易由管內可免結顆粒而塞住

如本圖在吧吧之下有開通之槽任接其管所放之水此槽通至大井其濃水在大井內聚之後用起水箭法起之作各用有數廠不用此槽以生鐵管代之吧吧管各分支用外支連之各支通入井內如用此法則本圖吧吧管不能用又所流出之水不能見如得鹻水少許試之可從吧管得之如用生鐵管則內水易成粒亦無大用因不必令其水最平故用槽比管更宜又

如哦管冬日易成粒而塞住最妙用稻草包之如相近處有通汽管則用半寸徑或四分寸之三徑之汽管通入哦之一端如管有塞住之粒可令其消化

如本圖各箱呷一至呷四有低塞門嘆徑約三寸箱底必向塞門而斜箱內之料易流盡如用孟德所用收回硫磺之法在同鐵箱做鹻水與硫磺水其箱必用斜底

以上所言之鐵箱必有進新水之法如在兩箱之間用活龍頭則兩箱可用此公共之進水管又進冷水管亦必有熱水管或汽管俱配定加熱法又必另備管一副放出最淡之水即漂畢時蓋住廢料之水此水可用橡皮管或槽任通一箱內

以上之圖爲現在各廠家所備從前最大之廠所備器具不如本圖之法而假底之法不用或鋪磚在箱底或用橫槽上以鐵皮蓋之可見必有多弊而器具不能合用

間有在箱外另加不易傳熱之料

如一百九十七圖爲更大而全之器具一副其圖有一與九十六之比例一邊有拆開之形便於顯明其內式其甲乙等字之意與前同

用此器漂黑灰料之法先在箱之雙層底上鋪燒餘之煤燼塊一層高三寸先敲碎如拳大又用粗篩篩去其灰屑此層之面另加煤燼之小塊令其面鋪平上加黑灰大小塊至箱將滿用

大鉤以平其面不令高出箱上而工匠須帶皮手套免黑灰之稜角致傷其手箱內之料不可高於水面如見凸出之塊必用鉤勾下以免鈣硫質受養氣如一百九十八圖甲乙丙丁爲大鐵箱四個丁爲全添料之箱此時甲箱所放出之水最淡只有吐阿度表一度之濃則箱底塞門開通令其水通入井內後用起水筩起至乙箱但有數廠將此水放散因含鈉硫此鈉養炭養二更多故用淨水添入甲箱無論用何法必引暖水通至乙箱合淡鹻水令其水面熱度在夏令爲三十二度冬令爲三十七度有數廠得四十度至四十三度但大於百分表四十三度者無之又如用汽加熱之法則乙箱不加熱又如鈉養炭養二

不可含鈉養輕養與鈉硫即如賣於漂白廠之料則乙箱不可加熱又因乙箱初進之水爲淡水後在頂上添淨水則其箱內之水濃者在管內上升流入丙箱丙箱所含之濃水亦流入丁箱丁箱起首時不過裝乾黑灰料漸漸加滿濃水此箱內之水漸漸加熱幾分因黑灰之本熱幾分因鈉養炭養二合水時有能生熱又如黑灰內有石灰亦與水化合時生熱故丁箱所放之水間有增至五十八度至六十度不可過六十度至丁箱水已高至放水管已如一百九十五至一百九十七圖則試水之濃度平常放出之水以吐阿度表四十六度爲最淡之數如不到此濃數則放水管吧之塞不開再待若干時令箱內水得所

需之濃此時乙箱所進之水必停止令其箱不能滿而溢出平常時不必多停待濃又如五六箱爲一副常有四五箱做工不停其水濃至吐阿度表四十六度則因乙箱進水而丁箱必有水流出其水漸增濃平常五十二度至五十五度濃此爲熱時所量之濃數如多於五十七度濃必因在黑灰上之時過長而多於六十度濃之水常含鈉硫甚多因內含鐵料故變深黃或綠色其水之黃色愈淡愈佳總不能得無色者故必常看水色與濃度熱度又每日應將水用化學法化分一次爲最少

丁箱內之水漸變淡已淡至吐阿度表四十二度則流出聽之有數廠待濃至四十六度而截止管理丁箱各事時亦必有人

將甲箱內濕料取出去其甲之底板而噴水在箱底令其淨因得上等鹼水必令各器常淨而丁箱放出之水已變過淡時則甲箱預備裝料所以丁箱放水塞必塞入而餘水塞如一百九十五或一百九十七圖而開通則其水必流入甲箱後甲箱內之各工與丁箱之各工相同但此時從乙箱流至丙箱水已太淡即吐阿度表一度故其塞塞入時而丙變爲第一箱乙箱所做各工照前做甲箱工相同可見各箱能輪流隨時做工而不停止則其水淨而愈濃如英國各廠禮拜停工一日每禮拜一所得之水不及其餘之日水佳

以上各工內有三事爲要斷不可忽一所進之淨水與所放之鹼水其熱度必合法二所放出之鹼水其濃淡必合法無論其箱用四個或更多其理相同而末箱放水之濃爲最要三黑灰必合法漂之令所含鈉養炭養二全放出至於箱內所餘廢料亦必常察看其形狀易顯出各工成否其質匀淨不成大塊又不成爛泥之形其色藍灰至黑灰粒大如豆大於豆者甚少如有大塊則易軋碎如有更大之塊或有櫻桃大之硬塊可知漂工不得法而鹼之糜費大

化分鐵箱所去之廢料平常不過考究所含能消化之鈉鹽類其法將數處料各取少許共得重五十格合水七百五十格在玻璃瓶加熱三十七度至四十度約半點鐘爲限後添淨水至配成一里特（約法國一升）每里特爲六十一·零二八立方寸待澄清將其淨水一個百分枚置此盆內化乾添淡輕四養炭養二少許結成所能消化之鈣養鹽類後將其料加熱烘乾淡輕四養鹽類再消化濾之試所含鹼類數如果用白石粉所成之黑灰消化之鈉養多於千分之二分則知有錯誤如千分含五分至十分者則知有大糜費但用石灰所成之黑灰比用白石粉所成者其廢料所含之鹼更多如第十四章詳言鐵箱內所去之廢料此處再不必言之

如轉動爐所成黑灰球其漂工比平常爐所得之黑灰大不同因濁水不能消出其鹼料不得已必用汽故箱之對面用進汽管通至箱口下面十八寸至二十四寸所以通入濃水而下少許見一百九十七圖如淡水箱內所進淡水在夏日全冷在冬日必熱至百分表二十度但濃水箱必噴氣令其熱到三十七度至四十度凡轉動爐所成之黑灰比平常鍋爐所得者其工更大尤必謹愼爲之

另有黑灰器具數種法雖靈巧但其理與以上所云白夫與滕六白法相同不必詳論大略用圓鐵桶代箱或將四箱連在一大車上以機器轉動之

濃水箱所放出之水混濁不能徑熬濃必在特設之器澄清後乃可熬濃而井內所含之異質沉下大半爲鉀硫或矽養二或

鋁二養三或鈉養等料但井內之水亦不可變冷因變冷則其鈉養炭養二必成顆粒不明淨間有從爐內取出之黑灰球存積一處備鐵箱滿貯以水令收黑灰球所放之熱或在熬濃盆上備鐵箱或在熬濃盆上作弓形而引所放之熱氣行過濃水之面則熬濃時所放之汽內含鹻之微滴為濃水所收而無糜費總之澄清器具必不可太小但水愈澄清則所成之鹻愈白而濃其澄清之箱或井須備數個輪流進水出水或做一長箱令水在此端進由彼端出又澄清之箱應高於熬濃之盆則水易流下但水通至澄清箱內用起水筩起之平常之法以生鐵為井收漂黑灰箱所放之水從此井起其水至澄清箱內因起水

筩常行動故收濃水之井不必甚大其起水筩必全以鐵為之不可用一銅件在其內筩置井上如有漏洩則落回井內又起水筩與引水管不用時必放盡其水恐水內成顆粒塞住有弊生出

黑灰濃水所含之質

大廠家每日化分所成之黑灰水知其所含之質並應出鈉養炭養二若干數其法將溫水取若干置分度滴管看其管面分度為一百分先用硫強水試其水若干分含鹻類若干分後用碘試水試其含鈉硫或鈉二硫二再將水若干分試所含之鈉綠後試所含之鈉養硫養三其試驗之工用長漏斗管如一百九十九圖鋪試紙在漏斗內用沸水傾其上則濾出定質仍用淨沸水洗之後將紙並所含之料烘乾在白金鍋內燒之則知水含鈉養炭養二與鈉綠與鈉養硫養三之細數如水中所熬出之定質每百分含鈉養炭養二八十九·八分鈉綠三·一分鈉養硫養三二·一分此為鈉硫變成又含鈉養硫養三四分為水內原有者共得一百分此為平常所得之數可見其黑灰所成之鹻水含鈉養炭養二以多為要如含鈉綠過多則知誤於爐內有若干鹽尚未變化並非做黑灰工之誤也又如含鈉養硫養三過多則知其黑灰或帶紅色或漂黑灰箱內之水過熱或浸入時太長又如鈉養輕養過多者或因黑灰球含煤過多或漂水時

熱度過大

所得黑灰水內亦含數種他質多少不等即如鈉養衰二鐵等含衰之質亦可以化學法分之但最不佳之異質為鐵其鐵質能令所成之鹻帶黃色或紅色因所用之鐵器生銹常入於鹻類料內無法能全免但謹慎為之則黃色可極淡與白色相近如要去其色必重消化再成粒數次

第八章論黑灰水熬濃與煆法

黑灰已澄清後必熬濃或徑熬濃而煆之便於出售作平常之用或另用法分為數等而出售如徑熬濃煆之則熬盆由下加熱如分數等則其熬盆必從上加熱

如上面加熱之盆其做法已在前一百六十九至一百七十四並一百八十三等圖內詳言之俱靠前工所得之餘熱此各盆必先封其門因門面不能無漏洩之處平常所用封密之各料因不能耐其熱並濃鹻類水之消化所以用淨石灰或泥成膏但石灰不及泥堅固而用泥必最謹慎轉螺絲開門時如有餘泥落入盆內則泥已燒成紅色其鹻必帶此紅色

熬盆之門關閉後其縫封之合法則從其管通已澄清之黑灰水令遇爐內所放之煤氣待其水將至沸度化散最速其霧順熱氣散去但此霧亦含鹻水之微滴所以火路面凝結成皮如果令此熱氣行過澄清之水面照前章所云之法可免此靡費

或令火燄行過其水照以下所云之法令水收炭養二氣又爐所發之輕灰亦不免落在盆內而其質與色必混濁

爐內所放各種煤氣有益亦有弊弊處大半因煤中含有硫磺爲鹻水所收其益處因煤所發之氣內亦含炭養二氣此氣與鈉養化合即成鈉養炭養二

其盆所進之黑灰水約高至盆之上口角鐵加熱若干時其水即沸近於爐邊之處其沸尤甚故鈉養炭養二在火爐之邊先凝結管盆之人用鐵鈀在門孔通入而推鹻質向盆之後面其鐵鈀頭寬十二寸深六寸柄長十二尺厚一寸此鈀通入門之後亦必將水面所凝結之鹻類皮推至水面下否則水不能化散至水化去若干而餘下之稠質濕如熟石灰則成功所以先將門上之螺絲放鬆待盆內餘下之水流出後則啟門將黑色鹻速取出置大篩上每盆用兩門各門派一人取出其料取出後將門即關閉防有冷風進入後將盆仍傾滿水如有兩化盆平列則取出料之盆必謹慎不可令冷風通入爐內

如手工料理之爐一次能取出鹻料二十五擔至三十擔故所進之水亦必與此數相配

如用露口之盆而做盆之工料俱好其盆底之上邊必依法包護可耐用多年不壞而盆底尤比別處耐用但盆邊有凝結鹻料成硬皮必即去之可免盆受大熱而燒壞有一法爲最便即

在近於盆邊處做生鐵膛以蓋蓋密盆邊成硬皮時可去其蓋用長鏟剷去其皮

又有新法在盆邊鑲用鐵兜數個有門與盆相通不用時其門可關閉用法先開一兩門令盆內之水流滿後以鐵鈀扒取結成之鹻料落入兜內久之裝滿而水自行歸入盆內則閉其門再開別兜之門其兜下有塞門能放出餘水取出鹻之後閉下塞門並出料之門再開進水門仍舊扒盆內之鹻落入兜內其各兜可輪用之大爲簡便

以此法所得生鹻俗名黑鹻大半爲鈉養炭養二另含鈉綠與鈉養硫養三少許其質內仍含原水若干俗名紅水因含鐵銹

故也各異質多在此水內聚之其生鹻愈放出紅水其鹻愈佳故化盆內所取出之生鹻應先置大篩內待兩三日紅水流盡則可進爐內煆之如紅水不依法流出則難成濃灰如用木屑爲燒料成鈉養炭養二則木屑先置化盆內能助生鹻放去紅水如鹻粒大則所放紅水比小粒或成粉之鹻更多所成熟鹻更佳其生鹻應灰白色不可有深灰或紅黃色如有紅黃等色必因未放盡其紅水或因含鐵質如要得更濃之鹻必將生鹻之粒澆以淨水則淨水能沖去紅水又有法將其生鹻置一鐵絲網之桶令桶轉動最速其紅水因離心力周圍飛散而餘下之質爲最乾但用此法之廠不多

又有法將露口盆所放之紅水令變爲鈉養輕養又有法將各盆所放之紅水引入一盆內令其變濃後成鈉養輕養英國不常用此法將紅水仍添入化盆內所有過篩之水亦常含鹻之細粒聚積成漿形必隨時去之免篩眼不通必存在生鹻下層內其篩底必常取出去其所聚之鹻漿此漿間有數廠徑煆之間有添入漂黑灰箱內最妙置於成黑灰爐內令每球收若干分則糜費最少

如英國郎格司得地方所用化盆旁有兜向上斜如二百圖爲其平圖二百零一圖爲其剖面式用此法不必另配門因其水不能流出所聚之鹻從兜內取出用鏟一把如二百零二二百零三兩圖鏟底有孔剷取其鹻待若干時放出其水拋向後面之架上其餘水從架上之槽引入化盆此法不免有鹻隨水散去因此不甚淨然可免用泥或灰封其門

又有一法在法國馬塞勒地方所得之料爲鈉養其化盆形如二百零四圖各圖有兩盆如丁戊彼此相通用甲乙丙爐加熱其盆用澄清黑灰水流滿此水有吐阿度表六十至六十二度濃趁熱量其濃度其爐底或用火泥磚或生鐵板如用火泥磚則以乾鹻類一厚層蓋之如生鐵板則用許多小塊擺列最密如僅用一塊則難免破裂其鹻水從丁戊兩盆流入爐內其火燄從風門丙通至丙火路由此入烟囪或通入丙火路令

丁戊兩盆受熱而庚巳兩風門能管之但水流入爐之先則爐必受大熱而火已通過丙路其水流入爐內時化乾最速在爐底內成稠質又因免煤灰飛散並令風力小而火燄有放養氣之性故不敢多挑動爐火又閉庚風門而開巳風門令火燄行各盆下其爐內稠質面生紅色之皮管爐人即以鐵鈀打開其皮令料常換新面又令生物質合養氣而鈉硫亦收養氣待其質變硬後則另換平常之鐵鈀將其料推至離火遠處此時熱度不可大於鉛鎔化之熱度必最慎令其鹻不鎔化管爐之人亦用手器打碎令成小粒此時變雪白色而燒成時取出用鐵車收之待冷則以粗篩篩之不過篩者或用手器敲碎或用生

鐵礦軋碎此法所成之鹼其性最猛每百分含鈉養炭養二十七分其餘爲鈉養等質如黑灰水與人工俱爲上等則在濕空氣內不變黃色與黑色法國用此鹼洗白衣可見其色白不可含鐵其價比平常之鹼更貴

法國廠內成此種猛性之鹼做法與平常成黑灰之法不同將鈉養硫養三五百四十幾路合白石粉與煤加熱分兩球取出其黑灰置鐵箱內漂之只加熱至百分表四十度待水兩三日澄清則流入化盆內此水應有明黃色如稻草不可變綠色或棕色如其水內加以鹽則不應有鐵硫結成如有結成則可再加鈉養硫養三少許則鐵硫結成沉下而所成之鹼更難鎔化

每水含鹼一百分所含之鈉硫不可多於一分至一·三分又在盆內不可加熱令沸又不可久存在盆內因必有消化鐵之弊每二十四點鐘在爐內能成猛性之鹼三百幾路共四次如工匠最好在一次能成五百幾路間有數廠每日成三次每爐用兩人每七日將爐底結成之皮刮去

如法國與德國各廠其化盆多從底加熱英國數廠亦有此法但轉動爐不用此種化盆如化盆底加熱較上面加熱有數弊即如鐵鍋易壞人工更多而熱之縻費更大另有數益處因水能存之更淨所成之料更易分等次平常廠家以爲得最白之鹼必在化盆底加熱但英國等有數廠其工料最考究而在盆上加熱之爐所得之鹼其色白與爐底加熱者不分上下

如德國所有化盆在下加熱長二十尺至三十尺寬八尺至十尺深十八寸至三十寸背面間有槽一條如二百零五圖便於分出結成之鹼間有在中間做槽如二百零六圖此形與船形之鍋稍相同但不及船形鍋之便大半鹼類廠所用之鍋有平底而加熱之法與煎海水成鹽之鍋相同其爐或另備或用燒黑灰爐之餘熱間有做套在其上接所發之霧但因此套與做工有碍故常有不用者最妙在化盆以上高約二尺做鍋套其面積不過爲化盆面積五分之一至六分之一如其套預備高木烟囱則能吸去氣質於化盆做工無礙

化盆所結成之鹼在鍋底聚之最多因不遇火則水之沸出甚慢但鹼在盆底聚積而盆底易爲火所燒壞必用器刮去其鹼質移至熱度更小處故二百零五度之槽大不合宜因助鹽燒之最速工人必常刮去故二百零六圖最宜因不能直受火力無論用何法做槽不免有弊因不易從鍋口而料理又不能存所成之鹼又易爲火所燒且用角鐵與帽釘極易生銹用帽釘之處其釘頭必鑲入盆底與盆底相平否則各手器必與帽釘頭相碰

用以上各種化盆之工大率用鈀扒所結成之鹼入槽內槽已裝滿鹼質則用鏟鏟底有多孔其形與槽相配剷其鹼置漏斗

內所漏出之水流回化盆其盆內之水化去一半再添以水平常二十四點鐘內進水兩次取出鹻四次連做六次至其水所含之異質過多再不能用如所進之水最濁則每八日必去其所存之水如所進之水最淨可至二十四日再換其水此水另有法提淨與做鈉養之法相同

化盆面上所結成之皮必常打碎而打碎必多費人工不用此工則化水之時最慢故已設法用機器爲合宜即與體倫之化盆法相同下欵言之如能成一篩其形與槽相配爲最佳因鹻在篩內聚之可免在鍋底凝結此篩可用鍊吊起而傾出其料如體倫所設之法能免鹻在盆底凝結之弊如二百零七圖至

二百零十圖其二百零七圖爲立剖面二百零九圖爲平剖面二百零八圖爲甲乙線之剖面二百十圖爲丙丁線之剖面其盆爲半圓形兩端各有軸枕能托軸物而爲螺絲桿戊所轉動其桿已爲牽條所托而連於總軸桿之端用絞鏈連刮器或斜鏟如庚其刮器通過水時與盆底相切令其鹻移向盆面所備之刮器在軸上轉動一周無處不到如鹻已至盆面另有吊鏟一把其形與盆相配令鹻不能遺漏其鏟將結成之鹻從盆內取出照此法四化盆能爲一人所管而吊鹻之器約四分馬力之一此盆所進之水如已加熱每二十四點鐘每盆能放出鹻十八擔至二十擔在德國用此種化盆不少大爲得法

平底化盆之弊固多即盆底有槽亦不免有弊故有人名甘布特設船形化盆欲令鹻在盆之最低處聚積因此處不受火之熱不能爲凝結之鹽所傷其凝結之鹻在盆底自行落下水沸時自然在中間聚之因此處比別處畧靜又此種盆不用角鐵與帽釘此盆底用槽之法更佳但英國各廠常用此種盆而德國不用蓋因平底盆比船形盆易製而亦易修理但兩種盆或用熟鐵或用生鐵如二百十一至二百十三圖爲熟鐵所製二百十四至二百十六各圖爲生鐵所製如黑灰水熬成鈉養炭養二平常用熟鐵盆因尺寸可以長大能省火工其法用鍋爐板厚八分寸之三底與邊不可有直縫不得已做直縫必在盆

底中間又所做之橫縫其搭連處所露出之邊必背火燄方向令火燄與此處不相切間有用極大之鍋爐板以免有縫用帽釘之弊此爲最穩之法但造此種大塊鐵板之廠甚少平常做此種盆長二十五尺寬八尺深二尺九寸

生鐵船形化盆如二百十四至二百十六圖平常爲造鈉養用但必整鑄成則尺寸不能大平常長十二尺寬八尺深三尺六寸厚二寸但此種大生鐵盆亦難做只有數廠能造

船形盆裝立之法如二百十七圖用平行路兩條各寬二尺長四尺間有更長者兩路中間有杜寬十八寸與盆等長托杜盆底令不遇火燄爐之背面牆向上而斜與盆底平行而相離十

五寸故成兩條火路高約十五寸比火路更高即寬三尺三寸盆內之水極少必如此高又在盆之後邊兩火路相遇成一路通入烟囱如生鐵盆不甚長常有兩個盆相近排列而火燄先行過第一盆底後過第二盆底間有在火路底做火壩三四個每壩高約六寸其意欲令火燄與盆底更相近如船形化盆龔黑灰爐餘熱則其擺列法亦照本圖相同不過爐柵無之如船形盆所結成鹻質必用鏟取出其鏟略似勺形盆有多小孔令其水流出如英國不用收霧之套在化盆上但用通風法吸出其霧盆內每若干時進新水取出所結成之鹽待若干時則其水變紅色而濁必取出或熬濃成鈉養或用以下所言之法或噴炭養$_{2}$氣在內令成鈉養炭養$_{2}$如本章末所言者

以上化盆放出紅色餘水重率爲一·三一五如英國耶加斯得地方熬乾紅水之爐有凹形底爐門關閉先進紅水熬成濃漿或稠質再去其門照平常煆鹻爐爲之以此法所得鈉養每百分含鈉養五十分但此鹻性猛不及法國所造者因其色與質不甚勻淨

如二百十八圖爲哥沙斯所設之化乾鹻水器具圖內各化盆不分高低俱在一平面上甲甲兩盆或用爐加熱或用別爐餘熱有通路如呷令兩盆相通亦有通路令其水過哂路通入變冷之盆乙$_{2}$而乙$_{1}$亦有管辛能通至加熱盆戊而戊有通路哂通至待冷盆乙$_{1}$乙$_{2}$其餘各盆亦類推各待冷盆乙$_{1}$乙$_{2}$等有特設之器己$_{1}$己$_{2}$令辛$_{1}$辛$_{2}$管所進空氣變爲氣泡其法用抽氣筒又壬$_{1}$壬$_{2}$爲塞門與黑灰水相通其各化盆從甲甲起至卯爲止都能進黑灰水待水已濃冷至能結成鹻再添新水其熱濃水流過丙通至乙$_{1}$在此處吹進空氣令其速冷令其塊化乾在此盆內有凝結之鹻質其餘水流過辛通至加熱盆戊在此盆加熱得濃流至乙$_{2}$盆待冷如此類推至末盆之水過已而放出如圖內壬$_{1}$壬$_{2}$等塞門能進新黑灰水通至收熱化盆足令其熱而濃之水不能即刻凝結成鹻質如黑灰水不含鈉硫與鐵硫則在乙$_{1}$盆內所凝結之鹻最淨如乙$_{2}$盆所含鈉養炭養$_{2}$外另含鈉養與鈉$_{2}$衰$_{3}$鐵少許但至乙$_{1}$盆時此兩異質幾乎全散但其異質在每換一盆漸漸增多而其鹻逐盆移上至末歸入乙$_{1}$盆可見乙$_{1}$盆內所聚之質幾爲淨鈉養炭養$_{2}$但乙$_{5}$盆所聚之水含鈉養與鈉$_{2}$衰$_{3}$鐵甚多此兩質另有法能分出其法在下有特言之款

如二百十九二十二十一各圖爲英國喜勒特地方維廉生與司弟分生之廠所做只此兩家用之所有之盆處甚多所出之鹻最淨如二百十九爲立圖二百二十爲自上下視之圖二百二十一爲立剖圖此法在鍋邊加熱不在底加熱故加熱之面可免結成鹻皮甲爲圓桶形之盆或鍋其頂上作截斷圓錐形

用爐柵乙加熱或用別爐之餘熱其火燄行圓火路圍住其鍋如丙中有立軸午軸上有相連之輻已已幾通至鍋邊其齒輪庚辛與鬆緊滑車癸俱能令軸與其各輻轉動如此鹻不能在鍋邊凝結又在爐之乙與火路丙之端中間有孔丁此孔在鍋內水之平面較低處能放鹻通至澄清之箱內其鹻行過丁落入子則水落至下其鹻有經管帶帶上有桶如丑能起至寅器此器底鑽多孔放出鹻粒中落下之水引之回盆內辰為滑車能令其經管帶行動其鍋蓋巳與其管午能放出汽又如未為添黑灰水之塞門

大半鹻廠將所得黑灰水一直熬濃成鹻此鹻為鈉養炭養二

質畧淨但結成後所餘之水帶紅色內含鉛養甚多另有鈉硫並數種異質如將紅水分出鈉養其鈉養另煅之如不做鈉養必從紅水內分出有用之料用法成炭養二氣通入其水內或用別法亦可英國有數處在盆內置木屑而煅鹻料時其木屑放出炭養二氣其炭養二氣令鈉養之大半變為鈉養炭養二用木屑之法頗難雖做工最慎其質仍含鈉養每百分有一分至二分又所含之鈉硫幾乎失去因變作鈉養硫養三而鹻出售時所含鈉養硫養三若干分必從價內減去不算又因水內所含鐵硫亦不能分出故變為鐵養令灰仍有黃色

最合宜之法要噴炭養二氣在水內又有法噴多空氣大概做枯煤塔在鐵烟囪內其水落至枯煤頂上落下時則其水遇空氣令鐵硫收養氣變為鐵硫二後變為鐵養硫養三而有鐵硫結成不能消化如在枯煤塔落下一次不足則用起水筩起上再落一次至成無色後將明水用化盆化乾此法雖費工能直受炭養二但因空氣內含炭養二氣若干分不免有已成之鈉養炭養二若干如塔高三十尺徑八尺每七日能成料五十噸此法雖能同時令紅水收養氣與炭養二氣不免有數弊因必用起水筩起之數次又必有鈉養之靡費所用之枯煤亦收鈉養若干分難於放出收回故有數廠前用枯煤塔後改哈果雷夫器其此器要成鈉養不要做漂白粉與鈉養淡養五如二百二十

二二十三兩圖為常式其圓桶為鍋爐鐵板所製厚八分寸之三寬六尺高七尺頂上開通有假底內鑽多孔高於眞底約十五寸其筩內裝紅水約滿四分之三中有四寸徑之管如呷通過呷底其呷底下有四個大而平之孔筩上有鉛管吃其徑約為外管之半比管之口略放大如呐管徑一寸半通汽入大管內其汽有四十五磅壓力通過吃呐兩管壓空氣通入吃漏斗因管冷則汽凝水而成眞空故所吸空氣更多其空氣從呷管之四孔放出遇呷底之多孔則分為若干噴氣口令水發沸最慢又因水遇空氣甚多又遇汽之熱則鈉硫變為鈉養如以上尺寸之機器其壓力四十五磅在三點至五點鐘內能令其水

內之鈉硫收養氣變爲鈉養卽用鉛試之不變黑色而所含鐵硫結成沉下但仍有含硫養二之質與硫養三之質在煅工內受養氣又查哈果雷夫機器不過爲噴汽之法費多汽而做工甚少又令紅水變爲更淡大不及克爾丁所設之法

另有一法專用炭養二氣噴入水內或用空氣合炭養二氣又有法在燒石灰窰之處將灰石所放之炭養二氣引入紅水內或用噴汽筩噴之則紅水所含之鈉養全變爲鈉養炭養二

又有法用平常之爐所放之氣可令熬濃時一併令鈉養變爲鈉養炭養二如見二百二十四圖則易明此法甲爲爐乙爲熬濃黑灰水之盆丙爲塔塔內或吊鐵鍊或鐵絲甚密或掛重物

令其直或用螺絲轉緊丁爲廢去舊鍋爐上蓋之通至烟囪其水先用起水筩起至丁鍋爐待澄清後流下爲甲管各口所分得許多細條而在丙塔內落下時遇爐火所放出之養氣與炭養二氣而收之如此爐無熱之糜費從丙塔行過吃管通入吃管而至化盆乙在此盆內成功可見火所放之氣所行之路與水行之路相反如用枯煤或磚或廢瓦器等料亦有益處但此法不能無成鈉養之大糜費如塔偶然不落水則枯煤乾而收熱着火又其塔必甚高方能令其紅水分出異質

近來設簡便之法分出鈉硫與鐵之大半其法在黑灰水內添錳養二粉少許而進空氣與汽則鈉養收錳養二氣之養氣而錳養二亦常收空氣之養氣故鈉硫收養氣最速成功後則其水澄清而錳養二沉至水底將面上新水取出再進新黑灰水其錳養二能用多次因各異質合錳養二沉下則體積漸大必每若干時換新錳養二另有別法甚多但因試用時生出弊病故不大興

煅黑鹻卽黑灰之末工

以前各款論黑灰水熬得極濃異質分出間有論化乾之工並煅工在一爐內成功因此兩事從前同時爲之但近來分開故現將煅工特言之

所得之鹻粗而深黑謂之黑鹻間有極濃而淨者幾無鈉養與

鈉硫間有含此兩質甚多者故煅工必依黑鹻之性配之卽如化盆底初結成之鹻略爲淨鈉養炭養二此質易於煅淨先在倒燄爐燒去其水後加熱至紅燒壞所含之生物質令其餘鈉硫與養氣化合其料在爐內必挑之所有大塊須壓碎如所造之爐合法黑鹻所含之鈉硫甚少雖加熱至明紅亦不慮其質鎔化爐可以大而一次所煅之鹻可多

所用之爐俱爲倒燄爐爐柵與爐底相比較燒黑灰爐更小最好之法用煤氣加熱此法在下有特言者其火壩格外高與爐上之弓相近故其爐灰不多能通至爐內而火燄與爐頂相近有回熱下至爐底面之料從前爐底常用鐵板但現用火磚側

擺如將化盆取出之鹻在爐內煆之則所成之鹻每百分含鈉養五十二·五分至五十七分所得之鈉養質謂之鹻灰或鈉灰或磨成粉出售或提淨而後售之

鈉養在爐內無論含鈉硫多寡則煆工不易因加熱過限則全鎔化故所加之熱必恰足令其鹻放水得乾不能當爲實在之煆工如郎加斯德廠將其紅水所取出之鹻有特法煆之先將平常鈉養炭養二少許鋪爐底煆之已紅熱時鋪上爐底再將紅水所分出之鈉養質粒三四車鋪在面上以鐵扒鋪散而調和數分時取出所成之料有一廠當爲猛鹻灰每百分含鈉養四十六分至五十分

如紅水所結成不淨之質不變作鈉養但將黑灰水全變爲鹻則煆工最難其熱度宜小如不用木屑之法則其鹻有最猛之性每百分含鈉養五十二分至五十四分待冷時幾爲白色但猛性鈉養最難磨碎平常出售成大塊如法國則有特設之法令成粒

如英國數廠熬濃黑灰水時加以木屑熬濃則鈉養鈉硫變爲鈉養炭養二所用之爐如二百二十五至二百二十八各圖如二百二十五圖爲二百二十六圖甲乙線上平剖面式而配平圖丙丁線如二百二十七圖爲立圖又二百二十八圖爲平圖戊己線之剖面式用此法則爐栅呷不必配灰膛因火力不甚

大但配灰膛更便因火更易收拾其火壩吃亦不必特做火壩板或通風法因其料在爐內不熱至鎔化度如其頂上最高有偃月形比弖更平故哂孔在兩邊高不過四寸在中間高不過六寸其爐有兩底丁與戊以火磚爲之如本圖顯出其側擺之法其火磚不用灰但擺列最密後爐底哦比前爐底叮高三寸其弖比黑灰爐斜度更小後端所伸出之處高於爐底二尺又如啐爲進風孔通至火路旺有風門此門恰在弖以下故此爐內火燄亦不多落在爐內之料上其爐用生鐵板爲外殼故更堅而熱不散做成後可久用不壞其外殼用鐵柱與牽條連之如合法則幾可耐最久只有爐之火膛每若干時須換其裏

以上之爐火膛不多合法因火膛之形必與所用燒料相配凡燒鈉養令變爲鈉養炭養二所用之爐用煤氣爲最便可免煤灰與煤炱落在鹻面其火燄之大小與所進空氣多寡如德國法英國間有用此法者但德國阿細格地方有最好之煤氣爐如二百二十九至三十二圖

阿細格廠之爐亦可與黑灰爐或化分爐或白金甑或在汽機之鍋爐等用之得大盆呷爲進煤氣之孔吃爲進空氣之孔哂爲管理所進空氣數之膛可爲修理其煤氣孔之門戊爲扒出燒成煤燼等質之門吧爲千層紙片噴爲敲爐內之工孔啐爲火壩旺爲爐底如呋之第一板平常用泥封之如不用亦無礙

凡令鹻料收炭養二氣之爐其工分三層一爲做乾二爲令收炭養二氣三爲加熱工其做乾之工在爐底爲之如二百二十六圖戊當時有前一次之料已移至丁但此料從戊面移至丁面時亦必烘若干時平常其爐底所能用之料足成鹻灰十五擔至十七擔而燒料一次共需五點鐘至五點半鐘故每二十四點鐘出鹻灰三擔至三擔半燒煤二十四擔平常成黑灰球爐每一個可配以上之爐一個如勉強做多工則一個燒黑灰球之爐可多配一個成料之爐如英國郎加斯德廠不用木屑之法此爐能成兩倍之工

如第一層工夫欲令料放水變乾故熱度不可大至暗紅工匠開已門以免過熱之弊其料必數次從火壩移向爐底更冷之處如見爐內面之料不能分別因所發汽霧甚多後其汽放散而欲做第二層功夫此爲最難之工爐必增熱至暗紅爲度比鉛之鎔度稍多屢次挑其料令木屑放炭養二氣通至料之各處此工幾全靠爐夫之靈巧而做工之人必爲熟手與成石灰球相同但手所出之力自比黑灰球更小連做此工至木屑全燒盡而鈉養與鈉硫俱變鈉養炭養二其灰甚淨可見其黑鹻愈淨鈉硫與鈉養愈少其工愈易如黑鹻含鈉甚多則令受炭養二氣之工最難亦最慢因其易於鎔化一鎔化則以後無法能淨因空氣不能通入其內質也

第三層功夫加大熱其法將爐柵面之煤挑起而爐內之料用鐵鈀扒之令熱至光紅則炭能燒去而鈉養硫養二並鈉養硫二養二燒成鈉養硫養二如鹻料含鈉養多者則熱時難免變軟故所成之鹻料畧粗又如鍋後面所得之黑鹽有此弊比前面所得者更少其鹽不受極大之熱所含之動物質不能燒去所以消化時所得之水帶黃色如從內要得顆粒其粒亦有此色又其料所含鈉二衰三鐵亦必在加熱時變化而所分出之炭質亦必少

英國太那河所常用之手器有數種一爲熱鐵鏟長十七寸寬六寸厚半寸柄長十二尺厚一寸四分之一一爲更大之鏟長二尺寬四寸厚八分寸之三其端稍成彎形柄與前同一爲鐵鈀寬十二寸有五齒每齒長四寸寬一寸柄寬四分寸之三一爲取料之鈀有熟鐵頭長十二寸寬七寸柄厚一寸一爲取料之鏟長十八寸寬十二寸有鐵柄長八尺厚四分寸之三另有爐柵所用之器又挑煤桿長六寸厚一寸零四分之一

鹻料收炭養二氣之工內幾分靠空氣之養氣因所漂成黑灰水所成之鈉硫在灰內非鈉養炭養二實爲鈉養炭養三故所成之灰含鈉養硫養三比黑灰水更多又合木屑燒時所成之炭可令鈉養硫養三放若干養氣但末次燒工亦令與養氣化合如木屑與木屑所成之炭質令鹻質能鬆故火路所出之煤氣

易通入其內令不鎔化

管爐之人必詳辨其料燒成時如料內之生物質務必全燒去餘下之鈉養必少便於成鹼粒則有便法能試將料少許在鐵鏟待冷裝在玻璃盃內滿四分之一加以溫水至盃滿時調之令其料不黏連成餅待若干時其水澄清如水明無色爐內之鹼亦無色爲上等如帶黃色則所成之鹼亦必黃色

間有從爐內取出之鹼料原爲白色後久遇空氣變黃色其故因所含之鐵料變爲鐵銹間有不變黃色時含鐵料比變黃色時更多

以上所言用木屑令鹼料在爐內收炭養二氣法難處甚多已

有人用機器代人工所要成之事亦不甚煩先須烘乾後打碎令遇大熱常挑動令爐內之氣易顯出其變化亦有人設機器用轉動爐底與鍊銅礦爐所用之法同此法爲抹克弟爾所立爐之形如二百三十三四兩圖爲其平圖與立剖圖

此爐之底圓形如圖內一徑二十尺爲鍋爐鐵板所做內鋪火磚連在架上如圖內二其架下有輪如三行在圓形之鐵路如四連在爐下其圓爐底一有摺邊如五上有蓋如六以火磚爲之托弓之樑爲弓形如七所葬之柱如八見二百三十三圖虛線其弓寬二十尺弓頂離開弓弦十八寸從頂上看之如平形其弓最堅結平穩用最好火磚爲之又有兩火膛如九中有通

路如十通至爐之中間爐火有兩路放出如十一此兩爐幾近火路如十之對面爐之裝料有一門或多門圖內不顯出用時其門閉之在爐頂六任何處可配門

爐之放料有圓柱形門如十二在爐底一之中間而通過爐底並爐底之裏此孔有鐵殼如十三徑三尺六寸在底凸出又有更大之門如十四通過爐頂六而配鐵裹徑四尺出料之孔亦有鐵管蓋之如十五此蓋以火磚爲包殼閉時如二百四十三圖則葬鐵裹之上口其下端管住爐頂孔六其門十五有桿兩副如十六十七上副有相連之眼釘便於連鐵鍊十八能起其門下副如十七有相連之軸十九通過直輔二十有桿連之在

門十二以下又在放料門十二與關閉門十五能進空氣令金類料不受過大之熱其放料孔十二通入爐中間之法將圓門十五舉起至爐頂六之凹十四故爐底備一車爐底之料能落入車內運去

用爐時圓爐底轉動最慢而內料有挑器連挑不止此器在中門十五與外摺邊五之中間而在兩出火門十一之中間行動故不能與火相切此挑器有叉一副如二十一連在立軸下端如二十二其軸連在架內如二十三轉動用齒輪在其上端如二十四故能左右輪流轉之其叉二十一順爐之徑而排列彼此不能相遇此挑料器亦有法能任配高低因其架二十三能

在直立之直輔內如二十五起落其直輔有釘牢之架有齒桿如二十六能與平軸二十七齒輪相切此平軸用搖桿以手力動之運動之力加於立軸二十二之外者此軸向上引長通至斜齒輪二十八而有槽與凸出之稜令其能隨架之二十三而起落其斜齒輪二十八與短平軸斜齒輪二十九相切此軸之動法在前言之

爐內燒成之料用手工通至爐中之孔十二但另有機器能成此事如圖內三十爲推器或扒器一副連於廻環之鐵鍊上如三十一其鍊有滑車動之如三十二滑車連在能移動軸下端如三十三四其能移動之軸有架三十五托之架在立之直輔

行動如三十六架上有齒桿如三十七其齒桿與小齒輪三十八相切小齒輪連在平軸三十九可用搖桿任意起落其放料器具用一立軸如三十三運動之此立軸引長通過斜齒輪四十而與斜齒輪相連之法用槽與凸輪令架三十九能起落其斜齒輪四十與斜齒輪四十一相切此輪連在平軸四十二此軸上有齒輪四十三與齒輪四十四相切此輪在排料器之平軸二十九而相連如二十九軸上有收放器能接四十一與四十三兩輪或能托之故轉動與停止俱便又如本軸四十二有斜齒輪四十五動之斜齒輪有立軸四十六動之以此法能與四十八軸傳其動如此令爐底一轉動而此軸有皮帶與輪能

收汽機等力而轉動其爐底有小齒輪四十九轉動之此齒輪連在軸四十八與弧形齒桿五十相連此桿連於爐底架上另有槽如五十一在爐底摺邊五之外邊槽內放鬆鹻灰或砂在轉動爐底一與定爐底六之中間凡用轉動底之爐常用此法英國與法國多有用此爐此法爲國家保其專做用其法者必捐多錢方准然人尚樂用之因其益甚大每六點鐘至七點鐘每爐能成鈉養炭養二三噸半而進出料亦費數點鐘時故六日內約成一百十噸每料百分尚存鈉養二分如餘存之鈉養極少則六日內能成九十噸如用木屑而不通炭養二氣各工最合法每四百分只含鈉養一分後其料能受極大之熱而成

最白色之鹻此料最合成鹻粒之用因消化時所含鐵二養三少許易於沉下此法所成之鹻比手工所成者更重而密裝入木桶每十桶能省用一桶又查所燒之煤約與手工爐相同即每成鹻百分燒煤四十分汽機鍋爐用煤不在內所省之處在人工因手工爐每成料一噸人工需銀錢三圓至四圓用轉動爐底之法每成一噸用銀錢一圓至圓半如英國太那河用此種爐則一爐能抵六具手工爐如郎加斯德不用木屑之處約不及六具

有人疑抹克弟爾轉動爐常挑料有大風力必有若干鹻料由烟囱散出比手工之常法更多又其料分得極細更易飛散然

雖有此縻費不甚大礙

第九章論常出賣之鹼粉

上章所論煅黑灰成鹼粉無論冷熱時其色應白不可帶紅色或黃色但不及提淨之鹼潔間有帶灰色者比白色更佳即如內含鐵之鹽類頗多因煅時熱度大變成鐵二養三令鹼粉有黃色如燒工不足雖含是質而其色不顯間有帶藍色因含所變成之靑精石料或鈉養錳養五等質如灰色則知煅工不佳必含鈉養與鈉硫甚多最好之鹼粉磨碎後其內紅點與黑點應少

上等鹼灰所含之鈉養愈少愈佳每百分以二分爲最大之界限如過此數則不合做鹼粒之用間有出賣之鹼灰言定每百分內含鈉養一分爲最多如漂黑灰水全行分出其各定質而用木屑代煤氣令炭養二化合則難免鈉養有多於百分之一之弊如用前章所言抹弟爾轉動爐底之法則易得鈉養少之益處有鹼灰不可含鈉硫其試法用鉛粉試紙以鹼一格合於小粉水再加碘水一滴不可變藍色如試平常鹼灰每千分所含能收養氣之硫質不過一分如兩三分亦無大碍又如鈉二養三不能在常出售之鹼灰遇之因其料加熱至紅此質必化分

又平常出售之鹼灰含鈉硫少許可用碘試水等法試之

上等鹼灰所含不能消化之質以百分之一至百分之一·二五爲平常界限如百分之一·五必當爲最大之數所有不能消化之質大半爲鈣養炭養二與硫養三或矽養三或鐵質之微數凡新鹼灰每百分含水不可多於·二五分至·五分又如久存之不可含水多於一分如含水二分則其質結成塊而其色改變

鹼灰常含兩種鹽類即鈉綠與鈉養硫養三此兩質無甚大弊亦無甚大益所以平常出賣鹼灰不問其數之多寡然大廠家每七日應用化學法詳細化分本廠所成之鹼少許可知其成色之美惡與異質之多寡即如試其全鹼性與含鈉養輕養數與能收養氣之硫質與鈉綠與鈉養硫養三與不消化之質與水數但平常每日所試者不過要知其全鹼性與所含之鈉養輕養

凡試鹼灰必取料之中等者不可擇其好者試之如鹼灰尙未磨粉幾分爲塊幾分爲粉則難得其細數又粉與塊常有濃淡不同如磨成粉之鹼灰裝在木桶內後欲試之可用二百三十五圖之器先在桶邊鑽一孔徑約一寸零四分之一將此器鑽入其內則桶內各層料能取出若干而調和之後可當爲中等之料此器以鐵或鋼爲之必磨之最光不可生銹

凡試鹼灰所消化之質頗多則其水不能勻淨必去若干分能得其略淨之數不必用微數與最準之天平稱之

各國出售之鹼灰其成色不同如英國之鹼性以所含之鈉養

為度德國以所含鈉養炭養二為度法國則用弟克虜西所定之分數德國試鈉養炭養二法不能以之試含鈉養之鈉養炭養二因鈉養多者每百分可含鈉養炭養二一百二十分故英法以含鈉養為主因用鈉養做肥皂凡有鹻性之料俱能在做肥皂工內用之故英國鹻灰每百分包定有鹻五十二分不過指明含鹻類性之質有此數不問其質已與別物化合間有另言明每百分含鈉養輕養二分者

鹻灰磨粉裝桶

常出售鹻灰先磨成粉不但取其美觀而成色更佳用之更便不磨成粉而裝桶則其質鬆木桶必多用一半故磨粉之費比

做木桶之費更小但含鈉養多之鹻灰平常不磨成粉而出售因磨粉最難其故因吸空氣內之水氣如平常之鹻灰必從爐內取出未冷時磨之若冷則受濕氣少許磨之最難

磨鹻灰之法或用碾輪在生鐵盤上轉動或用平磨與磨五穀相同如用碾輪之法所成粉極細但所需之力比平擺之磨更大又必將其料用細篩篩之用平磨則不必篩故現在不常用碾輪多用平磨不過鹻灰內有多硬塊必先用碾輪後用平輪如硬塊落在平磨內則易打壞

平輪與磨五穀之輪相同不必詳言但所用之磨石不可用法國平常磨麵之石因石質過硬遇熱鹻灰易破裂故用火山所產之藍石最佳又有數種軋器與磨器亦可磨鹻灰

鹻灰粉從磨內直落至桶桶置車上車下有鐵路一桶滿則另易一桶但鹻粉落入桶內之法亦最要如鬆落下則平常之桶高三尺四寸徑二尺八寸只能裝六擔至七擔如裝粉時將桶屢搖動用木錘敲其外邊能裝十一擔至十二擔間有更多者應以十一至十二擔為常數如不及此數則知裝得鬆而多用木桶為徒費最便之法用兩心輪簡便之器連在磨房機器上令托住木桶之車時常起落跳動用此法則一桶能裝十五擔凡多裝料之桶必最堅固其木料不可過軟應用橡木板或落葉松板如英國郎加斯德地方用裝粗糖之大桶糖出空後此

桶即作廢物購之能裝鹻粉一噸至二十五擔裝法將大桶置轉動台上令轉動略慢有大錘以汽機起落漸打緊桶內之鹻灰凡出運鹻灰用此法最便因船上水脚不計分兩只問容積也

常出售鹻灰所含之料有不同故有濃淡之別已有人詳細化分出售之鹻灰所含之鈉養炭養二每百分最少者有六十二·一三分最多者有九十八二·零一分所含之鈉養輕養從微跡起至十七·二零分為止所含鈉養硫養三從·五分至一零·二六分所含鈉綠從零·三一分至一二·四八分所含之水從零·四零分至八·六五分其餘異質數種為數少不必言及故鹻灰易

分淡與猛兩種但用之者所需之濃淡不同平常鹻廠出售分濃淡兩種或分上中下三等如特配濃淡若干分必加食鹽其鹽必在爐內烘乾至其內之水全散爲度則合於未磨鹻灰置礦內一併磨之以勻淨爲要如英國與蘇格蘭所用之鹽爲燒海草灰所餘之鹽此鹽大半爲鈉綠另含鈉養炭養二或鉀養炭養二若干每百分約有八分至十二分因此料之價最廉或不值價任人取之平常之鹽須出價購之近來價漸貴故造鹻家仍用食鹽合於過猛之鹻灰令其性更大宜於各用

第十章論提淨鹻灰法

常出售之鹻灰照以前各法爲之稍帶黃色俗名黃鹻灰又名

黃色鈉養炭養二雖粗工可用之但細工不宜因含鈉養輕養與鐵及不能消化之質若干必預先消化漂淨大爲不便卽如做玻璃等工是也如做上等玻璃必用提淨鹻粉卽白色鈉養炭養二如將黑灰沸之熬濃至能有顆粒結成在內取出其粒亦非淨鈉養炭養二必將黑灰先煅之再消化方能得更淨之粒如最難分出之異質爲鉀二衰三鐵因此質變成後必將其灰煆之變爲鐵二養三方能去盡又有別種不消化之質無法能免如用煤氣之法令黑灰收炭養二氣比用木屑法所成之質更淨不必再提但其色之白不及再消化一次所成之鹻

因以上之故凡用煤屑所成之鈉養炭養二須提淨其理最易明工分四層一消化二澄清三化乾四用火煆之但用此法必最慎因易於誤如不合於各種工藝之用則工藝家不肯購之

所要提淨之鹻灰不必先磨成粉起首用水消化有數法能爲之與成鹻粒之法同凡小廠內所用之鐵箱如三百二十六圖或方或圓俱可用堅固之鐵絲篩如呷掛在其內令篩底低於水面又用通水管吃與通汽管呐又有塞門在其下最簡便放水之法用管如叮管底有活節平常此管直立如本圖但放出水時其管漸向下轉便於放出淨水而不放泥與渣滓如哎爲大塞門能放出泥與渣滓

如本圖所用之管叮有不便處而不能耐久故另設一法如二

百三十七八兩圖其節爲生鐵兩彎管如呷吃其管之端接連處連得最準故能相接而任意成彎不致漏洩有螺絲夾器呐夾連之一個彎管接短管一條如叮連於鐵箱之邊第二彎管接連更長而直立之管如哎此書以下所論放水吸管能向下彎者卽依本圖之形

用此鐵箱之法先傾水至鐵篩等高如得溫水更佳而連噴汽至水沸爲度再將鹻灰漸置篩面待自行消化而水沸時常有震動令鐵箱內之料常起落不至沉到箱底聚積如鹻灰在沸水內消化難於在溫水內因澄清時其沸水漸冷則必在溫水時全行消化此水熬濃至熱時有廿阿度表五十四至五十六

度有數廠在消化時加漂白粉少許每鹼灰四百分至一千分合漂白粉一分其粉必合水成漿傾入其用處能令鐵之鹽類與養氣化合又令鈉養二變爲鈉養三又能滅壞生物質或泥土形之料所成鐵二養三即刻沉下有膠形隨鈣養炭養二沉之最速用漂白粉若干自有鈉養若干變爲鈉綠相配其提淨之鹼比鹼灰稍淡最穩之法用無色之鹼即消化而得明水之鹼則漂白粉不必用

法國小廠內欲鹼成顆粒則用小圓錐形鍋如二百三十九圖甲用爐或噴汽法加熱如乙爲通水管丙爲汽管丁爲鑽多孔鐵皮筩用鍊兩條掛起易於起落配水面之高低較二百三十六圖所用之篩更便於小做之用

如大廠消化鹼灰用立鐵筩又用挑器挑之挑器用機器轉動至水已熱至沸度將鹼灰漸添入此種器徑八尺高六尺能在十六點鐘內消化鹼灰約四十噸

瑞士國有連消化鹼灰之法如二百四十圖其器用鐵皮筩高十三尺寬二尺九寸頂上開通其底關閉在眞底相離不遠做一假底此筩裝滿鹼灰假底以下用一寸半徑通水管呷又有進汽管徑一寸四分之一如叱此器能消化鹼灰而消化之水已飽足則在哂管放出此管徑二寸半其水在本筩內至鹼灰中能濾清又如叮爲循環管之起料鍊每若干節有相連之鐵桶而戟爲管之頂其擺列之法令灰不能落下又有塞門哼徑二寸半能放盡桶內之料要停止或修理則開塞門而桶能放空

用此桶待消化之水已飽足則隔斷所進之氣令挑動機器停止待數點鐘澄清後用活節吸管如二百三十六圖丁放出淨水餘下渣滓流在桶底視其渣滓之多寡可進料若干次後放出渣滓此渣滓爲鈣養炭養二與鋁養矽養二與鐵二養三並砂等質另含鈉養炭養二頗多調和在其內如將此渣滓放在黑灰箱內與黑灰一併漂之初以爲簡便之法但其實塞住鐵箱令黑灰消化不得法必另在別箱內漂之漂法合水加熱令沸一二次澄清傾出其水做消化鹼灰之用此法頗繁如用壓濾器或用鬆料濾之料下成眞空能吸水沉下與用石灰收去鈉養炭養二之法同

消化器所出之水必先澄清因不能消化之質應分出如待十二點鐘至二十四點鐘則可用吸管放其清水其吸管之內端可用桶如二百四十一圖桶面鑽多孔桶外包細棉布兩層則吸進之水通過細布所有尚未消化之質成極細之粉亦能分出又因此濾桶不遇器底所沉之定質故不易塞如平常濾器各大廠不用因易塞也

又有簡便之法用最長之器令水行入其中最慢從鍋爐此端

流進彼端流出則爐中略安靜而所浮在水面之定質點沉下行過一二次則消化鹻水能淨

如所消化之水變冷則自凝結成粒故冬日必設法令其水不過冷在澄清之器外包木殼或稻草或磚料令熱不散則其水不到百分表三十八度不至於成粒如在此熱度以內者則飽足之水能成顆粒

提淨之水必用平常之鍋熬濃如太那河邊多做提淨之鹻其鍋內之水在上面加熱爐用枯煤可免灰飛入其水內間有化盆長二十四尺至二十七尺兩端各備燒枯煤之爐柵兩端火燄行過水面在中間相遇從此處通入烟囪照此法所成之鹻

灰比化盆之一端有爐柵法更少常有化盆長二十四至二十七尺有用烘乾爐之火行過水面但此法不佳因必有鹻灰落入水內其料在盆內連熬至成漿則取出提淨之鹻收入濾器內如前一百七十一圖因各門之縫用泥或灰封密難免有灰泥等料落至濾器內故提淨盆可用斜擺之袋如二百零一圖爲最佳所有之餘水用起水箭送回化盆內下一次合於所添之水而熬之

又有別處所用化盆從盆下加熱其形狀與做法各不同有用兩半球相合之生鐵盆最便於收出顆粒但易破裂

所取出之鹻置倒燄爐烘乾再加熱燒之但熱度不可至鎔化界限燒後磨成細粉裝木桶內此事雖最簡便然必謹慎乾淨故各大廠特備房屋與礳專做細工其鈉養硫養三之成色以雪白爲要稍污則其價必減

提淨之工因有不消化之餘質或洗不脫其糜費約百分之五雖不消化之質分出然其鹻性不增大又如用漂白粉則其鹻性減去半度至一度因鈉養炭養二爲鈣綠所化分

如上等提淨之鈉養炭養二粉應雪白不可帶黃色又不可有小黑色之點然難得全無微黑點者又如在淨水內消化不可有餘質水必極明其內卽含鈉養輕養應爲極小分數又如鈉硫或鈉養硫養三或鐵等異質不應有微跡

做鈉養炭養二顆粒

如鈉養炭養二顆粒大半爲水每百分內鈉養炭養二不過三十七·八分其餘六十二·九二分爲水又裝木桶體積比鈉養炭養二更大且裝桶與運費亦大然各國大廠做鈉養炭養二甚多不但英國各廠爲之法國北邊與荷蘭亦然其法買現成鹻灰合水消化再令其成顆粒

鈉養炭養二之顆粒運動與裝桶費及造成之費雖大而用鹻人仍喜用之不肯用鈉養炭養二粉因成顆粒其質必潔淨不含鐵與不能消化之質如西國洗衣大半用鈉養炭養二之粒因顆粒不含鈉養輕養等損壞皮膚之質又因鈉養炭養二之

細粉遇濕器則凝結成塊最難消化且其粉落在洗衣之盆底久不消化必致沾連衣上或塞入衣縫中不無有礙因此洗衣用鈉養炭養二顆粒最多俗名水晶鹻

平常用鈉養炭養二顆粒如少帶黃色因含生物質之故亦無妨礙但恐黃色內含鐵等質不能從黑灰水內徑成顆粒必先提淨間有製造家令黑灰水澄清成白色之粒但難銷去因其質軟而做工繁

因此做鈉養顆粒之法先將前法所成鹻灰加大熱消化置鐵器內待冷有云用此法則鹻灰不必十分淨但此言大謬因下等鹻灰只能成下等鈉養炭養二顆粒又其工大而繁難糜費亦不少間有加漂白粉滅其色但此亦有糜費常有綠氣存在鹻內如英國各廠每成粒二百分配漂白粉一分如法國各廠用鉛養硫養三或鉛養硫養三合漂白粉如含生物質多之鹻灰或燒木屑所成者俱不合宜如法國以鹻灰每百分含鈉養輕養一分爲最大界限過此數則煅工等必有不合法處故其質恐不可靠

消化之法必令水得吐阿度表五十二度至六十一度所用消化之器如二百三十六以下各圖間有用汽消化得四十五度濃澄清後再加熱至得五十八度濃而傾入大箱待冷此法所成之鈉養炭養二顆粒成色最佳因其費大不合算

如成顆粒之法其水澄之最清亦不甚大礙因成粒以前其異質必先沉下易從粒內分出間有在消化器內成粒但大廠必備大箱將已消化之水引至成粒器內以兩大箱輪流用之水在箱內約二十四點鐘澄清則移至成粒桶內其桶爲圓柱形英大而法小德則酌中其大者以生鐵爲之間有用半球形者徑約九尺深約二尺厚約一寸此種桶成顆粒二十擔至二十五擔但各廠所用之盆與各器其式與尺寸各不相同

其器之形式以淺爲佳但不可過淺如熟鐵器長二十尺寬六尺深二尺二寸爲最宜如闌加斯德地方用徑六尺深二尺六寸亦覺太深如英之太那河所用者爲長方形四脚爲圓形其底之一邊斜有孔能接餘水如二百四十二三兩圖其第一式令餘水全從孔內流出每器重四十二擔至四十三擔每日成粒二十八擔

所有圓柱形之器在大篷內成行排列夏日篷內四面通風每兩行中間有槽接兩邊餘水而各圓錐管以上有生鐵槽槽內堆各桶有孔孔有生鐵塞故鹻水隨槽行至各桶上面開塞則水落入桶內地面鋪石板或沙灰亦向中間而斜最低之處聚積所流出之水有井收之如地價貴可在一篷內做兩三層地板

其水流入圓錐桶將滿用鐵皮數條照正角方向相較則顆粒

斜在鐵條結成後向下聚積間有長一尺俱爲極細之鈉養炭養二粒桶邊所結顆粒次之底所結成者更粗用鑿鑿開又其粒如遇鐵則生銹內面必常磨光不令銹間有內面上油一層如其桶含水一噸以外者冬令六日至八日則能成粒夏令須十四日夏令雖澄之久所得之粒少餘水含鹼多如法國等夏日不可做工又顆粒結成後開桶塞放出其餘水取出其粒置斜面木橙上待二十四點鐘其外面乾以備裝桶出賣間有成粒之桶內取出徑裝入木桶內出售

如法國各處德國數處所用成粒之桶比英國更小因此兩處天氣比英國更暖則小者爲便大廠備數千桶但用人工多消化鹼灰所用之器各處不同間有用重熱器令水變濃用漂白粉或鉛養硫養三令水變清用橡皮吸管放出淨水或進新水此種小桶徑十四寸至十八寸深八寸列置木架上成層其成粒時約二十四點鐘至四十八點鐘成粒之後在上面所生之皮內打一孔放出其餘水取出其粒取法將桶置熱水盆內令外面稍熱則沾於桶面之鈉養炭養二之粒一層鎔化桶內之質能全傾出成冰形擺列成行約二十四點鐘待乾後敲碎置爐內或架上收熱約百分表二十度待全乾在顆粒之間初見生霜即時裝桶令不再生霜

又法用薄鐵皮箱長二尺三寸半寬十二寸深九寸其邊另加料令其堅固其箱裝滿鹼水層疊擺列待二十四至三十六點鐘則成粒先傾出餘水因箱之鐵皮軟其粒易脫其餘各工與前同如德國成粒之器參用英法兩國之法

所得之餘水仍含鈉養炭養二甚多成粒時熱度愈大則餘水含鈉養炭養二愈多另含鈉養輕養與鈉養硫養三等質此餘水熬濃如漿在爐內煆之所成之鈉養炭養二粉其色最白但其性淡冬日所得者每百分含鈉養炭養二三十分夏日含四十至四十五分大半爲做玻璃之用

如其水不淨則化於大盆內加水與石灰或漂白粉待淨則引入箱內待冷

已試過鹼灰每百分含鈉養炭養二五十二分共消化一千七百噸所成之粒三千二百五十噸另得餘水內之次等鹼三百四十七噸半

間有將鈉養硫養三合於鈉養炭養二之粒以賤價出售但洗衣之人用此種假鹼大受其累

第十一章論鈉養炭養二

鈉養炭養二並其水已在前第一章畧言之其顆粒之狀如一百六十圖其取法亦與做淡輕四養鈉養之工有相關所以下論鈉養兩個炭養二但此工內不過爲成鈉養炭養二之一層其餘各工必在本章言之

現在出售之鈉養炭養二其做法用鈉養炭養二水內通炭養二氣小做之法將鈉養炭養二飽足之冷水通以炭養二則所變成之鈉養兩個炭養二因難消化故結成沉下但大做用下等黃色鈉養炭養二之粒令遇炭養二氣

此法所用炭養二氣有數法可得有數處地內放出炭養二氣則收而洗之通入裝鈉養炭養二粒之器又有在做酒處待發酵時放出炭養二氣裝入鈉養炭養二桶內又從前做鎂養硫養三即元明粉將鎂養炭養二礦在硫強水消化放出炭養二氣用此氣成鎂養兩個炭養二

間有用燒石灰時所放之炭養二氣或燒成枯煤時所放炭養二氣然不合宜因含異質甚多而熱度過大如用法全變冷而洗淨則更合用但不免炭養二收許多淡氣之弊故不能得濃鈉養炭養二

鈉養炭養二大半在英國造之而成炭養二法用灰石與鹽強水此為舊法有數廠成淡鹽強水甚多只能作此用以石板作大池埋在地內以土圍之其池傾滿灰石或白石粉而蓋密再用管通淡鹽強水頂上有管能引所放出之炭養二氣又近於蓋有放水管而所成之鈣綠水從此管流出所進輕綠升至此管時已飽足可見每若干時添灰石若干而去其泥

鈉養炭養二顆粒令遇炭養二氣所用之器其做法與材料各處不同用木或磚不及用熟鐵為最便無論用何種器斷不可洩氣如用磚工其頂上須做弓形用木桶其底之中間深而四周斜間有用舊法廢去之鍋爐或別種大鐵器間有做甚大者便於人能立起行動但其形狀無甚關要有能裝鈉養炭養二六十噸能成鈉養炭養二三十噸者其各器擺列法令新炭養二氣先入最舊之膛內後一一通過至末則至新料之膛其門必封密間有各節用泥封之但收炭養二時其鈉養炭養二之粒含水甚多而消化必多生熱有礙於變化故最宜用熟鐵做房易散其熱間有內用隔板承接鈉養炭養二而大廠家不用隔板將顆粒之大塊厚四寸至六寸裝在其內間有用鐵條或木板下

留空處約高十二寸則炭養二氣在此空處進入鋪散所有之流質於此聚積而出氣之處常在屋頂

通炭養二氣時其粒放水甚多而此水飽足亦帶去鹼粒所含鈉養硫養三並數種顏色之質其水大半從房底所備之橫管流出其橫管令氣質不能漏出而房內所流出之水停止則知其將成如大房須六日至九日方成其試驗之法在房邊開一孔常封之試時用鐵桿直通房之中間不遇鈉養炭養二氣硬塊則知已成鈉養炭養二又有法從房內取出其料若干以水消化再添汞綠應放白色之薄霧少許如結成黃色者則知其變化未成

如其變化已成則斷炭養二氣而開門取出鈉養炭養二之粒其粒最濕必用爐烘乾爐內有隔板爐中進熱氣或用汽管得熱至百分表四十度至四十五度爲佳有人將爐所發熱氣令其行過先變冷至以上熱度又用細篩分出黑皁與灰但用此法不能得雪白色之鈉養炭養二其烘乾之工須八日至十日所成之鈉養炭養二約爲鈉養顆粒之一半重將所得乾鈉養炭養二磨成細粉用篩篩之其篩每平方寸約二十孔爲度但磨粉時必令其礦不生熱否則必放炭養二氣若干所得之乾鈉養炭養二如存在棧房內或漏空氣若干時則鈉養炭養二有若干分出平常裝在桶內每桶約重一擔

試鈉養炭養二之法爲最要因所成者須在藥品或食物內用之其質應無臭而色白在水內消化其水必明淨如加強水令其有酸性再用鋇綠試水或銀養淡養五則不可混濁或稍帶白色亦無礙又如通輕綠或淡輕四綠水不可顯出含金類之形作此貿易之人必有法分辨其含炭養二氣之數如依化學之理每百分應含炭養二氣五十二·三七分如出賣之鈉養炭養二含五十分則爲已足其法用酸質放出炭養二氣而試所減之重

鈉養炭養二之用處大半爲作各麵食令其發鬆與發酵同又作爲藥品可滅胃中之酸又如牛乳等食物發酸可加此質少許又如水性太澁加此料少許可令其變滑

成石膏之法

照以上之法所成之鈣綠水如散去則爲靡費故合於硫強水變爲鈣養硫養三即石膏立時沉下在器底開門放出有濾器濾之將所得之石膏合淨石灰水洗之以三點鐘爲限再置布袋內壓成餅截成方塊出售每百分仍含水約四十分此種石膏因含水只能合於作成紙之料英德等國用之甚多不能作別用

第十二章論成鹻類之開銷與餘利

現各國所開造鹻廠依化學理論之每用鈉養硫養三一百分應得鈉養炭養二七十四·六五分或應得鈉養四十三·六六分

但此各數以爲其質淨而平常所用之鈉養硫養三每百分只有九十六分爲淨質故應得鈉養炭養二七十一·六六分或得鈉養四十一·九一分如查英國最好鹻類廠所得鈉養炭養二六十九分至七十分所得鈉養三十五·八八分至三十五·四零分如用轉動爐而得最濃之鹻類所得鈉養數最多爲三十五·六分此爲最難得之數平常所得大不及以上之數間有工匠用欺騙之法每鈉養硫養三成球形時另加料百分之二至百分之六則每球所成之鹻數自然更多而廠主以爲所用之法最佳如德國鹻類廠所得鹻數亦與英國所得相同用最好之料每鹽一百分成鈉養硫養三一百二十分又鈉養硫養三成鹻

灰一百五十分又黑灰一百分有五十三度濃須用黑灰二百十四分或鈉養硫養三一百四十二·六分或鹽一百十八·八分又鈉養硫養三一百分須成五十三度濃之鹻灰七十分或成淨鈉養炭養二六十三分

可見以上之糜費甚大推原其故有十端開列如左

一火路與烟囪內衝去其材料

二含鈉之質能自化散有云鈉質每百分有一·一四分化散但此無確據不過火路與烟囪所聚之灰詳細化分則得鈉養硫養三等質不少

三有鈉養質與成爐之料相合如爐底常能收鈉養每一年所收者不甚多

四有鈉養硫養三不全變爲鈉養炭養二有云此糜費之多寡與成黑灰球之法有相關或用煤或用白石粉之末得宜或熱度過大過小或人工不佳因之糜費更大

五有不能消化之含鈉質變成各廠早知所配之煤屑內灰愈多則所得之鹻愈少因變成鈉或綠或鈣合於矽養二之質有云此靡費間有大至百分之五者又有人試過所用之灰石亦成不能消化之質如用灰石過多則其靡費更大

六漂黑灰之工未盡得法各廠所漂黑灰有粗細疏密之別故每百分因此二三分爲靡費或有更多者

七鈉合別種如鈉硫鈉衰鈉衰硫鉀二衰三鐵等異質俱不能變爲鈉養炭養二

八從黑灰或漂工內變成含鎂養之雜質前第七章論遇空氣內之養氣等故則鈣硫並含鈣之別質變成血漂時令鈉養炭養二化分因此有糜費又漂工內之熱度與漂時之長短亦與此有相關其糜費亦有百分之二或百分之三

九漂工所用之水如含土質甚多或含硫養三與炭養二或金類合成之質此各質必化分若干鈉養炭養二因此有數廠不能用井水或河水必從遠處引來合宜之水又所用之水自然不可含酸質或凝鹽強水成綠氣等工所放之鹽類

十水箱或管或槽等器有漏洩或有水散去或在各工內爲熱風所吹散此合糜費俱因不慎之故不能作爲不可少之糜費

已有人詳查各糜費連試七年每年化分之鹽二萬六千噸但所用之水爲太那河水所得各數如下

每鹽一百分得合用之鹻八十四·五四分變成無用之鹽類質七·二六分糜費八·二零分又有人試驗每爐一年內之各工每用鹽一百分共成鹻八十九·八七分而各項糜費共十·一三分但此爐各事最精細故糜費比平常更少

如成鈉養炭養二之開銷每成鈉養炭養二一噸用鐵硫二礦一

噸五擔用鈉養炭養五一擔用鹽一噸五擔灰石一噸半煤三噸半工價金錢四圓銀錢八圓修理與裝桶之費及成本利息不在內如另加此各項則成鈉養炭養二一噸共需金錢六圓至八圓或更加增因所用之料與人工及運費各處不同

第十三章論鈉養化學名鈉養輕養

鈉與養氣化合所成之質有數種而鈉養爲工藝內所用者不能徑造此質必在空氣內燒鈉成鈉養二後此質與鈉化合遇水則變化生熱而成鈉養輕養其色白不能透光其質脆重率二·零零至二·一三如加熱不及紅則鎔化如紅則漸化散有云加熱至生鐵能鎔化之熱度則化分成鈉與輕氣與養氣如鈉

養輕養遇濕空氣則鎔化後變爲鈉養炭養二如鈉養輕養每百分用水四十七分足消化但水所能消化之數自與熱度有相關如鈉養輕養亦能在酒精內消化

凡用鈉養輕養化爲水可用浮表試其水所含鈉養輕養數如其質不淨則此法自不準必用量鹻類法定之

如化學工須用最精之鈉養輕養作化分各質之用其法用鈉一塊截成立方形其邊約一寸半再用半球形置銀盆內加水一滴將一立方塊放在一滴水之面其盆外必有行過之冷水以手將銀盆常搖動令所鎔化之鈉遇冷面積大所成之質其形如乳後再加一滴與鈉一塊如此連搖銀盆至鎔化鈉數磅

爲度所得之質瓢而面有白水數滴用爐加熱至紅則水化散所得之鈉養輕養傾入模內成條出售爲化學細工之用

成鈉之法畧煩所用之器爲熟鐵甑甑內用筆鉛套令其數點鐘能耐白熱甑不能用生鐵必用熟鐵成管形長三尺六寸徑五寸兩端用熟鐵塞塞用火泥封密塞中有小管能通霧每甑內裝料三十磅其料爲乾鈉養炭養二約三十分配煤十三分白石粉五分其器如二百四十四圖甲爲筆鉛套乙爲熟鐵甑丁爲放氣管戊爲凝器其凝器爲扁形長九寸寬五寸厚一寸對爐之處有兩槽一在上一在下寬八分寸之三高一寸通過凝器內甑口與凝器相配最準毫不洩氣可不用灰封之燒時

其上孔放氣一條長約一碼而可燃火內面之霧在收器內凝結成滴落下爲已盆所收此盆內有火油之類即含輕氣與炭之流質不加大熱不能燃火將其鈉在油下鎔化之傾入方模成塊出售每磅得銀錢五圓此工約須六點鐘至八點鐘而必得白熱每爐配三甑一工人並三幼童管之必謹慎收器之孔勿令塞須常用紅熱鐵絲刺通其孔收器每若干時調換收拾乾淨每六工成鈉四擔至五擔俱在化學工內用如上論成淨鈉養輕養或成鎂或鉛或鈉或水銀膏即分出黃金所用之料鈉養輕養其性猛能爛壞皮膚爲出售之定質又有鈉養輕養水裝大玻璃瓶出賣但其濃淡不定因難於運動故用此料之

人自買鈉養炭養二合於石灰則成鈉養水造肥皂或漂白粉及造紙俱用此法故成鈉養輕養水之法不必詳論只論成其定質

以前在數章內論成鈉養炭養二與鈉養輕養之各法但用鈉養炭養二合石灰成鈉養輕養之法尚未詳言故此章須論其大畧

成定質鈉養輕養之法全爲英國所考究所用之料大半用黑灰水從前將此水先分出鈉養炭養二後將其餘紅色水分出鈉養輕養後因鈉養輕養之銷路旺則用石灰水徑做成鈉養輕養初時所得者帶有顏色末後之工加大熱令所含鐵質合

養氣而沉下其明鈉養輕養水在其上白色者雖最佳初不易銷售至用者漸知其好處則欲買而用之現在不獨英國爲之即德法與亦有做上等鈉養輕養者但成黑灰時所配之原料必依所要成之料而配之現在用鈉養輕養水將鈉養炭養二合石灰之法最簡便因其價略貴故現有多廠將黑灰漂在水內徑用石灰成鈉養輕養所用之器爲半柱形鐵器即二十尺至三十尺長六尺至七尺深與寬之舊鍋爐分半而爲之必配進黑灰水管與進淨水管與汽管與放水塞門但鍋內令水挑動之法各不同又全賴手工爲之其生灰置鐵桿所成之籠內則漸消化所有不消化之硬塊留在籠內又有進汽管而汽令

其水常沸以此法常挑動但此器只合於小做之用不免有石灰之靡費故用挑水之輪以小機器運動之或用噴氣法因噴氣時不但令水活動鈉硫與鐵養硫養三等質合於養氣如此有大益有數廠用通軸與輪在水內常轉動又有掛大鐵球用鍊之法常在水底來往但各大廠尚未定準用器具挑動之法或用噴氣法何者爲佳如噴氣法所需之汽力比挑動機器之力更大又噴氣之法更簡便能令鈉硫與鐵質分出英國幾全用噴氣法

所用之黑灰水先合水沖淡約得十六度至二十度之濃如更濃則其料不能全成鈉養輕養如更淡則所用熬出之水更多

有數廠用水二十三度濃每百分有鈉養炭養二八分不變化不過爲省燒煤起見近有人設法將黑灰水置鍋爐內封密用大壓力與大熱度以機器挑動必連挑至鈉養輕養水已放出否則其變化必反行

平常之法令黑灰水加熱至沸用機器挑動時加以生石灰在水內自行消化而生熱可免用汽若干石灰裝在鐵籠內如有石塊不能落下習慣之工匠見水沸之狀與水之色則知所添之灰已足與否另有便法試之將水少許濾清加以輕綠或硫強水少許如不發沸則知已變成鈉養輕養其水或在本鍋爐內澄清或在別器內澄清所餘之石灰聚存作第二次用後將

其石灰漿合淨水少許攪之成稀漿或徑濾之或澄清而分出其水

所用濾器爲特設之法其常式如二百四十五圖呷爲槽以石板爲之或以鐵爲之長約二十尺寬十尺深四尺間有用舊鍋爐直分兩半擺於地面相近其底斜有管吃放去其水其底有直條如哂哂條上有槽便於水流動直條上有橫條叮能托石板哦哦石板之縫以灰封之水只能通過石板之小孔間有用側置者其底相離約二寸中留寬槽面上加磚或石板上加枯煤一層厚約八寸間用灰石代枯煤但枯煤最佳此上加小塊一層再加細塊一薄層頂上加淨粗沙或煤屑面上用生鐵或

熟鐵柵便於工匠用鏟起其料其鐵柵中之孔亦用煤燼或煤屑一層蓋其上如本圖濾器深四尺必有深十八寸至二尺之處便於收所要濾之石灰漿又法在爐底高約十二寸擺橫直鐵條鐵條只用鑽多孔之金類板上用金類絲綱每長一寸有四孔面上罩以鬆紗此上另有金類絲綱四角鋪硬石灰膏令空氣不能進

間有用管如吃通至淡鹻水井最穩之法用吸力助其濾工其法令吃管通入小鍋爐內有一百二十尺至二百尺立方容積此鍋爐不洩氣與抽氣筩相連有空氣塞門與放水塞門及水壓力表或在另一鍋爐進汽令其凝結如此得眞空

其石灰漿流在濾器面上則抽氣筩行動而吸濾器內所有之空氣不久則石灰膏面上有裂縫必用鈀蓋密又必噴水在其膏內調和令灰所含鈉養輕養全洗去待三四點鐘其漿成膏而不放水將抽氣筩停止所收之水留爲下次做工之用間有不洗石灰漿因後在黑灰爐內用之而所含之鈉養因此無縻費如用別法則加石灰以前必用水沖淡在濾器上用水洗之更便

所得之石灰漿每百分含鈉養二分半至五六分故不用此法濾之其縻費自然大如能將此灰合於已成之黑灰料則可免若干縻費又有將其石灰漿烘乾燒之變成生石灰再用之但

此法所成之生石灰比平常生石灰價更貴又因烘乾時自成粉不能燒之又有法用此石灰漿做炭養二氣使於成各種荷蘭水之用加硫強水後將所得之鈣養硫養三再合石灰漿若干分加大壓力在模內成條則成最好之白石粉塊便於寫字用

以上之法外另有用別法甚多即如加蜜陀僧分出鈉硫等法但俱有大弊故其法不行

鈉養輕養水熬濃之法

以上之法將鈉養炭養二水分出炭養二氣令其水變淡約十三度至二十度之濃必用簡便之法熬濃熬法以省燒料爲最要

其法甚多有以其水置鍋爐內用所放之氣爲運動汽機之用或用其汽在廠內作加熱之用或噴入造硫強水鉛房但因鈉養輕養水易於發泡其泡沸出故另設一法用生鐵漏斗倒置鍋爐內則成泡在漏斗由漏斗管上升至管口則流下落在水而令其發泡不甚猛如此無礙於放氣但平常鍋爐內用此法令水熬濃必謹慎不可熬之過濃有云濃至一·二五無妨又有云斷不可濃過一·一五度但用過此法各廠不久卽廢不但因其水所含之鈉硫有大害於鍋爐且不謹慎則熬濃成皮令鍋爐炸裂而有大危險

如英國常用之法用船形之鍋所加之熱幾分爲黑灰爐之廢熱幾分用特設爐加熱其鍋或用生鐵或用熟鐵其造法已在第八章詳言之有數廠用兩生鐵鍋有用熟鐵鍋置黑灰爐後間有用生鐵鍋在熟鐵鍋之後近於黑灰爐其底與爐弖面等高後鍋加高六寸其淡水先流至後鍋熬若干分濃後流至前鍋熬得所需之濃但德國不用船形鍋其故不獨因船形鍋製造修理之難並因所用之鈉養輕養水更淨

熬濃水之盆另有爐加熱亦以生鐵或熟鐵爲之如以生鐵爲之則以兩三盆成一副用熟鐵間有長三十尺單用爐加熱者因熬濃水之盆發沸最慢故做九寸厚熟鐵邊連於盆之摺邊其一副擺列之高低必令水自行從第一盆流至末盆因不能

用吸水筩起其濃水末一盆須用手工抄出其水水之濃俱以浮表爲準因浮表試其濃水有不便之處故連用寒暑表因水之沸度與濃有一定之比例其熬水用浮表有七十至七十二度濃而百分寒暑表顯出一百三十八度則去其火令其燒盡待半點鐘至兩點鐘澄清凝結其鹽類如要得鈉養輕養之濃質每百分含鈉養七十分如英廠熬濃八十度至八十五度待水澄清用吸管放出明水其餘鹽類置篩內待其水流出則放入黑灰爐內所有之異質鹽類在水內凝結可用網取出又有鍋邊與鍋底凝結之鹽類每月取出兩次

其熬濃鹽水之盆每二十四點鐘至三十點鐘放出其水每五鍋傾入末工一鍋此鍋約裝十擔熬濃至六十度時間加鈉養淡養五少許因此質令其鹽類凝結更易免鍋邊結成皮之弊如水內用鈉硫自必收養氣而變化如用石灰令其水多遇空氣而收其養則不必添硝

又有熬濃之法將水熬濃至五十度用船形鍋並燒黑灰爐之餘熱所分出鹽類極少其水徑通入成鈉養輕養之鍋內熬濃至百分寒暑表一百三十八度則去其火令鍋內之質澄清則鹽類凝結將其明水取出用下法做末工其鹽類送回黑灰爐與此爐之料調和

此兩法相比第一法人工與修理之費更大第二法燒料之費

更大故難定何法爲最好

末工

鈉養輕養所用成末工之鍋其式不同口徑七尺至九尺六寸深四尺至五尺六寸平常寬九尺深五尺六寸能裝鈉養輕養約十擔其鍋底之料厚二寸至三尺依鍋之大小造鍋之生鐵料亦必配其能耐料之變化不但鐵料必合法配之做模與鑄工亦必最慎

英國所有做末工之鍋只有兩三廠爲之如二百四十六圖與二百四十八圖爲立剖圖二百四十七與二百四十九爲平剖圖之半如合法所造之鍋能用十月最好能用兩年共成鈉養

輕養六百至七百噸但如此久者必每三個月稍轉動令多遇火處移過而先壞之處離底約一尺至二尺有孔與裂縫因遇火力比別處更大而所成之孔約深十分寸之一至半寸其鍋有牆隔開閫之令其火燄分爲二一左一右至對面則相合見二百五十與五十一圖則易明此理

此各鍋置生鐵板上便易轉動其面上做生鐵耳三個各有等相距如二百四十九圖因鍋重約六噸半轉動不易故大廠常用移動起重架能任移何鍋至頂上起之

已有用煤氣火之法加熱因煤之縻費大故棄不用

各鍋有蓋以熱鐵爲之用鍊與轆轤重錘爲秤重之法待臨成時再加蓋蓋之一邊有小孔便於加硝間有第二孔與高烟囪相通有用三鍋列成一行第一鍋收提淨盆之濃水熬濃後則移至第二鍋第二鍋已加濃則移至第三鍋平常只用一鍋

其用法將船形鍋內之沸水熱至一百三十八度再加熱至沸度爲一百六十度但其水在一百四十三度與一百六十度之間成皮一層或紅色或黑色用多孔之勺取之無論已加硝與否此皮之色約相同間有數廠將其皮置黑灰爐料內間有先用淡水洗之再置濃水盆內令其鹽類沉下俾鈉綠與鈉養輕養消化

其水在鍋連加熱至百分表一百八十度則冷時能凝結每百

分含鹼五十三分其色黑而其質黏如糖漿因常發泡必用鏟拍水面令泡散開向有加油質一薄層浮在水面令不大發沸此法雖省事然有多弊間有鍋內之料忽然噴出外面而有大聲即如添新水時其鹽類不全分出更易有此事故用倒擺熟鐵皮漏斗底寬三尺頂寬十四寸底邊作齒形則蓋鍋底時其水能進出其漏斗下半所聚氣泡於漏斗下端聚之在斗內上升則漏斗口破裂處水從漏斗流出回入鍋內待其水已熬濃將漏斗取出此法雖巧但尚未見各廠用之其式如二百五十二圖其熱度至二百零五度則沸止不多放氣尚含水百分之二十如熱至二百三十八度每百分含鹼六十分至二百六十

度則含六十四分

至此熱度後則鍋內之料不動只有鍋邊稍沸其熱度速增至水銀寒暑表不能量而汽所帶去鈉養輕養微點遇人之肌膚則奇癢難受又發出烟最難當又鍋面生一層光亮皮此時將鍋蓋蓋之再加熱則光皮半燒去而異質大半亦燒去平時加鈉養淡養五或空氣令其稍淨

如鈉養淡養五須漸加通過鍋角之孔初化合最慢間遇之即發餤待不放氣時另添此料但添此料必慎常取鍋內之料少許置鏟面待冷將鉛養醋酸水數滴傾其上如鈉養輕養稍變棕色不可再添此全工只五點鐘至六點鐘如上等鈉養輕養

水每含鈉養輕養一噸用鈉養淡養五只四十至四十五磅

如用噴空氣之法必用小進風機器如在噴水箭內用水爲鞲鞲之滑料則進氣管必有特設之器收隨氣所行過之水如有偶噴入鍋內則大危險進風約兩三點鐘則熱至紅如其水不淨或做法不靈則歷時更久間有至三十六點鐘如進風時過長或鈉養淡養五過多則其料變綠色再加硫一小塊則綠色自減每鈉養輕養一噸約進空氣二萬四千至三萬立方尺

另有數法爲化學家所設雖有利仍不免有弊故不必詳論

其末工已成則必定準其料所有鐵二養三沉下又有別種異質隨鐵二養三沉下平時約需八點鐘至十二點鐘此時必連加熱

不止間有最難令鐵二養三鹽類沉下其故因前各工內有誤

鍋內之料已澄清則將鈉養輕養裝鐵桶內其桶如二百五十三圖徑一尺八寸高二尺四寸半兩端另加箍共得高二尺八寸其上面有圓孔進料又有活門能閉又有小孔便於進料時可放出空氣又可見其桶裝滿時免進料過多之弊各縫用石膏嵌之此桶空時重二十一磅能裝鈉養輕養六擔其桶出料時折去箍與帽釘則其料成整塊而出如德國所用之法將鈉養輕養成塊裝滿桶再將鎔化之鈉養輕養傾其上

圍住末工鍋預備鐵桶兩三行用鐵皮槽引鈉養輕養水入桶內用勺從鍋內取其料傾入槽內其濃水如稍有不明之處則

知其料不淨不能爲上等之料但其桶不可徑裝滿先滿至四分之一而止待略冷再傾之否則桶之中必有空處約爲桶十分之一每裝鈉養輕養若干噸必多用若干桶此爲靡費

一鍋之料取出後必最慎看其料之色如稍有不淨之處必停止將料傾入別鍋再用末工間有將鍋底之料另傾入鐵桶內以賤價售之作爲下等料

如美國成鈉養輕養裝馬口鐵內每罐裝料一磅成球形外加松香一層因馬口鐵易生銹將其罐裝料後置火油內後將火油以火燒之則罐面有黑炱一薄層黏連令不生銹

白色鈉養輕養

此質平常用紅色之鹻水而成間有徑從黑灰水成之其法必取出顆粒時更久令末工之熱度更大有數廠將所得紅水全變爲鈉養輕養令其質加大熱鎔化而噴空氣在內使受養氣不用石灰法分出炭養二因紅水原含炭養二甚少平常用長熟鐵盆將紅色等水加熱令其久沸所結成鹽類隨時取出待鍋內料熱至百分表一百二十度或濃至七十度不加熱待冷將結成鹽類全取出後再加熱每水含鈉養輕養一噸加鈉養淡養五二擔至三擔湩沸至百分表一百三十二度濃度九十四度第一次所進鈉養淡養五不足用再加少許後去火待冷一兩點鐘則流至澄清器內取出所凝結之鹽類後將其淨水傾

入熬濃鍋其色淡黃沸時放出淡輕四養甚多熬濃至每百分含鈉養輕養六十分則成白色鈉養輕養此種有特設之用而所做者不甚多每百分含鈉養輕養最多七十分鈉養炭養二五分鈉綠七分鈉養硫養三六分水十五．八分不消化之質．二分

假鉀養輕養

此質不含鉀而含鈉造此料之人意欲仿美國所造鉀養灰即燒木料所成之灰變成石鹻其顏色或紅或淡紅或黃造法將鈉養輕養水熬濃至冷凝結爲度此質易吸空氣內之水不加水自鎔化間有每三分加鹽二分如紅色畧淡則熬濃時每百

分加靑礬一分調和令成紅色之銅養創始爲法國人僞造此料以牟利使購用者受其欺而不覺

成鈉養輕養之各費

成此質之費半藉人工半靠器具尤視乎料之美惡法之靈巧但料之貴賤不等只能定其中數茲查得著名廠家所造成之各費如一千八百七十四年成鈉養輕養一噸每百分有淨鈉養六十分照英國當時金磅之價列左

煤六噸半合金錢二圓銀錢五圓銅錢六枚

鈉養硫養三一噸十七擔合金錢六圓銅錢三枚

灰石一噸二擔銀錢七圓銅錢四枚

石灰十一擔銀錢十一圓

鹽三擔銀錢二圓

鈉養淡養五四十磅合銀錢五圓

各項人工金錢二圓

水銀錢一圓銅錢六枚

裝桶及箱費銀錢十六圓

載車上船等費銀錢十五圓

管事與寫字房等費銀錢五圓

成本之利與消磨及零費等銀錢十六圓

統計各費並運送到船金錢十四圓銀錢四圓銅錢七枚用鈉

養輕養年多一年最多係造肥皂與各種紙但漂白布料之用次之又用之做草酸並數種化學內所成之料

第十四章漂黑灰所得之餘料

前數章內論漂黑灰之工多有不消化在水之質必從漂池內取出方能再漂黑灰但此廢料甚多與造鹻廠大有不便因此用勒布蘭克法之廠時欲改用別法以免此弊前數章內已言池內所取出不消化之料其色深灰或黑大半爲鈣硫另含鈣養炭養二與鈣養輕養等質甚多不必詳言其灰黑色因內有不全燒盡之炭質幾分含鐵硫

此濕質置露天處則收空氣之養氣與炭養二氣之變化其快

慢不等積成大堆漸自生熱數日內熱至紅又分出硫爲其火所燒故能聞硫養二氣後有各變化其事甚繁不必詳言但因其質自能與養氣化合而發硫氣不可運至空地成堆又不可合垃圾與灰因其臭大有害於隣人落雨時所洗出之黃色水必大害人與物只有一法能勉強用之在地面鋪成薄層用鏟敲平使堅實則變化更慢如見有裂縫即刻敲半待若干時再加一薄層如此法漸成大堆即如開鐵路墊高地面亦用此法間有成堆後人以爲最穩面上造屋其內仍生大熱至紅甚爲危險而面上成裂縫內見紅熱之料放出惡氣最有害於人物

造鹻廠所有之廢料佔地甚多每成鹻一噸此廢料有一噸半至二噸如其堆在不落雨時不着火則不發臭或其臭不甚大但天氣潮濕時其臭難當所放之輕綠氣有害於人如舊堆可用土或燒過之鐵硫礦封之但新堆之面積大難得許多料以封之況其堆除放惡氣外另有大弊因落雨時有放出黃色臭水遇空氣之炭養二氣則放出輕硫氣甚多如遇陰溝內水放此氣更多此黃水幾無法阻之無論至何處均有害如流至日用之水道內則水不能飲有魚過之即死侵入屋基則壞流至陰溝內所放出惡氣常通入屋人不能居如水遇養氣放盡其臭仍含鈣養鹽類甚多如遇人用之水則令其有澁性不合用

初設鹻廠時此弊幾不覺後漸擴充或增多新廠故官與民考

究水土與空氣不可不潔否則人受其害因此尤難

英國有數處鹻廠在海邊相近將此料裝車用鐵路運至碼頭傾入所備之船挽至大海深處開門放料落至海底關其門將船回泊碼頭每船能載廢料一百四十噸至三百噸有數廠運出廢料

可見將廢料運至碼頭載船卸入大海其費甚巨風浪大時船不能出海必仍存廠內但內地亦不能用此法有一廠於相近之空地挖一深坑挖出之泥周圍成堆將其廢料置坑內離地面約三尺再用土封之而種植之物能茂盛落雨時僅濕面上之土故無妨礙但能用此法之廠亦不多

另有數法只能用此廢料一小分卽如鋪路作石用或築路作碎石用又在本廠內築堅固之地其法鋪在地面合於泥土澆水而添鹽少許用鎚打緊待數日變硬人能行過其面然其上必有屋蓋之斷不可露天又有用此料做牆因外面遇風雨亦易壞如農家將此作肥田之料則所植之物必萎如作石灰用則畧便又有人煅之洗之合細泥燒成水內能凝結之灰

用此廢料須考其內所含之硫因其料之弊大半因所含之硫如能分出其硫或成含硫之質則為值價之物

英國有人設法做假鐵硫二礦將此廢料合於燒過之鐵硫二礦在進風爐合枯煤與泥加熱成易鎔化之渣滓其爐每若干時

放出所成之鐵硫二但冷時變為黑而硬之質大不及地產之鐵硫二礦而難在爐中燒之用此法時因鐵硫二礦甚貴及做四五千噸之後而鐵硫二礦之價落故廢此法不用

廢料變成輕硫氣之法

化學家郭沙智設一法將此廢料用鹽強水或炭養二氣令放出輕硫氣用此氣作硫強水但用鹽強水費大有多不便故只能用炭養二氣特設兩搭並數爐柵等器令炭養二行過新廢料一千八百五十四年郭沙智深信此法有益與數廠訂立合同允若干年內將各廠廢料用此法成輕硫氣造硫強水雖小做似乎有利而所成之硫強水值價不敷開銷雖有數廠肯聽悔

議只有一家不允必照合同辦理故郭沙智將所有之財幾乎耗盡後另設數法亦不能成

另有法將此料所放之輕硫氣合空氣行過爐內燒之而收所放之硫養二氣又有將輕硫氣合空氣恰足燒其輕氣而分出其硫但此法亦尚未得利

至一千八百七十八年有德國沙夫納設一法能分出硫得其細粒此法在本章末特言之見下第二百六十三等圖

沙夫納所設之法最巧用鹽強水化分其廢料所放之硫質小做所用之器如二百五十四圖甲乙為兩玻璃瓶俱裝廢料所放出之含硫水呷管口用塞塞密酉漏斗管添以鹽強水則水

落入乙瓶初時放出空氣但必先行過呷管入甲瓶再出吅管放出後再加輕硫在酉漏斗管內其變化全成則乙瓶加熱令內所含硫養二氣放出瓶內所存之質不過為鈣硫所結成之硫粉將此瓶傾出其料取其硫再裝廢料所含之水則塞密吅管開通呷管又在酉漏斗管添以鹽強水入甲瓶內此瓶卽刻放硫養二氣行過乙瓶所裝之硫磺水而為其水所收甲瓶之變化已成則取其硫傾出鈣綠水而兩瓶內傾入新含硫磺水可見甲乙兩瓶彼此相阻而成變化不過起首時少放輕硫氣如第一次將硫二養二水放入乙瓶內亦可免此少放氣之弊以上小做之理已明則下第二百五十五圖大做之器亦不難明

如二百五十五圖之器以生鐵爲之各記號與二百五十四圖相配甲乙爲凝結而成之器吅爲通𪊍水管有相連之橡皮管便於通水至兩器內其水過吘吘兩孔而進又酉酉爲瓦料管進輕綠水如呐管連於甲器之頂其他端通至乙器底相近處又如叮管之短者連於乙器之頂上其長之一半通至甲器相近處又如氣從甲器行至乙器而要過呐管必將呷塞門關閉又如氣從乙行至甲而過呐管則將甲塞門開通而乙塞門關閉如有餘氣則過未管而出用此器之法先進輕綠氣令所有之硫二養二化分後過咳咳塞門進空氣以擠出水內所消化之硫養二此後在進人孔辰或辰內開其塞令鈣硫水幾全流散

並所凝結之硫通至濾器又如啐啐兩小塞門可試硫養二氣全擠去與否聞其氣味即知又如吧吧兩塞門用處試𪊍水之高低並其變化成若干分各管在彎處有門能開便於取出其內所聚之質其進出各料俱與前二百五十圖相同

所凝結之硫分兩種一爲稠質一爲極細之粉但其兩種聚之成極細之硫速行落下而易濾淸仍含石膏若干幾分因所用之鹽強水含硫強水在內如各事最愼則所含之石膏可漸少

以上分出硫之法已多年用之所有之弊不過因所成之硫含石膏等異質如合法用器具與材料則其弊少如放惡氣則可在鎔化之硫噴空氣而去之

以上之法所結成之硫分出所含石膏特有便法爲各大廠所用所得提淨之硫可作上等之硫出賣此法爲沙夫納所查得者將硫在水內鎔化其水在封密器內加壓力大於空氣壓力一倍零四分之三故能得之熱度大於硫所鎔之熱度即百分表一百十一·熱度此法不但能消化硫所沾之鈣綠其石膏亦在水內調和成極細之粒所鎔之硫在盆最低之處聚之可以放出傾入模內成硫磺條便於出售硫全流出後則其水並所帶之石膏能流出其器內亦置石灰水少許可滅水內不化合之酸質又令酸質不朽壞其器又能去所有之鉮質所進之石灰合硫成鈣硫亦與別質化合在水內消化

以上所云水內消化之法益處甚多因所凝結之硫不必先洗又不必烘乾又令其不含鉮質又能免蒸工而得提淨之硫又能傾入模成硫磺條因在水內消化其熱度不能過大只能熱至成稀流質而止

用沙夫納之法所用之器大概與沙夫納所設者相似但俱不及沙夫納所設者之便此器之形狀與各分件如二百五十六圖其大概用生鐵管在內熟鐵管在外生鐵管兩端遇熟鐵管之端合而爲一用摺邊法相連其桶斜擺令硫在最低處而聚之各濾器所收之硫合石灰水少許成漿在進人孔寅相連之管通入其內桶汽過亥門而進進入兩桶當中空處又行過呻

支管通入內桶又有轉動輪在內桶當中其軸有軟墊臼在兩端令不洩氣用皮帶輪未轉之用汽機之力則轉動時內桶之漿常調和其熱分得勻淨又如天爲套管套在轉動軸上壞時易於換新又亥爲放出所凝水之門亥門在工畢時放出汽又如呷爲長桿其端有錐形塞放出其硫又已爲合槽可令硫放出時不飛散酉爲收硫之器丙爲聚氣膛其用處因在亥放氣時其內流質沸之最猛不用此聚氣膛其流質必噴出外桶內

用以上之器在德國阿西哥每成淨鈉養炭養二一百分能得提淨之硫十四分此法所得之硫雖比常出售提淨之硫更淨初銷路不易又畧帶惡臭其體積比西細里所來之硫更輕雖

做工最淨然惡臭仍不免故沙夫納另設一法將所得之硫用生鐵鍋重鎔之用大力噴空氣器噴空氣在內約數點鐘不但能去其惡臭而所含之水亦能放出又在鍋底能得黑色鐵硫少許此質令其硫帶更深之色用此法所得之硫其黃色最佳做自來火木條之廠樂用之因與上等西細里國之硫不能分別

孟德所設之法令漂黑灰水存在本器內令受養氣再分出其硫後其餘料由器內取出所用之漂灰池比平常之法所用尤多約十與四之比例愈多愈佳其漂池必有特設之器因所要結成之粉其工有三一爲漂黑灰二令餘料受養氣三漂含硫之水分出其硫其第二與第三之工必提數次極少三次如四五次更佳

所用之池必能放盡其水如不能放盡則所餘之硫礦水必大有礙於下次漂黑灰又如池之底不斜而塞門之擺列法不能放盡其水必另做磚之假斜底磚必用水內凝結之灰嵌之每用一次漂硫礦水之後必用力噴水而洗其內面與四角但此工甚難而工匠無人管理則不能淨因此下次之灰易變壞平常用此法之廠將黑灰漂工與分出硫之工分而爲之其法令漂黑灰池在上而分出硫之池在下中有活門漂工畢開此門將廢料推至下池內如用此法則漂黑灰池之式可用常式如

各池等高則黑灰池與分硫池所有之物件必預備噴空氣與洗出硫礦水之法進空氣則用輪扇如二百五十七二百五十八兩圖小廠二尺徑之輪扇合用大廠須三尺徑之輪扇運動此扇須一馬力至二馬力所需壓力不過四寸水柱之壓力爲最多平常一寸巳足從輪扇用八寸徑之鐵皮管通入各處之頂由此總管有四寸徑之分管向下通入各池噴氣管入池之處必以生鐵爲之因常爲料之硬塊所壓及爲工匠之鏟所碰如不堅則易壞其生鐵管之頂有斷氣門如二百五十九與二百六十圖此種門最簡便雖稍有漏洩氣亦不妨礙此進氣管之底亦不必有分支因氣從管底出自能分散其門應開之大

小必詳試方知亦可用第一集第一百五十六圖吸空氣之器試其風力又如詳看材料之外形而知收養氣之多寡其料漸熱至百分表九十度後始發氣後再發綠色點及發黃色點久久之面俱變黃色而料全乾如吹之工夫過長則其料變紅熱工匠幾分靠此各情形幾分靠習慣此工平常進空氣十四點鐘至十六點鐘已足過此時而進氣則不令硫消化只有成功鈉養硫二養二與鈉養硫養二與鈉養硫養三

可見以上之法比平常漂黑灰之工更繁而易誤因欲得淨則漂黑灰與分出硫之工另做一副池為之則人工少加但其法分做彼此不相關

令料收養氣而後漂之輪漂三次為最少如六次則更佳因能分出硫更多每收養氣工十四點鐘至十六點鐘而漂工十點鐘至十二點鐘各廠必照此數而推算池之尺寸與數目

所成含硫之水必含所應得之質消化在其內大半靠所進風之力如試其水用濃強水令其放輕硫氣二分之一與硫養二氣一分之一而放時化分成水兩分劑與硫三分劑則其水正合宜因成水與硫而不發氣

以上為孟德所設之法畧有改變數種無論用何法為之所結成之硫合石膏過多不能用簡便之法鎔化而提淨故用孟德法各廠亦多用沙夫納之法用重熱氣在水內鎔化之雖做此

工須備之器甚多尚不及沙夫納之法簡英國有數廠所用之器如二百六十一二兩圖二百六十一圖為蓋從上往下而看之二百六十二圖一半為立剖面式一半為外面之立圖其鎔化硫之器以生鐵為之其底為半球形寬四尺六寸高八尺蓋有摺邊與肋條又有多螺絲釘而蓋之徑五尺三寸蓋之中有進人孔與門如甲寬二尺四寸用活節螺釘連之又有進氣管乙通入鍋之底其端有空心圈管面有多孔又有管如丙其下開通其上端有塞門在蓋之上開此塞門則完工時能放出所鎔化之硫鍋內之汽機壓力足令其硫噴出而汽改變噴出濁水則改變其方向此器有多便之處比沙夫納之器如二百五

十六圖更簡便但令有弊數種不謹慎用之則易大誤

以上所言沙夫納與孟德之法亦可合用故各廠家從兩法內擇出合宜之處而用之

哈夫們之法

以上兩法外另有一法為哈夫們所設因鹻類廠外有廢料甚多約為三十年內所聚集而落雨時所沖去之水流至河內有大害於用水之人必設法免此弊其法之大略將黑灰池所取出之廢料加以鐵硫與錳硫此兩質亦為廢料係蒸綠氣工內所得者其鐵硫與錳硫令廢料與養氣化合變為無害故將兩種有害之廢料調和令彼此相消成無害之料大為簡便而設

此法時有大益但現在蒸綠氣之廢料另作別用而得利又平常鹼類廠未必用蒸綠氣之器故不能得此廢料所以其法尙未大興而原設此法之處早廢不用

沙夫納與海勒皮格之法

英國另設一法從漂黑灰池內所得之廢料分出硫與石灰此法爲沙夫納與海勒皮格所同設如能大興則勒布蘭克造鹼法最大之弊即漂黑灰水之廢料俱可免之以上所言分硫磺之各法其大概令廢料先收養氣後消化其硫再用鹽強水令其硫結成最好之工只能得回硫十分內之五六分其餘硫四五分並石灰亦爲廢料雖其廢料無甚大害然亦無甚大用仍

爲鹼廠家所難安置但沙夫納與海勒皮格之新法能得回硫與石灰之大半

此法之理因可用鎂綠化分鈣硫再將鎂綠收回屢次用之而收回之法令其料放輕硫氣此氣遇硫養二氣變爲硫磺不但能分出鎂綠另能分出鈣養炭養二此質可當石灰或白石粉在成黑灰工用

用此法先備大鐵器不洩氣有挑動之器在內令其料和勻又有進出料之法與進氣管等其漂黑灰池之廢料與鎂綠水或一併置鐵器內或先後俱可必特設法將所進之料忽然斷之又必令所成之輕硫氣不散出外空氣內欲免此弊則用烟囱

或輪扇或抽氣筩令化分器內之硫養二氣常有餘因輕硫不能有餘則不外散此法之理因鎂綠與鈣硫彼此化分成鈣綠與鎂硫鎂硫遇器內之水則成鎂養輕養與輕硫其廢料內所含煤燼等異質必分出其分法或漂之或用極細之篩分之此質約爲廢料中十分之二分半至三分除此各質外將其料合於炭養二氣則收回鎂綠與鈣養炭養二其法見下各圖則易明

第一層工夫所放出之輕硫氣必遇硫養二氣並鈣綠鎂綠水或在池或塔內成之俱可所結成之硫沉下最速可濾出或可傾出其水而取其定質所需之硫養二氣可任用何便法成之如有各金類工內放出硫養二氣之時則可自引來用之

以上之法其益處因易而穩當其漂黑灰所得之廢料並變化所費時刻與工價亦比前法更少又廢料內之硫每十分能得回九分至九分半從前之法只能得五分至六分又廢料內所含之石灰每十分能收回八分可合於成黑灰之料又所用之鈣綠與鎂綠幾全收回其不收回祇微分較前法所用之工與鹽強水費則大省如燒鐵硫二礦成硫養二氣則所得之硫能加一半足抵鐵硫二礦之價與費此法所得餘料只爲原料十分之二故運去之費省而堆積亦佔地較少

如二百六十三至二百六十六各圖爲沙夫納與海勒皮格法所合用之器用此器之廠每二十四點鐘成鹼灰十噸其圖之

細說開列如下
一各器具○甲爲進廢料之漏斗並運料之螺絲乙爲調料之器丙爲化分輕硫與硫養二之器丁爲硫磺沉下之器並調和之器戊爲運動調和器之汽機己爲濾硫磺之器庚爲井收己器所過濾之水辛爲起水箭起所濾過之水至聚水池壬子爲鎔化硫之器並調和之器丑爲運動調和器之汽機寅爲沉煤燼與調和之器卯爲運乙與寅內之挑動器並運動漏斗甲內螺絲之汽機辰爲聚鎂養與鈣綠池及調和器但調器在本圖不顯此鎂養與鈣綠水起至午起水箭午爲令料收炭養二氣之器未令石灰漿澄清之器申爲濾石灰漿之器酉爲聚未申

所濾之綠水酉爲收未申所濾出錳綠之井戌爲收淡鎂綠水之井亥爲起水箭此箭將濃鎂綠運回存此水之池物
二接連各器○呷爲鐵路運黑灰廢料呷一爲廢料漏斗進料螺絲吃管放出輕硫氣吃一吃二爲進輕硫氣通入化分材料之器哂爲進硫養二氣之管哂一哂二爲進硫養二氣通入化分器叮爲管從化分器通至烟囱叮一叮二爲化分器分支管哦爲槽能引流質通入凝結硫之器哦一爲凝硫各器之中槽哦二爲運凝硫器內之調和器己爲管引硫漿通入濾器吧一爲凝硫器所有放餘水管吧二管放出所濾清之水吧三管放出硫磺濾氣所沖過之水咦一爲槽引凝器之水外出咦二爲引凝硫器所沖之水外出哰一爲吸管連於硫磺水之起水箭哰二爲引水管通至化分器上聚水池旺一旺二爲化分器分支管子爲鐵路通所濾出之硫至鎔化之器吁一爲放出鎔化硫水之槽吅一吅二爲鎔化硫器之皮帶與輪寅一爲放出調和料器乙之水吃二爲收石灰器所放出水之管嗔三爲放出煤燼之槽吃四爲運煤燼之鐵路唧甲爲運裝料螺絲之軸唧乙爲運調和料器內之調和器唧寅爲令煤燼沉下器內運動調和器之軸嗁爲放水之槽吧一爲此起水箭之吸管吧二爲令料收炭養二氣之器進料管午爲進風機器進炭養二氣之管午一午二爲令炭養二氣通至料收炭養二氣之分支管味爲管通石灰漿從收炭養二器至澄清器

味一爲塞門能通淨鎂綠水味二爲槽能通錳綠水哌一爲塞門能放石灰漿通入濾器哌二爲鐵路能運已濾之石灰漿能入烘乾之房哂一爲塞門能放濾器所出之濃鎂綠水哂二爲塞門能放淡鎂綠水與洗料水戌爲槽能通鎂綠水亥一爲起水管之吸管起鎂綠水以備再用咳二爲此水之進水管呦爲管能進鎂綠水通入各調和料之器內
分硫磺與石灰之法○此工藝分四層開列如左
甲用鎂綠化分漂黑灰所得之廢料此工見二百六十五圖易明其廢料置甲漏斗漏斗內有進料之螺絲令運通入乙器內此器預先有鎂綠水通入連進廢料至鎂綠全化分爲限其乙

器封密不能洩氣內有調和料之器此器之軸有壓蓋令不洩氣又有進汽管在乙器內繞成螺絲形令常得所需之熱度其輕硫氣過叱而出其鎂綠水存物器內而有門可通開此門其水流入乙器內其廢料化分成則過寅一放入寅器此器內亦有調和料之輪如有重質如煤燼等沉下開嗔三之塞門則落入底下所備之車其水內含鈣綠與鎂養行過嗔二並其槽㖆而通入辰池

乙收出石灰此工見二百六十五圖亦易明如上款所云含鈣綠與鎂養水從辰池內用起水筩已並吧二之管起至午器內此器令其料收炭養二氣而進炭養二氣用進風機器其進氣管吘通入午器之底此處有許多小孔令其氣易分散又有別法用塔其料自塔內落下時遇上之炭養二氣無論用何法所成之料爲鈣養炭養二與鎂綠其明鎂綠行過味一塞門與味二之槽通入酉箱而鈣養炭養二過呻一通入濾器申而洗之後放入車呻二運至烘乾之房洗工所得之水仍含鎂綠若干引至已器內如二百六十四圖再用之又有起水筩亥將鎂綠水行過咳二各管回至物池此法所收回之鈣養炭養二作白石粉用合成黑灰爐內所配之料但烘乾之前應加鈉養硫養三水少許令其料稍濕可免飛散此工內所有鎂綠之縻費約百分之五至百分之六而大做之工內難免此縻費可另加鎂養炭養二已煆過之石少許則鎂養變爲鎂綠

丙爲收回硫礦之法所用之器如圖內丙爲木塔內裝橫列木條其輕硫氣過叱二進之其硫養二氣過哂二進之壬爲存鈣綠水之池此水在塔內流下所結成之硫並鈣綠水行過戌門至調和料之頂其明水行過吧一而爲槽引至庚器內從庚器用起水筩辛再起之而壓其行過啐二各管通入塔頂之池壬所有含硫之漿爲吧所放出通入濾器已而洗之所洗出之水內含鈣硫而行過各槽通入庚器所有淨水放出不用其塔所放出之氣有管叮引至烟囪見二百六十三圖其含硫之漿從濾器已傾入車內運至子器用氣之壓力在水內鎔化照前論之法所有乙器與午器與丙塔各備兩副則工能勻淨

丁成硫養二氣之法其最便者將所成輕硫二氣燒若干分故引輕硫氣至塔之管有分支管引氣若干分通入爐爐內放氣管之端鑽許多小孔又有煤氣之小火令輕硫氣燃之燃後如因風吹滅則其煤氣火仍能燃之所有通輕硫氣與硫養二氣管內各有塞門配所進氣之多寡以此法其輕硫氣能燒之與煤氣無異因輕硫二氣甚淨從前燒輕硫氣常不得法其故因氣不淨

再有更新之法不用鎂綠與炭養二氣但用鈣綠水加大熱與壓力令漂黑灰之廢料化分其鈣硫水可連用之將餘質漂之

而分出白石粉但此法尚未大做故不知能靈與否

舊廢料堆所洩之水變爲無害

前論舊料所洩之水令變爲無害但所言之法不免有大費如英國果蘭斯格地方有鹼類廠約四十年所出之廢料鋪在空地約三千六百畝以平常落雨數目推之則一日所放出有害之水約一萬三千軋倫此水流至河內大有害不得已必設法令其改變畧淨所試之法甚多但不免有弊數年內用硫養二氣成此水之法用木塔內裝枯煤有水從上落下落下時遇所進之硫養二氣此氣上第一塔落至第二塔而上第三塔如此其水收硫養二氣但不能甚濃此硫養二水引至化分廢料水之

器在此器內亦進輕綠氣各質加熱約百分表六十三度如最愼則所放輕硫氣不多而所凝結之硫亦照常法提淨以備用照此法將廢料所放出有害之黃水分出有害之質得合用之硫能抵其費用如本廠每七日成硫三十至三十五噸而全副之器價金錢二千零十九圓

如用輕綠氣分出硫所得之利比用輕綠氣做漂白粉尤大此法雖最靈便然別處尚未多用另有新法數種小做似能得利因尚未大做故不敢多費工本用之

第十五章論鈉養硫二養二

此料在製造工內用之甚多成大而無色之粒如二百六十七圖重率一·六七二至一·七三四但鎔化再凝結重率一·七三六聞之無臭嘗之則其味苦後在口內改變有鹼與硫之味如試之無鹼類變化空氣內平常熱度不變加熱至三十三度則自收空氣之水而鎔化其粒受熱四十五至五十度則鎔化如將鎔化所得之水在抽氣筩內用鹽強水在眞空內待兩月之久則其水幾全收盡如加熱至百分則餘水放出將鈉養硫二養二一百十分合水一百分則熱度落至百分表十七度·七

試平常出賣之鈉養硫二養二之法可用鉛養醋酸水試其含鈉硫又用鋇綠水試其含硫強水又用淡輕四養草酸試其含石灰如照像工內此爲最要之料因能消化銀綠最易而能消化

銀臭與銀碘稍難又如造紙與漂白工多用鈉養硫二養二能滅去綠氣因漂白工內用鈣綠或用綠氣不免紙與布內存綠氣而有害但鈉養硫二養二能滅綠氣

成鈉養硫二養二之法有數種現幾全靠漂白黑灰所得之廢料爲之其餘各法雖與化學家有趣而工藝內無用其法分兩大類一爲鈉硫合硫養二第二法令硫磺合於鈉硫二或鈣硫二

如英國除用漂黑灰所得之廢料約西歷一千八百五十年其法令廢料鋪露天處七日待鹽類在面上生霜後在鐵器內漂之澄清放出明水入別器再加鈉養輕養水或鈉養炭養二知其水內有鈉養硫二養二變成再熬濃成粒約二十五年內所用

之鈉養硫二養三爲一廠用此法成之
後設一新法將廢料先合於養氣令其水行過枯煤塔內有空氣上升另進汽少許則其含多分劑之硫質變爲鈉二養二之類所得收養氣質之水有酸性變化必加鈣養水滅其酸後熬濃至重率一•二五澄清則大半含鈣硫一與鈉硫二與鈉二養二前法用鈉養炭養二化分鈣養二硫二養後因此料貴則用鈉養硫養三代之此質消化得重率一•一八添入其料內至再無結成之質爲止
所結成之質先洗少許大半爲石膏合於鹼類與土類之質與硫養二化合者加熱至百分表一百度烘乾則賣與造紙廠合

於紙料令其紙更重而所含之硫養二等鹽類亦可滅去綠氣結成定質分出後所得之水熬濃得重率一•四〇待冷有鈉養硫二養二結成粒如熬濃至重率一•六五則全凝結成定質
如將其硫礦水合法變化則所應得之硫二養二應更多近來所設新法甚多因尚未大做不能知其勝於舊法否
如鈣養硫二養二之用處甚多照像工內以之定影無他質能代之又如造紙與漂白工內可滅綠氣又如漂白羊毛與稻草與油類與象牙以及毛骨等物亦用之甚多又成硫養二氣亦用之又如提淨各糖用之令其糖漿不發酵又凡用硫養二氣之事則從鈉養硫二養二之質分出爲最便如用濕法做銀硃與銻硃又在染羊毛絲與棉花並印花各工亦可用之又做數種顏色料亦用之又如銀礦分銀等鍊金類工亦用之又成鍍金銀之藥水並爲化學各工內要緊之料
英國一千八百六十四年做鈉養硫二養二一千二百五十噸德國每年所做亦有此數

化學工藝二集附圖 一

第一圖

第二圖

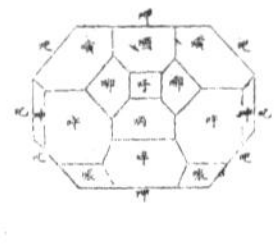
第三圖

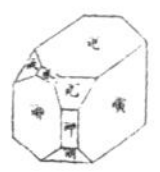
第四圖

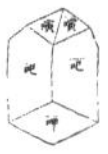
第五圖

第六圖

第七圖

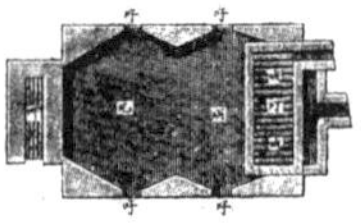
第八圖

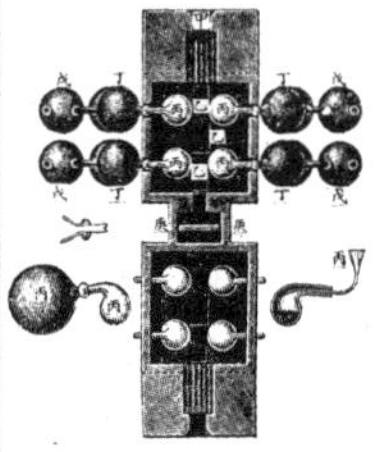
第九圖

第十圖

第十一圖

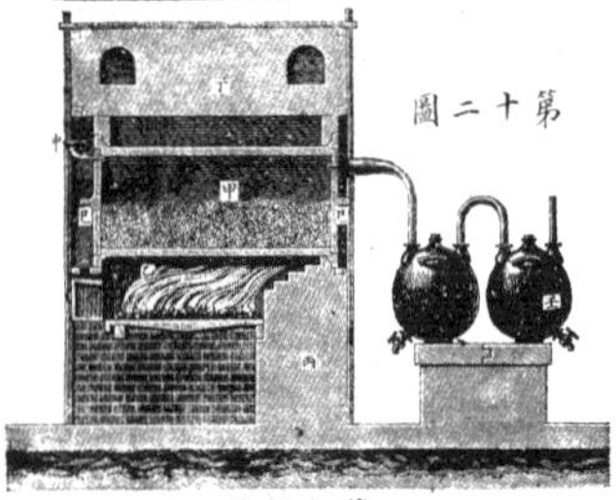
第十二圖

第十三圖

化學工藝二集附圖 二

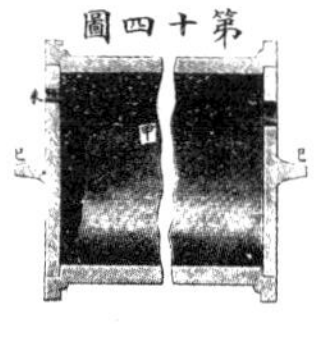
第十四圖

第十五圖

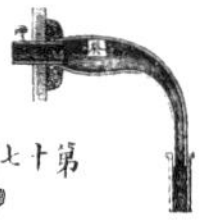
第十六圖

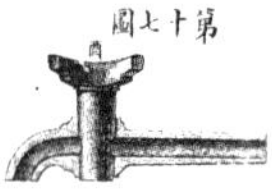
第十七圖

第十八圖

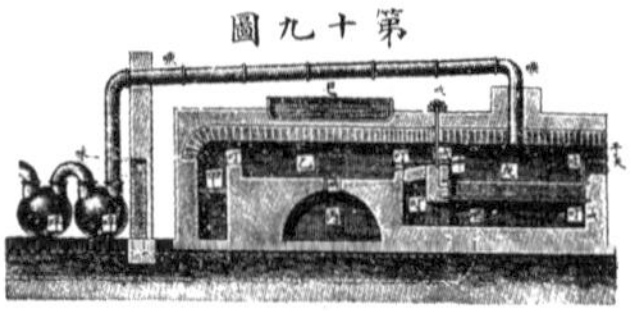
第十九圖

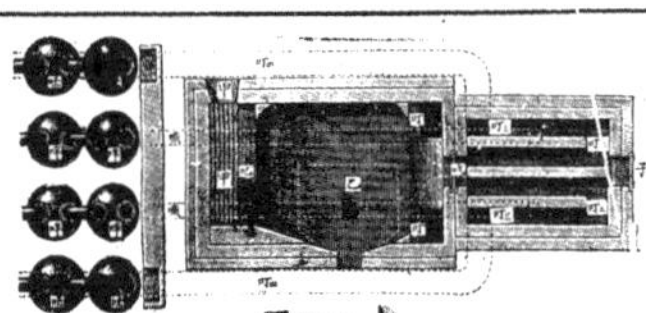
第二十圖

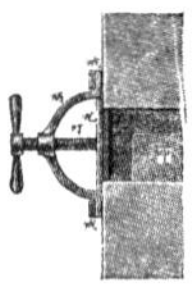
第二十一圖

第二十二圖

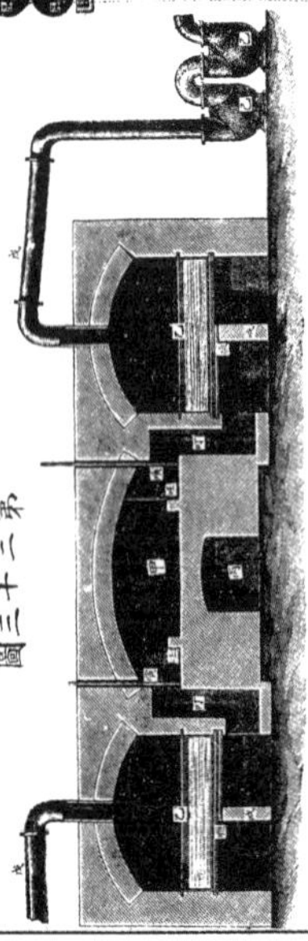
第二十三圖

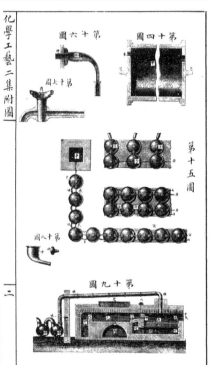

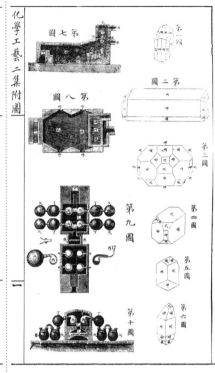

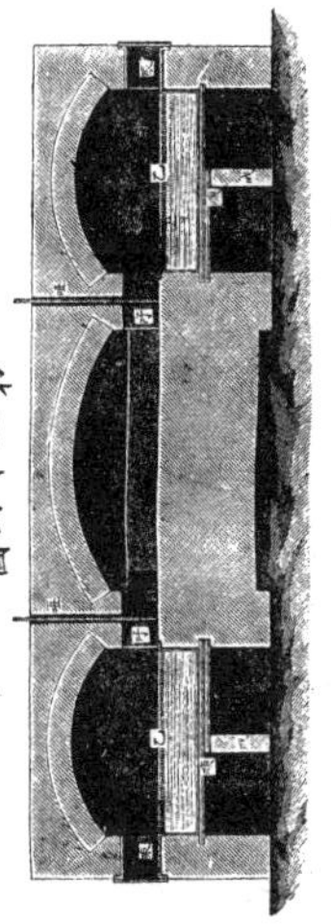

第二十四圖

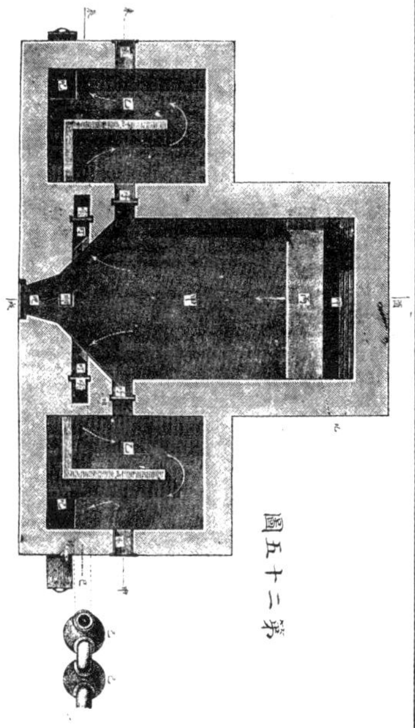

第二十五圖

第二十六圖

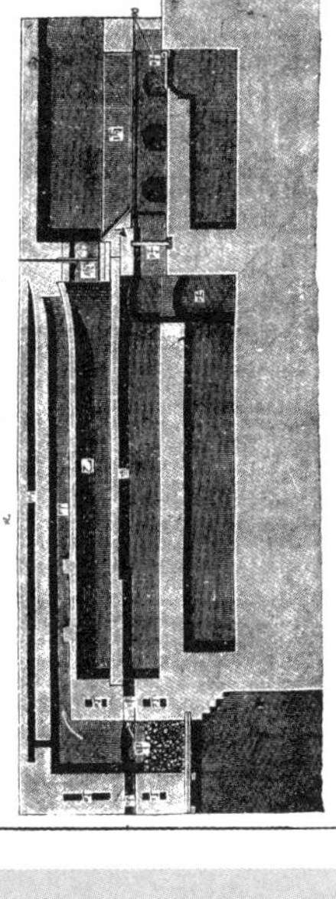

第二十七圖

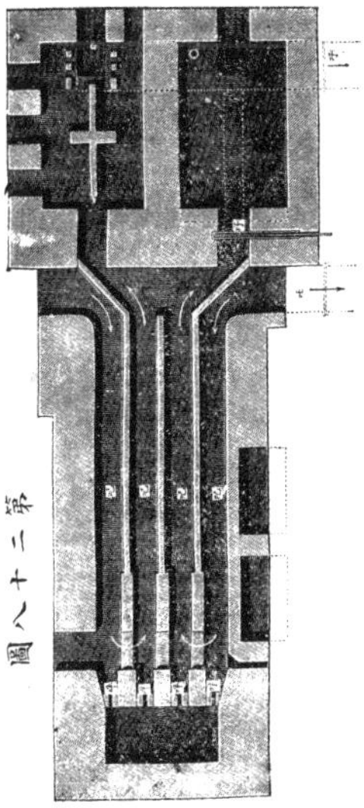

第二十八圖

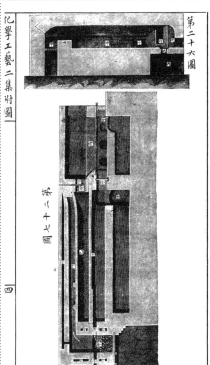

化學工藝二集附圖 五

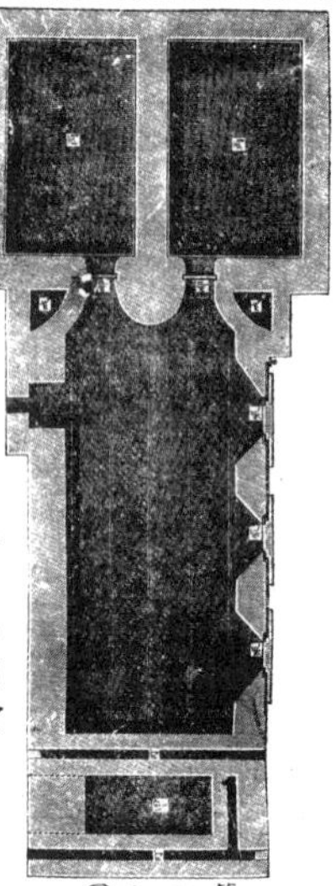

第二十九圖

第三十圖

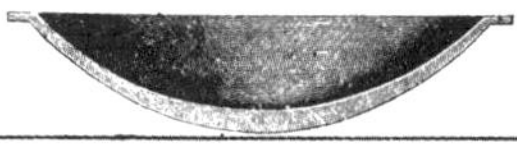

第三十一圖

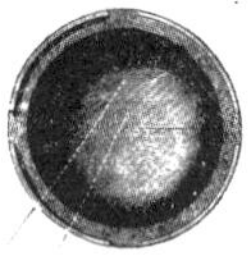

第三十二三十三圖

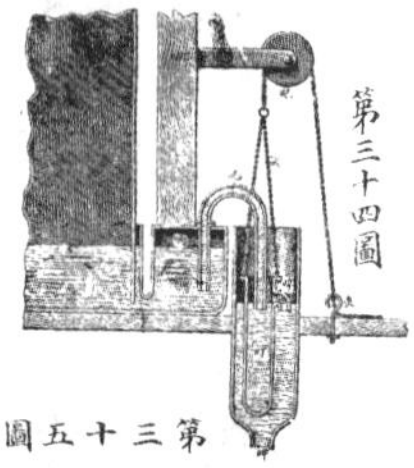

第三十四圖

第三十五圖

第三十六圖

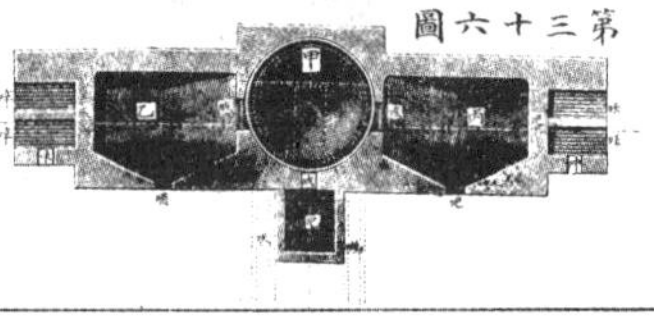

化學工藝二集付圖 六

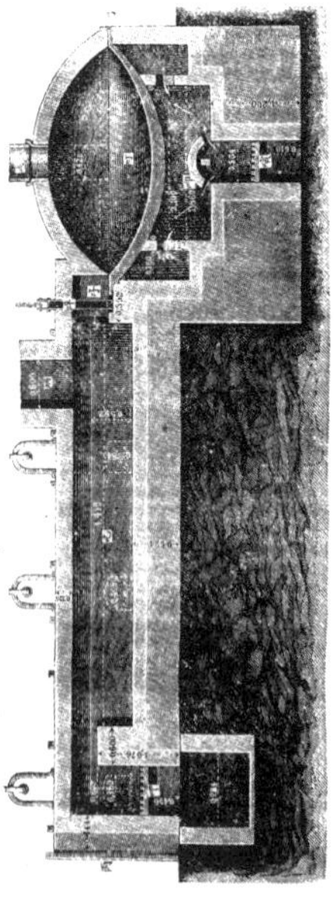

第三十七圖

第三十八圖

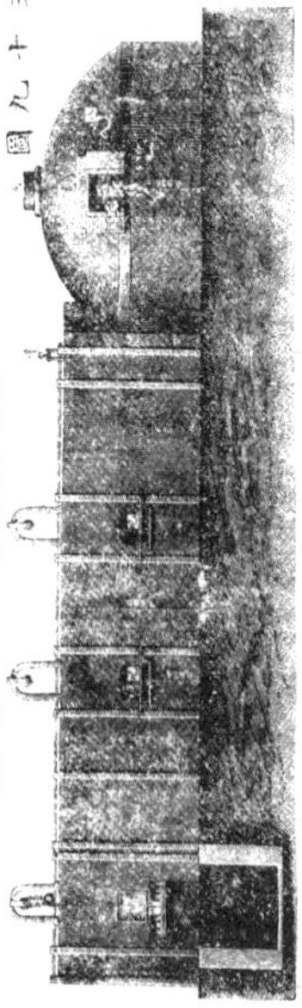

第三十九圖

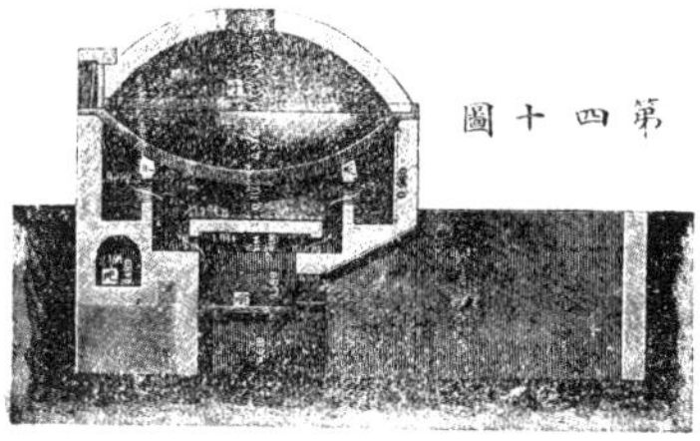
第四十圖

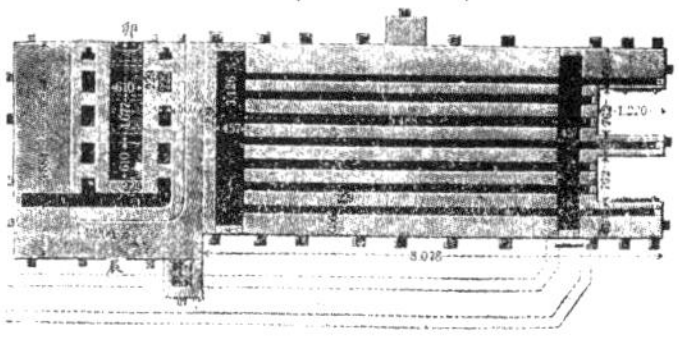
第四十一圖

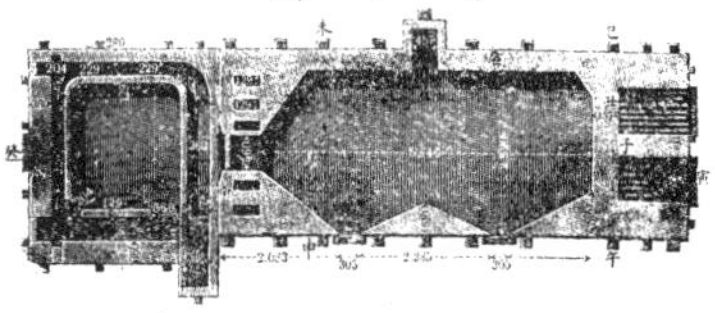
第四十二圖

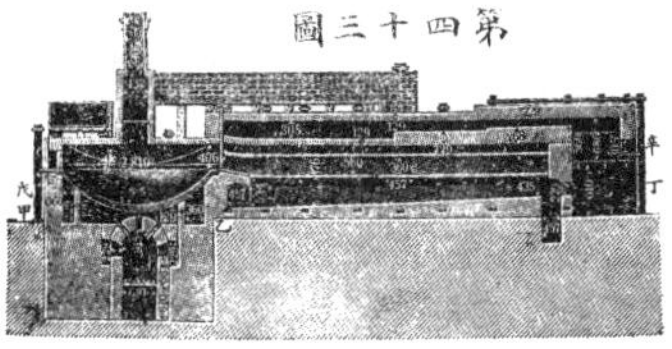
第四十三圖

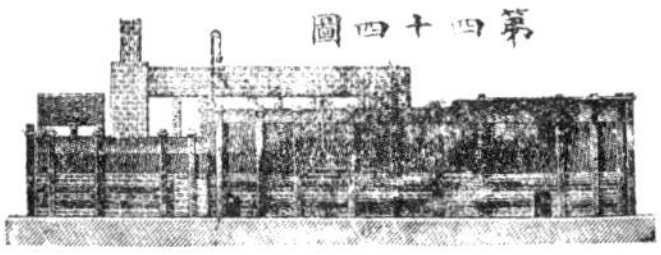
第四十四圖

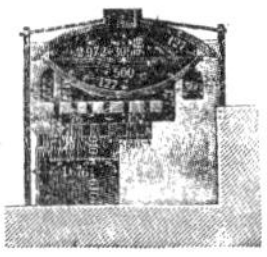
第四十五圖

第四十六圖

第四十七圖

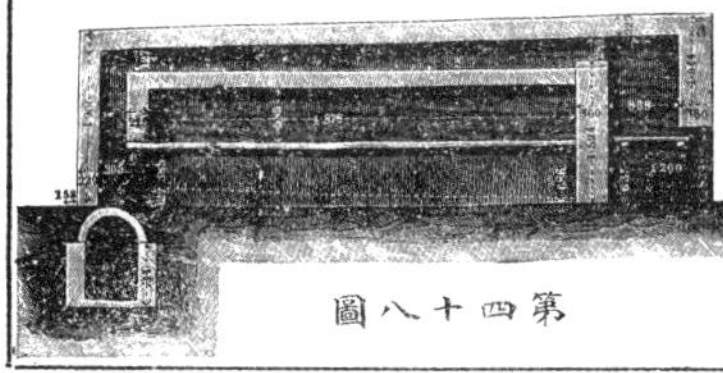
第四十八圖

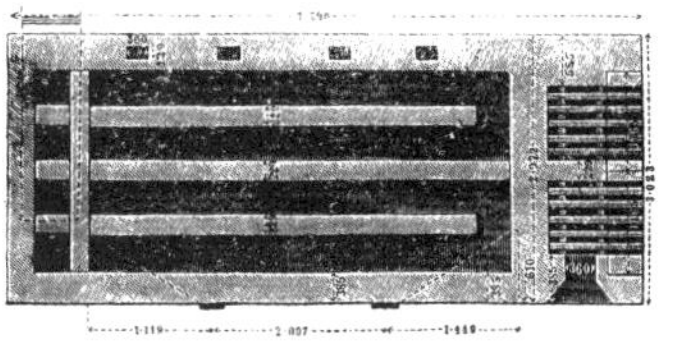
第四十九圖

第五十圖

第五十一圖

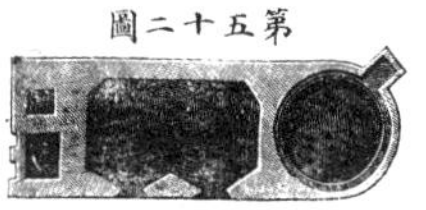
第五十二圖

第五十三圖

第五十四圖

第五十五圖

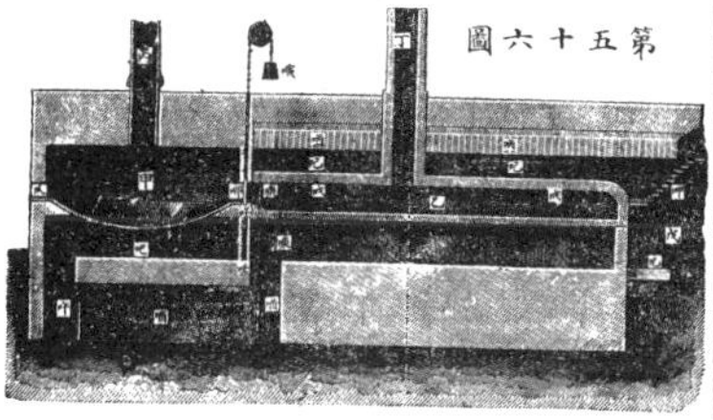
第五十六圖

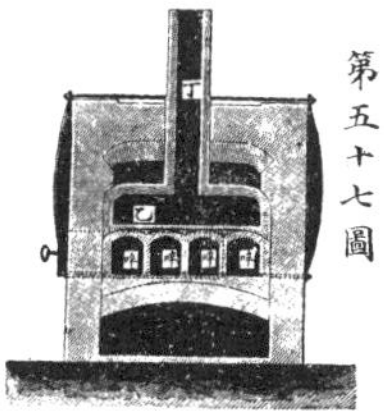
第五十七圖

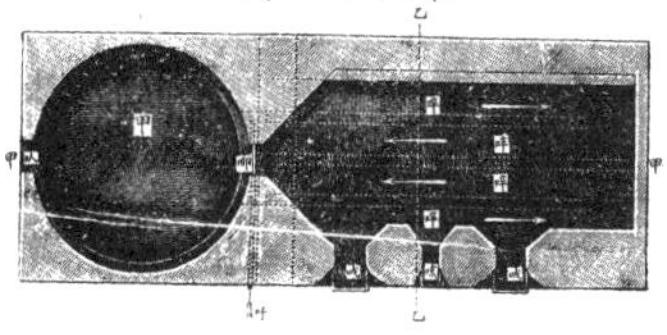
第五十八圖

化學工藝二集附圖

第五十九圖

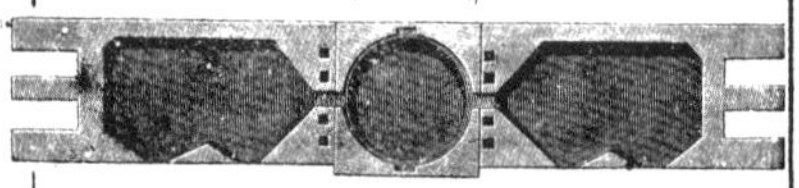

第六十圖

第六十一圖

第六十二圖

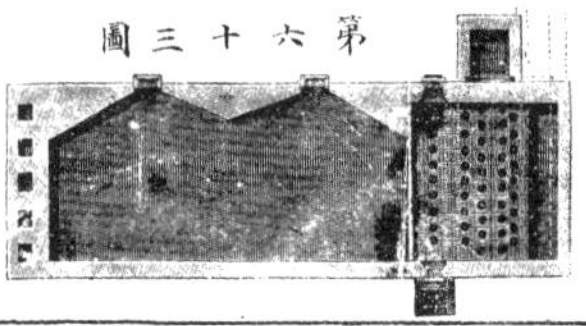

第六十三圖

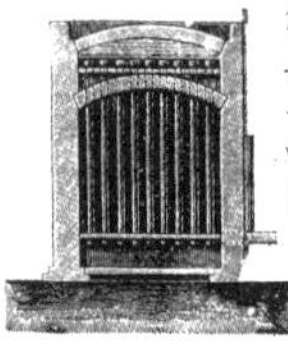

第六十四圖

第六十五圖

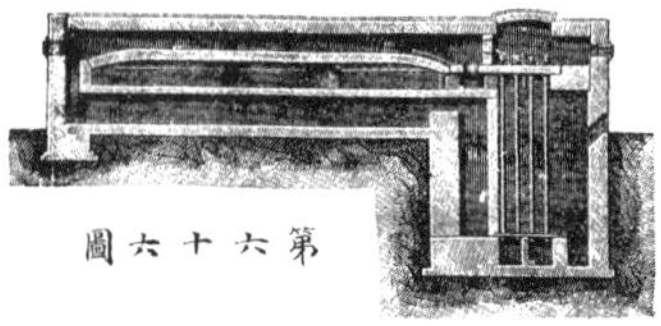

第六十六圖

第六十七圖

九

化學工藝二集附圖

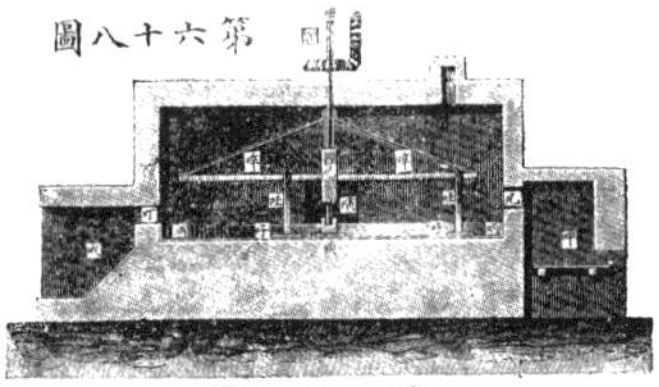

第六十八圖

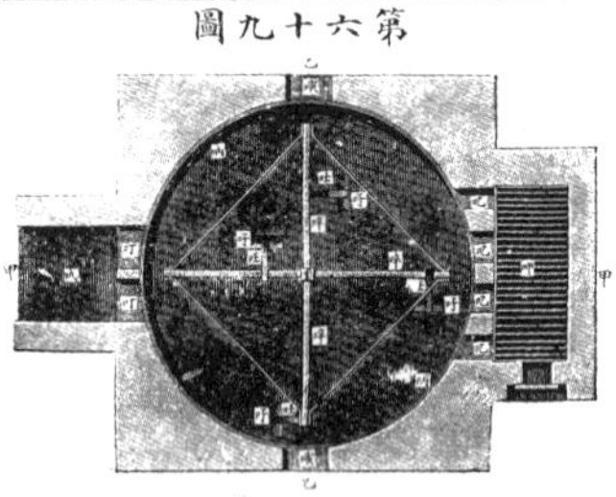

第六十九圖

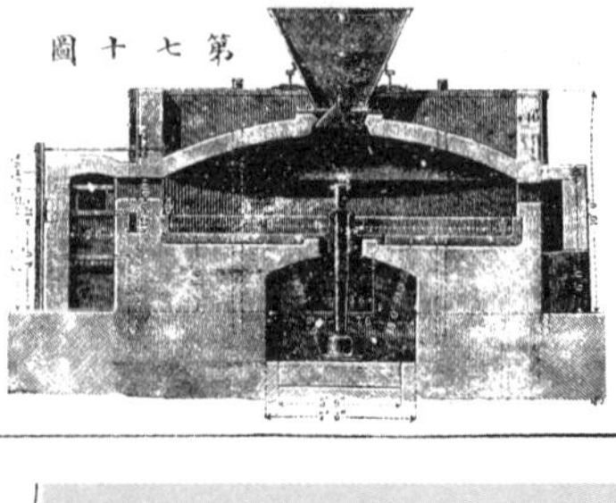

第七十圖

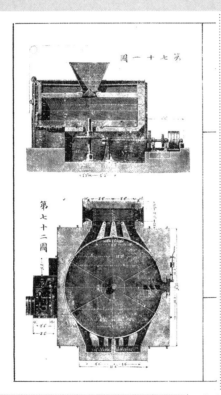

第七十一圖

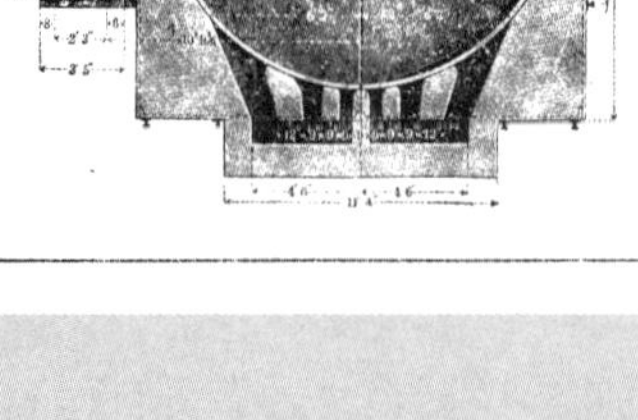

第七十二圖

十

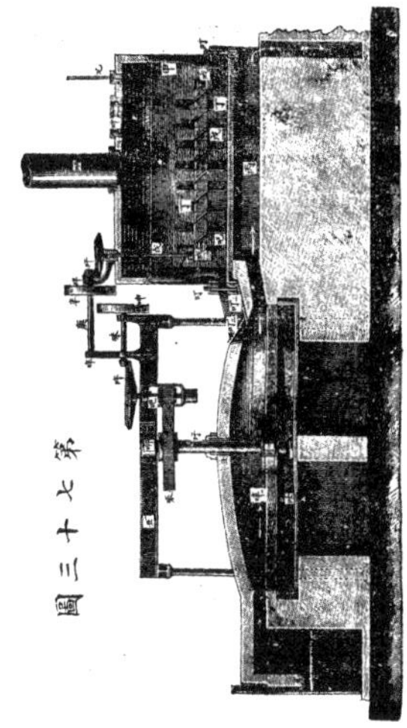

第七十三圖

化學工藝二集附圖 十一

第七十四圖

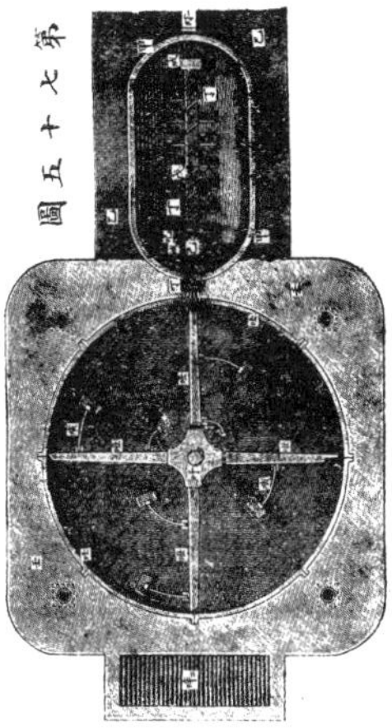

第七十五圖

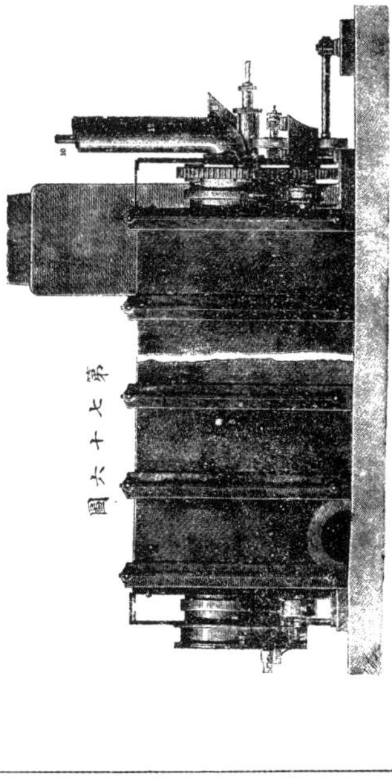

第七十六圖

化學工藝二集附圖 十二

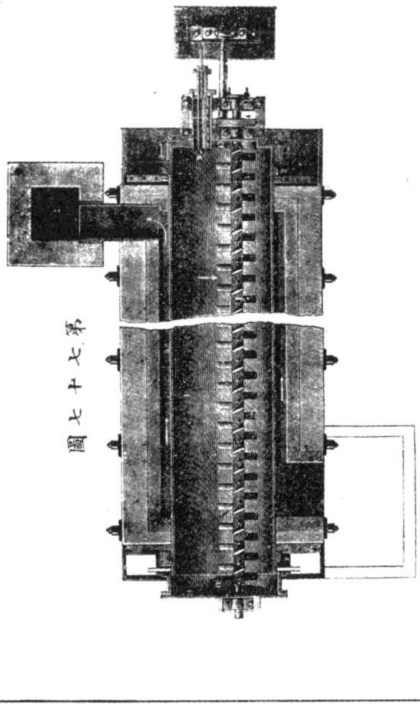

第七十七圖

化學工藝二集附圖

第七十八圖

十三

第七十九圖

化學工藝二集附圖

第八十圖

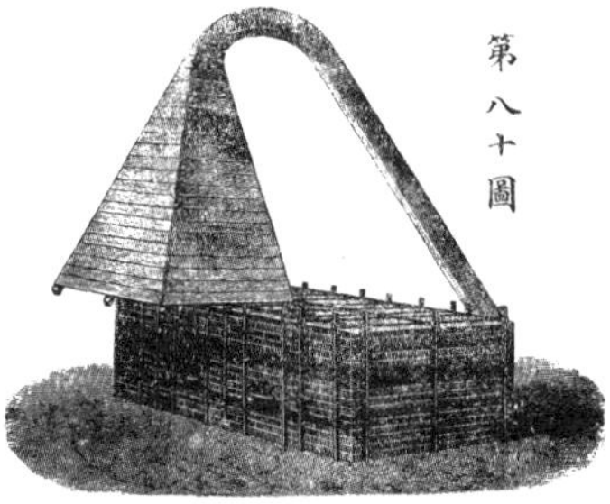

第八十一圖

第八十二圖

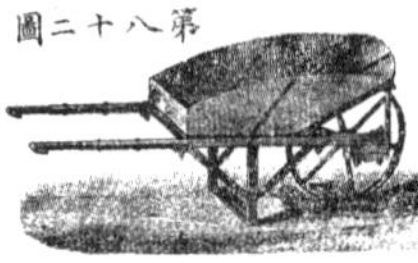

十四

第八十三圖

第八十四圖

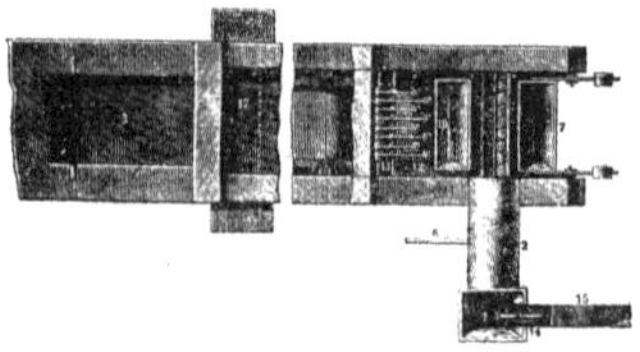

第八十五圖

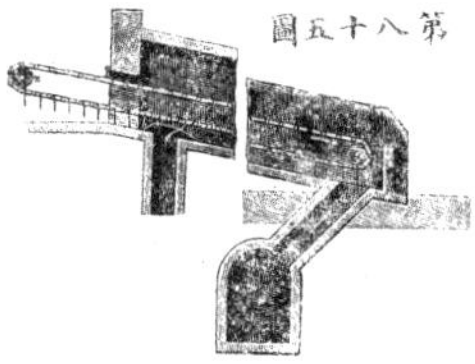

第八十六圖

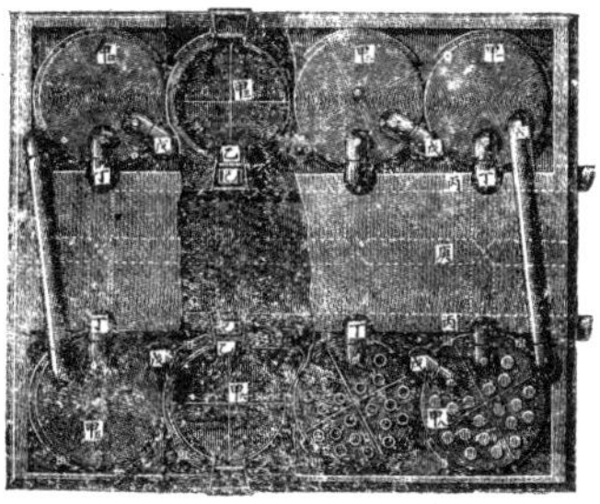

第八十七圖

第八十八圖

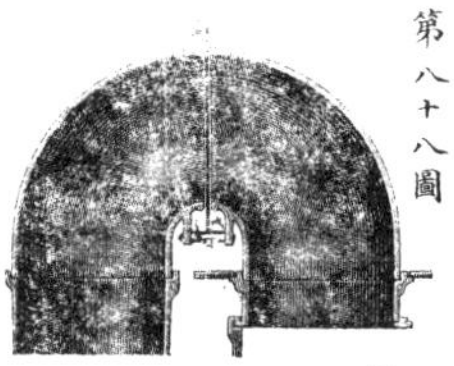

第八十九圖

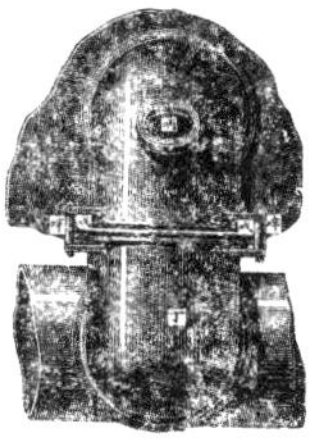

第九十圖

第九十一圖

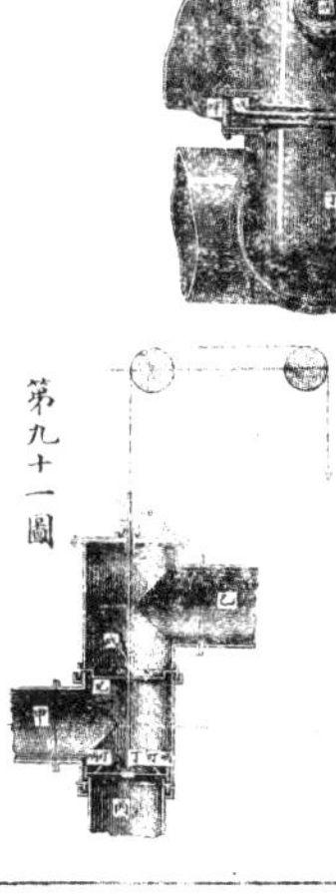

第九十二圖

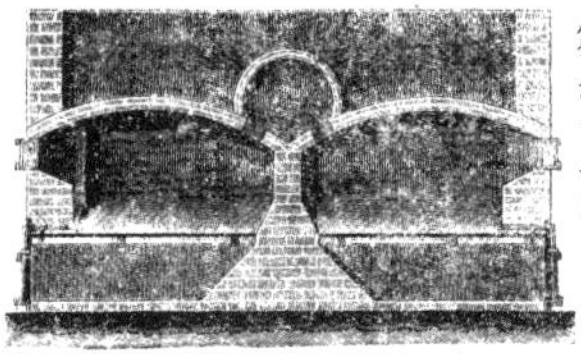

第九十三圖

第九十四圖

第九十五圖

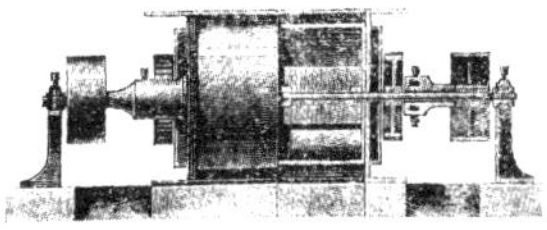

第九十六圖

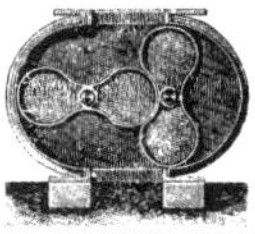

第九十七圖

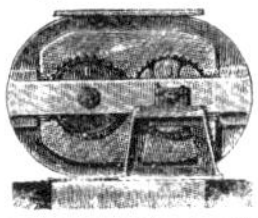

化學工藝二集附圖

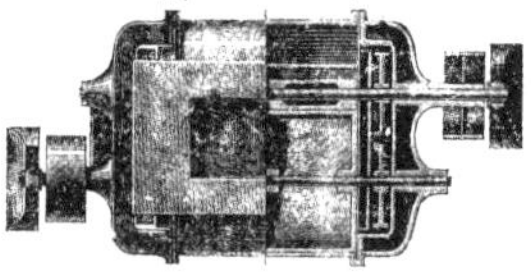
第九十八圖

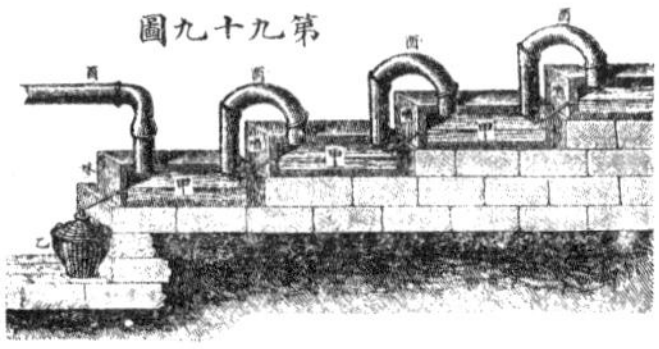
第九十九圖

第一百零一圖

第一百圖

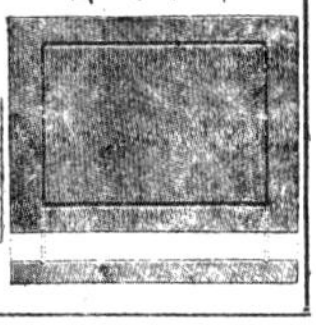
第一百零二圖

第一百零三圖

第一百零四圖

第一百零五圖

第一百零六圖

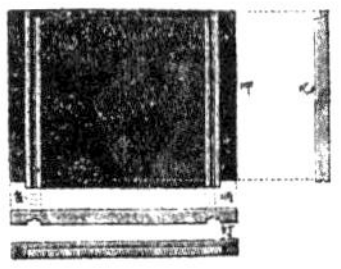
第一百零七圖

第一百零八圖

第一百零九圖

化學工藝二集附圖

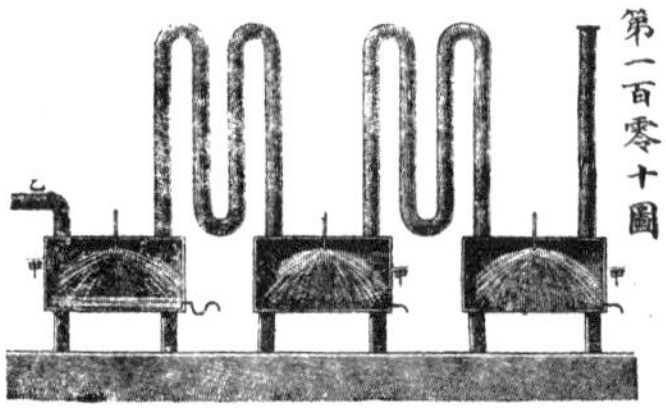
第一百零十圖

第一百十一圖

第一百十三圖

第一百十二圖

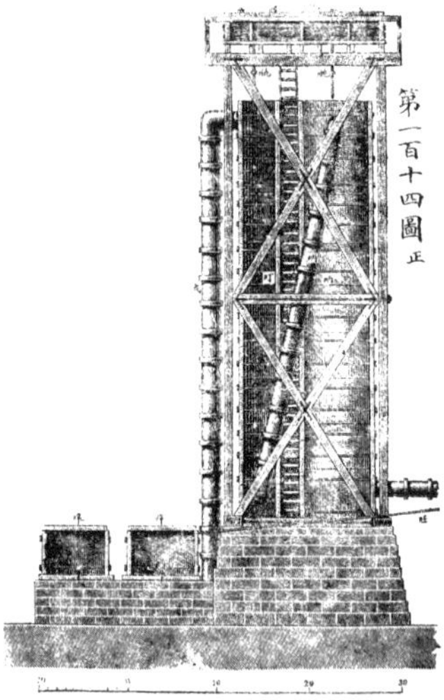
第一百十四圖正

第一百十四圖付

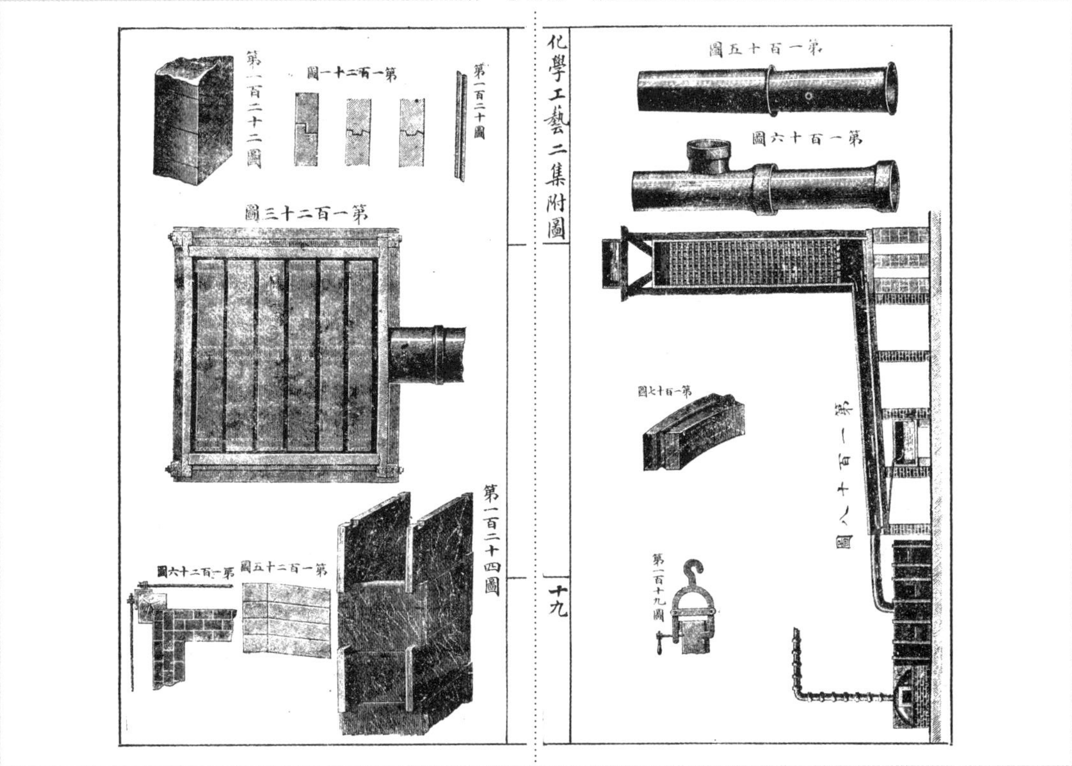
化學工藝二集附圖
十九
第一百二十圖
第一百二十一圖
第一百二十二圖
第一百二十三圖
第一百二十四圖
第一百二十五圖
第一百二十六圖
第一百十五圖
第一百十六圖
第一百十七圖
第一百十八圖
第一百十九圖

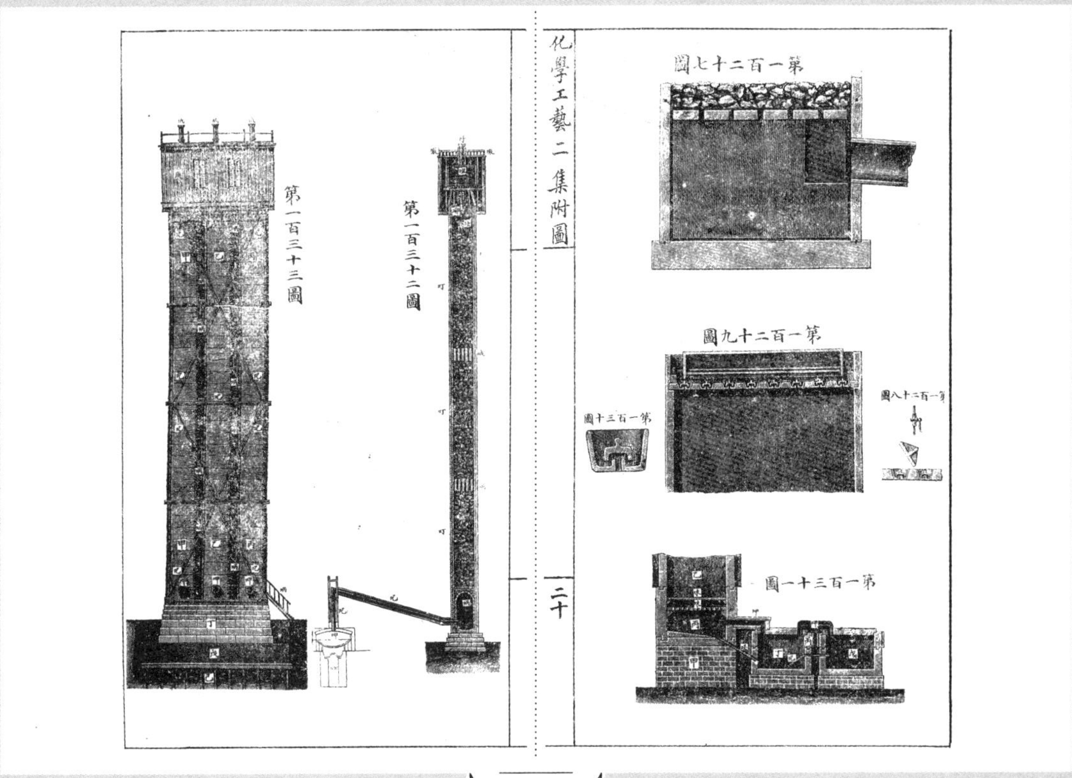
化學工藝二集附圖
二十
第一百三十二圖
第一百三十三圖
第一百二十七圖
第一百二十九圖
第一百三十圖
第一百二十八圖
第一百三十一圖

化學工藝二集附圖

第一百三十五圖列後幅大版

第一百三十六圖

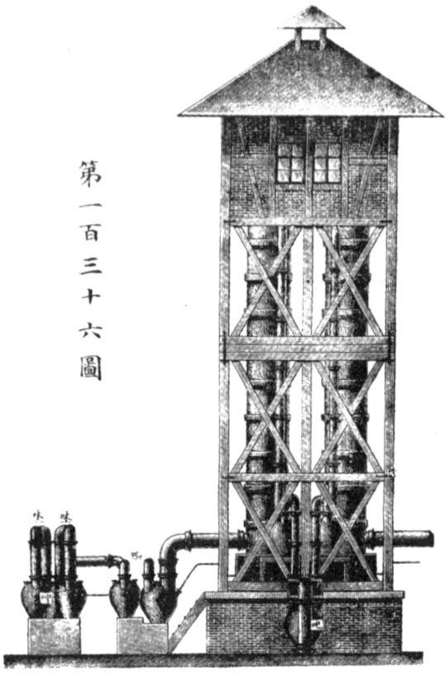

第一百三十七圖

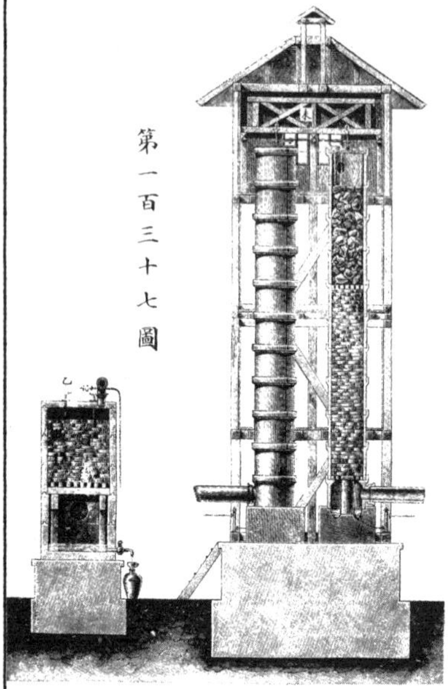

化學工藝二集附圖

第一百三十八圖

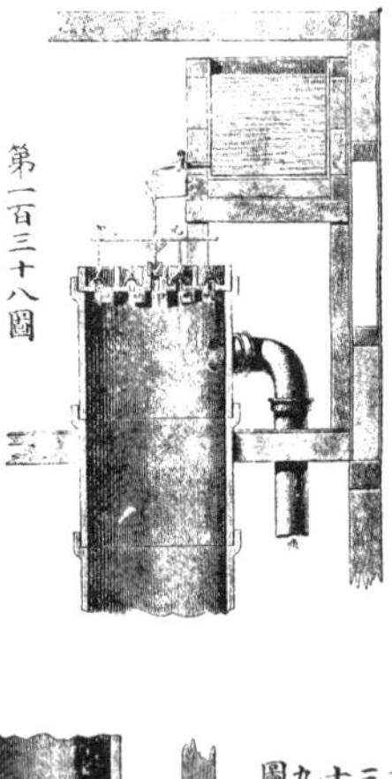

第一百三十九圖

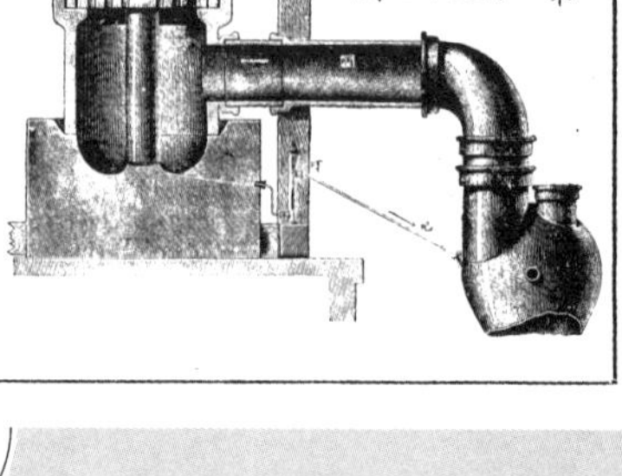

第一百四十圖

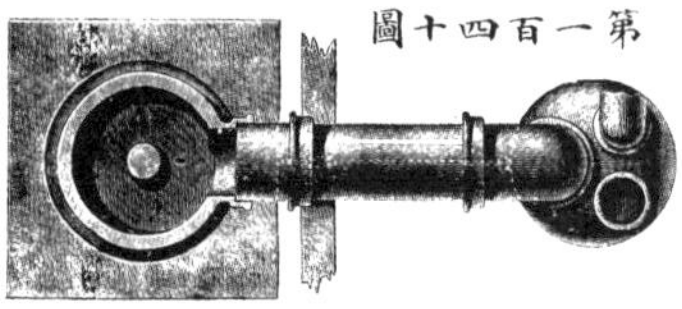

第一百四十一圖

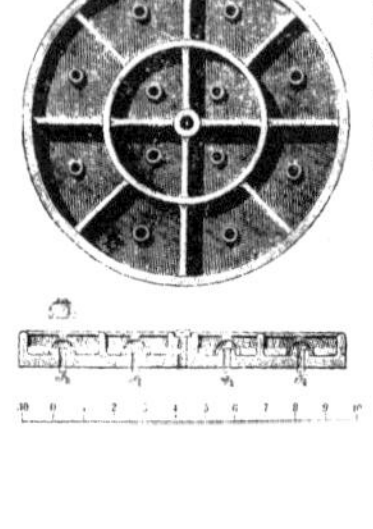

化學工藝二集附圖

第一百四十二圖

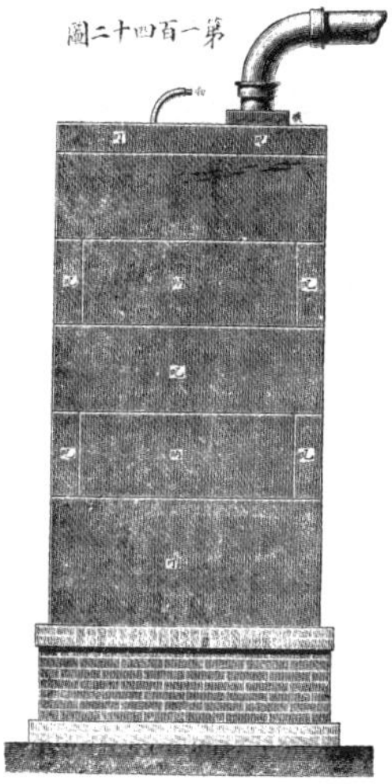

第一百四十三圖

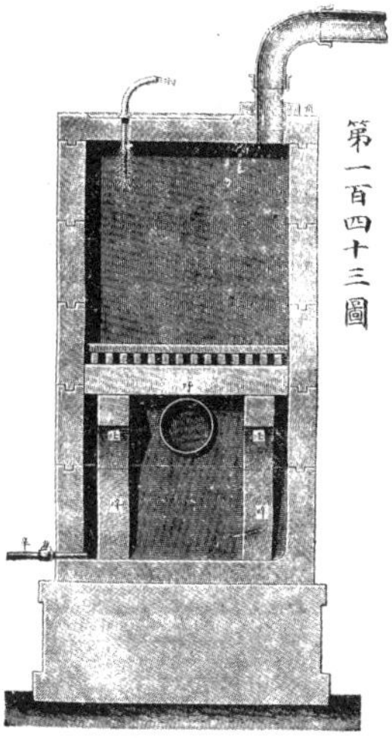

化學工藝二集附圖

第一百四十四圖

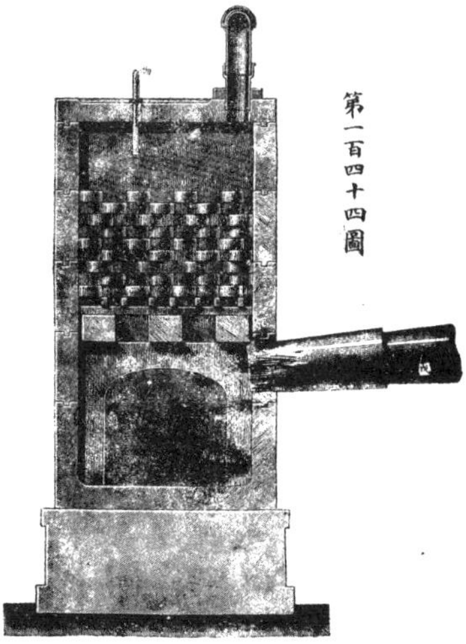

第一百四十五圖

第一百四十六圖

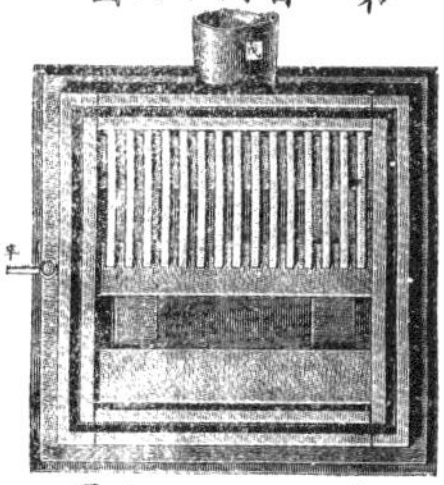

第一百四十七圖

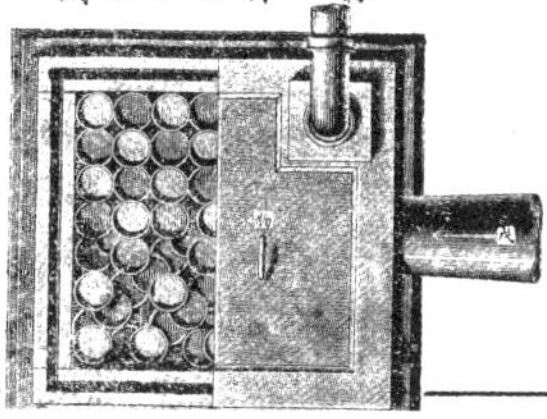

第一百四十八圖

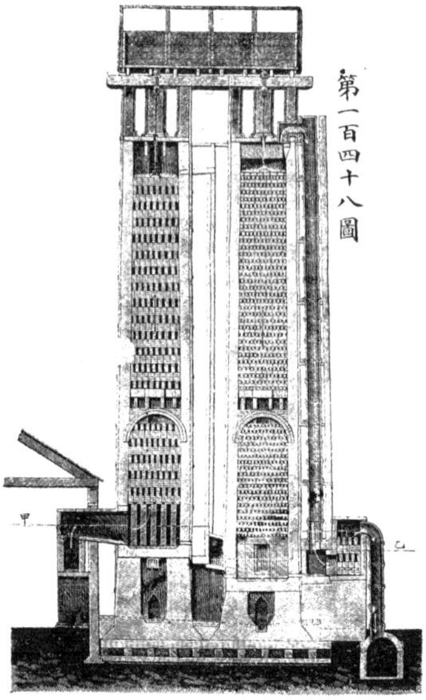

第一百四十九圖

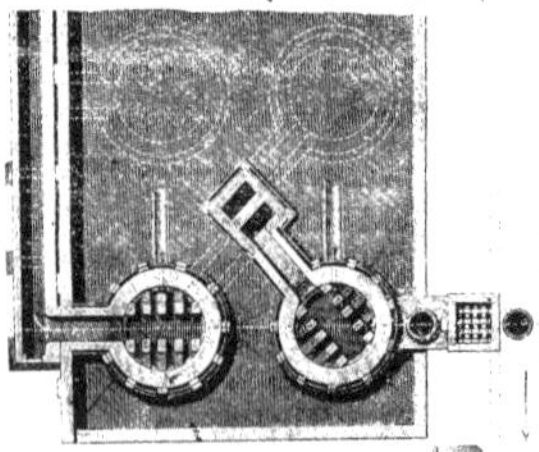

第一百五十圖

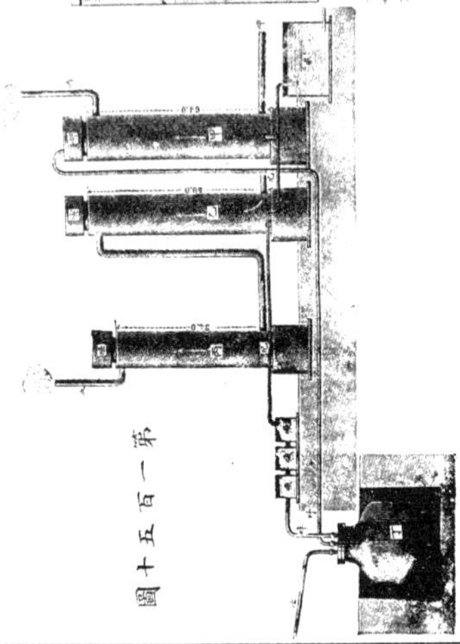

第一百五十一圖

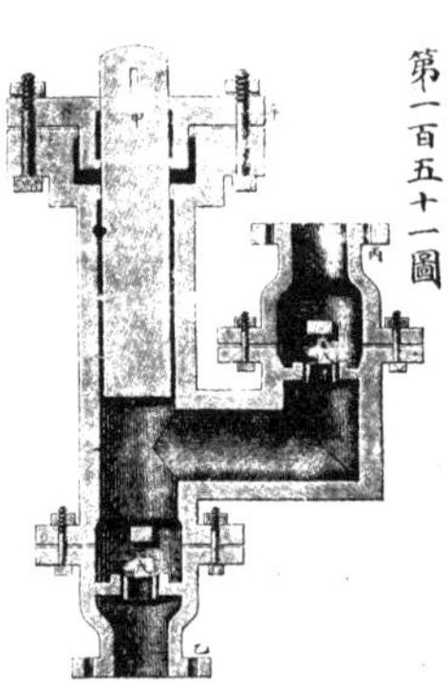

第一百五十二圖

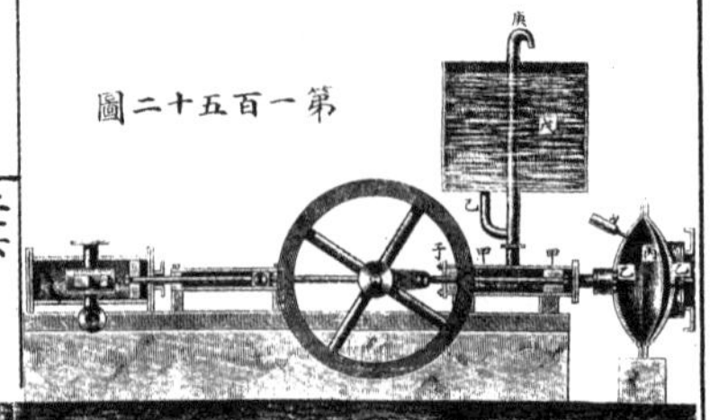

第一百五十四圖

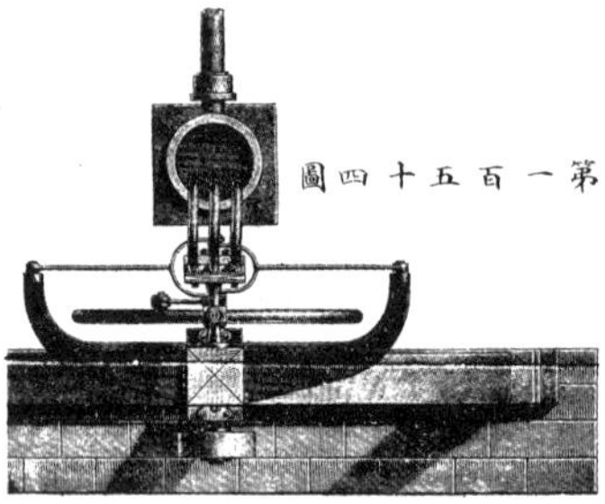

第一百五十五圖列後幅大張

第一百五十六圖

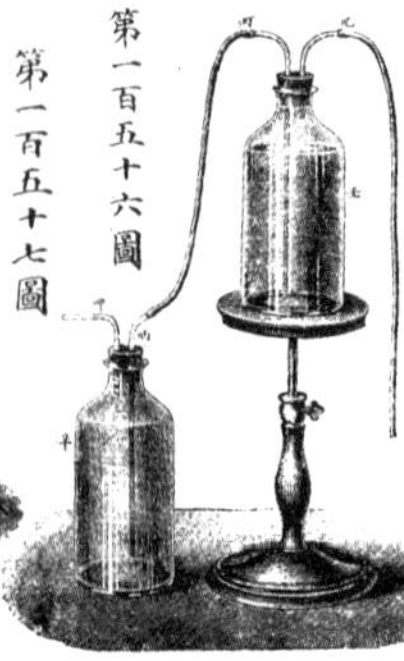

第一百五十七圖

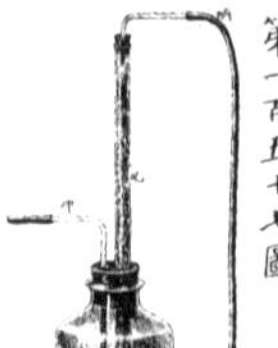

化學工藝二集附圖

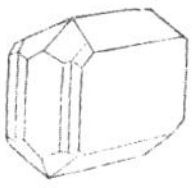
第一百五十八圖

第一百五十九圖

第一百六十圖

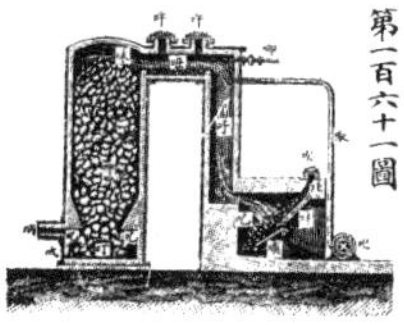
第一百六十一圖

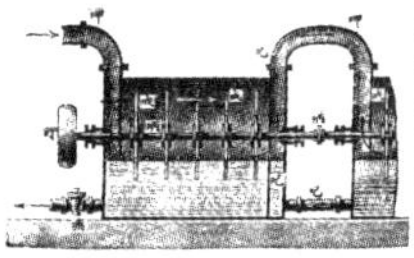
第一百六十二圖

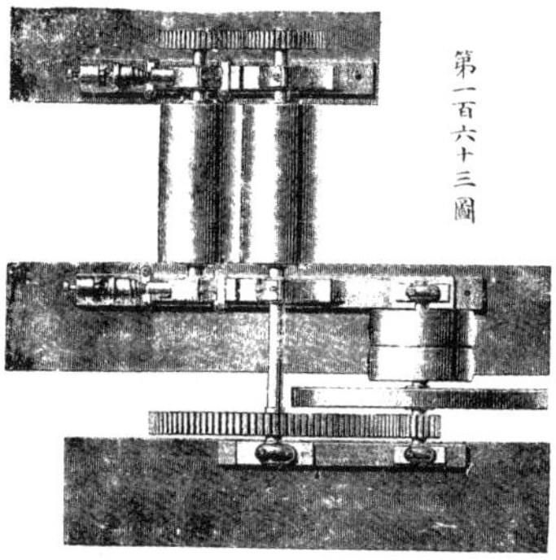
第一百六十三圖

第一百六十四圖

二十七

化學工藝二集附圖

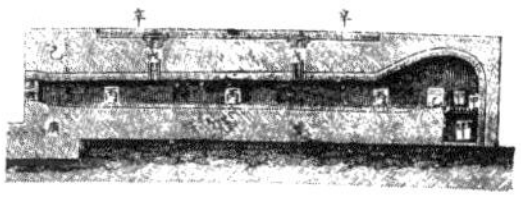
第一百六十五圖

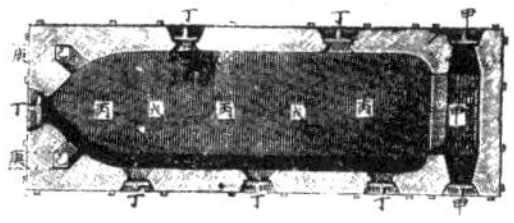
第一百六十六圖

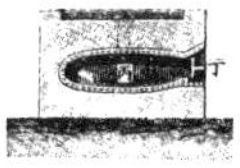
第一百六十七圖

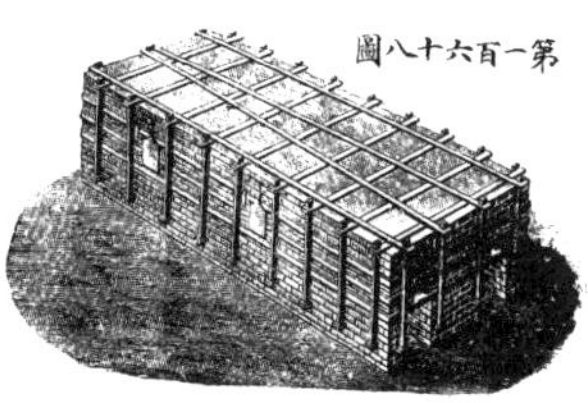
第一百六十八圖

第一百六十九七十七十一圖列後幅大張

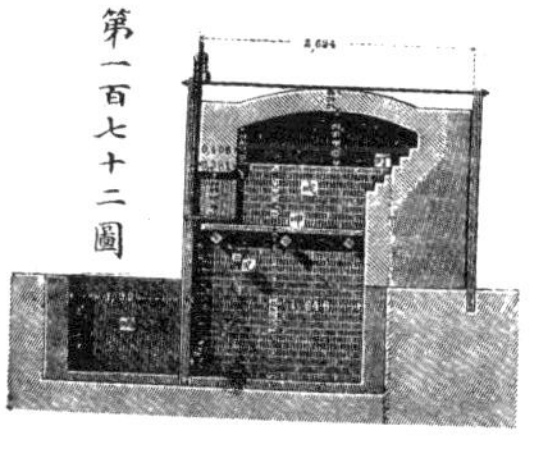
第一百七十二圖

第一百七十三圖

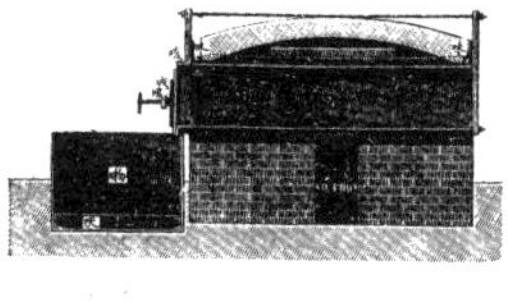
第一百七十四圖

二十八

第一百七十五圖

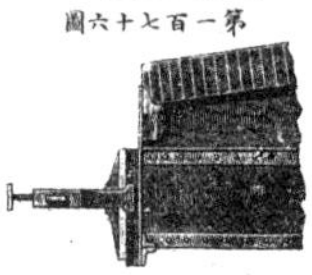
第一百七十六圖

第一百七十七圖

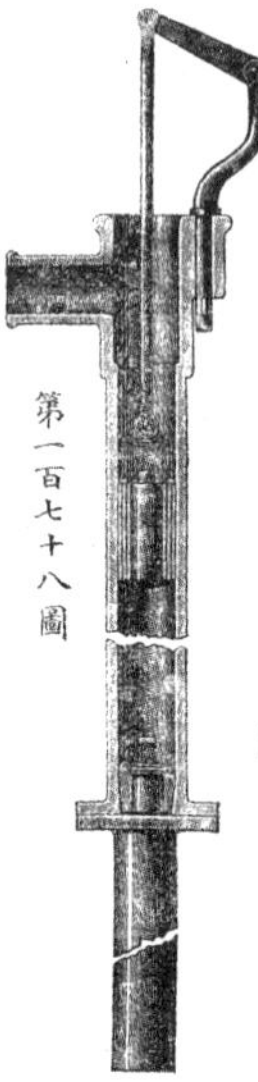
第一百七十八圖

第一百八十一圖

第一百七十九圖

第一百八十圖

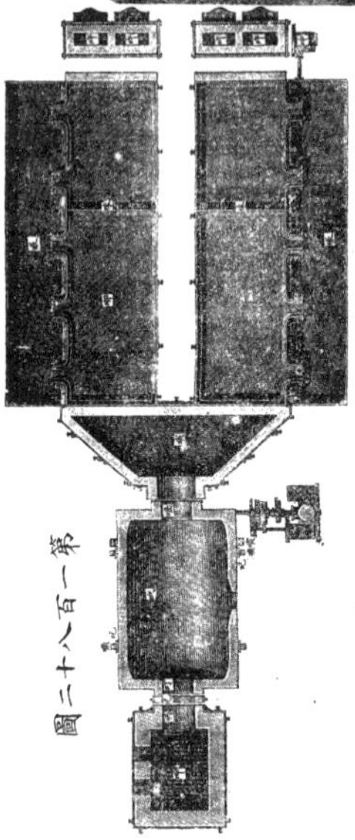
第一百八十二圖

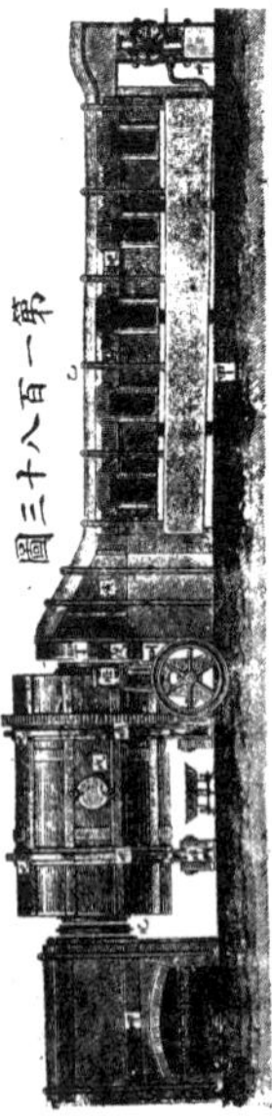
第一百八十三圖

第一百八十四圖

化學工藝二集附圖

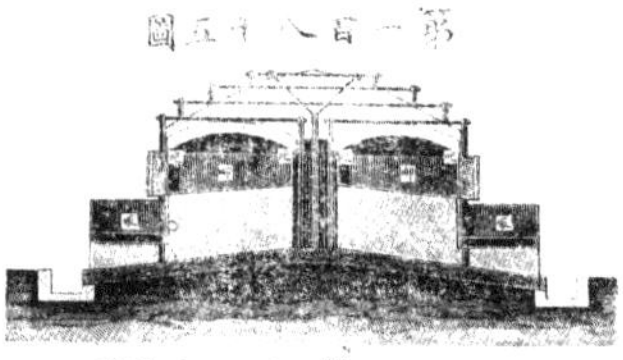
第一百八十五圖

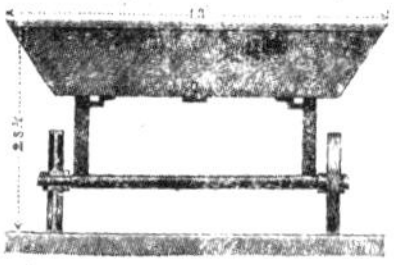
第一百八十七圖

第一百八十六圖

第一百八十八圖

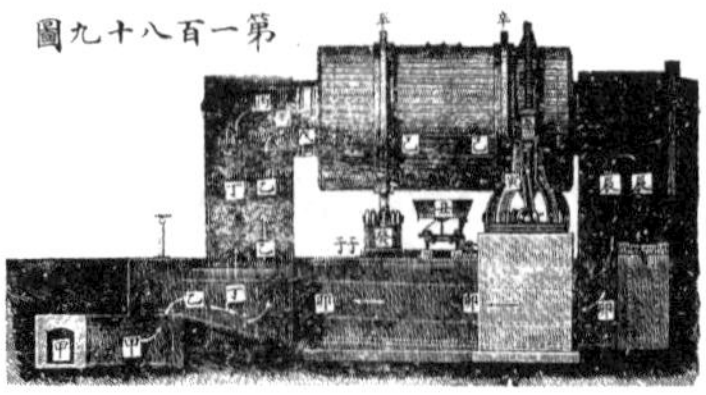
第一百八十九圖

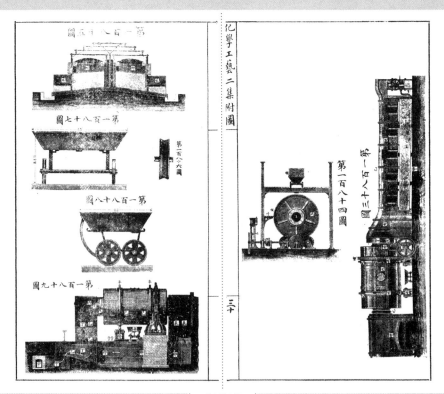

第一百九十圖

第一百九十一圖

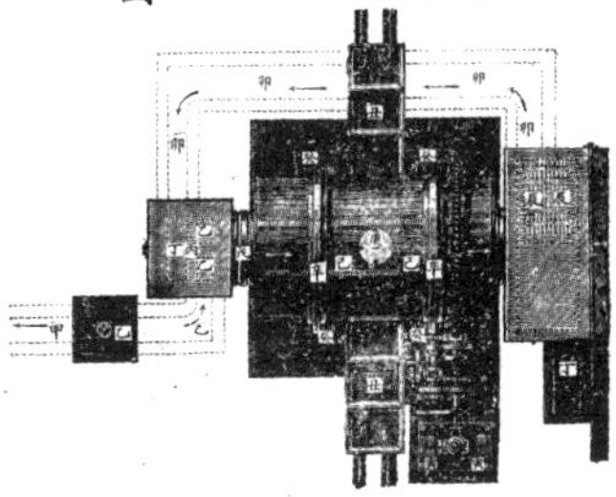

第一百九十二圖

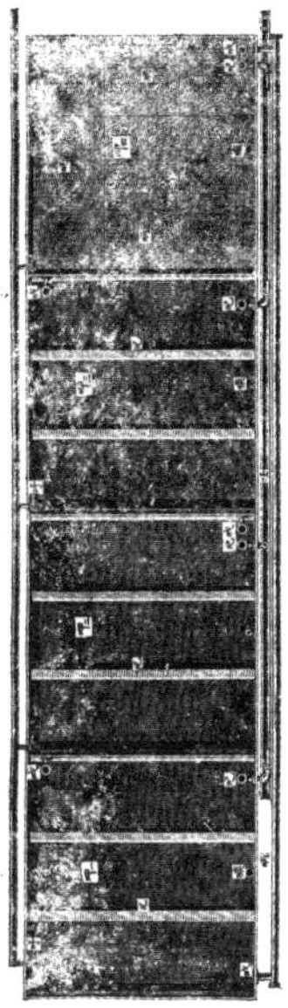

第一百九十三圖

第一百九十四圖

第一百九十五圖

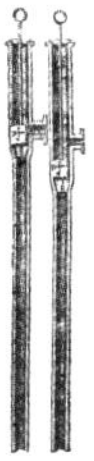

第一百九十六圖

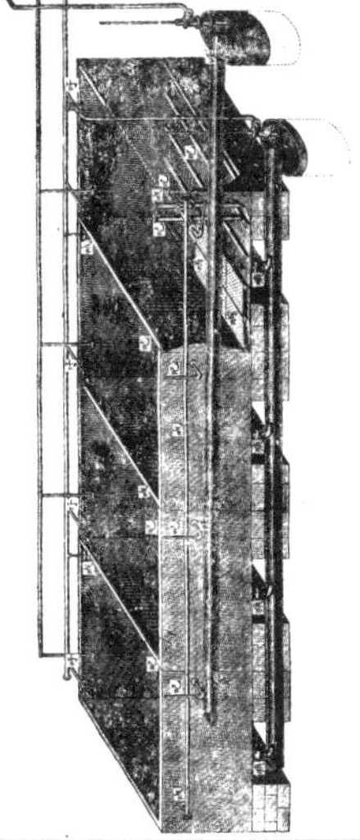

第一百九十七圖

第一百九十八圖

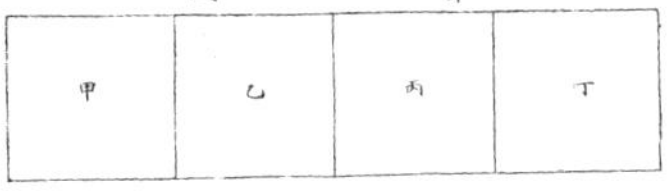

第一百九十九圖

第二百圖

第二百零一圖

第二百零二圖

第二百零三圖

第二百零四圖

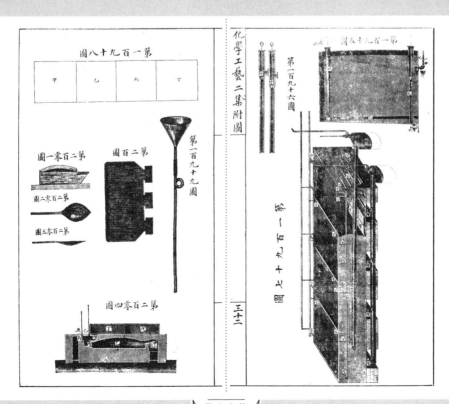

化學工藝二集附圖

第二百零五圖

第二百零六圖

第二百零七圖

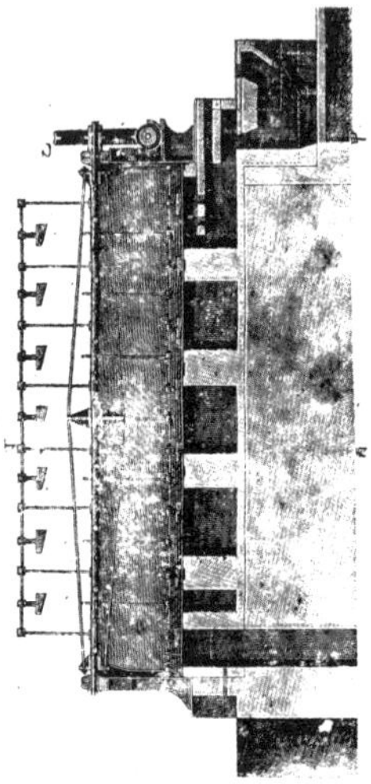

第二百零八圖

第二百零九圖

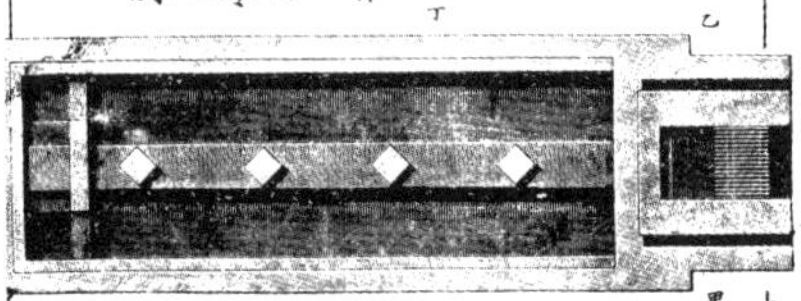

第二百十圖

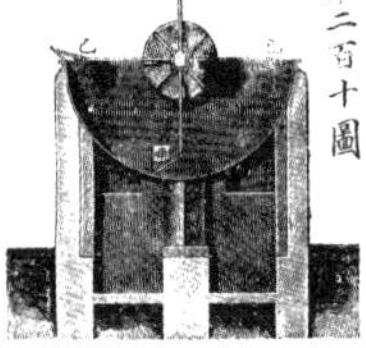

三十三

化學工藝二集附圖

第二百十一圖

第二百十二圖

第二百十三圖

第二百十四圖

第二百十五圖

第二百十六圖

第二百十七圖

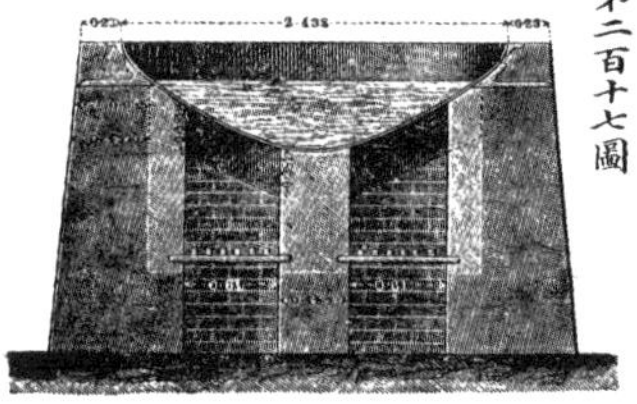

第二百十八圖

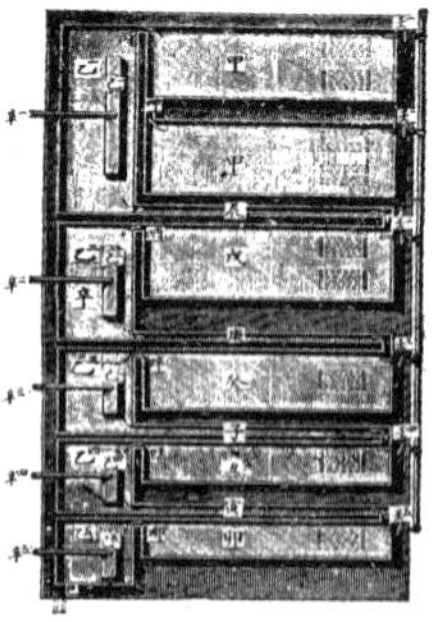

第二百十九圖

三十四

化學工藝二集附圖

第二百二十圖

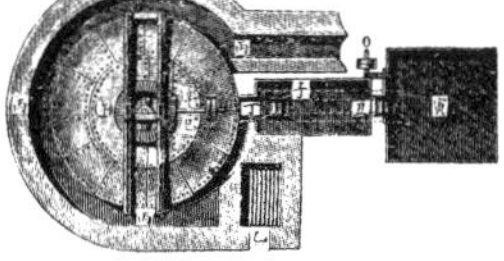

第二百二十一圖

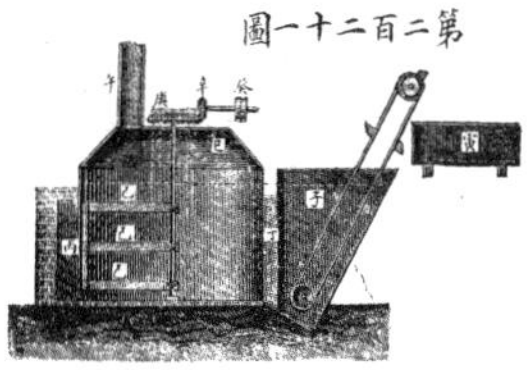

第二百二十二圖

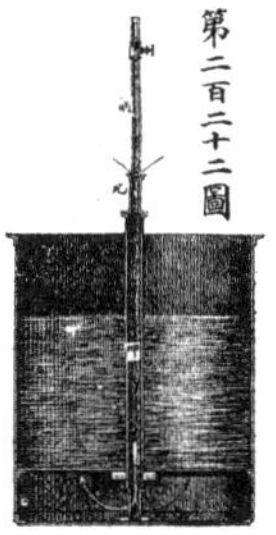

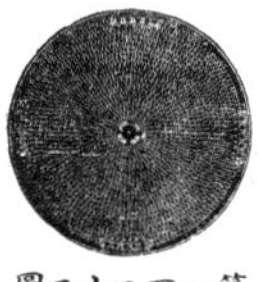

第二百二十三圖

三十五

第二百二十四圖

第二百二十五圖

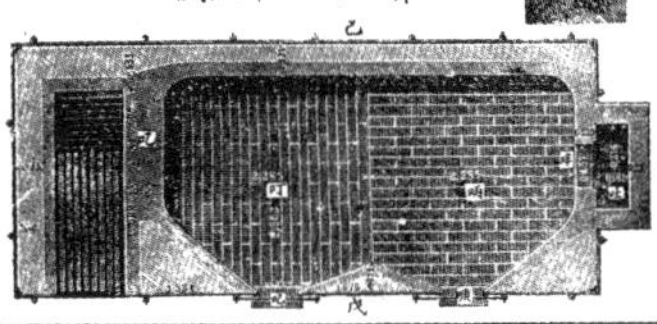

化學工藝二集附圖

第二百二十六圖

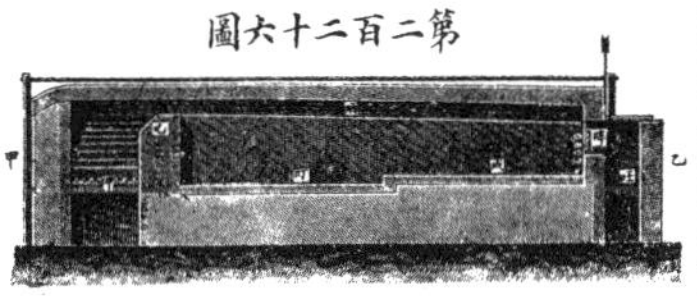

第二百二十七圖

第二百二十八圖

三十六

第二百二十九圖

第二百三十圖

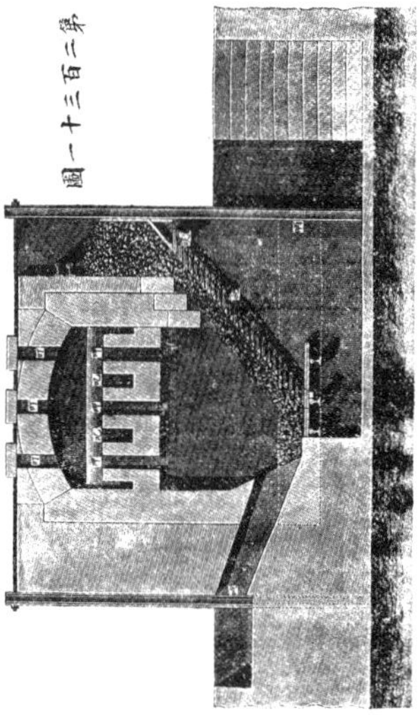

第二百三十一圖

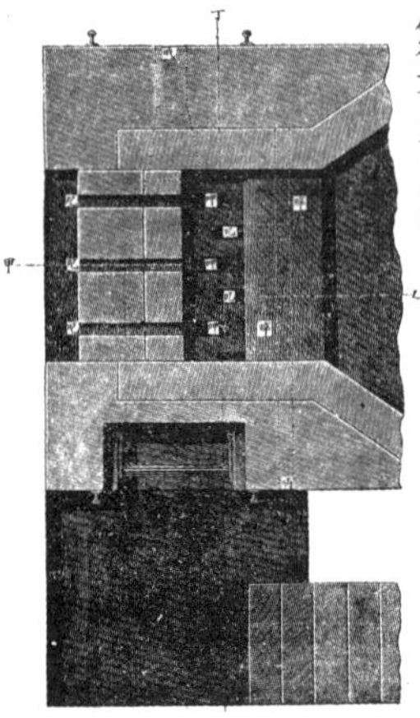

第二百三十二圖

第二百三十三圖

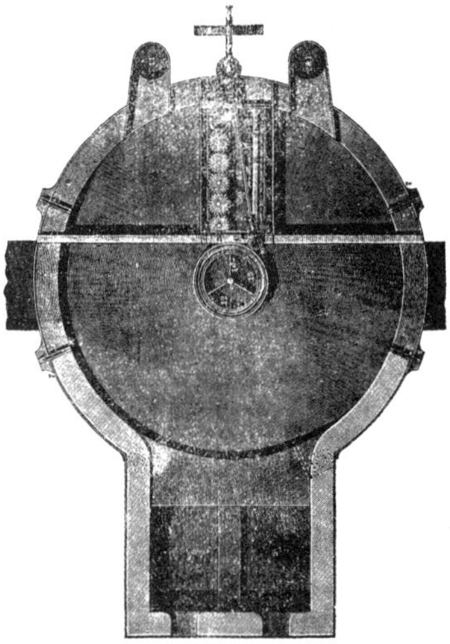

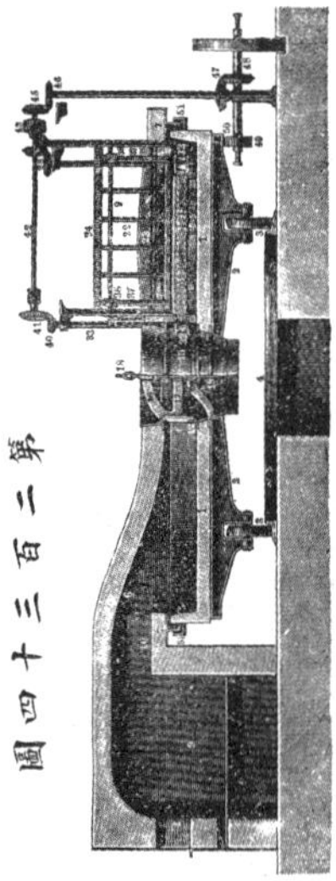

第二百三十四圖

第二百三十五圖

第二百三十六圖

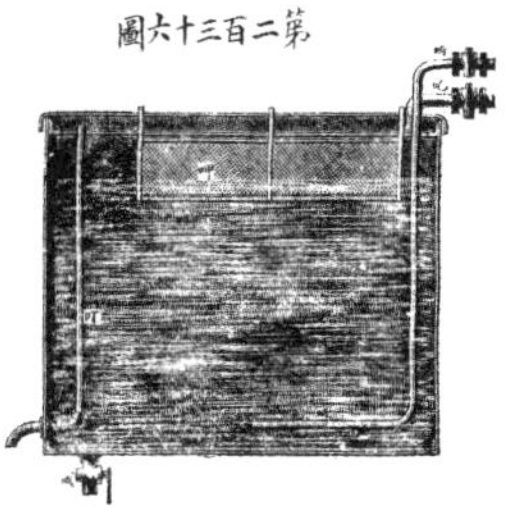

第二百三十七圖

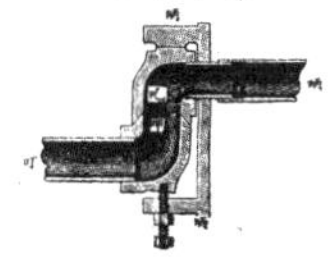

第二百三十八圖

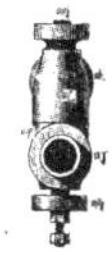

第二百三十九圖

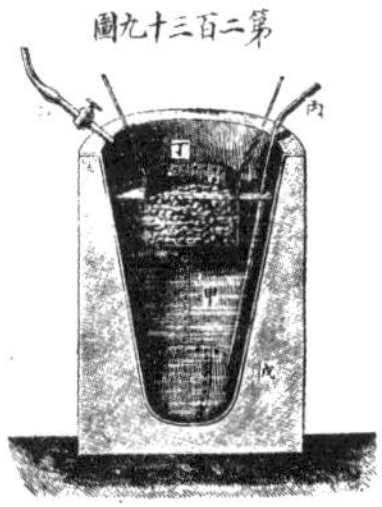

第二百四十圖

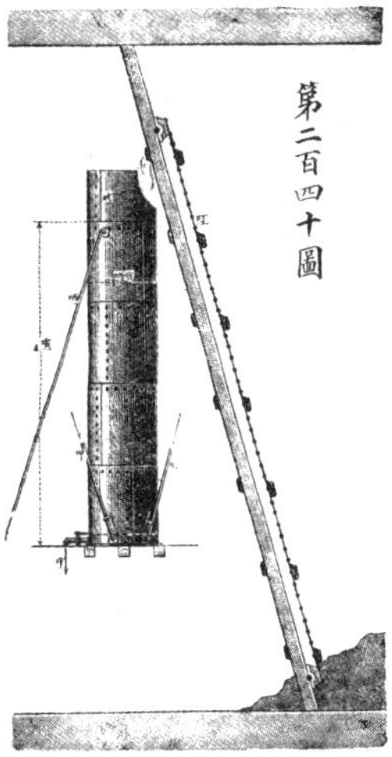

第二百四十一圖

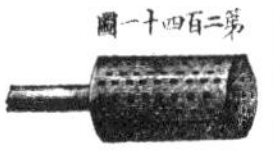

第二百四十二圖

第二百四十三圖

第二百四十四圖

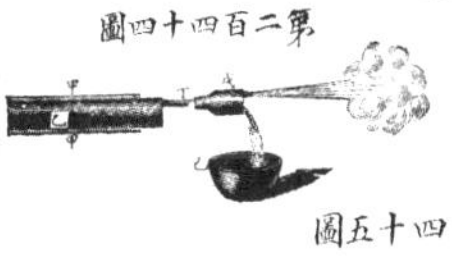

第二百四十五圖

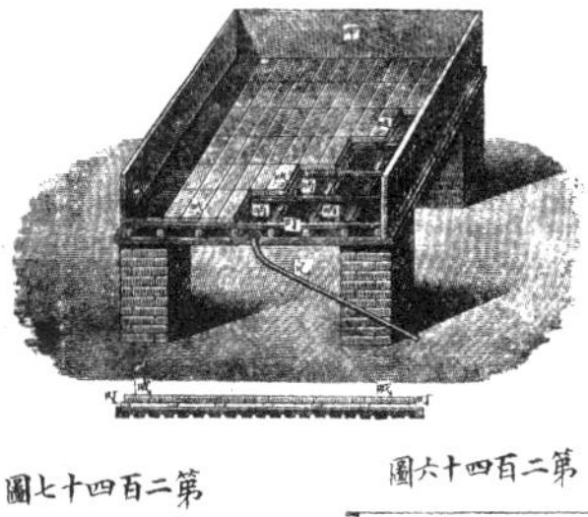

第二百四十六圖

第二百四十七圖

第二百四十八圖

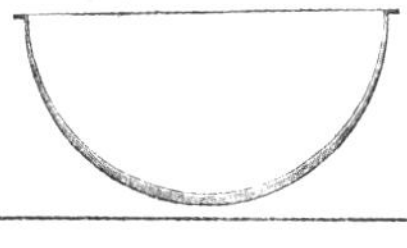

第二百四十九圖

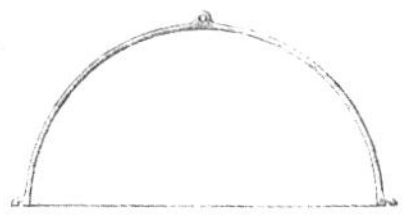

第二百五十圖

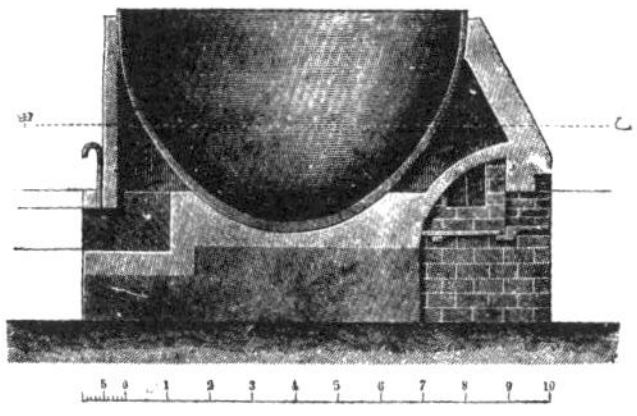

第二百五十一圖

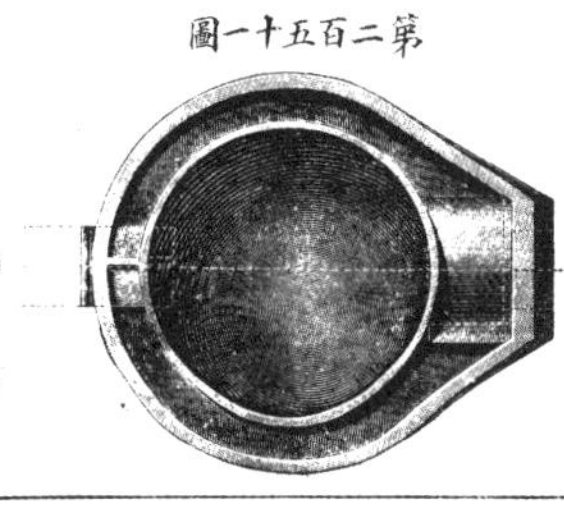

化學工藝二集附圖 四十一

第二百五十二圖

第二百五十三圖

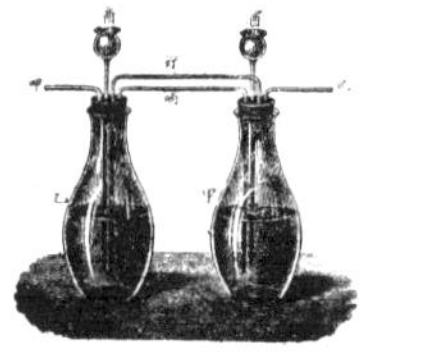

第二百五十四圖

第二百五十五圖

第二百五十六圖列後幅大張

第二百五十七圖

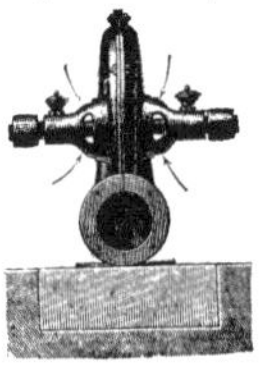

第二百五十八圖

第二百五十九圖

第二百六十圖

第二百六十三四圖列後幅大張

第二百六十五六圖列後幅大張

第二百六十一圖

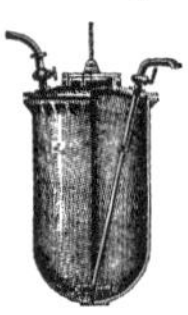

第二百六十二圖

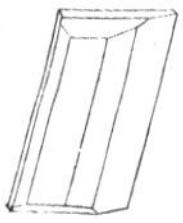

第二百六十七圖

江甯黃承慶繕譯圖字

化學工藝二集附圖 四十一

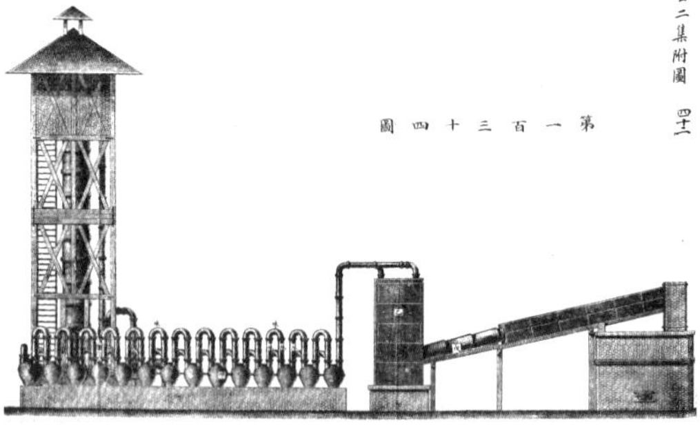

第一百三十四圖

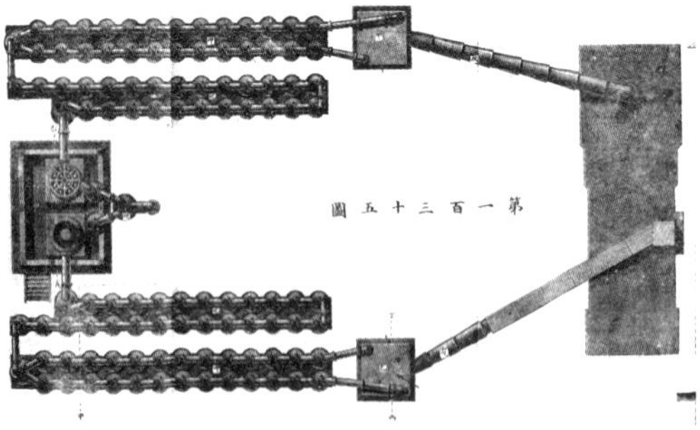

第一百三十五圖

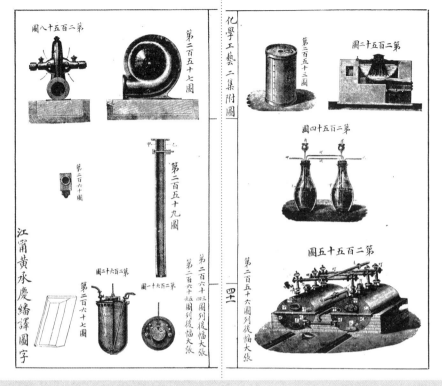

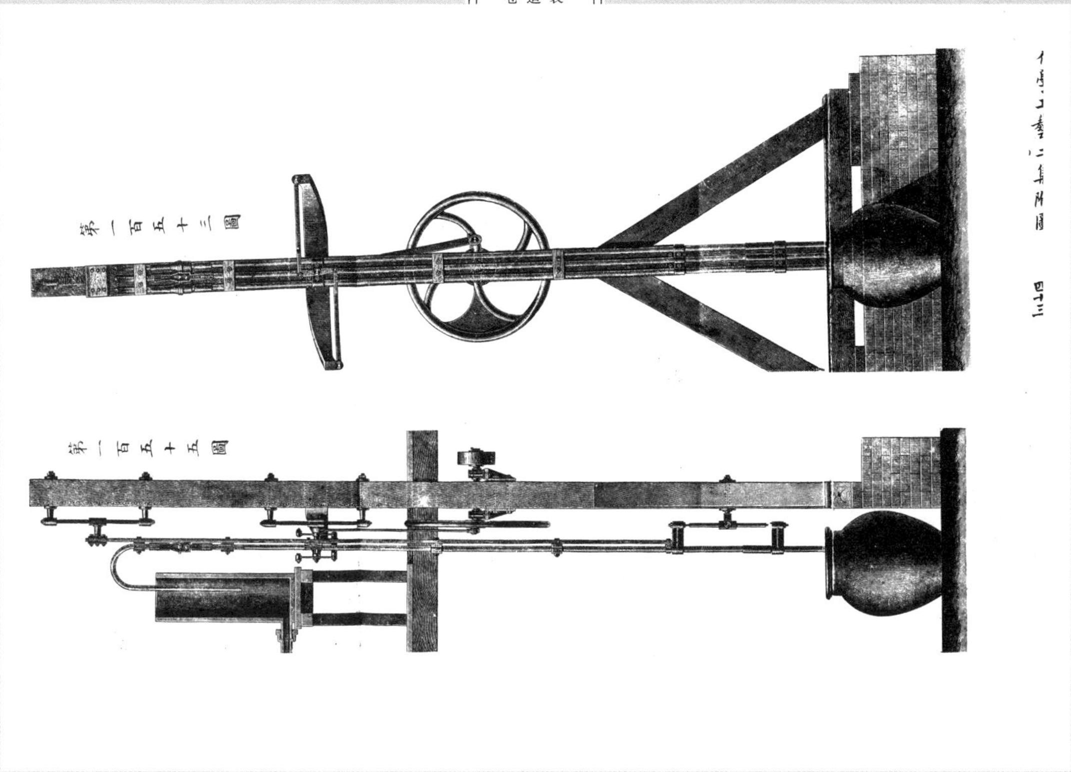
化學工藝二集附圖 四三
第一百五十三圖
第一百五十五圖

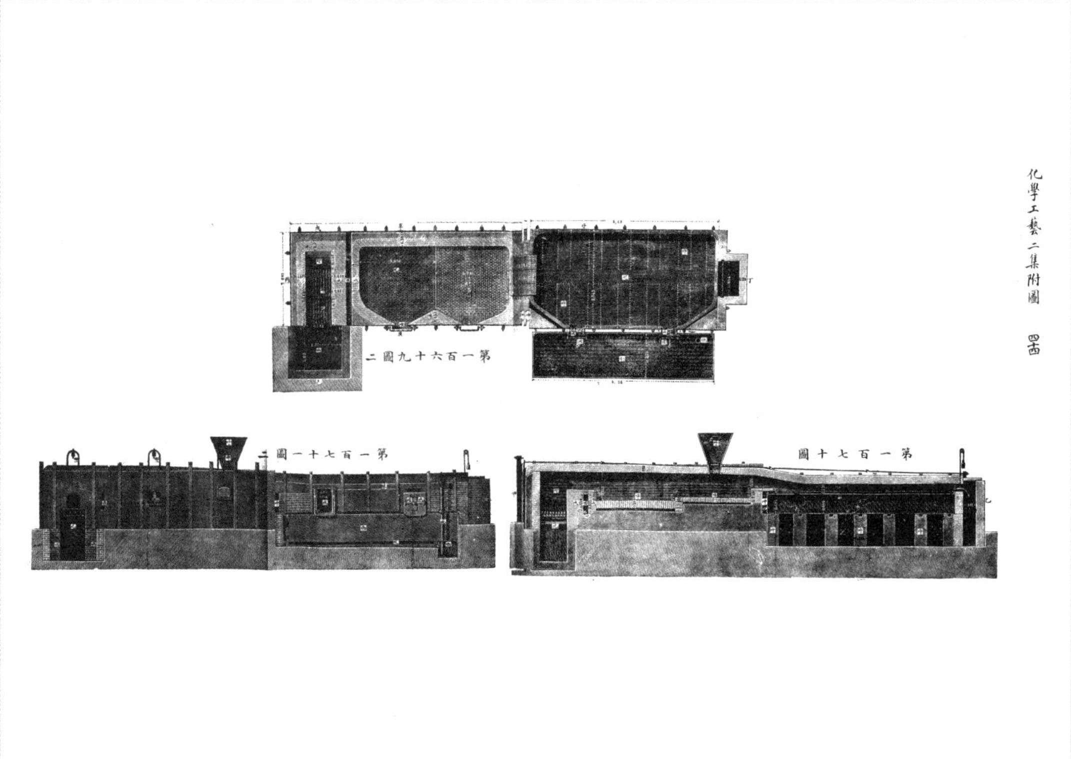
化學工藝二集附圖 四四
第一百六十九圖
第一百七十一圖
第一百七十圖

第二百五十六圖

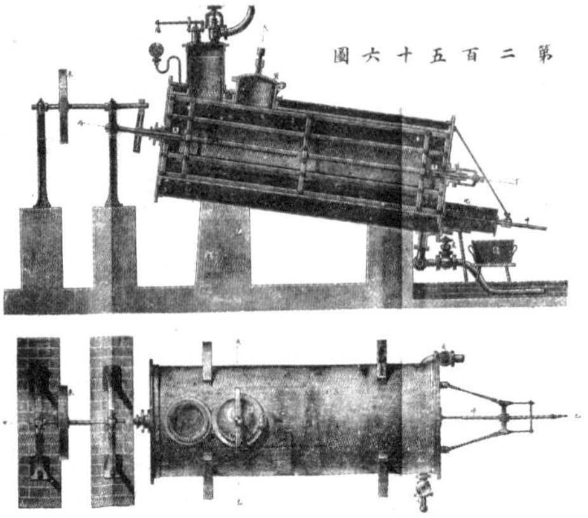

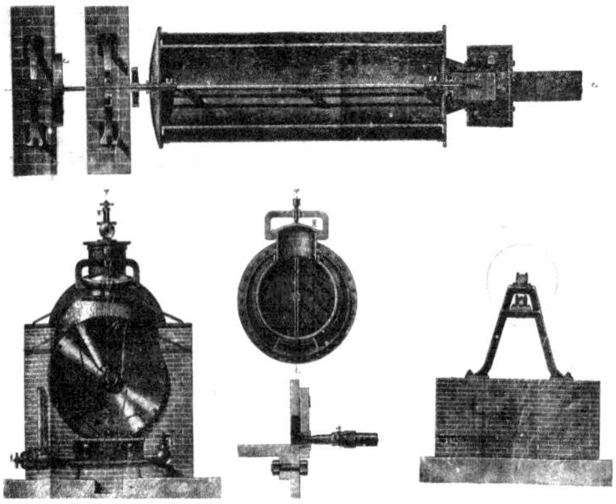

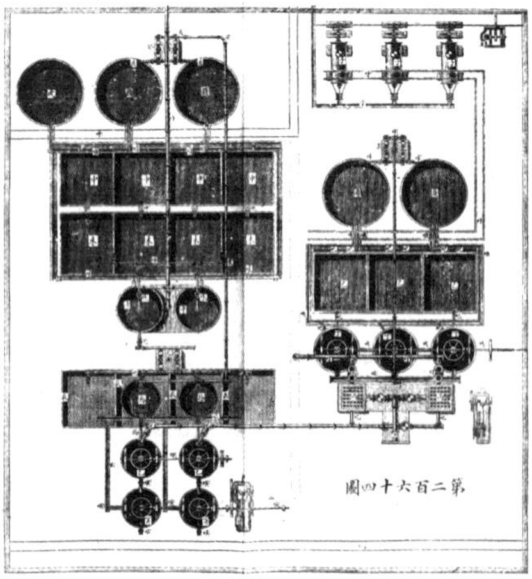

第二百六十四圖

第二百六十三圖

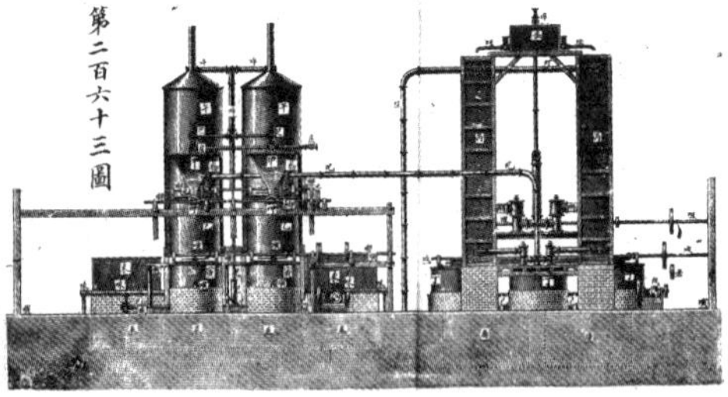

化學工藝二集附圖　四十七

第二百六十六圖

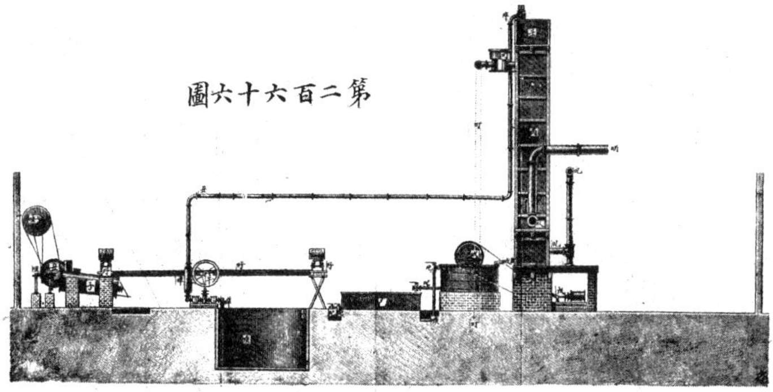

第二百六十五圖

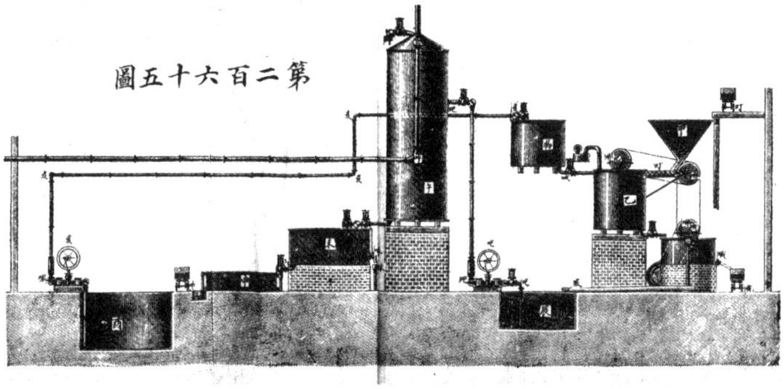

江甯黃承慶繕譯圖字

化學工藝三集目錄

造鹼類法

造漂白粉與鉀養綠養五

化學工藝三集卷一

英國能智著
英國　傅蘭雅　口譯
六合　汪振聲　筆述

第一章論淡輕四養成鹼法

前集所論勒布蘭克成鹼法爲各西國俱用之尚未得更合宜之法能廢去勒布蘭克之法但有一法雖次之而在數處多用之得益故此書略言之

此法用淡輕四養炭養二合鹽令變爲鈉養兩個炭養二與淡輕四綠卽中國硇砂所變成兩種鹽類易於分開因鈉養兩個炭養二在淡輕綠水內最難化能在水內結成粒又每用此法則鈉養炭養二必收回再用

此法雖爲英國所設初英尚未大用而起自歐羅巴別國其法之根原將食鹽合水內消化至飽足再將等重淡輕四養炭養二之細粉調和在內則自行變化而所凝結成粒卽鈉養兩個炭養二所得之水與結成之鹽類分出將結成之質加熱至三百七十五度此所含之異質如淡輕四養炭養二或淡輕四綠或炭養二氣分散而所餘爲最淨之鈉養炭養二所放出之異質在鉛房收之待其凝結其水大半爲淡輕四綠另有鈉養炭養二與鈉綠與淡輕四養炭養二少許將其水加熱熬濃則淡輕四綠放出而在鉛房內凝結其餘水熬乾將其餘質合於鈣養炭養二令淡輕四綠變爲淡輕四養炭養二亦通入鉛房內後將鉛房內之質再用之令鹽變爲鹼故毫無糜費但多用灰石耳

自設此法後有多人將其少變而加益但所改者爲用器與用料之法其理仍不變如英國郭沙智所設之器如第一圖爲總剖面式第二圖爲橫剖面式此圖桶內有隔板成六膛呷一至呷六壟呷吃兩軸其呷軸爲實心有哦吧齒輪連於總軸咦吃爲空心軸上有壓蓋中有膛膛內有孔接兩進氣管能進炭養二與淡輕三氣叮叮爲門上有蓋蓋之便於進料其水加入後其圓桶轉動則水爲各隔板所抄起至呷一方位則傾出又其氣由水內成氣泡而上升故氣必爲水所吸初時其氣不必加壓力後因飽足則炭養二氣必受壓力每平方寸受十磅壓力爲最少又因氣壓緊必成熱故其水必令變冷至百分表七十三度方能傾出其桶內所進之水每水三分含食鹽一分其炭養二氣用所成之鈉養炭養二在甑內加熱令放出炭養二氣又有不用桶但用枯煤塔代之塔內氣上升水下落所得飽足鹽水內添淡輕四養炭養二或兩個淡輕四養三個炭養二或淡輕四養兩個炭養二每鹽水二百四十分配淡輕三十七分卽每鹽水二百四十分內必進淡輕四綠五十四分所放出淡輕三後進炭養二氣令每平方寸有十磅壓力其變化成後用粗布濾之用蓋密之器收其水將定質卽淡輕四綠合於鈉養炭養二

此法爲郭沙智一千八百五十四年所設國家准其專用此後亦有多人設各法與器至一千八百七十年有比利時國人名左勒非另設一法比前更靈因前各法不能得利左勒非之法能得利得利之處因免淡輕四養散去之糜費初用此法之大廠爲英國近產鹽之地此地產濃鹽水每含鹽一噸之水其價僅銅錢六枚如別廠必買鹽消化得鹽水或其鹽水太淡必另加鹽消化在其內則費大更難得利

用此法如必消化其鹽則所用之器如第三圖未與末爲鹽水池甲爲消化淡輕四養之器上下通至未與末用四塞門如吧吧味味但其兩池未末迭更與甲相通如欲與未相通則吧吧兩門開之在酉進淡輕三氣此氣行過酉而入甲甲有假底令其分散而爲其水收之最速又在未內已備石灰水若干則未物物挑動器挑動後引入甲後流出其水行動全靠挑料之輪物物可用螺絲辛如第四圖此螺絲每分時轉動數百次必在甲與未中間連管內裝之又因收淡輕三氣時其熱度增大故在消化氣之甲內有螺絲管中常通冷水其管亥亦能進鹽粉如鹽水太淡可再加若干又如酉爲放氣管此氣因含淡輕三霧通入收器如天生之鹽水太濃另有法沖淡

其鹽水含淡輕三已足用則未器內挑輪如第三圖停止如結成鎂養炭養二或鈣養炭養二所有鹽內不消化之質沉下而在底門放出如鹽內含土甚多則用連倒淸水器如第三圖丁所放出之泥必含水甚多故用壓緊空氣或炭養二氣壓緊水面如未而通過管丑入高桶丁此氣所放出餘水入戌管其泥質存在圓錐形底用刮器寅刮之後在壬管上升由叱門放出必視其水淸濁將未第之料行過此澄淸桶丁

所放出含淡輕四養之鹽水必先濾之最淨如不濾則異質必易在所成之鹽顯出但其水內所含定質之點極微則所用之濾布必極細因此必加大壓力其法用乙桶見第五圖此桶內有小桶辰鑽多孔其濾袋或在辰以內而滿泥時取出或在辰外其泥爲可所取出

以上之法所得含淡輕四養之淨鹽水必加冷方能合於炭養二氣加冷之法用螺絲管申在甲桶內見第三圖用發冷器內如第五圖爲同心圈之管所成其內管之兩端有彎處叺相連而外管亦在兩端有直管叺迭更連之最便之法令冷水行過內管叺令其鹽水行過所成之圈形腔內故在哻點進在哻點出如此能令器外所流之水變冷其加冷器不必置消化器下可置其旁因各流質爲後來壓緊空氣或炭養二氣壓之向前

如第六圖爲自行加壓力之器又能量其流質其用法令其流質流過門腔哂通入味器則浮表已上升至過哂桿上之墊圈味而起之同時啟呻門因此呻孔關閉其哂桿亦動橫桿呫則

令呻之門上升而有壓緊空氣或別氣通入器內壓其水出門盒哂則浮表已隨水落下至過墊圈哧令桿哂亦落下則壓緊空氣再不能進而開通其門呻令壓緊空氣過呻門而放出後再有新水從哂流進如此連做不息間有在㗊桿上加一量表能顯出㗊桿所起落次數並所壓水數此器大為靈便而常用

令其含淡輕三之鹽水遇炭養二氣所用之器原用小房內有平列之隔板並鑽孔之假底其氣從下上升至頂其水在中膛進入後至末通過下膛各膛內之隔板令水來往行動甚多因此器成功最慢故左勒非另設一器如第七圖此圖為立剖面式甲為圓塔內有鑽極細孔之板乙其式為截斷之球形見第八第九圖為立剖面與平面圖又有若干板如哂只有一孔或數孔讓氣與飽足水行過但所進之新水不能與底水相合因底水幾乎飽足其各板邊做齒形各孔塞時則水氣能行過如第十圖其板數塊放大便於顯出直輔桿因此桿令其彎板稍能活動此塔常裝滿鹽水下有管叱進炭養二氣進氣用吹風汽機以此法不但能遇桶內之水因漲時亦能顯若干力如此受若干熱令其水不能生熱不用此法則淡輕三水受炭養二氣時其水必生大熱據左勒非之言無他法能免之進鹽水之處約在塔之半高處過戕管戕管以上有桶已存此水故其平面常等高約在塔頂以下略十尺其門庚嚮內開因此其水如有塞住不通不能自塔流出如已桶關閉但其上面有管啐通至塔之上端故兩邊壓力相等如巳桶可以引長其水足為數塔之用可見以此法塔內之流質不過有上半常換新漸落下則收炭養二氣而飽足如塔之下半有淡輕三氣而上升則塔之上半能收之其塔之高必足收所進之炭養二氣一半為最少同時令流質內所含之淡輕三全變為鈉養炭養二如塔高三十六尺至五十三尺令氣質壓緊有空氣一倍半至兩倍壓力數則所成者最為合宜此塔用十五桶層疊架之每桶高法國一枚其氣不可連進因亂進則所結成之鈉養炭養二不能在邊上聚積但各板內之小圓孔常結成皮塞之凡遇此事則塔內之鹽水必放出以淨水裝滿後噴汽此後結成之皮全消化其塔仍進鹽水照常做之

此器具所需用之炭養二氣有兩法得之一將所成之鈉養兩個炭養二變為鈉養炭養二但依化學之理論之此法只能得所需炭養二氣之半因鈉養兩個炭養二不能全分出所應得之炭養二大半必用別法得之故收回之淡輕三須用石灰成石灰之法將灰石燒出炭養二氣用此法亦為最便而無靡費

燒灰石所用之窰以平常之法為之其下半收小旁邊用枯煤爐加熱其全窰以鐵皮為外殼又用大力進風器為汽機所運

動其汽機燒若干煤能吸窰中之炭養二氣但此氣至進風箭之前必經過鐵枯煤塔塔內有水淋下能洗氣令其變冷在進氣箭內其炭養二氣壓緊得空氣壓力一倍零四分之三因此大增其熱度因本法無弊用冷器則炭養二氣行過數個箭內箭有噴水之法此水令氣變冷又有分器令水與炭養二相離其炭養二氣引至以上所云之塔內或在別器內用之又有法令炭養二氣最濃卽在石灰窰內噴氣在紅熱灰石面上令放炭養二氣愈多

石灰窰所放炭養二氣每百分體積含炭養二氣二十五分至三十分出塔時每百分含炭養二氣十分另含淡輕三若干必行過特設之器以鹽水洗之其鹽水漸飽足淡輕三而其氣放出外空氣內

各塔內含淡輕三之鹽水遇炭養二氣結成鈉養兩個炭養二此工內不免生多熱因用此法必令各料先冷則須特設法令塔內不生熱故塔頂與邊有冷水流下不息又因進氣機器壓炭養二氣則此氣在塔內能自漲至有空氣之壓力不免受多熱因此令塔內熱度不能甚大

塔內之料每半點鐘放出料若干爲淡輕四綠水內含鈉養炭養二與鈉綠少許又有結成之定質爲鈉養炭養二分出之法各處不同有用篩篩之有用抽氣箭吸過其篩無論用何法分出鈉養兩個炭養二必用法烘乾變爲鈉養炭養二卽出售之鹻其故因鈉養兩個炭養二銷場不多又因所得之質帶淡輕三之臭最難分出故銷場滯烘乾之熱度不可大於百分表五十九度但將鈉養兩個炭養二放出炭養二一分劑而收之並收所放之淡輕三少許初以爲最簡便其實甚難左勒非因此設數法以成之內有最要者數種其圖說開列如左

如第十一圖庚庚爲圓桶之立剖面十二圖爲其平剖面內有圓板辛其周與其心內有孔如壬爲立軸通過桶之底與頂軸上有輪輻子子並刮器丑丑令板面上之料推至一板之中間並下一板之周故其料漸從桶頂落至底其板爲空心有水氣或熱氣而得熱其氣行過管之寅寅其鈉養兩個炭養二從漏斗寅放出此漏斗內有辰各輻漸轉爲卯通軸所轉動此漏斗常滿以料其炭養二氣不能放出其庚料落至庚底時已成細粉以備裝木桶烘乾時所放之氣質在頂上有管未放出如不用空心板則氣可徑通入桶內有云此法不甚靈

如十三十四兩圖爲烘乾鈉養炭養二爐甲爲鐵盆有蓋蓋之乙爲立通軸在壓蓋內轉動其軸爲輪輻丙與刮器丁令鈉養炭養二質常挑起盆下有爐加熱最新刮器在十五十六兩圖丙爲刮器能在軸上活動

如十七十八兩圖爲左勒非之法用斜擺桶全靠熱放出炭養二

氣桶以鐵爲之內有火磚爲膛漸轉動其轉法有齒輪戊與戉有磨阻力輪味與味托之巳爲生煤氣之器酉爲進煤漏斗乙爲添鈉養兩個炭養二之管丙爲聚所煅之鈉養炭養二膛左勒非另設一器得鈉養炭養二最密之質以備鎔化如十九圖戊爲漏斗其濕鈉養兩個炭養二裝斗內漸落下入丙槽在此槽放炭養二氣若干分又放淡輕三氣此二氣爲酉管所帶去其軸甲爲齒輪所轉軸上有輪輻己已輪輻上有相連之刮器末刮器上有活節連之因此其料不能在槽內凝結或黏連其鈉養在庚甑內落下時漸熱至鎔化之度從辰辰兩孔放出從辰孔流出時其異質在下日辰前面聚之沉下而由此門取出如辛爲爐柵壬與子爲烟囱

二十二十一兩圖爲此器另一種擺列法其甑之形與前不同有管酉放出其鈉養叱叱爲火磚令火之熱度各處更勻又二十二圖之器不用機器轉之其鈉養兩個炭養二置戊漏斗內落下至丙桶滿時加熱則鎔化之料過哂而流出所有炭養二與淡輕三及汽過哂管放出丙桶內有鐘形罩令所受熱之鈉養炭養二不成厚層以上之器或用生熟鐵及鋼或別金類其面上或用火泥一層或用硼砂料釉一層或用西門士爐不收養氣之火燄鈉養鎔化之處或以銀或面上鍍銀一層

令所成鈉養炭養二變冷最簡之法可噴水少許在其面上令其水立時化散不爲鈉養炭養二所收如欲成顆粒則傾至轉動之銅板同時噴水少許在其上

如欲成含鈉養輕養之鹻則噴汽在鎔化鹻面或噴入其內令鹻放炭養二氣若干有鈉養輕養氣變成如連成鹻之器所噴之氣亦必接連必照所需含之鈉養輕養而定其多寡其進汽管如十九圖巳又如用二十一或二十二圖之器則鈉養先傾入另器成流質時噴入汽

如二十三四兩圖爲所成淡輕四綠之水內分出淡輕四養所特設之器因淡輕四炭養二所含之淡輕三先放出後加石灰則石灰化開時生熱而用此熱蒸出淡輕三故此熱與汽機之餘熱外無他加熱之法如二十三四兩圖爲立剖面式與平圖從鈉養兩個炭養二所濾出之水先行過甲器蒸之此器內不用石灰後行過乙與乙一乙二乙三各甑內合石灰蒸之此各甑有分料器丙能令任何甑隔開其餘各甑仍能用平常有一甑停止爲放料與進料餘三甑蒸之其汽機之餘汽行過酉管至分料器丙從此行過酉一管通至第一甑乙又行過酉二管回至分料器丙從此器行過酉三管通至第二甑乙二又以同法行過其餘各甑所進新汽入末甑即淡輕三將放盡可見從甲三管放出之氣不過爲淡輕三并淡輕四炭養二少許但氣徑通消化鹽之器內其鹽水不可加汽沖淡如巳爲加冷之器內有螺絲管申內

經過所要蒸之水在頂上有管理進水數之器未未內有浮表已此表浮在水內少許如二十五圖爲甑之假底如吠其底內鑽多孔令所進之氣分列其內各孔爲圓錐形其邊爲齒形如底爲萍門如乙一乙二乙三各甑內其淡輕四綠用石灰化分石灰由窰內徑送至申門落入甑內之籠如巳所有未消之灰塊及石等在籠內不能外出如淡輕四綠水在乙內上升時化其石灰則生熱此熱能助蒸之工

蒸工畢其水用人塞門放出又開通人門則石灰籠巳之底落下籠內之質亦落出所得之水含鈣綠與鈉綠必從所合之質分開分法用澄清器如二十六圖其熱流質行過丙管通入中

管乙從乙器過丁管放出其水在甲器內上升在其頂上流入已管在戊點其石灰漿落下有刮器取之其刮器爲手輪辛所運動在壬處取出其圓錐形子爲寅與卯兩桿行動令新進之水不能帶石灰漿上升而混其水如將庚管與起水筩相連變爲吸水筩則甑內稍成眞空更爲得益其氣尙未至抽氣筩時行過吸氣器則所含之淡輕三爲此器所收

所有之各糜費內如淡輕三之糜費在各廠不同約百分之三爲最少百分之二十爲最多所得之鈣綠水幾全放去因不能作何用所有鹽類之綠氣亦全爲糜費此爲用淡輕四養法最大之弊如鹽強水價貴之處則用鎂養或鎂綠代石灰蒸淡

輕三其鎂綠水在蒸後熬乾其餘質在氣內加熱至輕綠再不發出爲止後用輕綠凝結熬濃或徑用其氣成綠氣爲化學工內用所用之鎂養必先洗一次後用之在淡輕三工內用此法則鹽不化分可再用

以上所云左勒非之法所成之鹼最淨又不含鈉養輕養又不含鈉硫或鐵其質最濃每百分能得九十八分至九十九分爲淨鈉養炭養二又用此法不放惡氣以害隣人又不成有害於人之廢料但雖有益亦不免有弊因其質鬆故用之做玻璃或假靑精石粉等廠化料之鍋內不能容應裝之重數又因其質更鬆熱難通入其內故其料雖比勒布蘭克法更精因其太鬆

出售不便其價反比之稍次有數處不用勒布蘭克之鹼因每百分含鈉綠二分但淡輕四養之鹼其各異質不及二分又淡輕四養之鹼以製造工料計之其價比勒布蘭克更貴故將兩法相較則以勒布蘭克之法爲優

又有一事爲立廠最要因全副之器比勒布蘭克法更貴每日成鹼一噸則開廠之全器具需金錢一百六十元又有云其價尤貴如地價在內須另加一半

近有英國名羊者另設一法用淡輕四養做鹼如二十七八九三圖二十七圖爲立剖面二十八爲平剖面二十九爲後面立圖用三圓鐵桶甲乙丙俱不洩氣其樞如丁其枕如戊連於架

己各桶下有爐栅庚桶之一端有斜齒輪辛其輪辛與小斜齒輪壬相切而壬連在短立軸上如癸各立軸下端亦有平斜齒輪與軸寅卯斜齒輪相切其小齒輪丑俱有桿如卯連在托頂辰上用此桿能令丑小齒輪任與子小齒輪相切又三個桶甲乙丙內任兩桶能有空心樞丁與別桶相通如甲乙兩桶有相通之管呷吃各有塞門如呐叮哦吧則起首做工先將甲桶端所有之門噗開通另將鹽水傾入每水三分配鹽一分其水面亦必在哘旺管端以下此兩管在甲器內可彎向上如二十八圖其門噗封密有哘管通淡輕三氣每用鈉綠百分配淡輕三三十五分又過旺管通炭養二氣其旺管通哘管之中間其端在哘管之上成炭養二氣之法將鈉養炭養二加熱或鈣養炭養二在甑內加熱令汽通過如令甲器轉動常有料之新面與桶之受熱處相切其桶亦可用轉動之輪軸或鑽孔之圓板令水常挑動而鈉養炭養二起首凝結時必有熱度不變其炭養二氣必連進至料不能收爲止其未收之氣行過呷吃兩管通入乙桶遇新裝之鹽水與淡輕三但乙桶所進之鹽水必比甲桶鹽水更濃甲桶之料收盡炭養二氣後則鈉養兩個炭養二澄清所成之淡輕四綠水過塞吁與特配之管通入蒸淡輕三之器內其餘鹽類可以淨水或鹽水洗之亦可通入甑內後將鈉養兩個炭養二內加水少許甲器灑加熱一百零五度即其沸度又可用重熱氣代爐加熱照此法所餘之淡輕三同炭養二氣之一半放出先行過加冷器後通入乙器甲器所存之水或變爲鈉養炭養二顆粒

以上之法外另有用淡輕四養成鈉養炭養二各法有益亦有弊此書不必詳載惟有一法用酒精合於淡輕四養所用之酒精幾無糜費大概用圓桶形之器內加磨碎石鹽與三十五分濃之酒精并淡輕三與炭養二氣用器調和則酒精內變成鈉養炭養二因重率易與不變化之石鹽分開所蒸出之霧有器收之酒內含淡輕四綠在收器內合石灰再成酒精與淡輕三此各變化之工在封密器內成之而酒精之糜費只二百分之一此法在德國柏林有大廠用之因不甚得法故漸廢

查以上用淡輕四養做鹼之法能否大興令勒布蘭克舊法廢去尚未得知如左勒非在英國各廠每得法而別處試之不利因用此法幾分恃器之靈巧在英國各工用最淨之鹼則以左勒非之法所成者更能值價如工藝內不必用最淨者則勒布蘭克之鹼其價略賤又大廠不但做鈉養炭養二顆粒自以勒布蘭克之法爲便宜以英國而論難定何法爲優若法與德兩國有最濃鹽水與産煤層相近此各處用淡輕三法必得利此兩國亦有淡輕三價貴之處又因不成輕綠且淡輕三法所成之鈉養炭養二比別法更鬆故淡輕三之法多憑綠水此水貴處仍

用勒布蘭克法在德國用勒布蘭克法各工各料所成之鹻比前更佳與左勒之法難分上下

又有一大難處淡輕三之價在各國漸貴因十年內淡輕三之各鹽類用以糞田淡輕三之法愈行其料價愈貴久則不能合算又因淡輕三鹽類幾分靠煤氣廠得之近各國欲廢煤氣以電氣代之如此則淡輕三之價更貴雖另設多法成淡輕三尚不及用煤氣廠廢料之便宜

第二章論用雪形石成鹻法 西名格來呵來得

查此事之源流有丹國船出北冰洋捕鯨魚在哥連蘭地方經過得此石一塊帶回丹國京都不言從何處得之但與化學家詳細化分知含鈉養從前各西國不知有產鈉養之石故礦學家在各國詳考此種石久之在哥連蘭地方得之甚多無論用乾法或濕法能化分成鹻在丹國設廠多用此石成鹻後別處亦得之但不及哥連蘭地方之多從哥連蘭每年運來此石有數千噸只有一山谷內產之必在夏令開採近地面者最淨十尺以下略不淨十五尺深已變暗色再深幾爲黑色其黑者用火燒之亦白

淨雪形石爲半明白色如玻璃其不淨者或黃色或帶紅色重率二·九五三硬率二·五至三顆粒最不分明其成塊能劈開稍成平面極易鎔化如以玻璃管試之則顯出含弗氣之變化不能全在鹽强水消化能全在硫强水消化亦爲石灰所能化分每百分含鋁十三·七分鈉三十三·五分弗氣五十三·五八分

如將雪形石變爲鈉養鋁二養三有多法只有一法試過可大做卽合灰石用乾法此法必先詳言後將其餘各法言其大畧

現在所用之法爲唐生所立其法之大畧將雪形石合石灰燒之則放炭養二氣所餘之質爲鈣弗與鈉養硫二養三

先將雪形石與灰石或白石粉磨成細粉每雪形石一百分配白石粉或灰石一百五十分依化學之理一百二十七分已足用但多加白石粉其質更鬆不易鎔化雖磨成極細之粉將其料和之最勻然不免有雪形石若干分爲鈉養硫二養三所包護令其不能化分數年前有化學家將所得不淨之鈣弗配入其料內但用此法費燒料更多爐必加倍所成之鋁二養三多百分之十二至百分之十八而所成之鹻多百分之六十至百分之七十

此法以配準熱度爲最要起首加熱至不發紅其料之鎔化度亦不過在紅熱相近處故化分熱度與鎔化熱度中間交界不多又其料因難傳熱應鋪成薄層又如加熱至鎔化度則有多雪形石不能化分所成之硬塊亦難鎔化不能用平常倒燄爐因倒燄爐內之熱不勻而料之一分必先鎔化餘一分尚未化分用轉動爐則無慮此如唐生所設之爐可免此弊其式如三

十圖起至三十三圖止爐底內爲大火磚所成厚三寸面十八寸方爐底靠柱高十二寸方九寸其擺列法令火膛甲在爐底以下平分其火泥磚靠牆所凸出之邊邊寬二寸其下火路丁戊與全爐底等寬而高十二寸又在戊處與第二爐底乙相切在火壩辛下最低之面漸高令火路高只五六寸在此處兩邊之火相合行過爐底向風門壬壬而過風門通入火路子火路子先通至火路丑與總火路卯相接可用風門辰斷之後通至噴孔此孔能放火燄通入巳孔端在其爐弓與各盆已中間此後火燄行過各風門午午年通入平火路未此火路通至總火路必經過申風門而酉風門閉時開通辰門則其火燄由爐通

至總火路不令其各盆受熱如將辰關閉令酉開通則火燄行過各盆底下

其兩爐柵尺寸相等長三尺寬十五寸爐柵條以熟鐵爲之厚一寸零四分之一其挑爐之孔戌與亥以火泥板蓋之其爐柵前牆厚十八寸與旁牆不相關而有鐵樑地與人托之又有弓天蓋之以此法可修理換新而不改變別磚工其橋辛加冷之法有通空氣路辰而辰有小孔在爐膛乙之旁所有爐之兩邊牆如吃吃其根基最堅其弓厚九寸而磚之節與爐之長邊平行其爐外有鐵板爲裏每板長三尺寬二尺用柱與牽條連之最近火燄之板有鐵管或瓦管護之其各火路子與未並爐底

以下各柱之中間俱有門能開爲收拾之用如吰爲漏斗進料時用之其爐底面積約一百平方尺長十三尺寬八尺每兩點鐘裝料十擔即每日裝料六噸此六噸內有雪形石兩噸半每日所燒之煤約十六擔其熱足令其鹻水化乾成粒又在鐵板上烘乾灰石此爐所進之料全變熱至紅但不許生熱至鎔化故極易漂之每雪形石一百分理應得鹻粒二百零四分但最多僅得一百九十七分其餘爲糜費又有別家云每用此石一百分只能得鹻粒一百七十五分如爐內燒各料合法不應成硬塊有則用篩篩出再置爐內如那得那拉地方將雪形石五十分磨成細粉合灰石十分石灰四十分每爐裝此料九擔半

燒後重八擔零四分之三每一工裝爐六次加熱至紅兩點鐘後則取出在鋪磚之地面待冷後送至漂池內尚未冷時置木池內其池向下斜而底有眞假兩層假底鑽多孔漂此料所得之水大半爲硫$_{二}$養$_{三}$其不消化之紅色料從前爲廢料鋪於路面現可合於成粗玻璃料因令其玻璃料更易鎔化又能用石灰更多故所成之玻璃更堅此廢料亦可在鍊金類工用又可合火泥成磚所成之磚最韌能耐熱並不易透濕氣

此法所得之鈉養鋁$_{二}$養$_{三}$水爲棕色不含鐵而有大鹻類性間有熬乾出售但銷路不多故必將其水化分其法置鍋內蓋密而噴炭養$_{二}$氣則鋁$_{二}$養$_{三}$結成沉下其水爲鈉養炭養$_{二}$水熬濃

則可出售其結成之質合於硫強水成白礬

從前將燒雪形石之爐所放出之熱氣內分出炭養二氣令其鈉養鋁二養水化分但此氣不淨而不合用故另設法成炭養二氣平常之法燒枯煤或用枯煤燒石灰其爐如三十四圖起至三十七圖止其爐柵之左右各一個相對如呷可不用挑煤孔用直立鐵柵代之修理爐時其柵可取出其枯煤從噢孔加入其灰石從爐頂放入爐頂用子蓋之兩爐柵甲燒灰石成石灰又所放之炭養二氣並火所放之氣用生鐵管吸之此管在相連處徑七寸半漸收小至四寸零四分之一爐之兩邊亦有空膛吃吃與烟囱相同而有孔戌戌其石灰將燒成時過其戌戌

各孔牽至吃吃各膛內待六點鐘則熟其火燄在兩邊從呷放出亦行過其石灰而通至內烟囱此各膛內石灰燒成後在爐之兩邊門取出後再扒出未熟之石灰若干令吃吃兩膛常裝滿

如哱有相對兩孔封之最密每若干時開之放出所聚之石灰粉所進爐之石灰有拳大之塊間有徑一二尺者其氣質由管先行過洗氣器其洗氣器受二三尺水之壓力從此處有抽氣筩抽出此氣筩為雙行其筩徑十一寸推路十六寸每分時來往六十次其吸管寬四寸零四分之一放氣管徑二寸零四分之一洗氣之器裝滿灰石至水平面為止因此水數減少其水

連進出不斷所經過之濁炭養二氣能提淨此種爐每二十四點鐘燒石灰五十二立方尺所放炭養二氣足令鈉養輕養十擔收之飽足

用此法漂其料得鈉養炭養二之熱水熬濃成粒間有在爐頂上擺列盆內先熬幾分濃如那得那拉地方先熬濃至六十六度冬令放在大池內待其成粒夏令放極大池內每池裝鹻千噸其池以生鐵板為之待過冬令至春日用起水筩起其水用開礦之器具開其顆粒所起之水因含異質少可仍用之所成之鹻粒最淨每四百分含鈉養硫養三一分為最多帶至英國出售必令加鈉養硫養三若干分則與英之鹻廠所出者相同

如合以石灰分出炭養二則成鈉養輕養

另有一法從雪形石做出鈉養炭養二為濕法用硫強水等法因其法尚未興不必詳論

第三章論鈉養炭養二等鹻類之用處與數目

如各西國所成鹻類大半只有兩用一造玻璃一做肥皂此外用鈉養炭養二粒在家中洗衣等用亦多又其鹻灰在製造各工內用之亦廣又能去油漆再如漂蔴棉等布及羊毛與染布印花作紙又所用鈉養鹽類以鈉養炭養二為根原即如鈉養硫養三與鈉養燐養五與鈉養矽養二及鈉養果酸與鈉養硫養三與鈉養硫二養二與鈉養醋酸與鈉二綠並化學工藝多事內常

用之又如做多種顏色料染料無論爲土石類或爲生物植物者俱用之其假靑精石粉爲土石類最要之料又添入鍋爐內令鍋內不生皮又鍊各金以鍊鋼用之最多從前常用鉀養各鹽類者幾盡用鈉養惟有數種鉀養鹽類另有性不能代之如最好之玻璃用鉀養與礬與硝與鉀二衰三鐵與鉀養綠養五與軟肥皂等是也英國從前造火石玻璃以鉀養爲不可少者後改用最淨之鈉養代之

各國産鈉養各數

如一千八百五十二年英國成鹻各總數開列於左

用生料帳

硫磺一萬一千五百二十噸

鐵硫二礦十萬零二百六十二噸

鹽十三萬七千五百四十七噸

煤五十一萬九千四百二十噸

鈉養淡養五四千八百噸

錳養一萬二千噸

造成之料

鹻灰七萬一千一百九十三噸值金錢七十一萬一千九百三十元

鈉養炭養二粒六萬一千零四十四噸值金錢三十萬五千五百二十元

鈉養兩個炭養二五千七百六十二噸值金錢八萬六千四百三十元

漂白粉一萬三千一百噸值金錢十三萬一千元

共價金錢一百二十三萬四千八百八十圓

共用工匠六千三百六十二名

各廠原價七十萬二千圓

每年修理費十二萬九千七百圓

運各料噸數共三十七萬三千三百噸

如西歷一千八百六十二年此工藝加一倍所有大廠共五十座成料値價二百五十萬有零

地價二十三萬五百圓

廠與機器等項九十五萬圓

常年出進存本八十二萬五千圓

修理所費之料十三萬五千五百圓

廠內做工人一萬零六百名

廠外扛運生料人夫八千五百四十名

廢料每年三百八十七萬三千噸

自一千八百六十二年以來增廠更多如一千八百七十六年英國各廠所用之生料開列於左

鐵硫二礦與灰石三十七萬六千噸

鈉養淡養五一萬二千二百噸

鹽五十三萬八千六百噸

煤一百八十九萬噸
白石粉與灰石八十六萬六千噸
錳一萬八千二百噸
共費料三百七十萬一千噸
用工人二萬二千名
每年工價金錢一百四十萬五千圓
所用資本約金錢七百萬圓
發售各國鹼類五百五十四萬六千一百九十一擔
值價二百二十二萬二千八百六十六圓
一千八百七十六年法國進口之鈉養炭養$_{二}$粒三千六百零

七噸鹼灰五千九百零八噸鈉養輕養二千三百六十四噸出口鈉養炭養$_{二}$粒八百四十四噸鹼灰六千九百十四噸鈉養輕養四十噸

查德國每年各鹼類廠自一千八百七十六年每年成鹼類五萬八千噸用鹽八萬零六百六十六噸進口鹼灰一萬六千六百二十五噸鈉養炭養$_{二}$粒一萬五千七百五十二噸出口鹼灰一千六百五十三噸出口鈉養炭養$_{二}$粒四千二百五十七噸如一千八百七十九年德國所有鹼廠共二十一處合成本金錢二百二十萬圓工匠六千六百十九名管事人三百六十一名用生料約三十五萬噸值價金錢五十七萬五千圓工價三

十萬圓自此以後德國所有造各種鹼類年多一年
如美德兩國近設數大廠造鹼類仍不足用須從別國運來一千八百七十七年美國進口之鹼如鈉養硫養$_{三}$二百八十五萬磅鹼灰二萬零六十三萬一千四百九十磅鈉養炭養$_{二}$一千八百六十四萬八千六百六十五磅鈉養炭養$_{二}$三百六十七萬五千六百六十五磅鈉養輕養三千三百三十七萬五千四百四十七磅漂白粉四千七百五十九萬二千九白八十九磅鉀養綠養$_{五}$一百十二萬二千二百四十二磅

造漂白粉與鉀養綠養$_{五}$

第一章總論

凡做鹼類必成輕綠甚多無法售去不得已用之做漂白粉現因做漂白粉能得利故鹼價可廉查做綠氣與漂白粉法並造成鹼及勒布蘭克法此四項約同時得之

查綠氣有漂白之性約百年前所得先用綠氣水後將綠氣通入鉀養水得鉀綠水此法漸興故英法兩國於百年內多設新法與新料因此銷路甚廣

如綠氣原在西歷一千七百六十四年爲化學家西理所查得者尚未得其全性因其色綠故名爲綠氣無論動物植物與地產之質內俱有含綠氣之質但平常所用綠氣全靠鈉綠或鉀綠或輕綠三種質得之而做綠氣各法在下第四章內詳言之

綠氣之色其深淺與熱度有相關其熱愈大其色愈深重率爲二•四五〇一二如加大壓力同時加冷至百分表下十四度不能凝結如加熱至百分表十五度另加四倍空氣壓力則成明而黃之流質重率爲一•三三綠氣雖不能着火但有多生物質燒在其內能成大光亮之火燄如乾綠氣遇藍色試紙則紙不變色如濕綠氣能滅其藍色大半植物染料亦能滅其色又綠氣能滅各種生物質惡氣令發惡氣之料無害於人但綠氣之臭有壞臟肺令人氣難呼吸如吸綠氣少許令眼生淚而鼻發嚏與傷風相同使口鼻之內皮受大熱成咳嗽氣難呼吸甚至嘔吐如久吸之則有咯血之症受其害而欲治之須吸輕硫氣或酒精內所發之氣與霧如工匠受此害飲燒酒可免

綠氣比養氣更重如將綠氣與輕氣等分劑相和後通電氣或烘熱之或遇日光則能轟裂最猛能損壞物件如綠氣行過水則水能收之甚多而飽足時得綠黃色之水多放綠氣之臭其味澁而不酸此水漸自化分成輕綠氣與養氣如遇日光則化分更速

如將極細白石粉調在水內未沉下時通入綠氣則白石粉消化成鈣綠二其炭養二氣放散水內有輕養綠能蒸出又如令綠氣通過鹻類或炭養二氣質之水亦成鹻類或綠氣質之水並放出輕養綠又如將鹻水通綠氣至將發氣泡時則成淡黃色之流質稍放綠氣如遇薑黃試紙則先發紅後漂白此水加熱令沸仍存漂白性如熬濃則失其性之大半熬之愈速則失綠氣愈多如將鈉養炭養二水通以綠氣至飽足有餘所得之黃色水其漂白性最重如成薄層而熬乾則其餘質遇薑黃試紙先變棕色後漂白如將其水加熱令沸則放綠氣而失其色熬乾則所餘之質爲鈉綠並鈉養炭養二少許

漂白粉〇如漂白粉之水內有鈣綠與鈣綠二兩種質相合其做法可用石灰水通以綠氣則成但以此法成漂白粉化學家尚未定其原質與原質之擺列法如何各國化學家詳細試漂白粉之原質其論最煩因與製造法及用法不甚相關故此書不必推論只將自已試過之各法言之而驗其所顯之理

一做漂白粉用水之相關則用濃硫强水收出綠氣內所含之水再通過石灰水或含水之石灰如每百分含水六•五分其漂白粉所能放之綠氣九•零六分連試多次至石灰每百分含水三十一•八分則所成漂白粉每一分含綠氣三十六•八五分可見漂白粉之濃淡視其用石灰含水之多寡又試綠氣不用硫強水令其變乾但令其行過裝浮石之管管徑四十寸即與平常成漂白粉廠內所得之綠氣相等其石灰每百分含水二十四分則所成漂白粉每百分能放綠氣四十•一二分又試綠氣行過百分表十五度熱之水而不用法令綠氣變乾則每石灰

一百分含水二十分所成漂白粉每百分能含綠氣三十四·四七分又以同法令綠氣行過百分表四十度熱之水又行過七十五至八十度熱之水所成之漂白粉尚不乾爲濕而成塊者又試石灰去其餘水每百分含水二十四分亦得漂白粉每百分放綠氣四十分

以上各法內所得最濃之漂白粉每百分含綠氣四十三分半無論用何法其漂白粉每百分不含至四十三分則做法必有弊不可用

二試空氣遇漂白粉之變化如百分表八十度熱之濕空氣令漂白粉放出養氣而不放綠氣又如百分表一百度熱之乾空

氣令漂白粉亦放出養氣而變爲石灰與綠氣

三試漂白粉遇炭養$_2$氣則知漂白粉內不可含鈣綠因遇濕氣少許得熱至百分表七十度則遇炭養$_2$氣時幾全放出綠氣如無濕氣則幾不變化

四試漂白粉內所含之水其試法將最濃漂白粉加極大之熱令其水幾放盡每百分放水二零九七分所加之熱至紅熱爲限

又有化學家詳細化分最濃之漂白粉每百分所得之各質爲鈣養綠$_2$ 七七·〇五分鈣養炭養$_2$ 〇·九六分鈣綠$_2$ 〇·四五分鈣養輕養六·七四分水一四·八〇分

第二章論造綠氣法

初造綠氣用錳與鹽並硫強水相和而蒸之放綠氣後甑內餘質爲鈉養硫養$_3$或錳養硫養$_3$此質只能作廢料但後因鈉養價貴則從餘料分出鈉養而得利以此法做綠氣現不過在化學房內小做用之間有數處運費大則鹽與硫強水更賤如造紙等廠此種做法年少一年鹼類廠大興之後則鹽強水價最廉故全恃鹽強水做綠氣現凡做漂白粉或漂白水或鈣養綠養$_5$出售者全用鹽強水

鹽強水放出綠氣法甚多除地根之法其他多用錳養$_2$或錳和養氣之別質近來多用韋勒登之法所收回之錳養$_2$原從

錳礦做出此礦少有淨者常含數種別礦或土石因此礦爲做綠氣不可少者應特論之

此礦西名貝路羅歲得其意爲火洗礦淨質每百分含錳六十三·六分養氣三十六·四分所成之粒如三十八圖寅寅兩面與直面吻成九十三度四分之角其橫面咳與其斜面叮所成之角爲一百四十度又與其巳面成一百四十度之角其粒或爲珠形或爲針形或成片平常爲大塊其質紋或半徑排列或爲絲紋排列其硬率二至二·五極細絲紋質更軟重率四·七至五·零其色深鋼灰至淡鐵灰其剖面黑色之質能染指其光色爲半金類光如加熱則放養氣而不放水產處甚多又有相類之

礦不少開列如下

布羅乃得此礦與火洗礦之分別因其顆粒不同其質更硬硬率六·五至七但其原質相同

布羅乃得此礦每百分含錳七十分與養氣三十分其式爲錳二養三比火洗礦更硬其硬率六至六·五重率四·八至四·九其色或黑或棕黑不染指其剖面黑色光黯如定質油

棕色錳礦每百分含錳六二·六分養二七·二分輕養一零·二分其硬率三·五至四重率四·三至四·四其色深鋼灰至鐵黑直剖面爲棕色此礦亦有大相似之別礦數種

和斯蠻乃脫礦即錳三養四每百分含錳七二·二分養二七·八分硬率五至五·五重率四·七至四·八其色鐵黑直剖面棕色而有金類光色此礦在做綠氣工內無甚大用

光滑黑錳礦〇此礦平常所見者或爲腰子式或狀類胡桃其面或光滑或粗毛其內質略似分層不常有成絲紋之形直剖之其面或平或如蚌殼之狀其硬率五·五至五·六重率四·至四·二其色或黑如鐵或帶藍色直剖面其光稍黯所含錳養二外另含數種異質每百分含水四分至六分

華得礦此礦與以上所言大同小異不算另成一類大約爲別種錳礦化分而成常見者爲胡桃形或山芋形或成大塊或爲薄片常含水甚多其質最軟能浮在水面故遇鹽強水能消化

其重率二·三至二·七其色或棕或棕黑其光色不甚明在各國俱有產者此爲最要之錳礦

如英國等常用之錳礦前從法德等處得之後由日斯班牙國查得新開最好之錳礦至一千八百六十五年運出口二萬四千三百四十噸又在日斯班牙別處每礦百分含錳養二七十分但此各礦尚未多開又在牛西闌與古巴花旗意大利等處亦查得上等錳礦但因近來多用韋勒登法做綠氣而能收回所用之錳養二故銷路較前頓減而多處開礦不能合算

凡錳礦所值之價視其所含養氣即本礦錳養外所能放之養氣平常出售錳礦依其所含錳養二定之如所云含錳養二百分之六十至七十其意每百分所放之綠氣等於淨錳二六十至七十分所能放者相同如含錳養過多則所需用之鹽強水亦過多因此減其價又錳礦所含之異質常有大礙即如含鋇養硫養三或矽養二等質之礦是也又如合鈣養二炭養二即灰石亦爲大弊因不但徒費鹽強水甚多但放炭養二氣大有礙於做漂白粉如英國各礦含炭養二多於百分之一者則爲無用無人肯購之如將此種礦軋碎和以淡強水放出炭養二氣則可出售但因做此各工之費用大故亦不合算

如錳礦極軟者比硬者更合用因易爲鹽強水所消化向有最淨之礦因其質最硬必用多強水與汽方能消化故亦不能多

值價可見凡買錳礦做綠氣必詳察之如買德國錳礦則其乾者每百分含錳養二六十分爲準數過此數每加一分必另加若干價如每百分含錳養二不及五十七分則棄之不用如日斯班牙錳礦以每百分含錳養二七十分爲準數每多一分則其價必增每少一分則其價必減不及五十七分亦棄之不用定準錳養二礦之法有三事爲要一爲查其含水數二查其含錳養二數三試其含炭養二氣數

推算含水數之法將其細粉加熱至百分表一百度約六點鐘再稱之看其放出水若干

濕氣含錳養二之法有數種即如將其錳礦置小甑內用濃硫

強水令其放養氣收其養氣量之每一分體積配綠氣兩分體積但近來所常用之法爲本生所設俗名爲鐵法此法將其錳礦試所能放之綠氣依其綠氣數而定礦價所用器具如三十九圖將玻璃燒瓶至頸引長之只能接一通氣玻璃管其管通至大試管試管內含淨鉀碘水試管放在大玻璃桶內桶裝冷水則燒瓶內所置錳礦與鹽強水發綠氣爲鉀碘所收氣放盡時其管與燒瓶必速取出否則鉀碘水必上升流入燒瓶內故用第四十圖法更穩可免此弊

如以上兩種器其用法將所要試錳礦三格置燒瓶內瓶之容積極少要五十至六十立方百分枚再將淨而發霧之鹽強水

約二十五立方百分枚入瓶內將燒瓶頸與通氣管相連其收氣管已裝濃鉀碘水二十五至三十立方百分枚試時此器必置冷水桶內令不生熱燒瓶加熱時則綠氣放出但熱不可過大恐壓力大而有放散之氣久之必加大熱令沸則其餘綠氣與汽與輕綠必全放出如另設一法將完時能吸空氣過去則綠氣能全收出如燒瓶內之強水變爲淡黃色則去其火燈如用三十九圖之器則氣管亦必從收氣管取出如用四十圖之器不須如此如氣管取出時聞燒瓶有綠氣之臭則試之不得法必重試之所放出綠氣如鉀碘水則鉀碘放出碘其數必相配每錳養二八十七分配綠氣七十一分或碘二百五十三・七

分其鉀碘水內試所放之碘數有兩法一用鈉二硫二養三一用鈉養鉮養三用此兩料之法在下量綠氣款內詳言之

另有法用鐵絲消化之推算其所成之鐵鹽類所收之養氣即如用鐵絲半格在淡硫強水一百格消化之再添錳礦半格

試錳礦含炭養二氣用平常試炭養二氣之法與器可也

另有法爲大廠家常用即試錳礦須用若干輕綠方能消化如所需之輕綠過限則錳礦亦不能作爲上等者

成綠氣之甑

前云初造漂白粉時鹽強水之價甚貴則用鹽與錳并硫強水但此法必熱度甚大而強水須多用大約每鹽一分配錳礦粉

一分硫強水兩分半但強水必先合水等分所用之器如四十一圖以鉛爲之其下半用鐵殼包之如乙乙離鉛甑之邊少許可用管辛通汽而汽令甑底能熱間有令甑下半全以生鐵爲之其口成槽槽能接鉛蓋用灰等料封其節鉛甑有門如丁爲裝錳粉又有漏斗丙添鹽強水又有放綠氣管已又有孔與壓蓋如戊能接立軸此立軸能轉動挑料癸所有各門必用灰封密令其不洩氣如用別法成節則易朽壞如辛管放出其甑內之質

數十年內所用之鉛甑大概照上法爲之雖必常修理換新亦不設立新法間有人用瓦鍋當鉛甑因瓦料遇強水之霧不變

此法現棄之不用全用錳礦與鹽強水但因鹽強水裝瓶與運費大除造鹽強水廠外而別處做漂白粉不合算

有一種器爲余皮勒所設如四十二圖呷呷爲鉛甑甑內加鹽與硫強水吃爲門便於進鹽呷爲管通至烟囱而化分鹽時有門閉之叱爲進硫強水管與門吠爲放出鈉養硫養三之管有鉛蓋已蓋之此蓋有鐵架與螺絲與鐵桿旺如癸癸爲鐵油盆此盆有假底內鑽多孔如吁能托呷呷器設此器者云呷呷器內熱度不可大於一百六十六度但此論恐有不合理之處此甑所進之料每次用鹽一噸與重一•七一之硫強水一噸半其輕綠氣行過噴管通過含錳礦粉之器唧此器用火磚爲裏其

管噴通入唧器後則蓋之爲瓦管如唇從唇通入空心圈吧圈內有多小孔其輕綠氣行過各孔通入水與門平面之下其錳料有挑料鐵器壬外面加鉛一層通入壓蓋如味又如呻爲放料之孔哂爲進料之孔咳爲放氣之孔如唧器所進之錳礦粉每次七擔每百分含錳六十二分另加水十一擔至十二擔每十五點鐘換料一次因此法有多弊另設如第四十三圖其做法用石板八塊配以鐵座座有摺邊如呷在中間與頂上有鐵箍如哂哂上有石蓋噴唧其下鋪火泥磚兩層可免爲強水所壞其錳礦有唇孔放入強水由吘孔添進其綠氣從吧管放出餘水從叭孔放出其鐵底有小路如本圖或用汽殼加熱有云

此器已有轟裂者未必因做法之誤因各種器具壓力過大有此弊其各節與縫不難令其不漏洩但其鐵底難爲火泥磚所保護又下用爐加熱有數種弊而放綠氣必緩又因無爐柵則錳礦必有多糜費因不用調和料之器用錳礦粉不便

如四十四圖爲更便用蒸綠氣之器用砂石塊所做其石鑿成凹此器高約六尺六寸寬三尺三寸爲上下兩塊相連而成如圖內甲與乙兩塊相連處用筍配合以泥或熟油封之甲塊內有相連之底並各器其料之厚從底向上約六寸比上更厚故成二寸寬之座此座接架之底板丙底板鑽多孔孔上列錳礦塊又如丁爲砂石所成之氣管用戊管通入總管其氣只能在

下底板孔內放出器之頂上以鉛爲之如用石比鉛更佳其頂有孔接通綠氣管已與進料孔庚又有進强水漏斗辛與進氣管戊其下孔癸有木塞塞之作放料之用

一千八百五十二年巴丁生設新器能蒸綠氣如四十五六兩圖呷呷爲圓甑以石爲之吃爲頂呐爲進料孔叮爲綠氣管吐爲假底即柵哦與咦爲進強水孔並量水之高哢爲孔孔內能鑲瓦料氣管癸又吧吧爲雙層鐵殼能將甑從外加熱如四十七八兩圖爲後來改變此器之式其內鐵殼甲鑽多孔其石器乙高六寸凸出之處用鐵圈呷呷圍之有空隙如吃使於鑲入嵌料又有摺邊用螺絲連於鐵殼之摺邊其節用橡皮墊圈與鎔化鉛令不洩氣其小鐵齒戊能與石及鐵殼中間空處相通其相通之處在叮從此亦能通至兩殼中間之空處丙其汽管丁圍石數周成螺絲圈在四十八圖哦而出此圖僅爲外殼其甑不在內如戊器內傾熱黑煤油熬至柏油之濃連傾此油至呐呐空處流滿此油常用汽管令其得熱故其甑從外受熱最勻不至破裂如石破裂仍能做工因其煤黑油能阻強水溢出此法雖妥但其內器必爲一整石塊所成因價貴而法難行

德國數處蒸綠氣甑之式如四十九圖甲爲方箱內有甑呷呷與火磚殼物其甑呷呷爲砂石一塊所成上用砂石一塊蓋之如不能得如此大石塊則可用數塊合成但其石必先在黑煤油內沸之至不能蝕入油爲限其邊厚六寸至八寸長六尺六寸寬三尺六寸高二尺六寸火磚殼厚十寸殼與甑之中間有一寸之孔此孔裝滿鎔化之柏油其砂石所成之柵啣啣上有托樑啣啣與㕆其柵上裝錳礦約十擔其進料孔用紅鉛粉合石脂與熟油相合而塞緊其強水過哌管而進其汽過砂石管哦咳而進又有砂石所成之火路味與呻哂引綠氣至第二甑內從此通入各房又如吃吃孔能放其餘料入子槽此槽之口以磚蓋密磚外加濕泥一層泥外用砂石板之蓋此板亦用泥封密再有木柱咦與活動橫木樑吧與螺絲哢令蓋壓之最緊再有鐵板護之令其石蓋不碎壞提淨強水之法用鉛箱與吸管如第五十圖其吸管長邊通入午孔而封密其強水在箱內上至呷虛綫則吸管立刻放空強水其箱所裝強水足容一大玻璃瓶即移動強水所常用之甑此法不甚靈因强水先裝入瓶後由瓶傾入鉛箱再由箱入甑內將強水俱流入大箱內箱底有瓦塞門以門之大小制其所進之強水又如寅寅塞易於折斷又如未申酉氣路大不及上等瓦管又無法能量強水在甑內之高只能在進料孔量之

英國常用蒸綠氣甑如五十一至五十四圖爲常式但另有別種樣式如五十一爲平圖五十二爲前面圖五十三爲甲乙處之剖面式五十四爲平圖丙丁處之剖面式其甑用石板爲砂

石之類如其石質鬆而能吸水先置黑煤油內沸之或先裝配其甑滿以黑油用汽加熱令沸若干時間有將石一大塊鑿出甑之式其尺寸比以上之圖更小以上圖內所有之縫用橡皮條封密如用笋合連則用黑油與火泥成膏而封之其石用鐵條連之如本圖其相連之法已在第二集論強水池內詳言之此種甑其基必最堅固否則必陷下致甑常有漏洩其基不能用石灰只能用黑煤油與砂頂可用石兩塊相合各圖內易分辨綠氣甑之各要件如甲為砂石塞塞之邊不鑿平故相切處能放強水落下可用錳礦之塊或粉間有將前托樑甲照本圖直列令強水更易流通如用此法必謹慎裝錳礦時勿令其礦落到甲外其柵開通能容方管呐或用石或用瓦徑一寸在柵之下有三孔其頂上用灰連於鉛管內在塞門戊之外此鉛管與鐵管相連而鐵管與總管相通如斷氣時則鉛管頂之彎處裝滿凝水因塞門戊必有漏洩如此則塞門可免為綠氣所朽壞因斷氣時綠氣必在管內上升通氣時則水吹回甑內但凝水不能速水不足時則綠氣能朽壞塞子故另設一法如五十七圖要免此弊其法將氣管彎處用小鉛管連於十二寸方之鉛箱水在此箱上升畧等於氣管彎處之高此分管一端封密只留一小孔不用氣時水從此小孔流至彎管內令其水滿但通氣時則吹其水入綠氣甑內又有氣通過其小孔入鉛箱水

內而凝為水補前所吹散者又進氣塞門閉時其水立刻流過小孔回至彎處令彎處以上之塞門不能為下綠氣所壞用此法則其塞門能耐久而用之無弊所用鹽強水由總管行至分支管與咦塞門通入瓦管啐此管立在小鍋內故封密其管令綠氣不能放出又唧孔以水封之能量強水之高其所成之綠氣通過三寸徑瓦管呼此管與總汽管嗔相連與折開之法最簡便其管呼通入义形管吐此管在底開通而立在大瓦鍋吜內其吐管之他支用彎處嗔連於總管嗔如將水傾入吜鍋在吐管兩支相連處之上如五十四圖則其甑從總氣管隔斷便於洗滌與修理如其水從吜鍋用吸管或塞門放出若干分則氣能行過而甑與總氣管相通又吐之下端必常用水封密又有數廠用別法不但不及此法之便仍有漏氣之弊即如五十五圖為常用之法在兩支管呷與總管呐相連之處做兩個同心圈深四寸至六寸而以水封之又在呷管上亦用同法以水封之如其甑要通至總管則將彎管𠮙依法排列如不要通氣則去其彎管而蓋以戊帽但調換時難免總管有漏出多氣又有簡便之法無以上之弊如五十六圖如欲令甑不通則將水傾入漏斗通至甑與總管中間之彎處則水能斷氣如再要通氣則取出下塞以放水而綠氣能再通如五十二三兩圖顯出放料孔巳之各法因此孔所放之錳料水常含泥甚多故平常

之塞門不能用其放料孔爲半圈形其徑向上其孔通至甑底間有將甑底向孔而斜閉孔之法用木塞塞外包以硬紙用錘打入如本圖內另有一法用木條咊在鐵牽條與石之當中令壓住巳孔之塞其各放料孔有多不便處故用更穩之法如四十九圖或用韋勒登甑之法此法在下章言之但本圖之甑每二十四點鐘或四十八點鐘必開通須用更便法卽如用三寸徑瓦塞門如韋勒登甑內所用者每日啟閉無礙另配大孔每若干日暫開一次間有甑內壓力大則壓出其塞而甑內之料全噴出故其甑列爲兩行中有槽能接平常所放之水或忽然噴出之水又在甑之前面鋪石板而石板之各縫亦最密而不

漏其石板向中間而斜有槽引其水做槽之法或用長石塊鑿成槽形或將石數塊每塊鑿凹合併成槽凡接縫處兩塊相搭連用硬柏油等料封之令不洩氣如用木塊鑿成槽必用美國松木厚二尺長五十尺至六十尺鑿成之槽寬十二寸其槽之斜度甚大令熱強水能速流下至所備之池內澄淸但無論用木槽或石槽難免有漏洩之弊又其甑亦有漏洩者因根基陷下之故或強水流入牆脚下則房屋必傾卸欲免此弊令槽下作弓形用黑油或火泥鑲之令不洩氣其甑內外所有木石鉛鐵等料外面必多加黑煤油每若干時再加一層否則易壞其鐵料敷此油爲尤要

從前常用之甑以瓦料爲之略如大水缸形現在漂白廠與紙廠亦有用此法者但所用之泥與各工必最考究否則極易壞但各處所成之式不同如五十八圖合於蒸成塊錳礦用者其蓋呷呷龔槽而槽內有水令不洩氣又如吃爲進強水之漏斗哂爲放氣之孔外亦有槽含水令其接管不洩氣法國常用之式如五十九與六十圖德國各廠亦間用之其兩小口能進強水而放出綠氣中間之大孔能吊一瓦器如蒸籠式此孔亦有蓋吃其瓦器下端之孔約徑八分寸之三上有兩大孔便於用鉗取出器內裝小塊錳礦約一擔強水先傾入甑內將此器掛入甑中上用蓋以泥或熟油柏油成膏封密此種甑由外加熱

其法將四甑或八甑置木箱內箱以鉛皮爲裏或用火泥與灰成箱之式用汽加熱間有在箱內不用水而用鈣綠水代之用螺絲管以汽加熱或其箱不用水全以汽加熱至綠氣放盡時將甑內之水用吸管放出此種小甑雖用人工甚多比石甑之價廉所放之綠氣亦最佳因不含汽在內又鹽強水之糜費只百分之六至百分之十其石甑之糜費自分之三十至五十故鹽強水價貴處雖多加人工而用瓦甑仍能減省如法國南邊前用石甑現全改用瓦甑

如石做之大甑造綠氣之各工有一定次第宜畧言之第一先去前次之各廢料卽起其柵用水沖洗甑內後壓水出放料各

孔將柵依法排列再裝錳礦六擔至十擔須依甑之大小其錳塊大如雞卵或更碎用蓋蓋密以濕泥封之但泥易裂開洩氣必常澆水令濕各處所用泥做封料亦須常澆以水大廠則用皮管引水澆之法最簡便但封料最好者用石脂合熟油此料爲不常拆開之節所用如用柏油合火泥甚不相宜易於變硬

此後進鹽強水至甑滿四分之三用桿在所特設之孔內挿入量其水之濃其強水先流入甚速後因多放綠氣時漸慢約數點鐘方能添盡鹽強水其強水愈濃放綠氣愈速所用強水愈濃愈佳因甑內所餘之質與其體積有相關故若干餘質所含不化合之鹽強水畧相等故強水濃其糜費比淡者較少又因鹽強水淡必多進汽此汽凝水時令輕綠更淡如做綠氣所應用之鹽強水最淡者爲十八度甑內所餘之水約一半有此濃數如用更濃強水如三十至三十四度濃者則放綠氣後其餘水含百分之二十五至三十如不用徑加熱之法則所含更少如所餘之水再行過韋勒登法之甑所含不化合之強水能再用之則此糜費無妨

其甑內發綠氣約八點鐘至十二點鐘後則必加熱平常用進汽加熱之法但汽亦不可連進每一點鐘進汽十分時爲常法但用汽加熱時必最愼發綠氣不可過慢因過慢則用水封各節之處並所有管與房接連之處必漏出綠氣故其甑不可在同時進汽必更番進之如一副共用十二甑每兩甑進汽十分時可輪流將全副每一點鐘通汽一次又進汽過多則汽凝爲水其水與鹽強水通入總綠氣管從此管亦可通入各房如偶一有誤則壞全房之漂白粉或能不誤仍令其得所應有之濃又因所放之綠氣大有害於相近處之人與物其害比放出鹽強水或硝強水或硫磺氣更猛

照以上之法屢次進汽則甑內熱度漸增但其熱不應大於百分表九十分否則所放之水與輕綠甚多至甑內料再不能放綠氣時則不進汽而開通甑底之塞將甑內之料於數分時內放出每甑裝料時刻不定自一日至兩日爲限但甑內之料能存甑內愈久則鹽強水所能放綠氣愈多其餘水內所含之綠氣愈少平常其料存在甑內久而放出時其臭大而猛故有多廠在夜間三點鐘至四點鐘放出料因此時街道行人最少但此免害之法亦不甚佳又有將引甑內放料之槽與收料池俱用木板蓋密又用磚爲塔塔內有石灰水淋下則綠氣上升爲石灰水所收此法雖大有益然不足全免其弊因餘水流至溝內及水道等處仍爲最大之害但韋勒登法全免此弊因甑內所放之流質一徑流至特設之大甑內不遇外空氣間有其錳不全化分必再開其甑另加錳礦一半再蒸一次每兩次後則放出料而洗淨其甑如更硬之錳礦用此法爲最要

間有將所放綠氣行過枯煤塔煤內有淋下㝡濃之硫強水則收出綠氣內所含之汽令其質能乾但此法亦多繁難而價貴如另得簡法令綠氣變乾則有大益因綠氣不乾則所成漂白粉不能得㝡濃者

引綠氣之管俱以鉛為之如用瓦料以油類之灰封之亦無礙所用之管應長能令氣變冷如含汽與輕綠則管內能凝結不通至成漂白粉之房其鉛管或瓦管向下而斜在最低處卽與漂白房相近處有池能收其水或連收之或每若干時收之用彎形管間有將其收水池裝滿錳礦但天冷時其管外應搭篷遮蓋令管不至過冷如過冷則管內成綠氣或水之定質塞住如用鉛管則排列法必能自漲縮遇空氣改變熱度不至因漲縮而破裂

第三章論造漂白粉之法

造漂白粉所用之石灰必最淨否則不能成最濃能耐久之漂白粉凡成最淨之石灰必須灰石最淨燒之尤必合法因此造漂白粉廠家必自立窰燒石灰如英國蘭加斯德廠從相近處得上等灰石搖動或篩之則未燒盡之灰成塊而不碎易於分出但所有之石灰大半無此便當不得已必自燒之

凡造漂白粉所燒之灰石所含與質不能消化在強水內如泥砂等必為極少否則不能成最濃之漂白粉又如含泥之漂白

粉消化必需多時方能澄清因此用漂白粉之人無論漂紙漂布俱不願用之又如其色不白必因內含鐵或錳等質亦不合用且令漂白粉不能存久又如含鎂亦多不便因鎂綠易自鎔化令漂白粉易於化分但此事尚未有一定憑據有數處含鎂之灰石所成之漂白粉不合用如灰石含煤油質成暗色或帶黑色則無礙因燒時此質能燒去又有造漂白粉家云所用之灰石不但要考其原質如何仍須考其原質如何擺列如灰石質已變成顆粒形如雲石等則不合用但另有人云已燒過此種石所得石灰為最濃最佳可見以上所言未可盡信

但所用之灰石並其灰石所成之灰與漂白粉成色大有相關

如石灰澆水時速成細而輕之粉則受綠氣比較難成細粉其粉有硬粒在內者受綠氣更速而用化分之法則分不出其成細粉之灰所造漂白粉能耐久又如下等石灰含鈣養鋁養三更多更易化分放氣但成細粉之石灰最易收空氣內之濕氣而變為漿

如英國太那斯河地方做漂白粉常用之料為硬白石粉質與灰石相似從法國先納河口運來如太那河之煤載船送至法國起煤之後其船回空用此白石粉為壓載此白石粉為最淨之質不含鐵而含輕綠不能消化之質不及百分之一試法用刀刮成粉以手指捻其粉應覺軟如麪粉有硬如細砂者不用

但此料燒成之灰變作漂白粉其質鬆比英國或愛爾郎國所產之石成漂白粉更佔容積故裝漂白粉所用木桶須加五分之一又法國白石粉所成之漂白粉澄清亦費多時故漂白之人樂用英國灰石所成者造紙之人樂用法國白石粉所成者

燒灰石所用之窰無一定之式如能令石灰與燒煤等料之灰不相合能將石灰不淨之質分出以之建造房屋用則其窰最爲合宜極妙之法用圓形或別種相連之法但一漂白粉廠所用之石灰不甚多故不能用大做之灰窰如六十一圖起至六十四圖止爲太那河所用石灰窰其窰如平倒筱爐之式六十一圖爲六十二圖甲乙線之立剖面六十二圖爲六十一圖內丁戊己之立剖面六十三圖爲前立形六十四圖爲後立形在前面有大弓如門便於裝灰及放灰用其灰石裝進後則砌牆封之牆留三孔便於挑料與看料如六十四圖另有小火膛叱與哂俱有柵間有不用柵將煤在挑火孔之後成堆但此法不甚佳其窰頂爲半圓弓形內有兩三圓孔徑約十四寸燒灰時蓋之但出料時開通便於窰內速變冷其弓與窰之膛以最好火磚爲之內加鐵牽條又有三個風門如丁戊巳各有小烟囱相通放出燒成之氣質但在地面下其三烟囱相合通至總烟囱此三風門能制爐之熱度與快慢

此種窰只能燒烟煤如棕色煤或含砂之煤須用煤氣甑或將平擺窰改作直立窰

窰中列灰石之法先將大塊寬十二寸至十五寸做火路三條其三路必與三個風門相配再將更大之塊蓋其上後用更小之塊至頂上最小之塊如拳大窰必裝滿至頂爲止自然必從後面起首而從窰底擺灰石至頂分若干隔每隔寬約三尺至末則裝滿而外做牆如本圖不過留其風門與挑煤門此門用鬆鐵板蓋之後在三個挑煤門一併生火必連燒至窰內之料全成灰從頂上所留之孔看其窰內熱至頂其料落下若干則知已熟但所應落下之數俱靠窰之尺寸與形狀並灰石之性如因欲省燒料將窰之式做得最長則有多不便處因先燒之處過限而後燒之處不足照本圖尺寸與比例爲之已試不誤

凡石灰每百分含炭養二少於二分則爲合用如每百分含炭養二多於三分則不合做漂白粉用應去之

如本圖尺寸之窰能裝灰石十噸共須燒煤約五噸如用上等之煤依法調和則燒三晝夜已足間有燒四晝夜者燒盡則各孔用泥或灰封之令其窰不可速冷恐防破裂待二十四點鐘則開通風門與灰膛與頂上之孔再開通前面之牆後至窰內已冷人能進去將石灰取出如其灰當時不用則各門不必開其石灰可存在內經數月不壞

將生石灰澆水令變爲熟灰之法在篷內鋪磚面上鋪灰塊厚

十二寸至十五寸用水壺或噴水皮管澆水待其灰發熱放氣至漲爲止必用劙匽次翻之每若干時加水少許末後成極細而輕之粉做工時匠人用罩遮蓋口鼻又篩灰與裝造漂白粉房時用之其罩之式詳載下欵如有大塊不化則取出棄之如爲好灰石或燒過限之灰則可磨粉做灰石料之用或在韋勒登之法用之但磨粉後不能做漂白粉用

篩石灰粉之法用鐵絲或銅絲布或蔴布篩有一廠之篩每長一寸配十二孔爲最粗至二十五孔爲最細篩愈細則收綠氣愈佳其篩或做圓桶形或六邊形斜置箱内將石灰放在高之一邊其細粉漸落下粗粉向外流出其粗質做平常建造房屋

之灰凡大廠之篩用小汽機運動之其小汽機亦轉動篩内之刷此刷壓粉向布面如此不過篩之粗料更少

其篩得之灰粉或裝大木箱或小木桶内用車推至造漂白粉之房但新成之熟灰做漂白粉不及已成數日者其故尚未盡明有疑其質體已變化又有人以爲收空氣之濕氣或炭養二此言大謬究其所以然之故因生石灰必經若干時方能全變爲熟灰又其灰難於放熱必待若干時方能全冷有云熟灰不可遇日光蓋因日光能阻其變冷之故

造漂白粉房所用之石灰如含水不足或含水過多則所收之綠氣均不合法大約每鈣養一百分含水二十四·五分爲最宜

如水更多雖收綠氣最易但其料成塊而塊内含綠氣不足總之成漂白粉房内所進之灰必全爲熟灰如偶有生灰少許則生大弊

成漂白粉房

無論用何法發綠氣令與熟石灰相遇所用之器自與所用之法必相配如做乾漂白粉或做漂白水其法自不同因用漂白乾粉最多先論其乾法造漂白粉房之材料必能耐綠氣其材料與尺寸形狀及擺列之法各處不同初用木料成雙層其接縫最密木面加黑煤油一厚層令黑油合砂等質最堅但此種木房不能耐大壓力故做最濃之漂白粉其綠氣之壓力必更

大而木料不能任之或用砂石及別石浸在煤黑油内或用別種石板其裂縫或用筍接之或以別法接之亦用黑油合火泥封密此種石屋如合法能令更堅則不致洩氣但大廠不合用因其原價大只能做若干大之屋又費人工甚多如四面以石板砌牆頂上以木爲之木浸在黑煤油内亦爲便法但不甚堅如石屋内亦用石板爲隔或以木板代之但木板常成片雜入漂白粉内如英國一二十年前常用此法現棄不用因房底之灰收盡綠氣有多層平列隔板則板上之灰不多受綠氣其故因綠氣較空氣更重故落入屋底雖屋高不過六尺亦不能免此弊又隔板只能在旁邊進出料且板上之灰易生熱因此漂

白粉亦不能濃

因以上之故無論石屋或木屋內俱不用隔板而大廠則用大屋匠人能入內做工每一次成漂白粉較前更多此種屋高六尺半便於工匠入內做工有云高五尺亦可但工人只能彎身在內做工雖此法較省而大有礙於工匠如造漂白粉之工人常大出力並時吸惡氣何堪復令有彎身做工之苦所以廠主知體愛工人有數處做大鉛房高三尺三寸令其只從外面做各工

造漂白粉房之面積現在比前更大間有寬三十三尺長六十六尺至一百尺與造硫强水鉛房所佔之地面相同有云大房

比小房成漂白粉更勻人工更少而綠氣糜費亦少每六工成漂白粉一噸須得房之面積一百五十至一百八十平方尺但房內之面積有餘比不足者更妙因開門太早不免有糜費有云不用隔板之房所配立方容積比舊法綠氣甑多十二倍半

至於造房之料中等以甎爲之再大者用鉛皮或生鐵板如六十五圖爲前所常用做漂白粉房以甎爲之其式爲立剖圖而爲橢圓弓形寬十三尺中高六尺六寸厚四寸半用上等巴得闌灰爲之可用上等甎其甎用模壓成房成後內面須加巴得闌灰灰外再加黑煤油一層如本圖左右做幫牆令其弓更堅固至末在兩端砌牆此兩牆亦必連之最堅令其不能落下兩

邊有石門框內有槽以安門門用木板兩層縱橫排列兩層中間用浸黑煤油布一層門外亦加黑油此種門因不久而洩氣故改用鐵門以鍋爐鐵板爲之厚四分寸之一面上常用鐵銹油料令不遇綠氣門框槽內先加油灰再關門門外用兩個平列鐵門門門之兩端通入牆內所留之眼則壓緊其門而槽內之灰能封密另有別法封密其門用鐵板作一樞紐以鐵鈎連之如用此法其門可以生鐵爲之每門內有孔約八寸方內安玻璃片又在門之上邊有一寸徑之圓孔能放出空氣門上另有兩紐便於啟閉

房之底板做法無一定如用大石板鋪之則能耐久但其價貴

不常用如鋪磚雖用火磚不久其磚不平令漂白粉不能淨又有人試用杉木板並有用巴得闌灰者均不得法最妙用煤黑油與砂相合配料之法與鋪料之器如現在鋪砂子路所用者相同先鋪亂石小塊或磚塊面上加黑油與砂等料鋪平後用熱輥輪令其平滑其底板分若干方後在各方裂縫處加熱令其鎔化而相連

照以上之圖所造磚房因做弓形不能更大如鉛房或鐵房其尺寸無界限從前在英國郎加斯德地方常用生鐵板用摺邊與螺釘連之面上加鐵銹油數層不能爲綠氣所壞初設此法者以爲能耐久不壞但用之不久知所成之漂白粉與鐵面相

近之處發黃色因此不能得上等料之價故棄之不用又有別處用鉛皮造成漂白粉之房其鉛皮每平方尺重五磅至六磅與造硫強水鉛房大同小異大者長一百尺寬三十三尺如六十六圖爲此種之剖面式其法先備最平之底面而配縱橫之底樑與頂樑如呷其托柱用筍接連其架豎立後將鉛皮釘連其頂上之鉛皮亦用橫樑釘之與造強水鉛房同如鉛房寬三十尺以外者則頂上之橫樑不能托鉛皮故在房之中間用鐵柱一行其柱托一總樑又無論鐵料或木料外面必加鉛皮一層後做底板所用之料亦用黑煤油與砂照以上做磚房同又在房之邊另加木板如哂高約十寸圍其房相離二寸中間之

空處裝滿黑煤油與砂在底與底板相連見六十七圖易明做法

凡鉛房之門亦以鐵爲之與磚做之房同又無論鐵面或鉛面必加鐵銹油三層又如鉛房在露天處必一邊高一邊低以便落雨時水流下入槽內引去如有鉛房數間每兩鉛房之中間必搭篷便於落雨時仍能做工

鉛房與鐵房不但比磚與石房能做更大猶能放出成漂白粉時所有之熱因此可連做漂白粉不須停止無慮房內生最大之熱

平常造漂白粉房與地面平間有用柱托之加以縱橫樑與底

板與造硫強水房同如此房之下有十尺高之空處可作棧房儲石灰或木桶漂白粉等用而最合用者工人在此裝料入桶以免在房內之不便此法在房之底板內做一小門門下有木漏斗漏斗下接布管通入裝料之木桶房內之工人用木鏟推漂白粉至門口自漏斗落下

以上之法如六十八圖但依此法裝木桶其漂白粉落下過漏斗與布管則放綠氣若干故漂白粉含綠氣數比房內裝桶之法每百分少半分至一分但裝桶待若干時所放綠氣之縻費與房內裝者大同小異

凡成漂白粉房必有特設進綠氣之法其綠氣往往在房頂進

之平常用水封其管用活動之管從總綠氣管分支又各房應有管從此房通至彼房其管之節亦用水封之如平常廠內以三房爲一副其新綠氣先通入將成之漂白粉房此房所出之餘氣通入中房中房之氣通入第一房如以四房爲一副亦同此法但常有一房不通綠氣即裝石灰之房或出空之漂白粉房

另有人設立各種器作成漂白粉房之用但不甚合宜如六十九圖爲德國之法用木桶甲內裝熟石灰在叮管進綠氣又有更小管哎通至蒸綠氣器而各裂縫亦封密其木桶藉兩托柱呷叱而在哂處做搖桿轉動之又如第七十及七十一兩圖爲

英國法甲甲爲鐵桶鐵皮厚四分寸之三內徑五寸長十三尺內用灰封密一端有進料孔乙乙連在木架上其架之高便於將裝漂白粉之木桶能置於鐵桶之下木桶以上用篩故漂白粉落至桶內已隴成又如丙丙丙三軸爲空心內鑽多孔使於綠氣通入其鐵桶內如丁丁丁三管爲進綠氣用如戊戊齒輪與己己螺絲輪令桶能轉動其螺絲輪能移動令任何桶停而不轉其桶每一點鐘轉十二周至十五周每一桶裝熟灰約四擔

以上之法外另有高塔下有綠氣上升熟石灰粉由頂落下又有做大熟鐵桶中做輪輻令桶內石灰常調和易與綠氣相合每二十四點鐘成漂白粉一噸但此法亦不合用

漂白粉房裝石灰法平鋪石灰一層厚三寸至四寸用木鈀如七十二圖令面上之灰起稜起稜之故欲令其面積大易收綠氣故每稜之頂上高約五寸稜之凹深二寸至二寸半

成漂白粉房內裝料後則關門以油灰封密間有油灰內加鹽間有用石脂泥但此料不甚淨有多不便處初進綠氣則門內進氣孔不蓋密但已進綠氣若干時則其孔必有綠氣出必立時封密又起首時石灰收綠氣最速後從對面之門玻璃內看其氣從頂上進時有綠色漸落下則變淡至房底則無色如空氣全放出則無慮綠氣外洩待若干時石灰飽足起首在外面略飽足不能速吸綠氣不加壓力故不能全足加壓力時必令房之裂縫不洩氣但綠氣甑用進氣法易令綠氣有過大之壓力雖通綠氣之管甚長但難免有汽與強水通入漂白粉房內不但成硬石灰塊或鈣綠塊或濕塊仍令漂白粉房內增熱度亦有大礙於成漂白粉之工如汽之壓力四十至五十磅比壓力更小之汽爲尤合宜因所凝之水更少也

如連用數間成漂白粉房最爲便當因新石灰添入一房而進別房所餘之綠氣則可免因壓力大而有綠氣外散之弊

其漂白粉房門內所配之玻璃片最爲不可少者房內變爲最綠之色再不進綠氣待數點鐘時看其再能收氣否如其色變淡則再進綠氣如至十二點鐘而綠氣之色不變淡則知已成平常進綠氣二十四點鐘則石灰收綠氣飽足如房內容積大不必急開房門待若干時其石灰漸收盡綠氣不必另用法收之如必須開門先進空氣慎勿令散出之綠氣有害於鄰近所居之人應備收綠氣塔吸房內之綠氣入塔內備石灰水能收其綠氣

開門之後必查看所成之漂白粉其面上最濃愈深則愈淡如二寸深之灰能徑成漂白粉每百分含綠氣三十五分如房內所鋪之灰層更深則所成之漂白粉必更淡

凡考究所成之漂白粉濃數欲得詳細必用化學之法但工匠

用粗法易試得大略卽如用漂白粉成片形之塊一壓卽變成細粉爲最宜又如將漂白粉一鏟掀起應直落至地不起飛塵如起飛塵必因含未變成之石灰又如在手捻之應黏連爲瓡者則知爲最濃但第一房之漂白粉難得如此濃必在房內二三次方飽足

成最濃之漂白粉必將第一房之粉用鏟翻之有大塊打碎令底下之灰翻蓋面上再用木鈀成稜形封密其門再進綠氣一次至不能收綠氣停十二點鐘至二十四點鐘後照前云開其門未開之先如旁有新裝石灰之房令本房與此房開通則新石灰必吸出本房之綠氣而無靡費第二房之漂白粉濃至可出售每百分含綠氣三十六分如工料有未合法者則難得如此濃數或三十三三十四分不定必再翻之而進綠氣第三次後應得所需之濃如仍太淡不得已照賤價出售間有工匠以爲第一房之漂白粉內再添新石灰少許第二房能得所需之濃其法亦不靈只有一法令過淡之漂白粉能得此濃卽工料謹愼每百分有三十八至三十九分再將三十三至三十四分漂白粉若干與最濃者調和則得三十六分之濃如英國將房內漂白粉徑裝桶法國先篩之分出硬塊篩時難免放綠氣少許待若干時不再放綠氣英國之法不免有稍放綠氣者

漂白粉裝木桶其工最難而工匠視爲畏途如在漂白粉房內裝之不但尙存綠氣並有漂白粉所散之灰必須用佛蘭絨十六至二十四層蓋住口鼻間有用海絨或棉花等料又有用石灰或鈉養硫養三等料但亦不甚合用每裝料至一刻鐘工匠必出外得新空氣因眼皮遇漂白粉則發炎雖用罩套口鼻然呼吸亦難免綠氣吸入臟肺

裝漂白粉之桶以乾木爲之平常用粗布一層爲裏如以灰石爲之所能裝漂白粉比較用法國白石粉所做者多裝五分之一至六分之一其木桶底或用石灰膏一層裝就者不可經雨及日光因沾雨則濕遇日光則爆裂而危險其爆裂則放養氣餘爲鈣養鉻養五與鈣綠但爆裂不常見因久存則漂白粉漸變淡之故

漂白粉房內所存之漂白粉各層濃淡不勻故裝桶時與取小樣必留意此事所以一房之漂白粉應在地板中間調和成一尖堆後閉門待所增之熱已散方可裝桶照此法則木桶內可存稍久不變如先遇日光而後裝桶則不久而變壞又成漂白粉時不可令熱度過大否則所成之漂白粉易壞因此鉛房比石房更佳散熱極易又冬日所造漂白粉比夏日成者更濃又有云已受綠氣至飽足後久遇綠氣不但不加濃而反變淡已試過三十三分漂白粉尙嫌過淡令多遇綠氣一次不但不加濃而反變淡每百分只有綠氣二十七分

如熟石灰變爲漂白粉所得之數約加重一半如用上等工料每熟灰一百分得極濃漂白粉一百六十六分又做三十五分漂白粉一噸所需用之錳礦俱視礦之成色並器具漏洩與否及所用之法靈巧與否大約漂白粉在房內有三十六分濃而裝桶後有三十五分濃每成一百分需錳礦七十三·五分此爲六十分之錳礦如用七十分者只用六十三分但如用六十分之錳礦能得一百分漂白粉或用七十分之錳礦成漂白粉一百分用礦七十五分亦可稱爲得法

平常所用鹽強水其數不定幾分視錳礦成色與用礦之法依理言之則六十三分濃之漂白粉一百分須用乾輕綠氣七十分三十二度濃之鹽強水二百五十分因器具與手工不靈並材料不佳所需用鹽強水四百分至四百五十分如更淡之鹽強水所需更多如法國漂白粉廠用小瓦料甑與濃鹽強水則所用之鹽強水比英國更少大能省此項之費如英國用本處錳礦用二十八度濃之鹽強水要成最濃之漂白粉即三十九分濃者需用鹽強水六百六十分至七百分法國夏日所成之漂白粉比冬日更淡而需用強水更多

查漂白粉最佳者應極白而最濃間有成塊其塊壓碎與粉相同如塊內有未改變之石灰性則不佳又將上等漂白粉露出令遇空氣則收空氣內之濕氣與炭養二氣變爲稠質其臭與綠氣不同如和水少許則成稠漿而增熱度如合多水磨勻則大半消化其水稍有鹼性又有漂白粉之臭又有極奇而濇之味平常用漂白粉化在水內其餘不消化之質另作別用因有害於漂紙之漿或於所漂之布令其爛壞

漂白粉極易化分而變壞如在瓶內塞密或在木桶內封密或在馬車火車上震動俱令化分得速如存在無光乾燥之地則能耐久不壞故英國運此料至別國只保上船時之濃不保運至別處起岸之濃因常有在中途放綠氣數分其遲速不等冬日放綠氣尚少而夏日最多計存一年所放綠氣五分至十分不等可見裝漂白粉在木桶內而堆存之地俱必謹慎否則不久而壞

第四章論造綠氣之別法

用錳礦之法〇或化分之作爲廢料或收回連用俱有用鹽強水但各法內只有兩法已大做爲登洛布及地根所設如登洛布之法必同時生出淡養三所以用此法之處少只有蘇格蘭之聖羅魯克司廠已大用之如地根之法另一章特言之茲將其餘各法一一言其大略

電氣法成綠氣〇此法用輕綠或鉀綠合硫強水再通電氣則放綠氣與輕氣其輕氣加入燒料內燒之故無靡費又有將鹽合強水通電氣但其法尚未大興

用合強水放綠氣〇此法將鹽強水合硝強水加熱令所放之氣行過硫強水則放綠氣所得餘料能分開但用此法亦不甚靈

用淡養五鹽類法〇其法將鹽與鈉養淡養五與硫強水加熱則放綠氣此法亦有數廠試之其餘料可變爲別料而免靡費

用硝強水與錳放綠氣之法〇此法將硝強水合鹽強水再合錳礦則放綠氣如強水不過濃只有綠氣放出而錳養淡養五存在餘質內將錳養淡養五加熱煆之則放硝強水霧收之則得硝強水其餘質爲錳養二可仍作爲錳礦用

用錳養七之鹽類放綠氣〇化學家名甘弟設一法將鹽合於鈉養錳養七再合於硫強水其強水必漸加入其兩種料則放綠氣其原意放綠氣欲免臭及疫氣如製造工內欲得淨綠氣亦可用此法另有人用錳養七之鹽類合石灰等料雖云其法最便而益處甚大然信之者少

用鉻養三之鹽類放綠氣法〇此法將鉻養三或二鉻養三之鹽類合鹽強水加熱如用鈣養鉻養三爲最合宜放綠氣後將其餘質合硝強水蒸出輕綠再加更大之熱則放出淡養五霧可凝爲硝強水而餘質爲鉻養三鹽類可再用之而靡費少此法亦有多人改變但其理與前同不能與韋勒登之法相比

用鎂綠二合錳礦放綠氣法〇此法用鎂養硫養三合鹽與錳礦

加熱則放綠氣但此法亦不甚靈故不多興旺

用錳或鐵或鋅或鈣各合綠氣之質合錳養二與硫強水法〇此法亦不甚靈間有人全用鐵二綠三而不添錳養二

用空氣化分輕綠之法〇此法將空氣或輕綠氣行過烘熱之浮石而後變冷其不化分之輕綠用水洗去間有用白金絨當浮石又有用熱磚或鐵二綠三塊等法又有用不灰木先鍍白金等法

用鐵二綠三與空氣之法〇此法引乾輕綠氣行過熱鐵則所放之輕氣收入輕氣罩內此法所成之鐵綠二令乾空氣行過則成鐵養三而放綠氣

用銅綠二與輕綠與空氣放綠氣〇此法將銅綠二加熱至將紅則自放綠氣而餘質爲銅二綠二此質先合鹽強水後遇空氣之養氣漸變爲銅綠二仍能用之但此有害於人及壞器具有銅之糜費因銅價貴故不合算又有多改變其法免以上之各弊畧爲得法故有數廠用之但仍爲小做與地根之法有相同故在地根法內亦畧言之

將含硫養二之礦合於含綠氣之質在多空氣內煆之令放綠氣法〇此法之原意欲收所放之硫有多人以此法爲根本卽如抹發林之法將乾鹵礬六擔合燒過之鹽四擔半與鐵二養三擔半和勻置燒殼爐內通乾空氣如此得鈉養硫養三與鐵六養三其鐵六與鐵二養三遇綠氣其綠氣吸出提淨通入木箱箱內裝熟石灰則變成漂白粉其餘鈉養硫養三與鐵二養合煤二百十四磅在倒燄爐內化之爐底用鐵渣滓與石灰粉共鎔化之質用水漂之所得綠色之水在含炭養二氣之器內加熱所得鈉養炭養二水照常法熬乾另有數種法與此相同但尚未有大廠家用之其理雖是但其法有難處故不能用

用鉻養三與空氣與輕綠之法〇其法將鈉綠或鉀綠或鉻養三或錳養二和之最勻後壓成磚烘乾置爐內加熱至紅令空氣行過則放綠氣如空氣內加以汽則成輕綠如鉻二養三二三分配鹽一分最爲合宜其爐不必從外加熱但所進之空氣可預先加熱爐外可用難散熱之料圍之如鎂養炭養二所成之磚等

第五章論綠氣甑內之餘水用法

平常做綠氣之法其甑內餘水大半爲錳綠又有鐵二綠三並錳礦所含別種之金類雜質另有不化合之綠氣與不化合之輕綠此水必日日試其所含不化合之輕綠所用之法最簡便先備鈉養試水其濃淡有一定之數再將綠氣甑之餘水若干分而從含鈉養水之分度管漸傾其水入甑內所得之水至所變成之鐵二養輕養成片不肯消化爲止則知不化合之鹽強水已飽足如蒸綠氣器噴汽加熱則餘水每百分含不化合之輕綠五分爲最少之限間有含六分至十分以外卽所含綠氣大半爲不化合之輕綠已有人多次試此水所含之各質其大略得中數如下

錳綠	二十二分	鐵二綠三	五・五〇分
鋇綠	一・〇六分	不化合綠氣	〇・〇九分
不化合之輕綠	六・八〇	水	六四・五五

共一百分

成綠氣之廠最難料理甑內之餘水因放水時其水發綠氣爲人所難當如甚多則一里至六里路之遠俱聞之流入河內則魚立斃經過房屋碼頭及橋之根基使能蝕壞又所含之錳爲

徒費有人設法令此水反得其益或收回輕綠或收回錳質變錳養二但各法內只有登洛布與韋勒登之法可大興而以韋勒登法爲最一千八百七十一年至一千八百七十三年內錳礦之價加一倍自韋勒登法大興之後則錳礦最賤間有開礦之洞關閉而工匠散去者

綠氣甑餘水分出錳養二法○如分出錳養二仍能當錳養二礦之用但此外亦有人用所得之錳養二提淨煤氣分出所含之輕硫已有人將綠氣甑內餘水先分出錳綠再用白石粉或煤氣水變爲錳養炭養二間有將所分得之錳質合於鐵礦以便做鋼之用其法將石灰添入甑之餘水內令錳質相合而結成

後將其所得之質用倒燄爐煅之則得錳三養四合鐵少許此料添入鎔鐵礦爐所得之鐵合於做別色麻鋼用另有成別色料或玻璃亦用其餘水所分出之錳再有分出錳綠合鋇養硫養三成鋇綠其鋇綠成不改變之白色料又置鍋爐內令其鍋不成皮

再有人將其餘水內所有不化合之鹽強水作各用因尚未大興不必詳論

綠氣甑餘水分出錳養二之法

此爲用餘水最要之法內以韋勒登法爲最要故下第六章詳言之茲將其餘各法大畧論之

先成錳養後收空氣之養氣成錳養法○初查得之法用石灰添入甑內之餘水將所成鈣綠二水分出再將餘質令遇空氣又法進百分表二百度至三百度熱空氣噴過含錳養質之水將所成之錳養二質壓成塊所設各法內有者司拉與法倫丁兩法爲最要其法將甑內餘水先照前法變爲錳綠二水此水內含濃石灰漿至有餘將所結成之質分出鋪在空氣內稍乾後令遇百分表三十至四十度熱若干時常調和之添水以補所化散之水其質已收養氣則變黑色再用洗法分出鈣綠復加更大之熱令受養氣更多後鈣綠能全洗去所得之錳養二質帶棕色間有黑色能放綠氣之性與上等錳礦相同又增綠氣時可免發大熱

如法倫丁法用鉀三衰六鐵二合於錳養質漿內令受養氣後令所餘之鉀二衰三鐵令空氣行過則收空氣之養氣仍變鉀三衰六鐵二但此法雖巧難免有鉀三衰六鐵二之縻費因其料價貴此法不合算又所有不分出之鉀二衰三鐵必在蒸綠氣時放出衰質有最毒之性亦爲大弊

另有將錳質變爲錳二養七等法但多不及丙格司所用鈉養淡養五之法此法將綠氣甑內餘水先熬乾合鈉養淡養五在甑內加熱至暗紅再添石灰或白石粉所配各料之數將其甑內水熬乾之餘質二分合鈉養淡養五一分錳養炭養二三分或將熬

乾之質八分合鈉養淡養五一分石灰或鈣養炭養二三分煅後將其餘質漂在水內則所結成者爲錳養二而所放之淡養氣必收之令合別質以免糜費此外另有人設法用鈉養淡養五但其法雖巧而大做有多不便者

將錳養炭養二加熱令變成錳養二之法○如登洛布設立之法將綠氣甑內餘水先合於白石粉調和其白石粉必足減其酸性則所含之鐵質結成其錳質不結成再將此水用起水筩起至大熟鐵鍋爐其鍋爐爲平擺圓桶形徑十尺長八十尺有平擺調和料之輪在內再合磨碎之白石粉不可用之過限將鍋爐關閉而封密進汽令其內壓力比空氣二倍至二倍半因有

壓力與熱與挑動三項則二十四點鐘內能全化分成鈣綠二水所結成之白色質爲錳養炭養二其鍋爐內之料葬本壓力噴至大池內澄清再放出鈣綠二水將其錳養炭養二洗而壓之幾分在鐵板上烘乾後置鐵車通入爐內其爐分四層每層有六膛能容車六個故一爐容二十四車爐之內外鋪鐵路以便車之進出其爐從外面加熱至百分表三百十五度而在底爲最熱其熱氣由下層進而升至上三層其車先進上層第一膛此膛內之空氣熱度小含養氣不多每調換一次則移至左邊或右邊而從上層移至第二層如此漸至下層可見愈下則遇空氣愈熱而含養氣愈多故濕錳養炭養二變爲錳養二每若干時必噴水在其上以補所化散之水因每一點鐘進一車而進新車則其餘各車必移至別膛內每車必在爐內二十四點鐘取出後每百分含錳養二七十二分其餘二十八分爲錳合養氣質或鈣養炭養二約二分但此法雖便其費用大故試用此法之廠不敢大做又有數廠因燒料過多棄之不用

第六章韋勒登成綠氣法

以上所言不用錳質而做綠氣或用錳養而收回其各法俱不成惟三法有益一爲登洛布法一爲韋勒登法一爲地根法其餘各法雖能得回錳養二質但其費用比買錳礦更大或所得綠氣太淡或因別故其法不合算如登洛布法在英國只有一

廠用之每年成漂白粉五千噸此廠另立分廠仍用韋勒登法可見只有韋勒登與地根兩法可以大做而韋勒登法用錳養二每用一次用通空氣法收回地根之法不用錳質但用輕綠化分之其化分之料用銅養硫養三與空氣之養氣故此書必先將韋勒登與地根法分別詳論再將兩法比較而評其優劣

已有多人設法用石灰分出錳質令遇空氣變爲錳養二但其理雖是然用法不善則失其益處至韋勒登初試其法不免有誤後屢次試之乃漸免咎弊而得合用之法

韋勒登法所憑之理在綠氣甑餘水內加以石灰令錳養質結

成再於鈣綠水內調之另加石灰至有餘而多通空氣則變成錳養二而得法之故因所用鈣養有餘前人所用之鈣養不足故難成其法成後特備合用之器在各國內俱已通行往往有各國大博物會送給功牌者此法之益在各種化學工藝內並做漂白粉與造紙及免疫氣滅臭等類俱得大益從此各國之人亦均得其益

如七十三四五三圖壹勒登之器一副每日能做漂白粉一噸如日夜不停則可成十二噸但做工最穩之法可用更大之器爲便如七十五以下各圖

七十三爲立圖七十四爲立圖甲乙綫之平圖七十四爲平圖

七十五圖爲平圖丙丁綫上之剖面式戊戊爲收錳養二料之甑在本圖七尺方十尺高又爲平常之甑消化天生之錳礦以補其靡費其擺列法令其餘水至戊甑內又如己爲減酸性之池能收戊甑所含錳之水庚爲起水筩以生鐵爲之而有黃銅鞲鞴與門等此桶能起含錳之水去鐵料之後行過呷管通至澄清料之熟鐵器辛辛其起水筩徑六寸爲雙行壓水法最堅固不常修理並易折開修理其門其吸水與放水管徑四寸至五寸其放水管呷間有高至六尺而作聚器膛用

如辛辛爲澄清錳綠桶用厚八分寸之三鍋爐板所造或用生鐵摺邊以螺絲相連又用牽條加其堅固有用木料或木料內

以鉛皮爲裏雖較鐵料價省然須常修理大爲不便如含錳之水先令免其酸則無害於鐵料此等器必備兩副一副將水澄清一副進新水其兩器之旁俱有放水管近於底有沖水門吃其含錳之水更番噴入澄清之兩桶或各桶有特備之門或用鐵箱如呼內有兩孔即一桶配一孔其兩澄清桶各有大圓椎形底門以呾柄開閉之開其門能放出桶底所積之質門下有木槽或鐵槽引其質至別處

其澄清器辛辛長約十八尺寬約十二尺高六尺半裝滿能容料五十噸其本重約五十四噸故載滿重一百零四噸可見其架必最堅固因離地頗高平常所用木架其樑方十二寸至十

四寸其根基與申申澄清器爲公用但本圖只繪其架所有之底與過路在圖內不顯出

如辰辰爲令錳養質收養氣之桶以熟鐵爲之厚八分寸之三因上三分之一不含流質只有氣泡而上露天故其料厚四分寸之一亦無妨其底平此兩器必有最堅之基大半以磚爲之另有木架令其兩桶不離本方位因噴氣時不免有大震動先進所結成之含錳養水用吃吃兩管又進石灰水其進石灰水或用起水筩丑與進水管呐或用鐵箱寅先進石灰水而後放出用嗊嗊兩門如存石灰水在上池寅亦必備調和料之輪因在此高處用通軸與皮帶輪等法其費用大故在此處備噴氣

器爲便如噴汽因時不久亦無妨如可爲七尺徑管通壓緊空氣至含養氣之頂上從頂上在內通至桶底而在申底用分支管成十字形或用別法令其氣分若干小孔而噴出其孔徑一寸而向下斜見七十五圖甲因此其錳養質不易塞其孔又辰辰兩桶有二寸徑汽管通入其底而有分支管理汽之門在桶外離底約五尺以便開閉在相近處有半寸徑塞門便於試驗桶內料之高其放料管啣啣徑六寸在桶底各有沖水門通至公用之管呐

如申申爲澄清錳質之池其尺寸與做法與澄清流質辛辛桶尺寸相同但極少須配三個最好配四個各有活節管徑二寸

如呧此管能放出鈣綠水外通公用管或槽能放水外出在其底有四寸徑管吧有沖水門連於總管呹

此副汽機噴空氣之法用兩個鍋爐卯卯各徑六尺長三十尺此鍋爐所成之汽足爲進風機器已並其餘各法所需用如欲修理時只用一鍋爐亦可但必有數事要停止如本圖爲平擺雙汽筩之汽機其汽筩徑十八寸噴空氣桶徑二十二寸推路二尺修理時可用一汽筩但究屬勉強各氣筩門以橡皮爲之另有數廠喜用直立機器如七十六圖汽筩徑二十寸空氣筩徑二尺三寸推路三尺飛輪八尺其氣先進聚氣膛如未從此門行過七寸徑管丁通至錳養收養氣之桶內聚氣膛各有壓

力表與放水管此副進氣機器每分時來往四十次至六十次每成漂白粉一噸約進空氣三十萬立方尺即四十五馬力汽機做一點鐘之工而所放出之汽可令進鍋爐水加熱或令別料得熱俱可

所用之石灰水備兩個鐵桶如本圖壬子各高六尺寬八尺至九尺置於澄清錳質桶之下如壬桶浸石灰成水子桶存石灰水又用起水筩丑稍落入地內故壬桶之料俱能流到丑內又如七十七八兩圖爲放大之形呷爲小汽器與壬桶相連此汽器令兩桶和料輪轉動壬桶內有輪如吃爲鑽空銅板所做可接所要化之灰其輪爲分圈形畧爲本周三分之一至一半長

而置桶之上邊所以挑料輪在此處必收小其塞門呐能放石灰水從壬桶行過可板篩器通至子桶

滅酸井已如七十四五兩圖鑲入地內用爛泥圍之令水不流散或用大木板圍之成八面形或用火磚或軟石圍之則成圓形但其石板或石塊必用法令其強水不能流出又必用黑油或砂做灰最爲精緻做成後其井必裝滿料待一夜看其漏洩與否後每七日亦應以此法試之如有漏處則難彌補其井用最堅之木板蓋之木板必浸以黑油板內亦通瓦管放氣通入最近之烟囱板中亦有孔能通挑料輪之軸其挑料輪或吊之如七十九八十兩圖呷爲運動輪之汽機吃爲起含錳水之桶

其挑料輪以木爲之上端以鐵爲之或不用吊之法則輪底做榅如七十五圖此法最妥雖其井底常有錳質甚多不須常修理凡大廠用此井甚多如本圖各器只配一井深五尺至六尺寬十三尺至五尺

葦勒登所用綠氣甑與平常不同只用石板爲之比蒸錳礦之甑更大更高其下不用柵如小廠每日做漂白粉七噸至八噸其形如八十一二兩圖八十一爲平圖而蓋有榅一塊之處顯出其內形八十二圖半爲立圖半爲立剖面圖其做法在下備大石板一塊有立置石板兩層如八十三圖爲連其各角之法其石板相遇之處成筍節用黑油與高嶺泥相合而封密四邊用生鐵夾器連之各有螺絲如圖內呷呷凡鐵料外必加黑油一厚層其軸邊之夾器亦不能與石面徑相遇有鉛皮一塊置其中間其螺絲釘外包橡皮管或瓦管在遇強水之處以免蝕壞又因噴氣時不免有大震動故其節易於震鬆或石板破裂最穩之法照本圖用鐵板壓在石板外其鐵板在各角相連之法如八十三圖其氣管哂爲十六寸方之石柱柱心鑽孔徑一寸半近底做三四橫孔在石管之底亦有石鑿如呼在頂上有鉛管鉛管上有鐵管鐵管有塞門其塞門用前五十七圖之法護之間有不用石管用最堅之瓦管外徑六寸內徑一寸半但不能做十三尺長之整瓦管必分兩段爲之而在當中成節其節亦最難令不洩氣在其方石管或瓦管之頂鑿成圓形能托住蓋之兩半其含錳之料用鉛或瓦之漏斗徑六寸而有彎形則所澄清錳料能用槽道至漏斗內另有別法由成者如八十四圖或如八十二圖哦此塞門以瓦爲之令與石面相切不漏洩之法如八十五圖咦爲進人孔便於入甑修理而近於底亦有進人孔外加橡皮但此兩孔不必常開又有玻璃試管哰並塞門亦用橡皮管令不洩氣又有試驗塞門旺而在頂上有氣管呾此各甑必用最堅根基否則不能耐久

如大廠所用之甑其方形者不及八面形之便因欲少用甑所以尺寸應格外大用方甑則石板不能有如此大尺寸即如八十六七兩圖做八面形其比例爲本甑五十分之一間有做更大者至寬十尺高十尺如八十六圖爲從頂上看之平面而去其蓋數分令其形狀顯出如八十七爲立剖面圖其鐵料不顯出如此大之甑更不能用一塊整石做成必兩塊或四塊相合用鐵夾板與螺絲釘如呷呷其甑邊亦分兩層而在四角用橡皮條連之中有槽又有用橡皮帶其邊之厚如本小圖其石內亦鑿成引橡皮之槽其石亦用夾器叱與螺釘連之間有用大鐵鍊用螺絲轉緊其鍊不可壓至旁邊之石但壓技石之木柱其八邊各配兩木柱鍊掛於木柱之釘另用劈打緊令其鍊牽之更牢其蓋做一八面錐形用三角形之石八塊其三角形之

頂聾石管之頭如哂照此配其樣式其餘各件所有甲乙丙丁各字亦與方甑所配字樣相同

一千八百七十三年照韋勒登法蒸綠氣器一副當時鐵料人工之價俱貴其廠每日成漂白粉六七噸各料與工人必從英國遠處運來故其價貴其工價計金錢一千四百十六元爲機器等之價另加數種器具與甑等共價金錢二千八百七十七元

如韋勒登器之法將綠氣甑內酸性流質流至滅酸井內其水內先添白石粉或灰石等質滅其酸令鐵質結成其灰石或白石粉等料愈細愈佳因糜費愈小而人工愈速所用白石粉等料因後歸無用故以省爲要間有數廠將白石粉磨細合水成漿此法能立卽滅酸而可不用餘料

加白石粉料則放炭養二並綠氣其井必蓋密有瓦管通入烟囪但所加之料不可過速恐發氣泡而沸出其調料輪必常轉動又必最堅至於試其水已滅酸與否將其水少許傾入白石粉內令不沸則知其酸已滅

如用天生錳質做綠氣則甑內所放之水必用多灰石方能滅其酸故先令水行過韋勒登法所用蒸餘質之甑甑內之料能收不化合之輕綠如此可省用灰石如用錳養二成綠氣則所需用灰石或白石粉更少大約十分至三十分可配錳養二一百分

其含錳流質滅酸後連渣滓用起水筩送至澄清池內如七十三至七十五各圖辛辛而落下之定質應令其流質最淨因流質內如有未沉之質則有礙於後來之工約數點鐘後澄清其水放出通入收養氣之器而沉下之質在辛辛器內開塞丑丑而放出約兩三次或多次放之

所得之餘渣滓亦有多人設法用之但最便之法已在第二卷第十四章論及之

照上法所得之錳綠水必合石灰所用石灰必最淨不可含鎂養如每百分含炭養二氣不可過二分如燒石灰之工不足則有多弊不必詳言如燒得過多亦有多弊所得之石灰漿其質應勻以手捻之不可覺有小粒又如含鎂養則其弊最大可見石灰每百分含鎂養等異質多於一分則不合韋勒登法之用其化石灰之法亦不照常法澆水必將水加熱至沸度後將石灰浸入其內所得灰漿必經篩篩去其未消化之質

如照前法備錳養水與鈣養水足用先將其辛辛兩桶內之任一桶傾錳養水約一半再進汽加熱後將石灰漿傾入其內見其錳質全結成則止所進之灰漿平常之法先將灰漿若干分傾入桶內至錳質幾全結成後試之如尚須添若干如第二次進灰漿不足必再添若干至飽足爲止

以上之工令桶內所含之質爲錳養與鈣養其鈣養幾分消化在鈣綠水內其餘並鉄養調和在水內所以多添鈣養者因錳養遇空氣有能消化之本質則變成錳養二質更多如全靠空氣則錳養不能全變爲錳養二只能變化一半如加石灰照韋勒登法則其錳養質可全變爲錳養二

如所用之鈣養不能有一定但每多於所用之錳數必連添石灰水至其桶內之料取出少許濾之用漂白粉試其不顯錳質之變化爲止如最少之鈣養數爲一•一分劑最多爲一•四五分劑間有用一•六分劑而所得之錳養二質更多且體積小尤合綠氣甑內用之因此用煤用水及用人工均省所有錳質之糜

費更少平常成漂白粉一噸用石灰十二擔至十四擔方能收回錳養二質

所應用之石灰必進空氣至不能成錳養二爲止進空氣後其色先變淡黃後變棕色最後變深黑色空氣之力愈大愈妙所以近來進空氣機器比前更大如四十馬力至四十五馬力汽器行一點鐘時所進之氣足成錳養二可做漂白粉一噸如成淨錳養二一噸平常進空氣二十八萬立方尺內含養氣五十八萬八千立方尺但韋勒登云有一處成錳養二一噸只用空氣十五萬八千至十八萬立方尺但所用之桶比平常之式更深間有數處用空氣多一倍約六十萬立方尺方能成錳養二一噸

初進空氣時每半點鐘須試其料已變錳養二若干分因此知共須進空氣若干分如平常進空氣入桶約三點鐘則變成但最速有兩點鐘者亦有遲至五點鐘者

其桶內之質所成錳養二數再不加增須添錳綠水若干令鈣養一半分出而變成錳養此錳養再變爲錳養二全成之後則桶內之料放入澄淸池內約一點半鐘自初進空氣起至澄淸池內放出其淨水止共須四點半鐘

在桶內令錳養變爲錳養二之工間有兩種弊令其質壞一其色紅一其質稠其原色應黑如變爲紅棕色則知其錳質變爲

錳二養三如料已變紅無法能改爲黑色無論進空氣若干時不能再收養氣必放出置綠氣甑內蒸之蒸時用強水甚多放綠氣甚少如所成之質過稠或因風力不足或因所進之石灰過多不能與錳質相合間有成顆粒者或因加石灰時熱度過大因百分表五十五度已足至六十五度爲最大界限有熱至七十七度者故其料變稠無法能解之必用鏟將料取出並用強水化出各管所凝結之質如見桶內之料畧有變稠之形一面進含錳之水一面加進風機器之汽力至其質變稀爲止如進風機器之力已足而所進石灰不過限則不至有此弊

間有數廠在澄淸池與綠氣甑之中間另備一桶內有調料之

輪使其質常調和得勻不至與石灰有難相合之弊間有用鍋將料加熱後置桶內如此可省用汽並免用多水沖淡因其法繁故用之者甚少

如照上法收回錳養二質在綠氣甑內再用之必先在甑內進鹽強水約深二尺其熱度愈大愈佳後開門漸加錳養二漿不可過速否則發綠氣過猛用水封其節其水必噴出所進之錳養二漿必足令其水變爲黑色後進汽則其水能變淸但其色帶深棕而傾入白石粉上稍發氣泡如發氣泡甚多或水帶淡黃色則知其水過酸大約其料在甑內四點鐘至六點鐘則放綠氣已盡可將甑內之料放至滅酸井如此循環爲之令錳養二

收回再用此爲韋勒登法之大略

用韋勒登法所成之漂白粉大半在所凝之鹽强水數小半在綠氣甑內滅酸之分數其所蒸得之輕綠氣各廠不同如器具與人工最精每燒鹽四十八擔至四十九擔應得上等之漂白粉一噸又如郎加斯德各廠每用鹽五十三擔半爲中數能得漂白粉一噸

又如錳養二難得全收回從前每百分有五分之糜費最多有至十分者極少只有二分半全在做工之精細耳依化學之理每做漂白粉一噸須用收回之錳養二九擔零四分之一然難免有綠氣之糜費應用錳養二十擔即收回之錳養二漿約五百

立方尺已可足用

如收回之錳養二所發綠氣遇石灰而化合比錳養二礦所發之綠氣更速故所收回之錳養二礦發出綠氣遇石灰其灰層必更薄約十七與二十之比但尚無一定之憑據有一大廠每六工做漂白粉一噸在漂白粉房地面須配二百平方尺此廠所做漂白粉每百分得綠氣三十九分裝入桶內後所散之綠氣比舊法尤少

用韋勒登法無論大做或小做其人工略同除儲備石灰與裝桶之工不計外必用工人六名管理收養氣之桶一人做石灰漿一人管理澄淸之池一人管理韋勒登甑一人管理滅酸井

一人司汽機鍋爐一人以上用六人每日可成漂白粉十五噸如只做五噸而人工亦同不過運料較爲省力耳平常計工論價每成漂白粉一噸需工價若干如由一人包做則工資較省

如韋勒登法各廠燒煤亦爲大宗每成漂白粉一噸有三十八分濃者以燒煤十六噸爲中數法國有一廠用煤九擔但燒石灰之煤不在內

如韋勒登法所成之廢料爲鈣綠尚未有簡便之法因不含鐵可化乾鎔之得白色質傾入鐵皮桶內爲做假靑精石粉或提淨糖及做鋇綠等廠用之但鈣綠大半散去無用亦無害於人惟過水則有濇性有合於肥田料或造紙料內用者如能設法

從鈣綠做成輕綠其益最大

如一千八百七十七年英國等處用韋勒登法共有五廠每年做漂白粉十萬五千噸英國每做漂白粉一百分有九十分用韋勒登之法其餘各國亦俱用之惟德國有一廠用地根之法

韋勒登用鎂養做綠氣法

以上所論韋勒登法將鹽强水一百分放綠氣三十分做漂白粉之用餘七十分變爲鈣綠雖無用亦無害比舊法更佳故人多樂用此法乃地根另設一法欲將輕綠內之綠氣盡用之無使靡費因此韋勒登恐廢其法愈加考究得用鎂養之法所成之漂白粉比前法多一倍前用鹽五十擔依新法只用二十五擔能做濃漂白粉一噸但所造多至一倍雖有銷路其價必大減故製造家不樂用其新法以後或另有用漂白粉之處或用鹽强水之新法則韋勒登鎂養之法可興此書應畧言之

其法將綠氣甑所餘酸水合煆過之鎂養炭養二或鎂養礦在生鐵盆或石器內調和將所得之流質熬濃再開鍋底之鐵門放其料通入燒殼爐與燒鈉養硫養三之爐畧同其爐分兩膛兩膛中有鐵門用鍊與滑車起落其料在一膛先烘乾烘乾時放輕綠與綠氣少許起入凝器待其略乾成薄片則推入爐之第二層煆之煆時多進空氣間有另用兩爐一爲烘乾爐一爲放氣爐因第二爐放綠氣等質而所餘爲鎂或鎂合錳養二之質但此法須得合宜之熱度不可過大不可過小否則必誤其熱度以紅如血者爲最佳

所得之鎂合錳養二質入綠氣甑合鹽强水則放綠氣所餘之質仍爲鎂綠與錳綠可用鎂養滅其酸如此循環爲之可見無靡費前法所成之鈣綠爲廢料此法用鎂養與錳養二帶養氣令過輕綠而輕綠則放綠氣但所用燒料甚多每成漂白粉一噸約用煤三十擔

此法所用之器如八十八九兩圖八十八爲立剖圖八十九爲平面圖甲爲甑能存鎂養或鎂養二漿蒸出濃綠氣呷爲放綠氣管乙爲磨可成鎂養或錳養二漿吃爲起漿之管丙爲井或以生鐵或以石爲之收其鎂綠或錳綠水丁爲起水筩起其水至澄清器戊戊又如己爲熟鐵或生鐵盆熬濃鎂綠或錳綠水所用之熱爲辛與壬壬兩爐之餘熱庚爲生鐵盆能化其水至將放輕綠爲度辛爲烘乾之爐啐啐爲兩爐柵此爐有兩門通至兩個氣爐壬壬此爐之柵如旺旺兩爐有管叮叮通至枯煤塔子能收其輕綠令洗過綠氣行鉛塔丑丑此兩塔內裝火磚有石灰水落下所有不化合之氣如淡氣養氣等行過哦管通至烟囱石灰水在卯池內調和在辰內聚之爲吧吧管吸上用兩個起水筩之故因石灰水屢次起至鉛塔頂上用一起水筩則不及丑丑所聚之水在寅寅池內聚積而澄清後行過咦管

通至綠氣甑巳叉子器內強水亦行過啞管落至巳甑內叉從此處有濃綠氣過噴器而放出其全副之器安置不漏洩之底板上其底板稍斜所漏之水引至大鐵盆內

以上之圖每六日能成漂白粉三十噸其粉有三十七分濃如照上法配全副器具每二十四點鐘能成漂白粉五噸其價金錢一千一百四十元如用凝器並有令淡綠氣變為濃綠氣器共需金錢二千零三十四元其器不多佔地位數日即能裝配

有三廠裝配此器用韋勒登鎂養法所成之綠氣甚多不久其器均要大修仍改用韋勒登之舊法可見鎂養之法尚未考究

得精如鹽強水之價貴或綠氣仍有別用則此法亦必與

第七章論地根做綠氣法

如地根所設之法大概用輕綠氣與養氣收大熱或行過紅熱之料則分成綠氣與水如令其氣質行過數種料不必過大熱度亦能化分應得輕綠放盡其綠氣但歷來尚未著成効難得綠氣之一半而令熱氣行過之料最宜者為銅之鹽類其各鹽類內以銅養硫養三為最便如將平常之乾磚浸在銅養硫養三水內待乾裝入大管令熱輕綠合養氣行過則熱至百分表二百零四度起首化分如三百七十三度至四百度之間其變化最猛熱至四百二十七度則變為銅綠而化散如在應得之熱

度內令輕綠水行過銅養硫養三質之面則銅養硫養三不變化只有輕綠氣儘多化分雖有別種質雜入輕綠氣內其變化亦同叉綠氣遇石灰亦與之化合最為簡便但最濃之綠氣必遇將飽足之石灰最淡之綠氣必遇新石灰叉必用法令加熱爐之熱度不可過大過小如合法為之則爐之鐵料不能為綠氣所壞

大廠用地根之法先將化分鹽所放之氣徑行至分綠氣之爐因化盆內所放之輕綠氣先最濃後更淡故將兩盆合用之第一盆所放之輕綠氣通至地根器內至輕綠氣變為更淡時則通入枯煤照常法凝成輕綠再將第二化盆所發濃綠氣通至

地根器內可見造鹻廠所發輕綠氣用地根之法仍有不合式者必用凝水法得鹽強水又化分鹽之鍋所放輕綠氣含空氣若干此空氣內之養氣比地根法所需用為過多但亦不甚關要

其輕綠氣合養氣先行過許多彎管其管之加熱法與化鐵爐所進熱風加熱法同如九十圖為地根初設之器之剖面九十一圖為平圖甲至壬為生鐵柱狀如大箱中有多孔之料如浮石或磚等其料內含銅養硫養三所用之管用平常砌溝之瓦管為最便第一與第二柱直立如有鐵三綠三或鐵養等異質易於落下其餘各柱裝滿燒成泥塊或做小球形或方塊扁塊徑

六寸先浸入銅養硫養三水飽足後令乾可見行過輕綠等氣所遇面積甚大其氣在小塊當中空處易於經過又如圖内巳巳各膛能聚所成之灰可隨時取出戊爲柵令灰易於落下

近來此器所用鐵隔板間有漏出數塊而不用瓦管者亦有不用隔板令氣在此角進而在彼角出如巳巳所聚之灰初以爲鐵二綠或鐵養其實爲鐵養炭養三

如本兩圖辰爲制熱之器有磚裝其内磚之間留空處則輕綠氣行過時如過冷則令此器增其熱度如過熱則令此器減其熱度用此器則二十四點鐘内其熱度不大改變如改變必約在三十三度以内後地根以爲制熱之器可不用

其化分器與制熱器外有磚圍之内有火路丑丑與爐卯卯相通用此火路與爐令全副器具常存所應得之熱而量熱度所用之表爲實心紅銅桿或以鐵爲之量其所漲之體積則知所加之熱又如子爲放氣管如進氣之法用平常進風機器其擺列處在漂白粉膛之後

此器所放出之氣質不但有綠氣另有未化分之輕綠與汽與淡氣養氣有簡便法能化分其氣而知各異質之數此法雖巧而所用之輕綠氣每百分難得其鹽類之綠氣一半平常只能得三分至四分

以上所言之氣質先行過若干管或用瓦或用玻璃以玻璃爲最便因内無壓力或三口瓶亦合用如用三口瓶則所存之輕綠全爲瓶内水所收如見氣之顏色則可知綠氣外另有未化分輕綠氣之數

已放出輕綠氣後其綠氣必令乾方可造漂白粉如造漂白水或鉀養綠養五則不須先乾從前令乾之法用塔内裝鈣綠但此法最繁不能全乾現用鉛皮爲塔内裝桔煤以濃硫強水淋下據云一百十四度濃之硫強水能收器内之水令乾可做漂白粉蓋用地根之法其綠氣斷不可有水因造漂白粉大有礙也

所得綠氣已分出輕綠氣與水仍含淡氣與養氣甚多平常造

漂白粉之房不甚合用故另設一法用砂石板或端石板成一大房房内有多板相隔各離六寸所鋪鈣養厚不逾八分寸之五如九十二三兩圖其氣必行過石灰之面積甚大又備生鐵管通綠氣可任以何房爲第一房或爲末房故綠氣初進房時所遇石灰將欲飽足又在末一房其綠氣已變冷所遇爲新石灰行過此房幾無綠氣之臭依此法能用許多綠氣但造此漂白粉房其價最貴而根基必最堅固否則陷下之處不免滲漏如地根法用鹽三十二擔造成漂白粉一噸其各套之工據云不過燒煤一噸計成漂白粉一噸之費用除利息修理及零費不計外須金錢三元但平常之費更大所成之漂白粉往往過

淡
試將地根之法與葦勒登法兩相比較葦勒登法所用之鹽強水必先熬濃其綠氣必用天生錳礦或用得回之錳養二放出綠氣甑內所餘之水亦必分出錳養二質然不免有縻費又得回錳養二之法所用石灰亦必多用鹽強水令其飽足各工須用熟諳之人雖人工器具材料均好亦常有所得之錳養二或發紅色或成稠質後用之放綠氣甚少雖有此各弊然其法已大興葦勒登用上等漂白粉須鹽五十擔以地根之法只用三十二擔至四十擔又不用錳養二質不必熬濃鹽強水所用綠氣直從化分鹽之鍋內徑引至漂白粉房洗淨令乾變冷故其

器在此端進硫強水彼端收出漂白粉又如葦勒登器內難免有壓力放出若干綠氣有害於人物而地根器則用吸力故綠氣不外散且地根云變化之內其料自發熱不必多用燒料而葦勒登法須用起水筩與調料輪及進風機器俱必燒煤方能運動似乎地根之法最為簡便英國廠家初亦喜用之但用久之後則顯出其弊不得已仍改用葦勒登法

如地根之法有數弊而難行其資本必鉅每年修理之費亦不少其法之最要者因用磚或小泥球收銅養硫養三存其內雖新做時能分出綠氣但久則失此性至四個月以後歸於無用不得已必停一廠之工將小泥球再浸入銅養硫養三水如此

須費金錢數百元每年因此停工少則五十日多至一百日所成之鹽強水必放散有預定之漂白粉必按時交貨本廠停工則必購之別廠種種不便又其泥球二次浸入青礬水內總不及第一次佳雖地根亦有新法免此各弊但其器具難免漏洩而綠氣變為太淡雖可免綠氣外散然不免外空氣進入如稍漏洩無妨至漏洩過大難以查驗必停工方能修理

近來地根所設之器比前更靈茲將其圖式略言之如第九十四五兩圖可見化鹽鍋所放出之輕綠氣先行過管若干長之路又行過收異質之料如水與濃輕綠等後其氣通入燒熱氣之爐此爐方十六尺有立置管二十四條寬十二寸高九尺列

成兩副每副十二管此器與鎔鐵礦進熱風爐相似甲為火膛乙乙為通熱路乙為爐內烟囪能引火燄高於加熱管之彎處畧一尺丙為爐底放烟之孔此爐內能令氣質加熱至四百度用此爐之餘熱通至化分氣之器因此器未另備爐也

化分氣之器為直立生鐵桶寬十二尺至十五尺內裝碎磚成圈形擺列用生鐵門托之如九十五圖其氣質在外圈甲甲通入行過碎磚料通入乙管其碎磚料如丁厚三尺分為六膛每半月換一膛之料換料之法先開丙丙兩門其料自流出後從上添新料過戊戊兩門其碎磚用軋器軋成塊篩去其灰後浸在銅綠水內每料一百噸含紅銅·六分至·七分如氣質行過

此器一半爲空氣一半爲輕綠則輕綠之一半能化分此器每六工能將鹽四十五噸所放之輕綠分出綠氣而成漂白粉十八噸至二十噸每一噸含綠氣三十五至三十六分其碎磚每一擔能成漂白粉十擔至十二擔用此法之處連做兩年不停

此法所用做熱氣之器爲大圜形遇火之處只有兩節故無炭養二氣侵入之弊其工連做不歇工人易於管理現有一廠每六工成漂白粉一百二十噸雖夏日所造者每百分能含綠氣三十五分零四分之一此廠得法之故因初用小泥球燒之後行在銅養硫養三水內用兩三次則已壞故每用泥球一次則棄之不用如此可免其弊

查地根改變之新法雖有別廠用之亦不久即廢故總難必其能得利與否也

第八章論漂白粉水

乾漂白粉易做而便運故漂白工內用乾粉者多要知所用之石灰約三分之一能合於綠氣其餘三分之二不能合於綠氣且用漂白粉時必先在水內消化其消化亦不易可見欲自做漂白水最便將石灰和水成漿後進綠氣則石灰全與綠氣化合極爲省事從前漂白廠常用此法自成漂白水但現在大半改用漂白粉如與造漂白粉水之廠相近運路近而空桶易於送回未嘗不便又如法國北邊有運河用小鐵船內面塗黑油與蠟最便於運此水之用

因綠氣甑不能受大壓力故經過石灰水之綠氣必令其與水之大面積相遇並用調和之法使水面常改變如九十六圖爲巴頂生之法甲爲綠氣甑以瓦爲之置己台上通入鈣綠水鍋乙此鍋葉鐵板丙而丁爐有火加熱如壬爲裝錳養二之漏斗子爲進強水彎漏斗管見前第六十圖之說其綠氣行過丑管如兩口玻璃瓶卯此瓶裝滿強水若干分從兩口瓶有鉛管卯通入前器戊此器裝滿錳養二從此器行過巳管通至收綠氣之器未此器爲平列之木桶內有鉛皮爲裏又有轉動之輪在內其輪頁以硬橡皮爲之內鑽多孔令水易通過其軸用瓢木

以黑橡皮爲枕桶內裝石灰水綠氣在桶上進入即爲石灰水所收因此增其熱度在石灰尚未全消化之前必須停止否則有變成之鈣養綠養五其氣從桶內出必以水洗之收其綠氣可見此器只能小做而調料之輪軸難免有綠氣漏洩如用鉛管則通水之處易消化而放綠氣又消化時放養氣合綠氣進桶內

大做漂白水所用之器與做鉀養綠養五相同即用平常綠氣甑立置生鐵桶若干其調料輪亦直立作工之法起首與做鉀養綠氣同其桶先裝石灰水每水十磅加石灰一磅至磅半但甑內所發之綠氣不可過速恐所蒸之熱度過大以熱至百分

表三十二度爲限斷不可熱至三十七度如至此熱度必立斷綠氣待熱至合宜之度如於桶外加殼殼與桶之中間常通冷水斯最簡便但水之重率已至一·〇四〇度必斷綠氣否則變爲鈣養綠養五水間有各工最謹慎亦不免有成鈣養綠養五之弊如有此事則令其料變爲鉀養綠養五最穩之法在一廠做漂白粉水與做鉀養綠養五水各器能公用如成漂白粉水而有誤則其料變成鉀養綠養五斯無糜費

地根另設一法做漂白粉水不用石灰而用鈣養炭養二卽以白石粉或灰石代之得所成之漂白水內含鈣綠二與綠養氣此種漂白水可徑用之或可在此水內另加石灰若干則變爲

平常漂白水

鉀養綠〇此水爲法國京都相近處化學廠內所做廠名雅維勒因名雅維勒水一千七百九十二年初創此法爲西國造漂白粉之始其法將鉀養一分化在水八分內再通綠氣至水初發氣泡則做成鉀綠分出成小粒初造時偶然有錳之鹽類在內爲異質令其鉀養有淡紅色後提淨而無此色人轉不願購故廠家不得已加此異質在內方能銷售又有做漂白粉其力最大將鉀養二十四分化入水一分內通綠氣至飽足則成

鈉綠水〇俗名拉巴拉克水此漂白水做法或令綠氣通入鈉養水或用鈉養炭養二或鈉養硫養三令漂白水化分其做綠氣

房用鹽五百七十六分硫強水五百七十六分水四百四十八分錳四百四十八分所成之綠氣通入鈉養炭養一水此水每一萬分配鈉養炭養二顆粒二千五百分但現在做法令綠氣通過鈉養炭養二水每水十分配鈉養炭養二一分至發水泡爲止

另有多房成此水作各用有一房將石灰合於鈉養硫養三在水內消化而通綠氣可做各種漂白之用又如藥品內有鈉綠漂白水其做法將漂白粉二十分水一百分合鈉養炭養二粒二十五分在水五十分內消化澄清則傾出清水此水每千分應含綠氣五分

又有用鈉綠十分錳養炭養二八分硫強水十四分成綠氣再將鈉養炭養二乾粉十九分以水一分濕之令綠氣通過則漸收綠氣生熱至末所餘之質爲白色粉稍有綠氣臭每一分能在水八分內消化另有成鈉綠漂白水之各法但此書不必詳論如依法成之則爲無色或淡黃色之水其臭與漂白粉同其味澁遇植物顏色料則先顯鹼類性後漂白之如在眞空內化乾則成針形之粒在空氣內熱乾則放養氣所餘爲鉀綠或鈉綠或鉀養綠養五或鈉養綠養五又合強水則放炭養二氣與綠氣在空氣內亦化分成鈉養顆粒又漂白蔴布等用則鈉綠所成之水比鈣綠更佳

鋅漂白粉○如鋅養硫養三水合於漂白水則結成鈣養硫養三又成鋅養綠養此質立刻化分成鋅養與綠養如用鋅綠代鋅養硫養三其變化亦同故可用此兩種鹽類令漂白粉放出綠氣如此可免用濃强水之弊如漂白成紙漿用此法最便其鈣養硫養三與鋅養存在紙漿內做紙能增其料之重

鋁二養三漂白水○有一種漂白水合於造紙廠內用其做法將漂白粉與鋁二養三硫養三等分消化和勻後有石膏結成沉下而鋁二養三綠養消化在內此質最易自行化分故不加强水可用其流質恒有中立性可免紙料內含强水不放之弊其化分時所成之鋁二綠三亦可作爲滅臭藥故紙可久存不壞如漂白

紗布等料則用鋁二綠三粉在水二百分內消化其料存在內兩三點鐘亦可令動物植久存不爛又在染布等工內用之

鎂養漂白水○此水之做法將漂白粉水合鎂養硫養三即元明粉亦結成石膏有云漂白之性最速因不含灰質以之漂白草帽或苧麻等物久之不變棕色但此料做成後不能久存不及鈣綠變化之速此水做漂白工有數種最便者即如用該西來得石即含鎂養之料可代元明粉能漂白麻布但麻布必先浸在鎂養炭養二熱水內然後用此水漂之不必鋪在靑草面再藉日光曬成

第九章論漂白料之原質與用處

化分漂白粉求其所放之綠氣其法甚多茲擇要言之

第一法爲法國名該路撒者所設考其理因酸性水內綠氣能令鉮養三變爲鉮養五即鉮養三一百九十八分重合綠氣一百四十二分重則全成鉮養五其法將漂白粉重十格在磁盃內合水成漿置於裝一里得之瓶內沖淡得一千立方百分格將鉮養三試水添入其內又加靛試水數滴則水內有鉮養三必收漂白粉之綠氣令全變爲鉮養五則漂白水所放之綠氣能滅靛之藍色令其漂白從所用之漂白水數與鉮養三數可知漂白粉所能放之綠氣因漂白靛藍試水難得最準故法國另有人名彼魯設更靈之法下有一欵略言之

英德兩國初設之法創始於古來哈末後有哇多考之發精其法之理因鐵養鹽類遇漂白粉變爲鐵二養三鹽類全變化時易於分別所用之鹽類爲鐵養硫養三此質合漂白粉則變爲鐵二養三詳秤其數所試用之漂白粉數愈少則漂白粉愈濃反之亦然但此法有多弊因每用一次必詳細秤其漂白粉與鐵養硫養三又難得其料和勻與消化又難得最淨之鐵養硫養三又漂白粉水傾入鐵養硫養三水時難免有綠氣化散故試得綠氣數往往過少

另有一法爲彭生所設用鈉養硫二養二又用碘試水與小粉水從前所用鈉養硫二養二數目推算漂白粉所含綠氣

近來英國等所用之法與該路撒之法同不過用鹼類性之鉀養二水代酸性此法最簡便可免綠氣散去之弊其試紙有碘與小粉比用靛藍試水更妥

所用之鉀養三水用淨鉀養三四·九五格合淨鈉養炭養二四格沸水二百格其試紙用小粉一分水一百分沸至若干時濾之加鉀碘少許用上等紙浸在其內待乾後此紙可久存臨用時令濕試法將漂白粉在水內消化再添鉀養三水至應略足之數將其水一滴落在試紙上見其色之深淺而知鉀養三水必再添若干至末用水一滴其試紙不變色爲度從所用鉀養三水可知漂白粉含綠氣若干數

另有多法試驗大概與上所言相同不必詳論因全憑化學之理非用慣化學器具材料之人其法難用

漂白粉等料之用處

漂白粉之用處大半爲漂白棉布蔴布並做紙各料此後有用之滅臭並治疫氣者另有以漂白粉做格羅路福耳密即迷蒙水又做數種顏色料與染布印花等工又提淨燒酒與成養氣等用

查每年所做漂白粉之數自有韋勒登法以後年盛一年如英國十年內所成之漂白粉每年自五萬噸起漸增至十餘萬噸現仍逐年加增可見做漂白粉爲鹼類廠一種要緊之工凡設鹼類廠不可不豫備做漂白粉之器

第十章論鉀養綠養五

此料爲化學家白拖來約一千七百八十六年所查得而考究者前有古魯巴亦早成之但誤以爲硝鹵經里皮格設法大做頗能得利其做工常與鹼類工相連與漂白粉同因必在用鹽與硫強水做鹼之工內得綠氣爲之但銷路較少而做工亦有多難處即如鉀養綠養五每百分含綠氣與鉀之質即鉀綠以每五千分含一分爲最大之界限即每千分必含淨鉀養綠養五九百九十九分

如鉀養綠養五所成之粒最爲光明其形如九十七圖爲立方

顆粒其邊或角有截去之形但平常出售者罕見大粒或成小片或如薄板一小塊對光看之稍有彩色如鉀養綠養五之水多含鈣綠則結成之粒與上不同爲小而尖之針形

鉀養綠養五比石鹽更軟其重率爲二·三二六至二·三五在空氣內不變其味澁而涼如硝每百分含鉀三一·九二分綠二八·九二分養氣三九·一六分如加熱至百分表三百三十四度則鎔化又如加熱至三百五十二度則發氣泡而化成鉀綠與養氣在水內消化則生熱每水一百分所能消化之鉀養綠養五依水之熱度如百分表零度能消化三·三三分如熱至百分表一百零四度能消化六〇·二四分中間各熱度有一定鎔化之

數但熱至五十度以外每加熱一度消化之數大有加增其飽足之水熱至一百零五度則沸如淨酒精內能全消化平常之酒精稍能消化酒精含水愈少則消化愈少

造鉀養綠養五已設多法但其要者只有四法內一法合於大做

一為該路撒法用鉀養輕養一分水三分加綠氣飽足待數日加熱至沸後俟其鉀養綠養五結成但此法有多弊靡費甚大

二為古雷行之法將鉀養炭養二一分劑乾鉀養輕養一分劑和勻再合於綠氣則漸增熱度而放水氣先加熱再漂之則鉀養綠養五與綠氣消化而鈣養炭養二沉下

三為利皮格之法將平常漂白粉十分合水輾勻而消化後熬乾則所成為鈣養綠養五合於鈣綠將此質在水內消化再濾之合鉀綠一分再化乾則成鉀養綠養五但此法養氣之靡費大不甚合用

四為利皮格所設之第二法將鉀綠一分合生石灰三分和水成漿以此水合綠氣再濾之其水含鉀養綠養五與鈣綠令其水成粒則得鉀養綠養五後改變此法將鉀養綠養五在本工內加之

利皮格做綠氣之法所用甑與各器與做漂白粉相同其石灰水置桶內不但令桶轉動仍須調和最猛

如九十八圖為小做所用之器可顯明其理如天為鉛管進綠氣分左右兩支管通入近鉛桶之底鉛桶高十二寸又如戌與吧為漏斗管能進水咦與啐為塞可取出而放其水用此法則氣能從呐或叮而出通至所應收綠氣之大桶內但本圖天管所進之氣只能過呷從第一桶通至呐因叱管塞住如要令氣行過第二桶與叮管必將咦塞取出放出第二桶之水而在吧漏斗管進水

如九十九圖令鉀養水收綠氣之桶以厚鉛皮為之如甲乙各長二尺寬二尺半高二尺呐叮為進綠氣管吒為令甲乙兩桶能通綠氣吁與呼一為放水之管管之節以水封之咂與呸一為

汽管嗔嗔為鐵挑料輪外面加鉛為啣軸所轉動此軸上有皮帶輪辰又有繩通至第二輪此輪有搖桿能為一小童所轉動其氣從呐管通入乙桶此桶內所不收之綠氣行過吒管通至甲桶為新石灰水所收故呼管所放之氣不含綠氣如吡吒一所進之氣只令起首變化乙桶內石灰水飽足則調換氣之方向乙桶之料取出再加新石灰水則綠氣過叮管如甲桶之石灰水行過吒管通至乙桶再過呼一管通至烟囪此器連做不誤最為簡便如一百一百零一兩圖為大做生鉀養綠養五之器此器照本圖尺寸每二十四點鐘能做鉀養綠養五七擔至八擔如多加若干桶自能成料更多如甲一甲二甲三為石灰水

收綠氣之桶乙爲總綠氣管丙爲收綠氣之餘器丁爲回氣管戊戊爲鈣養綠養五澄清之桶庚爲汽器辛爲起水筩能從壬井起鈣養綠養五水子爲收水池丑爲收所洗之水池寅寅爲熬濃其水之盆玨玨爲成粒之鍋辰辰爲顆粒放水之篩巳巳爲井能收所流散之水午爲鍋能消化其料所成之皮放回寅寅兩熬盆內其午鍋所用之熱爲寅寅兩盆之餘熱

甲一形二形三爲生鐵桶在一百零二一百零三兩圖有放大之形其桶寬十尺高五尺六寸頂與底俱用一整塊鑄成其邊分若干塊相合接處用摺邊與螺釘及鐵銹灰連之料厚一寸摺邊亦照常法加其堅固頂上有凸出之條如輪輻排列頂有三

孔呷吃哂各寬六寸又叮爲進人孔㖃爲置調料輪立軸之孔又如呷吃哂三孔各有兩層直立生鐵摺邊成六寸徑之水節如不用通氣管則呷吃哂三孔用生鐵帽或瓦罩蓋之進人孔叮爲橢圓形大徑十八寸小徑十五寸內用堅固鉛皮爲摺邊深六寸至八寸能用水封之成一水節進人孔平常不閉便於進石灰水或取料少許試之或看其變化如何如㖃孔亦有水節中間有哷軸轉動不洩氣因有盃啣逵其上軸以熟鐵爲之在樞處車圓又有兩直輔如吧吧用螺釘連於上摺邊下有座承之其軸之轉動有兩斜齒輪如一百零二圖吁壬大者徑二尺小者徑一尺子輪連於三寸徑之軸通過各桶之上用夾器

法夾之或可托之如此種挑料輪六個能用二馬力汽機運之其軸哷有挑料之頁吅吅彼此成正角排列稍斜能過水更易每兩個用橫桿吅與卯連之其桶底有生鐵塞門如嗁徑三寸至四寸爲放料用

以上之桶合於大做用歐洲別國常用之桶高不過三尺徑六尺不及大桶之佳因小桶不進汽不能得熱足用而進汽則令水變淡凡小桶應外加一套殼包其熱不散但大桶如用外套殼則其熱過大照上桶以三個或六個爲一副

用此桶先將淨水或前次用餘之水傾入桶至離頂十寸爲限後加石灰不可過多亦不可過少如本圖之桶用石灰三十五

擔以半寸徑孔之篩篩入分兩次入桶第一日進二十三擔第二日進十二擔第三日桶內之灰變爲鈣養綠養五從進人孔取出料少許其水澄清如深紅桃花色有綠氣之臭遇藍色試紙能漂白則知其已成其帶紅色或爲成綠氣之錳養二所變化或因含鐵質

桶內之變化已成則斷綠氣開桶底大塞門將桶內之質全放出再加新水或前次餘水

如一百圖戊戊爲澄清之桶以生鐵板爲之如用木料以鉛爲裏必常修理一百零四圖爲雙行活節能將放水管移至澄清桶之前面平行一百零五圖爲圍住管口之篩以布蓋之能放

出其水而不放出其定質又有鐵槽從澄清器引其明水由各管通至井壬又有起水筩辛能起水至高池如子或丑其石灰收綠氣之桶能置高處則水自能流下澄清等器免用起水筩其井壬必隔開成兩膛如壬一壬二令其濃水與洗餘之水隔開必細量其濃水之高方能知應加鉀綠若干其定質用水洗之後流入壬二用起水筩起至丑桶內由丑引至各桶甲以代淨水所餘之定質為廢料可開大塞門放出或用鏟取出此後將所得之明水即含鈣養綠養五與鈣綠之水熬濃

從前熬濃此水用鉛鍋故易銷磨現以生鐵或熟鐵代之雖生鐵價賤不如用熟鐵大小易製且難破裂又如水內添廢去之

鈉養水少許不獨免綠氣臭亦免朽壞鍋與起水筩其鍋式如三集內第二百十一等圖擺列之法亦同鍋內之水必常試之方知要配鉀綠之數因此料價貴多用則費少用則變化難成所用之鉀綠如含異質則最難提淨先以水若干待沸時則加鉀綠水熬至若干濃再加此水至七十度濃後成粒將餘水熬濃至七十度此兩法各有利弊難定何者為佳其水已得所需之濃將其淨者用槽引至圓椎形器內夏令約十四日冬令九日至十日則顆粒已成其圓椎形之器以木為之用鉛皮為裏現用生鐵更便此器之底有塞結成時去其塞下有布袋如有顆粒隨母水流出落入袋內將其粒置特設之木器上下有孔

放出其水

所得之母水亦應試之查其所含鈣養綠養五與鉀養綠養五從此知其工合法與否無論用何法其母水內仍含鉀養綠養五百分之十至百分之十二為糜費因尚無法分之也

提淨生鉀養綠養五

照上法所得之鉀養綠養五太粗不合出售常帶棕色或紅色間有略帶白色者必再消化澄清成粒後亦必常洗之提淨有兩法一消化與成粒同時做之一分兩次或多次做之

第一法用木箱以鉛皮為裏長四十尺寬七尺半深一尺半隔成三膛如一百零六圖甲乙丙甲膛為消化乙膛濾清丙膛成

粒甲膛有進汽鉛管成圈形如呷放出所消化之濃水用小吸管能放出丙膛之母水在甲膛底常聚有飽足之熱水用小起水筩吃起之落在布篩呐從呐下至乙膛因此事無須多力不便用汽機故用水力法如一百零七八圖此圖內唧為塞門開之則吐桶漸滿以水而重有呷桿在吃圈內轉動而吐桶必落下令其桿轉一周之若干分又在哌相連之處用橡皮等料故吧管亦能隨之而轉同時呐桿能提起令起水筩耩耩上升必有水在咦門進至哦桶內又吐桶已至最低之處則自行顛倒後能自行直立因此面比彼面更輕則呷桿忽然回行令重錘味掛在哞桿之端因錘之重及叮之本重能令呷忽然轉動

使呐落下令叮再入哦桶內以此法每起落一次必有水從吧管流至所應當之處其繩之長令掛錘味落至地面或落至托架上故叮尙未落至哦桶底錘不能顯其力所以哦桶不致忽然震動此後旺桶再有水進入其餘各工照前旺與吧兩器所放之水可備大木桶呸收之以作別用此器如配啷塞門則所開之大小可管理其器行之快慢此器能自行最爲簡便者

用以上起水之法起一百零六圖乙膛之熱鉀養綠養五水過呐之篩落入丙膛丙膛內有隔板戊令其水行至丙膛之端再行過已隔板至横吸管頂每兩三分時通水約四升其水在丙膛內將冷而成粒可見此器接連而做所結之鉀養綠養五亦

淨每六工時丙膛內之粒用硬木或銅鏟取出此法最合生鉀養綠養五成粒之用但管理之工少而成粒慢如欲速則用第二法先在特設之器消化後成粒其水可任配濃淡而成粒之大小俱便

如用此法將其生鹽類先去其餘水用淨水與汽在鐵與木桶消化桶高六尺寬六尺如用木桶則以鉛皮爲裏若鐵桶則外加套殼令不散熱放水之管口有篩如鼓形篩面鋪厚布兩層令異質不能行過每桶能消化生鉀養綠養五六擔至七擔平常濃至二十五度爲限至二十六度則太濃成粒速而小消化所用之水半爲提清之餘水半爲凝成之水加熱至沸則

消化而水得所需之濃澄清兩點鐘後從管放出待冷成粒成粒所用之圓錐形器必置最淨之篷內篷底鋪砂或石板等料令不洩水必斜置引水至小井偶有散出之水可收之其圓錐形器用木質以鉛皮爲裏底作船形或橢圓形或斜形俱便放出餘水所用之木料頗厚其水結成慢而顆粒大間有將杉木條置圓錐形器內則最大之粒在木條上凝結如冬令約八九日結成夏令則須十四日其器之底有塞門放出其水所成之粒以水洗去其異質其異質大半含綠氣如各工最愼每鉀養綠養五一千分含有綠氣質只五分其餘大半爲鉛綠所得之粒先鋪在鐵板面上有鉛皮一層下有通熱氣之法每面一

平方碼在十二點鐘內能烘乾鉀養綠養五一擔其粒用篩篩之每長一寸有八孔過篩之粉趁熱時磨細但磨工須最愼因此料易轟裂有火藥之危險平常每桶裝一擔無論細粉或粒其價略同每粒兩三桶有粉一桶其粉以白色而細內無小粒爲要其粒應成片而光亮如帶白磁之色恐烘時加熱過大試鉀養綠養五之法將多料消化應得明水用鐵養淡養五試其綠氣質用鋇綠試含硫養三質用淡輕四綠試含鐵與鉛

造鉀養綠養五之費俱靠所用之法鉀養綠養五一分所需綠氣比造漂白一分所需者爲六倍又三分之二又做鉀養綠養五一噸所需錳養二約六噸又須用鉀綠十七至十八擔須用石

灰兩噸各工所燒之煤約四五噸每副器具須四五人料理

鉀養綠養五不但做自來火與焰火及引火藥並拉藥等用如染布印花等工亦須用之令放養氣平常工藝因價貴以別料代之又如化學家用之做養氣醫家用之爲喉症發炎之洗藥但多服則有毒英國每年成此料約一千三百餘噸法德奧等國所做者尚不計其數

鈉養綠養五

此質因比鉀養綠養五更易消化故印花布用黑色料年多一年其所成之粒爲方形而無色亦有成片者入空氣內不變如加熱則鎔化稍放養氣其飽足之水加熱至百分表一百三十二度則沸如一百度熱之水每百分能消化二百三十二·六分又在八十三分濃酒精熱至十六度則一分體積能在酒精三十四分體積內消化如內含鈉綠更易消化

其做法用輕弗矽弗二從鉀養綠養五氣變成變成之法有數種一將兩料相合將所放之綠養五氣合於鈉養則變成又法將輕弗矽弗二先合鈉養飽足將其所得之質合於鉀養綠養五沸之徑得鈉養綠養五之水

大做輕弗矽弗二亦有特設之器但小做將鈣弗石之粉合砂與濃硫強水在鐵甑內加熱將所蒸出之質通過水則化分成輕弗矽弗二與矽養二又有照鉀養綠養五同法爲之用鈉綠代鉀綠但此法之縻費大故不多用

附卷第一

建造鹼類廠之費

各國之情形不同即一國內亦各有別所有各處建造鹼類廠應需之費用不能定準有一處同時建廠而其費有多寡之殊或地價有貴賤或須填平或根基應築堅固又運料應否築鐵路開運河或葬河邊做碼頭安設起重架或開溝以放水或應留空地以堆廢料或近海邊須備運廢料之船送至海面遠處等事不能一言包括

除以上各項外又有造鹼料之多寡並房屋之堅固與否不能概論凡大廠較小廠成料多而費用省又大廠比小廠必更堅而美觀又必配數種機器與器具爲小做所不宜者故製造之工雖省而資本甚鉅

中等之廠每六工成鹼一百二十噸照一千八百七十四五兩年之市價開列如下

凡六工成鈉養炭養二一百二十噸以每日成二十噸計之必用鈉養硫養三二十八噸半成此料係用鹽二十五噸半須配三爐爲常用者餘一爐以備收拾別爐之用所需鹽強水須備石甑三個寬六尺徑六尺高五十尺如以磚浸入黑煤油合砂成之則其價更廉又成鈉養硫養三二十八噸半須用最濃硫

強水二十二噸造此強水須用八十四分之鐵硫二礦十五噸半其鉛房容積須二十六萬六千立方尺每鉛房長一百尺寬二十尺高十九尺須配七座能配八座更妙因修理時可免停工又燒鐵硫二礦須用平常之爐四十具燒礦屑之爐五具又將鈉養硫養三二十八噸半變成鹼灰須配黑灰爐八座每座燒三擔每座共燒二十四次又必另備爐爲修理別爐時所用如用轉動爐須配兩座照下卷所定之式如鈉養炭養二幾分做顆粒則煆料爐可少用數座又如做漂白粉用以上之料應每日成三十五分濃之漂白粉十噸

第一爲總費

建廠之地以三十畝爲最少愈多愈佳近於運河鐵路爲最妙需用之水必有便法得之又放出其廢料與壞水亦必有便法所有辦理各事預備地面與修理等器運動等器俱察看本處情形不能臆度

第二硝強水廠

造硝強水廠所用之爐與鉛房枯煤塔及汽機鍋爐烟囱等共需金錢十三萬七千零十七元

第三化分鹽之房屋器具等件

所需之房屋與爐並汽管烟囱等件共需金錢二千五百二十元

第四成鹽強水之工

所用之甑或石或鐵或磚與瓦無論用何法約金錢三千餘元

第五造鹼之房屋與器具

房屋內有黑灰爐與漂料池煆料爐並汽機及成粒各器與收回硫磺所用之汽機等器共需金錢一萬九千八百九十六元

第六漂白粉每日成十噸

所需綠氣甑與錳甑及減酸井澄清池與洗灰並成石灰水各器以及成漂白房與成石灰窰並所需鍋爐等件共金錢七千七百五十元

以上六款包括一應房屋器具便於起首做工各費俱在內因

二十年來金錢之價漸漲故其價亦照加

鹼類廠地面平圖

以上六項之總價見一百零九圖則易明此圖爲原廠比例千分之一所有房屋尺寸與周圍空地俱載明但空地不能再收小如能放大則可多儲材料並備後來添造房屋爲更佳如本圖之布置最省運定質料之工若流質料能自行流動雖路遠亦無妨

如本圖亦不備成鹼之粒並鈉養輕養二等料因其地不足做此兩種之用也

圖內甲甲爲硫強水房呷呷爲果勒法塔吃吃爲克路塞法塔

哂爲烟囪吅爲鉛房鍋爐戌爲汽機房卽抽汽筩與強水膛所需用者吧吧爲燒鐵硫二之爐在鉛房之下又在此處存硝與強水並置強水之瓶與鐵硫礦二乙爲鐵路能運來各料並運去燒鐵硫二礦之灰

如丙爲分鐵路運鐵硫二礦或灰石或白石粉爲黑灰爐或石灰窰所用可見圖內之空地能多更佳如丁鐵路運煤其煤可落在各爐之前如戊鐵路通過存鹽之棧房已此棧房間壁爲化分鹽之房此房之一端存儲鈉養硫養三其他端有化分鹽之爐與盆唊唊如啐啐爲凝鹽強水器辛辛之池旺爲此處公用之烟囪如凝鹽強水之器亦可在對面擺列則更近於蒸綠

氣器雖得此便益然令其化分爐必離鐵路更遠

化分房間壁有黑灰房壬內有轉動爐兩座如呼呼又有燒成鈉養炭養二之爐八座如咀咀如不用轉動爐用手工黑灰爐八座與燒鈉養炭養二爐同法所佔地位亦畧同旺爲大烟囪子爲軋碎黑灰球之器與漂料池在丑丑之間壁又如嗔爲此處各鍋爐之方位卯爲汽器辰爲磨碎料之碾輪已爲令料受炭養二氣之桶如爐所煅之鹻灰近於碾輪而存之所有磨碎裝桶之灰在寅棧房存之

如戌爲運廢料之鐵路其料在廠外傾出令受養氣再漂一次在各池內再受養氣如卯辰爲凝結而鎔化硫礦之房已已爲

工廠如鐵工木工做木桶等工是也午爲司事房與化學房並存小料之庫此處亦有空地以備將來需用

如辛辛爲凝鹽強水之房其基頗高則水能自流入蒸房未此房有蒸灰料之甑味味與蒸錳養二之甑呻呻並滅酸井酉酉又如申爲錳質澄清之池其上爲蒸水澄清之池又如酉爲收養氣之器戌爲吹風之汽機房地地爲鍋爐哦哦爲烟囪亥亥爲漂白粉房此房下有柱托之柱之中間爲儲漂白粉房與裝桶之處物爲石灰窰天爲生石灰澆水之處並篩石灰之處

附卷第二

玆將初二三各集所未載之新法與圖說列後

初集附圖說

如第一百十圖一百十一圖爲運燒過鐵硫二礦灰之鐵車最便之式在初集第六章內詳言之本圖說列在四十九與五十五各圖之中有數處鋪鐵路用鐵車通入爐之灰膛而挑動爐柵則灰落入車內後運至存廢料之處但鋪鐵路與用轉動臺等法大爲不便故用本圖之法可免此弊其法用鐵箱箱之兩邊有耳能落入車架之凹車以鐵爲之格外堅固如將車之柄提起則箱落至地面車可以脫卸又如要起其箱將車上之兩凹推至兩耳之下其柄壓下則能運動與平常小車同其箱之大小可配灰膛之尺寸如此最省人工不但運鐵硫二礦灰凡

廠內所運別貨用此車亦最便

如初集八十四圖所用隔板形之爐尙不合宜應照一百十二圖配之如哂爲門必斜擺列其門𨱆鉋平托架之面如呷吃

如第一百十三圖爲鉛房進硝強水之新法可爲鉛做之汽管其嘴以白金爲之又有平列之玻璃管如嗊能引硝強水此管之嘴向上而彎成細孔其汽行過玻璃小嘴則管內有眞空必吸硝強水又配塞門哷制其所進硝强水之數

其硝強水分爲極細之點如霧而尙未落至鉛房底已全化分

如一百十四五兩圖亦爲管理鉛房所進硝強水之器一百十四圖爲總擺列法一百十五圖爲噴強水嘴之分圖如甲爲存硝強水之大瓶乙爲平常兩口瓶置玻璃箭內如有漏出之強水則落下過哂管而至丙盆吃爲噴硝強水之玻璃管呷爲進汽之管其玻璃管之嘴引長而收小汽管嘴鬆套入吸强水之管則能另吸空氣少許可免變冷熱時漲縮而壞如一個半空氣壓力則二十四點鐘能噴硝強水十六擔成霧而嘴口必先縮小向外放大與水龍噴水嘴同可免強水在嘴成滴落下以此法強水全成霧此所用瀑布水法更省便

如一百十六圖爲鉛房管理進風器具在初集一百五十五圖以下有相關凡鉛房不通至高烟囱常有風換方向而風力改變應有自行之法以制通風之數如本圖出氣管平處另加直

立管徑約一尺有罩立在圓水盆內其罩用桿吊之桿之他端掛一重錘如風力恰好則其罩有一定方位而相連之圓椎形塞開通若干分放氣出恰合其數如風力過大將罩落下因受空氣之壓力則幾分管住圓椎形門若風力過小將其門開大已有數廠久用此法而得益如本圖呷爲枯煤塔出氣管哂爲放氣管吃爲圓椎形門可爲管理風力之罩哦爲圓水盆之水面線吧爲桿咦爲壓儀

照一百十七圖爲最合理之新法但造成之資本甚鉅一百十八圖則較廉如一百十七圖甲爲倒擺之罩通入水箱甲乙此水箱裝水或別種流質甲乙丙爲管通至放氣管內之膛未此膛之中有隔板隔板內有孔孔內有門如丁丁爲鉛合錦所做其開閉丁丁門之法將其門與乙桿相連乙桿有丁點如哦此丁點與天平之刀相同其罩之甲掛在桿之一端彼端有壓儀能與甲罩之重相平或稍有餘如風力過大則甲罩內之吸力加大因此桿之端必牽下如本圖庚綫則重錘之端必向上如此其門必關若干分且風力大則丙壓儀向上而動如風力過小則憑地吸力落下如此起落至風力合法爲止其風門與乙桿相連之法用鐵桿與鈎其鐵桿通過軟墊臼如庚與庚其軟墊臼亦用水封住之法而掛桿之鈎有刀口托之如丁丁令其起落最易

甲罩入水深時因其料厚而重則照比例變爲過輕故器具不準欲免此弊必配一立桿如戊並重錘如已因此桿與乙桿相連則其公用之重心亦必改變所改變之數只能配甲罩之差

第一百十八圖更爲簡便其用法與前同如風力過有大小不勻可用隔板如辛虛綫辛之中有孔能與甲罩相通可免其行動過速此器無消磨之而無論何方位相平用此器則鉛房所通之各種氣必勻又爐內所進之氣亦能勻管工人可省事而造硫強水之開銷更減

第一百十九圖爲量風之法如初集第一百五十九圖之法早廢以本圖代之更爲簡便本器近亦添顯微鏡在分度面之前

便於細看微分度如鉛房內之風力甚小此器爲要因須量得準平常鉛房可用彎形之管與拂逆足爲各事之用

燒鐵硫二礦之爐氣管通入果勒發塔之處難免漏洩因用鉛料鑲入如初集一百八十八等圖德國有一廠特設法以免此弊如一百二十圖𠼪𠼪爲燒鐵硫二礦爐放氣管吃爲管底出灰之門其一端放大包其塔所用磚砌之通氣路呐呐其他端連於塔內之磚叮叮塔之鉛皮面哦哦通入鉛筒吧吧圍住通氣路之磚工呐呐其端成摺邊與𠼪𠼪管摺邊相對兩摺邊中間加一鐵箍用螺釘連之又加不灰木令不洩氣此塔之底靠鐵路條鐵路條靠磚柱易從下修理

如一百二十一圖爲連用之玻璃甑便於蒸濃硫強水見初集二百五十三四兩圖此法爲葛禮德利所設𠼪爲甑頭與放氣管相連其放氣管爲數甑所公用此管通霧至小鉛皮枯煤塔在此塔內遇水凝結吃爲塞門能接漏斗強水過此管通入甑內叮爲強水面哦爲放強水之管吧爲玻璃接管從最高之甑放強水落至第一層甑其甑置砂盆內盆以鐵爲之如噢以四甑爲一副用四副則六工能成蒸濃硫強水六百大瓶共得強水四十六噸用管甑之小工兩名每瓶裝強水約一百七十五磅燒煤二十八磅如美國硫強水廠多用此法英國近亦用之近來在甑下用煤氣燈加熱則所蒸強水更多人工既省而玻

璃甑亦少廢壞有經用兩年者每得濃強水一噸所壞之甑計費銅錢三枚人工計一喜林并銅錢十枚雖加蒸數一倍不必再添管理人工可見工價更廉又每蒸濃強水一噸得重率爲一·八四五者須燒煤氣三千五百立方尺此煤氣爲本廠自製

如再考究其器具之形狀與擺列法更能省煤氣之數

如初集二百六十五等圖所論白金甑有更新而巧之法如一百二十二三四各圖圖內甲甲爲第一白金甑進此層之強水有一百四十四度濃另有一甑所出之強水亦落入甲甲甑內而乙乙甑亦用白金製成能得濃強水有九十七分至八十分又如丙丙爲甑頭與管所蒸出濃強水在丁管放出其淡強水

之霧在戊放出已爲品字形之手器爲收其甑所放出之濃強水庚爲連於第一甑之白金桶能接鉛盆所放之強水又能接乙乙甑所放出之濃水此法有多益因器之形狀最便而化強水之面大燒煤之數少又用鉛管寬二寸零四分之一代前法比鉛有多益無論如何濃之強水俱可製之免消蝕鉛料化入之鉛管此白金管約長五尺之處有水在外面加冷可見白金強水之弊如連做硫強水則用兩長甑更佳如做爆藥須用最濃之硫強水故此甑尤不可少如一大甑重約五十磅其頭與凝管等重十七磅半能成濃硫強水五噸每水百分含硫強水九十三分至九十四分又如九十二分之硫強水能做六噸

如一百二十五圖爲初集二百九十八圖所加之新法在盆邊成白金槽如癸癸又有生鐵圈哂哂托住白金盆吧吧爲生鐵圈外加鉛皮托住癸癸槽其兩圈之中有放強水管酉所蒸出之強水傾入槽後則過叮管流至收強水之處

運硫強水之法見初集十三章如用鉛桶則其質脆而易裂如一百四十四度濃之強水德國常用生鐵或熟鐵器如硫強水內含硝強水少許則鐵器易朽壞用木桶內加鉛裏置馬車上運之又震動易壞如用熟鐵器其強水有一百四十至一百七十度之濃外空氣不能進入以火車運之能載強水六噸至八噸馬車只能載二噸半如用大鐵箱作船形由運河運之因搖船時其強水亦左右搖動照一百二十六圖應左右有空處則船搖動必自行停止免翻倒之險如一百二十七圖重心在搖動時移動少平常之式如一百二十八圖則重心移動者多

第二集附說

如第二集第三章論鹽合硫強水在鍋內燒法有地根所設之爐可免平常燒殼爐之弊其燒殼在爐柵高處擺列因此火路內之壓力過大如有漏洩之處則其火氣至燒殼內燒殼內之氣因此不出如令其爐柵與燒殼高低差六尺至八尺可免此弊但火氣自必用平常之烟囪放散而烟囪之吸力不可在火路顯出過重已設新法如一百二十九圖起至一百三十五圖

止大省燒料又能用爐之餘熱通至化料盆令其受熱其得法之處在烘料爐後面於煙囱火路內做數大孔使外空氣能通如人爲常用火路天爲暫用火路即鍋不加熱時所用者所成之大孔在地與地一在燒殼與鍋之中間一在鍋之後爐柵所進之氣原不足用故在燒殼與鍋中空氣所進之氣仍必遇能燒之氣質可見此法略與燒煤氣爐之粗式同如用合法之成煤氣爐更能得其益處

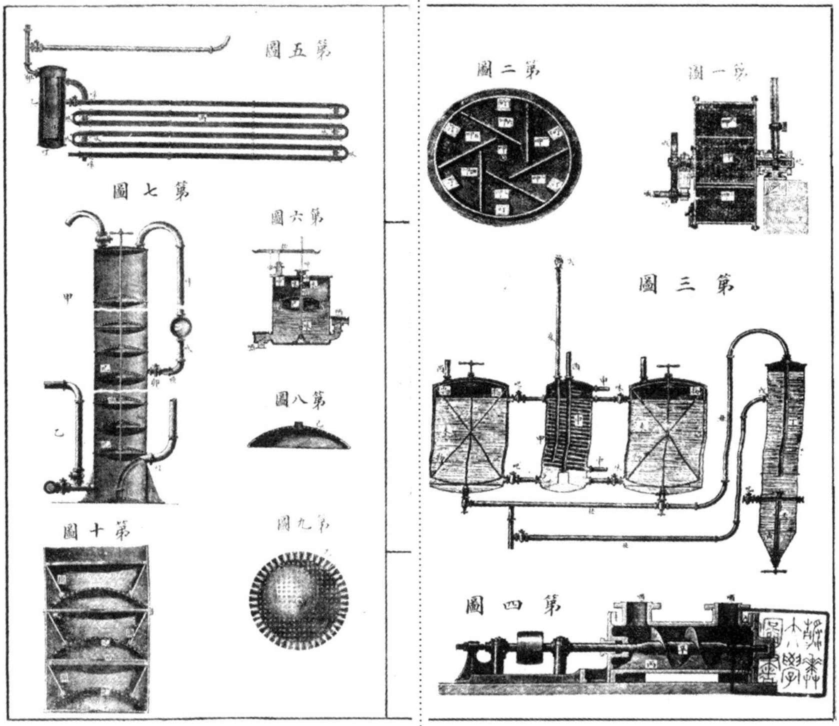
第一圖
第二圖
第三圖
第四圖
第五圖
第六圖
第七圖
甲
乙
第八圖
第九圖
第十圖

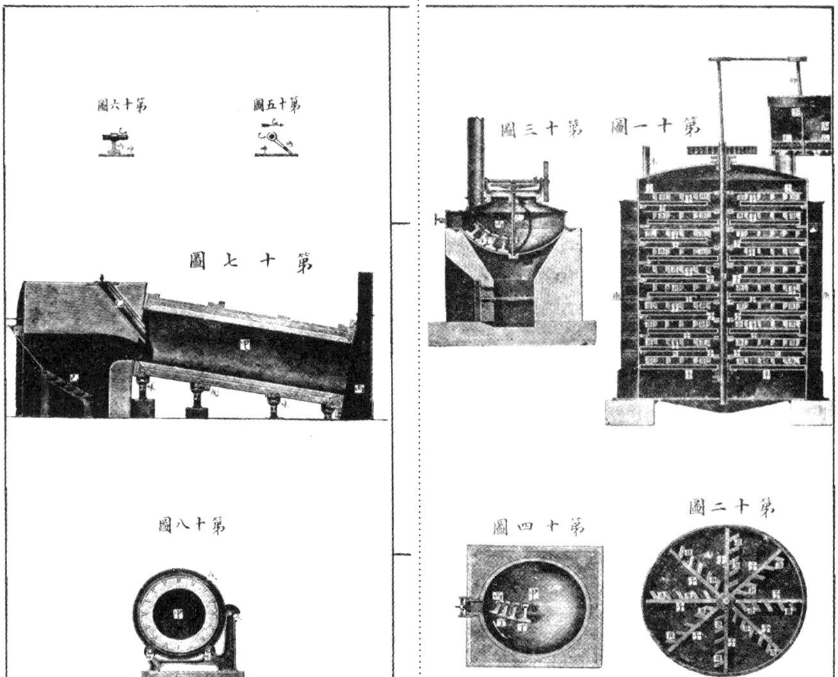
第十一圖
第十二圖
第十三圖
第十四圖
第十五圖
第十六圖
第十七圖
第十八圖

第十九圖

第二十圖

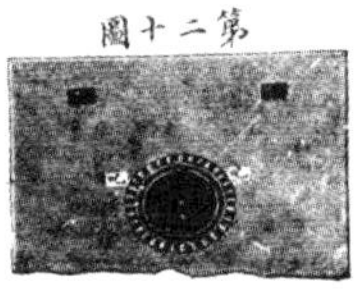

第二十一圖

第二十二圖

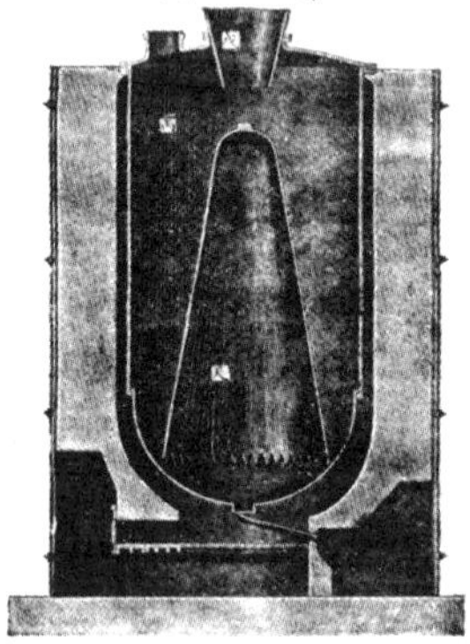

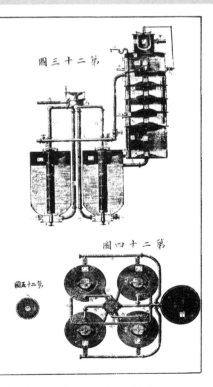

第二十三圖

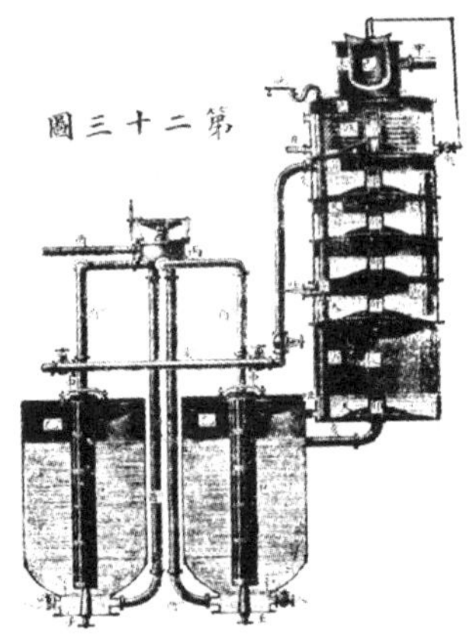

第二十四圖

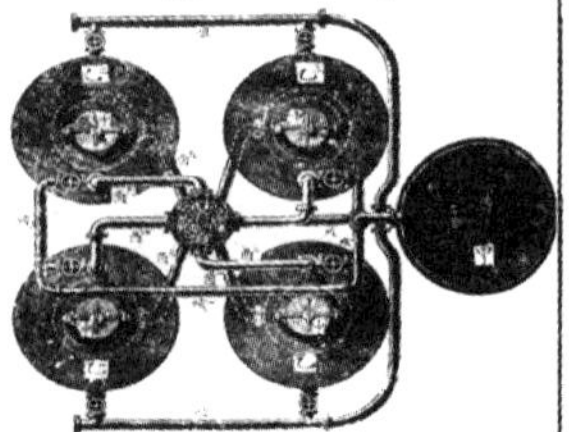

第二十五圖

第二十六圖

第二十七圖

第二十八圖

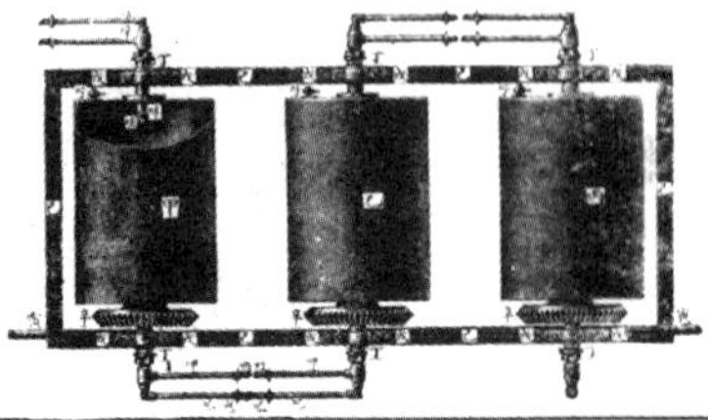

第二十九圖

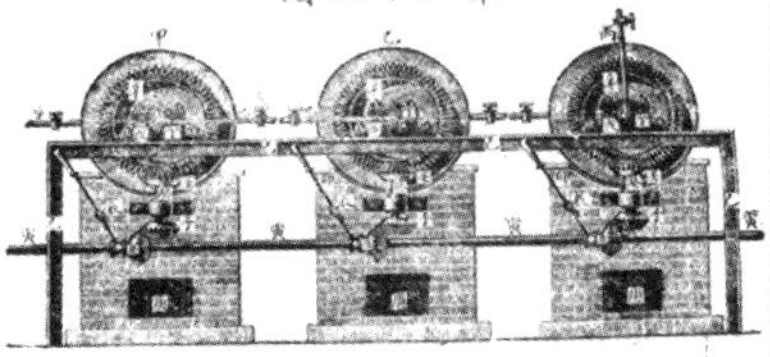

第三十圖

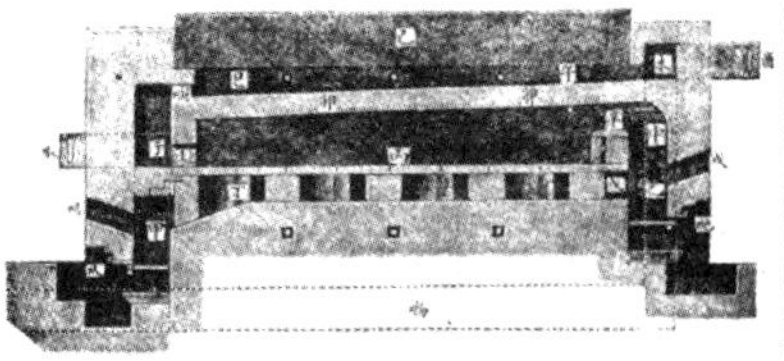

第三十一圖

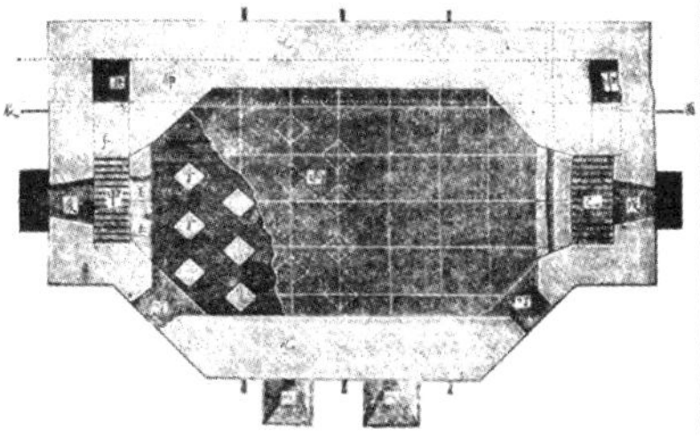

第三十三圖

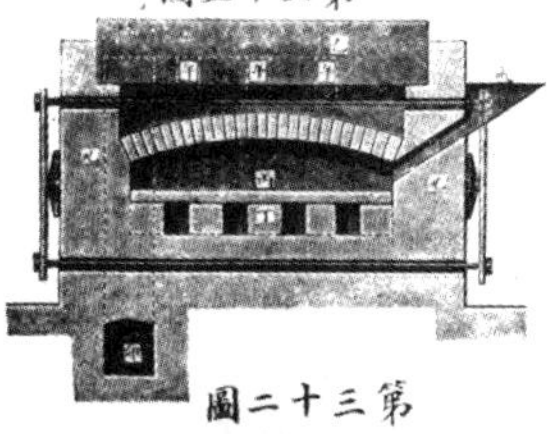

第三十二圖

第三十四圖

第三十六圖

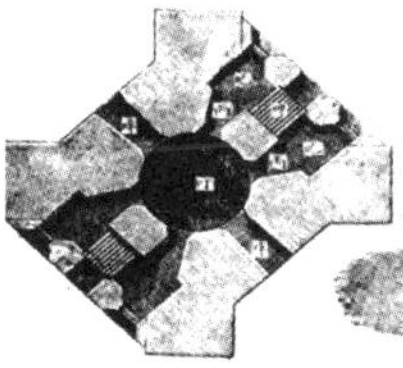

第三十五圖

第三十七圖

第三十九圖

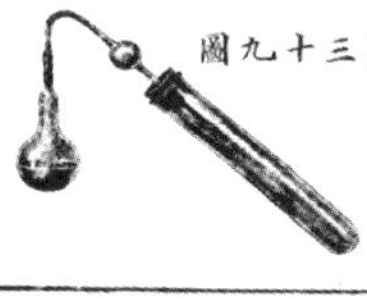

第三十八圖

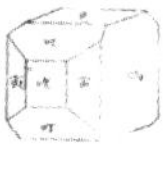

第四十一圖

第四十圖

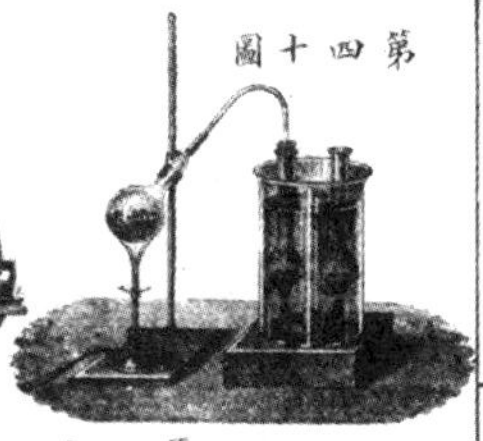

第四十二圖

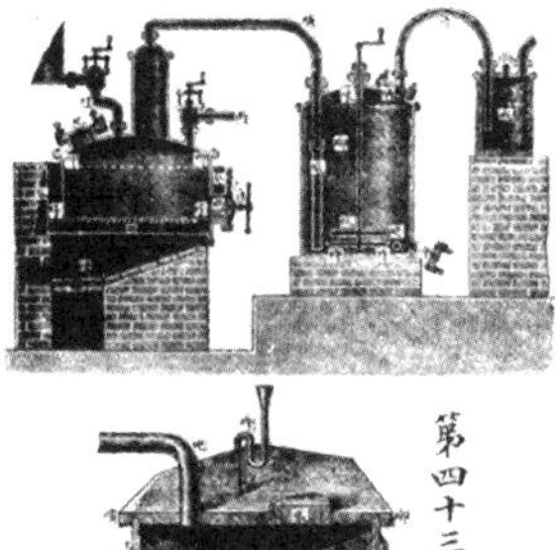

第四十三圖

第四十四圖

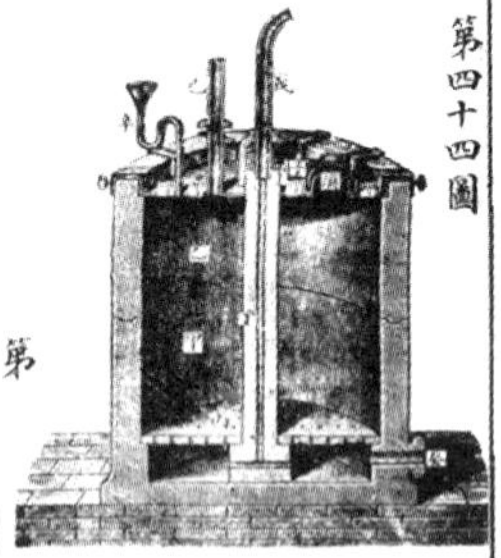

第四十五圖

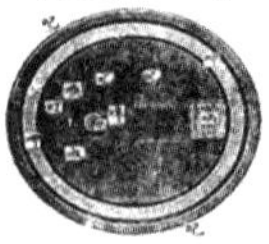

第四十六圖

第四十七圖

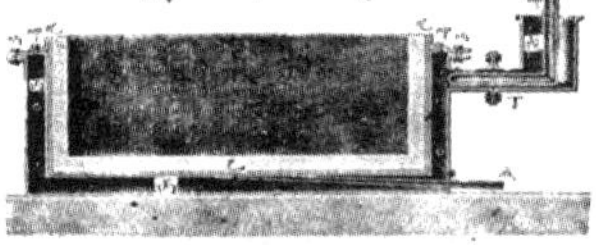

第四十八圖

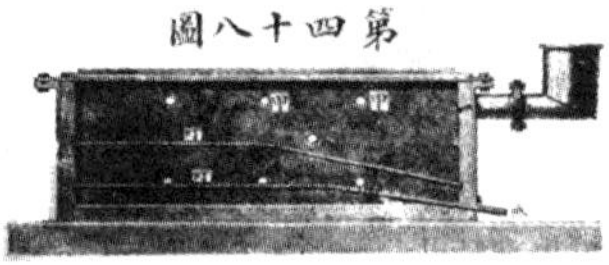

第四十九圖

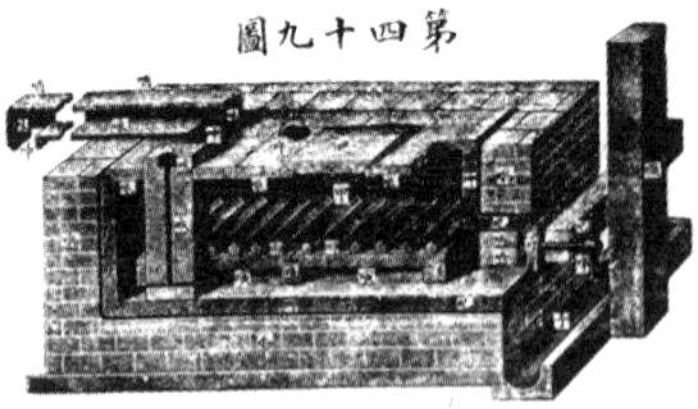

第五十一圖

第五十圖

第五十二圖

第五十三圖

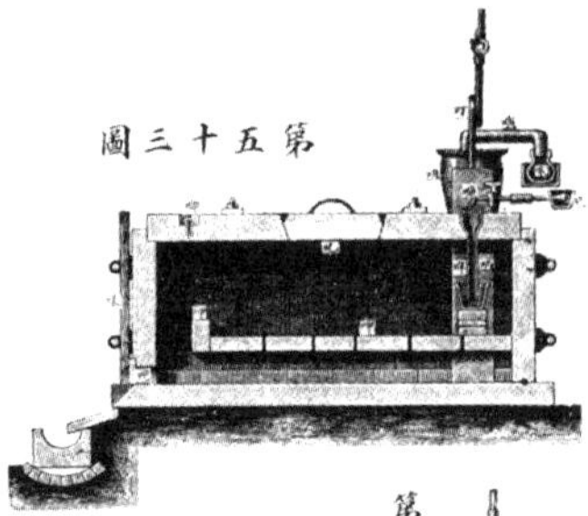

第五十四圖

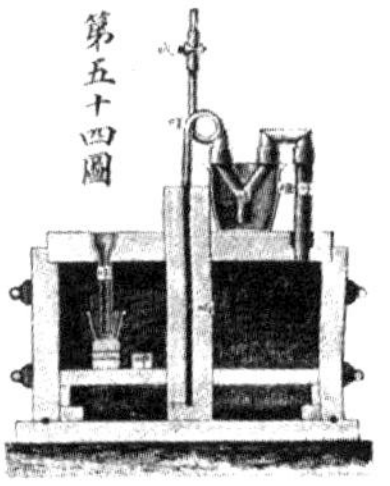

第五十五圖

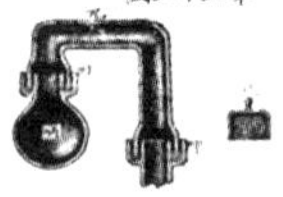

第五十六圖

第五十七圖

第五十八圖

第五十九圖

第六十圖

第六十一圖

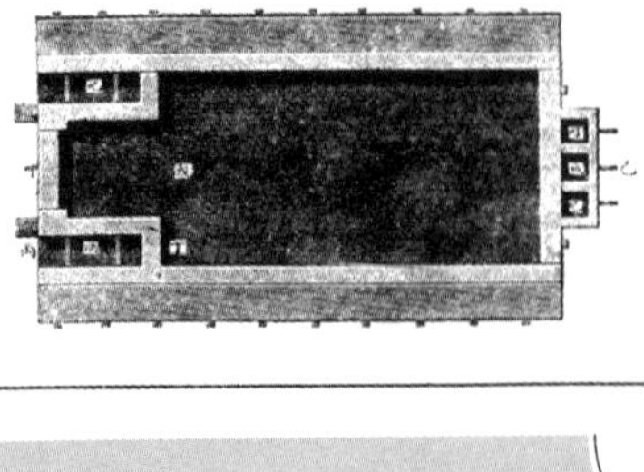

第六十二圖

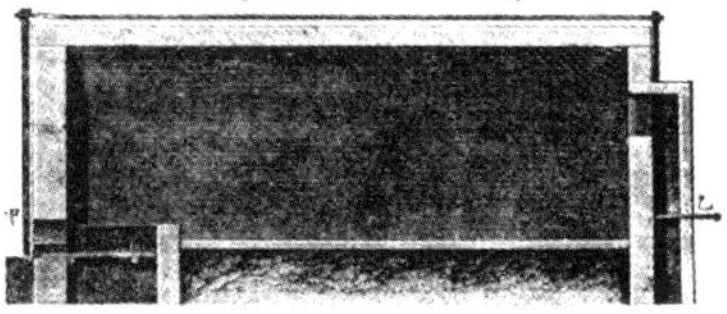

第六十三圖

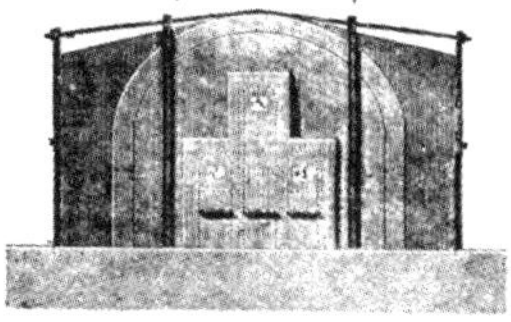

第六十四圖

第六十五圖

第六十六圖

第六十七圖

第六十八圖

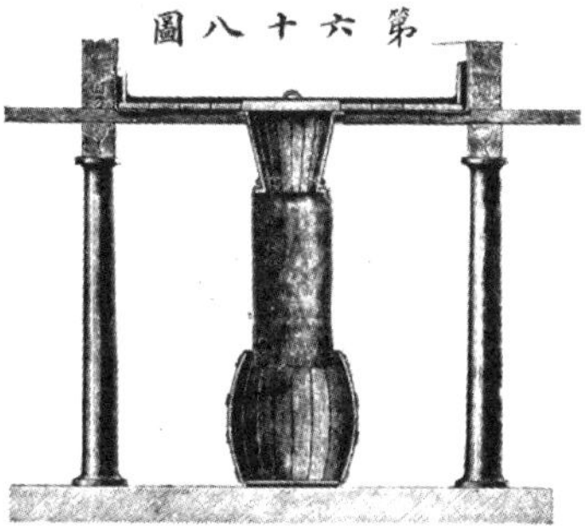

第六十九圖

第七十圖

第七十一圖

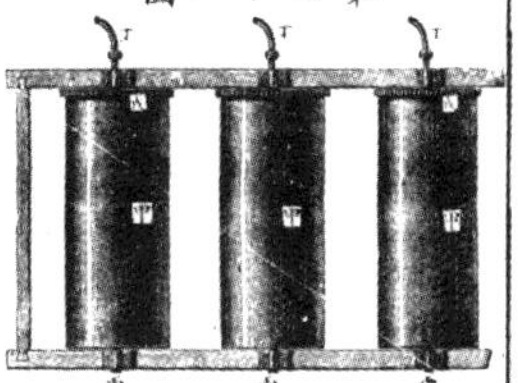

第七十二圖

第七十六圖

第七十三四五圖列後幅大張

第七十七圖

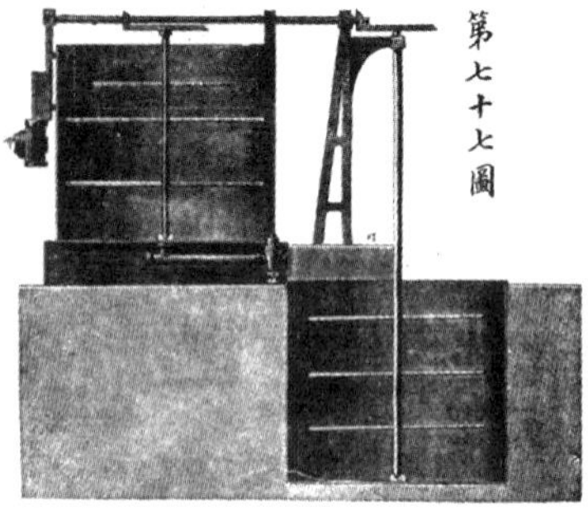

第七十八圖

第七十九圖

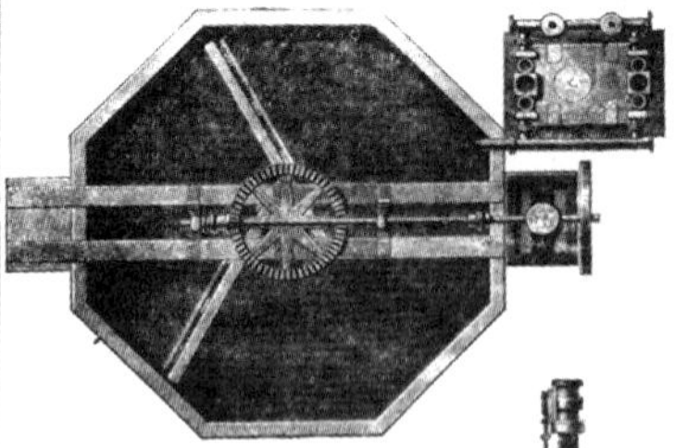

第八十圖

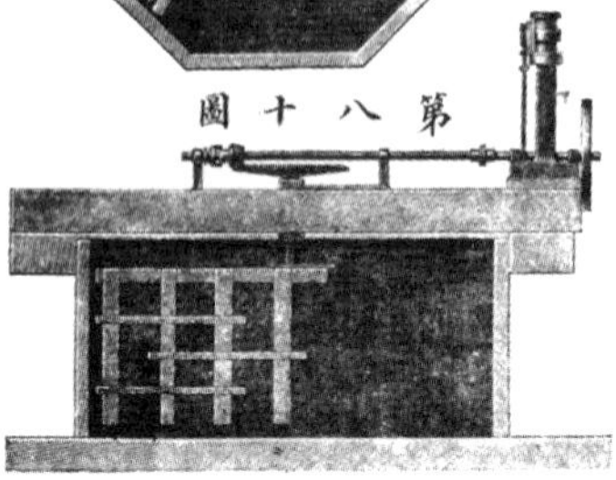

第八十一圖

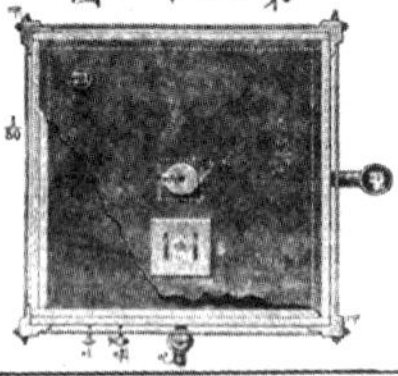

第八十二圖

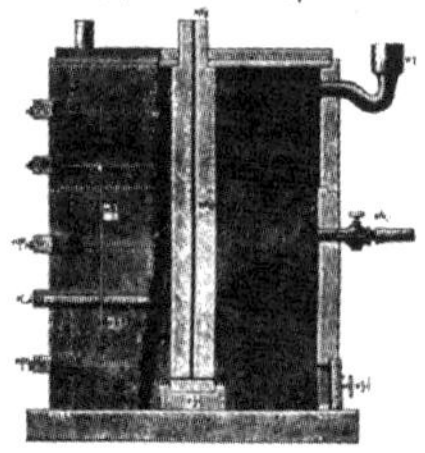

第八十五圖

第八十四圖

第八十三圖

第八十六圖

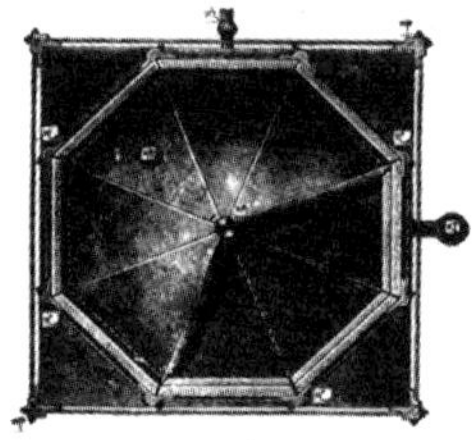

第八十七圖

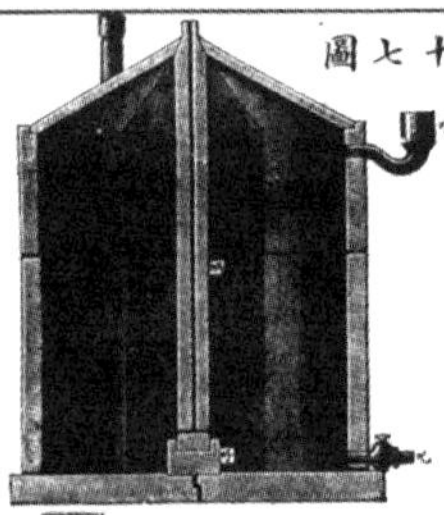

第八十八圖

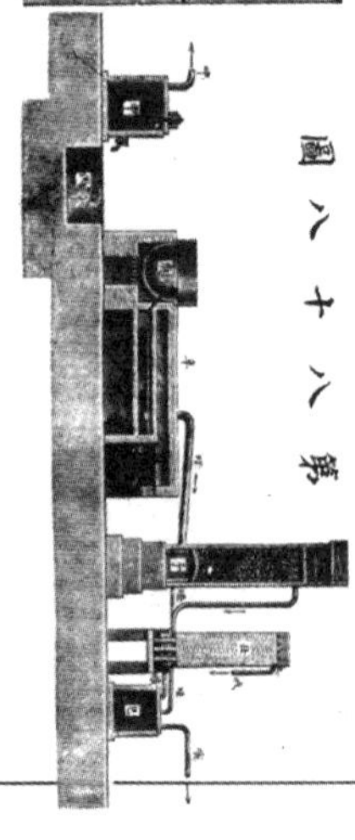

化學工藝三集附圖

第八十九圖

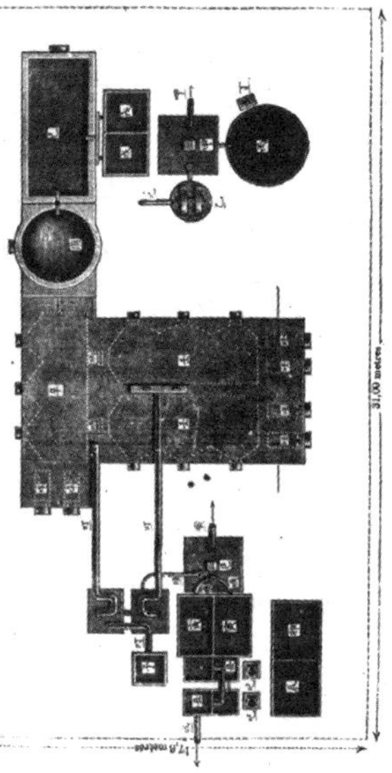

十三

第九十圖

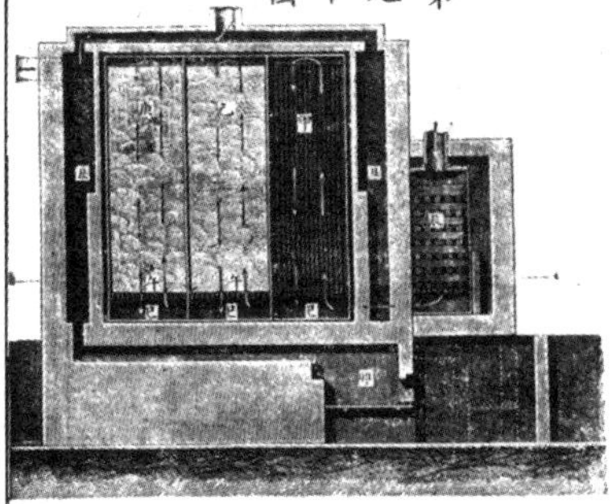

第九十一圖

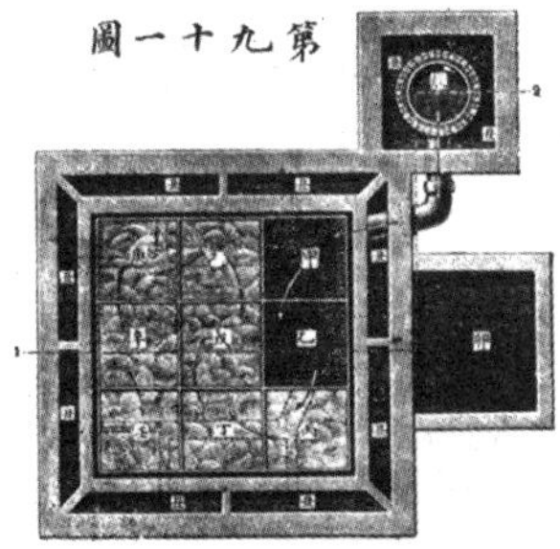

化學工藝三集附圖

第九十二圖

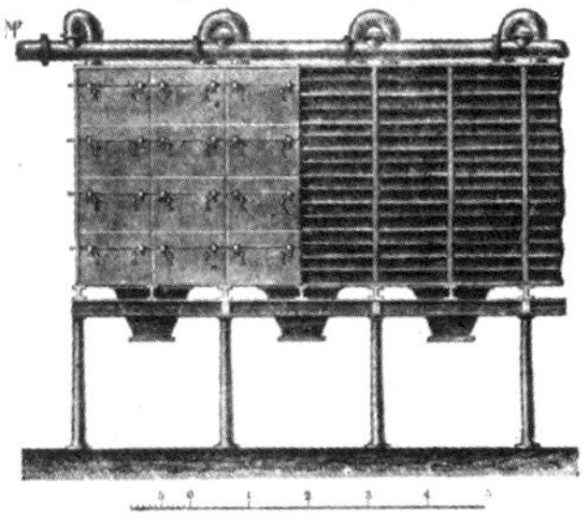

第九十三圖

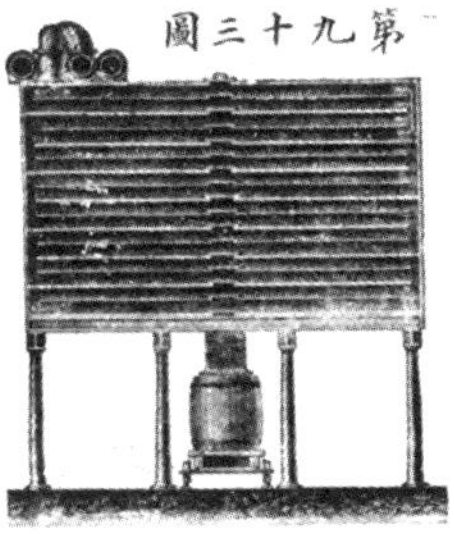

十四

第九十四圖

第九十五圖

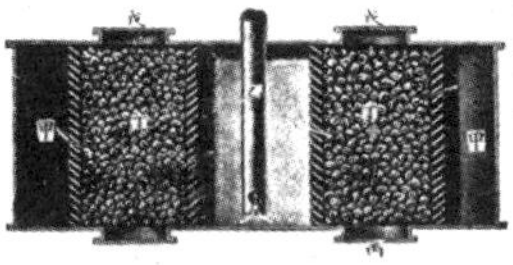

第九十六圖

第九十七圖

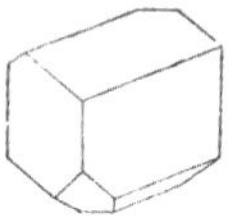

第九十八圖

第九十九圖

第一百圖

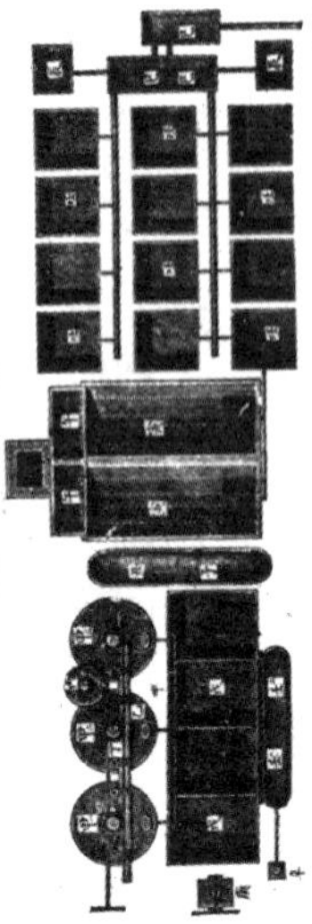

第一百零一圖

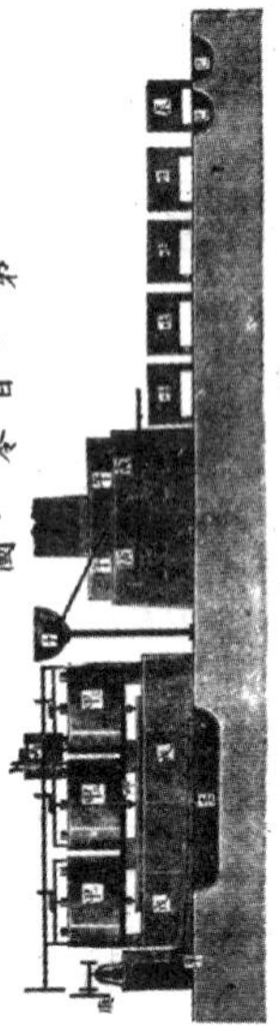

第一百零二圖

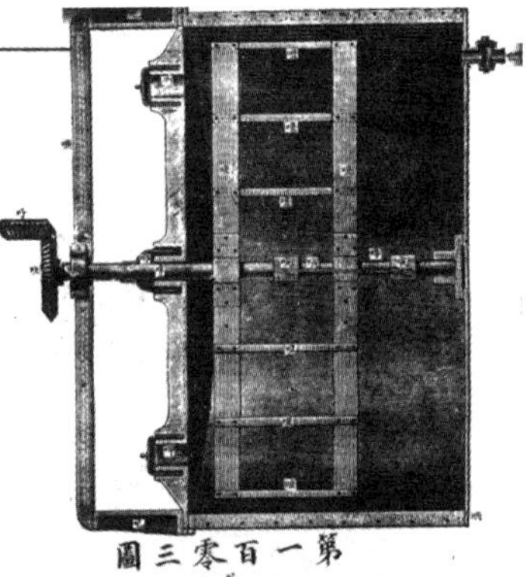

第一百零三圖

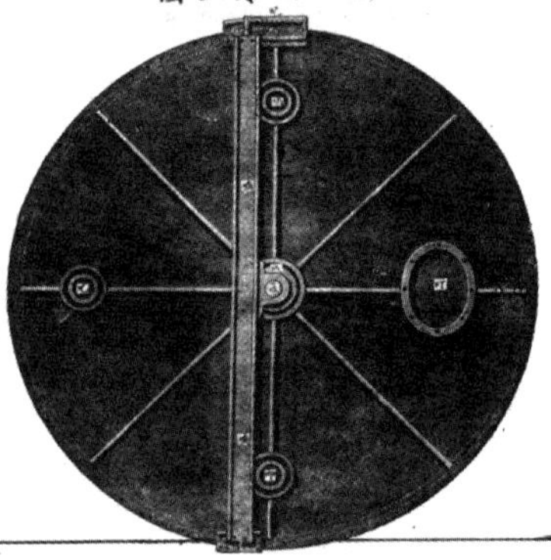

第一百零四圖

第一百零五圖

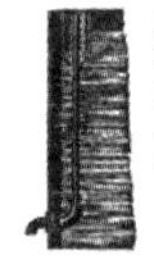

第一百零六圖

第一百零七圖

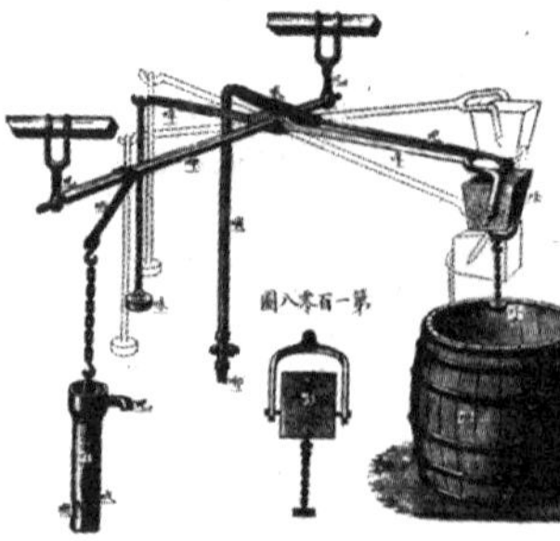

第一百零八圖

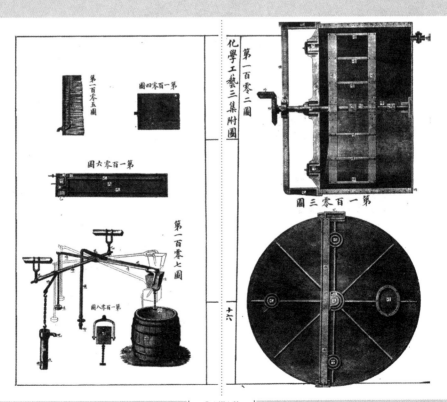

第一百零九圖

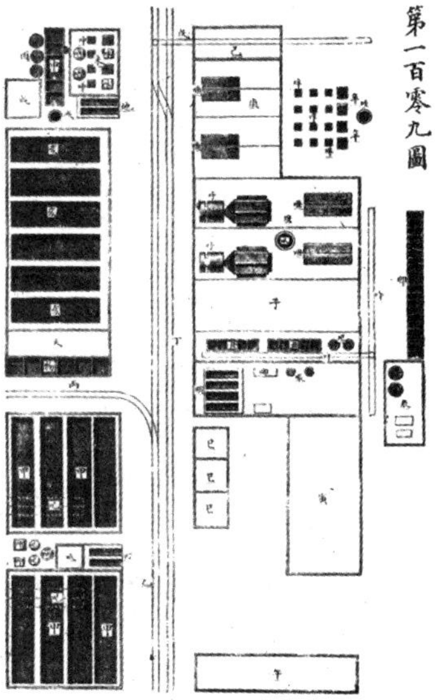

第一百十圖

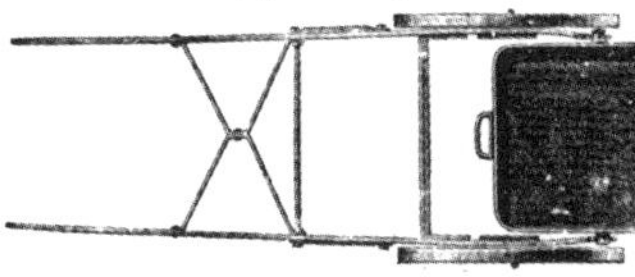

第一百十一圖

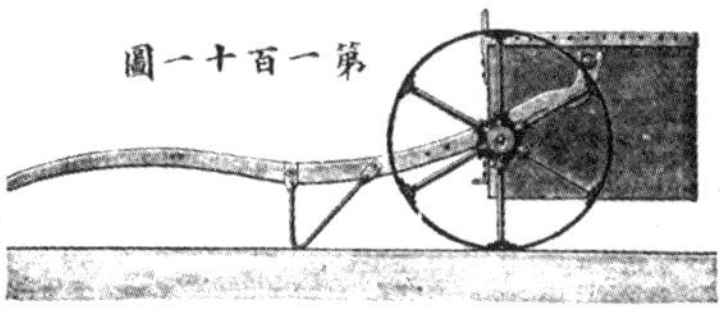

第一百十二圖

第一百十三圖

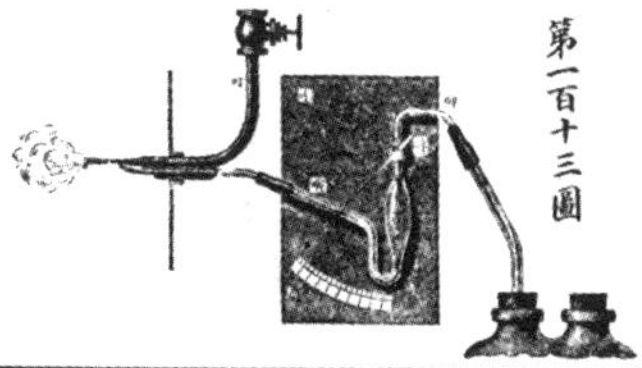

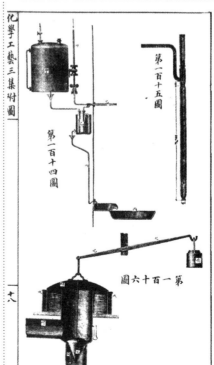

第一百十四圖

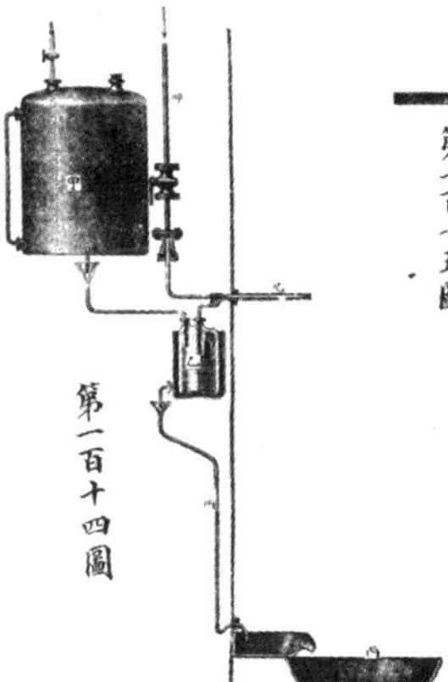

第一百十五圖

第一百十六圖

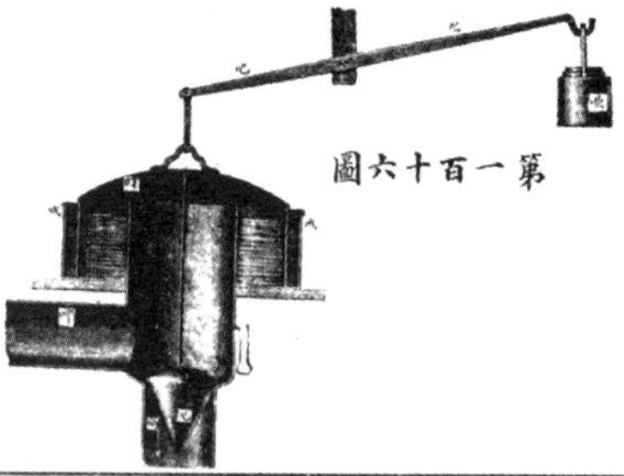

第一百十七圖

第一百十八圖

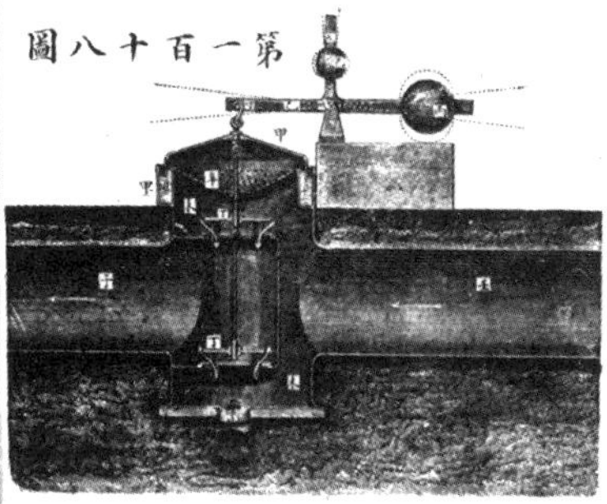

化學工藝三集附圖

第一百十九圖

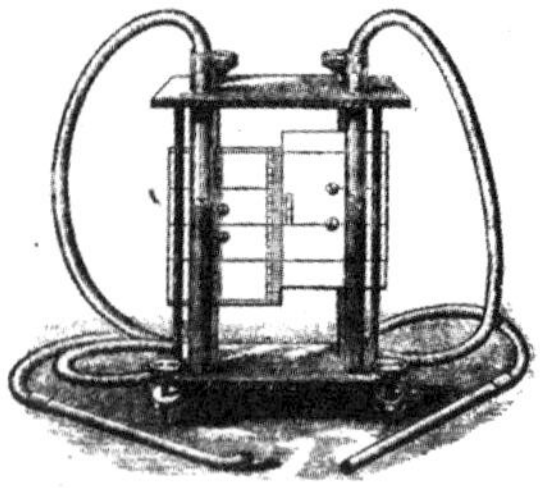

第一百二十圖

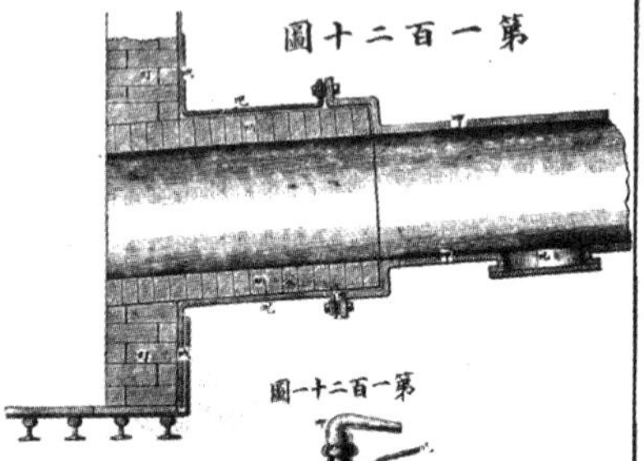

第一百二十一圖

十九

第一百二十二圖

第一百二十三圖

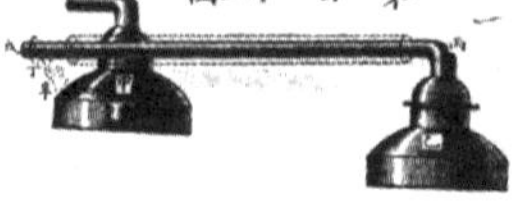

第一百二十四圖

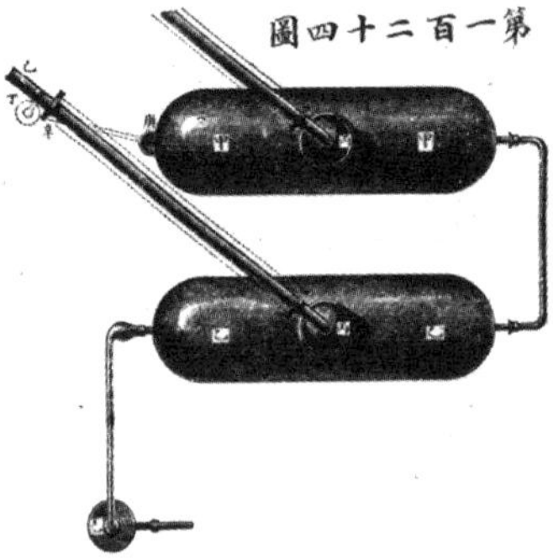

第一百二十五圖

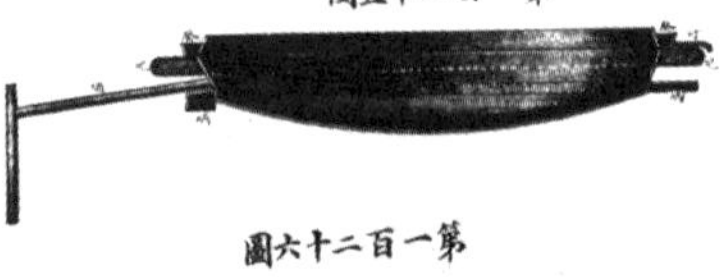

第一百二十六圖

第一百二十七圖

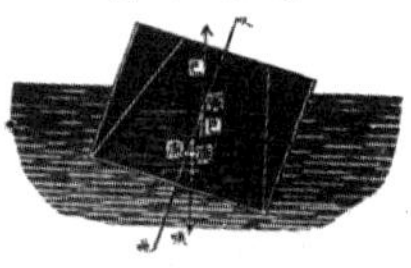

第一百二十八圖

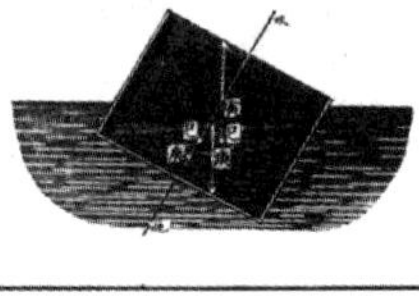

化學工藝三集附圖

二十

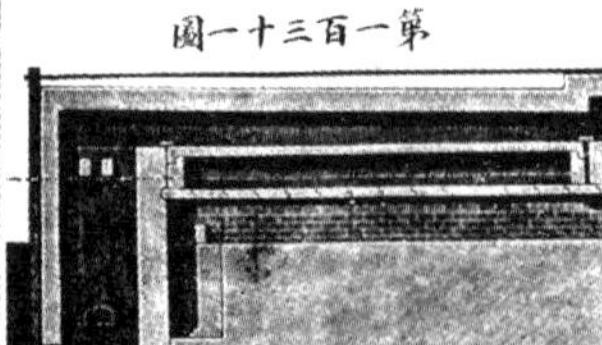

第一百二十九圖

第一百三十圖

第一百三十一圖

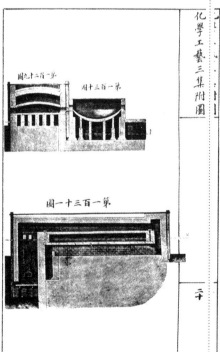

第一百三十二圖

第一百三十三圖

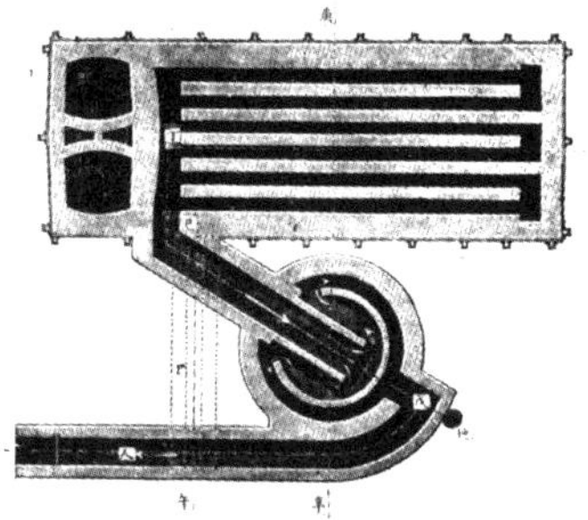

第一百三十四圖

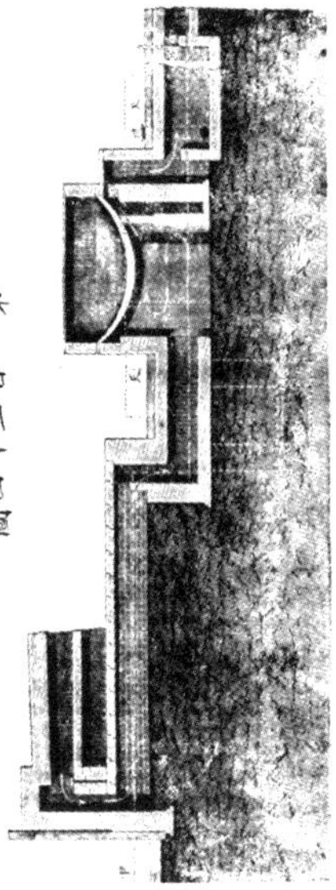

第一百三十五圖

江甯黃承慶繪譯圖字

第七十三圖

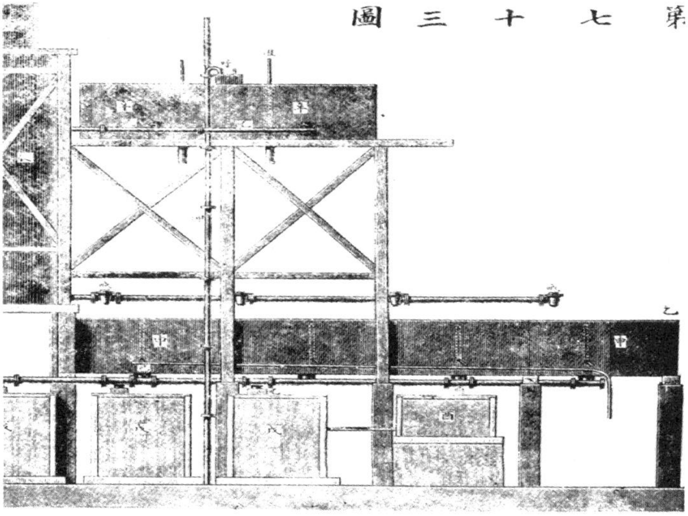

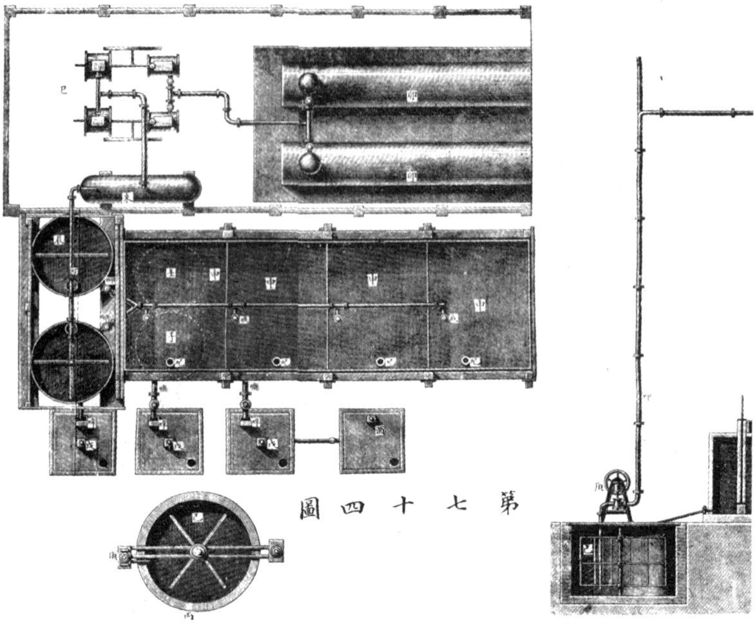

第七十四圖

化學工藝三集附圖

第七十五圖

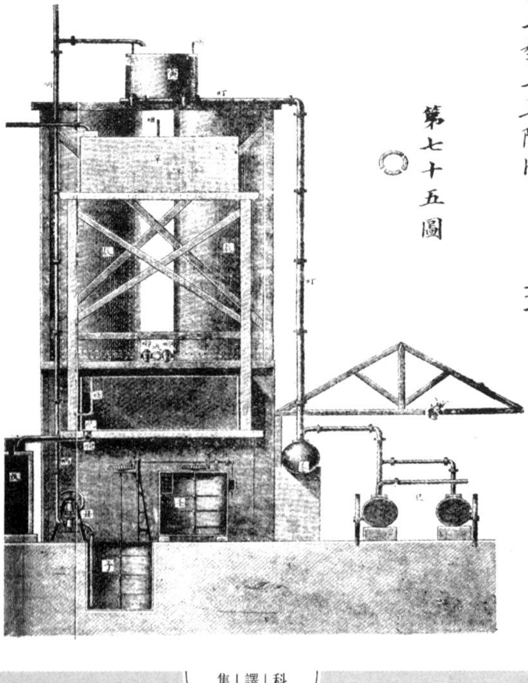